AIDE-MÉMOIRE

DE

L'INGÉNIEUR AGRICOLE

MACON, PROTAT FRÈRES, IMPRIMEURS

BIBLIOTHÈQUE DU *PROGRÈS AGRICOLE ET VITICOLE*
à Villefranche (Rhône)

AIDE-MÉMOIRE

DE

L'INGÉNIEUR AGRICOLE

A L'USAGE DES

AGRICULTEURS ET VITICULTEURS

Des Écoles d'Agriculture, de l'Enseignement professionnel, etc.

PAR

V. VERMOREL

Président du Comice Agricole et Viticole du Beaujolais,

*Avec la collaboration de nombreux agronomes, professeurs
et praticiens*

PARIS

LIBRAIRIE POLYTECHNIQUE BAUDRY & cie, ÉDITEURS
15, Rue des Saint-Pères, 15

Maison à Liège, rue de la Régence, 21

1897

OUVRAGES DU MÊME AUTEUR

Promenades géologiques autour de Villefranche. — Épuisé.
Une question agricole. — **Le liage des gerbes.** — Épuisé.
Chimie du sol. — Grand tableau indiquant ce qu'enlèvent les diverses récoltes et ce qu'apportent les engrais.
Chimie de la vigne. — Grand tableau indiquant les formules d'engrais à appliquer aux divers terrains.
Simples notions sur les engrais chimiques. — Guide pour l'achat et l'emploi, 3e édition.
Le sulfure de carbone. — Ses propriétés, sa fabrication, moyens pratiques pour reconnaître sa pureté. — Épuisé.
Le congrès national viticole de Bordeaux.
Le sucrage des vendanges et les vins de sucre, par MM. ROBIN et VERMOREL, 4e édition.
Manuel pratique des sulfurages, par MM. le docteur CROLAS et VERMOREL, 16e édition.
Destruction des vers blancs (Melolontha vulgaris).
Le mildiou de la vigne. — Guide pratique des traitements. Épuisé.
La Greffe au bouchon. — Épuisé.
Résumé pratique des traitements du Mildiou et de l'Anthracnose. — 3e édition.
Le greffage de la vigne, 4e édition. — Guide du greffeur avec nombreuses gravures.
Tableau du greffage de la vigne. — Grand tableau mural en couleur.
La vinification et les maladies des vins. — Grand tableau, par MM. BATTANCHON et VERMOREL.
Les engrais de la vigne, par MM. MICHAUT et VERMOREL.
Les engrais de la vigne. — Tableau.
Destruction de la cochylis.
Le vigneron moderne, par MM. E. BENDER et V. VERMOREL, 2e édit.
Traitement pratique de la maladie de la pomme de terre.
Guide du vigneron contre les ennemis de la vigne, par MM. VERMOREL et PERRAUD.
Les vins du Beaujolais, du Mâconnais et du Chalonnais, par MM. V. VERMOREL et DANGUY.
Le Black-rot. — Tableau mural en couleur.

PARAISSENT CHAQUE ANNÉE :

Agenda agricole et viticole, par M. VERMOREL, élégant carnet de poche.
Agenda vinicole (vins et spiritueux), à l'usage du commerce des vins.
Almanach des viticulteurs de France.

PRÉFACE

Nous avons souvent constaté, en le regrettant, que l'Agriculture, qui est incontestablement la première de toutes nos industries, ne possédait pas, à l'exemple des autres branches de la production nationale, un formulaire complet permettant à ceux qui la pratiquent d'une façon raisonnée de trouver promptement un renseignement, un chiffre dont ils pouvaient avoir besoin.

Les Allemands ont des formulaires divers qui répondent à ce besoin; les Anglais publient régulièrement des recueils analytiques qui remplissent le même but; enfin les Italiens possèdent l'ouvrage d'Edoardo Ottavi et E. Marescalchi, Vademecum de l'Agricoltora, qui peut être considéré justement comme un des modèles du genre.

En France, nous avions l'aide-mémoire de l'ingénieur, l'aide-mémoire du constructeur, l'aide-mémoire de l'électricien; aussi, pensons-nous que les membres de l'Enseignement agricole, les ingénieurs agricoles, les agriculteurs réserveront un bienveillant accueil à cet ouvrage qui leur est spécialement destiné et dans lequel ils trouveront, sous une forme très condensée, les données les plus utiles de la science agricole.

Par la publication de ce volume, nous pensons avoir comblé une lacune de notre littérature agricole, et nous en trouvons la preuve dans ce fait que l'ouvrage que nous publions aujourd'hui est à peu près complètement épuisé par nos souscripteurs avant sa publication. L'œuvre n'est certes pas parfaite; aussi est-ce avec reconnaissance que nous recevrons toutes les observations, critiques et conseils qui nous seront adressés en vue de la publication prochaine d'une seconde édition.

Qu'il nous soit permis enfin de remercier nos collaborateurs : MM. Barbut, Battanchon, Bernard, Deresse, Gastine, Grandvoinnet, Hommel, Jacquet, Michaut, Perraud, Rigaux, etc., qui nous ont remis des notes ou ont traité les diverses spécialités de cette publication avec la compétence qui leur est partout reconnue.

Villefranche (Rhône), janvier 1897.

TABLE MÉTHODIQUE

DES

MATIÈRES

CHIMIE AGRICOLE.

GÉOLOGIE.

BOTANIQUE.

ZOOLOGIE.

MÉTÉOROLOGIE.

AGRICULTURE.

VITICULTURE.

ARBORICULTURE.

PARASITES ET MALADIES DES PLANTES CULTIVÉES.

TECHNOLOGIE AGRICOLE.

GÉNIE RURAL.

ZOOTECHNIE.

LÉGISLATION RURALE.

TABLE ALPHABÉTIQUE

DES

MATIÈRES

A

B

C

D

E

F

G

H

I

J

K

L

M

N

O

P

Q

R

S

T

U

V

X Y Z

AIDE-MÉMOIRE DE L'INGÉNIEUR AGRICOLE

MATHÉMATIQUES

I — POIDS ET MESURES

TABLEAU DES MESURES LÉGALES DE FRANCE

Mesures de longueur.

MÈTRE, *Unité fondamentale des poids et mesures.* 1/10 000 000 du quart du méridien terrestre.

Myriamètre......	10.000 mètres.	Décimètre.......	1/10 du mètre.
Kilomètre........	1.000 mètres.	Centimètre......	1/100 du mètre.
Hectomètre......	100 mètres.	Millimètre.......	1/1000 du mètre.
Décamètre.......	10 mètres.		

Mesures agraires.

ARE, 100 mètres carrés, carré de 10 mètres de côté.

Hectare.........	100 ares ou 10.000 mètres carrés.	Centiare, 1/100 de l'are, ou mètre carré.	

Mesures de capacité pour les liquides et les matières sèches.

LITRE, 1 décimètre cube.

Kilolitre........	1.000 litres.	Décalitre........	10 litres.
Hectolitre.......	100 litres.	Décilitre........	1/10 du litre.

Mesures de solidité.

STÈRE, Mètre cube.

Décastère.......	10 stères.	Décistère........	1/10 du stère.

Poids.

GRAMME, Poids d'un centim. cube d'eau à 4 degr. contigr.

MILLIER......... 1.000 kilogrammes, poids du mètre cube d'eau et du TONNEAU de mer.		tillée, à la tempér. de 4 degrés contigr.	
		Hectogramme....	100 grammes.
		Décagramme.....	10 grammes.
QUINTAL........ 100 kilogrammes-quintal métrique.		Décigramme.....	1/10 du gramme.
		Centigramme....	1/100 du gramme.
KILOGRAMME...... 1.000 gr. Poids dans le vide d'un décimètre cube d'eau dis-		Milligramme.....	1/1000 du gramme.

Monnaie.

FRANC, 5 grammes d'argent au titre de 9/10 de fin.

Décime .... 1/10 du franc. | Centime......... 1/100 du franc.

Mesures spéciales usitées dans la Marine française.

Conformément à la disposition de la loi du 18 germinal an III, concernant les poids et les mesures de capacité, chacune des mesures décimales de ces deux genres a son double et sa moitié.

Lieue marine ou géographique............	5.555 mèt. ou 1/20 de degré de méridien.
Mille marin........................	1.852 mèt. ou 1/60 de degré de méridien.
Brasse, 5 pieds....................	1^m,624.
Encablure nouvelle..................	200^m,000
Encablure ancienne, 100 toises.	194^m,904.
Nœud (mesure de vitesse).	1.852 mètres ou 1 mille à l'heure. ou 0^m,51444 par seconde.
Tonneau de jauge....................	2,83 mètres cubes.

Comparaison des anciennes mesures françaises aux mesures légales actuelles.

Mesures de longueur.

Toise....................	1^m,94904
Pied, 1/16 de toise.......	0^m,32484
Pouce, 1/12 de pied........	0^m,02707
Ligne, 1/12 de pouce.......	0^m.00226

Inversement.

1 mètre vaut........... 0,513074 toise.
4 mètre vaut : 3 pieds et 11,296 lig.

Mesures de superficie.

Toise carrée...............	3^{mq},7987
Pied carré.................	0^{mq},1055

Mesures de capacité.

1 boisseau.............	litres 13
1 setier ou 12 boiss......	hectol. 1,560

Inversement.

1 hectolitre.............	setier. 0,641

Poids.

1 grain	gram.	0,053
1 gros ou 72 grains.......	gram.	3,32
1 once ou 3 gros.........	gram.	30,59
1 livre ou 16 onces.......	gram.	489,51

Inversement.

1 gramme vaut 19 grains.
1 kil. vaut 2 livres, 5 gros, 35 grains.

Mesures agraires.

	COTÉ DU CARRÉ CORRES- PONDANT.	VALEUR EN		
		PIEDS CARRÉS.	TOISES CARRÉES.	MÈTRES CARRÉS.
Perche des eaux et forêts	22 pieds.	484	13, 44	51, 07
Arpent des eaux et forêts.........	220 pieds.	48400	1344, 44	5107, 20
Perche de Paris..............	18 pieds.	324	9, 00	34, 19
Arpent de Paris..............	180 pieds.	32400	900, 00	3418. 87
Are.................	10 mètres.	947, 7	26, 32	100, 00
Hectare	100 mètres.	94768, 2	2732, 45	10000, 00

Conversion des arpents en hectares et des hectares en arpents.

| NOMBRE | CONVERSION DES ARPENTS | | NOMBRE | CONVERSION DES HECTARES | |
d'arpents.	de Paris en hectares.	des eaux et forêts en hectares.	d'hectares.	en arpents de Paris.	en arpents des eaux et forêts.
1	0.3419	0.5107	1	2.9249	1.9580
2	0.6838	1.0214	2	5.8499	3.9160
3	1.0257	1.5322	3	8.7748	5.8741
4	1.3675	2.0429	4	11.6998	7.8321
5	1.7094	2.5536	5	14.6247	9.7901
6	2.0513	3.0643	6	17.5497	11.7481
7	2.3932	3.5750	7	20.4746	13.7061
8	2.7351	4.0858	8	23.3995	15.6642
9	3.0770	4.5965	9	26.3245	17.6222
10	3.4189	5.1072	10	29.2494	19.5802
100	34.1887	51.0720	100	292.4944	195.8020
1000	341.8869	510.7200	1000	2924.9437	1958.0201

MESURES ANGLAISES

ABRÉVIATIONS USUELLES.	NOMS SYSTÉMATIQUES.	VALEURS RELATIVES.	VALEURS EN MESURES FRANÇAISES.
	Mesures de longueur.		Mètres.
In.	Inch ou pouce	»	0.02540
Ft.	Foot ou pied	12 In	0.30479
Yd.	YARD	3 Ft	0.91438
Fth	Fathom (brasse)	2 Yds	1.82877
»	Pole ou perche	5.5 Yds	5.02911
»	Furlong	220 Yds	201.16437
Mi.	Mile (Statute mile)	1760 Yds	1609.3149
	Lieue marine	3,454 mi	5558.
	Mesures de superficie.		Mètres carrés.
»	Square inch ou pouce carré	»	0.00 06 45
»	Square foot ou pied carré	144 pouces carrés	0.09 29
»	YARD CARRÉ	9 pieds carrés	0.83 61
			Ares.
»	Pole carré	30 1/4 yards carr.	0.25 30
»	Rood	1210 yards carrés	10.11 68
			Hectare.
»	Acre	4840 yards carrés	0.40 47

ABRÉVIATIONS USUELLES.	NOMS SYSTÉMATIQUES.	VALEURS RELATIVES.	VALEURS EN MESURES FRANÇAISES.
	Mesures da capacité.		Litres.
"	Gill	"	0.1420
Pt.	Pint	4 Gills	0.5679
Qt.	Quart	2 Pts	1.1359
Gal.	GALLON	4 Qts	4.5435
Pck.	Peck	2 Gals	9.0869
Bu.	Bushel	4 Pcks	36.3477
»	Sack	3 Bus	109.0430
»	Quarter	8 Bus	290.7813
»	Chaldron	12 Sacks	1308.5160
	Mesures de solidité.		Mètres cubes.
»	Cubic inch, pouce cube	»	0.000 016
»	Cubic foot, pied cube	1728 pouces cubes	0.028 315
»	CUBIC YARD	27 pieds cubes	0.764 513
»	Tonneau de mer	40 pieds cubes	1.132
»	Lood (last de bois)	50 pieds cubes	1.415
»	Cubic fathom	216 pieds cubes	6.116
	Mesures dites *Avoir du poids Weight* (mesures usuelles).		Grammes.
Dr.	Dram	"	1.772
Oz.	Ounce	16 Dr	28.350
Lb.	AVOIR DU POIDS POUND	16 Oz	453.593
St.	Stone	14 Lb	6 350.297
Qr.	Quarter	2 St	12 700.594
Cwt.	Hundred weight	4 Qr	50 802.377
Ton.	Ton	20 Cwt	1 016 017.541

Conversion des pouces et fractions de pouces anglais en millimètres.

POUCES ET FRACTIONS DE POUCE.	MILLIMÈTRES.	POUCES ET FRACTIONS DE POUCE.	MILLIMÈTRES.	POUCES ET FRACTIONS DE POUCE.	MILLIMÈTRES.	POUCES ET FRACTIONS DE POUCE.	MILLIMÈTRES.
11	270	1	25.4	5/6	21.2	11/12	23.3
10	254	1/2	12.7				
9	229			1/8	3.2	1/16	1.6
8	203	1/3	8.5	3/8	9.5	3/16	4.8
7	178	2/3	16.9	5/8	15.9	5/16	7.9
6	152			7/8	22.2	7/16	11.1
5	127	1/4	6.3			9/16	14.3
4	102	3/4	19.0	1/12	2.1	11/16	17.5
3	76			5/12	10.6	13/16	20.6
2	51	1/6	4.2	7/12	14.8	15/16	23.8

Conversion des pieds anglais en mètres.

PIEDS.	MÈTRES.	PIEDS.	MÈTRES.	PIEDS.	MÈTRES.	PIEDS.	MÈTRES.
1	0.305	14	4.267	27	8.229	39	11.887
2	0.610	15	4.572	28	8.534	40	12.192
3	0.914	16	4.877	29	8.839	41	12.497
4	1.219	17	5.181	30	9.144	42	12.801
5	1.524	18	5.486	31	9.449	43	13.106
6	1.829	19	5.791	32	9.753	44	13.411
7	2.134	20	6.096	33	10.058	45	13.716
8	2.438	21	6.401	34	10.363	46	14.020
9	2.743	22	6.705	35	10.668	47	14.325
10	3.048	23	7.010	36	12.973	48	14.630
11	3.353	24	7.315	37	11.277	49	14.935
12	3.657	25	7.620	38	11.582	50	15.240
13	3.962	26	7.925				

Conversion des livres anglaises par pouce carré en kilogrammes par centimètre carré, et réciproquement.

LIVRES PAR POUCE CARRÉ.	KILOGR. PAR CENTIMÈT. CARRÉ.	LIVRES PAR POUCE CARRÉ.	KILOGR PAR CENTIMÈT. CARRÉ.	KILOGR. PAR CENTIMÈT. CARRÉ	LIVRES PAR POUCE CARRÉ.	KILOGR. PAR CENTIMÈT. CARRÉ.	LIVRES PAR POUCE CARRÉ
10	0.703	110	7.731	1	14.223	6	85.337
20	1.406	120	8.437	1.5	21.334	6.5	92.448
30	2.109	130	9.140	2	28.446	7	99.560
40	2.812	140	9.843	2.5	35.557	7 5	106.671
50	3.515	150	10.546	3	42.668	8	113.783
60	4.219	160	11.249	3.5	49.780	8.5	120.894
70	4.922	170	11.953	4	56.891	9	128.005
80	5.625	180	12.656	4.5	64.003	9.5	135.117
90	6.328	190	13.359	5	71.114	10	142.228
100	7.031	200	14.062	5.5	78.225		

MESURES DE DIVERS PAYS ÉTRANGERS

ALLEMAGNE

Système métrique adopté depuis 1872. — Abréviations obligatoires depuis 1877.

NOMS ALLEMANDS DES MESURES FRANÇAISES.

Longueur.		*Abréviations.*	
Stab	mètre.	Kilometer	km.
Neuzoll	centimètre.	Meter	m.
Strich	millimètre.	Centimeter	cm.
Kette	décamètre.	Millimeter	mm.
Mille	7.500 m.		

Superficie.

Quadratstab............	mètre carré.

Volume.

Kubicstad............	mètre cube.
Kanne	litre.
Schoppen............	demi-litre.
Scheffel	50 litres.
Fass............	hectolitre.

Abréviations.

Quadrat kilometer.......	qkm.
Hectar............	ha.
Ar............	a.
Quadrat meter......	qm.
Quadrat centimeter......	qcm.
Quadrat millimeter......	qmm.

Poids.

Neuloth............	décagr.
Pfund............	demi-kilogr.
Centner............	50 kilogr.
Tonne	1.000 kilogr.

Abréviations.

Kubikmeter............	cbm.
Hectoliter............	hl.
Liter	l.
Kubic centimeter.......	ccm.
Kubic millimeter.......	cmm.

Abréviations.

Tonne	t.
Kilogramm............	kg.
Gramm............	g.
Milligramm............	mg.

AUTRICHE-HONGRIE

L'Autriche-Hongrie a adopté le système métrique français depuis le 1er janvier 1876.

BELGIQUE

La Belgique a le même système de poids et mesures que la France.

DANEMARK

Longueur.

Pied, à 12 pouces, à 12 lignes...... mètres	0,31385
Aune (2 pieds)............	0,6277
Brasses des cartes marines (3 aunes)............	1,823
Perche (5 aunes)............	3,138
Mol (lieue)... kilomètres	7,532

Superficie.

Perche carrée.... m. q.	9,8504

Volume.

Pied cube............	0,030020
Pot............ litres	0,965033
Tonne (blé) (8 skieppe)...	139,11
Laste (22 tonnes)........	3060,0
Corde forestière (81 pieds cubes)............	2,61239

Kanne de vin...... litre	1,93224
Anker............	36,6871
Fass (tonneau) = 2 pipes =	24 ankers
Ohm de vin (4 ankers)....	146,7486
Tonne (bière)............	131,3923
Laste de harengs..... =	12 t. de bière

Poids.

Livre de commerce, kil...	0,580
Once............	1/16 livre.
Loth............	1/2 once.
Quentin............	1/2 loth.
Ort............	1/4 quentin.
Es............	1/16 ort.
Grain............	1/18 és.
Quintal	50 kilogr.
Schiffpund (liv de nav.)..	100 —
Last............	2000 —
Last de navire (52 qx.)...	2000 —

ÉGYPTE

Système métrique français.

Longueur.

Coudée ancienne... mèt.	0,525022

Superficie.

Fedan............ ares	58,0824

ESPAGNE

L'Espagne a adopté le système métrique français depuis le 1er janvier 1859.

Cahiz (blé)........ lit. 657.	Coudée cube............ 170,000
Arroba mayor (vin)...... 16,137	Pied cube.............. 22,000
Arroba minor (huile)..... 12,564	

ÉTATS-UNIS D'AMÉRIQUE

L'usage du système métrique décimal est autorisé depuis 1876; mais les mesures les plus usitées sont encore les mesures anglaises, avec les différences suivantes :

Longueur.

On appelle rod le pole anglais.

Capacité.

En dehors des mesures anglaises on emploie pour les liquides les mesures suivantes :

Barrel, 31,5 gallons, litres. 143
Hogshead, 2 barrels...... 286

Poids.

Les mesures suivantes n'ont pas la même valeur en Amérique qu'en Angleterre.

Quarter, 25 pounds. kil. 11,3398
Hundredweight, 4 quarters.................. 45,3598
Ton, 2.000 pounds....... 907,186

GRÈCE

Longueur.

Ora............... mèt.	500,000
Pic royal...............	1,000
Pic...................	0,669
Stadion	1000,000
Mille grec.............	10000,000

Superficie.

Strama....... mèt. car. 180,00

Volume.

Kilo royal............. 1 hectolitre.

Litre = 10 kotylis = 100 mystras = 1.000 kubus.

Poids.

Tonos (tonneau).... bil.	1500
Talandos	150
Mine	1,500
Millar............ kil.	478,720
Cantar.................	56,320
Oka	1,280

HOLLANDE

La Hollande a adopté le système métrique français en 1821, avec les dénominations suivantes :

Longueur.

El (aune)............... mètre.
Palm, Duin, Streep, divisions du mètre,
Rode (perche)......... décamètre.
Mijl (mille)............. kilomètre.
Brasses des cartes marines (waam)............... 1 =,883

Superficie.

Vierkante el............ mètre carré.
Vierkant rode.......... are.
Runder .... hectare.

Volume.

Cubieke el............ mètre cube.
Visse (mesure de bois). stère.

Bat (baril)............ hectolitre.
Kan ou Kop (litron).... litron).
Maatje (verre)........ décilitre.
Vingerhoed (dé)....... centilitre.
Last................. 30 hectolitres.
Mudde ou Zak....... hectolitre.
Schepel (boisseau)..... décalitre.

Poids.

Pond (livre).......... kilogramme.
Ons (once)............ hectogramme.
Lood (gros)........... décagramme.
Wigtje (esterling).... gramme.
Korrel (grain)........ décigramme.
Karat................. 20,5894 centig.

ITALIE

L'Italie a le système métrique français depuis 1859.

NORVÈGE

Même système que le Darnemark. Tonne de goudron, 120 pots danois, litres 115,93.

PORTUGAL

Longueur.

Vare (5 palmes).... mèt.	1,10
Pied (12 pouces).........	0,33
Palme (8 pouces)........	0,22
Pouce.................	0,0275

Volume.

Pipa (30 almudes). litres.	496,
Almude (12 canados).....	16,54
Canada (4 quartilhas)....	1,38

Quartilha..............	0.34
Moio (60 alqueires)......	811,23
Alqueires..............	13,52

Poids.

Livre (2 marcs ou 16 onces), 459 grammes.	
Arrobe................	32 livres
Quintal	4 arrobes.

ROUMANIE

Longueur.

Halibin (aune)..... mèt.	0,7013
Eudèse................	0,6623

Poids.

Oke........... kilogr.	1,2829

RUSSIE

Longueur.

Sagène (7 pieds)... mèt.	2,13356
Pied (pied anglais) (12 pouces)...............	0,304794
Archine (1/3 sagène).....	0,71119
Verschock (1/16 d'archine)	0.04445
Verste (500 sagènes).....	1067,000
Brasses des cartes marines = 1 Sagène.	

Superficie.

Sagène carrée.... m. q.	4,5521
Archine carrée.........	0,5080
Deciatine impériale.. ares	109,25

Volume.

Tschetvert .... litres	209,726
Tschetvérick (blé).......	26,2175
Sagène cube...........	9632,000
Wedro (liquides)........	12,229
Batchor (tonneau, 40 wedros)...............	491,940

Poids.

Livre............. kil.	0,4095174
Poud (40 livres)........	16,381
Berkowitz (10 pouds)...	163,810
Tonne................	1000,000
Tonneau de mer........	982,800
Last de navire (2 tonneaux)...............	1905,720
Livre d'artillerie.......	0,489108

SUÈDE

Longueur

Pied (10 pouces ou 100 lignes) ...... mètres	0,29687
Perche (10 pieds) mètres	2,9787
Brasse des cartes marines (aunar)..............	1,883
Mille (3,000 pieds)......	1068,73

Superficie.

Pied carré...... m. q.	0,0881

Mille quarré..... hect.	144,1183

Volume.

Pied cube....... litres	26,172

Poids.

Livre (skalpund) (100 orts ou 1000 grains) gr.....	425,538
Quintal (100 livres).....	42353,8

SUISSE

La Suisse a adopté le système métrique français depuis le 1er janvier 1877.

TURQUIE

Longueur.

Archine .... mètres   0,75774

Pic archine halebi (soieries et laines)........ 0,6858

Pic archine indasé (cotonnades et autres)... 0,6525

Volume.

Mètro (10 okes) (liq.) lit.   13,33

Oke (liquides).......... 1,33

Kilo (céréales).......... 35,27

Poids.

Cantar (quintal, 22 cheky) 56,408

Cheky (2 okes) .... kil.   2.564

Oke (400 drachmes)..... 1,2829

Drachme (16 karats).... 0,003

MONNAIES

UNION LATINE

BELGIQUE — GRÈCE

ITALIE — SUISSE

Le franc s'appelle :

Lire........ en Italie.
Drachme.... en Grèce.
Franc...... en Belgique et en Suisse.

Le centime s'appelle :

Lepta ..... en Grèce.

Monnaies françaises.

	VALEUR nominale.	DIAMÈTRE.	POIDS.	TITRE.	VALEUR AU PAIR.	TOLÉRANCE de fabrication au-dessus et au-dessous		RÉDUCTION de poids tolérée pour l'usure.
						Pour les poids.	Pour les titres.	
	fr.	m/m	gr.	millièm.	fr.			
OR.	100	35	32.258	900	100	0.001	0.001	0.005
	50	28	16.129		50			
	40	26	12.903		40			
	20	21	6.4516		20	0.002		
	10	19	3.2258		10			
	5	17	1.6129		5	0.003		
ARGENT.	5	37	25.000	900	5	0.003	0.002	0.010
	2	27	10.000		1.86	0.005		
	1	23	5.000	835	0.93	0.005	0.003	0.05
	0.50	18	2.500		0.46	0.007		
	0.20	16	1.000		0.19	0.010		
BRONZE.	0.10	30	10.000	Cuivre .. 95	»	0.010	»	»
	0.05	25	5.000	Étain ... 4	»	0.010	»	»
	0.02	20	2.000	Zinc 1	»	0.015	»	»
	0.01	15	1.000	——— 100	»	0.015	»	»

PAYS DIVERS

ALLEMAGNE

	Francs.
Reichs-Mark de 100 pfennig.	1,2345
Or. — 29 marks ou double-couronne	24,69
10 marks ou couronne..	12,35
5 marks	6,17
Argent. — 5 marks	5,56
2 marks	2,22
1 mark	1,11
1/2 mark ou 50 pfennig	0,56
1/5 mark ou 20 pfennig	0,22

ANGLETERRE

Livre sterling de 20 shillings.	25,2213
Or. — Souverain ou livre sterling	25,22
1/2 souverain	12,61
Argent. — Couronne, 5 shillings	5,81
1/2 couronne	2,91
Florin, 2 shillings	2,32
Shilling, 12 pence	1,16
6 pence	0,58
4 pence	0,39
3 pence	0,29
2 pence	0,19
1 penny	0,10
Monnaie de compte usuelle :	
Guinée, 21 shillings	26,48

ARABIE

	francs.
Piastre de Moka	4,40

AUTRICHE-HONGRIE.

Florin de 100 kreutzer	2,4691
Or. — Quadruple ducat	47,41
Ducat	11,85
8 florins, 20 francs	20,00
4 florins, 10 francs	10,00
Argent. — 2 florins	4,94
1 florin	2,47
1/4 florin	0,62
20 kreutzer. } frappés depuis 1868	0,29
10 kreutzer. }	0,15

BOLIVIE

	Francs.
Piastre de 8 reales	5,40
Or. — Once	91,80
Escudo d'or	22,95
1/2 escudo	11,48
Argent. — Piastre	5,40
Bolivian, 1/2 piastre	2 50

BRÉSIL

Milreis	2,8316
Or. — 20000 reis	56,53
10000 reis	28,22
5000 reis	14,16
Argent. — 2000 reis	5,19
1000 reis	2,60
500 reis	1,30
Monnaie de compte usuelle :	
Conto de reis = 1000 milreis.	

BULGARIE

Lew de 100 stotinkis	1,00
Argent. — 2 lewa	1,86
1 lew	0,93
50 stotinkis	0,46

CANADA

Dollar	5,254
Argent. — 50 cents	2,39
25 cents	1,19
10 cents	0,48
5 cents	0,24

CHILI

Peso de 100 centavos	5,00
Or. — Condor, 10 pesos	47,28
Doblon, 5 pesos	23,64
Escudo, 2 pesos	9,45
Peso	4,73
Argent. — Peso	5,00
50 centavos	2,50
20 centavos	1,00
1 decimo	0,50
1/2 decimo	0,25

ÉGYPTE

(Décret du 14 nov. 1885.)

Livre égyptienne	25,6180
Or. — Livre égyptienne	25,61

Left column

	Francs.
Or. — 50 piastres	12,81
20 piastres	5,13
Argent. — 20 piastres	5,18
10 piastres	2,59
5 piastres	1,29
2 piastres	0,52

ESPAGNE

Le système établi par le décret du 19 octobre 1868 est le suivant :

	Francs.
Or. — 25 pesetas	25,00
Argent. — 5 pesetas	5,00
2 pesetas	1,86
1 peseta	0,93
2 reales, 1/2 peseta	0,46

Mais jusqu'ici la plupart des pièces en circulation sont frappées d'après le système de la loi du 26 juin 1864 qui est le suivant :

	Francs.
Escudo de 10 réaux	2,5960
Or. — Doublon, 10 escudos	26,00
4 escudos	10,40
2 escudos	5,20
Argent. — Duro, 2 escudos	5,19
Escudo, 10 réaux	2,60
Peseta	0,93
1/2 peseta	0,47
Real	0,23
Monnaie usuelle de compte.	
Piastre forte	5,20

ÉTATS-UNIS

	Francs.
Dollar de 100 cents	5,1825
Or. — Double-aigle, 20 dollars	103,65
Aigle, 10 dollars	51,83
Demi-aigle, 5 dollars	25,91
3 dollars	15,55
1/4 aigle, 2 1/2 dollars	12,95
1 dollar	5,18
Argent. — Trade dollar (monnaie de commerce)	5,44
Dollar, 100 cents	5,34
1/2 dollar, 50 cents	2,50
1/4 dollar, 25 cents	1,25
20 cents	1,00
Dime, 10 cents	0,50

GRÈCE

Monnaies de l'Union latine.

Right column

INDES ANGLAISES

	Francs.
Roupie de 16 annas ou 192 pice	2,3757
Or. — Mohur, 15 roupies	36,83
2/3 mohur, 10 roupies	24,55
1/3 mohur, 5 roupies	12,28
Argent. — Roupie	2,38
1/2 roupie	1,19
1/4 roupie	0,59
1/8 roupie	0,30

INDO-CHINE FRANÇAISE

	Francs.
Argent. — Piastre de commerce	5,44
50 centièmes de piastre	2,72
20 centièmes de piastre	1,08
10 centièmes de piastre	0,54

NORVÈGE

(Convention monétaire avec la Suède et le Danemark.)

	Francs.
Krone de 100 ore	1,3888
Or. — 20 kroner (5 speciedaler)	27,78
10 kroner (8 1/2 speciedaler)	13,89
Argent. — 2 kroner	2,67
1 krone, 100 ore ou 30 skillings	1,33
50 ore	0,67
40 ore	0,53
25 ore	0,32
10 ore	0,13

EMPIRE OTTOMAN

	Francs.
Piastre de 40 paras ou 100 aspres	0,2278
Or. — 500 piastres, bourse	113,92
250 piastres	56,96
100 piastres, livre turque (justiliks)	22,78
50 piastres (ellibik)	11,39
25 piastres	5,70
Argent. — 20 piastres (jirmilik)	4,44
10 piastres (onlik)	2,22
Argent. — 5 piastres (beschlik)	0,44
2 piastres (jkilik)	0,44

	Francs.
Argent. — 1 piastre, 40 paras........	0,22
1/2 piastre, 20 paras........	0,11

PAYS-BAS

	Francs.
Florin de 100 cents ou gulden	2,10
Or. — Double ducat........	23,66
Ducat............	11,83
10 florins Guillaume..	20,83
Argent. — Rixdaler, 2 1/2 florins........	5,25
1 florin, 100 cents	2,10
1/2 florin........	1,05
25 cents........	0,51
10 cents........	0,20
5 cents........	0,10

PLATA

Peso..................	5,00
Or. — Argentino	25,00
Medio-Argentino........	12,50
Argent. — Peso............	5,00
50 cents........	2,50
20 cents........	1,00
10 cents........	0,50
5 cents.........	0,25

PORTUGAL

Milreis	5,60
Or. — Couronne 10 milreis.....	56,00
1/2 couronne, 5 milreis...	28,00
1/5 couronne, 2 milreis...	11,20
1/10 couronne, milreis...	5,60
Argent. — 5 testons, 500 reis...	2,55
2 testons, 200 reis...	1,02
1 teston, 100 reis....	0,51
1/2 teston, 50 reis.....	0,25

Monnaie de compte usuelle :

Conto de reis. — 1 milion de reis. = 5600.

ROUMANIE

	Francs.
Ley de 100 banis.............	1,00
Or. — 20 leys...............	20,00
10 leys...............	10,00
5 leys...............	5,00
Argent. — 5 leys...........	5,00
2 leys...........	1,86
1 ley...........	0,93
1/2 ley, 50 banis......	0,46

RUSSIE

Monnaies nouvelles émises depuis 1886.

Or. — Impériale, 10 roubles....	40,00
1/2 impériale...........	20,00
Argent. — Rouble.............	4,00
Cuivre. — Kopeck.............	0,04

SERBIE

Dinar de 100 paras	1,00
Or. — 20 dinars.............	20,00
10 dinars....	10,00
Argent. — 5 dinars..........	5,00
2 dinars...........	1,86
1 dinar...........	0,93
50 paras...........	0,46

SUÈDE

(Convention monétaire avec la Norvège et le Danemark.)

Krona de 100 ore....	1,3888
Or. — 20 kronor.............	27,78
10 kronor.............	13,89
Argent. — 2 kronor..........	2,67
1 krona, 100 ore ..	1,33
50 ore...........	0,67
25 ore............	0,32
10 ore............	0,13

II — ALGÈBRE

Équations du premier degré.

(1) A une inconnue :

$$ax + b = o, \text{ d'où } x = -\frac{b}{a}.$$

(2) A deux inconnues :

$$\left. \begin{array}{l} Ax + By + C = o \\ ax + by + c = o \end{array} \right\} \quad x = \frac{bC - Bc}{aB - Ab} \; ; \; y = \frac{Ac - aC}{aB - Ab}.$$

(3) Si $\dfrac{x}{y} = \dfrac{a}{b}$, on a $x = \dfrac{ay}{b}$; $y = \dfrac{bx}{a}$; $\dfrac{x+y}{x-y} = \dfrac{a+b}{a-b}$; $\dfrac{x}{x \pm y} = \dfrac{a}{a \pm b}.$

Si

$$\frac{a}{x} = \frac{x}{b} \; ; \; x = \sqrt{ab}.$$

Équations du second degré.

(1)
$$x^2 + px + q = o; \qquad x = -\frac{p}{2} \pm \sqrt{\frac{p^2}{4} - q};$$

$$ax^2 + bx + c = o; \qquad x = \frac{-b \pm \sqrt{b^2 - 4ac}}{2a};$$

(2)
$$x^{2n} + px^m + q = o; \qquad x = \sqrt[n]{-\frac{p}{2} \pm \sqrt{\frac{p^2}{4} - q}}.$$

Connaissant la somme ou la différence des deux nombres $x \pm y = p$ et leur produit $xy = q$, on a :

(3)
$$x = \frac{p + \sqrt{p^2 \pm 4q}}{2}; \qquad y = \pm \frac{p - \sqrt{p^2 \pm 4q}}{2}.$$

Arrangements.

Arrangements d — m objets n à n.

Le nombre total des arrangements possibles est de :

$$A_n^m = m(m-1)(m-2)\ldots\ldots(m - n + 1).$$

Combinaisons.

Combinaisons $d - m$ objets, n à n.

$$C_n^m = \frac{m(m-1)(m-2)\ldots\ldots(m-n+1)}{n(n-1)(n-2)\ldots\ldots 2.1}.$$

Formule du binôme de Newton.

$$(a+b)^m = a^m + \frac{m}{1}a^{m-1}b + \frac{m(m-1)}{1.2}a^{m-2}b^2 + \ldots\ldots + b^m.$$

Développements en séries.

$$e^x = 1 + x + \frac{x^2}{1\cdot 2} + \frac{x^3}{1\cdot 2\cdot 3} + \frac{x^4}{1\cdot 2\cdot 3\cdot 4} + \ldots\ldots$$

$$\text{og. hyp. } (1+x) = x - \frac{x^2}{2} + \frac{x^3}{3} - \frac{x^4}{4} + \ldots\ldots$$

$$\operatorname{Sin} x = x - \frac{x^3}{1\cdot 2\cdot 3} + \frac{x^5}{1\cdot 2\cdot 3\cdot 4\cdot 5} - \frac{x^7}{1\cdot 2\cdot 3\cdot 4\cdot 5\cdot 6\cdot 7} + \ldots\ldots$$

$$\operatorname{Cos} x = 1 - \frac{x^2}{1\cdot 2} + \frac{x^4}{1\cdot 2\cdot 3\cdot 4} - \frac{x^6}{1\cdot 2\cdot 3\cdot 4\cdot 5\cdot 6} + \ldots\ldots$$

Valeurs approximatives de $\sqrt{a^2+b^2}$.

1° Si a et b sont quelconques $\sqrt{a^2+b^2} = 0,83(a+b)$ à 1/6 près.

2° Si $a > b$ $\qquad \sqrt{a^2+b^2} = 0,96a + 0,40b$ $\quad$ à 1/25 près.

Calcul différentiel.

$$dyz = zdy + ydz$$

$$d\frac{y}{z} = \frac{zdy - ydz}{z^2}$$

$$dy^m = myy^{m-1}dy$$

$$d\sqrt{y} = \frac{dy}{2\sqrt{y}}$$

$$d\frac{1}{y} = -\frac{dy}{y^2}$$

$$de^x = e^x dx$$

$$da^x = a^x \log. \text{ hyp. } a \times dx$$

$$d\log. \text{ hyp. } x = \frac{dx}{x}$$

$$d\sin x = \cos x\, dx$$

$$d\cos x = -\sin x\, dx$$

$$d\operatorname{tang} x = \frac{dx}{\cos^2}$$

$$d\operatorname{cotg.} x = \frac{dx}{\sin^2 x}$$

$$d\operatorname{arc sin} x = \frac{dx}{\sqrt{1-x^2}}$$

$$d\operatorname{arc cos} x = -\frac{dx}{\sqrt{1-x^2}}$$

$$d\operatorname{arc tang} x = -\frac{dx}{1+x^2}$$

$$d\operatorname{arc cotg.} x = -\frac{dx}{1+x^2}$$

III — TRIGONOMÉTRIE

Formules générales.

$$\sin^2 a + \cos^2 a = 1$$

$$\operatorname{tg} a = \frac{\sin a}{\cos a}$$

$$\operatorname{cotg} a = \frac{\cos a}{\sin a}$$

$$\sin(a + b) = \sin a \cos b + \sin b \cos a$$

$$\sin(a - b) = \sin a \cos b - \sin b \cos a$$

$$\cos(a + b) = \cos a \cos b - \sin a \sin b$$

$$\cos(a - b) = \cos a \cos b + \sin a \sin b$$

$$\operatorname{tg}(a + b) = \frac{\operatorname{tg} a + \operatorname{tg} b}{1 - \operatorname{tg} a \operatorname{tg} b}$$

$$\operatorname{tg}(a - b) = \frac{\operatorname{tg} a - \operatorname{tg} b}{1 + \operatorname{tg} a \operatorname{tg} b}$$

$$\sin 2a = 2 \sin a \cos a$$

$$\cos 2a = \cos^2 a - \sin^2 a$$

$$\operatorname{tg} 2a = \frac{2 \operatorname{tg} a}{1 - \operatorname{tg}^2 a}$$

$$\sin \frac{a}{2} = \sqrt{\frac{1 - \cos a}{2}}$$

$$\cos \frac{a}{2} = \sqrt{\frac{1 + \cos a}{2}}$$

$$\sin a + \sin b = 2 \sin \frac{a + b}{2} \cos \frac{a - b}{2}$$

$$\sin a - \sin b = 2 \cos \frac{a + b}{2} \sin \frac{a - b}{2}$$

$$\cos a + \cos b = 2 \cos \frac{a + b}{2} \cos \frac{a - b}{2}$$

$$\cos a - \cos b = -2 \sin \frac{a + b}{2} \sin \frac{a - b}{2}$$

Résolution des triangles.

(1) *Triangles rectangles.*   (2) *Triangles obliquangles.*

$$A = 90^o \qquad b = a \sin B$$
$$c = a \sin C$$

$$a = \sqrt{b^2 + c^2}$$

$$a = \frac{b \sin A}{\sin B} = \frac{c \sin A}{\sin C}$$

$$b = \frac{a \sin B}{\sin A} = \frac{c \sin B}{\sin C}$$

$$c = \frac{a \sin C}{\sin A} = \frac{b \sin C}{\sin B}$$

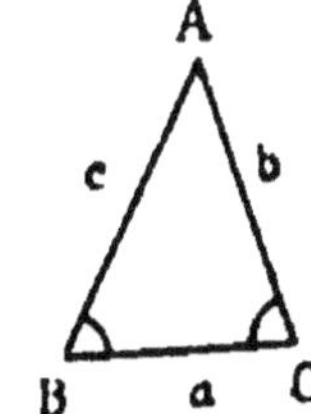

Triangles rectangles. — 1er cas. Données a et C.

$$\log b = \log a + \log \sin B$$
$$\log c = \log a + \log \sin C \qquad B = 90^\circ - C.$$

2e *Cas.* Données a et c. — 3e *Cas.* Données b et C. — 4e *Cas.* Données b et c. On en déduira facilement les formules des relations ([1]).

Triangles obliquangles. — 1er *Cas.* Données a, B et A.

$$C = 180 - (A + B) \qquad \begin{aligned} \log c &= \log a + \log \sin C - \log \sin A. \\ \log b &= \log a + \log \sin B - \log \sin A. \end{aligned}$$

2e *Cas.* Données a, b et C.

$$\frac{A + B}{2} = 90^\circ - \frac{C}{2}$$

$$\log \operatorname{tg} \frac{(A - B)}{2} = \log (a - b) + \log \cot \frac{C}{2} - \log (a + b)$$

$$\log c = \log a + \log \sin C - \log \sin A$$

3e *Cas.* Données a, b et c $\qquad [a + b + c = 2p]$

$$\log \operatorname{tg} \frac{A}{2} = \frac{1}{2} \left[\log (p - b) + \log (p - c) - \log p - \log (p - a) \right]$$

$$\log \operatorname{tg} \frac{B}{2} = \frac{1}{2} \left[\log (p - a) + \log (p - c) - \log p - \log (p - b) \right]$$

$$\log \operatorname{tg} \frac{C}{2} = \frac{1}{2} \left[\log (p - a) + \log (p - b) - \log p - \log (p - c) \right]$$

Valeurs trigonométriques (SINUS ET COSINUS)

Degrés	0'	10'	20'	30'	40'	50'	Degrés
			Sinus				
0	0,000	0,003	0,006	0,009	0,012	0,015	89
1	0,017	0,020	0,023	0,026	0,029	0,032	88
2	0,035	0,038	0,041	0,044	0,047	0,049	87
3	0,052	0,055	0,058	0,061	0,064	0,067	86
4	0,070	0,073	0,076	0,078	0,081	0,084	85
5	0,087	0,090	0,093	0,096	0,099	0,102	84
6	0,105	0,107	0,110	0,113	0,116	0,119	83
7	0,122	0,125	0,128	0,131	0,133	0,136	82
8	0,139	0,142	0,145	0,148	0,151	0,154	81
9	0,156	0,159	0,162	0,165	0,168	0,171	80
10	0,174	0,177	0,179	0,182	0,185	0,188	79
11	0,191	0,194	0,197	0,199	0,202	0,205	78
12	0,208	0,211	0,214	0,216	0,219	0,222	77
13	0,225	0,228	0,231	0,233	0,236	0,239	76
14	0,242	0,245	0,248	0,250	0,253	0,256	75
15	0,259	0,262	0,264	0,267	0,270	0,273	74
16	0,276	0,278	0,281	0,284	0,287	0,290	73
17	0,292	0,295	0,298	0,301	0,303	0,306	72
18	0,309	0,312	0,315	0,317	0,320	0,323	71
19	0,326	0,329	0,331	0,334	0,337	0,339	70
20	0,342	0,345	0,347	0,350	0,353	0,356	69
21	0,358	0,361	0,364	0,367	0,369	0,372	68
22	0,375	0,377	0,380	0,383	0,385	0,388	67
23	0,391	0,393	0,396	0,399	0,401	0,404	66
24	0,407	0,409	0,412	0,415	0,417	0,420	65
25	0,423	0,425	0,428	0,431	0,433	0,436	64
26	0,438	0,441	0,444	0,446	0,449	0,451	63
27	0,454	0,457	0,459	0,462	0,464	0,467	62
28	0,469	0,472	0,475	0,477	0,480	0,482	61
29	0,485	0,487	0,490	0,492	0,495	0,497	60
30	0,500	0,503	0,505	0,508	0,510	0,513	59
31	0,515	0,518	0,520	0,522	0,525	0,527	58
32	0,530	0,532	0,535	0,537	0,540	0,542	57
33	0,545	0,547	0,550	0,552	0,554	0,557	56
34	0,559	0,562	0,564	0,566	0,569	0,571	55
35	0,574	0,576	0,578	0,581	0,583	0,585	54
36	0,588	0,590	0,592	0,595	0,597	0,599	53
37	0,602	0,604	0,606	0,609	0,611	0,613	52
38	0,616	0,618	0,620	0,623	0,625	0,627	51
39	0,629	0,632	0,634	0,636	0,638	0,641	50
40	0,643	0,645	0,647	0,649	0,652	0,654	49
41	0,656	0,658	0,660	0,663	0,665	0,667	48
42	0,669	0,671	0,673	0,676	0,678	0,680	47
43	0,682	0,684	0,686	0,688	0,690	0,693	46
44	0,695	0,697	0,699	0,701	0,703	0,705	45
45	0,707						44

Degrés	0'	10'	20'	30'	40'	50'	Degrés
			Cosinus				
0	1,000	1,000	1,000	1,000	1,000	1,000	89
1	1,000	1,000	1,000	1,000	1,000	0,999	88
2	0,999	0,999	0,999	0,999	0,999	0,999	87
3	0,999	0,998	0,998	0,998	0,998	0,998	86
4	0,998	0,997	0,997	0,997	0,997	0,996	85
5	0,996	0,996	0,996	0,995	0,995	0,995	84
6	0,995	0,994	0,994	0,994	0,993	0,993	83
7	0,993	0,992	0,992	0,991	0,991	0,991	82
8	0,990	0,990	0,989	0,989	0,989	0,988	81
9	0,988	0,987	0,987	0,986	0,986	0,985	80
10	0,985	0,984	0,984	0,983	0,983	0,982	79
11	0,982	0,981	0,981	0,980	0,979	0,979	78
12	0,778	0,978	0,977	0,976	0,976	0,975	77
13	0,974	0,974	0,973	0,972	0,972	0,971	76
14	0,970	0,970	0,969	0,968	0,967	0,967	75
15	0,966	0,965	0,964	0,964	0,963	0,962	74
16	0,961	0,960	0,960	0,959	0,958	0,957	73
17	0,956	0,955	0,955	0,954	0,953	0,952	72
18	0,951	0,950	0,949	0,948	0,947	0,946	71
19	0,946	0,945	0,944	0,943	0,942	0,941	70
20	0,940	0,939	0,938	0,937	0,936	0,935	69
21	0,934	0,933	0,931	0,930	0,929	0,928	68
22	0,927	0,926	0,925	0,924	0,923	0,922	67
23	0,921	0,919	0,918	0,917	0,916	0,915	66
24	0,914	0,912	0,911	0,910	0,909	0,908	65
25	0,906	0,905	0,904	0,903	0,901	0,900	64
26	0,899	0,898	0,896	0,895	0,894	0,892	63
27	0,891	0,890	0,888	0,887	0,886	0,884	62
28	0,883	0,882	0,880	0,879	0,877	0,876	61
29	0,875	0,873	0,872	0,870	0,869	0,867	60
30	0,866	0,865	0,863	0,862	0,860	0,859	59
31	0,857	0,856	0,854	0,853	0,851	0,850	58
32	0,848	0,847	0,845	0,843	0,842	0,840	57
33	0,839	0,837	0,835	0,834	0,832	0,831	56
34	0,829	0,827	0,826	0,824	0,822	0,821	55
35	0,819	0,817	0,816	0,814	0,812	0,811	54
36	0,809	0,807	0,806	0,804	0,802	0,800	53
37	0,799	0,797	0,795	0,793	0,792	0,790	52
38	0,788	0,786	0,784	0,783	0,781	0,779	51
39	0,777	0,775	0,773	0,772	0,770	0,768	50
40	0,766	0,764	0,762	0,760	0,759	0,757	49
41	0,755	0,753	0,751	0,749	0,747	0,745	48
42	0,743	0,741	0,739	0,737	0,735	0,733	47
43	0,731	0,729	0,727	0,725	0,723	0,721	46
44	0,719	0,717	0,715	0,713	0,711	0,709	45
45	0,707						44

60'	50'	40'	30'	20'	10'	Degrés	60'	50'	40'	30'	20'	10'	Degrés
		Cosinus							**Sinus**				

Pour les angles moindres que 45° lire en descendant.

Valeurs trigonométriques (TANGENTES ET COTANGENTES)

Tangentes

Degrés	0'	10'	20'	30'	40'	50'	Degrés
0	0,000	0,003	0,006	0,009	0,012	0,015	89
1	0,017	0,020	0,023	0,026	0,029	0,032	88
2	0,035	0,038	0,041	0,044	0,047	0,049	87
3	0,052	0,055	0,058	0,061	0,064	0,067	86
4	0,070	0,073	0,076	0,079	0,082	0,085	85
5	0,087	0,090	0,093	0,096	0,099	0,102	84
6	0,105	0,108	0,111	0,114	0,117	0,120	83
7	0,123	0,126	0,129	0,132	0,135	0,138	82
8	0,141	0,144	0,146	0,149	0,152	0,155	81
9	0,158	0,161	0,164	0,167	0,170	0,173	80
10	0,176	0,179	0,182	0,185	0,188	0,191	79
11	0,194	0,197	0,200	0,203	0,206	0,210	78
12	0,213	0,216	0,219	0,222	0,225	0,228	77
13	0,231	0,234	0,237	0,240	0,243	0,246	76
14	0,249	2,252	0,256	0,259	0,262	0,265	75
15	0,268	0,271	0,274	0,277	0,280	0,284	74
16	0,287	0,290	0,293	0,296	0,299	0,303	73
17	0,306	0,309	0,312	0,315	0,318	0,322	72
18	0,325	0,328	0,331	0,335	0,338	0,341	71
19	0,344	0,348	0,351	0,354	0,357	0,361	70
20	0,364	0,367	0,371	0,374	0,377	0,381	69
21	0,384	0,387	0,391	0,394	0,397	0,401	68
22	0,404	0,407	0,411	0,414	0,418	0,421	67
23	0,424	0,428	0,431	0,435	0,438	0,442	66
24	0,445	0,449	0,452	0,456	0,459	0,463	65
25	0,466	0,470	0,473	0,477	0,481	0,484	64
26	0,488	0,491	0,495	0,499	0,502	0,506	63
27	0,510	0,513	0,517	0,521	0,524	0,528	62
28	0,532	0,585	0,539	0,543	0,547	0,551	61
29	0,554	0,558	0,562	0,566	0,570	0,573	60
30	0,577	0,581	0,585	0,589	0,593	0,597	59
31	0,801	0,605	0,609	0,613	0,617	0,621	58
32	0,625	0,629	0,633	0,637	0,641	0,645	57
33	0,649	0,554	0,658	0,662	0,666	0,670	56
34	0,675	0,679	0,683	0,687	0,692	0,696	55
35	0,700	0,705	0,709	0,713	0,718	0,722	54
36	0,727	0,731	0,735	0,740	0,744	0,749	53
37	0,754	0,758	0,763	0,767	0,772	0,777	52
38	0,781	0,786	0,791	0,795	0,800	0,805	51
39	0,810	0,815	0,819	0,824	0,829	0,834	50
40	0,839	0,844	0,849	0,854	0,859	0,864	49
41	0,869	0,874	0,880	0,885	0,890	0,895	48
42	0,900	0,906	0,911	0,916	0,922	0,927	47
43	0,933	0,938	0,943	0,949	0,955	0,960	46
44	0,966	0,971	0,977	0,983	0,988	0,994	45
45	1,000						44

Cotangentes

Degrés	0'	10'	20'	30'	40'	50'	Degrés
0	∞	343,8	171,9	114,6	85,94	68,75	89
1	57,29	49,10	42,96	38,19	34,37	31,24	88
2	28,64	26,43	24,54	22,90	21,47	20,21	87
3	19,08	18,07	17,17	16,35	15,60	14,92	86
4	14,30	13,73	13,20	12,71	12,25	11,83	85
5	11,43	11,06	10,71	10,39	10,08	9,788	84
6	9,514	9,255	9,010	8,777	8,556	8,345	83
7	8,144	7,953	7,770	7,596	7,429	7,269	82
8	7,115	6,968	6,827	6,691	6,561	6,435	81
9	6,314	6,197	6,084	5,976	5,871	5,769	80
10	5,671	5,576	5,485	5,396	5,309	5,226	79
11	5,145	5,066	4,989	4,915	4,843	4,773	78
12	4,705	4,638	4,574	4,511	4,449	4,390	77
13	4,331	4,275	4,219	4,165	4,113	4,061	76
14	4,011	3,962	3,914	3,867	3,821	3,776	75
15	3,732	3,689	3,647	3,606	3,566	3,526	74
16	3,487	3,450	3,412	3,376	3,340	3,305	73
17	3,271	3,237	3,204	3,172	3,140	3,108	72
18	3,078	3,047	3,018	2,989	2,960	2,932	71
19	2,904	2,877	2,850	2,824	2,798	2,773	70
20	2,747	2,723	2,699	2,675	2,651	2,628	69
21	2,605	2,583	2,560	2,539	2,517	2,496	68
22	2,475	2,455	2,434	2,414	2,394	2,375	67
23	2,356	2,337	2,318	2,300	2,282	2,264	66
24	2,246	2,229	2,211	2,194	2,177	2,161	65
25	2,145	2,128	2,112	2,097	2,081	2,066	64
26	2,050	2,035	2,020	2,006	1,991	1,977	63
27	1,963	1,949	1,935	1,921	1,907	1,894	62
28	1,881	1,868	1,855	1,842	1,829	1,816	61
29	1,804	1,792	1,780	1,767	1,756	1,744	60
30	1,732	1,720	1,709	1,698	1,686	1,675	59
31	1,664	1,653	1,643	1,632	1,621	1,611	58
32	1,600	1,590	1,580	1,570	1,560	1,550	57
33	1,540	1,530	1,520	1,511	1,501	1,492	56
34	1,483	1,473	1,464	1,455	1,446	1,437	55
35	1,428	1,410	1,411	1,402	1,393	1,385	54
36	1,376	1,368	1,360	1,351	1,343	1,335	53
37	1,327	1,319	1,311	1,303	1,295	1,288	52
38	1,280	1,272	1,265	1,257	1,250	1,242	51
39	1,235	1,228	1,220	1,213	1,206	1,199	50
40	1,192	1,185	1,178	1,171	1,164	1,157	49
41	1,150	1,144	1,137	1,130	1,124	1,117	48
42	1,111	1,104	1,098	1,091	1,085	1,079	47
43	1,072	1,066	1,060	1,054	1,048	1,042	46
44	1,036	1,030	1,024	1,018	1,012	1,006	45
45	1,000						44

60'	50'	40'	30'	20'	10'	Degrés	60'	50'	40'	30'	20'	10'	Degrés
		Cotangentes							Tangentes				

Pour les angles supérieurs à 45° lire de bas en haut.

IV — RENSEIGNEMENTS MATHÉMATIQUES

CALCUL DES INTÉRÊTS

On entend par *intérêt* le produit d'une somme placée ; par *taux*, l'intérêt de 100 francs placés pendant un an ; par *capital*, la somme placée. Le produit annuel de ce capital prend le nom de *rente*. L'intérêt est simple quand le capital reste le même pendant toute la durée du placement ; il est *composé* quand cet intérêt s'ajoute chaque année au capital pour produire intérêt lui-même. Dans les deux cas, l'intérêt est proportionnel au capital et au taux stipulé.

Intérêts simples. — Appelons I, l'intérêt du capital ; C, ce capital ; r, le taux de l'intérêt ; t, le temps ; les formules qui nous serviront sont :

$$I = \frac{r \times C \times t}{100} \quad C = \frac{100 \times I}{r \times t} \; ; \; r = \frac{100 \times I}{C \times t} \; ; \; t = \frac{100 \times I}{r \times C}$$

Lorsque le temps au lieu d'être un nombre d'années sera un nombre de mois, il faudra dans les trois premières formules remplacer t par $\frac{t}{12}$; lorsque le temps sera donné en jours, l'année commerciale ayant 360 jours, on remplacera t par $\frac{t}{360}$

Un franc produit, pendant un jour, un intérêt de :

$$0^{fr}000.083.333 \text{ au taux de } 3 \; 0/0.$$
$$0 \quad 000.097.221 \quad\quad — \quad\quad 3\ 1/2 \; 0/0.$$
$$0 \quad 000.111.111 \quad\quad — \quad\quad 4 \; 0/0.$$
$$0 \quad 000.124.999 \quad\quad — \quad\quad 4\ 1/2 \; 0/0.$$
$$0 \quad 000.138.888 \quad\quad — \quad\quad 5 \; 0/0.$$

Soit i l'intérêt de 1 fr. pendant un jour ; n le nombre de jours et C le capital ; on a pour intérêt couru : $I = C \times n \times i$.

Intérêts composés. — Soient r, le taux ; p, la somme placée ; P, ce qu'est devenue la somme au bout d'un certain nombre, n, d'année ; on aura $P = p\,(1 + r)\,n$; d'où l'on tire $p = \frac{P}{(1 + r)\,n}$ valeur actuelle d'un capital payable dans n années. La valeur actuelle de 1 fr. est de $\frac{1}{(1 + r)\,r}$

TABLE de la valeur de 1 fr. placé à intérêts composés aux divers taux usuels.

Années de Placement	2 %	2 1/2 %	3 %	3 1/2 %	4 %	4 1/2 %	5 %	5 1/2 %	6 %
1	1.020	1.025	1.030	1.035	1.040	1.045	1.050	1.055	1.060
2	1.040	1.051	1.061	1.071	4.082	1.092	1.103	1.113	1.124
3	1.061	1.077	1.093	1.109	1.125	1.141	1.158	1.174	1.191
4	1.082	1.104	1.126	1.148	1.170	1.193	1.216	1.239	1.262
5	1.104	1.131	1.156	1.188	1.217	1.246	1.276	1.307	1.338
6	1.126	1.160	1.194	1.229	4.265	1.302	1.340	1.379	1.419
7	1.149	1.189	1.230	1.272	1.316	1.361	1.407	1.455	1.504
8	1.172	1.218	1.267	1.317	1.369	1.422	1.477	1.535	1.594
9	1.195	1.249	1.305	1.363	1.423	1.486	1.551	1.619	1.689
10	1.219	1.280	1.344	1.411	1.480	1.553	1.629	1.708	1.791
15	1.346	1.418	1.558	1.675	1.801	1.935	2.079	2.232	2.397
20	1.486	1.639	1.806	1.990	2.191	2.412	2.653	2.918	3.207
25	1.641	1.854	2.094	2.363	2.666	1.005	3.386	3.813	4.292
30	1.811	2.098	2.427	2.807	3.243	3.745	4.322	4.981	5.743
35	2.000	2.373	2.811	3.331	3.946	4.667	5.516	6.514	7.686
40	2.208	2.685	3.262	3.959	4.801	5.816	7.040	8.513	10.286
45	2.438	3.038	3.782	4.702	5.841	7.248	8.985	11.127	13.765
50	2.692	3.437	4.384	5.585	7.107	9.033	11.467	14.542	18.420
55	2.972	3.889	5.082	6.633	8.646	11.256	14.636	19.006	24.650
60	3.281	4.400	5.892	7.878	10.520	14.027	18.679	24.840	32.988
65	3.623	4.978	6.930	9.357	12.799	17.480	23.840	32.465	44.145
70	4.000	5.632	7.918	11.113	15.572	21.784	30.426	42.430	59.076
75	4.416	6.372	9.179	13.199	18.945	27.147	38.833	55.454	79.057
80	4.875	7.210	10.641	15.676	23.050	33.830	49.561	72.477	105.790
85	5.383	8.157	12.336	18.618	28.043	42.158	63.254	94.725	141,579
90	5.943	9.229	14.300	22.112	31.119	52.537	80.730	123.801	189.465
95	6.562	10.442	16.578	26.262	41.511	65.471	103.035	161.803	253.548
100	7.245	11.814	19.219	31.191	50.505	81.589	131.501	211.471	339.302

REMARQUE IMPORTANTE. — Pour calculer la valeur d'une somme quelconque placée à intérêts composés à l'un des taux indiqués, on n'a qu'à multiplier cette somme par le nombre qui correspond à la durée du placement. Lorsque le nombre d'années n'est pas compris dans la 1re colonne, on décompose ce nombre d'années en deux autres qui soient contenus dans la table ; on *multiplie* l'un par l'autre *les deux nombres* de la colonne du taux donné, *qui correspondent* à ces deux nombres d'années ; enfin, on *multiplie* le produit ainsi obtenu par le capital placé.

Soit, par exemple, à calculer la valeur de 350 fr. placés à 4 p. %, à intérêts composés pendant 18 ans.

18 ans étant égal à 15 ans *plus* 3 ans, on cherche dans la colonne 4 p. %, les nombres 1,801 et 1,125 qui correspondent à 15 ans et 3 ans ; le capital définitif sera :

$$A = 350 \times 1 \text{ fr. } 04^{18} = 350 \times 1 \text{ fr. } 04^{15} \times 1,04^{3} = 350 \times 1 \text{ fr. } 801 \times 1,125.$$

TEMPS nécessaire pour qu'un capital placé à intérêts composés soit doublé ou triplé

TAUX	VALEUR							
	Doublée en				Triplée en			
1	69 ans	—	7 mois	27 jours	110 ans		4 mois	27 jours
2	35 —		» —	1 —	55 —		5 —	23 —
3	23 —		5 —	14 —	37 —		2 —	1 —
4	17 —		8 —	1 —	28 —		» —	3 —
4.5	15 —		8 —	29 —	24 —		» —	15 —
5	14 —		2 —	15 —	22 —		6 —	7 —
6	11 —		10 —	22 —	18 —		10 —	6 —
7	10 —		2 —	26 —	16 —		2 —	26 —
8	9 —		» —	3 —	14 —		3 —	9 —
9	8 —		» —	16 —	12 —		9 —	» —
10	7 —		3 —	13 —	11 —		6 —	18 —
11	6 —		7 —	21 —	10 —		6 —	10 —
12	6 —		1 —	11 —	9 —		8 —	9 —

Annuités. — L'annuité est : 1º une somme constante que l'on ajoute au commencement ou à la fin de chaque année à un capital placé à intérêts composés, pour le grossir ; ou bien IIº une somme constante que l'on rembourse au commencement ou à la fin de chaque année pour éteindre une dette. Tous les problèmes relatifs aux annuités peuvent se résoudre à l'aide des formules suivantes :

I. Soient a l'annuité ; r, le taux de 1 fr. ; n le nombre d'années et A le capital définitif, on a :

$$1º \quad A = a(1 + r) \times \frac{(1 + r)^n - 1}{r}$$

$$2º \quad a = \frac{Ar}{(1 + r)n + 1 - (1 + r)}$$

II. Soient A le capital emprunté ; r, le taux de 1 fr.; n, le nombre d'années et a l'annuité, on a

$$a = \frac{A \times r \times (1 + r)^n}{(1 + r)^n - 1}$$

Enfin l'équation générale :

$$Ar (1 + r)^n = a [(1 + r)^n - 1]$$

permet de résoudre 4 problèmes différents suivant que l'on prend pour inconnue l'une des quatre quantités a, A, n, r.

TABLE indiquant le capital acquis à la fin de chaque année par un versement annuel de 1 fr.

ANNÉES	3 p. °/₀	3 1/2 p. °/₀	4 p. °/₀	4 1/2 p. °/₀	5 p. °/₀	5 1/2 p. °/₀	6 p. °/₀
1	1.030	1.035	1.040	1.045	1.050	1.055	1.060
2	2.090	2.106	2.121	2.137	2.152	2.168	2.193
3	3.183	3.214	3.246	3.278	3.310	3.342	3.374
4	4.309	4.362	4.416	4.470	4.525	4.581	4.637
5	5.468	5.550	5.632	5.716	5.801	5.888	5.975
6	6.662	6.779	6.898	7.019	7.142	7.266	7.393
7	7.892	8.051	8.214	8.380	8.549	8.721	8.897
8	9.159	9.368	9.582	9.802	10.026	10.256	10.491
9	10.463	10.731	11.006	11.288	11.577	11.875	12.180
10	11.807	12.141	12.486	12.841	13.206	13.583	13.971
11	13.192	13.601	14.025	14.464	14.917	16.385	15.869
12	14.617	15.113	15.626	16.159	16.712	17.286	17.882
13	16.086	16.676	17.291	17.932	18.598	19.292	20.015
14	17.598	18.295	19.023	19.784	20.578	21.408	22.275
15	19.156	19.971	20.824	21.719	22.657	23.641	24.672
16	20.761	21.705	22.697	23.741	24.840	25.996	27.212
17	22.414	23.499	24.645	25.855	27.132	28.481	29.905
18	24.116	25.357	26.671	28.063	29.539	31.102	32.759
19	25.870	27.279	28.778	30.371	32.065	33.868	35.785
20	27.676	29.269	30.969	32.783	34.719	36.786	38.992
21	29.536	31.328	33.247	35.303	37.505	39.864	42.392
22	31.452	33.460	35.617	37.937	40.430	43.111	45.995
23	33.426	35.666	38.082	40.689	43.502	46.538	49.815
24	35.459	37.949	40.645	43.565	46.727	50.152	53.864
25	37.553	40.313	43.311	46.570	50.113	53.965	58.156
26	39.709	42.759	46.084	49.711	53.669	57.989	62.705
27	41.930	45.290	48.967	52.993	57.402	62.233	67.528
28	44.218	47.910	51.966	56.423	61.322	66.711	72.639
29	46.575	50.622	55.084	60.007	65.438	71.435	78.058
30	49.002	53.429	58.328	63.752	69.760	76.419	83.801
31	51.502	56.334	61.701	67.666	74.298	81.677	89.889
32	54.077	59.341	65.209	71.756	79.063	87.224	96.343
33	56.730	62.453	68.857	76.030	84.066	93.077	103.183
34	59.462	65.674	72.652	80.496	89.320	99.251	110.434
35	62.275	69.007	76.598	85.163	94.836	105.765	118.120
36	65.174	72.457	80.702	90.041	100.628	112.637	126.268
37	68.159	76.028	84.970	95.138	106.709	119.887	134.904
38	71.234	79.724	89.409	100.464	113.095	127.536	144.058
39	74.401	83.550	90.025	106.030	119.799	135.605	153.761
40	77.663	87.809	95.826	111.846	126.839	144.118	164.047
41	81.023	91.607	103.819	117.924	134.231	153.100	174.950
42	84.483	95.848	109.012	124.276	141.993	162.575	186.507
43	88.048	100.238	114.412	130.918	150.143	172.572	198.758
44	91.719	104.781	120.029	137.849	158.700	183.119	211.743
45	95.501	109.484	125.870	145.098	167.685	194.245	225.508
46	99.396	114.350	131.945	152.672	177.119	205.984	240.098
47	103.408	119.888	138.263	160.587	187.025	218.368	255.564
48	107.540	124.601	144.833	168.859	197.426	231.438	271.958
49	111.796	129.997	151.667	177.503	208.348	245.217	289.335
50	116.180	137.582	158.773	186.535	219.815	259.759	207.756

TABLE indiquant la somme à verser immédiatement pour recevoir 1 fr. après un nombre déterminé d'années.

ANNÉES	3 p. %	3 1/2 p. %	4 p. %	4 1/2 p. %	5 p. %	5 1/2 p. %	6 p. %
1	0.970	0.966	0.961	0.956	0.952	0.947	0.943
2	0.942	0.933	0.924	0.915	0.907	0.898	0.890
3	0.915	0.901	0.889	0.876	0.863	0.851	0.839
4	0.888	0.871	0.854	0.838	0.822	0.807	0.792
5	0.862	0.841	0.821	0.802	0.783	0.765	0.747
6	0.837	0.813	0.790	0.767	0.746	0.725	0.704
7	0.813	0.785	0.759	0.734	0.710	0.687	0.665
8	0.789	0.759	0.720	0.703	0.676	0.651	0.627
9	0.766	0.733	0.702	0.672	0.644	0.617	0.591
10	0.744	0.708	0.675	0.643	0.613	0.585	0.558
11	0.722	0.684	0.649	0.616	0.584	0.554	0.526
12	0.701	0.661	0.624	0.589	0.556	0.525	0.496
13	0.680	0.639	0.600	0.564	0.530	0.498	0.468
14	0.661	0.617	0.577	0.539	0.505	0.472	0.442
15	0.641	0.596	0.555	0.516	0.481	0.447	0.417
16	0.628	0.576	0.533	0.494	0.458	0.424	0.393
17	0.605	0.557	0.513	0.478	0.436	0.402	0.371
18	0.587	0.538	0.493	0.452	0.415	0.381	0.350
19	0.570	0.520	0.474	0.438	0.395	0.361	0.330
20	0.558	0.502	0.456	0.414	0.376	0.342	0.311
21	0.537	0.485	0.438	0.396	0.358	0.324	0.294
22	0.521	0.468	0.421	0.379	0.341	0.307	0.277
23	0.506	0.453	0.405	0.363	0.325	0.291	0.261
24	0.491	0.437	0.390	0.347	0.310	0.276	0.246
25	0.477	0.423	0.375	0.332	0.295	0.262	0.233
26	0.463	0.408	0.360	0.318	0.281	0.248	0.219
27	0.450	0.395	0.346	0.304	0.267	0.235	0.207
28	0.437	0.381	0.333	0.291	0.255	0.223	0.195
29	0.424	0.368	0.320	0.279	0.242	0.211	0.184
30	0.411	0.352	0.308	0.267	0.231	0.200	0.174
31	0.399	0.344	0.296	0.255	0.220	0.190	0.164
32	0.388	0.332	0.285	0.244	0.209	0.180	0.154
33	0.377	0.321	0.274	0.233	0.199	0.170	0.146
34	0.366	0.310	0.263	0.223	0.190	0.161	0.137
35	0.355	0.299	0.253	0.214	0.181	0.153	0.130
36	0.345	0.289	0.243	0.205	0.172	0.145	0.122
37	0.334	0.280	0.234	0.196	0.164	0.137	0.115
38	0.325	0.270	0.225	0.187	0.156	0.130	0.109
39	0.315	0.261	0.216	0.179	0.149	0.123	0.103
40	0.306	0.252	0.208	0.171	0.142	0.117	0.097
41	0.297	0.244	0.200	0.164	0.135	0.111	0.091
42	0.288	0.236	0.192	0.157	0.128	0.105	0.086
43	0.280	0.227	0.185	0.150	0.122	0.100	0.081
44	0.272	0.220	0.178	0.144	0.116	0.094	0.077
45	0.264	0.212	0.171	0.137	0.111	0.089	0.072
46	0.256	0.205	0.164	0.132	0.106	0.085	0.068
47	0.249	0.198	0.158	0.126	0.100	0.080	0.064
48	0.242	0.191	0.152	0.120	0.096	0.076	0.061
49	0.234	0.185	0.146	0.115	0.091	0.072	0.057
50	0.228	0.179	0.140	0.110	0.087	0.068	0.054

TABLE indiquant l'annuité à payer à la fin de chaque année pour amortir une dette de 1 fr.

ANNÉES	3 °/₀	4 °/₀	4.5 °/₀	5 °/₀	6 °/₀
1	1.030	1.04	1,045	1.05	1.06
2	0.522	0.530	0,533	0.537	0.145
3	0.353	0.360	0.363	0.367	0.374
4	0.269	0.275	0.278	0.282	0 288
5	0.218	0.221	0.227	0.230	0.237
6	0.184	0.190	0.193	0.197	0.203
7	0.160	0.166	0.169	0.172	0.179
8	0.142	0.148	0.151	0.154	0.161
9	0.128	0.134	0,137	0.140	0.147
10	0.117	0.123	0.126	0.129	0.135
11	0.108	0.114	0.117	0.120	0.126
12	0.100	0.106	0.109	0.112	0.119
13	0.094	0.100	0.103	0.106	0.112
14	0.088	0.094	0.097	0.101	0.107
15	0.083	0.089	0.093	0.096	0.102
16	0.079	0.085	0.089	0.092	0.098
17	0.075	0,082	0.085	0.088	0.095
18	0.072	0.078	0.082	0.085	0.092
19	0.069	0.076	0.079	0.082	0.089
20	0.067	0.073	0.076	0.080	0.087
21	0.061	0.071	0.074	0.077	0.085
22	0.062	0.069	0.072	0.075	0.083
23	0.060	0.067	0.070	0.074	0.081
24	0.059	0.065	0.068	0.072	0.079
25	0.057	0.064	0.067	0.070	0.078
26	0.055	0.062	0.066	0.069	0.076
27	0.054	0.061	0.064	0.068	0.075
28	0.053	0.060	0.063	0.067	0.074
29	0.052	0.058	0.062	0.066	0.073
30	0.051	0.057	0.061	0.065	0.072
31	0.049	0.056	0.060	0.064	0.071
32	0.049	0.055	0.059	0.063	0.071
33	0.048	0.055	0.058	0.062	0.070
34	0.047	0.054	0.057	0.061	0.069
35	0.046	0.053	0.057	0.061	0.068
36	0.045	0.052	0.056	0.060	0.068
37	0.046	0.052	0.055	0.059	0.067
38	0.044	0.051	0.055	0.059	0.067
39	0.043	0.051	0.054	0.058	0.066
40	0.043	0.050	0.054	0.058	0.066
41	0.042	0.050	0.053	0.057	0.066
42	0.042	0.049	0.053	0.057	0.065
43	0.041	0.049	0.052	0.056	0.065
44	0.041	0.048	0.052	0.056	0,065
45	0.040	0.048	0.052	0.056	0.064
46	0.040	0.047	0.051	0.055	0.064
47	0.039	0.047	0.051	0.055	0,064
48	0.039	0.047	0.051	0.055	0.063
49	0.039	0.046	0.050	0.055	0.063
50	0.038	0.046	0.050	0.054	0.063

TABLE indiquant la somme à recevoir immédiatement pour une annuité de 1 fr. versée à la fin de chaque année.

ANNÉES	3 %	4 %	4.5 %	5 %	6 %
1	0.970	0.961	0.956	0.952	0.943
2	1.913	1.886	1.872	1.859	1.833
3	2.828	2.775	2.748	2.723	2.673
4	3.717	3.629	3.587	3.545	3.465
5	4.579	4.451	4.389	4.329	4.212
6	5.417	5.242	5.157	5.075	4.917
7	6.230	6.002	5.892	5.786	5.582
8	7.019	6.732	6.595	6.463	6.209
9	7.786	7.435	7.268	7.107	6.801
10	8.530	8.110	7.912	7.721	7.360
11	9.252	8.760	8.528	8.306	7.886
12	9.954	9.385	9.118	8.863	8.383
13	10.634	9.985	9.682	9.393	8.852
14	11.296	10.563	10.222	9.898	9.294
15	11.937	11.118	10.739	10.379	9.712
16	12.561	11.652	11.234	10.837	10.105
17	13.166	12.165	11.707	11.274	10.477
18	13.753	12.659	12.159	11.689	10.827
19	14.323	13.133	12.593	12.085	11.158
20	14.877	13.590	13.007	12.462	11.469
21	15.415	14.029	13.404	12.821	11.764
22	15.936	14.451	13.784	13.163	12.041
23	16.443	14.856	14.147	13.488	12.303
24	16.935	15.246	14.495	13.798	12.550
25	17.413	15.622	14.828	14.093	12.783
26	17.876	15.982	15.146	14.375	13.003
27	18.327	16.329	15.451	14.643	13.210
28	18.764	16.663	15.742	14.898	13.406
29	19.188	16.983	16.021	15.141	13.590
30	19.600	17.292	16.288	15.372	13.764
31	20.000	17.588	16.544	15.592	13.929
32	20.388	17.873	16.788	15.802	14.084
33	20.765	18.147	17.022	16.002	14.230
34	21.131	18.411	17.246	16.192	14.368
35	21.487	18.664	17.461	16.374	14.498
36	21.832	18.908	17.666	16.546	14.620
37	22.167	19.142	17.862	16.711	14.736
38	22.492	19.367	18.049	16.867	14.846
39	22.808	19.584	18.229	17.017	14.949
40	23.114	19.792	18.401	17.159	15.046
41	23.412	19.993	18.566	17.294	15.138
42	23.701	20.186	18.723	17.423	15.224
43	23.981	20.370	18.874	17.545	15.306
44	24.254	20.548	19.018	17.662	15.383
45	24.518	20.720	19.156	17.774	15.455
46	24.775	20.884	19.288	17.880	15.524
47	25.024	21.042	19.414	17.981	15.589
48	25.266	21.195	19.535	18.077	15.650
49	25.501	21.341	19.651	18.168	15.707
50	25.729	21.482	19.762	18.255	15.761

COMPTES FAITS POUR JOURNÉES D'OUVRIERS

PRIX DE LA JOURNÉE.	NOMBRE DE JOURNÉES										
	1/4	1/2	3/4	1	2	3	4	5	6	7	8
	f. c.	f. c.	f. c.	f. c.	f. c.	f. c.	f. c.	f. c.	f. c.	f. c.	f. c.
1.»	0.25	0.50	0.75	1.»	2.»	3.»	4.»	5.»	6.»	7.»	8.»
1.05	0.26	0.52	0.79	1.05	2.10	3.15	4.20	5.25	6.30	7.35	8.40
1.10	0.27	0.55	0.82	1.10	2.20	3.30	4.40	5.50	6.60	7.70	8.80
1.15	0.29	0.57	0.86	1.15	2.30	3.45	4.60	5.75	6.90	8.05	9.20
1.20	0.30	0.60	0.90	1.20	2.40	3.60	4.80	6.»	7.20	8.40	9.60
1.25	0.31	0.62	0.94	1.25	2.50	3.75	5.»	6.25	7.50	8.75	10.»
1.30	0.32	0.65	0.98	1.30	2.60	3.90	5.20	6.50	7.80	9.10	10.40
1.35	0.34	0.67	1.01	1.35	2.70	4.05	5.40	6.75	8.10	9.45	10.80
1.40	0.35	0.70	1.05	1.40	2.80	4.20	5.60	7.»	8.40	9.80	11.20
1.45	0.36	0.72	1.09	1.45	2.90	4.35	5.80	7.25	8.70	10.15	11.60
1.50	0.37	0.75	1.12	1.50	3.»	4.50	6.»	7.50	9.»	10.50	12.»
1.55	0.39	0.77	1.16	1.55	3.10	4.65	6.20	7.75	9.30	10.85	12.40
1.60	0.40	0.80	1.20	1.60	3.20	4.80	6.40	8.»	9.60	11.20	12.80
1.65	0.41	0.82	1.24	1.65	3.30	4.95	6.60	8.25	9.90	11.55	13.20
1.70	0.42	0.85	1.28	1.70	3.40	5.10	6.80	8.50	10.20	11.90	13.60
1.75	0.44	0.88	1.31	1.75	3.50	5.25	7.»	8.75	10.50	12.25	14.»
1.80	0.45	0.90	1.35	1.80	3.60	5.40	7.20	9.»	10.80	12.60	14.40
1.85	0.46	0.92	1.39	1.85	3.70	5.55	7.40	9.25	11.10	12.95	14.80
1.90	0.48	0.95	1.42	1.90	3.80	5.70	7.60	9.50	11.40	13.30	15.20
1.95	0.49	0.98	1.46	1.95	3.90	5.85	7.80	9.75	11.70	13.65	15.60
2.»	0.50	1.»	1.50	2.»	4.»	6.»	8.»	10.»	12.»	14.»	16.»
2.25	0.56	1.12	1.69	2.25	4.50	6.75	9.»	11.25	13.50	15.75	18.»
2.50	0.62	1.25	1.88	2.50	5.»	7.50	10.»	12.50	15.»	17.50	20.»
2.75	0.69	1.38	2.06	2.75	5.50	8.25	11.»	13.75	16.50	19.25	22.»
3.»	0.75	1.50	2.25	3.»	6.»	9.»	12.»	15.»	18.»	21.»	24.»
3.25	0.82	1.63	2.43	3.25	6.50	9.75	13.»	16.25	19.50	22.75	26.»
3.50	0.88	1.75	2.63	3.50	7.»	10.50	14.»	17.50	21.»	24.50	28.»
3.75	0.94	1.88	2.82	3.75	7.50	11.25	15.»	18.75	22.50	26.25	30.»
4.»	1.»	2.»	3.00	4.»	8.»	12.»	16.»	20.»	24.»	28.»	32.»
4.25	1.07	2.13	3.20	4.25	8.50	12.75	17.»	21.25	25.50	29.75	34.»
4.50	1.13	2.25	3.38	4.50	9.»	13.50	18.»	22.50	27.»	31.50	36.»
4.75	1.19	2.38	3.57	4.75	9.50	14.25	19.»	23.75	28.50	33.25	38.»
5.»	1.25	2.50	3.75	5.»	10.»	15.»	20.»	25.»	30.»	35.»	40.»

Table des circonférences, surfaces, carrés, cubes, racines carrées, racines cubiques, logarithmes de 1 à 100.

Nombres.	Circonférence.	Surface.	Carré.	Cube.	Racine carrée.	Racine cubique.	Logarithmes.
1	3,14	0,78	1	1	1,000	1,000	0,00000
2	6,28	3,14	4	8	1,414	1,259	0,30103
3	9,42	7,07	9	27	1,732	1,442	0,47712
4	12,57	12,57	16	64	2,000	1,587	0,60206
5	15,71	19,63	25	125	2,336	1,709	0,69897
6	18,85	28,27	36	216	2,449	1,817	0,77815
7	21,99	38,48	49	343	2,645	1,912	0,84510
8	25,13	50,26	64	512	2,828	2,000	0,90309
9	28,27	63,61	81	729	3,000	2,080	0,95424
10	31,41	78,54	100	1000	3,162	2,154	1,00000
11	34,55	95,03	121	1331	3,316	2,223	1,04139
12	37,69	113,09	144	1728	3,464	2,289	1,07918
13	40,84	132,73	169	2197	3,605	2,351	1,11394
14	43,98	153,93	196	2744	3,741	2,410	1,14613
15	47,12	176,71	225	3375	3,872	2,466	1,17609
16	50,26	201,06	256	4096	4,000	2,519	1,20412
17	53,40	226,98	289	4913	4,123	2,571	1,23045
18	56,54	254,46	324	5832	4,242	2,620	1,25527
19	59,69	283,52	361	6859	4,358	2,668	1,27875
20	62,83	314,15	400	8000	4,472	2,714	1,30103
21	65,97	346,36	441	9261	4,582	2,758	1,32222
22	69,11	380,13	484	10648	4,690	2,802	1,34242
23	72,25	415,47	529	12167	4,795	2,843	1,36173
24	75,39	452,38	576	13824	4,898	2,884	1,38021
25	78,54	490,87	625	15625	5,000	2,924	1,39794
26	81,68	530,93	676	17576	5,099	2,962	1,41497
27	84,82	572,55	729	19683	5,196	3,000	1,43136
28	87,96	615,75	784	21952	5,291	3,036	1,44716
29	91,10	660,52	841	24389	5,385	3,072	1,46240
30	94,24	706,85	900	27000	5,477	3,107	1,47712
31	97,38	754,76	961	29791	5,567	3,141	1,49136
32	100,53	804,24	1024	32768	5,656	3,174	1,50515
33	103,67	855,29	1089	35937	5,744	3,207	1,51851
34	106,81	907,92	1156	39304	5,830	3,239	1,53148
35	109,95	962,11	1225	42875	5,916	3,271	1,54407
36	113,09	1017,87	1296	46656	6,000	3,301	1,55630
37	116,23	1075,21	1369	50653	6,082	3,332	1,56820
38	119,38	1134,11	1444	54872	6,164	3,361	1,57978
39	122,52	1194,59	1521	59319	6,244	3,391	1,59106
40	125,66	1256,63	1600	64000	6,324	3,419	1,60206
41	128,80	1320,25	1681	68921	6,403	3,448	1,61278
42	131,94	1385,44	1764	74088	6,480	3,476	1,62325
43	135,08	1452,20	1849	79507	6,557	3,503	1,63347
44	138,23	1520,52	1936	85184	6,633	3,530	1,64345
45	141,37	1590,43	2025	91125	6,708	3,556	1,65321
46	144,51	1661,90	2116	97336	6,782	3,583	1,66276
47	147,65	1734,94	2209	103823	6,855	3,608	1,67210
48	150,79	1809,55	2304	110592	6,928	3,634	1,68124
49	153,95	1885,74	2401	117649	7,000	3,659	1,69020
50	157,08	1963,49	2500	125000	7,071	3,684	1,69897

Table des circonférences, surfaces, carrés, cubes, racines carrées, racines cubiques, logarithmes, de 1 à 100.

Nombres.	Circonférence.	Surface du cercle.	Carré.	Cube.	Racine carrée.	Racine cubique.	Logarithmes.
51	160,22	2042,82	2601	132651	7,141	3,708	1,70757
52	163,36	2123,71	2804	140608	7,211	3,732	1,71600
53	166,50	2206,18	2809	148877	7,280	3,756	1,72428
54	169,64	2290,21	2916	157464	7,348	3,779	1,73239
55	172,78	2375,82	3025	166375	7,416	3,802	1,74036
56	175,92	2463,01	3136	175616	7,483	3,825	1,74819
57	179,07	2551,75	3249	185193	7,549	3,848	1,75587
58	182,21	2642,08	3364	195112	7,615	3,870	1,76343
59	185,35	2733,97	3481	205379	7,681	3,892	1,77085
60	188,49	2827,43	3600	216000	7,745	3,914	1,77815
61	191,63	2922,46	3721	226981	7,810	3,936	1,78533
62	194,77	3019,07	3844	238328	7,874	3,957	1,79238
63	197,92	3117,24	3969	250047	7,937	3,979	1,79934
64	201,06	3216,99	4096	262144	8,000	4,000	1,80618
65	204,20	3318,30	4225	274625	8,062	4,020	1,81291
66	207,34	3421,18	4356	287496	8,124	4,041	1,81954
67	210,48	3525,65	4489	300763	8,185	4,061	1,82607
68	213,62	3631,68	4624	314432	8,200	4,081	1,83251
69	216,77	3739,28	4761	328509	8,306	4,101	1,83885
70	219,91	3848,45	4900	343000	8,366	4,121	1,84510
71	223,05	3959,19	5041	357911	8,426	4,140	1,85126
72	226,19	4071,50	5184	373248	8,485	4,160	1,85733
73	229,33	4185,38	5329	389017	8,544	4,179	1,86332
74	232,47	4300,84	5476	405224	8,602	4,198	1,86923
75	235,61	4417,86	5625	421875	8,660	4,217	1,87506
76	238,76	4536,45	5776	438976	8,717	4,235	1,88081
77	241,90	4656,62	5929	456533	8,774	4,254	1,88649
78	245,04	4778,36	6084	474552	8,831	4,272	1,89209
79	248,18	4901,66	6241	493039	8,888	4,290	1,89763
80	251,32	5026,54	6400	512000	8,944	4,308	1,90309
81	254,46	5153,00	6561	531441	9,000	4,326	1,90849
82	257,61	5281,01	6724	551368	9,055	4,344	1,91381
83	260,75	5410,59	6889	571787	9,110	4,362	1,91908
84	263,89	5541,77	7056	592704	9,165	4,379	1,92428
85	267,03	5674,50	7225	614125	9,219	4,396	1,92942
86	270,17	5808,80	7396	636056	9,273	4,414	1,93450
87	273,31	5944,67	7569	658503	9,327	4,431	1,93952
88	276,46	6082,11	7744	681472	9,380	4,447	1,94448
89	279,60	6221,13	7921	704969	9,433	4,464	1,94939
90	282,74	6361,72	8100	729000	9,486	4,481	1,95424
91	285,88	6503,87	8281	753571	9,539	4,497	1,95904
92	289,02	6647,61	8464	778688	9,591	4,514	1,96379
93	292,16	6792,90	8649	804357	9,643	4,530	1,96848
94	295,31	6939,78	8836	830584	9,695	4,546	1,97313
95	298,45	7088,21	9025	857375	9,746	4,562	1,97772
96	301,59	7238,23	9216	884736	9,797	4,578	1,98227
97	304,73	7389,81	9409	912673	9,848	4,594	1,98677
98	307,87	7542,96	9604	941192	9,899	4,610	1,99123
99	311,01	7697,68	9801	970299	9,949	4,626	1,99564
100	314,15	7853,97	10000	1000000	10,000	4,641	2,00000

MESURE DES LIGNES

Circonférence. — Multiplier le diamètre par 3,1416, nombre représentant le rapport constant entre ces deux lignes. D'où la formule :

$$C = \pi D = 2\pi R$$

C = circonférence ; D = diamètre ; R = rayon ; π = 3,1416.

Ex. : Pour un rayon de 3 mètres, on a : C = 2 × 3,1416 × 3 = 18^{m}84.

Fig. 1.

Arc. — Multiplier le rayon par 3,1416 et par le nombre de degrés de l'angle o, puis diviser le produit par 180, nombre de degrés de la demi-circonférence. D'où la formule :

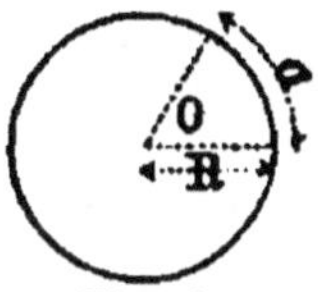

$$a = \frac{\pi R o}{180}$$

Fig. 2.

Ex. : $o = 60^n$; R = 6^m ; on a : $a = \dfrac{3,1416 \times 6 \times 60}{180} = 6^m28$.

Polygones réguliers. — Le côté a d'un polygone régulier quelconque s'obtient à l'aide du rayon R du cercle circonscrit ou de l'apothème r, rayon du cercle inscrit, d'après les formules suivantes :

Triangle	$a = 1{,}732R = 3{,}464r$
Carré	$a = 1{,}414R = 2r$
Pentagone	$a = 1{,}176R = 1{,}454r$
Hexagone	$a = R \quad\; = 1{,}154r$
Octogone	$a = 0{,}765R = 0{,}828r$
Décagone	$a = 0{,}618R = 0{,}649r$
Dodécagone	$a = 0{,}518R = 0{,}536r$

Fig. 3.

Fig. 4.

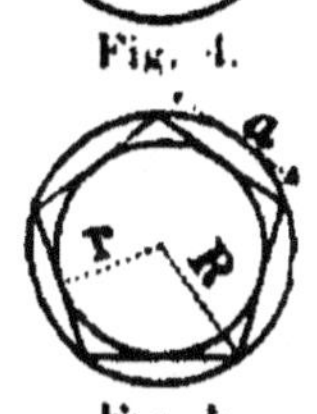

Ex. : Pour un pentagone inscrit dans un cercle dont le rayon est de 5 mètres, le côté = 5 × 1,176 = 5^{m}88.

Fig. 5.

MESURE DES SURFACES PLANES

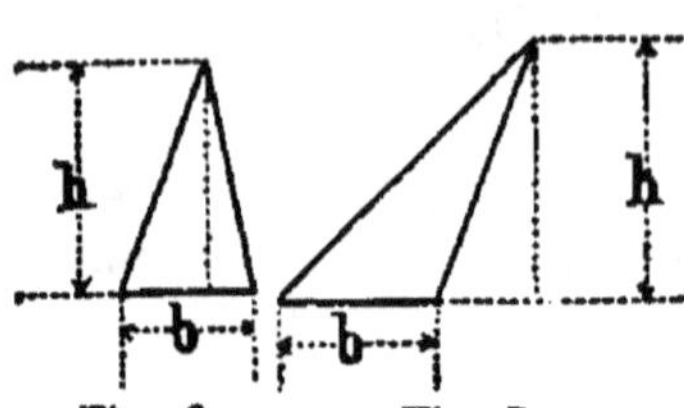

Fig. 6.   Fig. 7.

Triangle. — Multiplier la base par la moitié de la hauteur. D'où la formule :

$$S = b\,\frac{h}{2}$$

Ex. : Si $b = 2^m$, $h = 3^m$, on a : $S = 2 \times \dfrac{3}{2} = 3^{mq}$.

Triangle équilatéral. — Quand les trois côtés sont égaux, on se sert de la formule :

$$S = 0{,}433\,a^2$$

Fig. 8.

Ex. : Si le côté $= 2^m$., on a : $S = 0{,}433 \times 2^2 = 1^{mq}\,73$.

Carré. — Multiplier le côté par lui-même, d'où la formule :

Fig. 9.

$$S = a^2.$$

Rectangle. — Multiplier la base par la hauteur, d'où la formule :

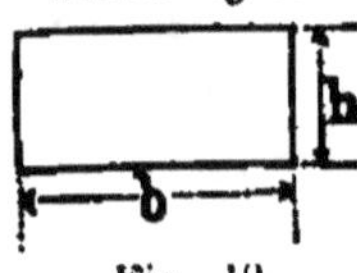

Fig. 10.

$$S = bh.$$

Parallélogramme. — Multiplier la base par la hauteur, perpendiculaire abaissée sur la base ; même formule :

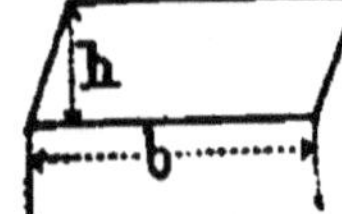

Fig. 11.

$$S = bh.$$

Losange. — Multiplier la base par la hauteur ; formule :

Fig. 12.

$$S = bh.$$

Trapèze. — Multiplier la hauteur par la demi-somme des deux côtés parallèles ; d'où la formule :

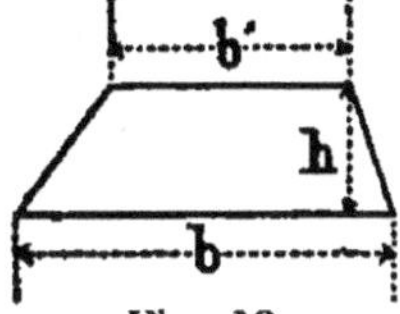

Fig. 13.

$$S = \frac{b + b'}{2}\, h$$

Ex. : Si $b = 3^m$, $b' = 2^m$, $h = 1^m$; on a : $S = \frac{3 \times 2}{2} \times 1 = 2^{mq}50$.

Polygones irréguliers. — Diviser en triangles dont on évalue la surface séparément ; le total donne celle du polygone ; d'où la formule :

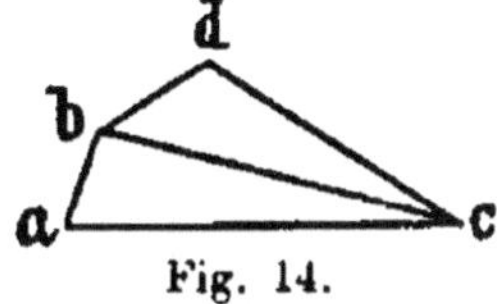

Fig. 14.

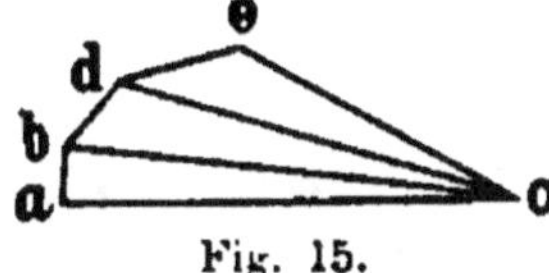

Fig. 15.

$$S = abc + bcd + dce, \text{etc.}$$

Polygones réguliers. — Multiplier le côté par l'apothème et par le nombre de côtés, puis diviser le produit par 2 ; soit la formule :

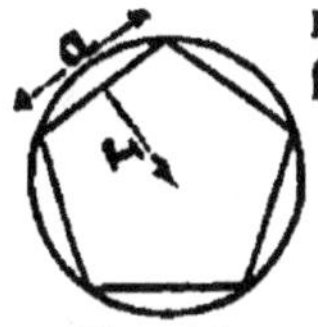

Fig. 16.

$$S = \frac{nar}{2}$$

n = nombre de côtés.

Cercle. — Multiplier le carré du rayon par 3,1416 ; d'où la formule :

$$S = \pi r^2 = \frac{\pi D^2}{4} = 0,785 D^2$$

Ex. : Pour un rayon de 6, on a = $S = \pi \times 6^2 = 113^{mq}09$.

Secteur de cercle. — Multiplier la surface du cercle par le nombre de degrés de l'angle, et diviser le produit par 360 ; d'où la formule :

Fig. 17.

$$S = \frac{\pi R^2 a}{360} = 0,0087 R^2 a$$

Ex. : Si $R = 3^m.$, $a = 60^o$, on a : $S = \frac{\pi \times 3^2 \times 60}{360} = 4^{mq}71.$

Segment de cercle. — Déduire de la surface du secteur, celle du triangle *aob*, selon la formule :

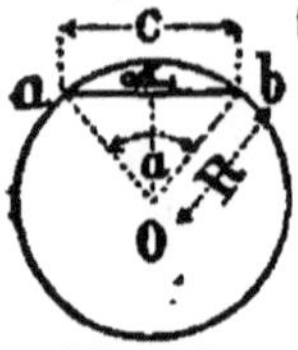

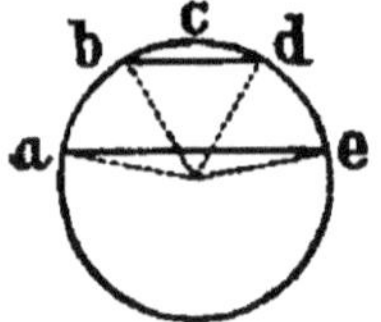

$$S = \frac{\pi R^2 a}{360} - \frac{c}{2}(R - f)$$

Fig. 18. $c =$ corde du segment ; $f =$ flèche du segment.

Tranche de cercle. — Se mesure comme la différence de deux segments, car :

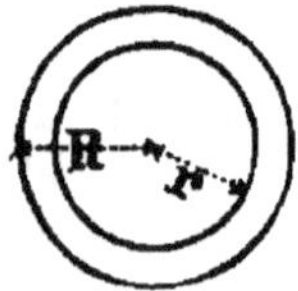

$$abde = ace - bcd.$$

Fig. 19.

Couronne. — Différence des surfaces des deux cercles, d'où la formule :

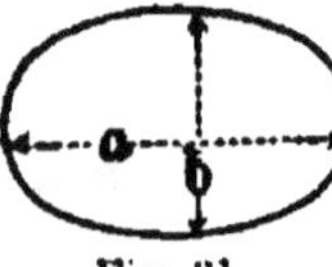

$$S = \pi R^2 - \pi r^2.$$

Fig. 20.

Ellipse. — Multiplier par 3,1416 le produit du demi-petit axe par le demi-grand axe, selon la formule :

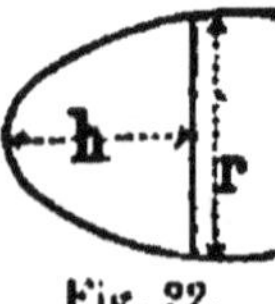

$$S = \pi \frac{a}{2}\frac{b}{2}$$

Fig. 21.

Ex. : Si $a = 6$ m., $b = 8$m., on a : $S = 3,1416 \times \frac{6}{2} \times \frac{8}{2} = 37^{mq}69$.

Parabole. — Multiplier par $\frac{2}{3}$ le produit des deux dimensions r et h ; selon la formule :

$$S = \frac{2}{3} rh$$

Fig. 22.

QUADRATURE DES SURFACES PLANES, BORNÉES PAR DES LIGNES COURBES

Méthode de Th. Simpson. — Tracer axe quelconque mx ; élever des ordonnées $y_1 y_2 y_3$ etc., équidistantes ; appelons d cette équidistance. Les ordonnées sont en nombre *impair*, on a alors :

Fig. 23.

$$S = \frac{d}{3}\{y_1 + y_n + 4(y_2 + y_4 \ldots y_{n-1}) + 2(y_3 + y_5 \ldots y_{n-2})\}.$$

Formule de Tchébitchef. — Soit une surface ABCD à évaluer.

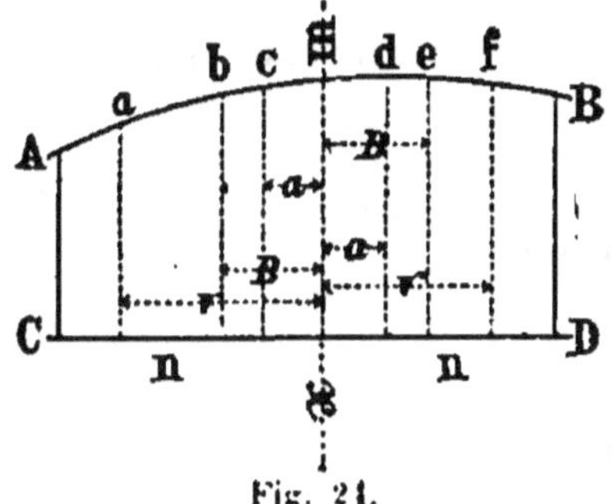

Fig. 24.

1° Elever perpendiculaire mx au milieu de CD qu'on fait $= 2n$.

2° Porter à partir du milieu x, et de chaque côté des longueurs : $\alpha = 0,267n$; $\beta = 0,422n$; $\gamma = 0,866n$.

3° Mesurer les six ordonnées a, b, c, d, e, f, et appliquer la formule :

$$S = \frac{n}{3}(a + b + c + d + e + f) = \text{longueur } \frac{CD}{6}(a + b + c + d + e + f).$$

Ce procédé est exact et rapide.

Emploi du planimètre. — Il est souvent plus pratique d'employer le planimètre polaire d'Amsler-Laffon, de Schaffhouse, qui permet d'évaluer rapidement les surfaces même irrégulières. Applicable surtout à l'évaluation des parcelles cadastrales, des courbes dynamométriques, des diagrammes de l'indicateur de Watt, etc.

SURFACES COURBES

Sphère. — Multiplier le carré du diamètre par 3,1416. D'où la formule :

$$S = 4\pi R^2 = \pi D^2.$$

Calotte sphérique. — La surface *bcdn* s'obtient en multipliant la circonférence d'un grand cercle par la hauteur *cn* ; d'où la formule :

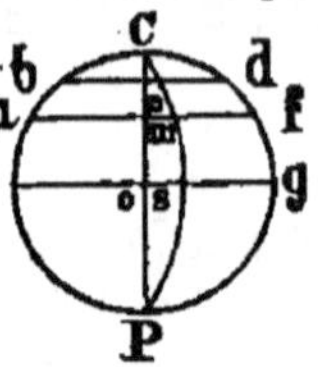

Fig. 25.

$$S = 2\pi Rh.$$

Zone sphérique. — La surface *abdf* s'obtient en multipliant la circonférence d'un grand cercle par la hauteur *mn* ; d'où la formule :

$$S = 2\pi Rh.$$

Fuseau. — La surface CSPg s'obtient en multipliant la demi-surface de la sphère par le nombre de degrés de l'angle des deux méridiens, et en divisant ce produit par 90 ; soit la formule :

$$S = \pi R^2 \frac{a}{90} = 0,0348 R^2 a^\circ ; \quad a^\circ = \text{angle des deux méridiens.}$$

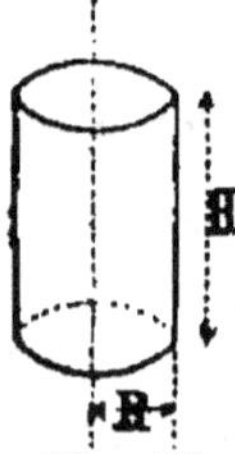

Cylindre circulaire droit. — Multiplier la circonférence par la hauteur ; d'où la formule :

$$S = 2\pi RH = 6,28 RH.$$

Fig. 26.

Cylindre quelconque. — Multiplier par la génératrice H, la circonférence d'une section perpendiculaire à cette ligne, soit la formule :

$$S = CH.$$

Fig. 27.

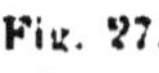

Cône droit à base circulaire. — Multiplier la génératrice L par le rayon et par 3,1416 ; d'où la formule :

$$S = \pi RL.$$

Fig. 28.

Tronc de cône circulaire droit à bases parallèles. — Multiplier la génératrice L par 3,1416 et par la somme des deux rayons ; d'où la formule :

$$S = \pi(R + r)L.$$

Fig. 29.

VOLUMES

Volume à talus. — Outre la formule du tronc de pyramide on peut employer la suivante :

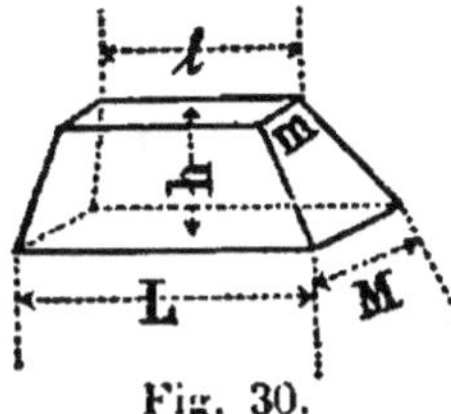

Fig. 30.

$$V = \left[H \left(\frac{L+l}{2} \right) \left(\frac{M+m}{2} \right) \right] + \left[\frac{H}{3} \left(\frac{L-l}{2} \right) \left(\frac{M-m}{2} \right) \right]$$

Volume des silos à racines, troncs de prisme, etc. — Multiplier la somme des arètes longitudinales par la largeur de la base et la hauteur; diviser ce produit par 6. Soit la formule :

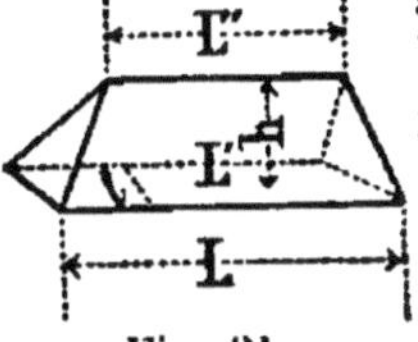

Fig. 31.

$$V = \frac{1}{6} \, hl(L + L' + L'')$$

La largeur l étant prise perpendiculairement aux arètes L, L'.

Cube. — Multiplier deux fois le côté par lui-même; d'où la formule :

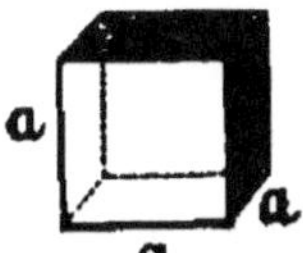

Fig. 32.

$$V = a^3.$$

Parallélipipède rectangle. — Multiplier entre elles les trois dimensions; soit la formule :

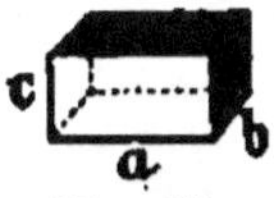

Fig. 33.

$$V = abc.$$

Parallélipipède oblique. — Multiplier la longueur par la largeur et par la hauteur, perpendiculaire abaissée sur la base; d'où la formule :

$$V = abH.$$

Fig. 34.

Prisme droit ou oblique. — Multiplier la surface de la base par la hauteur; soit la formule :

$$V = BH.$$

Fig. 35.

Tétraède. — Prendre le $\frac{1}{3}$ du produit de la base par la hauteur d'où la formule :

$$V = \frac{1}{3} BH$$

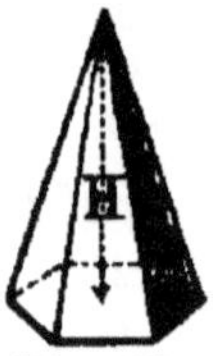

Fig. 36.

Pyramide. — Même formule que la précédente :

$$V = \frac{1}{3} BH$$

Fig. 37.

Tronc de pyramide. — Multiplier par le $\frac{1}{3}$ de la hauteur la somme formée par les surfaces des deux bases et la moyenne géométrique de ces deux surfaces ; soit la formule :

$$V = \frac{1}{3} H(B + b + \sqrt{Bb}).$$

Fig. 38.

Cylindre circulaire droit. — Multiplier par 3,1416 le carré du diamètre, et diviser le produit par 4 ; soit la formule :

$$V = \frac{\pi D^2}{4} = 0,785 D^2.$$

Fig. 39.

Cylindre quelconque. — Multiplier la hauteur par la surface de la base ; d'où la formule :

$$V = BH$$

Fig. 40.

Cylindre équilatéral. — Lorsque la hauteur égale le diamètre on a la formule :

$$V = \frac{\pi D^3}{4} = 0,785 D^3.$$

Cône à base circulaire droit ou oblique. — Multiplier la surface de
la base par le $\frac{1}{3}$ de la hauteur; selon la formule :

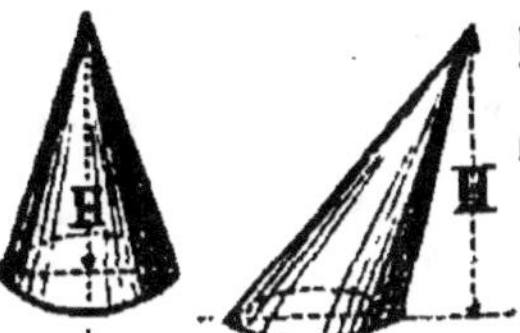

Fig. 41.   Fig. 42.

$$V = \pi R^2 \frac{H}{3} = 1,047 R^2 H.$$

Tronc de cône. — Multiplier le $\frac{1}{3}$ de la hauteur par 3,1416, et ce
produit par la somme des carrés des deux rayons, augmentée
de leur produit; d'où la formule :

Fig. 43.

$$V = \frac{1}{3} \pi H (R^2 + r^2 + Rr).$$

Sphère pleine. — On peut considérer la sphère comme composée
d'une infinité de pyramides égales ayant leur sommet au
centre et dont les bases réunies forment l'enveloppe,
ainsi qu'on l'observe dans le fruit du platane. On obtiendra donc le volume total en multipliant la surface de la
sphère par le $\frac{1}{3}$ du rayon; d'où la formule :

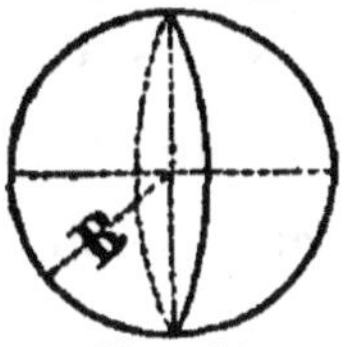

Fig. 44.

$$V = \frac{4}{3} \pi R^3.$$

Sphère creuse. — Déduire du volume total celui de la sphère intérieure; d'où la formule :

$$V = \frac{4}{3} \pi (R^3 - r^3) = 4,19 (R^3 - r^3). \quad r = \text{rayon interne.}$$

Onglet de sphère. — La surface extérieure de l'onglet (en forme
de tranche de melon) est le *fuseau* (voir **CSPg**,
fig. 25 et fig 45).

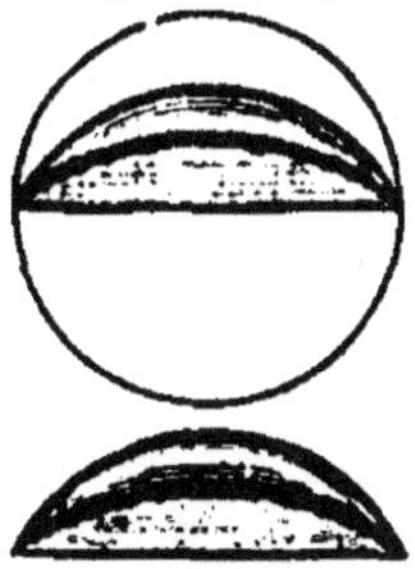

Pour obtenir le volume de l'onglet on calcule d'abord
celui de la sphère; on multiplie ce volume par le nombre de degrés des deux demi-grands cercles limitant
le coin, et l'on divise ce produit par 360. Soit la for-
mule : $V = \dfrac{4R^3\pi \times n}{3 \times 360}$; $n = $ nombre de degrés correspondant à l'onglet ou coin.

Fig. 45.

Secteur de sphère. — Multiplier par $\frac{2}{3}$ le produit de 3,1416 par le carré du rayon, et par la hauteur; soit la formule :

Fig. 46.

$$V = \frac{2}{3}\, \pi R^2 H.$$

Segment de sphère. — Additionner le $\frac{1}{6}$ du produit de 3,1416 par le cube de la hauteur, avec le $\frac{1}{2}$ produit de la hauteur par 3,1416 et le carré du rayon; soit la formule :

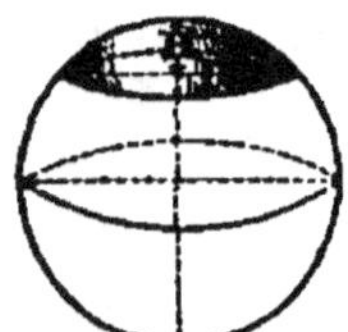

Fig. 47.

$$V = \frac{1}{6}\, \pi H^3 + \frac{1}{2}\, \pi r^2 H.$$

Polyèdres réguliers. — Calculer la hauteur ou distance de chaque face au centre du polyèdre. Prendre le $\frac{1}{3}$ du produit de la hauteur par la surface d'une base, et par le nombre de faces. Soit la formule :

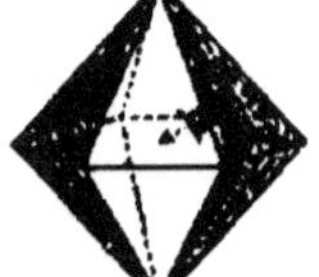

Fig. 48.

$$V = \frac{1}{3}\, nsh.$$

$n =$ nombre de faces.

Polyèdres irréguliers. — Mesurer les hauteurs, ou distances de chaque base à l'un des sommets du polyèdre choisi arbitrairement. Prendre le $\frac{1}{3}$ de la somme des produits des diverses surfaces par leurs hauteurs respectives; soit la formule :

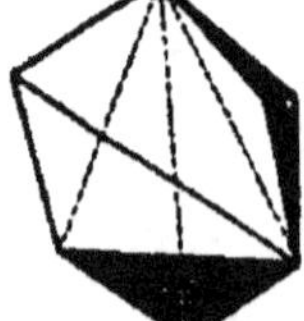

Fig. 49.

$$V = \frac{1}{3}\, (SH + S'H' + S''H'', \text{etc.}).$$

Ellipsoïde de révolution. — Multiplier par $\frac{4}{3}$ et par 3,1416 le produit du $\frac{1}{2}$ grand axe par le carré du $\frac{1}{2}$ petit axe. Soit la formule :

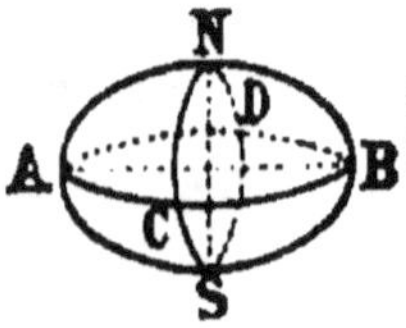

Fig. 50.

$$V = \frac{4}{3}\, \pi a b^2$$

$$a = \frac{1}{2}\, AB; \quad b = \frac{1}{2}\, CD.$$

Ellipsoïde à 3 axes. — Multiplier par $\frac{4}{3}$ et par 3,1416 le produit des trois $\frac{1}{2}$ axes. Soit la formule :

$$V = \frac{4}{3}\,\pi abc$$

$$a = \frac{1}{2}\,AB\,; \quad b = \frac{1}{2}\,CD\,; \quad c = \frac{1}{2}\,NS.$$

Paraboloïde de révolution. — Multiplier par $\dfrac{3,1416}{2}$ le produit de la hauteur par le carré du diamètre de la section. Soit la formule :

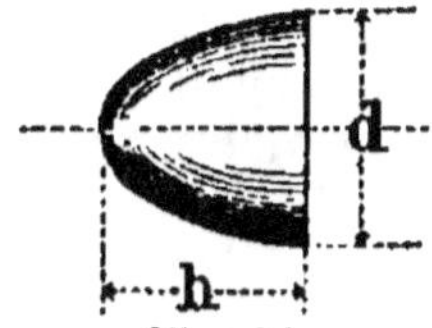

$$V = \frac{\pi}{2}\,d^2 h.$$

Fig. 51.

APPLICATIONS DIVERSES

Mesure d'un tas de grains de forme conique — Pour évaluer le volume d'un tas de la forme d'un cône, il suffit de mesurer le diamètre de la base et la hauteur verticale. Admettons que le diamètre soit de 3 m. et la hauteur de 0 m. 60 ; nous multiplierons la surface de la base par le $\frac{1}{3}$ de la hauteur et nous aurons :

Volume du tas $= 3,1416 \times 1,50 \times 1,50 \times \dfrac{0,60}{3} = 1^{mc},413^{de}$, ou 1413 litres de grains.

Volumes à talus. — Cette forme (fig. 52) s'applique aux tas de pierres ou de sable sur les routes, aux fossés, tombereaux, caisses de maçons, etc. Pour obtenir le volume il faut mesurer les longueurs et les largeurs de la base et du sommet, puis la hauteur verticale. Supposons que l'on ait :

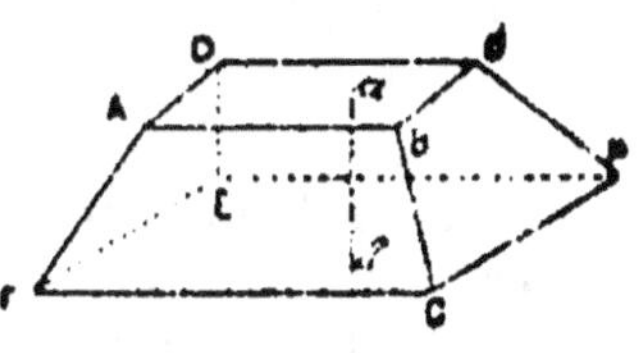

Fig. 52.

$L = 4^m 30\,; \; l = 2^m 70\,; \; M = 2^m 60\,; \; m = 0^m 30$ et $h = 1^m 50.$

Suivant la formule (page 67) nous aurons :

$$\text{Volume} = \left[\left(1,50 \times \frac{4,30 + 2,70}{2} \times \frac{2,60 + 0,30}{2} \right) + \left(\frac{1,5}{3} \right.\right.$$
$$\left.\left. \times \frac{4,30 - 2,70}{2} \times \frac{2,60 - 0,30}{2} \right) \right] = 8^{mc}072$$

Fig. 53.

Si le tas a la forme représentée fig. 53 et que ses dimensions soient : L = 3ᵐ60; L' = 3ᵐ70; L" = 3ᵐ50; l = 1ᵐ28; h = 0ᵐ56. On aura d'après la formule (page 67) :

$$\text{Volume} = \frac{1}{6}\ 0^m56 \times 1^m28\ (3^m60 + 3^m70 + 2^m50) = 1^{mc}170.$$

Capacité d'un bassin, d'une citerne, d'un puits, etc. — Ceux-ci peuvent avoir la forme cylindrique ou prismatique à base carrée, rectangulaire, pentagonale, etc.; leur volume s'obtiendra invariablement en multipliant la surface de la base par la hauteur.

Soit un réservoir cylindrique dont le diamètre est de 4 mètres et la profondeur 2 m. 50.

$$\text{Surface} = 3,1416 \times 2^2 = 12^m56$$

et l'on aura pour volume :

$$V = 12,56 \times 2^m50 = 31^{mc}250 \text{ ou } 31,250 \text{ litres.}$$

Pour obtenir la capacité des fours à chaux on appliquera la formule de l'ellipsoïde de révolution (page 70).

La formule de l'ellipsoïde à 3 axes sera applicable aux tas formés par les bûcherons avec les copeaux provenant des racines d'arbres.

Jaugeage des cuves. — Généralement on peut les considérer comme ayant la forme d'un tronc de cône (fig. 43). Soit une cuve dont le diamètre du fond = 2ᵐ50; le diamètre du haut = 2ᵐ30 et la hauteur verticale = 1ᵐ80.

Suivant la formule (page 69) nous aurons :

$$\text{Volume} = \frac{1}{3} \times 3,1416 \times 1,80 \times [1,25^2 + 1,15^2 + (1,25 \times 1,15)]$$
$$= 8^{mc}147^{de} = 81 \text{ hectolitres } 47 \text{ litres.}$$

Jaugeage des tonneaux. — Les fonds n'étant pas d'une régularité absolue, on déterminera leur *diamètre moyen d* en mesurant sur chacun d'eux deux diamètres en croix et en prenant la moyenne de ces mesures. Le *diamètre intérieur du bouge* D s'obtient en introduisant un fil à plomb par la bonde et en déduisant l'épaisseur d'une douve. On détermine enfin la *hauteur* H en introduisant un petit fil à plomb par le trou de vidange du fond de devant et en déduisant l'épaisseur du fond; ou encore, mais moins exactement, en mesurant la longueur totale extérieure, dont on déduit le double de la profondeur des peignes et l'épaisseur des deux fonds. Pour les tonneaux à fond elliptique, on prend la demi-somme des deux diamètres de chaque fond pour obtenir le *diamètre moyen du fond*, et la demi-somme des deux diamètres de bouge pour avoir le *diamètre moyen du bouge*.

On peut considérer les tonneaux comme formés par 2 troncs de cône dont la grande base est le *bouge*, c'est-à-dire la partie médiane du fût et la plus petite, le *jable* ou fond. On emploie dans ce cas la formule :

$$V = \frac{1}{3}\pi H (2R^2 + r^2)$$ qui donne le volume d'un tronc de cône ; en doublant on a le volume du tonneau.

L'octroi de Paris emploie la formule suivante :

$$V = \frac{1}{4}\pi l \left[d + (D - d)\, 0{,}56 \right]^2$$

dans laquelle V représente le volume ; l, la longueur intérieure du tonneau ; D et d, les valeurs du plus grand et du plus petit diamètre.

Dans le commerce, le jaugeage des tonneaux peut se faire en appliquant les formules ci-après :

1° Si la courbure est très prononcée :

$$V = \frac{\pi}{4} l \left[d + \frac{2}{3} (D - d) \right]^2$$

2° Si la courbure est moyenne :

$$V = \frac{\pi}{4} l \left[d + \frac{3}{5} (D - d) \right]^2$$

3° Si le tonneau est presque cylindrique :

$$V = \frac{\pi}{4} l \left[d + \frac{11}{10} (D - d) \right]^2$$

On peut aussi dans la plupart des cas, employer la formule moyenne :

$$V = 0{,}0875\, l\, (d + 2\, D)^2$$

qui comprend les opérations suivantes : doubler le grand diamètre, ajouter le produit au petit diamètre et élever la somme au carré ; ensuite multiplier le chiffre obtenu par la longueur du tonneau, puis le nouveau produit par 0,0875.

Enfin on emploie encore la formule de M. Maître, ancien directeur de l'École normale de Montpellier :

$$V = 0{,}8 \times l \times d \times D)$$

Exemples. — Soit un tonneau mesurant 0ᵐ 80 de longueur, 0ᵐ 65 au grand diamètre et 0ᵐ 55 au petit diamètre. (Toutes ces dimensions sont prises intérieurement.)

1º En appliquant la formule de l'octroi de Paris, on a :

$$V = \frac{1}{4}\, 3{,}14 \times 0{,}80\, [0{,}55 + (0{,}65 - 0{,}55)\, 0{,}56]^2$$

$$V = \frac{3{.}14}{4}\, 0{,}80\, [0{,}55 + 0{,}056]^2$$

$$V = 0{,}628 \times 0{,}36$$

$$V = 0^{m^3} 226 \text{ ou } 226 \text{ litres.}$$

2º En appliquant la formule moyenne :

$$V = 0{,}0875\, l\, (d + 2\, D)^2$$

$$\text{on a } V = 0{,}0875 \times 0{,}80\, (0{,}55 + 2 \times 0{,}65)^2$$

$$V = 0{,}0875 \times 0{,}80 \times 3{,}422$$

$$V \times 0^{m^3} 239 \text{ ou } 239 \text{ litres.}$$

3º En appliquant la formule de M. Maître, on a :

$$V = 0{,}80 \times 0{,}80 \times 0{,}65 \times 0{,}55.$$

$$V = 228 \text{ litres.}$$

Emploi de la jauge « diagonale ». — On l'enfonce obliquement par la bonde jusqu'à l'un des fonds et on lit sur la règle au niveau de la bonde la contenance du tonneau. C'est de procédé ordinairement employé par la régie.

Jaugeage des Foudres. — Leur forme diffère de celle des tonneaux en ce que les fonds sont concaves à l'extérieur et rentrent en dedans, de manière à ce que la poussée du liquide tende à les aplatir et à les faire jointer dans le jable. On obtiendra donc la hauteur moyenne H en mesurant la distance horizontale d'un fond à l'autre, à partir du $\frac{1}{4}$ du diamètre vertical de chaque fond. Les fonds étant rarement circulaires, par suite du retrait du bois dans le sens de la largeur, il importe de prendre le diamètre moyen de chaque fond et celui de bouge. On appliquera à ces mesures les mêmes formules que pour les tonneaux.

Toisé des murs, portes, croisées, planchers. — Il est utile de connaître la *superficie des murs*, surtout lorsqu'on désire les faire enduire. Ces murs représentent généralement des rectangles au dessus desquels sont des triangles ou trapèzes, ou bien ils ont la forme de trapèzes, surmontés de triangles ou d'autres trapèzes de dimensions plus faibles. Nous avons indiqué les moyens d'obtenir les surfaces de ces différentes figures, il suffira de les appliquer ici.

Ex. : Soit un mur de 6ᵐ de large et d'une hauteur de 8ᵐ jusqu'au point où commence le triangle qui termine ce mur et qui a une hauteur de 1ᵐ50.

$$\text{Surface du rectangle} = 6 \times 8 = 48^{mq}$$

$$\text{Surface du triangle} = \frac{6 \times 1{,}5}{2} = 4^{mq}50$$

$$\text{Surface du mur} = 52^{mq}50$$

Le *volume d'un mur* est égal à la surface d'un côté multipliée par l'épaisseur du mur.

Ex. : Dans l'exemple précédent, si le mur a une épaisseur de 0m30, son volume $= 52,50 = 0,30 = 15^{mc}750$.

La peinture des *portes* et *fenêtres*, comme la plupart des peintures ordinaires, étant payée au mètre carrée, il est bon de pouvoir évaluer leur surface. Rien n'est plus facile que d'appliquer la formule du rectangle et autres surfaces données précédemment.

Un *plancher*, également payé au mètre carré, est généralement rectangulaire ; s'il en est autrement, on le décompose en triangles que l'on toise séparément.

Volume des écuries, vacheries, etc. Sachant qu'une bonne hygiène demande pour un cheval un volume d'air de 30 m. cubes, de 24 m. cubes pour un bœuf ou une vache et de 3 m. cubes 50 pour un mouton, il importe de calculer le volume des logements des animaux, afin de ne pas les priver d'air par un entassement trop grand. Il suffit pour cela de multiplier la surface du plancher par la hauteur de l'appartement.

Cubage des bois. — Les bois peuvent être cubés lorsqu'ils sont encore en *grumes*, c'est-à-dire lorsqu'ils n'ont pas encore été façonnés et à l'état de bois équarris.

Pour cuber en *grumes* un arbre qui vient d'être abattu on emploie la formule :

$$V = 0,0796 \times C^2 \times H.$$

$$C = \text{circonférence} ; H = \text{hauteur}.$$

Mais comme il n'est pas toujours aisé de prendre la circonférence sur un arbre couché à terre, on se borne alors à prendre le diamètre, et l'on applique la formule :

$$V = D^2 \times 0,7854 \times H$$

$$D = \text{diamètre},$$

On trouvera dans le chapitre consacré à la sylviculture les tarifs de cubage applicables à toutes les dimensions.

Pour obtenir le volume du *bois d'œuvre* qu'on pourra tirer de cette pièce, il suffit d'élever au carré le cinquième de la circonférence mesurée et de multiplier ce carré par la longueur ; soit la formule :

$$V = \left(\frac{C}{5}\right)^2 \times H.$$

C'est ce qu'on appelle le *cubage au cinquième déduit*, qui est égal à

50, 4 0/0 du cubage en grumes. Pour obtenir l'équarrissage à vive arête, il faut donc sacrifier 49, 6 0/0 d'écorce, d'aubier et de bois.

Si l'on veut opérer plus rapidement, il suffit de multiplier le volume calculé comme bois en grume, par le facteur 0,503 pour avoir le volume au $\frac{1}{5}$.

Bois équarris. Pour obtenir le volume de ces bois, on mesure les côtés équarris sur les deux bouts de la pièce ; la moyenne de ces mesures représente le côté du carré de base du parallélipipède ; ce côté, élevé au carré et multiplié ensuite par la longueur de la pièce, donne le volume cherché.

ARPENTAGE

L'arpentage est l'art de mesurer la superficie d'un terrain.

Tous les végétaux croissant verticalement, la surface utile d'un terrain est la projection sur un plan horizontal de sa surface proprement dite.

On se sert le plus souvent, pour arpenter, d'une chaine, de fiches, de jalons et d'une équerre.

La *chaine d'arpenteur* est formée par 50 chainons en gros fil de fer de 3 ^{mm} 1/2 de diamètre, distants de 0^m 20, soit 5 chainons au mètre. Aux extrémités 2 poignées, au *milieu* une petite fiche, à chaque mètre un anneau de cuivre.

Chaque chaine est accompagnée d'un paquet de 10 *fiches* qui sont des tiges en fer de 0 m. 25 à 0 m. 30 de long, terminées en pointe au bas et par une boucle en haut. Ces fiches servent à marquer l'extrémité de la chaine et à compter les décamètres mesurés.

On se sert également de *jalons* qui servent à déterminer le passage des lignes ; ce sont des piquets de bois de 0 m. 50 à 2 m. de long et de 0 m. 03 d'épaisseur, portant une fente à leur partie supérieure, dans laquelle on introduit un papier qui permet de distinguer le jalon de plus loin, et dont la base est munie d'une pointe en fer. Souvent on les peint en rouge et blanc.

Pour *chainer* une ligne, deux opérateurs sont indispensables : le premier pique les fiches et tend la chaine, le second rectifie l'alignement et ramasse les fiches.

Lorsque les 10 fiches ont été mises en place et se trouvent dans la main du porte-chaine, une longueur de 100 mètres a été mesurée ; c'est ce que l'on appelle une *portée*, qui est notée par le 2e chaineur. Il faut pendant le travail vérifier la chaine et éviter la torsion des maillons, cause d'erreurs.

Pour obtenir des mesurages plus précis, on peut employer des *rubans d'acier*, ayant de 10 à 15 millim. de largeur et s'enroulant autour d'un cylindre en bois. Ces décamètres-rubans sont coûteux, se rouillent et se cassent facilement.

Pour mesurer un terrain en pente, la chaîne doit toujours être tendue horizontalement, et le premier opérateur doit laisser tomber ses fiches

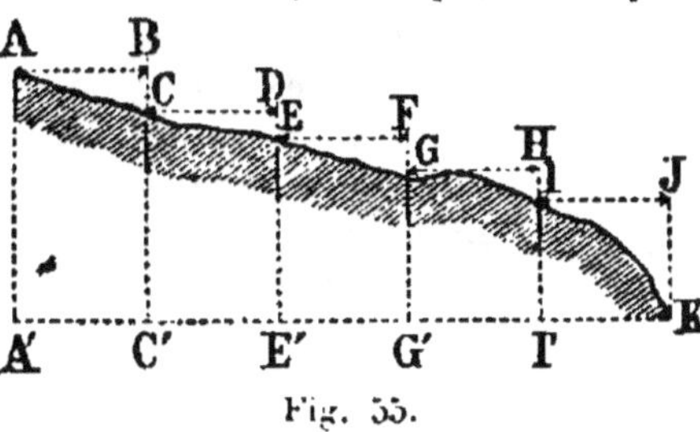

Fig. 55.

bien perpendiculairement sur le sol : la longueur du terrain n'est en effet que sa projection sur un plan horizontal (fig. 55). Les diverses longueurs mesurées AB, CD, EF, GH, IJ, de la pente AK, équivalent aux projections A'C', C'E', E'G', G'I', I'K de la ligne horizontale A'K, longueur vraie du terrain.

L'équerre d'arpenteur se compose d'un prisme creux en cuivre, à base octogonale, dont les faces sont parallèles deux à deux et dont quatre d'entre elles sont percées d'une fenêtre qui est surmontée d'une pinnule, c'est-à-dire d'une fente étroite par laquelle on vise. La pinnule d'une face correspond à la fenêtre de la face opposée et réciproquement. Les quatre autres faces ont chacune une longue pinnule. Les rayons visuels passant par les pinnules des deux faces opposées sont perpendiculaires et se coupent à angle droit ; ceux passant par les longues pinnules coupant les autres sous un angle de 45°. L'équerre est pourvue d'une douille en cuivre qui permet de la fixer sur un pied en bois de 1 m. 40 de long, ferré au bout.

Le pied de l'équerre doit être bien vertical. L'œil doit toujours être mis devant une pinnule et le fil de la fenêtre opposée doit recouvrir le jalon visé, ou tout au moins son pied.

Pour se servir de l'équerre, il faut savoir :

1° Mener une perpendiculaire à une droite A B par un point donné de cette droite, C :

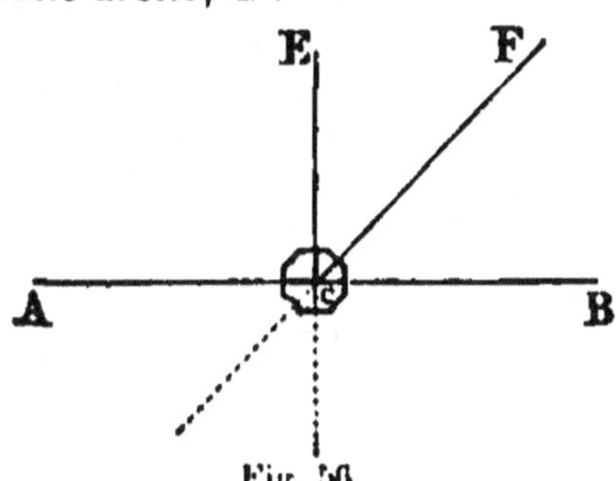

Fig. 56.

Il faut, pour cela, placer l'équerre au point C, la faire tourner jusqu'à ce que l'on voie les jalons placés en A et B par deux pinnules opposées; puis l'opérateur regarde à travers les deux pinnules dont la direction est perpendiculaire à la précédente et fait planter un jalon dans la direction E : la ligne EC est perpendiculaire à AB. Pour mener une ligne CF, à 45°, on place l'équerre comme ci-dessus et la ligne CF est indiquée par le rayon visuel passant par deux longues pinnules opposées.

2° Abaisser d'un point A donné, hors d'une droite CB, une perpendiculaire sur cette droite :

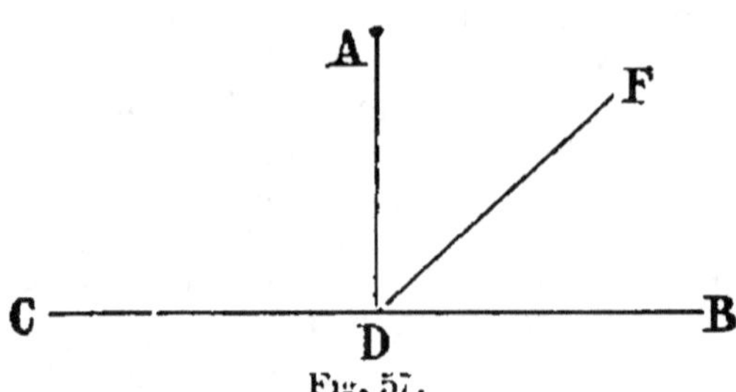

Fig. 57.

. En restant constamment sur la ligne CB, l'opérateur cherche par tâtonnement le point D, pied de la perpendiculaire demandée. Lorsque deux rayons visuels rectangulaires passent par CB et DA, c'est une preuve que D est bien le point cherché.

On opère de même pour mener une ligne à 45°.

3° Par un point A donné hors d'une droite BC mener une parallèle à cette droite :

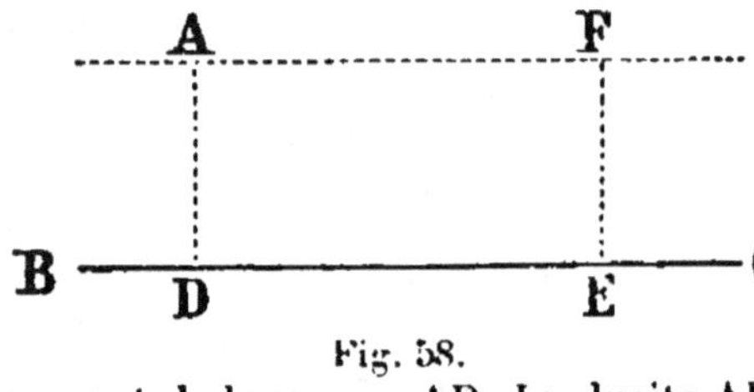

Fig. 58.

On élève sur BC une perpendiculaire DA qui passe par le point A ; puis au point A on élève une perpendiculaire à AD. Ou bien, en un point E pris sur la droite BC on élève une seconde perpendiculaire EF sur laquelle on porte la longueur AD. La droite AF est la parallèle demandée.

Pour l'arpentage d'un terrain, trois cas peuvent se présenter : 1° Ou bien on a à lever un terrain à surface unie et à contour régulier ; 2° ou le polygone est à contour sinueux ; 3° ou le terrain est inaccessible.

Terrain à contour régulier. — Soit à mesurer le terrain figuré ci-contre dont la surface est nue. On choisira la plus grande diagonale AB comme base d'opération. Du point A, on se dirige en B en suivant la diagonale et en cherchant par des tâtonnements, avec l'équerre, le pied de chacune des perpendiculaires aboutissant aux différents sommets du polygone : CD, EF, GH, IJ. Ces perpendiculaires sont ensuite mesurées à l'aide de la chaîne, en même temps que leur distance sur la diagonale ; les chiffres trouvés sont

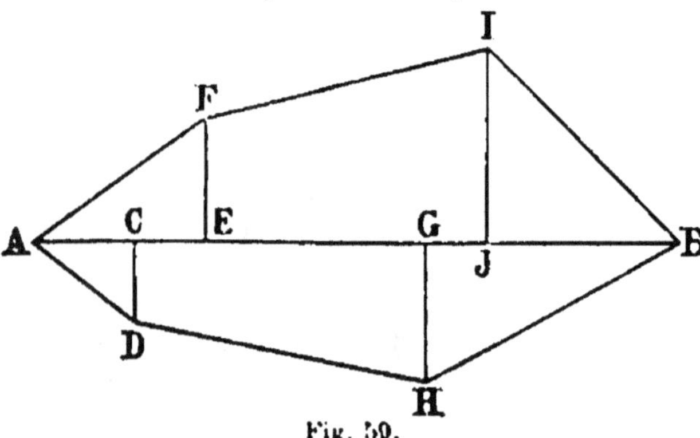

Fig. 59.

inscrits sur le dessin. Pour trouver la surface de ce terrain on opère comme nous l'avons dit pour un polygone quelconque.

Terrain à contour sinueux. — Pour arpenter une terre dont une partie est limitée par une ligne courbe, on trace dans l'intérieur un polygone régulier, ABCDEFGH, que l'on mesure comme ci-dessus. Cela fait reste à évaluer les surfaces comprises entre les courbes et les côtés du polygone : on admet que toute courbe peut se décomposer en une suite de lignes droites changeant de direction à chaque instant et à chacun des changements de direction on abaisse une perpendiculaire, de sorte qu'on obtient des figures connues, faciles à évaluer en mesurant exactement la longueur de chacune des perpendiculaires et leur distance horizontale.

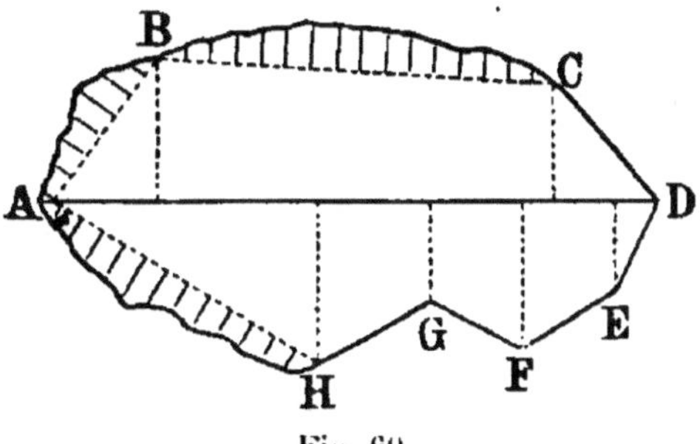

Fig. 60.

Terrain inaccessible. — Soit un bois, un étang, une mare à mesurer ; il est impossible de pénétrer à l'intérieur. Pour en connaître la surface on opère comme suit : on prolonge à l'aide de l'équerre le côté AB jusqu'en A'B'. puis on mesure les distances A'A, AB, BB'. Aux points A'B' on élève les perpendiculaires A'J, B'K qui servent de base pour abaisser des perpendiculaires de chacun des sommets GHIE du terrain. Au point K on abaisse une perpendiculaire passant par le sommet le plus saillant et coupant la perpendiculaire A'J au point J. Le terrain se trouve ainsi renfermé dans un rectangle dont il est facile de connaître la surface. On mesure les perpendiculaires abaissée des sommets du terrain sur les côtés du rectangle, on mesure leurs distances horizontales et on calcule la surface des trapèzes et triangles ainsi formés. Retranchant de la surface totale JKB'A', la somme des surfaces extérieures, on obtient la surface du terrain inaccesssible.

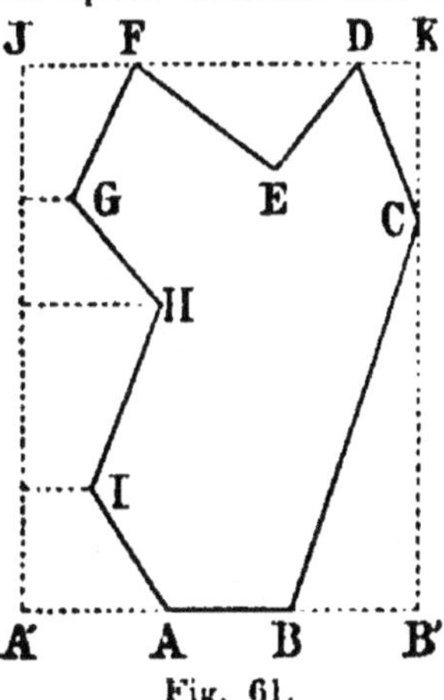

Fig. 61.

Mesurer la hauteur d'un arbre au moyen de son ombre. — A l'aide d'un fil à plomb on plante verticalement un jalon dans le sol. On mesure la longueur d'ombre de l'arbre et celle du jalon, et l'on établit la proportion suivante :

Hauteur de l'arbre est à hauteur du jalon comme ombre de l'arbre est à ombre du jalon.

Ex. : Ombre de l'arbre $= 20^m$; ombre du jalon $= 2^m$; hauteur du jalon $= 1^m 50$; nous aurons :

$$\frac{x}{1,50} = \frac{20}{2}$$

$$\text{d'ou } x = \frac{1,50 \times 20}{2} = 15^{m}.$$

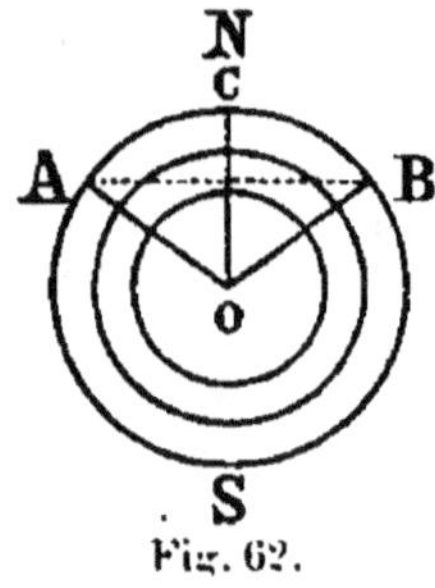

Fig. 62.

Orientation au moyen du soleil. — Tracer sur un plan bien horizontal une série de cercles concentriques ; planter un piquet verticalement au centre à l'aide d'un fil à plomb. Observer, avant midi, le point précis où l'ombre atteint l'une des circonférences, et après midi, le point où l'ombre s'arrête à la même circonférence. On réunit ces deux points par une ligne droite ensuite le milieu de celle-ci au centre du cercle. Cette dernière ligne CO indique la direction nord-sud ou orientation du lieu.

Reproduction du plan levé. — Les résultats inscrits sur un croquis, au fur et à mesure qu'on les a obtenus sur le terrain doivent être dessinés ensuite sur le papier d'une façon plus régulière. Pour que ce plan présente une image exacte de toutes les particularités du terrain on doit y marquer les accidents du sol, cours d'eau, fossés, chemins, sentiers, plantations, arbres, bâtiments, etc.

Le choix de l'échelle de proportion du plan dépend très souvent de l'étendue de la feuille de papier dont on dispose pour la reproduction. Les échelles décimales sont les plus usitées : au dixième $\frac{1}{10}$, au centième $\frac{1}{100}$, au millième $\frac{1}{1000}$. Les plans cadastraux, déposés aux bureaux de chaque mairie, sont dressés à l'échelle de $\frac{1}{1250}$ et $\frac{1}{2500}$.

NIVELLEMENT

Le levé des plans a pour but de construire un polygone semblable à celui qu'on obtiendrait par la projection du terrain sur un plan horizontal, mais il ne peut donner une idée exacte de la forme du sol, attendu qu'on ne connaît pas la hauteur relative des différents points, au dessus du plan sur lequel ce sol est projeté.

Le nivellement a, précisément, pour but de déterminer la différence de niveau entre deux ou plusieurs points donnés. Pour cela, on rapporte les dimensions trouvées à un plan horizontal qui porte le nom de *plan de comparaison* et qui est défini soit en donnant sa distance à l'un des points remarquables du terrain, soit en prenant pour base le niveau de la mer. Dans les grands travaux on se sert, en France, du niveau de la Méditerranée, passant à 0 m 40 au dessus du zéro de l'échelle des marées, à Marseille.

La hauteur d'un point, au dessus d'un plan de comparaison, porte le nom de *cote*, et si ce plan est le niveau de la mer, la cote est appelée *altitude*.

On emploie le plus souvent, pour les nivellements, le niveau d'eau et la mire.

Le *niveau d'eau* est formé par un tube en fer-blanc ou en cuivre, d'un diamètre intérieur de 0 m.15 à 0 m.035, et d'une longueur de 1 m. 20 à 1 m. 40, recourbé, à angle droit, à ses extrémités. Deux *fioles* en verre sont encastrées dans ce tube et l'instrument, muni d'une douille placée sur un genou à coquille, est porté sur un trépied. Les *fioles* sont en verre et ont leur orifice supérieur rétréci afin d'empêcher aux vents violents d'avoir prise sur l'eau et de fausser les résultats ; elles ont de 0 m 125 à 0 m 145 de haut et un diamètre extérieur de 0 m. 03 à 0 m.15.

Pour se servir du niveau, on le remplit d'eau qui, en vertu du principe des vases communiquants, monte dans les deux fioles à un niveau identique et constant, ce qui permet, en faisant passer un rayon visuel par les deux ménisques du liquide, d'obtenir une ligne horizontale bien déterminée.

Comme l'eau claire se confond parfois avec le verre, il est préférable de la colorer un peu afin de mieux distinguer les ménisques. En hiver, pour éviter la congélation, on remplace l'eau par de l'alcool ou un liquide alcoolisé. Les fioles sont remplies jusqu'au 2/3 de leur hauteur, en ayant soin, pour cela, d'incliner le tube, de boucher avec le pouce l'orifice de la fiole libre et en donnant quelques légères secousses afin de faire sortir les bulles d'air que peut contenir le liquide.

L'instrument, placé sur un trépied, est ensuite établi dans un plan bien vertical et le tube est placé horizontalement.

Les mires sont de deux sortes : mires à voyants et mires parlantes. La *mire à voyant* est formée par une règle en bois dur de 2 mètres de haut, divisée, sur le dos, en centimètres. Une pédale assez large est placée au bas et permet de tenir la mire verticale. Tout le long de la règle est pratiquée une rainure dans laquelle glisse une autre règle ayant aussi 2 mètres, de sorte que la longueur de la mire peut varier de 2 à 4 mètres. Sur cette mire se meut une plaque métallique rectangulaire, partagée en quatre rectangles égaux dont deux, en diagonale, sont peints en rouge ou noir et les deux autres en blanc. Cette plaque porte le nom de voyant. La ligne horizontale, qui sépare les rectangles, est appelée *ligne de foi* et c'est elle que l'on vise à l'aide du niveau. Le voyant peut être fixé par une vis et porte, à l'arrière, des divisions en millimètres dont le 0 correspond à la ligne de foi.

Mire parlante. — Règle divisée en deux colonnes partagées alternativement en cinq bandes horizontales de deux centimètres de large et successivement rouges, blanches et noires. Dans les intervalles sont des chiffres qui indiquent les décimètres, de sorte que l'opérateur qui dirige le niveau peut, en même temps, faire la lecture.

Le nivellement peut être simple ou composé.

Lorsque, sans changer de place, on peut trouver la différence de niveau entre deux ou plusieurs points, le nivellement est dit *simple*.

Soit par exemple à mesurer la différence de niveau entre les points A et B. On place le niveau en un point intermédiaire, d'où l'on aperçoit ces deux points ; le porte-mire se porte successivement en A et en B et

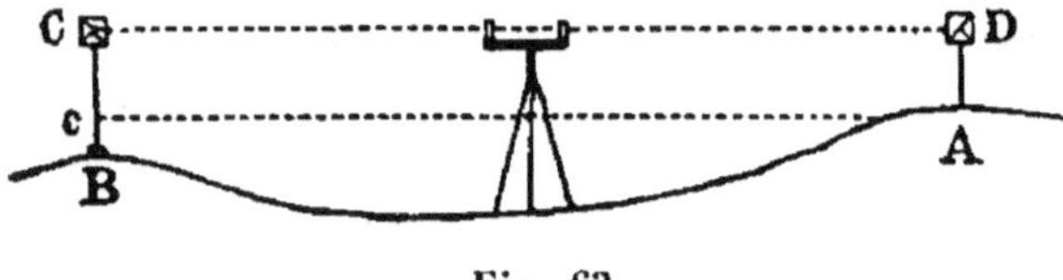

Fig. 63

y place verticalement la mire à la place des jalons. On dirige un rayon visuel vers la mire, et lorsque ce rayon passe par la ligne de foi, on fait signe au porte-mire de fixer le voyant, après quoi on lit le nombre de mètres ou centimètres auquel ce voyant est arrêté. On mesure ainsi AD, BC et la différence donne la différence de niveau cB. Soit DA $= 1^m 25$ et BC $= 1^m 72$; la différence de niveau sera de $1^m 72 - 1^m 25 = 0^m 47$.

Ce nivellement est seulement applicable quand la distance entre les deux points ne dépasse pas dix mètres et que leur différence de niveau n'est pas supérieure à quatre mètres. Pour des mesures plus fortes on emploie le nivellement composé. Soit, par exemple, à chercher la différence de niveau entre les points A et B. On prend une série de points

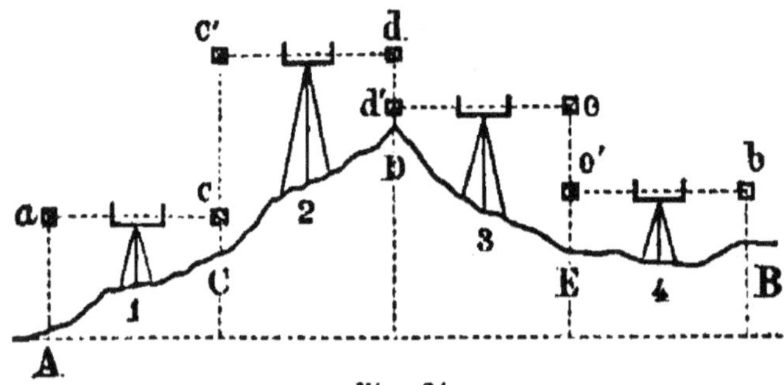

Fig. 64

intermédiaires CDE, tels qu'on puisse mesurer par nivellement simple, la différence de niveau entre A et C, C et D, D et E, E et B.

Le niveleur se placera ensuite, avec son niveau, entre A et C, au point 1, puis en 2, entre C et D, en 3 entre D et E et au point 4 entre E et B.

A chaque station il faut donner 2 coups de niveau ; un en avant, dans le sens de A B, appelé coup d'avant, et un en arrière, en regardant vers le point A, appelé coup d'arrière. Les cotes sont appelées cotes d'avant et cotes d'arrière.

Supposons que l'opérateur trouve le résultat suivant :

1° Cote arrière A$a = 1^m 50$; cote avant C$c = 0,45$. Le point C est donc au dessus de A de $1^m 50 - 0^m 45 = 1^m 05$;

2° Cote arrière $Cc' = 1^m 90$; cote avant $Dd = 0{,}55$. D est au dessus de C de $1^m 90 - 0^m 55 = 1^m 35$;

3° Cote arrière $Dd' = 0^m 35$; cote avant $Ee = 1^m 20$. E est au dessous de D $1^m 20 - 0^m 35 = 0^m 85$;

4° Cote arrière $Ee' = 0^m 25$; cote avant $Bb = 0^m 78$. B est au dessous de E de $0^m 78 - 0^m 25 = 0^m 53$.

On porte ces cotes dans le tableau ci-après, on fait la somme des cotes avant, celle des cotes arrière et la différence de ces deux sommes donne la différence de niveau des points extrêmes A et B.

Si nous supposons que le point A soit à 50 mètres au dessus du niveau de la mer, nous aurons : $C = 50 + 1{,}05 = 51^m 05$; $D = 51{,}05 + 1{,}35 = 52^m 40$; $E = 52{,}40 - 0{,}85 = 51^m 55$; $B = 51^m 55 - 0{,}53 = 51^m 01$.

Donc le point B est à $51^m 02 - 50^m = 1^m 02$ au-dessus du point A.

POINTS nivelés	Distances horizontales des points nivelés	COTES		DIFFÉRENCE		Hauteurs rapportées au niveau de la mer	OBSERVATIONS
		Avant	Arrière	+	−		
A	» »	» »	1 50	» »	» »	50 »	Le point A
C	» »	0 45	1 90	1 05	» »	51 05	est situé à
D	» »	0 55	0 35	1 35	» »	52 50	50 m. d'al-
E	» »	1 20	0 25	» »	0 85	51 55	titude.
B	» »	0 78	» »	» »	0 53	51 02	
Vérification { Sommes ...		2 98	4 .	2 40	1 38		
Différences .		1 02		1 02		1 02	

CUBAGE DES TERRASSEMENTS

Consiste à évaluer le volume de terre qui doit être déplacé pour le nivellement d'un terrain accidenté, ou pour une construction quelconque (route, canal, etc.).

S'il s'agit d'aplanir un terrain d'une certaine étendue, dont la surface présente des sinuosités considérables, on peut se rendre compte du mouvement des terres, du remblai et du déblai à effectuer. Pour cela on commence par enfoncer un piquet à chacun des points les plus élevés et les plus bas de la surface à aplanir. On mesure les longueurs de ces divers triangles afin d'en calculer la surface. Plaçant ensuite le niveau à peu près au centre du terrain on vise successivement la mire placée au dessus de chaque piquet qu'on élève ou qu'on enfonce de manière à ce que les têtes de tous les piquets soient également nivelées. Prenant alors, pour terme de comparaison, un de ces piquets placé à la hauteur de l'aplanissement à effectuer, il est facile de déterminer, à l'aide des autres piquets, la hauteur de chaque remblai ou déblai des divers points. On établit un ordre méthodique à l'aide du tableau suivant :

N° D'ORDRE des Triangles	SOMMETS des Triangles	COTES des sommets des trois piquets basées sur le piquet de départ	SOMME des trois cotes	Cote Moyenne	SURFACE des triangles	VOLUME		OBSERVATIONS
						Déblai	Remblai	
		cm	cm	cm	m²	m3	m3	
1	abc	+ 5 — 15 + 15	+ 15	5	80	4 »	» »	
2	bcd	+ 10 — 12 — 4	— 6	2	50	» »	0 80	
			Différence.....			» »	» »	

Quand on fait un projet de route on doit rechercher la situation la plus commode et la meilleure. On commence par tracer l'axe de la route, puis on nivelle en suivant cet axe. On peut donner à la route telle inclinaison que l'on veut, sachant que la pente $p = \dfrac{h}{l}$, h étant la différence de niveau entre le point de départ et le point d'arrivée et l la longueur de la projection horizontale du parcours.

Sur le plan on trace en noir la ligne qui représente le *terrain naturel*, et en rouge celle qui représente le *terrain transformé*. Les points où les deux lignes se coupent sont appelés *points de passage*. On appelle *cote rouge* la différence de cote qui existe entre un point quelconque du terrain naturel et du terrain transformé. On l'inscrit en rouge le long de l'ordonnée.

La route étant tracée on fait le cubage des déblais et remblais. Pour effectuer ce calcul on considère séparément ce qui se passe entre chaque profil en travers. Le volume de terre qui existe entre deux profils est appelé entre-profil ; on le considère comme un prisme à bases inégales.

Pour en faire le cube, on prend la moyenne de ces bases et on transforme ce prisme en prisme régulier équivalent, ayant comme base de moyenne obtenue et comme hauteur, la distance entre les deux profils. Il faut donc mesurer soigneusement la surface de chaque profil en travers.

Calcul de la hauteur des triangles formés par les talus des remblais et des déblais.

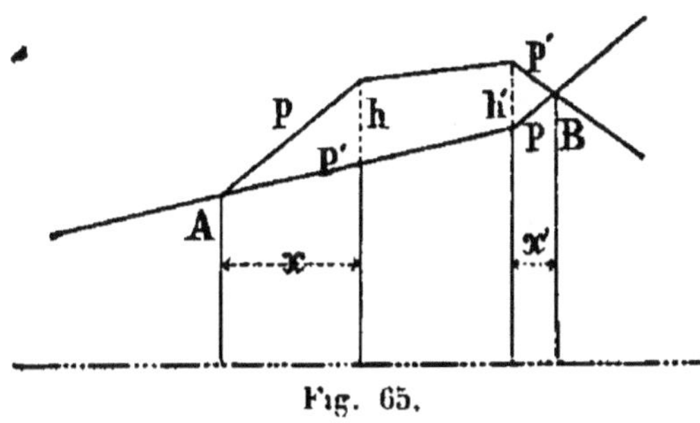

Fig. 65.

1° La pente du terrain naturel et celle du projet se dirigent dans le même sens et se rencontrent en A. En appelant p la pente du terrain naturel, p' celle du projet, h la hauteur verticale qui est connue et a la hauteur à déterminer, on a :

$$x = \frac{h}{p - p'}$$

2° Les deux pentes se dirigent en sens contraire et se rencontrent en B. Dans ce cas, on a :

$$x' = \frac{h}{p + p'}$$

Application.

Comme application nous allons établir le calcul pour le profil de la fig. 66.

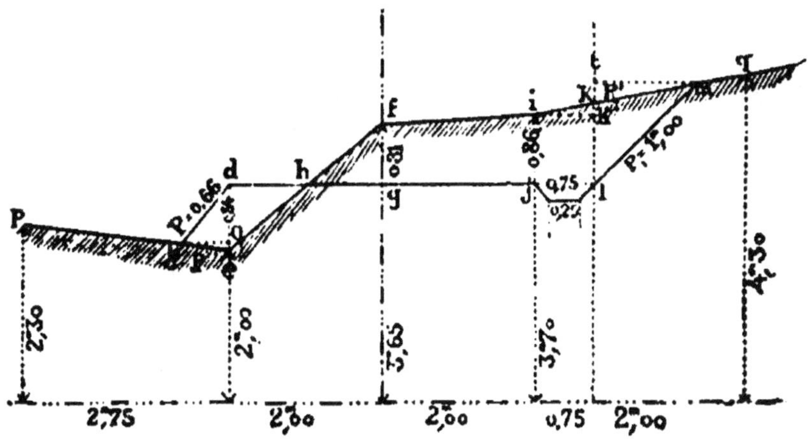

Fig. 66.

Il faut prévoir l'établissement des talus ainsi que des fossés. Fixons la pente $P = 0^m 66$ pour les talus en remblai et $P. = 1^m$ pour les talus en déblai.

Nous allons chercher la surface des triangles et trapèzes déterminés par la ligne du terrain naturel et celle du terrain transformé.

1° Soit le triangle *bde*,

on a
$$de = 0^m 84,$$

et
$$bo = \frac{d\,e}{P + P'}$$

d'après une des formules précédentes.

Or
$$P = 0,66 ; P' = \frac{2,30 - 2,00}{2,75} = 0,727$$

donc
$$bo = \frac{0,84}{0,66 + 0, 0,727} = 0,60$$

et
$$\text{surface } bde = 0,84 \times \frac{0,60}{2} = 0^{m2},252$$

2° Le triangle *deh* a pour surface
$$de \times \frac{dh}{2}$$

or d'après la formule précédente
$$dh = \frac{de}{P + P'}$$

or
$$P = o ; P' = \frac{3,65 - 2}{2} = 0,825$$

donc
$$dh = \frac{0,84}{0,825} = 1,02$$

et
$$\text{surface } deh = 0,84 \times \frac{1,02}{2} = 0^{m2},428.$$

3° Le triangle
$$hfg = fg \times \frac{hg}{2}$$

or
$$fg = 0,84 ; hg = \frac{0,86}{0,825} = 0,98$$

et $\qquad$ surface $hfg = 0,81 \times \dfrac{0,98}{2} = 0^{m^2},397.$

4° Le trapèze $fgij$ a pour surface

$$\frac{fg + ij}{2} \times gj = \frac{0,81 + 0,86}{2} \times 2 = 1^{m^2},67.$$

5° Le trapèze $ijl\mathrm{K}$ a pour surface

$$\frac{ij + \mathrm{K}l}{1} \times jl$$

$$= \frac{0,86 + 1,01}{2} \times 0,75 = 0^{m^2},70.$$

6° Le trapèze $jrsl = \dfrac{0,75 + 0,25}{2} \times 0,25 = 0^{m},125.$

7° Le triangle $lm\mathrm{K}$ a pour surface

$$\mathrm{K}l \times \frac{ml}{2}$$

or, d'après une des formules précédentes,

$$lm = \frac{\mathrm{K}l}{\mathrm{P}_1 - \mathrm{P'}_1} = \frac{1,01}{1 - 0,21} = 1,27$$

d'où $\qquad$ surface $lm\mathrm{K} = \dfrac{1,01 \times 1,27}{2} = 0^{m^2},641$

Toutes les surfaces du profil étant connues, il ne reste plus qu'à en faire la somme. On opérera de même pour tous les profils.

Calcul du volume d'un entre-profil

Connaissant la surface des bases, il faut calculer le volume de l'entre-profil. Nous distinguerons quatre cas :

1° Les deux profils en travers sont tous les deux en remblai ou tous les deux en déblai.

A. Les deux profils ont la même largeur.

Le volume $\qquad$ $V = \dfrac{S + S'}{2} \times L.$

S et S' étant les surfaces des profils en travers et L la longueur de l'autre profil.

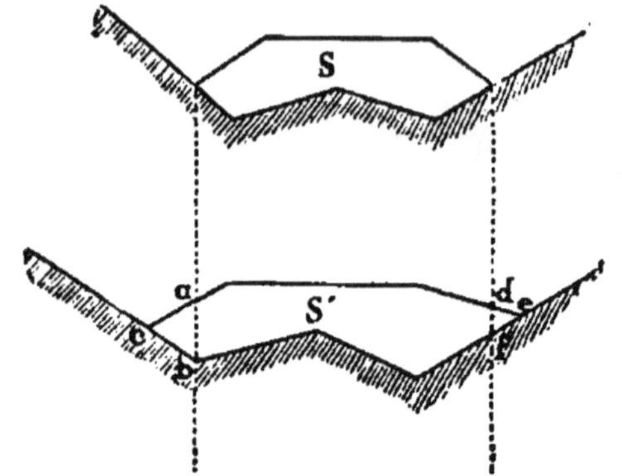

Fig. 67.

B. Les 2 profils n'ont pas la même largeur. (Fig. 67).

Dans ce cas le volume est :

$$V = \frac{S + S'}{2} \times L + \frac{abc}{3} \times L \times \frac{def}{3} \times L$$

2° L'un des profils est tout en remblai et l'autre tout en déblai.

Dans ce cas, il y a sur le profil en long un *point de passage* dont il faut déterminer la position, ce que l'on peut faire à l'aide de la formule suivante : la distance d'un point de passage à un profil en travers est égale à la distance des entre-profils multipliée par la surface du profil en travers que l'on considère le tout divisé par la somme des surfaces des deux profils en travers.

$$l = \frac{S \times L}{S + S'}$$

Le volume de l'entre-profil est égal à la somme de 2 prismes dont l'une des bases est la surface de l'un des entre-profils, et l'autre base *o*.

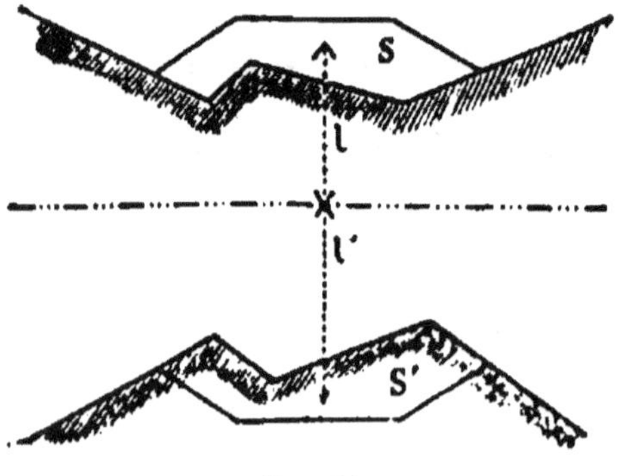

Fig. 68.

Soit la fig. 68 on a

$$V = \frac{S}{2} \times l$$

$$V' = \frac{S'}{2} \times l'$$

et $V = V + V'$

3° L'un des profils en travers est tout en remblai ou tout en déblai, et l'autre, partie en remblai et partie en déblai. Soit la fig. 69.

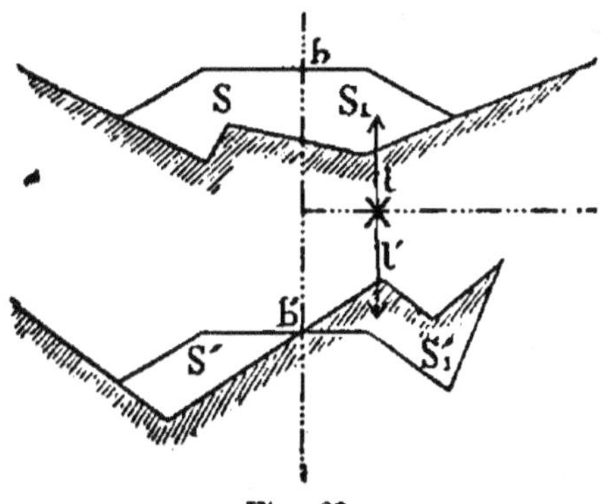

Fig. 69.

Menons la droite bb' par le point de passage, nous avons d'un côté deux parties en remblai S et S' et de l'autre une en remblai S, et une en déblai S'₁.

Le volume en remblai se calcule comme nous savons :

$$V = \frac{S + S'}{2} \times L$$

Dans l'autre partie, on détermine la distance du point de passage aux profils, et on emploie les formules du 2ᵉ cas :

$$v' = \frac{S_1}{2} \times l$$

$$v'' = \frac{S'_1}{2} \times l'$$

$$\text{et } V = v + v' + v''$$

4° Il y a dans chaque profil une partie en remblai et une partie en déblai.

En traçant des droites à chaque pointe de passage, on divise les profils en plusieurs portions dont le volume se calcule comme dans l'un des cas précédents.

MÉCANIQUE

I — MÉCANIQUE GÉNÉRALE

Inertie. — Propriété de la matière. La matière ne peut modifier d'elle-même l'état de repos ou de mouvement dans lequel elle se trouve : l'arrêt d'un corps en mouvement, sa mise en marche s'il est au repos, un changement de direction supposent l'action d'une force étrangère.

Mouvement. — C'est l'état d'un corps qui change de position dans l'espace.

Trajectoire. — Ligne droite ou courbe que décrit un corps en mouvement dans l'espace ; exemple : trajectoire parabolique d'un boulet de canon.

Force. — Cause tendant à modifier l'état de repos ou de mouvement d'un corps. L'unité de force est le *kilogramme*.

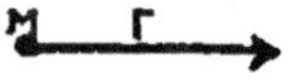

Une force F est représentée par une flèche, dont la longueur, à une échelle convenue, indique *l'intensité* de la force, la flèche, *la direction et le sens d'action*. M est le *point d'application* de la force.

Fig. 70.

Diverses espèces de mouvement. — 1° LE MOUVEMENT UNIFORME, dans lequel le mobile parcourt des espaces égaux dans des temps égaux. Si E est l'espace parcouru, t le temps employé, V la *vitesse* = l'espace parcouru dans l'unité de temps (la seconde par exemple) on a : $E = V \times t$. Exemple : un homme parcourt $1^m 50$ par seconde, il fera en une heure ou $3,600''$: $E = 1^m 50 \times 3,600'' = 5,400^m$. En mécanique rationnelle, le mouvement uniforme est celui que prend un corps qui n'a reçu qu'une impulsion.

2° LE MOUVEMENT UNIFORMÉMENT ACCÉLÉRÉ dans lequel la vitesse croît régulièrement. Exemple : mouvement d'un corps qui tombe. A chaque seconde la vitesse s'accroît d'une quantité j dite *accélération*, (désignée par g dans la chute des corps). Les espaces parcourus sont proportionnels *au carré* des temps, on a

$$E = \frac{j \times t^2}{2}$$

les vitesses proportionnelles aux temps

$$V = j \times t.$$

En mécanique rationnelle le mouvement uniformément accéléré est celui d'un corps sur lequel agit pendant un temps t une force d'intensité *constante*. La vitesse peut aller en diminuant régulièrement (mouvement uniformément *retardé*) ; exemple : une pièce lancée en l'air: pendant l'*ascension* le mouvement est uniformément *retardé*, pendant la *descente* il est uniformément *accéléré*.

Pesanteur. — La *pesanteur* est le résultat de la force constante d'attraction du globe sur les corps placés à sa surface ; ils tombent d'un mouvement uniformément accéléré vers son centre, suivant une direction appelée *verticale* indiquée par le *fil à plomb*. La verticale est perpendiculaire à la surface des eaux tranquilles. A la chute des corps on applique les lois du mouvement uniformément accéléré, l'accélération $g = 9^m81$ ($9^m 8088$ à Paris). Exemple: une pierre met $5''$ à tomber du haut d'une falaise, calculer la hauteur de cette falaise, on a

$$h = E = \frac{g t^2}{2} = \frac{9^m 81 \times 5^2}{2} = 122^m 60.$$

L'intensité de la pesanteur varie avec la latitude ; $g = 9^m 77$ à l'équateur et $9^m 81$ à Paris. Le *poids* d'un corps est égal à l'effort à exercer pour l'empêcher de tomber verticalement.

Masse. — La *masse* d'un corps, en mécanique, est le rapport du poids P de ce corps à l'accélération g, due à la pesanteur, on a

$$M = \frac{P}{g}$$

c'est un nombre abstrait $= 0{,}102$ P. Le poids des corps se mesure au moyen de balances, de pesons ou de dynamomètres à ressort; seule la balance donne des résultats exacts par la *double pesée*.

Composition des forces. — 1° FORCES CONCOURANTES. — Deux forces F et F' (fig. 71) agissant simultanément sur un point matériel sont dites *composantes* ; leur action totale est égale à celle d'une force unique R dite *résultante* représentée en intensité et en direction par la diagonale du parallé-

Fig. 71.

logramme construit avec F et F' comme côté. Exemple : deux hommes tirant un bateau (fig. 71).

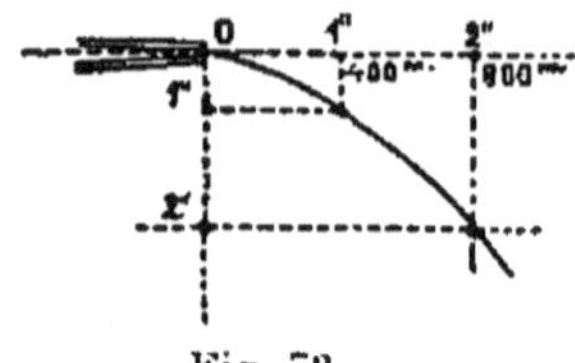

Fig. 72.

Les vitesses peuvent se *composer* comme les forces, ainsi que les *espaces*. Exemple (fig. 72) : la trajectoire d'un boulet de canon ayant 400^m de vitesse par seconde.

S'il y a plus de deux forces à composer ensemble on compose les deux premières, puis la première résultante avec la 3e composante ; la 2e résultante avec la 4e composante, etc.... Trois forces F, F', F'' concourantes au même point et non dans un même plan ont pour résultante la diagonale du *parallélipipède* dont elles suivent les côtés.

Algébriquement la résultante R, de deux forces F et F' est égale à la somme *algébrique* des projections des deux composantes sur la direction de la résultante (fig. 73), on a

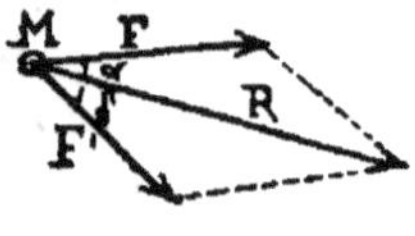

$$R = F \cos \alpha + F' \cos \delta.$$

Fig. 73.

FORCES PARALLÈLES. — Si les forces F et F' appliqués aux points a et b d'un corps M, agissent parallèlement la résultante $R = F + F'$ si elles sont de même sens (fig. 74) et $R = F - F'$ si elles sont de sens contraire (fig. 75); on a

$$F \times L' = F'' \times L,$$

dans les *deux cas ;* les distances L et L' sont les *bras de levier* des forces F et F', les produits $F \times L'$ et $F' \times L$ sont les *moments* de ces forces (ces notions s'appliquent dans le *mouvement* de relation). Exemples :

$$F = 30^k, \quad F' = 10^k$$
$$L = 1^m50, \quad L' = 0^m50$$

on a $R = 30^k + 10^k = 40^k$ (fig. 74)

$$R = 30 - 10 = 20 \text{ (fig. 75)}$$

et $30^k \times 0^m50 = 10^k \times 1^m50.$

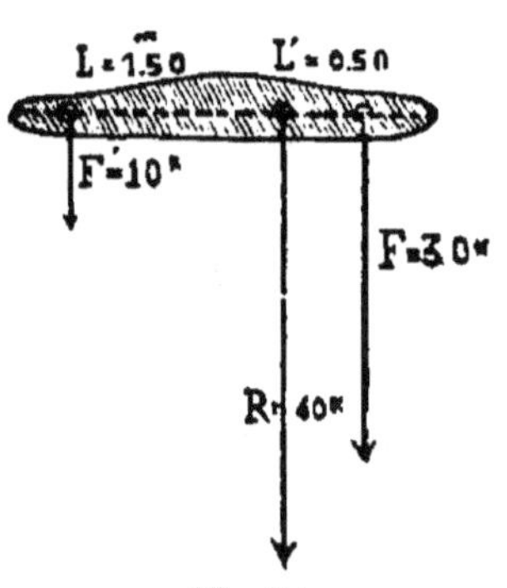

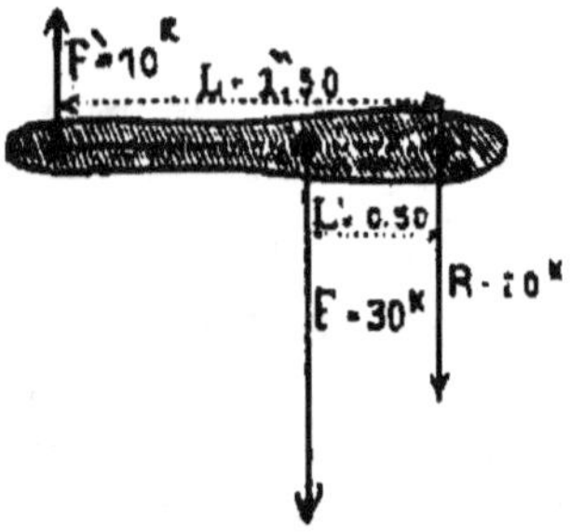

Fig. 74.

Fig. 75.

Toutes les composantes représentant l'action de la pesanteur sur les molécules d'un corps sont *parallèles*, le *point d'application* de la résultante générale est dit le *centre de gravité* de ce corps.

Centre de gravité. — 1° *Centre de gravité de figures.* —

Celui d'un triangle (fig 76) est à la rencontre des médianes. Pour un trapèze G est à la rencontre (fig. 77) de la ligne joignant les milieux des bases et de celle joignant

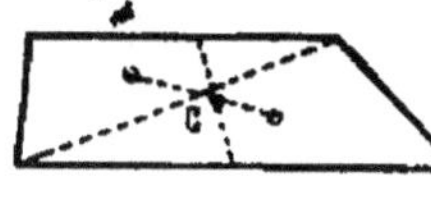

Fig. 77.

les centres de gravité des 2 triangles qui le composent.

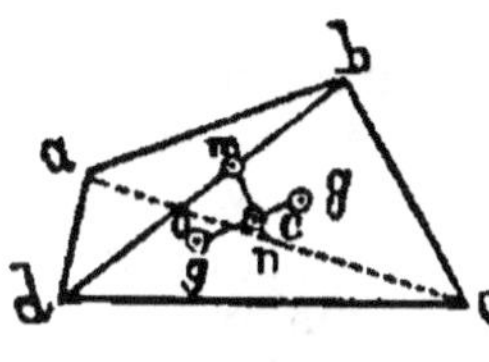

Fig. 78.

Pour un quadrilatère quelconque (fig. 78) mener les deux diagonales et joindre par une ligne les centres de gravité g et g' des triangles abc, adc porter $bm = od$, prendre $on = \dfrac{1}{3}$ oc et joindre mn, le centre de gravité est en G.

Fig. 79.

Pour un carré, un rectangle ou un parallélogramme, le centre de gravité est à la rencontre des diagonales (fig. 79).

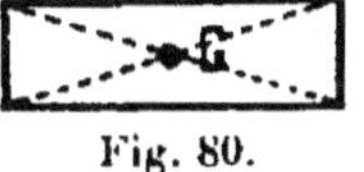

Fig. 80.

Pour un polygone quelconque décomposer en triangles et appliquer la règle des forces parallèles.

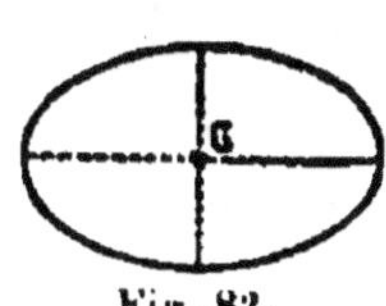

Fig. 81.

Pour un cercle, le centre de gravité est au centre (fig. 81); pour un polygone régulier, au centre du cercle circonscrit.

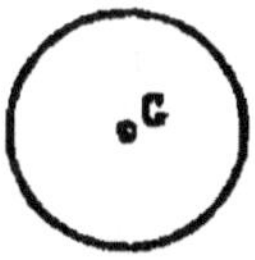

Pour une ellipse à la rencontre des axes (fig. 82). Pour un arc sur le rayon R mené au milieu de l'arc et à une distance du centre

$$= \text{R} \times \frac{\text{corde}}{\text{arc}}$$

Fig. 82.

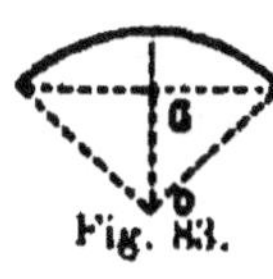

Fig. 83.

Pour un secteur (fig. 83) G est aux deux tiers, à partir du centre, sur le rayon mené au centre de gravité de l'arc.

2º *Centre de gravité des solides.* — Pour une sphère G est au centre (fig. 84). Aussi quelle que soit la position d'un corps sphérique il reste en équilibre stable.

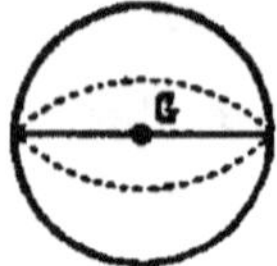

Fig 84.

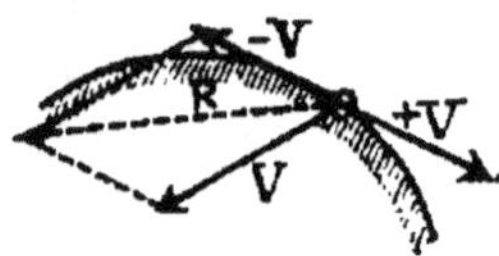

Fig. 85

Pour une pyramide (fig. 85), au $\frac{1}{4}$ de la hauteur (à partir de la base), sur la ligne joignant le sommet au centre de gravité de la base.

Mouvement relatif. — Est celui d'un corps en mouvement relativement à un point de l'espace en repos ou en mouvement ; exemple : le mouvement apparent du soleil relativement à la terre. Pour trouver, par exemple, la vitesse relative de l'eau par rapport à une roue hydraulique motrice (fig. 86) si V est la vitesse de l'eau, V' celle de la roue, mener la composante $-V = V'$, composer avec V ; la résultante R

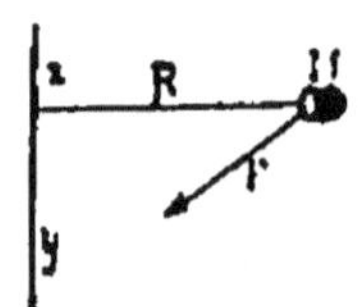

Fig. 86.

est la *vitesse relative* de l'eau par rapport à la roue supposée immobile. (S'applique en hydraulique : on donne à l'aube la direction de cette vitesse relative pour éviter perte de force vive par choc et remous de l'eau.)

Le mouvement *relatif* de la terre par rapport au versoir de la charrue est une *hélice.*

Impulsion d'une force représentée par le produit $F \times t$.

Quantité de mouvement $= MV = 0,102 \, P \times V$;

$$MV = Ft$$

Puissance vive $\qquad = \dfrac{MV^2}{2} = 0,51 \, PV^2$

F, force en kilogs ; t, le temps ; M, la masse ; V la vitesse.

Mouvement de rotation. — On nomme vitesse angulaire d'un corps en rotation la vitesse d'un point situé à 1 mètre de l'axe, on la désigne par $\qquad \omega = \dfrac{V}{R}$;

V, vitesse absolue à une distance R de l'axe. Exemple : un volant de 3ᵐ de rayon et de 7ᵐ50 de vitesse à la circonférence a une vitesse angulaire de

Fig. 87.

$$\omega = \frac{7^m50}{3^m} = 2^m50.$$

Le *moment* d'une force F, agissant à une distance R de l'axe xy (fig. 87) est égal à F × R ; s'exprime par mF ; si deux ou plusieurs forces agissent pour la rotation la somme des moments des *composantes* égale le moment de la *résultante*.

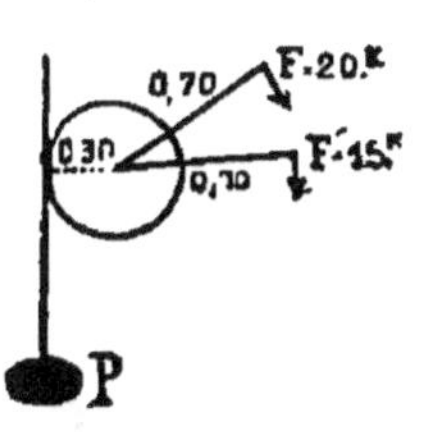

Fig. 88.

Application : à la corde d'un treuil de rayon = 0^m30, deux ouvriers exercent des efforts de 20^k et 15^k : sur une manivelle de 0^m70, quel poids pourront-ils soulever ? on a

$$mP = 20^k \times 0^m70 + 15^k \times 0^m70 = 24,5$$

d'où

$$P = \frac{24{-}5}{0,30} = 81^k600$$

Moment d'inertie. — Se désigne par I : on a

$$I = MR^2$$

c'est le produit de la masse M par le carré de son rayon de *gyration*. Le moment d'inertie d'une masse quelconque relativement à un axe déterminé est égal à la somme de tous les moments d'inertie des éléments de la masse ; on a

$$I = MR^2 = \Sigma\, m\, r^2.$$

Ces notions s'appliquent dans la *résistance des matériaux* (voir ces mots).

Force centripète. — Le mouvement circulaire est la résultante des vitesses tengentielle T et centripète C (fig. 89) ; on a

$$C = \frac{MV^2}{R}$$

(C, force centripète ; M, masse ; R, rayon de la circonférence décrite).

Force centrifuge. — La force centrifuge, réaction de la force centripète, lui est égale et se calcule par la même formule. La force centrifuge s'exerce sur les rayons des organes rotatifs. Exemple : la batte d'un batteur de machine à battre de 0^m30 de rayon, pesant 10^k, calculer la force centrifuge pour une vitesse de 1,200 tours par minute (soit 37^m60 de vitesse à la circonférence) ; on a

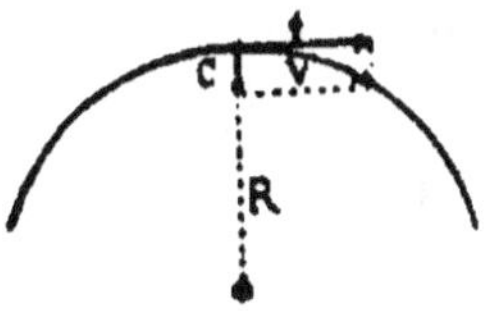

$$C = \frac{10^k}{g} \times \frac{37,60^2}{0^m30} = 4800^k.$$

Fig. 89.

On s'explique que les batteurs, les volants, les meules à aiguiser, les turbines éclatent sous l'action de la force centrifuge s'ils sont mal construits.

Travail des forces. — Le *travail* d'une force est égal au produit de la force (en kilogs) par le chemin parcouru (en mètres) dans la direction de la force. L'unité de travail est le *kilogrammètre* $= 1^k \times 1^m$; il s'exprime par *Kgmt*. Exemple : un manœuvre tirant une charge exerce 12^k d'effort sur un parcours de 15^m, on a :

$$\text{travail} = 12^k \times 15^m = 180 \; Kgmt.$$

Un portefaix soulève 250^k à 1^m50 :

$$\text{travail} = 250^k \times 1^m50 = 375 \; Kgmt.$$

Pour les machines motrices on emploie le *cheval-vapeur* qui vaut

$$75 \; Kgmt$$

développés *en une seconde*. Exemple : une chute d'eau débite 450 litres par seconde tombant de 7^m de hauteur, on a :

$$\text{travail de chute} = 450^k \times 7^m = 3,150 \; Kgmt = 42 \text{ chevaux-vapeur.}$$

Résistances passives. — 1° *Le frottement* de glissement est la résistance qu'éprouvent deux corps en contact à glisser l'un sur l'autre. Il est d'autant moindre que les surfaces sont plus polies et plus dures ou lubrifiées avec des corps gras, du savon, etc... *Le frottement de roulement* est celui qu'opposent les roues, les billes, etc... à la traction.

Le frottement *de glissement* est proportionnel à la charge normale aux surfaces en contact ; il est indépendant de la vitesse et de l'étendue des surfaces en contact, *dans les limites ordinaires de la pratique*. Lorsqu'il y a grippement le frottement s'accroît plus vite que la charge ; aux grandes vitesses le frottement diminue.

Calcul du frottement. On a $F = P \times f$

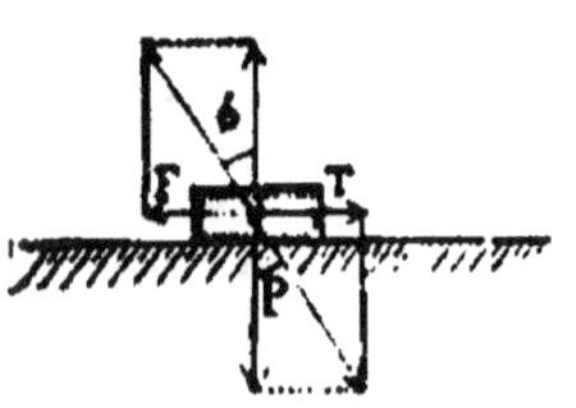

F, frottement ; P, charge ; f, coefficient de frottement $= \dfrac{F}{P}$ (voir fig. 90), l'angle de frottement est φ et $f = tg \; \varphi$. Le frottement au départ est toujours plus grand. Connaissant les coefficients des frottements pour diverses matières en contact on peut calculer la résistance due au frottement pour une charge donnée et des conditions déterminées.

Fig. 90.

Table des Coefficients de frottement

NATURE DES SURFACES frottantes	DISPOSITION des FIBRES	ETAT des SURFACES	COEFFICIENT de frottement f
Chêne sur chêne	parallèles	à sec	0 48
— —	perpendiculaires	—	0 34
— —	parallèles	savonné	0 16
— —	perpendiculaires	mouillé	0 25
Fer sur chêne	parallèles	à sec	0 62
—	—	savonné	0 21
Laiton sur chêne	—	à sec	0 62
Cuir tanné sur chêne	à plat	—	0 30 à 035
— —	—	mouillé	0 29
Corde de chanvre sur chêne	parallèles	à sec	0 52
— — —	—	mouillé	0 33
Fer sur fonte	—	à sec	0 18
Fer sur bronze	—	—	0 18
Fonte sur fonte	—	—	0 15
Bronze sur bronze	—	—	0 20
Bois durs et métaux glissant les uns sur les autres ou sur eux-mêmes	—	bien graissé	0 05 à 008
Calcaire tendre oolithique sur lui-même	—	à sec	0 64
Calcaire dur sur calcaire oolithique	—	à sec	0 67
Brique sur calcaire dur	—	à sec	0 60
Fer sur calcaire dur	—	à sec	0 24

Frottement des Axes et Coussinets

NATURE DES AXES	DES COUSSINETS	ENDUITS	GRAISSAGE ordinaire	GRAISSAGE continu
Fonte	Fonte	Huile, Suif, Cambouis	0 07 à 008	0 054
Fonte	Bronze	— —	0 07 à 008	0 054
Fonte	Bois de gaïac	— —	» »	0 09
Fer	Fonte	— —	0 07 à 008	0 054
Bronze	Bronze	— —	0 10 »	» »
Fer	Cuivre	Suif	0 08 »	» »
Fer	Cuivre	Huile	0 13 »	» »
Bois	Bois dur	Suif	0 035 à 0 07	» »

Application. — Soit à calculer le frottement et, par conséquent[,] la traction nécessaire au déplacement d'un bloc de calcaire de 1.400 kil. traînant sur un sol de briques. On a :

$$\text{frottement} = P \times f = 1.400 \text{ kil.} \times 0\ 60 = 840 \text{ kil.}$$

Frottement des tourillons. — Si on appelle T' le travail absorbé par le frottement des tourillons pour un tour, r le rayon du tourillon, P la charge sur le tourillon, on a :

$$T' = 2\pi r \times P \times f.$$

Il y a donc avantage à réduire r, mais les tourillons trop faibles ne pourraient résister à la charge. Soit à calculer le moment résistan dû au frottement de l'axe d'un volant pesant 900 kil. Le rayon du tourillon étant de 0 m. 05, fer sur bronze, on a :

$$\text{frottement} : = P \times f = 900^k \times 0,08 = 72^k.$$

Le moment du frottement égale donc

$$72^k \times 0,05 = 3,60 \text{ kgmt}$$

Le travail résistant dû au frottement par tour égale donc

$$72^k \times 3,14 \times 0^m 10 = 22^{kgmt}60.$$

Raideur des cordes. — Les cordes blanches ou goudronnées employées dans les poulies, moufles, etc., opposent, outre le frottement de glissement, une résistance additionnelle due à leur raideur, cette résistance

$$R = \frac{a + bQ}{d}$$

$Q =$ la charge ou tension de la corde ; d, le diamètre de la corde ; a, raideur naturelle ; b, raideur proportionnelle à la tension. Appliquer le tableau suivant :

	Diamètre	a	b
CORDES BLANCHES	0ᵐ020	0 2246	0 0097
	0ᵐ014	0 0835	0 0055
	0ᵐ008	0 0106	0 0024
CORDES GOUDRONNÉES	0ᵐ0236	0 3496	0 0125
	0ᵐ0168	0 1059	0 0060
	0ᵐ0096	0 0212	0 0028

Résistance des fluides. — Lorsqu'un corps se déplace dans un fluide ou qu'un corps immobile est plongé dans un fluide en mouvement, il éprouve une résistance R égale à

$$R = K \times \frac{P \times A \times v^2}{2g}$$

P, poids du mètre cube de fluide; v, vitesse de déplacement; K, coefficient variant de 1,13 à 1,78 selon la forme des corps. La résistance des fluides est donc, à densité égale, proportionnelle au *carré de la vitesse*. Elle dépend également de l'étendue des surfaces latérales frottantes, de la forme du corps, etc.

Application : Eviter, dans les pompes et moteurs hydrauliques, à gaz, à vapeur, les étranglements, coudes, ouvertures étroites (laminage de la vapeur), changement brusque de direction. Au delà des vitesses ordinaires de la pratique, la résistance croît plus vite que le carré. (EXEMPLE : les projectiles d'artillerie.)

Choc des corps. — Dans la pratique, le choc des corps non élastiques entraîne toujours une perte de force vive. Si la massse m au repos est choquée par une masse m' de vitesse v, les deux corps ont ensuite une vitesse commune u. Avant le choc on avait puissance égale à :

$$\frac{mv^2}{2}$$

après le choc

$$\frac{(m + m')\, u^2}{2}$$

la perte de puissance vive

$$= \frac{mv^2}{2} - \frac{(m + m')\, u^2}{2}$$

Il y a donc lieu d'éviter les chocs dans les machines (roues hydrauliques) ce qui abaisse notablement le rendement utile.

Roulement. — Théorie très complexe. Des essais de Coulomb, du général Morin, de M. Dupuit, de J.-A. Grandvoinnet, il résulte les formules suivantes :

$$\text{Coulomb: } \quad T = A \times \frac{P}{D}$$

Si $T =$ la traction, P le poids du rouleau, D son diamètre, A coefficient variable.

La formule générale de J.-A. Grandvoinnet est plus complète :

$$T = K \times \frac{P^{4/3}}{D^{2/3}}$$

K est un coefficient, P le poids du rouleau par mètre de longueur; pour les sols compressibles on a :

$$T = K \frac{P^2}{D}$$

pour les sols durs

$$T = K \times \frac{P}{D}$$

formule d'accord avec celle de M. Dupuit.

II — DES MACHINES

Equation du Travail. — Une machine est un assemblage d'organes solides destiné à *transmettre* le travail des forces dans des conditions déterminées. Le travail moteur dépensé, Tm, se transforme en travail utile Tu et travail nuisible Tn, dû aux frottements, on a :

$$Tm = Tu + Tn$$

quand il y a *équilibre dynamique*. Comme pratiquement Tn n'est jamais nul, on ne peut avoir $Tm = Tu$, donc le mouvement perpétuel est impossible.

Rendement. — Le rapport $\dfrac{Tu}{Tm}$ égale le *rendement utile* de la machine. EXEMPLE : Une chute d'eau fournit brut 300^{kgmt} par seconde $= Tm$, elle actionne une roue et un treuil qui permettent d'élever une charge de 250 kil. à 1 m. soit 250$^{kgmt} = Tu$

le rendement
$$\frac{Tu}{Tm} = \frac{250^{kgmt}}{300^{kgmt}} = 0\ 83$$

la machine rend donc 83 % d'effet utile. Abstraction faite du frottement on aurait : Travail moteur $P \times E = R \times e$ travail résistant, si P est la puissance, R la résistance et E et e les chemins parcourus par les points d'application de P et de R. $P \times E$ ou $R \times e$ étant constants, si l'on fait varier E ou e, on fait varier P ou R. *Ce qu'on gagne en force on le perd en vitesse.*

Machines simples. — **Levier.** Il y a trois genres de levier : Si P est la puissance, R la résistance, A le point d'appui, l et l' le bras de levier, l'équation générale d'équilibre de levier est
$$P \times l = R \times l'$$
Si $\quad l = l'$ on a $P = R$.

1er GENRE DE LEVIER. — *L'appui est entre la puissance et la résistance* (fig. 91). — EXEMPLE : Les balances ordinaires, les

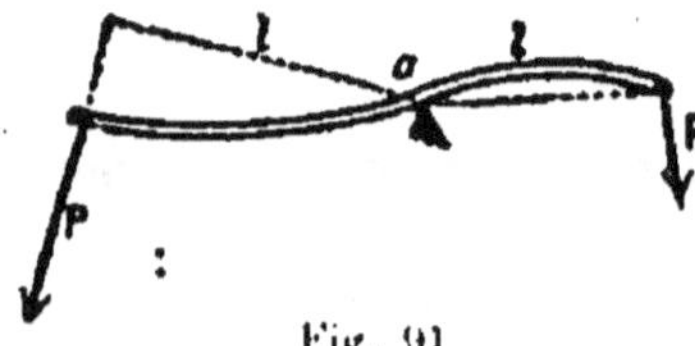

Fig. 91

balances romaines. Selon que P actionne le grand ou le petit bras de levier, on multiplie la *force* ou la *vitesse.*

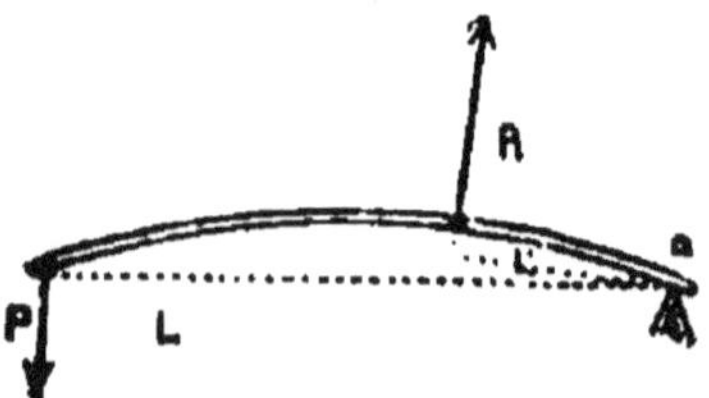

Fig. 92.

2me GENRE. — La résistance est entre l'appui et la puissance. Ce levier ne peut que multiplier la force (fig. 92).

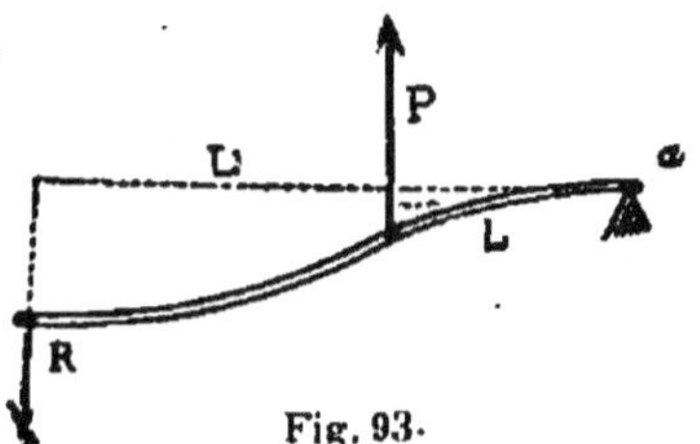

Fig. 93.

3me GENRE. — *La puissance est entre l'appui et la résistance* (fig. 93). Ce genre de levier ne peut que multiplier la vitesse.

Poulie. — La poulie à chape fixe ne sert qu'à *changer la direction* d'un mouvement rectiligne sans *multiplier la force ni la vitesse* (fig. 94), car P et R ont pour bras de levier le rayon r.

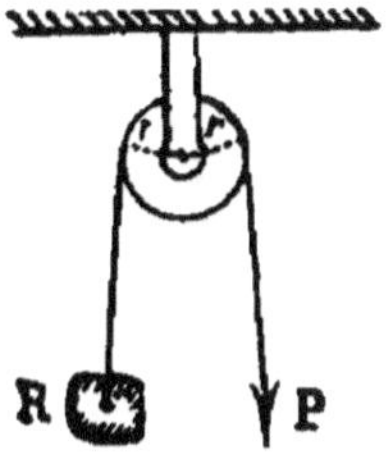

On a donc $$Pr = Rr$$

Fig. 94.

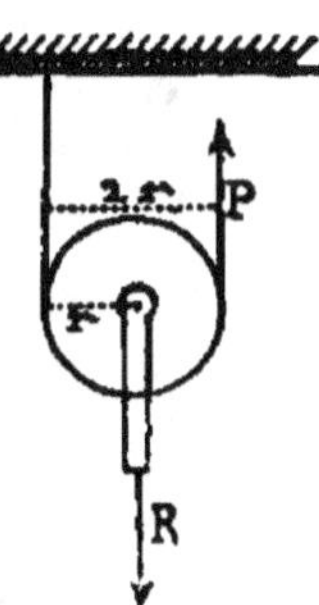

La poulie à *chape mobile* permet de doubler la puissance (fig. 95), on a :

$$P \times 2\,r = R \times r$$

d'où $$R = 2\,P$$

En tirant de 1^k en P on soulève 2^k en R.

Fig. 95.

Palan, moufle, assemblage de trois poulies fixes et de trois poulies mobiles *mouflées* ensemble. Sert à soulever les fardeaux. Il y a deux modèles ; le moufle à poulies égales, le plus répandu, et celui à poulies inégales (fig. 96). On a :

$$R = P \times 2\,n.$$

Si n est le nombre de poulies *mobiles*. Exemple : une traction de 35^{kos} appliquée à la corde d'un moufle à trois paires peut soulever un poids

$$R = 35^k \times 6 = 210^{kos}$$

Chaque poulie mobile multiplie la puissance par 2, soit en tout six fois,

$$R = 6\,P.$$

Mais pour soulever R de 1^m il faut dévider 6^m de corde on aurait encore dans ce cas

$$R \times 1^m = P \times 6^m.$$

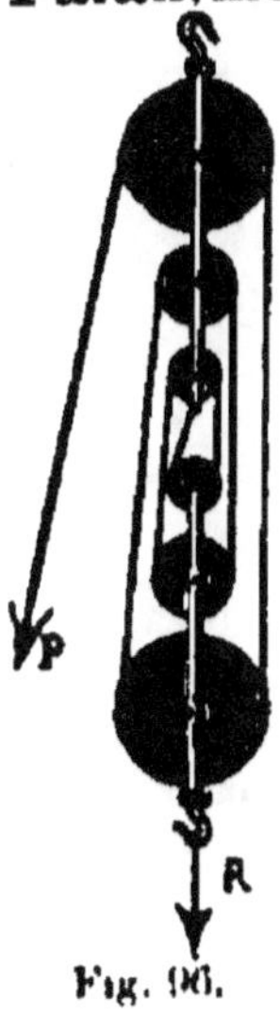

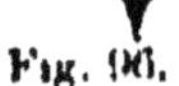

Fig. 96.

Moufle différentiel, plus simple, le plus souvent à chaîne, demande moins de force et permet multiplication plus grande d'autant plus que r et r' diffèrent moins (fig. 97). On a :

$$R = 2\,P \times \frac{r}{r - r'}$$

Exemple : un moufle différentiel où

$$r = 0^m11, \quad r' = 0,10$$

une traction de 35^k permet de soulever une charge de

Fig. 97.

$$R = 2 \times 36^k \frac{0,11}{0,11 - 0,10} = 770^k.$$

Treuil. — Si P est la puissance, R la résistance, L rayon de la manivelle r rayon du *treuil* (fig. 98), on a :

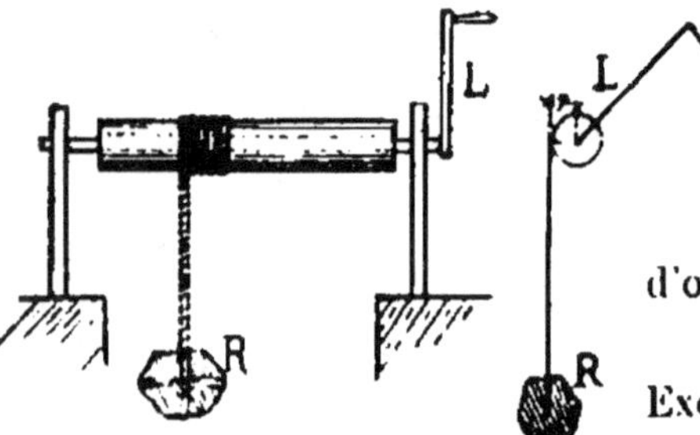

$$P \times L = R \times r$$

d'où

$$R = \frac{P \times L}{r}$$

Exemple si $P = 35^k$ $R = 0^m50$ $r = 0^m,10$ on pourra soulever

Fig. 98.

$$R = 35^k \frac{0,50}{0,10} = 175^k$$

Treuil différentiel, plus puissant, analogue au palan différentiel (fig. 99), on a :

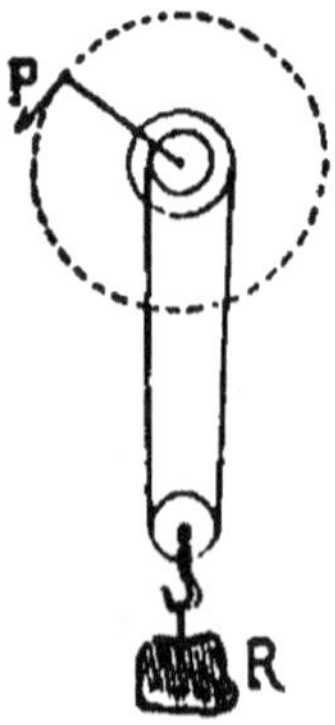

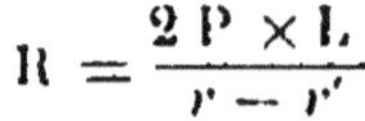

$$R = \frac{2\,P \times L}{r - r'}$$

Le cabestan de la marine n'est qu'un treuil à axe vertical.

Nota. L'équilibre de la poulie, du palan, du treuil, etc., est ici supposé abstraction faite du *frottement des tourillons et des axes*, de la *raideur des cordes* (voir ces mots) facile à calculer au moyen des tables et formules spéciales (résistances passives).

Fig. 99.

Plan incliné (fig. 100). Si l'on néglige le frottement on a :

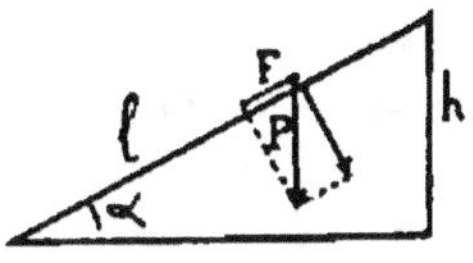

Fig. 100.

$$\frac{F}{P} = \frac{h}{l}$$

c'est-à-dire : la force est à la résistance comme la hauteur du plan est à sa longueur.

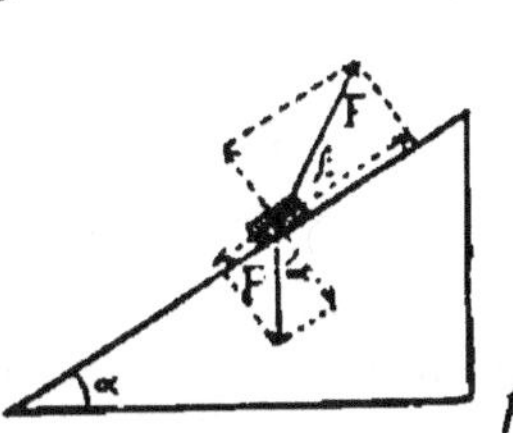

Fig. 101.

Si l'on tient compte des frottements (fig. 101), une force F nécessaire à faire monter le corps est égale à :

$$F = P \; \frac{sin\ \alpha + f\ cos\ \alpha}{cos\ \beta + f\ sin\ \beta}$$

f = coefficient de frottement ; M, masse à élever ; F, traction ; P, poids de la masse M ; α angle du plan sur l'horizon ; β, angle de traction. F est minimum pour β = l'angle de frottement.

Coin (fig. 102). Une force P appliquée à la tête du coin se décompose en deux réactions normales aux faces du coin p et p. Sans frottement on a :

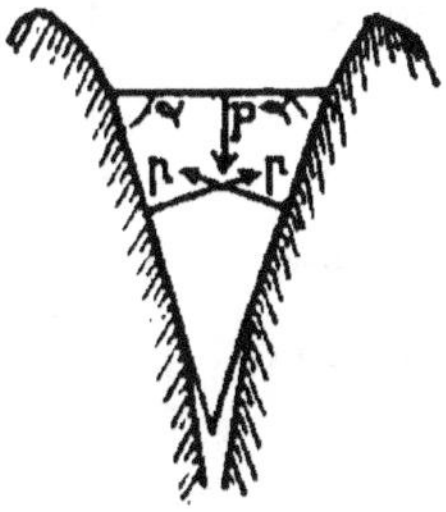

$$P = 2\,p\,cos\ \alpha.$$

En tenant compte du frottement on a :

$$P = 2\,p\,(cos\ \alpha + f\ sin\ \alpha).$$

Fig. 102.

Vis (fig. 103 et 104). Si l'on appelle h le pas de la vis ; l le bras de levier de la puissance ; P, la pression de la vis ; F, l'effort moteur ; on a :

Fig. 103.

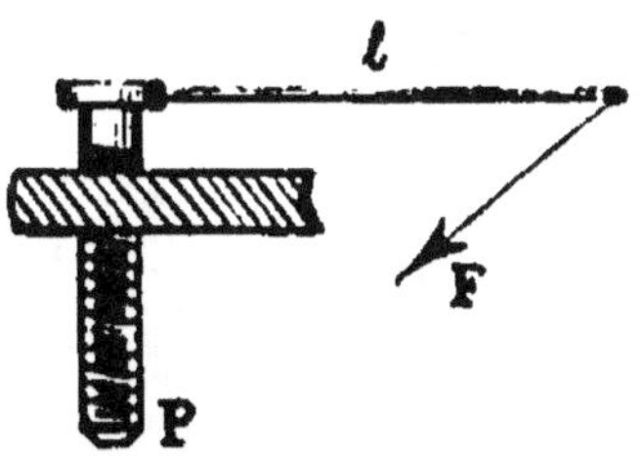

$$\frac{P}{F} = \frac{2\,\pi\,l}{h} \; ; \; d'où\ P = \frac{2\,\pi\,l}{h} \times F.$$

Par exemple si

$$l = 2^m,\ F = 25^{kos},\ h = 0^m015$$

on a :

$$P = \frac{25^k \times 2\,\pi\,R \times 2^m}{0,015} = 20.933^k.$$

Fig. 104.

Pour calculer la pression en fonction du frottement, appliquer la théorie du plan incliné.

La vis est d'une application constante, *vis des pressoirs*, boulons, vérins, balanciers, etc. Elle permet d'exercer une pression considérable avec un faible effort, mais son rendement pratique est peu élevé, de 30 à 35 °/₀, à cause des frottements, la grande pression chasse l'huile.

Vis sans fin. La vis peut aussi servir d'organe de multiplication de la vitesse (la vis est commandée) ou de la force (la vis commande) ou d'organe de transmission (hache-paille), batteuse à bras, etc.

Transmission par engrenages (fig. 105). Transmettent le mouvement circulaire. Deux engrenages à denture extérieure tournent en sens contraire (fig. 105), à denture intérieure ils tournent dans le même sens. (fig. 106).

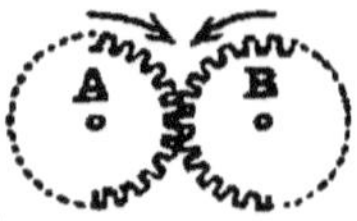

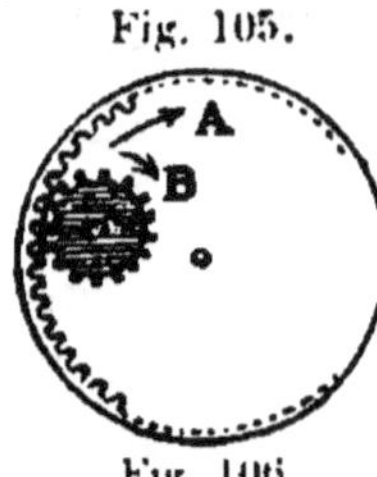

Fig. 105.

Fig. 106.

Le nombre de tours de l'un par rapport à l'autre et par conséquent la vitesse angulaire dépend.

du rapport $\dfrac{n}{n'}$, n étant le nombre de dents de l'engrenage qui actionne et n' le nombre de dents de l'engrenage commandé.

Si plusieurs paires d'engrenages agissent l'une sur l'autre, le nombre de tours du dernier engrenage est égal au produit des rapports $\dfrac{n}{n'}$, pour chaque paire. Exemple (fig. 107): dans une faucheuse on a pour trois paires d'engrenages les rapports $\dfrac{n}{n'}$ égaux à

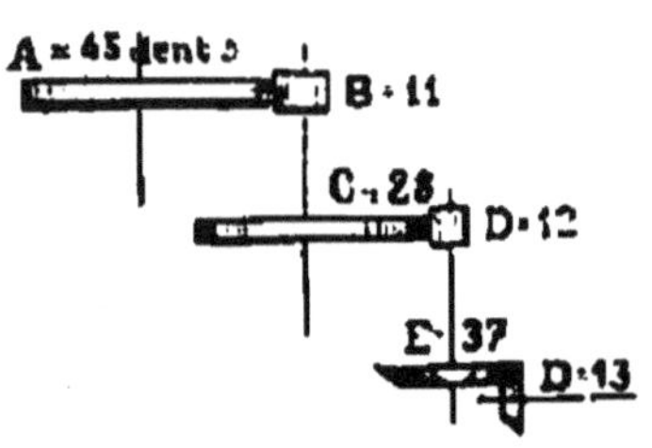

Fig. 107.

$$\frac{45}{11} \times \frac{28}{12} \times \frac{37}{13} = 27,2, \text{ environ.}$$

Donc, pour *un tour* du premier engrenage A, le dernier F, fait 27 tours ; le même calcul s'applique aux faneuses, etc. En tenant compte des frottements, on a : 1° pour les engrenages cylindriques (fig. 107)

$$T_m = T_u + T_u \times f \times \pi \left(\frac{1}{n} + \frac{1}{n'} \right);$$

2° pour les engrenages coniques (fig. 108,

$$T_m = T_u + T_u \times f \times \pi \left(\sqrt{\frac{1}{n^2} + \frac{1}{n'^2} + \frac{2 \cos \alpha}{n\, n'}} \right);$$

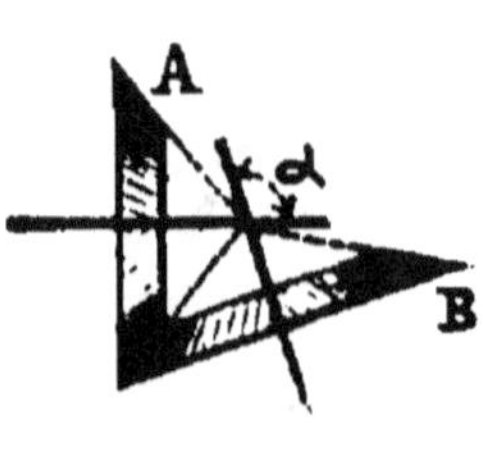

3° pour une crémaillère commandant un engrenage ou réciproquement :

$$T_m = T_u + T_u \times \frac{f \times a}{2\, r}.$$

Fig. 108.

Le frottement augmente quand le rapport $\frac{n}{n'}$ est exagéré. — Les courbes des dents sont cycloïdales. — Le jeu entre les dents est de 1/10 a 1/30 selon la perfection de l'ajustage.

Dans les formules précédentes Tm = travail moteur, Tu = travail utile. f = coefficient de frottement, n nombre de dents de A, n' nombre de dents de B, a pas de l'engrenage, α angle des axes des engrenages coniques.

Transmission par les courroies. — Les poulies transmettent le mouvement par les courroies, larges lames de cuir souple et solide. On peut tendre pratiquement le cuir à 0ᵏ250 par millimètre carré de section. Si la courroie enveloppe la 1/2 circonférence de la poulie on a :

$$l = \mathrm{K} \times \frac{f}{v}$$

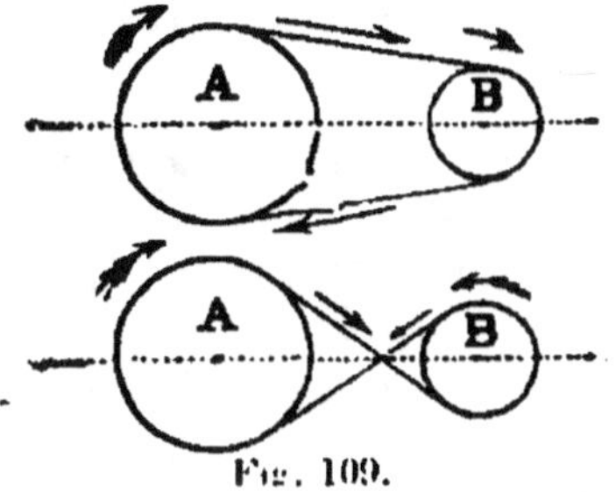

l = largeur de la courroie ; f, puissance motrice ; v, vitesse de la courroie ; K, coefficient = 0,15 pour les arbres horizontaux. Les poulies sont à circonférence lisse, soigneusement tournée et dont la convexité $= \frac{1}{10}$ de la largeur.

Comme entretien graisser pour assouplir le cuir, augmenter s'il y a lieu l'adhérence à la poulie par la résine en poudre ou par galet tendeur. La multiplication de vitesse est proportionnelle au rapport des diamètres D et d de la poulie qui conduit à celle qui est conduite. Exemple (fig. 109) si la poulie D a 1ᵐ60 et d 0,70 ; pour un tour de A, B fait

$$\frac{1^{m}60}{0,70} = 2,18 \text{ tours}$$

Si B commande A on a rapport $= \frac{0,70}{1,60}$, A ferait 0 tour 437 pour un tour de B.

Transmissions télodynamiques. — Se fait par câbles en fil d'acier (fig. 110). Très pratique pour les longues distances. On emploie de grandes poulies de 2 à 4 mètres et plus de diamètre, soigneusement tournées, à gorge garnie de cuir. Les câbles ont de 4 à 12 millimètres de diamètre, sont à 36 fils d'acier avec âme en chanvre. Le poids par mètre varie de 0ᵏ100 à 0ᵏ450. Les poulies sont supportées

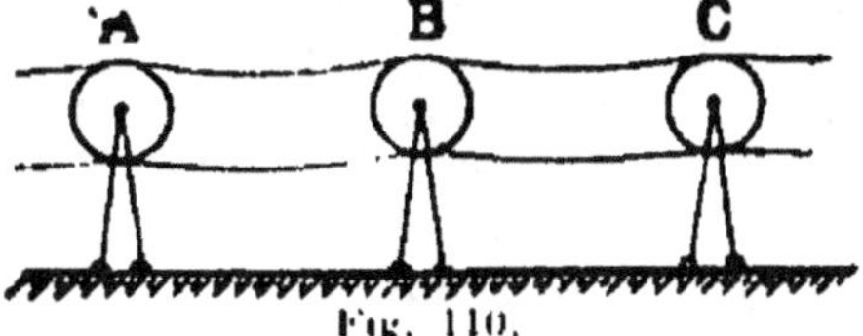

par des pylônes distants de 50 à 250ᵐ. En principe pour une bonne transmission il faut une grande vitesse des poulies, 10 à 15ᵐ par seconde, et une faible tension du câble ; la perte par frottement varie de 3 à 5 °/₀. Le câble doit être graissé de temps en temps.

Volant. — Le volant régularise le mouvement dans les machines : si la vitesse tend à augmenter il absorbe l'excédent de travail moteur, qu'il restitue si la vitesse tend à diminuer ; il facilite également le passage des points morts (volant-poulie des locomobiles), des hache-paille, coupe-racines, etc. Le volant doit être bien construit et centré. La vitesse pratique est au maximum de 25 à 30^m par seconde. La variation de régularité de mouvement est de $\dfrac{1}{20}$ à $\dfrac{1}{60}$

Si le volant est actionné par une seule manivelle on a :

$$P = K \left(\frac{24325\,n}{NV^2} \right)$$

K = coefficient de régularité ; P, poids du volant ; N, nombre de tours par minute ; n, puissance en chevaux-vapeur ; V, vitesse moyenne du volant à la jante.

Essai des moteurs. Frein de Prony (fig. 111). — Le patin est formé d'un fer feuillard avec *dés* en bois a, a, a. Le bras AB est double pour annuler le poids du levier du côté de la charge. En M,M, traverses pour limiter l'amplitude des oscillations. Le levier, placé *au dessous* de l'axe rend le fonctionnement du frein plus régulier. On a

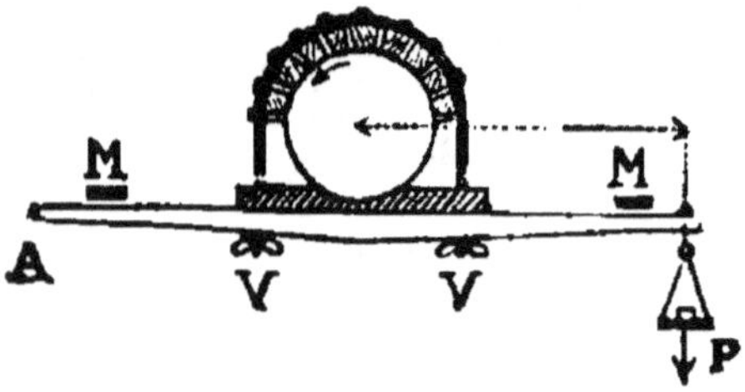

$$Tu = \frac{2\,\pi\,Pln}{60\times75}\ 0,001395\ Pln$$

Tu, est le travail utile net de la machine ; P, le poids ajouté dans le plateau pour équilibrer l'effort moteur ; l, longueur du

Fig. 111.

levier depuis le centre ; n, nombre de tours par minute ; V et V' sont les écrous de serrage. L'essai pratique doit se faire à la vitesse *du régime ordinaire* et même à plusieurs vitesses différentes. Pour éviter grippement lubrifier à l'eau de savon pendant l'essai.

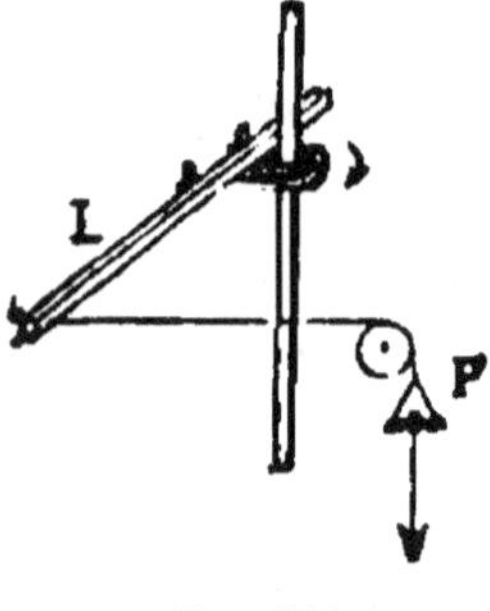

Fig. 112.

Pour les moteurs à axe vertical (turbines), le plateau est suspendu à une corde passant sur une poulie (fig. 112). Pour les essais plus longs et plus précis on emploie le *dynamomètre enregistreur de traction* système Morin, pour la traction des véhicules, charrues, moissonneuses, etc., la *manivelle* dynamométrique pour les instruments à bras et le dynamomètre de rotation pour les grandes machines (batteuses, moulins, etc.). *L'intégration* des courbes du travail moteur se fait au moyen du planimètre Amsler-Laffon.

RÉSISTANCE DES MATÉRIAUX

Résistance à la traction. — Peut être considérée : 1º jusqu'à la limite d'élasticité; 2º jusqu'à la rupture; 3º dans les limites pratiques de sécurité.

1ᵉʳ CAS. — Dans la limite d'élasticité on a :

$$I = \frac{PL}{EA}$$

si P est la charge, L la longueur de la tige, A la section, E le module d'élasticité.

2ᵉ CAS. — Pour la rupture on a :

$$R = \frac{P}{A} \text{ d'où } P = RA$$

si R est le coefficient de rupture par *unité de surface*, P la charge totale et A la section.

3ᵉ CAS. — Dans la pratique on emploie comme coefficients de sécurité le 1/10 de la charge de rupture pour les bois, la moitié pour les cordes et de 1/3 au 1/6 pour les métaux selon la durée probable de la construction. Les cordes goudronnées ou mouillées résistent moins que les cordes sèches.

Tableau des modules d'élasticité et des coefficients de rupture et de sécurité

NATURE DES MATÉRIAUX	MODULE d'élasticité x par millim. carré	CHARGE de rupture par mill. carré	COEFFICIENT de Sécurité
Chêne	1.200ᵏ	8ᵏ00	0ᵏ800
Sapin	1.854	6 à 7	0 60 à 0 70
Frêne	1.120	12.00	1 200
Fer étiré en barres	20.000	40.00	6 66
Acier fondu	18.000	70 à 75	12 à 15
Laiton recuit	1.000	12 60	2 100

Application : 1° Allongement d'une barre de fer de 5 m. de long, 40 mill. carrés de section, sous une charge de 2.000 kil. ; on a :

$$I = \frac{P \times L}{E \times A}$$

où
$$I = \frac{2.000 \text{ kil.} \times 7 \text{ mèt.}}{40 \times 20.000} = 0,0175$$

2° *Rupture.* — Charge de rupture d'une barre de fer de 40 mill. carrés de section : on a $40^k \times 40$ mill. carrés $= 1.600$ kil.

3° *Charge de sécurité.* — Pour une barre carrée de frêne de 50 mill. de côté, on a : charge $= 2.500$ mill. $\times 1^k 200 = 3.000$ kil.

Résistance à la compression, — Cette résistance dépend de la nature du corps et du rapport entre la hauteur h et la base b de la tige chargée. Si la résistance

$=1$ pour $h = b$ on a

Valeur de $\frac{h}{b}$	1	12	24	36	48	60
La résistance...... $r =$	1	0 63	0 50	0 33	0 166	0 085

On a comme pour la résistance à la traction $P = R \times A$. Si $P =$ la charge, R résistance de sécurité par cent. carré, A section. La charge ne doit pas dépasser le 1/5 de celle de rupture. Pour les bois la charge peut être moitié de celle de rupture.

MATÉRIAUX	RÉSISTANCE à l'écrasement par cent. carré
Frêne........	$6^k 190$
Hêtre.......	5 400
Sapin........	4 750
Chêne........	4 500 à 7^k
Pin..........	3 800
Peuplier.....	2 à $3^k 50$

Pour les colonnes en fonte on a :

$$P = \frac{R}{1,45 + 0,00337 \left(\dfrac{l}{d}\right)^2}$$

P charge de rupture ; R résistance à la rupture 7.000 à 10.000 kil. pour la fonte ; l et d longueur et diamètre de la colonne, en centimètres.

La charge pratique est de 1.600 kil. par centimètre carré.

Pierres

MATÉRIAUX	COEFFICIENT de Sécurité
Granit...	70 k
Grès dur......................................	87
Briques dures..............................	15
— tendres	1 600
Mortier ordinaire.........................	3 500
— à ciment.............................	15
Maçonnerie de taille....................	20
— ordinaire...........................	4
— de voûte ordinaire	2

Résistance à la flexion. — 1er CAS : Pour une poutre soumise à la flexion (fig. 113) la rupture tend à se produire à la section d'encastrement m, m. La ligne xy qui passe par le centre de gravité de toutes les sections est dite *ligne neutre* ou ligne des fibres invariables.

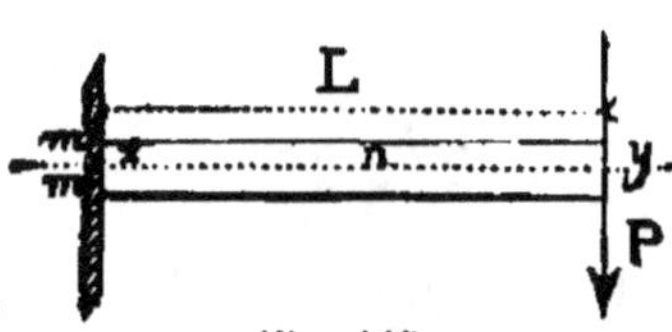

Fig. 113

Au dessus de cette ligne les fibres ont à résister à la *traction*, au dessous à la *compression*. Le produit $P \times L$ de la charge par la longueur de la poutre jusqu'à la section d'encastrement est dit *moment fléchissant*. La somme de tous les moments de résistance des fibres de la pièce est le *moment résistant total*. On a :

$$P \times L = \frac{R I}{n} ; \text{ d'où } P = \frac{R \times I}{L \times n}$$

si P est la charge, L le bras de levier de la charge, R résistance à la traction ou à la compression jusqu'à la limite d'élasticité, I *moment d'inertie* de la section d'encastrement relativement à la ligne des fibres invariables, n distance de la ligne des *fibres invariables* au point de la section d'encastrement qui en est le plus éloigné, c'est-à-dire pour la fibre la plus fatiguée.

La valeur de P varie avec celle de I et, par suite, avec la forme de la section de la pièce soumise à la flexion.

Voici les principaux *moments d'inertie* et la valeur de P pour chaque cas :

SECTIONS RECTILIGNES. — 1° *Rectangle*. (Fig. 114)

Fig. 114

On a :

$$I = \frac{bh^3}{12}$$

$$PL = \frac{R\,b\,h^2}{6}$$

2° *Carré*. (Fig. 115).

Fig. 115

$$I = \frac{C^4}{12}; \quad PL = \frac{Rc^3}{6}$$

3° *Rectangle évidé*. (Fig. 116).

Fig. 116

$$I = \frac{1}{12}\,bh^3 - b'\,h'^3$$

$$PL = R\left(\frac{bh^3 - b'\,h'^3}{6\,h}\right)$$

4° *Double T*. (Fig. 117).

Fig. 117

Même formule que pour le rectangle évidé.

5° *T simple*. (Fig. 118).

Fig. 118

$$I = \frac{bn^3 - (b - b')\,(n - h')^3 + b'\,(h - n)^3}{3}$$

Ici n est la distance du centre de gravité de la section, au sommet du T.

SECTIONS CURVILIGNES. — 6° *Cercle*.

Cylindre plein. (Fig. 119).

Fig. 119

$$I = \frac{\pi r^4}{4} \text{ d'où } PL = \frac{R\,\pi\,r^3}{4}$$

Cylindre creux. (Fig. 120)

Fig. 120

$$I = \pi\left(\frac{r^4 - r'^4}{4}\right) \quad \text{et } PL = R\,\pi\left(\frac{r^4 - r'^4}{4\,r}\right.$$

EXEMPLE. Les poutres creuses, les fers tubulaires, etc... présentent à *poids égal* de matière plus de résistance que les poutres pleines. Les tiges des céréales, la paille, le bambou, le roseau, les os larges des oiseaux présentent un exemple de tiges tubulaires rigides et légères à la fois.

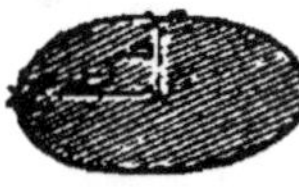

7° *Ellipse pleine.* (Fig. 121).

$$I = \frac{\pi\, b h^3}{4} \quad \text{et} \quad P \times L = \frac{R \pi b h^2}{4}$$

Fig. 121

8° *Ellipse évidée.* (Fig. 122).

$$I = \pi \left(\frac{b h^3 - b' h'^3}{4} \right)$$

$$PL = R \times \pi \left(\frac{b h^3 - b' h'^3}{4\, h} \right)$$

Fig. 122

La résistance à la flexion d'une pièce donnée dépend de la façon dont elle repose sur les appuis. Ainsi une poutre rectangulaire est plus résistante posée de champ que posée à plat. Une poutre à section elliptique résiste mieux si le grand axe est vertical. Une poutre carrée résiste mieux à plat que posée sur l'une de ses arêtes, etc. Les formules de la flexion s'appliquent également au calcul de la section des dents d'engrenages et des bras de roues, etc.

2me Cas. — (Fig. 123), Si la charge P est répartie uniformément sur la longueur L, la résistance est doublée.

Fig. 123

3me Cas. — (Fig. 124). L a poutre est supportée par deux appuis, la charge P appliquée au milieu en un seul point, on a :

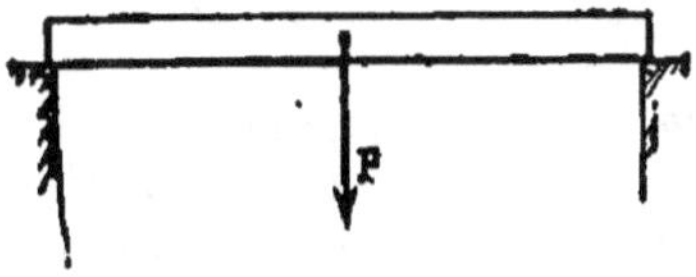

$$PL = \frac{4\, R\, I}{n}$$

Fig 124

la résistance est donc quadruple de celle du 1er cas.

Solide d'égale résistance. — Pour économiser la matière dans les pièces soumises à la flexion, l'on diminue la section transversale en s'éloignant du point d'encastrement, de façon à ce que le *moment de résistance* soit constant. La force théorique *rationnelle* est la forme parabolique (fig. 125). EXEMPLE : le balancier des machines à vapeur.

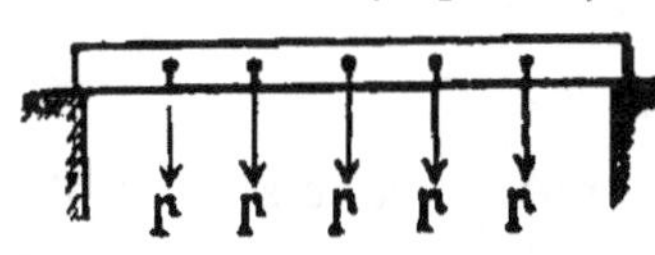

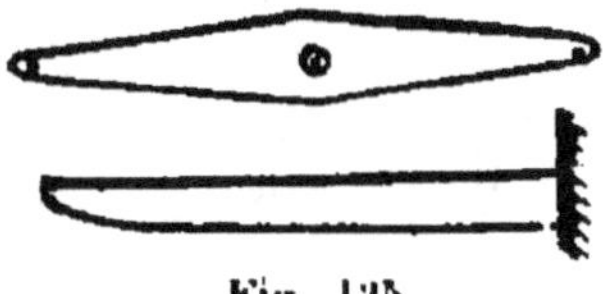

Fig. 125

Résistance à la torsion. — La formule relative à la torsion est

$$F = \frac{P \times p \times r}{I_o}$$

si F est la résistance à la torsion (par mètre carré de section) à une distance r de l'axe (fibre la plus fatiguée), P la force appliquée à l'arbre et p sur bras de levier (rayon de la poulie ou de la manivelle par exemple); I_o est le moment d'*inertie polaire*. Pour un axe à section circulaire

$$I_o = \frac{\pi d'}{32}$$

on peut calculer le diamètre à donner à l'arbre de couche d'une machine en fonction du travail transmis à cet arbre ; il vient :

$$d = 1,72 \sqrt[3]{\frac{P \times p}{F}} \ \text{ ou } \ d = 15,4 \sqrt[3]{\frac{c}{nf}}$$

si d est le diamètre de l'arbre, C la puissance en chevaux-vapeur, n le nombre de tours par minute.

Pour un arbre creux on a :

$$P \times p = 0,196 \ F\left(\frac{d'' - d''''}{d'}\right)$$

d' et d'' étant les diamètres extérieur et intérieur du tube.

Une formule plus commode, dérivant de la première, est la suivante :

$$d = \sqrt[3]{\frac{KA}{n}}$$

si A est le travail en kilogrammètre *par minute*, n le nombre de tours par minute, K coefficient variant de 0,40 à 0,76 pour le fer fin, à 1,03 pour le fer ordinaire ; pour la fonte K = 1,60.

TABLE APPLICABLE A LA
1re FORMULE

MATIÈRES	VALEUR de K
Fer......	$6 \quad \text{»} \times 10^5$
Acier.....	$6 \text{ à } 10 \times 10^5$
Fonte....	$2 \quad \text{»} \times 10^5$
Bronze...	$1 \quad 06 \times 10^5$
Chêne ...	$0 \quad 4 \times 10^5$
Sapin	$0 \quad 438 \times 10^5$

Application de la dernière formule. — Calculer le diamètre d'un axe en fer *ordinaire* devant transmettre 45 chevaux-vapeur à la vitesse de *20 tours par minute*.

On a, si on applique le coefficient,

$$K = 1,03 ; \quad d = \sqrt[3]{K \times \frac{A}{n}}$$

$$d = \sqrt[3]{\frac{\overset{\text{ch}}{45} \times 7,5 \times \overset{\text{kgm}}{(60)''}}{\underset{\text{tours}}{20}}} \times 1,03 = 0,21$$

PHYSIQUE

—

I — POIDS ET DENSITÉS

—

POIDS ET DENSITÉS DES GAZ ET VAPEURS

Poids d'un litre d'air et d'acide carbonique secs en grammes à différentes températures et pressions, d'après Regnault.

$t°$	Air = 1gr,					Acide carbonique = 1gr,			
	73	74	75	76	77	74	75	76	77
10	,198	,215	,231	,248	,264	,8244	,8493	,8743	,8993
11	194	211	227	243	260	8164	8413	8662	8910
12	190	206	223	239	255	8084	8331	8579	8827
13	186	202	218	235	251	8004	8251	8498	8745
14	182	198	214	230	246	7923	8170	8417	8663
15	178	194	210	226	242	7841	8086	8331	8577
16	174	190	206	222	238	7759	8003	8248	8492
17	169	185	201	218	234	7676	7919	8162	8406
18	165	181	197	213	229	7592	7835	8078	8321
19	161	177	193	209	225	7508	7750	7992	8234
20	157	173	189	205	221	7423	7665	7906	8147
21	154	169	185	201	217	7338	7530	7818	8059
22	150	165	181	197	213	7251	7443	7730	7970
23	146	161	177	193	209	7164	7355	7641	7880
24	142	158	173	189	204	7075	7265	7551	7789
25	138	154	169	185	200	6985	7175	7460	7697

Poids d'un volume d'air humide.

Si l'air est saturé d'humidité, son poids en grammes sera donné par la formule

$$P = V \frac{1,2935}{1 + 0,00367.\,t} \frac{(H - \tfrac{3}{8}F)}{760}$$

dans laquelle V est le volume en litres, t la température, H la pression et F la tension maxima de la vapeur d'eau à $t°$.

Transformation des colonnes d'eau en colonnes de mercure, pour la lecture des volumes gazeux (BUNSEN).

Millim. d'eau.	Millim. de mercure.	Millim. d'eau.	Millim. de mercure.	Millim. d'eau.	Millim. de mercure.	Millim. d'eau.	Millim. de mercure.
1	0.074	8	0.59	35	2.58	65	- 4.80
2	0.15	9	0.66	40	2.95	70	5.17
3	0.22	10	0.74	45	3.32	75	5.54
4	0.30	15	1.12	50	3.69	80	5.90
5	0.37	20	1.48	55	4.06	85	6.27
6	0.44	25	1.84	60	4.43	90	6.64
7	0.52	30	2.21				

Densité des gaz et de quelques vapeurs

GAZ	FORMULE	POIDS Moléculaire atomique	DENSITÉ celle de l'air étant 1	POIDS du litre à $0°$ et $0{,}760$
Oxygène	O^2	32	1.1056	1.430
Hydrogène	H^2	2	0.06949	0.08988
Azote	Az^2	28	0.9714	1.256
Chlore	Cl^2	71	2.47	3.18
Acide sulfhydrique	H^2S	34	1.171	1.523
Ammoniaque	H^3Az	17	0.597	0.761
Acide sulfureux	SO^2	64	2.25	2 87
Oxyde de carbone	CO	28	0.968	1.254
Acide carbonique	CO^2	44	1.529	1.9724
Gaz des marais (méthane)	CH^4	16	0.558	0.716
Air atmosphérique		28.8	1.000	1.29349
Vapeur d'eau	H^2O	18	0.6235	0.806

EUDIOMÉTRIE

Poids et volumes des gaz pour l'eudiométrie :

Un gaz possède le volume V à la pression H (réduite à zéro) et à la température t. Il posséderait à la pression H' et à la température t' le volume

$$V' = V \frac{H(1 \times 0{,}00367.t')}{H'(1 \times 0{,}00367..t)}$$

Son poids est $V_0 D_0 . 1{,}29..$,

c'est-à-dire

$$P = \frac{V.H.D_0.1{,}2932}{(1 + 0{,}00367.t)760}$$

Si le volume est lu sur l'eau, on transforme la colonne d'eau en colonne de mercure et l'on retranche de H la tension de la vapeur d'eau à t^0.

Réduction des volumes gazeux.

Dans la plupart des analyses de gaz pour l'industrie, on ne pousse l'exactitude des recherches que jusqu'à 1/2 ou 1/4 °/₀ au plus, et dans ces conditions les tables de Lunge, réduites par centimètre de pression barométrique et par deux degrés de température nous semblent suffisantes.

Pour s'en servir, on ramène d'abord la hauteur barométrique à 0^0 ou plus simplement en retranchant de 13 à 20^0, 2^{mm}, ou de 21 à 25^0, 3^{mm}, puis on déduit la tension de la vapeur si les mesures ont été faites sur l'eau ; et en face du volume lu dans la 1re colonne on trouve le volume ramené à 760 dans la colonne correspondant à la pression barométrique rectifiée. Si l'on veut pousser l'exactitude plus loin, on interpolera facilement les différences correspondant aux millimètres, en retranchant les chiffres des colonnes voisines ; la différence est la correction pour 10^{mm}, et on multipliera le 10e de cette quantité par le nombre de millimètres pour avoir la correction correspondante.

On opérera de même avec la seconde table ; on lit dans la 1re colonne le volume ramené à 760^{mm} et on trouve le volume à 0^0 dans la colonne qui correspond à la température du gaz.

Volume des gaz à diverses pressions ramenés à la pression de 76.

VOLUMES observés à la pression P	P =71. Volumes à 0,76	P=72 Volumes à 0,76	P=73 Volumes à 0,76	P=74 Volumes à 0,76	P=75 Volumes à 0,76	P=77 Volumes à 0,76
11	10.28	10.42	10.57	10.71	10.85	11.14
12	11.21	11.37	11.53	11.68	11.84	12.16
13	12.14	12.31	12.42	12.66	12.83	13.17
14	13.08	13.26	13.45	13.63	13.82	14.17
15	14.02	14.21	14.41	14.60	14.81	15.19
16	14.95	15.15	15.37	15.58	15.79	16.21
17	15.88	16.10	16.33	16.55	16.78	17.22
18	16.82	17.05	17.29	17.52	17.77	18.23
19	17.76	18.00	18.25	18.50	18.75	19.25
20	18.68	18.95	19.21	19.47	19.74	20.26
21	19.62	19.90	20.17	20.44	20.72	21.27
22	20.55	20.84	21.13	21.42	21.71	22.28
23	21.49	21.79	22.09	22.39	22.70	23.30
24	22.43	22.74	23.05	23.36	23.69	24.41
25	23.35	23.69	24.01	24.34	24.67	25.32
26	24.29	24.64	24.97	25.31	25.66	26.34
27	25.23	25.58	25.93	26.28	26.65	27.35
28	26.16	26.53	26.89	27.26	27.63	28.36

Volumes observés à la pression P.	P = 71 Volumes à 0,76	P = 72 Volumes à 0,76	P = 73 Volumes à 0,74	P = 74 Volumes à 0,76	P = 75 Volumes à 0,76	P = 77 Volumes à 0,76
29	27.10	27.48	27.85	28.23	28.62	29.37
30	28.03	28.42	28.82	29.21	29.60	30.39
31	28.97	29.37	29.76	30.18	30.59	31.41
32	29.90	30.32	30.74	31.15	31.58	32.43
33	30.83	31.26	31.70	32.13	32.56	33.43
34	31.77	32.21	32.66	33.10	33.55	34.45
35	32.71	33.16	33.62	34.70	34.54	35.46
36	33.64	34.10	34.58	35.05	35.52	36.47
37	34.57	35.05	35.54	36.02	36.51	37.49
38	35.50	36.00	36.50	37.00	37.50	38.50
39	36.44	36.95	37.47	37.97	38.49	39.51
40	37.38	37.89	38.42	38.95	39.47	40.52
41	38.31	38.84	39.38	39.92	40.46	41.54
42	39.23	39.79	40.34	40.89	41.44	42.55
43	40.18	40.73	41.30	41.86	42.43	43.56
44	41.11	41.68	42.27	42.84	43.42	44.58
45	42.05	42.63	43.22	43.81	44.46	45.59
46	42.98	43.58	44.18	44.78	45.39	46.60
47	43.91	44.52	45.15	45.76	46.38	47.61
48	44.84	45.47	46.10	46.73	47.36	48.63
49	45.78	46.42	47.06	47.70	48.35	49.64
50	46.72	47.36	48.03	48.68	49.34	50.66
51	47.65	48.31	48.99	49.65	50.33	51.62
52	48.58	49.26	49.96	50.63	51.32	52.68
53	49.52	50.21	50.91	51.60	52.30	53.70
54	50.45	51.15	51.87	52.58	53.29	54.72
55	51.38	52.10	52.83	53.55	54.28	55.73
56	52.32	53.05	53.79	54.52	55.26	56.74
57	53.25	54.00	54.75	55.50	56.25	57.76
58	54.19	54.94	55.71	56.47	57.24	58.77
59	55.13	55.89	56.67	57.44	58.22	59.78
60	56.07	56.84	57.63	58.42	59.21	60.79
61	57.00	57.79	58.59	59.39	60.20	61.81
62	57.93	58.74	59.55	60.36	61.19	62.82
63	58.87	59.68	60.51	61.34	62.17	63.84
64	59.80	60.63	61.47	62.32	63.16	64.85
65	60.74	61.58	62.43	63.28	64.65	65.86
66	61.67	62.52	63.39	64.26	65.13	66.88
67	62.60	63.47	64.35	65.23	66.12	67.89
68	63.54	64.42	65.31	66.20	67.10	68.90
69	64.47	65.37	66.27	67.18	68.09	69.91
70	65.40	66.32	67.24	68.16	69.08	70.92
71	66.34	67.26	68.20	69.13	70.07	71.94
72	67.27	68.21	69.16	70.11	71.05	72.95
73	68.20	69.16	70.12	71.08	72.04	73.97

Volumes observés à la pression P.	P = 71 Volumes à 0,76	P = 72 Volumes à 0,76	P = 73 Volumes à 0,76	P = 74 Volumes à 0 76	P = 75 Volumes à 0,76	P = 77 Volumes à 0,76
74	69.11	70.11	71.08	72.05	73.03	74.98
75	70.07	71.05	72.04	73.02	74.01	75.99
76	71.01	72.00	73.00	74.00	75.00	77.01
77	71.94	72.95	73.96	74.97	75.99	78.02
78	72.87	73.89	74.92	75.95	76.97	79.03
79	73.80	74.84	75.88	76.92	77.96	80.04
80	74.74	75.78	76.84	77.90	78.94	81.06
81	75.67	76.74	77.80	78.87	79.93	82.07
82	76.60	77.68	78.76	79.84	80.92	83.09
83	77.54	78.63	79.72	80.82	81.91	84.10
84	78.47	79.57	80.68	81.79	82 90	85.11
85	79.41	80.53	81.64	82.76	83.88	86.13
86	80.34	81.47	82.60	83.73	84.87	87.14
87	81.28	82.42	83.56	84.81	85.86	88.15
88	82.21	83.36	84.52	85.68	86.84	89.17
89	83.15	84.31	85.48	86.66	87.82	90.18
90	84.09	85.26	86.45	87.63	88.81	91.19
91	85.02	86.21	87.41	88.61	89.80	92.21
92	85 95	87.16	88.37	89.58	90.79	93.22
93	86.89	88.11	89.33	90 55	91.77	94.23
94	87.82	89.85	90.29	91.52	92.76	95.24
95	88.76	90.00	91.25	92.50	93.74	96.26
96	89.69	90.95	92 21	93.57	94.73	97 27
97	90.62	91.89	93.17	94.45	95.72	98.29
98	91.56	92.84	94.13	95.42	96.70	99.30
99	92.49	93.79	95.09	96.39	97.69	100.31
100	93.42	94.74	96.05	97.37	98.68	101.32

Volumes des gaz à diverses températures ramenés à zéro.

Volumes observés à t°	t° = 12° Volumes à zéro	t° = 14° Volumes à zéro	t° = 16° Volumes à zéro	t° = 18° Volumes à zéro	t° = 20° Volumes à zéro	t = 22° Volumes à zéro	t° = 24° Volumes à zéro
11	10.53	10.46	10.39	10.32	10.25	10.18	10.11
12	11 49	11.42	11.38	11.26	11.10	11.11	11.03
13	12.45	12.36	12.28	12.20	12.11	12.03	11.95
14	13.41	13.31	13.23	13.13	13.04	12.96	12.87
15	14.37	14.27	14.17	14.07	13.97	13.88	13.79
16	15.32	15.22	15.11	15.01	14.91	14.81	14.71
17	16.28	16.17	16.06	15.95	15.84	15.73	15.63

Volumes observés à $t°$	$t° = 12°$ Volumes à zéro	$t° = 14°$ Volumes à zéro	$t° = 16°$ Volumes à zéro	$t° = 18°$ Volumes à zéro	$t° = 20°$ Volumes à zéro	$t° = 22°$ Volumes à zéro	$t° = 24°$ Volumes à zéro
18	17.24	17.12	17.00	16.89	16.76	16.66	16.55
19	18.20	18.07	17.95	17.83	17.70	17.58	17.47
20	19.16	19.03	18.89	18.76	18.64	18.51	18.39
21	20.12	19.98	19.84	19.70	19.57	19.43	19.31
22	21.08	20.93	20.78	20.64	20.50	20.36	20.23
23	22.03	21.88	21.73	21.58	21.43	21.29	21.15
24	22.99	22.83	22.67	22.51	22.37	22.21	22.07
25	23.95	23.78	23.61	23.45	23.30	23.15	22.99
26	24.91	24.73	24.56	24.39	24.23	24.06	23.91
27	25.87	25.69	25.50	25.33	25.15	24.99	24.83
28	26.82	26.64	26.45	26.27	26.09	25.91	25.74
29	27.78	27.59	27.39	27.20	27.02	26.84	26.67
30	28.74	28.54	28.34	28.15	27.95	27.77	27.58
31	29.70	29.49	29.28	29.09	28.87	28.70	28.50
32	30.66	30.44	30.23	30.03	29.81	29.62	29.42
33	31.61	31.39	31.17	30.97	30.74	30.55	30.34
34	32.57	32.34	32.12	31.90	31.68	31.47	31.26
35	33.53	33.30	33.06	32.83	32.61	32.40	32.18
36	34.49	34.24	34.01	33.78	33.54	33.32	33.10
37	35.45	35.20	34.95	34.72	34.47	34.25	34.02
38	36.40	36.15	35.90	35.66	35.40	35.17	34.93
39	37.36	37.10	36.84	36.59	36.34	36.10	35.85
40	38.32	38.05	37.79	37.53	37.27	37 02	36.77
41	39.28	39.00	38.73	38.47	38.20	37.95	37.69
42	40.24	39.95	39.68	39.41	39.13	38.87	38.61
43	41.19	40.90	40.62	40.35	40.07	39.80	39.53
44	42.15	41.86	41.57	41.28	41.00	40.72	40.45
45	43.11	42.81	42 51	42.22	41.93	41.65	41.37
46	44.07	43.76	43.46	43.16	42.86	42.57	42.29
47	45.03	44.71	44.40	44.10	43.79	43.50	43.21
48	45.98	45.66	45.35	45.04	44.72	44.42	44.12
49	46.94	46.61	46.30	45.97	45.65	45.35	45.04
50	47.90	47.57	47.24	46.91	46.59	46.28	45.97
51	48.86	48.52	48.18	47.85	47.52	47.20	46 89
52	49.82	49.47	49.13	48.79	48.45	48.13	47.81
53	50.77	50.44	50.07	49.72	49.38	49.06	48.73
54	51.04	51.37	51.02	50.66	50.32	49.98	49.65
55	52.87	52.33	51.96	51.60	51.25	50.91	50.57
56	53.65	53.28	52.91	52 54	52.18	51.83	51.49
57	54.61	54.23	53.86	53.48	53.11	52.76	52.41
58	55.56	55.18	54.80	54.42	54.04	53.68	53.32
59	56.52	56.13	55.74	55.35	54.97	54.61	54.24
60	57.47	57.08	56.68	56.29	55 91	55.53	55.16
61	58.43	58.03	57.63	57.23	56.84	56.46	56.08
62	59.39	58.98	58.57	58.17	57.77	57.38	57.00

Volumes observés à $t°$	$t° = 12°$ Volumes à zéro	$t° = 14°$ Volumes à zéro	$t° = 16°$ Volumes à zéro	$t° = 18°$ Volumes à zéro	$t° = 20°$ Volumes à zéro	$t° = 22°$ Volumes à zéro	$t° = 24°$ Volumes à zéro
63	60.35	59.93	59.52	59.11	58.71	58.31	57.92
64	61.31	60.88	60.46	60.04	59.64	59.23	58 84
65	62.26	61.84	61.40	60.97	60.57	60.16	59.76
66	63.22	62.79	62.35	61.92	61.50	61.08	60.68
67	64.18	63 74	63.29	62.86	62.43	62.01	61.60
68	65.13	64.69	64.23	63.80	63.36	62.93	62.51
69	66.09	65.64	65.18	64.73	64.30	63 86	63.43
70	67.05	66.59	66.13	65.67	65.23	64.79	64.35
71	68.01	67.54	67.07	66 61	66,16	65.71	65.27
72	68.97	68.49	68.02	67.55	67 09	66.64	66 19
73	69.92	69.44	68.96	68.49	68.09	67.57	67.11
74	70.88	70 40	69.91	69.42	68.96	68.49	68.03
75	71.84	71.35	70.85	70.37	69.89	69.42	68.95
76	72.80	72.30	71.80	71.30	70.82	70.34	69.87
77	73.76	73.25	72.74	72.24	71.75	71.27	70.79
78	74.71	74.20	73.69	73.18	72.68	72.19	71.70
79	75.67	75.15	74.63	74.11	73.61	73.12	72.62
80	76.63	76.10	75 58	75.06	74.54	74.04	73.54
81	77 59	77.05	76.52	76.00	75 47	74.97	74.46
82	78.55	78.00	77.47	76.94	76.40	75.89	75.38
83	79.50	78.95	78.41	77.87	77.34	76.82	76.30
84	80.46	79.91	79.35	78.81	78.27	77.74	77.22
85	81.42	80.86	80.30	79.75	79.20	78.67	78.14
86	82.38	81.81	81.24	80.69	80.13	79.59	79.06
87	83.33	82.76	82.19	81.63	81.06	80.52	79.98
88	84.29	83.71	83.13	82.57	81.99	81.44	80.90
89	85.25	84.66	84.08	83.50	82 93	82.37	81.82
90	86.21	85.62	85.02	84.44	83.86	83.30	82.74
91	87.17	86.57	85.96	85.38	84.79	84.22	83.66
92	88.13	87.52	86.91	86.32	85.72	85 15	84.58
93	89.08	88.47	87.85	87.25	86.66	86.08	85 50
94	90.04	89.42	88.80	88.19	87.59	87.00	86.42
95	91 00	90.38	89.74	89.13	88.52	87.93	87 34
96	91 96	91.33	90.69	90 07	89.45	88.85	88.28
97	92.92	92.28	91.63	91.00	90.38	89.78	89.18
98	93.87	93.23	92.58	91 94	91.31	90.70	90.09
99	94.83	94.18	93 52	92.88	92.24	91.63	91 01
100	95.79	95.13	94.47	93 82	93.18	92.55	91.93

ARÉOMÉTRIE

Formule des aréomètres.

Soit g le degré marqué par un aréomètre, d la densité de la solution ; on a pour les aréomètres suivants la formule générale $d = \dfrac{m}{m \pm g}$

en appelant m un facteur déterminé ; $+ g$ s'emploie dans le cas des liquides plus légers que l'eau, $— g$ avec les liquides plus lourds.

Pour l'aréomètre Baumé, plus lourd que l'eau (*pèse-sels*), $m = 144$, 145 dans les instruments américains. Le degré doit se prendre à 12°, 5 de température centigrade.

Pour l'instrument de Beck, $m = 170$; température 13°,5 C.
    —   Brix,   400   —   15°,6 C.
    —   Balling,   200.

Pour le *pèse-liqueur* de Baumé plus léger que l'eau, et marquant 10° dans l'eau à $+ 12°,5$, la formule est $d = \dfrac{144}{134 + g}$

Les fabriques anglaises emploient l'aréomètre de Twaddle, dont la formule est $d = \dfrac{0,5 g + 100}{100}$, c'est-à-dire qu'en multipliant le degré par 5 et ajoutant 1000, on a le poids du litre en grammes.

Le densimètre de Fleischer donne l'excédent sur 100 du poids de 100 cc. en grammes, soit la partie fractionnaire de la densité, multipliée par 100.

Comparaison des échelles de Beck et de Baumé pour les liquides plus lourds que l'eau avec les densités.

Degrés Baumé ou Beck.	Densités correspondantes		Degrés Baumé ou Beck.	Densités correspondantes	
	Baumé.	Beck.		Baumé.	Beck.
0	1.0000	1.0000	22	1.1798	1.1486
1	1.0069	1.0059	23	1.1896	1.1565
2	1.0140	1.0119	24	1.1994	1.1644
3	1.0212	1.0180	25	1.2095	1.1724
4	1.0285	1.0241	26	1.2198	1.1806
5	1.0358	1.0303	27	1.2301	1.1888
6	1.0434	1.0366	28	1.2407	1.1972
7	1.0509	1.0429	29	1.2515	1.2057
8	1.0587	1.0494	30	1.2624	1.2143
9	1.0665	1.0559	31	1.2736	1.2230
10	1.0744	1.0625	32	1.2849	1.2319
11	1.0825	1.0692	33	1.2965	1.2409
12	1.0907	1.0759	34	1.3082	1.2500
13	1.0990	1.0828	35	1.3202	1.2593
14	1.1074	1.0897	36	1.3324	1.2690
15	1.1160	1.0968	37	1.3447	1.2782
16	1.1247	1.1039	38	1.3574	1.2879
17	1.1335	1.1111	39	1.3703	1.2977
18	1.1425	1.1184	40	1.3834	1.3077
19	1.1516	1.1258	41	1.3968	1.3178
20	1.1608	1.1333	42	1.4105	1.3281
21	1.1702	1.1409	43	1.4244	1.3386

Degrés Baumé ou Beck.	Densités correspondantes		Degrés Baumé ou Beck	Densités correspondantes	
	Baumé.	Beck.		Baumé	Beck.
44	1.4386	1.3492	59	1.6916	1.5315
45	1.4531	1.3600	60	1.7116	1.5454
46	1.4678	1.3710	61	1.7322	1.5596
47	1.4828	1.3821	62	1.7532	1.5741
48	1.4984	1.3934	63	1.7748	1.5888
49	1.5141	1.4050	64	1.7969	1.6038
50	1.5301	1.4167	65	1.8195	1.6190
51	1.5466	1.4286	66	1.8428	1.6346
52	1.5633	1.4407	67	1.839	1.6505
53	1.5804	1.4530	68	1.864	1.6667
54	1.5978	1.4655	69	1.885	1.6832
55	1.6158	1.4783	70	1.909	1.7000
56	1.6342	1.4912	71	1.935	
57	1.6529	1.5044	72	1.960	
58	1.6720	1.5179			

Comparaison des aréomètres pour liquides moins lourds que l'eau et densités à + 15° des mélanges d'eau et d'alcool contenant pour 100 volumes n volumes d'alcool absolu (n = degrés Gay-Lussac).

Baumé.	Cartier.	Gay-Lussac.	Poids spécifique.	Baumé.	Cartier.	Gay-Lussac.	Poids spécifique.
10	10	0	1.000	21	20	53	0.930
		1	0.999			54	0.928
		2	0.997			55	0.926
		3	0.996	22	21	56	0.924
		4	0.994			57	0.922
11	11	5	0.993			58	0.920
		6	0.992	23	22	59	0.918
		7	0.990			60	0.915
		8	0.989			61	0.913
		9	0.988	24	23	62	0.911
12		10	0.987			63	0.909
	12	11	0.986	25		64	0.906
		12	0.984		24	65	0.904
		13	0.983			66	0.902
		14	0.982	26		67	0.899
		15	0.981		25	68	0.896
		16	0.980	27		69	0.893
13		17	0.979		26	70	0.891
	13	18	0.978	28		71	0.888
		19	0.977		27	72	0.886
		20	0.976	29		73	0.884
		21	0.975		28	74	0.881
		22	0.974	30		75	0.879
14		23	0.973			76	0.876
		24	0.972	31	29	77	0.874

Baumé.	Cartier.	Gay-Lussac	Poids spécifiques
	14	25	0.971
		26	0.970
		27	0.969
		28	0.968
15		29	0.967
		30	0.966
		31	0.965
	15	32	0.964
		33	0.963
16		34	0.962
		35	0.960
		36	0.959
		37	0.957
	16	38	0.956
17		39	0.954
		40	0.953
	17	41	0.951
		42	0.949
18		43	0.948
		44	0.946
		45	0.945
	18	46	0.943
19		47	0.941
		48	0.910
		49	0.938
20	19	50	1.936
		51	0.934
		52	0.932

Baumé.	Cartinr.	Gay-Lussac	Poids spécifiques.
		78	0.871
32	30	79	0.868
		80	0.865
33	31	81	0.863
		82	0.860
34	32	83	0.857
35		84	0.854
	33	85	0.851
36	34	86	0.848
		87	0.845
37	35	88	0.842
38	36	89	0.838
		90	0.835
39	37	91	0.832
		92	0.829
40	38	93	0.826
41		94	0.822
42	39	95	0.818
43	40	96	0.814
44	41	97	0.810
45	42	98	0.805
46	43	99	0.800
47	44	100	0.795
48			0.791

NOTA. Si la température est de $15° + n$, il faut retrancher $(0,4)\,n$ degrés alcoométriques pour avoir la richesse alcoolique. Il faut les ajouter au contraire si $t = 15° - n$.

DENSITÉ DES LIQUIDES ET SOLUTIONS
Densité des solutions.

Pour diluer à un degré voulu des solutions de concentration donnée, connaissant la densité ou la richesse en sel, et en supposant que la dilution de ces solutions s'accomplisse sans augmentation ni contraction de volume, on emploie les formules suivantes :

Soit m la teneur en sel % du liquide concentré.

— n — cherché.

Le quotient $\dfrac{m}{n}$ est égal à la somme des volumes du liquide concentré (1 volume) et de l'eau à ajouter.

Soit un acide sulfurique à 30° Baumé à ramener à 20°. L'acide à 30° Baumé (page 125) renferme 28,3 % d'acide réel. L'acide à 20° Baumé (page 125) renferme 18 % d'acide réel.

Le rapport $\dfrac{28,3}{18} = 1,57$; il faut donc à 1 volume d'acide à 30° B ajouter 1,57 volumes d'eau pour le ramener à 20° B.

Le problème inverse peut aussi se résoudre : combien a-t-on ajouté d'eau à un liquide de densité d pour obtenir 100 parties de mélange de densité d' ?

La quantité d'eau °/₀ dans le produit $= \dfrac{100\left(\frac{d}{d'} - 1\right)}{d - 1}$

D'une façon générale, soit d la densité d'une solution de volume V : on veut l'amener à la densité d'' en ajoutant un volume V de solution de densité d'

$$d'' = \frac{Vd + vd'}{V + v} \qquad v = \frac{V\,(d - d'')}{d'' - d'}$$

Volume et densité de l'eau distillée de 0° à 100° (Rossetti).

d_t = densité à $t°$, $d_0 = 1$. D_t = densité à $t°$, $D_{4{\cdot}07} = 1$.
v_t = volume à $t°$, $v_0 = 1$. V_t = volume à $t°$, $V_{4{\cdot}07} = 1$.

t	d_t	v_t	D_t	V_t
0°	1.000000	1.000000	0.999871	1.000129
1	057	0.999943	928	072
2	098	902	969	031
3	120	880	991	009
4	129	871	1.000000	1.000000
5	119	881	.999990	010
6	099	901	970	030
7	062	938	933	067
8	015	985	886	114
9	0.999953	1.000047	824	176
10	876	124	747	253
11	784	216	655	345
12	678	322	549	451
13	559	441	430	570
14	429	572	299	701
15	289	712	160	841
16	131	870	002	999
17	0.998970	1.001031	0.998841	1.001160
18	782	219	654	348
19	588	413	460	542
20	388	615	259	744
21	176	828	047	957
22	0.997956	1.002048	0.997828	1.002177
23	730	276	601	405
24	495	511	367	641
25	249	759	120	888
26	0.996994	1.003014	0.996866	1.003144
27	732	278	603	408
28	460	553	331	682
29	179	835	051	965
30	0.99589	1.00412	0.99577	1.00425
40	0.99248	1.00757	0.99235	1.00770
50	0.98832	1.01182	0.98819	1.01195
60	0.98350	1.01678	0.98338	1.01691
70	0.97807	1.02243	0.97794	1.02256
80	0.97206	1.02874	0.97194	1.02887
90	0.96568	1.03554	0.96556	1.03567
100	0.95879	1.04299	0.95866	1.04312

Densités à 15° de l'acide azotique (J. KOLB).

Degrés Baumé.	Densités.	AzO^3H %	Az^2O^5 %	Degrés Baumé.	Densités.	AzO^3H %	Az^2O^5
1	1.007	1.5	1.3	27	1.231	37.0	31.7
2	014	2.6	2.2	28	242	38.6	33.1
3	022	4.0	3.4	29	252	40.2	34.5
4	029	5.1	4.4	30	261	41.5	35.6
5	036	6.3	5.4	31	275	43.5	37.3
6	044	7.6	6.5	32	286	45.0	38.6
7	052	9.0	7.7	33	298	47.1	40.4
8	060	10.2	8.7	34	309	48.6	41.7
9	067	11.4	9.8	35	321	50.7	43.5
10	075	12.7	10.9	36	334	52.9	45.3
11	083	14.0	12.0	37	346	55.0	47.1
12	091	15.3	13.1	38	359	57.3	49.1
13	100	16.8	14.4	39	372	59.6	51.1
14	108	18.0	15.4	40	384	61.7	52.9
15	116	19.4	16.6	41	398	64.5	55.3
16	125	20.8	17 8	42	412	67.5	57.9
17	134	22.2	19.0	43	426	70.6	60.5
18	143	23.6	20.2	44	440	74.4	63.8
19	152	24.9	21.3	45	454	78.4	67.2
20	161	26.3	22 5	46	470	83 0	71.1
21	171	27.8	23.8	47	485	87.1	74.7
22	180	29.2	25.0	48	501	92.6	79.4
23	190	30.7	26.3	49	516	96.0	82.3
24	199	32.1	27.5	49.5	524	98.0	84.0
25	210	33.8	28.9	49.9	530	100.0	85.7
26	221	35.5	30.4				

Densités des solutions d'acide sulfureux

donnant leur richesse en gaz sulfureux (H. SCHIFF).

Densités.	SO^2 %	Densités.	SO^2 %	Densités.	SO^2 %
1.0049	2	1.0278	10	1.0553	18
1.0102	4	1.0343	12	1.0620	20
1.0158	6	1.0410	14		
1.0217	8	1.0480	16		

Densités de l'acide chlorhydrique (J. Kolb).
100 p. d'acide à 15° correspondent à

Degrés Baumé.	Densités.	HCl gaz % d'acide.	Acide à 20° Bé.	Acide à 22° Bé.	Degrés Baumé.	Densités.	HCl gaz % d'acide.	Acide à 20° Bé.	Acide à 22° Bé.
1	1.007	1.5	4.7	4.2	17	1.134	26.6	83.3	74.5
2	014	2.9	9.0	8.1	18	143	28.4	88.9	79.5
3	023	4.5	14.1	12.6	19	152	30.2	94.5	84.6
4	029	5.8	18.1	16.2	19.5	157	31.2	97.7	87.4
5	036	7.3	22.8	20.4	20	161	32.0	100.0	89.6
6	044	8.9	27.8	24.4	20.5	166	33.0	103.3	92.4
7	052	10.4	32.6	29.1	21	171	33.9	106.1	94.9
8	060	12.0	37.6	33.6	21.5	175	34.7	108.6	97.2
9	067	13.4	41.9	37.5	22	180	35.7	111.7	100.0
10	075	15.0	46.9	42.0	22.5	185	36.8	115.2	103.0
11	083	16.5	51.6	46.2	23	190	37.9	118.6	106.1
12	091	18.1	56.7	50.7	23.5	195	39.0	122.0	109.2
13	100	19.9	62.3	55.7	24	199	39.8	124.6	111.4
14	108	21.5	67.3	60.2	24.5	205	41.2	130.0	115.4
15	116	23.1	72.3	64.7	25	210	42.4	132.7	119.0
16	125	24.8	77.6	69.4	25.5	212	42.9	134.3	120.1

Les degrés Twaddle donnent directement, à très peu de chose près, la richesse % en acide chlorhydrique.

Densités des solutions aqueuses d'acide sulfurique à + 15°
(J. Kolb).

Degrés Baumé.	Densités.	100 parties en poids contiennent				1 litre contient en kilogr.			
		SO³ p. 100.	H²SO⁴ p.100.	Acide à 60° Baumé.	Acide à 53° Baumé.	SO³.	H²SO⁴.	Acide à 60° Baumé.	Acide à 53° Baumé.
0	1.000	0.7	0.9	1.2	1.3	0.007	0.009	0.012	0.013
1	1.007	1.5	1.9	2.4	2.8	0.015	0.019	0.024	0.028
2	1.014	2.3	2.8	3.6	4.2	0.023	0.028	0.036	0.042
3	1.022	3.1	3.8	4.9	5.7	0.032	0.039	0.050	0.058
4	1.029	3.9	4.8	6.1	7.2	0.040	0.049	0.063	0.074
5	1.037	4.7	5.8	7.4	8.7	0.049	0.060	0.077	0.090
6	1.045	5.6	6.8	8.7	10.2	0.059	0.071	0.091	0.107
7	1.052	6.4	7.8	10.0	11.7	0.067	0.082	0.105	0.123
8	1.060	7.2	8.8	11.3	13.1	0.076	0.093	0.120	0.139
9	1.067	8.0	9.8	12.6	14.6	0.085	0.105	0.134	0.156
10	1.075	8.8	10.8	13.8	16.1	0.095	0.116	0.148	0.173
11	1.083	9.7	11.9	15.2	17.8	0.105	0.129	0.165	0.193
12	1.091	10.6	13.0	16.7	19.4	0.116	0.142	0.182	0.211
13	1.100	11.5	14.1	18.1	21.0	0.126	0.155	0.199	0.231
14	1.108	12.4	15.2	19.5	22.7	0.137	0.168	0.216	0.251
15	1.116	13.2	16.2	20.7	24.2	0.147	0.181	0.231	0.270

Degrés Baumés.	Densités	100 parties en poids contiennent				1 litre contient en kilogr.			
		SO^3 p. 100.	H^2SO^4 p. 100.	Acide à 60° Baumé.	Acide à 53° Baumé.	SO^3.	H^2SO^4.	Acide à 60° Baumé.	Acide à 53° Baumé.
16	1.125	14.1	17.3	22.2	25.8	0.159	0.195	0.250	0.290
17	1.134	15.1	18.5	23.7	27.6	0.172	0.210	0.269	0.313
18	1.142	16.0	19.6	25.1	29.2	0.183	0.224	0.287	0.333
19	1.152	17.0	20.8	26.6	31.0	0.196	0.233	0.306	0.357
20	1.162	18.0	22.2	28.4	33.1	0.209	0.258	0.330	0.385
21	1.171	19.0	23.3	29.8	34.8	0.222	0.273	0.349	0.407
22	1.180	20.0	24.5	31.4	36.6	0.236	0.289	0.370	0.432
23	1.190	21.1	25.8	33.0	38.5	0.251	0.307	0.393	0.458
24	1.200	22.1	27.1	34.7	40.5	0.265	0.325	0.416	0.486
25	1.210	23.2	28.4	36.4	42.4	0.281	0.344	0.440	0.513
26	1.220	24.2	29.6	37.9	44.2	0.295	0.361	0.463	0.539
27	1.231	25.3	31.0	39.7	46.3	0.311	0.382	0.489	0.570
28	1.241	26.3	32.2	41.2	48.1	0.326	0.400	0.511	0.597
29	1.252	27.3	33.4	42.8	49.9	0.342	0.418	0.536	0.625
30	1.263	28.3	34.7	44.4	51.8	0.357	0.438	0.561	0.654
31	1.274	29.4	36.0	46.1	53.7	0.374	0.459	0.587	0.684
32	1.285	30.5	37.4	47.9	55.8	0.392	0.481	0.616	0.717
33	1.297	31.7	38.8	49.7	57.9	0.411	0.503	0.645	0.751
34	1.308	32.8	40.2	51.1	60.0	0.429	0.526	0.674	0.785
35	1.320	33.8	41.6	53.3	62.1	0.447	0.549	0.704	0.820
36	1.332	35.1	43.0	55.1	64.2	0.468	0.573	0.734	0.856
37	1.345	36.2	44.4	56.9	66.3	0.487	0.597	0.765	0.892
38	1.357	37.2	45.5	58.3	67.9	0.505	0.617	0.791	0.921
39	1.370	38.3	46.9	60.0	70.0	0.525	0.642	0.822	0.959
40	1.383	39.5	48.3	61.9	72.1	0.546	0.668	0.856	0.997
41	1.397	40.7	49.8	63.8	74.3	0.569	0.696	0.891	1.038
42	1.410	41.8	51.2	65.6	76.4	0.589	0.722	0.925	1.077
43	1.424	42.9	52.8	67.4	78.5	0.611	0.749	0.960	1.108
44	1.438	44.1	54.0	69.1	80.6	0.634	0.777	0.994	1.159
45	1.453	45·2	55.4	70.9	82.7	0.657	0.805	1.030	1.202
46	1.468	46.4	56.9	72.9	84.9	0.681	0.835	1.070	1.246
47	1.483	47.6	58.3	74.7	87.0	0.706	0.864	1.108	1.290
48	1.498	48.7	59.6	76.3	89.0	0.730	0.893	1.143	1.330
49	1.514	49.8	61.0	78.1	91.0	0.754	0.923	1.182	1.378
50	1.530	51.0	62.5	80.0	93.3	0.780	0.956	1.224	1.427
51	1.540	52.2	64.0	82.0	95.5	0.807	0.990	1.268	1.477
52	1.563	53.5	65.5	83.9	97.8	0.836	1.024	1.311	1.529
53	1.580	54.9	67.0	85.8	100.0	0.867	1.059	1.355	1.580
54	1.597	56.0	68.6	87.8	102.4	0.894	1.095	1.402	1.636
55	1.615	57.1	70.0	89.6	104.5	0.922	1.131	1.447	1.688
56	1.634	58.4	71.6	91.7	106.9	0.954	1.170	1.499	1.747
57	1.652	59.7	73.2	93.7	109.2	0.986	1.210	1.548	1.804
58	1.672	61.0	74.7	95.7	111.5	1.019	1.248	1.599	1.863
59	1.691	62.4	76.4	97.8	114.0	1.055	1.292	1.654	1.928
60	1.711	63.8	78.1	100.0	116.6	1.092	1.336	1.711	1.995
61	1.732	65.2	79.9	102.3	119.2	1.129	1.384	1.772	2.065
62	1.753	66.7	81.7	104.6	121.9	1.169	1.432	1.838	2.137
63	1.774	68.7	84.1	107.7	125.5	1.210	1.492	1.911	2.226
64	1.796	70.6	86.5	110.8	129.1	1.268	1.554	1.990	2.319
65	1.819	73.2	89.7	114.8	133.8	1.332	1.632	2.088	2.434
66	1.842	81.6	100.0	128.0	149.3	1.523	1.842	2.358	2.750

Densités à + 15° des solutions d'acide phosphorique donnant leur richesse en acide et en anhydride phosphorique (WATTS).

Densités.	PO^4H^3 %.	P^2O^5 %.	Densités.	PO^4H^3 %.	P^2O^3 %.
1.476	64.04	47.10	1.236	37.69	27.30
1.442	60.90	44.13	1.197	32.10	23.23
1.418	58.22	42.61	1.162	27.24	19.73
1.384	55.40	40.12	1.136	23.41	16.95
1.356	52.46	38.00	1.109	18.30	13.25
1.328	50.93	36.15	1.066	11.91	8.62
1.293	45.05	32.71	1.031	5.73	4.15
1.268	41.60	30.13	1.006	1.10	0.79

H. Schiff donne une autre table qui conduit à la formule :

$$D = 1 + 0{,}00537p + 0{,}00002886p^2 + 0{,}00000006p^3,$$

où D est la densité de la solution et p le poids de PO^4H^3 pour 100.

Densités à + 15° des solutions d'acide acétique donnant leur richesse en acide acétique cristallisable (OUDEMANS).

Densités.	$C^2H^4O^2$ %	Densités.	$C^2H^4O^2$ %	Densités.	$C^2H^4O^2$ %
1.0007	1	1.0470	35	1.0729	69
1.0022	2	1.0481	36	1.0733	70
1.0037	3	1.0492	37	1.0737	71
1.0052	4	1.0502	38	1.0740	72
1.0067	5	1.0513	39	1.0742	73
1.0083	6	1.0523	40	1.0744	74
1.0098	7	1.0533	41	1.0746	75
1.0113	8	1.0543	42	1.0747	76
1.0127	9	1.0552	43	1.0748	77
1.0142	10	1.0562	44	idem	78
1.0157	11	1.0571	45	idem	79
1.0171	12	1.0580	46	idem	80
1.0185	13	1.0589	47	1.0747	81
1.0201	14	1.0598	48	1.0746	82
1.0214	15	1.0607	49	1.0744	83
1.0228	16	1.0615	50	1.0742	84
1.0242	17	1.0623	51	1.0739	85
1.0256	18	1.0631	52	1.0736	86
1.0270	19	1.0638	53	1.0731	87
1.0284	20	1.0646	54	1.0726	88
1.0298	21	1.0653	55	1.0720	89
1.0311	22	1.0660	56	1.0713	90

Densités	C²H⁴O²%	Densités	C²H⁴O²%	Densités	C²H⁴O²%
1.0324	23	1.0666	57	1.0705	91
1.0337	24	1.0673	58	1.0695	92
1.0350	25	1.0679	59	1.0686	93
1.0363	26	1.0685	60	1.0674	94
1.0375	27	1.0691	61	1.0660	- 95
1.0388	28	1.0697	62	1.0644	96
1.0400	29	1.0702	63	1.0625	97
1.0412	30	1.0707	64	1.0604	98
1.0424	31	1.0712	65	1.0580	99
1.0436	32	1.0717	66	1.0553	100
1.0447	33	1.0721	67		
1.0459	34	1 0725	68		

Nota. Toutes les densités supérieures à 1.0553 correspondent à *deux* solutions de richesse très différente (65 et 90 pour 100 par exemple). Pour savoir si l'on a affaire à un mélange plus riche que celui qui correspond à la densité maxima (78 pour 100), il suffit d'ajouter un peu d'eau : la densité doit alors s'élever. C'est le contraire qui arrive si la quantité d'acide réel est inférieure à 78 pour 100.

Densités des solutions alcalines.

%.	AzH³.	KHO.	NaHO.	%.	KHO.	NaHO.
1	0.9959	1.009	1.012	36	1.361	1.395
2	9915	017	024	37	374	405
3	9873	025	035	38	387	415
4	9831	033	046	39	400	426
5	9790	041	058	40	412	437
6	9740	049	070	41	425	447
7	9709	058	081	42	438	457
8	9670	065	092	43	450	468
9	9631	074	103	44	462	478
10	9593	083	115	45	475	488
11	9556	092	126	46	488	499
12	9520	101	137	47	499	509
13	9484	110	148	48	511	519
14	9449	119	159	49	525	529
15	9414	128	170	50	538	540
16	9380	137	181	51	552	550
17	9347	146	192	52	565	560
18	9314	155	202	53	578	570
19	9283	166	213	54	590	580

%o.	AzH³.	KHO.	NaHO.	%o.	KHO.	NaHO.
20	9251	177	225	55	604	591
21	9221	188	236	56	618	601
22	9191	198	247	57	630	611
23	9162	209	258	58	642	622
24	9133	220	269	59	655	633
25	9106	230	279	60	667	643
26	9078	241	290	61	681	654
27	9052	252	300	62	695	664
28	9026	264	310	63	705	674
29	9001	276	321	64	718	684
30	8976	288	332	65	729	695
31	8953	300	343	66	740	705
32	8929	311	353	67	754	715
33	8907	324	363	68	768	726
34	8885	336	374	69	780	737
35	8864	349	384	70	790	748

Pour avoir les oxydes anhydres, multiplier le poids de KHO par 0,8393 et celui de NaHO par 0,775.

Densités des laits de chaux.

Degré Baumé.	Densités.	CaO dans 100 k.	CaO dans 100 litres.	Degrés Baumé.	Densités.	CaO dans 100 k.	CaO dans 100 litres.
10	1.074	10.6	13.3	22	1.180	16.5	24.0
12	1.091	11.6	15.2	24	1.190	17.2	25.3
14	1.107	12.7	17.0	26	1.220	17.8	26.3
16	1.125	13.7	18.9	28	1.241	18.3	27.0
18	1.142	14.7	20.7	30	1.262	18.7	27.7
20	1.161	15.7	22.4				

Densités à 15° des solutions d'acide tartrique donnant leur richesse en acide (GERLACH).

Densités.	$C^4H^4O^6$ %o.	Densités.	$C^4H^4O^6$ %o.	Densités.	$C^4H^4O^6$ %o.
1.0080	2	1.1072	22	1.2198	42
1.0179	4	1.1175	24	1.2317	44
1.0273	6	1.1282	26	1.2441	46
1.0371	8	1.1383	28	1.2568	48
1.0469	10	1.1505	30	1.2696	50
1.0565	12	1.1615	32	1.2828	52
1.0661	14	1.1726	34	1.2961	54
1.0761	16	1.1840	36	1.3093	56
1.0865	18	1.1959	38	1.3220 (saturé)	57.9
1.0969	20	1.2078	40		

Table des densités des solutions ammoniacales (d'après G. Lunge et T. Wiernik)

DENSITÉ	AzH^3 %	UN LITRE contient AzH^3 en gr.	CORRECTION de densité ± pour 1° au-dessus ou au-dessous de 15°
1.000			0.00018
0.998	0.45	4.5	0.00018
0.996	0.91	9.1	0.00019
0.994	1.37	13.6	0.00019
0.992	1.84	18.2	0.00020
0.990	2.31	22.9	0.00020
0.988	2.80	27.7	0.00021
0.986	3.30	32.5	0.00021
0.984	3.80	37.4	0.00022
0.982	4.30	42.2	0.00022
0.980	4.80	47.0	0.00023
0.978	5.30	51.8	0.00023
0.976	5.80	56.6	0.00024
0.974	6.30	61.4	0.00024
0.972	6.80	66.1	0.00025
0.970	7.31	70.9	0.00025
0.968	7.82	75.7	0.00026
0.966	8.33	80.5	0.00026
0.964	8.84	85.2	0.00027
0.962	9.35	89.9	0.00028
0.960	9.91	95.1	0.00029
0.958	10.47	100.3	0.00030
0.956	11.03	105.4	0.00031
0.954	11.60	110.7	0.00032
0.952	12.17	115.9	0.00033
0.950	12.74	121.0	0.00034
0.948	13.31	126.2	0.00035
0.946	12.88	131.3	0.00036
0.944	11.46	136.5	0.00037
0.942	15.04	141.7	0.00038
0.940	15.63	146.9	0.00039
0.938	16.22	152.1	0.00040
0.936	16.82	157.4	0.00041
0.934	17.42	162.7	0.00041
0.932	18.03	168.1	0.00042
0.930	18.64	173.4	0.00042
0.928	19.25	178.6	0.00043
0.926	19.87	184.2	0.00044
0.924	20.49	189.3	0.00045
0.922	21.12	194.7	0.00046
0.920	21.75	201.1	0.00047
0.918	22.39	205.6	0.00048
0.916	23.03	210.9	0.00049
0.914	23.68	216.3	0.00050
0.912	24.33	221.9	0.00051
0.910	24.99	227.4	0.00052
0.908	25.65	232.0	0.00053
0.906	26.31	238.3	0.00054
0.904	26.98	243.9	0.00055
0.902	27.65	249.4	0.00056
0.900	28.33	255.0	0.00057
0.898	29.01	260.5	0.00058
0.896	29.69	266.0	0.00059
0.894	30.37	271.5	0.00060
0.892	31.05	277.0	0.00060
0.890	31.75	282.6	0.00061
0.888	32.50	288.6	0.00062
0.886	33.25	294.6	0.00063
0.884	34.10	301.4	0.00064
0.882	34.95	308.3	0.00065

Densité à + 15° des solutions de sulfocarbonate de potassium donnant leur richesse en sulfocarbonate CS^3K^2 et en sulfure de carbone CS^2 (Delachanal).

Densité.	CS^3K^2 ‰.	CS^2 ‰.	Densité.	CS^3K^3 ‰.	CS^2 ‰.
1.036	5.2	2.12	1.332	43.5	17.70
1.075	10.7	4.37	1.357	46.2	18.85
1.116	16.1	6.57	1.383	48.9	19.95
1.161	22.0	8.98	1.410	51.8	21.13
1.209	28.5	11.63	1.453	56.4	23.01
1.262	35.0	14.28	1.530	63.7	25.90
1.284	37.8	15.42	1.580	68.0	27.74
1.308	40.7	16.60			

Conversion des taux de sucre pour 100, ou degrés Brix, en degrés Baumé et en densités à 17°,5

Brix.	Baumé.	Densités.	Brix.	Baumé.	Densités.
0	0	1.0000	57	30.82	1.2724
2	1.11	1.0078	58	31.34	1.2782
4	2.23	1.0157	59	31.85	1.2840
6	3.34	1.0237	60	32.36	1.2899
8	4.45	1.0319	61	32.89	1.2958
10	5.56	1.0401	62	33.38	1.3018
12	6.66	1.0485	63	33.89	1.3078
14	7.77	1.0570	64	34.40	1.3138
16	8.87	1.0657	65	34.90	1.3199
18	9.97	1.0744	66	35.40	1.3260
20	11.07	1.0833	67	35.90	1.3322
22	12.17	1.0923	68	36.41	1.3384
24	13.26	1.1015	69	36.91	1.3446
26	14.35	1.1107	70	37.40	1.3509
28	15.44	1.1201	71	37.90	1.3572
30	16.53	1.1297	72	38.39	1.3636
32	17.61	1.1393	73	38.89	1.3700
34	18.69	1.1491	74	39.38	1.3764
35	19.23	1.1541	75	39.87	1.3829
36	19.71	1.1591	76	40.36	1.3894
37	20.30	1.1641	77	40.84	1.3959
38	20.84	1.1692	78	41.33	1.4025
39	21.37	1.1743	79	41.81	1.4092
40	21.91	1.1794	80	42.29	1.4159
41	22.44	1.1846	81	42.78	1.4226
42	22.97	1.1898	82	43.25	1.4293
43	23.50	1.1950	83	43.73	1.4361
44	24.03	1.2003	84	44.21	1.4430
45	24.56	1.2056	85	44.68	1.4499
46	25.09	1.2110	86	45.15	1.4568
47	25.62	1.2164	87	45.62	1.4638
48	26.14	1.2218	88	46.09	1.4708
49	26.67	1.2278	89	46.56	1.4778
50	27.19	1.2328	90	47.02	1.4849
51	27.71	1.2383	92	47.95	1.4992
52	28.24	1.2439	94	48.86	1.5136
53	28.75	1.2495	96	49.77	1.5281
54	29.27	1.2552	98	50.67	1.5429
55	29.79	1.2609	100	51.56	1.5578
56	30.31	1.2666			

POIDS SPÉCIFIQUES

La densité d'un corps, solide ou liquide, est le rapport entre le poids de ce corps, sous un volume quelconque, et le poids d'un égal volume d'eau distillée ; le corps étant pris à la température de 0 et l'eau à celle de son maximum de densité $+ 4^{o}$.

Soit D = densité ; P = poids ; V = volume d'un corps ; P' = poids d'un volume d'eau égal à celui du corps, on a :

$$D = \frac{P}{P'} \text{ et } D = \frac{P}{V} \cdot \quad P = VD \text{ et } V = \frac{P}{D} \cdot$$

Par *poids spécifique* d'un corps on entend le poids de l'unité de volume de ce corps. Ce poids ne doit pas être confondu avec la densité.

Substances.	Kilos.
TERRES ET AMENDEMENTS	Le M³
Sable fin et humide.	1900
Sable fin sec	1400
Sable de rivière	1800
Gravier cailloutis	1400
Terre de bruyère	650
Terreau	800
Tourbe sèche	600
Terre franche	1100
Terre d'alluvion	1200
Terre glaise	1700
Terre de gravier	1800
Marne	1600
Chaux vive	850
Chaux éteinte	1400
Plâtre crû	2000
Plâtre cuit	1200
ENGRAIS	
Fumier bœuf ferm.	7 à 800
Fumier frais	5 à 600
Fumier cheval for.	5 à 550
Fum. cheval frais.	350 à 400
Boue de ville	8 à 1200
Charrées	750
Cendres neuves	550
Phosphate chaux	1450
Os naturels	5 à 600
Os calcinés	280
Os en poudre	700
Guano	1000
Noir animal	1000
Urine	1020
MATÉRIAUX DE CONSTRUCTION	
Ardoise	2670
Asphalte	1070
Basalte	2800
Briques	1400
Ciment	2700

Substances.	Kilos.
	Le M³
Gypse	2.300
Granite	2.800
Grès	2.350
Maçonnerie de brique	1.500
Maçonnerie de grès	2.100
Maçonnerie de moellons	2.400
Marbre	2.600
Pierre calcaire ordinaire	2.440
Pierre de taille.	2.500
Terre à briques.	1.500
Bois	
Alisier	871
Acacia	785
Aulne	550
Aubépine	776
Bouleau	700
Buis	900
Charme	575
Châtaignier	685
Chêne pédon-culé	906
Chêne yeuse	1.182
Cormier	900
Cornouiller	761
Cerisier	715
Cyprès	650
Ébénier d'Amé-rique	1 à 1.300
Épicéa	350
Érable	643
Frêne	785
Gayac	1.228
Hêtre	720
If	650
Maronnier	657

Substances.	Kilos.
	Le M³
Mélèze	657
Mérisier	711
Murier	885
Noyer	600
Olivier	840 à 900
Orme	750
Peuplier	380
Pin	600
Platane	711
Poirier	657
Pommier	758
Robinier	661
Sapin	528
Saule	580
Sycomore	590
Tilleul	550 à 600
Vigne	1.200
BOIS DE CHAUFFAGE	Le stère
Chêne neuf	584
Chêne ordinaire.	431
Chêne flotté	416
Charme	402
Bouleau	300
Hêtre	440
Orme	400
Peuplier noir	221
Peuplier blanc.	200
Pin sylvestre	330
Sapin	300
CHARBON	l'hectol.
Chêne	22.05
Frêne	20 »
Orme	19.50
Hêtre	19 »
Bouleau	18.05
Pin	17.05
Tilleul	16.05

Substances	Kilos.
l'hectol.	
Tremble...	15 »
Houille....	80 à 90
Coke......	34 à 40
DENRÉES DIVERSES	
le m³	
Blé en gerb.	100
Paille......	60 à 70
Foin.......	65 à 100
Regain	85
Betteraves, Carottes..	5 à 600
Pommes de terre	630
Raves, nav.	450 à 500
Rutabagas..	600
Topinambour	600
l'hectol.	
Chataignes..	80 »
Noix......	67.05
Pommes....	60 »
le litre ou décimètre³	
Acide sulfur.	1.840
Acide nitri.	1.522
Acide chlo-	1.211
rhydrique.	0.792
Ammoniaque	0.875
Benzine	0.720
Beurre	0.942
Bière	1.030
Chloroforme	1.525
Cire jaune..	0.974
Eau de mer.	1.02 à 1.04
Eau de pluie	1 »
Esprit de vin à 38°	0.863

Substances.	Kilos.
le litre.	
Esprit de vin à 36°......	0.848
Ether sulfurique	0.711
Farine froment.	1.053
Glace........	0.930
Graisse de bœuf.	0.923
— mouton.	0.923
— porc....	0.937
— veau ...	0.934
Huile d'amandes douces...	0.917
Huile d'Arachides........	0.919
Huile de Cameline	0.928
Huile de chanvre........	0.929
Huile de colza..	0.928
Huile de lin ...	0.934
Huile de noix ..	0.922
Huile d'olive ..	0.917
Huile de pavot.	0.923
Huile de ricin..	0.963
Huile de sésanne......	0.924
Huile de navette	0.913
Lait de femme.	1.020
Lait d'anesse ..	1.023 à 1.035
Lait de brebis..	1.035 à 1.041
Lait de chèvre.	1.028 à 1.036
Lait de jument.	1.031 à 1.045
Lait de vache ..	1.026 à 1.040
Lait de truie...	1.029 à 1.041
Mercure	13.596
Miel..........	1.450
Pétrole	0.78 à 0.81

Substances.	Kilos.
le litre.	
Sang humain ..	1.053
Son..........	0.200
Sucre........	1.606
Suif	0.942
Sulfure carbon..	1.263
Urine........	1.011
Vin de Bordeaux......	0.994
Vin de Champagne......	0.962
Vin de Madère.	1.038
Vin de Malaga.	1.015
Vin de Moselle.	0.916
Vin du Rhin...	0.990
Vin de Tokay..	1.054
MÉTAUX	
Le M³	
Acier fondu....	7.260
Acier puddlé ..	7.500
Aluminium	2.560
Antimoine.....	6.650
Argent fondu ..	10.000
Bronze	8.300
Étain	7.200
Fer forgé......	7.650
Fonte de fer ...	7.250
Or fondu	19.200
Or natif	18.700
Platine........	21.150
Plomb	11.400
Zinc fondu	6.860
Zinc laminé ...	7.210

Densité de la terre végétale d'après (SCHUBLER).

Sable calcaire	2.82	Carbonate de chaux fin ...	2.47
Sable siliceux	2.75	Humus	1.23
Gypse	2.36	Terre de jardin	2.33
Argile maigre	2.70	Terre arable d'Hoffwyl	2.40
Argile grasse............	2.65	Terre du Jura	2.53
Argile pure.	2.69		

La densité est prise au flacon c'est-à-dire sans tenir compte des interstices du sol. C'est la densité réelle.

Avec les vides le poids du mètre cube de terre est d'environ 1200 kos en moyenne. Le tassement, l'humidité augmentent le poids moyen dans de larges proportions.

La densité d'une terre à l'autre varie peu. Elle est en moyenne de 2.75.

SOLUBILITÉ DE DIFFÉRENTS CORPS

Solubilité des gaz

Coefficients d'absorption de quelques gaz (BUNSEN et CARIUS), *calculés pour 0°, 4°, 10°, 15°, et 20° C.*

GAZ.		0°	4°	10°	15°	20°
Azote	dans l'eau	0.02035	0.01838	0.01607	0.01478	0.01403
—	— l'alcool	0.12634	0.12476	0.12276	0.12142	0.12038
Hydrogène	— l'eau	0.01930	0.01930	0.01930	0.01930	0.01930
—	— l'alcool	0.06925	0.06867	0.06786	0.06725	0.06668
Oxygène	— l'eau	0.04114	0.03717	0.03250	0.02989	0.02838
—	— l'alcool	0.28307	0.28307	0.28307	0.28307	0.28307
Acide carbonique	— l'eau	1.7987	1.5126	1.1847	1.0020	0.9014
—	— l'alcool	4.3295	3.9736	3.5140	3.1993	2.9465
Oxyde de carbone	— l'eau	0.03287	0.02987	0.02635	0.02432	0.02312
—	— l'alcool	0.20443	0.20443	0.20443	0.20443	0.20443
Gaz des marais	— l'eau	0.05449	0.04993	0.04372	0.03909	0.03499
—	— l'alcool	0.52259	0.51435	0.49535	0.48280	0.47096
Gaz oléfiant	— l'eau	0.2568	0.2227	0.1837	0.1615	0.1488
—	— l'alcool	3.5950	3.3750	3.0859	2.8825	2.7131
Hydrogène sulfuré	— l'eau	4.3706	4.0442	3.5858	3.2326	2.9053
—	— l'alcool	17.891	15 373	11.992	9.539	7.415
Acide sulfureux	— l'eau	79.789	69.828	56.647	47.276	39.374
—	— l'alcool	328.62	265.81	190.34	144.55	114.48
Ammoniaque	— l'eau	1049.6	941.9	812.8	727.2	554.0

Solubilité de l'air dans l'eau.

1 litre d'eau dissout sous la pression de 760 m.m. de mercure		1 litre d'eau dissout sous la pression de 760 m.m. de mercure	
à t° centig.	Volume d'air en centimètres cubes.	à t° centig.	Volume d'eau en centimètres cubes
0	24.71	11	19.16
1	24 06	12	18.82
2	23.45	13	18.51
3	22.87	14	18.22
4	22.37	15	17.95
5	21.79	16	17.71
6	21 28	17	17.50
7	20.80	18	17.32
8	20.34	19	17.17
9	19.92	20	17.04
10	19.53		

Tables des solubilités dans l'eau.

Les tables donnent le nombre de parties de différents composés qui se dissolvent dans 100 p. d'eau (voir § 151 *et suiv. pour leurs formules*).

t.	Acide borique		Acide oxalique.	Acide succin.	Acide tartrique.	Alun ammon crist.
	crist.	anhyd.				
0	1.9	1.4	5.2	3	115	5.2
10	2.9	1.6	8.0	5	126	9.2
20	4.0	2.3	13.9		139	13.7
30			23.0		156	19.3
40	7.0	3.9	35.0	15	176	27.3
50			51 2	22	195	36.5
60	11.0	6.1	75.0		217	51.3
70			118		244	72.0
80	16.8	9.5	205	63	273	103.0
90			345		307	188.0
100	29	16.0	fond	121	343	422.0

t.	Alun ammon. anhydre.	Alun de potasse		Baryte crist.	Borax crist.
		crist.	anhydre.		
0	2.6	3.9	2.1		2.8
10	4.5	9.5	5.0	4.7	4.6
20	6.6	15.1	7.7	7.4	7.9
30	9.0	22.0	10.9		11.9
40	12.3	30.9	14.9	16.5	17.9
50	15.9	44.1	20.1		27.4
60	21.1	66.6	26.7	48.0	40.4
70	26.9	90.7	35.1		57.8
80	35.2	134	45.7		16.2
90	50.3	209	58.7		116.7
100	70.8	357	74.5		201.4

t.	Carbonate de potassium anhydre.	Carbonate (bi-) de potass.	Carbonate de sodium		Carbonate (bi-) de sodium.
			crist.	anhydre.	
0	83		21	7	9
10	89	23	41	17	10
20	94	27	93	26	11
30	100		274	36	12
40	106				13
50	113				14.5
60	119	42			15.6
70	127				16.7
80	134				déc.
90	143				
100	154				

t.	Chlorure d'ammonium,	Chlorure de calcium anhydre.	Chlorure de potassium.
0	28	50	28.5
10	33	60	32
20	37	74	35
30	42		37
40	46	110	40
50	51		43
60	55	129	45
70	59		48
80	64	142	51
90	68		54
100	73	156	57

t.	Chlorure de sodium.	Hyposulfite de sodium anhydre.	Nitrate de baryum	Nitrate de potass.
0	35.5	49	5.2	13
10	35.7		7.0	22
20	36.0	69	9.2	31
30	36.3		11.6	44
40	36.6	104	14.2	64
50	37.0		17	86
60	37.2	192	20	111
70	37.9		24	139
80	38.2		27	172
90	38.9		30	206
100	39.6		32	247

$t.$	Nitrate de sodium.	Oxalate (bi-) de potass. anhydre.	Phosphate de sodium.			Sulfate d'alum. crist.
			bibasiq. anhydre.	tribas. anhydre.	Pyro.	
0	71	2.2		1.5		87
10	78	3.4	4	4.1	6.8	95
20	88	5.2	9	11	11	107
30	98	7.5		20		
40	100	10.5		31		168
50	120	15		43		
60	131	20	92	55	44	
70	142	27		69		348
80	154	35		81		
90	165	43		95		
100	178	51	99	108	93	1140

$t.$	Sulfate d'ammon.	Sulfate de calcium crist.	Sulfate de cuivre		Sulfate ferreux crist.	ulfate de magnés. anhydre.
			anhydre.	cristall.		
0	71	0.190	18			27
10	73.6		21	36.9	61	31
20	76	0.206	23	42.3	85	36
30	79		27			41
40	82	0.214	30	56.9		46
50	84		34			50
60	87	0.208	39		264	55
70	89		45			60
80	92	0.195	53	118		64
90	95		64		370	69
100	98	0.174	75	203	330	74

$t.$	Sulfate de potassium.	Sulfate de zinc		Sulfite de sodium anhydre.	Tartrate (bi-) de potass.
		crist.	anhydre.		
0	8.5	115	43	14	0.32
10	9.7	138	48		0.40
20	10.9	161	53	28	0.57
30	12.3	191	58		0.90
40	14.0	224	63	49	1.3
50	15.8	264	69		1.8
60	17.8	313	74		2.4
70	19.8	369	79		3.2
80	21.8	443	85		4.5
90	23.9	533	90		5.7
100	26.2	654	95		6.9

Solubilité du sucre dans l'eau pure, de 0 à 50°

Têmpérat.	Sucre dissous %	Têmpérat.	Sucre dissous %	Têmpérat.	Sucre dissous %
0	65.0	20	67.0	40	75.8
5	65.3	25	68.2	45	79.2
10	65.6	30	69.8	50	82.7
15	66.1	35	72.4		

Solubilité du sucre dans des mélanges d'eau et d'alcool

| Richesse du dissolvant en alcool | à 0° | | à 14° | | à 40° |
	Densités à 17°,5	Sucre dans 100cc	Densités à 17°	Sucre dans 100cc	Sucre dans 100cc
		gr		gr	
0	1.3248	85.8	1.3258	87.5	105.2
10	1.2901	80.7	1.3000	81.5	95.4
20	1.2360	74.2	1.2662	74.5	90.0
30	1.2293	65.5	1.2327	67.9	82.2
40	1.1823	56.7	1.1848	58.0	74.9
50	1.1294	45.9	1.1305	47.1	63.4
60	1.0500	32.9	1.0582	33.9	49.9
70	0.9721	18.2	0.9746	18.8	31.4
80	0.8831	6.4	0.8953	6.6	13.3
90	0.8369	0.7	0.8376	0.9	2.3
97.4	0.8062	0.08	0.8082	0.36	0.5

Solubilité de quelques chlorures dans l'alcool

| Chlorure de potassium | | Chlorure de magnésium | | Bichlorure de mercure | | Chlorure de strontium | |
Degré de l'al.	KCl % sol.	Degré de l'al.	$MgCl^2$ dans 100 p. alcool à 15°	Degré de l'al.	$HgCl^2$ sol. dans 100 p. alcool à 10°	Degré de l'al.	$SrCl^2$, 6 aq. sol. dans 100 p.alcool
0	24.6	66	21.25	95	39	7	49.8
10	19.8	86	23.71	93	34	11	47.0
20	14.7	90	36.25	88	28	13	39.6
30	10.7	95	50.0	80	24	29	35.9
40	7.7			60	11	40	30.4
50	6.0			33	7	48	26.8
60	2.8					63	19.2
80	0.45					86	4.9
						91	3.2

II — CHALEUR

Comparaison des échelles thermométriques

Centigrade ou Celsius	Réaumur	Fahrenheit	Centigrade ou Celsius	Réaumur	Fahrenheit
0	0.0	32.0	7	5.6	44.6
1	0.8	33.8	8	6.4	46.4
2	1.6	35.6	9	7.2	48.2
3	2.4	37.4	10	8.0	50.0
4	3.2	39.2	11	8.8	51.8
5	4.0	41.0	12	9.6	53.6
6	4.8	42.8	13	10.4	55.4
14	11.2	57.2	37	29.6	98.6
15	12.0	59.0	38	30.4	100.4
16	12.8	60.8	39	31.2	102.2
17	13.6	62.6	40	32.0	104.0
18	14.4	64.4	— 1	— 0.8	30.2
19	15.2	66.2	— 2	— 1.6	»
20	16.0	68.0	— 3	— 2.4	»
21	16.8	69.8	— 4	— 3.2	»
22	17.6	71.6	— 5	— 4.0	»
23	18.4	73.4	— 6	— 4.8	»
24	19.2	75.2	— 7	— 5.6	»
25	20.0	77.0	— 8	— 6.4	»
26	20.8	78.8	— 9	— 7.2	»
27	21.6	80.6	— 10	— 8.0	»
28	22.4	82.4	— 11	— 8.8	»
29	23.2	84.2	— 12	— 9.6	»
30	24.0	86.0	— 13	— 10.4	»
31	24.8	87.8	— 14	— 11.2	»
32	25.6	89.6	— 15	— 12.0	»
33	26.4	91.4	— 16	— 12.8	»
34	27.2	93.2	— 17	— 13.6	»
35	28.0	95.0	— 18	— 14.4	»
36	28.8	96.8	— 19	— 15.2	»
			— 20	— 16.0	

80 degrés Réaumur valent 100 centigrades ; donc 1 C $= \dfrac{8}{10}$ ou $\dfrac{4}{5}$ R ; il suffit par conséquent de multiplier le nombre de degrés centig. par 4/5 pour avoir la valeur Réaumur et réciproquement multiplier les degrés R par 5/4 pour avoir des degrés centigrades.

1 cent. = 9/5 de degré Fahrenheit. Pour passer du C au F, au-dessus de 0 on multiplie le nombre de C par 9/5 et on ajoute 32. Pour faire l'inverse on retranche 32 et on multiplie le reste par 5/9.

DILATATION

Coefficients de dilatation linéaire de quelques solides entre 0° et 100°

Corps.	Coeffic.	Corps	Coeffic.
	0,0000		0,0000
Acier fondu recuit	1113	Cuivre jaune (laiton)	1879
— — — anglais	1110	— — Cu 2, Zn 1	2058
— trempé	1362	— — Cu 3, Zn 1	2144
Alliage, Pb 2, Sn 1	2505	Cuivre rouge des arts	1698
— Pb 7, Sn 1	2806	Etain	2296
— Miroirs télesc	1933	Fer doux forgé	1220
— Caract. imprim.	2035	— en fil	1440
— Au 645, Ag 355	1638	Fonte grise	1075
— Au 879, Ag 121	1433	Glace de — 27 à — 1°	5181
— Au 666, Cu 334	1552	Granit	0868
— Ag 716, Cu 284	1904	Glace de Saint-Gobain	0793
Aluminium fondu	2336	Iridium fondu	0693
Anthracite	1906	Magnésium fondu	2762
Antimoine crist. moy	1158	Marbre de Carare	0849
Argent fondu	1936	Marbre noir	0445
Bismuth crist. moy	1374	Nickel réduit et comprimé	1286
Bois de sapin en long	037	Or fondu	1451
— — en travers	58	Palladium forgé recuit	1189
— divers en long	04 à 06	Phosphore	1425
— — en travers	32 à 61	Pierre à bâtir, Saint-Leu	0649
Bronze Cu 16, Sn 1	1908	— Vernon-s-Seine	0430
— Cu 86, 3 ; Sn 9, 7 ; Zn 4	1802	— calcaire blanc	0251
Bronze Cu 8, Sn 1	1817	Platine fondu	0916
Cadmium	3130	— iridié à 8 °/₀	0890
Caoutchouc durci	80	Plomb fondu	2948
Charbon de sapin	1000	Sel gemme (0 — 80) °/₀	4039
— de chêne	1200	Sélénium fondu	3792
— de cornues	0551	Soufre	6748
— Houille Charle	2811	Spath fluor (0 — 80°)	1911
Diamant	0132	Terre cuite	0457
Chlorure d'argent fondu	3294	Zinc	2976
Cristal en tubes	0757	— martelé	3108
Ciment romain	1435		

Coefficient de dilatation cubique du mercure, de 0° à 100°

Absolu, 1/5550 = 0,00018018.

Apparent dans le verre, 1/6480 = 0,00015444.

Coefficient de dilatation cubique du verre. de 0° à 100°

Verre	Coeffic.	Verre	Coeffic.
	0.0000		**0.0000**
Blanc de soude	2584	Verre ordinaire	2761
— de potasse	2285	Sable 3, plomb 2, alcalin 1	2187
— potasse et soude . .	2547	Cristal ordinaire	2101
vert, tubes	2290	— Saint-Gobain . . .	2673
dur à la potasse	2091	Flint anglais	2435
peu fusible français	2142	— français	2616

Coefficients de dilatation de quelques liquides

Formule : $V = 1 + at + bt^2 + ct^3$.

P. Isidore Pierre.   K : H. Kopp.

	a 0,00	b 0,00000	c 0,0000000	
Acétone	+ 13481	+ 26000	+ 105683	K
Acide azotique D : 1,40	11	»	»	
— chlorhydrique D : 1,24 . . .	06	»	»	
— sulfurique D : 1,85	06	»	»	
— acétique	1057	01832	09644	K
— propionique	11003	02182	0608	K
— butyrique	10461	+ 05624	0542	K
— acétique anhydre	1053	+ 18389	007917	K
Alcool méthylique	1134	13535	08741	K
— éthylique	10414	+ 07836	1762	K
— amylique	09724	— 08565	2022	K
— benzylique	07873	+ 0513	02725	K
Aldéhyde	15464	69745	»	K
Benzine	11763	+ 12776	08065	K
Chloroforme	1107	+ 46647	— 174432	P
Essence de térébenthine	07	»	»	
Éther	14803	+ 35032	+ 27	K
Huile d'olive	00798	— 07726	08274	
Pétroles (moyenne)	07 à 01	»	»	
Phénol	06744	1721	05041	K
Solut. saturée de sel marin	05	»	»	
Sulfure de carbone	11398	137065	+ 19122	P

Coefficient de dilatation de quelques gaz entre 0° et 100°

Gaz	Volume constant.	Pression constante	Gaz	Volume constant.	Pression constante
Air atmosphérique	0.3665	0.3670	Acide carbonique	0.3688	0.3710
Hydrogène	0.3667	0.3661	Protoxyde d'azote	0.3676	0.3719
Azote	0.3668	0.3670	Acide sulfureux	0.3845	0.3903
Oxyde de carbone	0.3667	0.3669	Cyanogène	0.3829	0.3877

TENSIONS DES VAPEURS

Tension de la vapeur d'eau en millimètres de mercure de 15° à 101° (BROCH) et de 101° à 230 (REGNAULT)

Temp.	Tension	Temp.	Tension	Temp.	Tension	Temp.	Tension	Atmos.
— 15	1.44	36	44.1	79	340	100.0	760	1
10	2.15	37	46.7	80	354	100.1	762.7	
5	3.16	38	49.2	81	369	100.2	765.5	
4	3.40	39	52.0	82	385	100.3	768.2	
3	3.67	40	54.9	83	400	100.4	771.0	
2	3.95	41	57.9	84	416	100.5	773.7	
— 1	4.25	42	61.0	85	433	100.6	776.5	
0	4.57	43	64.3	86	450	100.7	779.3	
+ 1	4.91	44	67.7	87	468	100.8	782.1	
2	5.27	45	71.4	88	487	100.9	784.9	
3	5.66	46	75.1	89	506	101	787.7	
4	6.07	47	79.1	90	525			
5	6.51	48	83.2	90.5	535	102	816	
6	6.97	49	87.5	91	546	103	845	
7	7.47	50	92.0	91.5	556	104	875	
8	8.0	51	96.7	92	567	105	906	1.20
9	8.5	52	101.5	92.5	577	106	938	
10	9.1	53	106.7	93	588	108	1004	
11	9.8	54	112.0	93.5	599	110	1075	1.40
12	10.4	55	117.5	94	611	115	1269	1.66
13	11.1	56	123.3	94.5	622	120	1491	1.96
14	11.9	57	129.3	95	634	125	1744	2.30
15	12.7	58	135.6	95.5	645	130	2030	2.67
16	13.5	59	142.1	96	657	135	2354	3.10
17	14.4	60	148.9	96.5	669	140	2718	3.57
18	15.3	61	156.0	97	682	145	3125	4.1
19	16.3	62	163.3	97.5	694	150	3581	4.7
20	17.4	63	170.9	98	707	155	4088	5.3

Temp.	Tension	Temp.	Tension	Temp.	Tension	Temp.	Tension	Atmos.
21	18.5	64	178.9	98.5	720.0	160	4652	6.1
22	19.6	65	187.1	98.6	722.6	165	5274	6.9
23	20.8	66	195.7	98.7	725.3	170	5962	7.8
24	22.1	67	205	98.8	727.9	175	6717	8.8
25	23.5	68	214	98.9	730.5	180	7546	9.9
26	25	69	223	99.0	733.2	185	8644	11.1
27	26.5	70	233	99.1	735.8	190	9443	12.4
28	28.1	71	244	99.2	738.5	195	10520	13.9
29	29.7	72	254	99.3	741.1	200	11689	15.4
30	31.5	73	265	99.4	743.8	205	12956	17.5
31	33.4	74	277	99.5	746.5	210	14325	18.8
32	35.3	75	289	99.6	749.2	215	15801	20.8
33	37.4	76	301	99.7	751.9	220	17390	22.9
34	39.5	77	314	99.8	754.6	225	19097	25.3
35	41.8	78	327	99.9	757.3	230	20926	27.5

Atm..	2	3	4	5	6	7	8	10	15	20	25
Temp.	120.6	133.9	144.0	152.2	159.2	165.3	170.8	180.3	199	213	225

Température de l'eau correspondant à une pression donnée
(Décret du 1er mai 1880 sur les chaudières à vapeur)

Valeurs correspondantes			
de la pression effective en kilogrammes	de la température en degrés centigrades	de la pression effective par kilogramme	de la température en degrés centigrades
0.0	100	11.5	189
0.5	111	12.0	191
1.0	120	12.5	193
1.5	127	13.0	194
2.0	133	13.5	196
2.5	138	14.0	197
3.0	143	14.5	199
3.5	147	15.0	200
4.0	151	15.5	202
4.5	155	16.0	203
5.0	158	16.5	205
5.5	161	17.0	206
6.0	164	17.5	208
6.5	167	18.0	209
7.0	170	18.5	210
7.5	173	19.0	211
8.0	175	19.5	213
8.5	177	20.0	214
9.0	179		
10.0	183		
10.5	185		
11.0	187		

Tension de vapeur de différents liquides en centimètres de mercure (REGNAULT)

Tempéra. en degrés centigr.	Alcool	Ether	Sulfure de carbone	Essence de térébenth.	Chlorofor.	Benzine	Alcool méthylique
— 20	0.34	6.92	4.70	»	»	0.5	0.6
— 10	0.64	11.32	7.90	»	»	1.3	1.35
0	1.27	18.23	12.73	0.21	»	2.5	2.70
+ 10	2.42	28.65	19.93	0.23	»	4.5	5.00
20	4.45	42.48	29.82	0.43	16.00	7.6	8.90
30	7.85	63.50	43.46	0.70	24.70	12.0	15.00
40	13.40	90.70	61.75	1.12	36.90	18.4	24.40
50	22.00	126.80	85.27	1.72	53.43	27.1	38.20
60	35.00	172 50	116.26	2.69	75.50	39	58.00
70	54.00	230.95	154.90	4.19	104.00	54.7	85.10
80	81.30	302.30	203.05	6.12	140.78	75.2	124.00

Tension de la vapeur de mercure (REGNAULT)

Degr.	Millim.	Degr.	Millim.	Degr.	Millim.	Degr.	Millim.
0	0.02	170	8.001	290	194.46	410	1864
»	»	180	11.000	300	242.15	420	2178
50	0.113	190	14.84	310	299.69	430	2533
»	»	200	19.90	320	368.73	440	2934
90	0.514	210	26.35	330	450.91	450	3384.35
100	0.746	220	34.70	340	548.35	460	3888
110	1.073	230	45.35	350	663.18	470	4450
120	0.534	240	58.82	360	797.74	480	5062
130	2.175	250	75.75	370	954.65	490	5761
140	3.059	260	96.73	380	1139.65	500	6520.25
150	4.266	270	123.01	390	1346.71	510	7354
160	5.900	280	155.17	400	1587.96	520	8265

Tension de vapeur de quelques gaz liquéfiés, en centimètres de mercure (REGNAULT)

Temprat.	Acide sulfureux	Acide carbonique	Chlorure de méthyle	Ammoniaque	Hydrogène sulfuré	Protoxyde d'azote	Cyanogène.
— 30	28.7	....	58	86	....	....	...
— 25	37.4	1300	72	110	375	1570	...
20	48	1515	88	140	444	1760	79
15	60.8	1760	108	174	520	1970	111
10	76 3	2035	131	215	608	2200	140

Températ.	Acide sulfureux	Acide carbonique	Chlorure de méthyle	Ammoniaque	Hydrogène sulfuré	Protoxyde d'azote	Cyanogène
— 5	94.7	2345	158	262	707	2460	174
0	116.5	2700	189	318	821	2740	204
5	142	3070	225	383	950	3060	240
10	180	3500	267	457	1090	3420	290
15	206.5	3965	313	542	1250	3780	335
20	246	4470	367	639	1415	4200	380
25	292	5020	427	748	1600	4670	...
30	343	5610	494	870	1800	5170	...
35	402	6245	570	1007	2020	5730	...
40	467	6920	...	1160	2260	6340	...
45	540	7332	...	1330	2500	....	...
50	622	....	...	1516	2780	....	...
55	742	....	...	1722	3070	....	...
60	812	....	...	1950	3375	....	...
Point d'ébullition sous 76 c.	— 10.08	— 78.2	— 23.73	— 38.5	— 61.8	— 87.9	—20.7

ÉBULLITION ET FUSION

Pointe d'ébullition de quelques liquides

Acétone.....	56	Ammoniaque..........	— 38.
Acide acétique.........	117	Benzine.............	80
— azotique.........	86	Chloroforme	60
— butyrique de l'alcool.	157	Créosote	203
— butyrique de glucose.	163	Eau (à la pression de 760).	100
— chlorhydrique......	110	Eau de mer	103
— formique..........	100	Esprit de bois	60.5
— sulfurique ordinaire.	338	Essence de térébenthine ..	157
Alcool amylique	132	Éther sulfurique.........	38
— absolu...........	78	Huile de lin	386
— butylique.........	108	Iode.................	200
— éthylique.........	78.3	Mercure.............	357
— méthylique........	66	Naphtaline...........	217
— propylique........	97	Protoxyde d'azote........	— 92
Aldéhyde vinique.........	21	Sulfure de carbone.......	46

Points d'ébullition de quelques solutions saturées

	Point d'ébullition -	Quantité de sel pour cent d'eau
Azotate d'ammonium	164	200
— de potassium	116	335
— de sodium	121	224.8
Carbonate de potassium	135	205
— de sodium	104.6	48.5
Chlorure d'ammonium	114.2	89
— de calcium	179.5	325
— de potassium	108.4	59.4
— de sodium	108.4	40.2
Phosphate de sodium	106.6	112.6
Tartrate de potassium	114.7	276.2

Température de fusion

Acide azotique monohydraté	47	Colophane	135
Acide sulfurique pur	10.5	Eau (glace)	0
Acide hypoazotique	9	Eau de mer	— 2.5
Acide stéarique	70	Etain	226
Acier	1375	Fer doux	1600
Aluminium	700	Fer forgé	1550
Antimoine	432	Fonte blanche	1075
Asphalte	100	— grise	1275
Argent	954	Huile de lin	20
Azotate de potasse	339.7	— d'olive	2.5
Azotate de soude	310.5	Iode	113
Beurre	30	Mercure	- 38.5
Blanc de baleine	45 à 50	Nickel, au dessous de	1500
Bronze	900	Or fin	1035
Carbonate de potasse	834	Phosphore	44.2
Carbonate de soude	814	Platine	1775
Chlorure de sodium	772	Plomb	335
Chlorure de calcium	29	Potassium	62.5
Cire blanche	68.7	Sodium	96
— jaune	76.2	Soufre	111.5
Cuivre	1054	Stéarine	61
		Zinc	412

Parafline............... 45 — 60	Suif de mouton......... 42
Sodium............... 96	— de bœuf........... 40
Soufre............... 1136	Sulfate de soude....... 861
Stéarine............... 61	Verre plombeux........ 1000
Sulfure de carbone..... — 110	Verre exempt de plomb. 1200
Saindoux 27	Zinc................... 412

Chaleur latente de fusion et de vaporisation

On appelle chaleur *latente de fusion* le nombre de calories nécessaire pour fondre un kilo d'un corps sans en modifier la température. La chaleur *latente de vaporisation* est le nombre de calories nécessaire pour réduire en vapeur un kilo du liquide étudié, sans changement de température.

	Chal. lat. de Fusion	Chal. lat. de vaporisa.		Chal. lat. de Fusion	Chal. lat. de vaporisa.
Alcool.............	»	207 »	Etain	14.25	»
Argent.............	21.07	» »	Ether sulfurique	»	96.8
Azotate de potasse	47.37	» »	Fonte blanche ..	34	»
— de soude .	62.98	» »	— grise.....	25	»
Bismuth.........	12.64	» »	Iode	11.7	23.95
Cuivre	30 »	» »	Mercure	2.84	»
Eau	79.25	531 »	Phosphore	5.03	»
Essence de téré-benthine	»	76.8	Plomb	5.37	»
			Soufre	9.37	»
			Zinc	28.13	»

Chaleurs spécifiques

L'unité de chaleur est appelée *calorie* : c'est la quantité de chaleur nécessaire pour élever un kilo d'eau liquide de 0 à 1° C. La *chaleur spécifique* ou *capacité calorifique* d'un corps est le nombre de calories nécessaire pour élever de 0 à 1° C, la température de l'unité de poids de ce corps.

Le travail mécanique que peut fournir l'unité de chaleur est de 425 kilogrammètres ; il se nomme : *équivalent mécanique de la chaleur* ; N unités de chaleur produiront un travail T = 425 N. Inversement le travail T donnera une quantité de chaleur : N = 1/425 T.

Chaleurs spécifiques de liquides

Eau	1.	Ether sulfurique	0.515
Alcool	0.605	Huile d'olive	0.309
Acide azotique	0.661	Iode	0.108
— chlorydrique	0.600	Mercure	0.033
— sulfurique	0.335	Phosphore	0.204
Azotate de potasse	0.3319	Plomb	0.040
— de soude	0.413	Soufre	0.234
Benzine	0.393	Térébenthine	0.426
Esprit de bois	0.640	Vinaigre	0.920
Etain	0.055		

Chaleurs spécifiques de corps solides

Eau	1	Eau (glace)	0.504
Acier	0.118	Etain	0.056
Aluminium	0.218	Fer	0.114
Antimoine	0.050	Fonte blanche	0.129
Argent	0.057	Iode	0.054
Argile et silicates	0.21	Magnésie	0.243
Arsenic	0.081	Mercure	0.032
Azote de potasse	0.238	Nickel	0.110
— de soude	0.278	Noir animal	0.260
Bismuth	0.030	Or	0.032
Bois de chêne	0.570	Phosphore	0.178
— de pin	0.650	Platine	0.032
Briques	0.240	Plomb	0.031
Craie	0.214	Pyrite de fer	0.130
Charbon de bois	0.241	Soufre	0.202
Chaux vive	0.216	Plâtre	0.196
Chlorure de sodium	0.214	Verre	0.177
Coke	0.200	Zinc	0.095
Cuivre	0.095		

Chaleurs spécifiques des gaz et vapeurs

(Sous pression constante)

Air	0.237	Chlore	0.121
Oxygène	0.218	Ammoniaque	0.508
Azote	0.244	Alcool	0.451
Hydrogène	3.404	Ether sulfurique	0.481
Acide carbonique	0.216	Essence térébenthine	0.506
Oxyde de carbone	0.247	Benzine	0.375
Vapeur d'eau	0.475		

PUISSANCE CALORIFIQUE DES COMBUSTIBLES

Substances diverses

La puissance calorifique d'un combustible est la quantité de chaleur, exprimée en calories, que peut développer un kilo de ce combustible, en brûlant complètement.

	calories		calories
Anthracite	7350	Hydrogène protocarboné .	13205
Alcool	6855	Huile d'olive	9862
Bois sec	3600	— de colza épurée	9307
Bois à 20 % d'humidité	2800	Houille moyenne	8000
Carbone pur	7170	Hydrogène	34742
Charbon de bois sec	7000	Lignite	6500
» » ordinaire	6000	Naphte	7338
» de tourbe	5800	Pétrole	10000
Cire jaune	10344	Oxyde de carbone	2488
» blanche	9679	Phosphore	7500
Coke	6000	Soufre	2601
Essence de térébenthine	10836	Sulfure de carbone	3400
Ether sulfurique	9430	Suif	10035
Esprit de bois	5301	Tourbe sèche	5000
Graphite naturel	7796	Tourbe à 20 % eau	4000
Gaz d'éclairage	10000	Tannée sèche	3400

Puissance calorifique d'un stère des bois suivants secs

(d'après M. CHEVANDIER)

	Calories
Chêne à glands sessiles (bois de quartiers)	1.614.319
— — pédonculés (bois de quartiers)	1.525.225
Hêtre (bois de quartiers)	1.604.824
Charme (bois de quartiers)	1.532.082
Bouleau (bois de quartiers)	1.516.271
Charme (bois de quartiers et rondins mêlés)	1.494.938
Bouleau (quartiers et rondins mêlés)	1.489.190
— (rondinage de brins)	1.426.434
Sapin — —	1.386.376
Chêne, les deux variétés confondues (rondinage de brins).	1.346.772
Hêtre (rondinage de brins)	1.326.072
Aulne (bois de quartiers)	1.311 903
Aulne (quartiers et rondins mêlés)	1.303.054
Charme (rondinage de brins)	1.296.432
Hêtre (rondinage de branches)	1.283.870
Sapin — —	1.275 068
Aulne (rondinage de brins)	1.267.217

Pin (rondinage de brins).................................... 1.260.600
Pin (rondinage de branches) 1.251.581
Charme.. 1.234.029
Sapin (bois de quartiers)................................... 1 230.800
Saule (quartiers et rondins mêlés) 1.224.424
Bouleau (rondinage de branches) 1.206.536
Saule (rondinage de brins).................................. 1.185.698
Tremble (quartiers et rondins mêlés)....................... 1.176.858
Chêne, les deux variétés confondues (rondinage de
     branches) 1.176.671
Pin (bois de quartiers) 1.140.375

Puissance calorifique des charbons sous le même volume

Houille moyenne	630	Charbon d'orme	167
Coke	230	— de bouleau........	153
Charbon de chêne.........	255	— de chataignier.....	176
— de frêne........	219	— de charme........	146
— de hêtre	176	— de pin...........	168

Quantité d'air nécessaire à la Combustion

L'acide carbonique étant composé de 27.27 de carbone et 72.73 d'oxygène, 1 kilog. de carbone exige pour passer à l'état d'acide carbonique

$$\frac{72.73 \times 1}{27.27} = 2^{k}667,$$

c'est-à-dire $\dfrac{2^{k}667}{1.43} = 1^{m3}863$ d'oxygène à 0°.

Cette quantité d'oxygène est contenue dans :

$$\frac{1.863 \times 100}{21} = 8^{m3}881 \text{ d'air atmosphérique}$$

L'eau contenant 11.2 d'hydrogène et 88,9 d'oxygène, la combustion de 1 kilog. hydrogène exige :

$$\frac{88.9}{11.2} = 8 \text{ kilog. d'oxygène, ou } \frac{8}{1.43} = 5^{m3}594$$

$$\text{ou } \frac{5.594 \times 100}{21} = 26^{m3}638 \text{ d'air}$$

Donc connaissant la quantité de carbone et d'hydrogène que contient un combustible, il est facile de déterminer la quantité d'air théorique nécessaire à sa combustion. Seulement comme une forte partie de l'air passant dans le foyer échappe à la combustion, il s'en suit que dans la pratique il faut une quantité d'air plus grande que la quantité théorique. Voici les tables dressées à ce sujet :

COMBUSTIBLES	Composition p. % en poids				Volume d'air	
	Carbone	Hydrogène	Oxygène	Cendres	Théorique	Pratique
	kil.	kil.	kil.	kil.	m. c.	m. c.
Anthracite..................	0.90	0.03	0.03	0.04	8.67	22 »
Bois sec....................	0.48	0.06	0.45	0.01	5.74	12 »
Bois à 20 % eau	0.40	0.05	0.54	0.01	4.59	9 »
Carbone pur...............	1.00	» »	« »	» »	8.59	» »
Charbon de bois...........	0.80	» »	0.13	0.07	6.11	12 »
— de tourbe	0.82	» »	» »	0.18	7.15	14 »
Coke à 4 % cendres........	0.96	» »	» »	0.04	8.53	17 »
Coke à 15 % cendres........	0.85	» »	» »	0.15	7.55	15.10
Gaz d'éclairage...........	0.62	0.21	0.17	» »	8.51	10 »
Gaz des hauts-fourneaux.....	0.06	0.02	0.92	» »	0.76	1.20
Houille pure...............	0.85	0.05	0.15	0.05	8 72	18 »
Hydrogène	»	1 »	» »	» «	26.26	» »
Lignite....................	0.70	0.05	0.20	0.05	7.50	15 »
Oxyde de carbone	0.43	0.39	0.57	» »	1.87	» »
Tourbe ordinaire	0.55	0.05	0.30	0.10	6.11	12 »
— carbonisée............	0.82	» »	» »	0.18	7.15	14 »
— à 20 % eau...........	0.39	0.04	0.50	0.07	4.80	10 »
Tannée sèche...............	0.48	0.01	» »	» »	4.53	9.06

Point de congélation de quelques liquides

Eau pure...............	0		Huile de cameline	— 18
Eau de mer............	— 2.5		» de chenevis.......	— 27
Huile de navette........	— 4		» de lin............	— 27
» de sésame........	— 5		Alcool amylique	— 23
» d'olive............	— 6		Huile de pommes de terre	— 23
» de colza..........	— 6		Acide sulfurique........	— 34
» d'arachide........	— 7		Mercure	— 40
» d'amandes douces.	— 10		Acide sulfureux........	— 70
Essence de térébenthine.	— 10		Ammoniaque...........	— 80
Huile d'œillette........	— 18		Acide carbonique	— 90
» de ricin..........	— 18			

Relativement aux huiles il faut remarquer qu'elles commencent à s'épaissir bien avant de se solidifier. Ainsi l'huile d'olive s'épaissit à + 4°; celle d'œillette à — 2°; etc.

Mélanges réfrigérants

Désignation des Mélanges	Abaissement de température	Froid Produit
Eau, 16 parties ; nitre, 5 ; hydrochlorate d'ammoniaque, 5	de + 10° à — 12°	22°
Eau, 16 ; Hydrochlorate d'ammoniaque, 5 ; nitre, 5 ; sulfate de soude, 8	de + 10° à — 16°	26°
Eau, 1 ; nitrate d'ammoniaque, 1	de + 10° à — 16°	26°
Eau, 1 ; nitrate d'ammoniaque, 1 ; sous-carbonate de soude, 1	de + 10° à — 19°	29°
Neige, 1 ; sel marin, 1	de 0 à — 17°77	17° 77
Neige, 2 ; hydrochlorate de chaux, 3	de 0 à — 27°77	27° 77
Neige, 3 ; potasse, 4	de 0 à — 28°33	28° 33
Neige, 1 ; acide sulfurique étendu, 1	de — 6°66 à — 51°	44° 34
Neige ou glace pilée, 2 ; sel marin, 1	de —17°77 à —20°55	2° 78
Neige et acide nitrique étendu	de —17°77 à — 43°33	25° 56
Neige, 1 ; hydrochlorate de chaux, 2	de —17°77 à — 54°44	36° 67
Neige ou glace pilée, 1 ; sel marin, 5 ; hydrochlorate d'ammoniaque et nitrate de potasse, 5	de —20°55 à —27°77	7° 22
Neige, 2 ; acide sulfurique étendu, 1 ; acide nitrique étendu, 1	de —23°33 à —48°88	25° 55
Neige ou glace pilée, 12 ; sel marin, 5 ; nitrate d'ammoniaque, 5	de —27°77 à —31°66	3° 80
Neige, 1 ; hydrochlorate de chaux, 3	de — 40° à — 58°33	18° 33
Neige, 8 ; acide sulfurique étendu, 8	de —55°55 à —68°33	12° 78
Sulfate de soude, 3 ; acide azotique étendu, 2	de + 10 à — 19	29°
Sulfate de soude, 6 ; sel ammoniac, 4 ; nitre, 2 ; acide azotique étendu, 4	de + 10 — 23	33°
Phosphate de soude, 9 ; acide azotique étendu, 4	de + 10° à — 29°	39°
Sulfate de soude, 20 ; acide sulfurique à 36°, 16	de + 10° à — 8°15	18° 15
Sulfate de soude, 22 ; résidu d'éther à 33°, 17	de + 10° à — 8°	18°
Sulfate de soude, 8 ; acide chlorhydrique, 5	de + 10° à — 17°	27°

ÉLECTRICITÉ

Unités électriques

Le Congrès international des électriciens, en 1881, a adopté comme unités fondamentales : le *centimètre* comme unité de longueur, la *masse du gramme* comme unité de masse et la *seconde* comme unité de temps; c'est ce qu'on appelle le système absolu CGS (centimètre-gramme-seconde) ; mais comme ces unités correspondent mal avec les grandeurs qu'on a à mesurer dans la pratique courante on a adopté aussi les unités pratiques suivantes :

Ohm. L'ohm est l'unité de *résistance*. Il correspond à la résistance d'une colonne de mercure ayant 1 millimètre carré de section et 106 centimètres de longueur à la température de 0^0 et est égal à 10^9 unités absolues CGS. C'est approximativement la résistance qu'offre au passage du courant un fil télégraphique en fer de 4^{mm} de diamètre et de 102 mètres de longueur ou un fil de cuivre de 48 mètres de long sur 1^{mm} de diamètre.

Cette résistance est analogue à la résistance qu'offre une conduite au passage d'un liquide suivant sa nature et ses dimensions : elle est proportionnelle à la longueur du conducteur et inversement proportionnelle à sa section.

Ampère. L'ampère, unité d'*intensité* du courant, vaut 10^{-1} unités CGS. C'est le courant produit par la force électromotrice d'un volt dans un circuit ayant une résistance d'un ohm. C'est approximativement la quantité d'électricité nécessaire pour déposer, par heure, 4 grammes d'argent.

Si on compare l'écoulement de l'électricité à celui de l'eau, mesurer l'intensité d'un courant électrique correspond à mesurer la vitesse de l'eau dans une conduite. Cette vitesse est évidemment proportionnelle à la pression initiale à l'origine de la conduite, et inversement proportionnelle à la longueur et à la rugosité de celle-ci.

Volt. Le volt est l'unité de *force électromotrice*. Il est égal à 10^8 unités absolues CGS. C'est la force électromotrice qui soutient le courant d'un ampère dans une résistance égale à l'Ohm. — Cette force (tension, différence de potentiel) correspond à peu près à celle d'un couple Daniell, c'est elle qui détermine l'écoulement de l'électricité dans un circuit. Et si nous continuons à comparer avec ce qui se passe pour les liquides, nous pouvons dire que la force électromotrice est analogue à la pression que détermine dans une conduite l'action d'une pompe ou d'un réservoir élevé.

Coulomb. Le coulomb est l'unité de *quantité* électrique; il vaut 10^{-1} unités CGS. C'est la quantité d'électricité fournie par un courant de 1 ampère en 1 seconde, traversant sous l'impulsion d'une force électromotrice de 1 volt un conducteur dont la résistance est 1 ohm. En comparant à l'hydraulique, c'est analogue à la quantité d'eau en pression passant dans une conduite pendant un temps donné.

Farad. Unité de *capacité;* représente la quantité d'électricité qui s'accumulerait dans un condensateur de dimension donnée en le chargeant avec un courant de 1 volt ; ou encore la capacité d'un condensateur qui, chargé au potentiel de 1 volt, contient 1 coulomb. Le farad vaut 10^{-9} unités CGS. En pratique on emploie le *micro-farad* qui est la millionième partie du farad.

Erg. L'erg, unité de *travail électrique*, est le travail fourni par l'unité de force multiplié par l'unité de chemin parcouru. Un kilogramètre vaut 10^8 ergs. En pratique on le compte pour cent millions d'ergs.

Le watt ou volt-ampère est l'*unité* pratique de travail; il est égal au produit d'un ampère par un volt et vaut 10^7 unités CGS ou 10^7 ergs. — C'est environ la dixième partie du kilogramètre, exactement $\dfrac{1 \text{ kilogramètre}}{9.81}$ par seconde = 0.102 kgm. Le cheval vapeur correspond à 736 watts seconde.

La *calorie-gramme* vaut 4.17 watts et réciproquement celui-ci correspond à 0.24 calorie-gramme.

La chaleur développée par un courant d'1 ampères dans un conducteur de résistance R pendant un temps t (secondes) est de : $0,24\ I^2\ Rt$ grammes calories.

On emploie souvent aussi les unités de résistance suivantes :

Celle de *Siemens*, mesurée par la résistance d'une colonne de mercure de 100^{cm} de longueur et de 1^{mm^2} de section à la température de 0^0.

1 siemens = 0,944 ohm.

L'unité dite « Britisch Association Unité » (B. A. U.) = 0,989 ohm.

Eclairage électrique

Lampes à arc. — Se construisent pour des puissances variables de 4 à 100 ampères et plus. — Donnent une lumière crue dont on peut diminuer la crudité par des globes qui absorbent alors de 30 à 40 0/0 de la lumière.

Un arc de 4 Amp. donne une lum. de 30 à 40 carcels de 6,5 bougies franç.

| — | 8 | — | — | 75 à 100 | — | — | — |
| — | 12 | — | — | 120 à 150 | — | — | — |

Le cheval vapeur peut produire la lumière de 100 à 200 carcels alors qu'il ne produit que 50 carcels avec les bougies Jablochkoff.

Lampes à incandescence. — Les types les plus courants sont de 8, 16, 20 et 30 bougies. — La consommation électrique est de 2.5 watts à 4,5 watts par bougie. Dans les installations, on compte qu'un cheval vapeur peut suffire pour alimenter 10 lampes de 16 bougies soit 8 à 10 carcels. Ces lampes, dont la durée moyenne est de 1.000 à 1.500 heures, se construisent généralement pour des courants de 10 à 80 volts.

SON ET LUMIÈRE

Vitesse du Son

Dans l'air : à la température de 16°.... 340ᵐ 89 par seconde.

— de 10°.... 337ᵐ —

— de 0°.... 333ᵐ —

Quand la température baisse la vitesse diminue. Pour avoir cette vitesse à une température quelconque ou multiplie la vitesse à 0 par

$$\sqrt{1 + a\,t}$$: a étant le coefficient de dilatation de l'air, t la température au moment de l'observation

Dans les liquides : à la température de + 8°.... 1435ᵐ par seconde, soit 4 fois et demie la vitesse dans l'air.

Dans les métaux : La vitesse est dix fois plus grande que dans l'air.

Vitesse de la Lumière

298 millions de mètres par seconde.

Indices de réfraction par rapport à la raie D

SOLIDES		LIQUIDES	
Diamant	2.42	Phosphore	1.075
Phosphore	2.22	Sulfure de carbone à 10°	1.634
Soufre natif	2.04	Huile de cassia	1.580
Rubis	1.71	Aniline	1.57
Feldspath	1.52	Nitrobenzine	1.54
Topaze	1.61	Phénol	1.55
Émeraude	1.58	Benzine	1.49
Flint-glass	1.6	Glycérine	1.47
Quartz o	1.544	Térébenthine	1.46
— e	1.553	Chloroforme	1.44
Sel gemme	1.54	Alcool amylique de ferm	1.40
Acide citrique	1.53	Amylène	1.39
Nitrate de potassium	1.52	Alcool éthylique	1.36
Crown-glass	1.5	Éther	1.35
Sulfate de potassium	1.51	Acétone	1.35
Sulfate de fer	1.50	Eau	1.33
Sulfate de magnésium	1.49	Alcool méthylique	1.33
Spath fluor	1.43		
Glace	1.41		
Spath d'Islande o	1.658		
— e	1.486		

Maximum de lignes que peut résoudre un objectif

Ouverture numérique	Dans la lumière blanche	Dans la lumière bleue	Par la photographie
1	3780	4098	4980
1.15	4347	4712	5727
1.20	4536	4917	5976
1.25	4726	5122	6225
1.30	4915	5327	6474
1.40	5292	5737	6972
1.63	6000	6500	10.000

Pouvoir pénétrant maximum d'un objectif d'une longueur focale donnée

Longueur focale	Ouverture numérique	Profondeur exprimée en millièmes de millimètres	Accommodation de l'œil exprimée en millièmes de millimètres
100	0.07	522	2080
100	0.14	262	2080
38	0.14	86	230
38	0.21	57	230
12.7	0.34	10.6	20
12.7	0.82	4.4	20
4.2	0.60	1.19	2.3
4.2	1.20	0.90	2.3
2.1	0.83	0.72	0.58
2.1	1.10	0.54	0.58
1.26	0.98	0.37	0.21
1.26	1.10	0.33	0.21

CHIMIE AGRICOLE

Poids équivalents et poids atomiques des corps simples

	CORPS SIMPLES	SYMBOLES	EQUIVA-LENTS	POIDS Atomiques
1.	Aluminium	Al	13.75	27
2.	Antimoine	Sb	122	119.6
3.	Argent	Ag	108	107.7
4.	Arsenic	As	75	75
5.	Azote	Az	14	14
6.	Baryum	Ba	68	137
7.	Bismuth	Bi	210	207.5
8.	Bore	Bo	11	10.9
9.	Brôme	Br	80	79.8
10.	Cadmium	Cd	56	111.7
11.	Calcium	Ca	20	40
12.	Carbone	C	6	12
13.	Cérium	Ce	70	141
14.	Chlore	Cl	35.5	35.4
15.	Chrôme	Cr	26.3	52
16.	Cobalt	Co	29.5	58.7
17.	Cuivre	Cu	31.75	63.3
18.	Didyme	Di	73.50	147.0
19.	Etain	Sn	59	118.0
20.	Fer	Fe	28	55.9
21.	Fluor	Fl	19.6	19.6
22.	Gallium	Ga		69
23.	Glucinium	Gl	6.96	13.9
24.	Hydrogène	H	1	1
25.	Indium	Iu	56.7	113.4
26.	Iode	I	127	126.5
27.	Iridium	Ir	98.6	197.14
28.	Lanthane	La	69.5	139

CORPS SIMPLES	SYMBOLES	EQUIVA-LENTS	POIDS Atomiques
29. Lithium	Li	7	7
30. Magnésium	Mg	12	24
31. Manganèse.................	Mn	27.5	54.8
32. Mercure	Hg	100	200
33. Molybdène.................	Mo	48	96
34. Nickel.....................	Ni	29.5	58.6
35. Niobium	Nb	47	94
36. Or	Au	98.5	196.6
37. Osmium...	Os	99.4	198.8
38. Oxygène................	O	8	16
39. Palladium.................	Pd	53.2	106.4
40. Phosphore	P	31	31
41. Platine................	Pt	98.5	194.4
42. Plomb....................	Pb	103.5	206.4
43. Potassium.................	K	39.1	39.1
44. Rhodium	Rh	52.16	104.3
45. Rubidium.................	Rb	85.4	85.4
46. Ruthenium..............	Ru	52.16	104
47. Sélénium	Sé	39.6	79
48. Silicium	Si	14	28
49. Sodium..................	Na	23	23
50. Soufre..................	S	16	32
51. Strontium................	Sr	43 75	87.3
52. Tantale.................	Ta	»	182.8
53. Tellure...................	Te	»	125
54. Thallium	Te	»	204.2
55. Thorium................	Th	»	233
56. Titane.................	Ti	25	50
57. Tungstène	Tu.W	92	183.6
58. Uranium	U	60	230.0
59. Vanadium................	V	51 4	51.2
60. Yhrium...................	Y	44.7	89.5
61. Zinc.....................	Zn	32.5	63.23
62. Zirconium	Zr	44.8	90.5
63. Samarium	Sa	»	150
64. Scandium................	Sc	»	44
65. Yherbium	Yb	»	173

I — ANALYSE DES TERRES

RECUEILLEMENT DES ÉCHANTILLONS

Le choix des échantillons de terre destinés aux analyses est une opération des plus importantes qui exige beaucoup de soins et de jugement.

Deux cas peuvent se présenter :

1° Ces analyses ont pour but l'étude des terres d'une propriété;

2° Ces analyses forment les matériaux d'une recherche d'ensemble sur les caractères d'une formation agrologique.

1° Dans le premier cas on examinera d'abord la nature apparente des terrains, leur situation respective, etc., afin d'acquérir la notion des *différentes variétés de sols* qui sont représentés dans le domaine. *Chacune de ces variétés formera l'objet d'une prise d'échantillon distincte et chacun de ces échantillons sera analysé à part.* On laissera de côté les parcelles d'une faible surface dont le sol présenterait des caractères de passage entre les terres voisines. On évitera les parties ravinées et celles qui ont reçu des éboulis de terrains supérieurs. D'une manière plus générale on évitera tous les sols à caractères passagers limités à de faibles étendues.

Sur chacun des champs ou ensemble de pièces de terre dont le type de terrain sera reconnu suffisamment homogène on pratiquera une ou plusieurs fouilles en observant les précautions plus loin mentionnées. On pourra mélanger le produit de ces fouilles. Si dans l'étendue de ces pièces il existe des caractères de transition continus, on pourra former deux ou trois échantillons distincts rendant compte de ces variations à différents niveaux. Chacun de ces échantillons, examiné plus tard au laboratoire pourra donner lieu, s'il le faut, à des analyses distinctes ou à une seule analyse si les différences apparentes ne sont constituées, comme il arrive souvent, que par les proportions du lot pierreux. Il est essentiel en un mot de ne point mélanger des échantillons dissemblables mais seulement ceux qui offrent une grande similitude.

2° S'il s'agit de l'étude d'une formation agrologique c'est avec beaucoup plus de soins encore qu'il faudra éviter les causes diverses d'altérations passagères. Le choix des échantillons doit être dans ce cas entièrement réglé par des considérations géologiques. On réunira les types de sols représentant la formation dans toute son intégrité et, pour éviter les modifications résultant de la culture, on s'adressera principalement aux terres de pâtis, landes, bois, etc. Toutefois, comme ces parties représentent souvent les sols les plus médiocres de la formation, il sera nécessaire d'étudier aussi les terres cultivées. On discutera leurs propriétés physiques et chimiques par rapport aux précédentes et cette comparaison donnera les renseignements les plus utiles à la pratique en mettant en évidence les améliorations dont le sol naturel peut être l'objet. Il convient, dans un travail de cette nature, de ne pas essayer de réaliser des échantillons moyens par le mélange de plusieurs fouilles. Chaque échantillon sera analysé distinctement et les échantillons recueillis seront assez nombreux pour fournir les caractères de la formation dans ses différentes parties et offrir le tableau des modifications qui se sont produites sous l'influence de différents facteurs tels que : irrigation, amendements et fumures, cultures, voisinages de formations limitrophes, etc. Dans un programme aussi succinct que celui qui est ici dressé il est d'ailleurs impossible d'énumérer toutes les conditions d'une étude agronomique aussi complexe ; on ne peut qu'en esquisser les traits principaux.

Pour recueillir chacun des échantillons de terre, la méthode suivante peut être recommandée :

On creuse une fosse de 60^{cm} de largeur sur 1 m. de longueur et 60^{cm} au moins de profondeur. Les parois de l'excavation sont coupées verticalement à la bêche pour bien montrer les couches du sol et du sous-sol. Il peut être intéressant, en effet, de recueillir un échantillon de chacune de ces couches.

La couche arable, en général marquée par une coloration plus foncée, occupe la partie supérieure sur une profondeur qui peut varier entre 15 et 50 centimètres. Pour constituer l'échantillon de cette couche, qui est la plus importante à étudier, on nettoie tout d'abord les bords du trou pour éliminer quelques débris organiques qui peuvent se trouver à la surface. Puis, avec une bêche coupante, on découpe des tranches verticales d'égale épaisseur, allant de la surface du terrain jusqu'au sous-sol, mais sans l'entamer. Ces tranches sont déposées à mesure sur un carré de toile. Lorsqu'on a recueilli une douzaine de kilog. de terre, on brise les mottes sur la toile et on mélange très intimement la masse jusqu'à ce qu'elle soit parfaitement homogène.

On en remplit ensuite un sac de toile d'une contenance de 2 à 6 kilog., suivant que la terre est peu ou beaucoup pierreuse. Si la terre était non seulement pierreuse, mais encore chargée de pierres volumineuses, il serait nécessaire de faire sur place un triage des plus gros fragments que l'on pèserait avant de les rejeter, afin de pouvoir estimer, d'une manière suffisamment exacte, par rapport à l'échantillon prélevé, l'importance de ce lot inerte.

Avant de fermer le sac, on place au dessus de la terre une étiquette renfermant toutes les indications sur le lieu de la prise, la profondeur exacte de la couche constituant l'échantillon, la nature apparente de son sol, etc.

Un échantillon du sous-sol peut être pris dans les mêmes conditions. Dans une étude d'ensemble cet échantillon sera le plus souvent indispensable.

Lorsque, dans une même pièce de terre ou sur des pièces contiguës formées du même sol, on prélève plusieurs échantillons destinés à une seule analyse, on peut accumuler dans une brouette les échantillons des différentes fouilles et les mélanger sur une toile lorsque toutes les fouilles sont achevées. On s'attache à prendre dès lors dans chaque trou une quantité de terre équivalente et on opère aussi à la même profondeur, le plus souvent trente à quarante centim. s'il ne s'agit que du sol arable.

ANALYSE MÉCANIQUE

Elle consiste dans la séparation du lot pierreux d'avec la terre fine. La convention admise, d'une manière à peu près universelle, par les agronomes est de considérer comme terre fine la partie qui peut traverser un tamis contenant 10 fils par centimètre. On se sert de tamis métalliques en fer galvanisé ou en cuivre. L'ouverture des mailles est d'environ 7 dixièmes de millimètres.

Pour tamiser la terre, il faut qu'elle soit au moins partiellement séchée par exposition à l'air, sans attendre cependant une dessiccation complète qui en durcissant les parties argileuses rendrait la séparation des pierres plus difficile. Lorsque les mottes se brisent aisément à la main, on les divise par simple friction ou en s'aidant au besoin d'un pilon de bois manié avec délicatesse dans un mortier pour ne briser aucun fragment pierreux, surtout si la terre renferme des calcaires ou marnes friables.

On pousse le tamisage aussi loin que possible en détachant toute la terre qui englobe les parties pierreuses. Mais malgré tous les soins il reste une portion de terre adhérente dans les anfractuosités. Pour l'éliminer on lave à l'eau le résidu du tamis après en avoir au préalable pris le poids. On prolonge ce lavage jusqu'à ce que l'eau ne se charge plus de limon. On termine le lavage sur le tamis même en laissant couler l'eau sur le résidu agité jusqu'à ce qu'elle passe parfaitement claire.

Le résidu pierreux et graveleux est desséché dans une capsule à l'étuve jusqu'à poids constant. Par différence avec le poids constaté avant lavage on obtient le taux de la terre fine adhérente aux éléments pierreux.

On joint ce dernier poids à celui de la terre fine obtenue par tamisage à sec, terre qui a été mise en réserve pour l'analyse chimique et dont on a desséché à l'étuve à 100 degrés une partie ou la totalité, afin de connaître le taux d'humidité qu'elle renferme.

Dans le lot pierreux on enlève à la main et par sassage les parties organiques, débris de plantes, racines, etc., dont on note le poids. Par soustraction on obtient le poids réel des pierres et des graviers secs ; ce lot est mis à part également pour être examiné ultérieurement.

Les chiffres obtenus dans ces diverses opérations, ramenés par le calcul à 1.000 gr. de terre supposée sèche, constituent l'analyse mécanique de l'échantillon.

On a, par exemple :

Terre fine totale humide 730 ^{gr})   = terre fine sèche....   =   642.4
contenant 12 % d'humidité.)

Débris organiques.. =   2.0

Pierres et graviers.. =   356.6

TOTAL .... =   1000.0

Pour cette analyse, on prend une proportion de terre d'autant plus grande que la terre est plus chargée de pierres, de 1 à 3 kilog., par exemple. Mais on ne conserve pour l'analyse qu'une quantité de 500 à 800 gr. de terre fine et un échantillon moyen du lot pierreux, à moins qu'il ne soit faible, auquel cas on le conserve tout entier.

Lorsque la terre est fortement argileuse, la séparation à sec au tamis est impossible. Humide, la terre obture le tamis. Dès qu'elle atteint un certain degré de siccité, les mottes deviennent trop dures pour être brisées sans une intervention mécanique qui altèrerait l'échantillon en fragmentant des éléments pierreux eux-mêmes, malgré les plus grandes précautions.

On procède alors, du premier coup, au tamisage à l'eau en délayant la terre dans le tamis immergé dans une large cuvette. On recueille les eaux limoneuses et sans en perdre on les laisse se décanter à clair. On élimine l'eau par siphonage et on dessèche le magma à l'étuve, après l'avoir mélangé à l'état pâteux pour en faire un tout homogène dont il suffira de prendre une partie pour l'analyse.

En ce qui concerne le lot pierreux on peut employer des tamis à mailles plus écartées pour distinguer les pierres des graviers. Un tamis de 5^{mm} d'ouverture entre mailles pourra, par exemple, servir à isoler les pierres. Un tamis de 3^{mm} d'ouverture retiendra les petits cailloux ou graviers grossiers. Le reste constitue le gravier fin.

Ces classements n'offrent, au point de vue chimique, qu'un intérêt très médiocre, mais il n'en est pas de même au point de vue physique, et dans certains cas ces séparations peuvent être utiles pour rendre compte de quelques propriétés des sols.

ANALYSE PHYSICO-CHIMIQUE

Examen des lots cailloux et graviers. Pierres. — C'est un examen minéralogique qu'il est toujours prudent de faire sur l'échantillon entier provenant du tamisage. On distingue aisément les pierres siliceuses des pierres calcaires. En prenant un poids déterminé, 20 ou 50 gr. de ce lot rendu aussi homogène que possible et en traitant par un excès d'acide chlorhydrique faible, les parties siliceuses restent comme résidu qu'il suffit de laver à fond et de peser après dessiccation. Par différence on obtient le taux des parties calcaires. On verra si, parmi ces pierres siliceuses, il existe des débris feldspathiques, schisteux, c'est-à-dire des espèces minérales riches en potasse. Si le lot pierreux n'est pas élevé, le mieux est de le traiter tout entier par l'acide.

Examen de la terre fine. — DOSAGE DE L'EAU. — Par dessication à l'étuve à 100-110 degrés c. On fait dessécher tout l'échantillon ou seulement une partie. Dans le dernier cas, le taux d'humidité déterminé permettra, lors de l'analyse chimique, de prendre pour chaque essai un poids de terre humide correspondant à 10 ou 20 gr. de terre sèche, ce qui évitera des calculs subséquents. Lorsqu'on a un grand nombre d'analyses de terre à exécuter, il est préférable de dessécher la totalité de l'échantillon pour éviter toute modification possible dans la teneur en eau des échantillons. On dessèche jusqu'à poids constant.

Dosage du calcaire, de l'argile, de l'humus, du sable fin et du sable grossier. — On suit ici la méthode originale de *Schlœsing* :

Dans une capsule plate, de 10 centim. de diamètre, on place 10 gr. de terre sèche ou l'équivalent de terre dont on connaît le taux d'humidité. On ajoute 15 à 20 cc d'eau, et on délaye avec l'index pour former une pâte en frictionnant contre les parois de la capsule. Puis on cesse le délayage, on compte 8 à 10 secondes, et on décante la liqueur trouble dans un verre à précipitation de 250 cc de contenance. On décante avec précaution pour ne pas entraîner les éléments grossiers, sableux, qui se sont déposés dans ce court laps de temps. On renouvelle le même traitement en décantant toujours au bout de dix secondes jusqu'à ce que le liquide coule clair. Si l'opération est faite avec les soins voulus, le volume de 250 cc d'eau suffit pour obtenir ce résultat.

Les parties sableuses ainsi isolées sont formées de sables siliceux et calcaires. La partie impalpable entraînée par levigation contient l'argile, le sable extra fin et l'humus :

Chacun de ces lots subit les traitements suivants :

LOT SABLEUX. — On dessèche le sable dans la capsule même à 100 degrés, jusqu'à poids constant. On note le poids. On ajoute ensuite de l'eau et, peu à peu, de l'acide nitrique en quantité suffisante pour dissoudre le calcaire. Quand toute effervescence a cessé malgré l'addition d'une petite proportion d'acide, on laisse digérer quelque temps. On décante la solution acide et on lave le résidu avec de petites quantités d'eau jusqu'à élimination complète de toute trace de chaux. On dessèche de nouveau à 100 degrés et on pèse. La perte de poids représente le *sable calcaire.* Si l'effervescence a été peu sensible, le dosage du calcaire par différence manquerait d'exactitude ; il est alors nécessaire de précipiter la chaux dans la liqueur. (Voir dosage de la chaux.)

Le résidu siliceux renferme des parcelles de matières organiques. On l'introduit dans une capsule de platine et on calcine au rouge jusqu'à combustion complète. On pèse à nouveau : la différence constatée représente le taux des *matières organiques*, le reste étant constitué par le *sable grossier siliceux.*

LOT IMPALPABLE. — Dans le verre même où l'on a décanté la partie limoneuse, on ajoute peu à peu de l'acide nitrique et l'on agite jusqu'à cessation de toute effervescence, même par une nouvelle addition d'acide. Si l'effervescence est peu marquée, on rend seulement la liqueur nettement acide. Après une heure de digestion en agitant de temps à autre pour mettre le limon en suspension, on jette sur un filtre plat de 10 cm de diamètre. On entraîne avec de l'eau distillée toute la matière sur le filtre que l'on continue de laver jusqu'à élimination du sel calcaire.

Le filtre a retenu l'argile, le sable impalpable siliceux, l'humus. La liqueur filtrée et les eaux de lavage renferment la chaux que l'on précipite comme plus haut.

Le contenu du filtre doit être délayé dans l'eau distillée; on a soin pour cela de ne point le laisser se dessécher. On perce le fond du filtre, puis, à l'aide d'une pissette à pointe fine, on détache le contenu que l'on reçoit dans un grand vase à précipitation de 1 litre 1/2. On s'arrange pour ne pas employer plus de 200 cc, quantité très largement suffisante pour entraîner toute la matière. On met en suspension et l'on ajoute 2 à 3 cc d'ammoniaque, en agitant de temps en temps, pendant 3 ou 4 heures.

On verse dans le vase 1 litre d'eau distillée et on agite énergiquemen. pour délayer complètement la masse, puis on laisse reposer pendant *24 heures*.

L'argile reste en suspension tandis que le sable se dépose et que l'humus se dissout à la faveur de l'ammoniaque. Les 24 heures étant écoulées, on décante la liqueur trouble à l'aide d'un siphon muni à son extrémité d'un robinet et l'on s'arrange, en inclinant le vase et en réglant le robinet, pour extraire tout le liquide sans entraîner aucune parcelle du dépôt. La liqueur trouble est recueillie dans un grand vase à précipitation de 3 à 4 litres et mise en réserve.

On renouvelle sur le dépôt le même traitement qui vient d'être décrit : addition de 200 cc d'eau distillée et de 2 cc d'ammoniaque; mélange et digestion pendant 3 heures. Addition de 1 litre d'eau distillée; mise en suspension de toute la masse et repos durant 24 heures. Puis décantation par siphonage.

Pour les terres très argileuses trois et même quatre traitements semblables sont nécessaires pour entraîner toute l'argile. Deux décantations suffisent pour des terres ordinaires. On est guidé sur la nécessité de nouveaux traitements par l'aspect plus ou moins trouble de la liqueur. La dernière décantation doit fournir un liquide très peu chargé.

Pour séparer l'argile et la matière humique des liquides de décantation réunis ensemble, on procède comme suit : On ajoute de l'acide azotique, on agite, et, au bout de quelques heures, l'argile se sépare à l'état de *coagulum* en même temps que l'humus. On attend que le dépôt se soit réuni au fond du vase pour décanter la liqueur claire par siphonage; puis on verse sur un filtre plat, de 10 centim. de diamètre, le dépôt argileux. On entraîne avec l'eau de lavage les parties adhérentes au vase à précipitation en les détachant avec un pinceau. On lave à plusieurs eaux jusqu'à refus de filtration, phénomène qui se produit lorsque l'argile reprend la forme colloïdale, c'est-à-dire lorsque l'eau ne renferme plus de sels et d'acide en solution. Il faut alors, à l'aide d'une pipette, extraire le liquide clair que renferme le filtre; puis détacher ce dernier de l'entonnoir et le ressuyer sur une plaque de porcelaine poreuse ou une liasse de papier buvard. On a soin de ne pas laisser le filtre se dessécher car il faut isoler l'argile, opération facile tant que le filtre est humide, en procédant de la manière suivante : On appuie légèrement le filtre humide sur du papier buvard, le côté rempli d'argile en dessous, et en maintenant le filtre plié en quart, tel qu'il était dans l'entonnoir. On le déplie ensuite avec précaution, de manière à laisser l'argile adhérente en dessous tandis que le côté supérieur du filtre s'en détache complètement. Le filtre se présente alors comme un cercle complet recouvert d'argile sur un quart de secteur. En pliant le filtre de manière à doubler sur elle-même la couche d'argile et en pressant doucement, on provoque l'adhérence, et le filtre ouvert à nouveau laisse l'argile sous forme d'un secteur moitié plus petit. En procédant ainsi encore une ou deux fois, on réunit toute la masse argileuse sur un très petit espace du filtre et il est facile de la faire tomber dans une capsule de platine tarée où on la dessèche à 100° c. Si le filtre retenait un peu de matière, on le brûlerait pour ajouter ses cendres. Le poids constaté représente à la fois l'argile sèche avec son eau de combinaison et l'humus.

On calcine au rouge pour détruire l'humus. Dans cette opération, on a chassé en même temps l'eau de constitution de l'argile qui forme environ 10 % de sa masse. De la perte de poids constatée entre l'argile séchée et l'argile calcinée, on retranchera donc 10 % du poids du résidu calciné qui représentent l'eau. La nouvelle différence obtenue donnera le poids approximatif de la matière humique.

Le tableau suivant donne, à titre d'exemple, la manière dont on peut présenter les résultats de l'analyse mécanique et de l'analyse physico-chimique d'une terre.

1000 gr de terre sèche renferment :

Analyse mécanique	Cailloux (tamis de 5 millimètres)	21	...	21
	Graviers (— 0,7 —)	33	....	33
	Débris organiques.............	1	....	1
	Terre fine tamisée.............	945		
				__1000__

Analyse physico-chimique sur la terre fine	Gros sable... 432	Sable silicieux...........	305
		Sable calcaire..........	119
		Débris organiques......	8
	Impalpable.. 513	Sable silicieux impalpable	314
		Argile	85
		Sable calcaire impalpable	111
		Humus................	3
	__945__		__1000__

ANALYSE CHIMIQUE

Dosage de l'azote par la chaux sodée, méthode de Will et Warrentrapp, modifiée par Péligot. (Azote organique et ammoniacal.)

Dans un tube peu fusible en verre vert, de 17 à 18^{mm} de diamètre et de 60 centim. de longueur, bien séché et nettoyé préalablement à l'intérieur, puis étiré et fermé à un bout, on introduit :

1. — Sur 2 centim. de hauteur, de l'oxalate de chaux sec.

2. — Sur 5 centim., de la chaux sodée en petits grains.

3. — Un mélange de chaux sodée en poudre grossière avec 10 gr. de terre, ou 20 gr. si l'échantillon est présumé très pauvre. Ce mélange doit occuper une longueur de 20 centim. environ.

4. — On nettoie le mortier qui a servi à faire le mélange avec un peu de chaux sodée que l'on place par dessus la colonne précédente. On complète le remplissage du tube jusqu'à 5 centim. de l'ouverture avec de la chaux sodée en petits grains.

5. — Pour retenir le tout en place et empêcher tout entraînement de poussières sodiques pendant le dégagement des gaz, on place un tampon suffisamment serré d'amianthe récemment calcinée. Puis on essuie soigneusement la partie libre du tube que l'on ferme avec un bouchon.

On enroule tout autour du tube en spirale une bande de clinquant arrêtée à chaque bout à 4 centim. de distance par un lien de fils de cuivre.

On place le tube sur une grille à analyse à gaz.

Au bouchon de liège on substitue un bouchon de caoutchouc percé d'un trou dans lequel on engage l'extrémité d'un tube à boule de Will et Warrentrapp ou de Péligot, tube garni de 10 à 20^{cc} d'acide sulfurique *décime normal*, suivant la quantité de terre employée et la richesse probable. La liqueur acide a été colorée avec un peu de tournesol d'Orcine.

On chauffe, lentement d'abord, la partie antérieure du tube dans la portion occupée par la chaux sodée pure. Lorsque cette partie est au rouge sombre, on allume progressivement et successivement les becs de la grille sous la partie occupée par le mélange de terre et de chaux sodée, de manière à provoquer un dégagement lent et régulier, bulle à bulle, des gaz au travers de l'acide titré. On maintient la température rouge sur la partie antérieure pendant toute la durée de l'opération.

Lorsque le dégagement gazeux a pris fin, on hausse le gaz pour porter la température au rouge clair, et en même temps on chauffe le fond du tube pour décomposer l'oxalate de chaux. L'oxyde de carbone qu'il fournit donne, en présence de la chaux sodée, un courant d'hydrogène qui chasse dans la solution titrée les dernières traces d'ammoniaque.

On détache le tube à boules renfermant la solution qu'il s'agit de titrer en le tenant d'une main, tandis que de l'autre on touche le tube à combustion encore très chaud avec une goutte d'eau appliquée près du tampon d'amianthe; le tube se brise. On retire ensuite le bouchon du tube à boule et on vide le contenu de ce dernier, en y joignant les eaux de lavage, dans un vase à titrages.

En versant, à l'aide d'une burette graduée, de l'eau de chaux titrée jusqu'à coloration légèrement violacée, on mesure l'excès d'acide employé et, par suite, celui qui est saturé de l'ammoniaque de l'essai.

Supposons l'emploi de 10^{cc} d'acide sulfurique normal décime (par litre 4,9 SO^4 H), 21^{cc} 5 d'eau de chaux correspondant, d'autre part, d'après un titrage d'essai préalable, à cette proportion d'acide.

10^{cc} d'acide valent 0,014 d'azote.

Par suite, 1^{cc} d'eau de chaux vaut :

$$\frac{0.014}{2.15} = 0.0006527$$

Dans l'essai fait avec 10 gr. de terre, il a fallu ajouter au titrage $3^{cc}1$ de cette même eau de chaux.

La quantité d'eau de chaux correspondant à l'azote de l'essai est, par suite, égale à $21,5 - 3,1 = 18^{cc}4$.

En multipliant ce dernier chiffre par sa valeur en azote on aura la proportion renfermée dans la quantité de terre.

$$0.0006527 \times 18.4 = 0.012$$

La terre essayée renferme donc % $0,012 \times 10 = 0,120$ d'azote.

Dosage de l'azote par la méthode de Kjeldahl. (Azote organique et ammoniacal.)

Cette méthode donne des résultats généralement un peu plus élevés que celle de Will et Warrentrapp. L'attaque est plus complète, et comme le procédé est d'un emploi très pratique, elle tend à se substituer à cette dernière.

On opère sur 10 gr. de terre séchée à 100^{cc} que l'on introduit dans un matras de 500^{cc} en ayant soin de verser la matière de manière à n'en point laisser dans le col du ballon. Pour faciliter l'oxydation, on ajoute 0 gr. 3 à 0,40 d'oxyde de cuivre pur. Puis 20^{cc} d'un mélange formé de 2 parties en volume d'acide sulfurique pur à 66° Baumé pour 1 partie d'acide sulfurique fumant. Quand la terre est très calcaire, le sulfate de chaux formé en épaississant trop la masse force même d'employer 30^{cc} de ce mélange.

On place le ballon sur une toile métallique chauffée par un bec de Bunsen. On couvre l'ouverture du ballon avec une boule de verre soufflé terminée par une pointe qui rentre dans le col. Après avoir mélangé l'acide à la terre, on chauffe doucement d'abord, puis assez fortement pour provoquer une ébullition rapide. On remue de temps à autre pour atteindre toutes les parties de terre qui ont pu être projetées par l'ébullition et aussi pour empêcher qu'il ne se forme au point d'application de la flamme une masse trop adhérente et trop dure de sulfate de chaux lorsque la terre est très calcaire.

L'oxydation dure de 2 à 3 heures. On s'aperçoit qu'elle est complète lorsque l'acide est clair ou seulement légèrement teinté de jaune verdâtre. Dans le cas d'une terre calcaire, la masse devient parfaitement blanche. L'oxydation est quelquefois plus rapide et peut être terminée en une heure.

On laisse refroidir, puis, si la terre n'est point trop calcaire et que l'acide soit liquide, on verse le contenu du ballon dans un vase renfermant 200 cc d'eau distillée bouillie. Quand la terre est calcaire, le sulfate de chaux englobe l'acide et on peut ajouter l'eau directement dans le ballon sans avoir à craindre des projections. La chaleur dégagée permet à la masse de se désagréger plus facilement.

Le liquide acide, chargé de matière en suspension, est abandonné au repos, puis décanté dans un ballon à distillation de Schlœsing, d'une capacité de 800 cc à 1 litre. On jette sur un filtre le sable et le sulfate de chaux et on lave à plusieurs reprises en ajoutant les eaux au ballon.

On verse ensuite dans le ballon une lessive concentrée de soude caustique jusqu'à réaction nettement alcaline, puis un peu de sulfure de sodium.

On joint aussitôt le ballon par un tube de caoutchouc au serpentin ascendant en étain de l'appareil de Schlœsing, et on reçoit l'ammoniaque qui distille, en chauffant le ballon à l'ébullition, dans un matras à titrage contenant 10 ou 20 cc d'acide sulfurique décime normal, suivant la richesse présumée de la terre.

Pour éviter toute absorption du liquide de titrage, on joint le petit tube du réfrigérant à un tube à boule dont la partie inférieure effilée plonge de 1 à 2 mm seulement dans l'acide titré, coloré par le tournesol d'Orcine.

L'opération est terminée lorsqu'il a passé à la distillation, qui doit se faire lentement, goutte à goutte, un volume d'environ 100 cc.

On lave le tube à boule pour enlever l'acide qui le mouille, puis on porte pendant quelques instants la liqueur à l'ébullition pour chasser un peu d'acide carbonique qui gênerait le titrage.

On titre, comme dans le procédé de Will et Warrentrapp, avec l'eau de chaux et le tournesol d'Orcine. On calcule le résultat comme il a été indiqué page 167.

Il est nécessaire de s'assurer que l'acide sulfurique employé est bien exempt d'ammoniaque. Si, traité dans l'appareil Schlœsing par un excès de soude, il accusait une quantité sensible de ce corps, il faudrait, d'après a proportion d'acide employé dans l'attaque, corriger d'une manière correspondante le résultat. L'acide sulfurique fumant, qui est assez impur, peut être remplacé dans le mélange destiné aux attaques par 20 % d'anhydride phosphorique.

Dosage de l'azote total par la méthode de Kjeldahl, modifiée par Joldbauer.

Les méthodes de Will et Warrentrapp, celle de Kjeldahl, assurent le dosage de l'azote organique et de l'azote ammoniacal, mais non celui de l'azote nitrique qui n'est que partiellement transformé en ammoniaque, même lorsqu'il n'existe qu'une petite proportion.

C'est sous forme organique que se trouve la plus grande partie de l'azote des terres. Elles ne renferment généralement que de minimes proportions d'azote ammoniacal et d'azote nitrique ; ces quantités peuvent être directement dosées, quand le cas le comporte, par des méthodes appropriées.

Toutefois le dosage de l'azote total en une seule opération peut rendre de grands services. La méthode de Dumas assure ce résultat, mais elle réclame dans son application beaucoup de temps et des soins très attentifs.

La modification apportée par Joldbauer au procédé de Kjeldahl est au contraire d'un emploi facile. Elle consiste à faire précéder l'attaque, suivant Kjeldahl, par une opération dans laquelle l'acide nitrique est transformé en un corps amidé que la suite des opérations détruit pcur ne laisser subsister que l'ammoniaque correspondante. Cette transformation est opérée au moyen de l'acide phenylsulfurique et du zinc métallique.

On traite à froid dans le ballon d'attaque de Kjeldahl 10 gr. de terre par 20 ^{cc} d'acide sulfurique concentré additionné de 2 ^{cc}5 d'un mélange phenylsulfurique, préparé en faisant dissoudre à froid 50 gr. de phénol pur dans la quantité d'acide sulfurique à 66° complétant le volume de 100 ^{cc}.

Au moment où l'on ajoute l'acide phenylsulfurique et l'acide sulfurique, il faut refroidir le ballon pour éviter un entraînement de vapeurs nitrées. On agite pour favoriser la réaction. Puis, au bout d'une heure, on ajoute 2 à 3 gr. de zinc en poudre en continuant à refroidir. Après deux heures de macération et agitant de temps à autre, on ajoute l'oxyde cuivrique et on continue l'opération comme pour la méthode ordinaire de Kjeldahl.

Cette modification s'est universellement répandue dans les laboratoires agronomiques d'Allemagne. *Chenel* a montré qu'elle fournissait des résultats exacts pour la plupart des corps nitrés, hormis quelques composés aromatiques qui ne se rencontrent ni dans la terre ni dans les engrais. Le même auteur indique un mode de préparation de l'acide qui consiste à faire dissoudre 70 gr. de phénol dans 1 litre d'acide sulfurique à 66° froid et maintenu froid, liqueur à laquelle on ajoute ensuite 1 litre du même acide contenant 27 gr. d'anhydride phosphorique. On vérifie sur ce mélange, qui permet de faire un assez grand nombre d'analyses, la teneur en ammoniaque en en distillant 20 ou 25 ^{cc} avec un excès de soude dans l'appareil de Schlœsing. On peut ainsi corriger les résultats obtenus dans les analyses. Quoique le chiffre de correction soit généralement faible, il importe de l'appliquer pour l'analyse des terres où l'on ne dose que de faibles proportions d'azote.

Dosage de l'azote total en volume, par la méthode de Dumas.

Dans un tube en verre vert, peu fusible, de 1 m. de longueur, préalablement bien nettoyé à l'intérieur, puis séché, fermé à une extrémité, on introduit :

1º Du bicarbonate de soude pur et sec, en menus fragments, sur une longueur de 25 centim.

2º De l'oxyde de cuivre sur une longueur de 5 centim.

3º 25 gr. de terre mélangés à 30 gr. d'oxyde de cuivre et 10 gr. de cuivre métallique (oxyde réduit par l'hydrogène).

4º De l'oxyde de cuivre sur 25 centim. de longueur.

5º Du cuivre réduit sur 25 centim. de longueur.

6º De l'oxyde de cuivre sur 5 centim. de longueur.

7º Enfin un tampon d'amianthe calcinée, modérément serré.

On entoure le tube d'une feuille de clinquant roulée en spirale et arrêtée aux extrémités par deux ligatures de fil de cuivre. On laisse à découvert la portion du tube garnie de bicarbonate de soude. On dépose le tube sur une grille à gaz, en laissant saillir en dehors la partie non recouverte de clinquant.

On ferme le tube avec un bouchon de caoutchouc bien élastique, dans lequel passe un tube à gaz, coudé à angle presque droit, descendant dans une cuve à mercure située à 80 centim. de distance verticale, au dessous du niveau du tube à combustion.

On chauffe, à l'aide d'une lampe, la partie du tube qui renferme le bicarbonate, afin d'entraîner, par le gaz carbonique dégagé, tout l'air que renferme le tube. Ce résultat est atteint lorsqu'une éprouvette pleine de mercure et renfermant un peu de lessive de potasse, renversée sur la cuve à mercure, montre que le gaz dégagé est absorbé complétement par le réactif. On a soin de ne décomposer que la moitié tout au plus du bicarbonate pour obtenir ce balayage du tube.

On place alors sur la cuve à mercure un flacon plein de mercure d'environ 350ᶜᶜ de capacité, et renfermant en outre 50ᶜᶜ de potasse caustique à 30 %. Puis on chauffe la partie antérieure du tube de manière à porter au rouge le cuivre et l'oxyde cuivrique qui s'y trouvent. Ensuite seulement, on chauffe graduellement la partie renfermant la terre, de manière à obtenir un dégagement lent de gaz, dégagement que l'on obtient en allumant progressivement les becs. On a soin de ne point chauffer la partie qui renferme le bicarbonate.

Le dégagement ayant cessé, on échauffe alors, comme au début, le fond du tube afin de provoquer, par un dégagement d'acide carbonique, l'entraînement du gaz azote jusqu'au flacon récepteur. Le dégagement doit être assez lent pour que la potasse puisse absorber à mesure l'acide carbonique. On laisse quelque temps le flacon en place pour que l'absorption de ce gaz soit complète.

Sur une terrine d'eau on transporte ensuite le flacon de manière à laisser écouler le mercure et la solution de potasse que l'eau vient remplacer. Puis, sur la cuve à eau, on transvase le gaz du flacon dans une cloche graduée préalablement remplie d'eau. On laisse la température s'équilibrer, puis on lit le volume gazeux en affleurant le niveau du liquide dans la cloche au niveau de l'eau de la cuve. On note à ce moment la température du gaz, c'est-à-dire celle de l'eau de la cuve, et la pression barométrique (H).

On ramène par le calcul le volume gazeux observé (centimètres cubes et dixièmes) V à la température de O et à la pression de 760^{mm}.

Soit f la tension maxima de la vapeur d'eau à t, le volume du gaz à 0° et à 760^{mm} sera :

$$\frac{V}{t + 0\ 00367^t} + \frac{H - f}{760}$$

On a donc ainsi mesuré le volume absolu du gaz, mais à côté de l'azote il a pu se former un peu de bioxyde et de protoxyde d'azote, malgré la présence du cuivre. Le dernier gaz n'apporte aucune erreur, car son volume est le même que celui de l'azote qu'il renferme. Il n'en est pas de même du bioxyde dont le volume est double.

On transporte la cloche sur la cuve à mercure, afin de remplacer par ce métal la plus grande partie de l'eau et on introduit dans la cloche quelques cristaux de sulfate de fer qui se dissolvent dans l'eau restant en agitant. On laisse en présence 24 heures, de façon à absorber le bioxyde d'azote. Au bout de ce temps, on procède comme plus haut pour éliminer le mercure et la solution ferreuse, lire le volume gazeux et le ramener par calcul à 0° et 760^{mm}.

La différence entre les deux volumes de gaz corrigés représente le volume du bioxyde d'azote. En prenant la moitié de cette différence et la retranchant du premier résultat, on aura le volume d'azote correspondant à l'expérience.

Le poids d'un centimètre cube d'azote étant 0,001256 à 0° et 760, il sera facile de transformer en poids le volume observé.

Lorsqu'on dispose d'une machine pneumatique ou d'une trompe à mercure l'élimination de l'air renfermé dans le tube à combustion peut être facilitée en disposant une tubulure avec robinet à la partie supérieure du tube qui conduit les gaz dans la cuve à mercure. On fait le vide dans le tube à combustion, puis on chauffe le bicarbonate pour le remplir d'acide carbonique. On fait le vide à nouveau et l'on recommence à deux ou trois reprises pour purger entièrement l'appareil de toute trace d'air.

Avec la trompe à mercure, il est possible, à la fin de l'opération, de recueillir sur la cuve de la trompe les dernières traces de gaz que l'on réunit dans une cloche dont le contenu est ajouté à celui du flacon récepteur.

Dosage de l'ammoniaque (Schlœsing).

On détermine le taux d'humidité de la terre à analyser. On pèse une proportion de cette terre humide telle qu'elle corresponde à 200^{cc} de terre sèche.

On introduit la terre dans un vase préalablement taré, et on la délaye avec de l'eau distillée privée, par une longue ébullition, des traces d'ammoniaque qu'elle renferme. On ajoute ensuite de l'acide chlorhydrique dilué, bien exempt d'ammoniaque, jusqu'à ce que le calcaire soit décomposé, mais en ayant soin de n'employer qu'un très faible excès d'acide. (On peut employer de l'acide chlorhydrique récemment distillé avec un peu d'acide sulfurique qui retient les traces d'ammoniaque.)

On place le vase sur la balance et on ajoute à sa tare un poids de 700 gr. Avec de l'eau distillée on complète le poids du vase pour faire l'équilibre. Dans ces conditions, l'eau, l'acide ajouté, l'humidité de la terre forment un poids total de 500 gr. On agite fortement, on filtre en couvrant l'entonnoir, et on recueille 250 gr. de liquide correspondant ainsi à 100 gr. de terre sèche.

On introduit la liqueur dans le ballon de l'appareil distillatoire à reflux de Schlœsing, et l'on y ajoute 5 gr. de magnésie récemment calcinée. On examine si la liqueur est alcaline et, au cas où la quantité de magnésie n'aurait pas suffi pour atteindre ce résultat, on en ajoute une nouvelle portion jusqu'à ce que la réaction soit nettement alcaline.

On distille en recevant l'ammoniaque dans un volume mesuré d'acide sulfurique décime normal. Après ébullition de quelques instants et refroidissement de la liqueur d'épreuve recueillie, on titre l'excès d'acide avec l'eau de chaux, en présence du tourne sol d'Orcine comme indicateur.

Les quantités d'ammoniaque existant dans les terres étant en général très faibles, il est bon de faire une opération à blanc avec les réactifs seuls pour corriger, s'il y a lieu, les résultats de la faible teneur en ammoniaque des réactifs eux-mêmes.

Dosage de l'acide nitrique suivant la méthode de Schlœsing

On place dans une allonge, fermée en bas par un tampon d'amianthe, une quantité de 100 grammes de terre. On lessive méthodiquement avec de l'eau distillée, renfermant 1/1000 de chlorure de calcium. Si la terre est franchement calcaire, cet artifice, qui a pour but de maintenir la coagulation de l'argile, est superflu. 300 centimètres cubes d'eau suffisent pour entraîner les nitrates.

On peut encore mettre dans un flacon d'un litre 250 grammes de terre, ajouter 500^{cc} d'eau, agiter et recueillir par filtration 200^{cc} de la liqueur qui correspondait à 100 grammes de terre.

On évapore la liqueur dans un ballon jusqu'à ce qu'elle soit réduit à 10 ou 15ᶜᶜ.

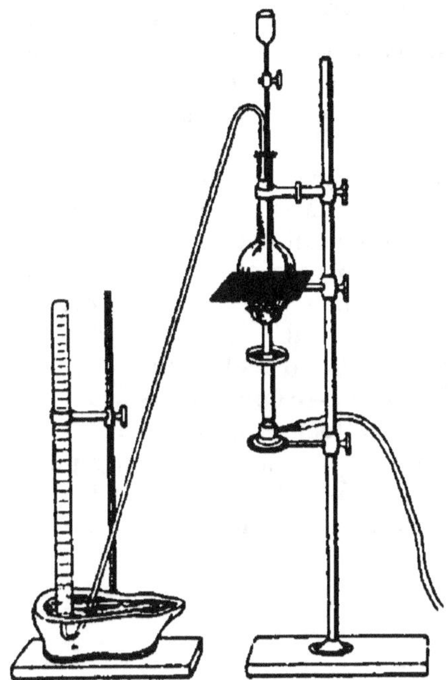

On monte, d'autre part, un appareil disposé comme l'indique la figure ci-contre.

Sur un support élevé on établit à 80 centimètres de hauteur, mesuré près du col, un ballon de 200ᶜᶜ, pouvant être chauffé sur une toile métallique par un bec Bunsen. On fixe dans la tubulure un bouchon de caoutchouc à deux trous dans lequel on fait passer :

1° Un tube presque capillaire plongeant au fond du ballon et terminé en haut par un entonnoir avec robinet ;

2° Un long tube de dégagement courbé en haut et venant plonger dans une cuve à mercure. L'extrémité inférieure de ce tube est recourbée pour permettre le recueillement des gaz.

On introduit dans le ballon 40 centimètres cubes d'une solution de protochlorure de fer, obtenue en faisant dissoudre dans l'acide chlorhydrique 200 grammes de pointe de Paris et étendant à 1 litre.

Puis on ajoute dans le même ballon 40ᶜᶜ d'acide chlorhydrique.

On fait bouillir, après avoir rempli d'eau le tube capillaire jusqu'à la naissance de l'entonnoir et fermé le robinet. La vapeur s'échappe par le tube de dégagement en entraînant tout l'air du ballon. On engage le tube sous la couche du mercure de la cuve, puis on supprime la flamme de Bunsen. Si l'appareil ferme exactement, ce qui est essentiel, le mercure s'élève dans le tube par l'effet du vide, et une fois le ballon refroidi, il conserve un niveau à peu près uniforme. On peut faire cette épreuve avec de l'eau avant de se servir de l'appareil.

On dispose sur la cuve une cloche graduée, divisée en dixièmes de cc, pleine de mercure, et dans laquelle on introduit une petite colonne de solution de potasse caustique. Puis, par l'entonnoir, on introduit la solution contenant les nitrates et les nitrites extraits de la terre. On ouvre le robinet pour laisser pénétrer cette solution dans le ballon, mais on a soin de le fermer dès que le liquide est au fond de l'entonnoir, cela afin d'éviter toute rentrée d'air. On rince le ballon d'évaporation avec un peu d'acide chlorhydrique que l'on introduit avec les mêmes précautions par l'entonnoir. On renouvelle trois fois ce rinçage qui assure ainsi l'introduction de la totalité de la solution.

On rallume le bec de Bunsen. Dès que le liquide approche de la température de 100°, la réaction commence et il se dégage du bioxyde d'azote. On prolonge quelque temps l'ébullition jusqu'au moment où le volume du gaz n'augmente plus dans la cloche. Avec le bioxyde d'azote il se dégage un peu d'acide carbonique provenant des carbonates dissous dans l'extrait de la terre. Ce gaz est absorbé par la colonne de potasse.

On transvase la cloche sur une terrine pour laisser écouler le mercure qui est remplacé par de l'eau, puis après avoir laissé le gaz se refroidir sur la cuve à eau, on lit son volume en affleurant le niveau du liquide de la cloche au niveau de l'eau de la cuve. On note en même temps la température du gaz et la pression barométrique. On réduit le volume observé à $0°C$ et H 760^{mm}. Chaque centimètre cube de bioxyde d'azote correspond, dans ces conditions, à 2 milligr. 417 d'acide nitrique.

Plusieurs opérations peuvent être faites successivement dans le même appareil sans qu'il soit besoin d'ajouter du protochlorure de fer.

L'appareil ainsi disposé diffère de celui indiqué par Schlœsing pour le dosage de l'azote des nitrates dans les engrais. Il permet d'éviter les défauts qui résultent de l'oxydation du bioxyde d'azote sous l'influence de l'air que l'eau tient en dissolution.

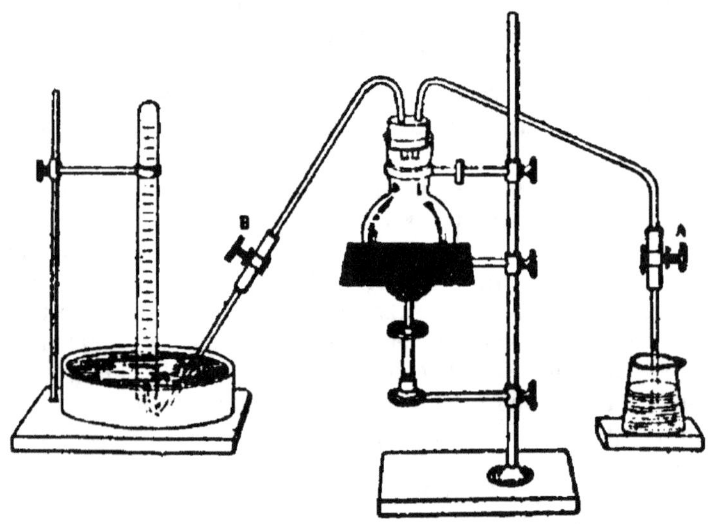

A défaut de cuve à mercure on peut utiliser la disposition de Schulze-Tiemann moins recommandable, toutefois, que la précédente.

On introduit dans le ballon la solution renfermant les nitrates et nitrites extraits du sol. On fait bouillir en laissant ouverte la pince A qui est fixée sur un tube de caoutchouc réunissant l'un des tubes de ballon à un tube vertical plongé dans le vase qui contient la solution de protochlorure de fer.

La vapeur entraîne l'air du ballon. On ferme la pince A et on ouvre aussitôt la pince B qui est disposée de la même manière sur un tube de caoutchouc réunissant l'autre tubulure du ballon à un tube coudé au bout et aboutissant à un cristallisoir rempli d'une solution bouillie de soude caustique à 10°. L'extrémité coudée de ce tube est enveloppée d'un tube de caoutchouc afin que les chocs dus à la condensation de la vapeur n'entraînent pas de rupture. Lorsque le ballon est purgé d'air et que la liqueur est réduite par l'ébullition à quelques centimètres cubes on ferme la pince B et l'on éteint le gaz. Puis on ouvre la pince A et on laisse rentrer le protochlorure de fer. On ferme la pince avant qu'aucune bulle d'air puisse pénétrer et on remplit le verre d'acide chlorhydrique que l'on introduit de la même manière. On ferme et on rallume le gaz. Supprimant alors la pince B en y substituant le serrage avec les doigts on surveille attentivement le ballon. En desserrant légèrement de temps à autre, on observe s'il y a absorption du liquide du cristallisoir ou refoulement. Il faut desserrer dès que l'on perçoit une légère pression.

Le liquide entre en ébullition et le bioxyde d'azote dégagé se rend dans la cloche qui coiffe le tube, cloche remplie au préalable de solution concentrée de soude. L'acide carbonique est absorbé par la soude. On fait bouillir jusqu'à ce que le volume du gaz cesse d'augmenter. Puis on termine l'opération en faisant la lecture du volume gazeux comme il a été indiqué plus haut.

Dosage de l'acide phosphorique.

On prend 20 gr. de terre fine résultant du tamisage, desséchée à 100°, et on incinère au moufle, au rouge sombre, dans une capsule de platine, pour détruire les matières organiques.

Après refroidissement, la terre est versée dans une capsule de porcelaine, arrosée avec 50^{cc} d'eau et attaquée par de petites quantités d'acide nitrique ajoutées graduellement pour décomposer le calcaire. Pendant cette attaque on couvre la capsule avec un entonnoir empêchant toute perte par projection. L'effervescence finie, malgré l'addition d'une dernière portion d'acide, on ajoute 20^{cc} d'acide nitrique, on lave l'entonnoir sur la capsule et on chauffe au bain-marie, pendant cinq heures, en agitant fréquemment et en évitant la dessiccation. Cette durée d'attaque est nécessaire pour assurer la dissolution de tous les phosphates de la terre.

On évapore à sec au bain-marie et au besoin au bain d'air, mais sans dépasser une température de 120° ; cette dessiccation complète est indispensable pour séparer la silice, et lorsque la terre est calcaire l'opération dure longtemps. On la favorise en brisant la masse avec un petit pilon, dès qu'elle est assez sèche pour ne plus former pâte, ce qui renouvelle les surfaces d'évaporation.

On retire la capsule du bain d'air, on la laisse refroidir. On y ajoute 10^{cc} d'acide nitrique et 10^{cc} d'eau, et on chauffe au bain-marie en agitant pour délayer la matière. Au bout de 1/4 d'heure de digestion, on retire la capsule et on y verse d'un trait 60 à 80^{cc} d'eau distillée froide en mettant rapidement la matière en suspension. Dans ces conditions la silice a repris l'état insoluble et elle peut être rigoureusement séparée.

On verse le contenu de la capsule sur un filtre plat pour séparer la partie insoluble. On lave par de petites quantités d'eau distillée jusqu'à disparition de toute réaction acide dans le liquide issu du filtre.

La liqueur et les eaux de lavage, qui contiennent tout l'acide phosphorique, sont évaporées au bain-marie dans une capsule de porcelaine, jusqu'à ce que le volume soit réduit à 20 ou 25^{cc}. Cet extrait est versé dans un petit verre de Bohême de 110 à 120 de capacité. On lave la capsule avec quelques centimètres cubes d'eau distillée chaude, aiguisée d'acide nitrique, ce qui porte le volume à 30 ou 35^{cc}.

L'acide phosphorique est précipité en ajoutant 25 à 50^{cc} de solution acide de molybdate d'ammoniaque. On chauffe à 40° et l'on abandonne au repos pendant plusieurs heures. La quantité de 25^{cc} de réactif molybdique suffit souvent, mais il faut toujours s'assurer que ce réactif est en excès. Pour cela on puise avec une pipette un peu de la liqueur claire qui surnage le précipité jaune de phospho-molybdate d'ammoniaque, et on l'introduit dans un tube à expérience avec un égal volume de réactif. On chauffe à 80° c. environ. Si aucun trouble n'apparaît, la précipitation de l'acide phosphorique est complète. Dans le cas contraire, on ajouterait une nouvelle portion de 25^{cc} de réactif et on répéterait le même essai, afin d'acquérir la certitude d'une séparation rigoureuse.

Le phospho-molybdate d'ammoniaque ainsi obtenu est recueilli sur un petit filtre plat posé sur un entonnoir à succion de *Joulie*. On le lave, ainsi que le verre de Bohême, à 5 ou 6 reprises, avec de l'eau distillée, renfermant 1/20 d'acide nitrique. On ne cherche pas à détacher la partie du précipité qui adhère au verre de Bohême, mais, à l'aide d'un tube effilé, on en assure le lavage en même temps que celui du précipité réuni sur le filtre.

On replace sous l'entonnoir le verre de Bohême et, avec de l'eau bouillante additionnée de 1/3 d'ammoniaque, on dissout le phospho-molybdate du filtre pour le ramener dans le verre. Quelques centimètres cubes du liquide ammoniacal suffisent pour obtenir ce résultat. On lave le filtre, dont le contenu a disparu, par de très petites quantités d'eau bouillante versées avec un tube effilé sur le pourtour du filtre, à 4 ou 5 reprises. Le volume de la solution ammoniacale et des eaux de lavage ne doit pas dépasser 25^{cc} si l'opération a été faite avec les soins convenables. On chaufferait la liqueur au bain de sable pour la ramener à ce volume réduit, si on avait dépassé cette limite.

C'est sous la forme de *phosphate ammoniaco-magnésien* qu'il est le plus convenable de doser l'acide phosphorique. Pour opérer la précipitation à cet état, on commencera par neutraliser, au moyen de quelques gouttes d'acide chlorydrique au 1/10, l'ammoniaque en excès qui existe dans le verre. On sera averti de la neutralisation par la réapparition du précipité jaune de phosphomolybdate d'ammoniaque. On ajoutera dans le verre 10^{cc} de solution magnésienne ammoniacale et, après agitation, 10^{cc} d'ammoniaque pure.

Le précipité, après 12 heures de repos, sera recueilli sur un filtre plat, lavé avec de très petites proportions d'eau ammoniacale au 1/3, séché, puis détaché du filtre, incinéré à part et calciné au rouge dans un creuset de platine. Le pyrophosphate de magnésie obtenu, pesé et multiplié par 0,63769, donnera la proportion d'acide phosphorique contenu dans les 20 gr. de terre.

On peut, au lieu de transformer le phosphate ammoniaco-molybdique en phosphate ammoniaco-magnésien, peser directement le premier corps, quoique sa composition n'offre pas toute la constance désirable. On opérera, dans ce cas, en prenant les précautions suivantes :

Le précipité molybdique sera recueilli sur un double filtre dont chaque partie fait à l'autre équilibre sur la balance. Le précipité se trouvera dans le filtre intérieur et, au moment de la pesée, il suffira de mettre le filtre extérieur du côté des poids.

On aura soin de détacher très exactement du verre à précipitation tout le phosphate ammoniaco-molybdique adhérent, en s'aidant d'un agitateur garni à son extrémité d'un bout de tube de caoutchouc. On lavera avec de très petites quantités d'eau contenant 1/20 d'acide nitrique et, finalement, avec quelques gouttes seulement d'eau distillée, destinée à déplacer la liqueur acide pour permettre la dessiccation des filtres. On desséchera sans dépasser 90° c., car au dessus de cette température la composition du précipité se modifie et les résultats seraient trop faibles.

Le poids de phospho-molybdate d'ammoniaque obtenu multiplié par 0,043 donnera la proportion d'acide phosphorique contenu dans les 20 gr de terre.

La séparation exacte de la silice est un point capital dans le dosage de l'acide phosphorique. Ce corps forme en effet avec l'acide molybdique un composé jaune, le silico-molybdate d'ammoniaque, qui viendrait fausser tous les résultats, car il se comporte de même manière que le composé formé par l'acide phosphorique.

Même en opérant la transformation en phosphate ammoniaco-magnésien, l'essai resterait inexact, car il existe aussi un silicate ammoniaco-magnésien, insoluble dans l'ammoniaque, qui prendrait naissance en même temps que le premier sel.

Dosage de la potasse attaquable par les acides bouillants.

Dosages de la silice et des silicates insolubles, de l'oxyde de fer et de l'alumine, de la chaux, de la magnésie et de la soude.

Attaque de la terre. Dosage de la silice et des silicates insolubles. — On prend 20 gr. de terre fine résultant du tamisage et séchée à 100° c., et on calcine au moufle au rouge sombre, dans une capsule de platine pour détruire les matières organiques. On introduit la terre dans une capsule de porcelaine, en l'arrosant de 50 à 60^{cc} d'eau distillée, puis, après avoir recouvert la capsule d'un entonnoir pour éviter les projections et les pertes qui en seraient la conséquence, on décompose le calcaire en ajoutant peu à peu de l'acide chlorhydrique et en agitant jusqu'à cessation d'effervescence. On lave l'entonnoir sur la capsule, et on verse dans cette dernière 20^{cc} d'acide chlorhydrique et 10^{cc} d'acide nitrique.

On chauffe au bain marie, en agitant souvent, pendant cinq heures, mais en évitant la dessiccation. Puis on continue à chauffer au bain marie et enfin au bain d'air, sans dépasser 120°, de manière à obtenir une dessiccation complète. Les terres très calcaires donnent une masse difficile à dessécher. On parvient à abréger l'opération en pulvérisant le contenu de la capsule avec un petit pilon de verre, dès qu'il est devenu assez sec pour ne point former pâte. Cette dessiccation est nécessaire pour ramener la silice à l'état insoluble.

On reprend la matière sèche et refroidie par 20^{cc} d'eau additionnée de son volume d'acide chlorhydrique. On remet la capsule sur le bain marie et l'on agite pour favoriser la dissolution. Après un quart d'heure de digestion, on sort la capsule du bain-marie et l'on y ajoute d'un trait 80^{cc} d'eau distillée froide, en mettant rapidement la masse en suspension.

On sépare sur un filtre plat la partie insoluble formée de silice et de silicates inattaqués. On lave jusqu'à disparition de toute réaction acide dans le liquide de filtration ; on dessèche le filtre à l'étuve ; on en détache la matière, et lorsque le filtre a été incinéré dans un creuset de platine, on la calcine dans le même creuset au rouge vif, pendant 20 minutes. *On pèse.*

Il est bon de conserver ce résidu de l'attaque par les acides pour y doser ultérieurement la potasse, en désagrégeant complétement les silicates par l'acide fluorhydrique ou le fluorure d'ammonium.

Dosage de l'alumine et de l'oxyde de fer. — La liqueur filtrée et les eaux de lavage sont portées à l'ébullition dans un matras. On y ajoute de l'ammoniaque pure (exempte de carbonate) jusqu'à ce que l'odeur ammoniacale devienne bien perceptible, et on fait bouillir quelques instants. L'alumine et le peroxyde de fer se précipitent. On attend qu'ils se soient déposés, et on filtre la liqueur chaude en lavant ensuite très sommairement à l'eau bouillante les précipités gélatineux recueillis. Le lavage complet réclamerait beaucoup de temps ; on abrège l'opération et on obtient une séparation plus complète des petites proportions de chaux et de magnésie que ce précipité alumino-ferrique retient, en vidant avec précaution le contenu du filtre dans une capsule, redissolvant le précipité par une quantité ménagée d'acide chlorhydrique et recommençant la précipitation par l'ammoniaque. Pour sortir le précipité du filtre, on incline l'entonnoir sur la capsule, et avec une pissette à jet fin, garnie d'eau bouillante, on attaque circulairement le précipité jusqu'à ce qu'il glisse presque d'un seul coup dans la capsule. Le même filtre sert ainsi pour la seconde filtration. L'acide chlorhydrique versé dans la capsule est d'abord introduit dans le matras qui a servi à la première précipitation, de manière à dissoudre les traces de précipité qui y sont adhérentes. On porte à l'ébullition la liqueur acide pour dissoudre le précipité, et on ajoute l'ammoniaque en léger excès dans la capsule ; on maintient quelques minutes l'ébullition et on jette sur le filtre, comme la première fois. On lave à fond à la pissette bouillante, en remuant le précipité avec un agitateur et en n'employant que de petites quantités d'eau qu'on laisse chaque fois s'écouler complètement avant d'en remettre à nouveau. Le lavage n'est achevé que lorsque le liquide acidulé par l'acide nitrique ne précipite plus en présence du nitrate d'argent. L'alumine et l'oxyde de fer ainsi isolés sont desséchés dans le filtre, puis calcinés et pesés.

Dosage de la chaux. — La liqueur filtrée et les eaux du lavage précédent renferment la chaux, la magnésie, la potasse et la soude. Pour séparer la chaux, on chauffe la liqueur à l'ébullition et on y ajoute peu à peu de l'acide oxalique pur et en même temps de l'ammoniaque jusqu'à cessation de précipitation. La liqueur doit être toujours nettement ammoniacale. On laisse reposer et on s'assure, en versant quelques gouttes d'oxalate d'ammoniaque, que la précipitation est complète. On porte de nouveau à l'ébullition pendant 1/4 d'heure, on laisse reposer et on filtre chaud pour retenir l'oxalate de calcium sur un filtre plat. On lave à l'eau bouillante jusqu'à ce que le liquide ne donne plus, comme plus haut, la réaction des chlorures en présence du nitrate d'argent et de l'acide nitrique.

L'oxalate de calcium desséché dans le filtre en est détaché. On incinère le filtre à part, et dans le même creuset on calcine l'oxalate au rouge, puis au rouge blanc, à la lampe d'émailleur, si la proportion en est très petite. La chaux caustique est alors pesée après refroidissement complet sous l'exsiccateur.

Mais souvent la proportion de chaux est si abondante que la calcination à l'état de chaux caustique est impraticable. En ce cas, on calcine au rouge. On laisse refroidir, puis on imprègne la masse d'une solution de carbonate d'ammoniaque pur pour ramener la chaux vive formée à l'état de carbonate. On dessèche à l'étuve, et on calcine au dessous du rouge pour peser à l'état de carbonate. En multipliant le poids de carbonate calcique obtenu par 0,56 on aura le poids de la chaux renfermée dans les 20 gr. de terre.

On peut encore, quand le précipité calcique est très abondant, ce qui constitue une gêne pour le dosage, prendre le poids du produit de la calcination de l'oxalate, triturer la masse pour en faire un tout homogène et en prendre un échantillon du poids de 1 gr. Ces opérations doivent être faites très rapidement pour éviter une absorption d'eau avant la pesée de la prise de 1 gr. On dissout cette quantité dans 30ᶜᶜ d'acide chlorhydrique normal exactement titré et avec une liqueur de potasse normale équivalente en présence du methyl-orange comme indicateur, on mesure, après dissolution complète, la quantité d'acide saturée par le mélange de carbonate calcique et de chaux. Chaque centimètre cube d'acide saturé vaut 0,028 de chaux ; il sera donc facile de calculer la quantité de chaux que renferme la prise de 1 gr., et en multipliant le résultat obtenu par le poids du produit de la calcination on obtiendra la proportion de chaux contenue dans les 20 gr. de terre analysés. Ce procédé n'est recommandable que lorsque l'on conduit parallèlement un certain nombre d'analyses de terres très calcaires.

Dans la précipitation de la chaux il est essentiel d'employer de l'acide oxalique ou de l'oxalate d'ammoniaque parfaitement pur. Les produits vendus comme purs renferment souvent des proportions notables de potasse et de chaux. Dans des terres calcaires, les quantités très importantes de ces réactifs qu'il faut consommer pour obtenir la séparation de la chaux entacheraient ainsi d'erreurs la détermination ultérieure de la potasse, but principal de la série des dosages que nous décrivons ici.

Dosage de la magnésie. — La liqueur filtrée et les eaux de lavage de l'opération précédente renferment avec la magnésie, la potasse et la soude, une masse importante de sels ammoniacaux. Il faut se débarrasser de ces derniers. On évapore la liqueur dans une grande capsule de porcelaine en y ajoutant 1cc d'acide sulfurique. Les sels ammoniacaux cristallisent, et pour éviter toute perte on opère à la fin au bain-marie jusqu'à dessiccation de la masse qu'on termine au bain de sable. On détache avec soin de la capsule encore chaude toute la masse qui y est adhérente, et on la transporte sans perte dans une capsule de porcelaine, de 8 à 9 centim. de diamètre, pouvant être chauffée dans un petit bain de sable à une haute température. Les sels ammoniacaux sont chassés peu à peu et il reste dans la capsule un résidu composé de sulfates alcalins et de sulfate de magnésie. Quand les fumées ont disparu, on transvase ce résidu dans une capsule de platine et on achève le départ des sels ammoniacaux en chauffant au rouge sombre, pendant très peu d'instants.

Le contenu de la capsule est traité par l'eau bouillante et, après dissolution, additionné d'un léger excès d'une solution de baryte pure jusqu'à cessation du précipité. On fait bouillir ; la magnésie se précipite avec le sulfate de baryum. On filtre et on lave soigneusement à l'eau bouillante. Dans la liqueur et les eaux de lavage se trouvent dissous la soude et la potasse, en présence d'un excès de baryte. On met cette solution en réserve.

Quant au précipité recueilli sur le filtre, on le fait tomber dans un matras en perçant le filtre et délayant son contenu avec le jet d'une pissette bouillante. On ajoute un peu d'acide chlorhydrique qu'on verse d'abord sur les parois du filtre pour dissoudre la magnésie qui pourrait encore y adhérer. On chauffe à l'ébullition, on filtre après avoir ajouté quelques gouttes d'acide sulfurique pour décomposer une petite proportion de chlorure de baryum résultant de la dissolution d'un peu de carbonate de baryte qui s'est fixé sur le filtre pendant la séparation des alcalis. On lave le filtre à l'eau bouillante. On évapore à 50 ou 60° la liqueur et on y précipite la magnésie en ajoutant successivement d'abord de l'ammoniaque pour neutraliser l'acide chlorhydrique, puis du phosphate d'ammoniaque et de l'ammoniaque pour précipiter la magnésie à l'état de phosphate ammoniaco-magnésien. La liqueur doit être refroidie lorsqu'on ajoute le phosphate d'ammoniaque. Quand le précipité s'est déposé, on essaye si l'addition de 1 ou 2 ^{cc} de la dissolution de phosphate d'ammoniaque précipitent encore. La solution doit être fortement ammoniacale.

Après quelques heures de repos, on recueille sur un filtre plat le phosphate ammoniaco-magnésien. On le lave avec de petites quantités d'ammoniaque diluée avec deux volumes d'eau. On sèche sur une plaque poreuse, puis à l'étuve. On détache le précipité. On incinère le filtre, puis on calcine le précipité dans le creuset de platine chauffé au rouge.

Le poids de pyrophosphate de magnésie obtenu multiplié par 0,362 donnera la proportion de magnésie contenue dans les 20 gr. de terre.

Dosage de la potasse et de la soude. — La liqueur filtrée mise en réserve doit d'abord être dépouillée de l'excès d'hydrate de baryum qu'elle renferme avec les bases alcalines, potasse et soude. On fait passer à cet effet un courant de gaz carbonique dans la liqueur jusqu'au moment où le carbonate de baryum formé se redissout à l'état de bicarbonate, fait dont on est averti par un éclaircissement du liquide. On porte à l'ébullition pour détruire le bicarbonate de baryum. On filtre et on lave à l'eau bouillante le précipité de carbonate de baryum.

La liqueur ne contient plus que les alcalis à l'état de carbonate. On l'évapore dans une capsule de platine, en ajoutant quelques centimètres cubes d'acide chlorhydrique pour transformer les alcalis en chlorures. On dessèche les chlorures au bain de sable et on pèse. Ce poids des chlorures servira, après le dosage de la potasse, à déterminer, par différence, celui de la soude. Il est utile aussi pour le dosage de la potasse en permettant d'employer la quantité de chlorure de platine capable d'assurer la séparation complète de cet alcali à l'état de chloroplatinate de potassium. On emploie le réactif platinique en quantité suffisante pour saturer le poids de sel pesé considéré comme chlorure de sodium. L'équivalent de ce sel étant plus faible que celui du chlorure de potassium, on est assuré ainsi d'avoir un excès de platine. Cette condition est réalisée si l'on fait usage d'une solution de bichlorure de platine renfermant 17 gr. de ce sel dans 100 ^{cc} et si, pour chaque décigramme du poids des chlorures, on emploie pour la précipitation 1 ^{cc} du réactif.

Les chlorures sont dissous dans un petit volume d'eau bouillante dans la capsule même ou dans une capsule de verre mince. On y ajoute la quantité de bichlorure de platine ainsi calculée, et on dessèche presque complètement au bain-marie, en ayant soin de ne chauffer que le fond de la capsule. Une dessiccation trop prononcée peut donner lieu à la formation d'un sous-chlorure de platine insoluble dans l'alcool. On évitera donc une dessiccation complète et on s'arrêtera lorsque la masse sortie du bain-marie aura pris une consistance solide, tout en restant d'un jaune orangé vif, sans parties brunâtres.

Après refroidissement, on traite le produit cristallin par l'alcool à 95° additionné d'un peu d'éther. On agite bien en brisant les cristaux avec un agitatenr, on laisse digérer quelque temps en couvrant la capsule d'un disque de verre.

On décante ensuite la liqueur sur un petit filtre exactement taré dans un tube, après dessiccation à l'étuve, ou dessiccation prolongée sous un exsiccateur, et on couvre l'entonnoir d'un disque de verre. On lave par de petites quantités d'alcool éthéré tant que la liqueur présente une teinte jaune, c'est-à-dire tant qu'il se dissout du chloroplatinate de sodium. On entraîne sur le filtre, en s'aidant d'une pissette garnie d'alcool éthéré à jet très fin, tout le précipité et avec une barbe de plume ou un petit pinceau, on détache de la capsule les parcelles qui présenteraient de l'adhérence.

On sèche à 90-95° c., et l'on pèse dans un tube fermé, après refroidissement, en s'assurant qu'un séjour plus prolongé à l'étuve ne modifie pas le résultat de la pesée.

Le poids de chloroplatinate de potassium multiplié par 0,193 donne celui de la potasse attaquable par les acides qui existe dans les 20 gr. de terre.

Ce même poids de chloroplatinate multiplié par 0,3052 donnera le poids du chlorure de potassium correspondant à la potasse.

En retirant cette dernière quantité du poids des chlorures constaté dans l'analyse, on obtiendra, par différence, la proportion de chlorure de sodium que ces derniers renfermaient. Le poids de ce sel multiplié par 0,53 donnera la proportion correspondante de soude.

Dosage de la potasse à l'état de perchlorate. — Si on néglige le dosage de la soude, on peut doser la potasse à l'état de perchlorate, en procédant de la manière suivante :

On traite les carbonates alcalins par quelques centimètres cubes d'acide nitrique. On évapore à sec. On ajoute 2 à 3 cc d'acide perchlorique après avoir dissous les nitrates dans très peu d'eau bouillante et l'on évapore au bain de sable, chauffé modérément, jusqu'à ce que les fumées denses d'acide perchlorique aient disparu.

Les cristaux de perchlorates sont traités, après refroidissement, par l'alcool à 95°, en prenant soin de broyer avec un agitateur aplati. On laisse digérer quelque temps, puis on décante la liqueur claire sur un petit filtre plat. On renouvelle cinq ou six fois ce même traitement en laissant chaque fois écouler le filtre à fond. Tout le perchlorate de soude est entraîné en solution, celui de potasse reste dans la capsule, hormis les parcelles que le liquide a pu charrier dans le filtre.

On place la capsule sous l'entonnoir et on verse dans ce dernier, avec une pissette et, à quatre ou cinq reprises, de l'eau bouillante qui dissout le perchlorate du filtre et le ramène dans la capsule.

On évapore à sec dans la capsule et on pèse. Le poids de perchlorate multiplié par 0,3393 donnera la proportion de potasse.

Dosage de la potasse attaquable à froid par les acides faibles (Schlœsing)

Schlœsing considère comme plus particulièrement assimilable la fraction de la potasse des terres que les acides faibles peuvent dissoudre à froid. On prend 100 gr. de terre que l'on introduit dans un ballon de 1 litre avec 800 ^{cc} d'eau. On ajoute de l'acide nitrique par petites fractions jusqu'à décomposition du calcaire et, en surplus, 5 ^{cc} du même acide. On laisse digérer pendant 6 heures en agitant tous les quarts d'heure.

On pèse le ballon et, au moyen d'un siphon muni d'un robinet, on décante toute la partie claire du liquide. On pèse de nouveau le ballon. Soit P le premier poids, P' le second, le poids du liquide décanté sera P — P'. Quel est le poids du liquide total? Pour le savoir, on verse sur un filtre le résidu insoluble dans l'acide et, après lavage et dessiccation, on en détermine le poids r. On pèse le ballon vide p. Le poids total de la dissolution sera P — r — p. La fraction de liquide extraite par l'analyse est donc

$$\frac{P - P'}{P - r - p}.$$

On pourra donc calculer la quantité de terre que représente le volume de liqueur utilisé pour l'analyse sans avoir à évaporer de grandes masses de liquides, comme il aurait fallu le faire si on avait pris toute la dissolution et les eaux de lavage.

Dans la liqueur décantée, on verse un peu de chlorure de baryum pour précipiter l'acide sulfurique. On chauffe à 40° dans un ballon et on ajoute du carbonate d'ammoniaque ammoniacal. On précipite ainsi la chaux et la baryte employée en excès à l'état de carbonates, puis l'alumine et le fer, enfin l'acide phosphorique combiné avec ces deux dernières bases.

La magnésie reste en solution. On jette sur un filtre et on lave le résidu. On concentre la liqueur et les eaux de lavage. On détruit l'ammoniaque par l'eau régale, on transvase dans une capsule de porcelaine et on évapore à sec. Il reste dans la capsule un mélange de nitrate de potasse, de soude et de magnésie ainsi qu'un peu de silice.

On sépare la potasse par l'acide perchlorique (v. page 182).

Dosage de la potasse totale

On réduit en poudre impalpable, dans un mortier d'agate, 3 à 4 gr. de terre préalablement calcinée au rouge. Le produit est mélangé dans une capsule de platine de 10 centim. de diamètre environ, avec six fois son poids de fluorhydrate d'ammoniaque pur ne laissant pas de résidu par sublimation sur le platine. On ajoute un peu d'eau pour former une pâte, en agitant avec une spatule de platine. Puis on chauffe, doucement d'abord pour dessécher la masse, plus fort ensuite, tant qu'il se dégage des vapeurs ; on atteint le rouge sombre. Le résidu froid est additionné peu à peu, avec beaucoup de ménagements, d'acide sulfurique concentré. Il se dégage d'abondantes vapeurs ; on chauffe graduellement jusqu'à disparition des fumées acides. On peut aussi employer pour l'attaque l'acide fluorhydrique pur. Il faut alors chauffer doucement et en agitant fréquemment ; on transforme ensuite les fluorures en sulfates par addition d'acide sulfurique en léger excès.

On reprend les sulfates par l'acide chlorhydrique bouillant employé en proportion suffisante pour dissoudre le sulfate de chaux si la terre est calcaire. S'il reste un résidu siliceux on le dessèche, on le calcine et on le pulvérise à nouveau au mortier d'agate. Puis on recommence la même attaque de manière à tout dissoudre. Trois opérations sont quelquefois nécessaires.

La liqueur chlorhydrique est traitée par le chlorure de baryum employé en léger excès. On étend la liqueur pour éviter la précipitation du chlorure de baryum très peu soluble dans les liqueurs acides.

On filtre et on sépare ensuite l'alumine et l'oxyde de fer ainsi que la chaux et l'acide phosphorique en ajoutant du carbonate d'ammoniaque ammoniacal et chauffant à 40-50° c.

Le dosage de la potasse se fait ensuite comme au chapitre précédent, à l'état de perchlorate de potasse (v. page 182).

Les attaques fluorhydriques doivent être faites sous une hotte fermée, à fort tirage, à cause des vapeurs acides abondantes qu'elles dégagent, vapeurs qui attaquent le verre.

Au lieu d'attaquer la terre elle-même on peut, dans le cas d'une analyse complète, attaquer le résidu insoluble de l'attaque par les acides bouillants. On obtient ainsi le dosage de la potasse des silicates insolubles, la potasse attaquable ayant été dosée préalablement. 2 gr. suffisent pour l'opération.

Dosage de l'acide sulfurique

50 gr. de terre desséchée à 100° c. sont traités par un excès d'acide chlorhydrique dilué. On opère dans une capsule de porcelaine couverte par un entonnoir. Le calcaire étant décomposé, on ajoute 20cc d'acide et on chauffe à l'ébullition. On filtre. On lave avec l'eau distillée. Dans la liqueur chaude on précipite par un excès de chlorure de baryum et on laisse reposer complètement.

On décante la liqueur claire sur un filtre Berzelius plat. On y verse le précipité lavé à l'eau bouillante une ou deux fois par décantation. On continue le lavage sur le filtre jusqu'à ce que la liqueur ne précipite plus par l'azotate d'argent.

On sèche le filtre, on détache son contenu pour l'incinérer. On ajoute dans le creuset de platine le sulfate de baryum mis en réserve sur une feuille de papier glacé, noir. On calcine au rouge, et pour détruire un peu de sulfure de baryum qui a pu se former, on humecte le précipité avec deux ou trois gouttes d'acide nitrique et une goutte d'acide sulfurique. On calcine à nouveau.

Le poids de sulfate de baryum constaté multiplié par 0,3433 donnera la quantité d'acide sulfurique existant sous forme de sulfates dans les 50 gr. de terre.

En attaquant par l'acide nitrique au lieu d'acide chlorhydrique on oxyde des produits organiques sulfurés qui existent dans les terres et on obtient ainsi des chiffres plus élevés. Mais l'oxydation n'est point complète par cette méthode, comme l'a montré Berthelot.

Pour doser le soufre total existant dans les terres sous diverses formes, il convient d'employer le procédé de Berthelot et André qui consiste à brûler la terre dans un tube à combustion traversé par un courant d'oxygène en recueillant l'acide sulfurique dans du carbonate de potassium pur.

Dosage du fer

Ou calcine 5 gr. de terre pesée sèche dans une capsule de platine. On délaye la terre avec un peu d'eau dans une capsule de porcelaine que l'on couvre d'un entonnoir, et on ajoute de l'acide chlorhydrique jusqu'à destruction du calcaire. On chauffe ensuite la capsule au bain-marie bouillant en ajoutant 15^{cc} d'acide chlorhydrique, jusqu'à ce que la masse se soit épaissie sans toutefois se dessécher. On reprend par l'eau chaude; on filtre dans un ballon de 150^{cc} environ. On lave complètement; on ajoute au liquide du ballon 10^{cc} d'acide sulfurique pur et un petit fragment de zinc pur distillé. On ferme le ballon avec un bouchon traversé par un tube de verre effilé et on fait bouillir. Le perchlorure de fer est réduit par l'hydrogène. Dès que le zinc est dissous, on ajoute un autre fragment, environ 5 décigr., et on renouvelle cette opération en fermant aussitôt le ballon jusqu'à ce que la liqueur, primitivement colorée en jaune, soit tout à fait incolore, indice de la réduction. On attend que le dernier fragment de zinc, ajouté lorsque la liqueur est déjà décolorée, soit tout à fait dissous.

On verse rapidement la solution ferreuse dans un grand verre de 1 litre renfermant 1/4 de litre d'eau distillée bouillie. On rince le ballon avec la même eau, de façon à faire un volume total d'environ 500^{cc}, et aussitôt on titre le protoxyde de fer en versant une dissolution de permanganate de potasse contenue dans une burette graduée. On lit le volume de liqueur dès que le liquide se teinte en rose pâle et que cette teinte persiste, malgré agitation, durant quelques instants.

La solution de permanganate contient par litre 10 gr. de ce sel, on la titre elle-même avant l'analyse en dissolvant à l'ébullition, dans un ballon muni d'un tube effilé, 1 décigr. de fil de fer décapé au papier de verre, dans 10^{cc} d'acide sulfurique et 80^{cc} d'eau. On opère le titrage dans le même volume d'eau que pour l'essai de la terre. Sachant le nombre de centimètres cubes de permanganate qui correspondent à 0,1 de fer métallique, il sera facile, par une règle de proportion, de calculer à combien de fer correspond la consommation de cette même liqueur pour la terre analysée.

On calcule le résultat en sesquioxyde de fer. 1 de fer = 1,4285 Fe^2O^3.

Dosage du manganèse (méthode de Leclerc)

On calcine au rouge sombre 20 gr. de terre pour détruire les matières organiques. On introduit la terre dans un ballon avec un peu d'eau pour la délayer et on ajoute de l'acide chlorhydrique jusqu'à saturation du calcaire. On ajoute en plus 10^{cc} du même acide. On chauffe à l'ébullition pendant 1/2 heure en agitant. On filtre, on lave et on évapore le liquide à sec dans une capsule de porcelaine. On ajoute 20^{cc} d'acide azotique de densité 1,20 et 10^{cc} d'eau ; on fait bouillir en agitant constamment pendant quelques minutes, puis on projette en deux ou trois fois 10 gr. de bioxyde de plomb pur (oxyde puce) en arrêtant l'ébullition au moment même où le produit vient d'être versé dans la liqueur.

Le manganèse se transforme en un composé oxygéné offrant une coloration rose intense. On transvase immédiatement le liquide dans une éprouvette jaugée de 100^{cc}, on y joint les eaux de lavage de la capsule de façon à compléter le volume de 100^{cc}, et on agite de haut en bas avec une baguette de verre à bout largement aplati pour rendre la liqueur homogène.

On laisse déposer quelques minutes. La liqueur s'éclaircit rapidement à la partie supérieure ; on en soutire 50^{cc} avec une pipette et on verse le liquide coloré dans un verre à titrage. On titre immédiatement avec une solution réductrice de nitrate de protoxyde de mercure contenue dans une burette graduée. On lit le volume consommé pour rendre la liqueur incolore.

La liqueur de mercure est préparée avec 5 gr. par litre de nitrate mercureux cristallisé et quelques gouttes d'acide nitrique. On la filtre, puis on la titre de la manière suivante :

On pèse 0 gr. 159 de bioxyde de manganèse pur et sec, préparé par précipitation, et l'on dissout dans 5^{cc} d'acide chlorhydrique. Lorsque la dissolution est achevée, on évapore à sec, au bain-marie, et l'on ajoute 1^{cc} d'acide sulfurique. On chauffe au bain de sable jusqu'à apparition des fumées blanches d'acide sulfurique. On redissout dans l'eau de manière à faire un volume de 100^{cc}, chaque centimètre cube de cette dissolution correspond à 1 milligr. de manganèse.

Dans une capsule de porcelaine, on traite 5^{cc} (= 0,005 Mn) de cette dissolution d'une manière identique à ce qui a été dit plus haut : on y ajoute 20^{cc} d'acide nitrique, 10^{cc} d'eau, on fait bouillir et on projette 10 gr. d'oxyde puce de plomb. On sort aussitôt la capsule du feu, on verse le contenu dans une éprouvette de 100^{cc} et on complète le volume avec les eaux de lavage. On rend la liqueur homogène et l'on prend pour le titrage 50^{cc} de la partie clarifiée.

Cet essai donne le nombre de centimètres cubes de la liqueur de mercure qui équivalent à 2,5 milligrammes de manganèse.

Il est utile de vérifier par un essai à blanc si le bioxyde de plomb employé ne renferme pas des traces de manganèse. On corrigerait le résultat en proportion de la teneur constatée.

Dosage du chlore

Pour une terre ordinaire, où le chlore n'existe qu'en très faible proportion, on prendra 200 gr. de l'échantillon. S'il s'agit d'une terre de salant, 20 à 50 gr. suffisent.

On lessive la terre avec de l'eau distillée bouillante, de manière à en extraire la partie soluble. On filtre. On lave, et on évapore à sec la solution dans une capsule de platine. On chauffe au dessous du rouge pour charbonner les matières organiques. On reprend par l'eau distillée chaude, on filtre s'il est nécessaire et, dans la liqueur réduite au volume de 50 ^{cc} environ, on titre le chlore par la méthode de Mohr qui consiste dans l'emploi du chromate neutre de potasse comme indicateur et d'une solution titrée de nitrate d'argent.

On ajoute au liquide une goutte d'une solution saturée de chromate neutre de potasse. Puis on verse une solution décime d'argent à l'aide d'une burette graduée en dixièmes de centimètre cube. Le chromate d'argent rouge prend naissance au contact de la liqueur d'argent, mais il est détruit en agitant la liqueur tant que cette dernière renferme encore du chlore à l'état de chlorure non combiné à l'argent. L'apparition d'une teinte rosée persistante indique le terme de la réaction. La liqueur d'argent et le liquide de l'analyse doivent être neutres. (V. N. Préparation de la solution d'argent.)

1 ^{cc} de liqueur d'argent vaut 0,003537 de chlore.

—   —   —   — 0,005837 de chlorure de sodium.

Dosage isolé de la chaux

Le dosage de la chaux attaquable par les acides bouillants a été indiqué dans la méthode générale. Si on veut doser la chaux seule, on pourra abréger l'opération en procédant de la manière suivante :

Suivant que la terre est très calcaire ou peu calcaire, on en prendra 1 gr., 5 gr., et jusqu'à 10 ou 20 gr. L'intensité de l'effervescence en présence des acides guide sur ce point l'opérateur.

On attaque la terre, délayée dans l'eau, par l'acide nitrique jusqu'à décomposition du calcaire. On ajoute un excès de ce corps. On filtre et on lave. Dans la liqueur chaude, on ajoute peu à peu de l'ammoniaque jusqu'à réaction alcaline. Puis on redissout par un léger excès d'acide acétique l'oxyde de fer et l'alumine qui se sont précipités. La liqueur reste louche, quoique nettement acide, par suite de la présence d'un peu de phosphate de fer et d'alumine. On filtre, on lave le filtre, et dans la liqueur on ajoute une solution chaude d'oxalate d'ammoniaque en léger excès. On laisse reposer quelques heures et on s'assure que l'oxalate d'ammoniaque, ajouté en petite proportion, ne trouble plus la liqueur.

On décante sur un filtre Berzelius le précipité d'oxalate de chaux ; on le lave à l'eau bouillante à fond, on le sèche et on le calcine, comme il a été dit plus haut (page 179).

Dosage de l'acide carbonique en volume
(méthode Schlœsing)

Dans un petit ballon tubulé, d'environ 250 à 300^{cc}, on introduit 0 gr. 5 à 5 gr. de terre et même 10 gr., si la terre est très peu calcaire. Le col du ballon est relevé à 45° environ et il communique, par un tube de 40^{cc} de longueur, au tube d'aspiration d'une trompe à mercure. Un manchon de Liebig entoure le tube au sortir du ballon et permet de le refroidir par un courant d'eau fraîche.

Sur la tubulure, on dispose un bouchon de caoutchouc portant un tube de petit callibre qui plonge au fond du ballon et au dessus duquel est disposé un entonnoir relié par un caoutchouc. Sur ce caoutchouc on place une pince à vis permettant de fermer hermétiquement.

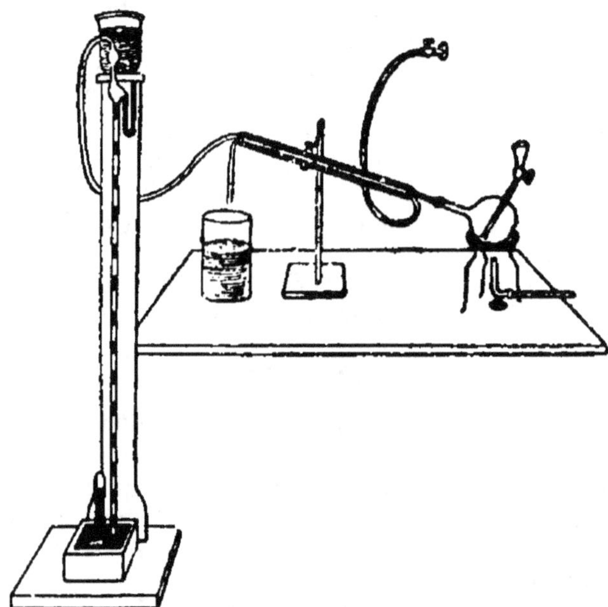

On actionne la trompe, et à la faveur du vide produit, on introduit, en desserrant la pince, environ 50^{cc} d'eau, en ayant soin de laisser le tube et le fond de l'entonnoir garnis d'eau. On chauffe à l'ébullition et la vapeur chasse l'air du ballon, la trompe a bientôt fait le vide dans les tubulures. Quant à la vapeur d'eau, elle se condense dans le tube et revient au ballon grâce à l'inclinaison donnée au col. Lorsqu'on perçoit, au bruit sec de la chute du mercure dans la trompe, que le vide est complet, on place sur la cuve à mercure, au dessus du tube de la trompe, une cloche graduée pleine de mercure.

On introduit alors de l'acide chlorhydrique étendu dans l'entonnoir, et avec ménagement, on le laisse passer peu à peu dans le ballon, en desserrant la pince. On a soin de la serrer avant que l'entonnoir se soit vidé pour ne laisser rentrer aucune bulle d'air. On continue de chauffer, et en peu d'instants l'acide carbonique se trouve entraîné dans la cloche et le vide se fait à nouveau.

On lit le volume du gaz en affleurant le niveau du mercure à la manière habituelle, sur la cuve à mercure, pour égaliser les pressions. On ramène par le calcul le volume du gaz à 0° C et 760^{mm}. Le poids de 1^{cc} d'acide carbonique étant égal à 0,0019774, il suffira de multiplier le volume observé par ce coefficient pour obtenir le poids d'acide carbonique contenu dans le poids de terre pris pour l'analyse ; en multipliant ce poids par le facteur 2,273 on aura la proportion du carbonate de chaux.

Dosage de l'acide carbonique en volume par le calcimètre

Le dosage approximatif de l'acide carbonique peut être obtenu rapidement avec l'appareil de Scheibler (calcimètre) ou tout autre analogue.

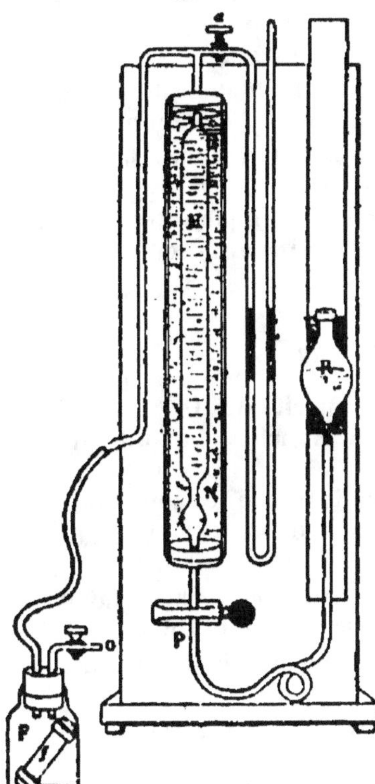

M. Bernard a construit un appareil très portatif dont les indications suffisent dans la généralité des cas.

M. Gastine se sert d'un appareil qui est une modification de celui de Scheibler et qui permet de doser l'acide carbonique avec une approximation de 0,5 %. L'appareil se compose d'un tube mesureur M, de 100^{cc} divisé en 1/2 ^{cc} plongé dans un manchon de verre plein d'eau N. Le tout est fixé verticalement sur une planchette fixée elle-même sur un pied.

A la base du mesureur un tube de caoutchouc est fixé qui se trouve relié à un récipient R mobile à frottement doux le long d'une règle de bois r. Un ressort permet de laisser le récipient à la hauteur que l'on veut le long de la règle. Une pince P presse le caoutchouc pour fermer et ouvrir la communication.

A la partie supérieure le mesureur est en relation, d'une part avec le flacon à réaction F, de l'autre, avec un manomètre à air libre à moitié rempli d'eau colorée par la fluorescéine.

On pèse de 0,5 à 5 gr. de terre, suivant sa richesse en calcaire, et on l'introduit dans le flacon à réaction F. On mesure 5^{cc} d'acide chlorhydrique, de densité 1,125 (16° Baumé) et l'on introduit cette quantité dans un petit tube *f*, fermé d'un bout, que l'on place dans le flacon à réaction. Ce tube est garni en haut et en bas d'anneaux en caoutchouc afin de permettre de secouer le flacon sans entraîner de rupture.

Le flacon à réaction est pourvu en outre d'une tubulure O fermée par une pince à vis.

On hausse en haut de la règle le récipient R. On ouvre la pince O. Dans ces conditions, le mesureur se remplit d'eau jusqu'au 0 de sa graduation. On garnit le flacon de terre et d'acide. On ferme la pince *a* qui interrompt la communication entre le manomètre et le tube mesureur. On ferme également la pince O du flacon à réaction lorsque la température est en équilibre avec le milieu ambiant. Puis on renverse le tube intérieur du flacon à réaction, de manière à mettre l'acide en contact avec la terre ; l'acide carbonique se dégage et refoule l'eau dans le récipient R. On descend le récipient à la main, de façon à équilibrer à peu près le niveau du liquide dans le tube mesureur et le flacon R. Il serait difficile de régler exactement cette égalité des niveaux. On ouvre alors la pince *a* du manomètre et ce dernier accuse tout de suite la différence de pression qui peut exister. On ferme la pince P et, suivant que la pression est plus forte dans le tube ou plus faible, on baisse ou l'on hausse le récipient R. La communication étant interrompue, ce mouvement n'a aucune influence sur le liquide. C'est en desserrant doucement la pince P qu'on amène exactement à l'égalité les deux colonnes d'eau du manomètre qui se touchent presque et qui, par suite, sont faciles à comparer.

On n'a plus qu'à lire le volume du gaz et à noter sa température.

On ajoute la correction calculée par Dietrich (v. page 192), et à l'aide des tables on ramène le gaz à oC et à 760.

Calcimètre de M. A. Bernard.

Il se compose d'un tube mesureur M, d'une capacité de 100^{cc}, divisé en demi-centimètres cubes, fixé le long d'une planchette maintenue verticalement sur un support.

A sa partie inférieure, le mesureur est relié par un tube de caoutchouc à un ballon B terminé par un ajustage inférieur. Ce ballon est suspendu au support *c*.

A sa partie supérieure, le mesureur est relié par un tube de caoutchouc à une fiole à réaction R, à l'intérieur de laquelle se trouve un tube T.

La fiole à réaction R porte en outre dans son bouchon de caoutchouc un thermomètre *t*.

L'appareil tout entier tient dans une boîte légère ainsi que tous les accessoires nécessaires pour son emploi.

Le fonctionnement est le même que celui de l'appareil précédemment décrit.

On pèse 1 gr. de terre fine séparée sur le tamis de 10 fils au centimètre. On les introduit dans la fiole à réaction R. Dans le tube T, on mesure 5^{cc} d'acide chlorhydrique à 16° Beaumé, et l'on dépose ce tube, à l'aide d'une pince, avec précaution dans la fiole R, de manière que son contenu ne se déverse pas sur la terre. On accroche la fiole B au support, on verse de l'eau dans cette fiole jusqu'à ce que le niveau affleure dans le tube mesureur au 0 de la graduation. On fixe ensuite le bouchon de la fiole R. Puis, sans échauffer cette fiole, on l'incline rapidement pour verser l'acide sur la terre. En même temps, on décroche la fiole B et on l'abaisse graduellement pour que le niveau du liquide qu'elle renferme soit à la même hauteur que celui du tube mesureur refoulé par le dégagement d'acide carbonique. Haussant ou baissant légèrement la fiole B, on égalise bien exactement le niveau de l'eau dans le tube et dans la

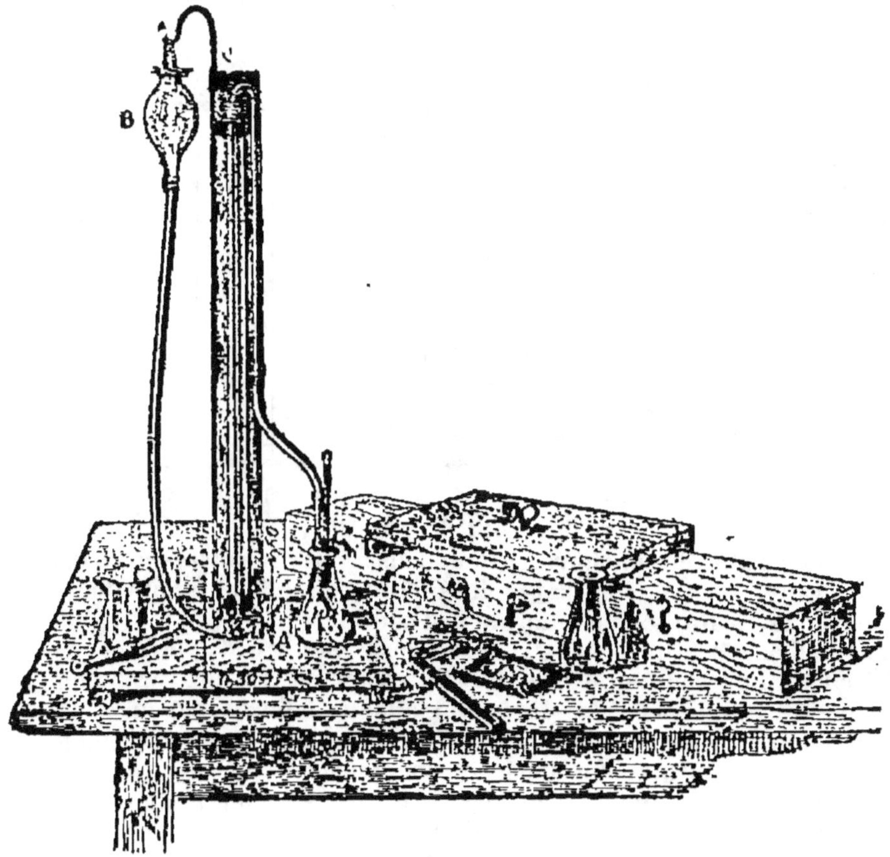

fiole en rapprochant la fiole du tube pour mieux comparer. On agite la fiole à réaction à deux ou trois reprises pour terminer la réaction et quand le niveau ne varie plus, on l'égalise à nouveau et on fait la lecture du volume gazeux.

On multiplie ce volume par 4 et on sépare par une virgule un chiffre à la droite du produit. Le nombre absolu représente approximativement le pourcentage en carbonate de chaux.

Si la terre est trop calcaire, on en prend une moins grande quantité, 0 gr. 400 au lieu de 1 gr. Dans ce cas, le volume de gaz représente directement le pour cent de calcaire.

Ces coefficients ne donnent pas une exactitude rigoureuse que ne comporte pas d'ailleurs la construction très simple de l'appareil, seulement fait pour donner des indications pratiques et rapides.

M. Bernard a calculé une table indiquant pour les différentes températures et pressions le poids de 1^{cc} de gaz carbonique. Il faudrait en outre corriger le volume gazeux obtenu de la quantité de ce gaz dissoute par l'acide chlorhydrique.

Table de E. Dietrich, *indiquant la quantité d'acide carbonique absorbée par 5^{cc} d'acide chlorhydrique de densité 1,125*

Les chiffres de la seconde ligne doivent être additionnés avec ceux de la première, avant de réduire le volume gazeux à 0° et 760 mm.

	c c	c c	c c	c c	c c	c c	c c	c c	c c	c c
Dégagés.	1 »	2 »	4 »	6 »	8 »	10 »	12 »	14 »	16 »	18 »
Absorbés	1.85	2 »	2.31	2.62	2.93	3.24	3.55	3.86	4.17	4.48
Dégagés.	20 »	22 »	24 »	26 »	28 »	30 »	32 »	34 »	36 »	38 »
Absorbés	4.79	4.96	4.98	5.03	5.06	5.09	5.11	5.14	5.17	5.20
Dégagés.	40 »	42 »	44 »	46 »	48 »	50 »	55 »	60 »	65 »	70 »
Absorbés	5.23	5.25	5.27	5.30	5.32	5.35	5.41	5.48	5.55	5.62
Dégagés.	75 »	80 »	85 »	90 »	95 »	100 »				
Absorbés	5.69	5.76	5.83	5.90	5.97	6.04				

Dosage du calcaire actif dans les terres
(*d'après M. de Montdésir*)

Il peut être utile de connaître, surtout dans les terres pauvres en chaux, si le calcaire existe à l'état de grande division ou à l'état fragmentaire, sableux, c'est-à-dire sous une forme peu active.

La méthode décrite par M. de Montdésir permet d'apprécier ces différences. Elle consiste à mesurer la tension de l'acide carbonique qui se dégage en vase clos lorsqu'on attaque la terre par un acide faible, tel que l'acide tartrique, dont le sel de chaux est peu soluble. L'attaque ne porte que sur la partie superficielle des grains calcaires, tandis qu'elle est complète pour le calcaire divisé. On a proposé dans le même but l'emploi de l'acide oxalique.

Nous ne décrirons pas ici l'appareil original de M. de Montdésir, mais une de ses modifications qui permet d'éviter une cause grave d'erreur, l'échauffement du flacon à réaction, difficile à éviter dans l'instrument que cet auteur a proposé.

Appareil de M. de Montdésir modifié

L'instrument est représenté dans la figure ci-contre.

Sur un bloc épais de bois B se trouve creusée une cavité peu profonde pour recevoir un flacon F (Poudrier) de 600^{cc} environ de capacité.

Une pièce de bois PP est fixée à demeure sur ce bloc. Elle épouse la forme du flacon. Une autre pièce de bois L, de forme symétrique, est au contraire mobile sur le bloc, autour d'une charnière C. Un lien de caoutchouc constitué par un anneau relie entre elles ces deux pièces, de telle manière que le flacon à réaction est solidement maintenu entre elles. On place un lien semblable de chaque côté en accrochant les anneaux sur des vis à demi enfoncées dans le bois.

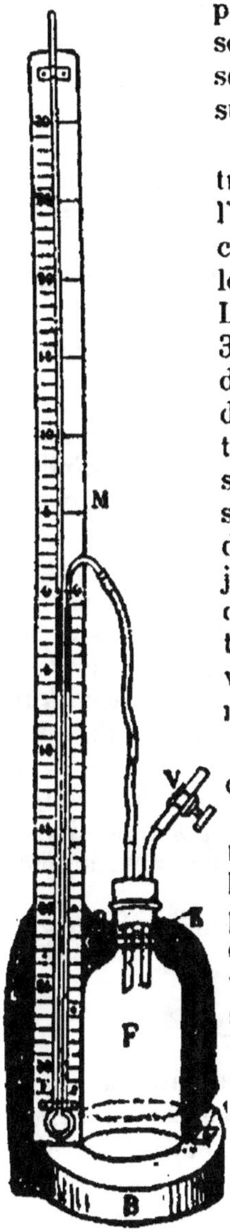

Le flacon porte un bouchon de caoutchouc à deux trous traversé par des tubes qui descendent un peu à l'intérieur. L'un d'eux communique par un tube de caoutchouc avec un manomètre à eau fixé verticalement le long d'une règle, vissée elle-même sur la pièce P. P. Le manomètre M est constitué par un tube de verre de 3^{mm} environ de diamètre intérieur, replié sur lui-même de manière que les deux branches soient à peu de distance l'une de l'autre. La branche longue occupe toute la hauteur de la règle, la courte une moitié seulement et cette dernière est repliée vers le bas à sa partie supérieure pour pouvoir s'ajuster sur le tube de caoutchouc du flacon. On remplit le manomètre jusqu'au milieu avec un liquide coloré (solution aqueuse de fluorescéïne, par exemple). Le long de la règle, on trace une échelle en centimètres dont le zéro est placé vers le milieu, au niveau même du liquide manométrique.

L'autre tube du flacon porte une pince V serrant un caoutchouc.

Avant toute expérience on doit tarer l'appareil : On met dans le flacon 125^{cc} d'eau distillée et 200 milligr. de carbonate de chaux précipité, chimiquement pur et sec. On agite. Puis on enveloppe dans un pli de papier à filtrer 600 milligr. d'acide tartrique pulvérisé. On fixe ce pli entre les deux tubes de verre, sous le bouchon, de manière qu'une secousse imprimée à l'appareil puisse le détacher au moment voulu. On relie la tubulure du flacon au manomètre. On place le bouchon, et pendant 1/4 d'heure, on laisse la pince de l'autre tubulure librement ouverte. Dans ce laps de temps, le flacon et son contenu se sont mis en équilibre de température avec l'air ambiant.

Fig. 131.

On ferme la pince et, sans toucher au flacon, mais en prenant d'une main le bloc de bois par dessous, de l'autre la règle, on imprime une forte secousse pour faire tomber l'acide tartrique dans le liquide. On agite pendant quelques secondes pour le répartir et le dissoudre. En même temps on surveille l'ascension du liquide dans le manomètre. On renouvelle 3 ou 4 fois l'agitation tant que la colonne monte, mais en ayant soin d'opérer toujours très rapidement.

On note la dénivellation maximum obtenue qui finit par rester constante; elle mesure la tension de l'acide carbonique provenant de 0 gr. 200 de calcaire dans les conditions de température de l'expérience.

On opère de même sur un certain poids de terre, d'autant plus fort que la terre est moins calcaire en faisant le possible pour obtenir une dénivellation à peu près de même grandeur que celle qui a servi dans le tarage de l'instrument.

La pression manométrique étant proportionnelle à la quantité d'acide carbonique, il sera facile de déduire de cet essai le taux de calcaire actif qui existe dans l'échantillon.

Supposons que les 200 milligr. de carbonate de chaux aient donné une dénivellation de 56 centim. 1/2.

Chaque centimètre de chaux vaut $\dfrac{0.200}{56.5} = 0.00354$ de carbonate de chaux.

Si 10 gr. de terre essayés dans les mêmes conditions de température ont accusé une dénivellation de 38^{cc}, par exemple, il suffira de multiplier le coefficient 0,00354 par 38 pour obtenir le taux de calcaire actif existant dans la prise d'essai.

Les indications de cet appareil ne sont exactes et concordantes que si la température reste invariable durant le cours des deux expériences. Il faut éviter la chaleur que pourrait provoquer le contact prolongé de la main, même sur le bloc support, n'agiter que durant quelques secondes, et très fortement, puis abandonner l'instrument à la même place où il a été précédemment taré. A fortiori ne doit-on pas toucher le flacon à réaction.

Par sa construction, cet appareil constitue un thermomètre à gaz très sensible. Si on ne tenait pas compte de cette particularité ses indications, quant à la tension de l'acide carbonique, se trouveraient absolument erronées.

Après chaque expérience il faut chasser l'acide carbonique du flacon en le remplissant entièrement d'eau.

Dosage des matières organiques

Le seul procédé rigoureux pour apprécier le taux des matières organiques contenues dans les terres consiste à doser le carbone qu'elles renferment. On brûle la terre, mélangée d'oxyde de cuivre, dans un tube à combustion à analyse organique, dans lequel on fait passer un courant d'air ou d'oxygène secs, dépouillés d'acide carbonique. On dessèche le gaz à la sortie et on absorbe l'acide carbonique dans un tube à boule de Liebig ou de Maquenne, préalablement taré. Si la terre est calcaire, il faut, au préalable, doser l'acide carbonique des carbonates pour le défalquer de la quantité trouvée.

La matière organique des sels, l'humus, renferme de 45 à 50 % de carbone. Il suffira donc de doubler le poids de carbone trouvé pour connaître le taux approximatif des matières organiques.

On peut opérer par voie humide en oxydant les matières organiques par l'acide chromique, en présence de l'acide sulfurique. On recueille comme ci-dessus l'acide carbonique dans un tube à potasse taré. On détermine à part l'acide carbonique des carbonates.

L'appareil se compose d'un ballon relié par des tubulures : d'un côté, aux flacons destinés à purifier l'air de toute trace d'acide carbonique, de l'autre aux tubes desséchants et absorbeurs d'acide carbonique. Un aspirateur termine l'appareil et permet d'y déterminer un courant de gaz.

Le ballon, d'une capacité de 400 cc environ, porte un bouchon de caoutchouc à 3 trous. L'un des trous reçoit un tube à robinet terminé en haut par un entonnoir ; ce tube plonge par son extrémité vers le fond du ballon. Un des trous reçoit un tube à gaz coudé pour l'arrivée de l'air, tube qui peut être fermé par une pince de Mohr disposée sur un tube de caoutchouc. Le dernier trou, ménagé pour la sortie du gaz, reçoit un tube de verre un peu plus large, terminé à sa base en bec de flûte et coudé obliquement au dessus du bouchon. Autour de ce tube on dispose un manchon en verre, de 20 à 25 centim. de long, pouvant être alimenté d'eau froide, comme un réfrigérant de Liebig, de manière que la vapeur d'eau issue du ballon soit condensée et ramenée dans ledit ballon.

L'air qui arrive dans le ballon est dépouillé d'acide carbonique par son passage : 1° dans un flacon laveur garni d'une solution de potasse caustique, de densité 1,20 ; 2° dans une éprouvette à gaz remplie de potasse en fragments ou de chaux sodée.

L'acide carbonique et l'air issus du ballon sont desséchés : 1° dans un tube à ponce sulfurique relié au tube du réfrigérant ; 2° dans un tube en U assez grand, rempli de sulfate de cuivre desséché. Ce dernier tube a aussi pour but de retenir les vapeurs d'acide chlorhydrique.

Ensuite vient le tube à boules de *Liebig* garni d'une solution de potasse caustique, puis un tube en U léger, garni de potasse en fragments. Le tube de Liebig peut être avantageusement remplacé par un tube de *Maquenne*.

L'aspirateur termine l'appareil. Il peut être formé d'un simple flacon à écoulement ou d'une trompe à eau. Il est bon de pouvoir régler la pression d'aspiration en munissant le flacon d'un tube plongeant laissant rentrer de l'air (tube de Mariotte). Si on emploie la trompe, on place un flacon permettant de réaliser cette même disposition. On doit régler le tube pour que la dépression soit juste suffisante pour le passage de l'air dans l'appareil.

1° Dosage de l'acide carbonique.

On introduit dans le ballon de 2 à 5 gr. de terre, suivant sa teneur en calcaire, et un peu d'eau pour la délayer. On monte l'appareil pour régler l'aspiration, on ferme le tube adducteur avec la pince de Mohr, on pèse les tubes absorbeurs à potasse sur la balance de précision, on les replace ; on fait alors couler par l'entonnoir à robinet de petites proportions d'acide chlorhydrique, de manière à provoquer un courant lent de gaz carbonique. Quand toute effervescence a cessé en présence d'un excès d'acide, on fait fonctionner l'aspirateur, on détache la pince de Mohr, et on chauffe le ballon pour terminer la décomposition et entraîner tout l'acide carbonique. On arrête le feu quand le liquide bout et on laisse refroidir sans interrompre le courant d'air.

On détache les tubes et on les pèse. L'augmentation du poids représente l'acide carbonique des carbonates.

On replace des tubes à potasse fraîche tarés et on procède absolument comme ci-dessus, en introduisant dans le ballon 20^{cc} d'une solution d'acide chromique à 25 % et 60^{cc} d'acide sulfurique. Quand l'effervescence est calmée, on fait passer l'air et on chauffe pour terminer l'oxydation et entraîner l'acide carbonique. On arrête le feu quand le liquide bout et on laisse refroidir en laissant toujours passer l'air.

On pèse les tubes à potasse. L'augmentation de poids représente l'acide carbonique correspondant au carbone des matières organiques. Ce poids multiplié par 0,27273 donnera le poids du carbone. En doublant on aura le taux des matières organiques.

Remarques de MM. Risler et Colomb-Pradel sur les procédés les plus convenables pour l'analyse chimique des terres.

Dans un important travail, MM. Risler et Colomb Pradel ont comparé plusieurs des procédés décrits pour l'analyse des terres en faisant varier, pour les mêmes échantillons, le mode de préparation de la terre soumise à l'analyse et le mode d'attaque. Nous rendons compte sommairement des faits principaux qui sont consignés dans leur mémoire :

I — *Influence du tamisage.*

Pour se rendre compte de l'influence du tamisage, on a employé pour deux terres plusieurs tamis à mailles de dimensions différentes.

	TERRE I		
	Tamis de 1/4^{mm}	Tamis de 1 mill.	Tamis de 2 mill.
Acide phosphorique...........	0.612	0.590	0.576
Potasse (attaque nitrique).......	2.210	1.632	1.536
Carbonate de chaux...........	4.420	5.000	5.210
Azote total	1.510	1.104	0.876
	TERRE II		
Acide phosphorique...........	0.520	0.460	0.410
Potasse (attaque nitrique).......	1.840	1.428	1.418
Carbonate de chaux...........	6.880	7.250	7.550
Azote total	1.431	0.971	0.708

On remarque combien les écarts sont grands si l'on compare les résultats obtenus avec la terre tamisée à 1/4 de millimètre et ceux de la terre passée au tamis de 2ᵐ·ᵐ. De plus le tamisage grossier a laissé passer des grains de calcaire, sans doute marneux, qui ont donné pour le calcaire des différences en plus venant augmenter encore pour ce dernier lot l'écart résultant de l'attaque moins complète de l'acide phosphorique et surtout de l'azote.

II — *Influence de la porphyrisation. — Différence des attaques par l'eau régale et l'acide nitrique.*

M. P. de Gasparin procède à l'analyse du lot de terre fine séparée par le tamis de 10 fils au centimètre en porphyrisant préalablement cette terre au mortier d'agate. MM. Risler et Pradel estiment que cette pulvérisation, loin d'être utile, exagère les surfaces offertes aux dissolvants et, par conséquent, les chiffres que donnera l'analyse.

Deux terres ont été traitées successivement d'après la méthode de Gasparin, c'est-à-dire pulvérisées au mortier d'agate et attaquées par l'eau régale. Les mêmes échantillons ont été traités par l'acide nitrique et par l'eau régale, mais sans procéder à la porphyrisation.

Résultats obtenus, dosage de la potasse :

	I	II	III
	Porphyrisation et attaque régale	Attaque régale sans porphyrisation	Attaque nitrique sans porphyrisation
Argile glaciaire...	1.377	0.986	0 833
Limon de plateau.	2.210	2.040	1.581

En suivant le procédé de Schlœsing pour le dosage de la potasse assimilable (v. p. 183) et en employant concurremment l'attaque par l'acide nitrique fort à 120°, pendant 5 heures, les auteurs ont établi pour un grand nombre d'échantillons de terres la comparaison suivante entre les résultats obtenus. (Voir tableau page 198.)

On voit, par ce tableau, que, dans beaucoup de cas, le dosage de la potasse dite assimilable atteint seulement le tiers de celui de la potasse attaquable par l'acide nitrique, mais qu'il n'existe pas, cependant, de relation entre ces deux dosages.

PROVENANCE DES ÉCHANTILLONS	POTASSE PAR KIL.	
	Attaquable par l'acide nitrique	Assimilable procédé Schlœsing
Terre de la Brie après défrichement de luzerne. Sol.........................	1.077	0.364
Terre de la Brie après défrichement de luzerne. Sous-sol	1.327	0.465
Terre de Brie semée de luzerne. Sol.......	1.120	0.375
— — — — Sous-sol .	1.031	0.479
Limon des plateaux de la Beauce, luzerne défrichée. Sol de 0 à 20	1.587	1.360
Limon des plateaux de la Beauce, luzerne défrichée. Sous-sol de 0^m40 à 0^m60	2.273	1.121
Limon des plateaux de la Beauce, luzerne défrichée. Sous-sol de 0^m60 à 1^m........	1.650	0.977
Limon de plateau de Beauce, semé de de luzerne. Sol de 0 à 20.................	1.324	0.850
Limon de plateau de Beauce, semé de luzerne, Sous-sol de 0^m40 à 0^m80........	2.078	0.986
Limon de plateau de Beauce, semé de luzerne. Sous-sol de 0^m80 à 1^m..........	2.181	1.380
Argile glaciaire de Calèves (Suisse), bois de chêne...........................	0.600	0.457
Argile. Champ non amélioré...............	0.870	0.469
— Champ amélioré, couche supérieure	1.354	0.510
— Champ amélioré. Sous-sol 0^m80....	1.703	1.194
— Jardin.................	1.553	0.980
— Pré....................	1.380	1.061
Terre crayeuse d'une sapinière (marne)....	0.326	0.309
— — ferme d'Alger (id.)....	0.675	0.604
— même provenance	0.548	0.475
Grève crayeuse, sous-sol de précédent.....	0.290	0.300
Terre crayeuse amélioré, luzerne de 3 ans. à Fresne (Marne)	1.115	1.034

III — *Correction à faire subir aux résultats obtenus par l'analyse chimique de la terre fine pour fixer la richesse réelle de la couche arable.*

L'analyse chimique porte généralement sur le lot de terre fine obtenu par le tamisage au crible de 10 fils par centimètre. C'est la convention adoptée par M. P. de Gasparin et généralement admise depuis lors. Il en résulte que les résultats obtenus sur deux terres de richesse à peu près égale en éléments fertilisants ne sont comparables qu'autant qu'on aura tenu compte du lit caillouteux qui les accompagnait dans l'échantillon naturel. M. de Gasparin a montré, en effet, que la surface des pierres et des graviers restés sur le tamis ne représentait, même s'il y a dans l'échantillon 50 % de pierre, qu'une valeur insignifiante comparée à celle du lot de terre fine. On doit donc considérer les pierres comme un simple remplissage inerte qui diminue d'autant la richesse du terrain fixée par l'analyse de la terre fine.

MM. Risler et Pradel ont attiré l'attention sur ce point en proposant de réduire tous les chiffres de l'analyse chimique, suivant l'importance du lit caillouteux. Ils ont montré que du fait seul de cette correction, les résultats obtenus par divers chimistes qui se servent même de tamis différents devenaient plus comparables. La richesse de la terre fine en éléments fertilisants paraît croître, en effet, suivant la finesse du tamisage, mais en même temps croît le lit caillouteux inerte qui réduit les chiffres rapportés au sol naturel. La correction établit donc une sorte de compensation.

Voici un exemple cité par les auteurs au sujet des terres de Champagne. La craie est fendillée jusqu'à de grandes profondeurs; plus on s'approche de la surface, plus les fentes sont voisines et s'entrecroisent, en sorte qu'elles divisent la roche en cubes irréguliers qui deviennent de plus en plus petits, mais qui sont souvent assez gros dans la couche arable pour que la moitié de la masse reste sur le tamis de 10 fils par centimètre.

L'échantillon A n'a fourni que 55,05 % de terre fine.
    —   B   —   27,94 %   —

L'analyse chimique de ces deux lots a donné pour 100 :

	A	B
Acide phosphorique	1.678	1.436
Potasse	2.516	2.244
Azote total	1.780	1.120

Ces deux terres semblent bien pourvues, et cependant la première ne donne de bonnes récoltes qu'à la condition d'y employer des phosphates et surtout des sels de potasse. La deuxième réclame en outre de l'azote; elle est très peu fertile.

Ces faits s'expliquent si, au lieu de considérer uniquement la composition de la terre fine, on ramène les chiffres obtenus à la masse du sol en les multipliant par le coefficient 0,55 pour A et 0,28 pour B.

	A	B
Acide phosphorique	0.889	0.402
Potasse	1.333	0.628
Azote total	0.943	0.401

En donnant l'analyse de la terre fine, le chimiste devrait donc toujours appliquer dans un tableau à part les corrections qui viennent d'être exposées, corrections qu'il effectuera d'après les chiffres obtenus dans l'analyse mécanique pratiquée suivant la méthode de P. de Gasparin.

Observations de MM. Berthelot et André sur le dosage des matières minérales contenues dans la terre végétale, en particulier sur le dosage de la Potasse.

Les analyses opérées par voie humide avec le concours prolongé des acides même énergiques et bouillants, même avec l'incinération préalable, ne fournissent que des résultats incomplets et des dosages parfois éloignés de la réalité. Le dosage des alcalis et des oxydes est surtout le plus défectueux. Pour obtenir des résultats exacts, il faut décomposer complétement les silicates par un traitement fluorhydrique ou procéder à des attaques par fusion avec les alcalis.

Le tableau qui suit donne des chiffres comparatifs obtenus en traitant la même terre dans différentes conditions. Ces résultats sont rapportés à 1 kilog.

	Exacts par l'acide fluorhydrique	par l'acide chlorhydrique à froid	par l'acide chlorhydrique concentré à chaud	Incinération de la terre et traitement par l'acide chlorhydrique concentré bouillant
Potasse.....	8.86	0.21	1.49	1.76
Soude	2.44	0.24	0.33	0.42
Manganèse..	0.87	0.33	» »	0.67
Chaux......	11.60	8.79	11.20	10.60
Alumine	39.50	1.02	10.09	26.31
Oxyde de fer.	21.50	2.96	14.01	16.78

L'impossibilité de faire entrer en dissolution la totalité des oxydes et alcalis, par l'action prolongée des acides bouillants, résulte des analyses. L'acide sulfurique irait sans doute un peu plus loin que l'acide chlorhydrique, mais sans donner un résultat meilleur. La chaux seule peut être dosée exactement dans cette terre par l'acide chlorhydrique bouillant, circonstance qui paraît due à ce que la chaux s'y trouverait entièrement sous forme de carbonate, sulfate, phosphate, ainsi que le montre le calcul. D'autres terres riches en chaux se comporteraient sans doute autrement. Cette impuissance des méthodes ordinaires est attribuable à l'état de combinaison de ces bases, formant dans la terre des silicates divers avec excès d'acide silicique. On admet que les silicates se partageraient en deux groupes : les uns hydratés et comparables aux zéolithes, que les acides désagrégeraient complétement, tandis que les autres résisteraient. Le premier groupe, ajoute-t-on, céderait de préférence ses alcalis aux végétaux dans le cours de la végétation. Mais cette distinction est arbitraire.

En fait, il n'est pas possible de mettre d'un côté les silicates attaquables, et d'un autre les silicates prétendus inattaquables. Cette distinction ne représente que les degrés inégaux de la vitesse de dissociation progressive des divers silicates contenus dans les roches primitives, par les agents atmosphériques, la terre végétale n'étant autre chose qu'un mélange de ces roches avec les produits de la décomposition propre des végétaux.

La portion des silicates dont la dissociation est moins avancée à un moment quelconque s'attaque plus facilement par les acides; celle dont la dissociation a été poussée plus loin au même moment s'attaque moins vite, et l'attaque, se ralentissant de plus en plus, tend à devenir très faible pendant un laps de temps déterminé, de façon à permettre de définir certaines conditions analytiques, où les résultats seront à peu près constants. Mais il est évident que cette définition est purement conventionnelle et n'offre aucune relation nécessaire, ni même probable, avec les quantités d'alcali réellement assimilables par les plantes. Aucune expérience, en effet, n'a été faite pour établir qu'elle représente une limite vers laquelle tendraient les agents atmosphériques, eau, acide carbonique, etc., attaquant avec le concours du carbonate de chaux, de la lumière et des matières organiques du sol, une terre donnée et *a fortiori* une terre quelconque, pendant l'espace d'une année.

Les végétaux, d'ailleurs, exercent sur la terre et sur l'extraction des alcalis et autres substances qui y sont contenues des réactions chimiques propres, tout à fait distinctes des actions lentes des agents atmosphériques et plus encore des actions rapides des acides minéraux.

On sait avec quelle énergie, on pourrait dire avec quel instinct admirable — si ce mot était applicable à la vie végétale — les plantes arrivent à tirer du sol les moindres traces de phosphore, de soufre, de potasse, de fer nécessaires à leur alimentation.

Elles les extraient du sol le plus souvent en absorbant pour leur propre compte, sous forme de composés organiques particuliers, des doses d'acide silicique bien plus considérables que la dose de cet acide qui serait soluble directement dans les acides minéraux purs.

De telles actions spécifiques des végétaux, lentement exercées sur les silicates naturels de la terre, dont les plantes extraient à la fois la silice et les alcalis nécessaires à leur constitution, méritent d'attirer au plus haut degré l'attention des analystes et des agriculteurs; leur intervention joue un grand rôle dans la restitution au sol, par les engrais complémentaires, des éléments minéraux enlevés par les plantes, et elle rend indispensable, quelles que soient d'ailleurs les difficultés de l'opération, le dosage total des alcalis contenus dans le sol, qui fournit aux plantes les éléments de leur développement.

Méthode de dosage des alcalis du sol employée par MM. Berthelot et André.

Un poids connu de terre est incinéré à basse température, de façon à y maintenir les alcalis fixes et à éviter l'agglomération et l'effritement des cendres. On pèse le résidu, on en prend 15 à 20 gr., on mélange la matière avec 4 à 5 fois son poids de fluorhydrate d'ammoniaque pur (ne laissant aucun résidu pondérable lorsqu'on en volatilise 10 à 20 gr. sur le platine) dans une capsule de platine. On chauffe alors doucement, sans dépasser la consistance pâteuse. On laisse refroidir, on humecte avec de l'acide sulfurique concentré et l'on chauffe de nouveau, très doucement d'abord, jusqu'à absence de vapeurs acides notables. Après refroidissement, on humecte fortement avec de l'acide chlorhydrique concentré et on laisse reposer, on ajoute de l'eau et on chauffe doucement. Tout doit se dissoudre au bout de quelque temps. S'il y a un résidu, il sera isolé par décantation, séché et repris par le fluorhydrate d'ammoniaque, puis l'acide sulfurique, comme plus haut, jusqu'à ce que tout entre en solution dans la liqueur acide finale : ce qui arrive d'ordinaire après deux traitements. Quelquefois un troisième est nécessaire.

La liqueur contient toutes les bases primitivement unies à l'acide silicique et aux autres acides, que ceux-ci aient été préexistants dans la terre, produits pendant l'incinération, ou ajoutés pendant les derniers traitements, comme il arrive spécialement pour les acides sulfurique et chlorhydrique.

En poursuivant l'analyse, on se débarrasse des terres et des terres alcalines, conformément à la marche indiquée par Frésenius et les autres traités d'analyse. (Ammoniaque étendue, puis oxalate d'ammoniaque, puis évaporation et calcination, imbibition avec du carbonate d'ammoniaque pour éliminer la magnésie, etc.) On obtient finalement la potasse et la soude à l'état de sulfates mêlés de chlorures. On élimine l'acide sulfurique au moyen de l'acétate de plomb, par un procédé connu ; on sépare le plomb ensuite par l'hydrogène sulfuré ; puis on évapore avec addition d'acide chlorhydrique ; on ramène ainsi les alcalis à l'état de chlorure, que l'on précipite par le chlorure de platine.

Remarques de MM. Berthelot et André sur les états du soufre et du phosphore dans la terre, le terreau et les plantes et sur le dosage total exact de ces corps.

Le soufre peut être contenu dans les plantes et dans les terres sous des formes diverses et utiles à connaître, au point de vue de son rôle physiologique, comme de son dosage, à savoir :

1° Sous forme de sulfates, directement précipitables à l'état de sulfate de baryte ;

2° Sous forme de composés éthérés, comparables aux éthylsulfates et aux glycérisulfates, et non précipitables directement par les sels de baryte. Cependant ils se reconnaissent parce qu'ils sont scindés par hydratation, sous l'influence prolongée des acides ou des alcalis étendus, en régénérant le soufre à l'état de sulfates. L'oxydation de ces composés ramène également avec facilité le soufre à la forme de sulfates ;

3° Sous la forme de composés minéraux, tels que les sulfures, sulfites, hyposulfites et divers sels des acides du soufre, transformables en sulfates par voie humide et à chaud, en recourant à l'action prolongée et énergique des agents oxydants, tels que l'acide azotique. Certains de ces composés, les sulfures en particulier, voire même le soufre libre, existent dans quelques sels ;

4° Sous la forme de composés organiques, tels que la taurine, la cystine, les acides sulfoconjugués (sulfonés) et l'albumine; composés dont le soufre n'est pas transformable complétement en acide sulfurique par voie humide, même avec le concours des agents oxydants les plus énergiques, du moins dans les conditions ordinaires de pression et de durée de réaction.

Or, le soufre nécessaire à la constitution des végétaux et qui doit leur être fourni peut l'être sous les différentes formes qui précèdent.

Procédé d'analyse

Il consiste à brûler le produit (végétal, terreau, terre), après l'avoir séché à 100°. On le brûle dans un courant d'air, puis d'oxygène, et on dirige les vapeurs résultantes sur une longue colonne de carbonate de potasse ou de soude pur et anhydre.

La matière est contenue dans une longue nacelle de platine faite avec une feuille de ce métal.

On opère dans un tube de verre dur, à une température voisine du rouge, mais insuffisante pour fondre le carbonate alcalin, et même pour déterminer sa réaction au contact sur le tube de verre. Ce point est tout à fait essentiel. On vérifie par une épreuve à blanc, faite sur le même lot de tubes, qu'il ne se produit pas de sulfates dans les conditions de l'expérience; certains échantillons de tubes étant susceptibles d'en fournir et certains carbonates contenant des produits sulfurés.

Pour préparer du carbonate pur, on peut avec avantage se servir des bicarbonates très purs du commerce, en les calcinant avec ménagement, dans une capsule d'argent, sans les fondre.

Quand le produit organique a brûlé complétement, on prolonge le courant d'oxygène encore quelque temps, en maintenant une température voisine du rouge, de façon à transformer en sulfates les sels alcalins sulfurés, formés tout d'abord sous l'influence des carbonates alcalins.

On laisse refroidir le tube, on en dissout le contenu dans une assez grande quantité d'eau; on acidule par l'acide chlorhydrique, on évapore à sec pour séparer la silice, puis on reprend par l'eau acidulée et l'on précipite par le chlorure de baryum.

On obtient ainsi le soufre total avec plus de certitude que par toute autre méthode.

Après séparation du sulfate de baryum, on peut doser le phosphore en évaporant la liqueur acide et précipitant à l'état de solution nitrique avec le molybdate d'ammoniaque, transformable ultérieurement en phosphate ammoniaco-magnésien. La séparation du phosphore peut aussi être faite du premier coup sans éliminer l'acide sulfurique.

Ce procédé évite toute perte de soufre et de phosphore auxquelles on est exposé dans les incinérations à l'air libre. Il donne lieu à une oxydation totale, avantage que l'acide azotique et les oxydants opérant par voie humide ne permettent pas toujours de réaliser, même par une action prolongée.

Résultats comparatifs obtenus :

Soufre par kᵍ

Dans une Terre	Traitement de 100ᵍ de terre par l'acide chlorhydrique à 1/100 en employant 500 d'acide, laissant digérer 24 heures à froid, 4 heures à l'ébullition. Le dosage donne apparemment la quantité de sulfates préexistants	= 0.182
	Par oxydation avec acide azotique bouillant..	= 0.212
	Par combustion dans l'oxygène en présence du carbonate de soude la même terre a donné	= 1.411
Dans un terreau	Sous forme de sulfates préexistants, attaque chlorhydrique.........................	= 0.860
	Oxydable par l'acide azotique bouillant......	= 2.0213
	Soufre total par combustion.................	= 6.456
Dans une plante	Sulfates préexistants......................	= 2.835
	Oxydable par acide azotique................	= 4.555
	Soufre total	= 6.580

Le phosphore peut exister dans les terres, terreaux et plantes sous les diverses formes suivantes :

1° *Phosphates*, les uns solubles dans l'eau, les autres insolubles mais solubles dans les acides minéraux étendus, tels les phosphates de chaux, de magnésie, etc., tous précipitables dans les conditions ordinaires de l'analyse à l'état final de phosphate ammoniaco-magnésien.

2° Sous forme de *composés éthérés*, comparables aux phosphoglycérates et à l'acide glucosophosphorique signalé par Berthelot. Ces composés sont scindables par hydratation, sous l'influence prolongée des acides ou des alcalis étendus, en régénérant l'acide phosphorique.

3° Sous forme de *composés minéraux* de l'ordre des phosphites, hypophosphites, etc., composés transformables en phosphates par voie humide et à chaud, sous l'influence de l'action prolongée et énergique des agents oxydants, tels que l'acide azotique.

4° Sous forme de *composés organiques* de l'ordre de l'oxyde de triéthylphosphine, des combinaisons phenylphosphorées, de l'acide cérébrique, composés difficilement transformables par les oxydants en acide phosphorique, lorsqu'on se borne à la voie humide.

La méthode de dosage par combustion oxyde au contraire tous ces composés : elle ne diffère pas de celle plus haut indiquée pour le dosage du soufre.

Résultats comparatifs obtenus :

		Phosphore par kil.
Dans une Terre	Attaque par l'acide chlorhydrique étendu et à froid..............................	0.131
	Attaque par l'acide chlorhydrique bouillant étendu..................................	0.407
	Attaque par l'acide azotique pur et bouillant pendant 15 heures.......................	0 615
	Par oxydation en brûlant au rouge dans l'oxygène en présence de carbonate de soude	0.641

INTERPRÉTATION DES RÉSULTATS FOURNIS PAR L'ANALYSE DES TERRES

Les résultats numériques d'une analyse de terre ne sauraient donner seuls la mesure de la fertilité d'un sol. Cette fertilité dépend non seulement de la composition chimique, mais aussi des propriétés physiques, de la profondeur du terrain, des conditions d'humidité qui y règnent, de la nature de sous-sol ainsi que d'autres facteurs qu'il serait difficile d'énumérer complètement à cette place.

L'analyse de la terre n'offre de valeur absolue et directe qu'à l'égard des éléments fertilisants qui manquent au terrain ou qui n'y sont représentés qu'en proportions très inférieures aux moyennes admises. C'est là un renseignement de la plus haute importance pratique qui permet de régler l'apport des fumures et des amendements.

Quand, par contre, l'analyse accuse une moyenne teneur pour les différents éléments fertilisants, ce sont les considérations physiques et agricoles constituant une sorte d'enquête à l'égard du sol considéré, qui permettent d'apprécier le genre d'améliorations dont il est susceptible.

Tel terrain, pouvant être considéré d'après l'analyse chimique comme pauvre plutôt que riche, pourra porter des récoltes abondantes s'il offre de la profondeur, de la perméabilité, etc., permettant aux racines des plantes d'y acquérir un grand développement.

Tel autre terrain, riche d'après l'analyse, n'offrira que des récoltes faibles si sa profondeur est médiocre, s'il souffre des sécheresses ou des excès d'eau, s'il repose sur un sous-sol défectueux, etc.

Un sol richement pourvu en azote ainsi qu'en acide phosphorique et en potasse, mais exclusivement siliceux, laissera les plantes manquer d'azote faute de calcaire pour mettre en circulation cet élément par la nitrification.

On pourrait multiplier de tels exemples qui suffisent pour montrer que l'interprétation de l'analyse n'est pas la tâche la plus aisée de l'agronome. Cependant cette interprétation est plus nécessaire encore au praticien que l'analyse elle-même, et quand il demande à un chimiste l'analyse de son sol, il compte y trouver en même temps les informations nécessaires pour améliorer le rendement de ses cultures. Aussi l'enquête qui accompagne la prise de l'échantillon de terre offre-t-elle une grande importance pour la discussion ultérieure des résultats obtenus et les enseignements à en retirer.

Sous le bénéfice des observations précédentes il faut considérer, à titre d'indications très précieuses, mais nullement absolues, les moyennes jusqu'ici déduites à l'égard de la richesse des terres en éléments fertilisants. Ce sont principalement les travaux importants de P. Gasparin, Risler, Joulie qui ont servi à les établir, et ces auteurs ne les ont présentés eux-mêmes que comme des renseignements approximatifs.

Au point de vue de la richesse en *azote*, les terres ont été classées de la manière suivante :

Très pauvres......................	moins de	0.5	» » par kilog.
Pauvres	de	0.5 à 1.0	—
Richesse moyenne................	—	1.0 » »	—
Riches........................	—	1.0 à 2.0	—
Très riches......................	plus de	2.0 » »	—

Les terres qui dépassent 1,5 °/₀₀ comme teneur en azote se ressentent, en général, fort peu de l'emploi des fumures azotées, hormis le cas de terres siliceuses, quelquefois beaucoup plus riches encore, dans lesquelles cet élément reste inactif, la nitrification ne pouvant s'opérer. L'apport de l'élément calcaire, sous forme de chaulage, marnage, l'emploi de scories métallurgiques, provoque en ce cas tous les effets d'une fumure azotée en faisant entrer en disponibilité l'azote inerte accumulé dans le sol.

Les terres qui ne renferment que 1 °/₀₀ d'azote réclament l'emploi de fumures azotées pour maintenir leur fertilité. Celles moins riches, plus nombreuses encore, ont à fortiori besoin de ces fumures.

D'après de Gasparin, le taux de l'acide phosphorique dans les terres caractérise, mieux que celui de tout autre élément, leur fertilité relative.

Une terre est très pauvre avec..............		0.1 » » par kilog.
—	pauvre	de	0.1 à 0.5	—
—	moyennement riche...	de	0.5 à 1.0	—
—	riche................	de	1.0 à 2.0	—
—	très riche .... plus de		2.0 » »	—

L'analyse chimique, impuissante à déterminer le degré d'assimilabilité des phosphates dans les engrais, sinon par des méthodes admises faute de mieux, mais n'ayant pas pour elles la certitude des faits culturaux, est à fortiori impuissante en ce qui concerne les composés phosphatés du sol. On conçoit donc qu'il puisse exister de grandes différences de fertilité entre des sols également riches en acide phosphorique, mais renfermant ce corps sous des formes plus ou moins directement assimilables. Les chiffres plus haut mentionnés n'offrent donc qu'une valeur très relative et l'emploi expérimental des phosphates sous diverses formes, plus ou moins favorables suivant la nature des sols, s'impose pour contrôler, même en cas de richesse moyenne, les renseignements de l'analyse.

On peut dire que, d'une manière générale, les terres qui surpassent 1/00 comme teneur en acide phosphorique sont peu sensibles aux apports phosphatés.

La forme à donner à ces apports offre beaucoup d'importance. Dans les sols siliceux, les phosphates acides (superphosphates) doivent être évités, tandis qu'ils conviennent mieux que tous autres aux sols calcaires. Les terres siliceuses et surtout les sols humiques, acides, peuvent utiliser les phosphates minéraux, nodules, etc., et surtout les phosphates basiques, scories de déphosphoration qui, de plus, leur apportent l'élément calcaire; ce dernier engrais est la forme la meilleure pour les sols tourbeux. Quant au phosphate d'os et au phosphate précipité, leur emploi convient dans tous les sols.

La potasse est l'élément fertilisant qui manque le plus rarement dans les terres. Risler admet qu'au taux de 1 °/oo, déterminé par l'attaque nitrique de la terre non porphyrisée, l'emploi des fumures potassiques est en général inutile. Elles n'accuseraient leurs bons effets que pour les teneurs inférieures à ce chiffre.

Les acides nitrique et chlorhydrique ne mettent en liberté qu'une faible partie de la potasse des terres. Beaucoup de silicates résistent à leur action, et Berthelot a fait la remarque que rien n'autorisait à penser que cette potasse des silicates inattaqués était sans utilité pour la végétation.

Pour chacun des éléments fertilisants principaux : azote, acide phosphorique, potasse, on a été ainsi amené à considérer la teneur de 1 millième du poids de la terre comme la limite au dessous de laquelle les fumures complémentaires peuvent utilement intervenir. Cette notion, qui a le mérite d'une grande simplicité, n'offre, bien entendu, qu'un caractère relatif.

La chaux, la magnésie, l'acide sulfurique sont des corps nécessaires à la végétation au même titre que les précédents, mais il est rare qu'ils manquent au même degré dans les sols, de sorte que leur influence comme engrais n'a pas la même importance.

Risler a montré cependant que certains étages géologiques qui constituent beaucoup de terres cultivées, les alluvions anciennes, par exemple, ne renfermaient que des proportions infimes de sulfates.

La chaux qui, sous forme de calcaire, constitue la masse principale des terrains sédimentaires, n'existe au contraire qu'en faibles proportions et à l'état de silicates lentement décomposables dans les terres d'origine primitive. Même dans ces conditions, cependant, sa proportion semble encore suffisante pour assurer l'alimentation des végétaux, et l'on peut dire que c'est à titre exceptionnel que les matières calcaires interviennent comme engrais. Il n'en est pas de même comme amendement; toute terre pauvre en chaux est améliorée par les marnages, chaulages, etc. C'est, en effet, comme modificateur chimique du sol que le calcaire est nécessaire dans les terres. Il favorise l'oxydation des matières organiques ; il est indispensable au développement des ferments nitreux et nitriques. Il sature les acides organiques des terres et transforme en carbonates les sels de potasse et d'ammoniaque provenant des fumures ou des engrais, forme sous laquelle ils peuvent ensuite réagir et se fixer dans les terres.

Par d'ingénieuses démonstrations expérimentales, M. Bernard a attiré l'attention sur quelques-unes de ces réactions. Il a démontré notamment que l'emploi discuté du sulfate ferreux, prôné par certains expérimentateurs, repoussé par d'autres comme éminemment nuisible à la végétation, offrait en effet, suivant que les sols sont calcaires ou non calcaires, des effets avantageux ou pernicieux justifiant ces opinions contradictoires. Nocif dans les terres siliceuses, cet amendement a pu être employé en grande masse dans les terres calcaires où les vignes américaines périssent de la chlorose. L'acide sulfurique mis en liberté, lorsque le sulfate ferreux se peroxyde au contact de l'air, explique cette action nuisible dans les sols exempts de calcaire. En présence du carbonate de chaux, cet acide est transformé en sulfate calcique souvent utile, en tout cas inoffensif.

Au point de vue physique, le rôle du calcaire dans les terres est considérable : on sait, depuis les travaux de Schlœsing, que l'argile est coagulée par de faibles quantités de certaines substances salines. L'eau chargée d'acide carbonique qui imprègne les terres arables dissout une proportion de calcaire suffisante pour assurer cette coagulation, de telle sorte que la présence de ce corps diminue la cohésion et l'imperméabilité des sols argileux ; il augmente leurs propriétés capillaires.

La magnésie est une des substances les plus uniformément répandues dans les roches ; sous forme de silicates divers, elle est représentée dans les formations primitives. Dans les roches calcaires, elle accompagne presque toujours le carbonate de chaux. Sa proportion dans les terres arables varie moins, comme ordre de grandeur, que celle des autres composés. Dans ces conditions, son rôle comme engrais est plus problématique encore que celui de la chaux. Quant à l'action qu'elle peut avoir comme amendement, il n'existe aucun document de pratique ou d'expérience qui ait permis de l'apprécier.

Le court résumé qui vient d'être tracé est forcément très incomplet. Il montre cependant que les données acquises permettent de tirer de l'analyse des terres des renseignements importants pour la pratique agricole, à condition que les analyses soient interprétées d'après la nature et la profondeur des sols, et constamment rapprochées des faits culturaux. Il est hors de doute que les incertitudes qui existent encore actuellement disparaîtront peu à peu lorsque, prenant comme base d'étude les formations géologiques des différentes régions, on aura pu accumuler un nombre suffisant de documents sur leur composition C'est là le programme en cours d'exécution qui a été tracé par M. Risler, l'éminent agronome auquel on doit déjà tant de données précieuses au sujet de la connaissance des terres.

II — ANALYSE DES ROCHES.

Le terme de roche s'applique à tous les matériaux qui composent l'écorce terrestre. Le granit, les calcaires, marnes, argiles, sables, etc. sont des roches.

Ces matériaux remaniés par les eaux et les agents atmosphériques, modifiés par les influences de la vie : microbes, plantes, vers de terre, etc. ont donné naissance à la terre végétale, couche inégale, superficielle, qui recouvre les roches proprement dites.

La composition des roches est précieuse à connaître, car elle intéresse celle des sols arables qui en dérivent ou qui les recouvrent.

On divise les roches en deux groupes principaux :

I. Les roches cristallines éruptives.

II. Les roches sédimentaires.

Le premier groupe comprend les granites, porphyres, schistes cristallins, gneiss, etc., et toutes les roches anciennes qui les accompagnent ; dans la série moderne : les roches volcaniques, basaltes, trachytes, laves, etc. Dans tout ce groupe, les bases existent à l'état de silicates.

Les roches sédimentaires comprennent les calcaires, marnes, argiles, sables, etc., résultant des dépôts stratifiés, formés au sein des mers et des lacs par les débris arrachés par les cours d'eau aux terrains antérieurement émergés. Certaines roches sédimentaires provenant de l'érosion des terrains primitifs offrent la plus grande ressemblance avec eux. Le plus souvent elles présentent une plus grande complexité à cause des matériaux variés qui leur ont donné naissance.

L'analyse des roches est souvent très peu différente de l'analyse des terres. En ce qui concerne les roches calcaires, les sables, marnes, ce sont les mêmes procédés qui servent à déterminer leurs éléments constituants.

Pour les roches siliceuses, inattaquables ou peu attaquables par les acides, on a recours à l'attaque par l'acide fluorhydrique ou le fluorhydrate d'ammoniaque, ou à l'attaque par fusion avec les alcalis.

Analyse des silicates.

Méthode par la voie moyenne (H. Sainte-Claire Deville)

On pèse 4 gr. de l'échantillon moyen de la roche dans un petit creuset de platine, et on chauffe au rouge blanc à l'aide du four de *Schlœsing*, ou, à défaut, avec le bec *Krœchel*.

On pèse après 1/4 d'heure de calcination. La perte représente l'*eau de combinaison du silicate*.

On pulvérise avec soin, d'abord au mortier d'Abich, puis au mortier d'agate, la masse calcinée. On passe au tamis de soie, en ayant soin de pulvériser tout ce qui est resté sur le tamis pour ne pas modifier l'échantillon. Dans un petit creuset de platine, on pèse 2 gr. de la poudre ; on ajoute environ 1 gr. 1/2 de carbonate de chaux pur ; on chauffe à 150-200° c. au bain de sable, et on prend le poids du creuset et de son contenu de manière à connaître exactement la proportion de carbonate de chaux sec employée dans l'analyse.

On mélange avec un fil de platine le silicate et le carbonate calcique, puis on chauffe pendant 1/4 d'heure au rouge blanc. La masse se transforme en un verre transparent. On pèse afin de connaître le poids du silicate fondu correspondant à celui de la roche. On détache le verre en pressant le creuset circulairement.

On pulvérise le verre finement dans le mortier d'agate, après l'avoir brisé dans le mortier d'Abich. On en pèse 2 gr., ou 3 gr., que l'on humecte d'eau dans une capsule de porcelaine. On ajoute 15^{cc} d'acide nitrique, et on chauffe en remuant avec un agitateur. Le verre est rapidement attaqué. On chauffe pour chasser l'excès d'acide, d'abord lentement, puis, lorsque la masse est devenue sèche, à une plus haute température, jusqu'à apparition de vapeurs nitreuses. On retire du feu et on humecte la masse refroidie avec une solution concentrée de nitrate d'ammoniaque. On chauffe de nouveau en mélangeant intimement, on doit percevoir l'odeur de l'ammoniaque; on chauffe jusqu'à ce qu'elle ait disparu.

On reprend par l'eau ajoutée en petite proportion et sans entraîner la partie insoluble on décante sur un filtre en lavant ainsi à plusieurs reprises. La solution renferme la chaux, la magnésie, la potasse, la soude et éventuellement d'autres alcalis (baryte, strontiane, lithine). Quant au précipité, il est formé de silice, d'alumine, de sesquioxyde de fer et d'oxyde de manganèse.

Pour séparer la silice, on ajoute dans la capsule quelques centimètres cubes d'acide nitrique et un peu d'eau. On laisse digérer plusieurs heures à chaud. S'il existe du manganèse, la silice se colore en noir par la formation du bioxyde de ce métal. L'alumine et le fer se dissolvent. On filtre et on les lave pour les séparer.

Si la silice est blanche, il suffit de sécher le filtre où on l'a recueillie et de le calciner pour prendre son poids. Si elle est colorée, on ajoute un peu d'acide sulfurique dilué et quelques cristaux d'acide oxalique. Le bioxyde est réduit en chauffant le mélange, et on le sépare par filtration après sa transformation en sulfate. On sèche et on calcine modérément (au dessous du rouge) le sulfate de manganèse, on le pèse et on en déduit le poids d'oxyde correspondant.

Dans la solution obtenue plus haut, on précipite par un léger excès d'ammoniaque à l'ébullition l'alumine et l'oxyde de fer. On recueille sur un filtre, on lave, on sèche, on calcine et on pèse. Pour déterminer l'oxyde de fer, on dissout le résidu calciné dans l'acide chlorhydrique. On introduit la solution dans un ballon muni d'un tube effilé et on réduit le fer par le zinc, comme il a été dit au dosage du fer dans les terres. On titre de même avec le permanganate. On déduit le poids de l'alumine par différence.

La première liqueur de filtration qui contient les alcalis est traitée à chaud, par l'oxalate d'ammoniaque pur en léger excès pour précipiter la chaux. (S'il existait de la baryte et de la strontiane, elles se trouveraient dans le précipité d'oxalate calcique). On lave à fond à l'eau bouillante l'oxalate de chaux, on le recueille sur un filtre, on le sèche et on le calcine. Dans la chaux ainsi séparée se trouve celle du silicate et celle employée pour l'attaque. Connaissant la quantité de cette dernière par le poids de carbonate de chaux employé dans l'analyse, on déduira par différence la proportion de chaux existant dans la roche.

On évapore le liquide contenant les alcalis et la magnésie jusqu'à état sirupeux. On couvre la capsule avec un entonnoir et on chauffe au bain de sable pour détruire le nitrate et l'oxalate d'ammoniaque. On chauffe l'entonnoir lui-même pour obtenir ce résultat qui réclame une température d'environ 300°.

On laisse refroidir. On lave avec un peu d'eau l'entonnoir pour ramener dans la capsule la matière projetée sur ses parois; on ajoute très peu d'acide tartrique et quelques grammes d'acide oxalique; on évaporeà sec pour décomposer le nitrate de magnésie. Il se produit des vapeurs nitreuses et des cristaux d'acide oxalique. On chauffe finalement au rouge sombre.

La magnésie et les alcalis sont amenés à l'état de carbonate. On reprend par l'eau et on recueille sur un filtre le carbonate de magnésie, qui renferme quelquefois des traces de manganèse. On calcine et on pèse à l'état de magnésie.

Les alcalis qui restent dans la dissolution sont séparés dans les conditions ordinaires. La potasse à l'état de chloroplatinate de potassium ou à l'état de perchlorare de potasse. La soude est dosée par différence en prenant au préalable le poids des chlorures et séparant dans ce cas la potasse à l'état de chloroplatinate.

Dosage de l'acide phosphorique dans les roches siliceuses. — Attaque par les carbonates alcalins.

On pulvérise finement avec le mortier d'Abich et le mortier d'agate 7 ou 8 gr. de l'échantillon moyen de la roche. On passe au tamis de soie, en ayant soin de pulvériser et de mélanger les parties retenues sur le tamis avec le reste de l'échantillon.

On prépare un mélange de carbonate de potasse sec chimiquement pur et de carbonate de soude également pur et sec, 69 du premier pour 53 du second. Ces sels doivent être rigoureusement exempts d'acide phosphorique et pour s'en assurer, on en traite 10 gr. par un excès d'acide nitrique, on évapore à un petit volume, et on ajoute à la température de 60° c. 20^{cc} de réactif molybdique (v. p. 176). Il ne doit se produire aucun précipité.

On pèse 6 gr. de l'échantillon de roche pulvérisé et 18 gr. des carbonates. On mélange intimement et on introduit dans un creuset de platine suffisamment grand.

On chauffe jusqu'à fusion complète, en s'aidant au besoin du chalumeau; on laisse refroidir sur une plaque de métal et à la fin en baignant dans l'eau le fond du creuset, de manière à faciliter le décollement du verre obtenu. On pulvérise la masse vitreuse, on l'introduit dans une capsule couverte par un entonnoir et on l'attaque par des additions ménagées d'acide nitrique dilué pour éviter toute perte par projections. Quand l'effervescence a cessé, on ajoute un excès d'acide et on laisse digérer au bain marie pendant quelques heures pour assurer l'attaque. On évapore à sec au bain marie et au bain d'air pour insolubiliser la silice; on reprend par l'acide nitrique dilué en chauffant; on ajoute de l'eau froide et on sépare par filtration la silice. On lave à froid. On concentre à un petit volume et on traite par un excès de réactif molybdique. On termine l'essai dans les conditions ordinaires (v. p. 176).

Analyse des roches calcaires.

L'analyse chimique des roches calcaires, à part la pulvérisation préalable nécessaire, ne diffère pas de celle des terres. On se reportera pour le dosage des éléments à ce qui a été mentionné pour ces dernières.

Dosage du carbonate de chaux.

S'il s'agit seulement de doser le carbonate de chaux dans une marne, un sable coquillier, tangue, maerl, etc., on peut employer le calcimètre (v. pp. 189 et 190).

On peut encore employer l'appareil de Geissler (fig. 132), ou tout autre semblable, en mesurant par perte de poids l'acide carbonique.

Dans le matras C, construit en verre léger, on introduit 2 gr. du calcaire pulvérisé, on ajoute un peu d'eau.

On garnit d'acide nitrique l'allonge A, fermée par un robinet, et terminée au dessous par un tube qui plonge au fond du matras.

Dans l'allonge et le barboteur B, on place de l'acide sulfurique concentré.

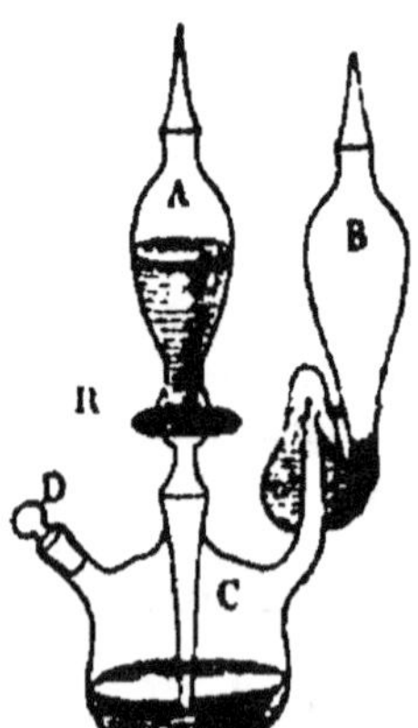

Fig. 132

Après avoir fermé le bouchon D et avoir séché l'extérieur de l'appareil, on en prend exactement le poids.

On ouvre ensuite doucement le robinet R, afin de laisser descendre un peu d'acide. Le gaz carbonique se dégage bulle à bulle en traversant le barboteur et l'allonge B, où il abandonne son humidité. On fait peu à peu couler tout l'acide nitrique en évitant un dégagement gazeux trop rapide. A la fin on chauffe légèrement le matras pour terminer l'attaque.

On laisse refroidir l'appareil et, le robinet R étant ouvert, on aspire en B, à l'aide d'un petit tube en caoutchouc, l'atmosphère carbonique du matras, afin de le remplacer par de l'air.

On pèse à nouveau l'appareil. La perte de poids, par rapport à la première pesée, représente l'acide carbonique. En multipliant cette perte par 2,27 on aura la proportion correspondante de carbonate de chaux existant dans la prise d'essai.

III — ANALYSE DES CENDRES VÉGÉTALES

Préparation des cendres.

La matière végétale est pesée dans son état d'humidité normale, verte s'il s'agit de feuilles ou de tiges, bois, etc. On la sèche d'abord à basse température, enfin à l'étuve, à 110°. La perte de poids mesure la proportion d'humidité.

On prend un poids déterminé de la matière sèche et on la calcine dans une capsule de platine chauffée au moufle, à la température du rouge naissant. Un excès de température donnerait des cendres frittées dans lesquelles la silice peut chasser une partie du chlore et même de l'acide phosphorique s'il s'agit de matières riches, telles que des graines. La chaleur exagérée suffit aussi à entraîner des chlorures par volatilisation.

Les graines pétillent à la calcination; pour éviter toute perte il est nécessaire de les carboniser d'abord en creuset fermé, au moufle. On chauffe ensuite dans une capsule ouverte.

Les cendres obtenues par ce procédé sont charbonneuses. Pour obtenir une combustion complète, on lave les cendres à l'eau distillée bouillante en recueillant avec soin la solution. On dessèche le résidu insoluble qui peut être alors rapidement et complètement incinéré. On ajoute dans la capsule la dissolution des cendres; on évapore à sec et on calcine très modérément en remuant la masse avec un fil de platine pour obtenir un produit homogène. Comme il a pu se produire un peu de chaux et de magnésie caustique, on imprègne les cendres à deux ou trois reprises avec une solution de carbonate d'ammoniaque pur, et on dessèche à 150° c. On refroidit sous l'exsiccateur et on pèse rapidement; on introduit les cendres dans un flacon à large ouverture fermé à l'émeri et parfaitement desséché.

Pour obtenir des quantités de cendres assez importantes, on peut se servir d'un petit fourneau en terre réfractaire, bien propre; on fait brûler peu à peu la matière végétale dans ce fourneau, et on recueille les cendres sans détacher la matière du fourneau.

Dosage de l'acide carbonique.

Si les cendres sont blanches et que la calcination n'ait pas donné lieu à la production de sulfure, on peut procéder par perte de poids avec l'appareil décrit précédemment (v. p. 212).

On peut, dans les mêmes conditions, employer le calcimètre en opérant les différentes corrections pour la solubilité de l'acide carbonique dans l'acide chlorhydrique et les variations du volume gazeux, suivant la température et la pression (v. pp. 189, 190 et 192).

On peut mesurer le volume gazeux en employant le dispositif indiqué précédemment (v. p. 188).

On peut encore recueillir l'acide carbonique dans un tube à potasse et le mesurer en poids en disposant l'appareil comme il a été indiqué.

Dosage de l'acide sulfurique et de la silice.

On attaque 4 gr. de cendres par un excès d'acide nitrique dilué dans une capsule de porcelaine. On évapore à sec pour insolubiliser la silice, on reprend par l'acide dilué, on filtre et on lave.

La silice recueillie sur le filtre est séchée, calcinée et pesée.

Dans la liqueur filtrée avec eaux de lavages, on ajoute à l'ébullition un léger excès de chlorure de baryum. On laisse déposer le sulfate barytique ; on filtre, on lave et on calcine comme il a été indiqué précédemment (v. p. 184).

Dosage de l'acide phosphorique.

On attaque de 1 à 2 gr. de cendres, suivant la richesse présumée, par l'acide nitrique dilué. On délaye les cendres dans un peu d'eau ; on couvre d'un entonnoir et on ajoute peu à peu l'acide jusqu'à cessation d'effervescence. On lave l'entonnoir à la pissette, on ajoute 5^{cc} d'acide pur et on chauffe au bain marie. On évapore à sec au bain d'air pour insolubiliser la silice, on reprend par l'eau acidulée à chaud, on ajoute de l'eau froide, on filtre et on lave le résidu siliceux. (On peut calciner et peser la silice.)

Au filtratum évaporé lentement au bain marie à 20^{cc}, on ajoute un excès de réactif molybdique et on termine ainsi qu'il a été dit (v. p. 176).

Dosage de la chaux.

On attaque 2 à 4 gr. de cendres, délayées dans une capsule de porcelaine avec un peu d'eau, par l'acide chlorhydrique. On couvre avec un entonnoir pour éviter les pertes. On chauffe au bain marie avec un excès d'acide (5^{cc}) et on évapore à sec pour insolubiliser la silice. On reprend par l'acide dilué, l'eau froide ; on filtre ; on lave. Dans la liqueur et ses eaux de lavage, on ajoute à l'ébullition un léger excès d'ammoniaque. On redissout le précipité d'oxyde de fer par l'acide acétique. Dans la liqueur devenue claire, on verse une solution chaude d'oxalate d'ammoniaque en léger excès. On laisse reposer, on filtre, on lave, etc.

Dosage de la magnésie.

On évapore la liqueur provenant de la séparation de la chaux jusqu'à sec. On chauffe au bain de sable le résidu salin pour en chasser les sels ammoniacaux. On reprend par l'acide chlorhydrique le résidu ; on filtre et, dans la solution, on ajoute de l'ammoniaque jusqu'à apparition du précipité d'oxyde de fer ; on redissout ce précipité par l'acide citrique ; on rajoute de l'ammoniaque, et si le précipité ferrique se montre encore, on remet de l'acide citrique.

Dans la liqueur très ammoniacale, on ajoute 10^{cc} d'une solution de phosphate d'ammoniaque à 8 % et on laisse reposer 24 heures.

On recueille le phosphate ammoniaco-magnésien, et on le traite comme il a été dit (v. p. 180).

Dosage de la potasse.

On lessive à l'eau distillée bouillante de 2 à 10 gr. de cendres, suivant la richesse. On filtre, on lave plusieurs fois le résidu et on passe les liqueurs sur le filtre.

Dans la solution des cendres on ajoute un excès d'eau de baryte, on sature d'acide carbonique la liqueur, on fait bouillir pour détruire le bicarbonate de baryum, on filtre. On lave le précipité à l'eau bouillante Dans la liqueur, on ajoute un léger excès d'acide nitrique et on évapore à sec, au bain marie. On reprend par l'eau et on filtre pour éliminer la silice. On évapore au bain de sable avec un léger excès d'acide perchlorique qui doit donner des fumées blanches lourdes.

On traite le perchlorate de potasse par l'alcool comme il a été indiqué (v. p. 182).

Dosage de la soude.

Dans la liqueur alcoolique provenant du dosage de la potasse se trouve la soude à l'état de perchlorate. On évapore cette solution dans un ballon jusqu'à sec. On chauffe le ballon avec précaution sur la flamme d'un bec Bunsen, jusqu'au rouge sombre, pour transformer le perchlorate en chlorure. On dissout le chlorure de sodium avec de l'eau distillée bouillante, et on évapore la solution dans une capsule de platine avec quelques gouttes d'acide sulfurique pur. On chauffe au rouge sombre pour transformer le bisulfate de soude en sulfate. Le poids de ce sel multiplié par 0,437 donnera la proportion de soude.

Dosage du chlore.

On traite 1 gr. de cendres à froid par 20^{cc} d'eau et 5^{cc} d'acide nitrique. Après digestion, on filtre et on lave à l'eau distillée chaude. On additionne la liqueur d'un excès de nitrate d'argent et on agite fortement pour réunir le chlorure d'argent. On recueille sur un filtre, on lave à l'eau acidulée par l'acide nitrique, puis à l'eau pure. On sèche le filtre à l'obscurité, on détache le chlorure, on brûle le filtre et on traite les cendres par une goutte d'acide nitrique et une goutte d'acide chlorhydrique. Dans la même capsule on ajoute le chlorure et on chauffe jusqu'à fusion partielle. Le poids de chlorure d'argent multiplié par 0,2473 donne la proportion de chlore.

On détache le chlorure d'argent fondu en ajoutant dans la capsule un fragment de zinc et de l'acide chlorhydrique dilué. L'argent est réduit à l'état métallique après deux ou trois traitements. On le dissout dans l'acide nitrique.

Dosage du fer.

On opère comme pour la terre en traitant 5 gr. de cendres parfaitement blanches par l'acide chlorhydrique en présence du zinc et titrant par le permanganate de potasse (v. p. 185).

Dosage du manganèse.

En opérant d'après la méthode de Leclerc sur 4 à 5 gr. de cendre (v. p. 180).

IV — ANALYSE DES EAUX.

ANALYSE DES EAUX POTABLES.

Matières en suspension.

Dans un grand vase à précipitation ou dans une bombonne, on laisse déposer un volume d'eau suffisant. On décante, à l'aide d'un siphon, la partie claire et sur un filtre taré on recueille les matières solides. On sèche à 110° c. et on pèse.

Résidu sec ou extrait.

On évapore dans une capsule de platine à sec, au bain marie, un volume de 2 litres d'eau, clarifiée par le repos ou par filtration. On sèche à 110° c. et on pèse.

Matières organiques.

Dans une capsule de porcelaine, on évapore 5 litres d'eau jusqu'à ce que le volume soit réduit à quelques centimètres cubes. On ajoute 5 ^{cc} d'acide sulfurique et on sèche à l'étuve. La couleur plus ou moins foncée due à la carbonisation des matières organiques permet d'*apprécier* la proportion de ces substances.

Le seul procédé exact consiste à doser le carbone de l'extrait en opérant comme pour l'analyse organique dans un tube à combustion.

On détruit au préalable les carbonates par un léger excès d'acide chlorhydrique. On ajoute dans la capsule du sable siliceux pur, calciné, pour faciliter le recueillement du résidu réduit à un très petit volume. On lave plusieurs fois au sable, on dessèche ce sable à l'étuve et on le mélange, en observant les précautions ordinaires, avec l'oxyde de cuivre du tube à combustion organique (v. p. 194).

On peut encore opérer sur l'extrait avec l'appareil décrit pour le dosage de la matière organique des terres, au moyen de l'acide chromique, en dosant au préalable, dans le même appareil, l'acide carbonique (v. p. 195).

Plusieurs méthodes rapides ont été proposées ayant pour base l'oxydation des matières organiques par titrage avec le permanganate de potassium. Ces procédés sont approximatifs, car, suivant leur nature, ces matières résistent plus ou moins à l'action du réactif. En liqueur acide le permanganate détruit les matières organiques les plus complexes, mais il n'agit pas sur certaines substances résiduelles de la vie animale, l'urée, la leucine, la tyrosine, le glycocolle, etc., dont la présence implique précisément la souillure des eaux.

Procédé Kubel. — La liqueur permanganique renferme 0 gr. 317 de ce sel par litre. On mesure son pouvoir oxydant avec une liqueur normale centime d'acide oxalique pur = 0 gr. 63 par litre.

On fait bouillir 100^{cc} d'eau distillée avec 5^{cc} d'acide sulfurique au 1/3. Puis, à l'aide d'une burette graduée en dixièmes de centimètres cubes, on verse peu à peu la liqueur permanganique jusqu'à coloration rose sensible. On note le volume consommé, on ajoute 10^{cc} d'acide oxalique centime et on ramène à la teinte rose. La quantité de permanganate consommé représente 0 gr. 0008 d'oxygène.

Pour l'essai d'une eau, on opère de même en arrêtant l'addition du permanganate lorsque la teinte sensible persiste après 10 minutes d'ébullition. Du volume consommé on retranche la proportion de permanganate nécessaire pour colorer 100^{cc} d'eau distilllée. *Tiemann* ajoute à l'eau à analyser un excès de liqueur permanganique et maintient pendant 10 minutes l'ébullition. Il verse ensuite 10^{cc} d'acide oxalique et ramène au rose par le permanganate. Du volume consommé il soustrait la quantité qui correspond à l'acide oxalique ainsi que celle nécessaire pour fournir la teinte sensible à un volume égal d'eau distillée.

Procédé alcalin. — A 500^{cc} d'eau, on ajoute 10^{cc} de soude caustique pure à 10 °/₀ et 10^{cc} de permanganate titré renfermant, par litre, 3 gr. 9525 de ce sel (1^{cc} de cette solution vaut 0 gr. 001 d'oxygène).

On fait bouillir pendant 20 minutes au bain de sable, et si la liqueur le décolore, on ajoute 5^{cc} ou 10^{cc} de permanganate ; on laisse refroidir à 50° c. ; on verse dans la liqueur 10^{cc} d'acide sulfurique pur dilué de son volume d'eau, afin de dissoudre l'oxyde de manganèse ; puis on ajoute 10^{cc} d'une solution d'acide oxalique, cristallisé, pur, renfermant 7 gr. 872 par litre, liqueur équivalente à la solution de permanganate. Si l'eau a exigé 15^{cc}, 20, etc. de permanganate, on met un pareil volume d'acide oxalique. On titre avec le permanganate jusqu'à coloration non sensible, en corrigeant comme il a été dit plus haut.

Dans tous ces essais, on exprime le résultat en oxygène consommé pour l'oxydation. 63 d'acide oxalique = 8 oxygène. Il convient de signaler la méthode employée.

D'après *Wanklyn* et *Chapman*, une eau très pure prend moins de 0 milligr. 5 d'oxygène par litre, une eau potable 2 à 3 milligr. Au dessus de ces proportions, les eaux sont impures ou souillées.

Dosage de l'ammoniaque
Par distillation, méthode de Schlœsing.

A deux litres d'eau placés dans un ballon de 3 litres, on ajoute 2 à 3 gr. de magnésie pure, récemment calcinée. Le col du ballon, étiré à la lampe, est joint par un tube de caoutchouc au serpentin ascendant de l'appareil à distillation à réfrigérant ascendant de Schlœsing (serpentin en étain).

A l'extrémité du tube réfrigérant, on fixe un tube de verre renflé en boule à sa partie supérieure et effilé en bas. La pointe du tube plonge de

1 à 2^{mm} dans un matras renfermant 5^{cc} d'acide sulfurique décime normal, coloré par quelques gouttes de teinture de tournesol d'Orcine.

On distille lentement, de façon à recueillir environ 150^{cc} de liqueur.

On lave le tube à boule; on chauffe durant quelques instants à l'ébullition le contenu du matras; on laisse refroidir et on titre l'excès d'acide en versant avec une burette graduée en dixièmes de centimètre cube une liqueur alcaline caustique titrée et faible, ou simplement de l'eau de chaux, liqueur dont la valeur a été précédemment mesurée par rapport à l'acide

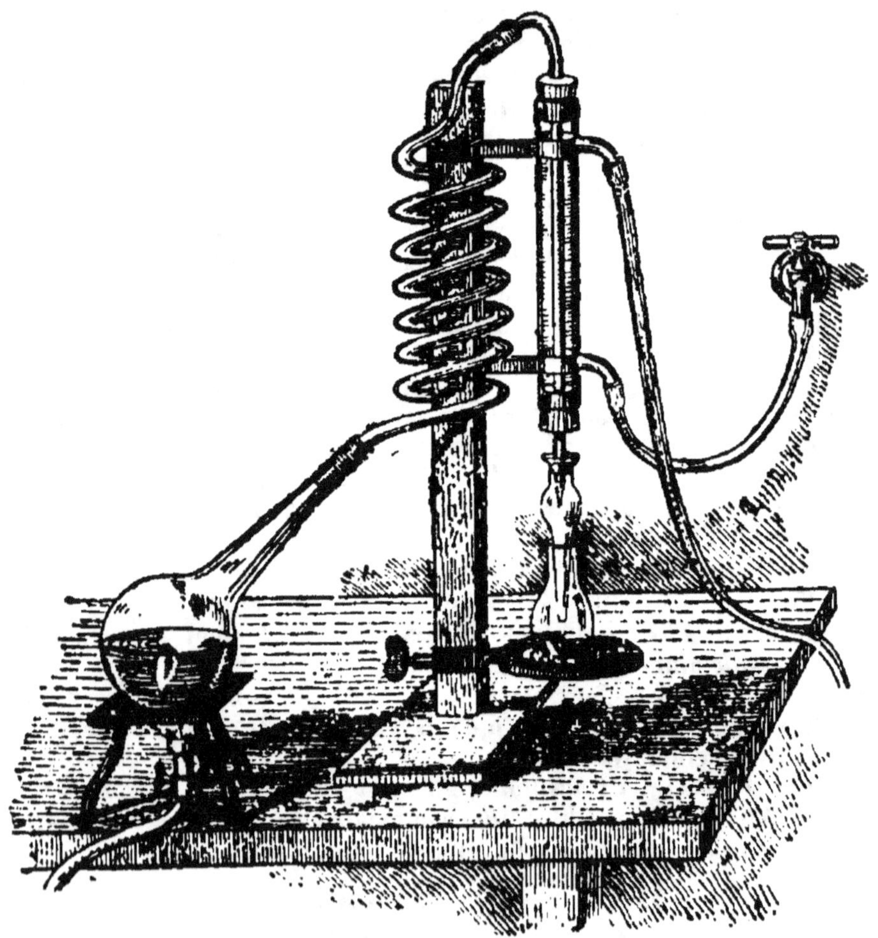

Fig. 133.

décime. On arrête le titrage de la liqueur distillée à la teinte violette.

Chaque centimètre cube d'acide sulfurique décime vaut 0,0017 d'ammoniaque (ou 0,0014 d'azote).

Dans les eaux pluviales, eaux de sources et de rivières, le taux d'ammoniaque étant très faible, on peut remplacer l'acide décime par 20 ou 25^{cc} d'acide centime normal. On titre avec l'eau de chaux diluée à 1/5.

Dosage de l'azote organique et ammoniacal.

1° Par le réactif de Nessler.

Les eaux alimentaires ne devant renfermer que des traces infimes d'ammoniaque, on évalue souvent la proportion de ce corps à l'aide du réactif très sensible de *Nessler*, et opérant d'après la méthode de *Wanklyn* et *Chapman*.

Préparation du réactif de Nessler. — Dans 400 c.c. d'eau distillée bouillante on fait dissoudre 8 grammes de bichlorure de mercure puis 18 grammes d'iodure de potassium pur. On ajoute dans la solution encore chaude 40 grammes de potasse caustique pure (à l'alcool). Après refroidissement on ajoute quelques gouttes d'une solution de bichlorure de mercure et on complète au volume de 500 cc. La liqueur éclaircie par repos est conservée à l'abri de la lumière dans des flacons bien fermés. Deux c.c. du réactif versés dans 50 c.c. d'eau contenant 5/100 de millig. d'ammoniaque doivent donner une coloration jaune manifeste.

On dose l'ammoniaque dans les eaux à l'aide du réactif de Nessler, en examinant comparativement les colorations obtenues avec celles que fournissent des dissolutions titrées d'ammoniaque.

Pour préparer ces solutions, il faut d'abord disposer d'eau distillée complètement exempte d'ammoniaque ; on l'obtient en faisant bouillir avec du permanganate de potasse, durant 1/2 heure, de l'eau distillée ordinaire. On distille ensuite.

On prépare une solution mère titrée de chlorhydrate d'ammoniaque en dissolvant dans cette eau distillée 3 gr. 15 de chlorhydrate d'ammoniaque et amenant au volume de 1 litre ; chaque centimètre cube vaut 1 milligr. d'ammoniaque. En prenant 1^{cc} de cette liqueur et l'étendant à 100^{cc}, on obtient la solution faible qui sert aux essais et qui renferme par centimètre cube 1/100 de milligr. d'ammoniaque.

Wanklyn et *Chapman* analysent les eaux de la manière suivante :

Dans une cornue munie d'un réfrigérant *Liebig*, légèrement ascendant, on introduit 500^{cc} d'eau et du bicarbonate de soude pour rendre la liqueur alcaline. On chauffe à l'ébullition, de manière à distiller rapidement 50^{cc} de liqueur que l'on recueille dans une fiole jaugée, et que l'on conserve pour l'analyse. On continue à distiller de façon à recueillir 150^{cc} que l'on rejette.

Dans la cornue refroidie, on ajoute 50^{cc} d'une dissolution de permanganate de potasse préparée avec 8 gr. de ce sel et 200 gr. de potasse caustique pour 1 litre d'eau, solution préalablement bouillie pendant 1/2 heure, avant de compléter le volume.

On fait bouillir de nouveau, et on recueille 3 prises de 50^{cc} chacune.

Le premier tube réservé et provenant de la distillation sans permanganate renferme, d'après *Wanklyn* et *Chapman*, les 3/4 de l'ammoniaque libre. Dans les trois autres tubes se trouve l'ammoniaque dite *albuminoïde*, c'est-à-dire provenant des matières organiques azotées altérables, dont la présence est la plus dangereuse dans une eau alimentaire.

On verse les prises d'essai dans des tubes de verre, de forme identique, et on ajoute à chacun d'eux 2 ^{cc} de réactif de *Nessler*. Puis, en même temps, on prépare une série de tubes de comparaison renfermant 50 ^{cc} d'eau distillée exempte d'ammoniaque, à laquelle on a ajouté 1, 2, 3, 4 ^{cc}, etc. de la solution titrée faible d'ammoniaque. Lorsqu'on a réalisé des types comparables, il suffit de connaitre les proportions de liqueurs ajoutées pour calculer les résultats. Pour le premier tube contenant l'ammoniaque libre, on ajoute au résultat 1/4 du chiffre trouvé. On totalise les résultats pour les trois autres tubes.

Si l'on obtenait du premier coup non pas une coloration, mais un précipité, il faudrait étendre d'eau distillée. En ce cas, d'ailleurs, l'eau est trop souillée pour être propre à l'alimentation.

Cette méthode détermine donc : 1° l'ammoniaque libre existant à l'état de sel dans l'eau ; 2° l'ammoniaque albuminoïde. Suivant *Wanklyn* les eaux très pures fournissent à l'analyse moins de $\frac{5}{100}$ de milligr. d'ammoniaque albuminoïde par litre ; les eaux potables de $\frac{5}{100}$ à $\frac{1}{10}$ au maximum.

2° Par la méthode de Kjeldahl ou celle de Will et Warentrapp.

On évapore avec quelques gouttes d'acide sulfurique un volume convenable d'eau (plusieurs litres). On termine l'évaporation dans un ballon de 200 ^{cc}, de manière à avoir le résidu presque sec. On ajoute alors le mélange acide des attaques suivant la méthode de Kjeldahl, et on fait bouillir avec 1 centigr. d'oxyde de cuivre. On termine comme il a été dit (v. p. 167).

Si l'eau est calcaire et qu'il se produise un précipité adhérent pendant l'évaporation, on dessèche alors au bain-marie dans la capsule d'évaporation et on introduit la matière sèche dans le ballon. On rince la capsule avec un peu de sable siliceux calciné pour détacher toutes les parcelles.

Le même résidu d'une eau peut être traité par la méthode de *Will* et *Warentrapp* (v. p. 166).

Recherche et dosage des nitrites.

Le plus sensible réactif des nitrites est celui qui repose sur la formation d'un colorant amido-azoïque, l'acide sulfodiazobenzinique. Il prend naissance lorsqu'on met en présence de l'acide azoteux une solution contenant de l'acide sulfanilique et de la naphtylamine (*Griess*).

Dans 300 ^{cc} d'acide acétique faible, on dissout 0 gr. 5 d'acide sulfanilique et 0 gr. 1 de naphtylamine. La solution doit être incolore. On la conserve à l'obscurité en flacon bien fermé (*Ilosvay de Ilosva*).

On opère dans des tubes Lunge à essai, en verre bien incolore et assez longs. On verse 50 ^{cc} d'eau pour remplir le tube aux 4/5 et on ajoute 2 ou 3 ^{cc} du réactif. Une coloration rose apparait rapidement s'il existe des nitrites. En examinant le tube suivant son axe et sur un fond blanc

la plus faible trace de coloration est appréciable. La méthode ne se prête
pas à des appréciations colorimétriques, mais sa sensibilité est considérable. On peut déceler ainsi dans une eau 1 dix millionième d'acide
azoteux.

La dissolution à 1 % de chlorhydrate de métaphenylène diamide,
décolorée par le noir animal, peut être utilisée pour une comparaison
colorimétrique. On conserve ce réactif à l'abri de la lumière.

On prépare une solution titrée d'acide azoteux en dissolvant dans l'eau
bouillante 0 gr. 406 d'azotate d'argent cristallisé, et précipitant l'argent
par un léger excès de chlorure de sodium, étendant à 1000^{cc} et laissant
déposer. Chaque centimètre cube renferme 0 gr. 0001 d'acide azoteux.
($Az^2 O^3$.)

Dans une série de tubes contenant chacun 50^{cc} d'eau distillée, on
ajoute de 0^{cc}5 à 5^{cc} de la liqueur titrée d'acide azoteux, tandis que
comparativement on place 50^{cc} de l'eau à examiner dans un tube de
même forme. A chacun des tubes on ajoute 1^{cc} d'acide sulfurique étendu
(acide à 15 %) et 1/2^{cc} de solution de métaphenylène diamide. On compare après 20 minutes l'intensité des colorations. Si, dès le début, une
teinte rouge apparaissait au lieu d'une teinte jaune ou orangée, on dilue-
rait l'eau à analyser, car les colorations trop intenses ne sont pas comparables (*Griess-Preuss* et *Tiemann*).

Dosage des nitrites. — L'acide azoteux agissant sur un iodure alcalin met l'iode en liberté. Cette réaction a servi à *Chabrier* pour doser les
nitrates des eaux ou des terres.

On évapore dans un ballon 5 à 10 litres d'eau en entretenant une
active ébullition. Quand le liquide est réduit à 100^{cc} environ, on continue
dans un ballon plus petit, de façon à n'avoir plus que 10 à 15^{cc}. On filtre
pour séparer les sels terreux et on reçoit la liqueur dans un flacon de
Wolff à trois tubulures ainsi que les eaux de lavage du filtre. A ce flacon
d'environ 100^{cc} de capacité, on fixe, sur l'une des tubulures, une burette
graduée contenant de l'acide sulfurique à 5 0/0. Le tube effilé de la
burette pénètre dans le bouchon, tandis qu'au dessus une pince de Mohr
pressant un tube de caoutchouc qui relie ce tube à la burette, permet de
faire couler à volonté la liqueur. Une autre tubulure reçoit de la même
manière une burette graduée renfermant une solution titrée d'hyposulfite
de sodium. La troisième tubulure est fermée *imparfaitement* par un
bouchon percé d'un trou dans lequel pénètre librement un tube à gaz
amenant de l'acide carbonique.

On ajoute à la solution nitreuse du flacon quelques centimètres cube
d'une solution d'iodure de potassium et 1^{cc} d'empois d'amidon clair. On
fait arriver du gaz carbonique pour remplacer l'air du flacon et on laisse
persister un léger courant pour maintenir cette atmosphère inerte.

On fait couler quelques gouttes d'acide sulfurique étendu. La liqueur
se colore par l'iode mis en liberté. On fait alors couler la burette d'hyposulfite, de manière à obtenir la décoloration. On ajoute encore de l'acide
et aussitôt de l'hyposulfite, et on recommence ainsi plusieurs fois ces

additions successives jusqu'au moment où l'acide reste sans action. On lit la consommation d'hyposulfite.

Solution d'hyposulfite. — On la prépare en dissolvant 25 gr. de ce sel cristallisé et non effleuré dans 1 litre d'eau. C'est une solution mère trop concentrée pour servir aux essais. Dans ces derniers on emploie la liqueur étendue au 1/10 ou au 1/100 de son volume. Pour vérifier la valeur de la solution d'hyposulfite on fait dissoudre 3,348 d'iode sublimé pur dans très peu d'eau additionné d'une proportion suffisante d'iodure de potassium. Quand la dissolution de l'iode est complète, on étend à 1 litre. Cette solution correspond par centimètre cube à 1 milligr. d'acide azoteux ($Az^2 O^3$). On prend 10^{cc} de solution d'iode, on y ajoute un peu d'empois, puis on verse l'hyposulfite jusqu'à décoloration. Le volume consommé correspond à 10 milligr. d'acide azoteux.

On peut remplacer le gaz carbonique qui doit être bien purifié de composés chlorés par un simple courant de gaz de l'éclairage, comme l'a proposé *Muntz*.

Recherche et dosage des nitrates.

Le réactif le plus sensible, qui agit aussi sur les nitrites, est formé d'une dissolution de 0 gr. 5 de *diphénylamine* dans 100^{cc} d'acide sulfurique pur.

Dans une petite capsule de porcelaine on verse 4 ou 5^{cc} du réactif, puis on ajoute quelques gouttes seulement de l'eau dans laquelle on recherche les nitrates. Avec 1 milligr. par litre la réaction est nettement apparente : c'est une coloration bleue ; elle décèle un dix millionième d'acide nitrique. En évaporant 25 ou 50^{cc} d'eau de façon à concentrer dans quelques gouttes les nitrates, la réaction est plus sensible encore. Il faut éviter un excès d'eau qui détruit le bleu de diphénylamine.

La réaction étant commune aux nitrites, il faut détruire au préalable l'acide nitreux en acidulant la liqueur avec l'acide sulfurique pur et chauffant avec un peu d'urée.

Le dosage des nitrates s'effectue par le procédé de *Schlœsing*. On évapore *dans un grand* ballon et à feu vif un volume convenable d'eau, 2 à 5 litres, en présence d'une pastille de potasse caustique pure. Quand le liquide est réduit à un très petit volume, on filtre pour séparer les sels terreux ; on lave et on continue d'évaporer dans un ballon plus petit.

On traite l'extrait par le même procédé qui a été indiqué au sujet des terres (v. p. 172).

La méthode dose à la fois les nitrates et les nitrites, à moins de détruire au préalable ces derniers.

Dosage en poids des nitrates. — Un nouvel alcaloïde découvert par A. *Arnaud* dans les écorces du Remigia Purdieana, la Cinchonamine, forme avec l'acide nitrique un sel presque insoluble dans l'eau, propriété qui a été mise à profit par l'auteur pour le dosage des nitrates.

On prépare, comme plus haut, un extrait en évaporant un volume d'eau suffisant. On reprend le résidu très réduit par l'alcool à 40° c. On filtre. On chasse l'alcool par la chaleur. On élimine le chlore des chlorures par un léger excès d'acétate de plomb. On enlève l'excès de plomb par quelques gouttes de sulfate de soude.

On filtre. On évapore presque à sec en filtrant de nouveau s'il se produisait un trouble. On acidule par une seule goutte d'acide acétique étendu. Puis on ajoute une solution chaude de sulfate de cinchonamine employée en excès.

Le nitrate de cinchonamine se précipite aussitôt à l'état cristallin; on laisse reposer 12 heures dans un endroit froid.

On recueille les cristaux sur un filtre taré et on lave avec une solution saturée à froid de nitrate de cinchonamine, jusqu'à élimination du sulfate employé en excès.

L'eau dissout 2/1000 de son poids de nitrate de chinchonamine. On termine par un seul lavage avec une petite proportion d'eau. On sèche à 110 et on pèse.

Le poids du nitrate de cinchonamine ($C^{19} H^{24} Az^2 O, Az O^3 H$) multiplié par 0,1504 donne le taux d'acide nitrique.

La cinchonamine est rapidement détruite par l'acide azoteux. S'il existe des nitrites il convient de les détruire avant l'emploi de l'alcaloïde.

Dosage du chlore.

1° *Dosage par pesée.* — On évapore à 200^{cc} 2 litres d'eau. On ajoute 10^{cc} d'acide nitrique et un léger excès de nitrate d'argent. On chauffe à 70° c. et on agite fortement pour réunir le précipité. On lave avec de l'eau aiguisée d'acide nitrique, puis on recueille sur un filtre et on lave avec un peu d'eau pure.

On sèche. On détache le précipité du filtre et on incinère ce dernier à part dans un creuset de porcelaine. On traite les cendres par une goutte d'acide nitrique et une goutte d'acide chlorhydrique après dissolution. On évapore à sec et on joint le précipité de chlorure d'argent. On chauffe jusqu'à fusion partielle.

Le poids de chlorure d'argent multiplié par 0,2473 donnera le poids du chlore.

2° *Par titrage.* — On opère sur 1 ou 2 litres d'eau réduits par évaporation à 200^{cc} environ. Le liquide doit être tout à fait neutre et exempt de matières organiques.

On ajoute deux gouttes d'une solution saturée de chromate neutre de potassium et on verse peu à peu en agitant la solution titrée d'argent jusqu'à formation de chromate rouge d'argent. La liqueur d'argent est préparée en dissolvant 1,197 de nitrate d'argent pur dans l'eau distillée pour faire le volume de 1 litre.

On mesure par un essai préalable avec 200^{cc} d'eau distillée l'excès d'argent nécessaire pour obtenir la coloration rouge du chromate servant d'indicateur pour la fin du titrage.

Chaque centimètre cube de liqueur d'argent consommée, l'excès ci-dessus ayant été préalablement soustrait, correspond à 0,00025 de chlore.

On vérifie le titre de la liqueur d'argent en effectuant le même titrage avec une solution titrée de sel marin pur et sec renfermant par litre 0,406 de ce corps. Les deux liqueurs doivent se correspondre exactement.

Dosage de l'acide sulfurique.

On acidule par l'acide chlorhydrique 2 litres d'eau clarifiée par repos. On porte à l'ébullition et on ajoute un léger excès de chlorure de baryum. On laisse déposer. On décante sur un filtre à analyse. On lave à l'eau distillée bouillante. On sèche et on calcine au rouge en incinérant à part le filtre.

Le poids de sulfate de baryum obtenu multiplié par 0,363 donnera la proportion d'acide sulfurique anhydre.

Dosage de la chaux totale.

On ajoute 5^{cc} d'acide acétique à chaque litre d'eau prise pour l'essai (eau clarifiée par repos). On chauffe à l'ébullition et on ajoute de l'oxalate d'ammoniaque en léger excès. On laisse déposer. On recueille l'oxalate de chaux sur un filtre à analyse. On sèche et on calcine comme il a été indiqué.

Dosage de la chaux bicarbonatée.

On fait bouillir l'eau pendant 1 heure. On laisse déposer et on filtre. Le précipité calcique adhérent au ballon et au filtre est dissous par l'acide acétique. On termine le dosage comme ci-dessus.

Dosage de la magnésie totale.

On acidule par l'acide chlorhydrique plusieurs litres d'eau (4 ou 5). On évapore à un petit volume.

Dans la liqueur on ajoute à chaud un léger excès d'ammoniaque et d'oxalate d'ammoniaque. On filtre et on lave.

On évapore à sec, puis on chauffe le résidu dans une capsule de platine pour chasser les sels ammoniacaux. On dissout le résidu avec quelques gouttes d'acide chlorhydrique et peu d'eau. On verse dans un verre à précipitation. On rend la liqueur ammoniacale et on ajoute un léger excès de phosphate de soude. On laisse reposer 12 heures en ajoutant un excès d'ammoniaque.

Le précipité de phosphate ammoniaco-magnésien est traité comme il est dit p. 180.

Dosage de la silice.

On évapore à un petit volume, dans une capsule, 5 à 10 litres d'eau acidulée par l'acide chlorhydrique. On sépare l'acide sulfurique par un léger excès de chlorure de baryum. On filtre. On évapore *à sec* le liquide filtré et les eaux de lavage du précipité barytique.

On reprend par l'eau acidulée à chaud. On ajoute de l'eau froide. On recueille la silice sur un filtre à analyse. On sèche, on calcine avec précaution pour éviter toute perte, et on pèse.

Dosage de l'alumine et de l'oxyde de fer.

Dans le liquide de filtration de l'opération précédente, chauffé à l'ébullition, on précipite par un léger excès d'ammoniaque. On recueille sur un filtre. On lave à l'eau bouillante jusqu'à cessation de la réaction des chlorures dans le liquide filtrant.

On sèche et on calcine au rouge. Le précipité renferme les traces d'acide phosphorique que l'eau peut renfermer.

Dosage de l'oxyde de fer.

Dans le précipité calciné de l'opération précédente on peut doser l'oxyde de fer. On redissout dans l'acide chlorhydrique le précipité broyé. On réduit par le zinc et on titre avec le permanganate de potasse (v. p. 185).

Dosage de l'oxygène dissous.

Dans un flacon de 1 litre muni d'un large bouchon de caoutchouc percé de trois trous on place deux tubes coudés à angle droit qui affleurent intérieurement le bouchon. Le troisième trou reçoit un tube à entonnoir muni d'un robinet.

Dans le flacon on introduit 500^{cc} d'eau. On fait passer par l'un des tubes coudés un courant d'acide carbonique destiné à chasser l'air. Quand l'atmosphère du flacon est composée de gaz carbonique on verse par l'entonnoir 50^{cc} d'une dissolution de sulfate double de fer et d'ammoniaque renfermant par litre 28 gr.028 de ce sel cristallisé pur. Cette liqueur est acidulée par 1^{cc} d'acide sulfurique. On rince l'entonnoir avec un peu d'eau distillée bouillie pour entraîner dans le flacon toute la liqueur mesurée. On agite, puis on verse 3 ou 4^{cc} de solution de potasse caustique. On rince de nouveau et on agite.

Après 30 minutes environ on ajoute un excès d'acide sulfurique pur pour dissoudre le précipité d'oxydes ferreux et ferrique. On agite. On ouvre le flacon et on titre rapidement l'excès de sel ferreux avec une solution de permanganate de potasse renfermant 3 gr. 15 de ce sel par litre.

Préalablement on titre dans les mêmes conditions 50^{cc} de liqueur de sulfate double de fer et d'ammoniaque par la solution de permanganate en opérant dans 500^{cc} d'eau distillée bouillie acidulée par l'acide sulfurique.

50^{cc} de la liqueur de fer valent 1,4014 de sel double, quantité qui correspond à 20^{cc} de gaz oxygène mesuré à 0° c. et 760^{mm} de pression barométrique, ou en poids à 0 gr. 0286.

Dosage de l'acide phosphorique, de la potasse et de la soude

(Voir analyse des eaux d'irrigation, p. 231.)

Dosage de l'iode et du brôme

Ces corps simples ne sont représentés dans les eaux potables qu'à l'état de traces. Pour les rechercher il faut réduire par évaporation de grands volumes d'eau, plusieurs décalitres. On opère à feu nu, puis au bain-marie pour dessécher complètement.

Le résidu pulvérisé est traité par l'alcool qui dissout les iodures et bromures.

On évapore au bain-marie l'extrait alcoolique. Quand il ne reste plus que quelques gouttes on en imprègne un fragment d'amidon déposé sur un verre de montre. Puis, à l'aide d'un tube effilé, on verse sur ce fragment une goutte d'acide nitrique fumant.

L'amidon se colore en bleu par l'iode mis en liberté. Le brôme fournit une teinte orangée. Des stries bleues et aurore indiquent la présence des deux corps.

La présence de l'iode et du brôme jointe à celle du chlore indique une origine marine.

Observations sur les caractères que doivent présenter les eaux potables

Indépendamment des caractères organoleptiques, saveur faible, couleur et odeur nulles, fraîcheur, limpidité, imputrescibilité, une eau peut être considérée comme propre à l'alimentation lorsqu'elle ne renferme que peu de matières minérales, extrêmement peu ou pas de matières organiques, très peu de nitrites et de nitrates, très peu d'ammoniaque et surtout d'ammoniaque albuminoïde, peu de chlore, quand elle dissout le savon sans former des grumeaux et qu'elle cuit bien les légumes.

Saveur. — L'eau doit être agréable au goût, sans fadeur ni goût douceâtre ou amer. L'eau distillée, les eaux de pluies et de citernes sont fades. Les eaux chargées de sel marin sont salées et amères si elles renferment des sels magnésiens.

Couleur. Limpidité. — Les eaux colorées sont souillées par des matières organiques en décomposition. Les eaux troubles peuvent contenir des matières organiques ou des limons. Une eau limoneuse peut être propre à l'alimentation si sa clarification s'opère rapidement par simple dépôt. Il y a lieu de rappeler à cet égard les observations de *Schlœsing* sur le rôle utile des sels calcaires dans la coagulation des troubles argileux. Une eau renfermant par litre moins de 60 milligr. de chaux ne se clarifie pas.

Vue en grande masse, l'eau pure est incolore ou bleu verdâtre. Sa transparence est telle que, sous une épaisseur de 15 mètres, on distingue nettement les objets immergés.

Odeur. Imputrescibilité. — Une eau potable abandonnée à 0° c., puis à 40, à 50° c., dans des vases de verre, à l'abri des poussières, doit être inodore. Elle est irréprochable sous ce rapport si elle peut être conservée en vase clos pendant 10 à 15 jours sans acquérir d'odeur. Les eaux les plus pures finissent toutefois par prendre dans ces conditions une odeur de croupi due à la décomposition des organismes microscopiques qui s'y sont multipliés.

Fraîcheur. — La température d'une eau potable doit être comprise entre 8 et 14° c. A 25° c. et même à 20° c., l'eau devient fade et désagréable, défaut que présentent l'été beaucoup d'eaux potables circulant à découvert. Une canalisation souterraine maintient la fraîcheur qui est une qualité importante, car elle arrête la pullulation des organismes microscopiques.

Aération. — Une eau potable doit être bien pourvue en oxygène dissous. En général on trouve de 20 à 55^{cc} de gaz en dissolution formés de 50 % environ d'acide carbonique. Le reste est composé de 30 à 33 d'oxygène et 70-67 d'azote. Les eaux bien aérées sont légères et facilitent la digestion.

Substances minérales et organiques. — On ne peut fixer de limites absolues. En général l'extrait doit être inférieur à 0 gr. 500 par litre avec 0,25, au plus, de carbonate ou de sulfate de chaux. Les eaux riches en chaux ne sont tolérées que si, en même temps, elles renferment beaucoup d'acide carbonique. Si les sulfates dominent (eaux séléniteuses) elles deviennent lourdes et indigestes. Les sels de magnésie ne doivent être qu'en faible proportion. Les chlorures en proportion notable sont suspects si leur présence n'est pas expliquée par le voisinage de la mer ou l'existence de terrains salés. Les nitrites et les sulfures indiquent des eaux souillées de matières organiques. Il en est de même de l'ammoniaque, des nitrates, des phosphates.

Ces derniers sels, les phosphates, n'offrent pas par eux-mêmes d'inconvénient, mais dans les eaux pures ils n'existent généralement qu'à l'état de simples traces.

Le quantum des matières organiques, exprimées en valeur d'acide oxalique, ne doit pas dépasser 5 milligr. par litre en dosant d'après la méthode *Kubel Tiemann* (Limite adoptée par le laboratoire municipal de Paris).

Une eau renfermant en valeur d'oxygène consommé plus de 3 milligr. par litre est considérée comme suspecte par le formulaire des Hôpitaux militaires. En Angleterre on rejette de l'alimentation toute eau qui absorbe pour l'oxydation plus de 1 milligr. d'oxygène.

Les eaux alimentaires proviennent des sources, des nappes artésiennes ou des cours d'eaux. Leur qualité dépend dans une grande mesure de la nature des terrains d'origine et des terrains traversés. Les eaux de fleuves et de rivières dont l'origine est complexe et le débit variable subissent des changements de composition correspondants.

Les eaux de puits voisins des habitations ou des bâtiments d'exploitation, fosses à fumier, écuries, etc., sont impropres à la consommation. L'étiologie des principales maladies infectieuses est suffisamment connue maintenant pour qu'on comprenne les dangers graves qui résultent, aussi bien pour l'homme que pour les animaux, de toutes les chances de souillures des eaux potables par les infiltrations au travers d'un sol contaminé.

Méthode hydrotimétrique pour l'essai des eaux.

L'essai des eaux suivant la méthode de Clarke perfectionnée par Boutrou et Boudet donne des renseignements approximatifs souvent suffisants pour apprécier les qualités ou les défauts d'une eau destinée à des usages alimentaires ou industriels.

Cette méthode rapide repose sur ce principe que les acides gras du savon forment avec les sels calcaires et magnésiens des combinaisons insolubles qui retardent la formation de la mousse.

Dans un flacon portant plusieurs traits de jauge, 10^{cc}, 20^{cc}, 30^{cc}, 40^{cc}, on mesure un volume déterminé de l'eau à essayer. On verse peu à peu, et en agitant après chaque addition, une solution titrée de savon, cela jusqu'à ce que l'on ait obtenu la formation d'une mousse de 5 centim. de hauteur se maintenant pendant 5 minutes. Le volume d'eau savonneuse consommée, lu sur la burette hydrotimétrique, mesure la quantité des sels que l'eau renferme.

La burette hydrotimétrique comprend 23 divisions qui équivalent ensemble à 2^{cc} 4. Le 0 de la graduation est placé à la seconde division, le volume compris entre la première division et cette seconde division étant celui qui produit la mousse dans 40^{cc} d'eau distillée.

Réactifs nécessaires :

A. Une solution de 0 gr. 25 de chlorure de calcium pur fondu dans 1 litre d'eau distillée. On peut remplacer cette solution par celle obtenue dans le même volume avec 0,55 de chlorure de baryum cristallisé ($Ba\ Cl^2\ 2\ H^2\ O$).

B. Solution de 50 gr. de savon blanc de Marseille dans 800 gr. d'alcool à 90°, additionné, après filtration, de 500^{cc} d'eau distillée.

C. Solution d'oxalate d'ammonium 10 gr. pour 600^{cc}.

Fixation du titre pour la solution de savon.

Dans le flacon hydrotimétrique on mesure 40^{cc} de la solution A. On verse peu à peu, avec la burette, assez de solution B pour produire par l'agitation une mousse de 1/2 C de hauteur durant 5 minutes. Si la liqueur est juste on a dû consommer 23 divisions. S'il n'en était pas ainsi on renforcerait ou on diminuerait par addition de savon ou addition d'eau la liqueur savonneuse.

Mode opératoire pour l'essai d'une eau.

I. On pratique l'essai comme ci-dessus en mesurant 40^{cc} d'eau à analyser dans le flacon et ajoutant jusqu'à formation de mousse persistante la quantité voulue de liqueur hydrotimétrique. Si l'eau nécessite plus de 23 divisions on recommence en prenant 30^{cc} au lieu de 40^{cc} et ajoutant 10^{cc} d'eau distillée. On prend 20 et même 10^{cc} seulement, s'il le faut, en complétant toujours jusqu'à 40^{cc} par de l'eau distillée. On obtient ainsi le titre hydrotimétrique proprement dit. Si on a pris un volume réduit, 30^{cc}, 20^{cc} ou 10^{cc} on multiplie le résultat proportionnellement.

II. Dans un deuxième essai on élimine la chaux en ajoutant à 50^{cc} de l'eau à analyser 2^{cc} de la solution C laissant déposer 1/4 d'heure et filtrant. On opère sur le liquide filtré dont on prend, comme ci-dessus, 40 cc.

III. Dans un troisième essai on fait bouillir un volume déterminé, 100 cc, de l'eau à analyser pendant 1/2 heure. On ramène au volume primitif par de l'eau distillée. On agite, on filtre et on opère sur 40 cc.

IV. Dans un quatrième essai on prend 50 cc du liquide bouilli n° III et on l'additionne de 2 cc de la solution C. On agite, on laisse reposer 1/2 heure, on filtre et on opère sur 40 cc.

Calcul des résultats.

L'essai du § I représente l'action totale des corps en dissolution dans l'eau, sels de chaux, sels de magnésie et acide carbonique. C'est le degré hydrotimétrique proprement dit de l'eau soumise à l'essai.

L'essai du § II représente l'action des sels de magnésie et de l'acide carbonique, la chaux ayant été éliminée.

L'essai du § III, diminué de 3°, représente l'action des sels de magnésie et celle des sels de chaux moins le carbonate. Les 3° à réduire du titre obtenu représentent le carbonate calcique que l'ébullition a laissé persister.

L'essai du § IV représente l'action des sels de magnésie.

D'après ces indications et en recourant aux chiffres inscrits dans la table ci-après, qui donne pour 1° hydrotimétrique et pour 1 litre d'eau la quantité correspondante des divers corps en solution dans l'eau, il est donc possible de calculer approximativement la nature et la proportion des impuretés de l'eau essayée.

En retranchant les degrés hydrotimétriques trouvés dans la 2e opération de ceux obtenus dans la 1re on a les degrés qui représentent les sels de chaux.

La 2e opération donne ceux qui représentent l'acide carbonique et les sels de magnésie.

En retranchant des degrés de la 1re opération ceux de la 3e (diminués de 3°) on a la valeur en degrés hydrotimétriques du carbonate de chaux et de l'acide carbonique.

La 4e opération donne le volume des degrés hydrotimétriques correspondant aux sels de magnésie.

La valeur en degrés des sels de chaux et des sels de magnésie retirée de l'essai I donne celle de l'acide carbonique.

Tableau hydrotimétrique

Valeur en grammes, pour 1 litre d'eau, de 1° des corps suivants.			
Chaux	0.0057	Sulfate de magnésium	0.0125
Chlorure de calcium	0.0114	Chlorure de sodium	0.0120
Carbonate de calcium	0.0103	Sulfate de sodium	0.0146
Sulfate de calcium	0.014	Acide sulfurique anhydre	0.0082
Magnésie	0.0042	Chlore	0.0073
Chlorure de magnésium	0.00[illegible]	Savon à 50 % d'eau	0.1061
Carbonate de magnésium	0.0088	Acide carbonique gazeux	5 cc

Le degré hydrotimétrique indique directement la quantité de savon que les sels de l'eau neutralisent, soit 0,1 par degré et par litre.

Les eaux peuvent être classées de la manière suivante :

Au dessous de 30° hydrotimétrique. Eaux potables convenant au blanchissage, à la cuisson des légumes, etc.

De 30° à 60°. Eaux dures impropres aux usages domestiques convenant à peine au service des appareils à vapeur.

Au dessus de 60. Eaux impropres à tous usages.

Degrés de quelques eaux :

Eau de pluie		3°5
Eau du Rhône		15°
Eau de la Seine (Ivry)	15° à	17°
— — (Chaillot)	19° à	23°
Eau de la Marne	19° à	23°
Eau de la Dhuys (réservoir de Paris)		20°5
Eau de la Vanne (en moyenne)	16° à	18°
Eau de l'Ourcq		30°
Puits artésien de Grenelle	9° à	12°
Puits artésien de Passy	10° à	11°
Eau d'Arcueil	53° à	40°
Eau de Belleville		128°

Le degré de dureté anglais, d'après la méthode de Clarke, indique le nombre de grains de carbonate de calcium contenus dans un gallon ou 70.000 grains de l'eau essayée, par conséquent 1 degré = 0,0143 de carbonate calcaire par litre d'eau.

Le degré de dureté allemand indique le nombre de centigrammes par litre d'eau, de chaux ou oxyde de calcium qu'elle renferme.

1 degré français = 0,56 allemand = 0,70 anglais.

ANALYSE DES EAUX D'IRRIGATION ET DES EAUX DE DRAINAGE.

Procédé de M. P. Gasparin.

L'analyse doit porter au moins sur 10 litres d'eau. Si cette eau renferme des sulfates (cas le plus général) il est indispensable de déterminer au préalable le quantum d'acide sulfurique, cela pour séparer exactement cet acide et empêcher, lors de l'évaporation, la formation de sels sulfatés peu solubles qui compromettraient toutes les déterminations ultérieures.

Dans un essai préliminaire on dosera donc l'acide sulfurique en évaporant 2 litres d'eau en présence d'un excès de chlorure de baryum et d'acide chlorhydrique. Lorsque la liqueur sera réduite à 200 ou 300^c on recueillera sur un filtre à analyse le sulfate de baryum, on le lavera jusqu'à disparition de la réaction des chlorures, on séchera et on pèsera après calcination. Le poids de sulfate de baryum multiplié par 0,343 fera connaître la quantité d'acide sulfurique (SO^3).

Pour l'évaporation des 10 litres d'eau on préparera une liqueur renfermant un poids de chlorure de baryum cristallisé égal à six fois celui du sulfate de baryte ci-dessus déterminé dans un volumede 2 litres d'eau. Les poids moléculaires du sulfate de baryum (233) et du chlorure de baryum cristallisé (244) étant très voisins, cette proportion assurera un léger excès de chlorure de baryum. On évapore les 10 litres d'eau dans une capsule de platine en ajoutant peu à peu les quantités correspondantes de liqueur barytique et en maintenant toujours l'eau acide par addition d'acide chlorhydrique. Dans ces conditions, l'évaporation est facile, même à feu nu. On évite toute ébullition et quand le volume du liquide est très réduit (1 litre) on termine en chauffant au bain-marie jusqu'à ce que le volume soit de deux ou trois décilitres. On recueille sur un filtre à analyse le sulfate de baryum qu'on traite comme précédemment pour confirmer le dosage de l'acide sulfurique.

La liqueur filtrée et les eaux de lavages du sulfate sont évaporées au bain-marie à siccité. On chauffe ensuite au bain d'air pour assurer l'entière dessiccation et par suite la séparation exacte de la silice. On reprend par un peu d'acide chlorhydrique dilué, on chauffe en laissant concentrer l'acide, puis brusquement et dans une seule aspersion on étend d'eau distillée froide. La *silice* séparée est recueillie sur un filtre à analyse, lavée, séchée, calcinée et pesée.

Le liquide filtré et les eaux de lavages de la silice sont additionnés d'une solution de chlorure d'aluminium telle que le volume employé corresponde à 2 décigrammes d'alumine. Cette solution doit être entièrement exempte d'acide phosphorique. Pour obtenir ce résultat on a recours dans sa préparation au chlorure aluminium anhydre obtenu par la voie sèche.

Dans la liqueur ainsi additionnée on ajoute un léger excès d'ammoniaque qui précipite l'alumine et avec elle *l'acide phosphorique*. On lave le précipité, recueilli sur un filtre à analyse, avec de l'eau ammoniacale faible.

La liqueur filtrée contient la chaux, la magnésie, la potasse et la soude. On la traite comme dans l'analyse des terres (pages 179 et suivantes) pour obtenir les séparations et dosages de ces corps.

Quant au précipité d'alumine on le recueille après dessiccation. On le pulvérise au mortier d'agathe. On traite la poudre dans une capsule de platine par un peu d'acide azotique et on dessèche au bain de sable. On calcine ensuite afin de détruire les matières organiques entraînées par l'alumine.

L'azotate d'alumine laisse un champignon friable d'alumine. On le pulvérise et on le redissout dans l'acide azotique en faisant digérer à chaud pendant 16 heures au bain-marie, cela afin de ramener à l'état tribasique l'acide phosphorique. On filtre pour séparer une portion d'alumine insoluble, on lave et on réduit les liquides obtenus à un volume aussi réduit que possible, quelques centimètres cubes.

On précipite par un excès de liqueur molybdique. Après 24 heures on sépare le phospho-molybdate d'ammoniaque comme il a été dit à l'analyse des terres et on le transforme en phosphato-ammoniaco-magnésien en suivant les prescriptions indiquées dans ce même chapitre.

Les quantités d'acide phosphorique renfermées dans les eaux d'irrigations sont en général extrêmement faibles et il est souvent nécessaire de prendre, au lieu de 10 litres d'eau, 20 litres pour assurer ce dosage important.

Dosage de l'ammoniaque

On opère sur 1 ou 2 litres. Si l'eau est très pauvre (cas général) on prend un volume encore plus considérable. On concentre alors l'eau par évaporation après l'avoir acidulée par l'acide sulfurique. Au lieu de concentrer on peut aussi employer une liqueur acide 1/100 normale, comme il sera indiqué plus loin.

On introduit l'eau dans un ballon à distillation avec 2 à 3 grammes de magnésie récemment calcinée. Si on a concentré avec de l'acide sulfurique, il faut d'abord saturer cet acide par la magnésie de manière à laisser toujours en excès 2 à 3 grammes de cette base destinée à déplacer l'ammoniaque. On relie le ballon au tube du serpentin ascendant de l'appareil de Schloesing et on recueille le liquide distillé ammoniacal dans une quantité mesurée, 5^{cc} ou 10^{cc}, d'acide oxalique ou sulfurique normal décime ou même normal centime, coloré par la teinture de tournesol-Orcine.

Dans la liqueur froide on titre l'excès d'acide après avoir fait bouillir durant 1 minute la liqueur afin de chasser l'acide carbonique qui nuirait à la netteté du virage.

Si on ne désire qu'une évaluation approximative on peut, en employant des liqueurs titrées de chlorhydrate d'ammoniaque, évaluer la quantité d'ammoniaque d'une eau en comparant les teintes obtenues au moyen du réactif de Nessler. On prend 100^{cc} d'eau et 10^{cc} de ce réactif.

Généralités sur les eaux d'irrigation.

L'analyse chimique permet d'apprécier la valeur d'une eau d'irrigation. Elle détermine, en effet, la teneur de cette eau en principes fertilisants, azote sous toutes ses formes, acide phosphorique, potasse, acide sulfurique, chaux, magnésie. Des quantités même très minimes de ces corps peuvent avoir une grande influence eu égard au pouvoir absorbant des sols et aux volumes d'eaux considérables qui y sont appliqués dans les irrigations. On peut s'étonner que, dans ces conditions, il existe aussi peu de documents sur la composition des principales eaux d'irrigation.

Les analyses publiées n'ont eu en effet pour but, le plus souvent, que de fixer la valeur hygiénique ou la valeur industrielle des eaux examinées. Les dosages de l'acide phosphorique, de la potasse, qui ne représentent que des fractions minimes, ont été généralement négligés. Enfin à l'époque où beaucoup de ces documents précieux ont paru, on ne possédait pas encore des méthodes bien sûres pour la détermination des agents de fertilité, souvent même leur rôle n'était qu'entrevu, alors qu'il est à présent définitivement fixé. Les dosages de l'azote ammoniacal nitrique ont été rendus pratiques et sûrs par l'emploi des méthodes de *Schlœsing*. Le dosage de faibles traces d'acides phosphoriques, ce qui est le cas pour les terres et à fortiori pour les eaux, était impraticable avant l'emploi du molybdate d'ammoniaque proposé par *Sonnenschein*. Il y a donc lieu d'espérer que les chimistes agronomes exploreront maintenant un vaste domaine où les documents précis font encore le plus souvent défaut, et qu'ils suivront en cela la voie largement ouverte par M. P. de Gasparin.

Les eaux d'irrigation réclament des qualités très différentes, et pour ainsi dire opposées à celles qu'on exige des eaux potables.

Le goût, l'odeur, la couleur, la fraîcheur, la limpidité sont sans intérêt. L'essentiel est que les eaux apportent en solution le plus de principes utiles au sol et que la nature physique et chimique des limons qu'elles transportent convienne à celle des terrains où ils s'emmagasinent. L'importance du résidu fixe qui est un défaut dans les eaux potables peut être un grand avantage pour une eau d'irrigation. La présence de matières organiques azotées, de nitrites, de nitrates, de l'ammoniaque, au lieu d'être un obstacle constitue un immense avantage. Le fait même que l'irrigation trouve ses plus fécondes applications dans l'emploi de certaines eaux résiduaires, eaux d'égouts, etc., montre bien cet antagonisme de qualités qui caractérise les eaux les plus propres aux irrigations comparées aux eaux d'alimentation.

Mais pour bien juger de la valeur d'une eau d'irrigation il faut posséder, outre la connaissance de sa composition chimique, celle des terres qu'elle est destinée à irriguer. Une eau calcaire crue offrira de grands résultats appliquée à des sols purement siliceux, dépourvus ou pauvres en chaux. Inversement des eaux douces potassiques issues de massifs granitiques, des gneiss, etc., jouiront de la plus grande faveur appliquées aux sols calcaires. Des indications spéciales pourraient être signalées et non moins remarquables si on connaissait mieux ces relations des eaux et des sols. A part leur richesse en azote, en acide phosphorique ou potasse, les qualités des eaux d'irrigation doivent donc être envisagées suivant les conditions particulières de leur application.

Des eaux douces dépourvues de chaux ne conviennent point aux sols silico-argileux par ce fait seul, découlant des observations de Schlœsing, qu'elles contribuent à maintenir incoagulés les éléments argileux. Des terrains qui sont à la limite de la perméabilité pourront ainsi devenir imperméables tandis que les mêmes eaux appliquées sur des sols calcaires n'offriront aucun inconvénient. Par contre, des eaux calcaires pourront augmenter la perméabilité des sols argilo-siliceux en coagulant l'argile qu'ils renferment et jouer ainsi un rôle des plus favorables en dehors de toute autre considération.

Éléments nuisibles. — Les eaux acides, humiques, celles qui contiennent des sulfures, du sulfate de fer, du sel marin en quantité notable sont nuisibles aux plantes. Un grand excès d'éléments utiles peut produire des résultats analogues. Un millième de sel marin arrête la végétation. Un centième de nitrate de chaux, de chlorure de potassium rend la végétation languissante. Les eaux acides peuvent être corrigées par la chaux ainsi que celles, issues de terrains pyriteux, qui renferment des sels de fer.

Teneur en chaux et en Magnésie des eaux des principaux fleuves de France. *(D'après H. Sainte-Claire Deville.)*

	Milligrammes par litre	
	Chaux	Magnésie
Seine	104.0	1.3
Rhône	63.4	4.5
Garonne	36.1	1.6
Loire	27.0	2.9

D'après Schlœsing 1/5000 de chaux, libre ou engagée dans un sel, précipite les limons immédiatement, 1/10000 en quelques jours ; la dose de 1/20000 paraît inefficace. Ces chiffres n'ont rien d'absolu, car ils dépendent nécessairement de la nature et de la finesse des limons.

L'eau de Seine, chargée de limons, se clarifie en quelques jours par le repos ; celle du Rhône en un temps sensiblement plus long ; celles de la Garonne et de la Loire restent troubles.

Les eaux potables destinées à l'alimentation des villes doivent, pour se clarifier spontanément dans les bassins de dépôt, contenir 70 à 80 milligr. par litre de chaux.

Composition des eaux de drainage. *(D'après Way.)*

Substances contenues dans 1 litre d'eau :

Potasse	de 0	à	3	milligr.
Soude	12	à	15	—
Chaux	33	à	185	—
Magnésie	3	à	35	—
Oxyde de fer et alumine	0	à	18	—
Silice	6	à	25	—
Acide phosphorique	0	à	1,7	—
Ammoniaque	0,1	à	0,3	—
Acide nitrique	27	à	165	—
Chlore et acide sulfurique	Très variables.			

V — ANALYSE DES ENGRAIS

Nous reproduisons ici les méthodes indiquées par le Comité des stations agronomiques, *méthodes dont l'application est devenue obligatoire pour les expertises légales.*

I. — CONSIDÉRATIONS GÉNÉRALES.

En décrivant les méthodes analytiques qui, dans l'état actuel de nos connaissances, nous paraissent les plus propres à conduire à des résultats exacts, nous avons cru devoir tenir compte des conditions dans lesquelles se trouvent placés les laboratoires d'analyse qui ont à effectuer, dans un temps déterminé, un certain nombre d'opérations.

Il ne s'agissait donc pas uniquement de la précision des procédés, mais encore de la facilité et de la rapidité de leur application. C'est à ce double point de vue que la Commission chargée spécialement de cette étude s'est placée et, dans le choix qu'elle a fait parmi les méthodes analytiques, elle a tenu grand compte des nécessités de la pratique du laboratoire; mais elle a toujours subordonné toutes les autres considérations à celle de l'exactitude à obtenir dans le dosage.

Les méthodes qui n'ont pas été jugées suffisamment précises ont été écartées. Mais la Commission n'a pas la prétention d'avoir fait une œuvre définitive; elle croit devoir laisser ouverte l'inscription de procédés nouveaux ou perfectionnés, lorsque ceux-ci auront fait leurs preuves.

Il existe quelquefois pour la déterminaison d'une même substance des moyens différents qui conduisent au résultat exact. Chaque fois que ce cas s'est présenté, la Commission a adopté ces diverses méthodes, laissant à l'opérateur le choix de celle que lui indiqueront ses habitudes, ses ressources, ses préférences personnelles. Mais il ne faut pas oublier que la précision absolue est impossible à atteindre.

L'exactitude des opérations ne dépend pas seulement des méthodes elle dépend aussi des opérateurs; il y a donc deux causes d'erreur qui tendent à éloigner les chiffres obtenus dans l'analyse du chiffre vrai : l'erreur inhérente au procédé, l'erreur personnelle à l'analyste. Les chiffres que donne le dosage ne sont pas mathématiquement égaux au chiffre exprimant la quantité réelle de la substance envisagée et les écarts pourront être d'autant plus grands que la méthode est susceptible de moins de précision et l'opérateur moins habile.

De là résulteront des divergences entre les résultats obtenus par divers chimistes, divergences qui, dans l'esprit de personnes non initiées, pourront ébranler la confiance dans l'utilité et la valeur de l'épreuve analytique et embarrasser les tribunaux chargés de réprimer les fraudes. Les inconvénients de ces divergences sont apparents plutôt que réels et il convient de les discuter.

Dans les transactions commerciales, il suffit d'avoir des chiffres se rapprochant assez de la vérité absolue pour que l'écart soit sans préjudice appréciable pour l'acheteur ou pour le vendeur, et il y a une certaine latitude dans laquelle peuvent se mouvoir les résultats que l'on peut appeler pratiquement exacts. Il faut donc admettre un écart permis, une tolérance, entre le titre indiqué et celui que donne l'analyse.

De là la nécessité de se rendre compte du degré de certitude qu'offre l'analyse chimique des matières fertilisantes.

C'est une tendance des personnes qui ne sont pas initiées aux sciences expérimentales d'attribuer à celles-ci plus de puissance qu'elles n'en ont en réalité. Il est du devoir de ceux qui sont chargés de préciser les conditions de l'intervention de la science dans les applications industrielles et commerciales de prémunir contre une confiance trop absolue dans les résultats de laboratoire.

On s'imagine souvent que le nombre de décimales est l'indice d'une plus grande exactitude; rien n'est moins vrai, et le chimiste qui se rend compte de la valeur des chiffres ne s'attachera jamais à porter ce nombre au delà de ce qui rentre dans les limites des quantités dont il peut répondre. En général, quand les résultats sont rapportés à 100 de matière analysée, le maximum de précision qu'on puisse espérer ne dépasse pas une unité de la première décimale ; il n'y a donc à tenir aucun compte d'une seconde et surtout d'une troisième décimale, et, par suite, il est superflu de les employer en exprimant le résultat d'une analyse.

Encore, dans la plupart des cas, n'est-ce pas d'une unité de la première décimale, mais de plusieurs, que les chimistes peuvent s'écarter pour un même produit. On doit donc regarder comme pratiquement concordants les résultats qui ne diffèrent entre eux que d'un petit nombre d'unités de la première décimale, et ce nombre d'unités pourra être d'autant plus grand que la quantité du corps à doser est elle-même plus grande par rapport à la matière analysée.

Pour fixer les idées nous citons quelques résultats :

Analyse d'un phosphate naturel :

	ACIDE PHOSPHORIQUE pour 100
Quantité réelle...............................	17.3
1er résultat.................................	17.6
Autre résultat...............................	17.0

Un marchand qui aura vendu avec garantie de 17.5 p. 100 d'acide phosphorique, alors que l'analyse n'aura trouvé que 17.0, n'est donc pas convaincu de fraude, puisque l'écart entre les deux chiffres peut provenir du fait de l'analyse aussi bien que d'un manquant réel. Il n'en serait pas de même si l'écart était plus grand.

Analyse d'un phosphate précipité :

	ACIDE PHOSPHORIQUE pour 100
Quantité réelle	37.0
1er résultat	36.5
Autre résultat..........................	37.5

Là encore nous devons admettre que ces divers chiffres sont suffisamment concordants pour les besoins du commerce et que le vendeur qui aurait garanti 37.0, alors que l'analyste n'a trouvé que 36.5, n'est pas convaincu de fraude.

Analyse d'un nitrate de soude :

	NITRATE PUR pour 100
Quantité réelle	92.3
1er résultat	91.8
Autre résultat..........................	92.8

Mêmes observations que pour les cas précédents.

Dosage d'azote dans un engrais organique :

	AZOTE pour 100
Quantité réelle	3.3
1er résultat	3.4
Autre résultat	3.2

Ici les quantités étant plus faibles, on ne peut tolérer que de plus faibles écarts.

Ces exemples ne fixent pas les limites ; ils ne sont destinés qu'à montrer que les analystes peuvent s'écarter, en plus ou en moins, de la vérité absolue.

Sans multiplier ces exemples, on peut dire que chaque fois que les écarts ne dépassent pas 1 p. 100 de la substance dosée ou deux unités de la première décimale, les résultats doivent être regardés comme concordants.

Dans certains cas les écarts peuvent être plus grands.

C'est au chimiste à déterminer, dans chaque cas particulier où il a à se prononcer sur la fraude dans le commerce des engrais, si l'écart entre le chiffre annoncé et le chiffre trouvé est assez faible pour être imputable aux imperfections de l'analyse, ou s'il est de nature à incriminer l'engrais analysé.

Le chimiste doit donc apporter de la prudence et du tact dans l'interprétation de ses résultats. Aussi est-il à désirer que les personnes chargées de se prononcer sur ces questions aient non seulement la pratique des opérations, mais encore les connaissances scientifiques nécessaires pour attribuer à chaque donnée analytique sa véritable valeur. Le choix de l'expert n'est donc pas indifférent.

Dans le cas de contestations, une plus grande attention s'impose à ce dernier; aussi ne doit-il pas se borner à un seul essai, afin de se mettre à l'abri des causes d'erreur accidentelles.

La Commission ne s'est occupée dans ce premier travail que des substances fertilisantes d'après lesquelles on calcule ordinairement la valeur des engrais. Mais il est d'autres substances qui ne sont pas généralement vendues sur titre, mais dont le rôle est important dans l'amélioration ou l'entretien de la fertilité des terres. Les méthodes analytiques à appliquer à ces substances feront l'objet d'un travail ultérieur. La Commission complètera son œuvre par la description des divers procédés à employer pour l'analyse des substances agricoles en général : amendements, terres, produits de récoltes, etc.

II. — EXAMEN PRÉLIMINAIRE DES ENGRAIS

Lorsqu'un engrais est soumis à l'examen du chimiste, celui-ci est ordinairement informé des corps dont il doit déterminer la quantité. Dans ce cas, il portera uniquement son attention sur ces corps, sans s'attacher aux autres substances existant dans l'engrais, et une analyse qualitative paraîtrait inutile au premier abord. Mais le fait d'avoir négligé cet examen préliminaire peut avoir l'influence la plus préjudiciable sur l'exactitude des résultats, la coexistence de tels et tels corps nécessitant souvent des modifications dans les procédés analytiques. Les engrais constitués par des mélanges sont fréquemment dans ce cas. Pour ne citer qu'un exemple, le dosage de l'azote organique se fera par des procédés différents suivant qu'on aura constaté ou non la présence simultanée d'un nitrate.

L'examen préliminaire par l'analyse qualitative s'impose donc dans la plupart des cas; il ne peut être négligé que lorsqu'on se trouve en présence d'engrais simples, tels que le phosphate naturel, le chlorure de potassium, le sulfate d'ammoniaque, etc.

Recherche qualitative de la potasse. — 2 à 3 gr. d'engrais sont traités par 4 ou 5cc d'eau; on triture avec une baguette et l'on jette sur un filtre. C'est dans cette liqueur qu'on peut reconnaître la présence de la potasse par les procédés suivants :

1° A 2 ou 3 gouttes de liquide on ajoute une goutte d'acide chlorhydrique et 8 à 10 gouttes d'alcool, puis une goutte d'acide perchlorique, qui formera avec la potasse un perchlorate cristallin presque insoluble;

2° Quelques gouttes de liquide sont additionnées de 2 ou 3 gouttes de solution de bichlorure de platine; on obtiendra un précipité jaune cristallin de chloroplatinate de potasse, qu'une addition de quelques gouttes d'alcool rendra plus abondant.

Ces deux réactions peuvent cependant aussi se produire avec l'ammoniaque ; elles ne sont absolument certaines que si les sels ammoniacaux ont été au préalable chassés par une calcination de l'engrais.

3° Le réactif de M. Carnot est préférable et peut s'appliquer même en présence des sels ammoniacaux : à quelques gouttes du liquide obtenu par le lavage de l'engrais, on ajoute autant de solution d'hyposulfite de soude à 10 % et 2 ou 4 gouttes d'une liqueur de bismuth, puis de l'alcool en quantité double du volume obtenu par le mélange de ces liquides. Par l'agitation, on voit un précipité cristallin d'un beau jaune serin, caractéristique de la potasse.

La préparation de la liqueur de bismuth se fait en dissolvant 100 gr. de sous-nitrate de bismuth, à chaud, dans la quantité nécessaire d'acide chlorhydrique et en étendant le volume à un litre avec de l'alcool à 92°.

Recherche qualitative de l'acide phosphorique. — Quelques centigrammes de matière sont introduits dans un tube à essai avec 2 ou 3^{cc} d'acide azotique et autant d'eau ; on fait bouillir pendant deux à trois minutes et on laisse déposer. Au moyen d'un tube étiré on prélève une partie du liquide clair, auquel on ajoute 4 à 5^{cc} de nitromolybdate d'ammoniaque. S'il y a de l'acide phosphorique en quantité appréciable, on obtiendra, au bout de peu de temps, un précipité jaune caractéristique du phosphomolybdate d'ammoniaque, qu'on peut faire apparaître immédiatement en chauffant vers 60-80°. On a ainsi constaté l'existence de l'acide phosphorique, mais sans savoir sous quel état il se présente.

Pour rechercher si c'est à l'état soluble dans l'eau, on opère exactement comme il vient d'être dit, avec cette différence que l'engrais est traité non par l'acide azotique, mais par de l'eau seulement. Dans la solution aqueuse le nitromolybdate d'ammoniaque décèlera la présence de l'acide phosphorique.

Quant à l'acide phosphorique soluble au citrate, le mieux, pour le découvrir, est d'opérer comme si l'on voulait faire un dosage de l'acide phosphorique soluble au citrate.

Le nitromolybdate d'ammoniaque se prépare en dissolvant 100 gr. d'acide molybdique dans 400 gr. d'ammoniaque à 0,95 de densité et en ajoutant la solution obtenue, par petites portions et en agitant constamment, à 1 k. 5 d'acide azotique pur à 1,2 de densité.

Recherche qualitative de l'ammoniaque. — 1 à 2 gr. d'engrais sont traités par 4 à 5^{cc} d'eau : on laisse déposer et on prélève une partie du liquide surnageant qu'on introduit dans un tube à essai avec un peu de potasse. En chauffant il se dégage de l'ammoniaque qu'on reconnaît à l'odeur ou au bleuissement que subit un papier de tournesol rouge, humecté d'eau, qu'on présente à l'orifice du tube, ou encore aux fumées blanches qui se produisent lorsqu'on approche une baguette imprégnée d'acide chlorhydrique.

Recherche qualitative de l'acide nitrique. — Quelques décigrammes d'engrais sont placés dans un tube à essai avec un peu de limaille de cuivre, humectés d'un peu d'eau et additionnés de 3 à 4^{cc} d'acide sulfurique. En chauffant on voit se produire des vapeurs rutilantes.

On peut encore employer le réactif de Desbassyns de Richemont, qui est d'une très grande sensibilité. Quelques centigrammes de matière sont traités par cinq ou six gouttes d'eau ; on laisse-déposer après avoir trituré avec un agitateur. D'un autre côté on met 4 à 5^{cc} du réactif de Desbassyns et, avec un agitateur, on prélève une goutte du liquide à examiner, qu'on laisse tomber à la surface du réactif, qui s'entoure d'un anneau rose s'il y a du nitrate. En agitant, tout le liquide prend une teinte rosée. Il est indispensable de n'ajouter qu'une seule goutte ; si l'on en mettait davantage, la réaction disparaîtrait immédiatement.

Le réactif de Desbassyns se prépare en ajoutant un peu de sulfate de protoxyde de fer, finement pulvérisé, à de l'acide sulfurique pur et incolore, qu'on a fait bouillir au préalable pour le débarrasser de produits nitreux.

Recherche qualitative de l'azote organique. — Lorsqu'il n'y a pas de sels d'ammoniaque en présence, il est facile de reconnaître l'azote organique en chauffant au rouge sombre, dans un tube bouché par un bout, un mélange de quelques décigrammes de matière et de quelques grammes de chaux sodée. Les vapeurs ammoniacales qui se dégagent se reconnaissent facilement ; mais s'il y avait en même temps dans le produit examiné des sels ammoniacaux, il faudrait au préalable éliminer ceux-ci par l'eau et traiter ensuite par la chaux sodée le résidu lavé et desséché.

Recherche qualitative de la magnésie. — Lorsqu'on doit effectuer le dosage de l'acide phosphorique dans un superphosphate, on doit s'assurer de la présence de la magnésie, qui obligerait à modifier la marche ordinaire de l'analyse. On procède de la manière suivante : 1 gr. environ d'engrais est traité à chaud par 5 à 6^{cc} d'acide azotique et autant d'eau. On filtre sans laver, et dans le liquide passé, qu'on amène au volume de 60 à 80^{cc}, on ajoute de l'acide citrique et de l'ammoniaque, comme s'il s'agissait d'un dosage d'acide phosphorique (voir plus loin), puis quelques centimètres cubes de solution au 1/10 de phosphate de soude. S'il y a de la magnésie, on obtiendra, au bout de quelques heures, un précipité cristallin de phosphate ammoniaco-magnésien.

III. — ÉCHANTILLONNAGE DES ENGRAIS

Préparation de l'échantillon au laboratoire. — La prise d'échantillon est une opération qui a autant d'importance que l'analyse elle-même ; il convient d'y apporter les soins les plus minutieux, aussi bien dans l'échantillonnage sur place que dans la préparation de l'échantillon au laboratoire.

Cette dernière opération doit consister à donner une homogénéité parfaite au produit soumis à l'examen, et dans aucun cas, même alors que celui-ci paraît homogène, on ne doit se dispenser d'en opérer le

mélange parfait. La manière de procéder variera avec la nature de
l'engrais. Si celui-ci n'est pas pulvérulent, il faut le pulvériser dans la
limite du possible, et opérer ensuite le mélange au mortier. Dans certains cas, comme celui des superphosphates, on a adopté l'usage de
passer la matière à travers un tamis de 1^{mm}, en ayant soin de faire entrer
dans l'échantillon les parties grossières qui, après pulvérisation, seraient
restées sur le tamis.

Lorsque les matières sont trop pâteuses pour être divisées au mortier,
on peut les diviser au moyen d'un couteau ou d'une spatule et ensuite
opérer le mélange par une sorte de malaxage. On peut encore y ajouter
un poids connu de matière pulvérulente inerte, comme par exemple du
sable de Fontainebleau ; mais, dans ce cas, il faut procéder à un mélange
très prolongé. On tiendra compte, dans le calcul, des quantités de
matière inerte introduites.

Le plus souvent, l'état pâteux n'est dû qu'à l'humidité de la matière.

Dans ce cas, on en prend un échantillon volumineux qu'on pèse et
qu'on dessèche ; on entre alors dans le cas des engrais pulvérulents,
mais il faut tenir compte dans le calcul de l'humidité enlevée. Avant
cette opération, il convient de s'assurer que le produit n'est pas modifié
par la dessiccation, comme le seraient, par exemple, des superphosphates.
Pour ces derniers, qui sont souvent à l'état plus ou moins aggloméré, il
est d'usage d'introduire dans leur masse, pour les diviser, une certaine
quantité de sulfate de chaux ; on obtient alors une substance de nature
pulvérulente.

Pour les rognures, débris, chiffons, etc., en un mot pour les engrais
très peu homogènes, il faut les diviser, autant que possible, à l'aide de
ciseaux ; s'ils ne sont pas trop durs, on peut encore les passer au moulin.
On mélange alors à la main, mais on n'arrive jamais à l'homogénéité
complète. Pour obvier à cet inconvénient, on prélève pour l'analyse une
quantité plus considérable de matière, qu'on prépare suivant le cas, de
manière à opérer l'analyse définitive sur une partie proportionnelle du
produit rendu homogène par la préparation qu'on lui a fait subir.

Pour les engrais en pâte plus ou moins liquide, on les dessèche au
préalable à 100°, en y introduisant un peu d'acide oxalique dans le cas
où ils contiendraient des combinaisons ammoniacales volatiles. Le produit de la dessiccation est passé au moulin.

Cependant, avant de procéder à une dessiccation, on doit s'assurer
qu'aucune modification ne peut être apportée dans la composition de
l'engrais. Ainsi, dans le cas d'un mélange contenant du superphosphate
et du nitrate, la dessiccation pourrait éliminer de l'acide nitrique, si l'on
n'avait pas soin de neutraliser au préalable le phosphate acide par une
base, telle que la chaux.

Pour un engrais contenant à la fois des nitrates et des combinaisons
ammoniacales volatiles, l'addition d'acide oxalique pourrait également
éliminer de l'acide nitrique pendant la dessiccation. Il faut, dans ce cas,

dessécher deux lots, l'un avec de l'acide oxalique pour le dosage de l'ammoniaque, l'autre sans acide oxalique pour le dosage du nitrate.

Le dosage de l'humidité initiale, même dans les engrais pulvérulents, est utile à pratiquer chaque fois qu'on a à faire subir un maniement prolongé à l'air, car ce maniement pourrait entraîner une dessiccation partielle et la composition de l'engrais se trouverait modifiée. La détermination préalable de l'humidité met à l'abri de cette cause d'erreur.

L'analyse qualitative doit donc précéder toutes les opérations, puisque c'est elle qui nous fixera sur les procédés à employer, tant pour la préparation de l'échantillon que pour le dosage.

Le chimiste devra apporter le plus grand soin à ces opérations préliminaires et discuter dans chaque cas la marche à suivre.

IV. — DOSAGE DE LA POTASSE

1° Dosage de la potasse dans un chlorure de potassium par l'acide perchlorique (méthode de M. Schlœsing).

Le chlorure de potassium est l'engrais potassique le plus communément employé; la potasse est le seul élément qu'il soit utile d'y doser.

On dissout dans l'eau 50 gr. du chlorure à essayer; on étend la solution à un litre et on la rend homogène; à l'aide d'une pipette graduée, on prélève 20 cc de cette solution qui correspondent à 1 gr. de matière. On ajoute goutte à goutte une solution saturée de nitrate de baryte, et l'on s'arrête exactement au moment où une goutte de réactif ne produit plus de trouble dans la liqueur; pour bien saisir le moment où il faut s'arrêter, on verse la goutte le long de la paroi du vase en regardant si, à l'endroit du contact des deux liquides, il ne se forme plus de nuage. Si l'on attend quelques instants avant chaque addition de nitrate de baryte, il est facile de saisir le point précis auquel il faut s'arrêter. On précipite ainsi les traces d'acide sulfurique qui se trouvent toujours dans les chlorures.

On verse alors, sans filtrer, dans une capsule à fond plat de 7 centim. de diamètre, en lavant le vase à deux reprises avec quelques gouttes d'eau, puis on évapore, au bain de sable, jusqu'à ce que le liquide soit concentré à 5 cc environ.

On ajoute 5 cc d'acide nitrique à deux ou trois reprises, en évaporant chaque fois à un petit volume, sans chauffer beaucoup, pour ne pas faire de vapeurs chloronitiques. On élimine ainsi le chlore qui pourrait donner naissance à des projections pendant la transformation en perchlorate. Pour être assuré de l'élimination complète du chlore, on condense les vapeurs de la capsule sur une lame de verre, et l'on y ajoute une goutte d'azotate d'argent. Si aucun précipité ne se produit tout le chlore est enlevé.

Après la concentration, on ajoute dans la capsule une solution d'acide perchlorique. L'acide perchlorique qu'on emploie doit avoir une densité de 1,7 : il contient alors environ 90 % d'acide perchlorique réel. On étend l'acide d'eau, de telle manière que 10^{cc} de la solution contiennent 1 gr. 6 d'acide réel. En employant dans chaque dosage 10^{cc} de cette solution, on est sûr d'avoir toujours une quantité suffisante d'acide perchlorique, celle-ci étant calculée de manière à pouvoir saturer 1 gr. de chlorure de sodium.

On évapore à sec au bain de sable, en s'arrêtant lorsque les fumées blanches de l'acide perchlorique mis en excès ont cessé de se produire, puis on arrose la matière avec cinq ou six gouttes d'eau pour empêcher la formation de sulfate de potasse qui eût pu se produire par une double décomposition entre le perchlorate de potasse et le sulfate de baryte ; on chasse cette eau par évaporation, et l'on ajoute, dans la capsule refroidie, 10^{cc} d'alcool à 95°, qu'il est bon de saturer au préalable de perchlorate de potasse pur.

Au moyen d'une petite baguette de verre aplatie à un bout, on écrase toute la masse cristalline de manière que l'alcool l'imprègne complètement ; on laisse reposer et on verse l'alcool de lavage sur un très petit filtre plat, destiné à recueillir les particules solides qui pourraient se trouver entraînées. Il est nécessaire, pour obtenir une bonne filtration, de se servir de papier de Berzélius. On remet 5^{cc} d'alcool dans la capsule, et on procède de la même manière que précédemment, à trois ou quatre reprises différentes ; puis, comme il pourrait rester encore dans l'intérieur des cristaux des sels solubles dans l'alcool et qu'il convient d'enlever, on ajoute sur le résidu salin 5^{cc} d'eau ; on chauffe au bain de sable jusqu'à ce que cette eau soit de nouveau évaporée, et l'on reprend une dernière fois par quelques centimètres cubes d'alcool. Les perchlorates de baryte, de soude, de chaux, etc., ont été enlevés par l'alcool, dans lequel ils sont très solubles ; il ne reste dans la capsule et sur le filtre qu'un mélange de perchlorate de potasse et d'une petite quantité de sulfate de baryte insoluble ; 25 à 30^{cc} d'alcool sont en général suffisants pour opérer le lavage ; mais, si l'on a eu la précaution de saturer l'alcool de lavage au préalable de perchlorate de potasse, il n'y a aucun inconvénient à pousser le lavage plus loin, jusqu'à 40 à 50^{cc}.

Le perchlorate de potasse est soluble dans l'eau bouillante ; on met dans la capsule 20^{cc} d'eau, on chauffe presque à l'ébullition au bain de sable, pendant cinq minutes, en évitant toute projection, et l'on jette le liquide chaud sur le petit filtre qui a servi au lavage à l'alcool ; les liqueurs sont reçues dans une petite capsule de porcelaine à fond plat, qu'on a tarée préalablement. On remet 5^{cc} d'eau dans la première capsule ; on fait bouillir et on rajoute sur le filtre ; on répète à quatre ou cinq reprises les lavages à l'eau bouillante, chaque fois avec 5^{cc} d'eau. Cette filtration a pour but d'éliminer les matières insolubles (silice, sulfate de baryte, etc.), qui souillaient le perchlorate.

On a évaporé à mesure le liquide filtré recueilli dans la capsule tarée, afin qu'elle pût contenir toutes les eaux de lavage.

Le perchlorate de potasse a une tendance à grimper le long des parois pendant l'évaporation, et il passe souvent ainsi sur les bords extérieurs de la capsule. On peut remédier à cet inconvénient en ajoutant dans la capsule, avant l'évaporation, deux ou trois gouttes d'acide perchlorique qui empêchent le perchlorate de déborder.

Quand l'évaporation est complète et que toute fumée blanche a disparu, l'on chauffe à 150° environ, pendant dix minutes. L'augmentation de poids de la capsule correspond au perchlorate de potasse, dont le poids multiplié par 0,339 donne le poids de la potasse contenue dans 1 gr. de sel essayé.

Quand les quantités d'acide sulfurique sont notables, il faut procéder d'une autre façon et séparer cet acide au préalable.

2° Dosage de la potasse dans un sulfate de potasse, par l'acide perchlorique (méthode de M. Schlœsing).

25 gr. de sulfate de potasse sont versés dans un verre de 500^{cc} de capacité ; on y ajoute environ 100^{cc} d'eau bouillante en agitant de manière à opérer la dissolution ; on laisse en contact pendant quelques minutes et l'on décante dans un ballon jaugé de 500^{cc} ; on lave le verre à plusieurs reprises avec de petites quantités d'eau bouillante, de manière à dissoudre tout le sel, et l'on s'arrête au moment où l'on a presque atteint dans le ballon le volume de 500^{cc}. On laisse alors refroidir ; on complète le volume à 500^{cc} et l'on agite de manière à avoir un liquide homogène.

20^{cc} de cette solution, correspondant à 1 gr. de sel à essayer, sont versés dans un ballon d'environ 200^{cc} ; on porte à l'ébullition, et l'on ajoute, par petites portions, une solution de nitrate de baryte, aussi longtemps qu'une nouvelle addition fait naître un précipité. Lorsque la précipitation est complète, on ajoute un petit excès de carbonate d'ammoniaque en poudre, destiné à précipiter la baryte mise en excès, et l'on porte à l'ébullition pendant quelques minutes ; on filtre après avoir laissé déposer. La liqueur est évaporée au bain de sable à un petit volume, puis additionnée de 10^{cc} d'eau régale faible, contenant 1/5 d'acide chlorydrique seulement ; on évapore de nouveau presque à sec, en plaçant un entonnoir renversé sur la capsule, et l'on ajoute encore une fois, ou mieux deux fois, de la même eau régale, en chassant toujours celle-ci par l'évaporation ; les sels ammoniacaux sont aussi éliminés ; leur azote s'en va à l'état libre. Finalement, on traite une fois par l'acide azotique pour avoir le sel à l'état de nitrate ; on évapore à sec ; on additionne de 10^{cc} d'acide perchlorique dilué suivant la formule précédemment donnée.

On évapore à sec ; après élimination complète des vapeurs d'acide perchlorique en excès, on laisse refroidir, et on lave comme il est dit à propos du chlorure de potassium, par de l'alcool fort, saturé de perchlorate de potasse ; mais ici il n'y a comme résidu insoluble que le perchlorate ; on se contente de dissoudre par un fin jet d'eau bouillante le sel qui a été entraîné sur le filtre, et l'on reçoit ce liquide dans la capsule où est restée la plus grande partie du perchlorate ; on évapore à sec et l'on pèse.

Lorsqu'on a versé le nitrate de baryte avec précaution et que, par suite, on n'en a mis qu'un très léger excès, on peut se dispenser de l'emploi du carbonate d'ammoniaque, et l'on abrège ainsi notablement l'opération. Mais, dans le cas du sulfate de potasse, il est difficile de s'arrêter juste au moment de la saturation de l'acide sulfurique.

3° Dosage de la potasse, dans un engrais complexe, par l'acide perchlorique.

On suppose que cet engrais contient de la matière organique, des sels ammoniacaux, du superphosphate de chaux et un sel de potasse, chlorure ou sulfate; ce cas se présente fréquemment dans la pratique. Le procédé à appliquer est le même pour les engrais complexes, les guanos et les poudrettes. On prend 5 gr. de matière; on les mêle intimement dans un mortier avec 1 gr. de chaux hydratée; on verse dans une capsule en porcelaine; on humecte la masse avec quelques gouttes d'eau; on dessèche et l'on calcine à très basse température, sans dépasser le rouge sombre. Dans cette opération, les superphosphates reviennent à l'état insoluble; la matière organique est carbonisée, et les sels ammoniacaux sont éliminés; on reprend par de très petites quantités d'eau bouillante; on filtre; on lave à l'eau bouillante en s'arrangeant de manière à n'avoir pas plus de 80 cc de liqueur environ; toute la potasse se trouve dissoute.

Dans cette liqueur, on ajoute, par petites portions, aussi longtemps qu'il se forme un nouveau précipité, de l'eau de baryte, dont on évite de mettre un excès considérable; on sépare l'excès de baryte introduit au moyen d'une solution concentrée de carbonate d'ammoniaque, en évitant également de mettre un grand excès de cette dernière solution; on porte à l'ébullition; on filtre et on lave; on évapore à un petit volume, puis on traite à plusieurs reprises par de l'acide nitrique additionné de 1/5 d'acide chlorhydrique, en évaporant chaque fois, et l'on termine l'opération comme dans le cas d'un sulfate. L'addition d'acide chlorhydrique a pour but de produire de l'eau régale qui détruit les sels ammoniacaux. Le résultat obtenu correspond à 5 gr. de matière employée. Quand l'engrais est très riche en potasse, quand, par exemple, il en contient plus de 10 %, il ne faut opérer que sur 2 gr. de matière.

4° Dosage de la potasse dans des salins et dans des potasses raffinées, par la méthode au platine et au formiate de soude, de MM. Corenwinder et Contamine.

Dans ces dernières années, on a préconisé l'emploi d'une méthode qui est rapide et exacte quand on la pratique avec tout le soin voulu. On peut la regarder comme aussi précise que le procédé au perchlorate. Elle s'applique en général aux sels de potasse. Mais il est utile de s'assurer au préalable que ceux-ci ne contiennent pas d'ammoniaque : si la présence de cette base était constatée, il faudrait chauffer au rouge le sel à essayer avant de procéder au dosage ; les sels ammoniacaux sont ainsi éliminés ; mais il faut éviter de pousser la température trop haut ou de la prolonger, de crainte de volatiliser les sels de potasse.

On prend 25 gr. de sel à analyser ; on calcine comme il vient d'être dit, mais seulement dans le cas très rare où il y a des sels ammoniacaux ou de la matière organique ; on dissout à l'ébullition dans 600 ou 800 ^{cc} d'eau, on laisse refroidir, et l'on amène le volume total à 1 litre ; après avoir rendu le liquide homogène, on en filtre une partie ; on prélève 20 ^{cc}, correspondant à 5 décigr. de matière ; on acidule la liqueur par l'acide chlorhydrique ; on évapore à sec et l'on pèse le résidu salin afin de savoir quelle quantité de bichlorure de platine il faut y ajouter pour que ce dernier soit en excès. On calcule la quantité de bichlorure, de manière qu'elle soit suffisante pour saturer la quantité de sel pesé, que l'on considère comme étant du chlorure de sodium ; l'équivalent de la soude étant moins élevé que celui de la potasse, on est sûr, de cette manière, d'avoir un excès de chlorure de platine. La solution de chlorure de platine devra contenir, dans 100 ^{cc}, 17. gr. de platine ; chaque centimètre cube de cette solution sera suffisant par décigramme du poids du résidu salin obtenu. On évapore le mélange dans une capsule à fond plat au bain-marie ; la capsule est placée sur un rond métallique qui est lui-même séparé des bords du bain-marie par un gros rond de carton, destiné à empêcher le bichlorure de platine d'être chauffé au delà de 100°, température au dessus de laquelle il pourrait se former un peu de sous-chlorure de platine, insoluble dans l'alcool.

On pousse l'évaporation jusqu'au moment où le produit a une consistance pâteuse et se prend en masse par le refroidissement : il faut éviter une dessiccation complète. Après le refroidissement, on laisse digérer pendant plusieurs heures avec 15 ^{cc} d'alcool à 95°, en ayant soin de placer la capsule sous une petite cloche. On agite de temps en temps avec une baguette le contenu de la capsule ; on décante le liquide surnageant sur un petit filtre ; on lave avec l'alcool jusqu'au moment où le liquide qui passe est tout à fait incolore.

On avait recommandé d'employer un mélange d'alcool et d'éther ; mais le traitement par ce mélange ne se fait pas sans difficulté ; il est rare que le liquide ne grimpe pas le long des parois de la capsule et ne déborde pas sur la paroi extérieure. Cet inconvénient est difficile à éviter avec l'emploi du mélange d'alcool et d'éther, mais ce lavage peut aussi s'opérer avec de l'alcool seul à 95°, qui ne dissout pas le chloroplatinate de potasse. Dans ce cas, le liquide grimpe moins.

On a ainsi obtenu, comme résidu insoluble, un mélange de chloroplatinate de potasse avec des quantités variables de phosphate de soude, de silice, d'oxyde de fer, etc. On dissout par l'eau bouillante la matière restée dans la capsule et on la verse sur le filtre ; on continue le lavage de la capsule et du filtre par l'eau bouillante, jusqu'au moment où tout le chloroplatinate est dissous, ce que l'on constate facilement par la décoloration du filtre. La solution de chloroplatinate est reçue dans une capsule bien vernissée et dans le vernis de laquelle il ne se trouve pas de stries. On chauffe au bain de sable jusqu'à l'ébullition et l'on verse, par très petites portions, du formiate de soude dissous dans l'eau, tout en retirant la capsule du feu, pour éviter les projections. La réaction est assez vive; le platine est réduit à l'état métallique. On ajoute du formiate de soude jusqu'à ce que le liquide soit complètement décoloré. On peut avantageusement remplacer la capsule par un vase en verre trempé ou en verre de Bohême, à bec, qu'on recouvre d'un verre de montre pendant la réaction. Non seulement on évite ainsi des pertes par projection, mais on est aussi à l'abri des inconvénients que présentent dans les capsules les stries, sur lesquelles le platine adhère fortement.

Le platine s'est précipité sous forme de poudre noire; pour le concréter, on évapore le liquide à peu près à moitié; on verse sur un petit filtre, en y faisant tomber le platine avec de l'eau froide légèrement acidulée et, lorsque tout le platine est réuni sur le filtre, on achève le lavage à l'eau bouillante. Il arrive souvent que le platine passe à travers le filtre, ce qu'on remarque facilement à la teinte d'un gris métallique que prend le liquide filtré; il faut alors laisser déposer ce liquide du jour au lendemain, décanter la partie surnageante et ajouter sur le filtre le dépôt noir qui s'est formé, en employant encore de l'eau froide pour le lavage; mais cet inconvénient ne se produit que lorsque le liquide n'a pas été suffisamment évaporé pour concréter le platine; il faut donc donner une grande attention à cette évaporation.

Le filtre est séché et calciné; on obtient ainsi le poids du platine correspondant à celui de la potasse (100 de platine équivalent à 47,57 de potasse). Le procédé s'applique non seulement au chlorure de potassium, mais aussi aux salins, aux potasses raffinées et même au sulfate de potasse, sans séparation préalable de l'acide sulfurique.

5° Dosage de la potasse à l'état de chlorure double de platine et de potassium. Séparation de la potasse et de la soude.

Ce procédé de dosage classique fournit de bons résultats; il est fondé sur la propriété que possède le bichlorure de platine de donner, avec les chlorures de potassium et de sodium, des chlorures doubles de potassium et de sodium qu'il est facile de séparer, le chloroplatinate de potassium étant insoluble dans l'alcool, tandis que le chloroplatinate de soude y est soluble.

La première opération consiste à ramener la potasse et la soude à l'état de chlorures.

Soit le cas d'un engrais complexe. Il faut commencer par détruire la matière organique et les sels ammoniacaux par une calcination ou un grillage, mais en ayant soin de ne pas pousser la température trop loin, de peur de volatiliser de la potasse. Le produit de la calcination qui, suivant la richesse présumée de l'engrais, provient de 1 à 5 gr. de matière primitive, est traité par de l'eau chaude; on ajoute à la solution, qu'il est inutile de filtrer au préalable, un léger excès d'eau de baryte, puis on filtre. Dans la solution filtrée, on ajoute du carbonate d'ammoniaque en excès; on fait bouillir; on filtre de nouveau et l'on évapore à sec la solution claire dans une capsule de platine; on ajoute 4 ou 5 gr. d'acide oxalique en poudre à la matière, de manière à recouvrir celle-ci; on humecte avec quelques gouttes d'eau pour encroûter l'acide oxalique au dessus de la matière; on recouvre d'un entonnoir qui pénètre de quelques millimètres dans la capsule; on chauffe modérément au bain de sable en ajoutant de temps en temps quelques gouttes d'eau; puis on chauffe plus fort au bain de sable jusqu'à ce que tout dégagement de gaz et de vapeurs ait cessé. Il se forme, dans l'intérieur de la capsule, des gaz réducteurs, notamment de l'oxyde de carbone, qui réagissent sur les azotates et achèvent de les transformer en carbonates. On n'a pas à craindre de pertes pendant cette opération, parce que l'acide oxalique, en se décomposant, tout en bouillant vivement, ne projette pas de matière. Il ne faut pas craindre à la fin de l'opération de porter la capsule jusqu'au rouge, qu'on maintient pendant quelques instants. On reprend par de petites quantités d'eau chaude, on filtre, si c'est nécessaire; la magnésie, le carbonate de chaux, etc., restent sur le filtre; dans la solution filtrée, où les alcalis se trouvent à l'état de carbonates, on met de l'acide chlorhydrique; on évapore à sec et l'on pèse le mélange des chlorures, auquel on ajoute une quantité connue de chlorure de platine, comme il est expliqué précédemment; on évapore à sec au bain-marie, mais sans prolonger la dessiccation au delà de ce qui est indispensable.

Le résidu est repris par de l'alcool à 95°, qu'on laisse pendant quelque temps séjourner sur la matière, après avoir bien agité afin d'obtenir la précipitation complète du chloroplatinate. Cette digestion doit se faire sous une petite cloche à bords rodés et suiffés, reposant sur une plaque de verre dépolie. On empêche ainsi l'alcool de s'évaporer et de former, sur les parois de la capsule, des dépôts qui finissent par atteindre et dépasser le bord supérieur du vase.

On lave au moyen de cet alcool, en décantant les liqueurs sur un petit filtre placé lui-même dans un autre filtre d'un poids identique, qui lui sert de tare sur les deux plateaux d'une balance; le lavage est prolongé jusqu'à ce que les liqueurs passent tout à fait incolores. On s'arrange, pendant le lavage, de manière à faire tomber sur le filtre toute la matière, en détachant avec une barbe de plume celle qui resterait dans la capsule; on dessèche à une température ne dépassant pas 95° et l'on pèse le chloroplatinate recueilli sur le filtre intérieur. On peut encore laisser la matière dans la capsule, où l'on fait tomber, au moyen d'un fin jet d'alcool, le chloroplatinate qui était entraîné sur le filtre. On pèse dans la capsule même, après dessiccation à 95°. La pesée doit se faire rapidement à cause de l'hygroscopicité de la matière.

Lorsqu'on a recueilli le précipité sur le filtre, il est prudent d'introduire celui-ci, au sortir de l'étuve, dans un étui en verre léger, bouché à l'émeri, en prenant la précaution de tarer cet étui avec un autre semblable, dans lequel on mettra le filtre vide. Le poids obtenu multiplié par 0,193 donne la quantité de potasse correspondante.

6° Détermination de la soude.

On peut doser la soude par différence. Etant donné que l'on connaît le poids du mélange de chlorure de potassium et de chlorure de sodium, et qu'on a dosé, comme on vient de le dire, la potasse, on n'a qu'à retrancher du poids total le poids du chlorure de potassium correspondant à la potasse obtenue ; on aura ainsi le poids du chlorure de sodium.

Mais il vaut mieux opérer un dosage direct. La soude se trouve tout entière dans la dissolution alcoolique, dont on a séparé par filtration le chloroplatinate de potasse. Cette liqueur est évaporée à sec, au bain de sable, dans un verre de Bohême d'environ 100^{cc} de capacité. Le résidu est formé de chloroplatinate de soude et d'un peu de bichlorure de platine. On adapte au verre de Bohême un bouchon de liège avec deux tubes. On maintient l'appareil sur un bain de sable à une douce chaleur ; on fait arriver par l'un des tubes, qui plonge jusqu'au fond du verre de Bohême, un courant d'hydrogène ; l'autre tube sert au dégagement des gaz. L'hydrogène réduit complètement les sels de platine. Pour faciliter l'attaque du résidu solide dans toute son épaisseur, on ajoute quelques gouttes d'eau ; quand toute la surface a noirci, on agite, on évapore à sec et l'on fait de nouveau passer de l'hydrogène. On répète trois ou quatre fois cette opération, en s'arrêtant au moment où l'eau ajoutée ne se colore plus en jaune ; on n'a plus alors qu'un mélange de platine réduit et de chlorure de sodium. Aucune trace de ce dernier n'a été perdue, car la température n'a pas dépassé 100°. On dissout le chlorure de sodium par des lavages à l'eau. Ce liquide, qui doit être absolument incolore, est évaporé à sec dans une capsule de platine et pesé ; on obtient ainsi le poids du chlorure de sodium. Comme vérification, la somme du poids du chlorure de potassium, calculée d'après le chloroplatinate et le poids du chlorure de sodium trouvé, doit être égale au poids initial du mélange des deux chlorures.

V. — DOSAGE DE L'AZOTE SOUS SES DIVERS ÉTATS

1° Dosage de l'azote organique par la chaux sodée dans un engrais riche ne contenant pas de nitrate (ex. : sang desséché).

L'azote qui se trouve à l'état organique dans les engrais se transforme en ammoniaque lorsqu'on chauffe la matière avec de la chaux sodée. Cette réaction est la base du procédé d'analyse dont il est ici question. La présence des nitrates ne permet pas l'emploi de cette méthode.

Dans un tube de verre vert, bien nettoyé et fermé par un bout, long de 35 à 40 centim., on met d'abord, sur une longueur de 2 centim., de l'oxalate de chaux ; puis, sur 5 centim. de longueur, de la chaux sodée en petits fragments, et l'on y introduit un mélange, fait dans un mortier, de 50 centigr. de matière à analyser avec de la chaux sodée réduite en poudre grossière ; ce mélange ne doit pas occuper une longueur de plus de 12 à 15 centim. dans le tube. Au moyen de petites quantités de chaux sodée, on lave le mortier et la main de cuivre qui a servi à l'introduction de la matière, puis on achève de remplir le tube, jusqu'à 4 centim. de l'extrémité, par de la chaux sodée en petits fragments. On bouche au moyen d'un tampon d'amiante assez serré pour empêcher tout entraînement de la chaux sodée par le dégagemen gazeux ; on essuie soigneusement avec un papier le bord intérieur du tube et on bouche avec un bouchon de liège, puis on enroule autour du tube une bande de clinquant, en laissant libres les deux extrémités du tube sur une longueur de 4 centim. ; on fixe le clinquant au moyen de fils de cuivre tordus, et on remplace le bouchon de liège par un bouchon de caoutchouc, portant un tube à gaz recourbé à angle droit et très étiré à sa partie la plus longue. On place le tube sur une grille à gaz ou à charbon, puis on engage l'extrémité étirée du tube abducteur dans un tube à essai de grande dimension, où l'on met 10^{cc} de liqueur acide normale et 10^{cc} d'eau, en même temps qu'on colore par une quantité constante de teinture de tournesol ; la partie effilée doit plonger jusqu'au fond du tube à essai. A ce tube on peut substituer une fiole, ce qui évite le transvasement avant le titrage. On peut encore employer un tube à boule de Will et Warrentrapp, mais l'usage de ce tube ne nous paraît pas commode.

On commence à chauffer l'extrémité ouverte du tube ; lorsque cette partie est rouge, on avance progressivement vers la partie où se trouve la matière, en allumant les becs ou approchant les charbons, de manière à obtenir un dégagement de bulles qui soit régulier et pas trop précipité. On continue ainsi jusqu'à ce que toute la matière soit décomposée, en chauffant de manière que le tube arrive à la température du rouge sombre, qu'il faut maintenir jusqu'à la fin de l'opération, mais sans la dépasser. Finalement lorsque le dégagement de gaz a presque cessé, on élève la température du tube au rouge vif et l'on commence à chauffer peu à peu la partie dans laquelle se trouve l'oxalate de chaux destiné à fournir de l'hydrogène, qui chasse les dernières traces d'ammoniaque. Lorsque tout dégagement de gaz a cessé, on dirige, au moyen d'une pissette, un jet d'eau froide sur la partie antérieure du tube, en tenant à la main le tube abducteur et le tube à essai. Le tube en verre vert se brise ; on détache le bouchon, on lave le tube abducteur à l'intérieur et à l'extérieur, en recevant les eaux de lavage dans le tube à essai. Tout le liquide est ensuite transvasé dans un verre à dosage ; on lave et l'on procède au titrage au moyen de la liqueur de potasse, comme s'il s'agissait de doser l'ammoniaque. On prend de même le titre de 10^{cc} d'acide normal et l'on fait le calcul comme il est expliqué au sujet du dosage de l'ammoniaque. 17 d'ammoniaque correspondent à 14 d'azote.

Il arrive que, lorsque l'engrais contient des sels ammoniacaux, une partie de l'ammoniaque se dégage pendant qu'on fait le mélange dans le mortier. Dans ce cas, il faut procéder très rapidement et avoir d'avance la chaux sodée toute pulvérisée. Pour plus de sûreté, on peut triturer la matière avec quelques cristaux d'acide oxalique, avant de la mêler à la chaux sodée.

Il serait préférable de doser d'abord l'ammoniaque toute formée, en la déplaçant par la magnésie, et d'opérer ensuite sur le résidu pour le dosage de l'azote organique par la chaux sodée; mais on allongerait ainsi de beaucoup le dosage. Les précautions que nous avons indiquées pour éviter les pertes d'ammoniaque sont suffisantes.

Souvent l'échantillon sur lequel on opère n'est pas sec, et il faut au préalable l'amener à l'état de siccité; mais si cette dessiccation était faite sans précaution spéciale, on pourrait perdre par la volatilisation de l'ammoniaque libre ou carbonaté : tel serait le cas du fumier de ferme, du purin, etc. On évite cet inconvénient en ajoutant à la matière assez d'acide oxalique en poudre pour donner une réaction franchement acide à la masse; l'ammoniaque se trouve ainsi fixée à l'état d'oxalate. On peut tenir compte, dans le poids de la matière employée pour l'analyse, du poids de l'acide oxalique ajouté.

Préparation de la chaux sodée. — Dans une terrine en grès, on met 600 gr. de chaux éteinte en poudre et l'on verse dessus une solution de 260 gr. de soude caustique dans 250^{cc} d'eau. On fait une pâte qu'on introduit dans un creuset de terre et qu'on chauffe au rouge; on fait sortir la matière encore chaude du creuset; on la concasse rapidement dans un mortier de cuivre, de manière à avoir des grains de la grosseur d'un pois environ et qui ne sont pas trop mélangés de poudre. On enferme cette matière encore chaude dans un flacon bien bouché.

Préparation de l'oxalate de chaux. — Dans une petite bassine de cuivre, on met 100 gr. d'acide oxalique; on y ajoute, en faisant bouillir, assez d'eau pour tout dissoudre, puis on y jette par petites portions de la chaux éteinte en poudre, en remuant constamment, jusqu'à ce que le papier de tournesol indique qu'il y a de la chaux en excès; on évapore d'abord à feu nu en agitant fortement, puis on achève la dessiccation au bain de sable; on met la matière desséchée dans un flacon bien bouché.

2° Dosage de l'azote organique dans un engrais pauvre en azote ne contenant pas de nitrate.

Le dosage par la chaux sodée s'effectue facilement sur les engrais qui ne contiennent pas de nitrate; c'est le cas que nous supposons encore ici, mais en considérant un engrais moins riche en azote que le précédent. On opère sur un gramme de matière; on procède exactement comme à l'article précédent, avec cette seule différence qu'on substitue à l'acide titré normal l'acide titré décime et qu'on se sert d'eau de chaux pour faire la saturation de l'acide. Comme il peut arriver que l'engrais soit plus riche en azote qu'on ne pensait et que, par suite, les 10^{cc} d'acide décime pourraient se trouver saturés complètement, ce qui occasionnerait une perte d'ammoniaque, il est prudent d'ajouter dans le tube à essai quelques gouttes de teinture de tournesol, qui montreraient, en virant au bleu, que l'acide est saturé; dans ce cas, pour ne pas perdre l'opération, il faudrait ajouter aussitôt 10 autres centimètres cubes d'acide décime et achever l'opération comme précédemment. On tient compte par le calcul des 10^{cc} d'acide décime ajoutés en plus.

Exemple de calcul : il a fallu 26^{cc} 5 d'eau de chaux pour saturer 10^{cc} d'acide titré; la matière contenait plus d'azote que n'en pouvaient saturer les 10^{cc} d'acide placé dans le tube à essai et l'on a dû ajouter 10 autres centimètres cubes. Pour opérer la saturation de cette liqueur, il a fallu 18^{cc} 5 d'eau de chaux. La quantité d'azote sera la suivante :

$$\frac{26.5 + (26.5 - 18.5)}{26.5} \times 0.0175$$

en admettant que 10^{cc} d'acide titré équivalent à 0 gr. 0175 d'azote.

3° Dosage de l'azote dans les substances peu homogènes et difficiles à pulvériser. (Procédé de M. Grandeau.)

Il peut arriver que l'engrais azoté soit en morceaux difficiles à diviser et de nature différente : tel est le cas des déchets de drap, de cuir, de laine, etc. Il est alors impossible d'obtenir un mélange homogène sur lequel on puisse prélever la quantité de matière destinée à l'analyse. Dans ce cas, on traite, dans une capsule de porcelaine, 50 gr. de la matière à analyser par une quantité d'acide sulfurique concentré suffisante pour imprégner toute la masse; on chauffe au bain de sable en remuant fréquemment jusqu'à ce que la désagrégation soit complète. Alors on ajoute, par petites portions, de la craie finement pulvérisée jusqu'à ce qu'on ait obtenu une masse solide qu'on broie dans un mortier et qu'on mélange avec soin. On n'a pas saturé complètement l'acide par la craie, de sorte que, pendant la manipulation, il ne peut se produire aucune déperdition d'ammoniaque. On prend le poids de la poudre ainsi obtenue, et on prélève une quantité suffisante. Cette partie est traitée par la chaux sodée comme s'il s'agissait d'un dosage ordinaire; là encore, suivant la richesse supposée de l'engrais, on emploie l'acide sulfurique titré normal ou l'acide décime. Cette méthode ne serait pas applicable aux cas où il y aurait des nitrates.

Dans le cas où l'on opérerait le dosage par le procédé Kjeldahl, on ne saturerait pas l'acide, mais on prendrait une fraction déterminée, soit par exemple 1/50 de bouillie acide obtenue, correspondant à 1 gr. de matière.

4° Dosage de l'azote sous ses trois états dans un engrais complexe.

Le cas se présente fréquemment, dans la pratique, d'avoir à déterminer, dans un même engrais, l'azote à l'état de nitrate, à l'état d'ammoniaque, et à l'état d'azote engagé dans des combinaisons organiques. Le dosage de l'azote en bloc ne pourrait se faire qu'au moyen de la méthode qui consiste à mesurer l'azote en volume. Le procédé ordinaire par la chaux sodée ne donnerait que des indications erronées.

Il est souvent nécessaire de séparer ces diverses formes de l'azote pour les doser isolément, d'autant plus que leur valeur commerciale n'étant pas la même, il est indispensable, pour fixer le prix de l'engrais, de connaître la proportion de chacune d'entre elles.

A. *Dosage de l'azote nitrique.* — On prend 66 gr. de matière qu'on triture dans un mortier, avec un peu d'eau ; on épuise par l'eau en décantant la liqueur dans un ballon jaugé d'un litre, et en lavant le résidu un grand nombre de fois, jusqu'à ce qu'on ait complété le volume d'un litre ; tout le nitrate est en dissolution : on le dose comme il est expliqué au paragraphe traitant de l'analyse des nitrates.

B. *Dosage de l'ammoniaque.* — On introduit 1 gr. d'engrais dans l'appareil à distillation de M. Schlœsing ; on y ajoute 200^{cc} d'eau et 1 gr. de magnésie calcinée : on distille en recueillant dans l'acide sulfurique titré. Si l'engrais est riche en ammoniaque, on emploie l'acide titré normal ; s'il est pauvre, on emploie l'acide au dixième.

C *Dosage de l'azote organique.* — L'azote organique se trouve généralement dans les engrais en même temps à l'état soluble et à l'état insoluble. On dose cet azote sous une seule forme ; mais comme il y a lieu, pour pouvoir opérer ce dosage, d'éliminer complètement les nitrates, on perdrait l'azote organique soluble, si l'on procédait par des lavages à l'eau.

Voici comment il convient de procéder. Dans une capsule à fond plat, de 9 centim. de diamètre, on met 2 gr. d'engrais à essayer ; on y ajoute 10^{cc} de liqueur de perchlorure de fer et 10^{cc} d'acide chlorhydrique ; on recouvre la capsule d'un entonnoir pour éviter les projections et l'on porte rapidement à l'ébullition, qu'on maintient jusqu'à ce que les vapeurs nitreuses soient complètement éliminées. Puis on évapore à sec, au bain de sable, en s'arrêtant au moment où les vapeurs acides cessent de se dégager ; il est important de ne pas prolonger inutilement l'action du feu, afin de ne pas volatiliser les sels ammoniacaux. Puis on ajoute dans la capsule 4 gr. de craie pulvérisée ; on mélange la masse de manière à obtenir une poudre qui se détache facilement et l'on enlève soigneusement la matière de la capsule. Cette matière est introduite dans le tube à chaux sodée ; comme elle est assez volumineuse, il y a lieu d'employer un tube de 40 à 45 centim. de longueur. On conduit l'opération comme un dosage ordinaire. Dans ces traitements on n'a pas éliminé l'ammoniaque ; l'azote trouvé représente donc la somme de l'azote organique et de l'azote ammoniacal. Comme on a déterminé ce dernier isolément, on le retranche du chiffre trouvé dans cet essai et l'on obtient ainsi l'azote qui existe à l'état organique.

5° Dosage de l'azote par la méthode Kjeldahl.

Cette méthode se recommande par la rapidité de son exécution et par la facilité avec laquelle on peut mener de front un grand nombre de dosages.

Le principe est le suivant : transformation de l'azote organique en azote ammoniacal, au moyen de l'acide sulfurique additionné soit de sulfate de cuivre déshydraté, soit d'oxyde rouge de mercure, soit plutôt de mercure métallique, ajoutés dès le commencement ; on distille ensuite le liquide avec une lessive de soude libre de toute trace de carbonate, obtenue par l'ébullition avec de la baryte hydratée ; le dosage de l'ammoniaque se fait à la manière habituelle à l'aide d'acide sulfurique titré.

Cette méthode n'est pas encore applicable aux cas où l'on se trouve en présence de quantités appréciables de nitrates.

L'attaque par l'acide se fait dans des ballons de 200 à 250^{cc} de capacité ; on introduit la matière, soit 5 décigr. ou 1 gr., et l'on ajoute 1 gr. environ de mercure métallique, ou encore 2 ou 3 gr. de sulfate de cuivre sec en poudre. Pour mettre la quantité voulue de mercure, il est commode de se servir d'un tube capillaire jaugé une fois pour toutes. Les fourrages très riches en matières grasses sont additionnés d'un peu de paraffine, afin d'empêcher le boursouflement, puis on verse sur le tout 20^{cc} d'acide sulfurique pur et monohydraté. On commence par chauffer doucement, puis plus fort ; on maintient l'ébullition jusqu'à ce que le liquide soit devenu tout à fait limpide. Il n'est pas indispensable que la décoloration de l'acide soit complète ; mais la limpidité doit être parfaite. Une demi-heure à trois quarts d'heure d'ébullition sont en général suffisants pour la transformation intégrale de l'azote en ammoniaque. Les ballons sont placés inclinés sur un support de toile métallique. On peut mettre dans le goulot de ces ballons une petite boule de verre qui empêche d'une part une évaporation trop forte de l'acide, et de l'autre toute perte de matière par projection.

Le liquide étant devenu tout à fait clair et froid, on ajoute avec précaution un peu d'eau, puis en plus ample quantité, jusqu'à ce qu'on en ait mis 100^{cc}.

On agite convenablement, afin de faire dissoudre complétement le sel de mercure qui a pu rester au fond et l'on transvase dans le ballon de distillation, en lavant à différentes reprises.

Les ballons de distillation sont d'une contenance de près d'un litre.

On ajoute au liquide de la lessive de soude en quantité telle qu'elle soit en excès sur l'acide sulfurique. On a ainsi 200 à 250^{cc} de liquide final. Il convient de mettre, en outre, 3 ou 4^{cc} d'une solution saturée de sulfure de sodium, destinée à éliminer le mercure à l'état de sulfure et à empêcher ainsi la formation d'une combinaison difficilement décomposable entre le mercure et l'ammoniaque.

La saturation par la soude met l'ammoniaque en liberté; il faut se hâter d'adapter le ballon à l'appareil à distiller, afin d'éviter toute perte d'ammoniaque.

Il convient d'ajouter un peu de zinc en grenaille, pour avoir, par le dégagement d'hydrogène, une ébullition plus tranquille et l'on distille en recueillant l'ammoniaque qui se dégage dans l'acide sulfurique titré. Pour éviter que des projections n'entraînent de la soude dans le liquide distillé, on se sert de l'appareil de M. Schlœsing. On peut avantageusement donner à cet appareil la forme adoptée par M. Aubin.

Lorsque le produit à analyser contient des nitrates, on peut se débarrasser de ceux-ci en chauffant la matière avec du protochlorure de fer additionné d'acide chlorhydrique et en évaporant jusqu'à sec ; cette opération peut se faire dans le ballon même où se fera l'attaque par l'acide sulfurique.

La quantité de matière sur laquelle on doit opérer est en général de 5 décigr. ; pour les matières pauvres en azote ou pour celles qui sont peu homogènes, on peut prendre 1 à 2 gr. ; dans ce cas on augmente d'un tiers ou de la moitié la quantité d'acide sulfurique. Lorsqu'on opère sur des liquides, vin, bière, lait, etc., on prend de ceux-ci un volume tel que la quantité de matières fixes soit comprise entre 5 décig. et 1 gr.

Il y a lieu de faire une correction pour les traces d'ammoniaque que pourrait contenir l'acide sulfurique employé ; cette correction est faite, une fois pour toutes, pour le même acide, par un dosage à blanc ; elle est ordinairement très faible. Il est indispensable que l'acide sulfurique soit exempt de composés nitrés ; une ébullition prolongée élimine complètement ces derniers.

6· Dosage de l'ammoniaque dans un sulfate d'ammoniaque au moyen de l'appareil de M. Schlœsing.

Le dosage de l'ammoniaque s'effectue toujours en chassant cette base au moyen d'une base fixe et en distillant; l'ammoniaque est recueillie dans un acide titré, dont le degré de saturation mesure la proportion de l'alcali volatil.

On pèse 25 gr. de sulfate à essayer; on les dissout dans de l'eau; on amène le volume à 1 litre. On prend 20ᶜᶜ de cette dissolution, correspondant à 5 décigr. de sulfate, au moyen d'une pipette jaugée; on les introduit dans le ballon à col étiré de l'appareil; on ajoute 150ᶜᶜ d'eau et 2 gr. de chaux éteinte ou une dissolution équivalente de soude ou de potasse. (Le ballon peut être remplacé par une fiole de verre trempé.) Le ballon communique, au moyen d'un court tube de caoutchouc, avec un serpentin de verre ascendant se reliant à un réfrigérant. Le réfrigérant porte un tube étiré, à boule, dont l'extrémité plonge de 1 à 2ᵐᵐ au plus dans 10ᶜᶜ d'acide sulfurique titré normal contenus dans un petit ballon. L'appareil étant ainsi disposé et l'eau circulant dans le réfrigérant, on chauffe le ballon de manière à porter à l'ébullition ; l'ammoniaque se dégage d'abord et se combine à l'acide sulfurique titré : il peut arriver que, par suite d'une absorption trop rapide de l'ammoniaque, la liqueur acide monte dans le tube; mais, la boule étant suffisante pour la contenir, cela n'a pas d'inconvénient. On continue à chauffer de manière à distiller lentement une certaine quantité d'eau, destinée à chasser les dernières traces d'ammoniaque. Quand la quantité d'eau distillée a atteint 50^{cc}, on détache de l'appareil le tube à boule et ensuite seulement on arrête le feu; on lave le tube à boule, à l'intérieur et au bout extérieur, avec de petites quantités d'eau, qu'on fait tomber dans le ballon. Puis on ajoute la teinture de tournesol neutre et, au moyen d'une burette graduée, en agitant constamment, une solution alcaline, jusqu'au moment où la couleur de tournesol indique que la saturation est complète. On lit le volume de liqueur alcaline employé : soit V. D'un autre côté, dans un ballon semblable, on a versé 10^{cc} de l'acide titré, le tournesol et 50^{cc} d'eau distillée; avec la liqueur alcaline on sature cet acide, et l'on note également le volume employé : soit V'. L'acide titré a été préparé de telle sorte que les 10^{cc} employés saturent exactement 0 gr. 2125 d'ammoniaque ou toute quantité voisine rigoureusement connue. Pour calculer, au moyen de ces éléments, l'ammoniaque contenue dans les 5 décigr. de sulfate d'ammoniaque sur lesquels on a opéré, on établit la formule suivante :

$$x = \frac{V' - V}{V'} \times 0.2125$$

Pour calculer à l'état d'azote, on emploie la formule

$$x = \frac{V' - V}{V} \times 0.175$$

en admettant que les 10^{cc} d'acide titré correspondent exactement à ces quantités.

Préparation de l'acide sulfurique titré. — Dans une capsule de platine, on met de l'acide sulfurique distillé pur; on le porte à l'ébullition, qu'on maintient pendant au moins une demi-heure, puis on laisse refroidir la capsule sous une cloche rodée, pour éviter l'absorption de toute trace d'humidité. La capsule sera placée sur un trépied en fer afin d'éviter que la plaque de verre sur laquelle se trouve la cloche ne soi cassée par la température de la capsule. L'acide étant refroidi, on en verse rapidement dans un ballon bouché à l'émeri, taré sur la balance de précision, environ 50^{cc}, on bouche immédiatement et l'on en prend le poids. Celui-ci étant obtenu, on verse l'acide dans un ballon jaugé, en ayant de manière à entraîner tout l'acide qui avait été pesé. Le volume auquel on amènera la liqueur sera tel que 61 gr. 25 d'acide sulfurique soient amenés exactement à 1 litre; on étendra donc la solution de manière à obtenir cette concentration. On appelle cette liqueur : *liqueur acide normale*. Le liquide ainsi obtenu est mélangé avec soin et conservé dans un flacon bouché à l'émeri. Comme le verre a souvent une réaction alcaline et qu'une partie de l'acide pourrait être saturée par cette alcalinité du verre, il convient de choisir des flacons dans lesquels a séjourné pendant longtemps de l'acide sulfurique concentré. Pour l'usage il est commode de mettre ce liquide dans un matras, qui porte un bouchon à caoutchouc muni d'une pipette jaugée. Le matras et la pipette ont été au préalable soumis, pendant quelques semaines, à l'action de l'acide sulfurique concentré.

En donnant cette formule pour la préparation des acides titrés, nous n'entendons pas dire que c'est la seule qu'on puisse employer. Elle nous a semblé convenable pour l'emploi. Mais tout autre acide titré conduit au même résultat, à la condition de renfermer une proportion d'acide rigoureusement connue. Quel que soit d'ailleurs le mode de préparation des acides titrés, il est indispensable d'y doser exactement l'acide, ce qu'on peut faire par divers procédés que nous ne décrirons pas ici.

Préparation de la liqueur acide décime. — 100 ^{cc} d'acide sulfurique titré normal sont versés dans une carafe jaugée de 1 litre ; on complète le volume à 1 litre avec de l'eau distillée préalablement bouillie.

Préparation de l'eau de chaux. — On met 200 à 300 gr. de chaux éteinte dans un flacon bouché de 5 litres ; on remplit avec de l'eau ; on agite, et, après avoir laissé déposer, on jette l'eau qui a dissous les parties salines que la chaux pouvait contenir. On remet de nouvelle eau en agitant de temps en temps. Pour employer cette eau de chaux, on la filtre dans un flacon, en évitant autant que possible l'accès de l'air. On bouche au moyen d'un bouchon qui porte deux tubes étirés au bout et recourbés à angle droit : l'un sert à l'écoulement de l'eau de chaux, et l'autre à la rentrée de l'air. Ces deux tubes sont eux-mêmes bouchés au moyen d'un petit tube de caoutchouc muni d'un obturateur en verre.

Préparation de la magnésie. — On triture dans un mortier le carbonate de magnésie en pain du commerce, et l'on en fait une pâte homogène en l'additionnant successivement de petites quantités d'eau ; on introduit cette pâte liquide dans un flacon avec de l'eau distillée, on décante de temps en temps la liqueur qui surnage en la remplaçant par de nouvelle eau distillée et en agitant fréquemment ; cette opération a pour but d'enlever les alcalis qui sont généralement mélangés à ce produit et qui pourraient exercer une action sur les matières organiques azotées. On jette sur un entonnoir bouché par un tampon de coton ; on laisse égoutter ; on sèche à l'étuve ; on introduit dans un creuset en terre et l'on calcine pendant une heure au rouge peu intense. Le produit obtenu est conservé dans des flacons bien bouchés. Il est prudent d'en calciner la quantité nécessaire au dosage au moment même de l'emploi, afin de chasser les traces d'ammoniaque que la magnésie aurait pu absorber.

Recherche des sulfocyanures dans les sulfates d'ammoniaque. — Il arrive quelquefois que des sulfates d'ammoniaque, surtout ceux qui proviennent de la fabrication du gaz d'éclairage, contiennent du sulfocyanhydrate d'ammoniaque, corps excessivement vénéneux, pour les plantes aussi bien que pour les animaux. L'emploi de ce produit peut avoir dans les cultures un effet désastreux ; il faut donc rejeter complètement les substances qui en renferment. Il suffit de rechercher qualitativement la présence de ce composé : on regardera comme impropre à l'usage agricole tout sulfate d'ammoniaque dans lequel on constatera sa présence. On dissout une petite quantité de sulfate d'ammoniaque dans l'eau ; on y ajoute quelques gouttes d'une solution étendue de perchlorure de fer, qui donne immédiatement une belle coloration rouge caractéristique.

7° Dosage de l'ammoniaque dans un engrais complexe.

Les engrais complexes contiennent généralement, outre l'ammoniaque toute formée, de la matière organique contenant de l'azote ; si l'on se servait, comme pour un sulfate d'ammoniaque, de chaux pour déplacer l'alcali volatil, on risquerait de transformer en ammoniaque une partie de cet azote organique, et l'on aurait ainsi un dosage défectueux.

Pour empêcher cette action de se produire, on remplace la chaux par de la magnésie, qui n'a qu'une action extrêmement faible sur les matières organiques azotées. L'opération se fait de la même manière que pour le sulfate d'ammoniaque, en opérant sur 1 gr. d'engrais et environ 1 gr. de magnésie calcinée. Si l'engrais est riche en sels ammoniacaux, on prend l'acide sulfurique titré normal, dont on opère la saturation au moyen de la liqueur de potasse.

Si, au contraire, l'engrais est pauvre, on remplace l'acide sulfurique normal par l'acide sulfurique décime ; dans ce dernier cas, le titrage de cet acide se fait au moyen d'eau de chaux : 10^{cc} d'acide décime correspondent à 0,02125 d'ammoniaque, soit 0,0175 d'azote.

On vient d'exposer la méthode qui consiste à distiller directement la matière avec de l'eau et de la magnésie. Ce procédé rencontre quelquefois des difficultés assez grandes, surtout lorsqu'on est forcé d'opérer sur de notables quantités de matière en raison de leur teneur en ammoniaque ; tel est le cas du fumier de ferme, par exemple. En appliquant directement le feu sous le ballon, on risque de surchauffer la matière, qui se colle au fond, et l'on peut ainsi produire de l'ammoniaque aux dépens de la matière organique azotée. Cet inconvénient peut être évité d'une manière complète au moyen d'un bain de chlorure de calcium, dans lequel on fait plonger le ballon. Le bain est chauffé de manière à permettre l'ébullition du liquide contenu dans le ballon.

Il est préférable, dans beaucoup de cas, au lieu de distiller la matière elle-même, d'extraire par le lavage l'ammoniaque qui est contenue et de distiller le liquide ainsi obtenu après l'avoir rendu alcalin au moyen de la magnésie.

Lorsqu'il y a peu de matière organique dans la substance à analyser, le lavage peut s'opérer à l'eau ; mais dans le cas où l'on est en présence de beaucoup de matières organiques, et notamment des matières brunes des fumiers, une partie de l'ammoniaque pourrait être retenue dans des combinaisons insolubles, il faut dans ce cas, lorsqu'on veut opérer le lavage, se servir d'eau légèrement acidulée d'acide chlorhydrique, afin de détruire la combinaison de ces matières avec l'ammoniaque qui entre ainsi en solution. Dans ce dernier cas, avant de procéder à la distillation, il faut saturer l'acide par de la magnésie, dont on mettra d'ailleurs un excès.

La précaution de traiter au préalable par un acide est indispensable lorsqu'il existe dans la matière du phosphate ammoniaco-magnésien, qui n'est que difficilement décomposé par la magnésie quand il se trouve à l'état concret. Mais lorsqu'il a été au préalable dissous par un acide, il laisse facilement dégager son ammoniaque sous l'influence de la magnésie.

Quand on a recours à l'acide, on peut opérer sur une quantité notable de matière, soit par exemple 50 gr. ; dans ce cas on décantera le liquide dans un ballon jaugé de 1 litre et en lavant à plusieurs reprises le résidu, on arrivera au volume de 1 litre. De ce liquide rendu homogène, on prendra une fraction déterminée, soit 20^{cc} correspondant à 1 gr. de matière, soit plus si la quantité d'ammoniaque est faible.

Les liqueurs acides, dans lesquelles on doit rechercher l'ammoniaque, ne doivent jamais subir pendant longtemps le contact de l'air, qui pourrait augmenter la proportion de cet alcali. Pour la même raison, on doit éviter la proximité de vapeurs ammoniacales pendant ces manipulations.

Il arrive quelquefois que, dans ces opérations, l'eau qui distille entraîne de l'acide carbonique qui reste dissous dans la liqueur distillée. Le titrage se fait alors d'une manière incertaine, et il convient, avant de titrer, de se débarrasser de cet acide carbonique. On y arrive en chauffant à l'ébullition pendant quelques instants la liqueur contenue dans le ballon, en ayant grand soin d'éviter toute projection ; on opère alors le dosage comme précédemment et sans laisser refroidir.

8° Dosage de l'acide nitrique dans les nitrates (méthode de M. Schlœsing).

Ce procédé est basé sur la transformation intégrale de l'acide nitrique en bioxyde d'azote, qu'on recueille à l'état gazeux et dont on prend le volume ; il s'applique non seulement aux nitrates commerciaux, mais encore aux engrais dans lesquels on a introduit des nitrates.

On compare le volume du bioxyde formé à celui que donne une même quantité de nitrate parfaitement pur ; le rapport des deux volumes donne la proportion de nitrate réel contenu dans le produit essayé.

Mais pour que cette comparaison conduise à des résultats exacts, il faut rendre aussi égales que possible toutes les conditions de l'opération et par suite les erreurs relatives. On y arrive en s'arrangeant de manière à recueillir des volumes très voisins de bioxyde d'azote dans les deux cas du titrage et de l'essai, ce qu'il est toujours facile d'obtenir. Dans ce but il convient de faire d'abord l'essai avec la matière à analyser; le volume de bioxyde d'azote étant lu, on emploie une quantité de liqueur titrée de nitrate pur telle qu'elle donne un volume à peu près égal.

Essai d'un nitrate de soude. — On prépare une liqueur titrée contenant par litre 66 gr. de nitrate de soude pur et sec; on prend également 66 gr. de nitrate à essayer, qu'on dissout et qu'on amène au volume de 1 litre. Cette quantité a paru convenable, parce que dans les conditions de l'expérience elle permet d'obtenir un volume de gaz voisin de 100^{cc}.

L'appareil dans lequel se produit la réaction est un ballon de 150^{cc} de capacité; ce ballon est muni d'un bouchon en caoutchouc percé de deux trous, qui porte un tube capillaire de 30 centim. de longueur, plongeant à quelques centimètres du fond du ballon, de manière que le bout du tube soit toujours au dessus du liquide. L'autre bout du tube est relié par un tube de caoutchouc assez étroit, mais épais, à un petit entonnoir; il existe un intervalle de 25^{cm} entre le bout du tube et la douille de l'entonnoir; à l'endroit libre du caoutchouc on place une pince qui, serrant le caoutchouc, ferme d'une manière complète. L'autre trou du bouchon porte un tube à gaz recourbé à angle droit, relié par un caoutchouc à un autre tube recourbé dont la partie plongeant dans l'eau doit avoir de 20 à 30 centim. de longueur, afin de condenser la vapeur d'eau; le tube plonge dans une cuve d'une forme spéciale et remplie d'eau. Si l'on fait une série de dosages successifs

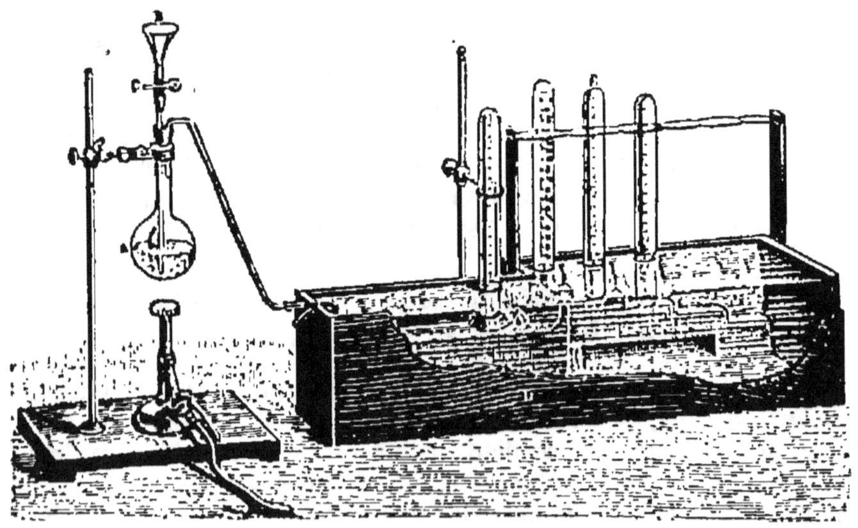

Appareil de Schlœsing. (fig. 134)

il est bon de laisser couler constamment, dans cette cuve, de l'eau qui élimine à mesure l'eau devenue chaude et chargée d'acide chlorhydrique et qui maintient le niveau constant. Dans le ballon on verse 40^{cc} de solution de protochlorure de fer; on place le bouchon et, par l'entonnoir, on fait couler 40^{cc} d'acide chlorhydrique, en pinçant le caoutchouc au moment où il reste encore un peu d'acide chlorhydrique dans l'entonnoir. Cette opération a pour but d'éviter l'emprisonnement de l'air dans le tube capillaire où la douille de l'entonnoir; cet air serait entraîné dans la suite et augmenterait le volume du bioxyde d'azote. L'appareil étant ainsi disposé, on place sous le ballon un bec de gaz muni d'une couronne et l'on chauffe de manière à produire une ébullition régulière; l'air se trouve expulsé et sort bulle à bulle par le tube; lorsque, par une ébullition de 5 à 6 minutes, tout l'air est expulsé, que, par suite, il ne se dégage plus que de la vapeur d'eau qui se condense au contact de l'eau froide, on place sur cette extrémité recourbée du tube une cloche graduée de 100^{cc}, exactement remplie d'eau; puis on verse dans l'entonnoir, au moyen d'une pipette jaugée 5^{cc} de la liqueur de nitrate à essayer et, ouvrant légèrement la pince, on laisse couler ce liquide très lentement dans le ballon, afin de ne pas arrêter l'ébullition, ce qui entraînerait une absorption. On referme la pince avant que le liquide ait atteint la douille de l'entonnoir, puis on lave celui-ci avec 3^{cc} d'acide chlorhydrique qu'on verse, au moyen d'un tube étiré, sur tout le pourtour supérieur de l'entonnoir. Ce liquide est introduit à son tour, avec les mêmes précautions; on renouvelle ce lavage trois fois, en ayant constamment soin d'empêcher toute rentrée de l'air; l'ébullition maintenue constamment dans le ballon fait dégager le bioxyde d'azote qui se rend sous la cloche. On la prolonge jusqu'au moment où le volume de gaz n'augmente plus; alors, sans arrêter l'ébullition, on retire la cloche et on amène, en enfonçant plus ou moins la cloche, le niveau de l'eau dans celle-ci au niveau de l'eau dans la cuve; il faut avoir soin de tenir la cloche avec une pince et non avec la main, ou mieux encore au moyen d'une pince fixe, puis on lit le volume occupé par le gaz dans la cloche, soit V, après avoir attendu quelques instants pour laisser le gaz prendre la température ambiante. On remplit de nouveau la cloche avec de l'eau, on la place sur l'extrémité du tube, le vide s'étant maintenu dans le ballon par l'ébullition qu'on a laissée se continuer; on introduit par l'entonnoir 5^{cc} de la solution titrée de nitrate pur en opérant exactement de la même manière et prenant les mêmes précautions que dans l'opération qui précède. On recueille de nouveau le bioxyde d'azote, on lit son volume comme on vient de l'indiquer, soit V' le second volume obtenu,

le rapport $\dfrac{V}{V'} \times 100$ donnera la qantité de nitrate réel contenu dans 100 du produit essayé.

On peut faire cinq ou six dosages consécutifs sans renouveler les liquides du ballon et sans interrompre l'ébullition; dans ces conditions, les dosages se font très rapidement; mais il faut avoir la précaution de maintenir constamment le liquide du ballon à un volume sensiblement égal au volume primitif, les liquides qu'on introduit devant remplacer au fur et à mesure ceux qui disparaissent par l'ébullition. Si la concentration devenait très forte, il faudrait ajouter assez d'acide chlorhydrique pour ramener au volume voulu.

Essai d'un nitrate de potasse. — Pour l'essai d'un nitrate de potasse, on opèrera exactement de la même manière; mais les liqueurs sont préparées en dissolvant 80 gr. de nitrate pur et autant de nitrate à essayer dans le volume de 1 litre. Ce chiffre est calculé également de manière à donner un volume de gaz voisin de 100^{cc}.

Préparation de la solution de protochlorure de fer. — On prend 200 gr. de pointes de fer, on les met dans un ballon avec 100^{cc} d'eau; et on y ajoute peu à peu, en chauffant, assez d'acide chlorhydrique pour que le fer soit dissous; on amène le volume de la liqueur à 1 litre.

Dosage du nitrate de soude dans un engrais complexe. 1° *Engrais riche en nitrate.* — On prend 66 gr. d'engrais, on broie dans un mortier de verre et on traite dans le mortier même par de l'eau; le liquide est versé dans un ballon de 1 litre et l'engrais est lavé à plusieurs reprises. Tous les liquides décantés sont réunis dans le ballon jaugé; on complète le volume à 1 litre; le nitrate est entré en solution, et on opère avec cette solution claire, filtrée s'il est nécessaire, comme s'il s'agissait d'un nitrate de soude, mais au lieu d'introduire dans le ballon seulement 5^{cc} de liqueur, on prend plusieurs fois 5^{cc}, suivant la richesse de l'engrais, de manière à avoir un volume de bioxyde d'azote qui ne soit pas trop inférieur à 100^{cc} : soit n le nombre de pipettes de 5^{cc} employées; soit V le volume de gaz obtenu avec 5^{cc} de solution titrée de nitrate de soude pur, V' le volume de gaz obtenu avec la matière, on aura pour la quantité de nitrate contenu dans 100 d'engrais $\dfrac{V'}{nV} \times 100$.

2° *Engrais pauvres en nitrate.* — On prend 66 gr. d'engrais; on les broie dans un mortier, on les délaye dans l'eau, on laisse reposer pendant quelques moments, ou décante dans un ballon jaugé de 1 litre la liqueur surnageante; on lave plusieurs fois le résidu resté dans le mortier; on transvase constamment la liqueur surnageante dans le ballon jaugé, jusqu'à ce qu'on ait complété le volume de 1 litre.

On mélange cette liqueur et on y ajoute par petites portions de a chaux éteinte, jusqu'au moment où la liqueur bleuit le papier rouge de tournesol; on prélève 500^{cc}, on les évapore dans une capsule de porcelaine, et on les amène exactement au volume de 50^{cc}. On opère alors avec cette liqueur comme on a fait pour l'engrais riche en nitrate; le calcul se fait de la même manière, mais il faut diviser par 10 le résultat obtenu.

L'addition de chaux a pour objet d'empêcher l'acide nitrique d'être déplacé par les acides sulfurique ou phosphorique libres dans le cas où l'on opérerait en présence d'un superphosphate.

Lorsque l'engrais est excessivement pauvre en nitrate, c'est-à-dire lorsqu'il en contient à peine 1 p. 100, on peut, au lieu de continuer à ajouter de la solution dans le ballon jusqu'au moment où on a obtenu un volume de bioxyde d'azote voisin de 100^{cc}, s'arrêter à un volume inférieur. Le calcul se fait du reste de la même manière.

Pour calculer en acide nitrique, on multiplie par 0,6207 le nitrate de soude trouvé. Pour calculer en azote nitrique, on multiplie le nitrate de soude par 0,1647.

Remarque. — Il arrive quelquefois que les engrais contiennent des carbonates solubles; dans ce cas l'acide carbonique, se dégageant en même temps que le bioxyde d'azote, pourrait augmenter le volume de ce gaz, et, par suite, conduire à un résultat trop fort. On peut s'assurer de la présence de ces carbonates solubles en délayant, dans 20 ou 30^{cc} d'eau, une dizaine de grammes d'engrais; on jette sur un filtre et, dans quelques centimètres cubes de la liqueur filtrée, on verse un peu d'acide chlorhydrique; s'il y a dégagement de bulles gazeuses, on conclut à la présence de carbonates solubles. Dans ce cas, au lieu de faire la trituration dans le mortier avec de l'eau pure, on emploie de l'eau contenant 3 à 4 p. 100 d'acide chlorhydrique. Lorsque toute effervescence a cessé et que la liqueur reste acide, on continue les lavages avec de l'eau pure jusqu'au volume de 1 litre, en suivant la marche indiquée; mais lorsqu'on est forcé de soumettre le liquide à l'évaporation, on ne peut pas opérer avec un liquide acide de peur de perdre l'acide nitrique; alors, ayant amené le liquide neutre ou alcalin à un volume très réduit, on décompose les carbonates par une addition d'acide acétique; ce n'est qu'après cette addition qu'on amène au volume de 50^{cc} et que l'on continue le dosage comme plus haut. L'acide carbonique ayant été éliminé ne peut plus fausser les résultats.

Quelques matières fertilisantes, telles que les guanos, peuvent contenir de l'acide oxalique. La décomposition partielle de cet acide peut produire des gaz acide carbonique et oxyde de carbone, qui viennent s'ajouter au bioxyde d'azote et faussent ainsi le dosage. Il est facile de se mettre à l'abri de cette cause d'erreur en ajoutant à la matière, avant la dissolution, un peu de chaux qui maintient l'acide oxalique insoluble à l'état d'oxalate de chaux. Les liqueurs claires, dans lesquelles on dose les nitrates, sont ainsi complétement débarrassées d'acide oxalique.

DOSAGE DE L'ACIDE PHOSPHORIQUE SOUS SES DIVERS ÉTATS

1° Remarques générales sur l'acide phosphorique.

On trouve dans le commerce les phosphates à des états différents :

1° Phosphates minéraux, constitués par du phosphate de chaux tribasique, plus ou moins mélangé de carbonate de chaux, de matières siliceuses, etc., et amené à des degrés divers de finesse par des moyens mécaniques;

2° Phosphate d'os verts broyés; phosphate d'os dégélatinés; noir animal, noir de raffinerie, de sucrerie, etc.;

3° Phosphates dans les produits tels que fumier, poudrette, guano, etc.;

4° Phosphates traités par les procédés chimiques; superphosphates d'os ou minéraux, phosphates précipités, phosphate ammoniaco-magnésien;

5° Phosphates provenant des traitements métallurgiques tels que ceux des scories.

Tous les phosphates peuvent être employés en agriculture pour apporter aux plantes l'acide phosphorique, et tous sont susceptibles d'être assimilés, dans une certaine mesure, par l'organisme végétal. Mais leur faculté d'être utilisés par les plantes varie beaucoup, suivant la forme sous laquelle se présente l'acide phosphorique; dès lors il était rationnel que des distinctions d'origine et des différences de valeur fussent introduites dans le commerce de matières aussi variées. Mais, pour régler équitablement les prix, il eût fallu posséder des notions vraies, acquises par la comparaison expérimentale des effets que produisent les divers phosphates dans les conditions diverses de la culture. En l'absence de semblables notions, on a imaginé des conventions arbitraires ne reposant point sur l'expérience, d'où sont résultées des différences considérables entre les prix de l'unité d'acide phosphorique dans les matières phosphatées, notamment entre les prix de cette unité dans les produits d'industrie : superphosphates, phosphates précipités, phosphates enrichis, et les prix de la même unité dans les engrais phosphatés n'ayant pas subi de traitement : phosphates naturels, os, poudrette, etc.

Il convient d'entrer sur ce point dans quelques développements, avant de décrire les méthodes d'analyse applicables aux diverses matières phosphatées.

Lorsque Liebig conseilla, vers 1843, de solubiliser l'acide phosphorique des os au moyen d'un traitement par un acide, tous les physiologistes et agronomes étaient persuadés que la solubilité dans l'eau d'un aliment minéral des plantes est la condition première de son absorption. Des essais institués alors en Angleterre, pour comparer les effets des os broyés et du superphosphate d'os, donnèrent un avantage marqué à ce dernier, et déterminèrent la création d'une fabrication qui prit rapidement de grands développements, surtout quand elle admit comme matière première les phosphates minéraux.

Naturellement l'acide phosphorique acquit dans les superphosphates une valeur beaucoup plus grande que celle qu'il avait avant traitement dans le phosphate minéral ou phosphorite. La nouvelle industrie se propagea en France, en Allemagne. Mais une difficulté imprévue ne tarda pas à se produire : la rétrogradation. L'acide phosphorique perdait graduellement sa solubilité première dans les superphosphates provenant de certaines phosphorites.

Quelle valeur fallait-il donner à cet acide rétrogradé que l'eau ne dissolvait plus et dont pourtant le mode de combinaison primitif avait été certainement détruit par l'acide sulfurique? En Angleterre, les agriculteurs, fidèles à leur opinion sur la solubilité nécessaire des aliments des plantes, ne voulurent payer que l'acide soluble à l'eau : c'est pourquoi les fabricants s'étudièrent à éviter la rétrogradation, soit en employant un excès d'acide sulfurique, soit en choisissant de préférence certaines phosphorites. Les usages anglais passèrent en Allemagne. Il enfut autrement en France. Les chimistes avaient introduit dans l'analyse des phosphates un réactif précieux, le citrate d'ammoniaque, ayant la propriété de dissoudre l'oxyde de fer, l'alumine, les phosphates de ces deux oxydes, quand ces matières n'offrent qu'une très faible cohésion : il peut même laisser précipiter à l'état de phosphate ammoniaco-magnésien la totalité de l'acide phosphorique, tout en gardant intégralement les oxydes ; il réalise ainsi, d'une manière simple, une séparation autrefois très laborieuse. A cette propriété précieuse, on crut en France pouvoir en ajouter une autre qui serait plus sérieuse encore si elle pouvait être admise comme réelle : on fit du citrate le moyen de mesurer l'efficacité comme engrais, et par suite, la valeur vénale de l'acide phosphorique contenu dans les diverses matières phosphatées.

Pour en venir là, on supposait que la faculté d'être assimilés est, chez les phosphates, non plus en relation directe avec la solubilité dans l'eau, comme on l'admet en Angleterre, mais bien en relation inverse avec la cohésion : le phosphate de moindre cohésion devenant le plus assimilable. La solubilité dans le citrate était assurément le signe d'une très faible cohésion : ce réactif partagea tous les phosphates en deux catégories :les phosphates solubles au citrate, les insolubles.

Puis l'usage fut introduit d'appeler du nom d'assimilables les phosphates solubles dans ce réactif ; l'acide des superphosphates, des phosphates précipités, des phosphates enrichis, c'est-à-dire l'acide des produits livrés par l'industrie chimique, se trouva soluble dans le citrate et réputé dès lors assimilable. Implicitement, le public devait croire et crut en effet que l'acide des phosphates insolubles au citrate était non assimilable, ou tout au moins peu assimilable, et il accorda à l'acide soluble au citrate une valeur double et parfois triple de la valeur de l'acide des phosphates insolubles.

De tels errements ne sont plus permis aujourd'hui ; il est certain que l'assimilabilité d'un phosphate ne dépend pas de sa solubilité dans le citrate : qu'une racine rencontre, vers son extrémité, un fragment d'os, de nodule des Ardennes, de phosphorite du Lot, elle dissoudra et absorbera du phosphate en vertu de ses sucs propres, et malgré la cohésion qui rend ce fragment insoluble dans le citrate. Cela ne veut pas dire que la cohésion ne joue aucun rôle : un fragment d'apatite ou de quelque autre combinaison douée d'une grande dureté se laisse probablement moins attaquer qu'un autre fragment de phosphate plus tendre ; il n'en demeure pas moins acquis que le plus grand nombre des phosphorites peut servir d'aliment direct pour les plantes, sans passer par la désagrégation sulfurique ; il est tout aussi certain que les phosphates d'os, les phosphates du fumier, des poudrettes, des guanos, insolubles dans le citrate, sont néanmoins parfaitement assimilables et assimilés par la végétation. Des expériences de comparaison instituées dans ces dernières années en France, en Belgique, en Allemagne, en Angleterre, ont montré que l'acide phosphorique soluble à l'eau, l'acide des superphosphates rétrogradés, l'acide des phosphates précipités produisent des effets de même ordre, et que l'acide des phosphorites produit, dans beaucoup de cas, des récoltes sensiblement égales à celles que donnent les phosphates ayant subi un traitement chimique. Même, dans les terrains chargés de matière organique et pauvres en chaux, l'avantage demeure aux phosphates d'os, au noir, aux phosphorites.

C'est qu'en effet, il paraît très probable aujourd'hui que la diffusion de l'engrais au sein du sol joue le rôle essentiel dans son utilisation; cette diffusion est produite, dans les superphosphates, par la solubilité de l'acide libre ou combiné, qui se diffuse autour de chaque parcelle d'engrais, dans un certain rayon, limité par l'insolubilisation de l'acide phosphorique au contact de l'oxyde de fer, de l'alumine, du calcaire du sol; dans les phosphates minéraux, elle est déterminée surtout par l'extrême pulvérisation, l'épandage soigné et les labours; mais que la diffusion soit chimique, comme dans le premier cas, ou mécanique, comme dans le second, on peut regarder son degré de perfection comme déterminant le degré d'utilisation.

Pour que les phosphates naturels donnent des résultats se rapprochant de ceux des phosphates traités par des moyens chimiques, il est donc nécessaire qu'ils soient amenés à un degré de division mécanique très grand, se rapprochant, autant que possible, du degré de finesse que donne une désagrégation par l'acide sulfurique.

La chimie ne possède d'ailleurs aucun moyen de mesurer, par l'analyse, le degré d'assimilabilité, degré variable qui dépend beaucoup des conditions d'emploi. Il n'est pas nécessaire qu'elle fournisse une semblable mesure; sa tâche est de doser exactement l'acide phosphorique sous ses divers états.

Que les agriculteurs abandonnent les préjugés sur la valeur relative des divers phosphates, préjugés qui leur causent de graves préjudices, et qu'ils instituent à leur tour des essais comparatifs. C'est à eux qu'il appartient de déterminer la valeur agricole comparative des engrais, par leur expérience propre et en raison des résultats obtenus, et, par suite, de régler les rapports entre les prix de l'acide phosphorique des divers engrais, d'après les effets qu'ils auront observés.

En définitive, le citrate d'ammoniaque ne peut pas être considéré comme le critérium de l'assimilabilité d'un phosphate; il est essentiel que les marchands d'engrais et les agriculteurs soient bien éclairés sur ce point. Il est également essentiel que les tribunaux appelés à juger leurs contestations sachent bien qu'un phosphate peut être dit assimilable, alors même qu'il n'est pas soluble au citrate.

On ne doit donc pas réserver la dénomination d'assimilables aux seuls phosphates ayant subi des traitements chimiques et solubles dans le citrate, parce que cette dénomination laisse supposer implicitement que l'acide phosphorique des autres engrais phosphatés n'est pas assimilable, et qu'ainsi elle établit en faveur des premiers une supériorité et une plus-value qui ne sont pas justifiées dans beaucoup de cas : la dénomination d'assimilables peut être, à bon droit, appliquée à des phosphates qui résistent à l'action du citrate d'ammoniaque.

2° Dosage de l'acide phosphorique dans un phosphate de chaux naturel.

Les phosphates de chaux naturels, dont l'emploi est si fréquent en agriculture, présentent les compositions les plus variées ; leur richesse est quelquefois bien inférieure à celle qui leur est attribuée ; ils sont fréquemment fraudés avec des matières inertes. Le plus souvent, on les trouve sous la forme pulvérulente. L'acide phosphorique est le seul élément qu'il y ait en général intérêt à y chercher.

Méthode dite commerciale. — On a souvent employé et l'on emploie encore quelquefois une méthode appelée *commerciale*, qui consiste à dissoudre le phosphate dans l'acide chlorhydrique bouillant, à filtrer et à ajouter de l'ammoniaque dans la liqueur filtrée. On obtient une précipité qui renferme le phosphate de chaux, mais qui contient en même temps tout l'oxyde de fer et toute l'alumine que l'acide chlorhydrique avait dissous. Le dosage se trouve ainsi être inexact, et, dans beaucoup de cas, cette inexactitude atteint des proportions énormes. Il peut même arriver que des matières ne contenant aucune trace de phosphate accusent, par ce procédé, des quantités de phosphate considérables. Aussi cette méthode a-t-elle été l'occasion et la base de fraudes innombrables.

Ce procédé doit être rejeté d'*une manière absolue* ; son usage doit être *interdit* et aucune transaction ne doit se faire sous la garantie de l'analyse dite *commerciale*.

Les chimistes qui consentent à employer ce procédé se font les complices d'une des fraudes les plus considérables dont l'agriculture puisse être l'objet.

3° Méthode par le phosphate ammoniaco-magnésien.

On prend 1 gr. de phosphate finement pulvérisé ; on l'introduit dans un ballon à fond plat de 200cc de capacité, avec 10cc d'acide chlorhydrique, et 20cc d'eau ; on fait bouillir au bain de sable pendant un quart d'heure ; on transvase dans une capsule à fond plat, en lavant plusieurs fois le ballon, sans se préoccuper des matières terreuses qui peuvent y rester, puis on évapore à sec au bain de sable, afin de rendre insoluble la silice qui s'était dissoute. On reprend par 5cc d'acide chlorhydrique et 20cc d'eau ; on chauffe de nouveau quelques minutes, on verse sur un petit filtre sans plis et on lave cinq ou six fois, chaque fois avec 5cc d'eau chaude ; le volume de la liqueur recueillie ne doit pas dépasser 100cc.

Lorsque la matière est peu homogène, il est bon d'opérer sur une plus grande quantité de matière, soit, par exemple, 20 gr., qu'on attaque d'ailleurs de la même manière, mais par une quantité d'acide chlorhydrique beaucoup plus grande. On amène le volume à 1 litre e l'on prend 50^{cc} de cette solution, qui représente 1 gr. de phosphate. On évapore à sec pour séparer la silice et l'on continue le traitemen comme il vient d'être dit.

Dans l'un ou l'autre cas, on ajoute à cette liqueur de l'ammoniaque par petites quantités, jusqu'au moment où il se produit un trouble, et alors, peu à peu, une solution d'acide citrique à 25 p. 100, en agitant constamment jusqu'au moment où le précipité s'est redissous. On ajoute de nouveau de l'ammoniaque par petites portions; si la liqueur rendue ainsi ammoniacale ne se trouble plus par ces additions, il y a, dans la liqueur, assez de citrate d'ammoniaque pour maintenir en solution le fer et l'alumine; si, au contraire, l'addition d'ammoniaque a de nouveau produit un trouble, il faut encore une fois rajouter de l'acide citrique et ainsi, alternativement, de l'ammoniaque et de l'acide citrique, par petites portions, jusqu'au moment où la liqueur, tout en étant ammoniacale, est restée claire.

L'acide citrique a pour but de maintenir en solution la chaux, l'alumine et l'oxyde de fer, en formant des sels doubles avec l'ammoniaque. Il arrive toutefois, lorsqu'il y a de la magnésie dans la matière analysée, qu'on n'a pas un liquide absolument clair, par suite de la formation de phosphate ammoniaco-magnésien, mais on reconnaît facilement ce précipité qui est cristallin, et il n'y a pas lieu de s'en préoccuper. On ajoute 35^{cc} d'ammoniaque et 15^{cc} d'une solution contenant 10 p. 100 de chlorure de magnésium; on agite sans frotter les parois du vase avec la baguette, afin d'éviter la formation d'un dépôt adhérent sur le verre; on couvre avec une plaque de verre, ou bien on place sous une cloche et on laisse reposer pendant douze heures au moins. Il arrive souvent, lorsque le phosphate sur lequel on opère contient beaucoup de chaux, qu'il se précipite, en même temps que le phosphate ammoniaco-magnésien, une matière gélatineuse constituée par du citrate de chaux. Dans ce cas, non seulement le dosage du phosphate est trop élevé, mais encore la filtration devient extrêmement lente. On peut éviter la formation de ce précipité en opérant sur des liqueurs plus étendues et en rajoutant de plus grandes quantités d'acide citrique.

C'est surtout dans le cas où il y a relativement peu d'acide phosphorique que cet effet se produit; on fait mieux alors d'employer la méthode au molybdate d'ammoniaque.

Au bout de douze heures, l'acide phosphorique est entièrement précipité à l'état de phosphate ammoniaco-magnésien. On recueille le précipité sur un petit filtre plat; on détache avec une barbe de plume la matière adhérente et on la fait tomber sur le filtre au moyen d'eau contenant un tiers de son volume d'ammoniaque, mélange qui sert également pour achever le lavage, qu'il ne faut pas prolonger outre mesure; 30 à 40^{cc} d'eau ammoniacale, employés par petites portions, suffisent amplement à ces lavages. Si l'on employait de l'eau pure, on dissoudrait une partie de phosphate ammoniaco-magnésien; celui-ci est presque totalement insoluble dans l'eau ammoniacale. On fait sécher le filtre à l'étuve; on détache la matière; on brûle le filtre au rouge dans un creuset de platine; on rajoute la matière et l'on maintient le rouge pendant quelques minutes; le phosphate ammoniaco-magnésien se transforme en pyrophosphate de magnésie. Souvent le produit calciné est noir; il suffit pour lui enlever cette couleur, due à la présence d'un peu de charbon, de l'arroser avec deux ou trois gouttes d'acide azotique et de le calciner de nouveau.

Le poids obtenu, étant multiplié par 0,639, donne l'acide phosphorique contenu dans la matière analysée. Pour calculer cet acide phosphorique en phosphate tribasique de chaux, on le multiplie par 2,18.

Il importe de faire remarquer ici que le phosphate ammoniaco-magnésien contient quelquefois de petites quantités de magnésie ou de chaux, et que, par suite, en opérant comme nous venons de le dire, on peut doser l'acide phosphorique trop haut. On est averti de la présence de ces impuretés par l'aspect du précipité, qui n'est plus entièrement cristallin et qui devient partiellement floconneux. Dans ce cas, il est indispensable de redissoudre le phosphate ammoniaco-magnésien dans le verre même dans lequel il s'était précipité, après qu'on a séparé par filtration à peu près toutes les eaux mères. On commence à verser sur le filtre égoutté 10^{cc} d'eau contenant 5 p. 100 d'acide azotique et l'on continue avec cette même liqueur le lavage du filtre, en recueillant dans le vase dans lequel est restée la plus grande partie du phosphate ammoniaco-magnésien; le volume total ne doit pas dépasser 30 à 40^{cc}. La dissolution étant obtenue, on ajoute 4 ou 5 gouttes de citrate d'ammoniaque et autant de réactif magnésien, et l'on sursature par l'ammoniaque dont on met un grand excès (10 à 15^{cc}); on laisse déposer pendant quelques heures et on recueille ensuite le phosphate ammoniaco-magnésien, débarrassé des impuretés qu'il avait retenues primitivement.

Quand les phosphates contiennent de la matière organique, il faut les calciner au préalable : c'est le cas des os et des noirs d'os.

4° Modification au procédé précédent
(Méthode de M. Aubin.)

Dans la détermination de l'acide phosphorique contenu dans les phosphates naturels et minéraux, on s'expose, en suivant la méthode indiquée par Brassier, à des erreurs en plus, provenant des substances entraînées avec le précipité de phosphate ammoniaco-magnésien. Les substances qui viennent s'ajouter au dosage sont la silice, la chaux, la magnésie et, quelquefois, le fluorure de magnésium dans le cas des phosphates renfermant du spath-fluor. Plusieurs chimistes ont tourné la difficulté, ou bien en titrant l'acide phosphorique par l'urane, ou bien en dissolvant le phosphate ammoniaco-magnésien et le reprécipitant par l'ammoniaque; enfin, on a proposé de se débarrasser de la majeure partie de la chaux, soit au moyen du nitrate de fer, soit au moyen de l'acide sulfurique et de l'alcool. Ces divers procédés ont leurs inconvénients dans la pratique : les uns sont relativement longs, et les autres n'offrent pas toujours la précision désirable. Au contraire, les causes d'erreurs disparaissent si l'on ajoute à la liqueur résultant de l'attaque du phosphate, dont l'acide chlorhydrique a été au préalable saturé par l'ammoniaque, un excès d'acide acétique, et si l'on précipite la chaux au moyen de l'oxalate d'ammoniaque; l'acide phosphorique, le sesquioxyde de fer et l'alumine restent en dissolution, tandis que la chaux se précipite en entraînant avec elle de la silice et du fluor.

Pour l'analyse des phosphates, voici la marche suivie par M. Aubin : dans un ballon de 200 gr. environ, on attaque 1 gr. du produit pulvérulent par 10 cc d'acide chlorhydrique, maintenus à l'ébullition pendant dix minutes; ensuite on ajoute 50 cc d'eau et 20 cc de citrate d'ammoniaque alcalin, préparé d'après la formule de M. Joulie, puis 10 cc d'acide acétique à 8° B., en s'assurant que la liqueur est franchement acide. On porte la liqueur à l'ébullition; on y projette environ 1 gr. 5 d'oxalate d'ammoniaque, quantité suffisante dans la plupart des cas; lorsque la proportion de chaux est très élevée, on s'assure, par quelques gouttes de solution d'oxalate d'ammoniaque, qu'elle est entièrement précipitée. S'il n'en était pas ainsi, on ajouterait encore quelques décigrammes d'oxalate en cristaux. On cesse de chauffer au bout de quelques minutes. La liqueur s'éclaircit rapidement; elle est décantée sur un filtre et le résidu insoluble est lavé à plusieurs reprises à l'eau bouillante jusqu'à ce que l'on ait obtenu le volume de 200 cc. Après les premiers lavages à l'eau, on ajoute sur l'oxalate de chaux 1 ou 2 cc de citrate d'ammoniaque destinés à en extraire les petites quantités d'acide phosphorique entraîné et l'on achève le lavage comme il vient d'être dit. Après refroidissement, on ajoute 10 cc d'une solution magnésienne contenant 1 gr. 5 de chlorure de magnésium cristallisé [1] et 50 cc d'ammoniaque.

Pour que la précipitation de l'acide phosphorique soit complète, il faut qu'il y ait un excès de magnésie dans la liqueur. Dans les conditions où s'effectue le dosage que nous recommandons ici, il est nécessaire que cette magnésie en excès sur l'acide phosphorique soit de 250 à 350 milligr. Un excès moindre pourrait faire perdre un peu d'acide phosphorique; un excès trop grand pourrait au contraire donner une surcharge attribuable à du phosphate tribasique de magnésium entraîné. On mettra donc des quantités de liqueurs magnésiennes variables avec

---

1. Le réactif magnésien se prépare en dissolvant 150 gr. de chlorure de magnésium cristallisé et 150 gr. de chlorhydrate d'ammoniaque dans une quantité d'eau suffisante pour faire le volume de 1 litre. 10 cc. de cette liqueur précipitent 50 centigr. d'acide phosphorique.

la proportion présumée d'acide phosphorique, de manière à avoir toujours l'excès voulu. Dans ces conditions, aucun entraînement de magnésie n'est à craindre.

Il est utile de ne mettre l'ammoniaque qu'après avoir ajouté la liqueur magnésienne : on risque moins d'entraîner du phosphate de fer dans le précipité formé.

Le phosphate ammoniaco-magnésien est recueilli sur un filtre au bout de douze heures, et lavé à l'eau ammoniacale au tiers. On sèche, on incinère et l'on pèse, après avoir, comme il est dit plus haut, traité par deux ou trois gouttes d'acide azotique ; le poids obtenu, multiplié par 63,963, donne le taux pour cent de l'acide phosphorique contenu dans la substance analysée. En opérant comme il vient d'être dit, on peut se dispenser d'éliminer au préalable la silice ; on est à l'abri de l'intervention de la chaux, et l'on n'a pas à craindre d'avoir du fluor dans le précipité. En outre, le grand volume de liquide s'oppose à l'entraînement de la magnésie. Ce grand volume n'est pas, comme on pourrait le craindre, une cause de perte d'acide phosphorique ; le liquide n'en contient aucune quantité appréciable, l'excès de magnésie rendant le phosphate ammoniaco-magnésien insoluble.

Cependant il peut arriver que le pyrophosphate de magnésie obtenu ne soit pas absolument pur : il peut contenir de la silice, alors même qu'on a évaporé à sec au préalable ; il peut aussi renfermer du phosphate de fer. Il est facile de s'assurer de la présence de ces deux substances et de faire, s'il y a lieu, la correction. Dans aucun cas leur recherche qualitative, qui ne prend que quelques instants, ne doit être négligée.

Après la pesée, on dissout, dans le vase même qui a servi à la pesée, par de l'acide azotique ; s'il reste un résidu appréciable de silice, on le pèse et on le défalque du poids du pyrophosphate. Après élimination de la silice, on étend à 100^{cc} environ ; on neutralise par l'ammoniaque jusqu'à bleuissement du papier de tournesol, puis on fait redissoudre le précipité de phosphate ammoniaco-magnésien formé, par l'acide acétique mis en léger excès. La liqueur doit demeurer claire et ne pas se troubler au bout de quelques heures ; l'absence de phosphate de fer est alors constatée. S'il s'en trouve, on peut le recueillir, le peser et diminuer le poids de l'acide phosphorique, calculé d'après le poids du pyrophosphate corrigé de la silice, de 1/4 de milligramme par chaque milligramme de phosphate de fer obtenu.

Dans la plupart des cas, ces corrections sont inutiles ; si elles devenaient trop fortes il serait prudent de recommencer le dosage.

Cette manière d'opérer donne une grande sécurité. Il est commode, pour l'emploi de ce procédé, d'avoir des vases à précipiter portant deux traits de jauge, l'un à 200^{cc}, l'autre à 250^{cc}.

5° Dosage de l'acide phosphorique dans les guanos, poudrettes, etc.

Les guanos et les engrais similaires doivent en général leur valeur à l'azote, mais il y en a dans lesquels celles de l'acide phosphorique prédomine.

Pour doser l'acide phosphorique, on opère sur 2 gr. de matière; on les mélange, dans une capsule de porcelaine à fond rond, avec un décigramme de chaux éteinte pour empêcher la réduction éventuelle de phosphate acide par la matière organique, réduction qui entraînerait des pertes de phosphore. Le tout étant imbibé d'une dizaine de gouttes d'eau, on sèche au bain de sable et l'on chauffe la matière au rouge, sur un bec de gaz ou au moufle. On détache la matière et on la fait tomber dans un ballon à fond plat, de 200^{cc}; on verse dans la capsule, en deux fois, 15^{cc} d'acide chlorhydrique, puis on la lave avec 10^{cc} d'eau qu'on rajoute dans le ballon; on fait bouillir au bain de sable pendant un quart d'heure. On verse dans une capsule à fond plat, en lavant le ballon quatre ou cinq fois avec de petites quantités d'eau; on évapore à sec pour rendre la silice insoluble; on reprend par 10^{cc} d'acide chlorhydrique et 10^{cc} d'eau; on fait chauffer au bain de sable pendant quelques minutes; on filtre; on lave la capsule et le filtre avec de très petites quantités d'eau chaude, jusqu'à ce que la réaction de la liqueur ne soit plus acide, mais de manière à ne pas dépasser le volume de 60 à 80^{cc} pour la totalité de la liqueur; on traite alors par l'ammoniaque, l'acide citrique et le chlorure de magnésium, comme il a été dit à propos de l'analyse des phosphates.

Ce procédé ne permettrait pas de reconnaître, dans ces produits, l'addition frauduleuse de phosphate qui aurait pu être faite dans le but de vendre, au prix du phosphate de guano et de poudrette, le phosphate naturel d'une valeur moindre.

6° Dosage de l'acide phosphorique dans un phosphate précipité.

Lorsque l'acide phosphorique a été en solution et qu'il a été précipité par un lait de chaux, il forme un phosphate de chaux bibasique extrêmement divisé et qu'on regarde comme facilement assimilable par les végétaux. Le phosphate ainsi obtenu a la propriété d'être décomposé à l'ébullition par l'oxalate d'ammoniaque, et l'on a proposé d'employer cette propriété pour le séparer des phosphates naturels. Mais cette séparation n'est pas très parfaite, puisque ces derniers peuvent être également attaqués dans une assez forte proportion par le même réactif : nous conseillons d'employer pour ces phosphates précipités les mêmes procédés que pour les phosphates rétrogradés, c'est-à-dire de les mettre en contact avec le citrate d'ammoniaque qui en opère la dissolution. Mais le citrate ne dissout pas toujours tout le phosphate précipité, surtout lorsque celui-ci a été desséché à une température trop élevée; il faudra donc en outre doser l'acide phosphorique total.

7° Dosage de l'acide phosphorique dans un engrais ou un phosphate, par le molybdate d'ammoniaque.

La précipitation par le molybdate d'ammoniaque peut être utilisée pour le dosage des engrais phosphatés en général; elle permet d'éliminer toutes les substances qui entravent le dosage dans le procédé ordinaire.

5 gr. d'engrais phosphaté à analyser sont calcinés jusqu'à destruction de la matière organique, et attaqués dans un ballon par 20cc d'eau et 20cc d'acide azotique; on fait bouillir pendant un quart d'heure; puis, après refroidissement, on amène le volume total à 100cc. Lorsqu'on se trouve en présence d'un phosphate riche, on prend 10cc de cette solution correspondant à 5 décigr.; pour les engrais moyennement riches en acide phosphorique (10 à 25 p. 100) on prend 20cc de liqueur, correspondant à 1 gr.; enfin, pour les engrais ayant moins de 10 p. 100 d'acide phosphorique, on prend 40cc représentant 2 gr.

Quoi qu'il en soit, le volume est amené à 50cc, après qu'on a ajouté 10cc d'acide azotique et 6 à 7 gr. de cristaux d'azotate d'ammoniaque. Le liquide est placé dans un vase de Bohême d'au moins 300cc de capacité; on y ajoute 50cc de liqueur molybdique par chaque décigramme d'acide phosphorique supposé contenu dans la liqueur, et l'on porte le mélange à 90° au bain-marie pendant une heure. Au bout de ce temps on voit, sur une petite quantité de liqueur claire, si une nouvelle addition de molybdate ne détermine pas de précipité. Dans le cas affirmatif, il faudrait ajouter encore 50cc de liqueur molybdique et chauffer de nouveau pendant une heure au bain-marie à 90°. On filtre et on lave au moyen d'une solution contenant 3 p. 100 de nitrate d'ammoniaque et 1 p. 100 d'acide azotique; puis on dissout dans quelques centimètres cubes d'ammoniaque et on lave le filtre avec de l'eau contenant 30 p. 100 d'ammoniaque, dont on ajoute une quantité totale d'environ 50cc. Dans cette liqueur on verse, peu à peu et en agitant constamment, 10cc du mélange magnésien ci-dessous par décigramme d'acide phosphorique supposé dans la liqueur. Au bout de quelques heures, on recueille sur un filtre le phosphate ammoniaco-magnésien formé et on le lave avec de l'eau contenant 30 p. 100 d'ammoniaque. On calcine le précipité et l'on pèse à l'état de pyrophosphate.

Lorsqu'on se trouve en présence de très petites quantités d'acide phosphorique, on évapore à sec après l'attaque par l'acide afin de séparer la silice. Dans ce cas, on pèse directement le phospho-molybdate qu'on a recueilli sur un double filtre dont l'un sert de tare à l'autre. Le précipité, lavé à l'eau acidulée par l'acide azotique et finalement avec quelques gouttes d'eau pure, est séché à une température ne dépassant pas 90°; son poids, multiplié par 0,0438, donne le poids d'acide phosphorique. Cette dernière manière de procéder n'est pas susceptible d'une grande exactitude et ne peut s'employer que quand on est en présence de quantités trop faibles d'acide phosphorique pour que la précipitation à l'état de phosphate ammoniaco-magnésien lui soit applicable.

Préparation du molybdate d'ammoniaque. — 100 gr. d'acide molybdique sont dissous dans 400 gr. d'ammoniaque d'une densité de 0,95; on filtre et l'on reçoit le liquide, goutte à goutte, dans 1 kilogr. 5 d'acide azotique de 1,20 de densité, en agitant constamment. Ce mélange est abandonné pendant quelques jours dans un endroit chaud; il forme un dépôt. Pour l'emploi on décante la partie claire.

Préparation de la liqueur magnésienne. — On fait dissoudre 50 gr. de carbonate de magnésie pur et 100 gr. de chlorhydrate d'ammoniaque dans 120^{cc} d'acide chlorhydrique additionné de 500^{cc} d'eau; après dissolution, on ajoute 100^{cc} d'ammoniaque à 22° et l'on complète, avec de l'eau, le volume de 1 litre.

8° Dosage de l'acide phosphorique solubilisé dans les superphosphates et dans les engrais chimiques.

Dans les superphosphates, substances pulvérulentes résultant du traitement de phosphates naturels par l'acide sulfurique, il y a à doser non seulement l'acide phosphorique total, mais encore l'acide phosphorique modifié par le traitement chimique et existant à l'état soluble à l'eau et au citrate. Le plus souvent, ces deux derniers sont dosés en bloc, puisqu'on leur attribue une valeur commerciale peu différente. Il semblerait donc qu'en traitant directement par du citrate d'ammoniaque, on devrait dissoudre tout l'acide phosphorique existant sous ces deux formes. Il en est ainsi, en effet, lorsque l'engrais ne contient pas de magnésie; mais la présence fréquente de cette base donne naissance à du phosphate ammoniaco-magnésien, insoluble dans le citrate, et tout l'acide phosphorique correspondant à la magnésie échappera au traitement citro-ammoniacal.

La magnésie se trouve dans la matière à l'état de sulfate ou de phosphate acide soluble dans l'eau; on peut donc l'éliminer au préalable par un lavage et opérer le traitement par le citrate d'ammoniaque sur le résidu débarrassé de magnésie. Les deux liqueurs réunies après coup contiennent tout l'acide phosphorique qui a été modifié par l'action de l'acide sulfurique.

Mais le lavage à l'eau nécessite quelques précautions; les superphosphates contiennent en général de l'acide sulfurique libre d'un côté, et du phosphate non attaqué d'un autre côté; la réaction de l'un sur l'autre n'a pas pu se faire dans le mélange, dont l'homogénéité n'est jamais parfaite. Si l'on traite par l'eau un semblable produit et qu'on laisse le contact se prolonger, l'acide sulfurique libre pourra se porter sur le phosphate non attaqué et le solubiliser. On obtiendrait ainsi dans le dosage une quantité d'acide phosphorique soluble plus grande que celle qui existe en réalité dans le produit examiné. De là la nécessité de pratiquer très rapidement le lavage à l'eau.

Voici comment il convient d'opérer, en suivant la marche indiquée par M. Aubin :

Le produit est passé au tamis de 1 ^{mm} de mailles. On en pèse 1 gr. 500 que l'on dépose dans un mortier en verre. On ajoute environ 20 ^{cc} d'eau distillée et l'on délaye légèrement avec le pilon sans broyer. Après une minute de repos on décante sur un filtre sans pli, appliqué sur un entonnoir reposant sur un ballon jaugé de 150 ^{cc}. On renouvelle l'addition d'eau et les décantations trois ou quatre fois, en opérant très rapidement; puis on broie très finement la matière; on la recueille sur le filtre au moyen de la pissette et l'on continue le lavage jusqu'à parfaire le volume du ballon jaugé. Le contenu du ballon est versé après agitation dans un verre à pied. Ici trois cas peuvent se présenter : 1° on se propose seulement de doser l'acide phosphorique soluble dans l'eau; 2° on veut connaître la totalité de l'acide phosphorique soluble dans l'eau et de l'acide phosphorique soluble dans le citrate d'ammoniaque; 3° on demande séparément l'acide phosphorique soluble dans l'eau et l'acide phosphorique soluble dans le citrate d'ammoniaque.

Dans le premier cas, il suffit de soutirer, au moyen d'une pipette, 50 ^{cc} de la liqueur d'épuisement, pour laisser dans le verre le liquide contenant l'acide phosphorique soluble dans l'eau, provenant de 1 gr. de superphosphate. On précipite à l'état de phosphate ammoniaco-magnésien.

Dans le deuxième cas, on soutire également 50 ^{cc} de la liqueur d'épuisement par l'eau distillée; d'un autre côté, on introduit le filtre contenant la matière lavée dans un ballon jaugé de 150 ^{cc} avec 60 ^{cc} de citrate d'ammoniaque; on laisse en digestion pendant une heure en délayant la matière par l'agitation, et on laisse reposer pendant douze heures; on amène le volume à 150 ^{cc}; on agite et l'on filtre ensuite le liquide, rendu homogène, sur un ballon jaugé de 100 ^{cc}. Les 100 ^{cc} de la liqueur d'épuisement par le citrate d'ammoniaque sont ajoutés aux 100 ^{cc} restant dans le verre à dosage et contenant l'acide phosphorique soluble à l'eau. On a ainsi réuni les deux formes solubles de l'acide phosphorique provenant de 1 gr. de superphosphate. On les précipite également à l'état de phosphate ammoniaco-magnésien.

Dans le troisième cas, on enlève 50 ^{cc} de la liqueur provenant de l'épuisement par l'eau pour doser l'acide phosphorique soluble à l'eau sur 1 gr. de superphosphate, et l'on opère le dosage du soluble au citrate avec 100 ^{cc} du liquide obtenu dans le traitement par le citrate d'ammoniaque. On a ainsi encore opéré sur 1 gr. de la matière primitive.

On ajoute au liquide d'épuisement 20 ^{cc} de citrate d'ammoniaque, dans le cas où il n'y en a pas déjà, et 10^{cc} d'une liqueur magnésienne contenant suffisamment de magnésie pour précipiter 5 décigr. d'acide phosphorique, puis un volume d'ammoniaque égal au tiers du volume total. Dans ces conditions le phosphate ammoniaco-magnésien se précipite entièrement, parce que les liqueurs renferment un excès de magnésie et d'ammoniaque, et cependant ce précipité est pur, parce que les liqueurs sont suffisamment volumineuses pour maintenir en dissolution les substances qui ont une tendance à être entraînées. En général, on laisse le précipité déposer toute la nuit; le lendemain, on le recueille sur un filtre; on le lave à l'eau ammoniacale saturée de phosphate ammoniaco-magnésien; on le sèche et on l'incinère au moufle. Les quelques particules de charbon qui n'ont pas été brûlées pendant l'incinération sont détruites par quelques gouttes d'acide nitrique et une seconde calcination. Le poids de pyrophosphate de magnésie obtenu, multiplié par 63,963, donne le taux pour cent d'acide phosphorique dans le produit analysé.

Cette méthode s'applique egalement aux engrais chimiques composés de superphosphate, d'engrais azotés et des sels potassiques.

Préparation du citrate d'ammoniaque. — 400 gr. d'acide citrique cristallisé sont dissous dans une capsule, à froid, par une quantité suffisante d'ammoniaque à 22°. On complète le volume de 1 litre avec de l'ammoniaque.

9° Scories de déphosphoration.

On emploie depuis quelque temps des scories qui proviennent des opérations effectuées dans l'industrie métallurgique pour enlever le phosphore à la fonte par le procédé de Thomas et Gilchrist. Ces scories contiennent des quantités très variables d'acide phosphorique, à un état dont le degré d'assimilabilité n'a pas encore été complétement déterminé; mais il semble qu'à l'état pulvérulent, elles doivent pouvoir céder leur acide phosphorique aux racines des plantes. Malgré la température élevée à laquelle ces scories ont été soumises, les phosphates qui s'y trouvent sont relativement assez solubles, même en partie dans le citrate d'ammoniaque. Les substances qui accompagnent l'acide phosphorique dans cette scorie sont la chaux, le fer existant en grande partie à l'état de protoxyde, en petite quantité à l'état de peroxyde, avec des parcelles de fer métallique. Il y a, en outre, de la silice, un peu d'acide sulfurique, etc.

L'analyse de ce produit peut se faire exactement comme celle d'un phosphate de chaux naturel, à la condition toutefois de transformer tout le fer en sesquioxyde. On commence par dissoudre 1 gr. de matière finement pulvérisée dans l'acide chlorhydrique bouillant; on évapore à sec pour séparer la silice; on reprend de nouveau par l'acide chlorhydrique et puis on ajoute à l'ébullition de l'acide azotique, soit environ 5^{cc}; on fait bouillir jusqu'à disparition des vapeurs rutilantes et l'on traite ensuite par l'ammoniaque, l'acide citrique et le chlorure de magnésium, comme dans un dosage ordinaire.

Lorsque les quantités d'acide phosphorique sont très faibles, on peut faire le dosage au moyen du molybdate d'ammoniaque; dans ce but, on opère sur 5 décigr. de matière, qu'on dissout par l'acide chlorhydrique après séparation de la silice; on reprend par l'acide azotique; on évapore à sec à deux ou trois reprises, toujours avec de l'acide azotique, jusqu'à ce que le chlore soit totalement éliminé. Dans la liqueur azotique, on verse le nitro-molybdate d'ammoniaque; on recueille le précipité avec les précautions ordinaires; on le transforme en phosphate ammoniaco-magnésien et on le pèse à l'état de pyrophosphate de magnésie.

L'attaque préalable par l'acide chlorhydrique est indispensable parce que l'acide azotique peut ne pas dissoudre intégralement les phosphates.

La pesée du pyrophosphate de magnésie, que nous avons adoptée, suffit à toutes les exigences du dosage de l'acide phosphorique.

VI — ANALYSE DE DIVERS PRODUITS

ESSAI DES BEURRES

Eau. — On sèche 10 gr. de beurre dans une capsule de platine pendant 6 heures à 100°. On incinère ensuite pour avoir le poids des cendres. On dose le chlorure de sodium dans ces cendres par le sulfocyanure.

On admet d'ordinaire 15 pour 100 comme limite de l'eau et 1/2 pour 100 de cendres. Les beurres salés renferment en outre de 3 à 10 pour 100 de sel, suivant qu'ils sont demi-sel ou salés; on ajoute quelquefois du sucre et du salpêtre.

Impuretés. — On traite 10 gr. de beurre par l'éther et on pèse le résidu séché, formé de caséine, lactose, etc. Les beurres mal préparés renferment jusqu'à 3 pour 100 de caséine. En général, on considère un beurre renfermant moins de 80 pour 100 de matière grasse comme n'étant pas marchand.

Margarine. — Parmi les nombreux procédés pour la recherche de la margarine, nous recommandons de se limiter aux essais de Kœttstorfer et de Reichert-Meissl.

Le tableau ci-joint donne les constantes du beurre et des diverses graisses.

Constantes du beurre et des graisse animales

	Beurre	Oléomarg.	Suifs.		Saindoux
			Bœuf	Mouton	
Densité à 100° (flacon).	0.8672	0.8598	0.860	0.860	0.8605
Point de fusion......	31	var.	45	50	40.42
— de sol. des acides	38-40	40 var.	43-4	46	37
Nombre Hehner. ..	85-89	95.6	95.65	95.5	95.8
— Kœttstorfer..	220-233	195	195.7	195.2	195.8
— Reichert-Meissl.	26-32	0.5—3	0 2	0.2	0
— Hübl........	26-35	55	35-40	37	57.60

Pour le procédé Kœttstorfer, soit n le nombre trouvé, la proportion de margarine est donnée par la formule

$$227 - (2,85 \times n).$$

Et, pour le procédé Reichert-Meissl, soit n le nombre de centimètres cubes de potasse décime, la proportion de beurre est $3,5\,n$, et la proportion de margarine est donnée par différence.

Pour ces deux procédés, on préparera le beurre en le faisant fondre dans une capsule de porcelaine, décantant la couche de graisse sur un filtre chauffé dans une étuve avec un ballon qui recevra la graisse purifiée et sèche, dont on pèsera les quantités voulues.

On tirera d'utiles indications dans l'opposition des résultats fournis par les deux procédés indiqués.

Outre les variations saisonnières de composition du beurre qui sont en rapport avec l'alimentation et le régime, nous devons ajouter que les rations exagérées de tourteaux introduisent dans le beurre des quantités notables de graisse, et que ces beurres se comportent comme des beurres fraudés; mais le goût d'huile qu'ils manifestent suffit à les rendre non marchands.

Agents conservateurs. — On agite le beurre avec de l'eau tiède et on laisse refroidir; dans cette eau, les réactifs habituels décèleront la présence de borax, de bicarbonate de sodium, d'acide salicylique.

Colorants. — Le beurre est agité avec de l'alcool faible tiède; celui-ci est décanté et évaporé. Le beurre pur ne cède rien.

Le rocou donne un résidu rouge-brun, qui bleuit par l'acide sulfurique.

Le curcuma donne un résidu rouge-brun. brun par l'acide chlor-hydrique, brun foncé par les alcalis ; la solution dans l'alcool ou la benzine est fluorescente.

Le safran donne un précipité orangé par le sous-acétate de plomb.

La carotte devient verte par les alcalis.

Les dérivés nitrés et azoïques se reconnaissent à leurs réactions.

Le spectroscope donnera aussi d'utiles indications.

Le colorant le plus employé, et toléré, est une solution de rocou, quelquefois avec un peu de curcuma, dans l'huile de sésame.

Rancidité. — On donne comme limite le nombre de Bürstynn de 8

ANALYSE DE LA BIÈRE

(De l'Agenda du Chimiste)

Densité. — La densité doit être déterminée à la température de 15° avec un densimètre donnant directement le dix-millième.

Alcool. — L'alcool se dose par distillation comme dans les vins ; pour éviter la mousse, on agite préalablement le liquide dans un flacon rempli au tiers, et à plusieurs reprises, en ôtant ensuite le bouchon pour en expulser l'acide carbonique. L'alcool recueilli doit rappeler l'odeur du moût et non celle du houblon. Lorsque la première odeur ne domine pas, on peut être certain que la bière a été faite avec du glucose. L'odeur du résidu aqueux offre aussi une grande importance pour mettre sur la voie de la falsification. L'alcoomètre doit indiquer le 10ᵉ de degré.

On ne peut se servir de l'ébullioscope pour déterminer l'alcool, les chiffres obtenus avec cet appareil étant trop élevés.

Il est pratiquement sans importance de neutraliser la bière avant la distillation, sauf pour les bières belges ; cette saturation de la vinasse empêche de tirer les indications de l'odeur du produit distillé.

Extrait. — On évapore au bain-marie, vers 70°, 20ᶜᶜ de bière dans une capsule à fond plat, de manière à avoir une grande surface, et l'on dessèche le résidu jusqu'à poids constant. Si l'on ne prend pas la pré-caution d'opérer dans une capsule plate, il faut porter, à la fin de l'opération, la température de 110 à 115° ; mais ce procédé est peu recommandable.

On peut aussi opérer ainsi qu'avec les vins, en admettant le terme de 8 heures comme suffisant.

On peut encore doser l'extrait de la manière suivante : On retranche de la densité de l'eau, soit 1000, la densité de l'alcool aqueux de même degré alcoolique que la bière examinée, et on ajoute à ce chiffre la densité de la bière ; la somme donne la densité de la bière privée d'al-cool. Comme elle ne contient guère que du glucose et de la dextrine, on peut obtenir avec une table calculée à cet effet une approximation suffisante de la teneur en extrait sec.

Extrait 0/0.	Densité.	Extrait 0/0.	Densité.
2	1.0080	10	1.0404
3	1.0120	11	1.0446
4	1.0160	12	1.0488
5	0.0200	13	1.0530
6	1.0240	14	1.0578
7	1.0281	15	1.0614
8	1.0322	16	1.0657
9	1.0363	17	1.0700

Densité des solutions de dextrine.

Dextrine 0/0.	Densité.	Dextrine 0/0.	Densité.
2.5	1.0097	15	1.0573
5	1.0193	17.5	1.0669
7 5	1.0288	20	1.0776
10	1.0383	22.5	1.0863
12.5	1.0479	25	1.0958

La bière doit renfermer au minimum 3 0/0 d'alcool en volume, et 35 gr. par litre d'extrait, donnant 1 gr. 5 de cendres. Au dessous de ces limites, elle devra être vendue sous le nom de *petite bière* ou *boisson.*

Glucose, dextrine et matières albuminoïdes. — On évapore au bain-marie à consistance sirupeuse 50cc de bière ; on délaye le sirop dans 2 à 3cc d'eau et on verse ce liquide dans 100cc d'alcool à 90 0/0 ; on lave le vase avec de l'alcool au même degré, et l'on filtre sur un filtre taré pendant que le précipité est encore floconneux.

On pèse le résidu séché et on le divise en deux parts : la première est incinérée et fournit le poids des sels insolubles dans l'alcool, c'est-à-dire de presque tous les sels de la bière ; la deuxième est introduite dans un tube à combustion, et on y dose l'azote par les méthodes connues ; ce poids sert à calculer la matière albuminoïde en se fondant sur ce que cette dernière renferme 15,5 % d'azote ; en multipliant par conséquent le poids de l'azote obtenu par 6,5 (exactement 6,452), ou bien celui de l'ammoniaque par 5,3, suivant que l'on emploie le procédé de Dumas ou la chaux sodée, et ramenant le chiffre trouvé au poids du précipité total, on aura la quantité p. 100 de la matière albuminoïde ; en retranchant ce poids et celui des cendres du poids du précipité on aura la quantité p. 100 des dextrines et des gommes. Les dextrines que renferme la bière sont peu étudiées ; nous comprenons sous ce nom les corps intermédiaires entre l'amidon et le glucose, non dialysables, insolubles dans l'alcool, et dextrogyres ; la coloration par l'iode est un caractère particulier de quelques-uns de ces corps.

La liqueur alcoolique dont il a été question plus haut est distillée, et le résidu additionné d'eau, puis évaporé pour chasser les dernières traces d'alcool ; on redissout dans l'eau, de manière à faire 100cc, et on dose le glucose dans le liquide coloré au moyen de la liqueur de Fehling, ou bien on décolore par le sous-acétate de plomb ou le noir animal et on dose le glucose au polarimètre.

Les bières renferment d'autant plus de matières albuminoïdes qu'elles sont plus jeunes. Les bières de garde contiennent à peu près parties égales de dextrine et de sucre ; les bières fermentées complètement ne renferment plus que des traces de sucre.

On peut aussi doser le glucose par fermentation : 100 p. de glucose donnent en moyenne 50 p. d'alcool absolu. La dialyse sépare aussi le glucose de la dextrine. Enfin on peut doser le glucose dans le résidu de la distillation de l'alcool, en décolorant et titrant par le Fehling. — La bière renferme du glucose et de la maltose.

Glycérine. — On évapore à sec dans le vide 300^{cc} de bière et l'on malaxe le résidu avec de l'éther de pétrole[1]. On ajoute de la baryte au résidu, on évapore de nouveau dans le vide et on épuise par un mélange de 200^{cc} d'éther pur et anhydre et de 200^{cc} d'alcool absolu ; enfin on évapore la solution ethéro-alcoolique et on maintient le résidu pendant 24 heures sur l'anhydride phosphorique dans le vide ; il est formé généralement de glycérine pure et peut être pesé directement.

Acides. — On fait bouillir 100^{cc} de bière au réfrigérant ascendant pour chasser l'acide carbonique ; on étend à 200^{cc} ; et sur 100^{cc} du liquide, on dose l'acidité totale en prenant comme indicateur la phtaléine du phénol ou l'acide rosolique. Les autres 100^{cc} sont évaporés au bain-marie, à consistance sirupeuse, en ajoutant ensuite de l'eau et répétant plusieurs fois l'opération pour chasser tout l'acide acétique ; puis on redissout dans l'eau et on titre de nouveau ; on a ainsi l'acide lactique et, par différence avec le premier chiffre, l'acide acétique.

On exprime généralement l'acidité en centimètres cubes de soude normale saturés par 100^{cc} de bière ou en grammes de H^2SO^4 par litre. Le rapport des acides fixes aux acides volatils est normalement de 30 à 1, sauf pour les bières belges ; 100^{cc} exigent d'habitude 12 à 25^{cc} d'alcali normal-décime, soit 1,2 à 2,5 d'alcali normal.

Acide carbonique. — Ce dosage peut se faire facilement par perte de poids. On place 250^{cc} de bière dans un ballon que l'on chauffe de 70 à 80°. Les gaz se dessèchent en passant sur du chlorure de calcium qui retient l'eau et l'alcool.

Cendres. — Il faut incinérer le résidu d'au moins 250^{cc} de bière.

Acide phosphorique. — On le dose à l'urane par le procédé habituel, directement dans 100^{cc} de bière. Sa proportion varie peu dans la bière normale ; on en trouve par litre 0 gr. 5 pour les petites bières, 0,6 à 0,8 pour les bières d'exportation, 0,8 à 0,9 pour le bockbier bavarois.

Alcalis. — Il est rare que l'on ait à se préoccuper de la proportion des alcalis ; ce n'est que lorsqu'il s'agit de reconnaître les bières faites

---

1. On l'obtient en agitant des pétroles légers avec de l'huile d'olive, décantant la couche supérieure, distillant et recueillant tout ce qui passe avant 60°.

avec des succédanés de l'orge que l'on trouve ainsi quelques indications. Le dosage se fait par les procédés ordinaires de l'analyse quantitative.

Plusieurs bières anglaises renferment jusqu'à 0 gr. 7 par litre de chlorure de sodium, provenant, paraît-il, des ingrédients employés.

Les dosages les plus importants sont ceux de l'alcool, de l'extrait, des cendres, de l'acidité totale et de l'acide phosphorique.

Recherche des falsifications.

Succédanés du malt. — Le dosage des cendres et celui de l'acide phosphorique montreront l'addition d'autres matières féculentes. Le glucose commercial renfermant toujours des sels alcalins, chlorure ou sulfate de sodium ou de magnésium, on retrouvera un excès notable de ces sels dans les cendres, dont la proportion sera augmentée. Les sirops de glucose contiennent habituellement 5 gr. de sels par kilogr.

Succédanés du houblon. — Le principe amer du houblon est précipité par le sous-acétate de plomb; si le liquide filtré et débarrassé de l'excès de plomb est encore amer, on peut présumer une addition de matières amères étrangères au houblon.

Voici la liste des substances généralement employées pour donner de l'amertume à la bière :

Acide picrique.	Quassia amara.	Noix vomique.
Fiel de bœuf.	Saule et Salicine.	Buis.
Aloès.	Cubèbe.	Mousse d'Islande.

Pour leur recherche (méthode de Wittstein), 1 litre de bière est évaporé à une douce chaleur à consistance sirupeuse, puis le sirop introduit dans une éprouvette à pied et additionné de 5 volumes d'alcool à 95 pour 100. On remue souvent avec une forte baguette de verre pendant 24 heures. On décante l'alcool qu'on remplace par une nouvelle quantité, enfin on réunit les deux liqueurs alcooliques, on filtre et on distille au bain-marie.

a. Une petite portion de l'extrait alcoolique est additionnée de 3 parties d'eau, et dans le liquide, au bain-marie, on met un bout de laine. Après une heure, on le retire et on le lave à l'eau ; on vérifie si la couleur jaune qu'il a prise est de l'*acide picrique*, par le sulfhydrate d'ammonium qui doit faire virer au rouge.

b. Le reste de l'extrait est agité assez longtemps avec 6 parties de benzine pure. On décante celle-ci, on la remplace par une nouvelle portion, on réunit les deux liquides et on les distille. Il reste un vernis qu'on partage entre trois capsules de porcelaine. Dans la première, on verse quelques gouttes d'acide nitrique d'une densité de 1,35 ; s'il y coloration rouge : *brucine;* dans la deuxième de l'acide sulfurique concentré; coloration violette : *coloquinthine ;* à la troisième, on ajoute un cristal de bichromate de potassium et de l'acide sulfurique; une coloration rouge indique la *strychnine.*

c. Le sirop non dissous par la benzine est chauffé au bain-marie pour expulser le carbure et agité avec de l'alcool amylique pur ; si ce dernier se colore en jaune ou en rose vineux et est amer ; on laisse évaporer une petite quantité de la solution sur une plaque de verre à la température ordinaire ; s'il y a des cristaux, on a affaire à la *picrotoxine ;* si le résidu est résineux, coloré et sent le safran, c'est de l'*aloès.* Si on verse dans l'alcool de l'acide sulfurique, une coloration rouge vif indique la *salicine.*

d. On pompe l'alcool excédant avec des bandelettes de papier-filtre, et on agite le résidu avec de l'éther anhydre. Celui-ci enlève le *houblon* et l'*absinthine ;* dans ce dernier cas l'extrait sent le vermouth, et avec l'acide sulfurique donne une coloration rouge-jaune qui passe à l'indigo.

e. Le sirop est débarrassé d'éther par distillation, puis goûté. S'il est amer, on le filtre et on ajoute une solution ammoniacale de nitrate d'argent. S'il n'y a pas réduction, l'amertume est due au *quassia ;* si, au contraire, on constate une réduction, on évapore une partie de la solution dans une capsule de porcelaine et on ajoute de l'acide sulfurique ; une coloratian jaune-brun, passant peu à peu au violet, indique le *ményanthe ;* si, à froid, on n'observe pas de changement de teinte et qu'à chaud le liquide se colore en rouge carmin, il y a de la *gentiane.*

Fiel de bœuf. — Il donne à la bière une amertume prononcée ; 1 à 2 gr. de fiel suffisent pour 1 litre de bière. Les matières colorantes que cette substance renferme ne colorent pas l'éther à froid.

Pour les retrouver, on évapore la bière aux deux tiers, puis on la traite encore chaude par l'alcool amylique qui dissout la presque totalité des matières colorantes de la bile, et l'on constate les caractères de celles-ci dans le résidu de l'évaporation de l'alcool.

Salicine. — L'écorce de saule et la salicine que l'on introduit quelquefois dans la bière pourront être reconnues en isolant la salicine elle-même par le sous-acétate de plomb qui ne la précipite pas, et en recherchant sa réaction principale, c'est-à-dire la coloration rouge groseille qu'elle prend au contact de l'acide sulfurique.

Méthode de Kubicki. — Cette méthode d'analyse étant fort longue, nous renvoyons au Dictionnaire de Chevallier et Baudrimont, ou bien à l'ouvrage de Bolley et Kopp ; elle s'appuie sur le procédé de Dragendorff, qui consiste à agiter les solutions acides ou alcalines avec différents dissolvants.

Buis. — Le tannin précipite la buxine, qui peut se reconnaître aux caractères suivants : elle n'est colorée ni par l'acide sulfurique ni par l'acide iodique ; la potasse la précipite, puis, employée en excès, la redissout ; l'acide picrique et les réactifs généraux des alcaloïdes la précipitent.

Agents de conservation. — On emploie actuellement : les sulfites, le salicylate de sodium, l'acide oxalique et l'acide borique ou le borax.

Sulfites. — On emploie d'habitude le bisulfite de calcium liquide, de densité 1,07, à la dose de 1 litre par 10 hectolitres de bière. Mais on ne peut le caractériser dans la bière même, car l'extrait masque complètement les caractères habituels des sulfites.

La recherche de l'acide sulfureux s'exécute facilément en ajoutant à 50^{cc} de bière 5 gr. d'acide sulfurique pur, puis en faisant passer dans le mélange un courant d'acide carbonique pur. L'acide sulfureux ainsi entraîné est dirigé dans une solution de chlorure de baryum mélangée d'eau iodée. S'il se forme du sulfate de baryum on peut conclure à la falsification.

Acide salicylique. — La bière est traitée par quelques gouttes d'acide sulfurique, puis agitée avec de l'éther bien lavé ou de l'alcool amylique ; on décante et on évapore. Le résidu repris par l'eau et additionné de perchlorure de fer très étendu donne une coloration violette caractéristique.

Si l'on veut doser l'acide salicylique, on prend 50 centim. de bière, et on répète le traitement ci-dessus jusqu'à épuisement complet. Puis on reprend le résidu provenant de l'évaporation de l'éther par la quantité nécessaire de ce dissolvant pour redissoudre l'acide salicylique. On évapore de nouveau et on dose par liqueur titrée.

Acide oxalique. — La bière est acidulée par une petite quantité d'acide acétique, puis additionnée de chlorure de calcium, qui donne naissance à un précipité blanc insoluble dans l'acide acétique.

On emploie aussi l'oxalate d'ammonium.

L'acide *borique* (et le *borax*) ont été introduits depuis peu. On le recherche dans les cendres.

Matières colorantes. — *Nitro-rhubarbe.* — On ajoute à la bière une petite quantité d'ammoniaque qui donnera une coloration rouge violacée ; or la bière naturelle donne dans ces conditions une coloration jaune-brun.

Le tannin décolore la bière, tandis qu'il ne précipite pas les couleurs qu'on ajoute frauduleusement. La mousse de la bière, obtenue par agitation, doit être incolore, sauf dans certaines bières brunes.

Les matières colorantes employées frauduleusement sont : le caramel, obtenu par l'action de la chaleur sur le sucre, celui obtenu avec l'acide sulfurique ; le sang de bœuf, brûlé par l'acide sulfurique ; la chicorée ; enfin, un caramel préparé en faisant cuire du glucose avec de la graisse et ajoutant du carbonate d'ammonium.

Agents de clarification. — On emploie la gélatine, les peaux de poissons ou la gélose. La mousse d'Islande cède à la bière une matière amère : le phosphate de chaux et l'alumine se dissolvent dans le liquide et se retrouvent dans les cendres. Enfin le buis se retrouve à l'état de buxine.

Autres falsifications. — *Glycérine.* — Elle s'ajoute d'habitude à dose élevée, 5 à 7 gr. par litre, de sorte que cette fraude est immédiatement dévoilée par le dosage de la glycérine.

L'ammoniaque se rencontre souvent à la dose de 0,05 à 0,1 gr. par litre. On ajoute fréquemment, dans un but de conservation, 30 gr. de carbonate d'ammonium par litre à la levûre.

Certaines bières blanches, surtout à Berlin, renferment de l'acide tartrique.

Examen des cendres. — Lorsqu'on trouve une quantité notable de carbonates. on peut soupçonner l'addition de carbonates alcalins, faite dans le but de saturer des bières acides.

Le cuivre, le plomb et le zinc doivent être recherchés dans les cendres. On opère sur 250 gr. de bière ; les cendres sont reprises par l'eau et l'acide chlorhydrique, et une simple analyse qualitative permet de s'assurer de la présence ou de l'absence de ces métaux. Il est nécessaire d'examiner si ces métaux proviennent des appareils qui servent à fabriquer la bière, ou s'ils ont été introduits par suite du mauvais état des tuyaux de débit résultant de la négligence du détaillant.

On trouve aussi l'alumine et l'alun dans les cendres. Dans ce cas, on dissout celles-ci dans l'acide chlorhydrique, on précipite par l'ammoniaque et on vérifie les caractères de l'alumine sur le dépôt.

L'alun s'emploie pour clarifier les bières à la dose de 40 à 50 gr. par 10 hectol. avant le filtrage sur les copeaux.

ANALYSE DES FOURRAGES

Pour les fourrages herbacés, les graines et les tourteaux, on prélèvera un échantillon moyen de 200 ou 300 gr., qui, après dessiccation à l'air, sera réduit en poudre fine et enfermé dans un flacon bien bouché.

Si l'on a affaire à des racines, on en choisira un certain nombre donnant la moyenne de la récolte à examiner : on les débarrassera de la terre qui y adhère, puis on les découpera en tranches très fines. Sur un lot de ces cossettes, on déterminera l'eau contenue dans les tissus; le reste de l'échantillon sera desséché complétement à l'étuve à 32° et moulu. Cela fait, on pourra opérer comme pour les autres fourrages.

1° *Dosage de l'humidité.* — 5 gr. de matière sont desséchés à l'étuve à 110°, jusqu'à ce que le poids ne change plus.

2° *Dosage des cendres.* — On incinère 2 gr. de matière, en ayant soin de ne pas trop chauffer, afin de ne pas volatiliser les chlorures.

3° *Dosage de l'azote total.* — On opère sur 0 gr. 5 ou 1 gr. de matière en suivant la méthode de Will et Warentrapp. Le poids d'azote trouvé, multiplié par 6,5, donne le taux de matières azotées contenues dans le fourrage.

Il est souvent avantageux de carboniser préalablement la matière à analyser. Pour cela, elle est imbibée de quelques gouttes d'acide sulfurique, chauffée au bain de sable pour chasser l'excès de réactif, puis mélangée avec de la chaux sodée. Cette précaution devra toujours être prise pour l'analyse de certaines substances difficiles à mélanger, telles que la laine, les crins, les poils, etc. On dissoudra 100 gr. de ces substances dans l'acide sulfurique, en chauffant légèrement au bain de sable. On saturera l'excès d'acide par un poids connu de craie. La masse bien mélangée et réduite en poudre au mortier sera pesée et l'azote sera dosé sur une certaine quantité du mélange. Une proportion donnera la quantité qui correspond à l'échantillon primitif.

4° *Dosage de la matière grasse.* — La matière est épuisée dans un appareil à déplacement, par l'éther ou par le sulfure de carbone. Le dissolvant de la matière grasse est évaporé, le résidu est pesé.

5° *Dosage de l'amidon, des sucres et des gommes.* — 2 gr. 5 de matière sont introduits dans un flacon en verre épais de 150 ^{cc} et additionnés de 100 ^{cc} d'eau contenant 2 gr. d'acide sulfurique. On chauffe quelques instants au bain d'eau salée sans boucher le flacon.

Lorsque la vapeur a chassé l'air, on met un bon bouchon de liège qu'on fixe par un fil de cuivre. On chauffe au bain de sel (108°) pendant une heure et demie, ou au bain-marie pendant cinq heures. On filtre sur un tampon d'amiante, on lave et on amène le volume à 250 ^{cc}. La liqueur renferme l'amidon, les sucres et les gommes transformés en glucose ; on les dose en bloc par la liqueur de Fehling.

On peut également opérer par pesée. 50 ^{cc} de la liqueur sont soumis à l'ébullition avec un excès de liqueur de Fehling. Le précipité formé est recueilli sur un filtre, lavé très rapidement par l'eau bouillante, séché et incinéré dans une nacelle. L'oxyde de cuivre est réduit par un courant d'hydrogène pur et pesé. Le poids du cuivre multiplié par 0,569 donne le taux de glucose.

Si l'on dose les matières par rapport à l'amidon, on devra multiplier le poids de sucre trouvé par 0,90.

6° *Dosage de la cellulose.* — Le résidu insoluble resté dans l'entonnoir est introduit de nouveau dans le flacon avec une liqueur à 5 pour 100 de potasse ; on chauffe une heure, en prenant les précautions qui viennent d'être indiquées. On filtre, on lave à l'eau chaude, on dessèche, on pèse, on incinère, et, du poids de la matière, on défalque le poids des cendres. La différence donne le taux de cellulose brute.

REMARQUE. — Lorsqu'on a à faire l'analyse d'une substance riche en matières grasses, il est bon d'opérer les dosages d'amidon et de cellulose sur la matière épuisée par l'éther.

7° *Dosage des matières sucrées.* — On épuise une certaine quantité de la matière, réduite en poudre, par l'alcool à 85°, à chaud. On chasse le dissolvant, après filtration ; on reprend le résidu par l'eau distillée ; on décolore le liquide par le noir animal ou par le sous-acétate de plomb. Le glucose est dosé par la liqueur de Fehling.

Le reste de la liqueur est additionné de 10 pour 100 d'acide acétique, chauffé en vase clos à 100° pendant un quart d'heure. Le sucre de canne se trouve interverti. On dose les deux sucres par la liqueur de Fehling ; par différence on a le sucre de canne.

8° *Dosage des matières pectiques* (Schlœsing et Müntz). — 5 gr. de matière sont introduits dans un ballon muni d'un bouchon portant un long tube. On ajoute 100 ^{cc} d'alcool à 90° et 0 gr. 5 de carbonate de potassium dissous dans quelques centimètres cubes d'eau. On chauffe au bain-marie à 75° pendant une demi-heure; on filtre sur un entonnoir garni d'amiante; on lave d'abord à l'alcool tant que la liqueur passe colorée, et ensuite avec de l'alcool contenant 2 pour 100 d'acide chlorhydrique; on finit le lavage à l'alcool à 90°, en s'arrêtant quand tout l'acide chlorhydrique est enlevé. On laisse évaporer l'alcool que retient la matière, et on l'introduit dans un ballon avec 50cc d'eau et 0 gr. 50 à 1 gr. d'oxalate d'ammonium, suivant la richesse en matières pectiques. Après une digestion de plusieurs heures à une température de 35°, l'acide pectique est dissous; on filtre en lavant le résidu avec une petite quantité d'eau tiède; le résidu insoluble est broyé avec du sable et de nouveau traité par l'oxalate d'ammonium. Les liqueurs filtrées réunies, additionnées de 3 ou 4 fois leur volume d'alcool et de 5 ou 6cc d'acide chlorhydrique, donnent un précipité gélatineux d'acide pectique, qu'on recueille sur un filtre taré. On lave longtemps à l'alcool à 90°, on sèche à 100°, on pèse. Les matières albuminoïdes que retient l'acide pectique sont une cause d'erreur; on les dose et on déduit leur poids. Il n'y a pas à tenir compte des matières minérales.

ESSAI DES HUILES

Densité. — La densité des huiles se détermine soit par la méthode du flacon ou du flotteur, soit au densimètre ou à l'aéromètre thermique de Pinchon, soit le plus souvent au moyen de la balance de Mohr-Westphal, dont le flotteur pèse 10 gr. et a le volume de 5cc.

On doit toujours prendre la température de l'huile et ramener la densité à 15° à l'aide de la formule

$$D = d + 0,00064 (t° — 15).$$

Acidité. — 10 gr. de corps gras pesé liquide sont mélangés avec 30 à 40cc d'alcool à 90 pour 100; on agite le tout dans un ballon et on titre à la potasse normale-décime en présence de phtaléine du phénol.

On compte par centimètre cube employé 0,282 gr. d'acide oléique par 100 gr. d'huile.

On exprime aussi l'acidité en chiffres de Bürstynn, qui est le nombre de centimètres cubes de potasse normale pour 100cc d'huile.

Pour les huiles de colza destinées à l'éclairage et les huiles d'olive alimentaires, on admet comme limite du chiffre de Bürstynn 7cc.

Coloration sulfurique. — Dans un verre de montre on verse 1cc d'huile, et on laisse tomber au milieu une goutte d'acide sulfurique concentré; on observe la couleur des stries formées d'abord et qui passent rapidement au brun.

Jaune plus ou moins verdâtre : olives, œillettes, amandes, arachides, noisette, ricin ;

Vermillonné : colza, navette, lin, sésame, cameline, faîne, poisson, abricot ;

Jaune-brun : noix, coton ;

Vert-émeraude : chènevis ;

Violet pur : foie de morue ; bleuâtre : moutarde.

Acide sulfonitrique, réactif Behrens. — On mélange parties égales d'acide sulfurique de densité 1,84 et d'acide nitrique à 40° Baumé, en refroidissant. Dans un tube à essais on mélange volumes égaux de réactif et d'huile sans agiter et avec précaution.

L'huile de sésame donne une coloration vert-pré, passant rapidement au rouge et au brun, très sensible.

Les autres colorations sont moins sensibles et passent rapidement au brun-noir ;

Jaune clair : olives, abricot ;

Verdâtre : moutarde, colza, navette ;

Vermillonné : noix, noisette, faîne ;

Rose sale : œillette, amandes, ricin.

Réactions spéciales. — L'huile d'olive donne avec la soude caustique un savon dur et jaunâtre ; le lin, le chènevis et les poissons donnent des savons bruns.

Avec la litharge, on a un emplâtre solide ; avec les huiles de navette, d'amandes et de sésame, un emplâtre mou.

Les huiles de poisson se colorent en noir par le chlore.

Les huiles de crucifères et de sésame du Kurrachee, contenant du soufre, saponifiées par la potasse, donnent un sulfure caractérisé par un sel d'argent ou par le nitroprussiate.

Pour l'huile d'arachides, on mélange 13^{cc} d'eau avec 100^{cc} d'alcool à 95 pour 100, puis on dissout 11 gr. de potasse caustique. Dans un vase conique on mélange 20^{cc} d'huile et 40^{cc} du réactif ci-dessus, on saponifie au bain-marie jusqu'à limpidité, et on porte dans une cuve d'eau courante à 12-15°. En présence d'huiles d'arachides, il se dépose des cristaux d'arachidate de potasse dont l'acide, séparé et cristallisé dans l'alcool à 70 pour 100, fond à 72°. L'huile de coton donne aussi un dépôt cristallisé.

L'huile de sésame donne une belle coloration rouge-cerise quand on la chauffe légèrement avec la moitié de son volume d'acide chlorhydrique pur et une pincée de sucre. Cette réaction est plus nette en opérant sur les acides gras extraits de l'huile.

L'huile de coton, et mieux les acides gras qu'elle fournit, réduisent à chaud le nitrate d'argent alcoolique : on prend 5^{cc} d'huile, 25^{cc} d'alcool à 98 pour 100 et 5^{cc} d'une solution à 1 pour 100 de nitrate dans l'alcool absolu pur. Agitée avec son volume d'acétate de plomb et de l'ammoniaque, elle développe une coloration orangée : cette réaction lui est commune, à un moindre degré, avec les huiles de sésame, d'abricot, d'amandes douces ; l'huile de moutarde fournit une coloration brun-chocolat.

Caractères principaux de quelques huiles pures (ARNAVON)

	Densité à 15°	Chaleur par H^2SO^4 commercial.	Point de solidité des acides	Densité des acides à 30°
Amandes douces............	918.2	49°	12°	893.0
Aouara (astrocaryum vulgare).	916.5	35	31	890.8
Arachide...................	918	46	28	891.8
— décortiquée........	919	46	28	891.8
Baobab (Madagascar)........	919.5	47	29.5	895
Botha ou lentisque.........	920	45	29	891.9
Chanvre (chènevis).........	923	74	8	898.4
Colza.....................	915	49	18	888.5
Coton épuré...............	922.5	65	32	899
Faîne	920	59	14	892
Lin	935	104	19	910.2
Moutarde..................	918.5	53	11	892
Navette...................	917	56	17	891.5
Niger (Inde)..............	926	75	26	898
Noix	927.5	88	9	902
Noix de Bakoul (Indo-Chine).	927.5	91	11	901.5
Olive à bouche............	916.5	37	19	888.6
— à fabrique............	915.5	37.5	21	888.6
Pavot-œillette............	925	74	17	897.5
Pulghère (Afrique)	920	52	27	891.7
Pulpe d'olives	920	37.5	20	891.8
Ravison (mer Noire).......	921	56	6	891.9
Ressence d'olives	922	38.5	22	892.5
Ricin à fabrique	964	52		
Sésame à froid	923	58	22	898.4
— à chaud...........	924	58	22	898.4
— du Levant.........	926.5	58	22	899.2
Azyme (Madagascar)........	915	»	46	
Castanha (Mozambique)......	918.5	43	39	
Coco (Antilles)...........	925.5	18.5	29	898.6
Coprah (Afrique, Inde)	925	18	28	894.1
Illipé (Inde).............	915.5	32.5	43	889
Maflourère (côte d'Afrique)...	920.5	30	50	892
Palme.....................	915.5	»	44	888.4
Palmiste (Guyane).........	924	20	28	893.1
Rénéhala (Madagascar)......	918.5	46	35	891.1
Suif végétal (Indo-Chine)....	914.5	»	53	
Graisse de cheval	918.5	42	37	891.8
Saindoux..................	917	»	38	
Suif animal...............	918	»	46	
Acide oléique de suif........		30	variable.	880

ANALYSE DU LAIT
(De l'agenda du Chimiste)

Essai au lactodensimètre (QUEVENNE).

1º On verse du lait dans le crémomètre jusqu'à 1 centim. environ du trait 0º, on y plonge le densimètre et on note le degré; ce degré, 29 par exemple, correspond à la densité 1,029, et ainsi de suite. On note ensuite la température et on fait la correction d'après la table suivante, l'instrument étant gradué à 15º.

2º On ajoute du lait jusqu'au trait 0º, et on laisse reposer 24 heures, la température étant voisine de 15º. On note l'épaisseur de la couche de crème. Chaque division indique 1 pour 100 de crème dans le lait.

Il doit y en avoir de 10 à 14 pour 100.

3º On enlève la crème avec une petite cuiller hémisphérique, et on prend la densité et la température du lait écrémé. La table suivante donne la correction.

Le lait pur ne marque jamais moins de 30º ou 1,030 de densité. Cependant les laits très crémeux marquent quelquefois 26º.

Eau ajoutée	Degré du lait pur	Degré du lait écrémé	Eau ajoutée	Degré du lait pur	Degré du lait écrémé
0	33 à 29	36.5 à 32.5	3/10	23 à 20	26 à 23
1/10	29 à 26	32.5 à 29	4/10	20 à 17	23 à 19
2/10	26 à 23	29 à 26	5/10	17 à 14	19 à 16

Correction pour le Lait

Degrés de l'instrument	Lait non écrémé				Température			
	Température				Lait écrémé			
	5º	10º	20º	25º	5º	10º	20º	25º
15	— 0.9	— 0.6	+ 0.8	+ 1.8				
20	1.1	0.7	0.9	1.9	— 0.7	— 0.5	+ 0.8	+ 1.7
22	1.2	0.7	1	2.1	0.7	0 5	0.8	1.7
24	1.2	0 7	1	2.1	0.9	0.6	0.8	1.7
26	1.3	0.8	1.1	2.2	1	0.7	0.8	1.8
28	1.4	0.9	1.2	2 4	1	0.7	0.9	1.9
30	1.6	1	1.2	2.5	1.1	0.7	0.9	1.9
32	1.7	1	1.3	2.7	1.1	0.7	1	2.1
34	1.9	1.1	1.3	2.8	1.2	0.8	1	1.2

Cette table indique le nombre de degrés à retrancher ou à ajouter à ceux lus sur l'instrument, suivant la température. Ainsi un lait marquant 26º à 5º (D = 1,026), il faudra retrancher 1,3; le lait aura donc pour densité 1,0247, ou marquera 24,7 et on le considèrera comme additionné de 2/10 d'eau. L'indication fournie par le lait écrémé et par le crémomètre vérifiera ou contredira cette donnée.

Essai au lactobutyromètre.

On verse du lait jusqu'au premier trait et on ajoute 3 gouttes d'une solution de 1 p. de potasse dans 2 p. d'eau ; on agite, on verse jusqu'au 2e trait de l'éther absolu, on agite et on verse jusqu'au 3e de l'alcool à 86°, on bouche bien et on agite. On chauffe à 43° et on lit après 10 minutes, et de bas en haut, le volume occupé par la couche de beurre ; 1° = 2 gr. 33 de beurre par litre, quantité à laquelle il faut ajouter 12 gr. 6, correspondant au beurre dissous par l'alcool éthéré.

On peut aussi préparer d'avance un mélange de : alcool à 90°, 500 cc ; éther lavé à 66°, 500 cc ; ammoniaque pure de densité 0,92, 5 cc. Dans le lactobutyromètre on introduit 10 cc de lait, puis 20 cc de mélange d'alcool et d'éther ; on bouche, on mélange, on chauffe 20 minutes à 43°, on laisse refroidir à 20° et on lit la hauteur de la couche butyreuse.

On ramène au poids par kilogramme de lait en divisant par la densité observée au lactodensimètre.

La table suivante dispense du calcul.

Degrés lus	Beurre	Degrés lus	Beurre	Degrés lus	Beurre	Degrés lus	Beurre
1	15.16	10	35.90	19	56.87	0.1	0.233
2	17.26	11	38.23	20	59.20	0.2	0.466
3	19.59	12	40.56	21	61.53	0.3	0.699
4	21.92	13	42.89	22	63.86	0.4	0.932
5	24.25	14	45.22	23	66.19	0.5	1.165
6	26.58	15	47.55	24	68.52	0.6	1.398
7	28.91	16	49.88	25	70.85	0.7	1.631
8	31.24	17	52.21	26	73.18	0.8	1.864
9	33.57	18	54.54	27	75.51	0.9	2.097

Ces nombres sont exacts si l'on suit avec soin les prescriptions de Marchand : la potasse, l'éther et l'alcool doivent être rigoureusement mesurés et au titre indiqué.

Si l'on emploie le mélange ammoniacal dont nous avons donné la formule, il faut retrancher 3 gr. 50 des chiffres du tableau.

Les indications de M. Marchand se rapportent au poids de beurre par kilogramme de lait ; mais, d'après M. Jungfleisch, elles se rapporteraient en réalité au litre, et il y aurait lieu de tenir compte de cette correction.

On peut ramener au poids par kilogramme le poids par litre d'une manière suffisamment approchée, en retranchant 1 gr. au poids en grammes par litre ; et, si l'on prend la liqueur ammoniacale, en retranchant 4 gr. 50 des chiffres du tableau on a le beurre en grammes par kilogramme.

Analyse du lait.

Extrait. — Dans des capsules de platine de forme cylindrique et à fond plat, de 2 centim. de haut et 7 centim. de diamètre, on introduit 10^{cc} de lait rendu homogène par l'agitation, et on évapore pendant 7 heures dans une étuve à air dont la température est maintenue à 95° par un régulateur, on laisse refroidir sous un exsiccateur et on pèse.

Cendres. — L'extrait étant pesé, la capsule est portée dans un moufle chauffé au petit rouge ; après incinération complète on pèse le résidu.

Beurre et caséine. — On dilue 20^{cc} de lait à 100^{cc}, on coagule par quelques gouttes d'acide acétique, on laisse déposer, puis on filtre sur un filtre taré, et on lave le précipité en réunissant les eaux de lavage au liquide filtré.

Le filtre est alors séché et son contenu traité par l'éther chaud dans un appareil à déplacement : par exemple celui de Gerber, que l'on relie à un réfrigérant ascendant pour condenser les vapeurs d'éther. On évapore l'éther, on dessèche et on pèse le beurre restant. Le filtre et son contenu sont séchés à 100° et pesés ; on incinère ensuite le tout et on obtient le poids des sels insolubles ; la différence entre ce poids et celui du filtre plein et vide donne la caséine.

Lactose. — Le liquide filtré provenant du dosage précédent est soumis à l'ébullition pour coaguler l'albumine ; on filtre, on lave l'albumine, qui est séchée et pesée, et on complète 200^{cc} de liquide, dans lequel on dose le sucre de lait par la liqueur de Fehling.

On peut aussi employer la liqueur cupropotassique de Poggiale, qui se compose de :

Sulfate de cuivre......	10 gr.	Potasse caustique....	30 gr.
Crème de tartre.......	10	Eau distillée........	200

20^{cc} de cette liqueur correspondent à 0 gr. 20 de lactose.

Le lactose peut aussi se doser au polarimètre.

Falsifications.

Il est utile d'examiner au microscope une gouttelette des laits à analyser.

On reconnaît ainsi les fécules, la matière cérébrale, et même, avec un peu d'habitude, les émulsions huileuses et l'addition de lait bouilli.

Dans le sérum ou petit lait on retrouve les sucres étrangers, les gommes et dextrines, la gélatine, le blanc ou le jaune d'œuf, enfin les matières colorantes, que l'on retrouve comme pour le beurre après avoir évaporé le sérum dans le vide.

L'addition de colostrum se reconnaît à ce que le lait se coagule par l'ébullition.

Pour vérifier l'addition des pulpes cérébrales, on sépare la crème du lait et on l'épuise par l'éther. Le résidu d'évaporation de l'éther est traité par la potasse pure et la masse est séchée et calcinée jusqu'à fusion. On reprend par l'acide nitrique étendu et par le molybdate d'ammoniaque. On recherche l'acide phosphorique provenant de la lécithine, dont le lait ne renferme que des quantités très faibles.

Le bicarbonate de sodium en excès se reconnaît à l'alcalinité des cendres : les cendres du lait sont alcalines (phosphates), mais ne font pas effervescence par les acides.

Le borax se décèle, comme d'habitude, par la coloration de la flamme de l'alcool, ajouté aux cendres avec de l'acide sulfurique.

On recherche l'acide salicylique dans le petit lait, en l'agitant avec de l'acide sulfurique dilué et de l'éther, puis essayant par le perchlorure de fer.

Les falsifications du lait les plus fréquentes sont le mouillage et l'écrémage, que l'on pratique surtout en mélangeant la traite du soir, écrémée et bouillie, avec le lait du matin, et la plupart du temps avec une certaine proportion d'eau.

Le Conseil d'Hygiène de la Seine, consulté sur la question, a émis l'avis de considérer comme mouillé tout lait qui renfermerait par litre moins de 115 gr. d'extrait avec 27 gr. de beurre et 45 gr. de lactose au moins ; et comme écrémé tout lait qui renfermerait moins de 27 gr. de beurre. Le mouillage se calculerait d'après la règle de trois, en se basant sur ce que le lait renferme, en nombres ronds, le chiffre moyen de 130 gr. d'extrait, dont 40 gr. de beurre et 50 gr. de lactose.

ANALYSE DU PLATRE

Dosage de l'eau. — Par perte de poids, en calcinant 5 gr. de matière dans un creuset de platine, *sans dépasser le rouge sombre.*

Dosage du sable, de la silice et des silicates. — Attaquer dans une capsule de 250ᶜᶜ 1 gr. de matière délayée dans 30ᶜᶜ d'eau avec 20ᶜᶜ d'acide chlorhydrique. Evaporer à sec au *bain-marie* pour rendre la silice insoluble.

Reprendre par 20ᶜᶜ d'acide chlorhydrique et 50ᶜᶜ d'eau, à chaud, en agitant pendant 1/4 d'heure. Filtrer, recueillir et laver avec eau acidulée par H Cl les parties insolubles ; laver enfin avec eau pure, le tout à chaud. Sécher et calciner le filtre dans un creuset de platine.

Acide sulfurique. — Dans le liquide et eaux de lavage, on ajoute à l'ébullition du chlorure de baryum jusqu'à *cessation de précipité.* On laisse déposer, on filtre chaud, on lave le sulfate de baryum à l'eau bouillante aiguisée d'H Cl, puis avec eau pure.

Le filtre est séché, incinéré à part; on traite ses cendres par une goutte d'acide sulfurique nitreux pour oxyder le sulfure de baryum qui a pu se former en présence du charbon laissé par le filtre. On calcine ensuite le sulfate de baryum. Le poids de ce corps multiplié par 0,363 donne la proportion d'acide sulfurique (SO^3).

Dosage de la chaux. — On sépare, comme plus haut, la silice et les silicates en attaquant la matière par l'acide chlorhydrique.

Au liquide filtré on ajoute de l'ammoniaque jusqu'à réaction légèrement alcaline. Il se forme un trouble que l'on fait disparaître en versant dans le liquide chaud 10 ou 15^{cc} d'acide acétique.

On précipite la chaux par l'oxalate d'ammoniaque ajouté en léger excès à la liqueur bouillante. Lorsque le précipité s'est déposé, on décante sur un filtre à analyse en entraînant le précipité avec eau bouillante. On détache avec un pinceau les parcelles adhérentes au vase de dépôt. On lave à l'eau chaude jusqu'à disparition de réaction acide.

Le filtre séché est séparé du précipité et brûlé à part avec précaution pour éviter les pertes. On ajoute ensuite l'oxalate de chaux dans le creuset renfermant les cendres du filtre; on calcine d'abord à basse température, puis au rouge blanc avec la lampe d'émailleur durant 10 minutes.

On pèse après avoir laissé refroidir le creuset fermé sous l'exsiccateur à acide sulfurique.

On s'assure que la chaux est bien complètement à l'état caustique en traitant un peu du produit par l'eau, puis par l'acide nitrique ou chlorhydrique qui doit dissoudre sans effervescence.

Dosage de l'acide carbonique. — La présence du carbonate de chaux dans le plâtre est perçue dans les opérations précédentes au moment de l'attaque de l'échantillon. On peut en faire le dosage en traitant 5 gr. du plâtre dans l'appareil de Geissler, par perte de poids, comme pour une marne ou un calcaire.

Dosage de l'alumine et de l'oxyde de fer. — On attaque 2 gr. de plâtre par 60^{cc} d'eau, 30^{cc} d'acide chlorhydrique, 15^{cc} d'acide nitrique. On sépare la silice comme au n° 2. On reprend par 20^{cc} d'acide chlorhydrique et de l'eau. On filtre.

Dans la liqueur filtrée on ajoute un excès d'ammoniaque caustique, bien exempte de carbonate. On chauffe à l'ébullition.

Le précipité d'alumine et d'oxyde ferrique est recueilli sur un filtre, lavé à l'eau bouillante, desséché et calciné.

Un plâtre de Paris analysé par M. Joulie a donné les résultats suivants :

Sulfate de chaux..........................	82.28	
Carbonate de chaux........................	7.42	100
Eau	10.30	

DOSAGE DU SUCRE

1º Au moyen du poids spécifique.

Cette méthode n'est applicable qu'aux solutions de sucre pur. On détermine la densité au moyen du flacon à densité ou d'un aéromètre très fin ; en se reportant à la table des poids spécifiques des solutions du sucre, on trouve la teneur cherchée. Si on emploie le sucromètre, on lit directement la teneur en sucre ; il faut dans ce cas tenir compte de la température.

Pour les densimètres donnant le millième, la correction est de 0,2 environ par degré de température, additive au dessus de 15 à 25º, soustractive de 10 à 15º.

2º Par la liqueur de Fehling.

Cette méthode repose sur ce fait que 5 molécules de sulfate de cuivre ($CuSO^4 + 5H^2O$), en solution tartrique alcaline, sont ramenés à l'état d'oxydule par un molécule de glucose ($C^6H^{12}O^6$). Le sucre de canne est sans action sur la liqueur de Fehling et doit être interverti ou ramené à l'état de glucose.

On prend 10 cc de la liqueur normale, auxquels on ajoute 40 ou 50 cc d'eau distillée, puis on chauffe à l'ébullition. Elle est propre à être employée, si pendant l'ébullition il ne se dépose pas de protoxyde de cuivre et si la liqueur reste claire. Dans tous les cas, il est utile d'ajouter avant l'ébullition, et afin d'être sûr que la liqueur ne précipitera pas, un peu de soude caustique. On vérifie chaque fois le titre, avec 0 gr. 0475 de sucre de canne pur qu'on dissout dans 10 cc d'eau additionnée de 1 cc d'acide chlorhydrique, et qu'on chauffe pendant quelque temps à 70º pour l'intervertir.

10 cc de la solution de Fehling renferment 0,3465 de sulfate de cuivre correspondant à 0,05 de glucose ou 0,0475 de sucre de canne (95 parties de sucre de canne donnent par l'interversion 100 parties de sucre interverti). Mais le titre peut varier.

La liqueur de M. Pasteur et celle de M. Boussingault doivent être titrées par un essai spécial avec le sucre interverti.

La solution de glucose ou de sucre interverti doit être étendue de manière qu'elle ne renferme pas plus de 1/2 pour 100 de sucre. C'est cette solution que l'on laisse tomber goutte à goutte au moyen d'une burette dans les 10 cc de liqueur cuivrique étendus de 2 ou 3 volumes d'eau et d'un peu de potasse, maintenus à l'ébullition jusqu'à ce que la couleur bleue ait entièrement disparu.

La solution de sucre doit être ajoutée très lentement, de manière que le liquide caustique ne soit pas sensiblement refroidi.

3° Par la fermentation.

D'après l'équation $C^6H^{12}O^6 = 2CO^2 + 2C^2H^6O$, 100 parties de glucose doivent donner 48,89 parties d'acide carbonique; cependant on n'en obtient jamais que 47, à cause des produits secondaires. On prend environ 3 gr. de sucre, on les dissout dans 4 parties d'eau ou 12 gr. et on ajoute un petit peu de levûre de bière, dans un petit appareil qui permet de doser l'acide carbonique dégagé, puis on dispose le tout dans un endroit modérément chaud, après l'avoir pesé. Quand le dégagement d'acide carbonique a cessé, ce qui exige plusieurs jours, on aspire de l'air à travers l'appareil et on pèse de nouveau. Le poids d'acide carbonique trouvé en grammes, multiplié par $\frac{100}{47}$, donne la quantité de glucose, d'où on déduit la quantité de sucre de canne correspondante.

4° Méthodes optiques.

Elles sont fondées sur l'action des solutions de sucre sur la lumière polarisée, action analogue à celle d'une plaque de quartz, perpendiculaire à l'axe. Les degrés du polarimètre, du polaristrobomètre, de l'appareil à pénombres de Cornu, indiquent directement la rotation du plan de polarisation; ceux du saccharimètre de Soleil indiquent, en *centièmes de millimètre*, l'épaisseur de quartz qui équivaut par son action optique à la solution sucrée; ils indiquent directement la richesse des sucres si l'on en pèse une quantité convenable. Le saccharimètre de Laurent porte une division angulaire comme le polarimètre de Biot, et en outre une division saccharimétrique qui représente aussi des centièmes de millimètre de quartz. Dans ce dernier appareil on opère avec la lumière monochromatique jaune du sodium, l'emploi du jaune moyen dans l'appareil de Soleil amenant quelques ncertitudes. En France on n'emploie guère que le polarimètre à pénombres, ou le saccharrimètre de Soleil.

Usage du saccharimètre Soleil.

On dissout 16 gr. 35 de sucre dans environ 60 centim. d'eau, on décolore, s'il y a lieu, par l'addition de 2 ou 3cc de sous-acétate de plomb, on étend à 100cc, et si le liquide est trouble, on le filtre. On en remplit un tube de 20 centim., et on ramène la teinte primitive. S'il n'y a que de la saccharose et des substances inactives, le nombre lu sur la graduation indique la quantité de sucre cristallisé dans 100 parties de la matière primitive.

Si d'autres sucres sont en présence, il faut pratiquer l'interversion. Le liquide primitif (50cc) sans sous-acétate de plomb est additionné de 5cc d'acide chlorhydrique pur et fumant. On chauffe le tout à 68° au bain-marie, on laisse refroidir et on en remplit un tube de 22 centim. de long ; si on n'en a que de 20 centim., il faut multiplier le résultat par $\frac{11}{10}$ à cause de l'acide ajouté. Ensuite on emploie les tables de Clerget (table suivante).

Si la liqueur renferme des alcalis ou des carbonates alcalins, ceux-ci diminuent le pouvoir rotatoire du sucre.

Les nombres suivants indiquent la quantité de sucre dissimulée par une partie de matière minérale.

	SOLUTION RENFERMANT		
	de 20 à 25 p. 100 de sucre	10 p. 100 de sucre	5 p. 100 de sucre
1 p. de soude	1.319 à 1.114	0.907	0.450
1 p. de potasse	0.915	0.650	0.426
1 p. de carbonate de sodium	0.254	0.093	»
1 p. de carbonate de potassium	0.185	0.143	»

Si on sursature par de l'acide carbonique, il se forme des bicarbonates alcalins, et le sucre reprend en entier son pouvoir rotatoire.

Nota. Les nombres obtenus avec les tables de Clerget et la pesée de 6 gr. 35 sont un peu forts, la quantité de sucre équivalent à **1** millimètre de quartz étant voisine de 16 gr. 2 dans les circonstances de l'opération (A. Girard et de Luynes).

Table de Clerget pour corriger les indications du saccharimètre du soleil dans l'essai des liquides sucrés

10° C.	15° C.	20° C.	N.	N'.	10° C.	15° C.	20° C.	N.	N'.
1.39	1.37	1.34	1	1.64	27.82	27.31	26.81	20	32.70
2.78	2.73	2.68	2	3.27	29.21	28.68	28.15	21	34.34
4.16	4.10	4.02	3	4.91	30.60	30.05	29.49	22	35.98
5.56	5.46	5.36	4	6.54	31.99	31.42	30.33	23	37.61
6.95	6.83	6.70	5	8.17	33.38	32.79	32.16	24	39.25
8.35	8.19	8.04	6	9.81	34.77	34.16	33.51	25	40.88
9.74	9.56	9.38	7	11.44	36.17	35.53	34.85	26	42.51
11.13	10.93	10.72	8	13.08	37.57	36.90	36.19	27	44.15
12.52	12.29	12.06	9	14.71	38.94	38.25	37.53	28	45.78
13.91	13.66	13.41	10	16.35	40.34	39.60	38.87	29	47.42
15.30	15.03	14.75	11	17.99	41.74	40.97	40.21	30	49.05
16.69	16.40	16.09	12	19.62	43.12	42.33	41.55	31	50.69
18.08	17.77	17.43	13	21.26	44.51	43.70	42.89	32	52.53
19.47	19.14	18.77	14	22.89	45.90	45.07	44.23	33	53.97
20.86	20.51	20.11	15	24.52	47.20	46.43	45.57	34	55.60
22.26	21.88	21.45	16	26.16	48.68	47.80	46.91	35	57.24
23.65	23.25	22.79	17	27.79	50.08	49.16	48.25	36	58.87
25.04	24.62	24.13	18	30.43	51 47	50.53	49.59	37	60.50
26.43	25.90	25.47	19	31.06	52.86	51.90	50.93	38	62.14

10° C.	15° C.	20° C.	N.	N'.	10° C.	15° C.	20° C.	N.	N'.
54.25	53.26	52.27	39	63.77	118.2	116.1	113.9	85	139.0
55.64	54.63	53.63	40	65.40	119.6	117.4	115.3	86	140.6
57.03	55.99	54.96	41	67.03	121.0	118.8	116.6	87	142.2
58.42	57.36	56.30	42	68.67	122.4	120.2	118.0	88	143.9
59.81	58.73	57.64	43	70.31	123.8	121.5	119.3	89	145.5
61.20	60.09	58.98	44	71.95	125.2	122.9	120.6	90	147.1
62.59	61.46	60 32	45	73.58	126.6	124.3	122.0	91	148.7
63.99	62.82	61.66	46	75.22	128.0	125.6	123.3	92	150.4
65.38	64.19	63.00	47	76.85	129.4	127.0	124.7	93	152.1
66.77	65.56	64.34	48	78.48	130.8	128.4	126.0	94	153.7
68.17	66.92	65 68	49	80.12	132.2	129.7	127.4	95	155.3
69.57	68 29	67.03	50	81.75	133.6	131.1	128.7	96	156.9
70.95	69.66	68.37	51	83.38	134.9	132.5	130.0	97	158.6
72.34	71 02	69.71	52	85.01	136.3	133.8	131.4	98	160.2
73.73	72.39	71.05	53	86.65	137 7	135.2	132.7	99	161.9
75.12	73.76	72.40	54	88.29	139.1	136.6	134.0	100	163.5
76.51	75.12	73.74	55	89.93	140.5	137.9	135.4	101	165.1
77.90	76.49	75.08	56	91.56	141.9	139.3	136.7	102	166.8
79.29	77.85	76.42	57	93.20	143.3	140.7	138.1	103	168.4
80.68	79.22	77.76	58	94.83	144.7	142.0	139.4	104	170.0
82 07	80.59	79.10	59	96.46	146.0	143.4	140.8	105	171.7
83.46	81.94	80.43	60	98.10	147.4	144.8	142.1	106	173.3
84.86	83.31	81.78	61	99.73	148.8	146.1	143.4	107	174.9
86.25	83.68	84.12	62	101.4	150.2	147.5	144.8	108	176.6
87.64	86.05	84.46	63	103.0	151.6	148.8	146.1	109	178.2
89.02	87.43	85.80	64	104.6	153.0	150.2	146.4	110	179.8
90 41	88.80	87.14	65	106.3	154.4	151.6	148.8	111	181.5
91.81	90.16	88.48	66	107.9	155.8	153.0	150.1	112	183.1
93.20	91 54	89.82	67	109.5	157.2	154.4	151.5	113	184.7
94.59	92.90	91.16	68	111.2	158.6	155.7	152.8	114	186.4
96.00	94.25	92.50	69	112.8	160.0	157.0	154.2	115	188.0
97.38	95.60	93.83	70	114.4	161.3	158.4	155.4	116	189.7
98.77	96.96	95.17	71	116.1	162.7	159.8	156.8	117	191.3
100.2	98.33	96.51	72	117.7	164.1	161.2	158.2	118	192.9
101.9	99.70	97.85	73	119.3	165.5	162.5	159.5	119	194.6
102.8	101.1	99.19	74	121.0	166.0	163.9	160.8	120	196.2
104.3	102.4	100.5	75	122.6	168.3	165.3	162.2	121	197.8
105.7	103.8	101.9	76	124.2	169.7	166.6	163.5	122	199.5
107 1	105.2	103.2	77	125.9	171.1	168.0	164.9	123	201.1
108.5	106.5	104.5	78	127.5	172.5	169.4	166.2	124	202.7
109.9	107.9	105.9	79	129.1	173.9	170.7	167.6	125	204.4
111.3	109.3	107.2	80	130.8	175.3	172.1	168.9	126	206.0
112.7	110.9	108.6	81	132.4	176.6	173.5	170.2	127	207.6
114.1	112.0	109.9	82	134.1	178.0	174.8	171.6	128	209.3
115 5	113.3	111 3	83	135.7	179.4	176.2	172.9	129	210.9
116.9	114.7	112.6	84	137.3	180.8	177.5	174.2	130	212.6

Usage de ces tables.

Nombre lu sur l'échelle avant l'inversion.................. = D

— — après l'inversion.................... = D'

Température....................................... = T

1° Les deux chiffres indiqués sur l'échelle du saccharimètre ont été lus à droite et à gauche du zéro ; on prend la somme $D + D' = A$.

On cherche dans les colonnes se rapportant à la température actuelle 10°, 15° ou 20° les chiffres qui se rapprochent le plus de A.

En suivant la ligne horizontale, on trouve dans les colonnes indiquant la quantité de sucre le nombre N et le nombre N'.

Le sucre employé contient N pour 100 de sucre cristallisé ou un litre de la solution renferme N' grammes de sucre cristallisable.

2° La solution de sucre étant préparée comme dans le premier exemple, on a lu les chiffres exprimant la rotation avant et après l'inversion du même côté du zéro.

On prend $D - D' = A$, on cherche dans la colonne se rapportant à la température actuelle le chiffre qui se rapproche le plus de A et l'on opère comme ci-dessus.

On peut aussi remplacer les tables de Clerget par la formule approchée :

$$P \text{ (pouvoir rotatoire)} = \frac{200 \times A}{288 - T} \; ; \; P \times 1{,}635 = \text{sucre dans un litre.}$$

Richesse en sucre des masses cuites (grains et sirops)
(Maumené)

Poids du litre	Sirop de D = 1400	Sucre cristallisé	Sucre total	%
gr.	gr.	gr.	gr.	
1405	1334.75	70.25	1090.378	77.606
1410	1304.325	105.675	1102.562	78.197
1415	1273.50	141.50	1114.812	78.783
1420	1242.415	177.585	1127.155	79.376
1425	1211.25	213.75	1139.480	79.964
1430	1179.825	250.175	1151.885	80.549
1435	1148	287.0	1164.390	81.142
1440	1115.915	324.085	1176.955	81.735
1445	1083.75	361.25	1189.540	82.320
1450	1051.325	398.675	1202.177	82.907
1455	1018.50	436.50	1214.975	83.504
1460	985.415	474.585	1227.705	84.091
1465	952.250	512.755	1240.216	84.676
1470	918.825	551.175	1253.402	85.264
1475	885	590.000	1266.301	85.857
1480	850.915	629.085	1279.431	86.449

Poids du litre	Sirop de D = 1400	Sucre cristallisé	Sucre total	%
gr.	gr.	gr.	gr.	
1485	816.75	668.25	1292.447	87.032
1490	782.325	707.675	1305 569	87.622
1495	747.5	747.5	1328.862	88.217
1500	712.415	787 585	1332.055	88.804
1505	677.25	827.75	1345.335	89.390
1510	641.825	868.175	1357.571	89.885
1515	606	909	1372.155	90.572
1520	569.915	950.085	1385.651	91.162
1525	533.75	991.25	1399.232	91.753
1530	497.325	1032.675	1412.756	92.337
1535	460.5	1074.45	1426.454	92.927
1540	423.415	1116.585	1440.182	93.519
1545	386.25	1153.75	1453.917	94.103
1550	348.825	1201.175	1467.959	94.696
1555	311	1244	1481.692	95.286
1560	272.915	1287.085	1495.658	95.876
1565	234.75	1330.25	1509.632	96.463
1570	196.325	1373.675	1523 706	97.050
1575	157.5	1417.5	1537.873	97.643
1580	118.415	1461.585	1552.077	98.232
1585	79.25	1505.75	1566.319	98.822
1590	39.825	1550.175	1580.609	99.409
1595	0	1595	1595	100.000

Sucres

Sucres.	Eau de cris.	Perte d'eau à t^o	Solubilité dans 100 p.			P. de fusion
			Eau	Alcool	Ether	
Sucre $C^5H^{10}O^5$.						
Arabinose.........			s.	ps.	i	160°
Sucre $C^5H^{12}O^5$						
Arabite			s	ps	i	102°
Sucres $C^6H^{14}O^6$						
Mannite..........			16 ; bts	0,06; bs	i	165
Dulcite			4 ; bts	i	i	182
Sorbite...........	1/2 aq		s	s		110
Sucres $C^6H^{12}O^6$ (réduisant la liqueur de Fehling)						
Glucose...........	1 aq	aq à 90°	84 b. ext. s.	2; b. 20	i	+aq. 82
Lévulose..........			ts	ps	i	
Sorbine...........			200	bps		
Galactose			bts	ps	i	162

Sucres	Eau de cris.	Perte d'eau à t^o	Solubilité dans 100 p,			P. de fusion
			Eau	Alcool	Ether	
Sucre $C^6H^{12}O^6$ (ne réduisant pas cette liqueur)						
Inosite...........	2 aq	2aq.à100	15; bts.	i	i	224
Sucres $C^{12}H^{22}O^{11}$						
Saccharose........			300 ; bts	i; b 2	i	160
Lactose..........	1 aq	aq à 140°	20 ; b.40	i	i	
Maltose	1 aq	aq à 100°	ts	s		
Sucres $C^6H^{12}O^5$						
Quercite			10 ; bts	bps	i	223
Pinite...........			ts	i ; bps	i	150
Sucre $C^7H^{16}O^7$						
Perséite.........			s	bps	i	188
Glucosides						
Amygdaline $C^{20}H^{27}$ AzO^{11}.........	3 aq	3aq à 120	8; bts	0,1; b.9	i	200
Salicine $C^{13}H^{18}O^7$..			7;	ps	i	120
Coniférine $C^{16}H^{22}$ O^8.............	2 aq	2aq à 100	0,5;bs	i	i	185
Populine $C^{20}H^{22}O^8$	2 aq	2aq à 100	0,05b1,3	1; bs.	ps.	180
Matières amylacées ($C^6H^{10}O^5$)						
Dextriens			s	i	i	
Gomme arabique .	1/2 aq	1/2aq 120	s	i	i	
Amidon...........			i.se gonfle	i	i	

Analyse commerciale officielle des sucres.

La prise d'essai est de 16 gr. 19, d'après les déterminations de MM. A. Girard et de Luynes, qui ont trouvé pour le pouvoir rotatoire du sucre : $[\alpha]$ D $= 67°,31$ ou $67°,18'$.

Les auteurs recommandent de peser 80 gr. 95 de sucre, qu'on dissout dans 160 cc d'eau environ ; on décante après repos sur un filtre en recevant le liquide dans un vase jaugé de 250 cc ; on lave quatre ou cinq fois le premier vase, on complète les 250 cc avec les eaux de lavage et l'on agite pour rendre le liquide homogène.

1° On dose le sucre au polarimètre sur 50 cc en ajoutant du sous-acétate de plomb et complétant 100 cc, filtrant et examinant le liquide filtré au tube de 20 centim.

On pratique l'interversion sur 50 cc, en ajoutant 5 cc d'acide chlorhydrique pur et complétant 100 cc, puis chauffant 1/2 heure à 68°, laissant refroidir et examinant au tube de 20 centim.

Les sels existant dans la betterave n'influent presque pas sur le pouvoir rotatoire du sucre. Le pouvoir rotatoire de l'asparagine est annulé en ajoutant 10 pour 100 d'acide acétique. La chaux diminue beaucoup le titre du sucre; mais on la reconnaît en faisant passer dans la solution un courant d'acide carbonique ; on peut la précipiter par l'oxalate d'ammonium, qui est optiquement sans action sur le sucre.

2° On dose le sucre réducteur, soit par la méthode habituelle, soit en faisant bouillir la solution de sucre, indiquée plus haut, avec un excès de liqueur de Fehling titrée ; on ramène rapidement le tout à un volume déterminé, on filtre ou on laisse reposer, et sur la moitié du liquide on dose le cuivre en excès par une solution titrée de sulfure de sodium, en présence d'un excès d'ammoniaque, jusqu'à décoloration. Chaque centimètre cube de Fehling consommé = 0 gr. 005 de sucre réducteur.

M. Aimé Girard trouve préférable de faire bouillir la liqueur de Fehling et d'y faire couler un volume déterminé de solution sucrée, tel que le Fehling reste en excès; on filtre bouillant, on lave jusqu'à ce que l'eau filtrée ne soit plus alcaline, et on pèse à l'état de protoxyde, ou de cuivre métallique en réduisant par un courant d'hydrogène dans un creuset de Rose. Cu × 0,569 = sucre réducteur; on peut aussi redissoudre le protoxyde de cuivre dans de l'alun de fer additionné d'acide sulfurique, et titrer au permanganate le protoxyde de fer formé, en diluant avec de l'eau bouillie.

3° Dosage de l'eau par dessiccation à 110°, sur 1 ou 2 gr. de sucre.

4° Le résidu du dosage de l'eau est incinéré et fournit les cendres totales.

5° On introduit à l'aide d'une pipette spéciale 12cc 35 de solution sucrée, soit 4 gr. de sucre, dans une capsule de platine tarée, avec 1cc d'acide sulfurique. On évapore 2 heures à 130° et on calcine au moufle, puis on pèse le résidu salin qui constitue les cendres solubles sulfatées.

6° En retranchant de 100 les quatre premiers chiffres trouvés plus haut, le reste représente la matière organique indéterminée.

Calcul de l'analyse. — Du poids des cendres sulfatées on déduit 1/10 et on multiplie par 4, on déduit ce produit du titre saccharimétrique trouvé dans l'interversion ; de la différence on déduit encore le poids du sucre réducteur multiplié par 2 et 1 1/2 pour 100 de frais de fabrication; le reste représente le rendement présumé au raffinage M. Aimé Girard propose de multiplier par 4 les cendres corrigées, par 2 la glucose, et de retrancher du titre saccharimétrique les deux produits, plus 1,5 qui représente les déchets de fabrication.

D'après Dubrunfaut, le coefficient des cendres serait 3,73.

En Belgique, on déduit du titre saccharimétrique le poids des cendres quintuplé et le poids du glucose.

Analyse aux 4/5. — Dans la méthode d'analyse dite aux 4/5 on évalue la matière organique indéterminée en admettant que son poids est égal aux 4/5 de celui des cendres ; alors, en retranchant de 100 les quantités de l'eau, du glucose, des cendres et les 4/5 des cendres, la différence serait la saccharose. Cette méthode n'est pas exacte.

Le dosage des cendres d'après la méthode officielle indiquée plus haut nécessite une pipette spéciale.

On opère aussi de la manière suivante : On dose l'eau sur 5 gr. dans une capsule en platine ; au résidu on ajoute 2^{cc} d'acide sulfurique, on calcine au rouge sombre, on mouille le charbon et on laisse sécher à 100°, puis on termine l'incinération au moufle. Sur un autre essai on détermine la matière minérable insoluble, qu'on déduit des cendres sulfatées trouvées.

Analyse des betteraves à sucre.

1° *Densité du jus.* — On râpe un certain nombre de racines privées du collet, représentant l'échantillon moyen ; on exprime le jus et on en prend la densité au moyen d'un densimètre.

On calcule ensuite le déchet produit par l'enlèvement du collet.

Dans beaucoup d'usines on prélève une betterave par panier ou tombereau, on la coupe en quatre dans le sens de la longueur, et on prend le quart de cette betterave comme échantillon moyen partiel ; on réunit tous ces quartiers, on les râpe et on exprime le jus, qui est ensuite examiné au densimètre, donnant le gramme par litre, ou à la balance aréothermique.

La correction du densimètre pour la température est de :

t		t		t		t	
9°	− 0.7	12°	− 0.4	16°	+ 0.2	19°	+ 0.8
10	0.6	13	0.3	17	0.4	20	1.0
11	0.5	14	0.1	18	0.5	21	1.2

2° *Dosage du sucre.* — On prend 160^{cc} de jus, on y ajoute 40^{cc} de sous-acétate de plomb à 32° B. On filtre, et dans le liquide clair on dose le sucre au saccharimètre.

3° *Quotient de pureté.* — On évapore 10^{cc} de jus à 105°, jusqu'à ce que le poids ne change plus, on pèse ; on a ainsi les matières fixes. Le quotient de pureté est égal au taux de sucre divisé par le poids des matières fixes moins celui du sucre.

4° *Dosage du glucose.* — Il est quelquefois nécessaire de doser le glucose dans les betteraves à sucre ; cette opération se fait sur le jus décoloré, d'après la méthode ordinaire.

5° *Dosage des cendres.* — On dose les cendres sur 20^{cc} de jus.

Calcul de la richesse des betteraves en sucre (Edouard DELVILLE)

Densité.	Facteur.	Densité.	Facteur.	Densité.	Facteur.	Densité.	Facteur.	Densité.	Facteur.
104	0.164	105	0.163	106	0.161	107	0.159	108	0.158
104.1	0.164	105.1	0.162	106.1	0.161	107.1	0.159	108.1	0.158
104.2	0.164	105.2	0.162	106.2	0.161	107.2	0.159	108.2	0.158
104.3	0.164	105.3	0.162	106.3	0.160	107.3	0.159	108.3	0.157
104.4	0.163	105.4	0.162	106.4	0.160	107.4	0.159	108.4	0.157
104.5	0.163	105.5	0.162	106.5	0.160	107.5	0.159	108.5	0.157
104.6	0.163	105.6	0.162	106.6	0.160	107.6	0.158	108.6	0.157
104.7	0.163	105.7	0.162	106.7	0.160	107.7	0.158	108.7	0.157
104.8	0.163	105.8	0.162	106.8	0.159	107.8	0.158	108.8	0.157
104.9	0.163	105.9	0.161	106.9	0.159	107.9	0.158	108.9	0.156

Cette table est destinée à faciliter le calcul de la richesse des betteraves en sucre.

Elle a été dressée pour l'usage de saccharimètres type Duboscq-Soleil à poids normal de 16^{gr} 35 et en supposant que la betterave contient 0,95 de son poids de jus. chiffre généralement admis dans les transactions.

Pour calculer le $\%$ de sucre dans la betterave au moyen de cette table, deux déterminations sont nécessaires : 1° la densité du jus à la température de 15° centigr. ; 2° la polarisation du jus après addition de 1/10 de sous-acétate de plomb. Cela étant fait, on cherchera la densité dans le tableau et l'on multipliera le nombre de degrés lu sur l'échelle du saccharimètre par le facteur placé en face de la densité ; le produit de la multiplication sera le $\%$ de sucre dans la betterave.

Exemple. — Le jus marque 105 de densité ; le saccharimètre marque 60°. La richesse de la betterave est $0,163 \times 60 = 9,78\ \%$.

Rapport entre la densité et la richesse saccharine des jus de betteraves.

Densités.	Sucre pour 100cc.	Densités.	Sucre pour 100cc.	Densités.	Sucre pour 100cc.
1035	6.0	1054	10.9	1073	15.9
1036	6.2	1055	11.2	1074	16.2
1037	6.4	1056	11.5	1075	16.5
1038	6.6	1057	11.8	1076	16.8
1039	6.8	1058	12.0	1077	17.0
1040	7.0	1059	12.3	1078	17.3
1041	7.3	1060	12.5	1079	17.5
1042	7.6	1061	12.8	1080	17.7
1043	7.9	1062	13.1	1081	18.0
1044	8.2	1063	13.3	1082	18.3
1045	8.5	1064	13.6	1083	18.7
1046	8.8	1065	13.8	1084	19.0
1047	9.0	1066	14.1	1085	19.3
1048	9.3	1067	14.3	1086	19.6
1049	9.5	1068	14.5	1087	20.0
1050	9.7	1069	14.7	1088	20.3
1051	10.0	1070	15.0	1089	20.7
1052	10.3	1071	15.3	1090	21.0
1053	10.6	1072	15.7	1091	21.5

ESSAI DU SOUFRE

On peut doser le soufre brut par dissolution dans le sulfure de carbone pur, dont on prend ensuite la densité. Le sulfure doit être purifié par digestion avec de l'oxyde de mercure et du mercure, puis distillé. On fait digérer 50 gr. de minerai pulvérisé dans 200 gr. de sulfure de carbone dans un vase fermé, à froid ; on prend ensuite la température et la densité de la solution filtrée.

La table ci-dessous donne la teneur en soufre du sulfure de carbone d'après sa densité à 15°.

De 15 à 25°, on peut ramener la densité D^t à t, à la densité D à 15°, à l'aide de la formule suivante :

$$D = D^t + 0{,}0014\,(t - 15°).$$

Le poids du soufre ainsi trouvé, multiplié par 4, donne la teneur en soufre de l'échantillon.

On dose l'eau en desséchant à l'étuve à 100°, pendant quelques heures, un échantillon grossièrement concassé de 100 gr. Les cendres sont déterminées sur 10 gr. dans une capsule de porcelaine tarée.

Densité des solutions de soufre dans le sulfure de carbone.

Densités,	S. %	Densités.	S. %	Densités.	S. %	Densités.	S. %
1.271	0	1.305	8.2	1.340	16.6	1.375	27.4
275	0.9	310	9.4	345	17.9	380	30.2
280	2.1	315	10.6	350	19.0	385	33.2
285	3.4	320	11.8	355	20.4	390	36.7
290	4.6	325	13.1	360	21.8		
295	5.8	330	14.2	365	23.2		
300	7.0	335	15.4	370	25.1		

SULFATE DE CUIVRE

Sulfate de cuivre cristallisé $Cu\,SO^4$, $5H^2O$ (Eq$= CuO, SO^3, 5HO$).

$$\text{Composition centésimale} \begin{cases} \text{Cuivre.... } 25\,43 \\ \text{Oxygène.. } 6.41 \end{cases} \text{oxyde cuivrique.} \quad 31.84$$

Acide sulfurique........................ 32.06

Eau.................................... 36.10

TOTAL 100.00

Cristallise sous formes de prismes doublement obliques volumineux, transparents, couleur bleue foncé. Ces cristaux blanchissent à l'air sec et à la lumière solaire en perdant une partie de leur eau de constitution ($3H^2O$). Très soluble dans l'eau chaude, le sulfate de cuivre cristallise en partie par refroidissement.

Richesse des solutions de sulfate cuivrique d'après leur densité à 18° C.

Densité	$Cu\,SO^4\,5\,Aq$ %	Densité	$Cu\,SO^4\,5\,Aq$ %	Densité	$Cu\,SO^4\,5\,Aq$ %
1.0053	1	1.0716	11	1.1427	21
1.0126	2	1.0785	12	1.1501	22
1.0190	3	1.0854	13	1.1585	23
1.0254	4	1.0923	14	1.1659	24
1.0329	5	1.0993	15	1.1738	25
1.0384	6	1.1063	16	1.1817	26
1.0450	7	1.1135	17	1.1898	27
1.0516	8	1.1208	18	1.1980	28
1.0582	9	1.1281	19	1.2063	29
1.0649	10	1.1354	20	1.2146	30

On obtient le sulfate cuivrique :

1° En grillant les pyrites cuivreuses (sulfure de fer et de cuivre) et en lessivant ensuite pour dissoudre le sel formé qui contient toujours du sulfate de fer.

2° En oxydant dans un four en présence du soufre des plaques de vieux cuivre et en lessivant comme ci-dessus.

3° En chauffant dans des cornues en plomb des débris de cuivre avec de l'acide sulfurique à 60°. Il se forme de l'acide sulfureux au dépend de la moitié de l'acide sulfurique employé :

$$2 (SO^4H^2) + Cu = SO^4 Cu + 2H^2O + SO^2$$

4° En traitant par l'acide sulfurique étendu les battitures de cuivre (mélange d'oxydes cuivrique et cuivreux) et en oxydant sur une sole le cuivre métal résidu insoluble de l'attaque pour le soumettre encore à l'action de l'acide.

5° L'affinage des métaux précieux fournit aussi une quantité notable de sulfate cuivrique qui résulte alors de la dissolution des vieux cuivres dorés ou argentés ou des alliages d'or et d'argent dans l'acide nitrique et l'acide sulfurique.

Les impuretés du sulfate de cuivre sont les sulfates de fer et de zinc, le sulfate de potasse.

Pour le chaulage des grains on emploie souvent des sulfates mixtes de cuivre et de fer. Toutefois c'est le sulfate de cuivre qui est surtout efficace contre les spores des cryptogames. L'emploi des sels de cuivre contre le Peronospora des vignes, celui des pommes de terre et des tomates, etc., a donné une extension considérable à la fabrication du sulfate de cuivre ; on exige de plus en plus des sulfates purs, exempts de fer et de zinc.

Le sulfate de cuivre pur doit se dissoudre dans l'eau sans laisser de résidu. La solution sursaturée d'ammoniaque doit fournir une liqueur bleue foncé sans précipité floconneux jaune brun (présence du fer). Le sel ne doit pas être humide.

Dosage du cuivre.

Sur un anneau de cuivre pouvant être élevé et abaissé le long d'un support on place un creuset de platine de 50 à 60^{cc} de capacité. On fait tremper le fond du creuset dans un bain-marie. Au dessus du creuset on dispose un support également mobile en hauteur mais isolé électriquement du premier par une partie en verre. A ce dernier support on suspend par un fil de platine une lame de platime roulée en cylindre incomplet ou en cornet. On fait communiquer l'anneau qui soutient le creuset au pôle positif (charbon) d'une pile de Bunsen. La lame est reliée au pôle négatif (zinc) de la même pile ; on la fait descendre dans le creuset, mais de telle manière qu'elle ne le touche en aucun point. On chauffe le bain-marie à 60-80° C.

On pulvérise une quantité suffisante du sulfate de cuivre pour constituer un échantillon moyen. On prend 10 grammes du sel que l'on dissout dans un petit ballon jaugé de 200^{cc}. De cette solution on mesure 20^{cc} qui représensent 1 gramme et on verse cette quantité dans le creuset de platine. On ajoute ensuite de l'eau afin que la lame de platine soit au 2/3 immergée. On couvre avec un verre de montre coupé en deux qui laisse passer le fil suspenseur et empêche les projections. De temps en temps on lave ces verres de montre avec un filet d'eau distillée pour entraîner les gouttelettes qui y ont été projetées et remplacer dans le creuset l'eau qui s'est évaporée.

Au bout de 3 heures environ le cuivre s'est déposé en couche rouge adhérente. On s'assure en immergeant un peu plus la lame ou en ajoutant un peu d'eau qu'il ne se dépose plus de cuivre. Sans arrêter le courant électrique on soulève alors la lame hors du creuset et à l'aide d'une pissette on l'arrose d'un filet d'eau distillée : on la détache, on la passe dans l'alcool et on la sèche à 100°. L'augmentation de son poids mesure la quantité de cuivre.

Recherche des impuretés.

Dosage de fer. — La liqueur du creuset peut servir à doser le fer. On l'introduit dans un petit ballon fermé par un bouchon traversé par un tube effilé. On ajoute un peu d'eau et 5^{cc} d'acide sulfurique. Puis on jette dans le ballon un fragment de zinc pur distillé. On fait bouillir 15 minutes pour réduire le fer au minimum. On vide le contenu du ballon (sans entraîner de zinc) dans un large vase à précipité dans lequel on a introduit environ 500^{c} d'eau distillée bouillie. On titre avec une solution de permanganate (3 gr. 16 par litre) dont la valeur a été mesurée par un essai préalable.

Cet essai se fait en pesant 0 gr. 1 de fil de fer doux bien décapé au papier de verre que l'on dissout dans 5^{cc} d'acide sulfurique et 100 d'eau en opérant dans un ballon à tube effilé, comme ci-dessus et, pour le titrage, dans un pareil volume d'eau. Un simple calcul de proportion indiquera la quantité du fer contenu dans l'échantillon. En multipliant le chiffre du fer par le facteur 4.96 on aura le poids du sulfate de fer cristallisé ordinaire. Il faut noter seulement qu'en présence de beaucoup de sulfate de cuivre ce sel cristallise avec 5 molécules d'eau au lieu de 7 qu'il renferme normalement. Dans ce cas, le multiplicateur est 4.32.

Recherche et dosage du zinc. — Pour rechercher et doser le zinc on prend 4 grammes de sulfate de cuivre que l'on dissout dans un peu d'eau. On ajoute quelques centimètres d'acide nitrique et on fait bouillir pour péroxyder le fer. On sursature d'ammoniaque et on recueille sur un filtre le peroxyde de fer. On le lave à l'eau bouillante.

On acidule le liquide par l'acide chlorhydrique et on précipite le cuivre par l'hydrogène sulfuré. On sépare le sulfure de cuivre par filtration. On lave.

On rend la liqueur ammoniacale et on ajoute un petit excès de sulfhydrate d'ammoniaque. Le sulfure de zinc blanc qui se produit dans la liqueur est lavé après 24 heures de repos par des décantations successives. On lave avec de l'eau ayant reçu un peu de sulfhydrate d'ammoniaque. On termine le lavage sur un filtre plat. On sèche et on calcine le précipité après avoir incinéré le filtre. On ajoute dans le creuset un peu de soufre pur et on calcine de nouveau au rouge, en creuset fermé, pour détruire un peu d'oxyde. Le poids obtenu × 0,671 donne la quantité de inc × 3,06 = sulfate de zinc ($Zn\ SO^{4}7\ aq$).

Dosage de la potasse. — La présence du sulfate de potasse a été signalée dans ces derniers temps par quelques échantillons de sulfate de cuivre.

On peut rechercher et déterminer cette fraude en traitant 3 ou 4 grammes de sulfate de cuivre par un excès d'eau de baryte. Faisant bouillir, filtrant pour séparer le sulfate de baryum et l'oxyde de cuivre. Enlevant l'excès de baryte par l'acide carbonique, faisant bouillir pour détruire le bicarbonate de baryum et filtrant.

La liqueur ne contient plus que l'alcali. On dosera la potasse par l'acide perchlorique comme il a été indiqué précédemment.

ANALYSE DES SULFOCARBONATES (A. Müntz).

Dans un ballon de 500 cc, on verse 30 cc de sulfocarbonate à essayer, 30 cc d'eau et 100 cc d'une solution saturée de sulfate de zinc. Le ballon porte un long tube abducteur traversant un petit réfrigérant ascendant; son extrémité effilée plonge dans du pétrole (30 ou 32 cc) contenu dans une cloche graduée de 50 à 60 cc de capacité, divisée en dixièmes de centimètre cube. On agite le mélange des liquides du ballon. Quand le dégagement du gaz qui se produit a cessé, on chauffe avec précaution jusqu'à l'ébullition. On lit le volume du liquide contenu dans la cloche, on en retranche le volume de l'eau. L'augmentation de volume du pétrole + 0 cc 2 correspond au volume du sulfure de carbone condensé.

Dosage de la potasse. — On traite 2 gr. de sulfocarbonate par l'acide chlorhydrique, on étend de 50 cc d'eau, on fait bouillir un quart d'heure. On filtre, on évapore à sec. Le reste de l'opération se fait comme pour le dosage de la potasse, par l'acide perchlorique ou le chlorure de platine.

Recherche du sulfure de carbone dans le sol.

On emploie la méthode proposée par M. G. Gastine.

Sur un support à trois pieds, en fer, pouvant être installé en plein champ et déplacé aisément, on dispose un aspirateur à eau formé d'un ballon tubulé A, de 1 litre 1/2, dont la pointe est fermée par un robinet, au dessous duquel on peut suspendre un matras jaugé de 1 litre B.

L'aspirateur communique avec le tube absorbeur en forme de V, C, qui contient le réactif destiné à recueillir le sulfure de carbone en dissolution dans l'air du sol.

Un flacon barbotteur D, garni d'acide sulfurique concentré dessèche au préalable cet air.

L'autre tubulure de ce flacon est mise en communication par un tube de caoutchouc, à section intérieure très étroite, avec la pièce G de la lance d'aspiration qui se compose de trois parties.

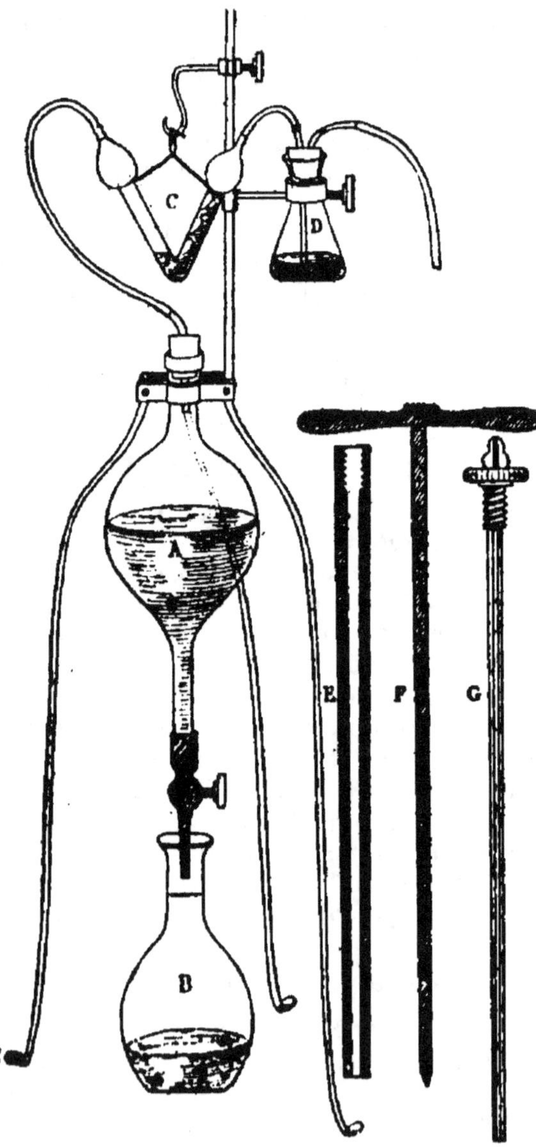

Une gaine E, percée d'un trou cylindrique et à l'extérieur légèrement conique portant en haut un filetage intérieur. L'âme F qui rentre exactement dans la pièce E et en remplit le vide. Cet âme est formée d'une tige d'acier pointue en bas et terminée en haut par deux mancherons, et par une tête massive sur laquelle on peut frapper.

Les deux pièces E et F emmanchées l'une sur l'autre sont enfoncées dans le sol à la place et à la profondeur où l'on veut rechercher le sulfure de carbone. On retire la pièce F; la gaine E reste en place. On y enfonce alors la pièce G formée d'un tube de calibre très étroit à l'intérieur, et dont l'extérieur remplit la pièce E. A la partie supérieure cette pièce G porte un filetage qui se visse dans la partie correspondante de E. Un cuir placé sous le bouton molleté qui sert à visser permet de faire un joint étanché. Un téton termine en haut cette pièce G et sert à fixer le tube de caoutchouc venant du

Fig. 135

flacon D de l'appareil.

Fonctionnement : On remplit le ballon A d'eau et on ferme le robinet d'écoulement.

On garnit le tube C d'une dissolution de potasse caustique, *récemment fondue* dans *l'alcool absolu* (alcool 85, potasse 15). 4^{cc} suffisent.

On garnit D d'acide sulfurique concentré. On joint tous les caoutchoucs à leurs tubulures respectives et celui du flacon D à la pièce G. On enfonce cette dernière dans la gaîne E préalablement fixée en terre, et on visse pour former joint.

En ouvrant le robinet du ballon A, on décomprime l'air jusqu'au moment où les bulles commencent à passer dans le tube absorbeur. A ce moment on place au dessous du robinet le matras B et on règle l'écoulement de manière que l'air passe bulle à bulle.

Si le réactif absorbant a été préparé comme il est dit (potasse fondue, alcool absolu), le sulfure de carbone est absorbé *intégralement*.

Il se forme du xanthate de potassium. Pour mettre ce corps en évidence on vide le contenu du tube C dans un verre à expérience. On lave le tube à l'eau que l'on ajoute dans le verre. On neutralise par l'acide acétique. En ajoutant goutte à goutte une solution de sulfate cuivrique à 10 % on verra un précipité jaune, le xanthate de cuivre, prendre naissance, d'autant plus abondant qu'il y a plus de xantathe. Ce précipité est caractéristique du sulfure de carbone et aucun autre corps existant dans le sel ne pourrait lui donner naissance. On peut, avec trois appareils, suivre d'heure en heure la diffusion du sulfure de carbone dans le sens vertical et horizontal. Il suffit de disposer les essais pour que, employés à des distances ou des profondeurs différentes, l'un des appareils donne une réaction tandis qu'un autre n'en donne plus. On fixe ainsi la limite de pénétration et les résultats de ces recherches horaires peuvent être inscrits dans une courbe représentative.

Il convient de ne pas puiser dans chaque trou plus de 1 litre d'air, cela afin de ne pas déplacer sensiblement l'air du sol. Il vaut mieux ne prendre que 1/2 litre, en employant dans ce cas un matras de 500^{cc}. Même à plus de 1 m. des trous d'injection du sulfure de carbone, la sensibilité du réactif est assez grande pour déceler ce composé sur le volume de 1 litre d'air. Le tube C doit être lavé à l'alcool, puis à l'alcool absolu, toute trace d'eau annulant la sensibilité de l'absorption. — Avant de faire une nouvelle expérience, on doit faire fonctionner l'appareil à blanc pour éliminer le sulfure de carbone de l'expérience antérieure.

VII — RÉACTION DES PRINCIPAUX SELS[1]

I. SELS MINÉRAUX

ALUMINIUM

Acides sulfhydrique, hydrofluosilicique, perchlorique. — Rien.

Sulfhydrate d'ammonium. — Pr. blanc vol. d'hydrate, sol. KHO.

Potasse. — Pr. blanc vol. d'hydrate, sol. exc. R., se séparant compl. si l'on ajoute exc. d'un sel ammoniacal, mais non par chal.

Ammoniaque. — Pr. d'hydrate, pas compl. insol. exc. R.

Hydrate de baryum. — Pr. d'hydrate sol. exc. R., se séparant si l'on ajoute un sel ammoniacal.

Carbonate de potassium, de sodium ou d'ammonium. Pr. d'hydrate presque insol. exc. R.

Carbonate de baryum. — Précipite compl. à froid.

Phosphate de sodium. — Pr. de phosphate, sol. ac. ou KHO.

Acide oxalique et oxalates. — Rien.

Sulfate de potassium ou d'ammonium. — Si sol. conc., dép. crist. d'alun.

Ferrocya. — Avec temps. Pr. vol.

Ferricya. — Rien.

ARSENIC

I. — Arsénites.

Acide chlorhydrique. — Pr. d'acide arsénieux, sol. exc. R.

Acides sulfurique, azotique, acétique. — Précipitent au bout d'un temps très long.

Acide sulfhydrique. — Si liq. neut., presque rien; si liq. ac., pr. jaune-serin de sulfure, sol. d. alcalis, leurs sulfures et carbonates, sol. Am., insol. HCl.

Sulfhydrate d'ammonium. — Rien.

Azotate d'argent. — Pr. jaune, sol. Am., nitrate d'ammonium, AzO³H et acide acétique. Liq. ammoniacale add. de KHO donne à chaud miroir d'argent.

Azotate mercurique. — Pr. blanc devenant gris par temps ou ébullition (mercure métallique).

(1.) ABRÉVIATIONS

ac.	acide.	conc.	concentré.	d.	dans.	q.	quantité.
alc.	alcalin.	crist.	cristallisé.	ét.	étendu.	q.q.	quelque.
col.	coloration.	dép.	dépôt.	pr.	précipité.	R.	réactif.

Sulfate de cuivre. — Pr. vert-pomme. sol. en bleu Am. ou KHO! solut. potassique dépose par temps ou chal. de l'oxyde cuivreux rouge.

Permanganate de potassium. — Est bruni par les liq. neut. et décoloré par les liq. acidulées.

Chlorure d'or. — Est réduit à chaud par les liq. acidulées.

II. — Arséniates.

Acides chlorhydrique, sulfurique, azotique. — Rien.

Acide sulfhydrique. — Si liq. neut. rien; si liq. acidulées form. lente d'un pr. jaune. Chal. favorise form. du pr. Insol. HCl, sol. d. alcalis, leurs carbonates et sulfures.

Sulfhydrate d'ammonium. — Rien.

Azotate d'argent. — Pr. rouge-brique sol. AzO^3H ou Am. Solut. ammoniacale add. de KHO n'est pas réduite par chal.

Sulfate de cuivre. — Pr. bleu-verdâtre.

Nitrate de bismuth. — Pr. blanc, très peu sol. AzO^3H ét.

Sulfate de magnésium additionné de chlorure ammonique et d'ammoniaque. — Pr. crist. semblable au phosphate ammoniaco-magnésien.

Molybdate d'ammonium, additionné d'un exc. d'acide azotique. — Par chal., pr. jaune cristallin d'arséniomolybdate ammonique.

Acétate d'urane. — Pr. jaune, sol. ac. acétique.

Permanganate de potassium. — N'est pas réduit.

Chlorure d'or. — Pas de réduction.

AZOTE

I. — Sels ammoniacaux.

Acide sulfhydrique, sulfhydrate d'ammonium, carbonates alcalins. — Rien.

Potasse. — A chaud, dégagement d'ammoniaque, reconnaissable à l'odeur et aux fumées blanches qu'il donne à l'approche d'une baguette humectée de HCl.

Acide tartrique. — Si liq. conc., pr. crist. de bitartrate, sol. d. une grande q. d'eau, sol. KHO ; si liq. ét., rien.

Acides hydrofluosilicique et perchlorique. — Si liq. pas trop conc., rien.

Chlorure platinique. — Pr. jaune pâle, peu sol. d. eau, insol. d. alcool éthéré.

Sulfate d'aluminium. — Dép. lent d'alun; si liq. ét., rien.

Hypobromite de sodium. — Dégagement d'azote à froid.

II. — Azotites.

Acide sulfurique étendu. — Si liq. conc., dégagement d'oxyde azotique; si liq. ét., rien.

Acide sulfhydrique. — Si liq. très légèrement acidulée par HCl, dép. de soufre et form. d'am.

Chlorure de baryum ou de calcium. — Rien.

Azotate d'argent. — Pr. blanc, sol. d. une grande q. d'eau, surtout à chaud.

Permanganate de potassium. — Si liq. neut., rien; si liq. ac., décol.

Iodure de potassium amidonné. — Si liq. légèrement ac., coloration bleue intense.

Sulfate ferreux. — Comme pour les azotates.

III. — Azotates.

Acides sulfurique et *chlorhydrique, chlorure de baryum* et *de calcium, acétate de plomb.* — Rien.

Acide sulfhydrique. — Si liq. très conc. et add. de SO^4H^2, dépôt de soufre; si liq. plus ét., rien.

Permanganate de potassium, iodure de potassium amidonné. — Rien.

Sulfate ferreux. — Sel solide broyé avec SO^4H^2 conc. et add. d'une goutte de la sol. d'un azotate, produit col. rose ou pourpre.

Tournure de cuivre et acide sulfurique. — Dégagement d'oxyde azotique.

Sulfate d'indigo. — Si liq. acidulée par SO^4H^2, décol. par chal.

BARYUM

Acide sulfhydrique et sulfhydrate d'ammonium. — Rien.

Potasse. — Si liq. conc., pr. crist. d'hydrate; si liq. ét., rien.

Ammoniaque. — Rien.

Carbonate de potassium ou d'ammonium. — Pr. blanc de carbonate insol. exc. R.

Oxalate d'ammonium. — Pr. blanc pulv., sol. HCl, ac. acétique et oxalique. Si liq. très ét., rien.

Acide sulfurique et sulfates (surtout sulfate calcique). — Pr. blanc lourd, insol. HCl, lentement déc. par carbonates alcalins à chaud.

Acide hydrofluosilicique. — Pr. blanc crist., presque insol. HCl, Si liq. très ét., pr. ne se produit que par temps ou chal.

Chromate et bichromate de potassium. — Pr. jaune, presque insol. d. eau, sol. HCl.

Succinate d'ammonium. — Pr. instantané, si liq. conc.; lent, si liq. ét.

Ferrocya. — Si liq. conc., avec temps, pr. crist.

Ferricya. — Rien.

CALCIUM

Acide sulfhydrique et sulfhydrate d'ammonium. — Rien.

Potasse. — Pr. blanc d'hydrate, sol. d. beaucoup d'eau.

Ammoniaque. — Rien.

Carbonate de potassium ou *d'ammonium*. — Pr. blanc de carbonate, insol. exc. R.

Oxalate d'ammonium. — Pr. blanc, pulv., même si liq. très ét., sol. HCL, insol. ac. acétique et oxalique.

Acide sulfurique et *sulfates*. — Pr. blanc crist., très sol. HCl; si liq. ét., rien.

Acide hydrofluosilicique. — Rien.

Chromate et *bichromate de potassium*. — Rien.

Succinate d'ammonium. — Si liq. conc., pr. crist.; si liq. ét., rien.

Ferrocya. — Rien, à moins que liq. ne soit très conc.

Ferricya. — Rien.

CHLORE

I. — Chlorures.

Acétate de plomb. — Pr. blanc, sol. d. beaucoup d'eau.

Azotate d'argent. — Pr. blanc, insol. AzO³H, très sol. Am; à la lumière, devenant violet, puis noir.

Azotate palladeux. — Rien.

Peroxyde de manganèse et *acide sulfurique*. — Par chal., dégagement de chlore.

II. — Hypochlorites.

Chlorure de baryum. — Rien.

Azotate de plomb. — Pr. blanc, devenant avec temps rouge-orangé et enfin brun (peroxyde de plomb).

Azotate d'argent. — Pr. blanc d'hypochlorite, se dédoublant très rap. en chlorure et chlorate.

Sulfate manganeux. — Pr. brun de peroxyde de manganèse hydraté.

Permanganate de potassium. — N'est pas altéré.

Acides chlorhydrique, sulfurique. — Dégagement de chlore à froid.

Indigo. — Est décoloré lent. par les sol. alc., rap. après add. d'acide. Si l'on ajoute de l'acide arsénieux à l'indigo, la décol. n'a lieu qu'après l'oxydation compl. de cet acide.

III. — Chlorites.

Chlorure de baryum. — Rien.

Azotate d'argent. — Pr. blanc de chlorite, sol. d. beaucoup d'eau.

Permanganate de potassium. — Est décomposé aussitôt avec form. d'un dép. brun.

Indigo. — Est décoloré instantanément, même en présence de l'acide arsénieux.

IV. — Chlorates.

Chlorure de baryum ou *azotate d'argent*. — Rien.

Acide chlorhydrique. — Si liq. ét., rien; si liq. conc. ou chaude dégagement d'un gaz jaune (chlore et composés oxygénés).

Acide sulfurique. — Qqs. parcelles d'un chlorate, introduit d. SO^4H conc., dégagent du peroxyde de chlore jaune décomposable par la chal. avec explosion.

Indigo. — N'est pas décoloré ; mais si l'on ajoute un peu SO^4H^2 ét. et peu à peu du sulfite de sodium, la décol. a lieu aussitôt.

V. — Perchlorates.

Chlorure de baryum ou *azotate d'argent*. — Rien.

Acide chlorhydrique. — Rien.

Acide sulfurique. — L'ac. conc. décompose difficilement, même à chaud.

Indigo. — N'est pas décoloré, même après add. de sulfite sodique.

Sels de potassium. — Si liq. conc. dép. crist. de perchlorate. potassique.

CUIVRE

I. — Sels cuivreux.

Acide sulfhydrique. — Pr. noir, presque insol. AmHS.

Sulfhydrate d'ammonium. — De même.

Potasse. — En petite q., pr. blanc de sel cuivreux qui n'était soluble que d. exc. d'ac.; si l'on ajoute une plus grande q. de potasse, pr. jaune-brunâtre d'hydrate insol. exc. R.

Ammoniaque. — A l'abri de l'air, liq. incolore, bleuissant à l'air.

Carbonate de potassium. — Pr. jaune d'hydrate cuivreux.

Iodure de potassium. — Pr. blanc d'iodure cuivreux.

II. — Sels cuivriques.

Acide sulfhydrique. — Pr. noir, un peu sol. AmHS; sol. cyanure potassique, insol. sulfure sodique.

Sulfhydrate d'ammonium. — De même.

Potasse. — Pr. bleu, vol. d'hydrate, presque insol. exc. R.; devient noir par chal. (oxyde).

Ammoniaque. — Pr. verdâtre de sel basique, très sol. en bleu céleste, exc. R.

Carbonate de potassium. — Dégagement de CO^2 et pr. bleu-vert de carbonate basique, sol AzH^3.

Carbonate d'ammonium. — Pr. verdâtre, sol. en bleu céleste exc. R.

Carbonate de baryum. — Précipite presque compl. à froid.
Ferricya. — Pr. jaune-verdâtre, insol. HCl.
Sulfocya. — Si liq. conc., pr. noir; si liq. ét., rien; l'add. d'ac. sulfureux fait apparaître un pr. blanc de sulfocyanate cuivreux.
Ferrocya. — Pr. rouge-brun, insol. HCl; si liq. très ét., col. rouge.
Iodure de potassium. — Pr. blanc d'iodure cuivreux et liq. brune (iode libre).
Zinc métallique. — Dép. brun foncé de cuivre métallique.
Lame de fer. — Dép. rouge métallique de cuivre.

FER

I. — Sels ferreux.

Acide sulfhydrique. — Rien : si l'acide est très faible, col. noire.
Sulfhydrate d'ammoniaque. — Pr. noir de sulfure, insol. exc. R., très sol. HCl. Si liq. très ét., col. verte et pr. noir avec temps.
Potasse. — Pr. blanc d'hydrate, s'oxydant facilement et devenant vert, puis brun; insol. KHO, sol. incompl. Am.
Ammoniaque. — Même pr., sol. incompl. exc. R., plus sol. en présence des sels ammoniacaux.
Carbonates alcalins. — Pr. blanc de carbonate, verdissant à l'air, plus lentement que l'hydrate.
Carbonate de baryum. — A froid, rien; à chaud, pr. complète.
Acide oxalique. — Pr. jaune d'oxalate se formant lentement.
Ferrocya. Pr. blanc, insol. HCl, bleuissant avec temps à l'air, instantanément par add. AzO^3H.
Ferricya. Pr. bleu foncé, insol. HCl (bleu de Turnbull).
Sulfocya. — Rien.
Succinate ammonique. — Rien.
Tannin. — Rien.
Chlorure d'or. — Dép. brun d'or métallique.
Permanganate de potassium. — Est décoloré instantanément.

II. — Sels ferriques.

Acide sulphydrique. — Pr. de soufre et réduction à l'état de sel ferreux.
Sulfhydrate d'ammonium. — Pr. noir de sulfure ferreux mêlé de soufre libre.
Potasse ou Ammoniaque. — Pr. rouge-brun, vol. d'hydrate, insol. exc. R.
Carbonate de potassium ou d'ammonium. — Dégagement de CO^2 et pr. rouge-brun d'hydrate.
Carbonate de baryum. — Pr. compl. à froid.
Acide oxalique. — Col. rouge.
Ferrocya. — Pr. bleu foncé de bleu de Prusse, insol. HCl.

Ferricya. — Col. vert-brun.

Sulfocya. — Col. rouge-sang.

Succinate ou *benzoate d'ammonium.* — Pr. brun, très sol. acide.

Tannin, — Pr. noir-bleuâtre (encre).

Chlorure d'or. — Rien.

Permanganate de potassium. — Rien.

MAGNÉSIUM

Acide sulfhydrique et *sulfhydrate d'ammonium.* — Rien.

Potasse. — Pr. vol. blanc d'hydrate, insol. exc. R., sol. d. sel ammoniac.

Ammoniaque. — Pr. vol. blanc d'hydrate; la précipitation est incompl., si liq. contient acide libre ou sels ammoniacaux en q. suf.; pas de pr.

Carbonate de potassium. — Pr. vol. de carbonate basique, sol. d. sel ammoniac. Si liq. ac. ou ét., rien à froid, mais pr. par chal.

Carbonate d'ammonium. — Rien; si liq. neut., par le temps dép. crist. blanc de carbonate magnésien ou de carbonate ammoniaco-magnésien.

Carbonate de baryum. — Rien.

Oxalate d'ammonium. — Rien; si liq. neut. et très conc., avec temps, pr. crist. blanc.

Phosphate de sodium. — Pr. blanc de phosphate; si liq. ét., rien, mais pr. par chal. Les sol. renfermant un sel magnésien, un sel ammoniacal et Am. libre donnent avec le phosphate sodique un pr. crist. de phosphate ammoniaco-magnésien très peu sol. d. l'eau ammoniacale. Si liq. très ét., pr. se forme avec temps ou par frottement.

Ferrocyanure de potassium. — Si liq. conc., pr. blanc.

Acide sulfurique, acide hydrofluosilicique, chromate de potassium. — Rien.

PHOSPHORE

I. — Hypophosphites.

Chlorure de baryum, chlorure de calcium, acétate de plomb. — Rien.

Acétate d'argent. — Pr. blanc d'hypophosphite, noircissant rap. (argent métallique).

Chlorure mercurique. — Si R. en exc., pr. blanc de chlorure mercureux; si liq. en exc., dép. gris de mercure métallique.

Sulfate de cuivre. — L'acide libre, chauffé vers 60° avec le R., donne pr. rouge d'hydrure de cuivre, sol. HCl avec dégagement d'hydrogène; si l'on chauffe trop fort, dép. de cuivre métallique.

Acide sulfurique. — A chaud, dégagement de gaz sulfureux et pr. de soufre.

Zinc et *acide sulfurique.* — Dégagement d'hydrogène phosphoré.

II. — Phosphites.

Chlorure de baryum, chlorure de calcium. — Pr. blanc, sol. acide acétique; si liq. très ét., rien.

Acétate de plomb. — Pr. blanc, insol. acide acétique.

Azotate d'argent ammoniacal. — A froid, lent.; à chaud, rap. dép. d'argent métallique.

Chlorure mercurique. — A froid, lent.; à chaud, rap. pr. blanc de chlorure mercureux.

Sulfate de cuivre. — Rien.

Zinc et acide sulfurique. — Dégagement d'hydrogène phosphoré.

III. — Phosphates ordinaires.

L'acide phosphorique libre ne coagule pas l'albumine et ne précipite pas les sels de baryum ou d'argent.

Chlorure de baryum. — Pr. blanc de phosphate, sol. HCl et acide acétique, presque insol. sel ammoniac.

Chlorure de calcium. — Pr. blanc, sol. HCl et acide acétique, assez sol. sel ammoniac.

Sulfate de magnésium, add. de sel ammoniac et d'Am. — Pr. blanc crist. de phosphate ammoniaco-magnésien, sol. ac., insol. Am. Si liq. très ét., pr. se forme avec temps ou par frottement.

Acétate de plomb. — Pr. blanc, vol. insol. acide acétique, sol, AzO^3H.

Nitrate d'argent. — Pr. jaune clair, sol. AzO^3H ou Am. Si liq. neut. elle prend une réaction acide.

Perchlorure de fer. — Pr. gél. blanc-jaunâtre, sol. HCl, insol. cide acétique.

Molybdate d'ammonium, add. d'un exc. AzO^3H. — A froid avec temps, à chaud rap. pr. jaune crist. très sol. Am.

Acétate d'urane. — Pr. jaune, insol. acide acétique, sol. acides minéraux.

Nitrate acide de bismuth. — Pr. blanc dense, insol. AzO^3H ét.

Chlorure lutéocobaltique. — Rien.

IV. — Pyrophosphates.

L'acide pyrophosphorique libre ne coagule pas l'albumine et ne précipite pas les sels de baryum ou d'argent, en solut. ét.

Chlorure de baryum. — Pr. blanc, sol. HCl.

Sulfate de magnésium. — Pr. blanc, sol. exc. R. Am. ne le précipite pas de cette solut.

Nitrate d'argent. — Pr. blanc, sol. AzO^3H ou Am.

Molybdate d'ammonium, add. d'un exc. AzO^3H. — A froid pas de précipité; à l'ébullition, pr. jaune après qq. temps.

Chlorure lutéocobaltique. — Pr. de paillettes brillantes jaune-rougeâtre pâle.

V. — Métaphosphates.

L'acide métaphosphorique libre coagule l'albumine et précipite en blanc les sels de baryum et d'argent.

Sulfate de magnésium, add. de sel ammoniac et d'Am. — Rien.

Nitrate d'argent. — Pr. blanc, sol. AzO^3H ou Am.

Chlorure lutéocobaltique. — Rien.

PLOMB

Acide chlorhydrique. — Pr. blanc, crist., insol. Am. et ne changeant pas de couleur, inaltérable à la lumière. Si liq. ét., rien.

Acide sulfhydrique. — Pr. noir, insol. AmHS.

Sulfhydrate d'ammonium. — Pr. noir, insol. exc. R.

Potasse. — Pr. blanc d'hydrate, sol. exc. R.

Ammoniaque. — Pr. blanc d'hydrate, insol. exc. R.

Carbonate de potassium ou *d'ammonium.* — Pr. blanc de carbonate, à peine sol. exc. R.

Carbonate de baryum. — Rien à froid ; précipitation compl. par ébullition prolongée.

Ferrocya. — Pr. blanc.

Ferricya. — Rien.

Acide sulfurique ou *sulfates.* — Pr. blanc de sulfate, presque insol. d. eau, sol. KHO ou tartraque ammonique ; noircit par AmHS.

Iodure de potassium. — Pr. jaune, sol. exc. R ou KHO.

Chromate de potassium. — Pr. jaune, insol. AzO^3H ét., sol. KHO.

Zinc métallique. — Dép. gris noirâtre de plomb métallique.

POTASSIUM

Acide sulfhydrique, sulfhydrate d'ammonium, potasse, ammoniaque, carbonates alcalins. — Rien.

Acide tartrique. — Si liq. conc., pr. crist. de bitartrate ; sol. beaucoup d'eau, sol. KHO et acides minéraux ; si liq. ét., rien.

Acide hydrofluosilicique. — Pr. gél. opalin, à peine visible.

Acide perchlorique. — Pr. crist. blanc de perchlorate insol. alcool si liq. ét., rien.

Chlorure platinique. — Pr. jaune de chloroplatinate, très peu sol. eau, insol. alcool éthéré.

Sulfate d'aluminium. — Dép. crist. d'alun, lent à se former ; si liq ét., rien.

Acide picrique. — Pr. jaune insol. alcool.

SILICIUM

Silicates.

Les silicates alcalins, auxquels on peut ramener tous les autres par fusion avec un carbonate alcalin, donnent par les acides un pr. gélatineux de silice hydraté, un peu sol. Si la sol. est évaporée à siccité, la silice n'est plus sol.

Cette silice, arrosée d'acide fluorhydrique aqueux, disparaît entièrement si l'on évapore.

SODIUM

Acide sulfhydrique, sulfhydrate d'ammonium, potasse, ammoniaque, carbonates alcalins. — Rien.

Acide tartrique. — Rien.

Acide hydrofluosilicique. — Pr. gél. ; si liq. ét., rien.

Acide perchlorique. — Rien.

Chlorure platinique. — Rien.

Sulfate d'aluminium. — Rien.

Bimétantimoniate de potassium. — Pr. blanc crist. ; la liq. doit être neutre et ne contenir que des alcalis pour que l'essai soit concluant. Si liq. ét., rien.

SOUFRE

I. — Sulfures.

Acides. — Les sulfures solubles, auxquels on peut ramener tous les autres, en les fondant avec la potasse, dégagent avec ac. de l'acide sulfhydrique, reconnaissable à son odeur ou à la col. noire qu'il produit sur le papier imprégné d'acétate de plomb.

Acétate de plomb. — Pr. noir, insol. acide ét., sol HCl bouillant.

Azotate d'argent. — Pr. noir.

Nitroprussiate de sodium. — Col. violet-rouge intense ; acide sulfhydrique libre ne la produit qu'après add. d'une goutte de soude.

Lame d'argent. — Une goutte de la liq. déposée sur la lame produit une tache noire.

II. — Hydrosulfites.

Acides. — Col. jaune.

Sulfate de cuivre ammoniacal. — A froid, pr. jaune-rouge d'hydrure cuivreux, ou si R. en exc., mélange d'hydrure et de cuivre.

Azotate d'argent. — A froid, dép. gris-noirâtre d'argent métallique.

Indigo. — Est décoloré instantanément ; la col. reparaît par agitation à l'air.

Air ou oxygène. — Les hydrosulfites absorbent énergiquement l'oxygène de l'air en se transformant en sulfites acides.

III. — Hyposulfites.

Acides. — A froid, après qq. temps, rap. à chaud, dép. de soufre et odeur de gaz sulfureux.

Chlorure de baryum. — Pr. blanc, sol. d. beaucoup d'eau, décomposable par HCl.

Azotate d'argent. — Pr. blanc d'hyposulfite, très instable et devenant jaune, puis noir (sulfure d'argent). La liq. renferme alors un sulfate.

Perchlorure de fer. — Col. violet-rouge, disparaissant après qq. temps, la liq. devenant incolore.

Chlorure mercurique. — Pr. blanc, noircissant bientôt; si R. en exc., pr. reste blanc.

Permanganate de potassium, acide chromique. — Sont réduits.

Zinc et acide chlorhydrique. — Dégagement d'acide sulfhydrique.

IV. — Sulfites.

Acides. — Odeur de gaz sulfureux, sans dépôt de soufre.

Chlorure de baryum. — Pr. blanc, presque insol. eau, sol. HCl.

Chlorure mercurique. — Pr. blanc, ne noircissant pas.

Permanganate de potassium, acide chromique. — Sont réduits.

Perchlorure de fer. — Pas de col., la liq. se décolore au bout de qq. temps.

Zinc et acide chlorhydrique. — Dégagement d'acide sulfhydrique.

Nitroprussiate de sodium. — Liq. acidulée par acide acétique add. de très peu de nitroprussiate, puis d'une q. un peu plus grande de sulfate de zinc, donne pr. ou sol. rouge-pourpre (les hyposulfites ne montrent pas cette réaction).

V. — Sulfates.

Acides. — Rien.

Chlorure de baryum. — Pr. blanc, pulv. lourd de sulfate, insol. HCl, AzO^3H.

Acétate de plomb. — Pr. blanc, lourd, insol. AzO^3H ét. ; sol. AzO^3H ou HCl conc. et bouillant; sol. tartrique ammonique.

Zinc et acide chlorhydrique. — Rien.

Sucre de canne. — Est noirci à 100° par acide sulfurique libre.

II — SELS ORGANIQUES

ACÉTATES

Chlorure de calcium. — Rien, même après add. d'alcool.

Azotate d'argent. — Si liq. neut., pr. blanc, crist., sol. eau chaude, Am ou AzO^3H.

Chlorure mercurique. — Rien, même à chaud.

Azotate mercureux. — Pr. blanc, sol. à chaud.

Perchlorure de fer. — Col. rouge foncé, passant au jaune par HCl; par ébullition, pr. brun d'hydrate ferrique et décoloration si liq. contient exc. d'acétate.

Acide sulfurique. — A chaud, vap. d'acide acétique; si l'on ajoute alcool, odeur d'éther acétique.

Acide arsénieux. — Les acétates *secs*, chauffés avec de l'acide arsénieux, développent l'odeur repoussante de l'oxyde de cacodyle.

ANILINE

Chlorure de platine. — Pr. jaune.

Chlorure de chaux. — Col. bleu-violacé passant au rouge sale. L'éther enveloppe alors la mat. brune et la liq. redevient bleu-violacé.

Phénol et hypochlorite de soude. — Col. bleue intense.

Sels de Fe, de Zn, d'Al. — Pr. d'oxydes.

Sels de Ag et de Hg. — Rien.

Acide arsénique, chlorure mercurique, nitrate mercureux. — Chauffés avec l'aniline, col. violette. Si l'aniline contient toluidine, col. rouge de rosaniline.

Acide sulfurique. — Etendu de son volume d'eau, on y dissout la base et on ajoute une goutte AzO^3H fumant. Col. bleue.

Bichromate de potasse. — Col. en rouge, puis en bleu, la sol. de sulfate d'aniline dans SO^4H^2.

BUTYRATES

Chlorure de calcium. — Rien. Le butyrate de Ca est peu soluble à l'ébull.

Chlorure ferrique. — Pas de pr.

Sulfate de cuivre. — Pr. vert-bleuâtre, sol. chal.

Nitrate d'argent. — Pr. blanc, sol. chal.

Acide sulfurique étendu. — A la distillation chasse l'acide avec odeur de beurre rance.

Acide sulfurique et alcool. — A la distillation, odeur d'ananas.

CARBONATES

Chlorure de calcium. — Pr. blanc gél. devenant crist. après qq. temps; sol. acide avec dégagement de CO^2.

Azotate d'argent. — Pr. blanc, sol. Am, et avec effervescence d. AzO^3H.

Perchlorure de fer. — Pr. rouge brun d'hydrate et dégagement de CO^2.

Acides. — Dégagement de CO^2; le gaz est inodore et trouble l'eau de chaux.

CITRATES

Chlorure de calcium. — Pr. blanc, sol. liq., insol. exc. R. Si liq. contient sel ammoniac, pas de pr., mais par chal. il se forme un dép. blanc, crist. de citrate tricalcique.

Azotate d'argent. — Pr. blanc floconneux, ne noircissant que très peu par l'ébullition, même après add. d'Am.

Acétate de plomb. — Pr. blanc, sol. Am.

Perchlorure de fer. — Col. brune.

Acide sulfurique. — L'acide conc. dégage des citrates solides un mélange de CO et CO^2, sans que la liq. noircisse ; vers la fin la couleur de la liq. se fonce et il se dégage du gaz sulfureux. Si l'on ajoute peroxyde de manganèse, odeur d'acétone.

GALLIQUE (ACIDE)

Oxygène. — Noircit en dégageant CO^2, en sol. alcaline rapidement

Eau de chaux. — Pr. blanc floc. passant au bleu, puis au vert.

Sels d'or et d'argent. — Réduction du métal.

Sels ferriques. — Col. bleu foncé à froid ; à chaud, réduction en sels ferreux.

Acétate de plomb. — Pr. blanc, sol. acide acétique.

Alcaloïdes, gélatine. — Pas de pr.

Emétique. — Pr. blanc.

LACTIQUE (ACIDE)

Carbonate de zinc. — A l'ébull. donne lactate de zinc, peu sol. eau froide, crist. Ins. alcool.

Chlorure ferrique. — Pas de pr.

Chlorure de calcium. — Rien.

Sulfate de cuivre. — Col. bleue intense. Les paralactates sont compl. pr.

MALATES

Chlorure de calcium. — Rien ; si liq. conc., pr. blanc par ébullition ; si liq. ét., rien, mais alors l'add. de 2 vol. d'alcool provoquera la form. du pr. de malate calcique, très sol. HCl. Si cette sol. renferme très peu HCl, Am fait reparaître le pr. par l'ébullition ; si sol. renferme exc. HCl, Am ne produit plus rien, même après ébullition prolongée.

Acétate de plomb. — Pr. blanc, sol. acide ou Am., fusible dans l'eau bouillante.

Azotate d'argent. — Pr. blanc, devenant un peu gris par chal. ; la réduction est très incompl., même après add. d'Am.

Chlorure ferrique. — Rien.

Acide nitrique. — L'oxyde à chaud et le transforme en acide oxalique.

Acide sulfurique. — Chauffés avec l'acide conc., les malates dégagent un mélange de CO_2 et CO, puis le liq. devient noir et dégage du gaz sulfureux.

NICOTINE

Chlorure de platine. — Pr. blanc floconneux. Dans les sels ou en chauffant le précédent, pr. crist. jaune-orangé.

Chlorure d'or. — Pr. jaune-rougeâtre floconneux.

Chlorure mercurique. — Pr. blanc abondant.

Chlorure de zinc ou de plomb. — Pr. blanc abondant.

Sels de cuivre. — Pr. verdâtre, sol. exc. Am. et plus diff. exc. nicotine.

Acide tannique. — Abondant pr. blanc. Sol. HCl.

OLÉATES

Acide sulfurique. — Donne l'acide oléique liquide, lequel par acide azoteux donne masse solide.

Chlorure de baryum. — Pr. blanc, sol. alcool chaud.

Acétate de plomb. — Pr. blanc, altérable à l'air (devient gluant) fus. 80° et sol. éther.

Nitrate d'argent. — Pr. blanc, noircit.

OXALATES

Chlorure de calcium. — Pr. blanc pulv. d'oxalate calcique, insol acide acétique, oxalique et sels ammoniacaux ; sol. HCl, AzO^3H.

Azotate d'argent. — Pr. blanc d'oxalate argentique, peu sol. AzO^3H ét. ; sol. Am.

Chlorure ferreux. — Pr. blanc-jaune, sol. acide oxalique.

Peroxyde de manganèse. — Si liq. acidulée de SO^4H^2, à froid, dégagement vif de CO_2.

Chlorure d'or. — Dégagement de CO_2 et dép. d'or métallique ; réaction lente à froid, rap. à chaud.

Acide sulfurique. — A chaud, dégagement de volumes égaux de CO et CO_2, sans que le mélange noircisse.

SALICYLATES

Acide chlorhydrique. — Pr. blanc, crist. d'acide, peu sol. eau.

Sucrate de chaux. — Pr. blanc, insol. eau.

Chlorure ferrique. — Dans la sol. d'acide, col. violette.

Nitrate d'argent. — Pr. blanc.

Alcool et SO^4H^2 à chaud, odeur agréable d'éther salicylique.

STÉARATES

Acide chlorhydrique. — Pr. d'acide, fus. 69,2, insol. eau, sol. en toutes prop. alc. bouillant, très sol. éther.

SUCCINATES

Chlorure de calcium. — Si liq. très conc., pr. blanc crist.; si liq. moyennement conc., rien, même par chaleur; l'add. de 2 vol. d'alcool provoque form. d'un pr. blanc de succinate calcique, sol. sel ammoniac.

Azotate d'argent. — Pr. blanc, peu sol. acide acétique, sol. AzO^3H ou Am.

Chlorure ferrique. — Pr. vol. rouge-brunâtre pâle, sol. ac. ét.

Acétate de plomb. — Pr. blanc amorphe, très sol. exc. R., liq. primitive ou acide succinique; après qq. temps, ces sol. déposent du succinate de plomb crist. à peine sol.

Acide azotique. — Ne l'altère pas, même à l'ébullition.

SULFOCARBONATES

Solution ammoniacale d'oxyde de nickel. — Dans les sulfocarbonates normaux tr. ét. col. groseille; dans les sulfocarbonates sulfurés col. jaune.

TANNIN

Oxygène. — Brunit en dégageant CO^2 en sol. alcaline rapidement.

Sels d'or et d'argent. — Réduction de métal.

Liqueur cupropotassique. — Idem.

Emétique, acétate de plomb. — Pr. blanc.

Gélatine, albumine; plusieurs alcaloïdes. — Pr. blanc.

Chlorure ferrique. — Pr. bleu-noir.

TARTRATES

Chlorure de calcium — Pr. blanc amorphe, sol. acide et sel ammoniac. Cette dernière solut. laisse déposer au bout de qq. temps du tartrate de calcium cristallisé. Pr. sol. KHO; la solut. se trouble par chal. et s'éclaircit de nouveau par refroidissement. Le tartrate calcique chauffé doucement avec Am et un fragment d'azotate d'argent donne un miroir d'argent.

Azotate d'argent. — Pr. blanc, sol. AzO^3H ou Am; noircissant par l'ébullition.

Acétate de plomb. — Pr. blanc, sol. AzO^3H ou Am.

Chlorure ferrique. — Rien.

Acétate de potassium et acide acétique. — Pr. crist. de bitartrate de potassium; si liq. ét., avec le temps; si liq. très ét., rien.

Acide sulfurique. — A chaud, dégagement de CO^2, CO, et plus tard de SO^2, en même temps que le mélange noircit.

URÉE

Acide azotique conc. — Pr. crist. peu sol. eau, moins sol. AzO³H.
Acide oxalique. — Pr. blanc crist. peu sol. exc. R.
Chlorure mercurique. — Pr. jaune dans les sol. alcalines.
Azotate mercurique. — Pr. blanc dans les sol. neutres.
Chlorure de chaux. — Dégagement d'Az. à une douce chaleur.
Hypobromites. — Id. à froid.
Acide azoteux. — Dégagement de CO² et Az.

URIQUE (ACIDE)

Acide nitrique. — On chauffe un peu d'acide urique avec léger excès R ; on évapore à sec et on ajoute sur le résidu chaud une goutte d'Am. Col. pourpre.

VIII — PRÉPARATION DES LIQUEURS
Normales et Titrées

Préparation de l'acide oxalique pur.

1° Dissoudre 1/2 kilog. d'acide oxalique du commerce dans 500 gr. d'acide chlorhydrique à 10° Baumé bouillant. Refroidir en agitant pour obtenir une cristallisation en neige ; employer à la fin de l'eau glacée pour terminer le refroidissement.

Jeter la bouillie cristalline dans un entonnoir de verre fermé par un tampon de laine de verre pour l'égoutter. Laver ensuite à plusieurs reprises avec une solution froide d'acide chlorhydrique à 10° Baumé.

2° Dissoudre les cristaux encore une fois dans l'acide chlorhydrique à 10° Baumé, en opérant comme au n° 1 pour la cristallisation.

Laver la bouillie après égouttage avec de l'eau distillée glacée.

3° Redissoudre les cristaux dans l'eau distillée bouillante en employant le volume d'eau strictement nécessaire pour la dissolution. Refroidir en agitant, égoutter, laver à l'eau distillée glacée.

4° Renouveler encore trois fois cette cristallisation dans l'eau distillée en troublant chaque fois la cristallisation pour obtenir des cristaux très fins. Refroidir chaque fois à la glace, égoutter et laver les cristaux.

5° Sécher les cristaux d'abord à l'aide du papier filtre, puis dans l'exsiccateur sur l'acide sulfurique, à 53° Baumé.

L'acide obtenu ne laisse aucun résidu sur le platine ; il est exempt d'acide chlorhydrique.

(Méthode de Lunge.)

Préparation du nitro-molybdate d'ammoniaque.

On dissout 100 gr. d'acide molybdique dans 400 gr. d'ammoniaque de densité 0,95 ; on filtre en recevant la liqueur dans 1.500 gr. d'acide azotique de densité 1,20 et en agitant constamment. La liqueur est abandonnée durant quelques jours dans un endroit chaud. On décante la partie claire pour l'usage. Le dépôt est joint aux résidus molybdiques provenant des analyses.

Solution magnésienne ammoniacale.

On dissout 50 gr. de carbonate de magnésie pur dans 500cc d'eau additionnée de 120cc d'acide chlorhydrique ; on ajoute 100 gr. de chlorhydrate d'ammoniaque et après dissolution 100cc d'ammoniaque à 22°. On complète le volume à 1000cc et on n'emploie la liqueur qu'après quelques jours de repos en évitant le dépôt.

Préparation de l'acide sulfurique normal.

On mesure avec une pipette graduée 30cc d'acide sulfurique pur de densité 1,840 (65°,9 Baumé à 15° c.) que l'on introduit dans un ballon jaugé de 1 litre, préalablement garni d'environ 500cc d'eau distillée froide bouillie. On agite et on laisse refroidir. On complète le volume de 1000cc avec de l'eau distillée bouillie. On agite bien et on titre la liqueur de la manière suivante :

On pèse approximativement dans une capsule de platine tarée 3 gr. de carbonate de soude pur et sec. Pour achever de le sécher on chauffe quelques minutes au rouge sombre sans provoquer la fusion et on laisse refroidir sous l'exsiccateur.

On remet sur la balance et on retire du produit jusqu'à ce qu'on ait pesé exactement 2,65, c'est-à-dire 1/20 d'équivalent.

On fait dissoudre avec de l'eau bouillante le contenu de la capsule que l'on verse dans un matras a titrage en y ajoutant les eaux de lavage. On laisse refroidir et on colore avec deux gouttes d'une solution de methyl-orange (orange n° 3 de Poirrier 0 gr. 5 par litre). Avec une burette graduée, on verse l'acide sulfurique en agitant le matras jusqu'à ce que, par l'addition d'une goutte a la fin du titrage, la liqueur se colore en rouge au lieu de la teinte jaune pâle primitive.

Si l'acide était exact, on aurait dû consommer 50cc de liqueur pour neutraliser la quantité de carbonate de soude prise dans l'essai. On obtient un chiffre plus faible, car la quantité d'acide mesurée pour faire la liqueur est supérieure à la proportion utile. La liqueur est trop forte, par exemple 46cc 5 d'acide ont suffi pour amener le virage de l'indicateur.

En multipliant ce chiffre de 46,5 par 20, puisque l'essai correspond a 1/20 d'équivalent, nous aurons le volume d'acide qu'il faut étendre exactement à 1.000cc pour avoir une liqueur normale.

$$46,5 \times 20 = 930^{cc}$$

Il faut donc retirer du ballon jaugé 70cc de liqueur (en comprenant les 46,5 consommés) et les remplacer par de l'eau distillée bouillie ; puis agiter pour rendre la liqueur homogène. On renouvelle l'essai précédent sur la liqueur ainsi corrigée, de façon a vérifier si la consommation d'acide correspond bien au poids de carbonate de soude sec constaté a la balance. On peut d'ailleurs peser de ce sel une quantité quelconque et établir par le calcul le volume d'acide auquel cette quantité doit correspondre. Chaque centimètre cube d'acide normal vaut en effet 0,053 de carbonate de soude sec.

D'autres procédés de vérification peuvent être également utilisés :

1° *Procédé par l'oxyde de plomb.* Il se recommande par sa simplicité ; dans une capsule de platine on pèse environ 20 gr. de litharge pulvérisée ; on chauffe au rouge sombre pour chasser l'acide carbonique qu'elle pourrait renfermer, et on pèse a nouveau très exactement après refroidissement. On verse dans la capsule 20^{cc} d'acide à essayer. On évapore à sec au bain de sable en remuant de temps à autre ; puis on chauffe, sans atteindre le rouge sombre, et on pèse après refroidissement sous l'exsiccateur.

L'augmentation de poids mesure la quantité d'acide sulfurique anhydre (SO^3). La liqueur normale doit en renfermer par litre 40 grammes.

2° Procédé par la baryte. On mesure dans un matras 20^{cc} de l'acide à titrer. On ajoute 100^{cc} d'eau ; on fait bouillir et on verse peu à peu une solution concentrée de nitrate de baryum jusqu'à cessation de précipitation. On évite un excès de réactif. On filtre après quelques instants d'ébullition sur du papier Berzelius. On lave à l'eau bouillante jusqu'à ce que le liquide du filtre ne précipite plus par l'acide sulfurique.

Après dessiccation on détache du filtre le sulfate de baryum ; on incinère le filtre à part et on calcine le précipité au rouge. On humecte avec deux ou trois gouttes d'acide nitrique et deux gouttes d'acide sulfurique ; on chauffe à nouveau au rouge.

Le poids de sulfate de baryum multiplié par 0,343 donne la quantité d'acide sulfurique anhydre que contiennent les 20^{cc} d'acide.

Préparation de l'acide sulfurique décime normal.

A l'aide d'une pipette à deux traits on mesure 100^{cc} d'acide sulfurique normal que l'on introduit dans un ballon jaugé de 1 litre. On complète le volume de 1.000^{cc} avec de l'eau distillée bouillie et refroidie. On agite fortement pour rendre la liqueur homogène.

Préparation de l'acide sulfurique centime normal.

On opère comme pour l'acide décime normal en prenant 10^{cc} d'acide normal dont on porte le volume à 1.000^{cc}.

Préparation de la potasse normale.

On dissout 110 gr. de potasse caustique à l'alcool dans un volume d'eau distillée bouillie tel que la solution occupe à peu près 1.101^{cc}. Cette potasse conservée dans un flacon à bouchon paraffiné est exempte de carbonate.

Dans un vase à saturation on mesure, d'autre part, avec une pipette jaugée à double trait 20^{cc} d'acide sulfurique normal que l'on colore avec le tournesol d'Orcine.

On remplit jusqu'au 0 une burette graduée en 1/10 de centimètres cubes avec la solution de potasse et on verse cette dernière dans l'acide en opérant très doucement vers la fin, de manière qu'une seule goutte détermine le virage de l'indicateur de la teinte pelure d'oignon au bleu.

La quantité de liqueur consommée est équivalente à l'acide, mais son volume est plus petit, par exemple 16^{cc}. Pour rendre la liqueur normale, il faut l'étendre de manière à ce qu'elle corresponde volume à volume à l'acide, c'est-à-dire, dans l'exemple ci-dessus, de 20 — 16 = 4^{cc}.

On mesure 1 litre de la liqueur de potasse dans un ballon jaugé, et par un calcul de proportion on détermine le volume d'eau X qui est nécessaire pour réaliser avec cette quantité de liqueur trop forte la dilution précisée par le titrage.

$$16 : 4 :: 1000 : x \; ; \; \text{d'où } x = \frac{4 \times 1000}{16} = 250^{cc}$$

On ajoute 250^{cc} d'eau distillée bouillie et froide au litre de liqueur ; on agite fortement pour rendre la solution homogène et on recommence le titrage pour vérifier si la liqueur correspond bien, volume à volume, à la liqueur acide.

Avec la teinture de tournesol comme indicateur, il est essentiel que la solution de potasse soit exempte d'acide carbonique. On munira le flacon de potasse normale d'un bouchon paraffiné fermant exactement. Deux tubulures de verre, coudées à angle droit, traversant le bouchon, serviront, l'une à l'écoulement de la solution, l'autre à la rentrée de l'air pendant cet écoulement. On munira ces tubu'ures d'obturateurs en caoutchouc pour éviter la carbonatation.

Préparation de la potasse décime normale.

On mesure 100 cc de potasse normale avec une pipette jaugée à double trait, et on introduit cette quantité dans un ballon jaugé de 1.000 cc. On ajoute de l'eau distillée bouillie et froide jusqu'au trait de jauge. On agite pour rendre la liqueur homogène, on conserve dans un flacon bouché, dans les mêmes conditions que pour la potasse normale.

Préparation de l'eau de chaux.

On éteint 50 gr. de chaux vive de marbre blanc par des quantités d'eau ménagées Lorsque la chaux a foisonné on l'humecte complètement, et après une demi-heure on la délaye dans un demi-litre environ d'eau distillée. On décante après repos l'eau claire que l'on jette. On renouvelle deux fois cette opération pour éliminer des alcalis plus solubles, potasse, soude, strontiane. On délaye ensuite la chaux dans deux litres d'eau en agitant fréquemment pendant quelques heures. On filtre et on conserve dans des flacons exactement fermés par des bouchons de liège paraffinés.

Préparation du tournesol d'Orcine.

On mélange dans un matras ouvert 5 gr. d'Orcine, 25 gr. de carbonate de soude, 10 cc d'eau et 3 ou 4 cc d'ammoniaque en maintenant le vase pendant quatre jours à une température de 60 à 80° c. et en l'agitant fréquemment. On ajoute de temps à autre quelques gouttes d'ammoniaque, de manière à percevoir l'odeur de cet alcali. On ajoute ensuite 200 cc d'eau et on laisse digérer plusieurs jours encore en maintenant toujours la liqueur ammoniacale. On précipite la matière colorante en ajoutant un peu d'acide chlorhydrique. On recueille sur un filtre que l'on lave à l'eau froide. On dessèche à basse température.

On dissout 1 gr. du produit dans 100 cc d'alcool éthéré et on obtient ainsi un indicateur d'une très grande sensibilité virant au bleu avec les alcalis, au violet avec l'ammoniaque et au rouge pelure d'oignon avec les acides.

Préparation de la chaux sodée.

Sur 600 gr. de chaux de marbre éteinte et en poudre, on verse une solution de 300 gr. de soude caustique dans 300 cc d'eau. On malaxe pour faire une pâte qu'on chauffe dans un creuset de terre jusqu'au rouge. On sort la matière du creuset alors qu'elle est encore très chaude, et on la concasse rapidement dans un mortier de cuivre en évitant de pulvériser. Les grains doivent être de la grosseur des pois. On enferme le produit encore chaud dans des flacons soigneusement bouchés au liège paraffiné.

La soude employée ainsi que la chaux doivent être exemptes de nitrates.

Préparation de l'oxalate de chaux.

On fait dissoudre dans une bassine de cuivre 100 gr. d'acide oxalique en chauffant avec peu d'eau. Puis on ajoute de la chaux éteinte en remuant constamment jusqu'à ce que la matière colore en bleu le papier de tournesol. On évapore à sec au bain de sable en broyant le produit pour faciliter sa dessiccation complète. On met la matière dans des flacons bien bouchés.

L'acide oxalique et la chaux doivent être exempts de produits nitrés.

Préparation de la solution décime normale d'azotate d'argent neutre.

On dissout dans 1 litre d'eau distillée 17 gr. de nitrate d'argent pur et sec. On peut aussi partir de l'argentmétallique pur (argent vierge). On dissout 10 gr. 8 de ce métal dans l'acide nitrique, puis on évapore à sec pour chasser l'excès d'acide. On dissout le résidu dans 1 litre d'eau. La liqueur préparée dans ces conditions est généralement très exacte. Il est bon cependant de la vérifier au moyen d'une solution décime normale de sel marin contenant par litre 5,837 de chlorure de sodium pur récemment fondu.

On met dans un verre à titrage 25 ^{cc} de solution de sel marin et 2 gouttes de chromate neutre de potasse, solution saturée à froid. On doit consommer, pour arriver à une teinte rouge persistante, 25 ^{cc} 1 de solution d'argent. Le petit excès de 0,1 est la quantité d'argent nécessaire pour donner la réaction colorée. On la retire des titrages dans chaque essai.

1 ^{cc} liqueur argent $= 0,003537$ de chlore (Cl).
1 ^{cc} —   — $= 0,005837$ NaCl.

Préparation de la Liqueur de Fehling

1° Dissoudre 34 gr. 65 de sulfate de cuivre cristallisé et pur dans 200 ^{cc} d'eau distillée.

2° Dissoudre 173 gr. de tartrate de sodium et de potassium dans 480 ^{cc} de lessive de soude d'une densité de 1,14. On verse peu à peu la première solution dans la seconde, puis on étend le tout de manière à faire 1 litre (1.000 ^{cc}) à la température normale de 17,5.

On amène cette solution à être équivalente exactement à 0 gr. 05 de glucose ou de sucre interverti par 10 ^{cc} et l'on se sert alors de la table suivante. Soit au contraire 1 litre de x en grammes de glucose pour 10 ^{cc} de Fehling, n le nombre de centimètres cubes de liquide sucré employé pour 10 ^{cc} de liqueur de Fehling. On a : grammes de

$$\text{sucre par litre} = \frac{x \times 1000}{n}$$

Formule de M. Violette

1° Faire dissoudre 260 gr. de sel de Seignette (tartrate double de potassium et de sodium) dans 200 gr. d'eau distillée, ajouter 500 gr. de lessive de soude à 24° Baumé.

2° Faire dissoudre 36 gr. 46 de sulfate de cuivre cristallisé dans 140 gr. d'eau.

3° Mêler les deux solutions en versant la seconde dans la première, agiter et compléter 1 litre à la température de 15°.

Cette solution se conserve longtemps dans de petits flacons d'une centaine de grammes bouchés à l'émeri et dont le bouchon est recouvert de paraffine, et qu'on place ensuite dans un endroit obscur.

10 ^{cc} de la liqueur de Violette correspondent à 0 gr. 050 de saccharose (avant l'interversion) ou 0 gr. 05263 de glucose ou de sucre interverti.

Formule de M. Pasteur

La liqueur de Fehling présente l'inconvénient de laisser déposer du cuivre métallique, sous l'influence de la lumière. M. Pasteur a indiqué une formule qui donne un liquide, inaltérable à la lumière.

On fait dissoudre séparément :

130 grammes de soude ;
105   —   d'acide tartrique ;
80   —   de potasse ;
40   —   de sulfate de cuivre cristallisé.

On mélange et on complète le volume de 1 litre.

GÉOLOGIE

I — COUPE GÉOLOGIQUE DU GLOBE

(d'après A. de Lapparent).

ÈRE PRIMAIRE

Période primitive

GNEISS GRANITOÏDE.....
MICASCHISTES ....

Terrain d'une composition uniforme sur tous les points du globe où il est à découvert, formant le soubassement constant des couches variables en nombre et en épaisseur des terrains stratifiés. Dépourvu de corps organisés. Forme des sols très peu fertiles. Massifs importants du Plateau central, du Morvan, de la Bretagne ; dans les Vosges, les Pyrénées.

Période Cambrienne

ÉPOQUE ARDENNAISE.....
ÉPOQUE SCANDINAVIENNE.

Phyllades de la vallée de la Meuse et schistes de l'Armorique orientale, avec traces d'Annélides : *Oldhamia, Nereites*, etc. Phyllades, poudingues et schistes rouges de l'Armorique occidentale et de la Normandie. Phyllades verts ou cornes vertes du Lyonnais et du Beaujolais. Schistes des vallées de la Pique et du Lys, dans les Pyrénées.

Période Silurienne

ÉPOQUE ARMORICAINE. Grès armoricain, minerai de fer, schistes ardoisiers et à nodules, grès de Saint-Germain-sur-Ille, schistes à Trinucles, phthanites à graptolithes, de l'Armorique et de l'Anjou. Grès à bilobites et schistes, en Normandie.

ÉPOQUE BOHÉMIENNE. Calcaire de la Meignanne, calcaire d'Erbray, dans l'Armorique et l'Anjou. Calcaires ampéliteux de Feugnerolles et de Saint-Sauveur, en Normandie. Très développé dans la Bohême.

Période Dévonnienne

ÉPOQUE RHÉNANE. Grauwacke de Montigny, grès de Vireux, poudingue de Burnot, dans les Ardennes. Schistes et quartzites de Plougastel, grès à *Orthis Monnieri*, calcaire de Brulon, dans la Normandie et l'Armorique.

ÉPOQUE EIFÉLIENNE. Schistes à calcéoles et calcaire de Couvin, calcaire de Givet, dans les Ardennes. Schistes rouges de Caffiers, grès à végétaux, calcaire de Blacourt, dans le Boulonnais. Calcaire à *Stringocephalus*, en Maine-et-Loire.

ÉPOQUE FAMENNIENNE. Calcaire de Frasne, schistes de Matagne à *Cardium palmatum*, schistes de Famenne, psammites du Condros, calcaire d'Étroungt, dans les Ardennes. Schistes de Beaulieu, psammites de Fiennes, en Boulonnais.

Période Permo-carbonifère

ÉPOQUE ANTHRACIFÈRE. Grauwacke quartzo-schisteuse du Roannais. Calcaire de Régny (Loire). Grauwacke anthracifère du Roannais et du Beaujolais. Bassin de la Basse-Loire, à Ancenis, Chalonnes, Rochefort.

ÉPOQUE HOUILLÈRE. Bassin houiller franco-belge. Bassins houillers de la région rhénane et vosgienne. Bassins du Var, de Rive-de-Gier, Saint-Étienne, Decazeville, Commentry, Ahun, Champagnac, Cublac, etc.

ÉPOQUE PERMIENNE. Schistes bitumineux d'Autun, riches en huile minérale, avec débris de poissons et de reptiles terrestres. Grès rouges de l'Autunois. Schistes de Lodève (Hérault). Grès rouge des Pyrénées et de l'Aveyron.

ÈRE SECONDAIRE
Période triasique

ÉPOQUE VOSGIENNE. Grès des Vosges. Grès à *Voltzia* des Vosges et du Morvan. Arkose d'Antully (Saône-et-Loire), utilisée pour pavés. Marnes parfois gypsifères, dans les Vosges. Dans le Lyonnais on a exploité les grès très durs pour pavés.

ÉPOQUE FRANCONIENNE. Dolomie et grès coquillier : dolomies, marnes et gypse ; muschelkalk à Cératites, dans les Vosges. Calcaire dolomitique et grès calcaire dans le Morvan. Dans le département du Rhône, calcaire rose contenant quelques dents de poissons.

ÉPOQUE TYROLIENNE. Marnes bariolées sans gypse, marnes gypsifères avec sel, marnes bariolées dans les Vosges. Arkoses, marnes gypsifères, cargneules, dans le Morvan. Dans le département du Rhône, grès marneux bariolé, contenant les pyrites de Sain Bel et Chessy.

SÉRIE JURASSIQUE
Période Liasique

ÉPOQUE RHÉTIENNE. Arkose de Thostes ; grès, bone-beds et calcaires à *Avicula contorta* ; ciment noir de Pouilly, dans la Bourgogne. Grès dolomitique du Cotentin. Grès et calcaires roussâtres à *Av. Contorta* et bone-beds, dans le bassin du Rhône.

ÉPOQUE HETTANGIENNE. Marnes et calcaires à *Am. planorbis*, grès d'Hettange, en Lorraine. Minerai de Thostes, lumachelle, *foie de veau*, dans la Bourgogne. Calc. à cardinies de Lodève, Choin bâtard et calc. à gros grains de quartz, dans le département du Rhône.

ÉPOQUE SINÉMURIENNE. Calcaires et argiles à Gryphées arquée, avec nombreuses Ammonites, Bélemnites, Encrines, etc. Dans le département du Rhône, c'est la *pierre grise* fournissant de la chaux, quelques pierres de taille grossières et des *luses* pour clôtures.

ÉPOQUE LIASIENNE. Ciment gris de Venarey et Pouilly, marnes micacées, calcaire noduleux, dans la Bourgogne. Marnes à *Gryphæa regularis*, calcaire à bélemnites, marnes à plicatules, du Jura. Marnes lie de vin à *Bel. Clavatus*, dans le dép. du Rhône.

ÉPOQUE TOARCIENNE. Marnes à Posidonies, ciment de Vassy, marnes à *Cancellophycus*. Schistes à *Cancellophycus*, couches à *Am. opalinus*, de la Provence et du Languedoc. Minerai de La Verpillière (Isère). Marnes et calc. ferrugineux, dans le dép. du Rhône où ces couches se nomment *ardilles*.

Période Oolithique

ÉPOQUE BAJOCIENNE. Mulière, oolithe ferrugineuse et oolithe blanche, en Normandie. Calc. ferrugineux, calc. à entroques, calc. à polypiers, dans la Lorraine, les Ardennes et la Franche-Comté. *Pierre jaune* ou de Couzon, *civet* ou calc. marneux, dans le dép. du Rhône.

ÉPOQUE BATHONIENNE. Marnes de Port-en-Bessin, calc. de Caen, calc. spathique de Ranville, calc. à bryozoaires, en Normandie. Calc. marneux, zone à *Waldheimia digona*, oolithes de la Bourgogne et du Berry. *Pierre blanche* ou de Lucenay, dans le dép. du Rhône.

ÉPOQUE OXFORDIENNE. Callovien calc. et ferrugineux, marnes de Dives et de Villers, en Normandie. Lumachelle à *Waldheimia pala*, calc. de Pougues, marnes à Am. pyriteuses, marnes à *Am. cordatus*, dans la Bourgogne et le Berri.

ÉPOQUE CORALLIENNE. Oolithe et coralrag de Trouville, marnes à *Ostrea deltoidea*, marnes à ptérocères, en Normandie. Marnes à spongiaires, oolithe et corallien compact, oolithe de Tonnerre, calc. à ptérocéres dans la Bourgogne et le Berri.

ÉPOQUE TITHONIQUE. Calc. à *Ter. moravica* et *Cidaris glandifera*, calc. à *Ter. diphya* calc. de Berrias, dans la Savoie, le Dauphiné et la Provence. Calcschistes à poissons, calc. à nérinées, dolomie, calc. purbeckien, en Bugey.

SÉRIE CRÉTACÉE

Période infra-crétacée

ÉPOQUE NÉOCOMIENNE. Calc. à *Natica Leviathan*, calc. à grandes nérinées, limonite de Métabief et calc. roux à *Pygurus rostratus*, marnes d'Hauterive, calc. jaune de Neuchâtel, dans le Jura. Calc. à bélemnites plates, et calc. à spatangues, en Provence.

ÉPOQUE URGONIENNE. Calcaire à *Requienia Ammonia*, du Jura et du Dauphiné. Marnes à Orbitolines, calc. à Ptérocères et à *Requienia Lonsdalei*, du Jura. Calcaire à *Scaphites Yvani*, couches à Orbitolines et plicatules du Rimet, en Dauphiné.

ÉPOQUE APTIENNE. Calc. marneux, sables et grès à plicatules, sables à *Am. Milletianus*, du Jura. Argile de Vessencourt à *Ostrea aquila*, poudingue ferrugineux de la hève, dans la Normandie. Lumachelles à *Am. Milletianus*, en Dauphiné.

ÉPOQUE ALBIENNE. Calc. marneux et argiles sableuses, sables à nodules, de la Perte-du-Rhône; sables à *Am. inflatus*, dans le Jura. Sables verts, gault argileux et gaize du Bray, dans la Normandie. Gault à nodules phosphatés, en Dauphiné.

Période crétacée

ÉPOQUE CÉNOMANIENNE. Craie glauconieuse à *Pecten asper*, couche fossilifère de Rouen, craie à *Belemnites plenus*, dans la Normandie et le bassin de Paris. Calc. à *Orbitolina concava*, calc. à *Caprina adversa*, dans les Corbières et les Pyrénées.

ÉPOQUE TURONIENNE. Craie marneuse à *Inoceramus labiatus*, craie à *Terebratula gracilis*, craie à *Micraster breviporus*, dans le bassin de Paris et la Normandie. Calc. à Radiolites et Hippurites, des Charentes.

ÉPOQUE SÉNONIENNE. Calc. à *Rynchonella petrocoriensis*, calc. à *Am. subtricarinatus*, calc. à *Ostrea caderensis* et *Hippurites bioculatus*, calc. à *Ostrea vesicularis*, dans les Charentes. Marnes à foraminifères, des Pyrénées.

ÉPOQUE DANIENNE. Craie de Royan, calc. à *Hemnipneustes*, grès de Beaumont de Périgord, dans les Charentes. Calc. à baculites du Cotentin, calcaire pisolithique, dans le bassin de Paris et la Normandie.

ÈRE TERTIAIRE

Période Eocène

ÉPOQUE SUESSONIENNE. Conglomérat et argile à silex; sables à petits galets, argiles à cyrènes, dans la Normandie et l'Armorique. Sables nummulitiques du Soissonnais. Calc. à miliolites et à alvéolines des Corbières et du Languedoc.

ÉPOQUE PARISIENNE. Calcaire grossier, sables de Beauchamp, calc. de Saint-Ouen, gypses et marnes, marnes à *Limnaea strigosa*, dans le bassin de Paris. Les cérithes pullulent avec les nummulites dans le calc.

Période oligocène

ÉPOQUE TONGRIENNE. Calc. de Civrac et de Castillon, marnes de Gaas, calc. à astéries, argiles à *Cerithium plicatum* de Labrède, en Aquitaine. Gypses d'Aix et de Gargas, marnes de Saint-Zacharie, schistes, lignites, en Provence et en Dauphiné.

ÉPOQUE AQUITANIENNE. Calc. blanc de l'Agenais, calc. gris de l'Agenais et faluns de Bazas. Lignites supérieurs de Manosque et marnes grises d'Aix à *Helix Ramondi*, calc. de Barrème, faluns de Carry, en Provence et en Dauphiné.

Période Miocène

ÉPOQUE LANGHIENNE. Sables de l'Orléanais, calc. de Montabuzard, marnes de l'Orléanais, sables de la Sologne. Calcaire de Sansan, calc. de Simorre: faluns de Leognan, en Aquitaine.

ÉPOQUE HELVÉTIENNE. Faluns de la Tourraine, faluns de l'Anjou à *Ostrea crassissima*. Mollasse marine, sables à *Ostrea crassissima*, marnes à *Cardita Jouanneti* de Cabrières, dans le Dauphiné et la Provence.

ÉPOQUE TORTONIENNE. Marnes à *Helix turonensis* de la France occidentale. Faluns de Sanbrigues et de Saint-Jean de Marsacq, dans l'Aquitaine. Marnes à lignite, marne à *Helix Christoli*, du Dauphiné et de la Provence.

Période pliocène

ÉPOQUE MESSINIENNE. Cailloutis et brèches grossières du Roussillon. Marnes à Congérie, de Bollène, Théziers, Saint-Ferréol, dans le bassin du Rhône. Limons à *Hipparion*, du Luberon (Vaucluse)?

ÉPOQUE PLAISANCIENNE. Marnes bleues de Biot et de Fréjus, dans les Alpes-Maritimes. Marnes à *Nassa semistriata*, couches à *Potamides Basteroti*, dans le bassin du Rhône. Argiles bleues de Millas (Pyrénées-Orientales).

ÉPOQUE ASTIENNE. Sables à *Nassa* du Cotentin. Couches supérieures de Cannes et La Colle, dans les Alpes-Maritimes. Marnes d'Hauterives, marnes à *Pyrgidium Naudoti*, tuf de Meximieux, sables de Mollon et de Trévoux, dans le bassin du Rhône.

ÉPOQUE ARNUSIENNE. Couches de Saint-Prest, près Chartres. Deltas torrentiels de la côte du Var. Couches de Chagny à *Elephas meridionalis*, alluvions de la Bresse, conglomérat de Chambaran, dans le bassin du Rhône.

ÈRE MODERNE

Période récente

ÉPOQUE QUATERNAIRE

El. ANTIQUUS
El. PRIMIGENIUS
Renne
Tourbe

Anciennes moraines et blocs erratiques déposés par les glaciers des massifs montagneux, s'étendant beaucoup plus loin que de nos jours; ceux de la Suisse traversaient tout le département de l'Ain et s'avançaient jusqu'aux portes de Lyon. Alluvions anciennes des vallées, renfermant d'abord : *Elephas antiquus*, *Rhinoceros Mercki*, *Hippopotamus major*; vient ensuite le règne du mammouth ou *El. primigenius*, associé à *Rhinoceros tichorhinus*, *Ursus spelæus*, etc.; plus tard le renne domine et le mammouth devient de plus en plus rare. Les cavernes présentent des dépôts ossifères, stalagmites, brèches, limon rouge, etc. Les restes de l'homme ou de son industrie, silex taillés, apparaissent avec le règne du mammouth. Avec l'âge des tourbières et des habitations lacustres nous arrivons à la pierre polie, puis au bronze, et enfin à l'âge du fer que certains sauvages ignorent encore de nos jours.

II — MINÉRALOGIE

MINÉRAUX DES ROCHES ÉRUPTIVES FRANÇAISES.

(Classification de MM. F. Fouqué et Michel Lévy).

MINÉRAUX PRIMORDIAUX
1° ÉLÉMENTS BLANCS (ALCALINO-TERREUX)

Eléments essentiels

Quartz
- Le quartz cristallisé est de l'acide silicique pur. C'est un des minéraux les plus répandus dans la nature : cristal de roche, silex, etc.
- La tridymite, à cristaux hexagonaux, se rencontre fréquemment dans les roches tertiaires et modernes, surtout les trachytes.
- L'opale, ou silice hydratée gélatineuse, se trouve dans tous les terrains, trachytes, grès, calcaires, arkoses, tripoli, etc.

Micas blancs, abondent surtout dans les roches granitoïdes les plus acides de la série ancienne et tertiaire, granulites et pegmatites. Une variété connue sous le nom de verre de Moscovie se présente en grandes feuilles d'un emploi commun pour remplacer les vitres dans certains cas.

Feldspaths
- *Orthose*, variété potassique très répandue, fait partie de la plupart des granites, leptynites, pegmatites, syénites, porphyres, trachytes, etc.
- *Microcline*, de même composition que l'orthose, mais de structure distincte, abonde dans les pegmatites et comprend une partie de la *pierre des Amazones*.
- *Albite* ou feldspath sodique, se trouve en petits filons ou disséminée en cristaux dans les granites, les pegmatites, les protogynes, diorites.
- *Oligoclase*, joue un rôle plus important que l'albite; il entre comme minéral constituant des granites du Lyonnais, de la Bretagne, des Vosges.
- *Labrador*, feldspath calcique, constitue certains porphyres et entre dans la constitution des roches volcaniques; sa présence exclut le quartz libre.
- *Anorthite*, assez rare dans les roches éruptives; n'existe que dans les séries les plus basiques, en compagnie du labrador, du pyroxène, du péridot.

Néphéline, silicate alumineux à base de soude, diffère peu de l'anorthite par sa composition; se rencontre dans les déjections volcaniques.

Leucite, silicate alumineux à base de potasse; fait totalement défaut dans les roches anté-tertiaires; forme les leucitophyres, les téphrites, les leucitites.

Eléments accessoires

Topaze, silicate d'alumine avec fluor, abonde dans les filons d'étain; les plus belles se trouvent isolées dans des sables gemmifères; employée en bijouterie.

Emeraude, bisilicate d'alumine et de glucine; abonde dans les pegmatites et les gîtes stannifères; c'est une pierre précieuse très recherchée.

Apatite, se rencontre à l'état d'inclusion dans presque tous les minéraux, mais elle est rarement en échantillons assez nombreux pour former un élément essentiel; l'extrac-

-tion des gisements d'apatite et de phosphate de chaux fossile ou organique est devenue une industrie considérable pour la préparation d'engrais agricoles.

Sphène ou *titanite*, silico-titanate de chaux, est très répandu mais ne forme pas un des éléments dominants des roches éruptives ; associé au fer titané et à l'amphibole.

Cordiérite, silicate ferro-alumineux et magnésien ; disséminée dans les granites micaschistes, les amas de cuivre pyriteux. Une variété est connue en bijouterie sous le nom de *saphir d'eau.*

Wernérite, est généralement le produit du métamorphisme, le plus souvent au contact d'une roche granitique et d'un calcaire. Silicates de chaux et de soude.

Mélilite s'observe exclusivement dans les néphélinites, les leucitites, les téphrites ; c'est un silicate alumineux à bases monoxydes de chaux, magnésie, potasse et soude.

Kauijine et Noséane, font entièrement défaut dans les roches anti-tertiaires. Se rencontrent presque exclusivement dans les roches à néphéline et à leucite.

2° ÉLÉMENTS COLORÉS (FERRO-MAGNÉSIENS)

Eléments essentiels

Micas noirs, abondent dans les terrains cristallins anciens. Se trouvent dans les terrains secondaires et tertiaires par la désagrégation des roches anciennes.

Bisilicates :

Pyroxène, se présente en filons, en amas, en cristaux disséminés ou en masses assez considérables pour former des roches. L'augite appartient aux roches volcaniques.

Amphibole, se trouve dans les roches ignées de toutes les époques géologiques. Il pénètre parfois les schistes argileux, les colore et leur imprègne une partie de ses caractères.

Hypersthène, de couleur noir verdâtre ou brun verdâtre, fait partie des hypérites et des diabases ; se rencontre à l'île Saint-Paul (Labrador), à l'île de Skyes, etc.

Péridot, se rencontre dans les terrains ignés anciens, les basaltes, les laves volcaniques, les scories. Les variétés transparentes sont taillées à facettes et employées dans la joaillerie.

Eléments accessoires

Tourmaline, se trouve dans les roches cristallines anciennes, les roches métamorphiques. Forme des pierres précieuses rouges, vertes et bleues généralement peu estimées.

Grenats, sont répandus dans les roches plutoniques, les roches métamorphiques, les calcaires secondaires. Ils servent parfois de fondants en sidérurgie et les belles variétés s'emploient en bijouterie.

Zircon, se rencontre dans le granite et les roches volcaniques. Il abonde dans les syénites éléolitiques et les alluvions aurifères. Taillé, il fournit à la joaillerie des pierres estimées.

Spinellides :

Spinelles, sont colorés en rouge, rose, bleu, vert ou noir ; rarement incolores. Ceux employés en bijouterie nous arrivent de l'Orient ; la var. rubis est une pierre précieuse très estimée.

Fer chromé, se trouve associé à la serpentine et, comme cette dernière, dérive généralement du péridot ; se présente tantôt en petits cristaux, tantôt en masses amorphes.

Fer oxydulé ou magnétite, forme des gisements qui constituent de véritables montagnes. Elle est fortement magnétique ou attirable à l'aimant, et constitue l'aimant naturel.

Fer oligiste, comprend 3 variétés : oligiste métalloïde, oligiste concrétionné ou hématite rouge, et ologiste terreux ou sanguine. On peut y joindre les œtites et la limonite des marais.

Fer titané, se rencontre dans les schistes cristallins et les roches basaltiques. Il se trouve aussi dans certains gisements de minerai de fer, oligiste et magnétite.

MINÉRAUX SECONDAIRES

Minéraux immédiats

Calcédoine, mélange de quartz cristallisé et de silice amorphe, divisée en zones concentriques de colorations diverses, elle se nomme agate ; très compacte et sans orientation, elle forme les silex.

Opale, silice hydratée ou gélatineuse, non susceptible de cristallisation : se trouve dans les terrains volcaniques ou porphyroïdes en rognons ou filons ; s'emploie dans la bijouterie.

Tridymite, silice anhydre cristallisant dans le système hexagonal ; se rencontre exclusivement dans les roches tertiaires et modernes où elle est très fréquente : souvent associée à l'opale.

Epidote, se présente le plus souvent en groupes bacillaires surtout dans les roches cristallines basiques. Se trouve dans les Alpes, les Pyrénées, la Suède, la Norwège ; dans les schistes du Beaujolais.

Talc, se rencontre dans le sol primordial, dans les roches cristallophylliennes ; une variété se travaille au tour pour confectionner des poteries; sert à préparer les pastels, comme lubrifiant des machines, etc.

Chlorite, silicate alumino-magnésien hydraté, se rencontre dans les roches ignées et les roches sédimentaires métamorphiques; imprègne certains schistes argileux changés en chloroschistes.

Bastite ou serpentine de la Basto (Harz), forme des lames à éclat métalloïde, brun tombac ou jaune de laiton; provient, par hydratation, de l'enstatite ou bronzite.

Serpentine, basilicate magnésique combiné à un bi-hydrate de la même base. Forme des couches ou amas stratifiés, des filons ou amas transversaux et des filons-couches dans les terrains stratifiés.

Sodalite, peu répandue dans les roches, elle s'y présente généralement à l'état de produit d'altérations secondaires médiates. Le gisement le plus connu est celui des champs Phlégréens et de l'île d'Ischia, près de Naples.

Minéraux médiats

Andalousite, silicate anhydre d'alumine avec oxyde ferrique, se rencontre dans les roches granitiques (Andalousie, Silésie, Forez, etc.), dans les micaschistes, les schistes (Bretagne, Pyrénées), dans le quartz (Var).

Disthène, se rencontre en cristaux dans les schistes cristallins, souvent avec paragonite et staurotide ; les belles variétés bleues s'emploient en bijouterie pour simuler des saphirs bleus ou cordiérites.

Staurodite, abonde dans certains schistes, cristallins ou argileux ; comme l'andalousite, c'est un minéral de développement métamorphique. Se trouve dans le schiste talqueux du Saint-Gothard.

Coridon, se trouve dans les gneiss, les schistes, les calcaires granuleux et les dolomies. Il fournit des gemmes précieuses dites orientales : saphir, rubis, topaze émeraude, améthyste ; sa poudre est l'émeri.

Diamant, carbone cristallisé dans le système cubique, se trouve dans les détritus alluviens provenant des roches métamorphiques ou dans une roche compacte quartzeuse, l'itacolumite.

Graphite, carbone presque pur, rarement cristallisé, se présente en grains aplatis, écailles, dans le calcaire cristallin, la granulite, la syénite, le gneiss. Sert à fabriquer les crayons, des creusets, la mine de plomb.

Wollastonite, se trouve dans des blocs calcaires altérés ou en contact avec des dykes de dolérites. Elle est associée à la fassaïte, au grenat mélanite ; c'est un minéral d'origine métamorphique.

Zéolites, groupe de silicates qui forme le remplissage des amygdales dans les roches basiques vacuolaires. Une variété de zéolite, la mésotype, se taille, en Islande, pour fabriquer des objets de luxe.

Calcite et *Aragonite*, ne se trouvent que dans les vacuoles des roches éruptives ; le calcaire forme la substance minérale la plus répandue, et constitue à elle seule une grande partie des terrains sédimentaires.

Gisements et composition des phosphates de chaux naturels.

LOCALITÉS	ÉTAGES GEOLOGIQUES	Acide Phosphorique	Carbonate de chaux	Oxyde de fer et alumine	Silice	Fluor.	Chlore	Iode
Apatites du Canada (gisement de filons)	Schistes cristallins (Calcaires schisteux).	32 à 36						
Llanfyllin (pays de Galle)...........	Silurien, à la base de calcaire de Bala.	21 à 29						
Nodules de Vireux molhain (Ardennes)	Devonien.	6 à 7						
Trilobites.........		14						
Phosphorite de Staffel (Nassau)..........	Devonien.	28 à 32						traces.
Phosphorite de Diez .	—	36.78	9.66		1.05	2,46		0.03
Phosphorite Natzenellenbogen	—	37.04	5.64	2.51	1.76	4.27		0.09
Phosphorite de Nassau	—	36.17	4.25	4.00	4.61	2.88		
—	—	—	30.22	4.22		10.72			
—	—	—	26.60			21.61			
—	—	—	28.85	4.70	7.20	16.00	4.88		

Composition moyenne de quelques roches siliceuses pour 100 parties

DÉSIGNATION DES ROCHES	Silice	Alumine	Potasse	Soude	Chaux	Magnésie	Acide phosphorique
Granit (riche en potasse)......	70.0	17.0	6.0	2.0	0.5	0.5	0.1
Granit (sodique)	70.0	17.0	4.0	4.0	0.5	0.5	0,1
Granit (calcique).............	70.0	17,0	6.0	2.0	1.5	1,0	0.2
Gneiss	65.0	22.0	3.5	2.0	0.5	0.5	0.2
Schiste	60.0	30.0	5.0	5,0			
Miraschiste	73.0	13.0	6.0		0.2	2.5	
Porphyres..................	65.0	15,0	5 0	2.0	1.0	1.5	
Basaltes, oxyde de fer 10 à 20 %	40 à 50	10 à 25	1 à 3	1 à 2	10 à 12	6 à 10	0,5 à 1
Trachytes oxyde de fer 5 à 10 %	55 à 60	15 à 20	3 à 5		5 à 10	1 à 2	0,5
Laves, oxyde de fer 10 à 15 %	50 à 60	15 à 20	3 à 6		5 à 10	2 à 5	1.0

Densité de la terre végétale (d'après Schübler).

Sable calcaire	2.82		Carbonate de chaux fin....	2.47
Sable siliceux	2.75		Humus	1.23
Gypse	2.36		Terre de jardin...........	2.33
Argile maigre...........	2.70		Terre arable d'Hoffwyll....	2.40
Argile grasse...........	2.65		Terre arable du Jura......	2.53
Argile pure	2.59			

Faculté d'imbibition des terres (d'après Schübler).

(Eau absorbée par 100 parties de terre sèche)

Sable siliceux.............	25		Terre calcaire fine	85
Gypse à l'état d'hydrate.....	27		Humus	190
Sable calcaire	29		Terre de jardin...........	80
Argile maigre...........	40		Terre arable d'Hoffwyll	52
Argile grasse...........	50		Terre arable du Jura.......	48
Argile pure	70			

La méthode employée par Schübler pour mesurer la faculté d'imbibition des terres, quoique très généralement adoptée, est absolument inexacte, en ce sens qu'elle ne donne pas même une mesure approximative de la quantité d'eau qui imbibe une terre dans les conditions naturelles.

M. Th. Schlœsing a mis en relief, par diverses expériences, l'erreur commise par Schübler. Le tableau suivant présente comparativement les résultats qu'il a obtenus par les procédés de Schübler et le ressuyage en tubes. Le procédé de Schübler, dans ces essais, a été pratiqué de deux manières.

Influence des conditions expérimentales dans lesquelles on détermine le pouvoir d'imbibition d'une terre.

Les nombres indiquent les taux pour 100 d'eau retenue.

	Détermination sur un filtre (procédé Schübler)		Détermination dans un tube après ressuyag
	Terre délayée dans l'eau, puis jetée sur le filtre	Terre émiettée sur le filtre, puis arrosée avec de l'eau	
Sable fin....................	20		7.3
Sable grossier.............	16		3.0
Terre argileuse	47.7	49	35.0
Terre argilo-calcaire meuble.	43.5	51.7	30.0
Terre argilo-sableuse	45.7	54.7	37.5
Terre de forêt (sable très fin).	57.7	61.8	42.0
Calcaire sableux............	40.0	41.0	32.0

Hygroscopicité des terres (d'après SCHÜBLER)

Désignation des Terres	5 grammes de terre étendue sur une surface de 360 cent. carrés ont absorbé en			
	12 heures	24 heures	48 heures	72 heures
	centig.	centig.	centig.	centig.
Sable siliceux........	0	0	0	0
Sable calcaire.............	1.0	1.5	1.5	1.5
Gypse.....................	0.5	0.5	0.5	0.5
Argile maigre.............	10.5	13.0	14.0	14.0
Argile grasse	12.5	15.0	17.0	17.5
Terre argileuse............	15.0	18.0	20.0	20.5
Argile pure...............	18.5	21.0	24.0	24.5
Calcaire en poudre fine.....	13.0	15.5	17.5	17.5
Humus....................	40.0	48.5	55.0	60.0
Terre de jardin............	17.5	22.5	25.0	26.0
Terre arable du Jura	7 0	9.5	10.0	10.0

BOTANIQUE

I — BOTANIQUE GÉNÉRALE

Racine. — *Diverses formes de racines.* — La racine n'existe que chez les plantes vasculaires, elle est : au point de vue de la durée : *annuelle, bisannuelle* ou *vivace ;* au point de vue de la direction : *perpendiculaire, oblique, horizontale, droite, courbée* ou *flexueuse ;* au point de vue de la division : *simple, rameuse, fasciculée ;* au point de vue de la consistance : *herbacée, ligneuse, molle, charnue, pleine* ou *creuse ;* au point de vue de la situation : *terrestre* ou *sous-terraine, aquatique* ou *aérienne ;* au point de vue de la forme : *cylindrique, conique* (en cône renversé), *fusiforme* (en fuseau, renflée dans la partie moyenne : dahlia), *napiforme* (en rave ou en toupie), *arrondie* (en masse ronde), *tubéreuse* (renflée en tubercules).

Puissance de pénétration des racines. — La croissance des racines peut être limitée comme chez certaines plantes aquatiques, ou bien indéfinie. Dans ce cas elles peuvent atteindre de grandes dimensions en peu de temps quand les conditions extérieures sont favorables.

Puissance de pénétration des racines de diverses plantes.

1° Résultats obtenus à l'Institut agronomique (ferme de Vincennes), dans une terre légère à la surface, devenant compacte à 0,50—0,60 (Muntz).

Blé, plus de....................................	1ᵐ50
Orge...	1.50
Avoine...	1.50
Herbe de prairie	1.40
Colza, plus de	1.75
Chanvre	1.00
Pavot..	1.40

Féverole	1.00
Lupin	1.00
Luzerne, plus de	1.75
Trèfle	1.70

2° Résultats obtenus à l'Institut agronomique de Berlin, par M. le professeur Orth (sol sableux perméable).

Esparcette	1m70
Luzerne blanche	2.65
Minette	0.73
Trèfle rampant	0.83
Colza	1.65
Lin	0.67
Navet	1.13
Rave	1.52
Betterave	1 38
Pomme de terre	1.03
Maïs	1.00
Avoine	1.27
Carotte	1.30
Seigle	1.23
Orge	1.35
Sarrazin	0.90
Panicum	1.55
Blé	1.09
Lupin	1.38
Vesces	0.90
Fève	1.11
Trèfle des prairies	1.45
Anthyllide	0.80

Accroissement de la racine. — La racine a un allongement terminal, mais non intercalé, autrement dit elle ne s'allonge que sur une longueur de 1 centim. environ vers son extrémité. C'est ce qui explique qu'une racine tronquée à quelques centimètres de cette extrémité ne s'accroît plus ; observation dont les pépiniéristes tirent profit.

Chez les cryptogames vasculaires la racine ne s'accroît pas en diamètre ; de même chez les monocotylédones cet accroissement est très rare et très faible, ainsi que chez un certain nombre de dicotylédones. Au contraire, pour certaines de ces dernières, notamment pour les arbres forestiers, les racines peuvent atteindre un fort diamètre.

Ramification de la racine. Radicelles. — Les radicelles ou jeunes racines croissent sur la racine primitive exactement les unes sous les autres en séries verticales dont le nombre peut être de deux seulement diamétralement opposées et peut dépasser 30. Sur la même série longitudinale la distance de deux radicelles est très variable.

Fonctions de la racine. — 1° La racine puise dans le sol les principes nécessaires à la nutrition de la plante. L'absorption ne se fait pas par son extrémité qui est recouverte d'une *coiffe*, mais par les *poils radicaux* ou *absorbants* qui forment une assise située un peu au dessus de la coiffe et, quand ces poils manquent, par la surface qu'ils devraient normalement occuper.

Cette partie seule est capable d'absorber les liquides et les substances en solution. L'absorption est réglée par la consommation.

La partie absorbante de la racine se trouve constamment déplacée par suite de son accroissement; il est donc important, au point de vue cultural, de distinguer les plantes à racines traçantes de celles à racines pivotantes. Dans le premier cas les engrais et l'eau d'arrosage seront distribués tout autour de la plante, sur toute la surface occupée par les racines, notamment vers leurs extrémités. Dans le deuxième cas, au contraire, la plante vivant en profondeur, on accumule près de sa base les fumiers et l'eau d'arrosage. Enfin, dans les assolements, à une plante à racines traçantes on fera succéder une plante à racines pivotantes.

2° La racine souterraine absorbe de l'oxygène dans le sol, mais est incapable d'absorber l'acide carbonique comme les feuilles. Cet oxygène est indispensable à la racine, ce qui explique la nécessité des labours et l'action bienfaisante du drainage. Pour cette raison aussi, quand on plante des arbres, on ne doit pas enfoncer les racines trop profondément.

3° La racine peut aussi, par l'intermédiaire de ses poils, qui émettent un liquide dissolvant, digérer certains solides tels que les carbonates de chaux, de magnésie, de phosphate de chaux, etc.

4° Quand la racine est renflée en tubercule, elle peut former une réserve de principes nutritifs, tels que l'amidon (ficaire), l'inuline (dahlia), le sucre (betterave), etc.

5° Enfin la racine sert à fixer la plante.

Tige. — *Diverses formes de tiges.* — La tige peut être courte (plantes acaules) et atteindre jusqu'à 120 m. de hauteur (Wellingtonia). Elle peut être : 1° au point de vue de la direction : *dressée, couchée, rampante, grimpante, volubile;*

2° au point de vue de la ramification : *simple, rameuse, dichotome, stolonifère;*

3° au point de vue de la consistance : *herbacée, ligneuse, médulleuse, fistuleuse, pleine* ou *solide;*

4° au point de vue de la forme : *arrondie* ou *cylindrique, comprimée, anguleuse, triangulaire, quadrangulaire, globuleuse, striée, sillonnée;*

5° au point de vue de la force : *flexible, raide, épaisse, débile, grêle, filiforme, sétacée, capillaire, sarmenteuse;*

6° au point de vue de la surface : *feuillée, aphylle, tubéreuse, crevassée, épineuse, aiguillonnée, inerme;*

7° au point de vue de la durée : *annuelle, bisannuelle, vivace.*

Division de la tige. — Dans une tige on distingue le *collet* qui est le point de séparation de la tige et de la racine. La distance qui sépare deux *nœuds* est appelée *entre-nœuds* ou *mérithalles.*

Différenciation de la tige. — La tige qui se développe dans l'atmosphère portant des branches et des feuilles est la *tige ordinaire.*

Certaines tiges sont souterraines et portent dans ce cas le nom de *rhizomes ;* quelquefois elles se renflent en certains points et forment des *tubercules.*

Feuille — La feuille se compose de 3 parties : la *gaîne*, le *pétiole* et le *limbe.* Une ou deux de ces parties peuvent manquer :

Quand la *gaîne* manque, la feuille est dite *pétiolée.*

   —   le *pétiole* —   —   —   *engainante.*

   —   la *gaîne* et le *pétiole* manquent, la feuille est dite *sessile.*

Chez certaines plantes le *limbe* lui-même avorte, dans ce cas le pétiole ou quelquefois la gaîne se développe d'une façon exagérée et forme ce qu'on appelle un *phyllode.* Au dessus de la gaîne on trouve parfois 2 petites folioles appelées *stipules.* Dans le *limbe* se trouvent les *nervures.* Quelquefois le limbe forme à sa base une petite lame relevée appelée *ligule.*

La feuille peut être : 1° *simple* ou *composée,* et dans ce dernier cas : *trifoliolée, digitée.* 2° au point de vue de la nervation : *uninerve, penninerve, palminerve, rectinerve, peltée, curvinerve.* 3° au point de vue des bords du limbe : *entière, dentée, crénelée, lobée, partite, séquée, laciniée.* 4° au point de vue de sa surface : *lisse, scabre, glabre, poilue, pubescente, tomenteuse, ciliée.* 5° au point de vue de la position sur les rameaux les feuilles sont : *alternes, éparses, distiques, opposées, verticillées, fasciculées, imbriquées, engaînées (géminées, ternées, quinées).* 6° au point de vue de la durée : *caduques, marcescentes, persistantes.*

Disposition des feuilles sur les rameaux. (Phyllotaxie.) — Les feuilles sont disposées sur les tiges dans un ordre régulier. Comme les bourgeons qui forment les rameaux naissent à la base des feuilles, il en résulte pour ces derniers une disposition analogue.

Il est rare que deux feuilles successives soient exactement superposées sur une même ligne.

Les plans de symétrie passant par l'axe de ces feuilles forment entre eux un *angle de divergence* dont la valeur peut s'exprimer par une fraction $\frac{p}{n}$ de la circonférence. A partir d'une feuille quelconque prise comme point de départ on en trouve toujours une, la $n + 1^{me}$, qui est exactement superposée à la première, quand on a fait p fois le tour de la tige. Autrement dit toutes les feuilles sont disposées sur n génératrices de la tige considérée comme un cylindre et l'ensemble formé par ces n feuilles, qui se répète ensuite indéfiniment tant que la divergence conserve sa valeur primitive, s'appelle un *cycle de feuilles.*

Les fractions $\frac{1}{2}$, $\frac{1}{3}$, $\frac{2}{5}$, $\frac{3}{8}$, $\frac{5}{13}$, $\frac{8}{21}$ représentant la divergence de $\frac{n}{p}$ sont celles que l'on retrouve le plus fréquemment.

Fleur. — *Constitution de la fleur.* — Une fleur complète est constituée par 4 verticilles : le *calice*, la *corolle*, l'*androcée* et le *gynécée*.

Le calice est formé par les *sépales*, la corolle par les *pétales*, l'androcée par les *étamines*, le gynécée ou *pistil* par les *carpelles*.

Une ou plusieurs de ces parties peuvent manquer. Quand la corolle manque, la fleur est dite *apétale* ou *monochlamydée*. Quand le calice et la corolle manquent, elle est dite *nue*.

Quand l'organe mâle ou l'organe femelle existe seul la fleur est *unisexuée*. La plante est *monoïque* si les fleurs des deux sortes sont réunies sur le même pied ; *dioïque* si elles se trouvent séparées sur des individus différents.

La fleur peut être *simple* ou *composée*.

Calice. — Les sépales qui composent le calice sont généralemen verts, dans le cas contraire on les dit *colorés* ou *pétaloïdes*. Le calice est *régulier* si les sépales sont d'égale dimension et *irrégulier* dans le cas contraire. Si les sépales sont séparés, le calice est *dialysépale* ; s'ils sont soudés, il est *gamosépale*.

Corolle. — Généralement colorée quand elle est verte elle est dite *sépaloïde*. Si les pétales ont même dimension la corolle est *régulière* ou *actinomorphe*, dans le cas contraire elle est *irrégulière symétrique* ou *zygomorphe*, ou encore *irrégulière asymétrique*. Elle est *gamopétale* ou *dialypétale* suivant que les pétales sont soudés ou séparés.

Androcée. — Comprend les *étamines* ou organes mâles. Une étamine se compose d'une partie mince appelée *filet* et des *anthères* qui renferment le *pollen*.

Les étamines sont indépendantes ou soudées ; quand elles sont soudées par leur filet elles sont dites *monadelphes* et *diadelphes* si elles forment 2 paquets ; quand elles sont soudées par leurs anthères, elles sont dites *synanthérées*.

Gynécée ou pistil. — Est formé par les carpelles. Les carpelles comprennent 3 parties : l'*ovaire*, le *style* et les *stigmates*. Dans l'ovaire se trouvent les *ovules*. L'ovule se compose à son tour de 3 parties : le *funicule* qui l'attache au carpelle sur le *placenta*, le *tégument* inséré sur le funicule au *hile* et ouvert au *micropyle*, et le *nucelle* attaché par sa base au tégument, à la *chalaze* et présentant son sommet au mycropyle.

Les ovules forment les graines et l'ovaire le fruit.

Suivant sa forme, la corolle porte les noms suivants :

I. Fleur simple à deux enveloppes, gamopétale.

A. Actinomorphe : *tubuleuse, urcéolée, campaniforme, infundibuliforme, rotacée, étoilée.* B. Zygomorphe : *labiée, personnée, ligulée.*

C. Irrégulière ou *anomale.*

II. Fleur simple à deux enveloppes, dialypétale.

A. Actinomorphe : *cruciforme, rosacée, caryophyllée.* B. Zygomorphe : *papilionacée.* C. Irrégulière ou *anomale.*

III. Fleur composée : *flosculeuse, demi-flosculeuse, radiée.*

La surface qui porte les verticilles de la fleur est appelée *thalamus.* Suivant que les étamines sont portées par le thalamus, le calice ou la corolle, la plante est dite *thalamiflore, caliciflore* ou *corolliflore.* Quand tous les verticilles de la fleur sont soudés ensemble, l'ovaire qui se trouve au dessous de la base apparente de la fleur est dit *infère*; il est *supère* quand les verticilles sont séparés ou bien unies seulement 2 par 2 ou 3 par 3.

Inflorescences. — On entend par inflorescence la distribution des pousses florales sur une plante. L'inflorescence est *solitaire* quand les fleurs sont séparées et portées par un pédicelle simple; elle est *groupée* quand le pédicelle se ramifie et que chaque ramification se termine par une fleur.

INFLORESCENCE INDÉFINIE OU INDÉTERMINÉE. — 1° AXE PRIMAIRE DÉVELOPPÉ : **Axes secondaires développés** ; *égaux* : grappe; *inégaux* : corymbe, panicule, thyrse. **Axes secondaires nuls :** épi, chaton, spadice, régime. 2° AXE PRIMAIRE NUL : **Axes secondaires développés**, ombelle. **Axes secondaires nuls** : capitule.

INFLORESCENCE DÉFINIE OU CYME : dichotome, trichotome, scorpioïde, contractée ou glumérule.

Fruit. — Le fruit est formé par l'ovaire de la fleur, il renferme les ovules ou graines qui reproduiront la plante.

Classification des fruits

FRUITS unicarpellés ou simples	**FRUITS SECS**	INDÉHISCENTS	*Akène.* *Samare.* *Caryopse.*
		DÉHISCENTS	*Follicule.* *Légume ou gousse.*
	FRUITS CHARNUS :		*Drupe. Amande. Noix.*
FRUITS pluricarpellés ou composés	**FRUITS SECS**		*Capsule. Silique. Silicule. Samaridie.*
	FRUITS CHARNUS		*Orange. Péponide. Pommes à noyaux, à pépins. Baie.*

FRUITS AGRÉGÉS : *Cône. Galbule. Strobile. Figue. Mûre. Ananas.*

Graine — C'est l'*ovule* fécondé. Elle est portée par le *funicule* dont le *hile* marque la place. Au voisinage de ce point, il se forme parfois une sorte de cupule qui enveloppe plus ou moins la graine, c'est l'*arille.*

La graine est formée d'un *tégument* et d'une *amande.* Le tégument peut être dur, ligneux, charnu, lisse, ailé, poilu, à aigrettes, à côtes, à verrues, à alvéoles.

: Dans l'amande se trouve l'embryon avec 1 (monocotylédones), 2 (dicotylédones), plusieurs (gymnospermes) cotylédon. On peut y trouver également un albumen, un endosperme ou un périsperme.

HISTOLOGIE VÉGÉTALE

Cellule végétale. — La cellule est l'élément essentiel et fondamental des végétaux. Tantôt libres et isolées, elles ont une existence indépendante et constituent les végétaux *unicellulaires* (diatomées) ; tantôt groupées et juxtaposées elles constituent des fibres dont la réunion forme les divers organes des plantes. La cellule végétale se compose essentiellement de trois parties : 1° *du protoplasma*, 2° *du noyau*, 3° *de l'enveloppe cellulaire*.

Protoplasma. — Constitue la partie vivante de la cellule. Il est formé d'une liqueur plus ou moins visqueuse incolore (*chylema*) parsemée de granulations très fines (*microsomes*). Avec l'âge il se forme dans la masse protosplasmique des cavités appelées *vacuoles*, remplies d'un liquide dit *suc cellulaire*. Puis ces vacuoles grandissent en refoulant le protoplasma contre les parois de la cellule où il ne forme plus qu'une couche appelée *utricule primordiale* ou *azotée*. Des rubans de protoplasma peuvent rattacher cette couche au noyau qui reste parfois au milieu de la cellule.

Mouvements du protoplasma. — Le protoplasma vivant est susceptible de divers mouvements :

1° *Mouvements amiboïdes* qui consistent en déplacements particuliers d'une des parties sous forme de bras.

2° *Mouvements de circulation internes*. — Production de courants rapides de granules à travers la masse protoplasmique.

3° *Mouvements vibratils* dus à la présence de filaments hyalins, appelés *cils vibratils*, sur la surface des zoospores et anthérozoïdes.

4° *Mouvements d'oscillation et de rotation*. — Déplacement dû à la contraction du corps protoplasmique. Ce mouvement oscillatoire est parfois accompagné d'un mouvement de rotation.

Réactifs du protoplasma. — L'acide acétique le dissout et rend le noyau plus apparent. La potasse en solution lui fait subir une modification qui le rend soluble dans l'eau. L'alcool absolu fixe et coagule le protoplasma en le tuant sans le faire contracter. L'acide osmique le coagule également sans contraction en clarifiant en même temps l'enveloppe cellulaire. L'eau sucrée, l'alcool étendu, la glycérine, les acides minéraux coagulent le protoplasma, le contractent et le durcissent. La chaleur le coagule et le durcit également ; cette action se produit à 55° pour les cellules à vie active.

Le protoplasma ne subit bien l'action des colorants que lorsqu'on l'a tué, avec l'alcool par exemple. Les solutions de fuchsine, de carmin, de cochenille le colorent en rouge plus ou moins foncé, la solution d'iode en jaune foncé, l'hematoxyline en violet, le vert de méthyle en vert, le nitrate acide mercurique en rouge foncé. Traité par le sulfate de cuivre en solution concentrée, puis lavé à l'eau distillée et mis en contact avec la potasse, le protoplasma prend une belle teinte violette. Traité par l'eau sucrée, puis par l'acide sulfurique après lavage, il se colore en rose.

Noyau. — Le *noyau*, *nucleus* ou *cytoblaste* est ce corps plus ou moins volumineux, sphérique, ovoïde ou lenticulaire, noyé au milieu du protoplasma de la cellule où il peut occuper toutes les positions. Il se distingue nettement du reste du protoplasma par sa plus grande clarté et présente dans sa masse de petits corpuscules brillants appelés *nucléoles*.

Le noyau a une composition à peu près analogue à celle du protoplasma et présente toutes ses réactions générales. Toutefois il se colore plus fortement que le reste de la masse, ce qui a permis de voir en lui un principe spécial, la *nucléine*. Très difficilement attaquée par le suc gastrique, la nucléine est presque insoluble dans l'eau, insoluble dans les acides minéraux étendus, très soluble dans les alcalis étendus, ainsi que dans les acides nitrique et chlorhydrique concentrés. Le sel marin en dissolution se transforme en gelée.

Membrane cellulaire. — Au début le protoplasma est nu. Il reste ainsi pendant longtemps dans les myxamibes et les plasmodes des myxomycètes, dans les zoospores et les anthérozoïdes des algues ; mais généralement il produit une membrane qui l'enveloppe. On peut la mettre en évidence en contractant le protoplasma par l'action de l'alcool ou de la glycérine.

Cette membrane s'accroît en dimension à mesure que la masse protoplasmique s'étend, puis en épaisseur. Elle s'accroît par l'interposition, entre ses molécules existantes, de molécules similaires nouvelles formées dans le corps protoplasmique. Elle limite extérieurement la forme des cellules.

Forme des cellules. — Les cellules libres ont généralement une forme arrondie ou ovoïde, mais quand elles sont groupées en tissu elles affectent différentes formes ; elles peuvent être : 1° *arrondies* ou *ovoïdes* ; 2° *polyédriques* (cube, dodécaèdre, etc.) ; 3° *irrégulières* (étoilées ou rameuses) ; 4° *longues* ou *filamenteuses* (cylindriques, prismatiques ou fusiformes).

Entre les cellules il reste de petits espaces intercellulaires que l'on appelle *méats*. Quand un nombre plus ou moins grand de cellules voisines se transforment ou se détruisent, il en résulte des vides appelés *lacunes*.

Structure de la membrane cellulaire. — Cette membrane peut offrir la même épaisseur dans toute son étendue ou bien présenter des épaississements variables ; dans ce cas sa surface est sillonnée de creux et de reliefs pouvant affecter des formes différentes.

Quand l'épaississement est localisé, tantôt il se forme extérieurement des petites pointes ou verrues, tantôt on distingue une ligne spiralée sur la face interne, souvent aussi les angles seuls de la cellule sont épaissis (cellules de collenchyme). Quand, au contraire, l'épaississement est général à part sur quelques points qui restent minces, la paroi reprend un aspect ponctué, rayé ou réticulé. Les cellules sont *ponctuées* quand leur surface est sillonnée de petits canaux cylindriques qui apparaissent comme autant de petits cercles ; elles sont *ponctuées-aréolées* quand les canaux ont la forme d'un entonnoir et apparaissent sous forme de deux cercles concentriques qui laissent entre eux une aréole ; elles sont *grillagées* quand la cloison qui sépare deux ponctuations disparaît et que les cellules communiquent entre elles.

Les cellules sont dites *rayées* quand les dépressions, au lieu de figurer sous la forme d'un petit canal circulaire, se montrent sous la forme de sillons transversaux (cellules scalariformes). Les cellules rayées peuvent être également *aréolées*.

Composition de l'enveloppe cellulaire. Ses réactifs. — Elle est formée d'une substance hydrocarbonée, la *cellulose*, et d'une certaine quantité d'eau d'imbibition. Sa composition est donc toute différente de celle du protoplasma et les réactifs de ce dernier n'ont pas sur elle la même influence.

Au contact de la potasse la membrane cellulosique s'amincit et devient plus nette ; elle est détruite en grande partie par la liqueur cupro-potassique ou l'acide sulfurique concentré.

Si l'on traite une coupe par une solution d'iode, et qu'après lavage et dessication entre deux feuilles de papier sans colle, on la laisse macérer quelques secondes dans l'acide sulfurique concentré, les parois cellulaires se coloreront en bleu. Le chloro-iodure de zinc les colore également en bleu violacé après le traitement par une solution de potasse. Les couleurs d'aniline colorent les parois des cellules âgées et sont sans action sur les cellules jeunes.

Modifications de la membrane cellulaire. — Cette membrane, en vieillissant, peut se modifier par transformation et par incrustation. Par transformation elle peut : 1° se cutiniser, 2° se subérifier, 3° se gélifier, 4° se liquéfier. Par incrustation elle peut : 1° se lignifier, 2° se cerifier, 3° se minéraliser, 4° se colorer.

Formation des cellules. — Les cellules peuvent se former :

1° *Par rénovation*. La membrane cellulosique d'une cellule se rompt, son protoplasma s'échappe par l'ouverture et forme une nouvelle enveloppe. Quand tout le protoplasma de la cellule mère sert à former la cellule fille la rénovation est *totale*. La rénovation est *partielle* quand il reste dans la cellule mère une partie du protoplasma primitif destinée à nourrir la nouvelle cellule dès sa formation ou à lui servir ultérieurement.

2° *Par fusion*. — La formation peut avoir lieu par *anastomose* ou par *conjugaison*.

A. *Par anastomose*, lorsque deux *cellules semblables* munies d'une enveloppe arrivent à se toucher, résorbent leurs deux membranes au point de contact et unissent leurs deux masses protoplasmiques en une seule sans contraction.

B. *Par conjugaison*, dans le cas où deux *cellules nues*, qui peuvent être différentes, s'unissent et se fondent en une masse qui s'entoure bientôt d'une enveloppe. Ici il y a contraction et formation d'une cellule réellement nouvelle. C'est ainsi que se forme l'œuf, la cellule mère de la plante. La conjugaison est dite *égale* quand les deux masses protoplasmiques qui se combinent paraissent semblables ; elle est *différenciée* dans le cas contraire.

3º *Par multiplication*. — Il y a division de la cellule en un certain nombre de parties. Cette multiplication peut se faire de deux façons : par division ou par cloisonnement.

A. *Par division*. — Elle peut être *totale* ou *partielle* suivant que la segmentation porte sur la masse totale du protoplasma ou seulement sur une partie, le reste servant d'abord à nourrir les cellules filles et plus tard à faciliter leur dissémination.

B. *Par cloisonnement*. — Ce mode diffère du précédent en ce que le protoplasma ne se divise plus de lui-même, mais est divisé par la formation d'une ou de plusieurs cloisons.

Dans tous les cas la division des cellules est précédée de la division du noyau.

4º *Par bourgeonnement*. — Sur un point de la surface de la cellule mère, il se forme un bourgeon qui grandit peu à peu et se sépare de la cellule mère à la suite d'un dédoublement de la cloison.

PRODUITS CELLULAIRES

Leucites. — Petits corps formés de protoplasma différencié qui se trouvent dans la masse protoplasmique et s'en distinguent par leur plus grande réfringence. Ils jouent un rôle important dans la vie des cellules. On distingue les *leucites actifs* et les *leucites de réserve* encore appelés *grains d'aleurone*.

Les leucites actifs peuvent rester incolores (*leucoleucites*), ils donnent alors naissance à divers corps notamment aux grains d'amidon. D'autres produisent des principes qui les colorent : ce sont les *chromoleucites* qui sont ou colorées en jaune par la *xanthophylle* ou *étioline* (*xantholeucites*) ou colorés en vert par la chlorophylle (*chloroleucites*).

Chlorophylle. — Ce sont les *leucites verts* qui forment les *grains de chlorophylle* et donnent aux feuilles leur coloration verte ; il y en a ordinairement un grand nombre dans les cellules vertes. Souvent ce sont les leucites déjà colorés en jaune qui forment en outre de la chlorophylle et deviennent verts.

Le corps chlorophyllien est donc composé d'un leucite primitif et de deux principes colorants la *xanthophylle* et la *chlorophylle*.

Le chlorophylle est soluble dans l'éther, l'alcool, le chloroforme, le sulfure de carbone, la benzine et l'huile de pétrole.

Les corpuscules chlorophylliens affectent la forme de petites masses arrondies ou polyédriques, d'étoiles, de bandelettes spiralées. Ils peuvent s'accroître dans toutes leurs dimensions par interposition de particules nouvelles à l'intérieur des anciennes. Quand ils ont atteint un certain volume, ils se divisent successivement.

Amidon. — Les leucites produisent en outre de l'amidon, qui se présente sous forme de grains de dimension et de forme très variables.

Ces grains offrent des couches alternativement plus ternes et plus brillantes disposées autour d'un noyau; ils sont constitués par des groupes de cristaux et comme tels s'accroissent extérieurement par apposition de particules nouvelles. L'amidon est un corps ternaire composé de deux substances distinctes : la *granulose* qui se colore en bleu par l'iode et l'*amylose* qui se colore en jaune par le même réactif.

Les grains d'amidon sont colorés en violet par une solution d'iode. Ils se gonflent, puis se déchirent sous l'influence de l'eau chaude, d'une solution alcaline ou du chloro-iodure de zinc. A la lumière polarisé, ils présentent une croix caractéristique formée de quatre lignes partant du noyau et traversant tout le grain.

Les grains d'amidon s'accumulent parfois dans certains réservoirs nutritifs de la plante en grande abondance : le blé en renferme 77 % de son poids; 25 % dans des tubercules de pomme de terre, 32 % dans les grains de lentilles, 50 % dans le pois, 60 % dans le seigle, 81 % dans le maïs, 85 % dans le riz.

On appelle plus spécialement *amidon* la matière amylacée des grains et *fécule*, celle des organes souterrains (pommes de terre).

L'amidon constitue pour la plante une réserve nutritive qu'elle utilise quand elle passe de la vie latente à la vie active. Sous l'influence d'une légère acidité et de la diastase, l'amidon se transforme en dextrine et maltose, substances solubles.

Formes et dimensions de divers grains d'amidon

Amidon et Fécule	Forme	Dimension en millièmes de millim.	Amidon et Fécule	Forme	Dimension en millièmes de millim.
Blé......	lenticulaire..	50 et des grains beaucoup plus petits........	Haricot ..	allongée souvent réniforme......	63
Pomme de terre....	sphérique ou ovoïde....	140 à 180 (grand diamètre).	Lentilles .	id.	67
Riz......	polyédrique..	très petite.	Fèves....	id.	75
Orge.....	bords généralement irréguliers....	50 à 60.	Tapioca ..	formée par une partie convexe et par une partie plane ou polygonale.	20 à 50
Seigle....	lenticulaire et circulaire..	60 et au dessous			
Maïs.....	polyédrique ..	30			
Pois.....	allongée, souvent réniforme.....	50			

Corps gras. — Les leucocites colorés, et notamment les grains de chlorophylle, produisent des matières grasses, parfois solides, sous forme de cristaux en aiguilles, le plus souvent sous forme de petites masses amorphes (*suif*, *beurre*, *cire*), parfois liquides (*huile*). Ces corps se rencontrent surtout dans les fruits et les graines. Ils sont insolubles dans l'eau, solubles dans l'éther, la benzine, le sulfure de carbone. Ils sont de composition ternaire. Ils peuvent être des produits d'élimination inutilisables pour la plante ou bien des produits de réserve qui seront transformés ultérieurement.

Hypochlorine. — Matière huileuse, incolore et cristallisable, produite par les leucocites et qui se trouve dans les corps chlorophylliens. C'est un dissolvant énergique de la chlorophylle.

Leucites de réserve ou grains d'aleurone. — Sont formés essentiellement de matière albuminoïde et offrent toutes les réactions du protoplasma. Ils se produisent au moment où la plante va passer à l'état de vie latente et constituent une réserve nutritive. Toutes les graines en renferment. Ils ne contiennent jamais de matière grasse mais englobent parfois des corps étrangers *globoïdes* ou *cristalloïdes*. Ils sont souvent solubles dans l'eau et toujours dans une solution de potasse. Traités par le bichlorure de mercure ils deviennent insolubles dans l'eau. Ils sont insolubles dans l'huile et la glycérine et se colorent en rouge par la fuchsine. Au moment de la germination ils sont redissous dans l'eau d'imbibition.

Cristalloïdes protéiques. — Sont des corps de nature albuminoïde qui cristallisent dans le protoplasma des cellules, mais diffèrent néanmoins des cristaux ordinaires, car ils se laissent gonfler par l'eau et ont des angles inconstants. Ils peuvent être libres dans la cellule ou enfermés dans les grains d'aleurone.

Essences et résines. — Ces corps sont produits par des cellules spéciales. Les *essences* sont généralement liquides, les *résines* solides. Les essences sont solubles dans l'alcool froid et l'essence de térébenthine, ce qui les distingue des huiles grasses, puis dans l'éther, le sulfure de carbone et les huiles grasses. Les résines sont plus ou moins colorées, insolubles dans l'eau, solubles en tout ou partie dans l'alcool, l'éther, les essences. Le *caoutchouc* est un carbure d'hydrogène qui donne aux cellules qui le produisent un aspect laiteux. Tous ces carbures sont des produits d'élimination.

Corps minéraux cristallisés. — Ces corps que l'on rencontre dans les cellules sont de nature calcaire (oxalate ou carbonate de chaux) ou de nature siliceuse. Les cristaux d'oxalate de chaux affectent des formes variées : on appelle *macles* une masse arrondie de cristaux octaédriques; *raphides* un faisceau de cristaux en aiguilles. Ils sont insolubles dans l'acide acétique et attaqués par l'acide chlorhydrique sans dégagement. Le carbonate de chaux est plus rare, il forme de petites masses de granulations très fines appelées *cystolithes*. L'acide acétique l'attaque avec dégagement de gaz. Chez quelques plantes il se forme dans le protoplasma de certaines cellules des dépôts de silice.

Suc cellulaire. — Dans le suc cellulaire on trouve diastases, peptones, amides, alcalis végétaux, inuline, dextrines, gommes, principes sucrés, tanin, acides organiques, sels minéraux.

TISSUS

Les tissus peuvent se former : 1º par association de cellules; 2º par cloisonnement répété d'une cellule mère; 3º à la fois par association et cloisonnement.

On distingue : 1º Les **tissus formateurs** qu'on sépare en *tissu formateur primaire* ou *méristème primitif* et *tissu formateur secondaire* ou *méristème secondaire*.

2º **L'épiderme** qui se montre à la surface d'un grand nombre d'organes. Il est percé sur les organes aériens de petites ouvertures elliptiques que l'on appelle stomates. Ces derniers communiquent à de vastes lacunes dites chambres sous-stomatiques, situées dans les tissus sous-jacents. Les plantes complètement immergées en sont dépourvues. Ils occupent surtout la face inférieure des feuilles.

Sur certaines cellules épidermiques il se forme des prolongements qui constituent les poils.

3º Le **liège** ou *suber* est composé de cellules parallélipipédiques à parois généralement minces, étroitement unies. Il joue, comme l'épiderme qu'il remplace souvent, un rôle de protection. Il se forme également ment pour cicatriser les blessures. Il acquiert parfois un développement considérable.

4º Le **parenchyme**, tissu situé au dessous de l'épiderme et du liège. Celui dont les cellules sont à paroi mince reçoit les produits d'assimilation (chlorophylle, amidon, corps gras, suc). Il peut être *palissadique*, lacuneux ou spongieux. Quand la paroi des cellules s'épaissit, il forme le *collenchyme*, qui est tantôt à cellules courtes, tantôt à cellules allongées, toujours brillantes, et le *parenchyme scléreux* dont les cellules généralement allongées en prismes sont unies en faisceaux ; ces deux tissus jouent le rôle de soutien.

5º **L'endoderme**. Forme la base du parenchyme ; ses cellules prismatiques s'épaississent parfois en forme de fer à cheval, elles jouent un rôle protecteur vis à vis des parties plus internes.

6º Le **tissu sécréteur**. Se compose de cellules à paroi mince, dans lesquelles se forment les produits d'élimination ou de sécrétion (gommes, huiles essentielles, latex, etc.). Ces cellules peuvent être isolées ou former des files et des réseaux.

7º Le **sclérenchyme**. Forme en quelque sorte le squelette des plantes. Surtout développé dans les arbres. Ses cellules sont parfois courtes, à paroi forte; parfois très longues et amincies aux deux bouts, elles forment les *fibres*. Ces fibres sont en files isolées ou réunies en faisceaux

8º Le **tissu criblé** constitué par des cellules perforées comme des cribles. Il se rencontre dans toutes les plantes vasculaires et forme ce qu'on appelle le *liber*. Ces cellules sont superposées en files isolées dans d'autres tissus, ou bien sont accolées et forment un faisceau criblé. Ce tissu joue le rôle de conducteur.

9º Le **tissu vasculaire** formé par des cellules allongées portant sur leur paroi lignifiée des reliefs et des creux; disposées en files elles forment les *vaisseaux* et constituent ce qu'on appelle le bois. Ce tissus comme le précédent, joue le rôle de conducteur.

STRUCTURE DE LA RACINE

A. Structure primaire. La racine présente de dehors en dedans, 1º l'*écorce* qui comprend : l'*assise pilifère*, l'*assise subéreuse*, *une couche de parenchyme cortical*, l'*endoderme*; 2º le *cylindre central* qui comprend : l'*assise périphérique*, les *faisceaux libériens*, les *faisceaux ligneux*, les *rayons médullaires* et la *moelle*.

B. Structure secondaire. Beaucoup de racines conservent toute leur vie cette structure (monocotylédones). D'autres, notamment chez les dicotylédones et les gymnospermes, se modifient avec l'âge. Dans l'écorce il se forme du liège et dans le cylindre central un méristème secondaire en dedans des faisceaux libériens primaires. Ce méristème donne un faisceau secondaire constitué de dehors en dedans : 1º par du liber; 2º par du tissu ligneux. Entre le bois et le liber de nouvelle formation il persiste une couche de cambium qui donne sans cesse naissance à des éléments libériens en dehors, à des éléments ligneux en dedans.

STRUCTURE DE LA TIGE

A. Structure primaire. La jeune tige est formée : 1º d'une *écorce* comprenant : un *épiderme*, une *enveloppe cellulaire de parenchyme*, un *endoderme*; 2º d'un cylindre central qui se compose : d'une *assise périphérique*, de *faisceaux libéro-ligneux*, d'un *parenchyme* formant la *moelle* et les *rayons médullaires*.

B. Structure secondaire. — Avec l'âge la structure de la tige se complique par suite de la formation d'un méristème secondaire, notamment chez les dicotylédones et les gymnospermes.

Dans l'épiderme il peut se former un méristème qui donne une couche de liège extérieurement et d'*écorce secondaire* intérieurement.

Dans l'écorce primaire il peut naître consécutivement aussi une couche de liège extérieurement et une couche d'écorce secondaire intérieurement.

Dans le cylindre central on distingue : 1º une couche génératrice externe, située en dehors du liber des faisceaux qui, comme précédemment, produit extérieurement, à partir de l'endoderme, une couche de liège, et intérieurement, à partir du liber, une couche d'écorce secondaire. L'écorce primaire, y compris l'endoderme, est ainsi tuée par le liège.

2° Une couche génératrice interne qui passe en dedans du liber est constituée : 1° par un arc de cellules de parenchyme interposé au liber et au bois, à l'intérieur de chaque faisceau libero-ligneux ; 2° par la seconde assise du parenchyme, sous-jacente à l'assise périphérique, entre les faisceaux. A l'intérieur des faisceaux, ce méristème forme extérieurement du liber secondaire superposé au liber primaire et intérieurement du bois secondaire. Entre les faisceaux il forme soit simplement un rayon de parenchyme secondaire, soit à l'extérieur du liber qui relie celui des faisceaux existants et à l'intérieur du bois, soit encore des faisceaux intercalaires. C'est de ce travail secondaire que dépend l'accroissement des tiges en épaisseur ; chaque année il se forme, chez les plantes susceptibles de cet accroissement, une nouvelle couche de bois en dedans et une nouvelle couche de liber en dehors.

II — CLASSIFICATION DES VÉGÉTAUX

Tous les végétaux sont groupés dans le tableau suivant :

PLANTES
- A RACINES OU VASCULAIRES
  - à fleurs : *Phanérogames*. — pavot, haricot, blé, pomme de terre, betterave, etc.
  - sans fleurs : *Cryptogames vasculaires*, Lycopodes, Prêles, Fougères.
- SANS RACINES OU NON VASCULAIRES
  - ordinairement à feuilles : *Muscinées* (Mousses, Hépatiques).
  - ordinairement sans feuilles : *Thallophytes* (Algues, Champignons.)

En se plaçant au point de vue de la division et de la perfection du travail accompli extérieurement par la plante, les Thallophytes occupent le bas de l'échelle dans la classification et on arrive progressivement aux Phanérogames qui en occupent le sommet.

Les Phanérogames sont divisées par M. Van Tieghem de la façon suivante :

Phanéroga-mes.
- Graines protégées, *Angiospermes.*
  - deux premières feuilles.—*Dicotylédones.* : pomme de terre, carotte, rosier, renoncule.
  - une première feuille. — *Monocotylédones.* : lis. asperge. blé.
- Graines nues, *Gymnospermes* : pin, cyprès.

D'après M. Van Tieghem l'embranchement des Thallophytes offre 43 familles, celui des Muscinées 8, celui des Cryptogames vasculaires 16, celui des Phanérogames 176, ce qui porte à 243 le nombre des familles

EMBRANCHEMENT DES THALLOPHYTES

Les Thallophytes sont divisés en deux classes : 1° les *Champignons*, plantes dépourvues de chlorophylle et vivant en parasites ; 2° les *Algues*, pourvues de chlorophylle et vivant comme les autres végétaux.

CLASSE DES CHAMPIGNONS

Sont divisés, par M. Van Tieghem, en six ordres : *Myxomycètes, Oomycètes, Ustilaginées, Uredinées, Basidiomycètes, Ascomycètes.*

ORDRE I. *MYXOMYCÈTES*. Thalle sans membrane de cellulose, forment des *plasmodes* par le groupement des myxamibes produits par la végétation des spores, divisés en quatre familles : 1° Thalle pluricellulaire, à plasmode fusionné. Spores internes. *Endomyxées* ; 2° Thalle pluricellulaire, à plasmode fusionné. Spores externes. *Cératiées* ; 3° Thalle pluricellulaire, à plasmode agrégé. *Acrasiées* ; 4° Thalle unicellulaire, sans plasmode. *Plasmodiophorées.*

I Famille des ENDOMYXÉES, comprend cinq sections : 1° Spores claires, ni capillitium, ni columelle, ni calcaire. *Bursulla, Tubulina* ; 2° Spores claires, capillitium, ni columelle, ni calcaire. *Trichia, Reticularia* ; 3° Spores violettes, capillitium, columelle, pas de calcaire. *Stemonitis* ; 4° Spores violettes, capillitium, pas de columelle, calcaire. *Physarum* ; 5° Spores violettes, capillitium, columelle, calcaire. *Didymium.*

II Famille des CÉRATIÉES, *Ceratium.* III Famille des ACRASIÉES, *Acrasis.* IV Famille des PLASMODIOPHORÉES, *Plasmodiophora.*

ORDRE II. *OOMYCÈTES*. Caractérisés par la formation d'œufs ; comprennent les huit familles suivantes : V Famille des CHYTRIDINÉES, *Synchytrium, Olpidium* ; VI Famille des VAMPYRELLÉES, *Vampirella, Protomyxa* ; VII Famille des ANCYLISTÉES, *Myzocytium, Lagenidium* ; VIII Famille des MUCORINÉES, *Mucor, Mucedo, Rhizopus, Choanephora* ; IX Famille des ENTOMOPHTHORÉES, *Empusa, Entomophthora* ;

X Famille des PÉRONOSPORÉES, *Peronospora*, *Phytophthora*, *Cystopus* ; XI Famille des SAPROLÉGNIÉES, *Saprolegnia*, *Pythium* ; XII Famille des MONOBLEPHARIDÉES, *Monoblepharis*.

ORDRE III. XIII Famille des USTILAGINÉES, *Ustilago*, *Tilletia*, *Urocystis*.

ORDRE IV. XIV Famille des UREDINÉES, *Puccinia*, *Uromyces*, *Podisoma*, *Phragmidium*, *Melampsora*.

ORDRE V. *BASIDIOMYCÈTES*, comprennent trois familles :

XV Famille des TREMELLINÉES. Hymenium extérieur et gélatineux, *Guepinia*, *Tremella*.

XVI Famille des HYMENOMYCÈTES. Hyménium extérieur non gélatineux, se divisent en cinq tribus : 1° **Clavariées**. Basides recouvrant toute la surface lisse du fruit. *Clavaria*, *Pistillaria* ; 2° **Théléphorées**. Basides recouvrant une partie de la surface lisse du fruit, tantôt la face supérieure, tantôt la face inférieure : *Exobasidium*, *Thelephora* ; 3° **Hydnées**. Basides recouvrant des pointes de forme diverse sur la face supérieure du chapeau. *Hydnum* ; 4° **Polyporées**. Basides recouvrant des lames anastomosées en réseau ou en tubes à la face inférieure du chapeau. *Polyporus*, *Boletus*, *Trametes* ; 5° **Agaricinées**. Basides recouvrant des lames rayonnantes ou concentriques, à la face inférieure du chapeau : *a* fruit coriacé ou subéreux, durable : *Leutinus*, *Panus* ; *b* fruit charnu, éphémère : *Coprinus*, *Agaricus*, *Amanita*.

XVII Famille des GASTEROMYCÈTES. Hymenium interne. Divisés en onze tribus : A. Le tissu sporifère ne s'échappe pas du péridium : 1° **Lycoperdacées**, *Lycoperdon*, *Bovista* ; 2° **Hyménogastrées**, *Hymenogaster*, *Melanogaster* ; 3° **Sclérodermées**, *Scleroderma* 4° **Polysaccées**, *Polysaccum* ; 5° **Podaxinées**, *Podaxon*, *Secotium*. B. Le péridium externe s'ouvre et le tissu sporifère s'en échappe ; 6° **Géastridées**, *Geaster* ; 7° **Battarées**, *Battarea* ; 8° **Phalloïdées**, *Phallus* ; 9° **Clathrées**, *Clathrus*. C. Les cloisons se détruisent complétement, à l'exception de la paroi des cavités ; de là autant de péridioles libres ; 10° **Nidulariées**, *Nidularia* ; 11° **Carpobolées**. *Sphærobolus*..

ORDRE VI. *ASCOMYCÈTES*, comprennent quatre familles : XVIII Famille des DISCOMYCÈTES. Asques situés à l'extérieur du périthéce qui a le plus souvent la forme d'une coupe ou d'un disque, comprend cinq tribus : 1° **Exoascées**, périthéce réduit à l'hyménium, lequel peut se réduire à un asque unique. *Saccharomyces*, *Ascomyces*, *Taphrina*, *Exoascus* ; 2° **Patellariées**, périthéce coriacé ou subéreux, *Patellaria* ; 3° **Phacidiées**, périthéce corné, d'abord fermé, puis s'ouvrant en valve, en fente ou en couvercle, *Phacidium*, *Rytisma* ; 4° **Ascobolées**, périthéce gélatineux, d'abord clos, puis ouvert ; asques généralement proéminents au dessus des paraphyses, *Ascobolus* ; 5° **Pézizées**, périthéce charnu ou céracé en forme de coupe, de massue, toujours ouvert; asques ne dépassant pas les paraphyses, *Péziza, Vibrissea, Helvella*.

XIX Famille des PÉRISPORIACÉES. Asques intérieurs et spores ne devenant libres que par la destruction du périthèce, comprennent quatre tribus : 1º **Périporiées**, thalle non parasite, périthèce sessile, *Aspergillus, Sterigmatocystis, Penicillium*; 2º **Erysiphées**, thalle parasite, périthèce sessile, avec ou sans appendices, *Uncinula, Erysiphe*; 3º **Onygénées**, périthèce pedicellé, *Onygena*; 4º **Tubéracées**, périthèce hypogé, *Tuber, Genabea*.

XX Famille des PYRÉNOMYCÈTES, périthèce s'ouvrant au sommet pour livrer passage aux spores. Quatre tribus : 1º **Sphœriées**, périthèce simple, *Sphœria, Ceratostoma, Pleospora, Fumago*; 2º **Valsées**, périthèce composé, stroma généralement noir, aplati, de consistance cornée, *Eutypa, Polystigma, Valsa*; 3º **Nectriées**, périthèce composé, stroma libre, coloré, rose ou rouge, *Claviceps, Hypocrea, Nectria*; 4º **Xylariées**, périthèce composé, stroma libre, dressé en stylet, ou en buisson, ou aplati en coussinet, *Hypoxylon, Xylaria*.

XXI Famille des LICHENS, comprend les champignons qui vivent en société avec des algues; on les répartit en trois subdivisions : 1º **Discomycètes-Lichens**, *Cœnogonium, Lecothecium, Collema, Graphis, Pannaria, Parmelia, Ramalina*; 2º **Pyrenomycètes-Lichens**, *Ephebe, Lichina, Verrucaria*; 3º **Basidiomycètes-Lichens**, *Cora, Rhipidonema*.

CLASSE DES ALGUES

Forment les quatre ordres suivants: 1º *Algues vertes* ou *Chlorophycées*; 2º *Algues bleues* ou *Cyanophycées*; 3º *Algues brunes* ou *Phéophycées*; 4º *Algues rouges* ou *Floridées*.

ORDRE I. *CYANOPHYCÉES*, comprennent deux familles :

I Famille des NOSTOCACÉES, se conservent par des kystes sans former de véritables spores; généralement pourvues de chlorophylle, *Oscillaria, Beggiatoa, Nostoc*.

II Famille des BACTÉRIACÉES, reproduisent des spores endogènes, en grande majorité dépourvues de chlorophylle.

Bactéries. On donne le nom de *bactéries*, de *microbes*, de *microorganismes* à des organismes infiniment petits, unicellulaires, dépourvus de chlorophylle. Ces dénominations sont généralement considérées comme synonymes; cependant les termes de *microbes, microorganismes* s'appliquent à tous les êtres inférieurs microscopiques, soit animaux, soit végétaux. Les *bactéries*, au contraire, sont toujours des végétaux. Leur place parmi les êtres a été diversement interprétée. On les a d'abord rangées dans les *infusoires* du règne animal; de nombreux auteurs en font des champignons et les regardent comme des *Schyzomycètes* ou *Schizophytes*; d'autres les rangent parmi les *Protistes*, organismes constituant un règne à part, distinct des règnes animal et végétal. Enfin on les a placées dans la classe des *Algues*, à côté de celle des *Oscillariées*.

Forme des bactéries. — 1° Elles peuvent être rondes ou ovales : *Micrococcus* ou *Macrocossus*; *Diplococcus* quand elles sont réunies par deux, et *Micrococcus en tétrades* quand elles sont réunies par quatre. Quand plusieurs microcossus sont réunies d'une façon irrégulière ils forment des *Zooglées*; quand une telle agglomération est entourée d'une membrane d'enveloppe on la nomme *Ascococcus*. Les micrococcus peuvent se trouver placés les uns au bout des autres en forme de chapelet, on les appelle alors *Streptococcus* ou *Torula*; enfin ils peuvent être groupés en forme de grappe de raisins, on les nomme dans ce cas *Staphylococcus*.

2° Les bactéries peuvent prendre la forme d'un bâton droit et court, *Bacilles*, plus long et sinueux, *Leptothrix*. On appelle *Cladothrix* les bactéries ayant la forme droite, allongée, mais dont les articles se ramifient en fausse dichotomisation. Certains bacilles ont un point très réfringeant, ils sont dits *bacilles à espace clair*. Enfin ceux qui affectent la forme d'une poire allongée sont dits *bacilles à battant de cloche*.

3° Les bactéries peuvent avoir la forme d'un arc de cercle ou d'une spire : on les appelle *Bacilles-virgules*, *Komma-bacilles*, *Spirilles*.

Nutrition des microbes. — A part quelques exceptions (*Bacterium viride*, *Bacillus virens*), les bactéries connues sont dépourvues de chlorophylle. Il leur faut pour vivre des matériaux organiques tout préparés, des combinaisons hydrocarbonées et azotées qu'elles trouvent dans les humeurs ou les tissus sur lesquels elles vivent; ou bien, en dehors de l'organisme animal vivant, elles les puisent dans les produits morts d'origine animale ou végétale.

Leur avidité pour l'oxygène est remarquable; les unes le prennent directement dans l'air, les autres l'empruntent à certains milieux organiques ou végétaux, en les décomposant. On appelle *aérobies* celles qui vivent en présence de l'air, *anaérobies* celles qui se multiplient dans les milieux privés d'air, et *aérobies facultatifs* celles qui peuvent vivre des deux façons.

Suivant leur action sur les substances dont elles se nourrissent les bactéries sont *chromogènes* quand elles produisent des principes colorants, *ferments* quand elles provoquent des décompositions rapides ou fermentations, *pathogènes* quand elles se développent dans le corps de l'homme et des animaux en y engendrant des maladies.

Les bactéries pathogènes donnent lieu à des maladies de forme pyémique ou de forme septique. Elles agissent sur l'organisme de l'homme ou des animaux non seulement par les troubles fonctionnels qu'elles y provoquent, mais encore par les *détritus* qu'elles y laissent. Ces détritus sont des substances solubles, toxiques, agissant comme les poisons les plus violents : on les appelle *ptomaïnes*. Certains sont tellement toxiques que les sujets atteints meurent en quelques heures; les bactéries qui paraissent les produire sont celles qui donnent lieu aux septicémies. Dans ces maladies les sujets attaqués meurent avec une rapidité étonnante, et quelquefois sont foudroyés.

Bactéries chromogènes. *Baccilus ruber* (rouge), *Microcossus prodigiosus* (rouge), *Microcossus aurantiacus* (orangé ou jaune), *Microcossus chlorinus* (vert), *Microcossus pyocyaneus* (bleu), *Bacterium cyanogenum* (bleu), *Sarcina lutea* (jaune serin).

Bactéries ferments. *Bacillus amylobacter* (ferment butyrique), *Microcossus ureæ* (ferment ammoniacal), *Microcossus aceti* (ferment acétique), *Microcossus oblongus* (ferment acétique et forme en outre l'acide zymogluconique), *Microcossus lactitus* (ferment lactique), *Microcossus nitrifians* (ferment nitrique).

Bactéries pathogènes. *Bacillus anthracis* (charbon), *Bacillus septicus* (septicémie), *Baccillus tuberculosis* (tuberculose), *Microcossus* du choléra des poules, *Microcossus* du rouget du porc, *Spirochœte Obermeieri* (fièvre récurrente), *Leptothrix buccalis* (carie des dents), *Sarcina ventriculi* (dans l'estomac des mammifères). *Bacille de la morve.* Dans les pus, furoncles, suppurations diverses : *Staphylococcus pyogenes aureus, albus* et *citreus ; Streptococcus pyogenes. Microbe de la mammite contagieuse* des vaches laitières.

ORDRE II. *CHLOROPHYCÉES*, comprennent cinq familles :

III Famille des Conjuguées. Thalle formé d'un filament cloisonné, simple, pourvu de croissance intercalaire dans toute son étendue, tantôt les cellules restent unies, tantôt elles se séparent aussitôt formées. Pas de spores. L'œuf procède de la fusion d'isogamètes immobiles. Trois tribus : 1° **Zygnémées**, filament, gamètes formés par rénovation totale, *Spirogyra, Sirogonium ;* 2° **Mésocarpées**, filament, gamètes formés par rénovation partielle, *Mésocarpées ;* 3° **Desmidiées**, filament ou cellules dissociées, gamètes formés sans rénovation, *Desmidium.*

IV Famille des Cénobiées. Thalle unicellulaire à croissance limitée, forme des colonies ou *cénobes*, zoospores. Œuf formé soit par fusion d'isogamètes mobiles, soit par anthérozoïde et oosphère. Deux tribus : 1° **Hydrodictyées**, thalle formé par une zoospore qui perd ses cils avant de s'unir à ses congénères, colonie immobile, *Pediastrum Cœlastrum ;* 2° **Volvocinées**, les zoospores en s'associant gardent leurs cils et forment une colonie mobile, *Volvox, Gonium.*

V Famille des Siphonées, thalle formé par une cellule tubuleuse et ramifiée. Zoospores. Œuf procède de la fusion soit d'isogamètes mobiles, soit d'un anthérozoïde et d'une oosphère, *Vaucheria : Codium, Valonia.*

VI Famille des Confervacées. Thalle cloisonné en une ou deux directions. Zoospores. Œuf formé par fusion d'isogamètes mobiles, par anthérozoïde et oosphère ou par zoosphère et pollinide, *Ulothrix, Cladophora, Ulva, Cylindrocapsa.*

VII Famille des Characées. Thalle cloisonné par endroits dans trois directions et se ramifie en verticilles. Pas de spores. L'œuf procède d'un anthérozoïde et d'une oosphère. Deux tribus : 1° **Nitellées**, tubes spiralés, tricellulaires. Pas de cortication. *Nitella, Tolypella ;*

2° **Charées**, tubes spiralés, bicellulaires. Presque toujours cortication. *Chara, Lychnothamnus.*

ORDRE III. *PHÉOPHYCÉES*, peuvent se diviser en cinq familles :
VIII Famille des HYDRURÉES. Spores ou zoospores. Pas d'œufs. *Chromophyton, Hydrurus.*

IX Famille des DIATOMÉES. Membrane silicifiée et formée de deux moitiés emboîtées. Œuf, quand il y en a, produit par isogamie avec gamètes immobiles. *Melosira, Fragilaria, Cymbella, Surirella.*

X Famille des PHÉOSPORÉES. Zoospores. Œuf formé par isogamie, avec gamètes mobiles, ou par hétérogamie avec mobilité tout au moins de l'anthérozoïde. *Desmaretia, Sphacelaria, Punctaria.*

XI Famille des DICTYOTÉES. Spores immobiles. Œuf formé par hétérogamie avec gamètes immobiles. *Zonaria, Padina, Dictyota.*

XII Famille des FUCACÉES. Pas de spores. Œuf formé par hétérogamie avec anthérozoïde et oosphère. *Fucus, Sargassum, Durvillea.*

ORDRE IV. *FLORIDÉES*, encore insuffisamment connues pour être classées d'une façon définitive. M. Van Tieghem en fait dix familles :

XIII Famille des BANGIÉES, *Bangia.*

XIV Famille des NÉMALIÉES, deux tribus : 1° **Batrachospermées**, thalle formé d'un filament simple, nu ou cortiqué, *Batrachospermum;* 2° **Helminthocladiées**, thalle formé d'un faisceau de filaments, cortiqué, *Memalion, Helminthocladia.*

XV Famille des GÉLIDIÉES, *Gelidium.*

XVI Famille des CRYPTONÉMIÉES, *Nemastoma, Schizimenia, Cryptonemia.*

XVII Famille des SQUAMARIÉES, deux tribus : 1° **Peyssonéliées-** Œuf et plus tard chapelets de spores plongés dans la couche corticale, *Peyssonelia;* 2° **Hildenbrandtiées**. Œuf et plus tard chapelets de spores tapissant un conceptacle, *Hildenbrandtia.*

XVIII Famille des CORALLINACÉES, deux tribus : 1° **Mélobésiées**, thalle membraneux rampant, *Melobesia;* 2° **Corallinées**, thalle cylindrique, dressé, *Corallina.*

XIX Famille des CÉRAMIACÉES, trois tribus : 1° **Spermothamniées**, sporogone nu ou involucré, ne produisant de spores que dans ses cellules périphériques, *Spermothamnion;* 2° **Céramiées**, sporogone nu ou involucré, produisant des spores en chapelet dans plusieurs de ses cellules externes ou dans toutes ses cellules, *Ceramium;* 3° **Spyridiées**, sporogone tégumenté, *Spyridia.*

XX Famille des RHODOMÉLÉES, *Ricardia, Rhodomela.* XXI Famille des RHODHYMÉNIACÉES, *Rhodhymenia, Nitophyllum.* XXII Famille des GIGARTINÉES, *Gigartina, Chondrus.*

EMBRANCHEMENT DES MUSCINÉES

Comprennent deux classes : *Hépatiques*. Spore produisant un protonéma rudimentaire duquel sort le corps végétatif adulte, qui est bilatéral, tantôt un thalle, tantôt une tige feuillée, sporogone demeurant jusqu'à la maturité des spores inclus dans l'archégone. *Mousses*, spore produisant un protonéma très développé, pourvu de chlorophylle et continuant souvent à se développer même après la formation du corps végétatif adulte qui est toujours une tige feuillée. Le sporogone ne reste que peu de temps dans l'archégone.

CLASSE DES HÉPATIQUES

Comprend deux ordres : *Jungermannioïdées, Marchantioïdées.*

ORDRE I. *JUNGERMANNIOÏDÉES.* I Famille des JUNGERMANNIACÉES, deux tribus : 1° **Anacrogynes**, archégones non terminaux, presque toujours un thalle, *Aneura, Blasia* ; 2° **Acrogynes**, archégones terminaux, tige feuillée, *Radula, Jungermannia.*

II Famille des ANTHOCÉROTÉES, *Anthoceros, Dendroceros.*

ORDRE II. *MARCHANTIOÏDÉES.* III Famille des RICIÉES, *Riccia Sphærocarpus.*

IV Famille des MARCHANTIACÉES, trois tribus : 1° **Targionées**, sporogones solitaires sur le thalle, *Targiona* ; 2° **Marchantiées**, sporogones groupés à la face inférieure d'un chapeau pédicellé, *Marchantia, Fegatella* ; 3° **Lunulariées**, sporogones groupés au sommet d'un long rameau dressé, *Lunularia.*

CLASSE DES MOUSSES

Comprend deux ordres : *Sphagninées* et *Bryinées.*

ORDRE I. *SPHAGNINÉES.* I Famille des SPHAGNACÉES, coiffe qui enveloppe le sporogone se déchire irrégulièrement ; sporange s'ouvre par la disjonction d'un couvercle. Pseudopode. *Sphagnum.* II Famille des ANDRÉÉACÉES. Sporange s'ouvre en quatre valves qui demeurent unies au sommet et à la base, *Andreæa.*

ORDRE II. *BRYINÉES.* III Famille des PHASCACÉES. Sporange indéhiscent ; les spores ne sont mises en liberté que par la destruction de la paroi. *Phascum, Ephemerum.*

IV Famille des BRYACÉES. Coiffe surmontant le sporogone. Sporange s'ouvre par une fente circulaire. Deux tribus : 1° **Pleurocarpes**, archégones naissant latéralement sur la tige ou les branches, *Hypnum, Hookeria* ; 2° **Acrocarpes**, archégones terminant la tige ou les branches, *Bryum, Mnium, Ceratodon.*

EMBRANCHEMENT DES CRYPTOGAMES VASCULAIRES

Forment trois classes : *Filicinées* (fougères), *Equisétinées* (prêles), *Lycopodinées* (lycopodes).

CLASSE DES FILICINÉES

Forment deux sous-classes et trois ordres : *A.* **Filicinées isosporées**. Les sporanges sont d'une seule sorte et produisent des prothalles monoïques indépendants : 1° *Fougères*, le sporange procède d'une seule cellule épidermique ; 2° *Marattioïdées*, le sporange procède d'un groupe de cellules épidermiques. *B.* **Filicinées hétérosporées**. Les spores sont de deux sortes et produisent des prothalles unisexués inclus : 3° *Hydroptérides*.

ORDRE I. *FOUGÈRES*, six familles :

I Famille des HYMENOPHYLLÉES. Sporange avec anneau complet transversal et s'ouvrant par une fente longitudinale, *Hymenophyllum*, *Trichomanes*.

II Famille des CYATHÉACÉES. Sporange avec anneau complet, longitudinal, un peu excentrique et s'ouvrant par une fente transversale, *Cyathea*, *Cibotium*.

III Famille des POLYPODIACÉES. Sporange avec anneau vertical incomplet et déhiscence transversale, cinq tribus : 1° **Acrostichées**. Sores recouvrant à la fois le parenchyme et les nervures de la face inférieure ou même des deux faces de la feuille, ou sont situées sur un épaississement qui longe les nervures ; pas d'indusie. *Acrostichum, Chrysodium* ; 2° **Polypodiées**. Sores occupant soit le cours longitudinal des nervures, soit certaines de leurs anastomoses, soit l'extrémité épaissie des nervures ; ils sont nus, rarement pourvus d'une indusie latérale. *Polypodium, Adiantum, Pteris* ; 3° **Aspléniées**. Sores suivant d'un côté le cours des nervures, recouverts par une indusie latérale, rarement nus, ou bien dépassent le dos des nervures au sommet et sont enveloppés par une indusie émanée d'elles ; ou bien ils occupent certaines anastomoses des nervures et sont recouverts d'un côté par une indusie. *Asplenium, Scolopendrium* ; 4° **Aspidiées**. Sores dorsaux, avec indusie, rarement terminaux et sans indusie. *Aspidium, Cystopteris* ; 5° **Davalliées**. Sores terminaux ou dans les dichotomies des nervures, avec indusie, ou bien sur un arc anastomotique intramarginal et recouverts par une indusie cupulliforme. *Davallia*.

IV Famille des GLEICHÉNIÉES. Sporanges sessiles réunis par trois ou quatre en sores nus, anneau complet transversal, déhiscence longitudinale. *Gleichenia, Mertensia*.

V Famille des OSMONDÉES. Sporange avec portion d'un anneau transversal, déhiscence par une fente longitudinale opposée à l'anneau. *Osmunda, Todea*.

VI Famille des SHIZÉACÉES. Sporange sessile avec un anneau polaire au sommet, déhiscence longitudinale. *Schizœa, Lyodium.*

ORDRE II. *MARATTIOIDÉES*, deux familles :

VII Famille des MARATTIACÉES, trois tribus : 1° **Angioptéridées**. Sporanges libres, à déhiscence longitudinale. *Angiopteris* ; 2° **Marattiées**. Sporanges soudés, à déhiscence longitudinale. *Marattia* ; 3° **Danœées**. Sporanges soudés, à déhiscence poricide. *Danœa.*

VIII Famille des OPHIOGLOSSÉES. Sporanges à déhiscence transversale. *Ophioglossum, Botrychium.*

ORDRE III. *HYDROPTÉRIDES*, deux familles :

IX Famille des SALVINIACÉES. Sporocarpes uniloculaires et ne renfermant qu'un seul sore sont de deux sortes : les uns mâles, les autres femelles. *Salvinia, Azolla.*

X Famille des MARSILIACÉES. Sporocarpes pluriloculaires et renfermant plusieurs sores, contiennent à la fois des macrosporanges et des microsporanges. *Marsilia, Pilularia.*

CLASSE DES ÉQUISÉTINÉES

Comprennent deux ordres : *Equisétinées isosporées.* Sporanges tous semblables ; *Equisétinées hétérosporées.* Sporanges de deux sortes : les uns mâles renfermant des microspores, les autres femelles renfermant des macrospores.

ORDRE I. *ÉQUISÉTACÉES ISOSPORÉES*, une seule famille : ÉQUISÉTACÉES. Sporange s'ouvrant par une fente longitudinale du côté qui regarde le pédicelle de l'écusson ; spore entouré de deux rubans spiralés. *Equisetum.*

ORDRE II. *ÉQUISÉTACÉES HÉTÉROSPORÉES*, une seule famille : ANNULARIÉES. Aujourd'hui éteinte ; dès le dévonien jusque dans le permien, on trouve les deux genres : *Annularia, Asterophyllites.*

CLASSE DES LYCOPODINÉES

Forment deux ordres : *Lycopodinées isosporées.* Sporanges tous semblables ; les spores développent des prothalles monoïques. *Lycopodinées hétérosporées.* Sporanges de deux sortes, donnant : les uns des microspores qui germent en prothalles mâles rudimentaires, les autres des macrospores qui forment des prothalles femelles.

ORDRE I. *LYCOPODINÉES ISOSPORÉES*, une seule famille :

I. LYCOPODIACÉES. Sporange s'ouvre en deux valves par une fente dirigée suivant sa plus grande longueur ; deux tribus : 1° **Lycopodiées**. Sporanges solitaires et libres, *Lycopodium* ; 2° **Psilotées**. Sporanges groupés et soudés, *Psilotum.*

ORDRE II. *LYCOPODINÉES HÉTÉROSPORÉES*, trois familles :

II Famille des ISOÉTÉES. Sporanges de deux sortes, indéhiscents. Les spores sont mises en liberté par la désorganisation de la paroi, *Isoetes*

III Famille des Sélaginellées. Sporanges de deux sortes, s'ouvrent au sommet par une fente, *Selaginella*; IV Famille des Lépidodendrinées. Se trouvent à l'état fossile depuis le Silurien jusqu'au Permien, *Psilophyton, Lepidodendron, Sigillaria*.

EMBRANCHEMENT DES PHANÉROGAMES

Les phanérogames sont divisées en deux sous-embranchements : 1° *Gymnospermes* (à graines nues); 2° *Angiospermes* (à graines protégées). Ces dernières sont divisées en deux classes : *Monocotylédones* et *Dicotylédones*.

SOUS-EMBRANCHEMENT I.

GYMNOSPERMES, trois familles : I Cycadinées, deux tribus. : 1° **Cycadées**, ovules insérés latéralement, plusieurs de chaque côté, sur un carpelle penné, *Cycas*; 2° **Zamiées**, deux ovules à la face inférieure d'un carpelle pelté, *Zamia, Dioon*.

II Conifères, trois tribus : *A*. un cône, pas d'arille : 1° **Abiétinées**, pistil indépendant avec la bractée mère, *Pinus, Cedrus, Larix, Abies, Picea*; 2° **Cupressinées**, pistil concrescent avec la bractée mère : *a*, bractées mères spiralées, *Araucaria*; *b*, bractées mères verticillées *Cupressus, Biota, Thuia, Juniperus*. *B*. pas de cône, presque toujours un arille : 3° **Taxinées**, pistil indépendant de la bractée mère, *Podocarpus, Ginkgo, Cephalotaxus, Taxus*.

III Gnétacées, *Gnetum, Welwitschia, Ephedra*.

CLASSE I. MONOCOTYLÉDONES. — SOUS-EMBRANCHEMENT II

Divisées en quatre grands ordrespar M . Van Tieghem :

Corolle	nulle .... ovaire supère.	*Graminidées.*
	sépaloïde .... ovaire supère.	*Joncinées.*
	pétaloïde .... ovaire { supère.	*Liliinées.*
	{ infère .	*Iridinées.*

ORDRE I. *GRAMINIDÉES*. Subdivisées de la façon suivante :

Albumen				
amylacé. Plantes	terrestres. Ovules	anatropes	Caryopse..	*Graminées.*
			Akène. ...	*Cypéracées.*
		orthotropes............,		*Centrolépidées.*
	aquatiques nageantes.............			*Lemnacées.*
nul..................				*Naïadacées.*
charnu. Fleurs mâles et femelles dans..	le même épi....	séparées ...		*Aroïdées.*
		entremêlées		*Cyclanthacées.*
	des épis différents	monoïques		*Typhacées.*
		dioïques ..		*Pandanées.*

1 Famille des Graminées. Subdivisée en deux groupes et treize tribus : *A*. Panicacées, une seule fleur sub-terminale, rarement terminale, au-dessous de laquelle on trouve quelquefois une fleur mâle ou rudimentaire; épillet ordinairement articulé avec son pédicelle à la base; comprennent : 1° **Panicées**, *Panicum, Setaria*; 2° **Maïdées**, *Zea*; 3° **Oryzées**, *Oryza*; 4° **Tristéginées**, *Arundinella*; 5° **Zoysiées**, *Zoysia*; 6° **Andropogonées**, *Andropogon, Sorghum, Sac-*

charum; 7º **Phalaridées**, *Phalaris, Anthoxanthum*; B. POACÉES, une ou plusieurs fleurs, au-dessus desquelles on trouve un certain nombre de bractées stériles ou portant des fleurs rudimentaires; épillet non articulé avec son pédicelle à la base; comprennent : 8º **Agrostigées**, *Milium, Agrostis, Polypogon, Phleum*; 9º **Avénées**, *Aira, Holcus, Avena*; 10º **Chloridées**, *Chloris, Cynodon*; 11º **Festucées**, *Arundo, Melica, Dactylis, Briza, Poa, Festuca, Bromus*; 12º **Hordées**, *Lolium, Secale, Triticum, Hordeum*; 13º **Bambusées**, *Bambusa*.

II Famille des CYPÉRACÉES, deux tribus : 1º **Scirpées**, fleurs hermaphrodites, *Cyperus, Scirpus*; 2º **Caricées**, fleurs unisexuées, *Carex*.

III Famille des CENTROLÉPIDÉES, exotique, *Aphelia, Gaimardia*.

IV Famille des LEMNACÉES, *Lemna, Wolffia*.

V Famille des NAÏADACÉES, *Zostera, Naias*.

VI Famille des AROÏDÉES, formant trois tribus : 1º **Arées**, fleurs nues, unisexuées, *Arum, Colocasia, Richardia, Caladium, Philodendrum*; 2º **Callées**, fleurs nues, hermaphrodites, *Calla*; 3º **Orontiées**, *Anthurium*.

VII Famille des TYPHACÉES, *Typha, Sparganium*.

VIII Famille des PANDANÉES, exotique, *Pandanus*.

IX Famille des CYCLANTACÉES, exotique, *Cyclanthus*.

ORDRE II. *JONCINÉES*. Se subdivise ainsi :

Albumen	amylacé	Epillet	*Restaciées.*
		Capitule	*Eriocaulées.*
	nul		*Triglochinées.*
	charnu	Fruit charnu	*Palmiers.*
		Capsule	*Joncacées.*

X Famille des RESTACIÉES, exotique, *Leptocarpus*.

XI Famille des ÉRIOCAULÉES, exotique, *Eriocaulon*.

XII Famille des TRIGLOCHINÉES, *Triglochin*.

XIII Famille des PALMIERS, exotique. Comprend 132 genres : *Chamærops, Phœnix, Calamus, Raphia, Latania, Cocos, Areca*.

XIV Famille des JONCACÉES, quatre tribus : A. Capsule ou akène, albumen charnu : 1º **Joncées**, anthères basifixes, style trifide, *Juncus*; 2º **Calectasiées**, anthères basifixes, style simple, *Calectasia*; 3º **Xérotées**, anthères dorsifixes, *Xerotes*; B. Drupe, albumen amylacé : 4º **Flagellariées**, *Flagellaria, Susum*.

ORDRE III. *LILIINÉES*. Divisé comme suit :

Calice sépaloïde, corolle pétaloïde. Albumen	nul		*Alismacées.*
	amylacé. Ovule	orthotrope	*Commélinacées.*
		anatrope	*Xyridacées.*
Calice et corolle pétaloïdes. Albumen	amylacé		*Pontédériacées*
	charnu		*Liliacées.*

XV Famille des ALISMACÉES. Comprend deux tribus : 1° **Alismées**, ovule solitaire, basilaire, akène, *Alisma*, *Sagittaria* ; 2° **Butomées**, ovules nombreux, pariétaux. Follicule. *Butomus*.

XVI Famille des COMMÉLINACÉES, tropicale, *Tradescantia*.

XVII Famille des XYRIDACÉES, exotique, *Xyris*.

XVIII Famille des PONTÉDÉRIACÉES, régions chaudes, *Pontederia*.

XIX Famille des LILIACÉES. Comprend trois grandes tribus : 1° **Liliées**, capsule loculicide, anthères le plus souvent introses, styles concrescents, *Tulipa*, *Lilium*, *Allium*, *Scilla*, *Asphodelus*, *Yucca*, *Dasylirion*, *Hyacinthus*, *Muscari* ; 2° **Colchicées**, capsule septicide, anthères généralement extroses, styles ordinairement libres, *Colchicum*, *Narthecium* ; 3° **Asparagées**, baie, *Asparagus*, *Smilax*, *Ruscus*, *Dracæna*. Les asparagées sont aussi considérées comme famille à part.

ORDRE IV. *IRIDINÉES*. Comprend les familles suivantes :

<pre>
         charnu. ┌à 6 étamines introses┐hermaphrodites. Amaryllidées.
          Fleur │   │unisexuées...... Dioscoréacées.
                 │à 3 étamines épisépales extroses . .... Iridées.
                 └3 étamines épipétales introses ......   Hémodoracées.
Albumen amylacé.┌régulière ....   Broméliacées.
          Fleur └zygomorphe........................   Scitaminées.
         nul.   ┌zygomorphe........................   Orchidées.
          Fleur └régulière.........................   Hydrocharidées.
</pre>

XX Famille des AMARYLLIDÉES, six tribus : 1° **Amaryllées**, bulbe, *Galanthus*, *Amaryllis*, *Narcissus* ; 2° **Agavées**, rhizome ou tige dressée, *Agave* ; 3° **Vellosiées**, plus de 6 étamines, *Vellosia* ; 4° **Hypoxidées**, rhizome tuberculeux, *Hypoxis* ; 5° **Taccées**, placentation pariétale, *Tacca* ; 6° **Burmanniées**, embryon rudimentaire, *Burmannia*.

XXI Famille des DIOSCORÉACÉES, *Dioscorea*.

XXII Famille des IRIDÉES, *Iris*, *Gladiolus*, *Crocus*.

XXIII Famille des HÉMODORACÉES, exotique, *Hæmodorum*.

XXIV Famille des BROMÉLIACÉES, exotique, *Ananassa*, *Bromelia*.

XXV Famille des SCITAMINÉES, trois tribus : 1° **Musées**, cinq étamines fertiles, un albumen amylacé, pas de périsperme, *Musa* ; 2° **Zinzibérées**, une étamine fertile, un albumen amylacé et un périsperme charnu, *Curcuma*, *Zinziber*, *Amomum* ; 3° **Marantées**, une demi-étamine fertile, pas d'albumen, un périsperme corné, *Canna*, *Maranta*.

XXVI Famille des ORCHIDÉES. Comprend 5 tribus, 334 genres et environ 5.000 espèces, *Orchis*, *Ophris*, *Cypripedium*, *Limodorum*, *Neottia*, *Vanilla*, *Vanda*.

XXVII Famille des HYDROCHARIDÉES, aquatique, *Hydrocharis*, *Vallisneria*, *Stratiotes*, *Elodea*.

CLASSE II. — DICOTYLÉDONES

Divisées en trois grands groupes ou sous-classes : Apétales, Dialypétales et Gamopétales. Subdivisés chacun en deux ordres, au total six ordres : 1º Apétales à ovaire supère, 2º Apétales à ovaire infère ; 3º Dialypétales à ovaire supère ; 4º Dialypétales à ovaire infère ; 5º Gamopétales à ovaire supère ; 6º Gamopétales à ovaire infère.

ORDRE I. *APÉTALES SUPEROVARIÉES.* Subdivisées de la façon suivante :

<pre>
         ⎧ unisexuées . . . .   Urticacées.
 Fleurs ⎨   ⎧ Pas de calice . . . .   Piperacées.
         ⎪ hermaphrodites ⎨   ⎧ orthotrope . . . . . Polygonacées.
         ⎩   ⎩ Un calice . Ovule ⎨ campylotrope . .   Chénopodiacées.
                                              ⎩ anatrope . . . . . Protéacées.
</pre>

I Famille des URTICACÉES, huit tribus : *A.* ovule dressé : 1º **Thélygonées**, fleurs unisexuées, anthères dressées dans le bouton, *Thelygonum* ; 2º **Urticées**, fleurs unisexuées, quelques-unes rarement hermaphrodites, filets ployés, *Urtica, Bœhmeria, Parietaria* ; 3ª **Conocéphalées**, fleurs unisexuées, filets droits, *Cecropia* ; *B.* ovule pendant : 4º **Artocarpées**, fleurs unisexuées, filets droits, latex, *Ficus, Artocarpus* ; 5º **Morées**, filets ployés, latex, *Morus, Broussonetia, Maclura* ; 6º **Cannabinées**, fleurs dioïques, filets droits, pas de latex, *Cannabis, Humulus* ; 7º **Celtidées**, fleurs polygames monoïques, filets droits, pas de latex, drupe, *Celtis* ; 8º **Ulmées**, fleurs polygames hermaphrodites, akène ou samare, *Ulmus, Planera.*

A cette famille M. Van Tieghem rattache les cinq familles suivantes : famille des PLATANÉES, *Platanus* ; — famille des LEITNÉRIÉES, exotique, *Leitneria* ; — famille des CÉRATOPHYLLÉES, aquatique, *Ceratophyllum* ; — famille des CASUARINÉES, exotique, *Casuarina* ; — famille des CHLORANTHÉES, exotique, *Chloranthus.*

II Famille des PIPÉRACÉES, deux tribus : 1º **Pipérées**, ovaire uniovulé, fruit indéhiscent, *Piper, Peperomia* ; 2º **Saururées**, ovaire pluriovulé, fruit déhiscent, *Lactoris.*

Aux PIPÉRACÉES peuvent se rattacher les familles suivantes : famille des MYRICÉES, *Myrica* ; — famille des LACISTÉMÉES, exotique, *Lacistema* ; — famille des SALICINÉES, *Salix, Populus* ; — famille des BALANOPSÉES, *Balanops.*

III Famille des POLYGONACÉES. Comprend six tribus ; genres : *Polygonum, Rheum, Rumex.*

IV Famille des CHÉNOPODIÉES. Comprend cinq tribus ; genres : *Salsola, Salicornia, Atriplex, Beta, Chenopodium, Amarantus, Achyrantes, Alternanthera.*

Aux CHÉNOPODIÉES se rattachent les familles suivantes : famille des PHYTOLACCACÉES, *Phytolacca, Rivina* ; — famille des AIZOACÉES

Tetragonia, Mesembrianthemum; — famille des BATIDÉES, exotique, *Batis*; — famille des NYCTAGINÉES, *Bougainvillea, Mirabilis*; — famille des ILLÉCÉBRÉES, *Illecebrum*; — famille des PODOSTÉMÉES, *Podostemon*.

V Famille des PROTÉACÉES, *Protea, Darlingia*.

Aux PROTÉACÉES se rattachent les familles suivantes : famille des ÉLÉAGNÉES, *Eleagnus*; — famille des THYMÉLÉACÉES, *Daphne, Pimelea*; — famille des PÉNÉACÉES, exotique, *Penæa*.

ORDRE II. *APÉTALES INFEROVARIÉES.* Comprennent les familles suivantes : pistil pluriloculaire à loges uniovulées ou biovulées : *Cupulifères*; pistil uniloculaire à placentration centrale : *Santalacées*; pistil pluriloculaire à loges multiovulées : *Aristolochiacées*.

VI Famille des CUPULIFÈRES. Comprend trois tribus : 1º **Bétulées**, fleur femelle sans calice, carpelles uniovulés, pas de cupule, *Alnus, Betula*; 2º **Corylées**, fleur femelle avec calice, carpelles uniovulés, cupule partielle, *Corylus, Carpinus*; 3º **Quercées**, fleur femelle avec calice, carpelles uniovulés, cupule, *Castanea, Fagus, Quercus*.

Aux Cupulifères on rattache la famille des JUGLANDÉES, *Juglans, Caria*.

VII Famille des SANTALACÉES, plantes parasites, *Santalum, Osyris*.

Aux SANTALACÉES se rattachent les familles suivantes : famille des LORANTHACÉES, plantes parasites, *Loranthus, Osyris*; — famille des BALONOPHORACÉES, plantes parasites, *Balanophora*; — famille des RAFFLÉSIACÉES, plantes parasites, *Rafflesia, Cytinus*.

VIII Famille des ARISTOLOCHIACÉES, *Aristolochia*.

Aux Aristolochiacées se rattachent les familles suivantes : famille des BÉGONIÉES, *Begonia*; — famille des DATISCÉES, *Datisca*.

ORDRE III. *DIALYPÉTALES SUPEROVARIÉES.*

IX Famille des RENONCULACÉES, trois tribus : 1º **Clématidées**, feuilles opposées, *Clematis*; 2º **Renonculées**, carpelles uniovulés, akènes, *Ranunculus, Adonis, Anémone*; 3º **Helléborées**, carpelles multiovulés, follicule, *Helleborus, Nigella*

Aux RENONCULACÉES se rattachent les familles suivantes : famille des ANONACÉES, *Anona*; — famille des MAGNOLIACÉES, *Magnolia, Liriodendron*; — famille des MONIMIACÉES, *Monimia, Calycanthus*; — famille des MÉNISPERMÉES, *Menispermum*; — famille des MYRISTICÉES, *Myristica*; — famille des BERBÉRIDÉES, *Berberis, Mahonia*; — famille des LAURACÉES, *Laurus*; — famille des NYMPHÉACÉES, aquatique, *Nuphar*.

X Famille des MALVACÉES, trois tribus : 1º **Tiliées**, étamines libres, anthères à quatre sacs, *Tilia*; 2º **Sterculiées**, étamines concrescentes en tube, anthères à quatre sacs, *Sterculia*; 3º **Malvées**, étamines concrescentes en tube, anthères à deux sacs, *Althæa, Malva, Hibiscus*.

Aux MALVACÉES M. Van Tieghem rattache les vingt-quatre familles suivantes : famille des TERNSTRŒMIACÉES, *Camellia*; — famille des CLUSIACÉES, *Clusia*; — famille des DILLÉNACÉES, *Dillenia*; — famille des OCHNACÉES, *Ochna*; — famille des DIPTÉROCARPÉES, *Dipterocarpus*; —

famille des SARCOLÉNÉES, *Sarcolæna* ; — famille des HUMIRIÉES, *Humiria* ; — famille des EUPHORBIACÉES, *Siphonia, Euphorbia, Ricinus, Croton* ; — famille des BUXÉES, *Buxus* ; — famille des EMPÉTRÉES, *Empetrum* ; — famille des CISTÉES, *Cistus;* — famille des BIXACÉES, *Bixa* ; — famille des SAMYDÉES, *Samyda* ; — famille des PASSIFLORÉES, *Passiflora* ; — famille des HYPÉRICACÉES, *Hypericum* ; — famille des TAMARISCINÉES, *Tamarix* ; — famille des VIOLACÉES, *Viola* ; — famille des DROSÉRACÉES, *Drosera* ; — famille des SARRACÉNIÉES, *Sarracenia* ; — famille des NÉPENTHÉES, *Nepenthes* ; — famille des RÉSÉDACÉES, *Reseda* ; — famille des CRUCIFÈRES, *Cheiranthus, Nasturtium, Brassica, Lepidium, Raphanus* ; — famille des CAPPARIDÉES, *Capparis* ; — famille des PAPAVÉRACÉES, *Papaver, Fumaria.*

XI Famille des GÉRANIACÉES, *Geranium, Erodium, Pelargonium, Oxalis, Impatiens.*

AUX GÉRANIACÉES sont rattachées les familles suivantes : famille des LINACÉES, *Linum* ; — famille des CRASSULACÉES, *Crassula, Sedum* ; — famille des ELATINÉES, *Elatine* ; — famille des CARYOPHYLLÉES, *Dianthus, Silene, Arenaria* ; — famille des PORTULACÉES, *Portulaca* ; — famille des ZYGOPHYLLÉES, *Zygophyllum* ; — famille des RUTACÉES, *Ruta, Citrus* ; — famille des MÉLIACÉES, *Melia* ; — famille des SIMARUBACÉES, *Simaruba, Quassia* ; — famille des ANACARDIACÉES, *Rhus, Anacardium* ; — famille des SAPINDACÉES, *Acer, Æsculus* ; — famille des SABIÉES, *Sabia;* — famille des MALPIGHIACÉES, *Malpighia;* — famille des POLYGALÉES, *Polygala* ; — famille des TRÉMANDRÉES, *Tremandra* ; — famille des VOCHYSIACÉES, *Vochysia* ; — famille des LÉGUMINEUSES, qui comprend trois grandes tribus : 1º **Mimosées**, corolle régulière, embryon droit, *Mimosa, Acacia* ; 2º **Césalpiniées**, corolle zygomorphe à préfloraison carénale, embryon droit, *Cæsalpinia* ; 3º **Papilionacées**, corolle zygomorphe à préfloraison véxillaire, embryon courbe, *Lupinus, Cytisus, Medicago, Trifolium, Lotus, Onobrychis, Vicia, Phaseolus* ; — famille des CONNARÉES, *Connarus* ; — famille des ROSACÉES, *Rosa, Prunus, Fragaria, Rubus, Pyrus, Cydonia, Cratægus* ; — famille des MORINGÉES, *Moringa.*

XII Famille des CÉLASTRACÉES, *Evonymus.*

AUX CÉLASTRACÉES se rattachent les familles suivantes : famille des CHAILLÉTIÉES, *Ilex* ; — famille des PITTOSPORÉES, *Pittosporum* ; — famille des OLACINÉES, *Olax* ; — famille des VITÉES, *Vitis, Cissus, Ampelopsis, Pterisanthes* ; — famille des RHAMNÉES, *Zizyphus, Rhamnus.*

ORDRE IV. *DIALYPÉTALES INFEROVARIÉES.*

XIII Famille des CACTÉES, *Opuntia, Echinocactus, Epiphyllum.*

XIV Famille des SAXIFRAGÉES, *Saxifraga, Deutzia, Philadelphus.*

AUX SAXIFRAGÉES se rattachent les familles suivantes : famille des LYTHRACÉES, *Lythrum* ; — famille des ŒNOTHÉRACÉES, *Fuchsia, Œnothera* ; — famille des HALORAGÉES, *Haloragis* ; — famille des COMBRÉTACÉES, *Combretum* ; — famille des RHIZOPHORACÉES, *Rhizophora* ;

— famille des MELASTOMACÉES, *Melastoma* ; — famille des MYRTACÉES, *Myrtus, Eucalyptus, Calythrix* ; — famille des LOASÉES, *Loasa.*

XV Famille des OMBELLIFÈRES, *Carum, Chœrophyllum, Fœniculum, Daucus, Apium.*

Aux OMBELLIFÈRES sont rattachées les familles suivantes : famille des ARALIÉES, *Aralia* ; — famille des CORNÉES, *Cornus.*

ORDRE V. *GAMOPÉTALES SUPEROVARIÉES.*

XVI Famille des ÉRICACÉES, *Arbutus, Erica, Rhododendron.*

Aux ÉRICACÉES sont rattachées les familles suivantes : famille des ÉPACRIDÉES, *Epacris* ; — famille des DIAPENSIACÉES, *Diapensia* ; — famille des LENNOÉES, *Lennoa* ; — famille des CYRILLÉES, *Cyrilla* ; — famille des PRIMULACÉES, *Primula, Cyclamen, Anagallis* ; — famille des PLOMBAGINÉES, *Plumbago* ; — famille des MYRSINÉES, *Myrsine* ; — famille des SAPOTÉES, *Sapota* ; — famille des ÉBÉNACÉES, *Diospyros* ; — famille des STYRACÉES, *Styrax.*

XVII Famille des SOLANÉES, *Solanum, Lycium, Atropa, Datura, Nicotiana, Lycopersicum, Petunia.*

Aux SOLANÉES se rattachent les familles suivantes : famille des BORRAGINÉES, *Borrago, Heliotropium, Myosotis, Echium* ; — famille des HYDROPHYLLÉES, *Hydrophyllum* ; — famille des POLÉMONIÉES, *Polemonium, Phlox* ; — famille des CONVOLVULACÉES, *Convolvulus, Cuscuta* ; — famille des GENTIANÉES, *Gentiana* ; — famille des LOGANIÉES, *Logania* ; — famille des APOCYNÉES, *Vinca, Nerium, Apocynum* ; — famille des ASCLÉPIADÉES, *Asclepias* ; — famille des OLÉACÉES, comprenant trois tribus : 1° **Jasminées**, calice pentamère, deux étamines médianes, *Jasminum* ; 2° **Oléées**, calice tétramère, deux étamines latérales, *Syringa, Fraxinus, Olea, Ligustrum* ; 3° **Salvadorées**, calice tétramère, quatre étamines, *Salvadora.*

XVIII Famille des SCROFULARIÉES, *Verbascum, Scrofularia, Mimulus, Digitalis, Veronica.*

Aux SCROFULARIÉES se rattachent les familles suivantes : famille des LABIÉES, *Coleus, Mentha, Origanum, Thymus, Melissa, Salvia, Marrubium, Phlomis, Lavandula, Rosmarinus, Podostemon* ; — famille des UTRICARIÉES, *Utricaria* ; — famille des GESNÉRACÉES, *Gloxinia, Achimenes, Orobanche* ; — famille des BIGNONIACÉES, *Bignonia, Catalpa* ; — famille des ACANTHACÉES, *Acanthus, Justicia* ; — famille des SÉLAGINACÉES, *Selago* ; — famille des VERBÉNACÉES, *Verbena, Lantana* ; — famille des PLANTAGINÉES, *Plantago.*

ORDRE VI. *GAMOPÉTALES INFEROVARIÉES.*

XIX Famille des CAMPANULACÉES, *Campanula.*

Aux CAMPANULACÉES sont rattachées les familles suivantes : famille des LOBÉLIÉES, *Lobelia* ; — famille des STYLIDIÉES, *Stylidium* ; — famille des GOODÉNIÉES, *Goodenia* ; — famille des CUCURBITACÉES, *Cucumis, Cucurbita, Bryonia, Citrullus.*

XX Famille des RUBIACÉES, *Bouvardia, Gardenia, Coffea, Rubia, Galium.*

Aux Rubiacées sont rattachées les familles suivantes : famille des Caprifoliacées, *Sambucus*, *Viburnum*, *Lonicera*; — famille des Valérianées, *Centranthus*, *Valerianella*; — famille des Dipsacées, *Dipsacus*, *Scabiosa*; — famille des Calycérées, *Calycera*.

XXI Famille des Composées. Comprend quatre tribus : 1° **Liguliflores**, toutes les fleurs ligulées, *Scolymus*, *Cichorium*, *Picris*, *Sonchus*, *Tragopogon*, *Scorzonera* ; 2° **Tubuliflores**, toutes les fleurs tubuleuses, *Ageratum*, *Carlina*, *Carduus*, *Cinara*, *Centaurea*, *Cartamus* ; 3° **Radiées**, fleurs tubuleuses au centre et ligulées à la périphérie, *Bellis*, *Erigeron*, *Gnaphalium*, *Inula*, *Zinnia*, *Helianthus*, *Dahlia*, *Chrysanthemum*, *Cineraria*, *Arnica*, *Senecio*; 4° **Labiatiflores**, fleurs bilabiées, tantôt seules (*Nassauvia*), tantôt tubuleuses au centre (*Barnadesia*), ou avec des fleurs ligulées à la périphérie (*Mutisia*).

SURFACE DES FEUILLES

les deux faces comprises, et des tiges vertes, par hectare de diverses cultures

mètres carrés

Topinambours. Surface feuilles en septembre..	136.000	142.410
Tiges de 2 à 3ᵐ de hauteur....	6.410	
Froment en fleurs ; 195 plants par mètre.................		35.490
Pommes de terre en fleurs ; { Feuilles.........	36.610	39.644
plants espacés à 60ᶜᵐ... { Tiges vertes......	3.037	
Betterave champêtre, premiers jours d'octobre ; plants à 0ᵐ 60 et terre riche		49.921

(Boussingault.)

Vigne. — Pour l'aramon, la surface occupée par les feuilles, par pied, varie de 1ᵐ² à 2ᵐ²25, soit, pour les 2 faces, de 2ᵐ² à 4ᵐ²500. En supposant 5.000 pieds à l'hectare et en prenant une moyenne, on arrive au chiffre de 17.250

ZOOLOGIE

Les animaux ont été divisés en deux grands groupes : les *Protozoaires* et les *Métazoaires*.

PREMIER GROUPE. PROTOZOAIRES

I. EMBRANCHEMENT DES PROTOZOAIRES

Animaux très petits, unicellulaires, sans organes différenciés, à reproduction généralement asexuelle.

Les formes les plus rudimentaires, servant de passage entre le règne végétal et le règne animal, sont les *Monères*. D'après Claus, cet embranchement peut se diviser en deux classes :

1. CLASSE DES RHIZOPODES

Protozoaires sans enveloppe, avec prolongements. Généralement une coquille calcaire ou siliceuse. Comprend 3 ordres :

ORDRE 1. *FORAMINIFÈRES*. Rhizopodes sans capsule centrale, à test ordinairement calcaire percé d'une grande ouverture ou de nombreux pores pour le passage des pseudopodes. 2 sous-ordres : AMŒBIENS, RETICULARIA.

ORDRE 2. *HÉLIOZOAIRES*. Un ou plusieurs noyaux, souvent vacuoles pulsatiles, quelquefois un squelette siliceux. Famille des ACTINOPHRYIDÆ.

ORDRE 3. *RADIOLAIRES*. Corps différencié, capsule centrale, squelette siliceux. 4 sous-ordres : THALASSICOLLEA, POLYCYSTINEA, ACANTHOMETRÆ, POLYCYTTARIA.

2. CLASSE DES INFUSOIRES

Protozoaires de forme définie, pourvus en général d'une membrane extérieure munie de cils, de soies, de griffes, d'une ouverture buccale et d'une ouverture anale, d'une vacuole pulsatile, d'un ou de plusieurs noyaux et d'un nucléole. Comprend 5 ordres :

ORDRE 1. *INFUSOIRES TENTACULIFÈRES (SUCTORIA).* Suçoirs tentaculiformes, généralement rétractiles. Pas de cils. Famille des ACINETIDÆ.

ORDRE 2. *HOLOTRICHES.* Cils très fins sur tout le corps. Famille des OPALINIDÆ.

ORDRE 3. *HÉTÉROTRICHES.* Corps couvert de cils. Bouche ventrale située au fond d'un péristome et anus généralement à l'extrémité postérieure. Famille des STENTORIDÆ.

ORDRE 4. *HYPOTRICHES.* Face dorsale convexe, face ventrale plate portant des cils, des soies, des pieds en griffes. Famille des CHLAMYDODONTIDÆ.

ORDRE 5. *PERITRICHES.* Corps généralement nu, beaucoup se multiplient par division. Famille des VORTICELLIDÆ.

DEUXIÈME GROUPE. METAZOAIRES

Se reproduisent à l'aide de cellules femelles appelées *œufs*, fécondées par leur fusion avec une cellule mâle appelée *spermatozoïde*. D'après Claus, peuvent se diviser de la façon suivante :

II. EMBRANCHEMENT DES CŒLENTÉRÉS

Organismes pluricellulaires, à organes cellulaires différenciés, cavité digestive centrale, un système de canaux périphériques. Deux sous-embranchements : *Spongiaires* et *Cnidaires.*

1er SOUS-EMBRANCHEMENT. SPONGIAIRES

Corps généralement spongieux, de forme très variable, formé d'une réunion de cellules nues, amiboïdes, ordinairement soutenu par une charpente de fibres ou de spicules calcaires ou siliceux qui s'anastomosent entre eux. Comprennent 2 ordres :

ORDRE 1. *FIBROSPONGIÆ* (éponges fibreuses). Subdivisé en 5 sous-ordres : MYXOSPONGIA (éponges gélatineuses), CERAOSPONGIA (éponges cornées), HALICHONDRIÆ (éponges munies d'aiguilles et de spicules siliceux), LITHOSPONGIÆ (éponges pierreuses), HYALOSPONGIÆ (éponges à charpente solide souvent hyaline).

ORDRE 2. *CALCIPONGIA* (éponges calcaires), famille des ASCONIDÆ.

2e SOUS-EMBRANCHEMENT. CNIDAIRES

Cœlentérés à tissus cellulaires consistants, bouche et cavité digestive centrale, cnidoblastes dans l'ectoderme. 3 classes :

1. CLASSE DES ANTHOZOAIRES

Coralliaires. Polypes à tube stomacal et replis mesentéroïdes, à organes sexuels internes; se réunissent souvent en colonie et forment les coraux. 2 ordres :

ORDRE 1. *ALCYONAIRES*. Huit tentacules bipinnés et autant de replis mésentéroïdes. Famille des GORGONIDÆ.

(Coralliaires). Polypes à tube stomacal et replis mésentéroïdes, à organes sexuels internes; se réunissent souvent en colonie et forment les coraux. 2 ordres :

ORDRE 2. *ZOANTHAIRES*. Tentacules au nombre de 6 ou un multiple de 6 : 3 sous-ordres : ANTIPATHARIA. ACTINIARIA. MADREPORARIA.

2. CLASSE DES HYDROMEDUSÆ

Hydroméduses. Polypes sans tube buccal interne, munis d'une cavité gastro-vasculaire, génération médusoïde sexuée. 3 ordres.

ORDRE 1. *HYDROIDEA*. Polypes avec bourgeons médusoïdes sexuels ou de petites méduses représentant les individus sexués. 4 sous-ordres : 1. HYDROCORALLINÆ : famille des MILLEPORIDÆ; 2. TUBULARIÆ : famille des HYDRIDÆ; 3. CAMPANULARIÆ : famille des PLUMULARIDÆ ; 4. TRACHYMEDUSÆ : famille des TRACHYNEMIDÆ.

ORDRE 2. *SIPHONOPHORÆ*. Colonies d'hydroïdes libres, formées d'individus polypoïdes nourriciers, de filaments préhensibles et de bourgeons sexués médusoïdes. Présentant souvent des vésicules natatoires, des boucliers et des tentacules. 4 sous-ordres : 1. PHYSOPHORIDÆ : famille des ATHORYBIADÆ; 2. PHYSALIDÆ : famille des PHYSALIDÆ; 3. CALYCOPHORIDÆ : famille des HIPPOPODIIDÆ ; 4. DISCOIDEÆ : famille des VELELLIDÆ.

ORDRE 3. *ACALEPHÆ*. Grandes méduses avec filaments gastriques, corps marginaux recouverts par les lobes de l'ombrelle, et dans l'ombrelle des cavités débouchant au dehors pour les organes génitaux. 3 sous-ordres : 1. CALYCOZOA : famille des ELEUTHEROCARPIDÆ; 2. CHARYBDÉES : famille des CHARYBDEIDÆ ; 3. DISCOPHORA : famille des DISCOMEDUSIDÆ.

3. CLASSE DES CTENOPHORÆ

Méduses birayonnées, avec huit rangées méridiennes superficielles de palettes ciliées, un tube stomacal et un système de vaisseaux. 4 ordres :

ORDRE 1. *EURYSTOMEÆ*. Corps comprimé, sans appendices lobés ni filaments tactiles, large bouche et grand tube stomacal : famille des BEROIDÆ.

ORDRE 2. *SACCATÆ*. Corps sphérique ou cylindrique, muni de 2 filaments tactiles. Vaisseaux terminés en cul-de-sac : famille des CYDIPPIDÆ.

ORDRE 3. *TÆNIATÆ*. Corps comprimé. 2 filaments rétractiles. 4 vaisseaux radiaires diagonaux, se subdivisant en 8 vaisseaux costaux : famille des CESTIDÆ.

ORDRE 4. *LOBATÆ*. Corps avec des appendices en forme de lobes, filaments tactiles principaux et accessoires : Famille des LOBATÆ.

III. EMBRANCHEMENT DES ECHINODERMES

Animaux à symétrie rayonnée, généralement pentaradiés ; pourvus d'un squelette dermique calcaire souvent munis de piquants ; tube digestif et appareil vasculaire distincts, un système nerveux et des ambulacres. 4 classes.

1. CLASSE DES CRINOIDEA

Corps en forme de disque ou de calice, pourvu de cinq bras articulés et d'une tige articulée qui naît au pôle apical par laquelle l'animal se fixe aux objets environnants, appendices ambulacraire en forme de tentacules et situés par groupes. 2 ordres :

ORDRE 1. *TESSELATA*. Calice formé de pièces calcaires ; les tubes ambulacraires semblent avoir manqué sur le calice : famille des PENTAMERA.

ORDRE 2. *ARTICULATA*. Calice non entièrement calcaire, membraneux sur sa voûte ventrale qui est munie d'ambulacres : famille des ENCRINIDÆ.

2. CLASSE DES ASTEROIDEA

Corps déprimé, en forme d'étoile à 5 bras avec pieds ambulacraires sur la face ventrale. 2 ordres :

ORDRE 1. *STELLERIDEA*. Disque prolongé par les bras qui logent le tube digestif et présentent sur leur face ventrale un sillon ouvert renfermant les pieds ambulacraires : famille des ASTERIADÆ.

ORDRE 2. *OPHIURIDEA*. Bras longs nettement distincts du disque et ne renfermant pas les appendices du tube digestif ; les pieds ambulacraires font saillie sur le côté des bras ; pas d'anus. 2 sous-ordres : 1. EURYALEÆ : famille des ASTROPHYTIDÆ ; 2. OPHIUREÆ : famille des OPHISDERMATIDÆ.

3. CLASSE DES ECHINOIDEA

Corps plus ou moins régulièrement sphérique, enveloppe calcaire solide portant des piquants et percée d'un orifice buccal et d'un orifice anal ; ambulacres servant à la locomotion et à la respiration. 3 ordres :

ORDRE 1. *REGULARIA*. Oursins réguliers, à bouche centrale avec des dents au pôle inférieur et anus au pôle supérieur. 3 sous-ordres : 1. ECHINOTURIDEÆ : famille des ECHINOTURIDÆ ; 2. CIDARIDEÆ : famille des SALENIADÆ ; 3. ECHINIDEÆ : famille des ECHINIDÆ.

ORDRE 2. CLYPEASTROIDEÆ. Oursins irréguliers, bouche centrale avec dents, anus excentrique : famille des CLYPEASTRIDÆ.

ORDRE 3. *SPATANGOIDEÆ*. Oursins irréguliers, à bouche excentrique, sans dents. 2 sous-ordres : 1. CASSIDULIDEÆ : famille des ECHINONEIDÆ ; 2. SPATANGIDEÆ : famille des COLLYRITIDÆ.

4. CLASSE DES HOLOTHURIOIDEA

Corps vermiforme à téguments coriaces, avec couronne de tentacules buccaux et anus terminal. 2 ordres :

ORDRE 1. *PEDATA*. Munis de poumons et de tubes ambulacraires, sexes séparés : famille des ASPIDOCHIROTÆ.

ORDRE 2. *APODA*. Pas de tube ambulacraire avec ou sans poumons, hermaphrodites. 2 sous-ordres : 1. PNEUMONOPHORA : famille des MOLPADIDÆ ; 2. APNEUMONA : famille des SYNAPTIDÆ.

IV. EMBRANCHEMENT DES VERS

Animaux bilatéraux à corps inarticulé ou formés de segments semblables (homonomes), pourvus d'une enveloppe musculo-cutanée et de canaux excréteurs pairs (vaisseaux aquifères), dépourvus de membres articulés (Claus). Comprennent 5 classes :

1. CLASSE DES PLATHELMINTHES

Vers à corps plat plus ou moins allongé, pourvus d'un ganglion cérébral, souvent munis de ventouses et de crochets, généralement hermaphrodites ; se divisent en 4 ordres :

ORDRE 1. *CESTODES*. Vers plats, dépourvus de tube digestif, de bouche et d'anus, se fixent par leur partie antérieure : famille des TÉNIADÉES (*Ténias*), famille des BOTHRIOCÉPHALIDÆ (*Bothriocephalus*).

ORDRE 2. *TREMATODES*. Vers plats parasites, à corps inarticulé, le plus souvent foliacé, avec bouche et tube digestif bifurqué, dépourvu d'anus ; présentent souvent un organe de fixation ventral constitué par des ventouses ou des crochets. 2 sous-ordres : 1. DISTOMÆ : famille des DISTOMIDÆ (*Douves*) ; 2. POLYSTOMEÆ : famille des TRISTOMIDÆ.

ORDRE 3. *TURBELLARIA*. Vers plats, non parasites, ovales ou foliacés, à peau molle revêtue de cils vibratils ; pourvus d'un ganglion cérébroïde, d'une bouche et d'un tube digestif, mais pas d'anus ; sans crochet ni ventouse ; vivent dans l'eau douce ou salée, dans la boue ou la terre humide. 2 sous-ordres : 1. RHABDOCOELA : famille des OPISTHOMIDÆ ; 2. DENDROCOELA : famille des LEPTOPLANIDÆ.

ORDRE 4. *NEMERTINI*. Corps allongé, fréquemment rubané ; tube digestif droit, muni d'un anus et d'une trompe distincte ; sexes séparés ; atteignent une taille considérable. 2 sous-ordres : 1. ENOPLA : famille des AMPHIPORIDÆ ; 2. ANOPLA : famille des LINEIDÆ.

2. CLASSE DES NEMATHELMINTHES

Vers cylindriques, segmentation limitée à la cuticule; munis de papilles ou de crochets à leur extrémité antérieure; sexes séparés. 2 ordres :

ORDRE 1. *NEMATODES*. Vers ronds, plus souvent filiformes, munis d'une bouche et d'un canal digestif, le plus souvent parasites : familles des ASCARIDÆ, STRONGYLIDÆ, TRICHOTRACHELIDÆ (*Trichines*), ANGUILLULIDÆ (*Anguillules*).

ORDRE 2. *ACANTHOCEPHALI*. Vers cylindroïques, pourvus d'une trompe armée de crochets; pas d'appareil digestif. *Echinorhynchus*.

3. CLASSE DES ROTATORIA

Vers ordinairement annelés, segmentation limitée aux téguments, appareil ciliaire à l'extrémité antérieure du corps; munis d'un ganglion cérébroïde et de canaux aquifères; sexes séparés : familles des FLOSCULARIDÆ, BRACHIONIDÆ.

4. CLASSE DES GEPHYREI

Vers marins, généralement cylindriques, sans segmentation extérieure, munis d'une trompe le plus souvent rétractile, d'une bouche, d'une chaîne ganglionnaire ventrale, d'un collier œsophagien, et fréquemment d'un cerveau; sexes séparés. 2 ordres.

ORDRE 1. *GEPHYREI INERMES*. Corps dépourvu de soies, bouche à l'extrémité de sa partie antérieure, anus dorsal : famille des SIPUNCULIDÆ.

ORDRE 2. *CHAETIFERA*. Corps armé de deux fortes soies sur la face ventrale et parfois aussi de deux couronnes de soies à l'extrémité postérieure; intestin généralement muni d'appendices glandulaires à son extrémité; anus; bouche située à la base de la trompe, ganglions nerveux sur le collier œsophagien et la chaîne abdominale : famille des ECHIURIDÆ.

5. CLASSE DES ANNÉLIDES

Vers cylindriques ou aplatis, à corps nettement segmenté; munis d'un cerveau, d'un collier œsophagien, d'une chaîne ganglionnaire ventrale et de vaisseaux sanguins. 2 sous-classes :

1. HIRUDINEI. Vers généralement aplatis, à ventouse terminale et ventrale, sans anneaux ou à anneaux courts, région céphalique non distincte; pas de pieds; cerveau et chaîne ganglionnaire; hermaphrodites et parasites : famille des GNATHOBDELLIDÆ.

2. CHAETOPODA. Vers annelés, libres, à faisceaux de soies pairs, pourvus souvent d'une tête distincte, de tentacules et de cirres. 2 ordres :

ORDRE 1. *OLIGOCHÆTA*. Vers hermaphrodites, sans armature pharyngienne ; dépourvus de tentacules, de cirres et de branchies ; pas de métamorphoses. 2 sous-ordres : 1. OLIGOCHÈTES TERRICOLES, vivant principalement en terre : famille des LUMBRICIDÆ (*Lombric*); 2. OLIGOCHÈTES LIMICOLES, vivant principalement dans l'eau ; famille des TUBIFICIDÆ.

ORDRE 2. *POLYCHÆTÆ*. Vers marins, ordinairement dioïques ; développement avec métamorphoses ; pieds portant des soies ; munis de tentacules, de cirres et de branchies. 2 sous-ordres : 1. TUBICOLÆ (habitent des tubes) : famille des TELETHUSIDÆ (*Arenicola*); 2. ERRANTIA (vivent libres) : famille des NEREIDÆ.

V. EMBRANCHEMENT DES ARTHROPODES

Animaux à symétrie bilatérale, toujours pourvus d'une bouche et d'un anus ; organes de locomotion articulés, pourvus d'un cerveau et d'une chaîne ganglionnaire ventrale. 5 classes.

1. CLASSE DES CRUSTACÉS

Arthropodes vivant dans l'eau et respirant par des branchies ; paires de pattes en grand nombre. Comprennent trois séries (Claus).

1re Série. Entomostracés.

Petits crustacés à organisation simple. 4 ordres :

ORDRE 1. *PHYLLOPODA*. Corps allongé, souvent segmenté, offrant un repli cutané formant carapace, muni d'au moins 4 paires de rames. 2 sous-ordres : 1. BRANCHIOPODES. Grande taille, corps segmenté, généralement une carapace, portant de 10 à 40 paires de rames et d'appendices branchiaux bien développés : famille des BRANCHIPODIDÆ ; 2. CLADOCÈRES. Petite taille, entourés d'une carapace, grandes antennes et de 4 à 6 paires de rames : famille des SIDIDÆ.

ORDRE 2. *OSTRACODA*. Corps entouré d'une carapace, 7 paires d'appendices servant d'antennes, de pieds, de mâchoires, des palpes mandibulaires ; corps court : famille des CYPRINIDÆ.

ORDRE 3. *COPEPODA*. Corps allongé, 2 paires d'antennes, 1 paire de mandibules, 1 paire de mâchoires, 2 paires de pattes-mâchoires, 4 à 5 paires de pattes. 2 sous-ordres : 1. EUCOPÉPODES. Pièces buccales disposées pour mâcher, piquer ou sucer, vivent libres ou en parasites sur les poissons : famille des CYCLOPIDÆ ; 2. BRANCHIURES. Céphalothorax en forme de bouclier, abdomen bilobé, grands yeux composés, un long stylet protactile en avant de la trompe, 4 paires de rames allongées (Claus) : famille des ARGULIDÉES.

ORDRE 4. *CIRRIPEDIA*. Crustacés sessiles, en général hermaphrodites, entourés par un repli cutané renfermant des plaques calcaires,

munis de 6 paires de pieds en forme de cirres. 4 sous-ordres : 1. Tho-
racica, qui comprend 2 tribus : **Pedunculata** et **Operculata** :
2. Abdominalia ; 3. Apoda ; 4. Rhizocephala.

2ᵉ Série. Malacostracés.

Crustacés supérieurs caractérisés par le nombre déterminé des
anneaux et des appendices. 3 groupes :

1ᵉʳ groupe. *LEPTOSTRACA*. Test mince bivalve, sous lequel tous les
anneaux thoraciques restent libres, munis de 8 paires de pattes semblables à celles des phyllopodes et d'un abdomen à 8 anneaux terminé
par deux appendices (Claus) : famille des Nebalidæ.

2ᵉ groupe. *ARTHROSTRACA*. Yeux bilatéraux sessiles, ordinairement 7 anneaux thoraciques séparés, plus rarement 6 ou moins et
un nombre correspondant de paires de pattes. 3 ordres :

ORDRE 1. *AMPHIPODA*. Corps comprimé, 7 ou 6 anneaux thoraciques
libres, branchies sur les pattes thoraciques, abdomen allongé portant 6
paires de pattes natatoires. dirigées 3 en avant, 3 en arrière. 3 sous-
ordres : 1. Lémodipodes. Abdomen rudimentaire : famille des Caprel-
lidæ. 2. Crevettines. Pattes-mâchoires multi-articulées : famille des
Gammarinæ. 3. Hypérines. Grande tête, ordinairement 3 yeux dont
1 sur la tête : famille des Hyperidæ.

ORDRE 2. *ISOPODA*. Corps large, 7 anneaux thoraciques libres ; abdomen avec pattes lamelleuses fonctionnant comme des branchies. 3 sous-
ordres : 1. Anisopodes. Pattes biramées, ne fonctionnant pas comme
branchies sur l'abdomen : famille des Tanaïdées. 2. Euisopodes. 7 paires
de pattes thoraciques ; pattes abdominales branchiales : famille des
Cymothoïdæ

3ᵉ Groupe. *THORACOSTRACÉS*. Comprennent les crustacés supérieurs. 3 ordres :

ORDRE 1. *CUMACEA*. 2 pattes-mâchoires, 6 paires de pattes, abdomen
du mâle portant 2, 3 ou 5 paires de pattes ; pas d'yeux pédonculés :
famille des Diastylidæ

ORDRE 2. *STOMATOPODA*. 5 paires de pattes buccales, 3 paires de
pattes fourchues et de branchies sur les pattes de l'abdomen, qui est
très développé ; famille des Squillidæ.

ORDRE 3. *PODOPHTHALMATA*. Yeux pédonculés, 2 ou 3 paires de
pattes-mâchoires et 5 ou 6 paires de pattes thoraciques bifides ou
simples. 2 sous-ordres : 1. Schizopodes. 8 paires de pattes semblables
et divisées en 2 branches qui portent souvent des branchies : famille
des Mysidæ. 2. Décapodes. 2 ou 3 paires de pattes-mâchoires, 10 ou
12 paires de pattes ambulatoires en partie armées de pinces. 2 groupes :
1. Macrura. Abdomen très développé : famille des Astacidæ, *Astacus*
(Écrevisse), *Homarus* (Homard). 2. Brachyura. Corps ramassé. 5 tribus (Claus) : famille des Porcellanidées.

3ᵉ Série. Gigantostracés.

Comprennent beaucoup de crustacés fossiles. 3 ordres :

ORDRE 1. *MEROSTOMATA*. Fossiles dans le dévonien et le silurien supérieur.

ORDRE 2. *XIPHOSURA* : famille des XIPHOSURA, qui comprend le genre *Lemulus* dont quelques espèces sont actuellement vivantes.

ORDRE 3. *TRILOBITES*. Rangés provisoirement à cette place. Tous fossiles.

2. CLASSE DES ARACHNIDES

Animaux à respiration aérienne (trachéates), céphalothorax, 2 paires de mâchoires, 4 paires de pattes et un abdomen apode. 9 ordres (Claus).

ORDRE 1. *LINGUATULIDA*. Arachnides parasites, corps vermiforme, annelé, bouche sans mâchoires entourée de deux paires de crochets, respiration non trachéenne : famille des PENTASTOMIDÆ.

ORDRE 2. *ACARINA*. Corps ramassé, pièces buccales disposées pour mordre ou sucer, respiration souvent trachéenne : famille des DERMATOPHILI, *Demodex*; famille des SARCOPTIDÆ, *Sarcoptes Dermatodex*; famille des TYROGLYPHIDÆ, *Tyroglyphus* (mites du fromage); famille des GAMASIDÆ, parasites chez les insectes, oiseaux et mammifères, *Gamasus*; famille des IXODIDÆ, *Argas*; famille des PHYTOPTIDÆ *Phytoptus*; famille des TROMBIDIDÆ, *Tetranychus*, *Trombidium*; famille des HYDRACHNIDÆ, *Atax*; famille des ORIBATIDÆ, *Hoplophora*; famille des BDELLIDÆ, *Bdella*.

Groupe des *PIGNOGONIDES*, famille des PYGNOGONIDÆ, animaux marins.

ORDRE 3. *TARDIGRADA*. Arachnides hermaphrodites, pièces buccales disposées pour piquer ou sucer, pattes rudimentaires, pas d'organes respiratoires; famille des ARCTISCOIDEÆ.

ORDRE 4. *ARANEIDA*. Chélifères en forme de griffes contenant des glandes venimeuses, palpes maxillaires en forme de pattes, 2 ou 4 sacs pulmonaires, l'extrémité de l'abdomen porte de 4 à 6 filières. 2 sous-ordres : 1. TÉTRAPNEUMONES. 4 poumons et 4 filières dont 2 très petites, rarement 6; araignées généralement grosses et couvertes de poils, tissent des tubes et non des toiles : famille des THERAPHOSIDÆ. 2. DIPNEUMONES. 2 poumons et 6 filières. Tribu des SALTIGRADÆ, tissent des sacs et non des toiles : famille des ERESOIDÆ; tribu des CITIGRADÆ, jambes longues et fortes : famille des LYCOSIDÆ; tribu des LATERIGRADÆ, réunissent des feuilles avec des fils épars : famille des THOMISIDÆ; tribu des TUBITELARIÆ, filent des toiles horizontales avec des sacs : famille des DRASSIDÆ; tribu des RETITELARIÆ, filent des toiles irrégulières : famille des PHOLCIDÆ; tribu des ORBITELARIÆ, tissent des toiles verticales flottantes : famille des EPEIRIDÆ.

ORDRE 5. *PHALANGIDA*. Chélifères en forme de pinces didactyles,

4 paires de pattes longues et grêles, pas de filières, respiration
rachéenne : famille des Phalangidæ.

ORDRE 6. *PEDIPALPI.* Pattes antérieures allongées en forme d'antennes, 2 chélifères terminées par des griffes, 4 poumons, abdomen
formé de 11 à 12 anneaux; pays tropicaux : famille des Phrynidæ.

ORDRE 7. *SCORPIONIDEA.* Palpes maxillaires très longs, chélifères
terminées par des pinces didactyles, aiguillon venimeux à l'extrémité
de l'abdomen, 4 paires de sacs pulmonaires. Famille des Androc-
tonidæ.

ORDRE 8. *PSEUDOSCORPIONIDÆ.* 2 ou 4 yeux, respiration trachéenne, pas d'aiguillon venimeux. Famille des Chernetidæ.

ORDRE 9. *SOLIFUGÆ.* Tête et thorax distincts, chélifères terminés
par des pinces, palpes maxillaires pédiformes, respirant par des tra-
chées. Famille des Solpugidæ.

3. CLASSE DES ONYCHOPHORA

Corps vermiforme, tête distincte avec deux antennes, pieds courts
terminés par deux griffes, respiration trachéenne. Famille des Peri-
patidæ.

4. CLASSE DES MYRIAPODES

Arthropodes terrestres, tête distincte, corps composé de nombreux
anneaux semblables, 2 antennes, 2 ou 3 paires de mâchoires et de
nombreuses paires de pattes. Respiration trachéenne (Claus). 2 ordres :
ORDRE 1. *CHILOGNATA.* Corps cylindrique, pourvu de 2 paires de
pattes sur les anneaux médians et postérieurs. Ouvertures sexuelles
situées sur l'article de la hanche de la deuxième paire de pattes (Claus).
Famille des Geophilidæ.

5. CLASSE DES HEXAPODA (INSECTES)

Respiration aérienne, corps divisé en tête, thorax et abdomen; tête
portant une paire d'antennes; thorax composé de 3 anneaux portant
3 paires de pattes; abdomen formé de 10 anneaux. 8 ordres :
ORDRE 1. *ORTHOPTÈRES.* Pièces buccales disposées pour mâcher,
2 paires d'ailes, métamorphose incomplète. 2 sous-ordres : 1. Thysa-
mura. Corps velu ou couvert d'écailles, aptère. Famille des Podu-
ridæ. 2. Orthoptères proprement dits. Familles des Forficulidæ
(*Forficula*); Blattidæ, *Blatta*, Mantidæ, *Mantis*; Acrididæ, Acri-
dium; Locustidæ, *Ephippigera*; Grillidæ, Gryllus. 3. Orthoptères
Pseudo-Névroptères. Familles des Thripsidæ, *Thrips*; Termitidæ,
Termes; Ephemeridæ, *Ephemera*; Libellulidæ, *Cœlopteryx* (Libel-
lules).
ORDRE 2. NÉVROPTÈRES. Pièces buccales disposées pour mâcher
et pour sucer, ailes membraneuses réticulées, métamorphose complète. 2 sous-ordres : 1. Planipennia. 4 ailes semblables ne se

repliant jamais, bouche forte conformée pour mâcher. Famille des HÉMÉROBIDÆ, *Hémérobius*. 2. TRICHOPTERA. Ailes recouvertes d'écailles ou de poils, les postérieures pouvant d'ordinaire se replier : pièces buccales formant une sorte de trompe par la soudure des mâchoires et de la lèvre inférieure, mandibules atrophiées (Claus). Famille des PHRYGANIDÆ.

ORDRE 3. *STREPSIPTERA*. Ailes antérieures peu développées, enroulées à leur pointe, à ailes postérieures plissées, à pièces buccales rudimentaires. Les femelles dépourvues d'ailes et de pattes. Les larves vivent en parasites sur le corps des Hyménoptères (Claus). Famille des STYLOPIDÆ.

ORDRE 4. *HEMIPTERA* ou *RYNCHOTA*. Rostre articulé, pièces buccales disposées pour piquer, prothorax libre et métamorphose incomplète. 4 sous-ordres : 1. APTERA. Pas d'ailes, bec court et rétractile, appareil destiné à piquer, parfois pièces buccales rudimentaires, disposées pour mâcher, thorax non distinctement articulé. Famille des PEDICULIDÆ. 2. PHYTOPHTHIRES. Généralement 2 paires d'ailes, les femelles en sont ordinairement dépourvues ; 4 soies rigides représentant les mandibules et les mâchoires. Familles des APHIDÆ, *Phylloxera*; COCCIDÆ, *Cochenilles*. 3. HOMOPTÈRES. Bec allongé formé de 3 articles, antennes courtes et sétacées, ailes coriaces, pattes souvent conformées pour sauter. Familles des CICADELLIDÆ, CIDADIDÆ. 4. HÉMIPTÈRES. Ailes antérieures couchées horizontalement sur le dos. Familles des NÉPIDÆ, PENTATOMIDÆ.

ORDRE 5. *DIPTÈRES*. Pièces buccales disposées pour sucer et pour piquer, à prothorax soudé, à ailes antérieures membraneuses, à ailes postérieures transformées en balancier, métamorphose complète. 3 sous-ordres : 1. BRACHYCÈRES. Antennes courtes ; les larves vivent dans les matières en décomposition, parfois même elles sont parasites. Familles des HIPPOBOSCIDÆ, *Hippobosca* ; MUSCIDÉES, *Musca* ; ÆSTRIDÆ, *Æstrus* ; SYRPHIDÆ, *Syrphus*. 2. NÉMOCÈRES. Antennes pluriarticulées, ordinairement filiformes, pattes longues et grêles, larves vivant dans l'eau, la terre ou des galles sur les végétaux. Famille des GALLICOLÆ, *Cecidomyia*. 3. APHANIPTÈRES. Ailes manquent, sont remplacées par deux appendices en forme de plaques au mesothorax et au metathorax. Antennes très courtes. Famille des PULICIDÆ, *Pulex*.

ORDRE 6. *LÉPIDOPTÈRES*. Pièces buccales transformées en une trompe roulée en spirale, 4 ailes généralement complètement recouvertes d'écailles, métamorphose complète. 6 sous-ordres : 1. MICROLÉPIDOPTÈRES. Familles des TINEIDÆ, *Yponomeuta* ; TORTRICIDÆ, *Tortrix* ; PYRALIDÆ, *Pyralis*. 2. GÉOMÉTRINES. Famille des DENDROMÉTRIDÆ. 3. NOCTUÉLINES. Famille des AGROTIDÆ. 4. BOMBYCINES. Familles des BOMBYCIDÆ, *Bombyx*; SATURNIADÆ, *Saturnia* ; COSSIDÆ, *Cossus*. 5. SPHINGINES. Famille des SPHINGIDÆ, *Sphinx*. 6. RHOPALOCÈRES. Familles des NYMPHALIDÉES, *Vanessa* ; PIERIDÆ *Pieris*.

ORDRE 7. *COLÉOPTÈRES.* Pièces buccales conformées pour broyer, ailes antérieures cornées (élytres), métamorphose complète. 4 groupes : 1. CRYPTOTETRAMERA. Tarses composés de 4 articles, dont 1 rudimentaire. Famille des COCCINELLIDÆ, *Coccinella.* 2. CRYPTOPENTAMERA. Tarses à 5 articles dont un est atrophié et caché. Familles des CHRYSOMELIDÆ, *Chrysomella, Galeruca;* CERAMBYCIDÆ, *Cerambyx, Saperda;* BOSTRICHIDÆ, *Hylesinus, Bostrichus;* CURCULIONIDÆ. *Calandra, Anthonomus, Otiorhyncus, Cleonus, Rhynchites;* BRUCHIDÆ, *Bruchus.* 3. HETEROMERA. Tarses des 2 paires de pattes antérieures sont formés de 5 articles, ceux de la paire postérieure de 4 seulement. Familles des MELOIDÆ, *Meloe;* MORDELLIDÆ, *Mordella;* TENEBRIONIDÆ, *Tenebrio;* PIMELIIDÆ, *Opatrum, Blaps.* 4. PENTAMERA. Tarses d'ordinaire à 5 articles. Famille des ELATERIDÆ, *Agriotes, Elater;* BUPRESTIDÆ, *Buprestis;* LAMELLICORNIA, *Lucanus, Copris, Geotrupes, Melolontha, Oryctes, Cetonia;* DERMESTIDÆ, *Dermestes;* HYDROPHILIDÆ, *Hydrophilus;* CARABIDÆ, *Elaphrus, Carabus.*

ORDRE 8. *HYMÉNOPTÈRES.* Pièces buccales disposées pour broyer et lécher, 4 ailes membraneuses, métamorphose complète. 2 sous-ordres; 1. TÉRÉBRANTS. Femelles avec un oviscapte qui fait saillie et peut être rentré dans le corps. Familles des TENTHREDINIDÆ, *Tenthredo :* CYNIPIDÆ, *Cynips;* ICHNEUMONIDÆ. *Ichneumon.* 2. ACULEATA. PORTE-AIGUILLONS. Un aiguillon venimeux rétractile, abdomen pédiculé. Familles des FORMICIDÆ, *Formica;* VESPIDÆ, *Vespa, Odynerus, Apis.*

VI. — EMBRANCHEMENT DES MOLLUSQUES

Animaux à symétrie bilatérale, dépourvus de squelette locomoteur, munis d'un pied ventral, généralement recouverts par une coquille calcaire univalve ou bivalve, présentant un cerveau, un collier œsophagien et des ganglions sous-œsophagien (Claus). 5 classes.

1. CLASSE DES LAMELLIBRANCHES

Tête non distincte, un manteau divisé en 2 lobes, coquille à 2 valves réunies par un ligament dorsal, lamelles branchiales doubles, ordinairement dioïques. 2 groupes : 1. *ASIPHONIENS.* Manteau dépourvu de siphon. Familles des OSTREIDÆ, *Ostrea;* PECTINIDÆ *Pecten, Lima;* MYTILIDÆ, *Mytilus, Pinna.* 2. *SIPHONIENS.* Bords du manteau en partie soudés; siphons tubuliformes. Familles des CARDIIDÆ *Cardium;* VENERIDÆ, *Venus;* PHOLADIDÆ, *Pholas.*

2. CLASSE DES SCAPHOPODES

Sans tête distincte, pas d'yeux, munis de filaments tentaculaires protactiles, langue et mâchoires, pied trilobé, coquille calcaire tubuleuse ouverte aux 2 extrémités; dioïques.

ORDRE 1. *SOLENOCONQUES.* Famille des DENTALIDÆ, *Dentalium.*

3. CLASSE DES GASTÉROPODES

Tête plus ou moins distincte, langue et appareil dentaire, manteau non divisé qui secrète une coquille simple ou contournée en spirale. 4 ordres :

ORDRE 1. *PROSOBRANCHES.* Gastéropodes branchiaux avec coquilles. Sexes séparés. 4 sous-ordres : 1. PLACOPHORES. Verniformes, symétriques, dépourvus d'yeux et de tentacules, pied ventral plaques calcaires dorsales. Famille des CHITONIDÆ, *Chiton.* 2. CYCLOBRANCHES. Coquille plate, branchies feuilletées formant un cercle sous le bord du manteau. Famille des PATELLIDÆ, *Patella.* 3. ASPIDOBRANCHES. Branchies réunies seulement à la base, cœur avec deux oreillettes. Radula avec un grand nombre de dents ; pas de pénis. Familles des FISSURELIDÆ, *Fissurella* ; TROCHIDÆ, *Trochus.* 4. CTÉNOBRANCHES. Branchie cervicale droite volumineuse, pectinée ; branchie gauche rudimentaire, généralement coquilles spiralées. Mâles avec un pénis. Familles des SOLARIDÉES, *Solarium* ; VOLUTIDÆ, *Voluta* ; MURICIDÆ, *Murex* ; CONIDÆ, *Conus* ; PALUDINÆ, *Paludina* ; VERMETIDÆ, *Vermetus* ; VALVATIDÆ, *Valvata ;* CERITHIDÆ, *Cerithium ;* STROMBIDÆ, *Strombus.*

ORDRE 2. *HÉTÉROPODES.* Respiration branchiale, tête grande, prolongée en trompe, yeux mobiles, pied conformé en nageoire ; dioïques. Famille des ATLANTIDÆ, *Atlanta.*

ORDRE 3. *PULMONÉS.* Gastéropodes terrestres et d'eau douce, hermaphrodites, sans opercule au pied, pourvus d'un poumon derrière lequel est situé le cœur (Claus). 2 sous ordres : 1. LIMNAEIDEA. Yeux à la base des 2 tentacules contractiles ; pas de tentacules labiaux. Familles des AURICULIDÆ, *Auricula* ; LIMNAEIDÆ, *Limnaeus.* 2. HELICOIDEA. Yeux à l'extrémité des deux tentacules généralement rétractiles, en avant ordinairement 2 tentacules labiaux plus courts. Familles des TESTACELLIDÆ, *Testacella* ; HELICIDÆ, *Helix ;* LIMACIDÆ, *Limax.*

ORDRE 4. *OPISTOBRANCHES.* Gastéropodes branchiaux, hermaphrodites, dont les veines branchiales débouchent dans l'oreillette, en arrière du ventricule (Claus). 2 sous-ordres : 1. TECTIBRANCHES. Animaux tantôt nus, tantôt testacés, marins. Branchies situées sous le bord du manteau, sur le côté droit, rarement sur les deux côtés, ou dans une chambre branchiale. Familles des BULLIDÉES, *Bulla ;* PHILINIDÆ, *Philine.* 2. DERMATOBRANCHIA. Mollusques nus, marins, respirant par la peau pourvue soit d'appendices simples ou en faisceau, soit de branchies placées sur le dos. Les branchies ne sont jamais recouvertes par le manteau. Familles des ELYSIIDÆ, *Elysia ;* TRITONIADÆ, *Tritonia.*

4. CLASSE DES PTEROPODES

Tête peu distincte, yeux rudimentaires et 2 grandes nageoires aliformes, hermaphrodites. 2 ordres :

ORDRE 1. *THÉCOSOMES.* Tête souvent non distincte, tentacules rudimentaires recouverts par une coquille externe, pied rudimentaire, reste uni aux nageoires. Famille des CYMBULIIDÆ, *Cymbulia.*

ORDRE 2. *GYMNOSOMES.* Tête distincte, tentacules souvent munis de branchies externes, nageoires séparées du pied. Famille des CLIONIDÆ, *Clione.*

5. CLASSE DES CÉPHALOPODES

Tête très distincte, 2 grands yeux latéraux, cercle de 8 bras autour de la bouche et d'un pied en forme d'entonnoir. 2 ordres :

ORDRE 1. *TÉTRABRANCHIAUX.* 4 branchies dans la cavité palléale, nombreux tentacules céphaliques rétractiles, entonnoir fendu et coquille multiloculaire. Famille des NAUTILIDÆ, *Nautilus, Orthoceras.*

ORDRE 2. *DIBRANCHIAUX.* 2 branchies dans la cavité calléale, 8 bras portant des ventouses ou des crochets, entonnoir entier, parfois 2 longs tentacules rétractiles. 2 sous-ordres : 1. OCTOPIDES. Pas de tentacules. Famille des OCTOPIDÆ, *Octopus.* 2. DÉCAPIDES. Outre les 8 bras, de longs bras tentaculiformes. Familles des OIGOPSIDÆ, *Veranya ;* MYOPSIDÆ, *Loligo.*

VII. — EMBRANCHEMENT DES MOLLUSCOIDES

Animaux bilatéraux, renfermés dans une cellule ou dans un test bivalve, appareil tentaculaire cilié, tube digestif recourbé en anse et un ganglion (Claus). 2 classes.

1. CLASSE DES BRYOZOAIRES

Petits animaux généralement agrégés, pourvus d'une couronne de tentacules ciliés. 3 sous-classes.

1. ENTOPROCTES. Pas de gaine tentaculaire, cavité viscérale primaire, anus en dedans de la couronne de tentacules. Famille des PEDICELLIDÆ, *Pedicellina.*

2. ECTOPROCTES. Gaine tentaculaire, feuillet fibro-intestinal, anus débouchant en dehors de la couronne tentaculaire. 2 ordres :

ORDRE 1. *GYMNOLÉMATES.* Tentacules formant un cercle complet. Bouche sans épistome. 3 sous-ordres : 1. CYCLOSTOMATA. La plupart des genres sont fossiles. Famille des CRISIADÆ. 2. CTENOSTOMATA. Famille des ALCYONIDÆ 3. CHILOSTOMATA. Famille des CELLULARIDÆ.

ORDRE 2. *PHYLACTOLÉMATES.* Bryozoaires d'eau douce à lophophore en forme de fer à cheval et à épistome mobile (Claus). Famille des PLUMATELLIDÆ, *Plumatella.*

3. PTÉROBRANCHES. Petites colonies rampantes, recouvertes d'une cuticule chitinisée, divisées en segments qui portent des zoécies cylindriques dressées. Famille des RHABDOPLEURIDÆ, *Rhabdopleura.*

2. CLASSE DES BRACHIOPODES

Mollusques sessiles pourvus d'un test à 2 valves, l'une ventrale, l'autre dorsale, de 2 bras buccaux enroulés en spirale, d'un ganglion sous-œsophagien avec un collier œsophagien et de petits ganglions accessoires (Claus). 2 ordres.

ORDRE 1. *INARTICULATA.* Test dépourvu de charnière et de squelette brachial. Tube digestif à anus latéral débouchant dans la cavité viscérale. Lobes du manteau séparés, Familles des LINGULIDÆ *Lingula.*

ORDRE 2. *ARTICULATA.* Test à charnière, squelette brachial, Famille des TEREBRATULIDÆ, *Terebratella, Argiope.*

VIII. — EMBRANCHEMENT DES TUNICIERS

Animaux à symétrie bilatérale, en forme de sac ou de tonneau, à chambre branchiale avec 2 larges orifices entre lesquels est situé un ganglion nerveux, pourvus d'un cœur et de branchies (Claus). 2 classes.

1. CLASSE DES ASCIDIACÉS

Généralement fixés en forme d'outre, orifice d'entrée et orifice de sortie placés côte à côte, large sac branchial, 4 ordres :

ORDRE 1. *APPENDICULAIRES. COPELATÆ.* Forme ovale avec appendice caudal, pouvant nager. Famille des APPENDICULARIDÆ, *Oikopleura.*

ORDRE 2. *ASCIDIES SIMPLES ET AGRÉGÉES.* Restent solidaires ou forment des colonies. Familles des CLAVELLINIDÆ, *Clavellina* ; ASCIDIADÉES, *Ascidia.*

ORDRE 3. *ASCIDIES COMPOSÉES. SYNASCIDIES.* Nombreux individus enveloppés dans une couche palléale commune, constituent de petites colonies de consistance molle, colorées de teintes vives. Famille des POLYCLINIDÆ, *Circinalium.*

ORDRE 4. *ASCIDIES SALPIFORMES.* Colonies flottant à la surface de la mer, ayant généralement la forme d'une pomme de sapin creuse ou d'un dé à coudre, composées de nombreux individus disposés perpendiculairement à l'axe longitudinal et réunis par un tissu gélatino-cartilagineux. Famille des PYROSOMYDÆ, *Pyrosoma.*

2. CLASSE DES THALIACÉS. SALPES

Tuniciers nageurs, transparents comme du cristal ayant la forme d'un cylindre ou d'un tonnelet, deux ouvertures palléales opposées. Branchie rubanée ou lamelleuse (Claus). 2 ordres :

1. ORDRE des *DESMOMYARIA. SALPES.* Tuniciers cylindriques, aplatis ; manteau épais et rubans musculaires disposés en cercles, parfois entrecroisés. Famille des SALPIDÆ, *Salpa.*

ORDRE 2. *CYCLOMYARIA. BARILLETS.* Tuniciers en forme de tonneau. Pas de manteau. Rubans musculaires figurant des cercles complets. Famille des DOLIOLIDÆ.

IX. — EMBRANCHEMENT DES VERTÉBRÉS

Animaux à symétrie bilatérale, pourvus d'un squelette interne cartilagineux ou osseux et alors articulé (colonne vertébrale), présentant des appendices dorsaux qui forment une cavité pour la moelle épinière et l'encéphale, et des appendices ventraux (côtes), qui constituent une cavité pour les organes végétatifs, au plus 2 paires de membres (Claus). 5 classes.

1. CLASSE DES POISSONS

Animaux à sang froid, généralement écailleux, munis de nageoires impaires, de nageoires pectorales et ventrales paires, d'un cœur simple formé d'un ventricule et d'une oreillette, à respiration branchiale et sans vessie urinaire antérieure. 6 sous-classes.

I. **LEPTOCARDIENS.** Poissons à forme lancéolée, sans nageoires paires, une corde persistante et un tube médullaire simple, sang incolore. 1 seul genre, *Amphioxus*.

II. **CYCLOSTOMES.** Poissons vermiformes sans nageoires pectorales ni ventrales, squelette cartilagineux et corde persistante, 6 à 7 paires de branchies en forme de bourses, fosse nasale impaire, bouche circulaire ou demi-circulaire disposée pour sucer, sans mâchoires. 2 ordres :

ORDRE 1. *LAMPROIES.* Corps cylindrique, un peu déprimé sur le dos, nageoire dorsale bien développée. Famille des PÉTROMYZONTIDÆ, *Petromyzon*.

ORDRE 2. *MYXINOIDES.* Corps cylindrique, nageoire dorsale non développée. Famille des MYXINIDÆ, *Myxine*.

III. **CHONDROPTÉRYGIENS.** Poissons cartilagineux, à grandes nageoires pectorales et ventrales, bouche ordinairement transversale à la partie inférieure du corps, 5 et rarement 6 ou 7 paires de sacs branchiaux et autant de fentes longitudinales externes, chiasma des nerfs optiques 2 ordres :

ORDRE 1. *HOLOCÉPHALES.* Appareil maxillo-palatin immobile, notocorde persistante sans corps vertébraux, mais présentant de nombreux anneaux osseux dans la gaine de la corde, une seule fente branchiale externe de chaque côté. Famille des CHIMERIDÆ, *Chimaera*, chat de mer.

ORDRE 2. *PLAGIOSTOMES.* Appareil maxillo-palatin mobile, corps vertébraux, 5 rarement 6 ou 7 orifices branchiaux de chaque côté. 2 sous-ordres : 1. SQUALES. Plagiostomes fusiformes, orifices branchiaux externes, paupières à bords libres, ceinture scapulaire incomplète non reliée au crâne. Familles des NOTIDANIDÆ, *Hexanchus*; ECHINORHINIDÆ, *Echinorhinus*; CARCHARIIDÆ, *Carcharias*, Requins.

2. RAIES. Corps plat, 5 fentes branchiales sur la face ventrale en dedans des nageoires pectorales, ceinture pectorale complète réunie au crâne par des cartilages, sans nageoire anale. Familles des RAJIDÆ, *Raja*, Raie; TORPEDIDÆ, *Torpedo*, Torpilles.

2. GANOIDES. Cartilagineux ou osseux, écailles émaillées et striées ou plaques osseuses dermiques et fulcres, rangées de valvules, de branchies libres et d'opercule, chiasma de nerfs optiques. 7 ordres :

ORDRE 1. *ACANTHODIDÉS*. Fossiles. Familles des ACANTHOIDÆ, *Acanthodes*.

ORDRE 2. *PLACODERMÉS*. Fossiles. Famille des CÉPHALASPIDÆ, Pteraspis.

ORDRE 3. *CHONDROSTÉIDÉS*. Cartilagineux à corde dorsale persistante. Famille des ACIPENSERIDÆ, *Acipenser*, Esturgeon.

ORDRE 4. *LEPIDOPLEURIDES*. Fossiles. Famille des PYCNODONTIDÆ.

ORDRE 5. *CROSSOPTÉRYGIENS*. En grande partie fossiles. Familles des CŒLACANTHIDÆ, dans le carbonifère; POLYPTERIDÆ *Polypterus*, habite les torrents de l'Afrique.

ORDRE 6. *EUGANOIDES*. Ganoïdes osseux, écailles rhomboïdales. Famille des LEPIDOSTEIDÆ, *Lepidosteus*.

ORDRE 7. *AMIADES*. Ganoïdes osseux, grandes écailles rondes. Famille des AMIADÆ, *Amia*.

V. POISSONS OSSEUX. Squelette osseux, vertèbres distinctes, branchies libres et à opercule externe, seulement 2 valvules à la base du tube aortique, pas de chiasma des nerfs optiques, généralement une pseudo-branchie operculaire. 5 ordres :

ORDRE 1. *LOPHOBRANCHES*. Corps cuirassé, museau allongé en tube, sans dents, branchies en houppes et à orifice branchial très étroit Famille des SYNGNATHIDÆ, *Hippocampus*.

ORDRE 2. *PLECTOGNATHES*. Corps globuleux ou comprimé latéralement, maxillaire supérieur et intermaxillaire soudés, fente buccale étroite, cuirasse dermique épaisse, souvent épineuse. 2 sous-ordres : 1. SCLERODERMÉS. Mâchoires portant des dents séparées. Famille des OSTRACIONIDÆ, *Ostracion*. 2. GYMNODONTES. Mâchoires transformées en bec avec plaque dentaire tranchante. Famille des MOLIDÆ, *Orthagoriscus*.

ORDRE 3. *PHYSOSTOMES*. Branchies pectinées, maxillaires libres, vessie natatoire et un canal aérien. Familles des MURÆNIDÆ, *Anguilla*; CLUPEIDÆ, *Clupea*, Hareng, *Alausa*, Alose; ESOCIDÆ, *Esox*, Brochet; SALMONIDÆ, *Salmo*, Saumon, *Osmerus*, Eperlan, *Trutta*, Truite; CYPRINIDÆ, *Cyprinus*, Carpe, *Tinca*, Tanche *Barbus*, Barbeau, *Gobio*, Goujon, *Abramis*, Brème, *Leuciscus*, Gardon, *Phoxinus*, Vairon; ACANTHOPSIDÆ, *Cobitis*, Loche.

ORDRE 4. *ANACANTHINES*. Ordinairement des nageoires ventrales jugulaires, pas de canal aérien à la vessie natatoire. Familles des GADIDÆ, *Gadus*. Morue, *Merlangus*, Merlan, *Merluccius*, Merluche ; PLEURONECTIDÆ, *Pleuronectes*, Carrelet, Limande.

ORDRE 5. *ACANTHOPTÉRES.* Ordinairement recouverts d'écailles cténoïdes, à nageoires ventrales situées sur la poitrine, vessie natatoire close sans canal aérien. Familles des PERCIDÆ, *Perca*, Perche, *Labrax*, Loup, *Acerina*, Gremille, *Lucioperca*, Sandre, *Aspro*, Apron GASTEROSTEIDÆ, *Epinoches* ; TRIGLIDÆ, *Cottus*, Chabot, *Dactylopterus*, Poisson volant ; SCOMBERIDÆ, *Scomber*, Maquereau, *Thynnus*, Thon.

VI. PNEUMOBRANCHES. Respiration branchiale et pulmonaire, corde persistante, système de canaux latéraux et céphaliques, plusieurs rangées de valvules. 2 ordres :

ORDRE 1. *MONOPNEUMONÉS.* Poumon simple, non divisé. Famille des CERATODIDÆ, *Ceratodus*.

ORDRE 2. *DIPNEUMONÉS.* Deux poumons. Famille des SIRENOIDÆ *Protopterus*.

5. CLASSE DES AMPHIBIENS, REPTILES NUS, BATRACIENS

Vertébrés à sang froid, peau généralement nue, respiration pulmonaire et respiration branchiale transitoire ou persistante, circulation double incomplète, 2 condyles occipitaux. Métamorphoses. 3 ordres :

ORDRE 1. *APODES.* Animaux vermiformes, dépourvus de membres et munis de vertèbres biconcaves, recouverts de petites écailles. Famille des CŒCILIIDÆ, *Cœcilia*.

ORDRE 2. *URODÈLES.* Peau nue, forme allongée, généralement 4 membres courts, queue persistante, avec ou sans branchies externes. 2 sous-ordres : 1. ICHTHYOÏDES. Pourvus ou non de 3 paires de branchies externes, un orifice branchial persistant, 6 yeux petits, vertèbres biconcaves. Famille des MENOPOMIDÆ, *Menopoma*. 2. SALAMANDRINES. Pas de branchies. Famille des SALAMANDRIDÆ, *Triton*, *Salamandra*.

ORDRE 3. *ANOURES.* Peau nue, sans queue, membres bien développés. 3 sous-ordres : 1. AGLOSSES. Corps plat, une langue, 2 trompes d'Eustache qui ont généralement une ouverture commune, pattes de derrière avec une membrane natatoire entière. Famille des PIPIDÆ, *Pipa*, Crapaud de Surinam. 2. OXYDACTYLES. Une langue, doigts pointus et orteils. Familles des RANIDÆ, *Rana*, Grenouilles ; BUFONIDÆ, *Bufo*, Crapaud. 3. DISCODACTYLES. Une langue, larges orteils dont l'extrémité porte des pelotes adhésives. Famille des HYLIDÆ, *Hyla*, Rainettes.

3. CLASSE DES REPTILES

Vertébrés à sang froid, écailleux ou cuirassés, respiration exclusivement pulmonaire, munis de 2 ventricules ordinairement séparés et d'un condyle occipital (Claus). 3 sous-classes :

1. PLAGIOTRÈMES. Apodes ou membres plus ou moins développés, recouverts d'écailles ou d'écussons, mâle avec un double pénis. 2 ordres :

ORDRE 1. *OPHIDIENS. SERPENTS.* Apodes, cylindriques, langue bifide protactile, maxillaires et palatins ordinairement mobiles. 4 sous-ordres : 1. OPOTÉRODONTES. Serpents de petite taille, vermiformes, bouche étroite non extensible, couverts d'écailles, pas de dents venimeuses. Famille des EPANODONTIA, *Typhlops*. 2. COLUBRIFORMES. Larges écailles, 2 mâchoires avec de fortes dents crochues. Quelques-uns ont des dents venimeuses. Familles des PYTHONIDÆ, *Boa*, Python ; COLUBRIDÆ, *Coronella*, Couleuvre. 3. PROTÉROGLYPHES. Serpents venimeux, tête couverte de plaques, sont tous exotiques. Familles des ELAPIDÆ, *Naja*, Serpent à lunette ; HYDROPHIDÆ, Serpents de mer. 4. SOLÉNOGLYPHES. Tête triangulaire, venimeux. Familles des VIPERIDÆ, Vipères ; CROTALIDÆ, Crotalus, Serpent à sonnettes.

ORDRE 2. *SAURIENS. LÉZARDS.* Ordinairement 2 paires de membres, paupières mobiles, vessie urinaire, une ceinture scapulaire et un sternum. 5 sous-ordres : 1. ANNELÉS. Peau dure non écailleuse, divisée par des sillons transversaux et longitudinaux, serpentiforme, Famille des TROGONOPHIDÆ, *Trogonophis*, Acrodontes. 2. VERMI-LINGUES. Peau pouvant changer de couleur. Langue vermiforme protactile. Famille des CHAMÆLEONIDÆ, Caméléons. 3. CRASSILINGUES, Langue épaisse, non protactile. Pleurodontes en Amérique, acrodontes dans l'Ancien-Monde. Famille des IGUANIDÆ, Lézards de grande taille, *Draco*, Dragon. 4. BREVILINGUES. Langue courte et épaisse membres très diversement développés. Famille des SCINCOIDEÆ, *Anguis*, Orvet. 5. FISSILINGUES. Langue mince, longue, fourchue et protactile. Familles des LACERTIDÆ, *Lacerta*, Lézard ; MONITORI-DÆ, *Psammosaurus*, Crocodile terrestre.

2. HYDROSAURIENS. Reptiles aquatiques, grande taille, téguments coriaces ou cuirassés, nageoires ou pattes puissantes dont les doigts sont réunis par une patte puissante. 2 ordres :

ORDRE 1. *ENALIOSAURIENS.* Fossiles. ICHTHYOSAURII.

ORDRE 2. *CROCODILIENS.* Plaques dermiques osseuses, quatre pattes garnies de griffes, longue queue carénée, dents implantées dans des alvéoles. Plusieurs genres sont fossiles. Familles des CROCODI-LIDÆ, *Crocodilus*, Crocodile ; ALLIGATORIDÆ, *Alligator*, Caïman.

3. CHÉLONIENS. Corps ramassé, bouclier osseux sur le dos et sur le ventre, mâchoires sans dents. Familles des CHELONIDÆ, *Chelonia*, Tortues marines ; EMYDÆ, Tortues d'eau douce, *Cistudo* ; CHERSI-DÆ, Tortues terrestres, *Testudo*.

4. CLASSE DES OISEAUX

Vertébrés à sang chaud, ovipares, couverts de plumes, à ventricules entièrement séparés, crosse aortique droite, un seul condyle occipital et membres antérieurs transformés en ailes (Claus). 8 ordres :

ORDRE 1. *NATATORES PALMIPÈDES.* Oiseaux aquatiques à doigts palmés. Familles des IMPENNES, *Aptenodytes*, Manchot; ALCIDÆ, *Alca*, Pingouin; COLYMBIDÆ, *Colymbus*, Plongeon, LAMELLIROSTRES, *Phænicopterus*, Flamant, *Cygnus*, Cygne, *Anser*, Oie, *Anas*, Canard, Eider, Macreuse; STEGANOPODES, *Pelecanus*, Pelican, *Haliaeus*, Cormoran; LARIDÆ, *Sterna*, Hirondelle de mer, *Larus*, Goéland, *Lestris*, Mouette; PROCELLARIDÆ, Oiseaux des tempêtes.

ORDRE 2. *ÉCHASSIERS.* Cou long et grêle, bec allongé, pattes également très longues. Famille des CHARADRIIDÆ, *Charadrius*, Pluvier, *Vanellus*, Vanneau; SCOLOPACIDÆ, *Totanus*, Chevalier, *Scolopax*, Bécasse, *Gallinago*, Bécassine; HERODII, *Ardea*, Heron, *Ciconia*, Cigogne, *Leptotilus*, Marabout, *Grus*, Grue; RALLIDÆ, *Rallus*, Râle; GALLINULINÆ, *Gallinula*, Poule d'eau, *Fulica*, Foulque.

ORDRE 3. *GALLINACÉS.* Oiseaux terrestres, corps ramassé, ailes courtes, bec fort, généralement convexe, recourbé à la pointe, jambes couvertes de plumes, doigts antérieurs réunis par une courte membrane, de taille moyenne, parfois très grande. Familles des PENELOPIDÆ, *Meleagris*, Dindon; PHASIANIDÆ, *Gallus*, Coq, *Phasianus*, Faisan, *Pavo*, Paon, *Numidæ*, Pintade; TETRAONIDÆ, *Tetrao*, Coq de bruyère, *Perdix*, Perdrix, *Coturnus*, Caille.

ORDRE 4. *COLUMBINÆ. PIGEONS.* Bec faible, membraneux, renflé autour des narines, ailes pointues, pieds formés de 4 doigts libres, 3 devant et 1 derrière. Famille des COLUMBIDÆ, *Columba*, Colombe, Pigeon, *Turtur*, Tourterelle.

ORDRE 5. *GRIMPEURS.* Bec fort, pieds formés de 2 doigts antérieurs et de 2 doigts postérieurs, plumage rigide. Famille des CUCULIDÆ, *Cuculus*, Coucou; PICIDÆ, *Picus*, Pie; PSITTACIDÆ, *Plictolophus*, Cacatoès, *Conurus*, Perruche, *Psittacus*, Perroquet.

ORDRE 6. *PASSEREAUX.* Bec corné, pieds composés de 4 doigts dirigés en avant ou d'un doigt postérieur et de 3 antérieurs, généralement un appareil vocal. Familles des HALCYONIDÆ, *Alcedo*, Martin pêcheur; UPUPIDÆ, *Upupa*, Huppe; TROCHILIDÆ, Colibris; HIRUNDINIDÆ, *Hirundo*, Hirondelle; CYPSELIDÆ, *Cypselus*, Martinet; CORVIDÆ, *Corvus*, Corbeau, Corneille, *Pica*, Pie, *Nucifraga*, Casse-noix, *Garrulus*, Geai, *Oriolus*, Loriot; STURNIDÆ, *Sturnus*, Etourneau; PARIDÆ, *Parus*, Mésange; SYLVIADÆ, *Sylvia*, Fauvette, *Regulus*, Roitelet; TURDIDÆ, *Luscinia*, Rossignol, *Turdus*, Grive; ALAULIDÆ, *Alauda*, Alouette; FRINGILLIDÆ, *Fringilla*, Pinson, Linotte, Chardonneret, *Passer*, Moineau.

ORDRE 7. *RAPACES.* Bec puissant et crochu, pattes composées de 4 doigts, 1 postérieur et 3 antérieurs réunis à la base par une courte membrane, armés d'ongles très forts. Familles des STRIGIDÆ, *Otus*, Hibou, *Bubo*, Duc; VULTURIDÆ, Vautours; ACCIPITRIDÆ, *Aquila*, Aigle, *Milvus*, Milan, *Buteo*, Buse, *Nisus*, Epervier.

ORDRE 8. *COUREURS.* Grande taille, pieds formés de 3 et rarement de 2 doigts, ailes rudimentaires. Famille des STRUTHIONIDÆ, Autruches.

5. CLASSE DES MAMMIFÈRES

Vertébrés à sang chaud, pilifères, vivipares et pourvus de mamelles. 2 grands groupes : Implacentaires et Placentaires.

1. IMPLACENTAIRES. 2 ordres :

ORDRE 1. *MONOTRÈMES*. Mâchoires en forme de bec, pattes courtes, terminées par 5 doigts armés de fortes griffes, des os marsupiaux et un cloaque. Habitent l'Australie (Claus). *Ornythorhyncus, Echidna.*

ORDRE 2. *MARSUPIAUX*. 2 os marsupiaux soutenant une poche renfermant les mamelles. 4 sous-ordres : 1º RONGEURS. Animaux lourds, membres courts, queue rudimentaire, fourrure épaisse, de la taille du blaireau. Famille des PHASCOLOMYIDÆ. 2º MACROPODES. Pattes antérieures courtes, pattes postérieures très grandes, longue queue. Famille des HALMATURIDÆ, Kanguroos. 3. GRIMPEURS, Pattes de longueur à peu près égale terminées par 5 doigts, longue queue préhensible, vivent sur les arbres. Famille des PHALANGISTIDÆ. 4. RAPACES. En partie grimpeurs, en partie sauteurs, denture analogue à celle des Carnivores. Famille des DIDELPHYIDÆ, Sarigues.

2. PLACENTAIRES. 12 ordres rangés en 2 sous-groupes (Claus).

SOUS-GROUPE I. ADECIDUATA. PLACENTAIRES DÉPOURVUS DE CADUQUE.

ORDRE 3. *ÉDENTÉS*. Denture incomplète, parfois nulle, jamais d'incisives, membres terminés par de gros ongles recourbés. Famille des VERMILINGUA, Fourmiliers.

ORDRE 4. *CÉTACÉS*. Animaux marins, non recouverts de poils, membres antérieurs transformés en nageoires, pas de membres postérieurs. 2 sous-ordres : 1. CÉTACÉS CARNIVORES. Famille des DELPHINIDÆ, *Phocæna*, Marsouin, *Delphinus*, Dauphin ; CATODONTIDÆ, *Catodon*, Cachalot ; BALÆNIDÆ. *Balæna*, Baleine. 2. CÉTACÉS HERBIVORES. Famille des SIRENIA, Sirènes.

ORDRE 5. *ONGULÉS IMPARIDIGITÉS*. Grande taille, doigts en nombre impair, dont le médian plus développé que les autres ; estomac simple, denture ordinairement complète. Famille des RHINOCERIDÆ, *Rhinoceros* ; EQUIDÆ, *Equus*, Cheval, Ane.

ORDRE 6. *ONGULÉS PARIDIGITÉS*. Doigts pairs, les 2 externes généralement rudimentaires, denture ordinairement complète. 2 sous-ordres : 1. ARTIODACTYLES PACHYDERMES. Denture complète, estomac simple, métatarsiens des doigts médians non soudés. Famille des SUIDÆ, Sangliers et Cochons. 2. ARTIODACTYLES RUMINANTS. Estomac composé, métatarsiens et métacarpiens presque toujours soudés. Familles des TYLOPODA, *Auchenia*, Lama, *Camelus*, Chameau ; DEVEXA, Cameloportalis, Girafe ; CERVIDÆ, *Cervus*, Cerf, Chevreuil, *Dama*, Daim, *Rangifer*, Renne ; CAVICORNIA, *Antilope*, *Ovis*, *Capra*, *Ovibos*, *Bison*, *Bubalus*, *Bos*.

SOUS-GROUPE. II. DECIDUATA. PLACENTAIRES POURVUS D'UNE CADUQUE.

ORDRE 7. *PROBOSCIDIENS*. Multi-ongulés de grande taille, trompe

longue, défenses sur les intermaxillaires. Famille des ELEPHANTI-
DÆ, *Elephas*.

ORDRE 8. *RONGEURS*. Doigts mobiles et armés d'ongles, incisives
taillées en biseau, des molaires, pas de canines. Familles des LEPO-
RIDÆ, *Lepus*, Lièvre, Lapin; SUBUNGULATA, *Cavia*, Cochon d'Inde;
MURIDÆ, *Mus*, Rat, Surmulot, Souris, Mulot; ARVICOLIDÆ, *Arvi-
cola*, Campagnol; CASTORIDÆ, *Castor;* MYOXIDÆ, *Myoxus*, Loir,
SCIURIDÆ, *Sciurus*, Écureuil, *Arctomys*, Marmotte.

ORDRE 9. *INSECTIVORES*. Plantigrades à doigts armés de griffes,
denture complète. Famille des ERINACEIDÆ, *Erinaceus*, Hérisson;
TALPIDÆ, *Talpa*, Taupe.

ORDRE 10. *PINNIPÈDES*. Vivant dans l'eau, pieds pentadactyles
transformés en nageoires, les postérieurs sont dirigés en arrière, système dentaire complet, couverts de poils. Familles des PHOCIDÆ,
Phoca, Phoque; TRICHECHIDÆ, *Trichechus*, Morse.

ORDRE 11. *CARNIVORES*. Animaux carnassiers, système dentaire
complet, doigts armés de griffes puissantes. Familles des URSIDÆ,
omnivores, *Ursus*, Ours; MUSTELID, *Meles*; Blaireau, *Mustela*,
Marte, *Lutra*, Loutre; CANIDÆ, *Canis*, Loup, Chacal, Chien, Renard;
FELIDÆ, *Felix*, Lion, Tigre, Jaguar, Panthère, Chat, Lynx.

ORDRE 12. *CHIROPTÈRES*. Denture complète, membranes cuta-
nées entre les doigts allongés de la main et entre les membres et les
parties latérales du corps, deux mamelles pectorales (Claus). 2 sous-
ordres : 1. FRUGIVORES. Chauves-souris de grande taille se nourrissan,
de fruits, quelquefois aussi d'insectes; exotiques. Famille des PTEROT
PIDÆ, Roussettes. 2. INSECTIVORES. Chauves-souris à museau court-
grandes oreilles, vivent d'insectes ou du sang d'animaux à sang chaud.
Familles des VESPERTILIONIDÆ, *Vesperugo*, Chauve-souris naine;
RHINOLOPHIDÆ, *Rhinolophus*.

ORDRE 13. *PROSIMIENS*. Animaux grimpeurs, système dentaire
complet d'insectivore, mains et pieds préhensibles, mamelles pectorales
et ventrales, face velue et très proéminente. Contrées tropicales de l'ancien monde. Famille des CHIROMYSIDÆ, Cheiromys.

ORDRE 14. *PRIMATES SINGES*. Système dentaire complet, 2 incisives taillées en biseau de chaque côté, en général pieds préhensibles aux
membres postérieurs, mains aux membres antérieurs, face glabre,
orbites complètes et 2 mamelles pectorales (Claus). 3 sous-ordres :
1. ARCTOPITHÈQUES. Petite taille, couverts de poils laineux, queue longue
et touffue. Famille des HAPALIDÆ, *Hapale*, Ouistiti. 2. PLATYRRHI-
NIENS. 36 dents, narines écartées, longue queue souvent prenante.
Famille des PITHECIDÆ, *Callithrix*, Sagouins. 3. CATARRHINIENS.
Narines rapprochées et dirigées en bas, 32 dents, queue souvent longue
mais non préhensible, dans quelques cas rudimentaire. Mains bien
conformées, pieds préhensibles. Famille des CERCOPITHECIDÆ, *Maca-
cus*, Macaque, *Inuus*, Magot; *Anthropomorphœ*, *Satyrus*, Orang-
Outang, *Gorilla*, Gorille, *Troglodyte*, Chimpanzé.

MÉTÉOROLOGIE

I — INSTRUMENTS D'OBSERVATION

*Recommandés par le Bureau central météorologique
de France*

OBSERVATION DES BAROMÈTRES

Baromètre Fortin. — Doit être placé près du jour, dans une chambre sans feu et à l'abri des rayons du soleil.

Au moment de l'observation on commence par lire la température du thermomètre attaché à l'instrument, puis on tourne la vis inférieure jusqu'à ce que le niveau du mercure dans la cuvette affleure exactement à l'extrémité inférieure de la pointe d'ivoire.

Après avoir donné avec le doigt quelques petits chocs à l'appareil, on note la hauteur de la colonne de mercure en se servant du Vernier qui donne les dixièmes de millimètre.

Corrections.

1° *Correction du zéro de l'échelle.* — Il n'est pas de baromètre qui ne soit en erreur constante d'une petite fraction de millimètre. Cette erreur est déterminée par la comparaison avec le baromètre étalon du Bureau central météorologique. La comparaison est inscrite sur un registre sous le numéro du baromètre, et la correction est adressée à chaque observateur en même temps que l'instrument.

2° *Correction de température. Réduction à zéro.* — La lecture corrigée de l'erreur du zéro de l'échelle doit subir une autre correction pour la température. On fait usage de la table I, p. 401.

Descendant dans la première colonne de gauche jusqu'au chiffre de la température que l'on a observée sur le thermomètre fixé au baromètre, on suit la ligne horizontale à laquelle on est parvenu jusqu'à la colonne verticale, qui porte en tête le chiffre le plus rapproché de la hauteur corrigée du baromètre. Le chiffre que l'on obtient sera *retranché* de la hauteur si la température du baromètre est *supérieure* à zéro ; il lui sera *ajouté*, au contraire, si la température est *inférieure* à zéro.

EXEMPLES.

1° Température supérieure à 0° :   mm
Baromètre, hauteur corrigée de l'erreur de l'instrument. 759.45
Température du baromètre : + 15°,4.
Correction . . . . —1.88
                                                                          ────────

Baromètre, hauteur réduite à zéro 757.57

2° Température inférieure à zéro :
Baromètre, hauteur corrigée de l'erreur de l'instrument. 758.70
Température du baromètre : + 9°,2.
Correction . . . . + 1.13
                                                                          ────────

Baromètre, hauteur réduite à zéro 759.83

Dans les feuilles et registres d'observations il y a généralement trois colonnes pour le baromètre, intitulées *Lecture*, *Température corrigée* et *à zéro*. Dans la première colonne on inscrira le nombre lu sur l'échelle du baromètre, *sans y faire aucune correction*, tandis que le nombre de la troisième colonne devra être complètement corrigé, aussi bien de la température que de l'erreur de l'échelle.

3° *Réduction au niveau de la mer.* — Cette correction ne se fait que dans des cas exceptionnels ; on tient compte de la hauteur de la cuvette du baromètre au dessus du niveau de la mer.

Pour obtenir cette altitude, on pourra exécuter avec le niveau d'eau un nivellement entre la station et un point voisin connu, dont la cote d'altitude sera fournie par l'ingénieur des ponts et chaussées du département.

Si l'on veut effectuer cette réduction, on se rappellera que la hauteur barométrique diminue à mesure qu'on s'élève ; par exemple, pour de faibles variations de niveau, on peut constater que le mercure baisse de 1 ^{mm} environ pour un accroissement de 10 ^{m} ou 11 ^{m} dans l'altitude. Mais cette approximation n'est pas suffisante ; l'abaissement du baromètre peut alors être calculé par la formule suivante :

Soit X la différence du niveau en mètres entre deux points A et B, situés à la même latitude λ, le point A étant au niveau de la mer.

Soient

Ha la hauteur barométrique en A réduite à zéro ;
Hb la hauteur barométrique en B réduite à zéro ;
Ta la température de l'air en A ;
Tb la température de l'air en B.

On a, d'après la formule de Laplace,

$$X = 18405^m \left(1 + \frac{T_a + T_b}{546}\right)(1 + 0.00260 \cos 2\lambda)$$

$$\times \left(1 + \frac{X + 15986}{6\,366\,200}\right) \log \frac{H_a}{H_b}.$$

Ici nous avons à réduire une hauteur barométrique constatée au point B à celle que l'on aurait observée au même instant au point A situé sur la même verticale, mais au niveau de la mer. Dans ce cas on connaît

$X =$ altitude du lieu d'observation ;

$\lambda =$ latitude du lieu ;

$T_b =$ la température de l'air au point B ;

$H_b =$ la hauteur barométrique observée en B.

Quant à T_a, on peut admettre soit

$$T_a = T_b,$$

soit

$$T_a = T_b + \frac{X}{180}.$$

en supposant que la température diminue de $1°$ pour une élévation de 180^m. Cette deuxième hypothèse est préférable à la première, mais, pour les stations dont l'altitude est inférieure à 200^m, l'une ou l'autre hypothèse conduirait au même résultat ; on pourra donc supposer $T_a = T_b$.

La formule donne alors $\log \frac{H_a}{H_b} = \log H_a - \log H_b$, et, comme on connaît $\log H_b$, on aura $\log H_a$, par suite H_a, qui est la hauteur réduite au niveau de la mer.

Pour faire cette réduction rapidement, il est utile de préparer d'avance, pour chaque station, une Table donnant la correction nécessaire pour chaque hauteur barométrique et chaque température.

On inscrit pour cela sur une même ligne horizontale les *hauteurs barométriques réduites à zéro*, et sur la première colonne verticale à gauche les *températures de l'air extérieur*. On place ensuite, au point de rencontre des deux colonnes, la correction correspondante. Cette correction est toujours *additive*.

Nous donnons ici, comme spécimen, la Table qui conviendrait à une station dont le baromètre serait à l'altitude de 174^m au dessus du niveau de la mer.

*Quantité à ajouter à la hauteur du baromètre à zéro
pour le corriger de l'altitude.*

TEMPÉRATURE extérieure	PRESSION OBSERVÉE A L'ALTITUDE DE 174ᵐ				
	720ᵐᵐ	730ᵐᵐ	740ᵐᵐ	750ᵐᵐ	760ᵐᵐ
o	mm	mm	mm	mm	mm
—10	16.4	16.6	16.9	17.1	17.3
— 5	16.2	16.4	16.6	16.8	17.0
+ 0	15.9	16.1	16.3	16.5	16.7
+ 5	15.6	15.8	16.0	16.2	16.4
10	15.3	15.5	15.7	15.9	16.1
15	15.0	15.2	15.4	15.6	15.8
20	14.7	14.9	15.1	15.3	15.5
25	14.4	14.6	14.8	14.0	15.2
30	14.2	14.4	14.6	14.8	15.0

Si, par exemple, dans la station dont nous parlons, on a observé
une hauteur barométrique de 743ᵐᵐ.2 par une température de 12°,
la Table donne une correction de 15ᵐᵐ.7 ; la hauteur réduite au niveau
de la mer est donc 758ᵐᵐ.9. Dans cette réduction, il est inutile de tenir
compte des centièmes de millimètre.

La Table est un peu longue à calculer si l'on part de la formule
barométrique donnée plus haut, mais elle pourra être envoyée directement par le Bureau central météorologique aux observateurs qui le
demanderont en indiquant leur altitude exacte. On trouvera, du reste,
dans les *Annales du Bureau central météorologique* pour 1878 (t. I,
p. C. 13), des Tables disposées de manière à faciliter beaucoup ce
calcul. Nous en donnons ci-après un abrégé, qui suffira pour les
stations d'altitude inférieure à 200ᵐ.

On suit dans la Table II, p. 440, la colonne horizontale qui correspond aux dizaines de mètres de l'altitude, jusqu'au point de rencontre de la colonne verticale qui correspond à la température de
l'air au moment de l'observation. On trouve ainsi, en faisant usage des
Tables proportionnelles pour le chiffre des unités de l'altitude, un
premier nombre. Avec ce nombre et la pression barométrique observée, la Table II *bis*, p. 441, donne la quantité qu'il faut ajouter à la
pression barométrique pour la réduire au niveau de la mer.

Exemple : station à 174ᵐ ; température de l'air 10° ; pression observée, 745ᵐᵐ.2.

La Table II, p. 410, donne :

Pour 170^m et 10°...................... 17.8
Pour 4^m............................... 0.4
——————
18.2

La Table II *bis* p. 411, donne :

mm
Pour 18 et 745^{mm} 15.6
Pour 0,2................................. 0.2
——————
Correction à ajouter..................... 15.8

La pression réduite au niveau de la mer serait donc

$$745^m,2 + 15^{mm},8 = 761^{mm},0.$$

On pourra facilement, au moyen de ces Tables générales, construire la Table particulière à chaque station et dont nous avons donné un exemple ci-dessus.

Autres baromètres. — On peut encore faire usage du baromètre à large cuvette de Tonnelot, du baromètre à échelle compensée ou du baromètre marin (pour les observations faites en mer).

Relation entre la hauteur barométrique et l'altitude.

Soit h la hauteur du baromètre à une altitude donnée, H celle qu'on observerait au même instant à une station d'une altitude moindre et située à peu de distance de la première ; si la température aux deux stations est t et T on a, sans tenir compte de corrections qui interviennent surtout pour l'évaluation des hauteurs de montagnes situées à une latitude éloignée de 45° et en appelant D la différence des altitudes en mètres.

$$D = 18336^m \log \frac{H}{h} \left(1 + \frac{2(t + T)}{1000} \right)$$

d'où, si la station inférieure est au niveau de la mer et si l'on suppose la température invariable, on obtiendra la hauteur réduite au niveau de la mer par la formule

$$\log H = \log h + \frac{D}{18336 \times \left(1 \times \frac{4t}{1000} \right)}$$

Aux environs de 760^{mm}, une variation de 1 millimètre dans la pression correspond à une différence de 10^m,5 dans l'altitude.

TABLE I. — *Table pour la réduction du baromètre à zéro*

Hauteurs du baromètre

Temp. du Barom.		700	705	710	715	720	725	730	735	740	745	750	755	760	765	770	775
		mm	mm	mm	mm	mm	mm	mm	mm	mm	mm	mm	mm	mm	mm	mm	mm
0°	0	0.00	0.00	0.00	0.00	0.00	0.00	0.00	0.00	0.00	0.00	0.00	0.00	0.00	0.00	0.00	0.00
	2	02	02	02	02	02	02	02	02	02	02	02	02	03	03	03	03
	4	05	05	05	05	05	05	05	05	05	05	05	05	05	05	05	05
	6	07	07	07	07	07	07	07	07	07	07	07	07	07	07	07	08
	8	09	09	09	09	09	09	09	10	10	10	10	10	10	10	10	10
1°	0	0.11	0.11	0.11	0.12	0.12	0.12	0.12	0.12	0.12	0.12	0.12	0.12	0.12	0.12	0.12	0.13
	2	14	14	14	14	14	14	14	14	14	14	15	15	15	15	15	15
	4	16	16	16	16	16	16	16	17	17	17	17	17	17	17	17	18
	6	18	18	18	18	19	19	19	19	19	19	19	19	20	20	20	20
	8	20	21	21	21	21	21	21	21	21	22	22	22	22	22	22	23
2°	0	0.23	0.23	0.23	0.23	0.23	0.23	0.24	0.24	0.24	0.24	0.24	0.24	0.25	0.25	0.25	0.25
	2	25	25	25	26	26	26	26	26	26	27	27	27	27	27	28	28
	4	27	27	27	28	28	28	28	28	29	29	29	29	29	30	30	30
	6	29	30	30	30	30	30	31	31	31	31	31	32	32	32	32	32
	8	32	32	32	33	33	33	33	33	33	34	34	34	34	35	35	35
3°	0	0.34	0.34	0.34	0.35	0.35	0.35	0.35	0.36	0.36	0.36	0.36	0.37	0.37	0.37	0.37	0.37
	2	36	37	37	37	37	37	37	38	38	38	39	39	39	39	40	40
	4	38	39	39	39	39	40	40	40	41	41	41	41	42	42	42	42
	6	41	41	41	41	42	42	42	43	43	43	44	44	44	44	45	45
	8	43	43	43	44	44	44	45	45	45	46	46	46	47	47	47	47

Hauteurs du baromètre

Temp. du barom.		700	705	710	715	720	725	730	735	740	745	750	755	760	765	770	775
		mm	mm	mm	mm	mm	mm	mm	mm	mm	mm	mm	mm	mm	mm	mm	mm
4°	0	0.45	0.45	0.46	0.46	0.46	0.47	0.47	0.47	0.48	0.48	0.48	0.49	0.49	0.49	0.50	0.50
	2	47	48	48	48	49	49	49	49	50	50	51	51	51	52	52	52
	4	50	50	50	51	51	51	52	52	52	53	53	53	54	54	55	55
	6	52	52	53	53	53	54	54	54	55	55	56	56	56	57	57	57
	8	54	54	55	55	56	56	56	57	57	58	58	58	59	59	59	60
5°	0	0.56	0.57	0.57	0.58	0.58	0.58	0.59	0.59	0.60	0.60	0.60	0.61	0.61	0.62	0.62	0.62
	2	59	59	59	60	60	61	61	62	62	62	63	63	64	64	64	65
	4	61	61	62	62	63	63	63	64	64	65	65	66	66	67	67	67
	6	63	64	64	64	65	65	66	66	67	67	68	68	69	69	69	70
	8	65	66	66	67	67	68	68	69	69	70	70	70	71	71	72	72
6°	0	0.68	0.68	0.69	0.69	0.70	0.70	0.71	0.71	0.71	0.72	0.72	0.73	0.73	0.74	0.74	0.75
	2	70	70	71	71	72	72	73	73	74	74	75	75	76	76	77	77
	4	72	73	73	74	74	75	75	76	76	77	77	78	78	79	79	80
	6	74	75	75	76	77	77	78	78	79	79	80	80	81	81	82	82
	8	77	77	78	78	79	79	80	80	81	82	82	83	83	84	84	85
7°	0	0.79	0.79	0.80	0.81	0.81	0.82	0.82	0.83	0.83	0.84	0.85	0.85	0.86	0.86	0.87	0.87
	2	81	82	82	83	83	84	85	85	86	86	87	87	88	89	89	90
	4	83	84	85	85	86	86	87	88	88	89	89	90	91	91	92	92
	6	86	86	87	87	88	89	89	90	91	91	92	92	93	94	94	95
	8	88	89	89	90	90	91	92	92	93	94	94	95	96	96	97	97

Temp. du barom.		Hauteurs du baromètre															
		700	705	710	715	720	725	730	735	740	745	750	755	760	765	770	775
		mm	mm	mm	mm	mm	mm	mm	mm	mm	mm	mm	mm	mm	mm	mm	mm
8°	0	0.90	0.91	0.91	0.92	0.93	0.93	0.94	0.95	0.95	0.96	0.97	0.97	0.98	0.99	0.99	1.00
	2	92	93	94	94	95	96	96	97	98	98	99	1.00	1.00	1.01	1.02	02
	4	95	95	96	97	97	98	99	99	1.00	1.01	1.01	02	03	03	04	05
	6	97	98	98	99	1.00	1.00	1.01	1.02	02	03	04	05	05	06	07	07
	8	99	1.00	1.01	1.01	02	03	03	04	05	06	06	07	08	08	09	10
9°	0	1.01	1.02	1.03	1.04	1.04	1.05	1.06	1.07	1.07	1.08	1.09	1.09	1.10	1.11	1.12	1.12
	2	04	04	05	06	07	07	08	09	10	10	11	12	13	13	14	15
	4	06	07	07	08	09	10	10	11	12	13	13	14	15	16	17	17
	6	08	09	10	11	11	12	13	14	14	15	16	17	17	18	19	20
	8	10	11	12	13	14	14	15	16	17	18	18	19	20	21	21	22
10°	0	1.13	1.14	1.14	1.15	1.16	1.17	1.18	1.18	1.19	1.20	1.21	1.22	1.23	1.24	1.24	1.25
	2	15	16	17	17	18	19	20	21	21	22	23	24	25	26	26	27
	4	17	18	19	20	21	21	22	23	24	25	26	26	27	28	29	30
	6	19	20	21	22	23	24	25	25	26	27	28	29	30	31	31	32
	8	22	23	23	24	25	26	27	28	29	30	30	31	32	33	34	35
11°	0	1.24	1.25	1.26	1.27	1.28	1.28	1.29	1.30	1.31	1.32	1.33	1.34	1.35	1.35	1.36	1.37
	2	26	27	28	29	30	31	32	33	33	34	35	36	37	38	39	40
	4	28	29	30	31	32	33	34	35	36	37	38	39	39	40	41	42
	6	31	32	33	34	34	35	36	37	38	39	40	41	42	43	44	45
	8	33	34	35	36	37	38	39	40	41	42	42	43	44	45	46	47

Hauteurs du baromètre

Temp. du barom.	700	705	710	715	720	725	730	735	740	745	750	755	760	765	770	775
	mm	mm	mm	mm	mm	mm	mm	mm	mm	mm	mm	mm	mm	mm	mm	mm
12° (0	1.35	1.36	1.37	1.38	1.39	1.40	1.41	1.42	1.43	1.44	1.45	1.46	1.47	1.48	1.49	1.50
2	37	38	39	40	41	42	43	44	45	46	47	48	49	50	51	52
4	40	41	42	43	44	45	46	47	48	49	50	51	52	53	54	55
6	42	43	44	45	46	47	48	49	50	51	52	53	54	55	56	57
8	44	45	46	47	48	49	50	51	53	54	55	56	57	58	59	60
13° (0	1.47	1.48	1.49	1.50	1.51	1.52	1.53	1.54	1.55	1.56	1.57	1.58	1.59	1.60	1.60	1.62
2	49	50	51	52	53	54	55	56	57	58	59	60	62	63	64	65
4	51	52	53	54	55	56	57	59	60	61	62	63	64	65	66	67
6	53	54	55	57	58	59	60	61	62	63	64	65	66	68	69	70
8	56	57	58	59	60	61	62	63	64	66	67	68	69	70	71	72
14° (0	1.58	1.59	1.60	1.61	1.62	1.63	1.65	1.66	1.67	1.68	1.69	1.70	1.71	1.72	1.74	1.75
2	60	61	62	63	65	66	67	68	69	70	71	73	74	75	76	77
4	62	63	65	66	67	68	69	70	72	73	74	75	76	77	79	80
6	65	66	67	68	69	70	72	73	74	75	76	77	79	80	81	82
8	67	68	69	70	72	73	74	75	76	78	79	80	81	82	83	85
15° (0	1.69	1.70	1.71	1.73	1.74	1.75	1.76	1.78	1.79	1.80	1.81	1.82	1.84	1.85	1.86	1.87
2	71	73	74	75	76	77	79	80	81	82	84	85	86	87	88	90
4	74	75	76	77	78	80	81	82	84	85	86	87	88	90	91	92
6	76	77	78	80	81	82	83	85	86	87	88	90	91	92	93	95
8	78	79	81	82	83	84	86	87	88	90	91	92	93	95	96	97

Hauteurs du baromètre

Temp. du barom.		700	705	710	715	720	725	730	735	740	745	750	755	760	765	770	775
		mm	mm	mm	mm	mm	mm	mm	mm	mm	mm	mm	mm	mm	mm	mm	mm
16°	0	1.80	1.82	1.83	1.84	1.85	1.87	1.88	1.89	1.91	1.92	1.93	1.94	1.96	1.97	1.98	2.00
	2	83	84	85	86	88	89	90	92	93	94	96	97	98	2.00	2.01	02
	4	85	86	87	89	90	91	93	94	95	97	98	99	2.01	02	03	05
	6	87	88	90	91	92	94	95	96	98	99	2.00	2.02	03	04	06	07
	8	89	91	92	93	95	96	97	99	2.00	2.02	03	04	06	07	08	10
17°	0	1.92	1.93	1.94	1.96	1.97	1.98	2.00	2.01	2.03	2.04	2.05	2.07	2.08	2.09	2.11	2.12
	2	94	95	97	98	99	2.01	02	04	05	06	08	09	10	12	13	15
	4	96	97	99	2.00	2.02	03	05	06	07	09	10	11	13	14	16	17
	6	98	2.00	2.01	03	04	05	07	08	10	11	13	14	15	17	18	20
	8	2.01	02	03	05	06	08	09	11	12	14	15	16	18	19	21	22
18°	0	2.03	2.04	2.06	2.07	2.09	2.10	2.12	2.13	2.14	2.16	2.17	2.19	2.20	2.22	2.23	2.25
	2	05	07	08	10	11	12	14	15	17	18	20	21	23	24	26	27
	4	07	09	10	12	13	15	16	18	19	21	22	24	25	27	28	30
	6	10	11	13	14	16	17	19	20	22	23	25	26	27	29	31	32
	8	12	13	15	16	18	19	21	22	24	26	27	28	30	32	33	35
19°	0	2.14	2.16	2.17	2.19	2.20	2.22	2.23	2.25	2.26	2.28	2.29	2.31	2.32	2.34	2.36	2.37
	2	16	18	19	21	23	24	26	27	29	30	32	33	35	36	38	40
	4	19	20	22	23	25	26	28	30	31	33	34	36	37	39	41	42
	6	21	22	24	26	27	29	30	32	34	35	37	38	40	41	43	45
	8	23	25	26	28	29	31	33	34	36	37	39	41	42	44	45	47

Hauteurs du baromètre

Temp. du barom.		700	705	710	715	720	725	730	735	740	745	750	755	760	765	770	775
		mm	mm	mm	mm	mm	mm	mm	mm	mm	mm	mm	mm	mm	mm	mm	mm
20°	0	2.25	2.27	2.29	2.30	2.32	2.33	2.35	2.37	2.38	2.40	2.41	2.43	2.45	2.47	2.48	2.50
	2	28	29	31	33	34	36	37	39	41	42	44	46	47	49	50	52
	4	30	32	33	35	36	38	40	41	43	45	46	48	50	51	53	55
	6	32	34	35	37	39	40	42	44	45	47	49	50	52	54	55	57
	8	34	36	38	39	41	43	44	46	48	49	51	53	55	56	58	60
21°	0	2.37	2.38	2.40	2.42	2.43	2.45	2.47	2.49	2.50	2.52	2.54	2.55	2.57	2.59	2.60	2.62
	2	39	41	42	44	46	47	49	51	53	54	56	58	59	61	63	64
	4	41	43	45	46	48	50	52	53	55	57	58	60	62	64	65	67
	6	43	45	47	49	50	52	54	56	57	59	61	63	64	66	68	69
	8	46	47	49	51	53	54	56	58	60	61	63	65	67	68	70	72
22°	0	2.48	2.50	2.51	2.53	2.55	2.57	2.59	2.60	2.62	2.64	2.66	2 67	2.69	2.71	2.73	2.75
	2	50	52	54	56	57	59	61	63	64	66	68	70	72	73	75	77
	4	52	54	56	58	60	61	63	65	67	69	70	72	74	76	78	79
	6	55	57	58	60	62	64	66	67	69	71	73	75	77	78	80	82
	8	57	59	61	62	64	66	68	70	72	73	75	77	79	81	83	84
23°	0	2.59	2.61	2.63	2.65	2.67	2.68	2.70	2.72	2.74	2.76	2.78	2.80	2.81	2.83	2.85	2.87
	2	61	63	65	67	69	71	73	75	76	78	80	82	84	86	88	89
	4	64	66	67	69	71	73	75	77	79	81	83	84	86	88	90	92
	6	66	68	70	72	74	75	77	79	81	83	85	87	89	91	93	94
	8	68	70	72	74	76	78	80	82	84	85	87	89	91	93	95	97

Temp. du barom.		700	705	710	715	720	725	730	735	740	745	750	755	760	765	770	775
		mm	mm	mm	mm	mm	mm	mm	mm	mm	mm	mm	mm	mm	mm	mm	mm
24°	0	2.70	2.72	2.74	2.76	2.78	2.80	2.82	2.84	2.86	2.88	2.90	2.92	2.94	2.96	2.98	2.99
	2	73	75	77	79	81	82	84	86	88	90	92	94	96	98	3.00	3.02
	4	75	77	79	81	83	85	87	89	91	93	95	97	99	3 00	03	04
	6	77	79	81	83	85	87	89	91	93	95	97	99	3.01	03	05	07
	8	79	81	83	85	87	89	91	93	95	97	99	3.01	03	05	07	09
25°	0	2.82	2.84	2.86	2.88	2.90	2.92	2.94	2.96	2.98	3.00	3.02	3.04	3.06	3.08	3.10	3.12
	2	84	86	88	90	92	94	96	98	3.00	02	04	06	08	10	12	14
	4	86	88	90	92	94	96	99	3.01	03	05	07	09	11	13	15	17
	6	89	91	93	95	97	99	3.01	03	05	07	09	11	13	15	17	19
	8	91	93	95	97	99	3.01	03	05	07	09	12	14	16	18	20	22
26°	0	2.93	2.95	2.97	2.99	3.01	3.03	3.06	3 08	3.10	3.12	3.14	3.16	3.18	3.20	3.22	3.24
	2	95	97	99	3.02	04	06	08	10	12	14	16	18	21	23	25	27
	4	98	3.00	3.02	04	06	08	10	12	15	17	19	21	23	25	27	29
	6	3.00	02	04	06	08	10	13	15	17	19	21	23	25	28	30	32
	8	02	04	06	08	11	13	15	17	19	21	24	26	28	30	32	34
27°	0	3.04	3.06	3.09	3.11	3.13	3.15	3.17	3.20	3.22	3.24	3.26	3.28	3.30	3.33	3.35	3.37
	2	07	09	11	13	15	17	20	22	24	26	28	31	33	35	37	39
	4	09	11	13	15	18	20	22	24	26	29	31	33	35	37	40	42
	6	11	13	15	18	20	22	24	27	29	31	33	35	38	40	42	44
	8	13	16	18	20	22	25	27	29	31	33	36	38	40	42	45	47

Hauteurs du baromètre

Hauteurs du baromètre

Temp. du barom.		700	705	710	715	720	725	730	735	740	745	750	755	760	765	770	775
		mm	mm	mm	mm	mm	mm	mm	mm	mm	mm	mm	mm	mm	mm	mm	mm
28°	0	3.16	3.18	3.20	3.22	3.25	3.27	3.29	3.31	3.34	3.36	3.38	3.40	3.43	3.45	3.47	3.49
	2	18	20	22	25	27	29	31	34	36	38	41	43	45	47	50	52
	4	20	22	25	27	29	31	34	36	38	41	43	45	48	50	52	54
	6	22	25	27	29	32	34	36	38	41	43	45	48	50	52	55	57
	8	25	27	29	32	34	36	38	41	43	45	48	50	52	55	57	59
29°	0	3.27	3.29	3.31	3.34	3.36	3.39	3.41	3.43	3.46	3.48	3.50	3.53	3.55	3.57	3.60	3.62
	2	29	31	34	36	38	41	43	46	48	50	53	55	57	60	62	64
	4	31	34	36	38	41	43	46	48	50	53	55	57	60	62	64	67
	6	34	36	38	41	43	46	48	50	53	55	57	60	62	65	67	69
	8	36	38	41	43	45	48	50	53	55	57	60	62	65	67	69	72
30°	0	3.38	3.41	3.43	3.45	3.48	3.50	3.53	3.55	3.57	3.60	3.62	3.65	3.67	3.69	3.72	3.74
	2	40	43	45	48	50	52	55	57	60	62	65	67	70	72	74	77
	4	43	45	47	50	52	55	57	60	62	65	67	70	72	74	77	79
	6	45	47	50	52	55	57	60	62	65	67	70	72	74	77	79	82
	8	47	50	52	55	57	60	62	64	67	69	72	74	77	79	82	84
31°	0	3.49	3.52	3.54	3 57	3.59	3.62	3.64	3.67	3.69	3.72	3.74	3.77	3.79	3 82	3.84	3.87
	2	52	54	57	59	62	64	67	69	72	74	77	79	82	84	87	89
	4	54	56	59	61	64	67	69	72	74	77	79	82	84	87	89	92
	6	56	59	61	64	66	69	71	74	76	79	82	84	87	89	92	94
	8	58	61	63	66	69	71	74	76	79	81	84	86	89	92	94	96

Temp. du barom.		700	705	710	715	720	725	730	735	740	745	750	755	760	765	770	775
		mm	mm	mm	mm	mm	mm	mm	mm	mm	mm	mm	mm	mm	mm	mm	mm
32°	0	3.61	3.63	3.66	3.68	3.71	3.74	3.76	3.79	3.81	3.84	3.86	3.89	3.92	3.94	3.97	3.99
	2	63	65	68	71	73	76	78	81	84	86	89	91	94	97	99	4.02
	4	65	68	70	73	76	78	81	83	86	89	91	94	96	99	4.02	04
	6	67	70	73	75	78	81	83	86	88	91	94	96	99	4.02	04	07
	8	70	72	75	78	80	83	85	88	91	93	96	99	4.01	04	07	09
33°	0	3.72	3.75	3.77	3.80	3.83	3.85	3.88	3.91	3.93	3.96	3.98	4.01	4.04	4.06	4.09	4.12
	2	74	77	79	82	85	87	90	93	96	98	4.01	04	06	09	12	14
	4	76	79	82	84	87	90	93	95	98	4.01	03	06	09	11	14	17
	6	79	81	84	87	89	92	95	98	4.00	03	06	08	11	14	17	19
	8	81	84	86	89	92	95	97	4.00	03	05	08	11	14	16	19	22
34°	0	3.83	3.86	3.89	3.91	3.94	3.97	4.00	4.02	4.05	4.08	4.11	4.13	4.16	4.19	4.21	4.24
	2	85	88	91	94	96	99	02	05	07	10	13	16	18	21	24	27
	4	88	90	93	96	99	4.02	04	07	10	13	15	18	21	24	26	29
	6	90	93	96	98	4.01	04	07	09	12	15	18	21	23	26	29	32
	8	92	95	98	4.01	03	06	09	12	15	17	20	23	26	28	31	34
35°	0	3.94	3.97	4.00	4.03	4.06	4.09	4.11	4.14	4.17	4.20	4.23	4.25	4.28	4.31	4.34	4.37
	2	97	4.00	02	05	08	11	14	17	19	22	25	28	31	33	36	39
	4	99	02	05	08	10	13	16	19	22	25	27	30	33	36	39	42
	6	4.01	04	07	10	13	16	18	21	24	27	30	33	36	38	41	44
	8	03	06	09	12	15	18	21	24	26	29	32	35	38	41	44	47

TABLE II. *Table pour la réduction du baromètre au niveau de la mer.*

Altitude en mètres.	TEMPÉRATURE EXTÉRIEURE											
	—20°	—15°	—10°	—5°	0°	+5°	10°	15°	20°	25°	30°	35°
10	1.2	1.2	1.1	1.1	1.1	1.1	1.0	1.0	1.0	1.0	1.0	1.0
20	2.4	2.3	2.2	2.2	2.2	2.1	2.1	2.0	2.0	2.0	2.0	1.9
30	3.5	3.5	3.4	3.3	3.2	3.2	3.1	3.1	3.0	3.0	2.9	2.9
40	4.7	4.6	4.5	4.4	4.3	4.3	4 2	4.1	4.0	4.0	3.9	3.9
50	5.8	5.7	5.6	5.5	5.4	5.3	5.2	5.1	5.1	5.0	4.9	4.8
60	7.0	6.9	6.7	6.6	6.5	6.4	6.3	6.2	6.1	6.0	5.9	5.8
70	8.2	8.0	7.9	7.7	7.6	7.4	7.3	7.2	7.1	7.0	6.8	6.7
80	9.3	9.2	9.0	8.8	8.7	8.5	8.4	8.2	8.1	8.0	7.8	7.7
90	10.5	10.3	10.1	9.9	9.8	9.6	9.4	9.2	9.1	9.0	8.8	8.7
100	11.7	11.4	11.2	11.0	10.8	10.6	10.5	10.3	10.1	9.9	9.8	9.6
110	12.9	12.6	12.4	12.1	11.9	11.7	11.5	11.3	11.1	10.9	10.7	10.6
120	14.0	13.8	13.5	13.2	13.0	12.7	12.5	12.3	12.1	11.9	11.7	11.5
130	15.2	14.9	14.6	14.3	14.1	13.8	13.6	13.4	13.1	12.9	12.7	12.5
140	16.3	16.0	15.7	15.4	15.2	14.9	14.6	14.4	14.1	13.9	13.7	13.5
150	17.5	17.2	16.9	16.6	16.3	16.0	15.7	15.4	15.1	14.9	14.6	14.4
160	18.7	18.3	18.0	17.7	17.3	17.0	16.7	16.5	16.2	15.9	15.6	15.4
170	19.8	19.5	19.1	18.8	18.4	18.1	17.8	17.5	17.2	16.9	16.6	16.3
180	21.0	20.6	20.2	19.9	19.5	19.2	18.8	18.5	18.2	17.9	17.6	17.3
190	22.2	21.8	21.4	21.0	20.6	20.3	19.9	19.6	19.2	18.9	18.6	18.3

TABLE PROPORTIONNELLE.

Mètres	1.2	1.1	1.0
1	0.1	0.1	0.1
2	0.2	0.2	0.2
3	0.4	0.3	0.3
4	0.5	0.4	0.4
5	0.6	0.6	0.5
6	0.7	0.7	0.6
7	0.8	0.8	0.7
8	1.0	0.9	0.8
9	1.1	1.0	0.9

TABLE II *bis*. — *Table pour la réduction du baromètre au niveau de la mer*

HAUTEUR DU BAROMÉTRE

	715	720	725	730	735	740	745	750	755	760	765	770	775
	mm	mm	mm	mm	mm	mm	mm	mm	mm	mm	mm	mm	mm
19	15.8	15.9	16.0	16.1	16.3	16.4	16.5	16.6	16.7	16.8	16.9	"	"
18	15.0	15.1	15.2	15.3	15.4	15.5	15.6	15.7	15.8	15.9	16.0	"	"
17	14.1	14.2	14.3	14.4	14.5	14.6	14.7	14.8	14.9	15.0	15.1	"	"
16	13.3	13.4	13.5	13.6	13.7	13.8	13.8	13.9	14.0	14.1	14.2	14.3	"
15	12.5	12.5	12.6	12.7	12.8	12.9	13.0	13.1	13.2	13.2	13.3	13.4	"
14	11.6	11.7	11.8	11.9	11.9	12.0	12.1	12.2	12.3	12.4	12.4	12.5	"
13	10.8	10.9	10.9	11.0	11.1	11.2	11.2	11.3	11.4	11.5	11.5	11.6	"
12	9.9	10.0	10.1	10.2	10.2	10.3	10 4	10.4	10.5	10.6	10.6	10.7	10.8
11	9.1	9.2	9.2	9.3	9.4	9.4	9.5	9.6	9.6	9.7	9.7	9.8	9.9
10	8.3	8.3	8.4	8.5	8.5	8.6	8.6	8.7	8.7	8.8	8.9	8.9	9.0
9	7.4	7.5	7.5	7.6	7.7	7.7	7.8	7.8	7.9	7.9	8.0	8.0	8.1
8	6.6	6.7	6.7	6.8	6.8	6.8	6.9	6.9	7.0	7.0	7.1	7.1	7.2
7	5.8	5.8	5.9	5.9	5.9	6.0	6.0	6.1	6.1	6.1	6.2	6.2	6.3
6	5.0	5.0	5.0	5.1	5.1	5.1	5.2	5.2	5.2	5.3	5.3	5.3	5.4
5	4.1	4.2	4.2	4.2	4.2	4.3	4.3	4.3	4.4	4.4	4 4	4.4	4.5
4	3.3	3.3	3.3	3.4	3.4	3.4	3.4	3.5	3.5	3.5	3.5	3.6	3.6
3	2.5	2.5	2.5	2.5	2.5	2.6	2.6	2.6	2.6	2.6	2.6	2.7	2.7
2	1.7	1.7	1.7	1.7	1.7	1.7	1.7	1.7	1.7	1.8	1.8	1.8	1.8
1	0.8	0.8	0.8	0.8	0.9	0.9	0.9	0.9	0.9	0.9	0.9	0.9	0.9

TABLE PROPORTIONNELLE.

A	mm
0.1	0.1
0.2	0.2
0.3	0.3
0.4	0.4
0.5	0.5
0.6	0.5
0.7	0.6
0.8	0.7
0.9	0.8

OBSERVATION DES THERMOMÈTRES

Les thermomètres pour une station météorologique complète sont au nombre de *cinq* :

Un thermomètre nu et sec donnant la température de l'air.

Un thermomètre dont le réservoir est couvert d'une mousseline que l'on tient imbibée d'eau. Ce thermomètre, joint au précédent, constitue le psychromètre et sert à donner l'état hygrométrique de l'air.

Un thermomètre à *maxima*, systèmes Negretti, Baudin, Alvergniat, ou à bulle d'air.

Un thermomètre à *minimum*, système Rutherford.

Un thermomètre-fronde.

Ces cinq instruments doivent être gradués sur la tige même. Il est nécessaire d'en faire la vérification dont se charge d'ailleurs le Bureau central météorologique.

La meilleure installation pour les thermomètres est de les placer au dessus d'un sol gazonné et sous un abri dans le genre de celui employé à l'observatoire de Montsouris.

Comparaison des échelles thermométriques. (V. p. 139.)

HYGROMÉTRIE

Si l'air n'est pas saturé d'humidité, on appelle son *état hygrométrique* le rapport qui existe entre la quantité de vapeur d'eau qu'il renferme et celle qu'il renfermerait s'il était saturé ; ou encore le rapport entre la tension actuelle de la vapeur d'eau qui existe dans l'air et la tension maxima de cette vapeur à la même température.

L'état hygrométrique de l'air se déduit, en général, de la comparaison de deux thermomètres, l'un sec, l'autre mouillé, dont la réunion forme le *psychromètre*. Les tables suivantes ont été calculées en supposant que la pression atmosphérique moyenne du lieu d'observation est voisine de 760^{mm}, et que les thermomètres du psychromètre sont placés à l'air libre sous l'abri de Montsouris. Elles sont donc à peu près applicables à la plus grande partie des stations météorologiques de France. Il n'en est plus ainsi pour les instruments placés trop près des murs d'habitation, ou dans des cages qui gênent la circulation de l'air. Le coefficient qui a servi à calculer les tables doit alors être modifié.

Le psychromètre-fronde est le seul qui soit comparable à lui-même, parce que la rotation qu'on lui imprime fait disparaître la principale cause d'erreur de ses indications.

On peut employer l'hygromètre à cheveu, mais en conservant le psychromètre-fronde, et recourant à l'hygromètre à condensation comme moyen de contrôle.

On peut également utiliser des enregistreurs soit à bande de corne, soit à cheveux, soit à baudruche, mais en ne leur demandant que des renseignements sur les faits accidentels.

Emploi du psychromètre

La différence des températures indiquées par les deux thermomètres sec et mouillé sert à calculer l'état hygrométrique de l'air, à l'aide des Tables III et IV. pp. 414 et 415.

La Table III servira toutes les fois que le thermomètre mouillé sera au dessous de 0°, ou que, étant à 0°, il sera recouvert par de la glace. La Table IV sert toutes les fois que ce thermomètre est au dessus de zéro, ou que, étant à zéro, il n'est pas recouvert de glace. On descend, dans la première colonne de gauche du Tableau employé, jusqu'au nombre égal ou immédiatement inférieur à la différence des deux températures ; puis on suit horizontalement la ligne à laquelle on est parvenu jusqu'à la colonne dont le nombre, en tête, est le plus rapproché de la température du thermomètre mouillé. Le nombre sur lequel on tombe est l'état hygrométrique. Dans le cas où la différence des deux températures contiendrait un nombre impair de dixièmes, et dans le cas où la température du thermomètre mouillé serait comprise entre deux nombres entiers, on prendra des valeurs intermédiaires entre les nombres indiqués par le Tableau pour les températures voisines.

EXEMPLES.

1° Température du thermomètre mouillé, supérieure à 0° :

Thermomètre sec...	$+19.6$
Thermomètre mouillé..........................	$+14.0$
Différence...............	5.6
État hygrométrique...........................	50

2°
Thermomètre sec...........................	$+19.6$
Thermomètre mouillé.........................	$+14.5$
Différence...............	5.1
États hygrométriques........................	$\begin{cases} 54\text{-}55 \\ 53\text{-}54 \end{cases}$
État hygrométrique............................	54

3° Température du thermomètre mouillé, inférieure à 0° :

Thermomètre sec...........................	-9.2
Thermomètre mouillé.........................	-10.6
Différence...	1.4
État hygrométrique	51

TABLE III. — *Table psychrométrique (de — 15° à 0)*

TEMPÉRATURE DU THERMOMÈTRE MOUILLÉ AU DESSOUS DE ZÉRO.

Différence entre les thermomètres sec et mouillé.	—15°	—14°	—13°	—12°	—11°	—10°	—9°	—8°	—7°	—6°	—5°	—4°	—3°	—2°	—1°	0°
0.0	100	100	100	100	100	100	100	100	100	100	100	100	100	100	100	100
0.2	91	91	92	92	93	94	94	94	94	95	95	95	96	96	96	97
0.4	82	84	85	86	86	87	88	89	89	90	90	91	92	92	92	93
0.6	74	76	77	79	80	81	82	83	84	85	86	87	87	88	89	89
0.8	66	68	70	72	74	75	76	78	79	80	81	82	83	84	85	86
1.0	58	61	63	65	67	69	71	73	74	76	77	78	78	80	81	82
1.2	50	54	56	59	61	63	66	68	69	71	73	74	75	77	78	79
1.4	43	46	50	53	55	58	61	63	65	67	69	70	72	73	74	76
1.6	36	40	43	47	50	52	56	58	61	63	65	67	68	70	72	73
1.8	29	33	37	41	44	47	51	54	56	59	61	63	65	66	68	70
2.0	22	26	31	35	39	42	46	49	52	55	57	59	61	63	65	67
2.2	15	21	25	30	34	38	41	45	48	51	53	55	58	60	62	64
2.4	9	15	20	24	29	33	37	40	44	47	50	52	55	57	60	61
2.6	3	9	14	19	24	28	33	36	40	43	46	49	52	54	56	58
2.8		4	9	14	19	24	28	32	36	40	43	46	48	51	53	56
3.0			4	9	15	20	24	28	32	36	40	43	45	48	51	53
3.2				5	10	16	20	25	29	33	36	40	43	45	48	51
3.6					6	12	17	21	26	30	33	37	40	43	46	49
3.4					2	8	13	18	22	26	30	34	37	40	43	46
3.8						4	9	14	19	23	27	31	34	37	40	43

TABLE IV. — *Table psychrométrique (de 0 à + 14°)*

TEMPÉRATURE DU THERMOMÈTRE MOUILLÉ AU DESSUS DE ZÉRO.

Différence entre les thermomètres sec et mouillé. o	0°	1°	2°	3°	4°	5°	6°	7°	8°	9°	10°	11°	12°	13°	14°
0.0	100	100	100	100	100	100	100	100	100	100	100	100	100	100	100
0.2	96	96	96	97	97	97	97	97	97	97	97	97	98	98	98
0.4	92	93	93	93	93	94	94	94	94	95	95	95	95	95	95
0.6	88	89	89	90	90	91	91	91	92	92	93	93	93	93	93
0.8	85	85	86	87	87	88	88	89	89	89	90	90	90	91	91
1.0	81	82	83	83	84	85	85	86	86	86	86	87	88	89	89
1.2	78	79	80	80	81	82	83	83	84	84	85	86	86	86	87
1.4	74	75	76	77	78	79	80	81	81	82	83	83	84	84	85
1.6	71	72	73	74	75	77	77	78	79	80	80	81	82	82	83
1.8	67	69	70	71	73	74	75	76	76	77	78	79	80	80	81
2.0	64	66	67	69	70	71	72	73	74	75	76	77	78	78	79
2.2	61	63	65	66	67	69	70	71	72	73	74	75	76	76	77
2.4	58	60	62	63	65	66	67	69	70	71	72	73	74	75	75
2.6	55	57	59	61	62	64	65	66	68	69	70	71	72	73	73
2.8	52	54	56	58	60	61	63	64	65	67	68	69	70	71	72
3.0	50	52	54	56	57	59	61	62	63	65	66	67	68	69	70
3.2	47	49	51	53	55	57	58	60	61	63	64	65	66	67	68
3.4	44	47	49	51	53	55	56	58	59	61	62	63	64	66	67
3.6	41	44	46	49	51	52	54	56	57	59	60	61	62	64	65
3.8	39	42	44	46	48	50	52	54	56	57	58	60	61	63	63

TEMPÉRATURE DU THERMOMÈTRE MOUILLÉ AU DESSUS DE ZÉRO.

Différence entre les thermomètres sec et mouillé, o	0°	1°	2°	3°	4°	5°	6°	7°	8°	9°	10°	11°	12°	13°	14°
4.0	36	39	42	44	46	48	50	52	54	55	57	58	59	61	62
4.2	34	37	39	42	44	46	48	50	52	53	55	56	58	59	60
4.4	32	35	37	40	42	44	46	48	50	52	53	55	56	57	59
4.6	29	32	35	38	40	42	44	46	48	50	52	53	55	56	57
4.8	27	30	33	36	38	40	43	45	47	48	50	52	53	55	56
5.0	25	28	31	34	36	39	41	43	45	47	48	50	52	53	54
5.2	23	26	29	32	34	37	39	41	43	45	47	49	50	52	53
5.4	21	24	27	30	33	35	37	40	42	44	45	47	49	50	51
5.6	19	22	25	28	31	33	36	38	40	42	44	46	47	49	50
5.8	17	20	23	26	29	32	34	36	39	41	42	44	46	47	49
6.0	15	18	22	25	28	30	33	35	37	39	41	43	44	46	47
6.2	13	16	20	23	26	28	31	33	35	38	40	41	43	45	46
6.4	11	15	18	21	24	27	29	32	34	36	38	40	42	43	45
6.6	9	13	16	19	23	25	28	30	33	35	37	39	41	42	44
6.8	8	11	15	18	21	24	26	29	31	33	35	37	39	41	43
7.0	6	10	13	16	19	22	25	28	30	32	34	36	38	40	41
7.2	4	8	12	15	18	21	24	26	29	31	33	35	37	39	40
7.4	3	7	10	13	16	19	23	25	27	30	32	34	36	37	39
7.6	1	5	9	12	15	18	21	24	26	28	30	32	34	36	38
7.8		4	7	11	14	17	20	22	25	27	29	31	33	35	37

Différence entre les thermomètres sec et mouillé.	TEMPÉRATURE DU THERMOMÈTRE MOUILLÉ AU DESSUS DE ZÉRO.														
°	0°	1°	2°	3°	4°	5°	6°	7°	8°	9°	10°	11°	12°	13°	14°
8.0		2	6	9	13	16	18	21	24	26	28	30	32	34	36
8.2		1	4	8	11	14	17	20	22	25	27	29	31	33	35
8.4			3	7	10	13	16	19	21	24	26	28	30	32	34
8.6			2	5	9	12	15	17	20	23	25	27	29	31	33
8.8			1	4	8	11	14	16	19	21	24	26	28	30	32
9.0				3	6	10	13	15	18	20	23	25	27	29	31
9.2				2	5	8	12	14	17	19	22	24	26	28	30
9.4				1	4	7	10	13	16	18	21	23	25	27	29
9.6					3	6	9	12	15	17	20	22	24	26	28
9.8					2	5	8	11	14	16	19	21	23	25	27
10.0					1	4	7	10	13	16	18	20	22	25	26
10.2						3	6	9	12	15	17	19	22	24	25
10.4						2	5	8	11	14	16	18	21	23	25
10.6						1	5	7	10	13	15	18	20	22	24
10.8							4	7	9	12	14	17	19	21	23
11.0							3	6	9	11	14	16	18	20	22
11.2							2	5	8	10	13	15	17	19	21
11.4							1	4	7	10	12	14	17	19	21
11.6								3	6	9	11	14	16	18	20
11.8								2	5	8	11	13	15	17	19

Différence entre les thermomètres sec et mouillé.	TEMPÉRATURE DU THERMOMÈTRE MOUILLÉ AU DESSUS DE ZÉRO.														
°	0°	1°	2°	3°	4°	5°	6°	7°	8°	9°	10°	11°	12°	13°	14°
12.0								2	5	7	10	12	14	16	18
12.2								1	4	7	9	11	14	16	18
12.4									3	6	8	11	13	15	17
12.6									2	5	8	10	12	14	16
12.8									2	4	7	9	12	14	16
13.0									1	4	6	9	11	13	15
13.2										3	6	8	10	12	14
13.4										2	5	7	10	12	14
13.6										2	4	7	9	11	13
13.8										1	4	6	8	11	13
14.0										1	3	6	8	10	12

TABLE IV. (Suite) — *Table psychrométrique (de + 15° à + 30°)*

TEMPÉRATURE DU THERMOMÈTRE MOUILLÉ AU DESSUS DE ZÉRO.

Différence entre les thermomètres sec et mouillé. °	15°	16°	17°	18°	19°	20°	21°	22°	23°	24°	25°	26°	27°	28°	29°	30°
0.0	100	100	100	100	100	100	100	100	100	100	100	100	100	100	100	100
0.2	98	98	98	98	98	98	98	98	98	98	98	98	98	98	98	98
0.4	96	96	96	96	96	96	96	96	96	97	97	97	97	97	97	97
0.6	93	94	94	94	94	94	94	95	95	95	95	95	95	95	95	95
0.8	91	92	92	92	92	92	92	93	93	93	93	93	93	93	94	94
1.0	89	90	90	90	91	91	91	91	91	92	92	92	92	92	92	93
1.2	87	88	88	88	89	89	89	90	90	90	90	90	91	91	91	91
1.4	85	86	86	87	87	87	88	88	88	88	88	89	89	89	90	90
1.6	83	84	84	85	85	86	86	86	87	87	87	87	88	88	88	89
1.8	81	82	83	83	83	84	84	85	85	85	86	86	86	87	87	87
2.0	80	80	81	81	82	82	83	83	83	84	84	85	85	85	85	86
2.2	78	78	79	80	80	81	81	82	82	82	83	83	83	84	84	84
2.4	76	77	77	78	78	79	80	80	80	81	81	82	82	83	83	83
2.6	74	75	76	76	77	77	78	79	79	79	80	80	81	81	81	82
2.8	72	73	74	75	75	76	77	77	78	78	79	79	79	80	80	81
3.0	71	72	72	73	74	74	75	76	76	77	77	78	78	79	79	79
3.2	69	70	71	72	72	73	74	74	75	75	76	77	77	77	77	78
3.4	67	68	69	70	71	72	72	73	73	74	75	75	76	76	76	77
3.6	66	67	68	69	69	70	71	71	72	73	73	74	74	75	75	76
3.8	64	65	67	67	68	69	69	70	71	71	72	73	73	74	74	75

Différence entre les thermomètres sec et mouillé.	TEMPÉRATURE DU THERMOMÈTRE MOUILLÉ AU DESSUS DE ZÉRO.															
°	15°	16°	17°	18°	19°	20°	21°	22°	23°	24°	25°	26°	27°	28°	29°	30°
4.0	63	64	65	66	66	67	68	69	69	70	71	71	72	72	73	73
4.2	61	62	63	64	65	66	67	67	68	69	70	70	71	71	72	72
4.4	60	61	62	63	64	65	65	66	67	68	68	69	70	70	71	71
4.6	58	59	61	62	62	63	64	65	66	66	67	68	68	69	70	70
4.8	57	58	59	60	61	62	63	64	65	65	66	67	67	68	68	69
5.0	55	57	58	59	60	61	62	63	63	64	65	65	66	67	67	68
5.2	54	55	56	58	59	60	60	61	62	63	64	64	65	66	66	67
5.4	53	54	55	56	57	58	59	60	61	62	63	63	64	65	65	66
5.6	51	53	54	55	56	57	58	59	60	61	62	62	63	64	64	65
5.8	50	51	53	54	55	56	57	58	59	60	60	61	62	63	63	64
6.0	49	50	52	53	54	55	56	57	58	59	59	60	61	62	62	63
6.2	48	49	50	51	53	54	55	56	57	58	58	59	60	61	62	63
6.4	46	48	49	50	51	53	54	55	56	56	57	58	59	60	61	62
6.6	45	47	48	49	50	52	53	54	55	55	56	57	58	59	60	61
6.8	44	45	47	48	49	50	52	53	54	54	55	56	57	58	59	60
7.0	43	44	46	47	48	49	51	52	53	53	54	55	56	57	58	59
7.2	42	43	45	46	47	48	50	51	52	52	53	54	55	56	57	58
7.4	41	42	44	45	46	47	49	50	51	52	52	53	54	55	56	57
7.6	40	41	43	44	45	46	48	49	50	51	52	52	53	54	55	56
7.8	39	40	42	43	44	45	47	48	49	50	51	51	52	53	54	55

Différence entre les thermomètres sec et mouillé. °	TEMPÉRATURE DU THERMOMÈTRE MOUILLÉ AU DESSUS DE ZÉRO.															
	15°	16°	17°	18°	19°	20°	21°	22°	23°	24°	25°	26°	27°	28°	29°	30°
8.0	37	39	40	42	43	44	46	47	48	49	50	51	51	52	53	54
8.2	36	38	39	41	42	43	45	46	47	48	49	50	50	51	52	53
8.4	35	37	39	40	41	43	44	45	46	47	48	49	49	50	51	52
8.6	34	36	38	39	40	42	43	44	45	46	47	48	48	49	50	51
8.8	33	35	37	38	39	41	42	43	44	45	46	47	47	48	49	50
9.0	33	34	36	37	39	40	41	42	43	44	45	46	46	47	48	49
9.2	32	33	35	36	38	39	40	41	42	44	45	46	46	47	48	49
9.4	31	32	34	35	37	38	40	41	42	43	44	45	45	46	47	48
9.6	30	31	33	35	36	37	39	40	41	42	43	44	45	46	47	48
9.8	29	31	32	34	35	36	38	39	40	41	42	43	44	45	46	47
10.0	28	30	31	33	34	36	37	38	39	40	42	43	44	45	46	47
10.2	27	29	31	32	33	35	36	37	39	39	41	42	43	44	45	46
10.4	26	28	30	31	33	34	35	37	38	38	40	41	43	43	44	45
10.6	26	27	29	30	32	33	35	36	37	37	40	41	42	43	44	44
10.8	25	27	28	29	31	33	34	35	36	37	39	40	41	42	43	44
11.0	24	26	27	29	30	32	33	34	36	37	38	39	40	41	42	43
11.2	23	25	27	28	30	31	32	34	35	37	38	38	40	41	42	43
11.4	22	24	26	27	29	30	32	33	34	36	37	37	39	40	41	42
11.6	22	23	25	27	28	30	31	32	34	35	36	37	38	39	40	41
11.8	21	22	24	26	28	29	30	32	33	34	36	37	38	39	40	41

TEMPÉRATURE DU THERMOMÈTRE MOUILLÉ AU DESSUS DE ZÉRO.

Différence entre les thermomètres sec et mouillé.	15°	16°	17°	18°	19°	20°	21°	22°	23°	24°	25°	26°	27°	28°	29°	30°
12.0	20	22	24	25	27	28	30	31	32	34	35	36	37	38	39	40
12.2	20	21	23	25	26	28	29	30	32	33	34	36	37	38	38	39
12.4	19	21	22	24	26	27	28	30	31	33	34	35	36	37	38	39
12.6	18	20	22	23	25	26	28	29	31	32	33	34	35	37	37	38
12.8	18	19	21	23	25	26	27	28	30	31	33	34	35	36	37	38
13.0	17	19	21	22	24	25	27	28	30	31	32	33	34	35	36	37
13.2	16	18	20	22	23	25	27	28	29	30	31	33	33	35	35	36
13.4	16	18	19	21	22	24	26	27	29	30	31	32	33	34	35	36
13.6	15	17	19	20	22	23	25	27	28	29	30	31	32	33	34	35
13.8	15	16	18	20	21	23	25	26	27	29	30	31	32	33	34	35
14.0	14	16	18	19	21	22	24	26	27	28	29	30	31	32	33	34
14.2	14	16	17	19	21	22	24	25	26	27	29	30	31	32	33	34
14.4	13	15	17	19	20	22	23	24	26	27	28	29	30	31	32	33
14.6	13	15	16	18	20	21	23	24	25	26	28	29	30	31	32	33
14.8	12	14	16	18	19	21	22	24	25	26	27	28	29	30	31	32
15.0	12	14	15	17	19	20	22	23	24	25	27	27	29	30	31	32
15.2	11	13	15	16	18	20	21	22	24	25	26	27	28	29	30	31
15.4	11	13	14	16	18	19	20	22	23	25	26	27	28	29	30	31
15.6	10	12	14	16	17	19	20	21	23	24	25	26	27	28	29	30
15.8	10	12	13	15	17	18	20	21	22	23	25	26	27	28	29	30
16.0	9	11	13	14	16	18	19	21	22	23	24	25	26	27	28	29

OBSERVATION DU VENT

On observe la direction du vent à l'aide d'une girouette ; mais il faut que celle-ci soit très mobile, bien équilibrée et aussi élevée que possible pour n'être pas influencée par les édifices voisins. L'*anémographe* enregistre automatiquement la direction du vent à chaque instant du jour.

Pour la direction du vent, on fera usage de seize désignations, indiquant la région *d'où vient* le vent :

NNE ou	1.....	Nord-Nord-Est.	SSW [1] ou	9.	Sud-Sud-Ouest.
NE	2.....	Nord-Est.	SW	10.	Sud-Ouest.
ENE	3.....	Est-Nord-Est.	WSW	11.	Ouest-Sud-Ouest.
E	4.....	Est.	W	12.	Ouest.
ESE	5.....	Est-Sud-Est.	WNW	13.	Ouest-Nord-Ouest.
SE	6.....	Sud-Est.	NW	14.	Nord-Ouest.
SSE	7.....	Sud-Sud-Est.	NNW	15.	Nord-Nord-Ouest.
S	8.....	Sud.	N	16.	Nord.

La *vitesse* du vent est généralement mesurée au moyen d'*anémomètres* à moulinet, de Robinson, munis de compteurs. On peut encore adapter à ces instruments un mode d'enregistrement électrique, comme, par exemple, celui de l'anémomètre de M. Hervé Mangon. Mais ces instruments, assez compliqués et coûteux, ne sont placés, en général, que dans les observatoires météorologiques.

La vitesse du vent pourra être indiquée en mètres par seconde dans toutes les stations qui possèdent des anémomètres ; on pourrait également évaluer en kilogrammes par mètre carré la pression que le vent exerce contre un obstacle vertical. Dans la plupart des stations, dépourvues d'instruments pour mesurer la vitesse du vent, on se contentera d'en estimer la force et de la noter en chiffres depuis 0, calme, jusqu'à 6, ouragan.

Les chiffres correspondent aux forces suivantes :

Chiffre.	Désignation.	Force du vent.
0...	Calme	La fumée s'élève verticalement ou à peu près, les feuilles des arbres sont immobiles.
1...	Faible	Sensible aux mains ou à la figure, fait remuer un drapeau, agite les petites feuilles.
2...	Modéré	Fait flotter un drapeau, agite les feuilles et les petites branches des arbres.
3...	Assez fort..	Agite les grosses branches des arbres.

4...	Fort.......	Agite les plus grosses branches et les troncs de petit diamètre.
5...	Violent....	Secoue tous les arbres, brise les branches et les troncs de petite dimension.
6...	Ouragan...	Renverse les cheminées, enlève les toits des maisons, déracine les arbres.

Dans la marine, on fait usage d'une autre échelle, connue sous le nom d'*échelle de Beaufort*, et dans laquelle la force du vent est désignée au moyen de treize nombres, de 0 à 12. L'échelle précédente, destinée aux observations terrestres, où la force du vent est moins facile à évaluer qu'en mer, a été disposée de manière qu'elle soit immédiatement comparable à l'échelle de Beaufort. Le degré 1 correspond en effet aux degrés 1 et 2 de Beaufort ; 2, aux degrés 3 et 4, et ainsi de suite.

Voici, du reste, le tableau qui indique la correspondance de ces deux échelles :

Échelle terrestre.	Échelle de Beaufort.
0. Calme................	0. Calme.
1. Faible................	1. Presque calme.
	2. Légère brise.
2. Modéré...............	3. Petite brise.
	4. Jolie brise.
3. Assez fort.............	5. Bonne brise.
	6. Bon frais.
4. Fort..................	7. Grand frais.
	8. Petit coup de vent.
5. Violent...............	9. Coup de vent.
	10. Fort coup de vent.
6. Ouragan..............	11. Tempête.
	12. Ouragan.

On pourrait transformer approximativement les désignations de l'échelle précédente en nombres absolus, au moyen du Tableau de concordance ci-dessous :

Degrés de l'échelle terrestre.	Vitesse en mètres par seconde.		Vitesse en kilomètres par heure.		Pression du vent en kilogrammes par mètre carré.	
	m	m	km	km	kg	kg
0....	de 0	à 0.5	de 0	à 1.8	de 0	à 0.1
1....	0.5	5	1.8	18	0.1	3
2....	5	10	18	36	3	12
3....	10	15	36	54	12	27
4....	15	20	54	72	27	48
5....	20	30	72	108	48	108
6....	au dessus de 30		au dessus de 108		au dessus de 108	

Les vents supérieurs sont généralement différents du vent qui dirige les girouettes. On notera donc la direction et la vitesse approximative des nuages quand l'état du ciel le permettra, la direction étant celle de la région *d'où ils viennent*. Dans les cas assez fréquents où deux courants sont superposés, on indiquera la direction des nuages supérieurs et celle des nuages inférieurs. Pour la vitesse, on se bornera aux désignations *faible, moyenne, grande, très grande*.

II — COMPOSITION DE L'ATMOSPHÈRE

Quantité d'oxygène dans l'air (*d'après Regnault*).

Oxygène dans 100 volumes :

Paris et environs : Moyenne de plus de 100 analyses....	20.960
Maximum..................	20.990
Minimum..................	20.913
Montpellier, Lyon, Berlin, Madrid, Genève :	
Maximum..................	21.000
Minimum..................	20.903

Toulouse, Méditerranée, Alger, Océan Atlantique, mers du Sud, mers Polaires : mêmes résultats.

Quantité d'acide carbonique dans l'air

Acide carbonique dans 10.000 volumes d'air.

1° D'après Schulze :

1868 dernier trimestre..............	2.89
1869 année entière	2.87
1870 — —	2.90
1871 six premiers mois	3.01
Moyenne...........	2.92

2° D'après Reiset, à Ecorchebœuf (Seine-Inférieure) :

Septembre 1872 à Août 1873....	92 essais	2.942	
Juin à Novembre 1879.........	91 —	2.972	2.962
Juin à Septembre 1880.........	37 —	2.968	
Minimum..............		2.743	
Maximum..............		3.510	
22 essais à Paris, moyenne		3.057	
31 Mai 1875 minimum..............		2.913	
27 Janvier 1879, maximum..............		3.516	

3° D'après Muntz et Aubin :

De Mai à Novembre 1881, à Vincennes...... 2.84
De Décembre 1880 à Juin 1881, à Paris..... 3.19

	Jour	Nuit
4° Haïti	2.704	2.92
Floride	2.897	2.947
Martinique	2.735	2.850
Mexique	2.665	2.860
Santa-Cruz, Patagonie	2.664	2.670
Chubut, —	2.790	3.120
Chili	2.665	2.820

5° D'après Muntz :

Pic du Midi...................................... 2.79
Ferme de Vincennes............................ 2.98
Paris, rue Saint-Martin........................ 3.19
Cap Horn.. 2.56
Océan Atlantique 2.68
Moyenne générale 2.738

Ammoniaque de l'Atmosphère

Pour 100 mètres cubes d'air, d'après Schloesing, du mois de juillet 1875 au mois de juillet 1876 :

		Milligrammes
Moyenne générale pour l'année entière		2.25
Moyenne générale pour l'année entière	Jour	1.93
	Nuit	2.57
Moyenne des jours	Pluvieux	1.73
	Sans pluie	1.93
Moyenne par les temps couverts	Jour	1.56
	Nuit	1.98
— par les temps découverts	Jour	1.73
	Nuit	3.21

Moyennes mensuelles :

Juin 1875	Jour	1.55
	Nuit	2.49
Juillet —	Jour	1.52
	Nuit	2.86
Août —	Jour	2.33
	Nuit	3.75
Septembre 1875	Jour	2.06
	Nuit	2.44
Octobre —	Jour	2.06
	Nuit	2.44

Novembre —	Jour	1.24
	Nuit	1.38
Décembre —	Jour	2.08
	Nuit.........	2.08
Janvier 1876	Jour.........	2.34
	Nuit	2.58
Février —	Jour	2.02
	Nuit	1.95
Mars —	Jour	1.64
	Nuit	1.72
Avril —	Jour	1.97
	Nuit	2.68
Mai —	Jour	1.56
	Nuit	2.10
Juin —	Jour.........	1.85
	Nuit.........	2.91

Acide nitrique dans les eaux météoriques

Boussingault, a dosé l'acide nitrique à l'aide de la méthode qu'il a fait connaître, fondée sur l'emploi d'une solution titrée d'indigo, dans les eaux de pluies, la grêle, le brouillard et la rosée. Voici les résultats :

	par litre
Eau de pluie recueillie en juillet, août, septembre, octobre, novembre, (970 litres)	0.184
Pluies les plus riches, 16 juillet 1857, début d'une pluie	6.23
— — 9 octobre 1857	5.48
— — 25 septemb. 1857, petite pluie	3.74
— — 14 août 1856, orage	3.43
— — 9 août 1856, début d'une pluie	3.23
— — 5 août 1857 — —	2.09
— — 20 juillet 1856 — —	2.04
— — 8 septemb. 1857, pluie la nuit	2.00
— — 10 — 1857, orage, première pluie	1.91
— — 9 avril 1856, deuxième jour de pluie	1.88
Neige, 27 novembre 1857, dans un litre d'eau de fusion	0.42
— 27 février 1858, à Paris	4.00
— 28 février au 1er mars 1858, à Paris	1.55
— 6 mars, jour, à Paris	2.56
— Nuit du 6 au 7 mars, à Paris	0.95
— 9 mars, à Paris	0.32
— 10 mars, à Paris	0.58
Grêle, 2 septembre 1857, orage violent au Liebfrauenberg	0.30
— 30 avril 1858, à Paris, pluie et grêle.. { Grêlons	0.83
{ Pluie	0.55

Brouillard, 25 octobre 1857, au Liebfrauenberg, matin..... 0.39
— 26 octobre 1857, — nuit...... 1.19
— 19 décembre 1857, Paris, brouillard exceptionnel 10.11
Rosée, moyenne de 27 expériences....................... 0.279
Maximum.. 1.121
Minimum.. 0.06
Dans une même pluie en diverses prises. 1re................ 0.94
— — 2me................ 0.41
— — 3me................ 0.37
— — 4me................ 0.24

Boussingault a calculé, d'après les chiffres qui précèdent, qu'au Liebfrauenberg le quantum d'azote, à l'état nitrique, tombant annuellement par hectare, avec les eaux météoriques, était de 0^k833.

Par des essais analogués Lawe et Gilbert ont obtenu, à Rothamsted, $0^{kg}86$ en 1855 et $0^{kg}81$ en 1856.

En 1870-72 le colonel Chabrier, à Saint-Chamas (Provence), a recherché par l'emploi d'un procédé précis qui lui est dû la présence de l'acide nitreux.

Suivant lui, pendant une partie de l'hiver et au printemps, le composé azoté des pluies est l'acide nitreux. L'acide nitrique domine dans les pluies d'orage recueillies au centre de la tempête ou par les grands vents. C'est l'acide nitreux, au contraire, lorsque le temps est calme et l'orage lointain.

D'après Chabrier, il tombe en Provence sous forme d'acide nitreux ou nitrique $2^{kg}800$ d'azote par hectare.

A mesure qu'on approcherait de la zone intertropicale, principal foyer de la production nitreuse, il est probable qu'on trouverait une plus grande quantité d'azote nitreux ou nitrique dans les eaux météoriques.

Azote ammoniacal contenu dans 100^{m3} d'air du parc de Montsouris.

	1878	1879	1880	1881	1882	1887	1888	1889	1890	1891	1892	Total de 11 ann.	Moy. de 11 ann.
	mg	mg	mg	mg	mg	mg	mg	mg	mg	mg	mg	mg	mg
Janv..	1.6	1.9	1.8	1.4	2.1	(1.8)	1.5	3.0	(1.8)	1.3	1.9	20.1	1.8
Févr..	1.9	2.0	1.8	1.5	2.8	(2.8)	0.9	1.6	1.0	2.6	2.5	20.4	1.9
Mars..	2.6	1.9	1.9	(2.1)	2.5	(2.1)	1.8	2.7	1.4	2.2	2.9	24.1	3.2
Avril..	1.6	2.2	1.9	2.1	2.5	(2.0)	2.1	(2.0)	1.3	1.9	2.1	21.7	2.0
Mai...	1.6	2.1	1.8	1.8	2.5	(2.0)	2.2	3.1	1.0	2.0	2.6	22.7	2.1
Juin...	2.0	2.1	1.8	2.0	2.0	(2.0)	1.8	2.8	1.0	2.2	2.5	22.2	2.0
Juillet	2.0	2.1	1.8	2.1	2.0	2.0	2.0	1.4	0.9	2.4	2.1	20.8	1.9
Août..	1.6	2.3	1.9	2.7	2.2	0.5	3.0	1.3	1.8	2.5	2.0	21.8	2.0
Sept..	1.4	2.4	1.9	2.4	(2.0)	0.3	2.9	0.9	2.5	3.6	4.0	24.3	2.2
Oct...	1.4	2.2	1.9	(3.2)	(2.2)	1.0	(2.2)	(2.2)	1.7	3.8	2.0	23.8	2.2
Nov...	1.8	1.9	(1.7)	(3.1)	(2.1)	1.6	(2.5)	(2.1)	1.7	3.4	2.3	23.2	2.1
Déc...	1.9	1.7	1.8	(2.4)	(1.9)	1.2	(2.1)	(1.9)	1.6	2.3	2.1	20.9	1.9
Moy...	1.8	2.1	1.8	2.2	(2.3)	(1.1)	(2.1)	(2.1)	1.4	2.5	2.4	266.0	2.0

Quantité d'azote, en milligrammes, trouvée dans un litre d'eau de pluie recueillie dans différentes stations.

STATIONS.	DATES.	Hauteur d'eau tombée.	Azote ammo-niacal.	Azote nitrique	Azote total par hectare.
		mm	mg	mg	kg.
Kuschen	1864-1865	296.3	0.54	0.16	2.080
»	1865-1866	442.5	0.44	0.16	2.800
Insterburg (Allemagne)...	1864-1865	688.75	0.55	0.30	6.150
» » ...	1865-1866	594.75	0.76	0.49	7.630
Dahme (Allemagne)	1865	427.25	1.42	0.30	7.460
Regenwalde (Allemagne)..	1864-1865	587.0	2.03	0.80	16.900
» » ..	1865-1866	482.75	1.88	0.48	11.630
» » ..	1866-1867	634.25	2.28	0.56	18.410
Proskau..................	1864-1865	445.25	3.21	1.73	23.420
Florence (Italie)..........	1870	913.75	1.17	0.44	14.960
» »	1871	1062.0	0.81	0.22	11.080
Vallombrosa..............		1995.75	0.42	0.15	11.630
Rothamsted (Angleterre)..	1853-1854	725.4	0.74	(0.12)	6.240
» » ..	1855	729.2	0.88	0.12	7.290
» » ..	1856	680.4	1.18	0.12	8.850
Montsouris (moy. des dix-sept années 1876-1892).		552.0	1.89	0.73	14.480

Azote ammoniacal et nitrique des pluies tombées sur différents points de la France

STATIONS.	DATES	Par litre d'eau. Azote ammo-niacal.	nitrique	AUTORITÉS.
Observatoire de Paris..........	1850	2.8	5.3	Barral.
»	1850	3.0	1.6	Id.
Liebfrauenberg	1850	0.4(1)	»	Boussingault.
Observatoire de Marseille.......	1850	2.6	0.0	Martin.
Observatoire de Lyon..........	1850	3.6	0.3	Bineau.
»	1850	5.6	0.2	Id.
Fort La Motte, Lyon..........	1850	0.9	1.3	Id.
La Saulsaie..................	1850	2.5	»	Id.
»	1850	2.6	»	Id.
Oullins..................	1850	0.7	»	Id.
La Saulsaie..................	1850	3.3	1.0	Pouriau.
Toulouse (campagne)..........	1850	0.5	0.5	Filhol.
Toulouse (ville)..........	1850	3.8	»	Id.
Observatoire de Nantes........	1860	1.6	»	Bobierre.
Ecluse de Nantes..............	1860	4.9	»	Id.
Montsouris (moy. des dix-sept années 1876-1892).		1.89	0.73	Albert Lévy.

(1) Moyenne de 7 pluies.

Volume, exprimé en litres, d'acide carbonique renfermé dans 100^{m3} d'air du parc de Montsouris.

	1883	1884	1885	1886	1887	1888	1889	1890	1891	1892	Total des 10 dern. an. (1883-1892)	Moy. de 10 ann
	lit.	lit.	lit.	lit.	lit.	lit.	lit.	lit.	lit.	lit.	lit.	lit.
Janv..	31.7	31.2	29.1	29.1	30.3	26.1	28.9	27.5	33.4	31.1	298.4	29.8
Févr..	29.0	29.6	29.0	27.8	30.0	27.1	27.8	28.6	32.8	30.7	290.3	29.0
Mars..	26.8	31.2	28.9	28.4	30.0	27.6	28.1	28.4	30.8	31.9	292.1	29.2
Avril .	27.3	30.2	30.6	(29.6)	29.4	28.0	29.0	28.2	31.3	32.4	296.0	29.6
Mai...	27.7	30.9	30.2	27.4	28.5	27.8	28.1	28.1	30.4	31.1	290.2	29.0
Juin..	28.7	30.2	29.8	26.2	28.1	27.6	28.1	28.6	30.4	31.4	289.1	28.9
Juillet	29.5	29.9	28.5	27.1	27.2	27.8	27.5	31.3	30.7	29.7	289.2	28.9
Août..	28.6	30.6	28.6	(29.2)	27.4	28.1	27.3	30.8	30.0	30.7	291.3	29.1
Sept..	28.9	30.1	29.4	(29.5)	27.5	28.3	26.9	32.2	30.7	31.1	294.6	29.5
Oct...	30.9	27.8	28.7	(29.1)	27.7	27.3	27.8	32.8	31.5	30.7	294.3	29.4
Nov...	30.1	27.2	30.0	(29.2)	27.6	27.4	30.6	31.6	31.7	30.6	296.0	29.6
Déc...	29.9	25.9	30.8	29.7	26.5	(29.7)	29.1	34.4	31.0	32.5	299.5	30.0
Moy...	29.0	29.6	29.5	28.0	28.4	27.8	28.3	30.2	31.2	31.2	3521.0	29.3

Analyse de l'air recueilli en diverses stations parisiennes en 1892 dans 100 ^{m3} d'air. — Moyennes mensuelles.

MOIS	Acide carbonique.					Azote ammoniacal.		
	Montsouris.			Place Saint-Gervais	Egout.	Montsouris.	Place Saint-Gervais	Egout.
	Jour et nuit.	de 5h.a m. à 5h.p.m.	de 5h.p.m. à 5h.a.m.					
	lit.	lit.	lit.	lit.	lit.	mg.	mg.	mg.
Janvier....	31.1	30.8	31.2	»	45.4	1.9	3.0	11.9
Février....	30.7	29.9	30.7	32.9	45.8	2.5	3.7	11.8
Mars......	31.9	31.0	31.6	31.2	45.4	2.9	3.2	11.9
Avril......	32.4	31.6	32.9	28.8	46.4	2.1	2.7	10.4
Mai	31.3	29.7	32.3	28.9	52.8	2.6	3.3	10.5
Juin......	31.4	30.2	32.5	28.3	49.8	2.5	3.5	12.2
Juillet.....	29.7	28.9	30.4	27.9	48.7	2.1	3.1	12.4
Août......	30.7	29.2	30.7	28.1	50.4	2.0	3.4	14.3
Septembre.	31.1	30.3	31.6	29.2	49.2	4.0	3.5	12.9
Octobre...	30.7	29.3	30.7	29.5	48.2	2.0	3.6	13.7
Novembre.	30.6	29.9	30.8	31.4	50.4	2.3	3.7	10.2
Décembre .	32.5	31.9	32.5	31.7	43.5	2.1	»	14.4
1892. Moy. annuelle	31.2	30.2	31.5	29.8	48.0	2.4	3.3	12.2
1891. »	31.2	30.2	31.1	32.0	47.8	2.5	3.3	10.9

Il ressort du Tableau qui précède :

1° Qu'à l'Observatoire de Montsouris, situé au milieu d'un parc, l'air contient en toutes saisons plus d'acide carbonique la nuit que le jour. Les différences mensuelles sont beaucoup plus accentuées en avril, mai et juin ; le maximum a lieu en mai, le minimum en janvier.

2º Au centre de Paris, à la place Saint-Gervais, la moyenne d'acide carbonique est à peu près la même qu'à Montsouris : en 1891, nous avions eu une moyenne supérieure ; elle est devenue plus faible cette année.

3º Dans les égouts, la proportion d'acide carbonique varie dans des limites plus faibles qu'on n'aurait pu le supposer : le maximum s'observe en mai. Les moyennes annuelles de 1891 et 1892 sont identiques.

4º Mêmes moyennes annuelles en 1891 et 1892 pour l'azote ammoniacal de l'air de la place Saint-Gervais et de l'air des égouts. L'égout contient de trois à quatre fois plus d'azote que la place Saint-Gervais, cinq fois plus que l'air de Montsouris.

Analyse micrographique de l'air. (*D'après le Dr P. Miquel*)

Moyennes mensuelles des bactéries récoltées par ^{m3} *d'air au parc de Montsouris de 1883 à 1892.*

MOIS.	1883	1884	1885	1886	1887	1888	1889	1890	1891	1892	Année moy.
Janvier	110	145	90	145	265	315	138	153	44	201	160
Février	75	140	95	230	250	80	168	193	76	123	145
Mars	160	240	380	180	195	118	100	"	125	345	205
Avril	130	360	390	220	370	135	270	176	82	280	290
Mai........	405	400	490	560	215	180	»	148	121	270	310
Juin.	620	580	410	385	175	(315)	»	245	132	536	380
Juillet	1000	490	940	490	530	325	»	242	485	450	550
Août........	940	445	1070	330	275	(625)	»	305	432	395	535
Septembre..	580	490	415	«	290	250	»	"	318	145	355
Octobre	430	370	240	»	155	167	»	125	253	99	230
Novembre ..	175	185	405	«	114	214	»	131	183	98	190
Décembre ..	190	140	220	(165)	163	174	158	72	180	217	165
Moy. année.	440	330	450	(350)	248	242	(170)	(180)	205	265	290

Moyennes mensuelles des bactéries récoltées par ^{m3} *d'air à la place Saint-Gervais (Paris), de 1883 à 1892.*

MOIS.	1883	1884	1885	1886	1887	1888	1889	1890	1891	1992	Ann. Moy.
Janvier..	1820	1080	2090	2170	4600	2330	4540	7285	3705	4870	3449
Février .	1950	1140	5590	2000	8010	3140	3345	5250	4665	3420	3850
Mars....	2360	1680	5350	2270	2960	3420	6140	4210	8815	3620	4080
Avril ...	2150	2420	7210	1820	2070	4340	7770	2640	6230	6120	4275
Mai.....	1740	1980	11250	2920	3100	5950	6950	2190	9000	14420	5950
Juin	1800	1810	11100	1740	3500	5070	14550	10630	12480	11500	7420
Juillet. .	4640	2560	6000	2740	6820	5200	15430	11130	21750	8040	8430
Août....	3410	1650	5270	5200	2980	5640	14140	16100	13940	13430	8375
Septemb.	3820	1030	5410	1930	3160	5510	15400	11980	10240	6800	6530
Octobre .	3330	2050	3500	4810	2320	4335	9300	7120	8830	2910	4850
Novemb.	750	2320	5250	5440	1580	3700	9320	6450	6475	1655	4295
Décemb.	350	2670	3150	4720	1875	2785	6600	5820	6370	2335	3605
Moy. an.	2345	1865	5930	3145	3580	4290	9780	8180	9375	6760	5430

Analyse micrographique de l'air des égouts de Paris (d'après le Dr P. Miquel).

| | Bactéries par mètre cube en 1892 | | | | Température de l'air des égouts en 1892. |
| | dans l'air des égouts. | | dans l'air du centre de Paris. | | |
	Bacté-ries.	Moisissures.	Bacté-ries.	Moisissures.	
Janvier 1892....	3500	1750	4870	1375	8°.3
Février »	1000	1500	3420	750	9°.5
Mars »	1000	3750	3620	880	9°.9
Avril »	6000	5750	6120	1095	13°.1
Mai »	1000	1000	14420	3200	14°.4
Juin »	600	2400	14500	1110	16°.6
Juillet »	4000	500	8040	890	17°.9
Août »	2600	335	15430	1305	17°.5
Septembre »	500	1500	6800	1095	15°.7
Octobre »	7670	5300	2910	1205	12°.9
Novembre »	7670	340	1655	1250	12°.3
Décembre »	8000	4700	2335	1470	9°.3
Moyenne ann.	3630	2400	6760	1300	13°.1

AGRICULTURE

I — CÉRÉALES

AVOINE

(Avena sativa.)

CARACTÈRES ET VARIÉTÉS

Caractères. — L'avoine se distingue, quand elle est jeune, par ses feuilles dépourvues de stipules axillaires, souples et aiguës, de couleur vert cendré, puis, plus tard, par son inflorescence en panicules. Selon les variétés, ces panicules sont lâches et étalées, ou au contraire serrées et portant tous les épillets rassemblés d'un seul côté. Chaque épillet est à deux fleurs fertiles; le grain est vêtu — sauf dans quelques variétés peu répandues en France — allongé et de couleur blanche, rousse, jaune ou noire. Il est enveloppé de glumes et de glumelles souples et fines, mais dont l'une est aristée.

Variétés. — Sous les climats à hivers plus ou moins rigoureux, les avoines sont divisées, au point de vue agricole, en avoines d'hiver et de printemps. Dans l'extrême Midi, où l'on ne fait point de céréales de printemps, toutes les avoines sont toutefois considérées comme d'hiver. Sous cette réserve, nous garderons cette classification, en nous arrêtant aux divisions et aux principales variétés reconnues par M. de Vilmorin.

Avoines d'hiver. — *A. grise d'hiver.* — La plus répandue des avoines d'hiver dans la majeure partie de la France. Se reconnaît à son grain d'un gris plus ou moins brillant. Densité élevée, écorce un peu dure. Dans les terres saines, résistant, dit M. de Vilmorin, à des froids de plus de 10°.

Noire d'hiver de Belgique. — Un peu moins résistante aux froids que la précédente; grain noir bien plein.

Avoine rousse de Portugal. — Midi, Sud-Ouest et Algérie. Très beau grain de couleur rousse à écorce fine.

Avoines de printemps. — 1º GRAIN BLANC. *Avoine de Géorgie.*
— Variété constituant le type des avoines à panicules lâches très développées, à grain blanc, lourd, à balles abondantes, à paille haute et forte. L'avoine de Géorgie est une race rustique, hâtive et productive.

L'*A. hâtive de Sibérie* se rapproche de la précédente dont elle accentue les qualités.

L'*A. de Ligowo* vigoureuse et rustique, hâtive, productive ; moins fournie en paille, grain de belle qualité.

L'*A. blanche de Hongrie*, ou *A. orientale*, appartient à la section des avoines dites *unilatérales*. Panicules touffues, serrées, ramassées d'un seul côté ; de là, le nom *d'avoine à grappe* qu'on lui donne également. Variété à paille forte et haute, productive, mais donnant un grain plus léger et de qualité moindre que les précédentes. La paille des variétés unilatérales est ordinairement moins estimée que celle des avoines à panicule étalée.

Il existe quelques variétés à grains noirs. (V. plus loin.)

L'*A. patate*, productive, paille élevée, demi-tardive. Beau grain plein et lourd. Variété un peu délicate, exigeante et redoutant la verse et les trop fortes chaleurs.

2º GRAINS JAUNES. — L'*A. jaune de Flandre* ou *A. des Salines*, variété du Nord-Ouest de la France. Très grande, très vigoureuse, très productive ; peut donner 100 hectolitres et plus à l'hectare dans les riches terres très bien cultivées.

A. jaune géante à grappes. — Se rapproche comme caractères et qualités de la précédente, mais à panicules unilatérales comme l'A. de Hongrie. Paille moins haute, mais en revanche plus forte et moins sujette à verser.

3º GRAINS NOIRS. — *Avoine noire de Brie.* — Le type le plus connu et le plus répandu des avoines à grain noir. Variété vigoureuse, tallant abondamment, à paille moyenne, à beau grain court, plein et lourd. La plus estimée de tout le bassin de Paris. Cette variété, un peu tardive, convient surtout aux terres fortes, fraîches et profondes de cette région.

L'*A. noire de Coulommiers* est une bonne sélection de la précédente ; elle passe pour la plus productive, mais elle est forcément la plus exigeante. Cultivée dans des conditions médiocres, elle dégénère rapidement.

L'*A. noire de Beauce*, un peu plus haute que l'avoine de Brie, à grain un peu moins lourd, un peu moins tardive.

L'*A. grise de Houdan*, peut être classée parmi les avoines à grain noir par suite de sa couleur d'un gris extrêmement foncé. Une des meilleures avoines pour terres et conditions moyennes, très rustique et résistante, grain surmoyen renflé d'excellente qualité.

L'*A. Joanette*, variété à paille courte mais à grain noir tirant sur le roux, d'une qualité remarquable. Une des avoines les plus précoces ; s'égrène un peu facilement à maturité.

L'*A. hâtive d'Étampes*, très répandue, un peu moins hâtive que la précédente, à grandes panicules lâches. Grain allongé, moyennement plein, de couleur châtain foncé. Indiquée par M. de Vilmorin comme convenant aux terres chaudes et calcaires, dans lesquelles elle résiste bien à la sécheresse.

L'*A. noire de Hongrie* (noire de Tartarie, prolifique de Californie, etc.), variété à grains noirs de l'A. blanche de Hongrie déjà examinée. Panicules unilatérales, paille forte et développée, productive, grain moyen un peu bigarré, qualité inférieure aux précédentes.

4° GRAINS ROUX. — M. de Vilmorin n'indique que la *Rousse couronnée*, un peu tardive mais de grande production ; paille courte et forte, beau grain lourd bien rempli, de couleur roux foncé allant en s'atténuant vers l'extrémité.

En outre des avoines qui précèdent et dont le grain est vêtu, on cultive plus ou moins exceptionnellement chez nous quelques variétés à grain nu. Ce sont principalement : l'*avoine nue petite* et l'*avoine nue grosse*.

La première est précoce, peu productive et à grain petit. La seconde, à grain plus gros, est plus forte, un peu plus productive, à panicule lâche assez grande. Elle passe pour dégénérer facilement en revenant aux avoines à grain vêtu. Elle est peu répandue. Les avoines à grain nu peuvent être utiles pour la production des gruaux.

CULTURE DE L'AVOINE

Aire de l'avoine et climat. — L'avoine est surtout une plante des climats moyens. Dans le Nord, on la trouve presque aussi haut que l'orge. En Norwège elle est la plus importante des céréales cultivées ; elle y occupe 100.000 hectares environ rapportant en moyenne 33 hectol. ; l'orge ne vient qu'ensuite sur une surface moitié moindre. Il en est de même en Écosse où l'avoine est cultivée sur plus de 400.000 hectares, tandis que l'on n'en consacre pas 100.000 à l'orge et pas plus de 30.000 au froment. Dans ce dernier pays, l'avoine fournit des rendements moyens de 60 hectol. à l'hectare. En France, elle mûrit jusqu'à 1500 m de hauteur. L'avoine est donc une culture convenant aux régions froides ; cependant elle s'est répandue dans les pays chauds où, semée avant l'hiver, elle réussit parfaitement.

Les départements qui, chez nous, fournissent le plus d'avoine, sont :

Production moyenne annuelle, de 1881 à 1890 :

Eure-et-Loire	3.803.623
Pas-de-Calais	3.628.222
Somme	3.300.589
Seine-et-Marne	3.255.642
Aisne	3.252.387

Les rendements moyens y sont de 32 à 40 hectol. par hectare.

A l'autre extrémité on rencontre :

Alpes-Maritimes 6.182
Corse 16.639
Landes 40.450
Basses-Alpes 72.346
Var 76.220

Avec des rendements allant de quelques hectolitres à un peu plus de 20.

Terrains. — L'avoine redoute surtout les terres froides, compactes et imperméables, et celles trop légères, superficielles, graveleuses ou très calcaires. Elle vient bien dans tous les sols intermédiaires et se plaît principalement dans ceux moyennement consistants et substantiels, sains et profonds. Elle donne également de bons résultats sur les défrichements récents de bois, de landes, de prairies, etc., sur lesquels le froment pousserait trop en paille et serait exposé à verser. En de pareils terrains on prend même parfois plusieurs récoltes d'avoine avant de les mettre régulièrement en culture.

Place dans l'assolement. — Dans les contrées où l'avoine d'hiver est répandue, on lui consacre souvent une partie de la sole froment; ou bien, là surtout où l'assolement est triennal, l'avoine succède au froment avec une demi-fumure. Deux céréales se suivant sans intervalle forment toujours une succession défectueuse; mieux vaut donc les séparer par un fourrage artificiel ou une culture sarclée.

Lorsqu'il s'agit d'avoines de printemps, c'est surtout après une plante sarclée : pommes de terre, betteraves, etc., qu'il convient de les placer. Avec l'avoine comme avec l'orge, on pourra s'inspirer avantageusement de l'assolement de Norfolk, en le modifiant selon les circonstances locales. Cependant une avoine *de printemps* pourra, avec moins de dommage, être ensemencée après une récolte de froment, dans les terres fertiles et *bien fumées* où l'on a l'habitude, après cette dernière céréale, de prendre une récolte dérobée.

Préparation du sol. — L'avoine d'hiver se sème sur terrain préparé de la même manière pour le blé, au moyen de façons variant suivant la précédente culture. Selon les sols et les climats, on dispose le terrain en planches plates, plus ou moins étroites et bombées ou en billons. Il s'agit surtout d'assurer sa salubrité.

Quant aux avoines de printemps, un très grand nombre de cultivateurs les font sur un seul labour, effectué à peu près au moment de l'ensemencement. Ce procédé laisse à désirer en ce que, si l'on tient à labourer profondément, on est obligé de différer parfois longtemps, pour opérer dans des conditions favorables, ou bien en ce qu'on est entraîné à labourer inopportunément ou trop superficiellement, si l'on ne veut pas se laisser trop retarder. En outre, un unique labour est insuffisant au point de vue du nettoyage du sol, si important pour les avoines de printemps. Mieux vaut, dans les terres qui s'y prêtent, donner un bon labour avant l'hiver, dont celui-ci se chargera de désagréger les mottes.

Ensemencement. — En février-mars, dès que le temps le permettra, on passera le scarificateur ou, à son défaut, une bonne herse ; si cela paraît nécessaire, on effectuera même un labour léger ; puis on sèmera à la volée ou au semoir, pour terminer, dans le premier cas, par un nouveau hersage. Dans les terrains très légers et inconsistants, on complétera par un coup de rouleau. Dans les contrées où l'on juge indispensable de disposer le sol en billons, on opère comme d'habitude en pareil cas.

Le grain pour semence doit être choisi de belle qualité et parfaitement trié. On emploie, selon les circonstances que nous avons déjà indiquées, depuis 100 kil. jusqu'à 200 par hectare (200 à 400 litres environ). Au semoir, on économise de 25 à 30 %.

Soins d'entretien. — Quand l'avoine est solidement enracinée, un hersage opéré sur le terrain bien ressuyé, par une journée douce, en mars ou avril selon que l'on a affaire à des avoines d'hiver ou de printemps, constituera une excellente façon. On graduera l'énergie de l'opération suivant la nature du sol, afin de n'ameublir que sa surface tout en détruisant les plantes adventices naissantes. Plus tard, sauf dans les terres exceptionnellement propres, un bon sarclage sera de toute nécessité. Les ravenelles surtout et les sauves ou moutardons, fréquemment abondantes, devront être extirpées. Lorsqu'on a trop attendu et que ces plantes sont hautes et tout en fleurs, on peut les faucher tout en respectant l'avoine, ce qui en diminue au moins la multiplication.

Moisson. — La moisson s'opère avant que la maturité soit trop avancée, afin d'éviter l'égrenage. L'avoine achève d'ailleurs fort bien de mûrir une fois coupée, et l'on obtient un grain plus plein et plus farineux. L'avoine se laisse généralement, pendant quelques jours, en javelles sur le sol ; on lie ensuite, pour mettre en meulons ou pour rentrer. Une mise en moyettes immédiate donnerait probablement les mêmes résultats, en évitant les inconvénients pouvant résulter de l'arrivée de pluies prolongées ou de grands vents, comme aussi les déprédations des oiseaux.

Battage. — L'avoine, quand elle a été coupée et rentrée convenablement, est très facile à battre et à nettoyer. Son grain se détache aisément, et ses balles, très légères, sont expulsées sans effort et entièrement par les ventilateurs.

On conserve le grain d'avoine, comme celui du blé, sur le plancher de greniers sains et bien aérés. L'avoine s'échauffant facilement ou contractant un goût et une odeur de moisi quand elle n'a pas été rentrée absolument sèche, a besoin de pelletages un peu fréquents dans les premiers temps de sa conservation.

Rendements. — Les rendements de l'avoine peuvent n'être que de quelques hectolitres dans des conditions culturales mauvaises ou par les années trop sèches, et peuvent dépasser 100 hectolitres dans les bonnes années et les bons terrains bien cultivés.

Le poids du grain est également variable, depuis 35 kil. à l'hectol. jusqu'à 54 ou 55. Une avoine pesant 48 à 49kil. est une bonne avoine, et celles pesant davantage sont l'exception.

Le rapport de la paille au grain peut aller depuis 150 % jusqu'à 250 % environ.

La paille et les balles d'avoine, saines et bien rentrées, sont parmi les meilleures pour l'alimentation. Les balles notamment, mélangées à des aliments aqueux (pulpes, racines coupées, etc.) forment un *ballast* très avantageux.

Utilisation. — L'avoine est surtout utilisée pour l'alimentation des chevaux. On en distribue également aux mâles des autres races d'animaux domestiques, taureaux et béliers surtout, à l'époque du rut.

L'avoine concourt aussi à la nourriture de l'homme sous forme de gruaux et réduite en farine. Cette dernière, apprêtée en bouillie, constitue un véritable mets national pour les Écossais. L'avoine peut enfin se substituer à l'orge dans la fabrication de certaines bières spéciales.

L'avoine verte constitue, en outre, un excellent fourrage, surtout semée en mélange avec des vesces, des pois, des gesses, etc.

COMPOSITION DE L'AVOINE ET ENGRAIS

Composition. — Les analyses qui ont été faites de l'avoine sont extrêmement nombreuses, en raison surtout de son importance pour la nourriture de l'espèce chevaline et des avantages qu'il pourrait y avoir souvent, pour la cavalerie ou les grandes administrations de transports, à lui substituer d'autres aliments. De là des écarts assez sérieux.

En considérant l'avoine au point de vue seulement de l'*alimentation*, voici d'abord quelques chiffres résultant de la moyenne de 174 analyses faites par M. Grandeau, de 1875 à 1880, pour la Compagnie des petites voitures de Paris :

	Moyennes	Minima	Maxima	Écarts
Eau	12. 97	8. 50	19. 00	10. 50
Matières azotées	9. 59	7. 12	12. 43	5. 31
Matières grasses	5. 46	2. 77	8. 05	5. 28
Amidon et matière sucrée	59. 18	48. 60	66. 86	18. 26
Cellulose	9. 82	5. 12	14. 89	9. 77
Matières minérales	3. 28	2. 06	6. 14	4. 08
Total :	100. 00			
Azote p. 100 à l'état normal	1. 53	1. 14	1. 99	0. 85
Azote p. 100 après dessic. à 100°	1. 75	1. 24	2. 45	1. 21

Ce qu'il est important de remarquer, c'est que les chiffres les plus élevés de matières utiles ne correspondent en aucune façon aux plus fortes densités ; ce qui conduit à cette déduction, qu'il n'y a en réalité point de corrélation entre le poids à l'hectolitre d'une avoine et sa valeur alimentaire. L'achat et la distribution *au poids* de l'avoine doivent donc être entièrement substitués à son mesurage.

Voici maintenant cinq analyses de paille d'avoine dues au même chimiste, et une de balles de la même céréale faite par Voelcker :

	Pailles.					Balles.
Eau.............	16.435	15.965	15.29	16.38	16.35	11.98
Mat. azotées......	2.480	2.660	3.50	2.47	3.70	1.25
Mat. grasses......	1.230	1.240	1.61	1.17	1.62	0.36
Amidon..........	20.350	18.880	21.09	19.92	19.50	} 53.63
Glucose..........	0.460	0.460	0.50	0.53	0.46	
Cellulose.........	27.510	28.210	26.94	26.66	25.70	28.48
Mat. minérales....	4.180	4.150	4.12	4.26	4.18	4.30
Mat. indéterminées	27.355	28.445	26.95	28.61	28.49	»
Totaux :	100.	100.	100.	100.	100.	
Azote p. 100 à l'état normal........	0.398	0.425	0.560	0.396	0.591	0.200

En se plaçant au point de vue des besoins alimentaires de l'avoine, MM. Müntz et Girard lui ont trouvé la composition centésimale ci-dessous :

à l'état normal)	Azote	Acide phosph.	Potasse	Chaux
Grain........	1.92	0.55	0 42	0.10
Paille....	0.40	0.28	0.97	0.36

Dans ces conditions, les besoins de 100 kil. d'avoine, en y comprenant une proportion moyenne de paille, correspondent environ à :

Azote.. 2 kg.620
Acide phosph.................................... 1   044
Potasse... 2   120
Chaux 0   770

De sorte qu'une récolte de 25 hectolitres à l'hectare, ce qui est un peu plus que la moyenne française, bien que ce chiffre soit bien peu élevé, retirera du sol, à peu près :

Azote .... 23 kg. 0   8 kg. 4   31 kg. 4
Acide phosph............. 6   6   5   9   12   5
Potasse 5   0   20   4   25   4
Chaux 1   2   7   6   8   8

Engrais. — L'avoine apparaît donc comme une grande consommatrice d'azote ; de là sa beauté sur les terres qui en sont abondamment pourvues, telles que les défrichements, les vieilles prairies ou les anciens étangs. Mais comme toujours, et c'est là le point le plus important, cet azote ne sera mis en valeur d'une façon complète et rendu productif, qu'à la condition de se trouver en présence des quantités corrélatives d'acide phosphorique et de potasse indispensables. C'est pourquoi les engrais chimiques, bien composés selon le sol et bien appliqués, sont le plus souvent, avec l'avoine, très avantageux. Nous en donnerons l'exemple suivant, tiré d'expériences faites en Saône-et-Loire, en 1891, dans un sol granitique graveleux, à gros grains, très maigre et très perméable, ainsi que le démontre son analyse :

Terre fine.. 43 %
Pierres... 57 »
Calcaire.. 0.30 »
Azote.. 0.35 »
Acide phosph...................................... 0.29 »
Potasse... 0.90 »

L'année précédente, ce terrain avait reçu 1200 kil. de scories de déphosphoration.

Variété semée : avoine à panache ou de Hongrie.

Engrais répandu : sur parcelle A, nitrate de soude, 125 kil.
       »   sur parcelle B, sulfate d'ammon.,   94 kil.

(Même quantité d'azote de part et d'autre, coûtant respectivement 35 et 30 fr.)

Résultats.

		Kilos	Excédent	Valeur	Bénéfice net
Témoin...........	grain	835	»	»	»
—	paille	1460	»	»	»
Avec nitrate........	grain	1660	825	186 f. 00	151 f. 00
—	paille	2960	1500		
Avec sulfate d'amm..	grain	1780	945	211 f. 70	181 f. 70
—	paille	3125	1665		

MALADIES DE L'AVOINE

(Voir chapitre spécial des maladies et parasites).

BLE

(*Triticum*)

CARACTÈRES ET CLASSIFICATION

Caractères. — Le blé appartient à la famille des graminées, genre *triticum*. Un pied de froment forme toujours une ou plusieurs tiges, se terminant chacune par un épi. La tige, selon les espèces, peut être creuse, demi pleine ou complètement pleine ; dans ce dernier cas, le vide est remplacé par de la moëlle. La plupart des variétés cultivées dans les régions du Nord ou tempérées, sont à paille creuse ; au contraire, celle-ci est souvent pleine dans les pays chauds.

C'est principalement par l'épi que se différencient les diverses espèces ou variétés de blés.

L'*épi* se compose d'un *axe* ou *rachis*, alternativement coudé à droite et à gauche et portant à chaque coude un *épillet*. L'axe peut être plus ou moins long et les coudes plus ou moins rapprochés, de là des épis lâches ou plus ou moins serrés.

L'*épillet* est destiné à contenir le grain. M. de Vilmorin l'a décrit de la façon suivante :

« L'épillet se compose d'un certain nombre de fleurs, de deux à huit ordinairement, réunies dans une enveloppe commune. Cette enveloppe consiste en deux écailles appelées glumes, qui forment à droite et à gauche les pièces les plus extérieures de l'épillet. Entre elles sont disposées les fleurs, portées sur un axe très menu et très raccourci. Chacune des fleurs se compose d'une enveloppe à quatre pièces, dont deux seulement sont assez développées pour être observées facilement : on appelle ces deux pièces les *glumelles*. La plus extérieure des deux, par rapport à l'axe, est creusée en forme de nacelle, l'autre s'applique sur les bords de celle-ci et en ferme hermétiquement la cavité. Cette petite chambre close renferme l'ovaire, le pistil et les étamines, et abrite le grain jusqu'à la maturité. Elle ne s'ouvre qu'un instant pour laisser sortir, après la fécondation, les étamines devenues inutiles à la fleur. La fleur du froment se compose d'un ovaire surmonté de deux styles plumeux et de trois étamines à deux loges.

« Toutes les fleurs d'un épillet ne sont pas toujours fertiles. Souvent il n'y en a que deux qui produisent du grain : c'est ordinairement le cas dans l'épeautre et le blé amidonnier ; parfois même l'épillet ne contient qu'un grain unique comme dans l'engrain ; les autres fleurs existent néanmoins dans l'épillet, mais sont stériles. Dans les blés tendres et les blés durs, le nombre ordinaire des grains est de trois ou quatre ; dans les poulards, il va habituellement à cinq. Quelquefois l'axe de l'épillet s'allonge et se ramifie, comme dans le blé miracle.

« Dans les blés barbus, c'est la glumelle extérieure, la plus creuse des deux, qui porte la barbe ou arête à son extrémité ; l'autre glumelle en est toujours dépourvue, ainsi que les glumes.

« A la maturité, le grain de la plupart des blés se sépare aisément de ses enveloppes, et l'ensemble de ces dernières, glumes et glumelles, constitue ce qu'on appelle la *balle* ou *menue paille*. Mais dans les épeautres, les amidonniers et les engrains, les balles restent adhérentes au grain, et il faut employer, pour l'en dépouiller, des moulins spéciaux. Ce caractère permet de diviser tous les blés en deux grandes classes : les *blés à grain nu* et les *blés à grain vêtu*. »

Le grain du blé — en langage botanique *caryopse* — est toujours ovoïde plus ou moins allongé, divisé en deux par une fente longitudinale, offrant à un bout le *hile* d'où sortiront la gemmule et les radicelles, et légèrement duveteux à l'autre extrémité. La couleur extérieure, l'aspect et la consistance du contenu sont variables.

Si certains caractères généraux se retrouvent dans tous les blés, il en est d'autres qui varient dans une assez large mesure.

Divisions et espèces

Des différences existant entre les diverses sortes de blés, sont résultées toutes sortes de classifications plus ou moins en usage : blés tendres et blés durs, blés barbus et blés sans barbes, blés d'automne et de printemps, blés à épis et à grains de différentes couleurs, etc. La difficulté d'arriver à classer les blés, d'après des types déterminés, est d'autant plus grande que ces types ne sont pas toujours nettement tranchés, qu'ils passent parfois des uns aux autres par des transitions insensibles, et surtout que nous ignorons complètement ce que pouvait être le type primitif. De là impossibilité parfois de savoir si l'on se trouve en présence d'un type naturel ou d'une transformation.

Cependant la plupart des agronomes sont d'accord aujourd'hui pour adopter le classement en sept espèces auquel s'est arrêté M. L. de Vilmorin. Ce sont :

1º Le blé ordinaire ou blé tendre.....................
2º Le blé poulard ou à grain renflé..................
3º Le blé dur ou à grain glacé......................
4º Le blé de Pologne.............................

> grain nu

5º L'épeautre.................................
6º Le blé amidonnier............................
7º L'engrain.................................

> grain vêtu

Blés tendres. — Les blés tendres sont extrêmement nombreux et variables d'aspect. Tous ont cependant les caractères suivants qui leur sont communs : leur grain est *tendre*; l'intérieur en est rempli de farine facilement séparable de l'écorce, d'où une cassure blanche ; la paille est creuse depuis la racine jusqu'à l'épi. On trouve dans les blés tendres des grains et des épis de toutes les couleurs, des variétés barbues, et d'autres — ce sont les plus nombreuses — sans barbes ; les uns sont d'automne, les autres de printemps, etc. L'aire culturale des blés tendres est très vaste, cependant c'est surtout dans les régions tempérées qu'on les trouve le plus répandus. Les blés tendres sont par excellence ceux de l'Angleterre, de la Belgique, du Nord de la France, des Etats-Unis, etc. C'est dire que c'est parmi eux que l'on trouve les blés les plus fins et les plus perfectionnés. Cependant le Midi de l'Europe et de l'Algérie possèdent aussi quelques variétés de blés tendres de premier ordre et justement réputées ; en Algérie principalement, ces variétés tendent à gagner du terrain dans certaines régions où elles réussissent tout particulièrement. La farine des blés tendres est surtout riche en amidon ; obtenue par les procédés perfectionnés de la minoterie moderne, elle est d'une blancheur absolue, ce qui la fait rechercher à l'exclusion de toute autre pour la panification des villes et les produits de luxe.

Blés poulards. — Les blés poulards, beaucoup plus rustiques que les précédents, sont aussi bien moins répandus. On les trouve principalement dans les régions accidentées où ils ont à lutter contre les intempéries et les variations du climat. Par contre, s'ils sont plus accommodants au point de vue cultural que les blés tendres, ils sont généralement moins productifs.

On reconnaît les blés poulards à leur haute stature et à leur port ; leur paille, pleine à sa partie supérieure, soutient un gros épi toujours barbu, qui, au fur et à mesure que la maturité s'approche, se recourbe vers le sol à la manière de l'orge. Le grain est gros, trapu et renflé, caractères auxquels est dû probablement le nom de cette espèce par analogie avec *poularde*.

Quant à la farine, elle est loin d'avoir le bel aspect de celle des blés tendres, elle est généralement un peu bise ; son rendement à la mouture est moindre également.

Blés durs. — Les blés durs sont par excellence ceux des pays chauds et secs, aussi les trouve-t-on surtout répandus autour de la Méditerranée. L'Algérie les cultive sur de vastes surfaces et en possède de premier ordre. Leur épi, muni de longues barbes faisant ressort dans les chocs, résiste parfaitement aux vents violents de ces régions ; ils s'égrènent moins facilement que les blés tendres, une fois la maturité venue ; ils redoutent également moins les brouillards et les déprédations des petits oiseaux. La paille est toujours pleine ; quant à la coloration de l'épi, selon les variétés, elle est blanche, jaune, rouge ou noire. La couleur des barbes est également variable. Les blés durs sont principalement des blés d'automne.

Les grains des blés durs sont allongés ; ils sont de diverses couleurs, mais tous sont à cassure cornée et brillante, d'où le nom de *blés glacés*. La farine ne se distingue donc pas de l'écorce, sauf parfois sur certains sujets abâtardis.

Le caractère distinctif des farines de blés durs est leur richesse en gluten, ce qui les fait rechercher pour la fabrication des pâtes alimentaires.

Blé de Pologne. — Le blé de Pologne, que l'on pourrait peut-être ranger tout simplement dans les blés durs, a une importance assez restreinte. Son épi est facilement reconnaissable à la longueur de ses glumelles faiblement barbues qui lui donnent une physionomie unique. La paille est pleine. Quant au grain, c'est celui des blés durs, mais très allongé.

Epeautres. — Avec les épeautres nous abandonnons les blés à grains nus pour passer à ceux à grains vêtus. La difficulté de décorticage ayant pour cause ce dernier caractère restreint singulièrement la culture des espèces de ce genre ; elles ont pourtant l'avantage d'être d'une extraordinaire rusticité et de donner des résultats dans les plus mauvais sols et sous les climats les plus rigoureux. En France, elles sont peu cultivées et, dans les régions où jusqu'à présent elles avaient rendu des services, elles reculent devant le froment, dont des procédés culturaux plus perfectionnés permettent d'introduire certaines variétés. Cependant on les rencontre parfois encore cultivées pour le menu bétail et pour les volailles.

L'épeautre a des variétés barbues et d'autres sans barbes ; l'épi est long et lâche, à épillets très séparés ; sa couleur varie. La paille est creuse. Enfin le grain, qui, au battage, reste enveloppé dans son épillet, mais que l'on en sépare par des procédés spéciaux, est d'une couleur rousse et produit une très belle farine.

Amidonniers. — Très rares en France, les blés appartenant à cette espèce se cultivent dans les massifs montagneux de l'Allemagne, de la Bohême, etc. Ils se rapprochent des épeautres, mais sont tous barbus et ont l'épi plus serré et en même temps plus aplati. La couleur de ce dernier est blanche ou noire. La paille est creuse. Quant au grain il est allongé, rougeâtre, à cassure cornée et produit une farine très blanche, estimée pour la fabrication de l'amidon.

Engrains. — L'engrain se reconnaît à son épi mince, aplati, barbu, à épillets ne contenant ordinairement qu'un seul grain. Il existe cependant une variété à grains doubles. La paille est courte, fine et creuse; la couleur générale est jaune ou rousse. Le grain est petit, à cassure rappelant celle du blé dur; sa farine est très blanche. Comme l'épeautre, l'engrain est une céréale précieuse pour les très mauvaises terres, auxquelles d'ailleurs, il doit être exclusivement réservé, en raison de ses rendements toujours très faibles.

Variétés de blés ; sélection ; hybridation

Le nombre des variétés de blés auxquelles ont donné naissance les sept espèces précédentes est, pour ainsi dire, infini. Chaque région possède un type qui s'y est plus spécialement adapté.

Puis, parmi ces variétés, on a remarqué des individus offrant à un degré plus élevé certaines qualités de leur race ; on les a multipliés et ainsi fut imaginée la *sélection*, à laquelle on doit de nombreuses variétés ou sous-variétés de froments perfectionnés.

Enfin, nous devons encore certains blés tout à fait remarquables à des hybridations ou croisements de diverses variétés entre elles. Par ces croisements on a cherché et on est arrivé souvent à réunir dans un seul et même type des qualités appartenant à des variétés différentes.

L'hybridation se pratique de la façon suivante : avant que les glumes de l'épi à féconder artificiellement ne s'entr'ouvrent pour laisser sortir les étamines, on les écarte délicatement et on supprime les organes mâles. Puis, sur les ovaires restés seuls, on vient répandre le pollen de la variété servant de père. On lie doucement ensuite les glumes ou on recouvre l'épi d'une très fine étoffe afin d'éviter l'introduction d'aucun grain de pollen étranger et on laisse mûrir. On sème les grains obtenus et on renouvelle les ensemencements pendant un nombre suffisant d'années, afin de pouvoir apprécier à sa valeur exacte le nouveau produit.

QUELQUES BONS BLÉS

Pour plus de simplicité, nous suivrons l'ordre alphabétique, en les classant cependant en blés tendres et en blés durs, en blés d'automne et de printemps.

Blés tendres d'automne

Blé de Bergues ou blanc de Flandre. — Vieux et excellent blé cultivé depuis de longues années dans les terres fertiles du Nord de la France ; paille, épi et grain blancs. Très perfectionné, très productif, maturité un peu tardive ; demande de bonnes conditions culturales pour développer et conserver toutes ses qualités. Variété pour les climats océaniens plutôt que continentaux.

Blé bleu ou de Noé. — Variété très répandue, venant primitivement de Russie, mais cultivée dans le Sud-Ouest de la France depuis 1826. Paille blanche, courte et rigide, mais conservant jusqu'un peu avant la maturité une teinte glauque bleuâtre, d'où le nom de la variété. Grain jaune arrondi. Race vigoureuse convenant aux sols calcaires et argilo-calcaires et aux climats du Centre à étés secs et chauds. A le défaut de s'égrener un peu facilement et de redouter la rouille et le charbon. Se sème de préférence avant l'hiver, mais peut être semé aussi au printemps.

Blé de Bordeaux ou rouge inversable. — Semble identique à la variété connue, dans l'Est, sous le nom de *Saint-Florentin*.

Un de nos meilleurs blés ; cultivé d'abord dans le Gers et aux environs de Bordeaux ; s'est répandu depuis 1870 un peu partout. A certaines analogies, jusqu'à la maturation, avec le précédent. Après maturité, paille et épi rouges ; résiste très bien à la verse. Grain rouge, beau et lourd. Demande même climat que le blé de Noé et terres fortes ou franches convenablement pourvues de calcaire.

Blé Chiddam. — Plusieurs variétés, dont trois principales : d'automne à épi rouge, d'automne à épi blanc et blanc de mars. Toutes trois sont à grain très blanc. La paille est blanche, de hauteur moyenne, le feuillage est ample. Variétés très fines et très estimées, autant pour leurs rendements que pour la qualité de leurs produits. Préfèrent les climats tempérés et doux du Nord et de l'Ouest à ceux du Centre et de l'Est. Terres fortes un peu calcaires.

Blé de Crépi. — Très vieille variété française du Nord-Est de la France, autrefois très réputée, aujourd'hui détrônée par les variétés nouvelles. Mérite cependant d'être conservée comme blé d'hiver à cause de sa remarquable rusticité qui lui permet de supporter les climats les plus rigoureux. Haute paille et épi légèrement aristé d'un blanc jaunâtre ; grain allongé, jaune rougeâtre, donnant une farine de première qualité. Tendance à verser dans les sols riches et les années humides. Terres moyennes ou fortes.

Blé Dattel. — Blé obtenu par M. de Vilmorin en croisant le Chiddam d'automne à épi rouge avec le Prince Albert. Variété de grand mérite, se répandant rapidement. Dans les sols froids, supporte mal les hivers rigoureux et prolongés. Belle paille haute et forte, épi bien nourri, rouge pâle. Grain renflé, blanc. Variété qui talle bien et dont les rendements peuvent être très élevés. Terres argileuses, franches ou moyennes.

Blé Goldendrop, Blood red ou rouge d'Ecosse. — Quelques auteurs séparent le Goldendrop du Blood red, que M. Vilmorin considère comme synonymes. Une de nos variétés de blé les plus remarquables et les plus prolifiques, réussit merveilleusement dans les départements de la Bourgogne et des régions adjacentes. Paille suffisamment haute résistant très bien à la verse, épi rouge foncé ; beau grain jaune rougeâtre. Supporte moins bien les *très grands* froids qu'on aurait pu le supposer. Réussit bien dans les terres granitiques convenablement cultivées.

Blé Hallett. — Variété obtenue par le major Hallett. C'est une sélection du *Victoria d'automne* (d'après de Vilmorin), auquel on peut l'assimiler. Paille haute et forte, feuillage large ; épis jaunes, beau grain jaune foncé ; rendements très élevés dans les bonnes terres bien cultivées et sous les climats marins.

Blé Hunter. — Blé de provenance écossaise, à paille blanche et haute manquant un peu de force ; épi blanc, relativement peu serré ; grain blanc et long. Passe pour résister aux hivers les plus rigoureux de notre pays. Peu exigeant comme sol et venant bien dans les argiles fortes, les terres blanches et granitiques, dans lesquelles la verse est rarement à redouter.

Blé Lamed. — Hybride dû à M. de Vilmorin ; convenant, d'après lui, aux pays secs et chauds. Se rapproche comme aspect du blé de Bordeaux. Beau grain rouge clair. Maturation plus hâtive que la plupart des précédents. Terres franches et argilo-calcaires.

Blé Richelle de Naples. — Blé, comme son nom l'indique, d'origine méridionale. Paille blanche, mi-haute, fine. Epi blanc, un peu lâche. Très beau grain blanc et long. Cette variété, estimée pour la qualité de son grain, convient mal aux régions septentrionales et même du Centre à hivers très froids. Excellente pour les terres argilo-calcaires et même franchement calcaires du Midi, à condition qu'elles soient suffisamment approfondies.

Blé roseau. — Variété susceptible de donner, dans les bonnes terres bien fumées, des rendements considérables. Paille mi-haute, très raide, blanche. Epi trapu et compacte, blanc. Grain gros, renflé, blanc. Maturité ordinairement donnée comme précoce, néanmoins plus tardive que celle de la plupart des blés dits *de pays*. A remarquablement supporté l'hiver 1890-91. Terres franches, argileuses et d'alluvion.

Blé Square head ou blé à épi carré. — Blé très prôné depuis quelques années, à cause de sa production qui peut être énorme dans les terrains richement fumés. Paille courte, rigide, blanche. Epi *carré*, relativement court, compact, blanc. Grain jaunâtre, de grosseur ordinaire, laissant malheureusement à désirer au point de vue de la qualité. Cette variété, très résistante à la verse, supporte bien les hivers rigoureux. Elle vient bien dans les terres fortes, les argiles froides, retenant longtemps l'humidité. Dans les autres sols et dans les années à chaleurs brusques, le grain est sujet à l'échaudage. En outre, maturité un peu tardive.

Blé Touzelle. — Variété exclusivement méridionale, propre aux terrains calcaires et argilo-calcaires légers. Paille haute, blanche, creuse et abondante. Grain d'un rouge terne, d'excellente qualité. Maturité précoce ; bons rendements moyens.

Blé Victoria. — Très belle variété à paille haute et forte, à magnifiques épis sous barbes de couleur jaunâtre, à très beaux grains fauves bien remplis. Demande des terres fertiles et en bon état de culture, comme aussi un climat moyen, pour développer toutes ses qualités. A semer de bonne heure en automne.

Blés tendres de printemps

Les blés tendres de printemps sont infiniment moins nombreux que ceux d'hiver et d'ailleurs jouent un rôle infiniment moins important. Nous citerons seulement les suivants, toujours par ordre alphabétique :

Blé de Chiddam blanc de mars. — Une des meilleures variétés de printemps. Paille, épi et grain blancs. Bons rendements à condition de semer dès la fin de l'hiver et dans des terres bien cultivées. Maturation un peu tardive, ce qui, dans maintes régions, est un inconvénient.

Blé de mars rouge sans barbes. — Paille, épi et grain de couleur rougeâtre ; moins productif et de moindre qualité que le précédent, mais, par contre, moins exigeant. S'accommode de terres moyennes et même médiocres. Peut se semer pendant tout le mois de mars.

Blé de Saumur de mars. — Paille courte, épi et grain de couleur jaune. Variété rustique à croissance rapide et d'un bon rendement moyen. Maturité moyenne. A semer jusqu'aux derniers jours de mars.

Il convient d'ajouter qu'un certain nombre des variétés, que nous avons classées comme devant se semer plus particulièrement à l'automne, supportent également d'être confiées au sol après l'hiver et même au commencement du printemps. Parmi celles-ci sont : le blé de Bordeaux, la Richelle et le blé bleu ou de Noé.

Blés poulards

Parmi les blés poulards, nous nous bornerons à citer deux variétés :

Blé poulard d'Australie. — Blé d'hiver, à paille haute et forte, à épi grisâtre et velu, à longues barbes de même couleur, à grains gros, renflés, d'un jaune roux. Variété rustique, tallant vigoureusement, et productive; convient aux terres fortes, compactes et froides. Comme qualité, semble être le meilleur des poulards.

Blé nonette de Lausanne. — D'hiver comme le précédent, à paille et à épis rouges, duveteux, à longues barbes jaunes divergentes à maturité. Variété très rustique, s'accommodant des terres médiocres ou mal cultivées et des climats rigoureux. Epi se recourbant vers le sol quand approche le moment de la moisson. Produit assez abondant, mais, au point de vue de la qualité, inférieur au précédent.

Blés durs

Les blés durs sont en nombre infiniment moins grand que les blés tendres, soit qu'ils se prêtent moins aux variations naturelles, soit qu'étant plus particulièrement cultivés dans les régions méridionales ou à culture très extensive, les chercheurs et les hybrideurs s'en soient moins occupés. Nous dirons donc seulement quelques mots des deux variétés suivantes :

Blé de Médéah. — Variété ultra-méridionale, très répandue en Algérie où elle est cultivée sur de vastes surfaces par les indigènes et, à leur imitation, par les colons. Paille pleine et solide, épis fortement barbus, duveteux, complètement noirs extérieurement. Grain corné, long, d'un jaune doré. Variété rustique sous les climats qui lui conviennent, se plaît dans toutes les terres, sauf celles par trop légères; s'accommode des irrigations dans les contrées où celles-ci doivent être pratiquées. Résiste bien à l'influence des brouillards de printemps, à la verse et aux oiseaux. Bonne production et excellente qualité.

Blé de Xérès. — Cultivé sous différents noms dans les mêmes régions que le précédent et, en outre, en Espagne, en Italie, etc. Paille, épis et barbes de couleur jaune pâle et terne. Grain glacé, d'un jaune passant au roux. Se rapprochant à de nombreux égards du précédent avec lequel, en Algérie, on le trouve souvent mélangé. Peut-être un peu moins rustique.

Si nous voulions être absolument complet, il nous faudrait maintenant dire quelques mots, des épeautres, du blé de Pologne, des amidonniers et des engrais. Mais ces espèces de froment sont si peu cultivées aujourd'hui, en outre leurs variétés sont si peu nombreuses, que nous croirions, en nous y arrêtant, allonger inutilement ce travail.

CULTURE DU BLÉ

Aire du blé et climat. — L'aire de culture du blé s'étend, ou pourrait s'étendre, presque sur l'univers tout entier. En effet, il n'y a guère que les régions tout à fait septentrionales ou très élevées, où la température ne permette pas au froment de végéter et de mûrir à temps avant le retour des frimas. Partout ailleurs, à condition que le blé ait à sa disposition, naturellement ou artificiellement, une humidité suffisante, il peut être avantageusement exploité.

D'ailleurs, d'après des observations faites depuis longtemps par MM. de Candolle et Hervé-Mangon, et rapportées par M. Risler, il suffit d'une température *initiale* de + 6°, pour que le froment végète activement et se développe. En outre, il est indispensable qu'entre son ensemencement et sa parfaite maturité, il ait à sa disposition un total de chaleur s'élevant à 2.200 ou 2.400 degrés, en ne faisant chaque jour entrer en ligne de compte que les températures moyennes supérieures à 6°. Les pays fournissant d'une façon ou d'une autre, et dans l'intervalle d'une année à l'autre, cette somme de chaleur, sont de beaucoup les plus nombreux. Il faut remarquer toutefois que les chaleurs torrides de la zône intertropicale s'opposent à la culture de froment partout où une altitude suffisante ne vient pas les tempérer.

On a recours à des variétés différentes suivant les climats. Cependant, d'une manière générale, on peut dire que les blés tendres conviennent aux pays du Nord, humides ou tempérés, et les blés durs aux contrées chaudes.

Terrains convenant au blé. — Les terres à froment sont calcaires, a écrit M. Lecouteux, car, sans carbonate de chaux dans le sol, pas ou presque pas de froment.

Le type des terres à blé est le sol argilo-calcaire. Les terres connues sous le nom de *fromenteaux* sont toujours argilo-calcaires, à proportion plus ou moins élevée de carbonate de chaux.

Cependant, une terre peut n'être pas calcaire au sens propre du terme et néanmoins donner de bonnes récoltes de blé. Une terre granitique, une terre silico-argileuse seront dans ce cas, si l'on a eu soin, par des chaulages, des marnages ou même des apports de phosphates de chaux en suffisante quantité, d'y avoir introduit une convenable proportion de carbonate de chaux.

En réalité, pour qu'une terre soit apte à la culture rémunératrice du froment, il est indispensable qu'elle contienne une certaine quantité de carbonate de chaux. Cette quantité peut d'ailleurs être très faible, car il existe de nombreux sols, dans les argilo-siliceux notamment, où l'analyse ne décèle que des traces de chaux et qui pourtant se couvrent d'excellentes récoltes de froment. Il n'en est pas moins vrai que souvent, dans ce genre de terrains, un apport de chaux est avantageux. Cette chaux d'ailleurs se trouve parfois sur place dans les couches du sous-sol; dans ce cas, de simples labours profonds suffisent pour la mélanger à la terre arable et améliorer celle-ci. Cette particularité est assez fréquente en Bresse où, malheureusement, on ne songe pas toujours à la mettre à profit.

Les terres qui ne conviennent pas à la culture du blé sont celles siliceuses à l'excès, très mobiles et exposées à se dessécher; les sols tourbeux et les terres par trop froides, tenaces et humides. Ces dernières peuvent cependant être mises en bon état de culture par des travaux appropriés.

En résumé, la grande majorité des sols conviennent au froment et, parmi les autres, une forte part peut être mise en état de le produire, soit par des travaux, soit par des amendements ou des engrais bien choisis.

Place dans l'assolement. — La place qu'occupe le blé dans les assolements, joue un rôle considérable; elle influe, en effet, sur son rendement, sur sa propreté, sur sa qualité et sur les autres productions.

On sait que les assolements permettent, par une succession bien choisie de différentes cultures, la continuation indéfinie et avantageuse de ces cultures sur le même sol. Avec un bon assolement, on a le temps, entre chaque culture, de bien préparer le sol; les engrais sont utilisés au maximum; la couche arable est mise en œuvre par les différentes plantes de la rotation dans toute sa profondeur; les mauvaises herbes, les insectes nuisibles, sont détruits ou entravés dans leur multiplication, etc. Mais autant un bon assolement a d'avantages, autant un mauvais peut avoir d'inconvénients.

L'assolement le plus ancien, encore répandu dans certaines provinces méridionales, est l'assolement biennal constitué par: 1º jachère morte; 2º blé. C'est le plus simple, mais il ne peut convenir qu'à une agriculture primitive. La rotation de deux ans a néanmoins subsisté dans de nombreuses régions, mais avec une importante modification: la jachère morte a été remplacée par une culture sarclée.

Cet assolement qui fait au blé une part évidemment trop forte est absolument défectueux. Il y a là un retour beaucoup trop fréquent des mêmes cultures, puisant dans le sol les mêmes éléments, et cela d'autant plus que, le plus souvent, le fumier de ferme est le seul procédé de restitution utilisé. Aussi les récoltes y sont-elles rarement ce qu'elles pourraient être; elles sont insuffisamment fumées par suite de la pénurie des ressources fourragères; les façons culturales y laissent à désirer faute de temps nécessaire pour le bien exécuter au moment voulu; enfin, les mauvaises herbes et les insectes y sont généralement en abondance.

L'assolement triennal, avec une année de jachère morte, ou même une année de *jachère cultivée*, constitue sur le précédent, une amélioration sérieuse. C'est, de beaucoup, un des plus répandus. Une année de jachère paraît encore nécessaire, au moins de temps à autre, dans certaines régions à terres compactes, battantes, où un outillage primitif et des ressources limitées ne permettent pas de se débarrasser

des mauvaises herbes par des procédés plus perfectionnés. Grâce à
elle on peut avoir d'excellents blés sur des terres convenablement préparées. L'inconvénient est que la surface ainsi labourée et hersée
pendant une saison est une surface qui ne rapporte rien. C'est donc
un procédé cultural qui, au fond, est assez coûteux ; il a eu sa raison
d'être tant que des instruments rudimentaires, la faible valeur des terrains et des connaissances bornées ne permettaient pas de faire mieux ;
mais aujourd'hui, sauf dans des cas tout à fait exceptionnels, la
jachère morte est condamnée à disparaître. L'extension des cultures
fourragères, des prairies temporaires, des labours profonds et des
assainissements, seront les principaux moyens à mettre en œuvre pour
arriver à sa suppression.

Au contraire, quand les trois années de la rotation sont en culture,
le sol est en production incessante, et si une judicieuse alternance est
observée, le froment peut être obtenu dans d'excellentes conditions.
Dans ce cas il suit généralement une culture sarclée ou une culture
fourragère nettoyante.

Lorsque le blé revient tous les quatre ans seulement, la rotation est
meilleure encore. Le type de l'assolement quadriennal est le fameux
assolement de Norfolk. On sait qu'il est ainsi constitué :

1º Turneps ; 2º orge ou avoine de printemps ; 3º trèfle ; 4º froment.

On peut en varier les cultures, en fractionner les soles, mais de
toute façon il y a là un modèle qu'il serait désirable de voir plus communément adopter.

C'est ainsi qu'au lieu des turneps, on cultivera, en première année,
des pommes de terre, des betteraves, des carottes, des fèves, des fourrages verts d'été, etc. Sur cette sole on mettra beaucoup de fumier,
mais, en retour, les végétaux cultivés en fourniront abondamment.

La seconde année, on cultivera de l'orge, de l'avoine, du maïs, etc.

La troisième sera consacrée au trèfle, à la minette, au sainfoin, etc.,
toutes plantes améliorantes qui laisseront derrière elles une terre en
excellent état. En outre, elles permettront d'entretenir un nombreux
bétail et, par suite, de disposer de fortes quantités de fumier.

Enfin, la quatrième année, le quart de l'exploitation sera ensemencé
en blé, mais en blé bien soigné, bien fumé, sur un sol bien nettoyé,
de telle sorte que sur ce quart on obtiendra, sans plus de dépenses,
plus de blé que sur le tiers ou même la moitié du domaine, comme il
en était avec les assolements précédents.

Cet assolement est assez élastique pour que l'on puisse y faire une
part à toutes les cultures de la région que l'on habite. Tout en con-
sacrant toujours le quart de ses terres labourables au froment, on
pourra facilement introduire dans la rotation le sarrasin, le seigle, les
navets, etc., etc., et cela de telle façon, que l'on aura toujours, entre une
culture et la suivante, le temps de parfaitement préparer son terrain.

Préparation du sol. — La culture du blé est préparée, soit par
les labours, les hersages, les scarifiages de jachère, soit par les cultures

sarclées qui l'ont précédée. En tout cas, il faut qu'au moment de l'ensemencement le sol labouré soit assez repris, *rassis*, pour que la terre ne soit pas soulevée, *creuse*. L'idéal est que le grain ensemencé trouve au dessous de lui un sol un peu raffermi et qu'il soit recouvert d'une couche de sol meuble. Par suite des différents procédés en usage, ce résultat est loin d'être toujours atteint.

Selon les terres et les régions, le blé se sème sur billons, sur planches plus ou moins bombées ou à plat.

Le procédé sur billons se retrouve dans toutes les contrées à terres superficielles, reposant sur un sous-sol de mauvaise nature ou imperméable. Par trois ou quatre tours de charrue on ramasse la terre arable en bandes parallèles très relevées, sur lesquelles le blé est ensemencé. C'est une façon d'avoir de la profondeur sans labourer profondément, mais cela au détriment de la surface active du champ, puisque les intervalles entre chaque billon, étant dépouillés de terre meuble, sont improductifs. Le blé y est en outre fort inégal : ordinairement élevé et vigoureux sur l'ados et de plus en plus maigre et clairsemé à mesure qu'on s'éloigne de la crête. Enfin cette disposition s'oppose à peu près complètement à l'emploi, en cours de végétation, de n'importe quel instrument attelé. En revanche, elle permet un facile écoulement des eaux superficielles.

Le système de culture sur billons était autrefois très justement motivé, mais aujourd'hui, les circonstances économiques ayant changé, les avantages qu'il présente sont contrebalancés par ses inconvénients. Aussi disparaîtra-t-il très probablement d'un grand nombre de régions, chassé par les labours profonds, le drainage et l'emploi d'engrais plus abondants.

Entre la disposition en billons et la culture à plat, les planches plus ou moins larges et bombées sont un intermédiaire constituant un très sérieux progrès. A condition de donner à la couche arable une profondeur suffisante, elles permettent un écoulement convenable des eaux et se prêtent à l'usage de tous les instruments perfectionnés. Dans les régions à sous-sol imperméable, beaucoup de cultivateurs se sont arrêtés à ce moyen terme et s'en trouveront fort bien.

La culture à plat, pratiquée à l'aide de charrues ordinaires ou de charrues tourne-oreille, convient aux terrains sains, à sous-sol perméable, ou parfaitement drainés. Là, il suffit d'assurer par des rigoles convenablement tracées l'écoulement des eaux pluviales pour que l'on puisse obtenir, par l'emploi rendu facile des procédés et des outils les plus perfectionnés, les rendements les plus élevés.

Dans les régions tout à fait méridionales où l'on est dans l'obligation d'arroser les blés, c'est le seul mode de labour qui soit usité. Dans ce cas, plus encore que partout ailleurs, un parfait nivellement de la surface est indispensable.

Ensemencement. — *Choix et préparation des semences.* — Un bon blé de semence doit être propre et dénué de toute graine étrangère.

Il doit avoir été récolté complètement mûr et avoir été conservé dans un local bien sec. Tous les grains légers, petits, maigres doivent être éliminés, et les plus lourds seulement, conservés. Autant que possible le poids doit se rapprocher de 80 kilos à l'hectolitre.

Les blés peuvent être semés purs ou en variétés mélangées. Ce dernier mode de faire, usité dans de nombreuses régions, est reconnu avantageux, en ce que les diverses variétés de froment n'ayant pas exactement les mêmes exigences et les mêmes aptitudes, on peut, en les choisissant d'égale époque de maturité, équilibrer, en les contrebalançant, leurs différentes propriétés. On obtient ainsi des récoltes pouvant, en certaines années, surpasser de 2 à 3 hectolitres le produit que l'on aurait obtenu des mêmes variétés cultivées séparément. Il convient de ne pas oublier toutefois que de semblables mélanges sont à régler de temps à autre au moyen de variétés pures, si l'on ne veut pas voir leurs proportions s'altérer.

Afin de préserver la future récolte de la carie, dont les spores se trouvent dans la fente des grains et dans leur bout plumeux, on sait que l'on doit procéder au *chaulage*, ou mieux au *sulfatage* des semences.

Autrefois, la chaux était exclusivement employée à cette opération. On faisait un lait de chaux, auquel on ajoutait parfois du sel pour l'empêcher de trop se dessécher sur le grain, puis on versait le tout sur le blé en tas et on pelletait. On employait 12 à 15 litres de chaux vive pour 8 hectolitres de semence.

On a également utilisé le sulfate de soude, l'acide sulfurique très dilué, etc., etc. Mais aujourd'hui toutes ces substances sont complètement remplacées par le sulfate de cuivre. Tout en étant très économique, il est beaucoup plus efficace.

On dissout 0 kil. 250 à 0 kil. 500 de sulfate de cuivre dans 100 litres d'eau, puis on procède par *aspersion* ou par *immersion*.

Par aspersion, on met le blé en tas sur un plancher ou sur le sol d'une grange, on l'arrose avec la dissolution et l'on brasse vigoureusement à la pelle pour que chaque grain soit humecté. Cela fait, on reforme le tas et on laisse égoutter.

Par immersion, on se sert d'une corbeille au moyen de laquelle on plonge successivement tout le blé à ensemencer dans le liquide sulfaté contenu dans un baquet. On remue, on peut enlever les grains qui surnagent, puis on retire la corbeille et l'on renverse le grain sur un plancher après l'avoir laissé quelque peu égoutter.

On doit toujours opérer la veille de l'ensemencement. Pendant la nuit le grain se gonfle, de telle façon que 100 litres en font ensuite de 120 à 125. Le semeur doit tenir compte de cette augmentation.

Il est toujours prudent de ne préparer chaque jour que la quantité de grain que l'on pense semer le lendemain, afin que si un contretemps venait à retarder la semaille, on ne se trouve pas en présence, au bout de quelques jours, de grain échauffé ou germé.

Quantité de semence à employer. — Cette quantité varie dans d'assez grandes limites, selon qu'on sème à la main ou au semoir, dans des terres riches ou pauvres, de bonne heure ou tardivement, et enfin selon le tallage des variétés.

Suivant ces diverses circonstances, on répand depuis 100 jusqu'à 300 litres de blé par hectare, les quantités les plus faibles correspondant à l'emploi du semoir et aux semailles faites de bonne heure dans des terres fertiles, et les quantités les plus fortes s'appliquant au semis à la volée, aux terres pauvres et aux ensemencements tardifs.

Époque des semailles. — Pour se développer et végéter, le blé a besoin d'une température minimum initiale de + 6°. Plus longtemps le grain mis en terre jouira de cette température avant les froids de l'hiver, plus il sera solidement enraciné et robuste quand arrivera la mauvaise saison.

« Aussi, dit M. Risler [1], nous n'avons qu'à consulter, dans la région où nous pratiquons l'agriculture, les températures moyennes de l'air pendant les derniers mois de l'année, et nous pouvons être certains que dans celui où la température moyenne est au dessous de + 6°, il est trop tard pour semer le blé...

« La moyenne d'octobre, à Paris, a été de 1806 à 1880, de 11° 25. S'il faut au froment enterré à 4 centimètres de profondeur, dans des conditions d'humidité favorables, 80 degrés pour lever et 200 à 300° pour former deux ou trois feuilles, ce total de 286 à 386 degrés représente, avec la moyenne d'octobre, 20 à 30 jours de végétation. Les semailles faites dans la première quinzaine d'octobre ont donc toutes chances de succès. »

La meilleure époque pour semer le blé est celle qui, selon la région, lui laissera assez de temps pour se constituer vigoureusement avant la morte saison. Dans la plus grande partie de la France, c'est le mois d'octobre qui réalise le mieux cette condition. Dans les contrées où, en hiver, la végétation du blé ne subit pas de temps d'arrêt, il n'en est plus de même. En Algérie, on sème le froment depuis les pluies d'automne jusqu'aux premiers jours de janvier et l'on s'en trouve bien.

Procédés d'ensemencement. — Suivant que le froment est cultivé en billons, en planches, ou à plat et suivant l'état agricole de la région, les semailles s'opèrent de différentes façons ; mais toutes peuvent se ramener à deux : à la main et au semoir mécanique.

Lorsqu'on procède à la main, on sème à la herse ou sous raie ; parfois, on combine dans la même pièce les deux méthodes.

Le plus souvent, le semeur, muni d'une simple corbeille, répand le grain en se servant uniquement de sa main droite. S'il s'agit de sillons ou de planches, il en suit la direction en semant, *par rapport à ceux-ci*, alternativement de droite à gauche et de gauche à droite. Dans ces conditions, on conçoit que pour peu qu'il fasse du vent, celui-ci con-

---

1 *Physiologie et culture du blé, op. cit.*

trariera le semeur, soit dans un sens, soit dans l'autre, d'où des irrégularités d'épandage ou de grandes difficultés à surmonter.

L'idéal est, non pas d'être gêné par le vent, mais bien d'en être aidé, tout en accomplissant les semailles le mieux possible et dans le plus court délai. Le procédé conduisant le mieux à ces résultats est celui adopté dans toute la France septentrionale et qui consiste à se servir alternativement des deux mains tout en mettant le souffle du vent à profit.

Pour cela, si le vent souffle de l'ouest, le semeur parcourt le champ, train par train, du nord au sud et du sud au nord. Cheminant vers le nord, il sème de la main gauche. Cheminant vers le sud, il sème de la main droite. Chacun de ses trains est en moyenne de 7 mètres, mais son lancé est constamment de 21 mètres, afin que chaque train reçoive trois lancés. On a imaginé ce triplement de la semence, parce que c'est là un excellent moyen de mieux la répartir.

Mais ce mode de faire, le meilleur certainement de toutes les méthodes de semailles à la volée, ne peut s'appliquer qu'aux pays de grande culture où les terres sont cultivées en larges planches ou tout à fait à plat. Dans les parcelles longues, étroites, enclavées, il serait impraticable.

Les semailles les plus parfaites sont celles *en lignes, opérées au semoir.* Au moyen de cet instrument — dont les seuls torts sont d'être d'un prix relativement élevé et d'exiger des pièces de terre d'une certaine étendue — le grain est semé en lignes équidistantes, d'où, pendant toute la durée de la végétation, égale répartition de nourriture aux racines, d'air, de chaleur et de lumière pour les tiges. De là encore, toutes facilités pour les binages, sarclages et nettoyages.

Il est enterré à égale profondeur, d'où égalité parfaite dans la levée et la vigueur des plants, sans qu'il y ait de grains perdus, soit qu'ils aient été enfouis trop profondément et n'aient pu sortir, soit au contraire que, restés découverts, ils se soient mal enracinés ou aient été dévorés par les rongeurs ou les oiseaux. La conséquence directe de cette utilisation absolue du grain répandu est une économie de semence, qui peut s'évaluer à 35 ou 40 0/0.

Moins de semence et plus de blé récolté, tels sont les avantages que le semoir procure. Quant au temps employé, il est plutôt un peu plus considérable que celui consacré à la même surface par un semeur expérimenté. On ne compte pas qu'un semoir mécanique, attelé de deux chevaux, fasse plus de 3 à 4 hectares par jour.

Un semoir doit toujours fonctionner sur des terres bien préparées, ameublies, préalablement hersées ou roulées.

Quant à la profondeur à laquelle le grain doit être enterré, M. Risler, s'appuyant sur des observations et des données expérimentales précises, l'indique ainsi : « 1° Dans les terres fortes, la profondeur peut varier de 2 à 8 centimètres, la meilleure est de 3 à 5, et dans les terres légères, un peu plus ; 2° pour les blés de printemps, un peu plus de profondeur que pour ceux d'automne ; 3° dans le Midi, et en général dans les pays secs, un peu plus que dans le Nord et dans les pays humides. »

Soins d'entretien. — Pendant l'hiver, les soins d'entretien des blés en terre se bornent à assurer un bon et rapide écoulement des eaux. Mais quand arrivent les premiers jours de printemps, certaines opérations s'imposent.

Si l'on a affaire à des terres compactes, que l'hiver a laissées serrées, recouvertes d'une croûte ; si, en outre, on les voit se garnir de mauvaises herbes naissantes, un hersage dont on graduera l'énergie selon le terrain, sera d'un excellent effet. Il ameublira la couche superficielle du sol, empêchera les jeunes plantes d'être étranglées, laissera pénétrer l'air à leurs racines, les fera taller en aidant au développement de radicelles au collet, enfin les nettoiera d'une partie des végétaux parasites qui allaient les infecter. Un pareil hersage doit, autant que possible, être pratiqué au moyen d'une herse articulée travaillant régulièrement toute la surface du champ. On choisira une journée douce et l'on n'opérera que sur le blé bien ressuyé.

Si, au lieu de sols tenaces, on se trouve en présence de terres que les alternatives de gel et de dégel ont soulevées, en arrachant plus ou moins les jeunes tiges de blé, c'est au rouleau que l'on aura recours. Les rouleaux du genre Croskill sont là d'un excellent effet. On procédera dans les mêmes conditions que pour le hersage.

Si l'on constate que le blé est languissant, souffreteux, de couleur jaune, un épandage de 100 à 160 kilos à l'hectare de nitrate de soude, dans les terres fortes ou moyennes, ou de sulfate d'ammoniaque dans les sols très légers, sera tout indiqué.

Au contraire, si un peu plus tard dans la saison, le blé est trop développé, trop riche en herbe et menace de ne pouvoir épier sans verser, on se trouvera bien ou d'y faire passer rapidement un troupeau de moutons qui en broutera les extrémités, ou de l'écimer soi-même au moyen d'un volant ou d'une faux légère.

Dans les blés semés à la volée on procédera, s'il y a lieu, à un binage, ou plutôt à un sarclage des mauvaises herbes, pratiqué à l'aide d'une binette ou d'un piochon. On extirpera les chardons au moyen d'un fer allongé ou d'une fourchette permettant, dans les terres un peu meubles et fraîches, de les arracher facilement. Enfin, si des épis de seigle se montrent au mois de mai, on les fera disparaître en les abattant avec une latte de bois.

Quant aux blés semés au semoir et par conséquent en lignes, on les bine d'habitude au moyen d'une houe spéciale, munie d'assez de pieds pour travailler d'un seul coup la même largeur que le semoir, avec laquelle, on peut nettoyer 4 à 5 hectares par jour.

Toutes ces opérations doivent être exécutées quand les blés ne sont mouillés ni par la pluie ni par la rosée.

Epiaison; floraison; maturation. — A la fin du printemps ou au commencement de l'été, suivant les diverses régions de la France, les épis sortent de leur fourreau, et presque immédiatement entrent en floraison. Si la température se maintient chaude et sèche, cette phase est vite et heureusement traversée; au contraire, si le temps se refroidit, si des pluies prolongées surviennent, la fécondation s'opère mal et la coulure empêche de nombreux grains de nouer. De là un déchet plus ou moins élevé qui s'accusera, à maturité, par la couleur blanche des épis avortés.

La floraison achevée, le grain va en se gonflant jusqu'au moment de la maturation. Celle-ci s'accomplit progressivement par transmigration des principes contenus dans toute la plante vers le grain. C'est dire qu'une fois les racines du blé mortes et son pied desséché, la plante n'emprunte plus rien au sol et c'est en elle-même que se passent les derniers phénomènes de son existence. A la fin, le grain se resserre, devient plus dense, et perd la majeure partie de l'eau qu'il contient.

Moisson. — C'est pendant que le grain est encore assez tendre pour que l'on puisse y imprimer l'ongle avec facilité, que l'on doit commencer la moisson. Surtout en faisant usage de *moyettes* on aura ainsi un grain plus plein, plus lourd, ayant *plus de main* et par suite plus de prix. Seuls les blés de semence doivent être récoltés à maturité tout à fait complète et quand l'épi fait le crochet.

Selon les régions et les exploitations, la moisson se fait à la faucille, au volant, à la sape, à la faux, à la moissonneuse ordinaire ou à la moissonneuse-lieuse.

La faucille, le plus ancien de tous les instruments employés, est aussi le plus primitif. Bien que son usage aille en diminuant de plus en plus, elle est encore très répandue. Elle est à peu près impossible à remplacer pour les blés faits sur billons très hauts et très étroits. Ailleurs elle pourrait l'être le plus souvent. C'est l'instrument le moins expéditif : on ne moissonne à la faucille que 15 à 20 ares par jour.

Le volant est une sorte de grande faucille non dentée, assez peu répandue.

La sape est l'outil par excellence des ouvriers flamands. Avec cet instrument comme avec le volant, un bon ouvrier abat environ un tiers d'hectare par jour.

La faux, à condition d'être armée d'un rateau et pour les blés non versés, constitue un outil très perfectionné relativement aux précédents. Avec elle, en fauchant, selon le cas, *en dedans* ou *en dehors*, c'est-à-dire contre le blé encore debout ou du côté extérieur, un ouvrier expérimenté peut moissonner plus d'un demi-hectare par jour, de la façon la plus parfaite et sans égrener les épis. Dans les moissons infestées de chardons ou de ronces, elle a l'inconvénient de tout mettre dans les javelles.

Pour les blés très versés, *tourbillonnés*, on est toujours obligé, si l'on ne veut rien perdre, de s'adresser à la faucille, à la sape ou au volant.

La moissonneuse et surtout la moissonneuse-lieuse sont évidemment les instruments permettant de couper les céréales de la façon la plus rapide et la plus économique. Mais ces machines font partie, non seulement du matériel de la grande culture, mais encore de celui de la culture avancée. Il est nécessaire, en effet, que l'on dispose de grandes surfaces en céréales, que ces céréales soient propres et non versées sur des surfaces suffisamment nivelées, que l'on possède plusieurs attelages de chevaux afin de pouvoir relayer, etc.

Cependant, dans certaines régions où les chevaux de culture font défaut et où, par contre, les bœufs sont agiles et parfaitement dressés — comme dans le Sud-Ouest — on voit fonctionner des moissonneuses avec ces animaux. Dans ce cas, une modification de pignon permet à la scie de marcher à une vitesse convenable malgré l'allure plus lente de l'attelage.

Une bonne moissonneuse, pourvue de deux attelages de chevaux et travaillant environ 12 heures par jour, peut abattre de 3 à 4 hectares de blé.

M. Risler estime comme suit, dans ces conditions, le prix de revient du travail fait :

Deux relais de chevaux, à 10 fr. l'un.....................	20 fr.
Deux charretiers à 4 fr. l'un.........................	8
Intérêt et amortissement de la machine..............	3 à 7 fr.
Huile, graisse, repassage des lames, etc.............	2
Total..........	33 à 37 fr.

Soit, pour 3 à 4 hectares, une moyenne de 10 fr. par hectare.

Liage. — Sauf le cas où l'on fait usage de moissonneuses-lieuses, qui lient automatiquement les gerbes derrière l'appareil, il est indispensable de mettre le blé en gerbes après la coupe.

Le plus souvent les tiges disposées en javelles derrière le moissonneur sont laissées sur le sol, jusqu'à ce que les herbes qui garnissent fréquemment leur pied, et elles-mêmes, soient assez sèches pour être réunies en gerbes et attachées.

Ce procédé a de nombreux inconvénients. Les principaux sont que, s'il fait très chaud, le grain, moissonné étant encore un peu sur le vert, se dessèche trop rapidement, se ride et perd de sa valeur. Si, au contraire, il fait humide et surtout s'il vient à pleuvoir, il faut tourner et retourner les javelles pour leur permettre de sécher, ce qui est un gros embarras ; pendant ce temps, la paille noircit, le grain risque de s'altérer, parfois même il va jusqu'à germer.

Pour toutes ces raisons, — sauf en cas de moisson mélangée d'herbes abondantes ou d'un trèfle élevé — on doit conseiller de renoncer à cette manière de faire pour la remplacer partout par l'attachage immédiat, avec confection de *moyettes*.

Les moyettes ont pour but d'éviter tous les inconvénients ci-dessus mentionnés, tout en permettant au grain de parachever, sans aucun risque, sa maturation dans les épis.

On confectionne les moyettes de plusieurs manières. Une des plus simples est celle qui consiste à dresser tout d'abord, debout et en croix, quatre gerbes dont on écarte les pieds, afin de laisser circuler l'air, tout en donnant de la solidité. Entre ces quatre premières gerbes bien établies d'aplomb on en place quatre autres, toujours en les arc-boutant sur leurs épis qui sont en haut. Enfin, on termine en coiffant tout l'édifice d'une dernière gerbe, que l'on a attachée serrée un peu près du pied, et que l'on dispose la tête en bas sur les autres en forme d'entonnoir renversé. Cette gerbe se nomme le *chapeau*.

Ainsi aménagée en moyettes, la moisson ne court plus aucun risque, et peut attendre que le cultivateur soit prêt à la rentrer.

Quel que soit le procédé adopté, les gerbes ne doivent jamais être trop lourdes; celles que l'on fait dans certaines régions, où on les lie avec de grands harts de chêne et qu'un homme a de la peine à charger sans le secours d'un aide, sont défectueuses. Le poids de 12 à 15 kilos, qui permet un maniement facile, ne devrait jamais être dépassé.

Quant aux liens, on fait usage le plus souvent, en France du moins, de paille de seigle récoltée et préparée dans ce but. Les liens se fabriquent à l'avance et on les conserve à l'abri du soleil afin qu'ils ne perdent rien de leur souplesse.

On emploie également des harts en chêne, de fortes ficelles spéciales, et, dans le Midi et en Algérie, des cordelettes en alfa, en aloès ou en palmier nain peigné et tordu.

Enfin, pour faciliter la besogne, certains constructeurs ont imaginé des *lieuses*, constituées par une sorte de très longue aiguille élastique, à l'aide de laquelle on fait passer le lien sous la gerbe pour ensuite le serrer avec la plus grande commodité.

Rentrée des gerbes et emmagasinage. — Autrefois, alors que dans toute la France centrale et du nord, les battages s'opéraient au fléau et pendant l'hiver, les gerbes de blés étaient le plus souvent engrangées peu de temps après la moisson. Dans les régions méridionales, où les dépiquages avaient lieu pendant les mois chauds, au grand air et au grand soleil, les gerbes étaient simplement emmeulées.

Aujourd'hui que le fléau a disparu, devant les machines à battre, le procédé consistant à mettre les gerbes en meules s'est presque partout généralisé. Le blé est ainsi à pied d'œuvre, si les meules sont établies là ou le battage aura lieu, et en tout cas, la manutention des gerbes est facile si l'on a installé provisoirement les meules en plein champ.

Les meules de gerbes se font rondes ou longues.

Quelle que soit la forme adoptée, une meule doit toujours être établie en un endroit sain et, si elle doit rester quelque temps sans être défaite, disposée sur un lit de matériaux l'isolant de l'humidité du terrain. On forme ce *sous-trait* avec des tiges de colza, des roseaux de la paille, des bruyères sèches, des bourrées, etc., etc.

On commence par tracer le contour de la meule, plutôt diminué qu'exagéré, avec des gerbes rapprochées placées les épis en dedans, puis on la monte lits par lits en entrecroisant les gerbes à l'intérieur de façon à assurer à l'ensemble le maximum de solidité. Jusqu'à une certaine hauteur on monte les parois *en les évasant*, de telle sorte que la section de la première partie de la meule ait la forme d'un trapèze posé sur son petit côté. Lorsque l'on a atteint la hauteur convenable, on commence à établir la toiture en diminuant la largeur, et, progressivement, on arrive à fermer la meule sous un angle régulier le plus aigu possible.

S'il est nécessaire de mettre la meule à l'abri de la pluie, on la couvre au moyen de paille de seigle, de roseaux, de genêts ou autres matériaux que l'on a à sa disposition. Enfin on peut l'entourer d'une petite rigole dont on rejette la terre en dedans, pour écarter les eaux ruisselantes, et d'épines dressées contre ses parois, pour empêcher le bétail de venir s'y frotter.

Déchaumage. — C'est par le déchaumage que l'on peut, dans une large mesure, se débarrasser des mauvaises herbes dont la culture des céréales favorise au plus haut degré la multiplication.

Cette opération consiste à profiter, ou bien de ce que le sol est encore frais aussitôt la moisson enlevée, ou bien de la première pluie d'orage l'ayant superficiellement humecté, pour *écorcher* sa surface à l'aide d'instruments appropriés. Un simple grattage de $0,^m05$ à $0,^m07$ de profondeur est suffisant; au delà, on ne remplirait pas le but.

A la faveur de ce léger ameublissement, on déracine toutes les plantes parasites encore vivantes qui allaient continuer à croître et se réensemencer, puis surtout on enterre sous une mince couche de terre chaude et suffisamment humide, toutes les graines de mauvaises herbes déjà tombées, qui, sans ce travail, seraient restées inertes à la surface, pour, plus tard, être enterrées par un labour et se développer un an, deux ans ou trois ans après. Au contraire, dans les conditions où on les place, un grand nombre de ces graines germent, et, quelques semaines après, un bon hersage au grand soleil ou un labour profond en débarrasse la surface du champ.

C'est ainsi que l'on finit de débarrasser des sanves ou moutardons, des ravenelles, des coquelicots, des nielles, des camomilles matricaires, etc.

Tout récemment encore on a discuté sur le point de savoir si des graines destinées, selon les lois de la nature, à lever au printemps, germaient véritablement en été à la faveur des labours de déchaumage. Il est certain que beaucoup ne le font pas, soit parce que, en effet, la saison ne le comporte pas, soit parce qu'elles ont besoin d'un certain temps de stratification. Mais d'un autre côté, il suffit de considérer au bout de quinze ou vingt jours, un labour de déchaumage opéré dans de satisfaisantes conditions, pour être persuadé, par la vue des nombreuses jeunes plantes adventices qui le peuplent déjà, que les agriculteurs ont dans ce procédé un moyen de nettoyage excellent. Les cultures sarclées en compléteront d'ailleurs ultérieurement les effets.

Un bon déchaumage s'exécute, soit, dans les terres légères, au moyen d'une forte herse que l'on charge en cas de besoin, soit, le plus souvent, à l'aide d'un scarificateur, d'un extirpateur ou d'une charrue polysoc. Les trisocs du genre Howard ou Ransome, par exemple, font un travail parfait. On peut aussi opérer avec une charrue légère ordinaire; mais, outre qu'il est fort difficile de se maintenir à quelques centimètres de profondeur seulement, le temps qu'il faut alors consacrer au déchaumage le rend très coûteux et fait que l'on y renonce complètement.

Quand, comme dans certaines terres silico-argileuses, les plantes parasites sont surtout constituées par des avoines à chapelets, des agrostis stolonifères, du chiendent, etc., il est indispensable, si on veut les détruire, de les ramasser à la herse ou au rateau après le déchaumage, puis de les réunir en tas et de les brûler. On peut aussi les utiliser à la confection de terreaux, en activant leur décomposition au moyen de la chaux et en observant de n'employer ceux-ci qu'après complète désorganisation.

Dans les régions où le déchaumage n'est pas habituel, on oppose ordinairement à son adoption la perte du pâturage dans les chaumes qui en sera le résultat. C'est là une objection de bien peu de valeur, en regard surtout des avantages de l'opération.

La création d'une faible étendue de prairie temporaire ou la mise en pâturage d'un terrain de peu de valeur permettrait, par le déchaumage régulier de toutes les céréales, de purger de mauvaises herbes un domaine tout entier. Quant aux bestiaux, ils auraient à leur disposition un pâturage *véritable*, qui, sous une surface infiniment moindre, leur serait singulièrement plus avantageux.

Battages ou dépiquages. — En vue d'extraire les grains de leurs épis, un assez grand nombre de procédés ont été imaginés. Parmi les plus anciens sont les différents systèmes de dépiquages, encore usités dans les pays chauds. Ils ne sont applicables, en effet, qu'en plein air et en plein soleil.

Le plus ancien consiste, les gerbes déliées étant étendues sur une aire de terre battue, à les faire fouler sous les pieds de chevaux ou de mulets.

Un perfectionnement a été d'employer une sorte de traîneau, formé d'une planche épaisse, munie en dessous d'éclats de silex ou de dents de fer. Un homme monté dessus conduit le cheval qui traîne l'appareil sur les épis. Sous le nom de *trille* on le rencontre encore en Espagne; on s'en sert toujours aussi en Orient.

Mais le procédé de dépiquage le plus répandu est celui du rouleau, ordinairement en pierre, lisse ou cannelé. Il est encore très usité dans les contrées méridionales; en France, il tend à disparaître, remplacé par les batteuses mécaniques.

Par les divers systèmes de dépiquage, à condition que l'on ait le personnel nécessaire, l'opération peut être menée assez rondement. D'après Jaubert de Passa, dit M. Risler, 24 chevaux et 45 hommes peuvent dépiquer dans une journée 5.200 gerbes de 7 k. 500 chacune. D'après M. Heuzé, chaque hectolitre dépiqué reviendrait à environ 2 fr. et il reste beaucoup d'*ôtons* ou grains enveloppés.

Avec le rouleau, la besogne quotidienne est moins considérable, mais le prix de l'hectolitre battu est aussi moins élevé. On peut obtenir l'hectolitre de grain, dépiqué au rouleau, nettoyé et mis en sac, à raison de 25 hectolitres par jour environ, au prix moyen de 1 fr. 60 l'un.

Par le dépiquage sur l'aire, quel que soit le procédé, la paille est toujours plus ou moins brisée. Sous les pieds des chevaux et avec la *trille* on l'obtient même, dans les pays très chauds tels que l'Algérie, absolument hachée. C'est là un avantage très recherché, tout au moins pour la paille destinée à l'alimentation.

Dans les régions du centre et du nord, où l'inconstance des saisons ne permet pas le dépiquage en plein air, on battait autrefois en hiver et en grange, et le fléau était partout adopté. Un bon ouvrier arrivait difficilement à faire 200 litres de blé dans sa journée; souvent il ne dépassait pas 150 à 160. De là, beaucoup de temps consacré au battage et un prix de revient assez élevé. Il est vrai que le battage au fléau étant anciennement réservé pour la mauvaise saison, les inconvénients que nous signalons se trouvaient atténués dans une certaine proportion.

Aujourd'hui, le battage mécanique s'est substitué plus ou moins complètement à tous les autres procédés.

Les batteuses peuvent être mues de différentes façons : par des manèges, par un moteur hydraulique, à bras, etc. ; mais celles actionnées par une machine à vapeur sont de beaucoup les plus répandues.

Il en existe d'une infinité de modèles; les plus simples se bornent à extraire le grain des épis et le livrent pêle-mêle avec la paille, dont il faut ensuite le séparer. Ce sont les moins expéditives et celles qui, en réalité, rendent le grain battu au prix le plus élevé.

Les autres batteuses livrent immédiatement le grain plus ou moins complètement nettoyé. Celles dites « à grand travail » le fournissent même parfaitement propre. Ces dernières sont des machines de grandes dimensions, exigeant un nombreux personnel (de 20 à 28 ouvriers) et une force de 8 à 12 chevaux. Elles sont d'un prix fort élevé et ne conviennent qu'à la grande culture ou aux entrepreneurs de battages à façon. En revanche, leur travail est très rapide. Une grande batteuse (genre Garrett, Marshall, Gérard, etc.) peut mettre en sacs, dans une journée de travail régulier, jusqu'à 100 et même 120 quintaux métriques de blé d'une parfaite propreté.

Mais le plus souvent, on se contente de batteuses d'une puissance plus modique. Le morcellement des domaines, la faiblesse relative des quantités à battre, souvent aussi le manque d'espace et les difficultés de transport sur les chemins ruraux, font que des appareils de 4 à 6 chevaux-vapeur sont plus courants. On peut avec eux et une quinzaine d'ouvriers, battre de 150 à 250 gerbes ordinaires de blé par heure, ce qui, dans la plupart des cas, est suffisant et a l'avantage de ne pas provoquer des encombrements de paille tels que les ouvriers s'en trouvent parfois débordés.

Les différents systèmes de batteuses adoptés peuvent être divisés en deux grandes catégories : les batteuses en travers et les batteuses en bout. Les premières, dans le batteur desquelles on introduit les gerbes déliées *en travers*, rendent la paille aussi intacte que possible. A proximité des grands centres, c'est, pour la vente, un avantage. Dans les secondes, les épis sont présentés par leur extrémité ; la paille est plus ou moins brisée, ce qui, pour la consommation de la ferme est loin d'être un inconvénient. En outre, ces machines n'ayant pas besoin d'avoir une largeur égale aux plus longues pailles, sont moins encombrantes et peuvent passer par des chemins plus étroits. Enfin, à force égale, elles dépouillent mieux les épis de leurs grains. Aussi sont-elles extrêmement répandues.

Nettoyage des grains. — De tout temps l'agent principal utilisé pour le nettoyage des grains a été *le vent*. Partout où le dépiquage sur l'aire se pratique, aussitôt le grain séparé des épis, la paille est relevée à la fourche, en la secouant ; puis le grain, après avoir été rassemblé en tas, est projeté vigoureusement à la pelle sur le sol battu, plus ou moins perpendiculairement à la direction du vent régnant. Tous les éléments légers sont entraînés par le courant d'air, tandis que le grain, en retombant, se classe par ordre de densité. On répète l'opération si le besoin s'en faisait sentir, puis on remet le blé en tas, pendant qu'un aide, armé d'un petit balai léger en brindilles, écarte tous les grains vêtus ou les fétus de paille qui s'y trouvent mélangés.

Avec un vent favorable et un homme sachant bien jeter le blé à la pelle, l'opération est assez rapide et le nettoyage est parfait.

Dans les contrées où l'on battait au fléau, l'opération complémentaire était le vannage du grain au moyen d'un *van* en osier. Tout le monde connaît cet instrument au moyen duquel un ouvrier, se plaçant sous un courant d'air et procédant par petites quantités, séparait le blé de ses impuretés. Les plus légères étaient emportées d'elles-mêmes, les plus lourdes, rassemblées sur le grain par une série de petits mouvements circulaires, étaient enlevées à la main. Le procédé était fort long.

Aujourd'hui le battage est généralement suivi, — sauf avec les grandes batteuses nettoyant le grain du premier coup — d'un passage au *tarare* ou ventilateur. Cet appareil, dont il existe des modèles très simples et peu coûteux, fait une besogne rapide et très complète.

Quand on veut avoir du blé de choix ou de semence, il est nécessaire de le passer au *crible* ou au *trieur*.

Le crible, dont l'usage remonte à la plus haute antiquité, est formé d'un cadre circulaire tendant un fond en peau, percé de trous ronds et allongés de différents diamètres. On le suspend à une corde et par un va-et-vient et différents mouvements circulaires, on élimine les graines étrangères et les menus grains qui traversent les trous.

Le maniement du crible est assez délicat et il est remplacé de plus en plus par les *trieurs mécaniques*.

Ces instruments sont pour la plupart basés sur le même principe que le crible à main. Ce sont des cylindres légèrement inclinés, percés par séries de différents trous et creusés d'alvéoles, qui laissent tomber ou recueillent toutes les impuretés, selon la forme et la grosseur de celles-ci. Un mouvement lent de rotation imprimé à la main les met en action. C'est ainsi que sont construits les trieurs Marot, Clerc, Pernollet, etc.

Il existe toutefois des trieurs procédant différemment; tel est le trieur Josse, qui sépare le grain des corps étrangers et de ses impuretés, en utilisant leurs diverses densités.

Comme pour le battage, on trouve aujourd'hui presque partout des entrepreneurs de criblage à façon, qui, moyennant un prix très faible (de 0,25 à 0,60 par hectolitre) rendent le blé de semence parfaitement nettoyé.

Conservation des grains. — Les grains se conservent d'ordinaire sur le plancher ou le carrelage d'un grenier; l'essentiel est qu'ils soient à l'abri de toute humidité. Il faut également qu'ils soient soustraits aux déprédations et aux ravages des rongeurs et des insectes.

Un grenier à blé doit donc être parfaitement sain, autant que possible orienté au nord afin d'éviter les trop fortes élévations de température. Les murs seront, au moins jusqu'à 1^m ou 1^m 50 de hauteur, recouverts d'un bon enduit bien lisse de plâtre ou de ciment, pour que les souris ne puissent pas y grimper, ni les insectes, tels que les charançons, s'y réfugier. Pour la même raison, les coins seront arrondis et non à angle droit. Si le grenier peut ne pas être au dessus des étables ou des écuries, cela vaudra mieux, ce genre de locaux étant toujours une source de chaleur et d'humidité.

Dans des greniers ainsi construits et entretenus, les grains ne courront aucun risque, à condition toutefois, qu'aussitôt après le battage, on ait soin de les étendre sur le plancher en couches minces, et de les remuer ou *pelleter* aussi souvent que cela sera nécessaire pour en bien achever la dessication. Une épaisseur de 0^m 20 à 0^m 25 sera le maximum pour les grains fraîchement battus. On l'augmentera à mesure que les grains seront plus secs; mais, dans les contrées tempérées, il sera prudent de ne pas dépasser 0^m 50 à 0^m 60, afin de prévenir avec certitude tout échauffement. Dans le Midi et en Algérie, on pourra entasser le blé sous des épaisseurs plus fortes ; mais alors, si on doit le conserver longtemps, il sera prudent de le pelleter ou de le passer au tarare de temps à autre, pour le mettre à l'abri des dégâts des insectes.

Dans la France centrale et du nord, on considère qu'un blé normalement sec contient de 14 ou 15 % d'humidité.

Dans les docks ou les grands établissements industriels, où l'on a à conserver des quantités considérables de grains, on a imaginé depuis longtemps toutes sortes d'appareils permettant de les emmagasiner, sans qu'il y ait besoin de surfaces trop vastes et cependant sans danger d'altération. Ces appareils sont connus généralement sous le nom de *silos*.

Rendements moyens et maxima du blé. — Le rendement du froment varie considérablement selon le sol, le climat, les circonstances météorologiques, les variétés et surtout selon l'habileté professionnelle des cultivateurs.

Dans les circonstances les plus générales, d'après M. Heuzé, le froment bien cultivé, suivant les anciens procédés, ne donne pas moins de 16 à 18 hectolitres à l'hectare et pas plus de 25 à 30 hectolitres. Cela est vrai pour une bonne partie de la France, pour la France centrale et septentrionale surtout ; cela ne l'est malheureusement pas pour une forte portion de celle de la région du Midi. La production moyenne, pour l'ensemble de notre territoire, ne dépasse guère 15 hectolitres par hectare. Il convient de remarquer cependant que cette moyenne tend à s'élever régulièrement.

Quant aux récoltes maxima, il est difficile de les évaluer ; mais, sous l'influence de procédés culturaux perfectionnés et d'engrais appropriés, elles peuvent être fort élevées. C'est ainsi que l'on cite certains agriculteurs éminents, tels que M. F. Desprez, à Cappelle (Nord), ayant obtenu des récoltes de froment dépassant 50 hectolitres à l'hectare. Ce sont là des rendements exceptionnels ; mais des récoltes moyennes de 30 à 35 hectolitres peuvent parfaitement être visées et obtenues, avec les ressources dont l'agriculture dispose aujourd'hui.

Le poids de l'hectolitre de froment normalement mesuré varie depuis 70 kil. dans les plus mauvaises conditions, jusqu'à 81 et même 82 kil. dans les meilleures. Un poids de 77 et 78 kil. est, pour les blés tendres courants, considéré comme satisfaisant.

Enfin on estime que 100 kil. de blé donnent environ 75 kil. de farine et que cette farine peut fournir 100 kil. de pain. Cela revient à dire qu'avec 100 kil. de froment on obtient ordinairement 100 kil. de pain.

Bien que la *relation qui existe* entre le rendement en grain et en paille puisse varier beaucoup, on estime, en moyenne, que 100 kil. de blé correspondent à environ 200 kil. de paille.

Quant aux balles (pousse, ballon, selon les localités), elles forment à peu près le 1/10 du poids de la paille.

COMPOSITION DU BLÉ ET ENGRAIS

Avant la découverte et l'emploi des engrais chimiques, le fumier de ferme était, à très peu de chose près, le seul engrais dont on se servit pour les blés.

Avec le seul fumier de ferme et de bons soins culturaux, au moins dans les terres n'offrant pas des insuffisances par trop grandes de certains éléments minéraux, on peut arriver à des récoltes moyennes souvent satisfaisantes. Mais, avec le fumier seul et dans la plupart des sols, on n'arrive pas à retirer de ceux-ci le maximum de ce qu'ils pourraient procurer.

D'après MM. Müntz et Girard, 100 kil. de grain et 100 kil. de paille, pris à l'état normal, renferment :

	Azote	Ac. phosph.	Potasse	Chaux	Magnésie
Grain...............	2.08	0.82	0.55	0.06	0.22
Paille.	0.48	0.23	0.49	0.26	0.11

Dans ces conditions, 15 hectolitres de blé, en admettant que cela représente 1200 kil. de grain et 2750 kil. de paille prélèvent sur le sol :

	Grain	Paille	Total
Azote.........................	25k.0	13k.2	38k.2
Ac. phosph.........................	9 8	6 3	16 1
Potasse	6 6	13 5	20 1
Chaux...........................	0 7	7 1	7 8
Magnésie...........................	2 7	3 0	5 7

Une semblable récolte est celle obtenue sur un sol moyen avec une fumure moyenne au fumier de ferme.

Supposons que nous voulions la doubler. Si — ce qui ne sera pas tout à fait exact — pour le double de grain, nous devons récolter le double de paille, il va nous falloir mettre à la disposition de notre blé en terre tous les éléments ci-dessus, en des quantités supplémentaires égales à celles que nous venons de mentionner.

Comme le fumier de ferme ne contient pas les éléments que nous voulons apporter dans la proportion des tableaux donnés plus haut, le but cherché ne sera pas atteint.

Ce sera donc par les engrais chimiques seulement que l'on arrivera à mettre en œuvre toutes les facultés productives du sol, en les équilibrant si bien que toutes agiront au maximum.

Comme engrais azotés on se sert principalement du nitrate de soude et du sulfate d'ammoniaque, tous deux répandus surtout au printemps.

On sait, qu'en raison de sa très grande solubilité, le nitrate de soude agit très vite, mais aussi qu'il n'est pas retenu longtemps par le sol. On fera un seul épandage, si le sol est de consistance moyenne ou forte ; on en fera deux, à trois ou quatre semaines d'intervalle, si le sol est très perméable et léger.

Si l'on a affaire à une terre absolument inconsistante et friable, on pourra avoir recours au sulfate d'ammoniaque, qui, se dissolvant plus lentement et agissant plus longuement, donnera de meilleurs résultats.

Les doses les plus couramment employées de l'un et de l'autre sel — un peu moindres pour le sulfate d'ammoniaque que pour le nitrate de soude — varient entre 100 kil. et 180 kil. par hectare.

Ces engrais doivent toujours être répandus au moment où la plante va pouvoir les assimiler — ce moment ne sera donc pas le même selon les régions, — et sur le blé bien ressuyé. Un hersage, pratiqué après l'épandage, aidera à son efficacité.

Comme engrais phosphatés, on aura le choix, *selon les sols*, entre les phosphates tribasiques, du genre des phosphates fossiles, scories métallurgiques, etc., les phosphates précipités et les superphosphates.

En thèse générale, on emploiera les phosphates tribasiques et le phosphate précipité, en automne, dans les terrains non calcaires, et l'on réservera les superphosphates, en les épandant en automne ou au printemps, pour les sols contenant plus ou moins de carbonate de chaux.

Dans les terrains non calcaires, on pourra employer les scories de déphosphoration comme engrais phosphaté. Les scories renferment de 12 à 14 % d'acide phosphorique et de 35 à 40 % de chaux.

On ne craindra pas, surtout pour les premières applications, d'employer les scories à doses un peu élevées, depuis 1000 jusqu'à 2000 k. par hectare. On constituera un stock d'acide phosphorique dont les récoltes suivantes profiteront. On sait que l'acide phosphorique est bien retenu par le sol. Au bout de quelques années — 3 ans, 4 ans, selon la rotation — on y reviendra, mais sans qu'il soit besoin d'enfouir des quantités aussi considérables.

Les scories seront toujours enterrées à la charrue ou par un hersage énergique, de façon que l'incorporation au sol soit aussi complète que possible.

Quant au phosphate précipité, qui fournit l'acide phosphorique à des doses beaucoup plus élevées (jusqu'à 40 et 45 %), il sera utilisé de préférence sur les terres très légères, sablonneuses et humifères, et pourra être répandu plus tardivement que l'engrais précédent. En raison de sa ténuité extrême un simple hersage suffira souvent à son enfouissement.

Dans les terrains plus ou moins calcaires, les scories métallurgiques et les phosphates précipités sont souvent de presque nul effet ; on leur préférera les superphosphates. Ceux-ci pourront être employés non seulement en automne, mais encore en couverture au printemps. Les doses les plus communément usitées varient entre 300 et 600 kil.

par hectare, pour des superphosphates contenant de 12 à 16 % d'acide phosphorique.

Le sel de potasse le plus ordinairement employé chez nous est le chlorure de potassium. On le répand à la dose de 100 kil. par hectare environ.

En raison des propriétés spéciales de la potasse et du danger que présente parfois son emploi pour les jeunes plantes, il est bon de varier un peu le mode et l'époque de son application suivant les sols. C'est ainsi, par exemple, lorsqu'on sème en même temps du blé et du chlorure de potassium, qu'il peut arriver aux grains en contact avec le milieu caustique résultant de la dissolution des cristaux, d'avoir leurs organes naissants brûlés. Aussi recommande-t-on, pour le froment d'hiver, de répandre les engrais potassiques de façon qu'ils soient enfouis par le labour *précédant* l'ensemencement. On agira ainsi dans les terres franches plus ou moins calcaires. Dans les terres crayeuses pures ou siliceuses pures, terres dans lesquelles la potasse n'est pas retenue comme par les précédentes, mieux vaudra n'appliquer le chlorure de potassium qu'après l'hiver.

Enfin, disent MM. Müntz et Girard, dans toute terre manquant de chaux, qu'elle soit tourbeuse, sableuse ou argileuse, l'application des sels potassiques doit être précédée d'un chaulage ou d'un marnage; c'est une condition indispensable du succès.

Résultats de quelques épandages d'engrais chimiques en grande culture.

(Champs de démonstration de Saône-et-Loire)
1890-1891

1° Terre silico-argileuse : M. Clerc, à Louhans.

Engrais répandus :

		Kilos	Prix
en automne	scories de Creusot...............	1300	
	chlorure de potassium..........	100	114 fr. 50
au printemps:	nitrate de soude	150	

Récolte.

	Témoin (fumier seul)	Avec engrais Excédent	Bénéfice net Engrais déduits
Grain....................	1825 k.	1200 k.	286 fr. 60
Paille....................	3040	2970	

2° Terre argilo-siliceuse : M. Colas, à Sornay, près Louhans.
Engrais répandus : les mêmes que ci-dessus.

Récolte.

	Témoin (fumier seul)	Avec engrais Excédent	Bénéfice net Engrais déduits
Grain....................	1000 k.	700 k.	118 fr. 50
Paille....................	3400	1700	

3º Terre argileuse forte : M. Dauvergne, près Autun.

Engrais répandus :

	Kilos	Prix
en automne : scories du Creusot..............	1500	91 fr. 25
au printemps : nitrate de soude...............	125	

Récolte.

	Témoin (fumier seul)	Avec engrais Excédent	Bénéfice net Engrais déduits
Grain......................	1200 k.	660 k.	174 fr. 55
Paille......................	4000	3140	

4º Terre siliceuse très légère : M. Blandenet, à Epervans.

Engrais répandus :

	Kilos	Prix
en automne : scories du Creusot...........	1500	88 fr. 5
au printemps { nitrate de soude............	75	
sulfate d'ammoniaque.......	37 500	

Récolte.

	Témoin (fumier seul)	Avec engrais Excédent	Bénéfice net Engrais déduits
Grain......................	1125 k.	512 k.	98 fr. 95
Paille......................	2800 k.	1225 k.	

5º Terre granitique : Dr Chevalier, à Gibles.

Engrais répandus :

	Kilos	Prix
en automne : scories du Creusot....................	1000	83 fr.
au printemps : sulfate d'ammoniaque.............	130	

Récolte.

	Témoin (fumier seul)	Avec engrais Excédent	Bénéfice net Engrais déduits
Grain......................	1390 k.	1544 k.	357 fr. 40
Paille......................	2600	2965	

MALADIES DU BLÉ

Plantes nuisibles, animaux et insectes parasites.

Plantes nuisibles. — Les plantes qui croissent au milieu des blés et qui lui nuisent plus ou moins, sont extrêmement nombreuses. On les considère comme nuisibles soit, simplement, parce qu'elles occupent une partie du sol au détriment du froment; soit parce que leurs graines, mûres en même temps que lui, salissent le blé battu;

soit enfin parce que, véritables parasites, elles se nourrissent à ses dépens.

Parmi les plantes des deux premières catégories, on peut citer différents chardons, depuis les petites espèces qui pullulent dans certains sols calcaires de notre pays jusqu'aux chardons énormes des champs de blé algériens ; puis, la moutarde sauvage (sinapis arvensis), la ravenelle (raphanus raphanistrum), le coquelicot (papaver rheas), le bluet (centaurea cyanus), la nielle (agrostemma githago), la vesce des blés (vicia hirsuta), l'ivraie enivrante (lolium temulentum), la folle avoine (avena fatua), l'avoine à chapelets (avena bulbosa), l'agrostis jouet-du-vent (agrostis spica-venti), la grande et la petite patience, la matricaire, plusieurs renoncules ; dans le Midi, les glaïeuls ; en Algérie, deux espèces de fenouil, etc., etc.

Dans les plantes parasites vivant aux dépens du blé lui-même, il faut surtout citer le mélampyre (melampyrum arvense) et le rhinanthe crête-de-coq (rhinanthus crista-galli). Ces deux plantes, dont les racines sont munies de suçoirs, se fixent sur les racines mêmes du blé et, lorsqu'elles sont nombreuses, l'épuisent jusqu'à le réduire considérablement.

On se débarrasse de tous ces végétaux ou l'on empêche leur multiplication par tous les procédés que nous avons successivement examinés.

Insectes et animaux nuisibles. — Les insectes et animaux nuisibles s'attaquent au blé, les uns pendant le cours de sa végétation, les autres une fois qu'il est récolté et pendant sa conservation,

Pendant qu'il est en terre le froment a à lutter contre : les vers blancs, les limaces, la larve du taupin des moissons, l'anguillule ou nielle, l'aiguillonnier, le cèphe pygmée, le chlorops, la cécidomie et, en Algérie, les sauterelles ou criquets dans les années d'invasion.

En outre, les taupes, les mulots et les campagnols, selon les années et surtout les régions, occasionnent des dégâts qui sont souvent fort sérieux.

Une fois le blé récolté et en grenier, il y a à le préserver des souris et des rats et à l'empêcher d'être endommagé par les charançons, l'alucite et la teigne des grains.

Maladies. — Pendant sa végétation, le blé est susceptible d'être attaqué par un certain nombre de maladies, la plupart de nature cryptogamique. Ce sont : la rouille sous ses deux formes rouge et noire, le charbon, la carie, l'ergot (ce dernier assez rare d'ailleurs et peu dangereux) et le piétin ou maladie du pied. (*Voir le chapitre Maladies et parasites des plantes cultivées.*)

MAÏS
(*Zea mays*)

CARACTÈRES ET VARIÉTÉS

Caractères. — Le maïs est, parmi les graminées *annuelles*, une des plus grandes et des plus développées, si même il ne l'emporte sur toutes les autres. Il est à fleurs monoïques, c'est-à-dire mâles et femelles séparées mais portées sur le même pied. L'inflorescence mâle, qui termine la tige, est une panicule à nombreux épillets. Les fleurs femelles sont en épis composés; ceux-ci sont formés d'un axe central vulgairement nommé *rafle*, autour duquel se pressent par rangées parallèles les épillets, qui, après fécondation, produisent les graines. L'épi tout entier est sessile, placé à l'aisselle des feuilles et enveloppé complètement de spathes nombreuses; il se termine par une houppe longue et abondante, composée de l'ensemble des styles, qui, d'abord d'un vert jaunâtre, passe au roux foncé à maturité.

Variétés. — Le genre maïs comporte plusieurs variétés qui sont à grains jaunes, à grains blancs et à grains diversement colorés. Les deux premières catégories sont de beaucoup les plus importantes. Toutes ces variétés sont d'ailleurs très sujettes à s'hybrider mutuellement.

MAÏS A GRAINS JAUNES. — *M. jaune des Landes*. — Le plus répandu dans le Sud-Ouest; hauteur moyenne (1 m 30 à 1 m 50), donnant un ou deux épis de moyenne longueur, à beaux grains arrondis. Epoque de maturité moyenne.

M. jaune gros. — Taille plus élevée que le précédent, donnant généralement un seul épi, grand et bien garni de très gros grains. Répandu dans le bassin inférieur de la Loire.

M. jaune hâtif d'Auxonne. — C'est le maïs de Bresse et de toute la vallée de la Saône. Hauteur moyenne, un ou deux épis garnis de grains d'un beau jaune foncé. Mûrit en septembre, sauf exceptions.

M. quarantain ou à poulets. — Variété naine à végétation très rapide et maturité hâtive. En raison de ces caractères, cette variété est celle mûrissant le plus haut dans le Nord; on peut la récolter dans le bassin de Paris. Donne un ou deux épis minces et allongés, chargés de nombreux grains très petits. Cultivée en Bresse et dans les Dombes pour l'alimentation des volailles.

M. cinquantino. — D'après M. Vilmorin, race italienne ne mûrissant que tout à fait dans le Midi, mais pouvant atteindre 2 m 50 de hauteur et recommandable comme fourrage.

MAÏS A GRAIN BLANC. — *M. blanc des Landes*. — Tenant dans le Sud-Ouest la même place que la variété à grains jaunes. Tige élevée, un peu fine mais dure et forte, donnant un ou deux épis renflés à la base, à grain blanc de grosseur moyenne, en partie corné.

M. King Philips blanc. — Variété peu répandue, mais donnée comme méritant de l'être à cause de sa fécondité et de sa précocité. Taille de 1ᵐ 50 environ, long épi à grains arrondis assez gros, mûrissant dans le bassin de Paris.

M. sucré nain hâtif. — Variété potagère très cultivée et appréciée aux Etats-Unis pour la saveur de ses grains, qui cueillis, bouillis et mangés avec du beurre pendant qu'ils sont tendres, constituent un légume excellent.

M. Caragua, géant, dent de cheval. — Variété uniquement fourragère sous notre climat qui ne lui permet pas de mûrir son grain. Mûrit en Agérie. Atteint 3ᵐ à 3ᵐ 80 de hauteur dans les sols riches et frais ; développement foliacé considérable. Grain plat, large, rappelant la forme d'une dent de cheval, d'où son nom. A besoin, pour lever, de plus de chaleur que nos variétés de pays ; doit, par suite, ne pas être semé avant le courant ou la fin de mai.

M. Cuzco. — Ne mûrissant jamais en Europe ; plus grand encore que le précédent mais plus exigeant comme terrain ; grains très gros ; fourrage des plus abondants et de premier ordre.

MAÏS A GRAINS COLORÉS. — *M. rouge gros*. — Variété d'assez haute taille, dépassant souvent 2 mètres, produisant jusqu'à trois gros épis par tige, à grains arrondis moyens de couleur rouge pourpre plus ou moins foncée. On le rencontre fréquemment mélangé aux autres variétés cultivées pour leur grain.

M. Kings Philips. — Race hâtive et productive, moyenne taille, produisant généralement deux épis à grains aplatis d'un brun noirâtre. Recommandée pour les climats moyens.

M. perlé ou bigarré. — Variété fourragère sous notre climat, inférieure au maïs Caragua et qui, après avoir été prônée par quelques importateurs, a presque disparu. Il donne des grains plats diversement colorés (blancs, roux, noirs, etc.).

CULTURE DU MAÏS

Aire du maïs et climat. — Le maïs forme un genre unique, originaire de l'Amérique et probablement de l'Amérique centrale ou du nord de la partie méridionale de ce vaste continent. C'est une plante de pays chauds ; certaines variétés même ne mûrissent leurs graines que dans les régions se rapprochant de la zône tropicale. Importé dans le vieux monde probablement peu de temps après la découverte du nouveau, cette céréale s'est répandue depuis dans tous les pays où la température de l'été est assez élevée pour lui permettre d'arriver à maturité. Il occupe une aire culturale bien plus étendue encore à titre de fourrage vert.

En France, le maïs est, par excellence, la plante du Sud-Ouest ; c'est là où on lui consacre les plus considérables surfaces et où il joue le rôle le plus important. Si l'on traverse en diagonale la France entière, on le retrouve constituant comme un îlot détaché dans les deux départements de l'Ain et de Saône-et-Loire, où les cultivateurs de la Bresse lui font une large place.

Voici à cet égard quelques indications se rapportant aux départements où le maïs est le plus cultivé. (Récolte de 1890).

	Hectares	Hectolitres
Landes	65.000	975.000
Basses-Pyrénées	62.940	1.007.000
Haute-Garonne	48.000	864.000
Lot-et-Garonne	44.200	618.800
Saône-et-Loire	18.627	344.139
Ain	16.350	261.644

En laissant de côté quelques départements où le maïs occupe moins de 100 hectares, on peut dire qu'il en est 44 où cette plante est plus ou moins cultivée pour son grain.

Terrains. — Le maïs exige des terres saines ; celles qui lui conviennent le mieux sont silico-argileuses substantielles, perméables et profondes. Les alluvions argilo-siliceuses et argilo-calcaires, à condition d'être ameublies et bien travaillées, donnent également d'excellents résultats. Le maïs prospère encore dans les sols silico-argileux naturellement froids et compactes (*boulbènes* du sud-ouest ; limons de la Bresse), pourvu que ces sols soient approfondis, bien fumés et soigneusement ameublis. Par contre, dans les argiles tenaces, les terrains à humidité stagnante, les calcaires purs, les sables, les graviers maigres et secs, le maïs végète fort mal et souvent ne réussit pas du tout.

Place dans l'assolement. — Dans la plupart des régions à maïs, celui-ci précède le froment. C'est ainsi que l'on rencontre souvent cet assolement biennal : 1° maïs, 2° blé d'automne ; l'une ou l'autre de ces deux cultures et quelquefois toutes deux selon les régions, recevant le fumier. Toutefois c'est là une rotation épuisante et il est rare que l'on ait assez d'engrais de ferme pour y suffire convenablement. De là cette interdiction, que l'on constate dans certaines métairies du Sud-Ouest, de porter du fumier sur la sole consacré au maïs, afin de favoriser la production du froment. Il y a là évidemment quelque chose de tout à fait défectueux et des modifications à apporter.

Dans les régions de l'Est, où cet assolement est également répandu, il a un autre inconvénient : c'est, dans les années tardives, de laisser fort peu de temps pour la préparation du blé. Là un assolement triennal est donc préférable, en ce qu'il permet d'intercaler le maïs, culture d'été, entre un froment et un fourrage ou une culture de printemps. Souvent encore, surtout dans certaines terres médiocres et froides où l'on a à lutter contre les mauvaises herbes (avoine à chapelets, agrostis traçante, etc.) on trouve : froment, maïs, puis jachère. On compense alors l'année ne produisant rien, par une ou deux récoltes dérobées (raves, sarrasin, trèfle incarnat, etc.).

On fait aussi quelquefois : froment, trèfle, maïs, ce qui est encore un bon assolement, à condition cependant ou bien de ne pas mettre le tiers du domaine en maïs, ou bien de remplacer une partie du trèfle par une autre culture, afin de ne pas faire revenir le trèfle partout tous les trois ans.

Préparation du terrain. — Pour bien réussir, le maïs devrait toujours être préparé par un labour *profond* avant l'hiver, de façon que, le printemps venu, il soit facile d'en bien émietter la surface. Dans les terres argileuses on pourra, à la faveur de ce labour, enterrer le fumier.

Au printemps, si l'on sème le maïs à plat, un ou deux labours légers ou un coup ou deux de scarificateur, aidés de la herse et du rouleau, compléteront l'ameublissement superficiel indispensable. Dans les sols légers ou calcaires ce sera en cette saison que le fumier sera appliqué.

Quand, à cause du peu de profondeur du sol et de l'imperméabilité du sous-sol ou parce que le maïs doit être soumis à l'irrigation, on doit disposer le terrain en billons, ce sera aussi au printemps que l'on confectionnera ceux-ci. La surface en sera convenablement pulvérisée au moyen de herses spéciales ou même à l'aide d'outils à main.

Ensemencement. — L'ensemencement du maïs cultivé pour ses grains doit se faire dès que la température est suffisamment élevée et qu'il n'y a plus à en redouter le refroidissement. Pour que la levée s'opère dans de bonnes conditions, c'est-à-dire rapidement et vigoureusement, il est indispensable que le sol soit bien réchauffé, et que l'on ne soit plus exposé ni à des gelées blanches, ni à un excès d'humidité. L'époque moyenne s'étend de la fin d'avril à la fin de mai.

Le maïs pour semence doit toujours être choisi avec soin et *en épis*. Pour cela, après la récolte, on réserve les épis les plus beaux, les mieux faits, dont les grains sont le plus réguliers et le mieux disposés. Leurs rangs doivent être bien alignés et jamais confus. On rejette les épis panachés de grains de différentes couleurs afin de ne reproduire que le type adopté. Il est bon, en outre, d'éliminer à l'égrenage les grains provenant des extrémités de chaque épi.

Le maïs peut se semer soit tel quel, soit après un trempage pendant 18 à 24 heures dans l'eau. Cette manière de faire accélère la germination et la levée; mais il est indispensable que la terre, au moment de la plantation, soit suffisamment fraîche pour que les grains ne s'y dessèchent pas.

Selon les contrées et les circonstances, le maïs se sème à la main derrière la charrue, au semoir, au piochon ou au plantoir. De toute façon l'écartement doit être réglé pour qu'il y ait, entre les pieds qu'on laissera, environ $0^m40 \times 0^m60$ avec les petites variétés et $0^m50 \times 0^m70$ à 0^m80 avec les maïs de taille ordinaire. — Quand on sème autrement qu'à la charrue on place le maïs en paquets de 3 ou 4 grains pour après la levée assurée, ne laisser qu'un seul pied.

La quantité de grain employée est généralement de 20 à 30 kil. par hectare.

Dans les contrées méridionales où le maïs est cultivé à l'aide d'arrosages, le sol est préalablement disposé en billons dans lesquels il est bon de mettre l'eau avant l'ensemencement. Une fois celle-ci absorbée et le sol ressuyé on plante à la main un peu au dessous de la trace indiquant où l'eau a affleuré. De la sorte, on est sûr que les arrosages subséquents imbiberont le sol exactement où il le faudra et l'on met immédiatement le grain dans un milieu frais.

En tout cas le grain ne doit jamais être enterré trop profondément : 3 à 5 centimètres de terre bien divisée suffisent.

Soins d'entretien. — Quand les lignes sont bien visibles et les jeunes plants déjà fortement enracinés on exécute un premier binage. On se sert de la houe à cheval, complétée par la houe à main, dans les cultures à plat; dans celles en billons, la houe à main seule est d'un emploi possible. Ce sera souvent à ce moment également que l'on arrachera les pieds en trop pour ne laisser que les plus vigoureux.

Plus tard, quand le maïs a 0m 40 à 0m 50 de hauteur, si l'éclaircissage n'a pas été opéré on y procédera, puis, selon les lieux et le mode de culture, on donne un second binage plus énergique ou un buttage. Ce dernier se pratique avec un buttoir ou à la main. Quand on a planté le maïs sur billons sans pourtant qu'il soit à l'arrosage, ce buttage s'exécute en refendant simplement par un coup de charrue chaque billon opposé au côté ensemencé.

Parfois enfin on donne une troisième façon, consistant en un dernier binage avec rehaussement des plants. En même temps on supprime les gourmands qui naissent en plus ou moins grand nombre au collet des pieds.

Après la floraison et une fois la fécondation terminée, ce dont on s'aperçoit au flétrissement des houppes couronnant les épis, on a l'habitude d'*écimer* les tiges. Pour cela, avec une serpette, on retranche leurs sommités en les coupant au dessus du nœud surmontant le dernier épi. On se procure ainsi une quantité de fourrage qui n'est pas à dédaigner et que l'on peut distribuer ou bien immédiatement, ou bien pendant l'hiver après l'avoir fait sécher. En outre, l'écimage a l'avantage de hâter la maturité en donnant un plus libre accès à la chaleur et à la lumière, et peut-être aussi en raccourcissant la durée de la végétation. Cette opération, régulièrement pratiquée dans l'Est, ne l'est pas toujours ni partout dans le Midi.

Dans les contrées à étés secs et chauds où le maïs est soumis à l'irrigation, celle-ci est répétée, à intervalles réguliers, jusque un peu avant la maturation. Dans les terres de consistance moyenne on donne un arrosage toutes les trois semaines environ.

Récolte. — Lorsque le maïs est mûr, ce dont on s'aperçoit à la dessication et au jaunissement de la plante tout entière, on procède à la récolte de ses épis. Mais ceux-ci, bien protégés par leurs spathes et ne s'égrenant pas ne courent aucun risque d'altération sur leurs tiges, de sorte qu'il n'est pas ordinairement nécessaire de se presser. Il n'y a que dans le cas où l'on redoute des pluies prolongées ou des gelées hâtives, ou encore lorsque le sol doit être ensemencé en froment, qu'il est prudent de ne pas différer.

Le plus souvent la récolte des épis est opérée par des femmes et des enfants qui les cueillent à la main en les rompant à leur base, puis les jettent dans des sacs ou des corbeilles, que des hommes vont vider dans des véhicules pour ensuite les rentrer. Plus tard, on arrachera ou coupera les tiges sèches.

Dans certaines localités cependant, on coupe la plante entière que l'on transporte par bottes sur une aire, où l'on procède à l'enlèvement des épis.

Une fois les épis cueillis il est nécessaire d'achever leur dessication ou d'assurer leur conservation. On s'y prend de deux façons différentes.

Dans le Midi, on dépouille d'abord complètement les épis de leurs spathes, puis on les expose pendant plusieurs jours au grand soleil sur une aire en les retournant de temps en temps. On peut ensuite les rentrer ou les égrener à volonté.

Dans le Centre et l'Est, on laisse à la base de l'épi deux ou trois feuilles que l'on rebrousse et au moyen desquelles on attache les épis deux par deux. Cela fait, on les suspend sur des perches disposées en plein air sous l'auvent des toits. On égrène ensuite au fur et à mesure des besoins.

Parfois enfin, après avoir mis de côté les épis réservés pour la semence, on passe tous les autres dans des fours chauffés.

Egrenage. — Dans l'extrême Midi, cette opération s'effectue sur l'aire, au moyen d'un rouleau en pierre traîné par des chevaux ou même des bœufs. Des hommes munis de fourches retournent les rafles jusqu'à ce qu'elles soient bien dépouillées de leurs grains. En même temps on enlève toutes celles dont l'égrenage est achevé. On passe ensuite le grain au vent ou au tarare et on termine à la main les quelques rafles où des grains sont restés adhérents.

En certaines contrées les choses se passent à peu près de même, sauf qu'au lieu d'animaux et de rouleau on se sert de fléau.

Enfin, dans la petite culture et dans toute la région de l'Est, l'égrenage se pratique en frottant vigoureusement les épis sur une lame de fer ou un fer de bêche, fixé sur un banc ou au dessus d'un cuvier. On prépare de la sorte chaque fois le grain nécessaire à la consommation.

Ajoutons que l'industrie met aujourd'hui à la disposition des cultivateurs des égrenoirs mécaniques, mûs le plus souvent à bras, dont les bons modèles accomplissent une besogne rapide et complète.

Une fois égrené, le maïs doit se conserver avec les mêmes précautions que les autres céréales.

Rendement. — Faute de soins et surtout faute d'engrais, le rendement du maïs est rarement, en France, ce qu'il devrait être. Aussi sa culture est-elle souvent considérée comme peu avantageuse. Il ne saurait en être autrement avec la moyenne de 15 à 16 hectol. par hectare qui est la nôtre et d'autre part les frais occasionnés.En réalité, le maïs peut produire sans difficulté de 25 à 30 hectol. par hectare, et, avec des soins particuliers, il n'est pas impossible de l'amener à rendre jusqu'à 40 hectol. et davantage.

L'hectolitre de maïs normalement sec pèse en moyenne de 70 à 75 kil.

En fait de produits accessoires, M. F. Berthault indique, par 100 kil. de grains :

Tiges sèches... 150 kil.
Spathes... 20 »
Rafles .... 30 »
Fourrage sec (écimage)..................................... 55 »

Il convient d'observer que le maïs procure souvent aux cultivateurs des ressources supplémentaires par les plantes qu'on lui associe fréquemment. Tels sont notamment les haricots nains ou demi-grimpants.

Enfin le trèfle incarnat, semé au mois d'août dans les champs de maïs, réussit généralement très bien.

Utilisation. — Réduit en farine et préparé de diverses façons : *polenta*, *gaudes*, *milias*, etc. le grain du maïs contribue dans une large mesure à l'alimentation de certaines populations. Toutefois, lorsqu'à l'état de grain ou de farine insuffisamment secs, il est mal conservé, il est sujet à certaines altérations de nature cryptogamique, auxquelles on a cru pouvoir attribuer cette maladie répandue dans la Haute-Italie et connue sous le nom de *pellagre*. Il est de fait que dans les régions telles que la Bresse, où le maïs est consommé sous forme de *gaudes*, c'est-à-dire moulu après avoir été passé au four, il n'a jamais été question de cette affection.

Au point de vue de l'engraissement du bétail, et particulièrement des porcs et des volailles, le grain du maïs, administré entier ou en farine, est au tout premier rang. Aucune nourriture peut-être ne donne à la chair des volailles, à la chair et au lard des cochons, plus de saveur et de fermeté. Le maïs est certainement pour une grande part dans la réputation des jambons de Bayonne, des oies grasses de Toulouse, des poulardes de la Bresse, etc., etc.

En dehors de l'engraissement, le maïs peut se substituer et se substituer en effet avec profit à une partie de l'avoine dans l'alimentation des chevaux. Les chevaux mexicains ne reçoivent pas d'autre grain.

Le maïs — mais surtout les maïs étrangers — est employé sur une vaste échelle par l'industrie, à la fabrication de l'amidon et de ses dérivés : dextrine, glucose, etc. De même de grandes quantités sont transformées en alcool. De ces diverses opérations résultent des marcs ou pulpes, qui sont consommés par les bestiaux.

Les spathes qui enveloppent les épis se vendaient autrefois avantageusement pour la confection des paillasses. Aujourd'hui que les sommiers élastiques ont à peu près partout remplacé celles-ci, ce débouché est pour ainsi dire supprimé. En tout cas elles peuvent être employées par la papeterie et consommées en nature par les bestiaux. Sèches, toutes les feuilles de la plante servent à ce dernier usage.

Enfin le maïs vert, et surtout certaines de ses variétés, constitue un des fourrages les plus abondants et les plus précieux que l'on puisse cultiver. C'est également le type des fourrages à ensiler.

On pourrait ajouter encore, pour ne rien omettre, que ses tiges sèches et surtout les rafles des épis dépouillés de leurs grains, forment un combustible qui n'est pas à négliger.

Maïs fourrage. — Sont employés comme fourrage vert, les variétés de pays pour les ensemencements hâtifs, et les maïs géants pour les autres. Ces derniers ont l'avantage de fournir des quantités de fourrage infiniment plus considérables, pouvant atteindre 100.000 kil. par hectare dans les sols riches ou bien fumés. Il est bon de procéder par semis successifs, espacés de 15 à 20 jours, afin d'avoir le plus longtemps possible du fourrage à couper. On peut semer ainsi jusqu'au mois d'août. On sème ordinairement à la volée, un peu serré, à raison de 120 à 200 kil. par hectare et l'on recouvre à la herse, au scarificateur ou par un labour léger. Le semis en lignes, lorsqu'on possède un semoir, est toutefois à préférer. On écarte les lignes de 0^m 30 à 0^m 40 et l'on répand de 70 à 100 kil. Enfin, dans le Sud-Ouest notamment, on sème souvent en rangs *épais* très écartés — 0^m 75 à 1^m — afin de pouvoir biner, puis butter entre les lignes. Dans les terres légères ou très meubles, il est bon, aussitôt l'ensemencement, de donner un coup de rouleau, afin de maintenir le sol frais et d'éviter les ravages des oiseaux ou des volailles.

Le maïs-fourrage se récolte, à mesure des besoins, lorsque les panicules commencent à sortir. Tous les animaux le consomment avec avidité, mais il est nécessaire ou d'en donner de grandes quantités, ou mieux de le compléter par des aliments plus riches et moins aqueux.

COMPOSITION DU MAÏS ET ENGRAIS

Composition. — D'après M. Berthault, Payen a trouvé, dans le grain de maïs, les éléments suivants :

Amidon	68.45
Gluten	12.50
Huile grasse	7 à 8.80
Dextrine et glucose	4.00
Cellulose	5.00
Phosphate de chaux, sels, etc.	1.25
Total	100.00

On voit que le maïs non seulement est très riche en éléments nutritifs, mais encore est fort bien constitué pour être digéré.

En ce qui concerne les principes fertilisants enlevés au sol,
MM. Müntz et Girard indiquent les quantités suivantes, par 100 kil.
de chacun des produits énumérés :

Grain..........................	1.60	0.55	0.33	0.03
Rafles......	0 23	0.02	0.24	0.02
Pailles.......................	0.48	0.38	1.66	0.50

En admettant une récolte de 25 hectol. de maïs pesant 70 kil. l'hectol.,
soit 1.750 kil., donnant en outre 600 kil. de rafles, 2.000 kil. de paille
et enfin 4.000 kil. *à l'état vert* d'écimage, on arrive à un total d'exportation de :

Azote..	51 kil.	
Acide phosph	20.	1
Potasse	53.	1
Chaux	15.	4

Engrais. — On voit que le maïs a d'assez grands besoins et qu'il
serait d'une sage économie d'y subvenir. De bonnes fumures au fumier
de ferme devraient *toujours* lui être appliquées ; en outre, il y aurait
lieu de les compléter par des engrais chimiques à action rapide, appropriés à la courte durée de sa végétation. Selon les terrains, le nitrate
de soude ou le sulfate d'ammoniaque donneront au maïs, dès la levée,
une vigoureuse impulsion. De plus, des superphosphates ou des phosphates précipités, puis du chlorure de potassium viendront apporter
au sol, selon sa composition, les éléments minéraux nécessaires. C'est
pour cela qu'en Bresse, l'habitude d'appliquer à cette culture de fortes
quantités de cendres lessivées, fournissant à un terrain qui en manque
de l'acide phosphorique et de la chaux est devenue traditionnelle. Les
scories métallurgiques, dans les terrains non calcaires, donneraient
également de bon résultats, à la condition toutefois d'être incorporées
suffisamment à l'avance pour être assimilables dès le premier enracinement.

Une application sur un sol argilo-siliceux froid et compact, mais
superficiellement bien travaillé, de :

Nitrate de soude...............................	180 kil.	
Phosphate précipité 35/40	200	»
Chlorure de potassium..........................	100	»

En plus d'environ 15.000 kil. de fumier de ferme seulement, nous a
donné les meilleurs résultats.

MALADIES ET PARASITES

Parasites animaux. — On cite parmi les premiers : le *ver blanc*, la
courtilière, le *taupin* du maïs qui, tous, s'attaquent aux racines ; la

noctuelle du maïs qui à l'état de larve dévore les ovaires des jeunes épis, la *phalène forficule* qui vit à l'intérieur des tiges, la *nitidule noire*, la *cochenille du maïs* et le *puceron du maïs*. (F. Berthault.)

Maladies cryptogamiques. — La plus redoutable est le *charbon* qui transforme les grains en une masse noire volumineuse et informe ; puis la *rouille* qui cause de légers dégâts aux feuilles dans les années humides. A noter enfin l'*ergot*, mais extrèmement rare.

MILLET
(*Panicum*)

CARACTÈRES ET VARIÉTÉS

Cette céréale ne comporte chez nous que deux espèces, le *millet commun* et le *millet d'Italie*.

Le *millet commun* se caractérise par ses longues feuilles recouvertes de poils mous et surtout par ses inflorescences en forme de grandes panicules lâches, recourbées, garnies de glumes et plus tard de grains de couleurs différentes, d'où quelques variétés. C'est ainsi que l'on a le *millet blanc rond*, le *millet noir ou gris*, le *millet rouge*, etc. Le premier, qui est le plus répandu, comporte, pour cette raison, quelques sous-variétés locales.

Le *millet d'Italie* ou *à grappes* se différencie des précédents par ses feuilles plus aiguës, recouvertes de poils rudes abondants et surtout par sa fructification en épis composés, formés d'épillets agglomérés autour d'un axe central et offrant l'aspect d'un long cylindre flexible. Cette espèce, qui possède également quelques sous-variétés peu importantes, est ordinairement plus tardive que le millet commun. Le millet d'Italie sert exclusivement à la nourriture des oiseaux et surtout des oiseaux en cage, auxquels on donne ordinairement les épis tout entiers.

CULTURE DU MILLET

Aire du millet et climat. — Le *millet commun* et le *millet à grappes* ou *d'Italie* sont des plantes de la région du maïs. Le grain du millet, après avoir été un des plus employés, en Europe, par l'homme primitif, ne sert plus guère aujourd'hui que pour l'alimentation des volailles. Cependant les habitants de certains départements du Sud-Ouest, et notamment des Landes, en consomment encore d'assez importantes quantités. La région sous-pyrénéenne est d'ailleurs celle où le millet commun est le plus cultivé. On en constate 15.000 hectares environ dans les Landes, plus de 6.000 dans la Gironde, 2.600 dans la Haute-Garonne, etc. D'autre part, les départements de Vaucluse, de l'Ardèche, de l'Aude, de la Vendée, etc., lui consacrent aussi des surfaces étendues.

Terrains. — Les terrains convenant au millet sont les sols extrêmement légers, sablonneux ou silico-argileux à prédominance de l'élément siliceux. De là l'importance de cette culture dans les sables arénacés des landes de Gascogne.

Place dans l'Assolement. — Le millet occupe la même place que le maïs et le sorgho. On le sème souvent après une récolte fourragère hâtive : trèfle incarnat, orge ou seigle vert, etc., ou après une récolte de seigle.

Dans les Landes on l'ensemence fréquemment entre les sillons d'une récolte de cette céréale pendant qu'elle est encore sur pied. Une fois la moisson opérée, le terrain se trouve ainsi déjà occupé par le millet.

Fumure; ensemencement. — On fume au fumier de ferme et le plus souvent un peu d'avance, de façon que le millet ait immédiatement l'engrais à sa disposition. D'ailleurs, le fumier de ferme mis en été soulèverait et dessécherait trop les terrains très sablonneux dans lesquels le millet est ordinairement cultivé. Le millet peut aussi succéder à une récolte abondamment fumée.

Le semis s'opère le plus souvent en mai, sur une terre bien préparée et parfaitement ameublie. On sème à la volée ou mieux en lignes, à raison de 15 à 25 litres par hectare. Lorsqu'on sème en lignes, ce qui facilite les façons d'entretien, on écarte les rangs de 0ᵐ40 à 0ᵐ50. On recouvre la graine très légèrement et l'on termine par un roulage moyen qui empêche la surface du sol de trop rapidement se dessécher et, par conséquent, favorise la levée.

Le millet étant sujet à la *carie*, il est bon de passer les semences au sulfate de cuivre exactement comme le blé.

Soins d'entretien. — Ils consistent uniquement en sarclages et binages multipliés aussi souvent que cela est nécessaire pour maintenir la surface du sol meuble et propre. Cela est d'autant plus utile que les terres légères sont généralement sujettes à s'enherber rapidement. Ces façons s'exécutent d'ailleurs aisément, soit à l'aide de binettes ordinaires, soit, quand le millet est en lignes, au moyen d'une sarcleuse construite pour être tirée à bras ou même d'une houe à cheval légère.

A la faveur d'une des premières façons, on éclaircit les pieds de millet de manière à laisser de 0ᵐ12 à 0ᵐ18 d'écartement entre eux.

Enfin on termine, lors du dernier binage, en rechaussant chaque plant séparément si le millet est semé à la volée, et en pratiquant un buttage général, si au contraire il a été semé en rangs.

Récolte et rendement. — Pour le millet commun, on procède à la récolte un peu avant complète maturité afin d'éviter l'égrenage auquel cette variété est sujette. On peut attendre la maturité entière pour le millet d'Italie, sans cependant la laisser dépasser. En effet, trop mûr, le millet à grappes arrive à s'égrener comme les autres; en outre, sous l'influence de la pluie, du brouillard et même des rosées, il est sujet à noircir, ce qui le déprécie.

On procède à la cueillette en coupant les panicules ou les épis avec une serpette, on lie en petites gerbes, on charge dans des voitures garnies d'un drap et l'on rentre à la ferme.

Le millet commun s'égrène au fléau ou avec des gaules, puis l'on passe au ventilateur muni de grilles fines.

Quant au millet d'Italie, ses épis sont réunis par leurs tiges en bottes comptées pour être vendues telles quelles au commerce. En Saône-et-Loire, où quelques localités se livrent à cette culture spéciale, ces bottes sont de 100 épis et se vendent, selon les années, de 0 fr. 75 à 1 fr. 10 l'un. Dans ces conditions, l'hectare de millet d'Italie rapporte environ 500 fr.

Pour le millet commun on indique comme rendements de 5 jusqu'à 35 hectolitres, pesant de 64 à 70 kil. L'hectolitre de graines de millet d'Italie est un peu plus pesant.

Millet pour fourrage. — Le millet est parfois utilisé, surtout en mélange, comme fourrage vert d'été. On l'associe le plus souvent au sarrasin, à la moutarde blanche, à la spergule, à la navette et aux vesces de printemps. On sème à partir du mois de mai jusqu'à la fin de juillet et même aux premiers jours d'août, en variant en conséquence les plantes auxquelles on le mélange. Lorsqu'on sème pour fourrage le millet seul, on emploie de 20 à 30 kil. de graines par hectare.

MALADIES ET PARASITES

Outre les oiseaux, les rongeurs, les larves et insectes souterrains ordinaires, le millet est attaqué par la larve d'une mouche du genre *Chlorops*, qui vit à l'intérieur des tiges, en ronge les nœuds et fait que les sommités se brisent et tombent peu après la formation des épis. Il ne semble pas toutefois que les dégâts ainsi causés soient bien considérables.

En fait de maladies cryptogamiques, on constate le *charbon*, la *carie* et aussi la *rouille* dans les années humides et les terrains très frais.

ORGE

(*Hordeum*)

CARACTÈRES ET VARIÉTÉS

Caractères. — L'orge se reconnaît dès sa sortie de terre à sa feuille large jusqu'à l'extrémité, qui est plutôt arrondie que pointue; plus tard, les autres feuilles qui se développent successivement, sont pointues. En outre, chaque feuille présente à sa base deux stipules blanchâtres, glabres, de grandes dimensions, entourant complètement la tige et formant deux pointes se croisant.

Jusqu'au moment de la montée, l'orge se tient comme aplatie sur le sol, ce qui est encore un signe distinctif.

Quant à l'épi, il est, selon les variétés, à deux ou à six rangs d'épillets, la glumelle inférieure toujours pourvue d'une barbe longue, dure et fortement dentelée. L'ensemble de ces barbes est plus ou moins serré, ou au contraire écarté en forme d'éventail. L'épi de l'orge constitue un épi de cymes biparcs.

Enfin le grain est oblong, renflé, terminé en pointe à ses deux extrémités, muni d'un sillon médian longitudinal, et, suivant les variétés, nu ou plus souvent solidement vêtu. La couleur va du jaune très pâle au noir brunâtre ou tirant sur le gris.

Variétés. — M. de Vilmorin divise les orges, en orges à grain vêtu d'hiver et de printemps et en orges nues.

Parmi les ORGES A GRAIN VÊTU D'HIVER, il cite :

L'*escourgeon de Beauce*, ou orge carrée d'hiver. On la désigne encore sous le nom de Baillarge d'hiver. Cette variété est la plus précoce *de toutes les céréales d'hiver*; elle est productive et estimée par la brasserie qui en fait une grande consommation. L'épi est à six rangs et le grain de belle qualité.

On rapproche de l'escourgeon de Beauce, l'*escourgeon du Nord*, à paille plus haute, mais de maturité un peu plus tardive (10 à 15 jours d'après l'auteur cité).

L'*orge de montagne*, à six rangs, convenant au littoral méditerranéen.

L'*orge noire d'hiver*, à grain noirâtre. Cette variété, peu estimée par le commerce, réussit mieux dans le Midi que dans le Nord.

Dans les ORGES DE PRINTEMPS A DEUX RANGS, on a :

L'*orge commune à deux rangs* (Baillarge de printemps). Cette variété, très répandue en France, a l'avantage d'être peu difficile sur la nature du terrain et son mode de culture ; elle donne peu de paille, mais, en quantité satisfaisante, un grain de moyenne qualité.

L'*orge Chevalier*. La meilleure et la plus estimée des orges de brasserie. Très répandue dans les pays à bière (Alsace, Angleterre, Allemagne, etc.) elle l'est moins en France, où cependant, depuis une trentaine d'années, de nombreux efforts ont été faits pour la propager. Cette variété se reconnaît à son épi à deux rangs, très développé, flexible, sa paille haute et son grain magnifique, presque blanc, bien plein et à écorce mince.

L'orge Chevalier, pour donner les rendements dont elle est susceptible, exige des terres meilleures ou mieux cultivées que l'orge commune de printemps ; elle mûrit en outre quelques jours après.

L'*orge d'Italie*, l'*orge de Saint-Remy*, l'*orge impériale*, sont des variétés rapprochées les unes des autres, à paille élevée, à épi serré, large et plat, « ressemblant un peu, dit M. de Vilmorin, à celui d'un amidonnier. L'orge d'Italie se rencontre dans certaines vallées des montagnes du Jura ; elle résiste bien aux intempéries et à la verse et donne un grain blanc de très belle qualité.

L'*orge éventail*, ainsi nommée à cause de la disposition de ses barbes, est la plus rustique et la moins exigeante de toutes les orges. On la cultive dans les contrées montagneuses et dans celles exposées aux brouillards et aux vents. Elle est, paraît-il, commune sur le littoral breton.

Les ORGES DE PRINTEMPS A SIX RANGS, comprennent :

L'*orge carrée de printemps*, se rapprochant beaucoup par son aspect de l'escourgeon, aussi l'appelle-t-on souvent escourgeon de printemps. Il en existe quelques sous-variétés.

L'*orge noire à six rangs*, un peu tardive, mais à grain qui a de la valeur pour l'alimentation des animaux.

Quant aux ORGES A GRAIN NU, elles sont peu nombreuses et peu répandues. Nous n'en citerons qu'une :

L'*orge céleste*, excellente dans les terres bien fumées comme fourrage vert printanier, au moins dans les contrées lui permettant de résister à l'hiver. Dans le Nord, où on la rencontre très haut, on la sème au printemps et on la cultive pour son grain.

CULTURE DE L'ORGE

Aire de l'orge et climat. — L'aire culturale de l'orge est des plus étendues, la plus vaste probablement de toutes celles concernant les céréales. Grâce à la rapidité de sa végétation et selon la saison à laquelle on la sème, l'orge peut végéter et mûrir ses grains depuis les pays les plus chauds jusqu'à ceux situés presque à l'extrême limite septentrionale des contrées habitées. On la cultive en Norwège, jusque vers le 70ᵉ degré de latitude, c'est-à-dire à 400 kil. plus loin que le cercle polaire.

En France, les départements venant en tête de ceux cultivant le plus d'orge, sont :

Production moyenne annuelle, de 1881 à 1890 :

Mayenne	1.002.208 hectol.
Sarthe	724.635 »
Manche	707.835 »
Pas-de-Calais	700.956 »
Ille-et-Vilaine	676.537 »

Au contraire, les départements en faisant le moins, sont pour la même période :

Lot-et-Garonne	0 hectol.
Gironde	436 »
Landes	2.350 »
Alpes-Maritimes	4.218 »
Haute-Vienne	5.147 »

Terrains. — On peut dire que l'orge s'accommode de tous les terrains ; néanmoins, dans les bons terrains seuls, elle fournit de très hauts rendements. Ceux qui semblent le mieux lui convenir sont, pour les variétés d'hiver, les sols argilo-calcaires ou silico-calcaires meubles et sains, et, pour les variétés de printemps, les sols frais, riches et profonds.

Place dans l'assolement. — Dans le Midi, l'orge occupe dans l'assolement la même place que le froment. On la fait venir quelquefois après ce dernier, ce qui est défectueux; l'inverse est d'ailleurs tout aussi mauvais. En réalité, une jachère, une plante sarclée ou un fourrage doivent toujours séparer ces deux céréales.

Dans les contrées où l'orge se sème au printemps, elle joue, dans l'assolement, le même rôle que l'avoine. Elle doit donc venir après une culture sarclée, un défrichement de trèfle, de luzerne, de prairie temporaire.

Avec l'orge, comme pour le blé, l'assolement de Norfolk et ses dérivés peuvent servir de modèle. (Voir Blé, p. 440 et suivantes.)

Préparation du sol. — Même préparation que pour le froment et surtout bon ameublissement de la couche arable. L'orge n'a pas besoin, en effet, comme le blé, d'être semée dans une terre reprise, raffermie; le labour peut précéder immédiatement son ensemencement ou même, dans les terres propres, être exécuté simultanément.

Ensemencement. — « Le blé doit se semer dans la boue et l'orge dans la poussière », prétend un dicton. Peut-être y a-t-il exagération dans les deux sens, mais il est certain qu'un sol bien ressuyé, parfaitement sain, est indispensable à la bonne levée de l'orge; semée dans la poussière, elle naît régulièrement dès la première humidité.

Le grain d'orge n'étant pas sujet à la carie, on sème ordinairement sans aucune préparation. On doit le choisir de belle qualité, pesant au moins 60 kil. l'hectolitre pour les variétés d'hiver et 65 pour celles de printemps.

Selon les contrées, l'époque la plus favorable à l'ensemencement varie quelque peu. Dans la majeure partie des circonstances, on doit s'appliquer à semer de bonne heure. Pour les variétés d'hiver, c'est le moyen qu'elles aient assez de vigueur avant les froids et, pour celles de printemps, cela assure, au moment de la montée, une bonne et surtout complète épiaison.

C'est pourquoi, dans la France moyenne, les orges d'hiver se font en septembre; quant à celles de printemps, on doit les semer autant que possible en février et, en tout cas, en mars. Dans les montagnes élevées seulement, on est obligé de différer jusqu'à ce que le temps le permette.

Dans les parties les plus chaudes du littoral méditerranéen (sud de l'Espagne, de l'Italie, Algérie, etc.), les orges faites pour grain se sèment à une date intermédiaire entre celles que nous venons d'indiquer, généralement de novembre à janvier. Faites en septembre, les orges, en ces contrées, épieraient en janvier ou février. Aussi est-ce fin août ou commencement de septembre qu'il convient de les confier au sol, quand on veut les récolter comme fourrage vert de toute première saison.

L'orge se sème à la volée, en orge d'hiver, à raison de 180 à 250 litres (110 à 150 kil.) par hectare et, en orge de printemps, à raison de 220 à 300 litres (130 à 180 kil.); les quantités les plus fortes étant mises dans les terrains les moins fertiles. On enterre par un hersage énergique ou encore, dans le Midi surtout, par un labour léger.

Lorsque l'on opère au semoir on diminue d'environ 20 % les quantités de semences ci-dessus.

Quand on a affaire à un terrain sec et très meuble, un roulage modéré ou un régalement avec compression légère du terrain par le passage d'un simple madrier, exécutés aussitôt après le semis, sont d'un bon effet.

Soins d'entretien. — Pour peu que la température soit favorable, l'orge lève rapidement. Pour les orges d'hiver, un hersage au printemps, pratiqué comme pour le blé, est à conseiller. Pour toutes les variétés, les façons ordinaires de nettoyage, sarclage ou binage, sont de rigueur.

Moisson. — Mêmes procédés de moisson que pour le froment, avec cette remarque que l'orge s'égrenant avec une très grande facilité quand elle est bien mûre, il faut un peu plus de précautions.

L'opération doit être entreprise aussitôt la maturité commencée, ou du moins dès que le grain, bien rempli, est suffisamment consistant. Si on laisse dépasser ce point, si surtout l'épi se recourbe en crochet prononcé, des quantités relativement considérables de grain peuvent être perdues, soit par suite de l'égrenage, soit que les épis eux-mêmes, se rompant près de leur base, tombent tout entiers.

En tout cas, la moisson de l'orge s'effectue autant que possible dès les premières heures du jour, pour être interrompue dès que la chaleur se fait sentir trop vivement.

L'orge d'hiver est la première céréale bonne à récolter. On la moissonne, en Algérie, dès le mois de mai; en France, toujours avant le blé. Les orges de printemps sont bonnes à couper en août ou septembre, suivant le climat du lieu.

Aussitôt moissonnée, l'orge doit être mise en moyettes ou rentrée, de façon à éviter qu'elle ne soit mouillée par la pluie ou la rosée. La moindre humidité, en effet, jaunit le grain, même le brunit ou le noircit, ce qui lui enlève, pour la brasserie principalement, une forte partie de sa valeur marchande.

Battage. — L'orge se bat facilement, soit que l'on use du dépiquage sur l'aire, soit qu'on se serve d'une machine à battre. Le principal est de la bien ébarber. Sous ce rapport, les petites machines laissent souvent à désirer, en ce que de nombreux grains restent pourvus d'un fragment d'arête plus ou moins long. Le dépiquage n'a pas cet inconvénient. Aussi munit-on parfois les batteuses mécaniques d'un ébarbeur spécial, faute duquel il arrive que le grain d'orge a besoin d'un complément de main-d'œuvre pour le bien dépouiller. Avec les batteuses à grand travail, dont l'action est énergique, l'ébarbage est ordinairement suffisant.

Le nettoyage de l'orge s'opère de même que pour tous les grains.

Rendement. — Les rendements de l'orge peuvent être considérables avec certaines variétés et dans de bonnes conditions. On cite des récoltes de 60 hectol. à l'hectare. En 1890, le département du Nord accuse une moyenne de 41 hectol. 63, tandis qu'à l'autre extrémité de l'échelle, les Alpes-Maritimes n'ont fourni que 6 hectol. seulement. Le rendement moyen de la France entière a été de 19 hectol. 54, ou 12 q. 35, représentant un poids de 63 kil. 20 l'hectol. D'après M. Berthault, les départements produisant les orges les plus pesantes sont Seine-et-Oise et la Seine-Inférieure, où elles dépassent 70 kil.

Le rapport existant entre le poids de la paille comparé à celui du grain, oscille le plus ordinairement entre 150 à 200 de la première, pour 100 du second.

Les balles d'orges, mélangées avec les arêtes, sont inutilisables pour l'alimentation et la litière, et doivent être transformées directement en terreau.

Utilisation. — Les emplois de l'orge sont variés. Son grain sert à faire un pain grossier dans certaines contrées ; sous forme de galettes, c'est à peu près le seul que consomment les populations arabes. Chez les peuples d'origine européenne, l'orge sert aux usages culinaires à l'état de gruau, d'orge mondée et d'orge perlée.

Dans le Midi, et pour mieux dire presque tout le bassin de la Méditerranée, l'orge remplace l'avoine pour la nourriture des chevaux. Ailleurs, broyée, concassée ou réduite en farine, elle sert à l'engraissement des bestiaux.

Enfin, transformée en malt, elle est employée en quantités considérables à la fabrication de la bière et donne ensuite des résidus (drèche et touraillons) d'une grande valeur pour l'alimentation du bétail et comme engrais.

Ajoutons que l'orge coupée en vert constitue un fourrage précoce excellent et plantureux, et que sa paille, peu estimée en France ordinairement, passe au contraire, dans les pays chauds, pour la première de toutes pour les animaux et surtout les chevaux. Il est vrai que dans les régions où la paille d'orge est ainsi appréciée, on la distribue absolument broyée par un dépiquage au rouleau ou aux pieds des chevaux, et toujours après l'avoir soigneusement secouée afin de la débarrasser des barbes.

COMPOSITION DE L'ORGE ET ENGRAIS

D'après MM. Müntz et Girard, 100 kil. de grain et 100 kil. de paille d'orge contiennent :

	Azote	Acide phosph.	Potasse	Chaux
Grain	1. 52	0. 72	0. 48	0. 05
Paille	0. 48	0. 19	0. 93	0. 33

En admettant une proportion moyenne de 175 kil. de paille pour 100 kil. de grain, on peut en conclure que chaque quintal métrique de grain d'orge récolté retire du sol :

Azote	2 k. 36
Acide phosphorique	1. 05
Potasse	2. 10
Chaux	0. 62

Une récolte moyenne de 20 hectol., correspondant à celle de notre territoire, en admettant la même proportion de paille et un poids de 65 kil. à l'hectol., représentera une exportation de :

Azote... 30k. 48
Acide phosphorique... 13 60
Potasse.. 27 04
Chaux.. 8 00

Il faut donc à l'orge de l'acide phosphorique, puis surtout de l'azote et de la potasse.

D'après M. P. Vagner, l'orge est une plante exigeant un sol riche en potasse ; dans toutes ses expériences, elle s'est toujours montrée d'une exigence *extraordinaire* sous ce rapport, et il conclut qu'avant peu la pratique agricole fournira la preuve que non seulement le seigle, mais aussi l'orge, dans une large mesure, ne saurait se passer d'engrais potassiques pour utiliser complètement l'apport d'azote.

Et M. P. Wagner ajoute :

« Le praticien sait que l'orge le rémunère moins bien que l'avoine d'une fumure azotée, et non seulement parce qu'elle verse facilement, mais aussi que par l'application de grandes quantités d'engrais azotés, on obtient une orge de malt de mauvaise qualité, trop riche en azote et en protéine. »

Ce sera donc par l'usage de fumures moyennes au fumier de ferme d'abord, additionnées en quantités variables, *d'après le sol*, d'engrais phosphatés et potassiques, puis de nitrate de soude ou de sulfate d'ammoniaque, que l'on obtiendra de l'orge les plus hauts produits.

MALADIES DE L'ORGE

(Voir chapitre spécial des maladies et parasites).

SARRASIN

(*Polygonum fagopyrum*)

CARACTÈRES ET VARIÉTÉS.

Caractères. — Plante herbacée rameuse, appartenant à la famille des polygonées. Ses tiges sont grosses, glanduleuses et plus ou moins teintées de carmin. Les feuilles, longuement pétiolées, sont cordiformes, acuminées, plus ou moins sagittées. Les fleurs, de couleur blanche lavée de rose, sont à cinq pétales ; elles sont réunies en cymes serrées à l'extrémité des ramifications. La graine est une achaine triangulaire à arêtes plus ou moins dessinées selon les variétés. L'écorce, d'un noir grisâtre, est dure, et l'amande est constituée par une farine blanche et abondante.

Variétés. — Le *sarrasin commun* et surtout sa sélection connue sous le nom de *sarrasin argenté* ou *sarrasin gris*, sont les plus répandus. Le grain de ce dernier est plus plein, moins anguleux, plus arrondi que celui de l'ancienne variété à laquelle il s'est à peu près complètement substitué.

Le *sarrasin de Tartarie*, à petites fleurs, à grain foncé portant une dent sur ses arêtes ; le *sarrasin émarginé*; le *sarrasin-seigle* à grain gris allongé sont des variétés peu cultivées et qu'il suffit de signaler.

On connaît encore le *sarrasin vivace*, résistant aux hivers dans ses parties souterraines et repoussant chaque année pour produire pendant longtemps des grains mûrissant et tombant successivement. Cette variété est cultivée parfois dans les chasses gardées pour servir de remise au gibier.

CULTURE DU SARRASIN
Aire du sarrasin et climat.

Le sarrasin paraît originaire de la Mandschourie et du bassin du fleuve Amour. Il a été établi en Europe au moyen âge, par la Tartarie et la Russie, et la première mention de sa culture ne remonte qu'à 1436 (Mecklembourg). Son nom français semble lui avoir été donné uniquement à cause de la couleur noire de sa graine et son nom latin provient de la ressemblance de celle-ci avec la graine de hêtre (fagus).

Le sarrasin est cultivé principalement dans les pays pauvres, à terres granitiques, schisteuses ou sablonneuses. Les climats qui lui conviennent sont les climats moyens, sans extrêmes de chaleur ni de froid. Il redoute les sécheresses prolongées et l'excès d'humidité ; de même, les moindres gelées lui sont funestes. Aussi le sarrasin ne se cultive jamais autrement que comme plante de printemps ou d'été.

En France, la Bretagne est la contrée où il couvre les plus vastes surfaces ; sa culture et son usage y sont devenus traditionnels. On le rencontre également dans les terres granitiques du plateau central, dans celles dénuées de chaux de la Bresse, de la Dombe, etc.

Voici d'ailleurs, par ordre d'importance, quelques-uns des départements où le sarrasin tient le plus de place :

	Hectares	Récolte en 1890
Ille-et-Vilaine	89.192	1.605.456 hectol.
Côtes-du-Nord	58.000	1.276.000 »
Manche	48.946	832.082 »
Morbihan	42.025	840.500 »
Finistère	38.205	649.020 »
Corrèze	32.180	176.715 »

Par contre, une quantité de départements et surtout ceux méridionaux, ne s'occupent en aucune façon de cette céréale, qui n'y trouverait ni le climat ni les terrains lui convenant.

Terrains. — Terrains granitiques, schisteux, siliceux, silico-argileux.

Place dans l'assolement. — Dans les contrées où le sarrasin est surtout utilisé comme céréale alimentaire, il tient la même place que l'orge ou l'avoine de printemps. Là où il est plutôt employé pour le bétail, on le cultive généralement en récolte dérobée après le seigle ou après le froment. Il y a cependant des exceptions.

Le sarrasin fait au printemps se prête très bien à l'ensemencement du trèfle ordinaire, de même que dans celui fait en été réussit parfaitement le trèfle incarnat.

Préparation du sol. — Lorsque le sarrasin constitue la récolte unique, il sera bon de préparer le terrain de la façon indiquée pour l'avoine. Quand il est fait en culture dérobée, on se borne ordinairement à donner, après l'enlèvement de la moisson, un labour léger. Le sarrasin souffrant très rapidement de la sécheresse, surtout dans les sols peu consistants, il serait préférable d'approfondir davantage la couche arable, quitte, après l'ensemencement, à raffermir le terrain par un vigoureux coup de rouleau.

Ensemencement. — Le sarrasin se sème à la volée, sans aucune préparation, à raison de 70 à 80 litres par hectare, soit 40 à 50 kil. environ. Selon les contrées on dispose le sol en billons ou en planches plates. On enterre comme d'habitude en pareil cas.

En récolte principale on opère en moyenne du 15 mai au 15 juin ; en récolte dérobée, le plus tôt possible après la moisson. Semé trop tard, le sarrasin risquerait de ne pas mûrir convenablement ou d'être saisi par les premières gelées en pleine floraison.

Soins d'entretien. — Quelquefois un sarclage, le plus souvent absolument rien. Le sarrasin, grâce à sa ramification abondante et à son épais feuillage, ne se laisse pas facilement envahir par les plantes adventices.

Moisson. — Le moment de la moisson est assez délicat à saisir à cause de la longueur de la floraison et de la formation incessante de graines qui l'accompagne. Il faut tâcher de profiter du moment où il semble que le sarrasin est chargé des grains mûrs les plus nombreux. On opère alors à la faucille, à la faux ou même à la moissonneuse, quoique cet instrument ait l'inconvénient, en ébranlant un peu vivement les tiges, de provoquer leur égrenage.

Une fois coupé, le sarrasin doit être réuni en gerbes que l'on pose debout en écartant leur pied, jusqu'à ce que la dessication, toujours un peu longue, soit assez complète pour en permettre la rentrée.

Si le temps devient mauvais on peut terminer en mettant en moyettes, mais toujours disposées de façon que l'air puisse librement circuler.

Battage. — Cette opération s'opère ordinairement sur un plancher des toiles ou une aire, au moyen dn fléau ou de gaules flexibles. Quand les tiges sont parfaitement sèches, on emploie la batteuse comme pour les autres céréales; mais cette parfaite dessication est pour cela indispensable.

Le nettoyage du sarrasin s'effectue par les procédés habituels; il en est de même de sa conservation. Pendant les premiers temps, de fréquents pelletages sont indispensables.

Rendements. — Ceux-ci sont très variables, mais peuvent s'élever à 30 ou 35 hectolitres dans de bonnes conditions. Le poids du grain est de 60 à 65 kil. l'hectol. normalement sec.

Utilisation. — Dans les régions où le sarrasin est cultivé sur une vaste échelle, son grain contribue pour une forte part à la nourriture de l'homme. Il y sert aussi, et il sert à peu près uniquement ailleurs, à l'alimentation des animaux. Entier ou réduit en farine, cru ou cuit, il joue un grand rôle dans l'engraissement des porcs, des bœufs et des volailles. On peut également le distribuer aux chevaux.

Le sarrasin constitue en outre un très bon fourrage vert surtout semé en mélange avec d'autres plantes, telles que l'avoine, les vesces, le moka, les maïs hâtifs, les pois gris, le colza, la navette, la moutarde blanche, etc., etc. De pareils mélanges peuvent se semer à partir des derniers jours d'avril jusqu'au mois d'août, le plus souvent après une autre culture, et procurer ainsi des ressources fourragères abondantes pour l'été et toute l'arrière-saison. Le rendement varie, avec les conditions climatériques, de 10.000 à 20.000 kil. de fourrage vert à l'hectare.

Le sarrasin est encore recommandé comme engrais vert, quoique, lorsque cela est possible, il vaille mieux lui préférer une légumineuse. Cependant, il peut servir, selon les indications de M. Dehérain, à recueillir les nitrates qui se forment en été dans les sols dépouillés de leurs moissons et que les eaux de pluie dissolvent et entraînent dès l'automne venu. Enfoui à l'arrivée des premiers froids, le sarrasin remet dans le sol, pour y être plus tard nitrifié à nouveau, l'azote qui sans lui eût été perdu.

Enfin, pendant sa floraison qui est de longue durée, le sarrasin permet aux abeilles de récolter des quantités considérables d'un miel de qualité inférieure, mais excellent pour assurer à ces insectes leurs réserves pour la mauvaise saison.

Quant à la paille, elle est employée comme litière, bien qu'elle constitue un couchage et un absorbant assez médiocres. Aussi doit-on l'employer aussitôt récoltée et ne pas essayer de la conserver si l'on veut éviter des altérations provenant de son échauffement. Il est même bon, lorsqu'on juge cette litière trop humide, de la recouvrir d'un lit léger de paille sèche.

COMPOSITION DU SARRASIN ET ENGRAIS

Composition. — Au point de vue alimentaire, Boussingault assigne au grain de sarrasin la composition moyenne suivante :

Eau	13.00
Mat. amylacées	64.00
Mat. grasses	3.90
Mat. azotées	13.10
Cellulose	3.50
Mat. minérales	2.50
	100.00

Azote total : 2 %.

MM. Müntz et Girard indiquent, par 100 kil. de grain et 100 kil. de paille :

	Azote	Acide phos.	Potasse	Chaux
Grain	1.72	0.61	0.45	0.10
Paille	0.78	0.18	1.23	1.91

D'où il résulte qu'une récolte de 25 hectol. pesant, à raison de 60 kil. l'hectol., 1500 kil. et fournissant 2000 kil. de paille, prélèvera en les éléments ci-dessus :

	Grain	Paille	Total
Azote	25 kg. 8	15 kg. 6	41 kg.4
Acide phosph	9.1	3.6	12.7
Potasse	6.7	24.6	31.3
Chaux	1.5	38.2	39.7

On voit que l'on a affaire à une paille très riche, d'où l'excellence du sarrasin comme fourrage vert.

Enfin, 100 kil. de grains de sarrasin accompagnés de leur moyenne de paille, exigeront environ :

Azote	2 kg.760
Acide phosph	0.850
Potasse	2.080
Chaux	2.650

Engrais. — Le plus souvent, on se borne à laisser le sarrasin profiter du fumier non absorbé par la culture précédente, mais certains engrais chimiques lui sont particulièrement avantageux. Il en est de même du chaulage qui, partout où il a été appliqué, en a notablement accru les rendements. Dans les terrains où le sarrasin est ordinairement cultivé, il semble que la potasse soit suffisamment abondante; mais il n'en est pas ainsi de l'acide phosphorique qui, sous forme de noir animal et de phosphates fossiles, a donné en Bretagne les plus remarquables résultats. Il est donc probable, qu'à la condition de fournir sous une forme convenable la proportion d'azote nécessaire, les scories métallurgiques seront, ici encore, d'un emploi avantageux. Il semble devoir en être ainsi d'autant plus, que les sols auxquels on a affaire avec le sarrasin sont presque toujours très pauvres en chaux.

SEIGLE

(Sécale céréale)

CARACTÈRES ET VARIÉTÉS

Caractères. — Lorsqu'il sort de terre, la couleur rouge-vineux de son germe, couleur qui persiste pendant quelque temps à la base de la jeune plante, est caractéristique. Cette nuance différencie nettement le seigle naissant des autres céréales.

Plus tard, le seigle se distingue par son port dressé, sa couleur d'un vert glauque, puis enfin par ses épis allongés, plats et pourvus de longues barbes presque parallèles, supportés par une paille haute et fine. Quant au grain, il est de faible diamètre, long, presque cylindrique, effilé par un bout et d'un gris brunâtre terne.

Variétés. — Les variétés de seigle sont peu nombreuses. La principale et la plus répandue est connue sous le nom de *seigle d'hiver* ou *seigle commun*. Il en existe quelques variations, s'écartant plus ou moins du type, et dues souvent à des influences locales.

Parmi les variétés les mieux déterminées, M. de Vilmorin cite notamment[1] : le *S. d'hiver de Saxe*, le *S. grand de Russie*, le *S. géant*, le *S. de Rome*, le *S. des Alpes* cultivé surtout en Dauphiné et le *S. de l'Arbouste*, provenant des Pyrénées. Ces deux dernières variétés sont très estimées. En outre, depuis peu d'années, une variété d'hiver dénommée *Seigle de Schlanstedt* est particulièrement préconisée pour la beauté de ses épis et la supériorité de ses rendements. En revanche, elle est un peu tardive et exige de bons terrains.

Dans les pays où les hivers sont extraordinairement longs et rigoureux, on sème quelques variétés de printemps. La principale est le *Seigle de mars ordinaire*. Ses rendements sont inférieurs à ceux des variétés d'hiver, sa paille est plus courte et moins abondante, mais son grain est excellent. M. de Vilmorin conseille de lui préférer le *Seigle d'été de Saxe*, plus prolifique et se rapprochant davantage des seigles d'hiver.

Enfin on connaît encore le *Seigle multicaule* ou *de la Saint-Jean*. Cette variété, qui talle considérablement, donne des grains laissant à désirer comme quantité et comme aspect, mais est de premier ordre en tant que fourrage vert. En outre, semée à la fin de juin ou dans le courant de juillet, elle est d'une végétation assez rapide, pour pouvoir être fauchée en vert au commencement de l'automne et donner néanmoins une récolte de grains l'année d'après.

CULTURE DU SEIGLE

Aire du seigle et climat. — Le seigle est, par excellence, la céréale de l'Allemagne du Nord, de la Russie septentrionale et en géné-

---

1. *Les plantes de grandes cultures*, par Vilmorin-Andrieux.

ral de tous les pays où une latitude élevée ou bien une grande altitude empêcheraient la réussite de la culture du froment.

En France, le seigle est principalement cultivé dans les régions granitiques, siliceuses et de hautes montagnes.

C'est ainsi que si nous classons, au point de vue de l'importance des rendements du seigle, quelques-uns de nos départements, nous trouvons en tête :

Production moyenne annuelle de 1881 à 1890.

Puy-de-Dôme	1.490.258	hectol.
Morbihan	1.209.304	»
Creuse	1.133.375	»
Marne	1.118.609	»
Haute-Loire	948.104	»
Haute-Vienne	810.541	»

Les départements en produisant le moins, sont, pour la même période :

Var	3.228	hectol.
Bouches-du-Rhône	6.477	»
Gers	8.779	»
Basses-Pyrénées	11.438	»
Vaucluse	16.964	»
Alpes-Maritimes	16.873	»

Le seigle peut supporter des climats extrêmement froids. De plus, c'est la céréale végétant le plus tardivement avant l'hiver et recommençant à pousser le plus rapidement aussitôt celui-ci terminé. Une température moyenne de quelques degrés au dessus de zéro, 6 à 8°, suffit à son bon développement.

Terrains. — Les terrains granitiques, schisteux, siliceux sont ceux qui lui conviennent le plus spécialement. Il est indispensable cependant qu'ils ne soient pas sujets à l'humidité que, pendant la saison froide, le seigle redoute énormément.

Place dans l'assolement. — Le seigle occupe dans les assolements la même place que le froment, dont il joue d'ailleurs le rôle dans les pays où il est cultivé. Tout ce que nous avons dit au sujet des assolements à propos du blé, peut donc s'appliquer au seigle.

Préparation du sol. — Le terrain se prépare, pour le seigle, comme pour le froment; le principal, quand on a affaire à des terrains à sous-sol imperméable, est de les bien assainir. La même propreté est également nécessaire.

Comme le froment aussi le seigle se cultive en planches plates, sur planches bombées et sur billons. Cette dernière disposition est celle que l'on rencontre dans tous les pays où une couche superficielle de sable repose sur un banc d'argile imperméable, ou encore sur un agglomérat tel que l'*alios* dans les Landes de Gascogne.

Ensemencement. — Les semailles du seigle se pratiquent ordinairement à la volée et sans qu'aucune préparation préalable de la semence soit nécessaire. Sur les terrains cultivés à plat on opérerait avantageusement au semoir.

La quantité de semence employée varie le plus souvent entre 200 et 250 litres à l'hectare. On enterre à la herse ou par un labour léger. Quand le seigle est cultivé sur billons étroits, le grain est enfoui à la charrue en même temps que les billons sont formés.

L'ensemencement du seigle doit toujours être fait de bonne heure, afin de permettre à la plante de bien s'enraciner et d'être déjà vigoureuse avant l'arrivée des froids. Dans la France moyenne, le mois de septembre est ordinairement celui qui est indiqué.

Soins pendant la végétation. — Ces soins consistent uniquement à assurer un parfait écoulement des eaux pendant l'hiver et au printemps, et en un bon sarclage au mois d'avril ou vers les premiers jours de mai. A la fin de l'hiver, et même parfois avant celui-ci, on se trouve bien d'un coup de rouleau donné sur les terrains les plus légers.

Moisson. — Le seigle s'égrenant assez facilement lorsqu'il est à complète maturité, on doit opérer la moisson de même que pour le froment, lorsque le grain est encore un peu tendre. On se sert des mêmes instruments que pour le blé et on laisse les gerbes réunies en tas (*dizeaux*) ou en moyettes, pendant quelques jours sur le champ. Aussitôt qu'il est convenablement sec, le seigle est rentré pour être battu.

Il est important d'éviter que le seigle moissonné soit mouillé par la pluie.

Dans les localités où la vente de la paille de seigle pour les usages industriels (objets en paille tressée, rempaillage des chaises, etc.) constitue un débouché avantageux, on se trouve bien de moissonner lorsque la paille commence seulement à jaunir; celle-ci est alors d'une blancheur qui lui assure son maximum de prix. Il est évident, par contre, que cela est au détriment du grain.

Battage. — Lorsque le seigle est cultivé en vue de son grain, il est aujourd'hui battu le plus souvent à la machine. Mais quand la paille doit être réservée pour la vente, ou encore lorsqu'elle est destinée à faire des couvertures en chaume, on opère au fléau, ou même *au tonneau*, ou à la *truie* ou *chevalet*. Dans ces derniers cas, le seigle est saisi par petites javelles et les épis sont frappés à la main sur les ustensiles que nous venons de désigner. La paille reste ainsi complètement droite.

Le nettoyage du grain s'exécute ensuite par les mêmes procédés que pour le froment.

Rendement. — Extrêmement variable. D'après M. Heuzé, il peut être, en moyenne, de 10 hectol. à l'hectare dans les pays pauvres, jusqu'à 18 hectol. dans les sols et des conditions favorables. Dans les très bonnes terres, ces rendements peuvent être passablement dépassés.

En 1890, la moyenne de rendement à l'hectare pour tout le territoire français a été de 15 hectol. 21. Poids moyen, 71 à 72 kil. l'hectolitre.

On admet qu'un hectolitre de grain de seigle correspond normalement à 170 à 180 kil. de paille environ.

Seigle fourrage. — Le seigle, semé de bonne heure dans une terre bien fumée, constitue un excellent fourrage vert. On l'associe souvent à des légumineuses à organes volubiles, telles que des vesces, des pois gris, etc., auxquelles il sert de tuteur, et l'on a ainsi, pour les bêtes à cornes et les vaches laitières principalement, une nourriture fraîche de première ordre pour le printemps. On peut également l'allier avantageusement avec le trèfle incarnat.

Le seigle cultivé, pour fourrage doit se couper dès que les épis commencent à se bien montrer, si on ne veut pas le voir durcir et occasionner alors beaucoup de perte au râtelier.

Le seigle *seul* se semant à raison de 140 à 480 kil. à l'hectare, lorsqu'on le fait entrer dans un mélange, on diminue la quantité de semence en proportion inverse des autres graines ajoutées.

COMPOSITION DU SEIGLE ET ENGRAIS

D'après MM. Müntz et Girard, 100 kil. de seigle et 100 kil. de paille contiennent les quantités ci-dessous des principaux éléments fertilisants :

	Azote	Ac. phosph.	Potasse	Chaux
Grain	1. 76	0. 82	0. 54	0. 05
Paille	0. 40	0. 25	0. 80	0. 36

Ce qui revient à dire, en tenant compte de la proportion de paille afférente à la production de 100 kil. de grain, qu'un quintal métrique de seigle prélève sur le sol :

	kg.
Azote	2. 750
Acide phosph	1. 450
Potasse	2. 515
Chaux	0. 940

De sorte qu'une récolte moyenne de 15 hectolitres, de 71 kil. chacun, exporte de l'hectare de terre qui l'a fournie :

Azote	29. 70
Acide phosph	15. 66
Potasse	27. 16
Chaux	10. 15

Le seigle a donc besoin de fort peu de chaux, d'une quantité moyenne d'acide phosphorique et surtout d'azote et de potasse. Or c'est précisément ce qu'il peut trouver dans les terrains où il se plaît, à condition que ceux-ci soient convenablement fumés.

Le plus souvent, une quantité médiocre de fumier de ferme est le seul engrais que reçoive le seigle. Les engrais chimiques peuvent cependant lui être favorables et augmenter notablement ses rendements.

C'est ainsi que les superphosphates dans les sols contenant plus ou moins de chaux et les scories de déphosphoration dans les autres, puis aussi les engrais potassiques sont souvent particulièrement avantageux. Le seigle d'ailleurs, ainsi que l'a nettement démontré Schlutz-Lupitz, est une des plantes profitant le plus d'un apport de ces derniers.

En fait d'engrais azoté complémentaire on emploiera surtout, dans les sols très légers, le sulfate d'ammoniaque répandu de très bonne heure au printemps, et dans les autres le nitrate de soude. Dans les terres où le seigle est ordinairement cultivé, les engrais apportant de l'azote organique seront rarement indiqués.

MALADIES DU SEIGLE

(Voir chapitre spécial des maladies et parasites.)

SORGHO

(*Holcus sorghum*)

Espèces. — Le sorgho comporte plusieurs espèces, mais une seule mûrit bien ses graines en France (région du maïs) et y est cultivée : c'est le sorgho à balais. Quelques autres variétés ont été essayées, soit à titre de plantes fourragères, soit comme plantes industrielles en vue de la distillation, mais ces tentatives ont peu réussi et leur culture a fort peu d'importance.

Aire. — L'aire du sorgho à balais est exactement celle du maïs. Le sorgho est d'ailleurs fréquemment associé en petite quantité à cette dernière plante ; il demande en effet les mêmes terrains, les mêmes soins, et sa végétation est concomitante.

Terrains. — Les alluvions profondes, meubles et fraîches, sont les sols convenant le mieux au sorgho. On le prépare de la même façon que pour le maïs. Le sorgho étant une culture exigeante, on doit aussi le fumer richement.

Ensemencement, soins d'entretien. — Même façon de planter que pour le maïs et au même moment. La graine étant infiniment plus petite, on n'emploie que 8 à 10 kil. à l'hectare. Lorsque le sorgho est cultivé seul on peut aussi rapprocher un peu plus les rangs. Mêmes soins d'entretien avec binages, éclaircissage et battage.

Récolte. — On récolte [ordinairement en septembre lorsque les panicules, chargées de graines se recourbent et retombent sous leur poids ; il est bon de ne pas attendre une trop complète maturité. Cette précaution est surtout indispensable quand on a en vue la fabrication des balais, en ce que les panicules trop mûres deviennent cassantes et perdent toute la souplesse qui fait leur qualité.

On coupe les panicules à un pied environ au dessous de leur point d'insertion sur le sommet de la tige, on les réunit en petites bottes, puis on les suspend la tête en bas et bien verticalement dans un lieu aéré pour les faire sécher. Une fois sèches, on les égrène au moyen d'une sorte de peigne à longues dents.

Quand le sorgho n'est cultivé que pour sa graine il est évident que tant de précautions ne sont pas nécessaires.

Rendement. — Le sorgho à balais bien cultivé peut, d'après M. Heuzé, rendre 40 à 60 hectol. de graines par hectare et 600 à 700 kil. de panicules, dont on peut faire 1000 à 1200 balais.

L'hectolitre de graines pèse 65 kil. environ.

Engrais. — Ce qui a été dit pour le maïs peut s'appliquer au sorgho.

Utilisation. — Les graines du sorgho sont, chez nous, distribuées aux volailles qui en sont très friandes. En outre, ses panicules servent à confectionner les balais connus sous le nom de balais de sorgho. C'est une culture méridionale qui a pour marché principal la ville d'Orange. Enfin le sorgho peut être utilisé comme fourrage vert; mais, en réalité, le maïs lui est préférable à tous égards.

II — CULTURES COLONIALES

VANILLE

Terrain friable et riche en humus; craint aussi bien un excès d'humidité qu'une trop grande sécheresse.

En Cochinchine, on peut entretenir une humidité favorable, en recouvrant le sol d'une épaisse couche de balles provenant de la décortication du riz, couverture qui fournit aussi un engrais appréciable, malgré sa décomposition lente.

Plantation. — Sur un sol convenablement préparé, défoncé à 0ᵐ50 de profondeur, on trace des lignes espacées de 2ᵐ50 sur lesquelles, à une distance calculée pour que les branches arrivent à se rejoindre, on plante des boutures d'un arbuste à suc blanc laiteux, d'une reprise excessivement facile, le pignon d'Inde (jatropha curcas). Cette plante doit servir de tuteur à la liane qui nous occupe. La mise en place des vanilles se fait aussi par boutures de trois à six yeux enfouies au pied de chaque pignon de manière à ce que les deux yeux de l'extrémité restent hors de terre accompagnés de leurs feuilles, alors qu'on a supprimé celles des yeux enterrés.

Ce bouturage doit être fait au commencement de la saison des pluies, et des arrosages soigneux continueront à apporter une humidité nécessaire pendant la période sèche pour la première année de plantation.

Les lianes fleurissent généralement à la troisième année ; chaque fleur, pour produire une gousse, a besoin d'être fécondée artificiellement. La fécondation de la vanille est une opération délicate mais facile, qui consiste à relever une petite languette séparant l'anthère des étamines et à provoquer le rapprochement de ces organes par une légère pression du pouce et de l'index.

Comme pour toutes les cultures de Cochinchine où les mauvaises herbes envahissent rapidement le sol abandonné à lui-même, de fréquents sarclages et binages devront être pratiqués.

Le meilleur engrais à apporter régulièrement, après chaque période pluvieuse, consiste en terreau de feuilles et cendres végétales mélangées avec du fumier de ferme le plus vieux.

La récolte se fait lorsque l'extrémité des gousses commence à jaunir. On choisit un beau temps, car le produit doit rester plusieurs heures exposé au soleil avant de subir la préparation qui doit le dessécher et développer en lui le parfum exquis tant recherché.

INDIGO

Terrains légers contenant de l'humus, perméables, afin que l'évaporation de l'eau se fasse commodément. Un labour en décembre suivi de deux autres durant la saison sèche, à l'effet de détruire les mauvaises herbes et leurs semences, semés au commencement de la saison des pluies, une averse suffit pour couvrir la graine et la soustraire à l'influence des rayons solaires. La herse enfouirait trop profondément.

Quantité de graines à l'hectare, 15 kil. Sarclages constants et soignés. On fait la première coupe au commencement de la floraison lorsque les feuilles de la base changent de couleur et on a soin de donner un binage pour briser la croûte à la suite de chaque coupe ; cinquante jours après on peut récolter à nouveau. Un hectare doit fournir en une seule année jusqu'à 20.000 kil. de feuilles vertes.

La récolte une fois faite, reste la manipulation, opération très délicate et longue, qu'un Européen fera bien de confier à un indigène expert.

Consulter l'excellent ouvrage de M. Perrotet. « L'art de l'indigotier. »

CAFÉ

Choisir de préférence un sol profond à cause de la racine pivotante de l'arbuste. La présence du calcaire et d'un pur argile est presque indispensable ; l'humus doit s'y trouver également en quantité notoire.

Un terrain occupé par une forêt, convenablement défriché et débarrassé de mauvaises plantes, se trouve dans d'excellentes conditions.

Après un bon labour à la charrue ou à la houe, on creuse de distance en distance des trous carrés de 0ᵐ 50 de côté et de 0ᵐ 40 à 0ᵐ 60 de profondeur, suivant la nature du sol. C'est encore la qualité du sol qui doit guider le planteur quant à la distance à mettre entre les pieds, car elle peut varier de 1ᵐ à 2ᵐ 30. Ces trous sont remplis de terre friable mélangée à du fumier de ferme et terreau de feuilles.

On peut semer la graine directement en place ou en en mettant deux ou trois dans le même trou espacées de quelques centimètres. On fait cette opération vers le commencement de la saison des pluies (mai, juin) en recouvrant d'une mince couche de terre, sur laquelle on jette quelques poignées de feuilles qui entretiendront l'humidité ; avant la saison sèche on choisit le meilleur plant provenant de ce semis et on arrache les autres.

Mieux vaut encore semer en pépinière, dans un terrain défoncé à 0ᵐ 40 et convenablement fumé. On place les graines à 0ᵐ 03 les unes des autres. Ce semis peut alors se faire en novembre-décembre, en arrosant tous les jours, puis on transplante avec précaution en enlevant une motte de terre avec les racines.

Le jeune plant doit être abrité, les premières années, au moyen de plantes annuelles semées dans le voisinage. Pendant les quinze jours qui suivent la mise en place, on maintient autour du pied des branchages verts.

Quelques personnes préconisent la transplantation des graines germées, en godets de bambou profonds, où le sujet attend sa mise en place définitive, tout en développant son pivot qui ne souffre en rien lorsqu'on le met en terre. Pourtant lorsqu'on se trouve en présence d'un terrain peu profond mais riche, il faut changer le système radiculaire de la plante, pour cela on pince la racine principale, et on repique le jeune plant à plusieurs reprises, afin de pousser au développement des racines latérales qui deviennent traçantes.

Des binages et sarclages doivent se faire au moins trois ou quatre fois par an, en apportant, chaque fois, au sol, un engrais composé de terreau compact de feuilles mélangées à du bon fumier de ferme. La quantité varie avec la richesse du terrain.

La taille du café consiste en un étêtage intelligent et raisonné et la suppression de toutes les branches gourmandes qui ne manquent pas de prendre naissance sur le vieux bois. La récolte commence lorsque les baies, contenant les graines, rougissent et prennent une saveur sucrée, signe de maturité. Les fruits sont séchés au soleil, puis les graines débarrassées de leur enveloppe de pulpe desséchée. Une caféière ne doit guère être cultivée plus de 25 ans ; après ce temps le rendement n'est pas en rapport avec les frais de culture.

POIVRE

Terrain argilo-calcaire situé dans le voisinage de la mer, condition importante; on a remarqué en effet que cette plante végète chaque fois qu'elle est privée d'air salin. Une terre sableuse lui est absolument contraire, elle y vient mal pendant quelques années et n'aura pas à y produire sa graine. Le poivre croît comme la vanille et se fixe comme elle au moyen de crampons sur le bois qui lui sert de tuteur; mais dans sa culture, au contraire de cette dernière, il vaut mieux employer le support mort, que le support vivant.

Lorsqu'on se sert d'arbres dans la culture du poivre, ceux-ci profitant de l'eau et des engrais apportés au sol grossissent très rapidement et arrivent à occuper toute la terre végétale, qu'ils épuisent au détriment de la plante cultivée.

Il faut se procurer des piquets de 3^m 50 de long et du diamètre de 0^m 15, en bois aussi dur que possible, car ils doivent durer autant que la plantation, c'est-à-dire de 25 à 30 ans.

Le terrain une fois défriché et défoncé à 0^m 60, on plante les piquets à deux mètres en tous sens les uns des autres, et autant que possible en ligne droite, de façon à ce que l'air circule librement dans toute la plantation. Une excellente précaution à prendre est de carboniser la partie inférieure du piquet qui doit être mise en terre (0^m 50 à 0^m 60) on évite ainsi une partie des ravages que cause le pou de bois ou fourmi blanche. La plantation du poivre commence aux premières pluies. On a préalablement fait des boutures, en prenant sur les lianes qui n'ont pas encore fructifié (plantes de deux ans) des branches de 0^m 25 à 0^m 30 qu'on a plantées dans des godets en feuilles de bananiers; par ce moyen, on réunit un grand nombre de plantes dans un petit espace; les soins d'arrosages et d'abri contre le soleil sont plus faciles.

Chaque godet contient deux branches, et il faut deux godets pour garnir un piquet en en mettant un de chaque côté du pied.

Des branchages verts sont disposés autour des jeunes plantes pour éviter l'insolation, et des arrosages fréquents entretiennent une bonne humidité.

La plantation demande trois ans pour produire. A chaque saison pluvieuse on donne plusieurs binages en ramenant les herbes au pied du poivre, et on arrose les plants autant que possible lors des grandes sécheresses. On fume légèrement, les premières années, les débris végétaux.

Les cendres, un peu de fumier de ferme suffisent jusqu'à la première récolte. Les années suivantes, il convient d'apporter un engrais riche composé de poissons de mer ou de crevettes, à raison de 1/2 kil. par pied, ce fumier revient à 20 francs les 100 kil. Cette dépense peut paraître énorme mais on verra qu'elle n'a rien d'exagéré lorsqu'on saura qu'un pied de poivre peut rapporter 8 francs dans les bonnes années.

Il arrive que la sève se portant vers la partie supérieure de la plante, le bas se dégarnit complètement. On peut facilement y obtenir des branches couronnées, en pinçant avec soin à 0 m 30 tous les gourmands qui prennent naissance sur cette partie. On attend pour cueillir le poivre que la plus grande partie des grains ait pris l'aspect rouge du corail. On n'a plus qu'à étendre la récolte sur des nattes au soleil ; quelques jours suffisent pour dessécher complètement les graines.

Le poivre blanc s'obtient en frottant à poignées les grains bien mûrs, de façon à les débarasser de leur pulpe, puis on les lave rapidement à grande eau en faisant sécher à l'ombre.

CANNE A SUCRE

Terres sèches et légéres contenant beaucoup d'humus et peu de sels alcalins ; leur présence est défavorable à la production du sucre lors de la fabrication. Les terres calcaires sont excellentes ; dans les terres argileuses, la canne vient avec vigueur, mais son jus est peu riche en sucre.

Plantation. — Sur un terrain labouré, on trace des lignes espacées de 0 m 90 à 1 m 25, puis on creuse des fossés de 0 m 30 à 0 m 40 de largeur et de 0 m 25 à 0 m 30 de profondeur.

On plante alors par boutures de 0 m 30 à 0 m 40 qu'on enterre plus ou moins selon que la sécheresse est à craindre, en laissant entre elles une distance de 0 m 50 à 0 m 60. Pour la Cochinchine la meilleure espèce à choisir est la *canne de Chine*, à cause de sa résistance à la sécheresse.

On butte la plante au fur et à mesure qu'elle se développe ; les binages et sarclages doivent être fréquents. Ce travail peut se faire économiquement à la charrue et à la houe à cheval, finissant à la houe à main. Une pratique défectueuse consiste à brûler la bagasse dans les usines à sucre ; ces débris de canne privés de sucre constituent le meilleur engrais. Les plantes enfouies vertes sont aussi excellentes, à cause de la grande quantité de matières carbonées qu'elles apportent au sol. Les guanos employés seuls donnent trop de vigueur à la canne ; on peut les mélanger à du terreau de feuilles de toutes sortes, ils deviennent alors convenables.

L'épaillage qui consiste à débarrasser la tige de la plus grande partie de ses feuilles doit se faire au moins deux mois avant la récolte. On coupe la canne au ras de terre, puis on tronçonne les tiges pour les porter au moulin.

RIZ

Tous les terrains de la basse Cochinchine sont favorables à cette culture, pourvu que leur niveau permette de retenir les eaux à leur surface au moment de la saison pluvieuse. Les terres sont entourées de petites digues en mottes gazonnées de 0 m 35 de hauteur sur 0 m 40 de large. Aussitôt que les premières pluies le permettent, on donne un bon labour puis un second peu après. Ces labours se font au moyen de buffles qui ne craignent pas d'entrer dans l'eau jusqu'au poitrail; la charrue est des plus primitives, mais répond très bien au besoin de cette culture. On promène ensuite une herse chargée d'égaliser la surface du sol, puis un rouleau à dents en bois dur, couchant sous l'eau tout ce qui reste de mauvaises herbes qui sont ainsi noyées. Les Annamites se servent encore, à cet effet, d'une espèce de faux qu'ils font tournoyer en l'air, en frappant les plantes vers leur racine.

Ces différentes opérations terminées, on attend quelques jours, puis on s'arrange pour se débarrasser le plus possible, de l'eau qui recouvre le champ; on procède alors à l'ensemencement qui n'est en somme qu'un repiquage. En effet, un mois avant les premières pluies, on a cherché une terre inondée, qu'on a préparé comme celles citées précédemment, puis on a retiré l'eau de façon à obtenir une boue liquide, et on a semé le riz à la volée, très épais, les grains se touchant.

La germination se fait très rapidement, et lorsque les plants ont atteint 0^m 25 à 0^m 30, ils sont bons à être repiqués. On les arrache et on les lie en petits paquets qui sont portés et mis au frais dans les terres à planter.

Le repiquage se fait à la main et on emploie généralement des femmes à ce travail. Les jeunes plants de riz sont pris par petites poignées et enfoncés quelques centimètres dans la boue, on laisse entre chaque touffe de 0^m 10 à 0^m 20, selon la richesse du sol.

Il faut veiller ensuite à amener l'eau graduellement au fur et à mesure que les plantes grandissent, une couche d'eau moyenne de 0^m 15 est nécessaire pendant toute la durée de la végétation. On reconnaît la maturité du riz aux mêmes signes que pour les autres céréales, il ne faut pourtant pas attendre longtemps pour moissonner, car les épis, une fois bien mûrs, deviennent très cassants et on perd beaucoup de grains.

En Cochinchine on n'apporte jamais de fumier dans les rizières, les eaux d'inondation charriant avec elles des détritus végétaux de toutes sortes, les terres, déjà très riches par elles-mêmes, subissent un véritable colmatage qui remplace avantageusement toutes espèces d'engrais.

VITICULTURE

—

I — AMPÉLOGRAPHIE

Pour embrasser d'un coup d'œil les nombreuses espèces de vignes connues, et dont beaucoup n'offrent aucun intérêt pour la culture, nous ne pouvons mieux faire que de reproduire la classification, basée sur les données les plus récentes, adoptée par M. Foëx dans la 2ᵉ édition de son Cours de viticulture :

Tableau des principales espèces du genre vitis.

Classification.	Nom des espèces.
Iʳᵉ SECTION. — **Muscadiniae**	V. MUNSONIANA. *Simpson.* V. ROTUNDIFOLIA *Michaux.*
SÉRIE I. — LABRUSCÆ.	V. LABRUSCA. *Linné.*
SÉRIE II. — LABRUSCOIDEÆ AMERICANÆ	V. CALIFORNICA. *Bentham.* V. CARIBŒA *de Candolle.* V. CORIACEA. *Suttleworth.* V. CAUDICANS. *Engelmann.*
SÉRIE III. — ÆSTIVALES	V. LIUSECOMII. *Buckley.* V. BICOLOR. *Leconte.* V. ÆSTIVALIS. *Michaux.*
SÉRIE IV. — CINERASCENTES	V. CINEREA. *Engelmann.* V. CORDIFOLIA. *Michaux.* V. BERLANDIERI. *Planchon.*
SÉRIE V. — RUPESTRES	V. MONTICOLA. *Buckley.* V. RUPESTRIS. *Scheele.* V. ARIZONICA. *Engelmann.*
SÉRIE VI. — RIPARIÆ	V. RUBRA. *Michaux.* V. RIPARIA. *Michaux.*
SÉRIE VII. — LABRUSCOIDEÆ ASIATICÆ.	V. COIGNETIÆ. *Pulliat.* V. ROMANETI. *Romanet du Cail.* V. THUMBERGI. *Sieb et Zucc.* V. LANATA. *Roxburgh.* V. PEDICELLATA. *Lawson.*
SÉRIE VIII. — VIGNES NON ENCORE CLASSÉES	V. SPINOVITIS DAVIDI. *Romanet du Cail.* V. PAGNUCCII. *Romanet du Cail.* V. ÆMURENSIS. *Ruprecht.*
SÉRIE IX. — VINIFERÆ	V. VINIFERA. *Linné.*

*(IIᵉ SECTION. — **Euvites.**)*

Distribution géographique de ces diverses espèces.

Europe...........................	V. *Vinifera*. — S'étend un peu en Asie et en Afrique.

Asie :

Indes tropicales...................	V. *Lanata*.
Himalaya.........................	V. *Pedicellata*.
Chine et Japon	V. *Coignetiæ*.
—	V. *Thunbergi*.
—	V. *Amurensis*.
—	V. *Pagnuccii*.
—	V. *Romaneti*.

Amérique :

Amérique tropicale. —Sud du Mexique et Antilles........................	V. *Caribœa*.
Région sud-est de l'Atlantique.......	V. *Rotundifolia*.
Floride...........................	V *Munsoniana*.
—	V. *Coriacea*.
Centre et centre sud...............	V. *Cinerea*.
—	V. *Rubra*.
—	V. *Rupestris*.
Etats-Unis du nord et centre........	V. *Labrusca*.
—	V. *Riparia*.
—	V. *Æstivalis*.
—	V. *Bicolor*.
—	V. *Cordifolia*.
Texas et territoire des Indiens.......	V. *Candicans*.
—	V. *Liusecomii*.
Texas et nord du Mexique...........	V. *Berlandieri*.
—	V. *Monticola*.
—	V. *Doaniana*.
Californie.........................	V. *Californica*.
Arizona	V. *Arizonica*.

ESPÈCES AMÉRICAINES

V. ÆSTIVALIS. —*Souche* généralement vigoureuse à port grimpant, tronc fort. *Sarments* de couleur vineuse foncée ou pourpre presque toujours pruinés. *Vrilles* discontinues. *Bourgeonnement* rouge carmin vif. *Feuilles* moyennes entières ou quinquelobées ; s'ouvrent à plat, les jeunes sont couvertes d'un duvet épais, les adultes portent sur les nervures de la face inférieure qui est de couleur rouillée, des bouquets de poils. *Grappe* moyenne à petits grains sphériques noirs et pruinés. *Graines* moyennes à bec court, chalaze circulaire saillante, raphé bien accusé, racines assez grosses et dures.

Adaptation. — Pousse en Amérique dans les terres de fond, — de décomposition granitique, assez riches, parfois pauvres, mais rougeâtres, — dans les argiles rougeâtres, — dans les sables rouges humifères, — dans les marnes bleues assez riches, — jaunit dans les terrains mouilleux et blancs, très sensible aux calcaires crayeux. Porte de nombreux phylloxeras, mais résiste très bien ; — difficile à la reprise et assez réfractaire au greffage, les formes pures n'ont aucune valeur culturale. Pourrait être cultivé dans les sols siliceux et rouges où d'autres vignes lui sont supérieures.

Variétés. — A donné naissance à quelques cépages que l'on considère aussi comme des hybrides dont certains sont employés comme porte-greffes ou comme producteurs directs, mais ne pouvant jouer à ce point de vue qu'un rôle bien secondaire.

Nous citerons :

Jacquez.	Elsimburg.
Herbemont.	Hermann.
Cynthiana.	Blue favorite.
Black July.	Baxter.
Cunningham.	Harwood.

V. ARIZONICA. — *Souche* de vigueur moyenne, à port buissonnant, *sarments* d'un gris roussâtre, assez gros, nœuds à peine marqués, à écorce adhérente, s'aoûtant de bonne heure. *Feuilles* petites, entières, cordiformes ; sinus pétiolaire largement ouvert ; face supérieure d'un vert foncé luisant, face inférieure d'un vert plus pâle avec de petits poils sur les nervures. *Grappe* petite, à grains petits, ronds, noirs et pruinés, saveur agréable. *Graines* moyennes, d'un rouge foncé, chalaze et raphé se confondant et peu apparents.

Adaptation. — Encore peu connu en France, a été employé en Californie comme porte-greffe dans des terrains arides et secs offrant de l'analogie avec ceux où vient le Rupestris. On le trouve aussi dans des calcaires caillouteux très arides. D'après MM. Viala et Ravaz, cette espèce ne paraît avoir aucun avenir, car dans les milieux où elle pourrait prospérer, le V. Berlandieri, le V. Riparia et le V. Rupestris lui sont toujours supérieurs.

V. BERLANDIERI. — *Souche* vigoureuse, à port étalé ou grimpant. *Tronc* de grosseur moyenne ; *sarments* anguleux, grêles, avec flocons de poils ; *vrilles* discontinues. *Feuilles* moyennes ou petites, aussi larges que longues, presque entières, sinus pétiolaire profond, généralement en U à bords convergents ; face supérieure d'un vert foncé et luisante, face inférieure d'un vert plus clair avec poils courts sur les nervures. *Grappe* moyenne à petits grains noirs et pruinés. *Graines* moyennes, renflées, à bec court ; chalaze peu saillante se confondant avec le raphé, racines assez fortes, traçantes.

Adaptation. — S'accommode des milieux les plus secs et les plus chauds ; supérieur à ce point de vue, d'après M. Viala, au Rupestris et au Monticola ; il résiste également bien au froid. Pousse en Amérique dans les sols calcaires presque purs, beaucoup plus infertiles que les sols crayeux des Charentes, de toutes les espèces de vignes celle qui réussit le mieux dans les calcaires crayeux et les marnes blanches. Les faits déjà observés semblent indiquer que greffé, il conserve sa vigueur et ne se chlorose pas où d'autres vignes américaines vigoureuses avant le greffage ont dépéri dès qu'elles ont été greffées.

Quand, dans les plus mauvais calcaires, il se produit de la chlorose à la 1re et 2e année de greffage, elle est passagère et n'a pas d'importance ; elle ne se manifeste pas après la 4e année (Viala et Ravaz).

Le V. Berlandieri ou ses hybrides par suite de leurs propriétés permettent la reconstitution des terres à calcaires crayeux blancs et tendres où jusqu'ici toutes les autres vignes américaines n'ont pu prospérer.

Variétés. —Comme il existe différentes formes de Berlandieri, on devra les sélectionner avec soin et ne choisir que les plus vigoureuses. Nous insistons sur ce point, car les échecs observés sont dus à l'emploi de variétés trop faibles.

Les meilleures sont à feuilles petites, épaisses, coriaces, peu tomenteuses, incurvées sur les bords et luisantes sur les deux faces.

Nous citerons parmi les formes déjà classées :

Berlandieri Millardet, Berlandieri Planchon, Berlandieri Viala, Berlandieri de Grasset, Berlandieri Ecole, Berlandieri n° 1 (collection E. Rességuier), Berlandieri n° 2 et n° 3.

Multiplication. — On sait que le Berlandieri a le grand défaut de ne pas reprendre de bouture. Quelques formes cependant se sont montrées moins réfractaires, notamment le Berlandieri Millardet qui aurait repris dans les proportions de 70 0/0. Par sélection, on isolera probablement d'autres formes à reprise facile ; c'est un résultat déjà obtenu à l'Ecole de Montpellier.

Le marcottage d'été en butte a donné pour sa multiplication des résultats encourageants. Des essais de greffes-boutures ont aussi bien réussi. Il est donc permis d'espérer que cette question de multiplication du Berlandieri ne sera pas un obstacle insurmontable à sa propagation.

Notons qu'il est de reprise facile au greffage, s'unit bien avec les diverses variétés que l'on a essayées et porte des greffes très fructifères.

Le Berlandieri a donné avec le Candicans et le Monticola des hybrides naturels offrant quelque intérêt ; il constitue un excellent élément d'hybridation artificielle. Nous étudierons plus loin ces hybrides.

V. BICOLOR. —M. Viala en donne la description suivante : « *Souche* vigoureuse, à port grimpant, tronc fort ; bois de l'année pruineux, d'un rouge cannelle, *vrilles* discontinues. *Feuilles* moyennes, orbiculaires pentagonales, le plus souvent entières; sinus pétiolaire profond et fermé; deux séries de dents régulières et obtuses; limbe peu épais; face supérieure d'un vert foncé et terne; face inférieure glabre et glaucescente. *Grappe* sous-moyenne, ramifiée, compacte; grains sphériques, petit, noirs. *Graines* petites, trapues; bec court; chalaze ovalaire peu proéminente, raphé en cordon filiforme.

Ne diffère du V. Æstivalis que par une moins grande découpure des feuilles, qui sont glaucescentes et glabres en dessous, par sa grappe petite et serrée et par ses petits grains.

Adaptation. — Il ne croît dans le nord-est des Etats-Unis que dans des terrains anciens, rouges, siliceux et fertiles, et n'offre pour la reconstitution aucun intérêt.

V. CALIFORNICA. — *Souche* très vigoureuse, à port grimpant, tronc très gros, pouvant atteindre 1ᵐ 50 de circonférence. *Sarments* longs de moyenne grosseur, de couleur brun cendré, avec des poils aranéeux. *Vrilles* discontinues légèrement tomenteuses. Bourgeons remplis et recouverts d'un duvet abondant. *Feuilles* grandes ou moyennes, parfois très grandes, orbiculaires ou cordiformes, entières ou légèrement trilobées, sinus pétiolaire ouvert en V; face supérieure d'un vert terne avec flocons de poils blancs sur les nervures; face inférieure d'un vert blanchâtre avec tomentum abondant. *Grappe* petite, lâche, à grains petits, ronds, d'un noir-violacé, |foncé. *Graine* petite, généralement globuleuse, chalaze saillante, raphé nul.

Adaptation. — Spécial à la Californie, ce plant, d'une vigueur excessive dans les terrains riches de son pays d'origine, se rabougrit dans les milieux secs; redoute énormément la chlorose. A l'Ecole de Montpellier, où on le cultive depuis plus de dix ans, il s'y est toujours montré d'une végétation médiocre, très sensible aux attaques du phylloxera et du mildiou; autant d'inconvénients qui le rendent sans valeur pour la reconstitution.

V. CANDICANS OU MUSTANG. — *Souche* très vigoureuse à très grand développement; *sarments* recouverts d'un duvet blanc à l'état herbacé passant ensuite au brun foncé avec flocons de poils blancs. *Vrilles* discontinues également munies de duvet. *Bourgeonnement* blanc rosé. *Feuilles* moyennes cordiformes, entières et quelquefois profondément lobées, en forme de cloche; d'un vert foncé en dessus et recouvertes d'un tomentum blanc, serré en dessous. Grappe petite à gros grains globuleux, noir foncé et très acerbes. Graines très grosses à chalaze peu saillante et à raphé peu apparent.

Adaptation. — Vient dans les mauvais terrains, même dans ceux assez calcaires, bien qu'il jaunisse dans les craies; résiste bien à la sécheresse, mais est de toutes les vignes la plus rebelle au bouturage. Sa résistance au phylloxera paraît suffisante; mais ne sera probablement jamais multiplié, car on possède actuellement des vignes américaines qui lui sont supérieures, Sans aucun intérêt comme producteur direct. A donné de nombreux hybrides, intéressants comme porte-greffes, que nous étudierons.

V. CARIBÆA. — Espèce encore peu connue. Nous empruntons à M. Planchon la description suivante :

« Plante grimpante, à vrilles discontinues, à rameaux striés ; jeunes feuilles et inflorescences recouvertes d'un tomentum épais, rubigineux ou blanc, persistant à la face inférieure des feuilles adultes ; feuilles orbiculaires entières ou vaguement trilobées, largement dentées ;... grains petits, globuleux, à gros pédicelles courts ; pépins ovoïdes ; raphé filiforme, détaché sur une chalaze orbiculaire ».

Répandu dans l'Amérique tropicale (sud de la Floride et du Mexique, Antilles, Panama). Ses aptitudes nous sont encore inconnues, mais, vu son habitat, elle est sans intérêt pour nous.

V. CINEREA. — *Souche* très vigoureuse ; *sarments* longs, sinueux, à section polyédrique, pubescents, avec nombreux poils courts, grisâtres, qui donnent au bois sa couleur cendrée caractéristique. *Feuilles* cordiformes, généralement sur-moyennes, entières, découpées chez quelques formes ; sinus pétiolaire en V très profond ; d'un vert grisâtre en dessus, d'un vert cendré, avec de nombreux poils raides sur les nervures, à la face inférieure. *Grappe* grosse, à grains petits, serrés, sphériques, d'un noir foncé luisant, à saveur acidulée (Viala et Ravaz). *Graines* moyennes ; chalaze circulaire saillante, raphé en cordon étroit et long. Grosses racines charnues.

Adaptation. — Habite en Amérique les mêmes terrains que le V. Cordifolia. On le trouve souvent seul dans les bas-fonds argileux et marécageux et aussi dans des terrains très calcaires et à sous-sol crétacé. Mais c'est dans les alluvions profondes et riches, parfois humides, qu'il se développe le mieux. C'est dans les terres argileuses, argilo-calcaires ou argilo-siliceuses qu'il a donné en France les meilleurs résultats ; les terrains très légers et secs ne paraissent pas bien lui convenir.

Vu la diversité des milieux où croit cette espèce à l'état sauvage, il y a lieu, comme pour le Cordifolia, de faire un choix judicieux des variétés suivant les milieux. C'est pour n'avoir pas observé cette règle que des insuccès se sont produit ; les formes de V. Cinerea provenant de terrains riches n'ont pu s'accommoder des terrains crétacés où on les avait placées.

Résiste bien au phylloxera, mais reprend difficilement de bouture ; le marcottage en butte et la greffe bouture sont à conseiller pour sa multiplication. Excepté peut-être pour quelques terrains argileux et marécageux, cette espèce n'offre pas grand intérêt pour la reconstitution, car, dans les calcaires, les bonnes formes de Berlandieri ont bien mieux réussi.

Variétés. — D'après MM. Viala et Ravaz, il y a lieu de distinguer les *cinerea glabres*, qui ne portent que peu de poils et habitent les terrains secs ; les *formes tomenteuses*, les plus nombreuses, qui habitent les alluvions riches et fraîches ; enfin, un groupe dénommé *Wichita*, renfermant des formes rares, qui habitent les terrains calcaires, mais assez riches. Ces dernières n'existent pas encore en France.

Le Cinerea a donné des hybrides qui méritent l'attention.

V. CORDIFOLIA. — *Souche* très vigoureuse ; *tronc* très gros ; sarments luisants, de couleur cannelle ; mérithalles longs, aplatis vers les nœuds. *Feuilles* s'ouvrant à plat, ce qui les distingue de celles du V. Riparia, qui restent un certain temps ployées en gouttière ; moyennes, entières, cordiformes ; sinus pétiolaire profond et étroit ; face supérieure d'un vert foncé, glabre ; face inférieure plus pâle et plus luisante, avec poils courts sur les nervures. *Grappe* allongée et lâche, à grains petits, ronds et noirs. Racines longues et dures.

Adaptation. — Le Cordifolia acquiert son plus grand développement dans les alluvions profondes, riches et fraîches, mais non humides. Il vient aussi dans les terres caillouteuses riches ou dans les terres siliceuses et fertiles. On le trouve encore dans les sols crayeux blancs et dans l'argile blanche.

Il porte bien les grappes, mais reprend difficilement de bouture ; on a pu obtenir 60 % de reprise.

En France, les essais de greffage faits dans les mauvaises terres crayeuses n'ont pas donné de bons résultats, probablement parce que l'on n'a pas essayé les formes provenant des calcaires.

Variétés. — Les formes introduites en France sont celles des terrains riches ; les autres, d'ailleurs, celles des terrains crayeux, sont l'exception en Amérique. Elles sont donc d'un intérêt secondaire, car, quoi qu'il en soit, les formes des calcaires ne seraient pas supérieures à celles du Berlandieri et dans les bons terrains, d'autres espèces d'une reprise plus facile leur sont préférées.

Le Cordifolia a donné des hybrides, dont quelques-uns sont entrés dans la culture comme porte-greffes, notamment les Cordifolia × Rupestris, Cordifolia × Riparia, Cordifolia × Cinerea.

V. CORIACEA. — M. P. Viala en donne la description suivante : « *Souche* de vigueur moyenne, à port grimpant ; tronc moyen ; bois de l'année brunâtre à poils laineux, abondants ; *vrilles* intermittentes. *Feuilles* plutôt petites, cordiformes, allongées ; lobées et à lobes ouverts, planes, épaisses ; dents peu accusées ; sinus pétiolaire en V à bords déjetés ; face supérieure d'un vert peu foncé et luisant ; face inférieure à tomentum dense et d'un blanc jaunâtre. *Grappe* allongée, sous-moyenne, assez serrée, grains petits, noirs. *Graines* petites, subsphériques ; chalaze ovale, fondue avec le raphé qui s'amincit jusqu'à la base du pépin. »

Cette vigne, qui habite des régions très chaudes, est, suivant toute probabilité, sans valeur pour la culture.

V. LABRUSCA. — *Souche* vigoureuse, à port rampant ; *rameaux* longs et forts s'aoûtant de bonne heure, de couleur chocolat et portant de nombreux poils courts et raides, surtout vers les nœuds. *Vrilles continues. Bourgeons* gros et courts recouverts d'un duvet ferrugineux. Jeunes feuilles de couleur carmin; *feuilles* adultes un peu brillantes en dessus et revêtues en dessous d'un duvet serré de teinte blanchâtre ou jaune doré; sinus pétiolaire profond en V. *Grappe* moyenne ou sous-moyenne, rarement ailée, à grains gros, ronds, pruinés; pulpe très charnue, d'une saveur *foxée* bien accusée. *Graines* volumineuses sans chalaze ni raphé apparents. Grosses racines.

Adaptation. — Se trouve dans les Etats du nord de l'Amérique, surtout dans Maryland et New Jersey. Croît dans terrains granitiques, sols sableux; alluvions humides. L'espèce américaine la plus sensible au phylloxera en porte de nombreux sur ses racines et succombe sous ses atteintes dans les sols autres que ceux énumérés. D'une adaptation d'autant plus difficile que le climat est plus chaud. Reprend très bien de bouture et réussit très bien au greffage, résiste bien au mildiou et à l'oïdium, mais est très atteint par le black rot.

D'une adaptation difficile et d'une faible résistance, n'a par lui-même aucune valeur.

Variétés. — Existent en grand nombre, toutes à fruits très foxés. Quelques-unes introduites en Europe depuis longtemps, notamment l'Isabelle en 1850. Nous citerons :

Concord et ses semis :	Euréka,
Martha	puis
Cottage	Hartford prolific et son semis :
Lady	Ives Seedling
Niagara	Venango
Black Hawk	Reutz
Early Victor	Telegraph
Pocklington	Alexander
Mason Seedling	Arrot
Isabelle et semis :	Perkins
Israella	Rebecca
Printiss	Belvedère
Union village	

C'est seulement dans les alluvions sableuses, profondes et fraîches, dans les sols siliceux, rouges, du diluvium alpin, que certaines ont pu résister jusqu'ici. Mais, d'une façon générale, sans avenir cultural, à cause de leurs défauts capitaux : goût foxé des fruits, adaptation difficile et résistance insuffisante.

V. LINSECUMI ou *Æstivalis* à gros grains, Post Oak. (D'après M. Viala) : « *Souche* très vigoureuse, tronc fort; sarments couleur noisette; vrilles discontinues. *Feuilles* très grandes, presque aussi larges que longues, orbiculaires, le plus souvent entières ou lobées; sinus pétiolaire très profond et à lèvres tangentes; à peine dentées; face supérieure d'un vert sombre; face inférieure glaucescente. *Grappe* moyenne, grains moyens ou sous-moyens, pruineux, d'un rouge foncé, à saveur désagréable. *Graines* grosses, pyriformes; bec détaché; chalaze large; orbiculaire, raphé filiforme; racines assez fortes, dures et longues. »

Adaptation. — Difficile à l'adaptation, ne vient bien que dans les terrains siliceux rouges et profonds où d'autres espèces lui seront supérieures; de reprise difficile au bouturage, on ne peut songer à l'utiliser. Malgré sa résistance au phylloxera, qui, d'ailleurs, est inférieure à celle du Riparia et du Rupestris qui doivent lui être préférés suivant les milieux.

Variétés. — Cette espèce comprend un grand nombre de formes pures; vu leur résistance aux maladies cryptogamiques, quelques-unes ont été sélectionnées en Amérique pour la production directe. Parmi elles le Neosho et son semis Pulliat sont fructifères, mais de maturité très tardive. Les fruits ont un goût acerbe qui se communique au vin; sans valeur comme producteur direct. Les formes les plus fructifères obtenues par M. Jæger sont ses nᵒˢ 13 et 43.

V. MONTICOLA. — (V. Foexeana ou V. Texana). *Souche* peu vigoureuse, à port semi-grimpant, sarments grêles d'un brun acajou à nœuds aplatis. Nombreuses ramifications. *Feuilles* petites, orbiculaires ou subcordiformes, légèrement incurvées; sinus pétiolaire à bords superposés; parenchyme coriace; face supérieure glabre d'un vert foncé luisant; face inférieure d'un vert plus clair également luisante; glabre ou avec quelques poils aux angles des nervures. *Grappes* petites, à grains petits sphériques, variant du noir (Foexeana) ou gris rosé, d'un goût franc et sucré. *Graines* moyennes, aplaties, à bec court, chalaze circulaire avec raphé en cordon saillant. Racines dures et longues.

Adaptation. — Reste vert dans les milieux les plus secs et les plus infertiles, mais n'a jamais qu'un faible développement. On le trouve aussi dans les calcaires cailouteux, mais non dans les craies pures. A ce point de vue, est donc inférieur au V. Berlandieri, bien qu'il ait paru jusqu'ici offrir une certaine résistance à la chlorose. Très résistant au phylloxera et à la sécheresse, on pourrait l'utiliser dans les milieux très arides, mais même pour ces terrains, ne paraît pas, pour le moment, supérieur au V. Rupestris. On peut lui reprocher sa reprise assez difficile au bouturage, mais surtout sa faible vigueur. Reste à l'étude.

Variétés. — Peu nombreuses par suite de son aire limitée et n'ont pas été encore isolées. Certaines ont des fruits noirs (V. Foexeana) et d'autres d'un gris rosé. A donné de nombreux hybrides sauvages parmi lesquels les Champin × Monticola, et constitue un excellent élément d'hybridation artificielle vu ses précieuses qualités.

V. MUNSOGNIANA. — Appartient au même groupe botanique que l'espèce précédente, s'en distingue par sa faible végétation, ses grappes à grains plus nombreux et plus petits, par ses pépins minuscules.

Adaptation. — Récemment importée d'Amérique par M. Viala. Originaire de contrées tropicales et marécageuses, cette espèce réussit encore moins bien en France que le V. Rotundifolia.

V. RIPARIA. — (Caractères généraux). *Souche* vigoureuse, tronc moyen ou petit. Sarments très longs, grêles, renflés vers les nœuds, peu ramifiés, généralement lisses. Couleur variant du rouge brun au gris cendré à l'aoûtement qui a lieu de très bonne heure; nombreux poils courts chez les formes tomenteuses. *Vrilles* discontinues et longues. *Feuilles* pliées en gouttière lorsqu'elles sont jeunes, puis s'étalant, moyennes ou grandes, plus longues que larges, avec de longues dents marquant les cinq lobes, celui de l'extrémité très effilé, sinus péliolaire très ouvert; limbe très mince, d'un vert assez foncé en dessus, plus pâle en dessous avec des bouquets de poils aux angles des nervures dans les formes glabres et de petits poils en brosse tout le long des nervures dans les formes tomenteuses. *Grappe* petite; grains petits, ronds, noirs, pruinés, peu serrés, jus rouge à saveur acide. *Graines* petites, coniques, fossettes bien marquées; chalaze, peu saillante, raphé presque nul.

Adaptation. — Le porte-greffe qui a eu le plus d'importance pour la reconstitution des vignobles. D'après MM. Viala et Ravaz, a servi à reconstituer près de 350.000 hectares sur les 500.000 de vignes américaines qui existent en France.

Le meilleur porte-greffe pour les terrains très fertiles, mais non calcaires ou peu calcaires, car, bien que redoutant moins la chlorose que le Rupestris, il succombe même dans les milieux riches où le carbonate de chaux est assez abondant. Il vient bien dans les terres d'alluvions, les terrains siliceux, argilo-siliceux, argilo-calcaires profonds, meubles et frais, dans les sols rouges caillouteux et peu calcaires, de 0^m50 au moins, assez riches et sains. Il réussira également bien dans un sol caillouteux, suffisamment frais, de 50 à 60 centimètres seulement et reposant sur un sous-sol calcaire, mais non friable.

Le Riparia reprend très facilement de bouture, porte des greffes vigoureuses et fructifères, mais il demande à être greffé jeune, la 1ʳᵉ ou la 2ᵉ année; plus tard, la reprise est plus difficile. Il ne craint pas le froid, mais redoute une trop grande sécheresse, surtout dans les sols peu fertiles. Les Riparias tomenteux à grandes feuilles seront préférés dans les terrains un peu humides.

Variétés. — Existent en grand nombre. Comme pour le Rupestris, on ne devra multiplier que les plus vigoureuses; on devra rejeter toute variété peu vigoureuse à feuilles petites et minces. Ont été groupées par M. Viala de la façon suivante :

I. — RIPARIAS TOMENTEUX

1° *à grandes feuilles.* Les plus vigoureux, poussant dans les milieux frais, excellents porte-greffes, seront préférés aux formes glabres dans les terrains humides.

Ex. : Riparia géant ou tomenteux du Mas de las Sorres, Riparia violet, etc.

2° *à petites feuilles.* Viennent dans les lieux plus secs, peu vigoureux, ne sont pas à multiplier.

II. — RIPARIAS GLABRES.

1° *à feuilles lobées.* Peu vigoureux, ne doivent pas être multipliés.

Ex.: V. Riparia var. palmata.

2° *A feuilles entières*

A — *à petites feuilles* — Les plus sensibles à l'anthracnose et à la chlorose. Sans valeur comme porte-greffes.

a — *à feuilles ternes et minces.* Ce tronc est toujours de grosseur inférieure, quoique parfois très vigoureux.

a' — *A feuilles ternes et épaisses.* Les meilleurs des Riparias glabres à grandes feuilles ternes. Ex.: Riparia Baron Périer, Riparia à bourgeons bronzés, Riparia à bois violet, Riparia n° 6 et 12 de Meissner, etc.

B — *à grandes feuilles.* Les plus répandus dans la culture comprenant d'excellents porte-greffes que l'on peut ainsi grouper :

b — *à feuilles luisantes épaisses, un peu arrondies.* Ex.: Riparia territoire des Indiens.

b' — *à feuilles luisantes épaisses, allongées, généralement gaufrées.* Les nœuds plus aplatis que dans les formes à feuilles ternes et les diaphragmes plus épais, les meilleurs porte-greffes pour nos bons terrains. Ex. : Riparia Scupernon, Riparia Portalis ou Gloire de Montpellier, Riparia grand glabre ou Riparia n° 13 de Meissner, etc.

RIPARIAS NOUVEAUX. — **Riparia Martineau ou Gloire de Touraine**. — Glabre, à bois rouge, très vigoureux, reprise facile à la bouture et à la greffe, viendrait dans certains terrains calcaires où les autres se chlorosent, mais cette propriété demande à être confirmée par une plus longue expérience. (D'après M. Rougier). Forme méritante.

Riparia Ramond. — Qui, d'après M. Ravaz, viendrait bien mieux que les autres Riparias dans certains calcaires analogues aux parties les plus riches et les moins crayeuses des groies de la Charente. Mais pas plus que le Martineau ni que les autres Riparias recommandés pour les calcaires, ne réussira dans les terres crayeuses riches ou les marnes blanches.

Riparia duc de Palbau. — Collection de M. Despetis. Se rattache au R. Gloire de Montpellier.

Riparia de Beaupré. — Collection de M. Despetis, se rattache au Riparia tomenteux géant.

Riparia de las Sorres. — Comprend plusieurs formes. Tomenteuses ou glabres très vigoureuses, et parmi elles une forme glabre sélectionnée par M. Durand sous le nom de *Riparia de las Sorres sélectionné*.

Le Riparia a donné à l'état sauvage de nombreux hybrides avec les autres espèces, parmi lesquels : Solonis, Riparia × Rupestris, Riparia-× Candicans Riparia × Cordifolia, etc.

V. ROTUNDIFOLIA. — *Souche* d'une grande vigueur, *rameaux* d'un gris foncé, sans diaphragme, à écorce adhérente parsemée de lentilles ; *petites feuilles* entières glabres et vernissées sur les deux faces. *Grappe* de quelques grains mûrissant successivement, ronds et d'un brun jaunâtre. Grosses graines allongées sans chalaze ni raphé, avec deux sillons et une auréole de stries autour de la dépression.

Adaptation. — Habite, en Amérique, les sols siliceux, riches, humides et profonds. Ne vient que dans les terres meubles, fraîches et profondes du Midi de la France, où il donne d'ailleurs très peu de fruits mûrissant successivement, ce qui le rend impropre au rôle de producteur direct. D'une résistance parfaite au phylloxera, il ne craint pas les maladies cryptogamiques.

Mais son adaptation exigeante, sa difficulté de reprise au bouturage, son manque d'affinité à la greffe, pour nos vignes indigènes, en font une espèce sans valeur pour la reconstitution.

Variétés. — En a donné plusieurs parmi lesquelles Scuppernong, Flower, Thomas, Mish, Tender, Pulp n'offrent comme l'espèce pure aucun intérêt pour nos vignobles.

V. RUBRA. — *Souche* peu vigoureuse, à port rampant, tronc grêle, *sarments* grêles, aplatis au niveau des nœuds, d'un brun rougeâtre ; *vrilles* intermittentes. *Feuilles* petites, triangulaires allongées, trilobées ou quinquelobées, lobe terminal effilé, sinus pétiolaire complètement ouvert ; face supérieure d'un vert sombre, face inférieure d'un vert plus clair et peu luisant avec bouquets de poils aux angles des nervures. *Grappe* longue, cylindrique; grains petits, serrés, noirs et luisants. *Graines* grosses, fossettes profondes, chalaze ovale peu saillante, raphé nul.

Adaptation. — Très rare en Amérique, vient dans les alluvions riches et fraîches, mais son faible développement de tronc, sa difficulté de reprise à la bouture et sa production insignifiante font qu'il n'offre aucun intérêt pour la culture. Vu sa grande résistance au phylloxera, pourra jouer un rôle dans l'hybridation artificielle.

V. RUPESTRIS. — *Souche* vigoureuse à port buissonnant, tronc court et gros; *sarments* courts ou de longueur moyenne avec nombreuses ramifications; lisses et teintés de pourpre à l'état herbacé; rouge brun ou châtain clair à l'aoûtement qui est un peu tardif; écorce mince et peu de moelle; mérithalles courts avec gros nœuds légèrement aplatis. *Feuilles* petites, entières, plus larges que longues, toujours repliées en gouttière et absolument glabres sur les deux faces; sinus pétiolaire très ouvert; presque sans tablier. *Grappe* petite, irrégulière; grains petits, noirs, à pulpe colorée en rouge, d'un goût franc. *Graines* petites, rondes; chalaze peu proéminente, allongée; se confondant avec le raphé.

Adaptation. — Le Rupestris est l'espèce qui vient le mieux dans les milieux les plus secs et les moins riches. Il résiste très bien au phylloxera, au froid et à la sécheresse, mais l'excès d'humidité lui est nuisible, car il redoute le pourridié.

Le meilleur porte-greffe pour les sols caillouteux, à cailloux siliceux ou de calcaire *dur*, qu'ils soient en coteaux ou en plaines peu fertiles, pour les sols siliceux à grains gros ou petits. Ex. : Les terres du diluvium alpin, les alluvions modernes caillouteuses du Rhône, les sols granitiques et caillouteux du pourtour du Plateau central, des alluvions anciennes de la Charente et du Rhône à fragments calcaires durs et siliceux mélangés, les sables caillouteux tertiaires de la Gironde, etc. (Viala et Ravaz.)

Ne convient pas aux calcaires tendres, aux argiles bleus, ni aux marnes jaunes. Dans les sols humides, dans les terrains riches et fertiles, d'autres espèces lui sont supérieures.

Sa reprise au greffage et au bouturage, bien qu'un peu inférieure à celle du Riparia ou du Vialla est satisfaisante. S'unit bien avec la plupart de nos plants et porte des greffes vigoureuses, fructifères, à maturité précoce.

Variétés. — Comprend de nombreuses variétés et vu son importance comme porte-greffe, il doit être l'objet d'une sélection soignée. On ne doit employer pour la reconstitution que des formes de première vigueur.

Voici, en substance, la classification adoptée par MM. Viala et Ravaz dans leur récent ouvrage sur l'*Adaptation*. Ils les divisent en :

I. *Rupestris à petites feuilles*, comprenant deux subdivisions.

1º Rupestris à port très buissonnant, nombreuses ramifications secondaires et tertiaires, non luisantes à l'état herbacé; rameaux principaux courts; feuilles petites, bien pliées, souvent minces, *ternes* à la face supérieure, d'un jaune verdâtre, peu luisant à la face inférieure. Formes les moins vigoureuses, se chlorosant facilement, très atteintes par la Mélanoe; doivent être rejetés des plantations;

2º Formes des plus vigoureuses, à tronc très gros, à longs et forts sarments, à ramifications secondaires dressées, feuilles de dimensions moyennes, ouvertes, *lustrées* sur les deux faces, rameaux généralement envinés à l'état herbacé. Dans ce sous-groupe sont comprises des formes très méritantes et très vigoureuses, poussant dans les milieux les plus secs, parmi elles : *Rupestris Mission, R. du Lot, R. Reich ou Richter*, puis *R. Ganzin, R. Martin*, etc.

II. *Rupestris à grandes feuilles*, comprenant tous les Rupestris à grandes feuilles, à ramifications moins nombreuses; les feuilles, pliées en gouttière, sont plus ouvertes. Ce groupe est subdivisé en :

1º Rupestris à grandes feuilles épaisses, d'un vert très foncé à la face supérieure, peu gaufrées, ouvertes. Ex. : *Rupestris à feuilles métalliques ou R. Metallica, R. à pousses violacées*, etc. ;

2º Rupestris à grosses feuilles charnues et très luisantes, ouvertes et parfois réfléchies sur les bords, souvent très gaufrées entre les nervures principales et secondaires. Ex. : *Rupestris Ecole, R. de Fortworth*, etc. ;

3º Rupestris à très grandes feuilles, bien planes, presque aussi larges que longues, à port non buissonnant. Ont subi l'action de l'hybridation avec d'autres espèces. Ex. : *Rupestris du Kausas, R. nº 62 de Jœger*, etc.

Toutes ces formes ont une valeur à peu près égale comme porte-greffes et sont très méritantes.

Le Rupestris a donné un grand nombre d'hybrides qui offrent de l'intérêt, notamment les *Riparia* × *Rupestris, Cordifolia* × *Rupestris, Champins* × *Rupestris, Æstivalis* × *Rupestris*.

LES VIGNES D'ASIE

Dans le tableau de la page 504 figurent les noms des principales espèces de vignes asiatiques. Ce sont : *V. Coignetiæ, V. Romaneti, V. Thumbergi, V. Lanata, V. Pedicellata, V. Davidi, V. Aæmurensis, V. Pagnuccii*.

Les cinq premières, qui par leurs caractères généraux présentent d'assez grands rapports avec le Labrusca, forment la série des Labruscoïdeæ asiaticæ.

Toutes sont très peu résistantes au phylloxera quand elles ne succombent pas sous ses atteintes; elles ne poussent bien que dans les sols profonds, riches et frais. Par suite de leur trop faible production ou de la mauvaise qualité de leurs fruits, ne sont pas susceptibles de jouer le rôle de producteur direct et n'offrent aucune valeur pour la culture. Certaines très gracieuses pourraient être cultivées comme plantes d'ornement. C'est vraisemblablement le seul parti que l'on puisse en tirer.

HYBRIDES SAUVAGES AMÉRICAINS PORTE-GREFFES

BERLANDIERI-CANDICANS. — Existent en grand nombre et offrent tous les degrés intermédiaires entre les types originels. Certains (forme Barnes) sont d'une vigueur extraordinaire communiquée par le Mustang qui, d'autre part, diminuerait la résistance à la chlorose du Berlandieri (Viala et Ravaz). Toutes les formes que l'on a expérimenté dans les craies de Cognac se sont montrées assez sensibles à la chlorose.

Sont difficiles au bouturage, on a cependant isolé quelques types plus commodes, parmi lesquels :

Berlandieri-Candicans nº 1 de M. Munson.
— nº 2 —
— nº 3 —
— forme Barnes.
— — Bouisset.

D'après MM. Viala et Ravaz, si leur multiplication devenait pratique on pourrait peut-être les essayer dans certains terrains marneux et blanchâtres dans lesquels la proportion de calcaire ne serait pas trop élevée.

BERLANDIERI-MONTICOLA. — Plus vigoureux que le V. Monticola, habitant comme lui à l'état sauvage les coteaux arides à calcaires assez durs. Certaines formes sont très sensibles au phylloxera. N'ont pas été encore suffisamment essayés, mais il est à présumer que les plus vigoureuses et les plus résistantes auront une certaine valeur pour les terres assez calcaires (terres du Jurassique, terres de groie, d'après MM. Viala et Ravaz).

CANDICANS-RIPARIA. — Atteint un grand développement et possède un tronc plus gros que le Riparia dans les alluvions sableuses, rougeâtres et fertiles. Feuilles grandes, semblables à celles des Riparias; les rameaux portent des poils identiques à ceux du Mustang. Peut avoir de la valeur pour les terrains riches et peut-être aussi dans ceux à Solonis avec lequel il offre des rapports, mais ne paraît pas supérieur à ce dernier. (D'après MM. Viala et Ravaz.)

CHAMPIN-RUPESTRIS ou Candicans-Rupestris, appelé V. Champini par M. Planchon.

Comprend plusieurs formes intermédiaires entre le Rupestris et le Candicans. Les unes, par leur port buissonnant, leurs feuilles petites, luisantes et repliées en gouttière, se rapprochent du Rupestris et constituent les *Champins glabres*; les autres, à feuilles planes, coriaces, plus grandes, rappellent le Candicans et sont les *Champins omenteux.*

Reprennent difficilement de boutures, surtout les formes tomenteuses, mais se multiplient assez facilement par le marcottage en butte; ont donné de bons résultats comme porte-greffes dans des calcaires assez durs et peu fertiles, et dans des marnes jaunâtres où les Riparias et les Jacquez disparaissaient. Mais dépérissent après greffage dans les calcaires crayeux.

Les formes tomenteuses sont les plus méritantes, mais bien inférieures au Berlandieri ou à ses hybrides pour les milieux où on pourrait les utiliser.

CINEREA-RUPESTRIS. — Rares à l'état sauvage et poussent dans les terres à Rupestris; peuvent venir dans les terrains plus secs que les Cordifolia-Rupestris, mais se chlorosent dans les terres crayeuses et paraissent inférieures aux Rupestris dans les milieux où on pourrait les cultiver. Reprennent assez difficilement de bouture. (D'après MM. Viala et Ravaz.)

CORDIFOLIA-CINEREA. — Assez abondant en Amérique, d'une vigueur inférieure aux espèces qui les ont formés et viennent dans lés terrains moins calcaires. Doivent être d'un bouturage difficile, n'ont pas été essayés en France, mais n'offrent vraisemblablement pas d'intérêt pour les mauvais terrains.

CORDIFOLIA-RUPESTRIS. — Ont été multipliés en France en 1880 par M. de Grasset. Il existe de nombreuses formes en Amérique où on les trouve dans les mêmes terrains que le Rupestris, par conséquent non calcaires.

Ont un gros tronc, une grande vigueur, résistent bien au phylloxera et reprennent assez facilement de bouture.

Ne devront pas être mis dans les calcaires crayeux, les marnes jaunes, les marnes blanches compactes et peu riches ou trop calcaires. Grâce à leurs qualités précitées qui en font de bons porte-greffes, pourront être cultivés dans les terres à Rupestris; réussiront aussi dans les bons sols à Riparia, mais pour ces terrains ne paraissent pas supérieurs aux bonnes formes de ces deux espèces.

Les meilleurs types sont les n°s 1, 4 et 5 de Jœger et le Cordifolia-Rupestris de Grasset n° 1 signalé par M. Millardet. Ce dernier très résistant, reprend très bien de bouture et porte des greffes très vigoureuses.

LABRUSCA-ÆSTIVALIS. YORK MADEIRA. — Hybride de Labrusca. Æstivalis (d'après M. Millardet). Une des vignes américaines les plus anciennes en Europe. Sa résistance au phylloxera a été reconnue relativement peu élevée. Vu sa rusticité, a été considéré comme porte-greffe de valeur pour les terrains arides, où il reste faible. Constitue un bon porte-greffe seulement pour les climats frais du Centre et du Nord, dans les terrains caillouteux, siliceux ou de calcaire dur, *mais non crayeux*. Dans le Midi, le phylloxera le déprime excepté dans les milieux riches.

Reprend facilement au bouturage et au greffage, et donne des soudures parfaites, surtout avec les variétés à bois serré comme Carignan. Persan, etc. On peut lui reprocher son lent développement au début, mais il finit par donner de bonnes greffes.

Néanmoins pour les milieux qui lui conviennent, le Rupestris qui nourrit plus rapidement le greffon, lui est aujourd'hui préféré. Bien que cultivé en quelques points de l'Italie pour ses fruits, n'a pas de valeur comme producteur direct.

LABRUSCA-RIPARIA. Black Pearl. — Semis de Clinton. Vigoureux, cultivé en Amérique comme producteur direct, mais sans valeur pour cet emploi. Pourrait réussir comme porte-greffe dans les terrains riches où les bonnes formes de V. Riparia seront préférées.

Clinton. — Hybride de Riparia et Labrusca. Le plus ancien des porte-greffes utilisés; dans le Midi, des vignobles entiers ont été reconstitués avec ce cépage et sont encore prospères dans les milieux riches. Il est d'une adaptation difficile et craint énormément le calcaire; il ne se maintient bien que dans les terres meubles, fertiles et profondes, dans les sols siliceux rouges.

Mais dans toutes les terres où il peut prospérer, les Riparias lui sont supérieurs et surtout plus résistants; aussi l'a-t-on abandonné.

Il est d'une reprise facile à la bouture et à la greffe.

Franklin. — Ressemble beaucoup au Vialla à tous points de vue, mais lui est inférieur comme vigueur.

Noah. — Semis de Taylor. Pourrait jouer le rôle de porte-greffe grâce à sa grande vigueur. Pousse dans la plupart des terrains, pourvu qu'ils ne soient pas *crayeux* ou de *marne jaune*. Mais est inférieur à d'autres porte-greffes dans les milieux riches et profonds où il se développe bien.

Oporto. — Hybride de Riparia et de Labrusca. Assez peu répandu, a de la valeur comme porte-greffes au moins dans la région du Centre, notamment dans les terrains granitiques, schisteux, mais aussi dans les silico-argileux, argilo-calcaires assez compacts, mais pas trop secs, où il atteint une végétation exubérante. Au moins aussi vigoureux que le Vialla et plus résistant à la chlorose, il porte bien la greffe de Gamay pour lequel il a beaucoup d'affinité. Bien qu'inférieure à celle du Vialla, sa reprise au greffage est encore pratiquement suffisante.

Vialla. — Semis de Clinton. Excellent porte-greffe dans les milieux qui lui conviennent, pour les climats frais du [Centre, de l'Est, du Sud-Ouest et du Nord qui favorisent sa résistance. Dans les régions sèches, le phylloxera le déprime. A formé la base de la reconstitution dans les terres granitiques du Beaujolais. Il doit être réservé pour les terres assez légères, siliceuses ou argilo-siliceuses joignant à une assez bonne qualité, une fraîcheur suffisante, les terres de nature granitique ou schisteuse.

Il craint énormément le calcaire et redoute les terres trop compactes et froides, les milieux secs peu profonds ou trop caillouteux.

Considéré comme le porte-greffe américain se multipliant le plus facilement par le bouturage donnant au greffage le plus grand nombre de reprises et se prêtant le mieux à la greffe bouture. Ses soudures sont parfaites, notamment avec le Gamay.

TAYLOR. — Considéré comme hybride de Riparia et Labrusca. A du mérite comme porte-greffe et a servi à la reconstitution d'importants vignobles. Délaissé depuis l'apparition des Riparias, avec raison, dans les terrains profonds et fertiles; mais a de la valeur pour quelques sols spéciaux, notamment pour les terres franches peu fertiles et dans les sols de marne ou d'argile bleue, ni trop secs, ni trop humides. Succombe du phylloxera dans les sols calcaires et secs, et dans les terres pauvres.

Résiste bien dans les milieux qui lui conviennent; porte très bien les greffes de nos plants français, reprend très facilement de bouture et atteint rapidement une bonne grosseur de tronc.

A signaler le Taylor Narbonne, présenté par M. le Dr Despetis, d'une grande vigueur et qui aurait l'avantage de pousser dans la marne blanche de Montpellier. D'après MM. Viala et Ravaz, ce cépage qui n'est très probablement pas hybride de Labrusca, vient assez bien dans les terres peu calcaires, mais meurt dans la craie des Charentes. A l'étude.

MONTICOLA-CANDICANS. — Très nombreux et se distinguent des Champins × Rupestris par leurs dents triangulaires et disposées normalement au limbe, comme chez le V. Monticola. Ils poussent dans des terres assez calcaires, sèches et peu fertiles, mais non dans les craies. La forme la plus remarquable est celle de Belton, de reprise assez difficile au bouturage. (D'après MM. Vialla et Ravaz.) Elle a jauni, mais sans se rabougrir, dans les craies de Cognac; sa résistance à la chlorose est inférieure à celle du Berlandieri.

D'après les mêmes auteurs, pourraient peut-être avoir de la valeur pour les marnes assez calcaires et compactes, et demande à être essayé encore et surtout à pouvoir être pratiquement bouturé.

RIPARIA-ÆSTIVALIS. — Croissent en Amérique, dans des sols rouges, fertiles, presque toujours siliceux, où elles sont très vigoureuses. Pourraient faire de bons porte-greffes dans les terres riches à Riparia; mais, vu leur origine, il est à présumer, comme le font remarquer MM. Viala et Ravaz, qu'ils seraient peu résistants à la chlorose. Par suite ne conviendraient pas aux sols calcaires.

M. Millardet a fait connaître sous le nom d'hybride Azémar un Riparia-Æstivalis qu'il considère comme bon porte-greffe pour les terrains argileux non humides. Il se chlorose dans les craies des Charentes. Il peut égaler le Riparia dans les sols siliceux ou argilo-siliceux et meubles.

RIPARIA-CINEREA. — Rares à l'état sauvage. Quelques-uns très vigoureux avec un tronc plus gros que celui des Riparias. Peu connus ; d'après MM. Viala et Ravaz, sont peut-être sensibles à la chlorose, vu leur parenté ; pourraient avoir quelque valeur pour les terrains compactes et humides.

RIPARIA-CORDIFOLIA. — Certaines belles variétés de Riparia sont considérées comme des hybrides Riparia-Cordifolia. Ils sont très vigoureux et conviennent aux terrains riches.

RIPARIA-RUPESTRIS. — Il existe un grand nombre de formes dont quelques-unes ont une grande valeur. Plus vigoureux que les Rupestris et les Riparias, ils portent de belles greffes dans les terres calcaires où ces deux espèces jaunissent un peu.

Plusieurs de ces hybrides, obtenus artificiellement en France, sont restés verts, une fois greffés, dans les terres de groie des Charentes, notamment les nos 101 et 108 de MM. Millardet et de Grasset, les nos 3309 et 3306 de M. Couderc. Ce sont donc là de précieux porte-greffes ; mais on aura soin de ne cultiver que les variétés les plus vigoureuses : les précédentes, ainsi que le *Riparia-Rupestris gigantesque* de Jœger.

Ces formes qui résistent très bien à la chlorose dans les terres de groie pas trop calcaires meurent cependant dans les terres crayeuses des Charentes.

RUPESTRIS-ÆSTIVALIS. — Viennent en Amérique dans les terres assez riches, parfois sèches, mais siliceuses. Quand ils sont vigoureux, sont de très bons porte-greffes pour tous les milieux où le Rupestris pourrait être cultivé, surtout dans les terres caillouteuses, siliceuses ou à fragments calcaires, dures, sèches et assez fertiles. (D'après MM. Viala et Ravaz.)

Le Rupestris Taylor et le Rupestris de Lézignan notamment poussent bien dans ces terres et aussi dans les sols à calcaires durs comme les bons sols des garrigues du Midi ; ils se chlorosent dans les calcaires et les marnes crayeuses.

SOLONIS OU NOVO-MEXICANA. — D'après M. P. Viala, le Solonis n'est qu'une forme du Novo-Mexicana qui comprend tout un groupe de vignes. Ce sont des hybrides de Riparia et de Candicans auxquels M. Millardet adjoint le Rupestris. Ils viennent naturellement dans des terres renfermant assez de calcaire.

Le Solonis expérimenté depuis plus de 25 ans est une des vignes américaines qui ont le plus réussi dans des sols relativement calcaires. Il donne de bons résultats dans les terres assez calcaires mais riches, fraîches et profondes (40 à 50 centimètres) et reposant sur un sous-sol crayeux ou marneux blanc, là où les Riparia, Rupestris, Viala meurent rapidement. (D'après MM. Viala et Ravaz.) On ne le mettra pas dans les calcaires crayeux tendres où il se chlorose dès qu'on le greffe, ni dans les marnes blanches ou jaunes peu fertiles. C'est le porte-greffe indiqué pour les terrains bas et humides, où jaunissent les Riparias, et les terrains profonds à sous-sol crayeux et tuffeux et aussi les terrains salés.

Enfin la plupart des sols lui conviennent à condition qu'ils ne se dessèchent pas en été.

Facile à multiplier; avoir soin de choisir les sarments de moyenne grosseur qui réussissent mieux que les gros au bouturage. Un peu plus difficile au greffage que le Riparia, mais nourrit de belles greffes fructifères.

A signaler le Solonis Feytel intéressant par sa vigueur, sa plus grande facilité au greffage et au bouturage, et sa résistance à l'anthracnose.

A citer encore dans le groupe du Novo-Mexicana, d'après MM. Viala et Ravaz, la forme *Hutchinson*, qui a beaucoup d'analogie avec le Solonis, mais qui est plus vigoureux; la forme *Mobœtie* que ses caractères rapprochent plus du Rupestris que toutes les autres formes du Novo-Mexicana; ces deux variétés sélectionnées par M. Munson, en Amérique, peuvent avoir une qualité au moins égale au Solonis pour les terres assez calcaires. Enfin, le Doaniana, que M. Munson considère comme une espèce encore peu connue.

VINIFERA. — ÆSTIVALIS. — CINEREA. — Jacquez. — Beaucoup d'auteurs le regardent comme une forme pure d'Æstivalis; d'autres le considèrent comme hybride ternaire d'Æstivalis — Vinifera — Cinerea, ce qui expliquerait sa grande affinité pour nos variétés de pys. (V. Vinifera.)

Par suite de cette affinité, les greffes sur Jacquez se conduisent en tous points comme de francs pieds; la production n'est pas augmentée et la maturité n'est pas avancée comme cela a lieu pour les greffes sur Riparia ou sur Rupestris qui ont plus de dissemblance avec nos cépages.

Reprend un peu moins facilement de bouture que d'autres porte-greffes, mais en apportant les soins voulus on obtient au greffage de bons résultats. Dans le Centre, sa reprise est meilleure en greffe, bouture. Contrairement au Riparia et au Rupestris, il reprend facilement quand on le greffe à un certain âge. Réussit bien dans tous les climats de la France et ses greffes ont bien résisté aux plus grands froids.

Sa résistance au phylloxera, qui dans quelques cas exceptionnels a paru faiblir dans des sols très pauvres et très secs du Midi, est suffisante dans tous les terrains qui lui conviennent.

C'est avec le Solonis, et plus que lui encore, celui des porte-greffes communs qui s'accommode le mieux des terrains assez calcaires. Très apprécié dans le Midi pour les marnes calcaires feuilletées du Miocène où les Riparias meurent, ainsi que dans les calcaires jurassiques de la Vendée et aussi dans les parties assez fertiles des groies jurassiques. (D'après MM. Viala et Rava.)

Le Jacquez réussit mieux que le Solonis dans les marnes calcaires.

Ce dernier sera choisi, au contraire, quand les terres crayeuses où il peut réussir seront caillouteuses ou assez meubles.

Mais comme tous les autres porte-greffes communs, le Jacquez et le Solonis se chlorosent et meurent dans les terres blanches crayeuses.

Excellent porte-greffes pour les terrains d'argiles bleues, de marnes bleuâtres et calcaires, dans les marnes grisâtres fertiles et en général dans tous les terrains compacts où les autres porte-greffes se chlorosent ou végètent mal.

HERBEMONT. — De même origine que le Jacquez, il en possède les propriétés et, à part la faculté d'adaptation, se comporte comme lui en tant que porte-greffe. Reprend un peu plus difficilement de bouture, mais on peut cependant obtenir 60 à 70 0/0 de réussite. Contrairement au Jacquez qui vient bien à peu près partout, il réussit mieux dans les climats frais de l'Ouest et du Centre que dans le Midi. Dans cette région, il est en effet d'une adaptation très difficile. D'après M. Foëx, les terres caillouteuses, perméables, faciles à échauffer et conservant néanmoins, pendant l'été, une certaine fraîcheur, seules lui permettent de végéter vigoureusement et sans chlorose.

C'est un bon porte-greffe dans le Sud-Ouest pour les terrains peu calcaires; il prospère surtout dans les sols siliceux ou silico-argileux sains et fertiles pour lesquels les Riparias et les Rupestris lui seront supérieurs. Il craint beaucoup les marnes blanches et les calcaires crayeux.

D'après MM. Viala et Ravaz, l'*Herbemont Touzan* s'accommode mieux que l'Herbemont de certains terrains calcaires et lui est supérieur comme résistance.

L'Herbemont donne souvent des greffes vertes là où il jaunissait avant d'être greffé.

Parmi les hybrides de ce groupe se trouvent plusieurs producteurs directs que nous étudierons plus loin.

HYBRIDES AMÉRICAINS PRODUCTEURS DIRECTS

Les producteurs directs américains connus ne sont vraisemblablement appelés à jouer qu'un rôle bien secondaire et transitoire dans la reconstitution de nos vignobles.

Pour la plupart d'une résistance incertaine, peu fertiles et donnant un vin fort médiocre, sinon détestable, en tout cas toujours inférieurs aux vins les plus ordinaires de nos vignes françaises, on devra leur préférer ces dernières, greffées sur plants américains résistants et bien adaptés. C'est dans quelques cas exceptionnels seulement, et comme moyen de transition, qu'on pourra planter les meilleurs de ces cépages.

Quelques-uns renfermant beaucoup de sang de Vinifera ont une résistance élevée à la chlorose, notamment l'Othello, le Secretary, le

Brandt, le Canada, le Cornucopia, etc. Ceux d'entre eux qui offrent le plus de qualités peuvent, dans quelques situations spéciales, dans les terrains calcaires où les porte-greffes actuellement employés ne viennent pas, mais riches, meubles et frais, et sous les climats tempérés, rendre peut-être pendant quelques années des services d'ailleurs restreints. Mais vu leur sensibilité au phylloxera, quand les terrains seront favorables à l'action de l'insecte, ils succomberont rapidement. En somme, comme l'indiquent MM. Viala et Ravaz dans leur ouvrage *Adaptation*, on doit renoncer à leur culture à peu près dans toutes les situations et on devra y renoncer partout sous peu, lorsque les porte-greffes ou même les futurs producteurs directs pour les terrains calcaires auront été sélectionnés et multipliés.

Il faut donc que tout viticulteur soit bien persuadé qu'aucune vigne américaine actuellement connue ne peut donner des produits égalant en quantité et en qualité ceux de nos anciens cépages.

CÉPAGES NOIRS

BACCHUS. — **Origine**. — Semis de Clinton (hybride de V. Riparia et V. Labrusca.)

Résistance. — A peu près égale à celle du Clinton. Peu atteint par les maladies cryptogamiques, le Black-rot excepté.

Adaptation. — Semble s'accommoder de la plupart des terres fertiles ; comme tous les hybrides de cette origine, redoute le calcaire. (D'après MM. Viala et Ravaz.)

Climat et maturité. — Sa maturité facile permet de le cultiver sous le climat du Centre.

Végétation et taille. — Vigueur moyenne ; ressemble beaucoup au Clinton. Il demande une taille très longue.

Production. — Assez fertile, conduit à grand développement, donne un vin bien coloré avec un goût spécial peu agréable.

Valeur culturale. — Vu l'infériorité de ses produits est sans valeur pour nos vignobles.

BLACK DÉFIANCE. — **Synonymie**. — Aucune.

Origine. — Black saint Peter's et Concord. (Hybride Vinifera et Labrusca.)

Résistance. — Faible envers le phylloxera, insuffisante dans les milieux secs et chauds ; assez réfractaire aux maladies cryptogamiques, sans en être exempt.

Adaptation. — Les terres argileuses, fraiches et fertiles paraissent bien lui convenir.

Climat et maturité. — Les climats frais du Centre favorisent sa résistance trop faible dans le Midi, mais sa maturité entre 2e et 3e époque s'y effectue tout juste.

Végétation et taille. — Vigoureux ; produit à la taille courte mais donne davantage à la taille longue.

Production. — Assez fertile ; son vin, un des moins mauvais, est peu foxé, mais possède un arrière-goût *sui generis*.

Valeur culturale. — A beaucoup fait parler de lui, mais ne peut vraisemblablement réussir que dans les milieux riches et frais où le greffage sur vignes plus résistantes donnera des résultats bien supérieurs.

BLACK JULY. — **Synonymie**. — Devereux, Lincoln, Blue grape, Sherry, Thurmond, Hart, Tuley, Mac Lean, Husson (en Amérique), reçu aussi en Europe sous les noms de Lenoir et de Baldwin-Lenoir. (D'après M. Foëx.)

Origine. — Hybride de V. Æstivalis, V. Cinerea, V. Vinifera. (D'après M. Millardet.)

Résistance. — Suffisante envers le phylloxera et s'est montré assez réfractaire aux maladies cryptogamiques.

Adaptation. — S'accommode pourvu qu'ils ne soient pas trop mouilleux et réussit surtout dans les terrains fertiles, profonds et frais.

Climat et maturité. — Sa maturité de 3ᵉ époque en fait un cépage méridional.

Multiplication. — Reprend difficilement de bouture.

Végétation et taille. — Vigoureux et rustique; produit davantage à la taille longue. On arriverait peut-être par un grand **développement** à augmenter sa fructification.

Production. — Très peu productif, dépasse rarement 15 à 20 hectolitres à l'hectare. Son vin rouge, l'un des meilleurs produits par les cépages américains, est bon de goût, fin et d'une jolie couleur.

Valeur culturale. — D'une multiplication difficile et d'une fructification insuffisante, défauts qui ont primé ses qualités, il est toujours resté dans les collections.

Sous-variétés. — A donné à l'Ecole de Montpellier un semis à fruit blanc, le *Riley*, qui peut être regardé comme un bon raisin de table. (D'après M. Foëx.)

BRANDT. — Hybride d'Arnold n° 8. De même origine que le Canada, il offre avec lui de grandes ressemblances. Il a, au point de vue de la culture, les mêmes exigences, les mêmes qualités et les mêmes défauts.

Maturité. — 1ʳᵉ et 2ᵉ époque.

CANADA. — **Synonymie**. — Hybryde d'Arnold n° 16.

Origine. — Clinton × Black Saint Peters. (Hybride V. Vinifera, V. Labrusca et V. Riparia.)

Résistance au phylloxera un peu inférieure à celle de l'Othello (d'après MM. Viala et Ravaz), jusqu'ici ne s'est montrée suffisante que dans les terrains riches et frais. Assez accessible au mildiou et au Black-rot, il craint aussi le grillage.

Adaptation. — Tient du V. Vinifera une faculté d'adaptation aussi grande que l'Othello, dans les terres calcaires, mais ne doit être mis que dans les terrains fertiles et profonds.

Climat et maturité. — Sensible au phylloxera dans les régions chaudes, convient surtout au Centre et au Centre-Est, mûrit à la 1re et 2e époque.

Végétation et taille. — Assez vigoureux. Semble demander un grand développement pour donner tout son produit. Le principe de la taille Guyot, appliqué à ce cépage, a donné de bons résultats.

Production. — Donne en quantité relativement grande (moindre que nos vignes indigènes), un vin offrant de réelles qualités, brillante couleur, légèrement acide et très franc de goût.

Valeur culturale. — Un des meilleurs pour la qualité des produits dans les contrées qui ne sont pas trop sèches; mais, à cause de sa faible résistance, ne doit être utilisé qu'avec prudence et dans les milieux riches.

CLINTON. — **Synonymie**. — Wortington (de Downing) (d'après M. Foëx).

Origine. — Hybride de V. Labrusca et V. Riparia.

Résistance. — Suffisante envers le phylloxera quand il est bien adapté; succombe sous ses atteintes quand il est placé dans de mauvaises conditions; résiste bien aux maladies cryptogamiques.

Adaptation difficile; redoute les terrains pauvres et secs, les sols forts, froids et humides, mais surtout le calcaire. Les terres meubles, fertiles et profondes, dans les sols siliceux et rouges, sont les milieux qui lui conviennent le mieux.

Climat et maturité. — Sa maturité précoce (1re époque) lui permet de jouer le rôle de producteur direct dans les climats du Centre, notamment dans l'Ardèche et la Drôme où il a été multiplié.

Végétation et taille. — Vigoureux; demande pour produire un grand développement et une taille à long bois. La culture en chaintre, par exemple, semblerait donc lui convenir, de même que la conduite en grand treillage.

Production. — Assez fertile en lui donnant l'expansion voulue. Par la sélection on peut obtenir des pieds plus productifs que d'autres. Son vin est bien coloré, alcoolique, acide, mais possède un goût particulier. Il se conserve bien et peut s'améliorer en vieillissant.

Valeur culturale. — Grâce à sa maturité précoce, a été multiplié dans le Centre, notamment dans la Drôme et l'Ardèche où il prospère dans les terrains à sa convenance grâce à l'action relativement faible du phylloxera, due au climat. Mais par le greffage sur Riparia l'on obtiendrait, dans les milieux où le Clinton peut être cultivé, des résultats bien supérieurs comme quantité et qualité de vin. (D'après MM. Viala et Ravaz.)

CORNUCOPIA. — **Synonymie**. — Hybride d'Arnold n° 2.

Origine. — Clinton × Black Saint Peters. (Hybride de V. Vinifera, V. Labrusca, V. Riparia.)

Résistance. — Faible envers le phylloxera, succombe dans les milieux secs et infertiles, paraît cependant résister suffisamment quand il est bien adapté.

Adaptation. — Comme tous les hybrides de même origine, Othello, Brandt, Canada, Secretary, peut supporter une dose assez élevée de calcaire, mais il ne réussit bien que dans les terres sèches et fraîches.

Climat et maturité. — Sa maturité précoce, 1re et 2e époque, permet de le cultiver sous les climats frais de l'Est et du Centre qui lui sont plus favorables.

Végétation et taille. — Assez vigoureuse; le traiter comme le Canada.

Production. — Moyenne; son vin assez alcoolique d'un rouge vif est un des plus acceptables.

Valeur culturale. — A cause de sa maturité hâtive et des qualités relatives de son vin, a été conseillé dans l'Est. Mais sa sensibilité au phylloxera exigeant pour lui les milieux fertiles, on devra s'en tenir aux indications générales données au début du chapitre. Son débourrement précoce l'expose aussi aux gelées printanières.

CYNTHIANA. — **Synonymie**. — Norton's Virginia, Red River, Norton's Virginia Seedling.

Origine. — Hybride de V. Labrusca, V. Æstivalis et V. Cinerea, considéré aussi comme Æstivalis pur. (D'après M. Millardet.)

Résistance, — Très bonne envers le phylloxera et les maladies cryptogamiques. Craint peu les gelées d'hiver.

Adaptation. — Très difficile, ne vient bien dans le Midi que dans les terrains rouges, riches, à cailloux siliceux. Dans la Drôme et le Rhône, s'accommode mieux de divers terrains à condition cependant qu'ils ne soient ni imperméables, ni blanchâtres.

Climat et maturité. — Exige un climat frais. Convient au Centre-Sud plutôt qu'au Midi où il se comporte mal. Maturité 3e époque.

Multiplication. — Très difficile au bouturage.

Végétation et taille. — Vigoureux, doit être conduit à grand développement et peut supporter de nombreux rameaux. La taille à long bois avance sa mise à fruit et favorise sa production.

Production. — Très faible, variable suivant la culture, donne le plus beau vin rouge américain; d'une couleur intense, stable, corsé et alcoolique, pourrait servir à relever les vins faibles.

Valeur culturale. — Malgré les qualités de son vin, son extension est arrêtée par sa difficulté d'adaptation et de reprise au bouturage et sa faible production.

HERBEMONT. — **Synonymie**. — Herbemont's Madeira, Warenton, Warren, Neil grape. (Aucun usité en Europe, d'après M. Foëx.)

Origine. — Hybride d'Æstivalis, Cinerea et Vinifera?

Résistance. — Suffisante au phylloxera, à peu près égale à celle du Jacquez. (D'après MM. Viala et Ravaz.)

Adaptation. — Difficile. Très sensible à la chlorose, il redoute beaucoup le calcaire, les terres argileuses humides et froides. Prospère dans les sols siliceux et riches, s'échauffant facilement, dans les terrains fertiles et dans les sols caillouteux et rouges.

Climat et maturité. — Convient surtout au Sud-Ouest où son adaptation est plus facile que dans le Midi ; il est aussi cultivé dans le Centre-Sud sur les coteaux bien exposés de la Drôme et de l'Ardèche. Maturité tardive, 3ᵉ époque.

Multiplication. — Un peu difficile, mais la reprise de bouture peut atteindre cependant 80 0/0.

Végétation et taille. — Vigoureux quand il est bien adapté. Il demande la taille à long bois et se prête aux systèmes à grand développement.

Production. — Assez abondante ; son vin sans goût foxé, moins grossier que celui du Jacquez et moins coloré, est d'une bonne tenue et se rapproche davantage de nos vins communs. Il serait même supérieur fait en blanc.

Valeur culturale. — A certains mérites comme producteur direct pour le Sud-Ouest et le Centre-Sud ; mais ne pourra remonter plus au Nord vu la maturité tardive de ses fruits et de son bois qui s'aoûte difficilement. Sa production inférieure en quantité et qualité à celle de nos plants fera qu'on préférera les vignes greffées.

Sous-variétés. — A donné par semis en *Amérique* :

1º *Dunn* ; 2º *Exquisite* ; 3º *Harwood* ; 4º *Yoakum*.

En France : 1º *Herbemont Touzan* ; 2º *Herbemont blanc* (*de Malègue*) ; 3º *Herbemonts d'Aurelle* (*en Algérie*).

Herbemont d'Aurelles nº 1. — Obtenu par M. d'Aurelles de Paladines en Algérie. Vigoureux et d'une grande fertilité. Mûrit après le précédent (en même temps que l'Aramon, 3ᵉ époque) ; aoûte tardivement ses rameaux. Jusqu'ici s'est montré d'une résistance trop faible au phylloxera pour jouer un rôle dans la reconstitution et exige à cause de cela les milieux les plus riches.

Herbemont Touzan. — Obtenu par M. Lauze, d'Agen ; d'une grande fertilité, il donne des grappes pesant de 300 à 600 grammes (d'après M. Millardet) et un vin de bonne qualité. Il est vigoureux et s'accommode mieux que l'Herbemont ordinaire de certains terrains calcaires et lui est supérieur comme résistance et comme productivité. Mais son importance ne paraît pas devoir augmenter. (D'après MM. Viala et Ravaz).

HUNTINGTON. — **Synonymie**. — Aucune.

Origine. — Hybride de Rupestris, Labrusca et Riparia.

Résistance. — Assez bonne envers le phylloxera et les diverses maladies cryptogamiques.

Adaptation. — Semble venir dans la plupart des terrains.

D'après MM. Viala et Ravaz il ne redoute pas trop le calcaire et dans quelques terres de groie des Charentes, il végète vigoureusement, non greffé, tant que le phylloxera ne l'a pas attaqué.

Climat et maturité. — Sa maturité très précoce (1re époque) fait qu'on l'a conseillé dans le Nord comme producteur direct.

Végétation et taille. — Rustique mais assez peu vigoureux, rappelle beaucoup le Rupestris par son port et ses feuilles. Les diverses tailles paraissent lui convenir.

Production. — Il produit un grand nombre de très petites grappes; dans le Beaujolais, ses fruits possèdent un goût désagréable qui se communique au vin, peu riche en alcool. Sa couleur d'abord assez belle se perd promptement.

Valeur culturale. — Son faible rendement, par suite de la petitesse de sa grappe, la mauvaise tenue de son vin qui se décolore rapidement, le font abandonner malgré sa maturité précoce et son aspect plus apparent que réel. N'a jamais donné qu'un produit très inférieur.

JACQUEZ. — **Synonymie**. — Black spanish, Lenoir, Burgundy, Cigar's box grape, Longworth's Ohio, aussi Ohio, Alabama, Mac Candless, El Pasa, Jacques.

Origine. — Hybride d'Æstivalis, Vinifera et Cinerea.

Résistance. — Suffisante au phylloxera dans les bons terrains qui lui conviennent; a faibli en certains points du Midi où son adaptation est mauvaise. Craint énormément le mildiou (spécialement celui des grains) ainsi que l'anthracnose et le black-rot. Supporte bien les grandes chaleurs et résiste au froid.

Adaptation. — Assez facile; supporte une assez forte dose de calcaire, convient dans les terres argileuses et marneuses et en général dans tous les terrains compacts.

Climat et maturité. — Par suite de sa très grande accessibilité au mildiou et à l'anthracnose, demande des situations saines et chaudes. Ne convient comme producteur qu'à la région méridionale de la France à cause de sa maturité de 3° époque.

Multiplication. — Un peu difficile à la reprise de bouture, mais avec quelques précautions (écorçage) on atteint souvent 80 0/0 de réussite.

Végétation et taille. — Vigoureux et atteint dans les terrains favorables un grand développement. Produit à la taille courte, mais les tailles longues lui conviennent beaucoup mieux.

Production. — Fertile, peut donner dans les terrains riches de 50 à 80 hectol. et même davantage dans les situations privilégiées et avec une taille appropriée. Son vin assez commun a un petit goût *sui generis*, mais assez alcoolique et très coloré, qualités qui lui ont valu la faveur dont il a joui pendant un certain temps auprès des commerçants comme vin de coupage.

Valeur culturale. — A été bien employé dans le Midi comme producteur direct, mais est greffé de plus en plus aujourd'hui vu l'instabilité de la couleur de son vin qui passe au bleu au contact de l'air, défaut que les traitements spéciaux ne font pas disparaître facient et qui le fait délaisser par le commerce.

Sous-variétés. — Le Jacquez a donné naissance au Saint-Sauveur, au Jacquez à gros grains, à l'hybride Delmas et au Félix Sahut.

Saint-Sauveur. — Obtenu par M. Gaston Bazille d'un semis de Jacquez. A joui d'une grande faveur à cause de la bonne qualité de son vin. Aujourd'hui considéré comme sensible aux maladies cryptogamiques, d'une fertilité inférieure à celle de beaucoup de nos cépages et d'une résistance douteuse au phylloxera; pour ces raisons il est abandonné.

Jacquez à gros grains. — Obtenu au Mas de la Sorres par la sélection des sarments d'un pied de Jacquez dont l'un des bras portait des fruits à grains plus gros que les autres membres. Cette forme, de multiplication difficile, manque d'ailleurs de fixité et s'est peu répandue jusqu'ici.

Jacquez d'Aurelles. — N° 1 et n° 2. Obtenus de semis de Jacquez par M. d'Aurelles de Paladines, en Algérie. Seraient productifs et donneraient des vins alcooliques. Peu répandus. On n'est pas bien fixé sur leur résistance au phylloxera qui est inférieure à celle du Jacquez.

Félix Sahut. — Obtenu de semis par M. Pioch, près Montpellier; produit de grosses grappes et paraît être le plus productif des dérivés du Jacquez. Il est assez sensible au mildiou et s'est bien comporté vis à vis du phylloxera depuis douze ans.

OTHELLO. — **Synonymie**. — Hybride d'Arnold n° 1.

Origine. — Croisement de Clinton et de Black Hambourg. (Hybride de V. Vinifera, V. Labrusca, V. Riparia.)

Résistance. — Relativement faible envers le phylloxera; on sait aujourd'hui qu'elle n'est suffisante que dans les milieux riches et sous les climats tempérés ou froids; partout ailleurs il faiblit au bout de peu d'années et on ne pourrait le maintenir qu'à l'aide du sulfure. Très attaqué par le mildiou, notamment ses fruits (Brown-rot), il est aussi très sensible aux coups de soleil; ses fruits sont fréquemment grillés. On ne devra jamais le soufrer, car le soufre lui est nuisible; d'ailleurs, il redoute peu l'oïdium. Il résiste bien à la gelée et ne coule pas.

Adaptation. — Ne doit être cultivé que dans les terrains fertiles et frais, meubles et profonds. Les terrains argilo-calcaires, marneux, les sols pierreux, secs ou peu profonds où on le trouve parfois, son contraires à sa réussite.

Climat et maturité. — Cépage du Centre où il mûrit bien; dans le Midi, il est trop exposé au grillage. 2ᵉ époque.

Multiplication. — Reprend très facilement de bouture et se développe rapidement.

Végétation et taille. — Très vigoureux dès les premières années; on pourra le conduire à grand développement, mais à cau-e de sa grande fertilité le tailler court pour éviter son épuisement. La taille à courson lui convient.

Production. — Remarquable par la rapidité de sa mise à fruit; la troisième année il peut donner une récolte. C'est là sans doute la cause de l'engouement qu'il a provoqué. Il peut donner plus de 100 hectolitres à l'hectare d'un vin de jolie couleur, mais peu alcoolique, plat et à goût foxé un peu moins accentué quand on vendange de bonne heure, avant complète maturité, et qui s'atténue par les soutirages et avec l'âge. Ce goût est aussi moins accusé dans les climats frais que dans le Midi.

Valeur culturale. — Ne peut résister assez longtemps que dans les terres de bonne qualité où les vignes françaises greffées donneront des résultats supérieurs et doit être rejeté partout où l'on fait du bon vin. L'Othello supporte une dose assez forte de carbonate de chaux.

SECRÉTARY. — **Synonymie**. — Aucune.

Origine. — Croisement de Clinton par Muscat de Hambourg, de Ricketts. (Hybride de V. Vinifera, V. Labrusca, V. Riparia.)

Résistance. — Faible vis à vis le phylloxera, à peine supérieure aux variétés du V. Vinifera; relativement peu atteint par le mildiou, très attaqué par le Black-rot qui le rend incultivable aux Etats-Unis.

Adaptation. — Dans les sols profonds, meubles et de bonne qualité.

Climat et maturité. — Centre. Maturité, 2ᵉ époque.

Végétation et taille. — Vigueur moyenne. La conduite en souche basse, avec ou sans longs bois, semble lui convenir.

Production. — Fertile, se met à fruits de bonne heure, donne un vin de fantaisie.

Valeur culturale. — Sans avenir comme vigne à vin. Son raisin noir, avec un léger goût musqué assez agréable, peut être considéré comme bon pour la table. Le Secrétary, un des hybrides se rapprochant le plus de nos vignes françaises, est un de ceux qui se chlorosent le moins dans les terrains calcaires et aussi un des moins résistants.

SENASQUA. — **Synonymie**. — Aucune.

Origine. — Hybride de Concord et de Black Prince d'Underhill (hybride de V. Vinifera et V. Labrusca).

Résistance. — Faible envers le phylloxera comme tous les dérivés du V. Labrusca et V. Vinifera, ne paraît suffisante que dans les terrains meubles et frais; peu accessible au mildiou et résiste bien aux gelées.

Adaptation — Demande un sol léger, sablonneux, profond et frais; redoute la sécheresse.

Climat et maturité. — Comme tous les cépages à trop faible résistance, ne convient pas au Midi où le phylloxera a une grande action. A été beaucoup préconisé dans la région lyonnaise où il mûrit bien (2e époque). Vu son débourrement tardif et sa rusticité, conviendrait à certains milieux très exposés aux gelées printanières et aux maladies cryptogamiques.

Végétation et taille. — Moins vigoureux que l'Othello avec lequel il offre assez de rapport sans l'égaler. Semble préférer la taille à courson avec un long bois.

Production. — Assez productif dès les premières années dans les milieux riches. Son vin est brillant, mais faible et d'un goût framboisé.

Valeur culturale. — Son débourrement tardif permettrait de le cultiver dans les situations très exposées aux gelées printanières, mais vu l'infériorité de ses produits, ses exigences de sol et sa faible résistance, ne présente pas d'avenir pour la culture.

CÉPAGES BLANCS

AUTUCHON. — **Synonymie.** — Hybride d'Arnold n° 5.

Origine. — Clinton et Chasselas doré (hybride de V. Vinifera, V. Labrusca, V. Riparia.)

Résistance au phylloxera à peu près égale à celle de l'Othello. Sensible aux maladies cryptogamiques.

Adaptation. — Sa faculté d'adaptation dans les terrains calcaires est aussi élevée que celle de l'Othello; étant plus résistant, il est aussi plus vigoureux que ses congénères dans quelques terres calcaires ou marneuses assez peu fertiles. (D'après MM. Viala et Ravaz.) Néanmoins, cette résistance relativement faible exige pour sa prospérité, des terrains riches.

Climat et maturité. — Ce cépage de 2e époque peut convenir aux climats du Centre et de l'Ouest.

Végétation et taille. — Assez vigoureux ; essayer les différentes tailles.

Production. — Assez faible ; les fruits sont assez bons et donnent un vin blanc à saveur agréable.

Valeur culturale. — Par suite de l'insuffisance de sa production et de sa résistance est sans valeur pour nos vignobles.

CUNNINGHAM. — **Synonymie.** — Long. (D'après M. Foëx.)

Origine. — Hybride de V. Æstivalis, V. Cinerea et V. Vinifera.

Résistance. — Considérée comme suffisante envers le phylloxera.

Adaptation. — Sous ce rapport, il est d'une tenue des plus irrégulières. Les terres fertiles et chaudes, les sols rouges, les terrains assez terreux du diluvium alpin paraissent être ses milieux de prédilection.

Climat. — Cépage de l'extrême Midi à cause de sa maturité très tardive (4e époque).

Multiplication. — Offrant à peu près la difficulté de l'Herbemont à la reprise de bouture.

Végétation. — Très vigoureux dans un sol à sa convenance. Les formes à grand développement paraissent lui convenir.

Production. — Peu fertile et a l'inconvénient de mûrir ses fruits irrégulièrement. Donne un vin alcoolique et possédant des qualités, mais manquant de couleur, ne peut faire qu'un vin blanc qui d'ailleurs a de la valeur.

Valeur culturale. — Ne peut être cultivé comme producteur direct que dans l'extrême Midi où on l'a abandonné vu sa trop faible production. A cause de la grande vigueur qu'il est susceptible d'atteindre, a été conseillé et greffé dans des terrains marneux et assez calcaires où il a donné des résultats très divers. Les greffes sur Cunningham se sont parfois montrées presque stériles. Bien inférieur au Jacquez comme résistance à la chlorose.

DELAWARE. — **Origine.** — Hybride de V. Vinifera, V. Labrusca, V. Æstivalis.

Résistance. — Faible envers le phylloxera. S'est montré assez sensible au mildiou.

Adaptation. — Doit vraisemblablement exiger d'excellents terrains pour lutter contre le phylloxera. D'après MM. Viala et Ravaz, ce cépage, ainsi que d'autres hybrides du même groupe, jouirait d'une certaine résistance à la chlorose dans les terrains calcaires.

Climat et maturité. — Sa maturité précoce (1re époque) lui permet d'être cultivé dans les régions froides où le phylloxera a moins d'action que dans le Midi.

Végétation et taille. — Sa vigueur est variable; la taille longue favorise sa fructification.

Production. — Sa production, variable avec sa conduite, n'est pas régulière. Son vin blanc, estimé en Amérique, n'est pas très foxé, mais manque de brillant.

Valeur culturale. — Considéré comme d'une adaptation difficile au sol et au climat. C'est la vigne la plus estimée aux États-Unis pour la table; ce serait là le rôle qu'elle pourrait jouer en Europe si ce n'était sa résistance insuffisante envers le phylloxera.

DUCHESS. — **Origine.** — Concord et Delaware, semis de Caywood. (Hybride de V. Vinifera. V. Labrusca, V. Æstivalis.)

Résistance. — Très faible.

Adaptation. — Les conditions en sont encore peu connues, mais sa faible résistance laisse à présumer que des terrains fertiles lui sont nécessaires.

Climat et maturité. — Mûrit bien dans le Centre et l'Ouest (fin 2e époque).

Végétation et taille. — Bonne vigueur, assez rustique, les diverses tailles semblent lui convenir.

Production. — Assez abondante ; ses fruits quoique foxés sont bons et donnent un vin blanc alcoolique, à saveur spéciale assez agréable.

Valeur culturale. — Considéré en Amérique comme excellent raisin de table se conservant très bien. Pourrait jouer ce rôle chez nous, mais n'offre pas d'avenir à cause de sa résistance trop faible

ELVIRA. — **Synonymie.** — Aucune.

Origine. — Semis de Taylor.

Résistance au phylloxera bien inférieure à celle du Noah, ne peut prospérer que dans les milieux secs. Sensible au mildiou.

Adaptation. — Craint autant le calcaire que le Noah et ne peut prospérer que dans les terres riches, fraîches et profondes.

Climat et maturité. — Sa maturité précoce, 2e époque, permet de le cultiver sous les climats de l'Ouest et du Centre.

Végétation et taille. — Vigoureux dans les bons terrains, sa fertilité semble souffrir de l'accumulation du vieux bois sur la souche, les systèmes de taille comprenant le renouvellement fréquent des membres paraissent lui convenir.

Production. — Encore plus fertile que le Noah. Les fruits, qui rappellent le goût de la fraise, mûrissent assez irrégulièrement. La précocité de son débourrement l'expose aux gelées de printemps, mais les secondes pousses sont encore fructifères ; son vin blanc est un des moins foxés, moins surtout quand on fait fermenter le moût seul. Son eau-de-vie est assez agréable.

Valeur culturale. — A été, comme le Noah, conseillé dans les Charentes. Mais est sans avenir et on le délaisse de plus en plus vu ses exigences de sol et sa sensibilité au phylloxera.

NOAH. — **Synonymie.** — Aucune.

Origine. — Semis de Taylor.

Résistance. — Assez bonne envers le phylloxera ; susceptible de faire un bon porte-greffe pour les milieux qui lui conviennent ; redoute les maladies cryptogamiques, bien que ses grains souffrent parfois du mildiou, et résiste bien à la gelée.

Adaptation. — S'accommode de nombreux terrains pourvu qu'ils ne soient pas crayeux ou de marnes jaunes ; il prospère dans les sols un peu compacts et frais, argileux et argilo-calcaires, mais les terrains riches et profonds, de consistance moyenne, sont ceux où il se développe le mieux.

Climat et maturité. — Peut convenir aux diverses régions à vignes, notamment au Sud-Ouest et au Centre. Maturité, 2e époque.

Multiplication. — Prend facilement de bouture.

Végétation et taille. — Vigoureux, assez rustique et débourre assez tardivement, mûrit ses bois de bonne heure ; une taille généreuse lui paraît favorable.

Production. — Fertile. Son grain ne crève pas, mais se détache facilement lorsqu'il est mûr. Produit un vin blanc, moins foxé dans les climats frais que dans le Midi, qui donne une eau-de-vie assez bonne. On n'attendra pas pour le vendanger une maturité trop complète.

Valeur culturale. — Par sa vigueur, sa résistance, sa rusticité et sa fertilité, un des meilleurs producteurs blancs. Mais son goût foxé le rend inférieur à tous nos cépages indigènes qui, greffés, donneront des résultats supérieurs. Son eau-de-vie conserve un goût particulier, ce qui le rend impropre à remplacer la Folle-Blanche dans les Charentes comme on le pensait un moment. Rendra peut-être quelques services dans certains cas exceptionnels, dans des terrains peu calcaires, où l'on ne pourrait avoir recours au greffage.

TRIUMPH. — **Synonymie**. — Hybride de Campbell nº 6.

Origine. — Croisement de Concord et de Chasselas musqué (hybride de V. Vinifera et V. Labrusca).

Résistance. — Faible envers le phylloxera; craint beaucoup le brown-rot et le Black-rot; fruits très délicats qui éclatent au moment de la maturité; il souffre aussi du grillage.

Adaptation. — Sa faible résistance demande à être soutenue, comme tous les cépages de cette nature, par une très bonne adaptation dont les conditions ne sont pas encore bien connues; paraît mieux venir dans les terres de fonds consistantes et les alluvions que dans les sols légers. L'élément Vinifera a donné à ce cépage, comme à tous ceux de même origine, une certaine résistance à la chlorose dans les terrains assez calcaires.

Climat et maturité. — On ne peut songer à le cultiver que dans le Midi à cause de sa maturité tardive (3ᵉ époque).

Végétation et taille. — Vigoureux et paraît se soumettre aux différentes tailles.

Production. — Fertile; donne le plus beau raisin blanc américain, mais très foxé; son vin, qui conserve ce goût, est plat.

Valeur culturale. — Vu sa délicatesse, le fox de ses produits et sa sensibilité au phylloxera, considéré comme sans valeur pour nos vignobles.

VALEUR CULTURALE DE QUELQUES HYBRIDES AMÉRICAINS OU FRANCO AMÉRICAINS CRÉÉS EN FRANCE

HYBRIDES DE V. CANDICANS, V. RIPARIA ET V. RUPESTRIS (d'après MM. Viala et Ravaz). — SOLONIS × RIPARIA nº 1614 et 1615 de M. Couderc. — Leur résistance à la chlorose égale à peine celle du Solonis; la résistance au phylloxera serait supérieure, d'après M. Couderc.

HYBRIDES DE V. ÆSTIVALIS ET V. RUPESTRIS. — MM. Millardet et de Grasset en ont créé plusieurs numéros qui jaunissent dans les craies du crétacé comme les formes sauvages Rupestris Taylor et Rupestris de Lezignan.

HYBRIDES DE V. ÆSTIVALIS ET V. RIPARIA. — Hybride Azémar (dénommé par M. Millardet), résistant au phylloxera, reprend au bouturage et au greffage (d'après M. Millardet). Se chlorose et se rabougrit rapidement même avant greffage dans les calcaires crayeux de Cognac. Ce n'est pas une vigne des terres marneuses et crayeuses. Peut faire un bon porte-greffes, égal aux bonnes formes de Riparia, dans les sols meubles à base siliceuse ou argilo-siliceuses. (D'après MM. Viala et Ravaz.)

Regardé par M. Millardet comme un bon porte-greffe pour les terrains argileux non humides.

HYBRIDES DE V. BERLANDIERI ET V. RUPESTRIS. — MM. Millardet et de Grasset ont créé plusieurs hybrides artificiels de Berlandieri × Rupestris qui, essayés dans les terres crayeuses des Charentes, ont succombé à la chlorose.

HYBRIDES DE V. BERLANDIERI ET V. MONTICOLA. — Quelques hybrides de Berlandieri et de Monticola ont été créés par MM. Millardet et de Grasset et par M. Couderc ; ils reprennent mal de bouture et craignent la chlorose. (D'après MM. Viala et Ravaz.)

HYBRIDES DE V. CORDIFOLIA ET V. RUPESTRIS. — Existent en grand nombre en Amérique à l'état sauvage. Multipliés pour la première fois et propagés par MM. de Grasset et Millardet.

Les Cordifolia-Rupestris se rabougrissent très rapidement et meurent de la chlorose au bout de la 1re ou de la 2e année sans avoir été greffés. Pourraient être cultivés dans les terres à Rupestris ou à Riparia, sans qu'on les puisse juger supérieur à ces deux espèces. (D'après MM. Viala et Ravaz.)

HYBRIDES DE V. CORDIFOLIA ET V. RIPARIA. — MM. Millardet et de Grasset ont créé plusieurs hybrides de cette nature. D'après MM. Viala et Ravaz, les formes sauvages se rattachant à ce groupe ont les aptitudes des Riparias.

HYBRIDES DE V. RUPESTRIS ET V. RIPARIA. — N°s 101 et 108 de MM. Millardet et de Grasset. N°s 3309 et 3306 de M. Couderc. Très vigoureux, très résistants et greffés restent verts dans les terres de groie des Charentes, mais jaunissent dans les terres très calcaires. (D'après MM. Viala et Ravaz.)

HYBRIDES DE V. VINIFERA, V. LABRUSCA ET V. ÆSTIVALIS. — Parmi ces hybrides les numéros : 1304, 1106, 2102, 904 (Cognac) de M. Couderc ont une aire d'adaptation assez étendue, mais ne peuvent néanmoins prospérer dans les terrains très calcaires ; ils jaunissent et se rabougrissent assez vite dans les terres crayeuses des Charentes. De plus, leur résistance au phylloxera n'est pas des plus grandes ainsi que leur vigueur. Le Cognac surtout est très sensible au calcaire. (D'après MM. Viala et Ravaz.)

HYBRIDES DE V. VINIFERA ET V. BERLANDIERI. — L'Ecole nationale d'agriculture de Montpellier ainsi que MM. Millardet et de Grasset en ont obtenu quelques-uns de valeur. D'après MM. Viala et Ravaz, certains, après le greffage, sont restés très verts et n'ont jamais eu la moindre trace de chlorose dans les terres crayeuses de la Champagne. Ils se multiplient bien et reprennent parfaitement à la greffe.

Parmi les plus remarquables est le Tisserand (Cabernet × Berlandieri n° 333) de l'École de Montpellier. Malheureusement on a constaté que sa résistance n'était pas aussi bonne qu'on l'espérait au début.

HYBRIDES DE V. VINIFERA ET V. RUPESTRIS. — Ces hybrides, d'une grande vigueur reprennent bien de bouture; comme le Rupestris, ils réussissent mal au greffage sur place, si l'on n'a soin d'enlever au préalable, tous les yeux du porte-greffe. A la greffe-bouture, la réussite est bonne en prenant quelques précautions. Ces hybrides se montrent insuffisants comme porte-greffes dans les terres crayeuses des Charentes. Dans les terres de groie un certain nombre résistent à la chlorose, greffés ou non. Ils ont une aire d'adaptation plus étendue que le Rupestris et le Riparia. Comme producteurs directs, par conséquent non greffés, certains se développeraient bien dans des terres très calcaires; mais la qualité de leurs fruits et leur faible production ne permettent guère de les utiliser dans ce but. (D'après MM. Viala et Ravaz.)

ARAMON × RUPESTRIS GANZIN n° 1. — Obtenu par M. Ganzin. Très insuffisant pour les terres crayeuses, il jaunit aussi dans les terres de groie; c'est donc un porte-greffes qui convient surtout aux terrains peu calcaires ou aux sols humides, compactes.

ARAMON × RUPESTRIS GANZIN n° 2. — Jaunit plus que le précédent dans les terres calcaires, vigueur à peu près la même.

GAMAY COUDERC OU COLOMBAUD × RUPESTRIS MARTIN n° 3103. — Végétation assez grande. D'après MM. Viala et Ravaz, insuffisant dans les terres crayeuses des Charentes, il jaunit peu dans les terres de groie; comme producteur direct, il donne trop peu de fruits qui sont toujours petits.

MOURVÈDRE × RUPESTRIS n° 1202 (de M. Couderc). — Beaucoup plus vigoureux et craint moins le calcaire; d'après MM. Viala et Ravaz, c'est un des meilleurs hybrides de Rupestris pour les mauvais terrains; sa résistance serait très bonne d'après M. Couderc.

M. Couderc a encore obtenu dans le même groupe :

Comme porte-greffes :

GAMAY × RUPESTRIS GANZIN n°ˢ 1001, 1002; PINOT × RUPESTRIS MARTIN n° 1035.

Comme producteurs directs :

BOURRISQUOU × RUPESTRIS MARTIN n°ˢ 601, 603, 604; CHASSELAS × RUPESTRIS MARTIN n°ˢ 901, 2001, 1103; MOURVÈDRE × RUPESTRIS GANZIN n° 1203; RUPESTRIS × PETIT BOUSCHET n°ˢ 503, 504. RUPESTRIS × INCONNU 1206.

MM. Millardet et de Grasset ont obtenu aussi un grand nombre de semblables hybrides parmi lesquels :

GROS COLMAN × RUPESTRIS n° 160. — De tous les hybrides de

Rupestris expérimentés dans les terres crayeuses des Charentes s'est montré l'un des plus vigoureux, et quoique insuffisant, des plus réfractaires à la chlorose pour ces terres. Résistance au phylloxera inférieure à celle qu'on lui accordait au début, reprent très bien de bouture et à la greffe. Dans les terres de groie des Charentes, il ne jaunit pas greffé ou non.

CABERNET × RUPESTRIS n° 33. — Moins bon que le précédent quoique encore très vigoureux et assez résistant à la chlorose.

ALICANTE BOUSCHET × RUPESTRIS n° 139. — Encore moins bien adapté aux terrains crayeux, il jaunit aussi dans les terres de groie; peut constituer un bon porte-greffes pour d'autres terrains que les calcaires.

L'Ecole nationale d'agriculture de Montpellier a obtenu :

ALICANTE BOUSCHET × RUPESTRIS n° 135. — Résistant au phylloxera; sa végétation est très grande, mais il craint beaucoup les terrains calcaires; on ne peut donc le cultiver que dans les terrains siliceux, compactes, mais non calcaires.

CLAIRETTE DORÉE GANZIN. — Obtenue par M. Ganzin par la fécondation de l'Aramon × Rupestris Ganzin fertile n° 60, par la grosse Clairette. Paraît avoir une réelle valeur au point de vue de la résistance au phylloxera et de la qualité du vin blanc. Redoute le mildiou. En raison de la date récente depuis laquelle cet hybride est soumis à l'expérience, il convient de réserver son jugement définitif à son égard.

ALICANTE × RUPESTRIS n° 20 de M. Terras. Un des hybrides les plus intéressants obtenus par M. Terras. Recommandé comme producteur direct. Donne un vin droit de goût de 10° à 12°. Mais il est difficile de se prononcer encore d'une manière définitive sur l'abondance de sa production et sur son degré de résistance au phylloxera.

HYBRIDES DE V. VINIFERA, V. RUPESTRIS ET V. LINSECOMII.

HYBRIDE SEIBEL n° 1. — Croisement d'un V. Rupestris × V. Linsecomii par Cinsaut probablement. Donne un vin assez fin et une production moyenne. Paraît doué d'une résistance au phylloxera se rapprochant de celle du Jacquez.

HYBRIDE SEIBEL n° 2. — Croisement d'un V. Rupestris × V. Linsecomii par Petit Bouschet probablement. Vin rappelant celui des Bouschets; on n'est pas suffisamment fixé sur sa résistance.

HYBRIDES DE V. VINIFERA ET V. RIPARIA. — Plus résistants à la chlorose que les hybrides de Rupestris; quoique très vigoureux, leur végétation est un peu moindre, mais ils n'en constituent pas moins d'excellents porte-greffes. Ils sont encore insuffisants pour les terres crayeuses, car greffés ils jaunissent un peu; ils sont plus verts dans les terres de groie du Jurassique. Leur résistance au phylloxera est pour beaucoup égale à celle des bons Riparias. [D'après MM. Viala et Ravaz.]

ARAMON × RIPARIA nº 143 de MM. Millardet et de Grasset qui possède ces qualités, mais ne peut être recommandé pour les terres crayeuses de même que tous les hybrides du même groupe.

Possèdent les mêmes qualités d'adaptation : PETIT BOUSCHET × RIPARIA nᵒˢ 3001 et 3002. COLOMBAUD × RIPARIA nᵒˢ 2501 et 2502, de M. Couderc. PETIT BOUSCHET × RIPARIA nº 142 de l'École de Montpellier.

HYBRIDES DE V. VINIFERA, V. LABRUSCA ET V. RIPARIA.

On en a créé un grand nombre en Amérique parmi lesquels : Othello, Canada, Cornucopia, Secretary, etc. Leur résistance est limitée au phylloxera et relativement élevée à la chlorose.

Parmi les cépages de ce groupe obtenus en France sont :

CANADA × RIPARIA nᵒˢ 2401 et 2402 proposés par M. Couderc comme porte-greffes. OPORTO × COLOMBAUD 1401 de M. Couderc. — Recommandé comme producteur direct ; il donne des fruits de grosseur passable, mais foxés. Sa résistance au phylloxera est un peu supérieure à celle de l'York, mais il craint beaucoup les terrains calcaires. Il ne peut être cultivé que dans les terrains siliceux ou peu calcaires où les vignes américaines greffées viennent très bien. [D'après MM. Viala et Ravaz.]

LES PORTE-GREFFES DES TERRAINS CALCAIRES

1º **Terrains de Groie des Charentes** — Terre légère, de couleur ocre et rouge, plus ou moins foncée, formée de 50 à 70 parties de terre fine et de 30 à 50 parties de petits fragments calcaires anguleux, la profondeur variant de 15 à 25 centimètres. Le sous-sol est formé de fragments calcaires plus volumineux, de 5 à 10 centimètres en tous sens, peu serrés ; leur surface, en se décomposant, forme une marne jaunâtre qui garnit leurs interstices).

Il résulte des expériences faites à Cognac, d'après MM. Viala et Ravaz que :

Les hybrides de RIPARIA × RUPESTRIS : Nº 101 de MM. Millardet et de Grasset ; Nᵒˢ 3309 et 3306 de M. Couderc restent verts, greffés dans les terres de groie de Cognac.

Le RIPARIA-RUPESTRIS GIGANTESQUE, sélectionné par M. Jæger, est également l'une des variétés les plus méritantes.

Parmi les hybrides de V. Vinifera et V. Rupestris, le GAMAY COUDERC nº 3103. Insuffisant pour les terres crayeuses, il jaunit peu dans les terres de groie.

Le MOURVÈDRE × RUPESTRIS nº 1202. — Plus vigoureux que le précédent et craint moins le calcaire.

Le GROS COLMAN × RUPESTRIS nº 160 de MM. Millardet et de Grasset. Un des meilleurs hybrides de Vinifera et Rupestris expérimentés à Cognac ; ne jaunit pas greffé ou non, dans les groies des Charentes.

Le CABERNET × RUPESTRIS n° 33 des mêmes hybrideurs. Moins bon quoique encore très vigoureux et assez résistant à la chlorose.

2° Terrains calcaires crayeux. — V. BERLANDIERI; en terre très crayeuse de Cognac, les greffes sur certaines variétés sélectionnées de Berlandieri sont restées vertes.

HYBRIDES DE V. VINIFERA ET V. BERLANDIERI. — Les expériences en cours fixeront bientôt sur la valeur des nombreux hybrides essayés. Le Chasselas × Berlandieri ou 41 B de MM. Millardet et de Grasset, notamment, s'annonce bien.

3° Autres terrains peu calcaires, pour lesquels on préconisait autrefois le Solonis et le Jacquez. Pour ces terrains on a conseillé, au Congrès viticole de Lyon, en 1894 : 1° Les Riparia × Rupestris Couderc 3309 et 3306, et Millardet 101; 2° Les Rupestris du Lot; 3° Aramon × Rupestris Ganzin n° 1.

PRINCIPAUX CÉPAGES FRANÇAIS

Synonymie. — Époque de maturité. — Taille.

RAISINS NOIRS

Aleatico (Toscane et Corse). — Uva liatica, Aleatico Firenze, Aleatico nero, Moschatello Livastiche, Leatico, Lacrima Christi (dans quelques localités de l'Italie). [Daprès M. Pulliat.]

D'après M. Marès, a beaucoup d'analogie avec le Muscat noir de l'Hérault, donne le meilleur vin de Toscane, excellent à manger. Conduit à la taille courte.

Maturité 2° époque.

Variétés. — 1° ALEATICO A RAISINS BLANCS moins répandu. [D'après M. Marès.]

Alicante Bouschet extra fertile. — Greffe moyenne, cylindro-conique, non ailée, grains moyens, sphériques, noirs, jus rouge, plus sucré que ceux du Petit Bouschet.

Maturité assez hâtive.

Alicante Bouschet à sarments érigés. — Grappe moyenne, très dense, à grains sur-moyens, ronds, jus d'un rouge brillant.

Alicante Henri-Bouschet. — Grappe grosse, épaisse à grains sur-moyens ronds, d'un noir vineux foncé à jus rouge vif très intense. On le taille à coursons en nombre variable suivant vigueur.

Maturité 2° époque.

Aramon. — Ugni noir, Uni noir (Provence), Pissevin (Hyères), Plant-Riche (Hérault), Gros Bouteillan (Draguignan), Réballairé (Haute-Garonne), Okorszem Kek (Hongrie), Burchardt's prince (Angleterre). [D'après M. Pulliat.]

Raisin volumineux à gros grains, d'un noir peu foncé soumis à la taille courte.

Maturité 3° époque, de M. Pulliat.

Variétés. — 1° ARAMON PIGNAT; 2° ARAMON A FEUILLES TOMEN-TEUSES (de M. Marès); 3° ARAMON BLANC. [D'après M. Foëx.]

Aramon teinturier Bouschet, hybride d'Aramon et Petit Bous-chet. Grappe très grosse, grains gros, globuleux, d'un noir violacé foncé à jus rouge, vineux, brillant et assez foncé.

Maturité 2° époque.

Aspiran noir. — Spiran, Espiran, Epiran, Verdal (Hérault), Piran, (Gard), Riveyrenc (Aude et Pyrénées-Orientales). [D'après M. Marès.]

Grain moyen, un peu ovoïde, noir violacé, pruiné. La taille courte lui est généralement appliquée.

Maturité 1re-3° époque.

Variétés. — 1° ASPIRAN GRIS ou Verdal. — Cultivé surtout pour la table. 2° ASPIRAN BLANC. — Un peu plus tardif, bon pour la table.

Aspiran Bouschet. — Grappe sur-moyenne, allongée, lâche, à grains sur-moyens ellipsoïdes, donne le jus le plus coloré.

Maturité 3° époque.

Béclan (Jura). — Petit Baclan, Duret, Dureau. [D'après M. Pul-liat.]

Grappe sous-moyenne, presque cylindrique, assez serrée; grains petits ou sous-moyens globuleux, d'un beau noir pruiné. Peut être traité à la taille courte et aussi à la taille longue; on peut lui laisser une ou deux courgées par cep. Il est très bien approprié à cette région.

Maturité 2° époque hâtive.

Biancoletta [d'après M. Marès.] — Grappe grande, cylindro-conique, à grandes ailes, assez serrée, grains moyens, olivoïdes, blancs, de bon goût. Fertile. Mûrit du 10 au 25 septembre.

Biancone [d'après M. Marès]. — Grappe grosse, cylindro-conique, à ailes serrées, grains moyens, ronds, peu serrés, blancs, colorés par le soleil, fertile.

Mûrit du 15 au 20 septembre dans le Midi.

Bouteillan. — Sigoyer (Basses-Alpes) [d'après M. Pulliat]. — M. Marès dit que ce cépage se rencontre peu en Languedoc, mais est plus répandu en Provence. A été confondu avec le Calitor noir dont il diffère. Aujourd'hui on lui préfère d'autres cépages comme greffons, Grappe courte, grosse, cylindro-conique; grains gros, ronds, noirs, plus foncés que ceux du Calitor.

Maturité 3° époque.

Brun Fourca. — Farnous (Provence), Moulan, Moulard, Morrastel fleuri, Mourastel floura, Floura Moureau (Hérault). [D'après M. Marès.] Brun d'Auriol, Brun-Farnous. [D'après M. Pulliat.]

Grappe grosse, ailée, grains gros, ovoïdes, noirs, couverts d'une pruine abondante. Soumis à la taille courte.

Maturité 2° époque, débourrement tardif.

Variétés. — Deux sont signalées; l'une, dite BOUQUETIER, coule; l'autre conserve une forte proportion de grains verts.

Brustiano [d'après M. Marès.] — Grappe grande, cylindro-conique, bien garnie, sans être serrée; grains assez gros, légèrement oblongs, blancs, teintés par le soleil, d'excellent goût.

Mûrit du 5 au 10 septembre dans le Midi.

Cabernet franc. — Gros Cabernet ou Carmenet (Médoc), Gamput (Bas-Médoc), Grosse Vidure (Graves), Carbouet (Brède et Bazadaïs), Gros Bouschet (Saint-Emilion et Libourne), Petit-Fer (Libourne et quelques communes voisines), Fer-Servadon (Tarn-et-Garonne), Breton (Vienne et Indre-et-Loire), Véronais (Saumur), Véron (Nièvre et Deux-Sèvres), Arrouya (Hautes et Basses-Pyrénées), Maccaficro Nero Pavie). [D'après M. E. Féret.]

Grappe moyenne, serrée, moins cylindrique et moins grosse que la précédente; grains un peu plus gros que les précédents, ronds, mais inégaux, bleu noirâtre, très pruinés, demande la taille longue.

Maturité un peu plus tardive que celle du suivant.

Cabernet-Sauvignon ou Petit Cabernet (Médoc), Vidure ou Petit Vidure (Graves de la Gironde), Navarre (Dordogne), Marchoupet (canton de Castillon). [D'après M. E. Féret].

Grappe moyenne, conique, à ailes courtes, serrées; grains petits ou sous-moyens, sphériques, d'un bleu noirâtre pruiné, à saveur particulière. Demande une taille longue.

Maturité 2ᵉ époque un peu tardive.

Calitor noir. — Calitor, Foirard (Olivier de Serres), Fouirassau, Saure, Bouteillan à gros grains, Cayau, Cargo Muou, Sigotier (Hautes et Basses-Alpes, Bouches-du-Rhône), Charge Mulet, Fouiral (Hérault), Calitor noir (Gard), Mouillas (Aude), Cargo Muou, Pecoui-Touar, Touar (à Draguignan), Ginoux d'Agasso (Provence), Picpoule Sorbier (Dordogne), Canseron (Gard), Braquet (Alpes-Maritimes), Brachetto, Nœud court, Baoubounenc (Alpes-Maritimes). [Cité par M. Pulliat.] Valbounin (Provence), Pampoul, Garrigua, Binxcilla (Pyrénées-Orientales). [D'après M. Marès.]

Grain assez gros, rond, juteux, d'un rouge obscur; est cultivé avec long bois replié de 6 à 8 nœuds et paraît s'accommoder de cette taille.

Maturité 3ᵉ époque tardive.

Variétés. — 1º CALITOR GRIS ou Saoule-Bouvier (Hérault). Peu répandu. 2º CALITOR BLANC. Répandu dans le Gard. [D'après M. Marès.]

Cargagiola [d'après M. Marès.] — Grappe moyenne, ailée, serrée; grains petits, oblongs, noirs, très colorés.

Signalé par le comte Odart comme un bon cépage de la Sardaigne, sous le nom de Bonifacienco.

Maturité du 5 au 10 septembre dans le Midi.

Carignagne. — Carignan, Crignane, Bois dur, Plant d'Espagne, Catalan (Hérault, Gard, Pyrénées-Orientales), Monestel, Monastère, Plant de Lédenon (Provence), Tinto à Cariñena (Espagne). [D'après M. Marès.] Grappe grosse, à grains noirs. Taille courte à coursons en nombre variable suivant vigueur et fertilité.

Maturité 3e époque de M. Pulliat.

Variétés. — 1º CARIGNANE ROSE; 2º CARIGNANE MOUILLA. [D'après M. Foex.]

César. — Romain, Picarneau (Yonne). Grappe assez grosse, cylindro-conique, un peu serrée; grains moyens, globuleux, noirs foncés pruinés, habituellement soumis à la taille courte en souche basse; dans les milieux riches on pourra lui donner un développement plus considérable,

Maturité 2e époque hâtive.

Chenin noir (Loir-et-Cher). — Pinot d'Aunis, Plant d'Aunis (village d'Aunis, près Saumur, Maine-et-Loire).

Grappe moyenne ou sur-moyenne, assez serrée, cylindro-conique; grains moyens, globuleux, d'un noir foncé.

Taille courte à coursons en nombre proportionné à la vigueur dans les coteaux. Dans les terrains riches des plaines, qui lui conviennent le mieux, on peut le tailler long.

Maturité 2e époque, de M. Pulliat.

Cinsaut. — Bourdalès ou Boudalès (Pyrénées-Orientales), Bourdelas (Hautes-Pyrénées), Cinq Saou (Hérault), Picardau noir (Var), Plant d'Arles, Espagnen (Vaucluse), Ulliaou, Passerille, Papadou (Ardèche), Milhau (Ardèche et Drôme), Poupe de Crabe, Prunella, Calabre (Gers), Marocain (Ariège), par erreur, Morterille (Haute-Garonne), Pétaïré (Aveyron), Salerne (Nice), Malaga (Lot), Ulliade noire, par erreur, Moustardier (Vaucluse). [Cité par M. Pulliat], Cuviller (Isère), Gros Marocain (Charente), Picquepoul d'Uzès (environ de Béziers). [Cité par M. Marès]. Grains gros, d'un beau noir pruiné, croquants, taille courte.

Maturité 1re 2e époque.

Copolona [d'après M. Marès.] — Grappe moyenne, allongée, claire, grains sur-moyens, inégaux, oblongs, d'un beau noir, pruinés, très bons à manger.

Mûrit du 15 au 20 septembre dans le Midi.

Corbeau. — Plant de Montmélian, Pécou rouge, Plant de Moirans (Lyonnais); Douce noire, Pécot rouge, Gros noir, Plant de Chapareillan, Bi, Moteuse, Plant de Savoie (Isère), Provereau, Mauvais noir, Plant de Carlerin (Ain), Charbono, Turino (Jura). [D'après M. Pulliat.]

Grappe sur-moyenne ou un peu grosse, cylindro-conique, un peu serrée; grains sur-moyens, ronds, d'un noir foncé bien pruiné.

S'accommode de la taille courte bien qu'il paraisse mieux approprié à la conduite en treillage et en lisse.

Maturité fin 1re époque.

Corbesse aux environs de Grenoble, Corbel (Drôme), Vert Chenu, Gros Chanu (au nord-ouest de l'Isère), Chatus (Ardèche), Persagne Gamay (au sud de Lyon). [D'après M. Pulliat.]

Grappe sur-moyenne, conique, ailée, assez serrée; grains moyens, ronds, noirs et très pruinés, préfère un grand développement et la taille longue.

Maturité 2ᵉ époque.

Cornet noir [d'après M. Foëx, M. Pulliat.] — Grappe moyenne, cylindro-conique, un peu ailée, assez serrée, grain sur-moyen, globuleux, d'un noir pruiné.

Maturité 1ʳᵉ époque.

Cot ou **Malbec**. — Gourdoux (Ludon, Macau, Bazadais), Estrangey (Graves de Bordeaux et à Lesparre), Noir-de-Ressac ou Nègre-Préchac (Libourne et Entre-deux-Mers), Mauzat, Gros-Noir, Cahors (Bazas, Podensac, environ de Bordeaux), Balouzat, Mourame, Noir-Doux, Carbon blanc, quelques communes d'Entre-deux-Mers et Cubzadais), Pied-Rouge, Pied-Rouget, Pied-de-Perdrix, Côte-Rouge (Entre-deux-Mers, la Réole, Villandrant), Teinturin (Blaye), Parde, Teinturier, Terrainis (Cadillac, Saint-Macaire), Boucharès, Etaulier, Guillau, Hourcat, Moussin, Pied doux, Moustère, Moussac, Grande-Parde, Prolongeau, Quercy Romieux, Soumansigne (dans diverses parties du département), Cot de Bordeaux (Indre-et-Loire), Agreste ou Quercy (sur les bords du Rhin), Grand-Vesparo, Vesparo, Côte-Rouge, Mauzain, Rougeau, Quillot (Gers), Gros Auxerrois, Plant de Méraou (Lot), Clavier ou Claverie (Landes), Bouchalès (Landes et Haute-Garonne), Gros-pied-rouge, Mérille (Lot-et-Garonne), Bouyssalet (Dordogne), Grifforin (Charente-Inférieure), Coly, Jacobin (Vienne), Cahors (Loir-et-Cher), Magrot, Prunièral (Corrèze), Franc-Moreau ou Périgord (Cher), Plant-du-Roi (près d'Auxerre).

Les noms de Hourcat, Balouzat ou Prolongeau servent aussi à désigner un cépage distinct. [D'après M. E. Féret.]

Grappe grosse, le plus souvent conique, ailée ; grains gros, ronds, d'un noir violet.

Il se prête très bien à la taille longue et aux grandes formes.

Maturité fin de 1ʳᵉ époque.

Variation. — On distingue : 1º Le COT A QUEUE ROUGE ; 2º le COT A QUEUE VERTE ; 3º le COT DE BORDEAUX ou Malbec, qui ne sont que de simples variantes.

Criminese [d'après M. Marès]. — Grappe moyenne, conique, bien garnie ; grains ovales, moyens, noirs.

Mûrit du 15 au 20 septembre.

Variété. — Une variété blanche.

Durif. — Pinot de Roman, Pinot de l'Ermitage, Nérin, Plant Durif [d'après M. Foëx], Peloursine (Vallée du Graisivaudan).

Grappe grosse, cylindro-conique, serrée, mais un peu moins que dans le Peloursin ; grains moyens ou surmoyens, ronds, d'un noir foncé.

Il se prête à la taille courte mais surtout à celle à long bois avec un grand développement.

Mûrit en même temps que le précédent.

Enfariné. — Lombard noir, Gaillard (Yonne), Nerre noir (Haute-Marne), Gouai noir (Bourgogne). [Cité par M. Foëx.] Mureau, à

Vitteau (Côte-d'Or), Chineau, à Semur (Côte-d'Or), Goix noir ou Petit-Goix, Chamoisien (Aisne), Bregin, à Gy (Haute-Saône). [D'après M. Pulliat.]

Grappe moyenne, cylindrique, assez serrée; grains moyens, à peu près globuleux, noirs et recouverts d'une pruine très abondante. On le taille à long bois.

Maturité 2e époque.

Espar. — Mourvèdre, Mourvézé, Catalan, Négré (Provence), Négrette (Camargue), Mataro (Pyrénées-Orientales), Benadu, Benada, Négron, Piémontais (Vaucluse), Mourvègue (Basses-Alpes), Clairette noire, Etrangle-chien, Bonavis (Drôme), Flouron, Charnet, Espagne ou Espagnen (Ardèche), Trinchiera (Nice), Tinto, Tinta, Tintilla (Espagne). [Cité par M. Pulliat]. Plant de Saint-Gilles (Gard), Balzac (Charente). [Cité par M. Foëx.] Spar (Hérault, Gard), Berardi, Benicarlo, Camavèze, Moustardié, Negre-Trinchiera, à Nice. [D'après M. Marès.]

Raisin noir pruiné. Taille courte.

2e époque.

Etraire de l'Adhui. — Variété issue du Persan; grappe un peu plus volumineuse, moins tassée, plus rameuse; grains un peu plus gros et moins allongés.

S'accommode de la taille longue et surtout de la taille courte car elle paraît être plutôt une vigne de coteau à cultiver en souche basse.

Flona [d'après M. Foëx, M. Pulliat.] — Grappe moyenne, peu serrée, cylindrique, arrondie, peu ou point ailée; grains moyens, un peu ellipsoïdes, d'un noir bleuâtre pruiné.

2e époque.

Folle noire. — Enrageat (Bordelais), Cannut de Lauzun (Agenais). [Cité par M. Pulliat.]

Grappe sur-moyenne, cylindro-conique, un peu ailée, grains sur-moyens, sphéro-ellipsoïde d'un noir pruiné. On la conduit à taille courte.

Maturité 2e époque.

Friscularia [d'après M. Marès.] — Grappe grosse, cylindrique, à grandes ailes, assez serrée; grains surmoyens, obronds, noirs. Assez fertile.

Mûrit du 10 au 15 septembre dans le Midi.

Gamay noir. — Petit Gamay, Gamet, Plant de Bevy, Plant d'Arcenant, Plant de Malin, Plant d'Evelles (Bourgogne), Gros Bourguignon noir, Plant de Labroude, Plant Nicolas, Plant Picard, Plant de Magny, etc. (Beaujolais), Gamay de Liverdun, Ericé noir, Grosse race (Meurthe, Moselle, Doubs), Lyonnaise (Allier), Blauer Gamet, Schwarze Melonentraube (auteurs allemands), Carcairone (Piémont); Burgundi Nagyszemii (catalogue de Bude). [Cité par M. Pulliat.]

Grappe moyenne, cylindro-conique, un peu serrée; grains moyens, légèrement ovoïdes, d'un beau noir pruiné.

La taille courte est celle qui lui convient le mieux ; il s'épuise rapidement avec la taille longue.

Maturité entre 1re et 2e époque.

Gamay teinturier, Gamay de Bouze. — Présente les caractères du Gamay, sauf la couleur du grain et de la feuille. Se distingue par son bourgeonnement grenat, la teinte rougeâtre que prend sa feuille et le jus de ses grains bien coloré en rouge. C'est donc, comme les hybrides-Bouschet, un cépage à jus coloré.

Bien fertile, la taille courte lui convient.

Maturité contemporaine de celle du Gamay.

Giroudot noir (côte chalonnaise). — Serait, d'après M. Pulliat, une variation du Pinot noir. S'en distinguerait par une grappe à pédoncule plus grêle et plus long, le grain est plus petit et plus doux.

Maturité 1re époque.

Grand noir de la Calmette. — Hybride d'Aramon et de Petit-Bouschet.

Grappe assez grosse, conique, avec petites ailes, grains ronds, pruinés, serrés, à jus rouge moins foncé que celui du Petit-Bouschet.

Maturité précoce.

Grappu de la Dordogne. — Bouchalès ou Boucharès (La Réole et Mazas. [Cité par M. E. Féret.] Picardan noir, Prueras. [Cité par M. Pulliat.]

Grappe grosse, munie de deux ailes bien saillantes ; grains moyens, symétriques, noirs, pruinés.

Doit être conduit à la taille courte ; on peut lui donner un grand développement.

Maturité 3e époque.

Grec rouge. — Barbaroux (Hérault), Alicante, par erreur (Tarn-et-Garonne), Raisin du pauvre (Gard), Malaga, par erreur (Hautes-Alpes), Gros rouge (Haute-Loire), Gromier du Cantal, Monstrueux de De Candolle (de divers auteurs) Rother Trollinger, Rother Melvasier, Rothwelscher, Callebstraube, Decandolle voros, Rothe Riesentraube, Burgunder, Rother Erdoder [cité par M. Pulliat], Rousselet (à Marseille), Rossoly. [Cité par M. Marès.]

D'après MM. Marès, Pulliat, ce cépage ne doit pas être confondu avec le Barbaroux, Uva Barbarossa du Piémont, Rossea du Piémont, Brizzola de la Ligurie, Uva regina. [Cité par M. Pulliat.]

Grappe parfois très grosse, irrégulière, à grains gros, sphériques, d'un rouge un peu obscur.

Taille courte, d'après M. Marès, se développerait mieux en treille ou en cordon qu'en souche basse.

Maturité 2e époque.

Grenache. — Granache, Bois jaune, Alicante (Hérault, Aude, Gard, Pyrénées-Orientales), Roussillon, Rivesaltes (Var, Bouches-du-Rhône), Carignane jaune (Aude), Redondal (Haute-Garonne), Lladoner (Catalogne), Granaxa (Aragon), Aragonais (Madrid), [d'après M. Marès], Tinto

(Vaucluse), Sans pareil (Basses-Alpes), Black spanish, Black Valentia, Tintilla, Espagnin noir, Black Saint-Peter's ? [Cité par M. Pulliat]. Raisin noir. Taille courte à courson.

Maturité 3e époque.

Variétés. — 1º GRENACHE GROS DU VAR, 2º GRENACHE ROSE, 3º GRENACHE BLANC. [Cité par M. Foëx.]

Groslot. — (Touraine, Centre). [D'après M. Pulliat.]

Grappe moyenne, un peu ailée, grain moyen, à peu près globuleux, assez serrés, d'un beau noir pruiné.

Maturité de 1re, 2e époque.

Gueuche. — Foirard (à Poligny), Plant d'Arlay (à Salins), Gouais (à Saint-Amour, Jura), Gros Plant, Plant de Trefort (Ain, Plant d'Anjou) noir, Plant de Saint-Remy (Rhône). [Cité par M. Pulliat.]

Grappe moyenne ou sur-moyenne, serrée, cylindro-conique, grains moyens ou sur-moyens, sphériques, d'un noir rougeâtre.

On le taille à courson.

Maturité 3e époque, par conséquent un peu tardive pour le climat de la Franche-Comté.

Hibou noir. — Hibou, Hivernais, Polofrais (Savoie), Promère (Ain), probablement Bibou, Guibout, Luisant, Raisin-cerise (dans la vallée du Grésivaudan). [Cité par M. Pulliat.]

Grappe grosse cylindro-conique, peu serrée ; grains gros, sphériques, d'un rouge violacé. Cultivé surtout en treille et à longs bois, mais aussi en souche basse.

Maturité 3e époque.

Malvoisies. — Les Malvoisies, dit M. Marès, sont beaucoup moins caractérisées que les Muscats. Elles ne se développent bien que sous le climat des contrées riveraines de la Méditerranée et donnent des vins de liqueur de haute distinction.

MALVOISIE ROSSA — Malvoisie rouge du Pô.

D'après M. Marès, jolie variété peu fertile.

MALVOISIE DE L'ISTRIE. — Grappe moyenne à grains petits, ellipsoïdes, prenant une couleur presque violette. [Cité par M. Marès.]

MALVOISIE NOIRE DE CANDIE (Italie et Istrie). — Malvoisie noire musquée.

Grappe moyenne, d'un noir bleuâtre, d'une saveur musquée. [Cité par M. Marès.]

MALVOISIE ROUSSE de Tarn-et-Garonne. — De maturité un peu tardive. [Cité par M. Marès.]

Merlot. — (Médoc), Vitraille (Blanquefort), Bigney (Graves des environs de Bordeaux et à Cadillac), Alicante (à Podensac), Crabuteton Plant-Médoc (Bazadais). [Cité par E. Féret.]

Grappe conique, allongée, rameuse, sous-moyenne ; grains petits, ronds, inégaux, d'un noir bleuâtre, très pruinés. Habituellement taillé à long bois, s'accommode de la taille courte.

Maturité 2e époque.

Meunier. — Plant Meunier, Morillon-Taconné, Blanche-feuille, Plant de Brie, Fernaise, Carpinet ou Sarpinet, Goujeau, Pinot femelle (dans les vignobles septentrionaux de la France) ; Müller, Muller rebe, Muller Traube, Fruhe blaue, Blaue Potitschtraube (Allemagne), Trézillon de Hongrie (Alsace), Cerny Mancujk (Bohême), Molnar Tokekek (Hongrie), etc. ; Miller's Burgundy, Miller grape (Angleterre). [Cité par M. Pulliat.]

Grappe petite, cylindrique, assez serrée ; grains petits ou sous-moyens, sphéro-ellipsoïdes, d'un noir foncé pruiné. Assez fertile pour la taille courte, mais dans les milieux riches, on pourra lui donner un long bois.

Maturité 1re époque.

Mondeuse. — Mouteuse, Marve, Molette, Mandouze (Savoie), Persagne, Prossaigne, Persaigne, Gros Plant, Grand Chétuan, Meximieux (Ain et Lyonnais) ; Savoyanne, Savoyanche, Savoyet, Tournerin, Gueyne, Marsanne ronde (Isère) ; Salanaise (Givors), Gascon (Loiret), Marlauche noire (Beaujolais), Vache (Allier), Grosse syrrah (Drôme), Maldoux, Maudoux (Jura). [Cité par M. Pulliat.]

Grappe grosse, pyramidale, ailée, allongée, un peu lâche ; grains moyens, ovoïdes, d'un noir violacé, pruinés. S'accommode de la taille courte en souche basse et de taille longue en grand treillage.

Maturité entre 2e et 3e époque.

Montanaccio. — [D'après M. Marès.] Grappe moyenne, cylindro-conique, à longue queue pendante, bien garnie ; grains moyens, noirs, oblongs, très fleuris, excellents. Assez fertile. Se rapproche du Cinsaut, donne du bon vin et de jolis raisins. Maturité du 15 au 20 septembre dans le Midi.

Morrastel. — Mourrastel, Monestel, à tort, (Hérault, Aude, Pyrénées-Orientales). [Cité par M. Foëx.]

Raisin à grains petits, noirs et ronds. Conduit à la taille courte.

Maturité 3e époque.

Moscatea (de Nice). — D'après M. H. Bouschet, supérieur au Muscat noir de l'Hérault par la beauté de ses grappes et la grosseur de ses grains d'un noir violet. [Cité par M. Marès.]

Moscatella nera (Corse). — D'après M. Marès, les fruits sont moins précoces et moins fins que ceux du Muscat de Frontignan.

Bons raisins de table.

Moscateo. — Muscat violet d'origine espagnole, ressemble au Muscat noir de l'Hérault, mais lui est préférable comme raisin de table par sa grappe plus forte à grains plus gros. [Cité par M. Marès.]

Muscat Caillaba (Hautes-Pyrénées). — Muscat noir du Jura, Caylor noir musqué, Muscat d'Eisenstadt [cité par M. Marès], Muscat noir ordinaire, Black Frontignan, Schwarzer muscateller, Schwarze musca-tentraube, Schwarzer Weihrauch, Rother Frontignan, Jura Black muscat. [Cité par M. Pulliat.]

Cultivé depuis le Midi de la France jusqu'en Allemagne, excellent raisin de table, noir. Taille courte ou mi-longue.

Maturité entre 1re et 2e époque.

Muscat de Hambourg. — Black Muscat of Alexandria, Red Muscat of Alexandria, Muscat Hamburg, Snow's Muscat Hamburg. [Cité par M. Pulliat.]

Grappe grande et belle, à gros grains oblongs, un peu charnus, d'un beau noir, un des meilleurs raisins de table. Taille à coursons plus ou moins nombreux, suivant vigueur. Se conduit en souche basse ou en espalier.

Maturité 2e époque.

Muscat noir d'Alexandrie. — D'après M. Marès, se rapproche un peu du Muscat de Hambourg, grains ronds moins gros, noirs et juteux, mûrit un peu plus tard que lui.

Muscat rouge. — Cultivé à Frontignan, considéré plutôt comme raisin de table à fruits violets. [Cité par M. Marès.]

Muscat violet de Madère. — Muscat rouge de Madère Vendel.

Grappe moyenne, cylindrique, claire, à grains moyens, ronds, bien musqué, d'un beau rouge. La taille courte avec un certain développement.

Maturité 1re époque.

Nigra gentile. — D'après M. Marès, belle grappe, de grosseur moyenne, cylindro-conique, ailée, bien garnie ; grains sur-moyens, oblongs, bien noirs, d'excellent goût.

Mûrit du 10 au 15 septembre dans le Midi.

Œillade. — Ulliade, Ouillade (Languedoc, Provence, Roussillon), Aragnan noir ? (Vaucluse). [Cité par M. Pulliat.]

Raisin d'un beau noir fleuri. Taille courte.

Maturité 2e époque.

Variétés. — ŒILLADE BLANCHE, encore appelée Picardan (Hérault), Gallet (Gard), Araignan (Var, Bouches-du-Rhône), Milhaud blanc. [Cité par M. Marès.]

Olivettes et panses. — Les Olivettes sont caractérisées par les feuilles arrondies, lisses, à dentelures émoussées, d'un vert jaune clair, nues en dessous ; les grains sont ovoïdes et presque pyriformes. — Les Panses ont des feuilles très grandes, tourmentées, rugueuses, vert foncé, à dents longues, à lobes détachés, le dessous est feutré ; les grains sont elliptiques. Ces caractères cependant, comme l'expriment le comte Odart, M. de Rovasenda, M. Marès, ne sont pas nettement tranchés. Ainsi, l'*Olivette de Cadenet* a l'envers de sa feuille feutrée l'*Olivette jaune* a le grain ovale et la feuille un peu cotonneuse en dessous. D'après M. Marès, un des caractères qui différencient les *Panses* des *Olivettes* est la propriété du grain des Panses de se dessécher et de se passariller sans pourrir.

Olivette noire. — Oulivien, Olivotte noire (Provence et Languedoc), Uva di Pergole (environs de Rome). [Cité par M. Marès.]

Grappe superbe, conique ou cylindrique, rameuse, à grandes ailes, à grains assez serrés ; grains gros, allongés en forme de datte, d'un noir bleuté, très fleuris, excellents à manger ; se conserve un peu moins longtemps que la précédente. Il convient de le cultiver en cordon ou en treille et de le tailler à longs sarments, avec branche à bois et branche à fruit ; en souche basse, il donne de moins beaux résultats.

Il mûrit dans le Midi du 15 au 20 septembre.

Ouliven noir ou Olivette noire de Roquevaire (Provence). [Cité par M. Marès.]

Grappe grande et forte, pyramidale, molle et verte, rameuse comme celle de l'olivette blanche ; grains gros, noirs, ovales, fleuris, bons à manger ; beau type d'Olivette noire qui se rapproche des Panses par sa feuille et la forme de ses grains. Se cultive également bien en souche et en treille. Plus fertile, mais moins belle que la précédente et de meilleure conserve ; bonne pour le pressoir et la table.

Mûrit vers le 20 septembre dans le Midi.

Panse noire de Roussillon [cité par M. Marès]. — Grappe sur-moyenne, ailée, conique, serrée ; grains noirs, obronds, sur-moyens, très doux, de bonne conservation.

Cultivé pour la cuve et la table.

Maturité dans le Midi fin septembre.

Persan. — Prinssens, Beccu, Beccuette, Etris (Savoie) ; Pressan, Etraire, Batarde, Aguzelle, Guzelle, Cul-de-Poule, Siranèze pointue, Pousse-de-chèvre, Bégu (Isère). [Cité par M. Pulliat.]

Grappe moyenne, cylindro-conique, serrée ; grains moyens, ovoïdes, astringents. La taille longue lui convient très bien, ainsi que les grandes formes ; s'accommode aussi de la taille courte qui semble moins bien lui convenir.

Maturité 2e époque.

Peloursin. — Pélorsin, Gondran, Gros plant, Mal noir, Mauvais noir, Parlouseau, Plant d'Abas, Sella, Saler, Salis, Treillin, Verné (Isère), Duresa (Drôme), Duret, Durazaine (Ardèche), Mal noir, Vert noir, Etris, Fumette, Corsin (Savoie), Gros noirin, Pourret (Jura). [Cité par M. Pulliat.]

Grappe grosse ou très grosse, conico-cylindrique, serrée ; grains sur-moyens, globuleux, d'un noir foncé pruiné. Préfère la taille longue et la conduite en treillage ou en lisse.

Maturité 2e époque.

Petit-Bouschet. — Hybride d'Aramon et Teinturier.

Grappe grosse, conique, ailée, à grains moyens, ronds, d'un noir foncé, à jus rouge foncé. S'accommode de la taille courte et produit encore davantage à la taille longue.

Maturité 1re époque.

Pinot noir. — Pineau (divers auteurs), Noirien (quelques parties de la Bourgogne), Franc Pinot, Petit Vérot (Yonne), Auvernat noir, Plant noble (dans le Centre), Rouget (Jura et Haute-Saône), Massoutet

(Gironde), Pinot de Ribeauvillers (Alsace), Salvagnin noir, Servagnin (Jura et Suisse), Plant doré, Vert doré, Pinot de Fleury, Plant de Cumière, Plant médaillé (Champagne), Morillon noir (environs de Paris), Langedet, à Brioude (Haute-Loire) ; Petit-Bourguignon (Beaujolais).

Schwarzer, Klavner, Blauer Clavner, Schwarzer Riesling, Blau Boden see Traube, Arbst, etc. (Allemagne) , Ranci Velke (Bohême), Fekete Cilifant, Burgundi kek apro (Hongrie) [cité par M. Pulliat], Cortaillod rouge, en Suisse, d'après Gœthe. [Cité par M. Foëx.]

Grappe petite, cylindrique, tassée, quelquefois un peu ailée ; grains petits, sphériques ou sphéro-ellipsoïdes, noir foncé, légèrement pruinés.

Demande une taille longue, proportionnée à la vigueur.

Maturité précoce, 1re époque.

Variétés. — Le Pinot noir a donné quelques variétés qui ne diffèrent du type que par la couleur ou l'aspect des fruits, telles sont :

1° Le PINOT GRIS. — Beurot (Côte-d'Or), Fromenteau (Champagne) Malvoisie ou Auvernat gris (Touraine), Auxerrois (Moselle) [cité par M. Foëx], Pinot cendré, Enfumé, Levraut, etc. [Cité par M. Pulliat.] Considéré comme plus fertile que le noir.

2° PINOT BLANC. — Plant doré blanc (Champagne), Auvernat blanc (Loiret). [Cité par M. Foëx.]

3° PINOT MOUR. — Mouret, Tête de nègre.

Grain d'un noir de suie luisant, considéré en Bourgogne comme donnant plus de couleur au vin que le type. [Cité par M. Foëx.]

4° PINOT ROUGIN. — Tient le milieu entre le noir et le gris.

Pinot de Pernant. — [Cité par M. Pulliat.] Généralement considéré en Bourgogne comme distinct du type ; sa grappe serait plus ample, plus fournie et d'une fertilité plus constante.

Piquepoul. — Picpoul noir. Picpouille (Bas-Languedoc), Picapulla (Pyrénées et Espagne), Picapolla ou Avillo (Catalogne). [Cité par M. Pulliat.]

Grain petit, noir, très juteux. Il se taille à court bois, d'après M. Pulliat, en raison de sa bonne vigueur, on peut allonger les coursons d'un nœud de plus que sur les variétés fertiles.

Maturité 3e époque tardive.

Variétés. — 1° PIQUEPOUL GRIS, le plus employé, sert à la fabrication de vin blanc.

2° PIQUEPOUL BLANC.

Pointu (d'après M. Foëx, M. Pulliat). — Grappe moyenne, un peu serrée, cylindro-conique ; grains moyens, ellipsoïdes, d'un noir pruiné,

Maturité 2e époque tardive.

Pougayen [d'après M. Foëx, M. Pulliat]. — Grappe sur-moyenne. cylindro-conique, ailée, assez serrée ; grains sur-moyens, ellipsoïdes, d'un noir foncé.

Maturité 2e époque.

Pulsart. — Poulsart, Blussart, par corruption, Plant d'Arbois

(Doubs), Mécle, Mescle, Méthe, Méthie (à Revermont, Ain), Kleinblatt-rige Fingertraube. [Cité par M. Pulliat.]

Grappe moyenne, cylindro-conique, ailée et un peu lâche ; grains moyens, ovoïdes, d'un violet foncé.

Demande une taille longue et un grand développement.

Maturité 2ᵉ époque hâtive.

Variations. — 1º PULSART NOIR MUSQUÉ. 2º PULSART BRONZÉ 3º PULSART ROSE 4º PULSART GRIS. 6º PULSART BLANC.

San Antoni (Pyrénées-Orientales). — Grappe grosse, à petites ailes, avec des grains gros, oblongs, croquants, d'un noir bleuâtre, excellents à manger. Taille courte ou mi-longue.

Maturité entre 2ᵉ et 3ᵉ époque.

Sciacarello rosso (d'après M. Marès). — Grappe moyenne, conique, serrée ; grains sur-moyens, oblongs, rouges, de bon goût. Beau cépage fertile.

Mûrit du 15 au 20 septembre, dans le Midi.

Variété. — Sciaccarello bianco, variété blanche.

Sérénèze ou Séréné, dans l'Isère. — Grappe moyenne ou sur-moyenne, cylindro-conique, un peu lâche ; grains moyens, ronds, noirs.

Ce plant est surtout conduit en souche basse et taillé à coursons.

Maturité fin de 2ᵉ époque.

Servanin (Isère). — Servagin (aux Avenières), Servagnie ou Servaint (à Saint-Ismier), Salagnin (à Saint-Savin, Isère). [Cité par M. Pulliat.]

Grappe sur-moyenne, cylindro-conique, allongée, un peu ailée ; grains sous-moyens ou petits, ellipsoïdes, d'un beau noir pruiné. Est conduit en treillage à grand développement ; paraît s'accommoder également en souche basse.

Maturité 2ᵉ époque un peu tardive.

Siramuse [d'après M. Foëx, M. Pulliat]. — Grappe moyenne, un peu cylindro-conique ; grains moyens, globuleux, d'un noir foncé.

Maturité 2ᵉ époque tardive.

Syrah. — Schiras, Sirac ou Syrac (de divers auteurs), Petite Syrrah, Sérine (Côte-Rôtie), Marsanne noire, Hignieu, Candive, Entournerin, Sérène (Isère), Plant de la Biaune (Loire). [Cité par M. Pulliat.]

Grappe moyenne, conique, un peu ailée, un peu lâche ; grains moyens ou sous-moyens, ovoïdes, d'un noir pruiné. Se prête très bien à la taille longue qui favorise sa production.

Maturité 2ᵉ époque, de M. Pulliat.

Teinturier mâle ou Teinturier à bois rouge, Garidel, Gros Noir, Vin-Tint, Dix fois coloré. [Cité par M. Pulliat.]

Grappe petite, cylindrique ; grains petits, à peu près sphériques, d'un noir intense et à jus d'un rouge sanguin très foncé. Taillé court il produit peu, et à la taille longue il s'épuise vite. N'a de valeur que comme colorant.

Maturité 1ʳᵉ époque.

Variété. — TEINTURIER FEMELLE ou Teinturier du Cher, Cinq fois coloré, Tachat du Jura [D'après M. Pulliat.]

Diffère du précédent par sa feuille d'un vert foncé qui ne tourne au rouge qu'au moment de la maturité et par son jus d'un rouge vif bien moins foncé.

Téoulier. — Manosquen (Var et Bouches-du-Rhône), Plant Dufour (Hautes et Basses-Alpes), Plant de Porto (Marseille). [Cité par M. Marès.] Plant de Manosque, Teinturier Téoulier, Brun. [Cité par M. Pulliat.] Ne se trouve guère que dans les arrondissements de Grasse et Draguignan.

Grappe moyenne, cylindro-conique, un peu serrée ; grains ronds, assez gros, d'un beau noir. Se taille à court bois, suivant la méthode provençale.

Maturité 2e époque.

Terret Bouschet. — Croisement du Petit-Bouschet et Terret gris.

Grappe grosse, presque lâche, grains sur-moyens, globuleux, mais d'un rouge vineux peu intense.

Maturité tardive.

Terret noir. — Tarret (Hérault, Gard, Aude, Pyrénées-Orientales). [D'après M. Marès.]

Raisin à grains gros, oblongs, d'un rouge violacé. Taille courte.

Maturité 3e époque.

Variétés. — 1º TERRET GRIS ou TERRET BOURRET. Sert à la fabrication de vin blanc. Doit être taillé à 2 yeux et 4 à 6 coursons, suivant vigueur.

2º TERRET BLANC.

Tibouren. — Antibouren, Antibois, Geysserin (Var, Alpes-Maritimes). [Cité par M. Pulliat.]

Grappe moyenne ou grosse, souvent rameuse, sujette à la coulure ; grains moyens, presque ronds, d'un noir violet. Bon pour la table. Conduit à taille courte.

Maturité 1re époque. Débourrement précoce.

Variétés. — Tibouren blanc, très peu répandu.

Tressot (Yonne). — Tressot à bon vin, Bon Tressot, Verrot de Coulanges, Mérieu (à tort). [Cité par M. Pulliat.]

Grappe sur-moyenne, cylindro-conique, ailée ; grains moyens, globuleux, d'un noir violacé, pruiné. Taille courte lui convient, pourrait porter un long bois dans les sols riches.

Maturité 2e époque.

Trousseau. — Grappe moyenne, cylindro-conique, serrée ; grains moyens, légèrement ovoïdes, noirs, pruinés. Est conduit à la taille longue.

Maturité fin de 1re époque.

Verdot. — Carmelin (Sainte-Foy et Bergerac), Plant-des-Palus (Pulliat). [Cité par M. E. Feret.]

Grappe petite, cylindro-conique, pourvue de deux ailes régulières et

bien détachées ; grains sous-moyens, globuleux, d'un beau noir pruiné.
Soumis habituellement à la taille longue.

Maturité 3ᵉ époque.

Variétés. — On distingue 3 variétés de Verdot :

1° PETIT-VERDOT ou Verdot rouge, à grappe très petite.

2° VERDOT DE PALUS ou Verdot blanc, à grappe plus allongée.

3° VERDOT-COLON, à feuille épaisse, grande, cotonneuse, à grappe
grosse.

RAISINS BLANCS

Aligoté (Côte-d'Or). — Giboudot blanc.

Grappe moyenne, cylindro-conique, un peu ailée, assez serrée ;
grains sous-moyens, presque sphériques, d'un vert clair passant au
jaune doré. Demande la taille courte, d'après M. Pulliat ; taillé à long
bois, donnerait un produit inférieur et s'épuiserait.

Maturité 1ʳᵉ époque tardive.

Bourboulenc (Gard et Vaucluse). [Cité par M. Pulliat.]

Grappe moyenne ou sur-moyenne, assez serrée. Grain sur-moyen
ellipsoïde, d'un jaune tirant sur le roux à la maturité de 3ᵉ époque.

Candia (d'après M. Marès). — Grappe conique, allongée, ailée, serrée ; grains petits, ronds ou obronds, blancs, transparents, très bons.
Cépage distingué, fertile.

Mûrit du 10 au 15 septembre, dans le Midi.

Chenin blanc. — Pinot blanc de la Loire, Plant d'Anjou, Plant de
Maillé, Plant Volé, Plant de Clair de Lune. [Cité par M. Pulliat.]

Grappe sous-moyenne, cylindro-conique, peu serrée ; grains moyens,
presque globuleux ou oblongs, d'un jaune doré. Est conduit à la taille
courte.

Maturité 2ᵉ époque.

Clairette blanche. — Clairette de Trans (Var), Clairette verte,
Petite Clairette (diverses parties du Midi), Blanquette (Aude), Petit
Blanc (Aubenas) [cité par M. Foëx], Cotticour (Tarn-et-Garonne), Mal-
voisie (Gironde et Lot-et-Garonne). [Cité par M. Marès.]

Grains petits, ovoïdes, blancs, ambrés. Taille à coursons, en nombre
variable.

Maturité 3ᵉ époque.

Variétés. — 1° CLAIRETTE VERTE. 2° CLAIRETTE ROSE.

Colombaud. — Colombaou, Aubié (Provence, Hérault, Gard),
Grègues (Hérault). [Cité par M. Marès.] M. Pellicot dit l'avoir reçu des
Charentes sous le nom de *Saint-Pierre*. [Cité par M. Foëx.]

Grappe moyenne, ailée, épaisse, à grains gros, ronds, d'un blanc
verdâtre, transparents, agréables à manger.

Maturité tardive, à peu près 3ᵉ époque.

Cugliolla (d'après M. Marès). — Beau cépage à raisins blancs, ressemble beaucoup à l'*Olivette de Cadenet* ou *Tenerone de Vaucluse* ou *Crujidero d'Espagne*.

Folle Blanche. — Enrageat, Plant Madame, Grosse Chalosse, Grais, Rebauche (dans le Sud-Ouest), Piquepouille (Gers). [Cité par M. Foëx.]

Grappe sur-moyenne, cylindro-conique, serrée ; grains moyens ou sur-moyens, ronds, d'un vert blanchâtre se dorant au soleil. On la taille à court bois.

Maturité 2e époque.

Gamay blanc. — Bourguignon blanc, Feuille ronde, Pourrisseux (Beaujolais, Mâconnais, Côte-d'Or, Jura, Doubs), Gros Auxerrois blanc (Moselle), Lyonnaise blanche (Allier), Weisser Burgunder, Spater Burgunder (Auteurs allemands). [Cité par M. Pulliat.]

Grappe sous-moyenne, cylindrique, serrée ; grains moyens ou sous-moyens, sphériques, d'un blanc verdâtre teinté de jaune. Taille courte, pour assurer une longue fertilité.

Maturité 2me époque.

Gamay gris. — Reproduit tous les caractères du précédent sauf la couleur du fruit.

Genovese (D'après M. Marès). — Grappe moyenne, cylindrique, claire ; grains moyens, ronds, blancs et excellents.

Fertilité moyenne ; raisin de table distingué, produit aussi du bon vin.

Mûrit du 5 au 10 septembre dans le Midi.

Gibi. — Augibi (Hérault, Gard), Passerille blanche (Hérault), Tercia blanc (Vaucluse), Panse blanche (Pyrénées Orientales). [Cité par M. Marès.]

Peu cultivé ; mériterait de tenir un des premiers rangs dans les vignobles du Midi, d'après cet auteur. Grappe grande et grosse, pendante, à grandes ailes, atteignant souvent le poids de 2 kil., grains ronds, de belles dimensions, couleur vert jaunâtre, se tachant de brun du côté du soleil. Se taille sur 2 yeux francs et de 3 à 6 coursons et plus selon vigueur.

Maturité du 15 au 20 septembre dans le Midi.

Grec blanc. — Considéré par quelques auteurs comme une variété n'offrant de l'intérêt que comme raisin de table ; la taille courte avec grand développement lui convient.

Maturité entre 2e et 3e époque.

Hibou blanc. — Peu cultivé, grappe ordinairement un peu au dessus de la moyenne, portée par un long pédoncule.

Grains sur-moyens, globuleux, d'un blanc jaunâtre au soleil.

Maturité 2e époque.

Jacquère. — Cugnette, Cherché, Coufe-Chien, Buisserate (Isère), Plant des Abymes de Myans, Robinet (Savoie). [Cité par M. Pulliat.]

Grappe moyenne, cylindro-conique, serrée ; grains moyens, ronds, d'un vert jaunâtre doré.

Cultivée en souche basse et à coursons, mais, vu sa vigueur, pourrait être conduite au treillage.

Maturité 2ᵐᵉ époque, tardive.

Maccabeo. — Maccabeu [d'après M. Marès.]

Grappe grosse, très belle, longue, divisée ; grains ronds de belle grosseur, blancs, tachetés, dorés du côté du soleil. Traité comme les muscats et cultivé surtout à Rivesaltes (Pyrénées-Orientales) où il donne un excellent vin de liqueur.

Maturité du 1ᵉʳ au 10 octobre dans le Midi [d'après M. Marès.]

Voir *Ugui blanc*.

Maclon. — Anet, Arin, Mâconnais (Isère), Fusette (Bas-Bugey). [Cité par M. Pulliat.] D'après cet auteur se trouve surtout dans l'arrondissement de Vienne.

Grappe moyenne, cylindro-conique, surtout ailée, grains sous-moyens, ellipsoïdes, d'un jaune roussâtre.

Peut venir en souche basse et aussi en treillage.

Maturité 2ᵉ époque.

MALVOISIES

Malvasia fina de Madère. — (Mentionnée par M. Marès d'après le comte Odart.) Variété blanche.

Malvoisie blanche de Montepulciano. — (Mentionnée par M. Marès d'après le comte Odart.) Variété blanche.

Malvoisie blanche de Tarn-et-Garonne. Malvoisie blanche de la Drôme, Malvasia bianca du Piémont, Malvoisie de Lasseraz. [Cité par M. Pulliat.]

D'après M. Marès, cette variété se rapproche de la précédente. Grappe moyenne ou sur-moyenne, avec de grandes ailes ; grains assez gros, presque ovoïdes, d'un jaune doré au soleil.

La taille à longs bois ou à coursons sur cordons à grand développement semble mieux lui convenir que la taille à coursons sur souche basse [d'après M. Pulliat.]

Maturité 2ᵉ époque.

Malvoisie blanche de Toscane. — (Mentionné par M. Marès, d'après le comte Odart.)

Malvoisie du Camp de Tarragone. — (Mentionné par M. Marès, d'après le comte Odart).

Malvoisie de la Chartreuse. — Malvazia de la Cartuza, grappe grosse à longue queue, conique, ailée ; grains gros, presque ovoïdes, d'un jaune verdâtre, dorés du côté du soleil. S'accommode d'un grand développement et préfère la taille courte.

Maturité 3ᵉ époque ; dans le Midi vers le 15 septembre, d'après M. Marès.

Malvoisie a gros grains. — Vermentino (Corse), Vennentino (Gênes), Malvasia grossa (Haut Douro et Madère), Malvoisie précoce d'Espagne. [Cité par M. Pulliat.]

Grappe moyenne ou grosse, ailée, à grains sur-moyens, ellipsoïdes, d'un jaune doré à la maturité. Un grand développement et la taille à long bois paraissent lui convenir.

Maturité 3e époque de M. Pulliat. Du 10 au 15 septembredans le Midi, d'après M. Marès.

MALVOISIE DE LIPARI. — Mentionnée par M. Marès, d'après le comte Odart.

MALVOISIE DES PYRÉNÉES. — Malvoisie blanche dans les Pyrénées Orientales et l'Hérault [d'après M. Marès].

Grappe assez volumineuse, ailée, ligneuse ; grains légèrement ovoïdes de grosseur moyenne blancs et transparents, dorés du côté du soleil ; en raison du degré glucométrique élevé que l'on exige pour le moût, ne se vendange dans le Midi que fin septembre ou courant octobre après complète maturité.

Cultivée en souche basse et taillée selon la fertilité du sol, sur 2 ou 3 yeux

MALVOISIE DE SITGES (Andalousie). — Chérès (du Gard), Tinto blanc (Vaucluse), Verdal (des Hautes et Basses-Alpes). [Cité par M. Pulliat et M. Marès.]

Grappe conique, ailée, bien rameuse, un peu claire, à grains sur-moyens, oblongs, d'un jaune verdâtre. Semble préférer la taille courte sur cordon d'un certain développement.

Maturité du 20 au 25 septembre, dans le Midi, d'après M. Marès.

MALVOISIE VERTE (petite). — Mentionnée par M. Marès, d'après le comte Odart.

Manferina. — (d'après M. Marès)

Grappe moyenne, cylindrique, allongée, assez claire ; grains sous-moyens, obronds, blancs, très fins, se passarillent à grande maturité. Fait de très bon vin. Fertile.

Mûrit dans le Midi, du 10 au 15 septembre.

Marsanne. — Grosse roussette (Savoie), Avillerau (Isère). [Cité par M. Pulliat.]

Grappe grosse, rameuse, ailée, un peu lâche ; grains moyens, sphériques, blancs, dorés du côté du soleil. Soumise ordinairement à la taille courte, supporte la taille longue.

Maturité 3a époque, de M. Pulliat.

Mayorquin. — Bormenc, Plant de Marseille, Damas blanc (Jardin Botanique de Dijon). [Cité par M. Pulliat.]

Grappe grosse ou très grosse, ailée ; d'après M. Pellicot, son poids peut dépasser 2 kil. ; grains gros, un peu ellipsoïdes, d'un jaune doré.

On le cultive pour la table et aussi pour faire des raisins secs, *Panses du Midi* ; mais inférieur pour cet usage à la Panse musquée.

Maturité 3e époque.

Meslier. — Cultivé dans les vignobles septentrionaux ; Maillé (Haute-Saône), Mayé (Aisne), Arbonne (Aube et Haute-Marne), Arbois ou Orbois (Loir-et-Cher). (Cité par M. Pulliat.)

Grappe sous-moyenne ou petite, cylindro-conique, peu serrée ; grains sous-moyens, un peu ellipsoïdes, passant du blanc verdâtre au jaune piqueté de petits points roussâtres. Peut s'accommoder d'une taille mi-longue ; le plus précoce des raisins blancs de grande culture.

Maturité avant 1re époque.

Mondeuse blanche. — Tongin, Dougin, Aigreblanc, Blanche, Blanchette (Savoie); Couilleri (Jura). [Cité par M. Pulliat.]

Doit être une variété de la noire; elle est moins productive.

Moscatello bianca (Corse). — D'après M. Marès, ses fruits sont moins précoces et moins fins que ceux du Muscat de Frontignan.

Bons raisins de table.

Muscadelle. — Musquette, Muscadet doux, Raisinotte, Angelicaudt (Gironde), Col-Musquet (à Sainte-Croix-du-Mont), Muscade (surtout à Sauternes), Catape (Créon); Quépus (Castillon et Sainte-Foy), Blanche-Douce, Muscat Fou (à Bergerac), Cadillac et Blanc-Cadillac (à Frousac), Guilau musqué (Lot-et-Tarn), Guilau doux (à Clairac). [Cité par M. E. Feret.]

Grappe grosse, plus ou moins serrée, légèrement ailée; grains ronds, inégaux, d'un jaune doré, à arrière-goût spécial. Soumise à la taille courte.

Maturité 2e époque.

Muscat bifère. — [Cité par M. Marès], ainsi nommé parce qu'il donne souvent une 2e récolte de grappillons, mais il ne présente rien de remarquable; fruits blancs.

Maturité 2e époque, tardive.

Muscat blanc d'Alexandrie. — Panse musquée (en Provence et en Languedoc), Augibi Muscat (dans la vallée de l'Hérault), Muscat de Rome, Muscat romain, Uva Salamanna (Italie du Nord), Muscat d'Espagne, Moscatel gordo bianco, Moscatel gorron, Moscatel romano (en Espagne), Zibibbu (Sicile), Muscat canimada (du comte Odart). [Cité par M. Marès.] Panse longue musquée, Raisin de Malaga (à Paris), Moscatellone pure della Sardegna, Gérosolomitana blanca (région de l'Etna, en Sicile), Muscat of Alexandria. [Cité par M. Pulliat.]

Belle grappe, assez claire, à grains ovoïdes, gros, d'une belle couleur jaune. Cultivé surtout pour la table et les conserves à l'eau-de-vie. Taille courte, plus fertile en treille et en cordon qu'en souche.

Maturité tardive, la 3e et 4e époque.

Muscat blanc de Berkeim. — D'après M. Marès.

Un des raisins de table musqués des plus précoces, mûrit dans le Midi vers le 15 août. Jolie grappe à grains ronds, moyens, assez serrés, très agréables.

Muscat blanc. — Muscat de Frontignan (Hérault), Moscatel, Menudo blanco, Moscato bianco, Weisser Muscateller, Gelber Muscateller, Franczier voros muscatel, Uva Moscatello (Sicile). [Cité par M. Pulliat.] Muscat de Rivesaltes [Cité par M. Foëx], et dont quelques auteurs font une variété à part.

Grappe moyenne, généralement cylindrique, à grains moyens, sphériques, d'un jaune ambré. Dans le Midi, on taille à courson à 1 ou 2 yeux, suivant vigueur.

Maturité entre 2e et 3e époque.

Muscat blanc du Puy-de-Dôme. — Muscat Eugénien, Early, Auvergne, Frontignan. [Cité par M. Pulliat, M. Marès.]

Grain moyen, sphérique, doré. Conduit à la taille courte.

Maturité 1re époque, de M. Pulliat.

Muscat blanc de Syrie. — Muscat de Smyrne. Isaker Daisico (ce nom est probablement erroné, voir Mille variétés de vignes, par M. Pulliat). [D'après M. Marès.]

Se rapproche du Muscat de Frontignan ; grains plus petits, moins musqués ; moins fertiles et un peu plus précoce.

Excellent raisin de table.

Muscat Primavis. — Pascal Muscat, Muscat Jésus, Muscat fleur d'orange (Var, Bouches-du-Rhône), Tokai des Jardins, Chasselas musqué. [Cité par M. Marès.] Muscat croquant (en Transylvanie), Vanille raisin (en Allemagne), Muscat de Rivesaltes. [Cité par M. Pulliat.] (Nous avons vu que ce dernier nom était considéré par des auteurs comme synonyme de Muscat blanc de Frontignan).

M. Marès paraît considérer cette variété comme un hybride de Chasselas et de Muscat.

Raisin moyen à petites ailes serrées à grains assez gros, ronds, charnus, sujets à se fendre à l'humidité, bien agréables, d'un jaune verdâtre. Suffisamment productif à la taille courte.

Maturité entre 1re et 2e époque.

Muscat Troweren. — Grappe grosse, claire, à grains blancs, gros, craquants, d'un jaune doré. La conduite en cordons taillés à court bois semble lui convenir.

Maturité 3e époque.

Musqué de Courtiller. — Précoce musqué ou Madeleine musquée.

Provient d'un semis de raisin noir d'Ischia fait par M. Courtiller.

Grappe plutôt petite, cylindrique, à grains assez petits, serrés, blancs ambrés, d'une saveur musquée agréable. Taille courte.

Maturité précoce.

Olivette blanche. — (Provence et Languedoc. [Cité par M. Marès.] Belle grappe grande, lâche, allongée, à grandes ailes ; grains gros, blancs, jaunissant un peu, de forme ovoïde ; se conserve bien l'hiver. La conduite en treille ou en cordon lui convient.

Mûrit fin septembre dans le Midi.

Olivette de Cadenet. — Teneron (Vaucluse), Crujidero (Espagne), de Courtiller, Early, Saumur, Frontignan. [Cité par M. Pulliat.]

Grappe grosse, conique, ailée, rameuse, lâche ; grains beaux, gros blancs, ovoïdes, ambrés, passant au jaune doré.

Appartient aux Panses plutôt qu'aux Olivettes par sa feuille et la forme de son grain. Vient bien en souche, mais produit davantage en treille ou en cordon.

Maturité tardive, fin septembre, dans le Midi.

Olivette jaune à petits grains. — Eparse, Raisin de la Palestine. [Cité par M. Marès.]

Grappe très grosse, claire, lâche, à grandes ailes, cylindro-conique, rameuse ; grains moyens, ovales, d'un blanc opalin ; peu fertile. Demande la taille à long bois.

Mûrit dans le Midi du 20 au 25 septembre.

Panse jaune. — Occhivi (Gard), Bicane (Indre-et-Loire), Raisin des Dames (Vaucluse). Improprement Chasselas Napoléon, Chasselas d'Alger. [Cité par M. Marès.] M. Pulliat désigne ce cépage sous le nom de Bicane, ne le rangeant pas dans la tribu des Panses.

Grappe grosse, un peu claire, rameuse et cylindro-conique ; grains gros, ovoïdes, jaune ambré clair, assez bons quoique un peu fades. La taille mi-longue semble lui être préférable.

Maturité vers le 10 septembre, dans le Midi.

Panse précoce. — Sicilien (Var). [Cité par M. Marès, M. Pulliat.] M. Pulliat conserve à ce cépage le nom de Sicilien, ne croyant pas pouvoir le ranger parmi les Panses.

Grappe sur-moyenne, conique ou cylindro-conique, ailée ; grains gros, ovales, jaune doré. Peut être conduit en souche, mais de préférence en treille ou en cordon et à la taille courte.

Maturité précoce, du 1 au 5 septembre, dans le Midi.

Panse commune (Provence, Languedoc). — [D'après M. Marès.]

Grappe grosse, longue, légèrement pyramidale, verte et molle, claire ; grains beaux, ovales, jaune ambré, colorés en rose par le soleil, se passarillant à la maturité ; conservation facile. Ce beau cépage, dit M. Marès, robuste et fertile, paraît être un des meilleurs types de la tribu. Réussit également en treille et en souche.

Panse rose ou Perle rose. — Olivette rouge (Bouches-du-Rhône), Malaga rouge, Zibibbo rosso (de la Calabre), Corazon de Gallo (Espagne). [Cité par M. Marès.]

Beau cépage que son feuillage et la forme de ses fruits ont fait ranger parmi les Panses. Grappe très belle, longue, grande, conique, ailée, pendante, garnie sans être serrée ; grains roses, gros, olivoïdes, peu serrés, fermes, de bon goût. Fertile surtout en treille.

Mûrit dans le Midi fin septembre.

Pascal blanc. — Brun blanc, Pascaou blanc. [Cité par M. Pulliat].

Grappe assez grosse, conique, un peu ailée, à grains petits, ronds, assez serrés, d'un vert jaunâtre. Il se taille court.

Maturité 2ᵉ époque.

Variétés. — D'après M. Marès, il existe un PASCAL NOIR qui appartient au même type. Pour quelques auteurs, ces deux vignes sont différentes.

Pinot blanc Chardonay. — Chardenet, Chaudenet, Noirien blanc (Côte-d'Or), Chardonay (Mâconnais, Beaujolais), Petit Chatey (Bresse), Luisant (Besançon), Beaunois, Rousseau, Plant de Tonnerre (Yonne),

Gamay blanc, par erreur (à l'Etoile), Melon (Arbois et Poligny), Morillon blanc (Chablis), Epinette (Marne), Arnoison (Indre-et-Loire), Auvernat (Loir, Loir-et-Cher, Haut-Rhin), Auxois ou Auxerrois blanc (Moselle), Romeret (Aisne), Gentil blanc, Weiss Klewner (Bas-Rhin), Weiss Elder (Haute-Alsace), Weiss Silber (Ribeauvillé), Weiss Arbs (à Bade), Weisser Rulander (Allemagne). [Cité par M. Pulliat.]

Grappe petite, cylindro-conique, compacte ; grains petits, globuleux, passant du vert clair au jaune un peu doré au soleil. Demande une taille longue.

Maturité en retard d'une douzaine de jours sur le précédent.

Rossa bianca (d'après M. Marès). — Grappe moyenne, à grandes ailes, claire ; grains moyens, obronds, d'un blanc roux, transparents, excellents.

Mûrit du 5 au 10 septembre, dans le Midi.

Rossola [d'après M. Marès.] — Grappe cylindrique, sous-moyenne parfois ailée ; grains moyens, ronds, assez serrés, blancs, tachés par le soleil, d'un goût musqué très fin, excellents. Remarquable par sa finesse ; assez fertile.

Mûrit du 10 au 15 septembre, dans le Midi.

Roussanne. — Roussette, Fromenteau (Isère), Bergeron (dans quelques parties de la Savoie), Martin Côt et Barbin dans d'autres. D'après M. Pulliat. [Cité par M. Foëx.]

Grappe moyenne, cylindro-conique, serrée ; grains moyens, ronds, d'un blanc roussâtre à la maturité. Habituellement soumis à la taille courte.

Maturité 2e époque.

Sauvignon. — (Gironde et Charente), Surin Fié (Loire et Vienne), Blanc fumé (Nièvre), Punechou (à Petit Lafitte), Puinechou (Gers), Feigen Traube, Weisser Muscat Sylvaner (Allemagne). [Cité par M. Pulliat.]

Grappe petite, cylindrique, serrée ; grains moyens, inégaux ; légèrement ovalaires, d'un roux doré. Se taille ordinairement à coursons à trois yeux.

Maturité 2e époque.

Savagnin blanc. — (Voir cépages d'Alsace.)

Sémillon. — Sémillon blanc, ou roux, ou Crucillant, ou Colombier, ou Colombar (Gironde), Chevrier (Dordogne), Malaga (Lot), Goulu-Blanc (Isère). [Cité par E. Feret.]

Grappe grosse, fournie, cylindro-conique, ailée ; grains gros, à peu près ronds, inégaux, d'une belle couleur dorée à la maturité. Habituellement taillé court, mais, suivant vigueur, peut supporter un arçon.

Maturité 2e époque.

Sirocchiola [d'après M. Marès]. — Grappe ailée, claire, assez grande ; grains petits, ronds, fins.

Mûrit du 12 ou 15 septembre, dans le Midi.

Tourbat. — [D'après M. Foëx.] Cépage blanc très vigoureux et rustique, que l'on plante sur les points où le rocher est près de la surface.

Ugni blanc. — Clairette à grains ronds, Queue de Renard (Var), Grédelin (Vaucluse), Bonebeou (Bon et beau), Roussau (Alpes-Maritimes), Trebbiano ? (en Toscane), Muscadet aigre (dans le Bordelais) ? Maccabeo (Pyrénées-Orientales). [Cité par M. Pulliat.] Sous ce dernier nom de Maccabeo et Maccabeu, M. Marès décrit un cépage différent, principalement cultivé à Rivesaltes, dans les Pyrénées-Orientales.

L'Ugni blanc a la grappe longue, cylindrique, un peu ailée ; ses grains sont ronds, moyens, souvent colorés en rose du côté du soleil. Taille courte.

Maturité 2e époque, de M. Pulliat ; du 5 au 10 septembre, dans le Midi, d'après M. Marès.

Verdesse. — Verdesse muscade, Verdesse musquée, Etraire blanche (Isère), Verdèche ou Verdasse [Cité par M. Pulliat.] Se trouve dans la vallée du Graisivaudan.

Grappe assez grosse, cylindrique et assez serrée ; grains à peine moyens, presque obronds, d'un blanc verdâtre, à goût spécial, agréable.

Supporte la taille courte, mais la taille longue et un grand développement lui paraissent favorables.

Maturité fin de 2e époque.

Vermentino (Corse). — Voir Malvoisie à gros grains.

Viognier. — Peut-être Galopine, à la Tronche, près Grenoble.

D'après M. Pulliat ne pas confondre avec le cépage appelé dans l'Isère Maclon, Anet, Ignin, etc.

Grappe moyenne, pyramidale, ailée, un peu serrée ; grains moyens, sphériques, d'un beau jaune doré. Ordinairement taillé à long bois.

Maturité 2e époque.

CÉPAGES D'ALGÉRIE

Aïn el Kelb. — Grappe moyenne, conique, dense, rarement ailée ; grains moyens ou sur-moyens, sphériques, d'un vert clair avec stigmate noir.

Maturité 4e époque.

Ameur-bou-Ameur. — Gros raisin de couleur rosée.

Chercell.

El oued zitoun.

Farrana. — Grappe allongée, irrégulière, ailée ; grains presque gros, globuleux, peu pruinés, d'un vert doré clair. Habituellement taillé court, quelquefois avec un long bois.

CÉPAGES D'ALSACE ET CONTRÉES RHÉNANES

Burger blanc. — Kleinberger (Rhingau) ; Kleinbeer et Klœmmer (Moselle), Albig, Albe, Weissalbe (Bavière), Elbling ou Weisselbling Methling (Vallée du Mein), Kristeller (Rives de la Tauber) ; Wolfgestraube (Hesse-Electorale), Elbele, Elmené, Rheinelbé (Oberland

Badois), Geschlachter Burger, Rhinelbe (de Strasbourg à Belfort), Bourgeois, Gouais blanc, en France. [Cité par M. J. Stoltz.]

Peskek, Blesez, Morawka, Kurstingel (Styrie), Biela zrebnina (Croatie), Elben Feher (Hongrie). Talant Bily (Hongrie). [D'après M. Pulliat.]

Grappe moyenne, le plus souvent cylindrique, serrée ; grains moyens, un peu oblongs ou ronds, pruinés, d'un vert jaunâtre. Se conduit tantôt à la taille courte, tantôt en quenouille comme en Alsace, et aussi en Kammerbau comme en Bavière.

Maturité 2ᵉ époque.

Variétés. — 1° Variété rouge. 2° Variété noire.

Frankenthal. — Black Hambourg (pour les Anglais et les Améri-ricains), Blauer Trollinger ou Schwartz, Welscher, Box Hoder, Lamber, Mohren-Dutten [cité par M. Marès], Trollingi kek (Hongrie), Modri Tirolau (Croatie), Uva nera d'Amburgo (Italie), etc. [cité par M. Pulliat], Grosse race, Lambert, Bockshoden, Troller, Trollinger, Schwarz-waelscher (noir d'Italie) (Wurtemberg), Hammelshoden (testicules de bélier), Pfundtraube, Kreuzertraube (vallée du Neckar) Fleischtraube (Rhingau), Grosschwarzer (Gros noir) (Mayence), Schwarzer Gutedel (Chasselas noir) (Bade), Bocksaugen (yeux de bouc) (Coblence), Hudler (Bade). [Cité par L. J. Stoltz.]

Grappe grosse, un peu lâche, cylindro-conique ; grains gros, obronds, d'un noir pruiné, avec de longs pédicelles. Doit être conduit en treille ou en cordon avec la taille courte pour produire suffisamment. Très cultivé pour la table, dans le Nord.

Mûrit, dans le Midi, du 10 au 15 septembre. 2ᵉ époque de M. Pulliat.

Olwer blanc. — Dure-feuille, Hart-Olber, Hœrtolber, Grün-Olber, Oberlœnder-Olber (Haut-Rhin et Bas-Rhin), Hammelschwanz. [Cité par M. J. L. Stoltz.]

Grappe moyenne, quelquefois grande, conique, un peu serrée ; grains presque ronds, d'un blanc jaunâtre au soleil. Taille longue ou mi-longue. [D'après Stoltz].

Maturité tardive.

Petit-Rauschling. — Klein Rauschling, Knipperlé, Petit-Mielleux Etlinger (Haut-Rhin), Strassburger, Landauer, Rœuschlinger (Franconie), Sundgauer, Colmerer, Elsœsser, Türckheimer, Rischling (Bade), Ortliebstraube, Ortlieber, fauler Elsœsser, Reichenweyerer (Wurtemberg), Gelber Mosler, Ortliebische, Francoze (Franconie) [cité par J. L. Stoltz], Tockauer, Runganer, Kauba blanc. [Cité par M. Pulliat.]

Grappe petite, arrondie ; grains petits, serrés, verdâtres, se teintant de jaune au soleil. Ordinairement cultivé avec deux ou trois arçons.

Maturité 2ᵉ époque.

Riesling blanc. — Gentil aromatique, Klingenberger, Rheingauer (plant du Rhingau), Oberkicher (plant d'Oberkirch) (duché de Bade), Rheingauer, Hochheimer (Alsace), Pfœlzer (plant du Palatinat) (Wissembourg). [Cité par M. J. L. Stoltz.]

Grappe sous-moyenne ou petite, cylindro-conique, compacte ; grains sous-moyens, sphériques, jaune clair, d'une saveur aromatique. Taille longue ou mi-longue.

Maturité 2ᵉ époque.

Variétés. — 1° Riesling rouge clair, 2° Riesling rouge, pourpre ou noir, 3° Riesling blanc dégénéré ou gros Riesling.

Savagnin blanc. — Naturé blanc, Blanc brun (Jura), Viclair, Bon blanc (Doubs), Fromenté (Haute-Saône), Noble rouge, Roth Edel, Rousselet, Rothlichter. Traminer rother, Gris rouge, Gentil duret (Alsace), Dreimanner, Marzimmer, Freutsch, Tokayer, Dreipfenningholz, Christkindlestraube (raisin de Noël), Rothklauser, Rothedel, Rothklader-Rothfranke, Fleischroth, Kleiner Traminer, Frankisch, Kleinbraun, Fleichweiner (Allemagne, contrées Rhénanes), Nurnberger rouge Styrie] Mala Dinka (Illyrie), Rusa (Valachie), Crvena Ruzica (Croatie), Drumin Ljbora (Bohême), Tramini rouge (Hongrie) [cité par M.Pulliat], Klebroth, Rothweiner (Franconie), Frantschentraub (Rhingau), Schmeckende (parfumé), Weihrauch (encens) (Autriche). [Cité par L. J. Stoltz.]

Grappe petite, conique ; grains petits ou sous-moyens, ovoïdes, passant d'un blanc verdâtre au jaune bronzé. Demande la taille longue.

Variétés. — 1° Savagnin rouge ou rose, 2° Savagnin jaune, 3° Savagnin vert.

Silvaner blanc. — Feuille ronde, Zierifahndt, Zierfahnler, Weissblancke (Hongrie, Basse-Autriche), Oestreicher (Rhingau), Grünfrœnkisch, Frankentraube, Frankenriesling, Sylvaner (Bas-Rhin et sur la Haardt), Salviner, Salvaner (Bade et Wurtemberg), Grüner Silvaner Grün Elmené, Bœzinger (Brisgau. Oberland Badois), Raisin d'Autriche, Gutblanc, Schœnfeiler (Saxe), Scharavaner (Silésie), Gnifal Zeleny, Ziehenfœdel, Morawka (Bohême), Selenzhiz, Seleni, Kleshez, Mushka, Lipava, Tschafahndler, Weisser Augustiner, Weisser Oestreicher, Fliegentraube (Styrie), Schwœbler, Grunedler, Gruner, Clozier, Mourton (Alsace) [cité par Stoltz], Sylvani Zold, Pepltraube, Cilifantli, Zirfantler (Hongrie), Zelena Sedmogradka (Croatie), Zichfodl (Bohême), Gros Plant du Rhin, à Neufchâtel, Gros Rhin, à Genève. Grande Arvine (Valais). [Cité par M. Pulliat.]

Grappe moyenne, cylindro-conique, un peu serrée ; grains de moyenne grosseur, globuleux, d'un jaune plus ou moins doré. Se conduit bien à la taille courte.

Maturité 1ʳᵉ-2° époque.

Variétés. — 1° Variété rouge claire, 2° Variété noire.

Valtelin rouge. — Rother Walteliner (Wurtemberg), Rothe Fleischtraube (Franconie), Fleischrother (Bavière, Hesse, Bade), Fleisch rother Vœlteliner (Alsace), Fleischweiner, Rothlichter Feldeliner (Ortenau), Rothreifler, Rothweisser, Rothmehlweisser (Hongrie), Feldlinger, Rother Muscateller (Autriche), Grosbaumer Veltliner (Saxe), [cité par M. Stoltz], Raisin de Saint-Valentin. [Cité par M. Pulliat.]

Grappe moyenne, souvent longue, cylindro-conique, un peu serrée, grains moyens, un peu inégaux, sphérico-ellipsoïdes, d'un rose clair. Peut être conduit à la taille longue.

Maturité 2e époque.

CÉPAGES D'AUTRICHE
(Voir *Alsace* et *Allemagne*)

Portugais bleu. — Blauer Portugieser, Portugieser (Autriche et Allemagne), Oporto (Hongrie), Plant de Porto (Champagne). [Cité par M. Foëx.]

Grappe moyenne, ailée, généralement serrée ; grains moyens, sphériques, d'un noir bleuâtre, un peu pruinés. On peut le soumettre à la taille longue ou à la taille courte.

Maturité 1re époque.

CÉPAGES D'ÉGYPTE

Dronkane (Égypte) [cité par M. Pulliat]. — Grappe grosse, longue, rameuse, ailée, peu serrée ; grains gros, olivoïdes, d'un rouge clair. Demande un grand développement en cordon ou espalier.

Maturité 3e époque.

Henab ou **Haneb Turki.** — [Cité par M. Pulliat.] Grappe très grosse, sujette à la coulure, lâche, ailée, rameuse ; grains très gros, courtement olivoïdes, d'un rose foncé, avec quelques grains restant blanc verdâtre.

Maturité 3e époque.

CÉPAGES D'ESPAGNE

Alban réal. — Mentionné par M. Foëx.

Albillo. — (Castellano, de Granada, de Huebla, Laconegro). [Mentionné par M. Foëx.]

Almunecar. — (A Saint-Hucaris, Xérès, Trébujena, Algésiras, Arcos, Espera, Paraxète et Malaga), Pasa larga (Grosse Panse à Almunecar), Largo (à Malaga), Uva de Pasa (raisin de Panse à Ronda,) etc. [Cité par M. Foëx.]

Grappe longue, doublement composée à la partie supérieure, composée à la partie inférieure ; grains de dix lignes dans le grand diamètre sur six et demi dans le petit, amincis vers la pointe, très souvent un peu concaves du côté de la rafle, très transparents, assez souvent dorés. Fournit les *Panses* de Malaga, en raisins secs.

Maturité précoce.

Bobal. — Grappe grosse, cylindro-conique, un peu serrée, non ailée ou à aile courte ; grains gros, un peu sphériques, un peu déprimés, d'un noir clair violacé.

Maturité 3e époque.

Botton de Gallo — (Noir et blanc), mentionné par M. Foëx.

Casta de Ohanezbianca. id.

Corazon de Gabrito. id.

Crujidero. id.

Donzellino de Castello. id.

Ferrar commun. — (San Lucar, Xérès etc.) [Cité par M. Foëx, d'après D. S. Roxas.] Grappe grande, irrégulière, composée, lâche ou peu serrée, avec beaucoup de grains verts ; grains de dix lignes de diamètre environ, très charnus. Employé pour la table et la conserve.

Maturité très tardive.

Ferrar blanc. — (Paxarète) Corona de Rey (Espera). Variété du précédent, qui en diffère par ses sarments plus blanchâtres, ses rameaux secondaires moins nombreux, la couleur de ses grains. (Cité par M. Foëx.)

Hycalès blanc (cité par M. Marès). — Cépage d'Andalousie (Espagne). Raisin de table.

Grappe sur-moyenne, cylindro-conique ; grains jolis, sur-moyens, espacés, obronds, d'un blanc de cire tirant sur le jaune, d'excellent goût. Mûrit dès la fin août, dans le Midi.

2ᵉ époque de M. Pulliat.

Jaen (blanco, del plan *blanc*, negro de Granada, negro de Sevillo). — (Mentionné par M. Foëx.)

Jami noir. — Grenade et Murcie. (Mentionné par M. Foëx.)

Listan. — Chipiona et San-Lucar de Barrameda, Palomina blanche (à Xerès de la Frontera), Palomino (à Cornil et à Tarifa), Tempranilla (à Rota, Trébugena et Grenade), Orgasuela (au port Sainte-Marie), Ojo de Liebre (à Lebrija), Temprana ou Temprano (Algésiras, Ronda, Motril, Grenade, Alpujara, Guadix, etc.), Alban (à Grenade). (Cité par M. Foëx, d'après D. S. Roxas.)

Grappe grande, cylindrique, rameuse à la partie supérieure ; grains moyens, presque égaux, un peu aplatis par leur base et leur sommet, blanc verdâtre ou gris doré assez foncé s'ils sont au soleil. Bon pour la table et fournit des raisins secs. Se conduit bien à la taille courte.

Maturité 2ᵉ époque de M. Pulliat.

Mantuo Castillan. — (San Lucar, Xérès, Espera, etc.), Mantuo de San Lucar (à Almonte), Mantuo (Algésiras et Ronda). (Cité par M. Foëx.)

Grappe assez grande. à pédoncule flexible ; grains de neuf lignes de longueur et de huit et demie de grosseur. Avec des veinures apparentes à peau fine. Estimé comme raisin de table et de garde.

Mantuo Perruno. — (Montuo pour les chiens). (Cité par M. Foëx, d'après D. S. Roxas.)

Grappe un peu grande, très peu de grains verts ou avortés ; grains longs de cinq lignes et demie. et autant de largeur, à surface transparente avec des veinures apparentes.

Maturité très tardive.

Marbelli blanc d Alicante. — (Cité par M. Marès). Raisin de table.

Grappe moyenne, cylindrique ; grains moyens, de forme glanduleuse, d'un blanc tirant sur le jaune, d'un goût exquis. Mûrit fin août, dans le Midi.

Mollar. — (Negro, cano, de Grenada). (Mentionné par M. Foëx.)

Montuo — (Castellano, Perruno, Verde). [Mentionné par M. Foëx.]

Pedro Ximénès. — Pedro Ximen (Malaga), Ximénès (Andalousie), Raisin pero-Ximénès (Aranjuez et Ocana). [Cité par M. Foëx, d'après D. S. Roxas.]

Grappe moyenne, cylindro-conique, avec quelques petits grains. Grains très obtus, assez transparents, un peu dorés, de cinq lignes et demie de longueur sur cinq de largeur. Demande la taille courte.

Maturité 3° époque.

Perruno. — (Commun, duro, negro). [Mentionné par M. Foëx.]

Téta de Vaca. — (Negra, blanca). [Mentionné par M. Foëx.]

CÉPAGES DE LA GRÈCE

[Mentionnés par M. Foëx.]

Aétoni (Kondro, Maurou, Psilo), **Aproxtaphilao**, **Augulato**, *Basilostaphilo, Coritsano, Curisti.*

Corinthe noir. — Korinti, Uva passolina nera (Italie méridionale), Aiga passera (Piémont et Nice), Passarilla (Languedoc). [Cité par M. Marès.]

Grappe longue, cylindrique ; grains très petits, ronds, juteux, sans pépins, très bons à manger.

Variétés. — *Corinthe rose* et *Corinthe blanc* ou Passera, Passaretta bianca (Italie).

Les corinthes mûrissent, dans le **Midi**, fin août commencement septembre, entre la 1ʳᵉ et 2° époque de M. Pulliat. Servent à faire les raisins secs.

Guaduera, Karistino, Keropodia, Rodites, Rombola, Sabatès, Scopetitico, Siderites, Srihi.

CÉPAGES DE LA HONGRIE

Bakator. — [Mentionné par M. Foëx.]

Balafant.   id.

Binka (noir et blanc).   id.

Furmint. — Formint, Tocaer, Zapfner, Szala, Weisser, Laustock, Shiupo, Maljak, Bieli Moslavac, etc. (en Autriche et en Hongrie). Tokay (en Languedoc). [Cité par M. Foëx.]

Grappe moyenne ou petite, presque cylindrique, ordinairement assez serrée ; grains moyens, entremêlés de grains sans pépins qui se sèchent facilement, d'une couleur tachetée de jaune doré à bonne exposition.

Maturité 2° époque.

Kadarka noir. — Kadarkakek, Kadarka fekete, Torok zolo, Fekete

Czigany, etc., Bleu de Hongrie, Noir de la Moselle (en Styrie), Cerna Scadarka, Modra Kadarka, Branicevka (Croatie), Noble bleu, Raisin noir de Scutari, etc. (d'après divers auteurs). [Cité par M. Pulliat].

Grappe moyenne ou sur-moyenne, rarement ailée, assez serrée, cylindro-conique ; grains presque sphériques, de moyenne grosseur, d'un noir bleuâtre. Il est conduit en souche basse et à court bois.

Maturité 3e époque.

Kecskecsecsu (noir et blanc). — [Mentionné par M. Foëx.]

Kôlni kék.   id.

Lampor Fehér.   id.

Leany szollo.   id.

Margit Korai Fehér.   id.

Oporto. — (Voir Portugais bleu, Autriche.)

Sarfehér.

CÉPAGES DE L'INDE

Kavvouri. — Mentionné par M. Foëx.

Rosaki.   id.

CÉPAGES DE L'ITALIE

Agostenga (Piémont). — Mentionné par M. Foëx.

Allionza. — Alconza, Leonza. [Cité par M. Pulliat, M. Foëx.] Cultivé dans la province de Bologne.

Grappe grosse, ailée, un peu lâche, de forme pyramidale ; grains gros, sphériques, d'un beau jaune pointillé. Cultivé en hautain et à la taille longue ; la conduite en cordon près du sol et à taille courte serait à essayer.

Maturité 3e époque.

Avarengo (Piémont). — Mentionné par M. Foëx.

Balsamina nera. — Marzamina, Vernaccina, Balsamina fina, Balsamina legittima, Balsamina vera, Balsamino, Balzamine, Bergamina ; doit être considéré comme différente du Merzemino ou Berzemino de Venise (d'après la commission ampélographique italienne). [Cité par M. Foëx.]

Grappe de compacité moyenne, tantôt cylindrique, tantôt plus ou moins régulièrement conique, longue de 12, 15 et même 18 centim. ; grains moyens, sphériques, noir violacé et pruineux. Cultivée en vignes basses, on l'associe également à l'érable.

Maturité 2e époque.

Barbarossa (Piémont). — Mentionné par M. Foëx.

Barbera. — [Cité par M. Foëx et l'Ampelographia italiana.]

Grappe rameuse, pyramidale, parfois presque cylindrique, lâche. Grains ovoïdes, sur-moyens, d'un beau noir violacé, pruineux. La taille courte lui est mieux appropriée ; on lui applique aussi la taille longue.

Maturité du 15 au 30 septembre (Ampelographia Italiana) à la 2e époque.

Bonarda (Piémont). — Mentionné par M. Foëx.

Canaiuolo nero. — Gagnina (dans les Marches), Canaïuola [Cité par M. Foëx et Commission ampélographique italienne.]

Grappe conique, un peu allongée, légèrement ailée, serrée ou quelquefois lâche, de moyenne grosseur; grains moyens ou sur-moyens presque ovales, d'un noir violacé, pruiné. La culture en hauteur paraît mieux lui convenir que celle en souche basse.

Maturité 3e époque.

Catarrato bianco comune. — Cattaratteddu, Catarrattello (en Italie), Catarratu Il nostru, Nostru, le nostro per eccellenza Catarratto latino, Biancu comuni (Syracuse), Catarrattu latinu biancu (Palerme), Cartiddara (en dialecte sicilien), Catarratto lucido bianco (Palerme), Catarratto del beccaio, Catarrutu Catanisi biancu, Isnella, Catharratta (du comte Odart, inexactement écrit). [Cité par la Commission ampélographique italienne in Ampelographia Italiana.]

Cépage principal, *uno dei vitigni classici* de la Sicile. A fait la réputation des vins de Marsala. Considéré comme une parfaite vigne à vin et très estimé en Sicile.

Grappe longue, en moyenne de 0 m 14 à 0 m 20 sans le pédoncule, généralement cylindro-conique, avec une aile ou deux, d'un jaune doré, ambré au soleil, verdâtre ou blanchâtre à l'ombre, un peu pruinée.

Grains ronds, de 15 à 16 mm de diamètre, pulpe blanc verdâtre. Demande la taille courte, une taille longue l'épuiserait vite.

Maturité tardive (3e époque de M. Pulliat).

Variétés. — Les Catarrati forment une tribu composée de plusieurs variétés :

1o *Catarratto comune bianco*.

2o *Catarrattu reusu ou reticu*, ou Catarratto feminino bianco (Castelbuono), Bagascedda et Tirichiti (dans d'autres localités, par erreur).

3o *Catarratto Bertolaro* (Castanissetta).

4o *Catarratto mantellato* ou *Alla Porta* .

5o *Catarrotto nero*, Maimone, Cagnolone (en Sicile; on ne doit pas le confondre avec le Cagnolone di Trapani), Mantonico nero.

Catarrato mantellato. — Catarrattu ammantiddatu (dialecte sicilien), Catarrattu à la Porta (province de Girgenti), Carricanti, Catarrattu Scalugnatu ou Scarugnatu (Syracuse). (Commission ampélographique italienne.)

Variété de la précédente, cultivée surtout dans les provinces de Girgenti, Catania, Messine, Syracuse, etc.

Grappe grande, jolie, vert blanchâtre puis jaune et parfois dorée au soleil, couverte d'une pruine abondante blanche, irrégulière, généralement pyramidale, allongée, simple, ailée ou bi-ailée, bien garnie de beaux grains ronds de 18 à 20 mm, à pulpe blanchâtre. Demande la conduite en souche basse et la taille courte.

Maturité du 20 septembre au 5 octobre en Italie.

Colorino (Toscane). — Mentionné par M. Foëx.

Corvina. — Carvina nera, Corvina Veronese, Corvina gentile, Corvina rizza, [Cité par M. Pulliat, M. Foëx].

Grappe moyenne, pyramidale, presque cylindrique, peu serrée ; grains petits, légèrement ovoïdes, noirs et pruinés.

Habituellement associée aux arbres (Hautins) et taillée à long bois. Quelques auteurs pensent que la taille à court bois lui conviendrait mieux. Maturité 2ᵉ époque.

Dolcetto. — Nebbiolo, Uva d'Acqui, Ormeasca, Bignona, Uva de Montferrato, Dolutz nero. [Cité par M. Foëx et l'Ampelographia Italiana.]

Grappe moyenne ou sur-moyenne, régulière, pyramidale, longue, ailée ou composée de grappillons, grains moyens, presque sphériques, d'un noir bleuâtre, pruineux.

Habituellement taillé à long bois. Maturité 1ʳᵉ époque.

Erbalus bianco (Piémont). — Mentionné par M. Foëx.

Fresa. — Freisa, Spana Monferrina (à Gattinara), Spamina (à Ghemme). [Cité par M. Foëx et l'Ampelographia Italiana.]

Grappe cylindrique, ailée, plutôt lâche que serrée ; grains moyens ou plutôt gros, presque ovoïdes, d'un noir turquoise.

Habituellement conduite à la taille longue ; d'après M. de Rovasenda la taille courte lui conviendrait mieux.

Maturité 2ᵉ époque.

Lacrima (dans les Marches) et aussi *Lacrima di Napoli* ou *Lacrima Christi*, mais improprement, car ces noms prêtent à une confusion avec le cépage du midi de l'Italie ainsi dénommé. On ne doit pas non plus le confondre avec le *Lacryma Christi* de Neufchâtel qui est le *Chasselas doré*. [Cité par M. Foëx et la Commission ampélographique italienne.]

Grappe longue, de forme presque toujours pyramidale et irrégulière ; grains sub-ovales et inégaux. La grappe est ordinairement peu serrée, d'un vert pâle légèrement roussâtre.

Habituellement conduit en hautains et à la taille longue.

Maturité 2ᵉ époque.

Malvasia (Toscane). — Mentionné par M. Foëx.

Monica nera (Sardaigne).   td.

Montepulciano (Italie centrale.)   id.

Nebiolo di (Piémont). — D'après M. Pulliat, se rapproche beaucoup du suivant et peut être considéré comme une amélioration.

Nebbiolo piémontais. — Spana, Melasca, Picotener, Chiavennasca. [Cité par M. Foëx et l'Ampélographie italienne.]

Grappe longue, ailée, pyramidale, plutôt serrée que lâche ; grains moyens, légèrement ovoïdes, noirâtres, pruinés.

Demande la taille longue.

Maturité 2ᵉ époque.

Nebbiolo di stropo. — Environs de Saluces (Piémont).

D'après M. Pulliat, se distingue par une maturité plus précoce, par des feuilles rugueuses, peu profondément sinuées, par une denture aiguë.

Grappe cylindrique ou légèrement cylindro-conique, ailée. Grain moyen, sub-globuleux, d'un noir bleuâtre.

Maturité de 1re-2e époque.

Neiretta (Saluces). — Mentionné par M. Foëx.

Neretto (Alexandrie). *id.*

Niureddò cappuccio. — Niureddo Minuteddu, Niureddo Mascali, Perricone. [Cité par M. Foëx.]

Grappe grande, pyramidale, ailée, serrée ; grains moyens, presque sphériques, noirs, pruinés.

Il est cultivé en souche basse et à taille courte.

Maturité 2e époque tardive [d'après M. Pulliat.]

Nocera. — Extra-fertile Suquet, Barbe du Sultan (en France). [Cité par M. Pulliat, M. Foëx.]

Grappe grosse, serrée, cylindro-conique, simple ou géminée ; grains moyens, presque ronds, d'un noir bleuâtre pruiné.

Demande la taille courte.

Maturité 3e époque.

Passeretta bianca (Asti). — Mentionné par M. Foëx.

Prugnolo (Toscane). *id.*

San-Gioveto grosso. — Sangiovese (Commission ampélographique italienne), Montepulciano (Turin, Abruzzes) Maglioppa (à Chièti), Prugnelo gentile (à Montepulciano). [D'après M. Pulliat]. [Cité par M. Foëx.]

Grappe conique, avec un grappillon qui se détache et forme parfois une double grappe lâche, courte, de moyenne grosseur ; grains gros, ovales, à peau coriace, pruineuse, d'un beau noir violacé.

Généralement cultivé en hautains, quelquefois en souche basse ; on le taille tantôt à long bois, tantôt à courson.

Maturité 2e époque.

San-Gioveto piccolo. — (Commission ampélographique italienne).

Est cultivé dans la province de Florence mais en moindre quantité que le précédent parce qu il produit moins et que son vin est inférieur.

Grappe conique ou pyramidale, de grandeur moyenne, ailée et serrée de telle façon que les grains sont en partie déprimés quand ils ont atteint leur complet développement.

Schiava (Lombardie). — Mentionné par M. Foëx.

Trebbiano. — (Voir Ugni blanc).

Verdicchio bianco. — Verdea, Trebbiano bianco (Province d'Ancone), Verdicchio (province de Pesaro), Verdicchio vero, peloso (province de Macerata), Verdicchio giallo (province d'Ascoli). (Ampelographia Italiana, del Comitato centrale Ampelographico).

Grappe conique, allongée, ailée, de couleur jaune verdâtre ; grains

de grosseur moyenne, à peu près sphériques, à peau coriace et pruineuse.

On le conduit en hautains ou en treilles basses.

Maturité 3e époque.

Vernaccia (Sardaigne). — Guarnaccia (Sicile), Vernazza Veronese,
Vernaccia cenese, Verdea de Sinalunga (Toscane), Austera (Sardaigne),
(d'après M. Pulliat). [Cité par M. Foëx.]

Grappe cylindro-conique, moyenne, quelquefois ailée, peu serrée;
grains moyens, sphériques, d'un blanc verdâtre passant au vert jaunâtre.

Ce cépage doit être conduit à la taille longue.

Maturité 2e époque.

CÉPAGES DU JAPON

Vigne de Yeddo (Japon). — Koskiou ou Kofou, Raisin de Yama-
nachi. [Cité par M. Pulliat.]

Grappe sur-moyenne, longuement et étroitement cylindro-conique;
grain sur-moyen, sphero-ellipsoïdes, d'un rose foncé pruiné.

Maturité 3e époque.

CÉPAGES DU MAROC

Ribier (Maroc). — Cité par M. Pulliat.

Grappe moyenne ou sur-moyenne, un peu cylindro-conique, peu
serrée, parfois rameuse; grains très gros, olivoïdes, d'un noir violacé.

Taille courte, avec un certain développement.

Maturité 3e époque.

CÉPAGES D'ORIENT
(Turquie d'Asie et Perse)

Darkaia noir (Perse). — Raisin noir de Jérusalem, Persia. [Cité
par M. Pulliat.]

Beau et bon raisin pour la table.

Grappe grande, lâche, rameuse, cylindro-conique. Grains très gros,
olivoïdes, un peu incurvés, d'un noir violacé pruiné.

La culture en cordon ou en espalier lui convient.

Maturité 3e époque.

Kechmish blanc, ou **Kechmish blanc** à grains ronds. — (Comte
Odart). [D'après M. Pulliat.] Ne doit pas être confondu avec le Kechmish
à grains oblongs, connu sous le nom de Sultanieh dont il diffère par
ses grains presque sphériques Entre dans la confection des vins de
Shiras (Perse).

Grappe moyenne, cylindro-conique, ailée, peu serrée; grains sous-
moyens, sub-globuleux, un peu aplatis au point pistillaire, d'un beau
jaune maculé de points roux.

Doit être conduit en cordon horizontal, en contre-espalier et à coursons.

Maturité 2e époque.

Rosaki de Smyrne. — Rosaki aspro, Rosaki blanc, Raisin de Karabournou. [Cité par M. Marès.]

Grappe grande, ailée, bien garnie sans être serrée; grains gros, ovoïdes, parfois incurvés, d'un blanc doré jaune de cire, croquants, excellents.

Doit être taillé à long bois en treille ou cordons; se développe mal en souche [d'après M. Marès.]

Il mûrit du 10 au 15 septembre dans le Midi. A la 3e époque d'après M. Pulliat.

Schiradzouli blanc (Perse). — Blanc de Gandjah (Géorgie). [Cité par M. Pulliat.]

Grappe grosse ou sur-moyenne, courtement cylindro-conique, peu serrée; grains gros, irrégulièrement ellipsoïdes, allongés, légèrement incurvés par l'extrémité, blanc verdâtre passant au jaune doré.

Demande un grand développement et la taille courte ou mi-longue.

Maturité 3e époque.

CÉPAGES DU PORTUGAL

Alvarelhao. — Lacaia, Pied de Perdrix. [Cité par M. Foëx, M. Pulliat.]

Grappe moyenne, composée, rameuse; grains moyens, presque égaux, ovoïdes, noirs, peu colorés.

Conduit ordinairement en souche basse et à la taille longue.

Maturité fin août, à peu près 2e époque (de M. Pulliat).

Variétés : 1º PIED ROUGE OU PIED DE PERDRIX, 2º PIED BLANC OU VERT.

Arinto. — Mentionné par M. Foëx.

Bastardo. — [Cité par M. Foëx, d'après le vicomte de Villamaïor.]

Grappe généralement petite, cylindrique ou cylindro-conique, très serrée, presque toujours simple; grains moyens, réguliers, ovoï-coniques, très serrés, noirs, assez colorés, se passerillant.

Maturité très précoce, parfois commencement juillet.

Boal. — (Cachudo-carrasquinho-branco roxo-de Alicante). [Mentionné par M. Foëx.]

Bomvedro. — Mentionné par M. Foëx.

Casculo. — [Cité par M. Foëx.]

Grappe moyenne, ovoï-cylindrique, serrée; grains moyens, ronds, réguliers, noirs, assez foncés.

Maturité tardive.

Codega. — Mentionné par M. Foëx.

Cornifesto.   id.

Diagalves.   id.

Donzellinho do Castello. — [Cité par M. Foëx, d'après le vicomte de Villamaïor.]

Grappe formée de grappillons de forme conique ; grains ovoïdes, moyens, peu serrés, noirs, lavés de bleu.

Maturité hâtive ; d'après le comte Odart, contemporaine de celle du Côt.

Variétés. — 1° DONZELLINHO GALLEGO, 2° VARIÉTÉ BLANCHE.

Dona branca. — Mentionné par M. Foëx.

Entreverde.   id.

Espadeiro.   id.

Fernao pires.   id.

Formosa.   id.

Mourisco branco. — (Mourisco blanc), Mourisca. [Cité par M. Foëx, d'après le vicomte de Villamaïor.]

Grappe grande et grosse ; grains gros, de couleur ambrée.

La taille courte ou moyenne lui convient.

Mourisco coloré du Douro. — Mourisco preto (comte Odart) Uva rei, Mourisco tinto. [Cité par M. Foëx, d'après le vicomte de Villa-maïor.

Grappe généralement grande, parfois très grande, composée, pyra-midale ; grains gros, presque aplatis et ombiliqués, noirs, peu colorés.

Rarigato. — Mentionné par M. Foëx.

Sousao.   id.

Terrantez.   id.

Tinta. — (Carvalha-de Castello-Cao). Mentionné par M. Foëx.

Touriga.

Verdelho. — Gouveio (Haut-Douro), Verdelho de Madère). [Cité par M. Foëx, M. Pulliat.]

Grappe moyenne, conique, régulière ; grains moyens, régulièrement ellipsoïdes, de couleur jaune verdâtre dans la variété blanche, et plus foncée dans le *Verdelho pardo* ; les grains de ce dernier sont un peu plus petits.

Taille courte, soit en espalier soit en souche.

Maturité fin août (2° époque, d'après M. Pulliat.)

Variétés. — 1° VERDELHO BLANC, 2° VERDELHO COLORÉ, 3° VERDELHO MELANAS.

CÉPAGES DE RUSSIE

Albourlhah rose de Crimée. — Kirmisi misk, Isyum (Odart). [Cité par M. Marès].

Grappe sur-moyenne, garnie sans être serrée ; grains obronds, sur-moyens, teintés de rose clair, légèrement musqué, d'un goût agréable. Un des plus beaux cépages orientaux de nos collections. [D'après M. Marès.]

Mûrit du 10 au 15 septembre, dans le Midi.

Anadasaouri blanc (Caucase). — (Cité par M. Marès).

Grappe moyenne, ailée, conique ; grains moyens, ellipsoïdes, d'un vert jaunâtre.

La taille en cordon et à courson semble lui convenir le mieux.

Maturité 3ᵉ époque.

Didi Andasaòuli ou Ochtaòuri noir (Caucase).

Dodrelabi (Caucase). — Sakoudrchala, Madchanaouri (au Caucase), Ochsenauge blauer, Eichkugel traube (Autriche), Okorszem kek, Borjuszem (Hongrie), Volovska, Volovjack (Styrie), etc., également cultivé dans les grapperies anglaises sous le nom erroné de Gros Colman, prétendu semis de M. Moreau-Robert. (D'après M. Pulliat.)

Grappe grosse et parfois très grosse, courtement cylindro-conique, rameuse, un peu lâche ; grains très gros, globuleux, d'un noir pruiné nuancé de rouge.

Taille courte.

Maturité 3ᵉ époque tardive.

Dzolikoori blanc (Caucase).

Kakour blanc (Crimée).

Kamonri rosé (Caucase).

Koumsa Msouané blanc (Caucase).

Melcori blanc (Caucase).

Oktaouri blanc (Caucase).

Orjelechi noir (Caucase).

Sabalkanskòi. — Raisin des Balkans.

Grappe très grande, claire ; grains très gros, ovales, allongés, charnus, roses au soleil, vert clair à l'ombre ; qualité médiocre.

Demande la taille longue et la conduite en treille ou en cordon.

Mùrit dans le Midi, du 5 au 10 septembre. (D'après M. Pulliat, à la 4ᵉ époque.)

Saperavi noir (Caucase).

Tavaveri (Caucase).

Tav Tsitela blanc (Caucase).

Ygia (Caucase).

Zercoula Khabistoni blanc (Caucase).

CÉPAGES DE LA TURQUIE

Chaouch. — Bhaous. Tchaoux (Egypte, Algérie), Panse de Constantinople (cité par M. Marès), Parc de Versailles, d'après M. Hardy. (Cité par M. Foëx).

Grappe belle, moyenne ; grains gros, ovoïdes, d'un beau blanc ambré Beau raisin de table, sujet à la coulure.

Doit être conduit de préférence à grand développement. Dure tout le mois de septembre, dans le Midi.

2ᵉ époque, d'après M. Pulliat.

Hibou blanc.............................. Blanc
Mondeuse................................ Noir
Mondeuse blanche....................... Blanc
Persan.................................. Noir

Cépages plus spéciaux à l'Isère.

Corbesse................................ Noir
Corbeau................................. Noir
Durif................................... Noir
Jacquère................................ Blanc
Peloursin............................... Noir
Sérénéze................................ Noir
Servanin................................ Noir
Verdesse................................ Blanc

Cépages de la Bourgogne, Champagne, Mâconnais, Beaujolais et Lyonnais.

Aligoté................................. Blanc
César................................... Noir
Gamay noir.............................. Noir
Gamay blanc............................. Blanc
Gamay teinturier........................ Noir
Giboudot noir........................... Noir
Meunier................................. Noir
Meslier................................. Blanc
Pinot noir et variétés.................. Noir
Pinot de Pernant........................ Noir
Pinot blanc Chardonay................... Blanc
Tressot................................. Noir

Cépages du Centre.

Chenin blanc............................ Blanc
Chenin noir............................. Noir
Groslot................................. Noir
Teinturier et variétés.................. Noir

Cépages du Jura.

Béclan.................................. Noir
Enfariné................................ Noir
Gueuche................................. Noir
Pulsart et var.......................... Noir
Savagnin blanc (Voir Alsace)............ Blanc
Trousseau............................... Noir

Cépages de la Gironde.

Cabernet Sauvignon.......................... Noir
Cabernet Franc.............................. Noir
Cot ou Malbec et variations................. Noir
Grappu de la Dordogne....................... Noir
Merlot...................................... Noir
Muscadelle.................................. Blanc
Semillon.................................... Blanc
Sauvignon................................... Blanc
Verdot et var............................... Noir

Cépages de la Charente.

Folle blanche............................... Blanc
Folle noire................................. Noir

Cépages de la Corse.

Aleatico.................................... Noir
Brustiano................................... Blanc
Biancoletta................................. Blanc
Biancone.................................... Blanc
Copolona.................................... Noir
Cargagliolla................................ Noir
Cugliolla................................... Blanc
Candia...................................... Blanc
Criminese et var............................ Noir
Friscularia................................. Noir
Genovese.................................... Blanc
Moscatello bianca........................... Blanc
Moscatello nera............................. Noir
Montanaccio................................. Noir
Manferina................................... Blanc
Nigra gentile............................... Noir
Rossola..................................... Blanc
Rossa bianca................................ Blanc
Sciaccarello rosso et var................... Noir
Sirocchiola................................. Blanc
Vermentino (voir Malvoisie à gros grains).

Cépages d'Algérie.

Plants indigènes :

Aïn el Kelb. — Ameur-bou-Ameur. — Chercheli. — El oued zitoun.
— Farrana.

Les cépages les plus communs en Algérie.

Sont :

Mourvèdre. — Morrastel. — Carignane. — Alicante.
Puis :
Aramon. — Petit-Bouschet. — Terret-Bourret. — Piquepoul.

Dans les départements d'Alger et de Constantine.

On trouve aussi :
Cabernet. — Pinot. — Syrah. — Sauvignon. — Côt. — Muscat. —
Mondeuse, etc.

RAISINS DE TABLE ET D'ORNEMENT
Par ordre de maturité.

M. Marès, dans sa *Description des cépages principaux de la région Méditerranéenne* donne une liste des cépages pour la production des *raisins de table et d'ornement*. Les raisins suivants, employés pour la fabrication du vin, sont également utilisés pour la table :

Aspiran noir, Aspiran gris ou Verdal, Terret noir, Terret gris ou Terret Bourret, Terret blanc, Œillade, Cinsaut, Muscats rouges et blancs.

Par ordre de maturité :

En juillet : **Morillon hâtif**. — Raisin noir de la Magdeleine, Madeleine noire, Raisin de juillet.

Petits raisins et petits grains. Médiocre.

Mûrit vers le 15 juillet, dans le Midi.

Madeleine violette. — Ou Fruh Magyar Traube (Allemagne). Citée comme variété du précédent.

Grappe plus grosse et grains plus savoureux.

Maturité même époque.

Taille un peu longue, en souche basse.

Vigne d'Ischia. — Uva di tre volte (Ischia), Noir précoce de Gênes (Angers), Noir précoce de Hongrie. [Cité par M. Pulliat.] Appartient à la tribu des Pinots ; ressemble beaucoup au *Pinot de Bourgogne*.

Taille à long bois en souche basse ou à coursons en cordons ou treille.

Mûrit comme les précédents.

Blanc précoce de Malingre. — Supérieur aux précédents par la grosseur de la grappe et des grains et la finesse de son goût.

Peu fertile, aussi précoce, médiocre.

Du 15 au 25 juillet, dans le Midi.

Précoce de Malingre. — Plus fertile que le précédent.

Grappe moyenne, conique, ailée ; grains petits ou moyens, ovoïdes, blanc jaunâtre.

La taille courte semble lui convenir.

Première précocité (de M. Pulliat).

Raisin de Saint-Jacques (Pyrénées-Orientales) (Odart). — D'après M. H. Bouschet, très voisin de la Madeleine noire, mais lui est préférable pour la table.

Jouannen (Vaucluse). — Jouannen charnu, Joannenc, Madalénen (Provence), Lignan (Jura), Marvoisien (Haute-Loire), Luglienga (Piémont et Italie. (Cité par M. Marès.) Puis Julliatique blanc (Est), Madeleine blanche (quelques pépiniéristes), Blanc de Pagès (Haute-Loire), Précoce de Kientsheim, Fruhweisser, Kilianer, etc. (Allemagne), Boua in casa, Lignenga, Lugliota (Italie), Augustaner, Seiden traub, Margit feher, etc) (Hongrie), Early white malvosia, Early Kientzheim, etc. (Angleterre), San Jacopo (Espagne). [Cité par M. Pulliat.] D'après M. Marès, ne pas le confondre avec la Madeleine blanche qui lui est inférieure.

Peu fertile à taille courte et en souche, demande une longue taille et un grand développement.

Bon à manger, dans le Midi, depuis le 15 juillet. Maturité précoce de M. Pulliat.

Vilmorin ou Précoce de Vaucluse (d'après M. Marès). — Presque identique au Jouannen ; un peu plus fertile et un peu moins précoce. Son fruit en possède toutes les qualités.

Précoce musqué de Courtiller. — Maturité du 25 au 31 juillet, dans le Midi. Maturité précoce de M. Pulliat.

En souche et en treille.

Portugais bleu. —

Chasselas doré. — Chasselas de Fontainebleau, Chasselas blanc, Ugne (dans quelques localités de l'Hérault). [Cité par M. Marès.] Raisin d'officier (Montpellier), Morleuche, Mornen blanc (Rhône), Lardat, Lardot (Isère, Drôme), Abelione, Bournot (Ardèche), Valais blanc (Jura), Fendant roux (Suisse), Gutedel. Most rebe, etc. (Allemagne). [Cité par M. Pulliat.]

Grappe moyenne, conique, ailée, tantôt claire, tantôt serrée ; grains moyens, ronds, blancs, teintés de vert, dorés et roussis par le soleil.

Taille courte, se plaît en treille ou en cordons.

Maturité du 10 au 15 août dans le Midi (d'après M. Marès).

1re époque, de M. Pulliat.

Chasselas de Montauban à grains transparents qui ne diffère pas sensiblement du précédent.

Chasselas Diamant-Traube. — Chasselas hâtif de Bar-sur-Aube, Krach Gutedel (Allemagne) ainsi que le *Chasselas de Florence* se distinguent seulement par leur précocité.

Chasselas de Bordeaux. — Ces trois plants se distinguent si peu que M. Pulliat les considère comme synonymes de Chasselas doré. Il en est de même pour le *Chasselas jaune de la Drôme,* Gamot, Gamiau et le *Chasselas de Touland.*

Chasselas de Pondichéry. — Identique au Chasselas doré [d'après M. Pulliat.]

Chasselas du Doubs. — Identique au Chasselas doré [d'après M. Pulliat].

Chasselas hâtif de Ténérife. — Identique au Chasselas doré [d'après M. Pulliat].

Chasselas gros Coulard. — Froc de la Boulaye, Chasselas de Montauban à gros grains, Chasselas Duhamel, Chasselas Vibert, Duc Malakoff. [Cité par M. Marès.]

Diffère du précédent par sa grappe plus grosse, cylindrique, assez tassée, par ses grains gros, globuleux. Très recommandable pour sa beauté et sa qualité, mais sujet à la coulure; en serre ne coule pas [d'après M. Pulliat.]

Cultivé de préférence en treille, mûrit quelques jours plutôt que le précédent; premiers jours d'août dans le Midi.

Chasselas Cioutat. — Chasselas à feuilles laciniées, Chasselas d'Autriche, Ciotat, Pétersilien, Traube (Allemagne). [Cité par M. H. Marès.]

Se distingue par ses feuilles laciniées. Moins fertile que le chasselas doré, ses fruits ne sont pas meilleurs.

Parmi les semis de Chasselas blancs obtenus par M. Vibert, d'Angers, M. H. Bouschet recommande les suivants cités par M. Marès :

Chasselas Bulhery. — Très rapproché du Chasselas doré mais à grains transparents, plus croquants, d'un goût peut-être supérieur et aussi précoce.

Chasselas Melinet. — Très semblable au Chasselas doré, mais à sarments plus étalés, à grappes plus grosses.

Chasselas Sullivan. — Dont les grains sont oblongs et la fertilité très soutenue.

Chasselas Bernardy. — Dont les grains sont obronds et très croquants.

Chasselas Mamelon. — Se recommande par ses belles grappes et ses gros grains.

Chasselas Némorin. — Plus tardif et moins fertile que le Chasselas doré, à grappes plus développées et à grains plus gros, tend à s'écarter de la tribu.

Parmi les nombreux semis de Chasselas, bien peu sont reconnus supérieurs au Chasselas doré et beaucoup ne le valent pas.

Chasselas violet. — Septembre, Cerèse (Isère), Chasselas rouge commun (Odart), Chasselas rouge ou Lacryma-Christi rose (Neufchâtel).

Grappe moyenne ou sur-moyenne, ailée, peu compacte; grains ronds et d'une saveur plus relevée que ceux du Chasselas doré.

Taille courte, produit après les gelées sur les rameaux issus de l'empatement.

Aussi précoce que le Chasselas doré. 1re époque de M. Pulliat.

Chasselas rose. — Chasselas rose royal, Chasselas rouge, Chasselas rose d'Italie [Cité par M. Foëx.] Chasselas rose d'Alsace, Roth Geisler, Tramoutaner (Allemagne). [Cité par M. Marès.]

Se teinte de rose quand il va murir, ce qui le distingue du précédent qui devient violet aussitôt passé fleur.

Mûrit du 20 au 25 août dans le Midi.

1re époque de M. Pulliat.

Chasselas Tramoutaner. — Considéré comme synonyme du précédent par M. Marès. Est séparé par M. Pulliat qui le distingue par la couleur rose plus foncée de ses grains et surtout par sa feuille qui se macule de rouge au moment de la maturité. D'après cet auteur, cette tache n'existe pas sur tous les autres Chasselas.

Chasselas rose de Falloux. — Très rapproché du précédent avec lequel quelques auteurs le confondent. C'est le plus clair des Chasselas roses et un des plus fins.

Chasselas rouge de Négrepont. — Celui dont les raisins prennent à la maturité la teinte rouge la plus foncée.

Tous ces Chasselas se cultivent en souche, en cordons ou en treille.

Fendant roux. — Considéré comme synonyme de Chasselas doré; mûrit, d'après M. Marès, une quinzaine de jours après ce dernier, vers le 5 septembre dans le Midi, et donnerait un vin blanc de qualité supérieure à celui des autres Chasselas.

Fendant vert. — Variation de couleur du Chasselas doré lorsqu'il mûrit à l'ombre [d'après M. Pulliat.]

Chasselas noir ou **Mornen, noir** (du canton de Mornant dans le Lyonnais), Mornerain noir (Loire). [D'après M. Pulliat.]

Grappe moyenne, cylindro-conique, grains ronds ou globuleux, moyens, colorés en noir rougeâtre.

Possède les caractères généraux des Chasselas bien que M. Pulliat l'en distingue par sa maturité de 8 ou 10 jours plus tardive.

Comme raisins mûrissant au mois d'août dans le Midi, nous citerons parmi les *Muscats* décrits précédemment :

Cazalis-Allut, semis de M. Tourrès, est avec le Chasselas un des meilleurs raisins de table du mois d'août.

Grappe belle, cylindrique; beaux grains, oblongs, blancs, ambrés, excellents.

Mûrit du 10 au 15 août dans le Midi.

Muscat-Caillaba (des Hautes-Pyrénées).

Maturité vers le 15 août.

Muscat noir ou muscat noir commun.

Maturité fin août.

Muscat bifère fin août et fin septembre.

La seconde récolte se compose de grappillons.

Hycalès blanc. — Bon raisin de table blanc.

Mûrit fin août.

2e époque de M. Pulliat. (Voir cépages d'Espagne).

Marbelli blanc. — Bon raisin de table blanc.

Mùrit fin août dans le Midi, voir cépages d'Espagne.

Puis successivement, par ordre de maturité :

Rosaki. — Mùrit du 1er au 5 septembre dans le Midi.

Panse précoce ou sicilien. — Raisin blanc excellent, mùrit du 1er au 5 septembre dans le Midi.

Sabalkanskoi. — Mùrit du 5 au 10 septembre.

Sultanieh. — Mùrit vers le 5 septembre dans le Midi.

Raisin blanc.

Chaouch. — Dure tout le mois de septembre depuis les premiers jours.

Raisin blanc.

Panse musquée. — Muscat d'Alexandrie, pour raisins secs et eau-de-vie. En souches, cordons ou treilles.

Du 15 au 25 septembre dans le Midi.

Muscat caminada. — Ressemble au précédent, encore plus fertile, plus beau et plus précoce.

Aléatico nero. — Grains moyens, noirs, excellents.

Mùrit du 15 au 20 septembre.

Muscat Hambourg. — Raisins noirs à grains oblongs, fins, de conserve et excellents.

Muscat violet de Madère. — Fertile, excellents fruits.

Espagnin noir. — Marocain noir (Pyrénées-Orientales), Prunella noir (Lot-et-Garonne).

D'après M. Marès ne doit pas être confondu avec le Mourvèdre, le Gros Guillaume, l'Œillade ni le San Antoni.

Grains olivoïdes, sur-moyens, d'un beau noir, fleuris et excellents à manger.

Mùrit du 10 au 15 septembre dans le Midi. 2e époque de M. Pulliat.

Variétés. — ESPAGIN BLANC et ESPAGNIN GRIS.

Panse jaune. — Bicane, Raisin des Dames, Chasselas Napoléon.

Grandes grappes à grains gros, ovoïdes, dorés, médiocres à manger ; en souche et en treille ; mùrit du 15 au 20 septembre.

Frankenthal. — Mùrit dans le Midi du 10 au 15 septembre [d'après M. Marès.]

Olivette rouge. — Perle rose, grains roses olivoïdes, assez agréables ; en souche, treille ou cordons.

Mùrit du 20 au 25 septembre.

Olivette noire. — Olive noire, beau raisin à grains fleuris, ovoïdes, savoureux, en souche ou en treille.

Olivette blanche. — Excellent à manger ; en souche et en treille

Mùrit du 25 septembre au 10 octobre.

Olivette de Cadenet. — Variété de la précédente, un peu plus précoce et plus fertile.

Barbaroux ou Grec rose. — Excellent raisin de table.

Mùrit vers le 5 septembre.

Rousselet, ou **Grec rouge**. — Gros grommier du Cantal. Mûrit du 15 au 20 septembre.

Cornichon blanc. — Raisin Cornichon, Santa Paula (Andalousie), Buttuna di Gaddu (Sicile), Kadin ou Chadym Barmak (doigt de fille) (sur la côte d'Afrique). [Cité par M. Marès.] Galetta, Cornichiola, Corniola, Pizzutedda, Tetta di vacca (en Italie), Kosu Titki (à Astrakan), Corazon de Cabrito (Espagne), Leuba el Adja (en Algérie), Crochu (Provence), Eicheltraube weisse (Allemagne), etc. [Cité par M. Pulliat.]

Grappe pyramidale, à longue queue, lâche; gros grains, très allongés et recourbés, d'un blanc jaune ambré; médiocre ou assez agréable à manger suivant les années.

Taille à long bois, en treille ou en cordons.

Mûrit du 15 au 20 septembre dans le Midi.

4º époque [d'après M. Pulliat.]

Variétés : CORNICHON BLANC ou Pizutello di Roma [Odart] est une amélioration du précédent [d'après M. Marès.]

Danugue noir. — Barlantin (Garidel), Plant de la Barre rouge (Bouches-du-Rhône), Mervia noir (Vaucluse) d'après M. H. Marès qui le distingue du Gros Guillaume.

Grappe très grosse, cylindro-conique, rameuse; grains très gros, ovoïdes, violets noirs, assez pruinés.

Il convient de le cultiver en treille ou en cordon.

Mûrit les premiers jours d'octobre dans le Midi.

Gros Guillaume. — D'après M. Marès, grappe grande, grosse, pyramidale à grandes ailes tombantes; grains gros, glanduleux, de couleur rouge bleuâtre peu foncée, peu agréable à manger.

Comme le précédent, préfère la treille ou le cordon.

Mûrit quelques jours plus tard, vers le 10 octobre.

Raisin de Poche — (Hérault). [d'après M. Marès.]

Grappe grosse, très longue, serrée, cylindrique avec de petites ailes; grains gros, obronds, roses, fleuris, durs, de longue conservation.

Mûrit du 15 au 20 octobre dans le Midi.

Servan blanc (Hérault). — Raisin d'hiver (Avignon), Verdal (Var); d'après M. Marès, ce dernier nom qui pourrait le faire confondre avec le Spiran ou Verdal de l'Hérault et de l'Aude, ou avec le Malvoisie de Sitges, doit être réformé.

Grappe moyenne, conique, peu épaisse, grains assez gros, ovales, d'un blanc tirant sur le vert, très pruineux.

Agréable à manger, de longue conservation.

Il convient de le cultiver en souche plutôt qu'en treille.

Maturité très tardive, du 15 au 20 octobre dans le Midi. [D'après M. Marès.]

II — VITICULTURE GÉNÉRALE

PROCÉDÉS DE MULTIPLICATION

SEMIS. — HYBRIDATION.

Employés pour l'obtention de variétés nouvelles.

L'hybridation permet par le croisement de deux espèces ou de deux variétés différentes d'obtenir des types nouveaux à caractères plus ou moins déterminés. L'hybridation joue actuellement un rôle très important en viticulture.

Choix et préparation des grains. — On ne doit semer que des graines de l'année précédente recueillies sur des raisins bien mûrs. Il faut avoir soin, pendant l'hiver, de stratifier ces graines dans du sable sur lequel on verse quelques gouttes d'eau pendant le mois de mars. Dans le cas où cette préparation n'aurait pu être faite, on met les graines dans de l'eau pure pendant 3 ou 4 jours avant l'ensemencement.

Exécution du semis. — Soins d'entretien. — On sème après les gelées au mois d'avril sur une plate-bande convenablement fumée, de préférence avec des engrais actifs et recouverte de 0, 05 à 0, 06 cent. d'un mélange de terreau et de sable. Les graines sont enfoncées à 0, 03 ou 0, 04 cent., en lignes espacées de 0, 30 à 0, 40 cent. et à 0, 10 cent. environ sur la ligne. On recouvre ensuite la planche d'un léger paillis. On arrose tous les 2 ou 3 jours avec un arrosoir à pomme et on enlève les mauvaises herbes dès qu'elles apparaissent. Au bout d'un mois environ, la levée se fait ; il est alors bon d'abriter les jeunes plants contre les ardeurs du soleil ; on éclaircit ensuite de façon à ce que les pieds se trouvent à 0, 20 cent. environ les uns des autres. Le développement des plants varie avec les espèces et, à la fin de l'hiver, on les repique à demeure.

BOUTURAGE

La multiplication par segmentation assure la perpétuation des caractères de l'individu et de plus la permanence des caractères spéciaux du fragment multiplié. On conçoit de là l'importance de la sélection dans la reconstitution pour l'obtention de sujets vigoureux et *fertiles*.

On doit choisir pour boutures les sarments bien aoûtés, récoltés sur les vignes vigoureuses, indemnes de maladies cryptogamiques et de tout affaiblissement. Pour les producteurs directs, on prendra sur les souches les plus fructifères les rameaux qui auront porté le plus de fruits. On rejettera les sarments altérés par la grêle ou tout autre cause.

Transport et conservation des bois. — Aussitôt taillés, les sarments pour boutures sont mis en paquets pour être expédiés ou conservés. Afin d'éviter leur dessèchement, le mieux est de leur laisser le plus de longueur possible. Pour transporter les boutures à de faibles distances, il suffit de les entourer de paille et de mettre à leur extrémité de la mousse légèrement humide. Pour de plus grandes distances, on les entourera entièrement de mousse et de paille et on les placera dans des caisses dont l'intérieur sera garni de fort papier huilé.

Pour les longs parcours, on place les boutures dans des caisses bien jointes et on les entoure de sable presque sec ou de terre meuble.

A l'arrivée, les boutures doivent être trempées dans l'eau pendant une journée puis, lorsqu'elles sont égouttées, on les place dans du sable ou de la terre. Pour cela on les réunit en paquets de 50 ou de 100, sans les serrer, puis on met les paquets sur une couche de sable; on jette par dessus du sable fin et sec jusqu'à ce qu'ils soient entièrement recouverts; on fait un nouveau lit de paquets et ainsi de suite. On recouvre le tout de 0,30 cent. de sable. Le mieux est de faire cette conservation sous un hangard fermé ou dans un cellier.

On peut aussi conserver les sarments dans un terrain perméable, ou l'eau ne séjourne jamais; pour cela, on ouvre de petites tranchées dans lesquelles on place les sarments horizontalement; on les recouvre ensuite d'une certaine épaisseur de terre ou mieux de sable.

Un troisième procédé, inférieur aux deux précédents, consiste à mettre tremper l'extrémité inférieur des paquets (0,10 cent. environ) dans l'eau courante; mais ces boutures débouvrent de bonne heure, ce qui est un inconvénient quand la mise en place doit se faire tardivement.

Différentes formes de boutures. *Bouture à un œil.* — A été préconisée pour multiplier les espèces difficiles au bouturage. — Consiste à détacher des fragments de 0,02 à 0,03 cent. de long et portant chacun un œil. Ces tronçons sont laissés dans l'eau pendant 48 heures ou mis stratifiés pendant 15 jours dans du sable humide. On les plante ensuite, l'œil en haut, sur couche ou en bâche, en décembre ou janvier, et au mois de mai les plants sont assez forts pour être mis en place. Ce procédé n'est pas entré dans la pratique.

Bouture à crossette. — On laisse à la bouture un fragment en crosse de 0,03 à 0,04 cent. du bois de 2 ans. Mais il est préférable de supprimer les extrémités de la crossette et de ne laisser que l'empatement portant des bourgeons qui sont favorables à l'enracinement.

Bouture ordinaire. — Formée par les fragments pris sur toute la longueur des sarments bien aoutés. Il faut avoir soin de faire des coupes immédiatement au-dessous d'un œil.

Dimension des boutures. — Plus la bouture est courte et plus est puissant son enracinement ; on doit leur donner de 0, 30 à 0, 40 cent. au plus. On devra préférer les boutures de diamètre moyen surtout pour les cépages à moelle très développée.

Moyens d'assurer la reprise.

1º Le trempage dans l'eau de la base des sarments quelques jours avant la plantation.

2º La mise en stratification dans du sable humide pendant 15 jours ou trois semaines.

3º Le décorticage qui consiste à enlever au moment de la plantation l'écorce et à mettre à nu la couche génératrice.

4º La torsion et l'écrasement qui tout en facilitant l'émission des racines peuvent déterminer la pourriture des tissus. Ces moyens sont à rejeter.

5º Arrosages. — Sont utiles en apportant l'eau nécessaire ; doivent être pratiqués par infiltration.

6º Paillis ; recouvrement. — Empêchent l'évaporation du sol, et le recouvrement fait avec du sable ou de la terre fine a en outre l'avantage de retarder la végétation des bourgeons à l'extérieur.

Epoque du bouturage. — Le mieux est de stratifier les boutures dans le sable et de ne les planter que lorsque la température est suffisamment élevée, fin mars ou commencement avril dans les terres légères, et chaudes, fin avril-mai dans les sols humides, surtout si l'année est froide.

Plantation des boutures.. — On peut planter en plein champ ou en pépinière.

La plantation en plein champ évite les frais de transplantation et le retard de végétation qui résulte de cette opération ; mais elle n'assure qu'une reprise relativement faible, sauf lorsqu'on opère dans des terres légères, fraîches et fertiles et avec des plants de reprise facile.

La pépinière offre les conditions les plus favorables à la reprise des boutures et à leur développement. Doit être établie sur un terrain léger, chaud, bien drainé, parfaitement ameubli et fumé avec des engrais à décomposition rapide tels que crottins de mouton, tourteau, engrais chimiques riches en azote et phosphate.

Mise en place. — A une profondeur variant avec les milieux ; de 0, 30 à 0, 40 cent. dans les terrains caillouteux et secs. Il est indispensable de rafraîchir les sections afin de favoriser la sortie des racines.

1º *Plantation au pal.* — Ne peut se faire que dans les terrains récemment défoncés. On creuse à l'aide du pal un trou dans lequel est placé la bouture que l'on *tasse fortement* avec de la terre fine à laquelle on joindra avec avantage un mélange de sable, de terreau et de cendre.

2° *Plantation en fosse*. — A la place de chaque plant, on creuse à la bêche un trou de 0, 30 à 0, 35 cent. en tous sens ; on pose la bouture du côté convenable en courbant légèrement la base et en tassant fortement avec de la terre meuble. Ce procédé est préférable dans la mise en place directe, car on peut mettre à chaque pied du fumier ou du terreau.

3° *Plantation à la bêche*. — Dans les pépinières, on plante aussi à la bêche ; on place d'abord un cordeau dans la direction voulue puis à l'aide de l'instrument on ouvre une fente verticale que l'on élargit en imprimant à la bêche des mouvements de va-et-vient ; on continue ainsi tout le long de la ligne en espaçant les boutures de 0, 08 à 0, 10 cent.

4° *Plantation à la tranchée*. — Le procédé le plus usité dans les pépinières consiste à ouvrir une tranchée de 0, 30 cent. environ de profondeur et de 0, 25 cent. de large et à disposer les boutures verticalement contre l'une des parois. On tasse ensuite le pied de 0, 15 à 0, 20 cent. de terre meuble ou de sable. On tasse ensuite le pied des boutures avec de la terre meuble ou du sable surtout quand le terrain n'est pas très perméable. Dans tous les cas et surtout dans les sols pauvres, on mélangera utilement au sable pour favoriser le premier développement de 2 à 4 o/o de superphosphate de chaux ou de phosphate précipité.

Le fossé est ensuite comblé avec la terre de la tranchée suivante.

PROVIGNAGE

Employé pour remplacer les vides dans les vignes et multiplier les espèces difficiles au bouturage. On doit provigner le plus tôt possible après l'aoûtement des bois. Divers procédés :

1° *Par marcotte simple*. — Consiste à conserver sur la souche un ou plusieurs sarments que l'on couche dans le sol à 0, 30 cent. environ et dont on relève l'extrémité au point voulu en l'attachant à un piquet. On a soin de supprimer les yeux du sarment depuis le bras de la souche jusqu'au sol. Il vaut mieux ne fumer la marcotte que lorsqu'elle est sevrée (2 ans après). Ce moyen est employé pour obtenir des plants racinés. Il suffit de coucher le sarment en terre et de le relever 0, 15 ou 0, 20 cent. plus loin ; il est bon alors de les recouvrir avec de la terre mélangée à du terreau.

2° *Par couchage de la souche*. — On creuse une fosse à partir du pied et dans la direction des points à garnir ; on y couche la souche et on relève autant de sarments qu'il y a de vides à garnir. On comble avec de la terre ameublie en ayant soin de fumer. C'est le provignage pratiqué en Champagne en Bourgogne et à l'Ermitage. Il a l'inconvénient de donner des souches peu vigoureuses.

3° *Provignage par versadi*. — Consiste à faire enraciner l'extrémité libre d'un sarment en l'enfonçant de 0, 20 à 0, 25 cent. dans une fosse préalablement fumée ; peut être employé avec succès dans les vignobles où les labours se font à la main.

4° *Provignage multiple.* — Employé pour obtenir de nombreux sujets racinés avec un même pied. On doit opérer dans les sols meubles et frais. On creuse des fossés de 0, 15 à 0, 20 cent. de profondeur dans chacun desquels on étend un rameau que l'on maintient dans le fond. Dès que les bourgeons atteignent 0, 15 cent., on les recouvre de terre meuble mélangée de terreau. Chaque nœud donne généralement un plant raciné.

3° *Provignage en butte.* — Pour la multiplication des espèces très difficiles au bouturage comme le Berlandieri. Se pratique en juin et juillet. On pince les jeunes pouces à plusieurs reprises en mai et juin pour faire développer les bourgeons latents de l'empatement. On obtient ainsi un grand nombre de rameaux que l'on enterre à leur base en juin et juillet et qui s'enracinent surtout si l'on a soin de tenir le sol arrosé. Ces rameaux sont taillés et greffés en pépinière l'année suivante.

GREFFAGE

Age du sujet. — La vigne se greffe à tout âge, à l'état de simple bouture ou de vieille souche. Mais le plus tôt est le meilleur, la première année si le développement du sujet le permet, surtout pour certaines espèces, telles que le Riparia. Plus les tissus sont jeunes, meilleures sont les soudures et plus assurée est la reprise. On peut greffer l'année même de la plantation. On greffe sur racines ou sur boutures. Ce dernier procédé, sans donner une reprise aussi élevée que celui sur racines, donne cependant de bons résultats, surtout dans les milieux frais, et offre de nombreux avantages.

Les greffes herbacées, qui théoriquement offrent le plus de chances de succès, ne sont pas entrées dans la pratique.

Epoque du greffage. — L'époque la plus favorable est celle où la soudure s'opère le plus rapidement c'est-à-dire pendant le cours de la végétation et quand la température est assez élevée, de préférence au printemps fin mars à fin mai.

Le plus tard possible sera le meilleur ; on évitera ainsi les arrêts de végétation toujours compromettants, qui peuvent se produire en greffant de trop bonne heure.

Le greffage d'automne bien que moins sûr a donné dans certains milieux d'assez bons résultats. Quand l'opération ne réussit pas on peut regreffer au printemps.

Greffage sur table. — Plus facile à exécuter. Se fait à l'abri et par tous les temps. On ne doit pas faire trop tôt les greffes sur boutures car leur conservation est difficile et ne doit pas dépasser un mois.

La greffe se fera en mars et avril, ou plutôt fin février, la mise en place ayant lieu en avril et mai.

La greffe anglaise est à peu près exclusivement employée. Les boutures porte-greffes, coupées au-dessous d'un œil, ont 0,25 cent. environ. On choisit des greffons de même diamètre à un ou deux yeux ; on assemble les deux éléments préparés et on ligature soigneusement. On doit les disposer de façon à ce que les yeux alternent comme dans la position naturelle.

Les greffes faites sont conservées dans du sable frais jusqu'au moment de la mise en place.

Greffage sur plants racinés. — Donne une proportion de réussite plus considérable ; il peut se faire : 1° en place ; 2° en pépinière ; 3° à l'atelier.

1° Le greffage en place est surtout employé dans le Midi. Il consiste à planter des boutures en place et à les greffer l'année suivante. Il évite la transplantation, mais donne une vigne irrégulière à cause des manquants, que l'on peut remplacer à l'aide d'une pépinière établie et greffée à la même époque.

2° Le greffage sur plants enracinés en pépinière donne des plantations très régulières puisque l'on ne met en place que des plants racinés et soudés. A l'inconvénient de retarder d'un an la production par suite de la transplantation. Néanmoins c'est le procédé que l'on doit préférer dans les terrains difficiles.

3° Le greffage à l'atelier sur plants enracinés permet d'opérer tout l'hiver ; mais les deux transplantations successives sont une cause de retard dans le développement du plant. Les plants ainsi greffés restent un an en pépinière et on ne met au plus l'année suivante que ceux dont la greffe a bien réussi.

4° Greffes faites au printemps de la plantation. On met en place des plants racinés à la fin de l'hiver en février et mars. On exécute la greffe au mois de mai lorsque les pieds sont en végétation.

Préparation des porte-greffes et des greffons

Si les porte-greffes sont des plants racinés, on les laisse en place jusqu'à l'époque du greffage. Dans le cas cependant où cette opération doit se faire tardivement on les conserve dans du sable frais.

Les sarments porte-greffes sont conservés en stratification dans le sable comme les boutures.

Dans le cas où l'on greffe en place des plants racinés, on se borne à receper au moment de l'opération ; si cependant le sujet est en pleine sève, on étêtera la souche 6 ou 8 jours à l'avance et à quelques cent. au-dessus du point ou doit se faire la greffe.

Les greffons sont conservés comme les boutures dans du sable presque sec et dans un atelier à basse température ; il importe qu'ils ne soient pas en végétation au moment de l'opération. Pour leur choix, on observera rigoureusement les indications que nous aurons données au sujet des boutures.

On doit récolter les sarments destinés à la greffe pendant l'hiver avant tout mouvement de sève, car il est essentiel que la végétation du greffon soit en retard sur celle du sujet.

Divers procédés de greffage

1° *Greffe en fente anglaise.* — Considérée comme donnant les meilleurs résultats et à peu près exclusivement employée pour le greffage sur table. Convient très bien au bois de 5 à 14 ^{mm} de diamètre. Les sujets et les greffons doivent avoir même diamètre. Le sujet de 0,20 à 0,25 cent. de long est taillé en biseau avec inclinaison de 16 à 18° par rapport à l'axe. Pour un sujet de 6 ^{mm} le biseau sera de 19 ^{mm} et pour un sujet de 14 ^{mm} il sera de 47 ^{mm} ; le biseau a donc un peu plus de 3 fois le diamètre. Au milieu du biseau, un peu au-dessus de la moelle, on ouvre une fente de 3 à 5 ^{mm}. Le greffon est préparé d'une façon identique et on assemble soigneusement les deux parties.

La greffe ne doit pas présenter de vides et doit être solide sans le secours de ligature. Faire partir les biseaux à la base d'un œil et couper les greffons à 1 centimètre au-dessus du dernier œil.

Greffe en fente. — Employée surtout pour les sujets plus gros que les greffons ; on rehausse le cep puis on le coupe horizontalement. On fait ensuite sur un des côtés, à l'aide d'un ciseau ou de la serpette, une fente que l'on maintient ouverte à l'aide d'un coin pendant qu'on prépare le greffon.

Ce dernier est taillé en lame de couteau afin que les deux faces du biseau coïncident avec celles de la fente où on l'introduit.

Lorsque la souche dépasse 0,03 cent. de diamètre, on peut greffer en fente double. Dans ce cas, le sujet coupé horizontalement est fendu entièrement à quelques cent. de profondeur ; le greffon est taillé en biseau à inclinaison inégale sur ses deux faces. L'un des biseaux doit être plus incliné afin de ne pas attaquer la moelle des deux côtés. On place un greffon de chaque côté du sujet ; on double ainsi les chances de reprise. Pour être sûr qu'il y ait contact des couches génératrices au moins en un point, on incline légèrement les greffons. Sur les sujets d'un an, on greffe en fente pleine. La souche coupée horizontalement 0,03 ou 0,04 cent. au-dessus d'un nœud est fendue en son milieu. Le greffon choisi de diamètre égal à celui du sujet est taillé comme nous venons de voir. Ce procédé, dont les résultats permettent de le ranger à côté de celui en fente anglaise, a l'inconvénient de laisser sur la greffe des solutions de continuité qui se recouvrent difficilement.

Greffes sans étêtement du sujet.

Greffe Cadillac. — Se pratique en automne, du 25 août au 12 septembre, dans la Gironde, sur les souches d'un an ou deux en pépinière ou en place. Il faut que la sève soit encore en circulation et il est préférable de prendre les greffons sur le bois nouveau qui commence à être aoûté surtout si l'on a eu soin de pincer. Quand on échoue en automne, on peut très bien recommencer au printemps. On déchausse le pied, on choisit quelques cent. au-dessus du sol un point bien lisse où l'on pratique une fente de 0, 03 à 0, 04 cent. dirigée obliquement, de façon à arriver vers le milieu du bois.

Le greffon de diamètre égal ou un peu inférieur à celui du sujet est taillé en forme de coin comme pour la greffe en fente. On assemble deux parties et on ligature fortement.

Greffe Dauty. — Se pratique sur les gros sujets que l'on veut transformer, à l'aide d'un sécateur spécial à bras recourbés. On fait dans le tronc une entaille oblique de 0, 01 ou 0, 02 cent. puis à l'aide d'une deuxième entaille horizontale on enlève une sorte de prisme triangulaire ; on pratique ensuite une nouvelle fente oblique dans la direction de la première et on laisse l'instrument en place. On prépare le greffon en coin à l'aide de deux biseaux à inclinaison inégale ; on l'introduit dans la fente maintenue ouverte et après avoir ligaturé on butte fortement avec de la terre meuble.

Greffe-bouchon. — Est une greffe anglaise aérienne ; peut être employée pour transformer des vignes âgées, multiplier les variétés rares, etc. Quand on opère sur de vieilles souches, il faut avoir soin de rabattre les branches à l'avance pour favoriser l'écoulement de la sève.

La greffe se fait comme d'habitude ; pour la ligaturer, prendre deux moitiés de bouchon qu'on a mis à tremper dans l'eau chaude et les rassembler comme pour reformer le bouchon ; une pince spéciale rejoint les deux moitiés en emprisonnant la greffe et on les maintient reliés à l'aide de 3 fils de fer. On enlève le bouchon fin août ou septembre pour permettre à la soudure de se lignifier complétement avant les froids.

Ligature. — Les greffes sont assujetties par une ligature faite à l'aide de ficelles goudronnées ou non, de caoutchouc en lanière ou en tube et surtout de raphia que l'on sulfate parfois.

Stratification. — Pour éviter la dessication des greffes avant leur plantation, on les stratéfie. Pour cela on établit de préférence à l'exposition nord des tas de sable et de greffes par couches alternatives et on recouvre le tout d'au moins 0, 40 cent. de sable. On peut encore les conserver dans la mousse humide, le tout étant renfermé dans une caisse.

Buttage. — Le greffage ne réussissant bien que sous terre, il est nécessaire de butter le greffon en ne laissant sortir que son dernier œil. On ne doit employer pour cela que de la terre bien ameublie ou du sable dans les terrains forts. Il faut avoir soin dans cette opération de ne pas ébranler la greffe qu'il est bon de consolider au préalable avec un piquet.

Dans les terrains très motteux, on emploie pour butter des tuyaux de tôle de 0, 10 cent. de diamètre, au centre desquels on place la greffe.

On remplit le cylindre de sable et lorsqu'on le retire la souche est buttée.

Visite des greffes. — En juillet ou août, quand la soudure est faite, on doit déchausser les greffes avec soin et enlever toutes les radicelles qui se sont développées sur le greffon ainsi que les repousses américaines ; on répète deux ou trois fois cette visite à un mois d'intervalle. En septembre, on peut laisser la greffe à l'air libre ; la soudure se solidifie et la greffe devient moins sensible aux influences de l'air.

Protection des greffes. — Les vignes greffées ont besoin d'être protégées au moment des grands froids par une butte que l'on doit maintenir au commencement du printemps. Il faut avoir soin aussi, à chaque façon du sol, d'enlever les racines qui poussent sur le greffon qui pourrait ainsi s'affranchir.

PÉPINIÈRES

L'emploi de pépinières a été rendu indispensable par suite des difficultés que présente la greffe en place dans certains milieux, et la nécessité d'avoir des plants racinés et soudés pour remplacer les manquants. Elles sont également indispensables pour la multiplication des espèces difficiles au bouturage.

Il faut choisir pour son emplacement un terrain chaud, léger ou de consistance moyenne, s'égouttant facilement tout en conservant en été une certaine fraîcheur. Il faut aussi qu'il soit bien exposé de façon à éviter autant que possible les gelées de printemps et d'automne et les maladies cryptogamiques.

Le terrain doit être défoncé à 0,40 ou 0,50 cent. de préférence en automne : s'il est trop argileux, on l'ameuble avec du sable.

Le sol de la pépinière doit être constamment meuble et exempt de mauvaises herbes.

Pendant les sécheresses de l'été, il est bon d'arroser en ayant soin de ne donner que de petites quantités d'eau à la fois. L'arrosage par infiltration à l'aide de petites rigoles tracées entre les rangées est excellent.

Il est urgent aussi de préserver les jeunes pousses des atteintes du mildiou par des traitements répétés.

On enlèvera à plusieurs reprises les racines des greffons et au mois de septembre on déchaussera les greffes pour rechausser avant les froids de l'hiver.

PRÉPARATION DU SOL

Défoncement. — Indispensable pour la réussite de la plupart des vignes américaines vu leur grand développement et leur puissante végétation.

Un profond défoncement défend encore contre l'excès d'humidité en hiver et la sécheresse en été.

D'une façon générale, les plus profonds sont les meilleurs. Lorsque cependant la couche arable peu épaisse repose sur un sous-sol de roche fendillée, le défoncement devient inutile.

Les terres de consistance moyenne n'ayant jamais porté de la vigne seront défoncés à 0,50 cent.; si au contraire il y a déjà eu de la vigne, on ira plus profondément.

Dans les sols secs et arides, imperméables et humides, on ira à 0,60 et même 0,70 cent.

On peut défoncer en été aussitôt après l'enlèvement des récoltes. Quand le terrain est trop sec, il faut souvent attendre les pluies; on opère alors en septembre ou octobre. Dans tous les cas, le défoncement doit se faire avant l'hiver afin que le sol subisse l'action du gel et du dégel.

Cette action est surtout favorable dans les terrains argileux.

On peut défoncer à la main d'homme, ce qui est préférable mais plus cher, ou bien à la charrue.

3 cas peuvent se présenter :

1° Le sol et le sous-sol sont d'égale qualité; dans ce cas le mieux est de mélanger toute la couche remuée. On opère à la main ou à l'aide d'une forte charrue.

2° Le sous-sol est de qualité inférieure au sol et ne peut être amélioré; les deux couches doivent être ameublies mais sont laissées à leur place respective.

On peut encore opérer à bras en attaquant le sol à jauge ouverte dans toute sa profondeur de façon à découvrir le sous-sol que d'autres ouvriers remuent.

Avec les attelages, on ouvre un sillon avec une forte charrue ordinaire que l'on fait suivre d'une fouilleuse.

3° Le sol est de qualité inférieure au sous-sol qui peut l'améliorer. Dans ce cas, il faut retourner les couches. On peut encore procéder à bras ou bien à l'aide de deux charrues dont la première enlève une couche de 0,30 cent. et la deuxième, appelée défonceuse, une deuxième couche qui est ramenée au-dessus de la première tombée au fond de la raie.

Fumure. — Sauf dans le cas où l'on plante sur les défrichements de prairie, de bois ou dans un terrain exceptionnellement fertile, on doit fumer avant la plantation.

Dans les terrains argileux, on emploiera de préférence des fumiers frais et dans les terrains siliceux des engrais décomposés à la dose de 60 à 70.000 kilog. par hectare. En outre du fumier on doit rechercher des engrais à décomposition lente comme les débris de vieux cuirs, les cornailles, les chiffons de laine, les marcs de colle, les buis, etc.

PLANTATION

Forme et écartement.

Depuis l'emploi des vignes américaines dans la reconstitution, on a augmenté les espacements entre ceps. Dans le Midi, on plante à 1^m 50 en tous sens; en Algérie, à 1 m 75; dans le Centre et l'Est, où la vigne était autrefois à 0 m 70 ou 0 m 75, on plante actuellement à 1 mètre.

Pour la facilité des opérations de culture on doit planter régulièrement : en ligne, au carré ou en quinconce.

Plantation en ligne. — Sera adoptée pour la culture extensive. Rendra des services dans certaines contrées où l'on obtiendra avec le même nombre de souches un écartement plus grand dans un sens, ce qui permettra la culture à la charrue; c'est aussi la disposition généralement adoptée pour les méthodes de taille à grand développement; se fait au cordeau. En plantant à 2 m 25 dans un sens et 1 m. dans l'autre on a 4444 souches à l'hectare, même nombre que dans la plantation au carré à 1 m 50.

à 2 m 50 dans un sens et 1 m dans l'autre on a 4000 souches.

à 2 m 35   et 1 m 10   on a 3880 souches.

Plantation au carré. — Chaque souche occupe l'angle d'un carré et l'écartement est le même dans tous les sens.

Permet le labour dans deux directions différentes; en plantant à 1 m 50, on a 4444 souches; à 1 m 75, 3249, à 2 m, 2500.

Se pratique au cordeau ou au rayonneur.

Plantation en quinconce. — 4 plants occupent les angles d'un losange et chaque groupe de trois constitue les angles d'un triangle équilatéral. Au point de vue de la fructification présente les plus grands avantages; permet en outre les labours dans trois directions différentes.

A l'écartement de 1 m 50 on a 5.130 souches à l'hectare.

     —   1 m 75   —   3.770   —

Se trace également au cordeau ou au rayonneur.

Époque de la plantation.

La plantation des plants racinés peut se faire à l'automne ou au printemps.

Dans le Centre, on plantera de préférence au printemps dès que le sol s'est ressuyé et avant le départ de la végétation; dans le Midi, on peut presque toujours planter en automne surtout dans les terrains secs.

Nous ne reviendrons pas sur les différents procédés de mise en place que nous avons passés en revue.

Soins à donner aux jeunes plantations

Les jeunes plantiers doivent recevoir la première année de nombreux labours afin de supprimer les mauvaises herbes et de conserver la fraîcheur du sol. Quand l'écartement sera suffisant, on fera ce travail à l'aide de houes ou de scarificateurs à vignes et on le complètera à bras au pied des souches.

Pour éviter tout ébranlement, on placera un petit tuteur à chaque cep.

L'hiver suivant, on déchausse afin surtout de détruire les drageons et on remplace les manquants. On taillera les jeunes plants le plus tard possible en laissant un petit nombre d'yeux.

OPÉRATIONS DE CULTURE

Déchaussement. — Se pratique pendant l'hiver, de préférence après la taille, dans le Midi où l'on ne redoute pas les fortes gelées. Les vignes greffées ne doivent pas être déchaussées pendant 4 ou 5 ans, ou bien quelques jours seulement avant les fortes gelées, puis on rechausse.

Consiste à dégarnir le pied des souches en creusant tout autour des cuvettes de 0,15 à 0,20 cent. de profondeur dont les circonférences sont égales. A pour but l'aération du sol et la destruction des insectes.

Le déchaussement coïncide parfois avec le premier labour; se fait à bras (Hérault) ou à la charrue (Gironde).

Buttage. — Pratiqué régulièrement avant l'hiver dans certaines contrées (Auxerrois, Yonne, Beaujolais, Loire). A pour but d'abriter les souches et surtout les points de soudure contre les gelées, d'assurer l'égouttement des eaux et l'émiettement du sol.

Se fait à la main ou à la charrue chausseuse.

Labours. — Se font en nombre variable suivant les régions.

Le *premier* qui est un labour d'aération doit se faire à la fin de l'hiver en février ou mars et être terminé avant le départ de la végétation, car une vigne fraîchement labourée craint davantage les gelées. C'est le labour le plus profond; il atteint 0.15 et 0,20 cent.; il s'exécute de façon à dégarnir les souches et à accumuler la terre au milieu de l'interligne. Pour obtenir ce résultat avec la charrue vigneronne, on enraye au milieu des rangées et la dérayure se trouve le long des ceps.

Cette opération dite enselette dans l'Hérault porte différents noms : cavaillonnage (Charente et Gironde), darbons (Beaujolais).

Les petites bandes de terre laissées entre les souches (cavaillon) sont enlevées à la pioche.

Le *deuxième* labour se donne courant mai; a pour but de détruire les mauvaises herbes, de diminuer le dessèchement et de niveller le terrain en comblant le déchaussement laissé par le labour précédent.

S'exécute à bras, à l'aide de houe, ou à l'aide d'instruments attelés : charrues vigneronnes chausseuses, scarificateurs ou extirpateurs à vignes.

Il faut éviter de labourer au moment où la vigne est en fleurs.

Le troisième labour se fait dans le courant de juin de 0,08 à 0,10 cent. à la main ou mieux à l'aide des appareils précédents.

On pourra donner d'autres binages supplémentaires pendant tout le courant de l'été à l'aide des scarificateurs ou des extirpateurs.

Ainsi le scarificateur sera passé avantageusement dans la vigne entre le premier et le deuxième labour, et l'extirpateur après le deuxième et le troisième labour.

Dans le Midi, on donne le dernier binage commencement juillet; à partir de ce moment on ne peut plus circuler dans les vignes qui recouvrent le sol.

On exécutera ces divers binages au moment où la terre est bien ressuyée mais non durcie et par un temps sec et chaud.

TAILLE

Très importante; sera faite rationnellement suivant les lois de la physiologie. Les raisins sont portés par des rameaux de l'année produits par des yeux de l'année précédente. Il faut donc chaque année réserver des sarments fertiles pour la production du fruit. Quand ces sarments sont taillés sur 2 ou 3 yeux on les appelle coursons, et longs bois ou astes quand ils portent un plus grand nombre de bourgeons.

On taillera long ou court suivant les aptitudes du cépage. Ainsi la Syrah, le Cabernet de Persan, le Pinot, la Mondeuse qui donnent du fruit sur les rameaux qui poussent aux extrémités seront taillés à longs bois. L'Aramon, le Carignan, le Gamay qui donnent leurs fruits sur les jets qui poussent à la base seront taillés à coursons.

On doit autant que possible tailler sur un œil.

Toutes les formes que l'on fait subir à la vigne peuvent se ramener à l'un des 3 types suivants : gobelet, espalier et cordon.

Gobelet. — La forme la plus répandue dans le gobelet sont les bras rayonnant de 2 à 8 autour d'un centre commun; comporte surtout des coursons mais aussi des longs bois; hauteur variable suivant les milieux.

On l'établit de la façon suivante : à la première taille, on laisse un rameau de 0,15 à 0,20 cent. maintenu par un tuteur, quand le plant est vigoureux; on le taille sur 2 yeux s'il est faible, ce qui retarde d'un an la formation de la charpente.

A la deuxième taille, on laisse 2 ou 3 ou 4 coursons les mieux situés suivant la vigueur du cep; si la souche est trop faible, on attend l'année suivante pour former la bifurcation.

A la troisième taille (commencement de la 4ᵉ année), on établit 3 bras bien symétriques qui en bifurquant donnent 6 bras à la taille suivante : la souche est formée.

Le nombre de bras doit être proportionné à la vigueur des ceps.

Cordons. — Comporte un plus grand développement; convient aux milieux riches et frais et dans tous les pays où il est nécessaire de faire atteindre à la souche une certaine hauteur pour la mettre à l'abri des gelées.

Convient aussi aux plants exigeant un grand développement. Le cordon est taillé à courson ou à longs bois suivant la nature des cépages cultivés.

On peut établir un cordon comme suit : A la première taille, on laisse un rameau de 2 yeux. La deuxième année, on lui donne une longueur suffisante pour qu'il atteigne le fil de fer. A la troisième taille, on conserve à cette hauteur un rameau de 0, 30 à 0, 40 cent. que l'on recourbe sur le fil de fer.

Aux tailles suivantes, on allonge le cordon jusqu'à ce qu'il ait atteint la taille suivante. Les bras sont établis sur cette partie horizontale et portent chacun un courson ou un long bois suivant le cas. Quand les bras sont trop longs on les rabaisse.

L'*espalier* est un double cordon symétrique. Son établissement se fait de la même façon mais il faut avoir soin de maintenir l'équilibre entre les 2 membres.

Convient également aux régions fraîches où le raisin, ne redoutant pas le grillage, doit être bien exposé. (Gironde, Jura, Isère, Savoie.)

Système Cazenave

Consiste en un cordon horizontal portant une série de longs bois et de coursons assemblés deux à deux et également distancés. On établit un treillage au fil de fer à 3 rangs : le premier à 0, 50 cent. du sol, le deuxième à 0, 35 cent. du premier et le troisième à 0, 40 cent. du deuxième, supportés par des pieux.

L'établissement de la souche se fait comme nous venons de voir.

Pour former les bras, on réserve aux points voulus c'est-à-dire tous les 0, 30 ou 0, 35 cent. un courson de 2 yeux qui donne l'année suivante 2 rameaux dont l'un taillé à 2 yeux assure le remplacement et l'autre à 0, 40 cent. constitue la branche à fruit qui est inclinée et attachée au fil de fer du milieu.

Une fois le cordon établi à chaque taille on conserve sur chacun des bras un courson de remplacement et une branche à fruit qui est renouvelée chaque année.

On peut encore l'établir en conservant au bout de la deuxième ou troisième année le sarment le plus vigoureux de la jeune souche que l'on recourbe le long du fil de fer et que l'on coupe à une telle longueur qu'il atteigne le cep suivant. On conserve sur ce sarment les yeux les mieux placés et distants de 0, 15 cent. environ ; tous les autres sont supprimés.

A la taille suivante, on conserve un rameau tous les 0, 30 cent. environ et on supprime les autres. Les rameaux réservés sont taillés à 5 à 6 yeux et attachés au second fil de fer ; ils fructifient abondamment l'année suivante et on leur applique alors la taille normale : sur chacun d'eux on conserve un courson de retour et une aste.

Les rangées de souches sont à 2^m ou 2^{m}50 et les pieds de 1^{m}75 à 2 mètres.

Système Sylvoz

Donne d'excellents résultats dans le Dauphiné et la Savoie.

Les rangées sont à 2^m d'écartement et les pieds à 3^m au minimum dans la ligne. Le treillage consiste en 3 fils de fer dont celui du milieu plus fort que les autres est à 1^{m}20, le deuxième est placé 0, 50 cent. au-dessus et le troisième 0,40 cent. au-dessous. Le fil de fer du milieu qui doit supporter la souche est quelquefois remplacé par une traverse de bois.

La souche est établie comme dans le cordon Cazenave. Chaque année, on ne conserve à la taille sur chaque bras qu'un rameau de 0,40 à 0,50 cent. de long que l'on recourbe et dont l'extrémité est attachée au fil de fer inférieur. On ne laisse pas de courson de retour car on trouve toujours sur la courbure un sarment vigoureux qui formera la branche à fruit l'année suivante.

Epoque de la taille.

On peut tailler pendant toute la durée du repos de la végétation. Les tailles précoces (après la chute des feuilles) peuvent se pratiquer dans les pays où l'on ne redoute pas les grands froids. Au contraire dans les régions où les hivers sont rigoureux on taillera le plus tard possible en février ou mars; les sarments non taillés résistent mieux et on retarde le départ de la végétation.

On doit, dans tous les cas, suspendre la taille à l'époque des grands froids. Dans le Midi, on taille souvent en deux fois. On enlève d'abord tous les sarments inutiles et on coupe à 5 ou 6 yeux ceux qui doivent former les coursons (espoudassage) puis on termine la taille avant le départ de la végétation.

Tailles en vert

Sont souvent nuisibles dans le Midi mais peuvent être dans d'autres régions de grande utilité.

Pincement. — Consiste à supprimer un jeune rameau quelques feuilles au-dessus des fruits peu avant ou immédiatement après la floraison. Ne peut être appliqué que sur la Clairette dans le Midi de la France.

A pour effet d'accélérer la floraison et de diminuer la coulure. Assez employé pour les vignes de jardin et à Thomery. Ne doit être pratiqué qu'avec prudence.

Epamprage. — Consiste à supprimer en mai ou juin, le plus tôt possible, tous les rameaux inutiles pour la production du fruit ou le remplacement ainsi que les gourmands. Opération utile et même indispensable dans le Centre, surtout pour la culture des raisins de table. Ne sera employée dans le Midi que dans le cas de la formation d'une jeune vigne.

Rognage. — Favorise le développement et la maturation des raisins; se fait au mois d'août; les sarments sont coupés à 0,80 cent. ou à 1 mètre de longueur; ne doit être employé que dans les vignes à végétation luxuriante du Centre. Fait partie du procédé de taille Cazenave

Incision annulaire. — Recommandée pour augmenter le volume des grains et leur qualité, avancer la maturité et empêcher la coulure. Mise à fruit plus rapide de tous les cépages et surtout des rebelles.

Consiste à enlever, au moment de la floraison, sur les rameaux fructifères, un anneau d'écorce d'un demi-centimètre environ, au moyen de *coupe-sève* ou de *pince à inciser* (inciseur annulaire de Follenay), au-dessus du point où l'incision doit produire son effet, ou bien encore à la base des longs bois qui les porte pendant l'hiver avant leur évolution.

Malgré ses avantages, ne paraît pas devoir entrer dans le domaine de la pratique; on l'emploiera pour faire fructifier certains pieds ou dans quelques cas spéciaux.

Effeuillage. — Pratiqué surtout dans les vignobles septentrionaux et dans les milieux très humides pour favoriser la maturation. Sera fait en août ou septembre, de préférence en deux ou trois fois pour éviter le grillage. Le mieux est de supprimer le limbe seulement et de laisser le pétiole en place.

Cisellement. — Pratiqué seulement sur les raisins de table. Consiste à supprimer à l'aide de ciseaux les grains mal formés ou trop serrés, ainsi que l'extrémité des trop longues grappes afin de favoriser le développement des grains restants et d'avancer la maturité.

Relevage. — Se pratique dans les régions fraîches, les milieux humides mal exposés. On attache les rameaux qui retombent afin de permettre la circulation de la chaleur de l'air et de la lumière.

III — LUTTE CONTRE LE PHYLLOXERA

SUBMERSION

Établissement. —Utilisée pour détruire le phylloxera et conserver les anciennes plantations françaises.

Ne peut s'établir que dans un terrain horizontal, de 0,02 à 0,03 cent. de pente au plus, où l'on peut disposer d'une quantité d'eau suffisante. On divise le vignoble en compartiments carrés ou rectangulaires, de 2 à 8 hectares.

Autant que possible s'arranger de façon à ce que le trop plein de l'un s'écoule dans les autres et ménager des fossés d'écoulement.

Les bourrelets de séparation construits en prismes avec des pentes de 0,45 cent. ont, suivant leur hauteur, de 0,50 cent. à 1m. de largeur à la base supérieure; on peut en faire de véritables chemins quand on a de grandes planches. Leur hauteur doit être établie de façon à ce qu'ils dépassent de 0,20 cent. au *moins* le niveau de l'eau, c'est-à-dire 0,80 cent. environ.

Toutes les eaux sont bonnes à moins qu'elles ne soient chargées de sels nuisibles. Les moins aérées sont les meilleures. Il en faut de 10 à 30.000 m³ par hectare et jusqu'à 90.000 m³.

Les terrains trop perméables sont impropres à la submersion; ceux à sous-sols argileux compact sont les meilleurs.

Amenée des eaux. — Par dérivation simple quand l'eau peut être prise à un niveau supérieur; à défaut de ce moyen on emploie des machines élévatoires, pompes rotatives et rouets.

L'élévation de l'eau par les machines à vapeur coûte de 60 à 80 francs par hectare quand on ne dépasse pas 5 mètres.

Époque et durée de la submersion. — On peut submerger dès que les bois sont complètement aoûtés, depuis le commencement de novembre jusqu'à fin février. La durée varie, suivant le climat, la nature du sol et la saison, de 30 jours dans les parties les plus septentrionales et en automne à 60 jours dans les contrées chaudes et quand on opère en hiver.

Il faut que pendant ce temps la couche d'eau reste au moins de 0,20 à 0,25 cent.

La submersion doit être renouvelée chaque année. — Une vigne peut être submergée dès sa première année quand la chose est nécessaire.

Cultures des vignes submergées. — On doit, autant que possible, ne mettre dans une planche que des cépages qui s'aoûtent en même temps afin d'éviter l'inconvénient résultant de la submersion de cépages non aoûtés.

On taillera le plus tard possible pour éviter les gelées blanches; la taille en deux fois se pratiquera avantageusement. On fumera copieusement les vignes submergées chaque année et avec des engrais facilement assimilables.

On emploiera avantageusement comme M. Faucon 250 kil. par pied du mélange suivant :

Tourteau de colza, 90 %.

Sulfate de potasse épuré de Stassfurt à 38 %, de potasse 10 %.

Les labours devront être souvent répétés et faits soigneusement. On évitera de les faire coïncider avec l'époque des gelées blanches.

Choix des cépages. — Tous les cépages peuvent être soumis à la submersion; quelques-uns cependant en ressentent indirectement les effets. La Carignane et la Clairette craignent davantage l'Anthracnose, et le Grenache, dont l'aoûtement est tardif, en souffre quelquefois.

D'autres, tels que l'Aramon, le Petit Bouschet, le Côt, la Syrah, le Cabernet, le Chasselas, n'en souffrent aucunement.

PLANTATION DANS LES SABLES

Le sable met la vigne à l'abri de l'action du phylloxera, mais l'indemnité n'est absolue que dans les sables marins renfermant plus de 60 % de silice. La vigne donne dans ces terrains de forts rendements.

Il faut éviter de planter dans les points bas et salés où l'on redoute le *salant*.

Les sables doivent être nivellés et défoncés. On plante de préférence en quinconce parce que les rameaux recouvrent mieux le sol et l'abritent contre le vent.

Après le premier labour, à la fin de l'hiver, on pratique l'enjoncage qui consiste à recouvrir le sol de joncs que l'on fixe dans le sol à l'aide d'une pelle ou d'un appareil spécial portant plusieurs disques pour l'abriter contre le vent.

On emploie pour cela de 1200 à 1500 kil. de litière sèche. On donne autant de binages qu'il est nécessaire pour qu'il n'y ait jamais d'herbes.

L'année de plantation il faut 3 enjoncages : un après la préparation du sol, le 2e après le premier labour qui suit la plantation, le 3e après le dernier binage d'automne.

L'Aramon, le Petit-Bouschet, le Cinsaut, les Piquepouls blanc et rose réussissent très bien ; la Carignane également mais dans les milieux élevés et secs où elle craint moins l'anthracnose. Le Grenache et l'Alicante-Bouschet au contraire y sont épuisés au bout de quelques années.

On fume de préférence avec les tourteaux ou les engrais chimiques pour ne pas modifier les propriétés de résistance des sables.

EMPLOI DES INSECTICIDES

Le sulfure de carbone est le plus répandu ; pratiqué avec soin dans les milieux favorables, il a donné de bons résultats.

Il réussit le mieux dans les terres meubles et profondes, de consistance moyenne ; la plupart des terrains granitiques sont dans ce cas.

On ne peut guère espérer le succès dans les terres argileuses, fortes et mouilleuses, ni dans les terres caillouteuses trop perméables. On doit opérer quand le sol n'est ni trop sec ni trop humide et quand sa surface est légèrement tassée. On peut traiter à toute époque, mais de préférence en octobre et novembre ou mieux en février-mars.

On peut traiter en été si des taches se manifestent.

Dans les terrains récemment ameublis, attendre quelques jours pour opérer. Ne traiter les terrains forts que lorsqu'ils sont égouttés.

La dose à employer varie de 180 à 250 kil. par hectare. On l'applique à l'aide des charrues sulfureuses ou de pals.

Avec ces derniers, on fera, suivant les cas, de 20.000 à 40.000 trous par hectare.

Les trous, de 2 à 6 par mètre, sont régulièrement distribués sur toute la surface en évitant de trop approcher les ceps et sont bouchés dès que l'on a retiré le pal.

Sulfure en dissolution.

(Procédé Benoist Fafeur et Mirepoix.)

Permet l'épandage plus régulier de l'insecticide ; on verse au pied de chaque souche 10 litres d'eau sulfurée de 2 gr. à 5 gr. par litre suivant l'état des vignes. Un matériel spécial permet l'exécution rapide de ce traitement.

Sulfocarbonate de potassium.

Ne peut être employé que dans les crus à hauts rendements vu la grande dépense occasionnée (400 fr. par hectare).

On doit traiter en hiver, mais on peut aussi traiter en été quand la chose est nécessaire. Le mieux est d'opérer sur un sol récemment ameubli.

On creuse au pied de chaque cep des fossettes qui quelquefois comprennent plusieurs souches, puis on y met de 40 à 50 gr. de sulfocarbonate par mètre carré, et de 10 à 15 litres d'eau, ce qui fait par hectare de 400 à 500 kil. de sulfocarbonate et de 100 à 150 m³ d'eau.

Vu son prix élevé, ce traitement a été remplacé presque partout par le sulfure de carbone.

Prix de revient des traitements contre le phylloxera.

1° Sulfure de carbone.

200 à 300 kil. de sulfure à 40 fr.................... 100 francs.
15 à 20 journées de travail, suivant l'état du sol.... 60 fr.
                                        Total...... 160 fr.

à 200 francs par hectare.

2° Sulfocabornate de potassium.

Dépense moyenne par hectare.................... 400 francs.

3° Submersion.

(D'après MM. Trouchand-Verdier et Chauzit).

Haut. d'élévation de l'eau	Pertes du sol par jour	Etendue submergée	Prix de revient à l'hectare
1 mètre.	1 à 2 cent.	10 hectares	180 francs
1 —	5 —	20 —	180 »
1 —	—	50 —	80 »
2 mètres	1 —	10 —	220 »
2 —	5 —	50 —	100 »
3 mètres	1 —	10 —	240 »
3 —	5 —	50 —	120 »
4 mètres	2 cent. 1/2	50 —	142 »

Nota. Les prix sont établis en tenant compte des frais d'amortissement qui entrent chaque année pour la somme de 3.600 fr. comportant un capital de premier établissement de 30.000 fr. Une fois ce capital amorti, les chiffres ci-dessus seront réduits de moitié. C'est-à-dire pour un vignoble de 50 hectares, en moyenne 70 fr. par hectare.

ARBORICULTURE

Abricotier. — *Climat.* — Plante méridionale venant bien jusqu'en Bourgogne à la condition d'avoir son fruit en plein air et en pleine lumière. En pays froid le mettre en espalier aux expositions est et sud.

Sol. — Léger, chaud, sablonneux, granitique. Sol froid et humide est défavorable : il faut le drainer et mettre au fond des trous de plantation des platras et des menues pierrailles de manière à planter sur un monticule.

Multiplication. — Par semis de noyaux se reproduit mal, sauf Alberge. Greffe sur prunier : Damas noir et Sainte-Catherine, Mirobolan, Pêcher (Beaujolais), Amandier et Franc (Midi).

Distances de Plantation. — Plein vent, 6 mètres; Oblique simple, 0ᵐ 75: Oblique double, 1ᵐ 50; U, de 0ᵐ 50 à 0ᵐ 60; Palmette, 6ᵐ; Candélabre à 3 bras, 0ᵐ 90; à 4 bras, 1ᵐ 20; à 5 bras, 1ᵐ 50.

Variétés. — Par ordre mérite : Pêche ou de Nancy, maturité août, septembre; Saint-Jean, première quinzaine juillet; Royal, fin juillet et août; Commun, juillet; Jacques, juillet-août; Luizet août; A trochets août; Angoumois, fin juillet; Alberge, fin juillet-août; Précoce, fin juin, juillet.

Taille. — En *plein vent*, ne se taille que pendant la formation ; rabat tige abricot au point où doit commencer branchage; on conserve 4 ou 5 plus beaux rameaux qui sont rabattus la seconde année à 0ᵐ 25 environ : les jets secondaires sont ébourgeonnés en été et pincés à 0, 10 cent. Opère ainsi pendant plusieurs années sur rameaux qui se développent. En juillet-août, élaguer gourmands et pincer branches à fruit. Taille : automne ou printemps. En *Espalier* : distance branches de charpentes, 0, 25 à 0, 30 cent.; éviter les incisions provoquant la gomme; tailler branches de charpente d'autant plus longues qu'elles sont moins verticales; tailler branches à fruits de 0, 15 à 0, 30 cent. Pincer bourgeons fructif. à 0, 07 ou 0, 08 cent.

Amandier. — *Climat.* — Arbre du littoral méditerranéen, montant jusqu'à la Drôme. Doit être à une situation chaude, abritée des gelées qu'il redoute beaucoup.

Sol. — Sec, profond, un peu calcaire.

Multiplication. — Par semis : on stratifie les amandes en hiver et les sème au printemps en pépinières où on les laisse 3 ans. Ces brins de semence sont greffés en flûte, à œil poussant, en pied ou en tête, avec les variétés à multiplier. Se greffe aussi sur prunier Damas et Saint-Julien, pour sols froids et humides.

Distance. — Les amandiers sont plantés à 6 m., en lignes.

Variétés. — *Coque dure* : Grosse ordinaire, grosse verte, à Trochets, Matheronne, Molière ; *coque tendre* : Princesse, grosse tendre ; *demi-dure* : à la dame.

Taille. — On taille lors de la plantation ; plus tard on écime seulement les branches et brindilles qui s'allongent trop et l'on supprime les gourmands et le bois mort. Taille en septembre.

Cerisier. — *Climat, Exposition.* — Vient dans toute la France, surtout sur les hauteurs, les pentes bien exposées, en plein air et pleine lumière.

Sol. — Partout sauf dans les argiles froides ; sols peu profonds lui suffisent : pour terres fraîches, riches, siliceuses, on greffe sur merisier ; pour les sols arides, secs, caillouteux, calcaires, sur Sainte-Lucie ou Mahaleb.

Multiplication. — Exclusivement par greffage : variétés à hautes tiges sur Merisier qui se greffe en tête, à 1 m 50 ou 2 m de terre, en écusson, en fente ou à l'anglaise ; les variétés à basses tiges sur Sainte-Lucie, à 0 m 10 du sol, en écusson en août-septembre.

Distance : Hautes tiges, 6 mètres ; Bigarreaux, 8 mètres ; Pyramide ou cône, 4 mètres ; Palmette, 1 mètre ; Candélabres, 4 branches, 1 m 20 ; 5 branches, 1 m 50 ; 6 branches, 1 m 80.

Variétés. — (HT signifie arbre de haute tige ; BT, basse tige).

Cerises. — Par ordre de mérite : Anglaise hâtive, maturité juin, H et BT ; Montmorency, juillet, HT ; Belle de Chatenay, 2ᵉ quinzaine juillet, H et BT ; Reine Hortense, juin-juillet, HT ; Impératrice, juin, BT ; Lemercier, juin-juillet, H et BT ; Belle de Choisy, juin ; Gobet, juillet ; Grosse transparente, 1ʳᵉ quinzaine juillet, BT.

Griottes : du Nord, août, H et BT ; Noire, 2ᵉ quinzaine juillet, HT ; de Portugal, 1ʳᵉ quinzaine juillet.

Bigarreau : Gros blanc, 2ᵉ quinzaine juin ; Buttner, juin-juillet ; roses : Elton, juin ; Napoléon, juin-juillet ; rouges : Gros rouge, mi-juin ; Mézel, fin juin ; noirs : Jaboulay, juin ; Cœur noir, juin-juillet.

Guigne : Pourpre hâtive, fin mai ; Précoce, fin mai ; Beauté Ohio, 1ʳᵉ quinzaine juin.

Taille : Les arbres de plein vent ne sont pas taillés ; on les éclaircit seulement. Pyramide : Anglaise, Impératrice, Lemercier, Griotte nord, Gobet ; Palmette : Montmorency, Chatonay, Reine Hortense, Guigne ; Candélabre : Choisy, Anglaise, Impératrice, Griotte de Portugal.

Châtaignier (*Castenea Vesca*). — *Climat, Exposition.* — Le Châtaignier vient à peu près dans toute la France, sauf dans le Nord ; il craint les froids intenses et les gelées de printemps. En coteau et en montagne moyenne, il aime l'exposition est ou sud-est. Altitude, 6 à 700 mètres.

Sol. — Terrains granitiques, sablonneux, frais; craint l'argile et la craie.

Multiplication. — Greffe sur franc que l'on obtient en faisant germer châtaignes en stratification dans caves, et que l'on repique en pépinières. Flûte, couronne, fente, anglaise, écusson : se fait à 2 mètres du sol généralement sur jeunes rameaux vigoureux qui se sont développés après l'étêtage du pied. Donne fruit après 5 ou 6 ans.

Distance. — En lignes ou en bordures, 12 mètres; en quinconce, 26 mètres.

Variétés : Marron de Lyon, de Luc, Dauphinoise, Nouzillarde, Grosse rouge et grosse verte; Pélegrine, Partalonne, Printanière.

Taille : Inutile; on empêche seulement aux branches de trop s'écarter.

Cognassier. — (*Cydonia vulgaris*). — *Climat.* — *Exposition.* — Vient dans toute la France et jusqu'au 54° latitude nord; le mettre aux expositions chaudes dans Centre, Est, Nord de la France.

Sol. — Alluvions, sablonneux, légers, pourvu qu'ils soient frais; n'aime pas la craie.

Multiplication. — Par bouture ou par cépée le plus souvent. Le Portugal se greffe parfois sur Aubépine blanche ou Cognassier ordinaire.

Distance. — En lignes, 4 à 5 mètres.

Variétés : Portugal, septembre-octobre; d'Angers; coing ordinaire.

Taille. Se contente enlever branches inutiles, dépérissantes; raccourcit celles qui sont trop longues; supprime rejetons du pied; quand l'arbre est vieux, on peut le rabattre sur ses grosses branches, il repousse facilement sur vieux bois.

Framboisier. — *Exposition.* — Vient partout pourvu qu'il soit aéré, mais surtout au nord d'une muraille.

Sol. — Tous terrains, sauf ceux arides et secs; il est bon qu'il soit riche en humus; peut mettre tannée surface; arroser aux engrais liquides tous les 3 ou 4 ans. Débarrasser le sol des pierres et mauvaises herbes.

Multiplication. — Toujours par drageons d'un an, ayant 0, 50 cent. de long. Plante en carrés, lignes, planches. Lignes sont préférables, l'aération est meilleure, la fructification plus abondante.

Distance. — Les lignes simples sont à 1ᵐ25 ou 1ᵐ50; doubles, on les distance de 0,80 cent. l'une de l'autre avec 1ᵐ50 entre chaque double ligne; les plants sont à 1 mètre sur les lignes.

Variétés. — Ordinaires rouges; Fastalf; à gros fruits, de Hollande, d'Angleterre; Ordinaires jaunes : gros fruit, orangé, aurore, Hollande Remontantes, c'est-à-dire donnant 2 récoltes par an; rouges : Merveille des 4 saisons, Belle Fontenay, Perpétuelle Billard jaunes : Surprises d'automne, Merveille.

Taille. — Branches fructifères ne durent qu'un an; les supprime à l'automne en même temps que brins faibles. Laisse 3, 4, 5 brins par touffe que l'on taille au printemps à 1 mètre de haut, après quoi on les tuteure sur échalas ou fil de fer. Les remontantes sont taillées à 0, 30 cent. du sol.

Groseillier. — *Exposition* : Partout, pourvu qu'il soit un peu ombragé ; utilise bien nord et ouest. Résiste aux grands froids.

Sol : léger.

Multiplication. — Par marcottes ou par boutures taillées en hiver à 0, 20 cent. de long, et conservées jusqu'à leur plantation au printemps ; à ce moment, éborgner les yeux en terre et en laisser 2 dehors.

Distance. — Lignes, 2 mètres ; plants, 1 mètre.

Variétés. — Groseillier à grappes : Blanche hâtive, Versailles, Hollande, Fertile, Cassis ordinaires, Cassis de Naples. Groseillier à maquereaux : variétés très nombreuses.

Taille. — Forme buisson : les trois premières branches taillées à 2 yeux. Les années suivantes, raccourcir les rameaux de moitié e pincer les rameaux latéraux, à 3 feuilles, en mai. Ne pas pincer le rameau prolongement.

Noisetier. — *Situation.* — Vient dans toute la France ; aime situation aérée.

Sol. — Frais, assez profond, léger et surtout calcaire.

Multiplication. — Se multiplie par couchage simple ou cépée.

Variétés. — Noisette franche, Aveline, de Provence.

Taille. — Se contente de lui donner un pied de 0, 50 cent. à 1 mètre et chaque année, en mars, quand fleurs sont apparues, supprime branches les plus faibles. Recèpe quand est trop vieux.

Noyer. — *Climat.* — Craint les grands froids ainsi que les gelées printanières.

Sol. — Tous pourvu qu'ils ne soient pas humides et froids : calcaires, sablonneux, caillouteux.

Multiplication. — Par semis, les noix étant restées en stratification tout l'hiver ; quelquefois se greffe en flûte.

Distance. — 10 mètres en ligne.

Variétés. — Ordinaire, à coque tendre, à gros fruit, de Tullins, Saint-Jean, Franquette, Parisienne. Pour l'huile, N. Chaberte.

Taille. — N'est jamais taillé.

Pêcher. — *Climat et Exposition.* — Le pêcher craint les froids, les brouillards et les changements brusques de température ; un climat tempéré ou chaud lui convient.

Sol. — Riche, assez profond, jamais trop humide, l'arbre y étant trop sujet à la gomme, sablonneux ou argilo-calcaire. Greffé sur Amandier vient en sols secs et profonds, sur Prunier aime sols frais et superficiels.

Multiplication. — Par semis pour les pêchers de plein vent ; par la greffe en écusson, en pied, à 0, 10 cent. du sol pour espaliers. Greffe sur Amandier ou sur Prunier : Damas et Saint-Julien ; laisse un an en pépinière avant de mettre en espalier. Plantation doit être peu profonde.

Distance. — Oblique simple, 0, 75 cent. ; Candélabres à 2 bras - 1 mètre, à 3 bras, 1ᵐ50, à 4 bras, 2 mètres ; Palmette, 3 mètres ; Eventail, 5 mètres ; Plein vent, 3 à 4 mètres.

Variétés. — De plein vent : Pêche de vigne, Alberge, Persèque, Pavie, Brugnon, Niçarde. D'espalier : Amsdem, maturité juin-juillet ; Alexander, juin-juillet ; Précoce Béatrice, juillet ; Précoce Rivers, fin juillet ; Précoce Crawford, 1ʳᵉ quinzaine août ; Précoce Hale, juillet-août ; Favorite de Bollwviller, août ; Grosse mignonne, fin août ; Madeleine rouge, fin août ; Galande, 2ᵉ quinzaine août ; Madeleine Hariot, 2ᵉ quinzaine août ; Baron Dufour, mi-août ; Reine des Vergers, mi-septembre ; Bonouvrier, fin septembre ; Princesse de Galles, fin septembre ; Lord Palmerston, septembre-octobre ; Baltet, septembre-octobre.

Taille. — Le fruit est toujours produit sur un rameau de l'année précédente. Se fait assez tard : quand boutons à fruits sont bien arrondis. Consulter les livres spéciaux pour étudier cette taille qu'il serait trop difficile de résumer ici.

Poirier, — Aime assez les situations abritées.

Sol. — Profond, assez riche, mais non humide. Greffé sur franc, il vient bien dans les terres profondes ; sur Cognassier utilise sols frais, argileux ; sur aubépine, pour terres arides et calcaires.

Multiplication. — Par semis pour avoir des sauvageons destinés à être greffés ; le plus souvent par greffage sur Cognassier ou Franc. Sur Franc, on greffe les variétés à hautes tiges, par œil ou rameau, en pied ou à 1ᵐ50 du sol ; la mise à fruit est plus lente que sur cognassier, mais l'arbre est moins vite épuisé et plus vigoureux. Le greffage sur Cognassier se fait en terre et en écusson.

Distance. — Hautes tiges : 5 mètres, en lignes ; 8 mètres, en massif ; Eventail, 4 mètres ; Palmettes sur franc, 6 mètres ; sur cognassier, 4 mètres ; Candélabres, 0, 30 cent. par branches ; Pyramide : 4 mètres ; franc, 3 mètres sur cognassier ; Fuseaux, 1ᵐ50 ; Cordons horizontaux, 3 mètres ; Cordons verticaux, 0, 30 cent. ; obliques, 0, 50 cent.

Variétés. — (F signifie que la variété doit être greffée de préférence sur Franc, C qu'elle doit l'être sur Cognassier). POIRES D'ÉTÉ : Beurré d'Amanlis, FC, maturité août-septembre ; Epargne, FC, juillet-août ; Rousselet, FC, septembre ; Doyenné de Mérode, F, septembre ; Blanquet, FC, juillet-août ; des Hons, FC, fin juillet ; Citron des Carmes, FC, fin juillet ; Monsallard, FC, fin août ; Beurré Lebrun, FC, septembre ; Doyenné de juillet, F, mi-juillet ; Villiam, F, août-septembre ; Beurré Giffard, F, fin juillet-août. POIRES D'AUTOMNE : Duchesse d'Angoulême, FC, octobre-novembre ; Louise-bonne d'Avranche, FC, septembre-octobre ; Beurré Bachelier, F, novembre-décembre ; Doyenné de Comice, C, octobre ; Beurré superfin, C, septembre-octobre ; Baltet père, FC, novembre-décembre ; Beurré Clairgeau, F, octobre-décembre ;

Beurré Dief, FC, novembre-décembre; Beurré d'Angleterre, F, septembre-octobre; Figue d'Alençon, FC, novembre-décembre; Beurré d'Apremont, F, octobre-novembre; Fondante des bois, C, septembre-octobre; Beurré Hardy, C, septembre. Poires d'hiver : Charles Cognée, FC, mars-avril; Beurré d'Hardenpont, FC, novembre-janvier; Chaumontel, FC, février; Sœur Grégoire, FC, décembre-janvier; Curé, FC, novembre-janvier; Doyenné d'Alençon, F, janvier-avril; Bergamote Esperen, FC, février-mai; Doyenné d'hiver, FC, janvier-avril; Passe crassane, FC, décembre-mars; Bon chrétien d'hiver, FC, mars-juin.

Taille. — Se fait pendant repos sève; éviter trop grands froids; ne pas tailler quand la sève est déjà en mouvement, à moins qu'on ne veuille épuiser l'arbre en accroissant sa production fruitière. Pour hautes tiges, les ramifications commencent à 1ᵐ70 environ. Après un an, la pousse issue de la greffe est taillée à 3 yeux; les branches qui se développent sont taillées à 0,25 ou 0,30 cent. l'année suivante, sur 2 yeux, placés l'un à côté de l'autre. Les rameaux secondaires sont pincés dès qu'ils ont 0,10 cent. Cette taille se répète une seconde fois, puis on laisse l'arbre libre de végéter à son gré, en supprimant seulement bois inutiles et gourmands. Pour les autres formes, voir traités spéciaux.

Pommier. — Le pommier vient jusque sous le 66° de latitude nord; il préfère les expositions est et ouest, et demande à être bien aéré.

Sol. — Cet arbre redoute les excès de silice, d'argile, de calcaire, d'humidité, de sécheresse; une terre moyenne et fraîche lui convient; les doucins utilisent le mieux les sols calcaires, secs et médiocres.

Multiplication. — Se multiplie exclusivement par la greffe sur : Franc, pour les arbres de haute tige; dans ce cas, la greffe est faite en tête ou au pied suivant vigueur plant; sur Doucin et Paradis, obtenus par marcottage. Le greffage sur ces 2 pommiers se fait à quelques centimètres au-dessus du sol, à l'écusson ou à l'anglaise.

Distance. — Hautes tiges, 6 mètres en ligne; Pyramides, 3 mètres; Vases, 3 mètres; Eventail, 1 mètre; Fuseau sur doucin, 1ᵐ50; sur paradis, 1 mètre; Buisson, sur doucin, 2ᵐ50, sur paradis, 1ᵐ50; Cordon horizontal, 4 mètres sur doucin, 3 sur paradis.

Variétés. — Pommes d'été : Transparentes de Croncels, maturité août-septembre; Rambour d'été, septembre; Astrakan rouge, mi-juillet; Rose de Bohême, juillet-août. Pommes d'automne : Reinette grise, octobre-décembre; Belle-fleur rouge, novembre-janvier; Reine des Reinettes, novembre-janvier; Gravenstein, septembre-novembre. Pommes d'hiver : Reinette du Canada, décembre-mars; Reinette de Cuzy, novembre-février; Reinette de Caux, février-mai; Reinette tardive, mars-juin; Calville rouge, janvier-mars; Royale d'Angleterre, octobre-janvier.

Taille. — Pour les arbres en plein vent on donne une forme régulière et il suffit, tous les 2 ou 3 ans, de retrancher les branches dépérissantes et celles inutiles, afin d'aérer et de faciliter le passage de la lumière ; taille en hiver.

Prunier. *Climat, Exposition.* — Le Prunier craint les gelées tardives de printemps, ainsi que les brouillards. Il se plait aux expositions de l'est et du midi.

Sol. — Tous les terrains, sauf ceux trop argileux et humides ; sur les calcaires, le Mirobolan est le plus vigoureux.

Multiplication. — Par greffe seulement pour les bonnes variétés ; se greffe sur prunier Saint-Julien, Damas noir ou Mirobolan, en écusson ou en fente, le plus souvent en tête, quelquefois au pied.

Distance. — Haute tige, 5 mètres ; Palmette, 5 mètres ; Pyramide ; 3 à 4 mètres ; Buisson, 3 mètres ; Candélabre, 0,50 cent. par branche ; Eventail, 4 à 5 mètres.

Variétés. — Reine Claude, maturité août ; Petite Mirabelle, août ; des Bigonnières, 1re quinzaine août ; Grosse Mirabelle, 2e quinzaine août ; Favorite hâtive, mi-juillet ; Précoce de Tours, fin juillet ; Mirabelle tardive, fin septembre-octobre ; Reine-Claude violette, septembre ; Jaune tardive, fin septembre. Pour le séchage : d'Agen, août-septembre ; Quetsche, septembre ; Sainte-Catherine, septembre ; Reine Claude de Bavay, fin septembre ; Perdrigon, août.

Taille. — Le prunier à haute tige ne demande pas de taille. Pour le former on conserve la première année 3 ou 4 branches, taillées à 0,25 cent. ; s'il ne se produit pas assez de ramifications, l'année suivante, on réduit toutes les branches à moitié. On se contente ensuite d'aérer un peu et d'écimer les rameaux trop longs.

Nombre de plants par hectare suivant l'espacement

LARGEUR des raies. Distance des plants	NOMBRE de plants par hectare	LONGUEUR des raies dans un hectare	LARGEUR des raies. Distance des plants	NOMBRE de plants par hectare	LONGUEUR des raies dans un hectare
m			m		
0.10	1.000.000	100.000m	0.60	27.755	16.666m
0.11	826.446	90.909	0.61	26.863	16.393
0.12	694.444	83.333	0.62	25.985	16.129
0.13	591.716	76.923	0.63	25.185	15.873
0.14	510.204	71.428	0.64	24.398	15.615
0.15	444.444	66.666	0.65	23.654	15.384
0.16	390.625	62.500	0.66	22.952	15.151
0.17	346.208	58.823	0.67	22.260	14.925
0.18	308.642	55.555	0.68	21.609	14.705
0.19	277.008	52.631	0.69	20.996	14.492
0.20	250.000	50.000	0.70	20.391	14.285
0.21	226.757	47.619	0.71	19.824	14.084
0.22	206.000	45.454	0.72	19.265	13.888
0.23	189.000	43.478	0.73	18.741	13.698
0.24	173.600	41.666	0.74	18.252	13.513
0.25	160.000	40.000	0.75	17.768	13.333
0.26	147.900	38.461	0.76	17.292	13.157
0.27	137.100	37.037	0.77	16.848	13.987
0.28	127.500	35.714	0.78	16.435	12.820
0.29	118.800	34.482	0.79	16.002	12.658
0.30	111.000	33.333	0.80	15.625	12.500
0.31	104.000	32.258	0.81	15.227	12.345
0 32	97.667	31.250	0.82	14.859	12.195
0.33	91.809	30.303	0.83	14.496	12.048
0.34	86.494	29.411	0.84	14.186	11.904
0.35	81.624	28.571	0.85	13.829	11.764
0.36	77.172	27.777	0.86	13.502	11.627
0.37	73.062	27.027	0.87	13.202	11.494
0.38	69.221	26.315	0.88	12.904	11.363
0.39	65.740	25.641	0.89	12.611	11.235
0.40	62.500	25.000	0.90	12.343	11.111
0.41	61.951	24.390	0.91	12.056	10.989
0.42	56.044	23.809	0.92	11.793	10.869
0.43	51.056	22.255	0.93	11.556	10.752
0.44	51.619	22.727	0.94	11.299	10.638
0.45	49.372	22.222	0.95	11.067	10.526
0.46	47.219	21.739	0.96	10.838	10.416
0.47	45.241	21.276	0.97	10.609	10.309
0.48	43.388	20.833	0.98	10.404	10.204
0.49	41.616	20.408	0.99	10.201	10.101
0 50	40.000	20.000	1	10.000	10.000
0.51	38.416	19.607	2	2.500	5.000
0.52	36.979	19.230	3	1.108	3.333
0.53	35.569	18.867	4	625	2.500
0.54	34.262	18.513	5	400	2.000
0.55	33.051	18.181	6	277	1.666
0.56	31.862	17.857	7	204	1.428
0.57	30.765	17.543	8	156	1.250
0.58	29.721	17.241	9	123	1.111
0.59	28.696	16.949	10	100	1.000

PARASITES ET MALADIES

DES

Plantes cultivées

TABLE MÉTHODIQUE

des articles classés alphabétiquement dans ce chapitre

CULTURES EN GÉNÉRAL

Courtilière
Erysiphe
Hanneton
Limaces
Mousses
Pucerons
Tétranyque tisserand

Mauvaises herbes

Agrostis jouet des vents
Brôme seigle
Chardon
Chiendent
Liserons
Mouron des oiseaux
Moutarde sauvage
Petite oseille
Prêle
Ravenelle
Tussilage

Jeunes semis

Pythium De Baryanum

CÉRÉALES

Avoine folle
Agrostème nielle
Campagnol
Cèphe
Charbon
Chlorops
Chrysanthème
Noctuelle des graminées

Noctuelle des moissons
Pavot coquelicot
Rouille
Rouille des chaumes

Froment

Anguillule
Calandre
Cécidomie
Teigne

Seigle

Ergot

Avoine

Avoine folle
Rouille

PRAIRIES

Colchique
Mousses
Rhinanthe

Graminées

Epichloe typhina
Noctuelle
Rouille
Taupins

PLANTES FOURRAGÈRES

Trèfle

Blanc
Orobanche
Rouille
Sclérote

Luzerne

Orobanche
Rhizoctone

Vesce

Agrostème nielle
Blanc
Rouille

Lupin

Anthomie

PLANTES RACINES

Pomme de terre

Frisolée
Phytophthora
Variole

Betterave

Anthomie
Blanc
Cercospora beticola
Nématode
Noctuelle
Rouille
Silphe
Sporidesmium
Taupins

Carotte

Blanc
Psile

LÉGUMINEUSES ALIMENTAIRES

Bruches

Fève

Glœosporium

Haricot

Rouille

Pois

Rouille

PLANTES INDUSTRIELLES

Colza

Blanc
Meligethes
Rouille blanche
Sclérote
Sporidesmium

Navetta

Blanc
Sporidesmium

Cameline

Rouille blanche

Chanvre

Orobanche

Lin

Cuscute
Rouille
Teigne

Pavot

Blanc
Charançon

Houblon

Blanc
Fumagine
Puceron
Tétranyque

Tabac

Orobanche

PLANTES POTAGÈRES

Forficule

Chou

Altise
Charançon
Hernie
Noctuelle
Piéride

Navet

Anthomie

Rave

Charançon
Rouille blanche

Tomate

Gommose

Asperge

Rouille

Genre allium (ail)

Anthomie
Rouille
Sclérote

ARBRES FRUITIERS
en général

Bombyx cul-doré
—   livrée
Cossus gâte-bois
Fumagine
Hyponomeute
Larve-limace
Mousses
Pourridié
Lapin de garenne
Phalène feuille-morte

à noyau

Gommose

Pommier

Anthonome
Gui
Puceron lanigère
Rhynchite
Ver des pommes

Poirier

Rouille
Rhynchite
Tigre
Ver des poires
Tavelure

Cerisier

Ver des cerises

Prunier

Rhynchite

Vigne

Attelabe

Anthracnose
Altise
Black rot
Cochylis
Cochenille
Chlorose
Coulure
Charançons
Erinose
Guêpes
Gribouri
Hélices
Mildiou
Noctuelles
Phylloxera
Pyrale
Pourridié

ARBRES FORESTIERS

Bombyx cul-doré
—   livrée
Cossus gâte-bois
Scolytiens

Bois feuillus

Liparis dispar
Phalène feuille-morte

Chêne

Processionnaire

Conifères

Hylobium

Pin

Rouille
Noctuelle
Pissodes
Processionnaire
Bombyx
Tenthrède

Saule

Rouille

Bois ouvré

Vermoulure

CULTURES MÉRIDIONALES
Olivier

Dacus
Teigne

Oranger

Fumagine

Figuier

Simætis nemorana

Agrostème ou nielle des blés (*Agrostemma githago*).—Annuel et parfois bisannuel. Dans les céréales et les vesces. Sarclages. Triage des semences.

Agrostis jouet des vents. — (*Agrostis spica venti*).—Annuel; nuisible surtout aux cultures d'automne. Semage lors d'une sécheresse suffisante du sol. Fumure spéciale et assainissement des places froides et humides.

Altise de la vigne. (*Haltica ampelophaga*). — A l'aide d'un entonnoir muni d'un sachet, ou d'une pelle enduite de goudron, on peut, en secouant les ceps au dessus, recueillir un grand nombre de larves et d'insectes parfaits. En hiver on peut tendre des pièges aux insectes parfaits, en leur offrant des abris artificiels : herbes sèches, brindilles, sous lesquels ils se réfugient en grand nombre, et qu'on brûle soigneusement.

Altise des potagers (*Haltica oleracea*). — Capture des insectes pendant les journées ensoleillées, de fortes chaleurs, à l'aide d'une bande de toile en rapport avec l'étendue des planches de choux, et sur laquelle on passe une couche de goudron liquide. Fixée sur des lattes cette toile engluée est portée par deux aides et placée aussi près que possible des plants attaqués. Un troisième opérateur fait sauter les altises à l'aide d'un rameau feuillu et provoque leur engluement.

Anguillule du froment. (*Tylenchus tritici*). — Produit la nielle du blé. Eviter les semences déjà infectées, ou les traiter préventivement au sulfate de cuivre (16-24 heures de ramollissement dans une solution à 0,5 0/0) ou à l'acide sulfurique (1 kil. d'acide pour 150 litres d'eau). Brûlis des déchets provenant du nettoyage du blé infecté et, si possible, suspendre la culture du froment sur le même champ pendant plusieurs années.

Anthomie de l'oignon. (*Anthomyia ceparum*). — Epandage de poussier de charbon sur les plates-bandes, en en réservant une partie pour la ponte des mouches, et qu'on détruit. Enlever tous les oignons piqués ou véreux, ce qu'indique le jaunissement des feuilles. Saupoudrer légèrement les planches d'oignons (au début de juin) de plâtre, et arroser fortement par un temps chaud et sec. Répéter cette opération 15 jours après.

Anthomie du lupin (*Anthomyia funesta*). — Semis précoce du lupin (vers la mi-avril) afin qu'il soit avancé lors de l'éclosion de la mouche.

Anthomie du navet (*Anthomyia brassicæ*).— Enlever les plants attaqués qu'on reconnaît à leur teinte plombée et à leur flétrissure. Epandre sur les planches du poussier de charbon pour éloigner les mères pondeuses, en ménageant quelques places pour les y attirer. Ces plants sont ensuite détruits avec la couvée en temps opportun.

Anthonome du pommier (*Anthonomus pomorum*). — De novembre à fin février on entoure soigneusement la base de l'arbre d'une bâche étendue sur le sol, pour détacher les écorces soulevées et nettoyer le tronc et les grosses branches avec une brosse de chiendent ; les débris sont soigneusement recueillis et brûlés. Pour l'anthonomage, on opère avant l'épanouissement des fleurs, par un temps calme, de 9 heures du matin à 5 heures du soir. On étend sur le sol une grande bâche surpassant en surface le feuillage de l'arbre, ou mieux deux bâches qu'on rejoint. On fixe un tuyau de plomb long de 0,20 à 0,30 cent. à l'extrémité d'une perche et on l'entoure d'un chiffon pour éviter les meurtrissures. On frappe alors brusquement chaque branche en commençant par la cime de l'arbre. Les insectes sont ensuite recueillis pour être brûlés. Plus tard on détruit encore un plus grand nombre de ces insectes qui se développent dans les fleurs roussies, en pratiquant la même opération fin mai et en juin, sur les branches qui présentent des fleurs avortées et desséchées tombant facilement.

Anthracnose de la vigne (*Sphaceloma ampelinum*). — Appliquer un mélange de soufre trituré et de chaux en poudre, quand les rameaux ont de 8 à 10 cent. ; si la maladie continue, on répète l'opération de quinzaine en quinzaine, en augmentant de plus en plus la proportion de chaux qui varie ainsi de 1/5 à 3/5. Opérer par un beau temps.

Attelabe de la vigne ou Cigareur (*Rhynchites betuleti*). — Dès le commencement de juin jusqu'à la fin de l'été on fera la cueillette des cigares, appendus aux ceps ou tombés sur le sol, pour les brûler et détruire ainsi les pontes ou larves qu'ils recèlent, avant la nymphose en terre.

Avoine folle (*Avena fatua*). — Annuelle. Dans les céréales de printemps et surtout l'avoine. Triage des semences. Alternance de culture avec pommes de terre, navets, choux et colza principalement. Une culture trop infectée doit être utilisée comme foin ou fourrage vert pendant quelques années. Mesures d'ordre général.

Black rot de la vigne (*Guignardia Bidwellii*). — Traitements préventifs à la bouillie bordelaise. (V. Mildiou).

Blanc de la betterave (*Peronospora Schachtii*). — En mai et juin suivre tous les 2, 3 jours les jeunes plants, couper et enfouir, avec une bêche, ceux qui sont malades, ou mieux les brûler ou les immerger dans un lait de chaux. Préservation : choix soigneux en automne des plants destinés à fournir la semence.

Blanc de la carotte (*Peronospora nivea*). — Arracher et enlever les plantes malades.

Blanc du colza et de la navette (*Peronospora parasitica*). Fauchage des parties fortement attaquées ; destruction soigneuse des mauvaises herbes, comme plantes infectieuses.

Blanc du houblon (*Sphærotheca Castagnei*). — Dès que les cônes commencent à se développer, traiter, à l'aide d'une soufreuse, à la dose de 60 à 70 kil. de soufre sublimé par hectare. Il sera bon de renouveler ce traitement tous les 8 à 10 jours jusqu'à la récolte.

Blanc du pavot (*Peronospora arborescens*). — Arracher et enlever les plantes malades.

Blanc du trèfle (*Peronospora trifolii*). — Fauchage immédiat des places fortement attaquées, afin d'empêcher la propagation et la reproduction du parasite l'année suivante.

Blanc de la vesce (*Peronospora viciæ*). — Comme le précédent.

Bombyx cul doré. (*Porthesia chrysorrhæa*) — Très nuisible aux arbres fruitiers et à la plupart des arbres forestiers. C'est presque uniquement cette chenille qu'ont en vue les ordonnances d'échenillage pendant l'hiver, où beaucoup d'autres espèces sont à l'état d'œuf. Sur les arbres dénudés il est aisé d'apercevoir leurs toiles englobant quelques feuilles à l'extrémité des branches ; on les détache à l'aide d'un échenilloir pour les brûler soigneusement. Il faut éviter de toucher aux nids et aux chenilles, celles-ci possèdent des poils urticants qui les préservent de la plupart des oiseaux.

Bombyx disparate (*Liparis dispar*). — Nuisible aux arbres fruitiers et aux bois feuillus. Ramassage des pontes englobées dans des poils rubigineux, qu'on trouve sur les troncs, espaliers, palissades, des jardins potagers. Destruction des jeunes chenilles dans leurs toiles au printemps.

Bombyx du pin (*Lasiocampa Pini*). — Chasser les chenilles à l'aide de la mailloche (Voir Hanneton). — Contre l'invasion des chenilles on a pu parfois protéger le voisinage en creusant des fossés à parois escarpées.

Bombyx livrée (*Bombyx neustria*). — Recueillir les anneaux d'œufs entourant les rameaux d'un an des arbres fruitiers et de la plupart des arbres feuillus, au premier printemps (car l'éclosion est très précoce) opération facile lors de la taille. Echenillage des toiles formées par les jeunes chenilles. Plus tard celles-ci vivent isolées et on peut les faire tomber à l'aide de la mailloche. (V. Hanneton). Pulvérisation d'eau de savon sur les toiles et les chenilles.

Brome seigle (*Bromus secalinus*). — Bisannuel. Surtout dans les culture hivernales. Triage soigneux des semences. Comme les grains, même après leur passage dans le tube digestif, conservent leur faculté germinative, les fumiers qui en proviennent ne doivent être répandus que dans les prés seulement.

Bruches des graines de légumineuses (*Bruchus pisi, rufimanus, etc*). — Dans les pois, fèves, lentilles, etc. Purification des semences en les exposant à une température constante de 60° dans une étuve à air chaud et sec ou aux vapeurs de sulfure de carbone, sans détruire leur faculté germinative. On place les graines, avec une quantité d'un décilitre de sulfure par hectolitre, dans un tonneau bien bouché, durant 1 heure 1/2 à 2 heures, en évitant une basse température pour opérer.

Calandre du blé (*Sitophilus granarius*). — Dans les greniers à blé. Aérage et propreté du local ; lutage des fissures et des cavités pouvant recéler l'insecte. Pelletage fréquent du grain. Installation d'une ventilation énergique par un drainage à l'aide de tuyaux en terre, comme pour l'assainissement des prairies. Destruction : Tamisage du grain pour en tirer les insectes. Un grand nombre d'appareils mécaniques et physiques ont été inventés, mais le plus simple de tous les procédés consiste à remplir aux 9/10 un tonneau des grains attaqués, en y versant 1 décilitre de sulfure de carbone par hectolitre. On le roule pour mélanger les vapeurs, en évitant soigneusement l'approche du feu ; on ventile ensuite énergiquement au tarare ordinaire.

Campagnol (*Arvicola arvalis*). — Protection de ses ennemis naturels : Buse, hibou, chouette, belette, hérisson. Introduction des porcs dans les champs, après la moisson. Creuser des fosses (trous à parois lisses de 0,10 de large et d'au moins 0,50 de profondeur), ou enterrer des pots profonds pour les capturer en bon nombre. Dans les champs de grande étendue, on peut piétiner les galeries et les assommer à leur sortie avec un bâton. Pour préserver les meules de céréales, il est bon d'y fixer transversalement quelques branchages pour servir de perchoir aux oiseaux de proie qui s'y posent volontiers et leur font une guerre active.

Cécidomie du froment (*Cecidomyia tritici*). — Brûler les déchets des tarares. Retourner profondément les éteules. Semage précoce et tardif suivant l'époque du vol de l'insecte.

Cèphe des céréales (*Cephus pygmæus*). — Larves nuisibles au seigle et au blé. Récolter en temps opportun et ne laisser que de très courtes éteules, afin d'enlever autant que possible les larves avec la paille. Retourner profondément les éteules au plus tôt ; pacage des moutons, qui en piétinant le sol détruisent la plupart des larves.

Cercospora beticola. — Taches des feuilles de betteraves. Oter les feuilles malades, autant qu'il n'en résulte pas de dommage sérieux pour la plante. Eviter une répétition immédiate de cette culture dans le même champ.

Charbon des céréales (*Ustilago*). — Attaque le froment, l'orge, l'avoine, le maïs, principalement. Sulfatage des semences, c'est-à-dire immersion pendant 12 à 16 heures dans une solution de sulfate de cuivre (1/2 kil. par hectolitre d'eau). Ebouillanter la paille avant de la donner aux bestiaux comme aliment. Eviter son emploi comme litière, ou laisser reposer le fumier longtemps avant de l'épandre dans les champs. Détruire les graminées sauvages avoisinant le champ de céréales, et les faucher surtout avant le développement du parasite parmi leurs inflorescences.

Charançons coupe-bourgeons de la vigne (*Peritelus griseus, Otiorhynchus*). — Les mœurs nocturnes de ces insectes rendent leur ramassage difficile sinon pour le crapaud qu'on fera bien d'importer dans nos vignobles. (V. Courtilière). On peut utiliser ici les bandelettes de toile cirée comme contre les chenilles (V. Noctuelle).

Charançon du chou (*Ceutorhynchus sulcicollis*). Dans les stipes du colza, de la rave et des diverses espèces de chou. Extirper soigneusement les trognons infectés pour les brûler ou les immerger dans le purin. On peut écraser les nymphes par un plombage effectué pendant les mois d'hibernation, en temps convenable.

Charançon du pavot (*Ceutorhynchus macula alba*). Détacher les capsules attaquées qui montrent des taches sèches lorsque les plantes saines ont leurs capsules encore vertes.

Chardon des champs (*Cirsium arvense*). — Vivace. Aime les terrains profonds, riches en humus, marneux ou argileux. On a proposé divers outils pour l'extirpation de la racine, mais l'usage de gants très épais, en peau de chien, par exemple, facilite beaucoup la rapidité de cette opération. Il importe d'opérer avant que la plante ne monte en graines et lorsque le sol est bien détrempé, afin d'obtenir une bonne longueur de racine. — Les cultures de luzerne, esparcette ou colza, et plusieurs labours successifs dans les jachères d'été en détruisent un grand nombre. Cependant vu son mode rapide de dissémination, il importe de mettre en vigueur les arrêtés concernant l'échardonnage en commun.

Chiendent (*Agropyrum repens*). — Vivace. Les rhizomes souterrains portent des nœuds comme les chaumes, et chacun de leurs éclats, pourvu même d'un seul œil laissé sur ou dans le sol reproduit un nouveau pied. Des labours superficiels et souvent répétés, exposant les racines à l'action du soleil, finissent par le détruire.

Chlorops des céréales (*Chlorops tæniopus*). — Sur le froment, le seigle et l'orge. Suspendre la culture du froment et du seigle de printemps, si cet insecte a été abondant l'automne précédent. Sacrifier les jeunes semis fortement attaqués et retourner promptement le tout. Pacage des moutons ou des bêtes à cornes lorsque le sol est un peu gelé ou plombage pesant. Il importe de ne pas laisser les plantes provenant des épis dégrenés, car elles sont infectées fortement. Labours répétés avec hersage. Extirper le chiendent, plante nourricière de la génération d'hiver.

Chlorose de la vigne — Maladie mal définie et dont on a triomphé parfois en versant au pied de la souche une solution de sulfate de fer.

Chrysanthème des moissons (*Chrysanthemum segetum*). — Annuel. Dans les céréales. — Repos du sol, puis un bon labour avec hersages répétés, détruit la nouvelle génération dans un été. De forts marnages l'écartent aussi. Mesures générales de préservation.

Cochenille de la vigne (*Pulvinaria vitis*). — Détacher les coques à œufs en raclant ou brossant le bois et les sarments avant la fin du printemps, époque d'éclosion et de dispersion des jeunes sur les jeunes feuilles.

Cochylis du raisin (*Tortrix ambiguella*). — Pratiquer l'ébouillantage comme contre la Pyrale, mais aussitôt la vendange terminée avant la chrysalidation des chenilles, qui s'effectue généralement dans la 2ᵉ quinzaine d'octobre. La chasse directe à l'aide de pinces, en écrasant la larve de la 1ʳᵉ génération dans le paquet de boutons floraux qui l'abrite est un procédé très recommandable, mais pour plus de célérité on pourra faire usage de l'insecticide suivant appliqué à l'aide d'un pulvérisateur à mildiou : 3 kil. savon mou, 1 kil. 500 pyrèthre, par hectolitre d'eau. — Un peu avant la véraison, les raisins montrent quelques grains d'une coloration intense ; en détachant ceux-ci, on peut s'assurer de la présence de la chenille de la 2ᵉ génération. A l'aide d'un sachet fixé à un anneau de fer d'un décimètre de diamètre on peut soulever les raisins pour mieux visiter et les débarrasser de ce parasite éminemment nuisible à la qualité du vin. Les céréales sont traitées comme pour la destruction de la pyrale. (V. ce mot).

Colchique d'automne (*Colchicum autumnale*). — Vivace. Dans les prairies. Extirpation des bulbes à l'aide d'un instrument spécial formé de deux fortes cuillers de 0,35 cent. de long sur 0,04 cent. 1/2 de large, articulées sur une tige de fer munie d'une poignée. On enfonce perpendiculairement les deux cuillers qui s'écartent de 0,03 à 0,04 cent. et, en retirant à soi, elles se referment et saisissent l'oignon, profond généralement de 0,15 à 0,20 cent. On peut ainsi détruire 3.000 bulbes par jour, en automne, sans nuire au gazon d'une façon notoire.

Cossus gâte-bois (*Cossus ligniperda*). — Ravage les troncs de saules, peupliers, arbres fruitiers et de la majorité des bois feuillus. Chasser le papillon, du 20 juin à fin juillet ; il se tient immobile, pendant le jour, sur l'écorce, vers le pied des arbres. On peut détruire la larve en introduisant un fil de fer dans sa galerie ; la sciure qu'elle rejette au dehors trahit sa présence. Les arbres et les pieux ou palissades fortement attaqués seront arrachés et soigneusement purgés, de préférence en les brûlant. Entretenir avec soin les troncs d'arbres fruitiers, en les débarrassant des écorces soulevées et en les badigeonnant à la chaux.

Coulure de la vigne — Le soufrage est un des meilleurs moyens d'empêcher la coulure accidentelle. Le pincement et surtout l'incision annulaire sont des moyens d'augmenter la fructification lors de pluies continues.

Courtilière (*Gryllotalpa vulgaris*). — Dans la petite culture, placer des tuyaux de chute, ou enterrer des pots dans ses galeries. Inonder celles-ci en ajoutant quelques gouttes d'huile. Espacer quelques fosses remplies de fumier, avant l'hiver, en les recouvrant de tuiles, planches, etc. et visiter ces pièges en janvier ou février. Chercher et détruire les pontes en juillet, en suivant la galerie qu'indiquent les plantes flétries sur le parcours. Introduire des crapauds, en facilitant leur séjour aquatique. Si l'on a un bassin, mettre une planche qui plonge dans l'eau et s'appuie sur le bord supérieur du bassin formant ainsi un plan incliné qui puisse permettre au crapaud de sortir et de rentrer dans l'eau. Dans le cas contraire creuser dans un coin ombragé un fossé de 0, 60 cent. de profondeur, en ayant soin de tenir la terre humide au moyen de quelques arrosoirs d'eau.

Cuscute (*Cuscuta europæa, etc.*) — Annuelle. Sur le trèfle, la luzerne, le lin, etc. Nettoyage des semences. Alternance de culture avec une plante non attaquée.

Dacus de l'Olivier (*Dacus oleæ*). — Récolte hâtive. Soins à donner au fruit tombé, au fruit ramassé pour être détrité.

Epichloe typhina. — Attaque la phléole des prés, le dactyle pelotonné, la houlque molle et la flouve odorante. Fauchage des places attaquées avant le jaunissement des graminées. On peut ensuite y faire paître les moutons.

Ergot (*Claviceps purpurea*). — Récolte prématurée du seigle avant la chute de l'ergot. Nettoyage soigneux de l'aire où l'on a battu le grain et brûlis des déchets. Fauchage des graminées sauvages avoisinant le champ, avant leur floraison. Si l'on ne peut moissonner prématurément il faut retourner profondément la terre par un labour profond de 0, 15 cent., et pour de nouvelles semailles on ne laboure que superficiellement, afin de ne pas atteindre le parasite enfoui. Éviter la répétition d'une même culture sur un champ fortement infesté. Mesures générales énergiques.

Erinose de la vigne (*Phytoptus vitis.*) — Peut nuire aux jeunes plants. Des soufrages répétés sur le revers de la feuille donnent de bons résultats.

Erysiphe. — Blanc ou meunier. Attaque la plupart des plantes herbacées. Soufrage comme contre l'oïdium de la vigne qui fait partie du groupe. — Dans les champs cultivés, pour les graminées, trèfles, pois, lupins et céréales, on ne peut que faucher pour donner vert ou sec aux bestiaux.

Forficule ou perce-oreille (*Forficula auricularia*). — Nuisible dans les jardins par la destruction des fruits sucrés, des choux-fleurs, œillets, dahlias, etc. Placer des abris artificiels : liens de paille, fagots de broutilles, pots renversés garnis de mousse, parmi les treilles et sur les tuteurs des plantes à protéger, et les visiter fréquemment pour détruire ces insectes.

Fumagine, noir ou suie. — Maladie subséquente au *miellat*, produit par les gouttelettes sucrées qu'émettent un grand nombre de végétaux, sous les attaques des pucerons, cochenilles, et autres hémiptères : Oranger, Limonier, Olivier, Houblon, Pommier, Poirier, Coignassier, Cerisier, Prunier, Abricotier, Pêcher, Vigne, Groseillier, Framboisier, Fraisier, Chêne, Tilleul, Conifères, etc. (V. Puceron, Cochenilles).

Géomètre des arbres fruitiers (*Biston pomonarius*). — Placer des ceintures goudronnées en temps opportun, au printemps. Chasser les chenilles à la mailloche. (V. Hanneton).

Glœosporium Lindemuthianum. — Maladie des gousses de

Fève. Préservation : Choix d'un sol aéré, sec autant que possible.
Destruction : Ramasser et brûler les gousses malades. Soufrage des
plantes avec du soufre trituré, par un beau temps.

Gommose des arbres fruitiers à noyau : Cerisier, Pêcher,
Prunier, Abricotier, etc. — Préservation : Conserver autant de bourgeons que possible ; éviter les plaies considérables pendant la période
de végétation ; choisir un sol meuble. Destruction : Exciser les parties malades jusqu'au bois sain et inciser longitudinalement l'écorce.
M. Valla, pépiniériste à Oullins (Rhône) a réussi à garantir ses pêchers
en lavant la plaie, après excision à l'aide d'une brosse en crin très
rude, avec la solution suivante : une forte poignée de sel de cuisine et
1/4 de litre de vinaigre, dans un litre d'eau. Après la 2ᵉ opération la
plaie reste nette et propre.

Gommose des tomates. — Assainissement et aérage du sol par
de fréquents labours. Apport de sable dans les sols trop compacts.

Gribouri (*Adoxus vitis*). — Ramasser l'insecte parfait à l'aide
d'un entonnoir muni d'un sachet, ou d'une pelle enduite de goudron,
sur lesquels on secoue le cep. Il importe d'opérer de bon matin et
d'avancer rapidement le récipient pour prévenir la chute de l'insecte
difficile à approcher. On peut encore utiliser l'avidité des poules, canards,
dindons et pintades, pour ce parasite, sans craindre des dégâts parmi
les raisins que ces oiseaux ne recherchent guère avant leur maturité.
En cas de forte invasion on pourra opérer des traitements au sulfure
de carbone contre la larve en automne ou en hiver.

Guêpes et frelons (*Vespa germanica, vulgaris, crabro ; Polistes
gallicus*). — Les guêpiers des deux premières espèces sont souterrains
et fréquents sur les talus des chemins, les pelouses et dans les cultures
peu bouleversées par la charrue : prés, luzernières, etc. A la lueur
d'une lanterne la nuit on peut verser du sulfure de carbone et boucher
l'entrée du nid avec de la terre bien tassée. Le lendemain à l'aide
d'une bêche on peut déterrer le guêpier ovoïde de plusieurs décimètres
de diamètres, contenant jusqu'à 30.000 guêpes, et qu'on brûlera soigneusement. Les nids de frelons situés dans les troncs caverneux des
saules, peupliers, noyers, etc. et dans les habitations, sont d'un abord
dangereux et obligent à se munir de l'attirail de l'apiculteur. Les nids
de polistes sont fréquents sur les espaliers et leur population est
essentiellement nuisible aux raisins ; il est généralement facile de les
apercevoir et d'anéantir la couvée. Les femelles de toutes ces guêpes
qui apparaissent aux premiers beaux jours sont la souche de toute la
génération de l'année et il importe de les capturer sur les premières
fleurs de nos haies : groseilliers épineux etc. pour les écraser.

Gui (*Viscum album*). — Vivace. Surtout sur les pommiers. Excision
profonde dans le bois et enduit de goudron.

Hanneton (*Melolontha vulgaris*). — Périodicité triennale de
l'abondance en hannetons. Chasse aux insectes parfaits en avril-mai,
et d'un commun accord pour une même région. On se sert avantageu-

sement d'une mailloche (masse de fer ou de plomb, arrondie, pesant de 6 à 8 kil., et recouverte de cuir, fixée à un manche court) pour donner un choc rapide et violent contre le tronc, le matin de bonne heure ou pendant les journées fraîches et sombres. On recueille les hannetons sur une bâche étendue à terre, on les entasse dans des sacs pour les asphyxier. On peut employer dans ce but la chaleur d'un four et les laisser dessécher jusqu'au moment de l'élevage des dindons, pintades, canards et poulets, qui réussissent très bien avec cette nourriture. Mais comme la chair et même les œufs contractent un goût détestable, il faudra supprimer ce genre de nourriture un ou deux mois avant de les mettre en broche de même qu'aux mères pondeuses. On peut les utiliser comme engrais. Dans les petites cultures, on peut détruire la larve souterraine par des injections de sulfure de carbone, en s'assurant de l'immunité envers les végétaux par un essai partiel. Ces traitements sont très utiles pendant la deuxième année de la vie de la larve, c'est-à-dire pendant celle qui suit l'année à hannetons. On détruit un grand nombre de vers blancs en faisant suivre les porcs derrière la charrue.

Hélices ou Escargots (*Helix pomatia, aspersa, nemoralis, hortensis*). — Supprimer leurs retraites préférées : haies vives, murs en pierres sèches, tas de pierres, etc. Les jeunes bourgeons de la vigne sont quelquefois rongés par ces mollusques qui trahissent leur identité par la mucosité qu'ils abandonnent sur leur passage. On badigeonnera la souche avec une solution de sulfate de fer. On pourra également, lors de la vendange, faire recueillir les escargots adultes moyennant un petit supplément de salaire et sans nuire à la cueillette du raisin. Enfin on épargnera nos nombreux auxiliaires : carabes, staphylins, lampyres ou vers luisants, grands destructeurs de ces mollusques.

Hernie du chou (*Plasmodiophora brassicæ*). — Avant ou pendant le repiquage du chou, déposer autour de chaque plant une poignée de chaux (30 à 40 grammes) qu'on recouvre de terre jusqu'au niveau du sol. Brûlis des trognons après la récolte en automne. Choix rigoureux des jeunes plants et brûlis de tous ceux qui montrent déjà les renflements de la maladie. Suspension de cette culture pendant au moins 2 ans sur le même champ.

Hylobius des Conifères (*Hyliobus abietis*). — Nuisible surtout aux plantations de pins et sapins. Enlever en temps convenable les souches et racines des arbres abattus, car les larves s'y développent. Attendre pour replanter la parcelle infectée que les insectes parfaits soient éclos et aient pris leur essor. Placer des fagots de brindilles vertes dans des endroits froids et les visiter matin et soir, ou des écorces détachées avec le liber, qu'on secoue chaque jour. On peut encore enfouir superficiellement des rameaux verts pour provoquer la ponte, et les retirer pour enlever et brûler l'écorce.

Hyponomeutes des arbres fruitiers (*Hyponomeuta malinella, cognatella, padella, irrorella*. — Sur les pommiers, pruniers, cerisiers. Asperger leurs volumineuses toiles d'un liquide insecticide, à l'aide d'un pulvérisateur. L'échenillage est surtout avantageux pendant la courte période de la chrysalidation, qui s'opère en été dans le nid commun. On taille le bout d'un long roseau en bec de flûte ; à 2 ou 3 cent. en dessous on enroule un corps rugueux, chanvre, drap, lisière, sur une longueur de 12 à 15 cent. et l'on serre fortement l'objet avec une forte ficelle. En dirigeant cet appareil dans le centre des monceaux de cocons et en tournant, on en arrache un grand nombre qu'on brûle soigneusement.

Lapin de garenne (*Lepus cuniculus*). — Pour préserver de sa morsure les arbres fruitiers, enduire la base du tronc d'une bouillie claire formée de chaux, de sang de bœuf et d'argile, avec addition d'un peu de gadoue. On protège les jeunes arbres à l'aide d'une ceinture d'épines.

Larve-limace des arbres fruitiers (*Tenthredo adumbrata*). Labours profonds du sol, sous les arbres, où hivernent les larves, afin de les exposer à leurs ennemis. On peut détruire directement la larve visqueuse sur le feuillage qu'elle ronge et rend translucide, en la saupoudrant de chaux hydraulique, à l'aide d'une soufreuse ordinaire.

Limace des champs (*Limax agrestis*). — Préservation : Semailles précoces, autant que possible, des céréales, car ces mollusques épargnent les vieux semis. Dessèchement du sol et amendement. Déblaiement des pierres, monticules, qui maintiennent un excès d'humidité. Le chaulage des grains avec addition de salpêtre, sel de cuisine, jus d'oignon ou purin leur déplaît. Destruction : Introduction des canards, poules, etc. dans les semis. Appâts consistant en tranches de carotte ou de courge, qu'on visite fréquemment pour détruire les mollusques. Epandage (en temps de sécheresse) de chaux éteinte en poudre (3 à 4 quintaux par hectare) ou de sulfate de fer pulvérisé (50 kil. par hectare). Plombage du sol à l'aide de pesants rouleaux, et de préférence avec celui de Cambridge. Dans les jardins, des pots renversés, des planches placées sur terre servant de refuge à ces mollusques pendant le jour permettent d'en capturer beaucoup. On préservera les semis à l'aide de poudre de chaux vive.

Liserons (*Convolvulus arvensis, sæpium*) — Vivaces. La première espèce abonde dans nos cultures et nuit surtout aux céréales. Alterner avec des pâturages artificiels. Le liseron des haies nuit souvent au développement des osiers ; on le coupera au ras du sol, au début du printemps.

Méligéthes du colza (*Meligethes æneus*). — Préservation : Semis précoce, dès le commencement d'août, afin que les plantes soient fortement développées et fleurissent de bonne heure au printemps. Destruction : On a préconisé diverses épuceronnières pour capturer cet insecte, mais la plus simple consiste à fixer à l'avant d'une brouette et à hauteur convenable, une planche inclinée à 70°, qui viendra battre les tiges de colza un peu au dessous des inflorescences. Cette planche enduite de goudron viendra secouer les tiges, fera tomber insectes et larves qui s'engluront en grande partie. Labourer le champ au plus tôt après la récolte, pour détruire les nymphes. Lors d'une forte invasion, il sera avantageux de supprimer la culture du colza pendant quelques années, dans une même région.

Mildiou de la vigne (*Plasmopara viticola*). — Traitement à la bouillie bordelaise, en faisant usage d'un pulvérisateur spécial. On emploie généralement les doses de 2 kil. de sulfate de cuivre et 2 kil. de chaux grasse, par hectolitre d'eau. Ce remède devant être appliqué préventivement, il importe de commencer dès le mois de mai en le renouvelant fin juin et fin juillet.

Mouron des oiseaux (*Stellaria media*). — Annuel. Dans tous les sols. Particulièrement nuisible aux plantes à racines. Sarclage. Dans les cultures de betteraves, employer un dégazonnoir-charrue à large soc plat.

Mousses. — 1° Sur les arbres : Raclage et brossage ; badigeonnage au lait de chaux ou lavage avec une lessive alcaline. — 2° Dans les allées : Arrosage avec de l'eau de savon ou une solution étendue d'acide chlorhydrique ou sulfurique. Drainage de l'allée par une forte couche de pierre ou de graviers. — 3° Dans les prés : Drainage ; engrais potassique ou sulfate de fer.

Moutarde sauvage (*Sinapis arvensis*). — Annuelle. Dans toutes les cultures estivales. Appliquer la rotation suivante : plantes à racines, blé de printemps, trèfle annuel ou bisannuel, blé d'automne. Les essanveuses, appareils mécaniques, coupent ou brisent les têtes de moutarde, plus rigides que les fanes des céréales qui plient sous le choc mais elles déchirent ces dernières; il est préférable de faucher les sommités florales dépassant de bonne heure les céréales, en n'attaquant que la pointe de celles-ci. Préservation : tamisage des semences,

Nématode de la betterave (*Heterodera Schachtii*). — Examiner soigneusement les racines, dès que les plantes montrent quelques symptômes de dépérissement, y rechercher la présence de l'anguillule, spécialement des renflements blanchâtres produits sur les radicelles par les femelles. Arracher aussitôt tous les pieds nématodés ; étendre cet arrachage à 100 mètres autour de la « tache » et détruire par l'incinération les pieds enlevés. Ne semer sur la terre reconnue nématodée ni betteraves, ni céréales, mais la traiter par la méthode des plantes-pièges. Rechercher sur les betteraves ensilées la présence des kistes bruns et éliminer celles qui en offriraient la moindre trace. Ne pas transporter dans les champs les plants, déchets ou composts suspects d'être nématodés. Si ce transport ne peut être évité traiter au préalable les plants, déchets ou composts par la chaux vive.

Noctuelle (*Agrotis*). — Contre les vers gris qui coupent les bourgeons des vignes greffées, ras terre, on peut tendre des pièges en pratiquant quelques trous à l'aide d'un plantoir en bois, dans lesquels ces chenilles viennent se réfugier, souvent en bon nombre et qu'on extermine par un coup de plantoir. Leurs mœurs nocturnes exigent qu'on leur fasse la chasse à la lueur d'une lanterne car le jour elles se cachent sous les mottes de terre et au pied du cep. Sur les souches adultes, on peut fixer des bandelettes de toile cirée qui empêchent leur ascension. Ces bandelettes ont une largeur de 0,055 et une longueur variable suivant le diamètre du tronc ; un brin de raphia placé à leur sommet les maintient. Au bout de 2 mois on les détache pour les conserver jusqu'à l'année suivante.

Noctuelle des graminées (*Charcas graminis*). — Attaque les céréales et les graminées des prairies. Plombage pesant. Irrigation ou fauchage, et lorsque le temps le permet fanage rapide et pacage des porcs ou des moutons.

Noctuelle des moissons (*Noctua segetum*). — Attaque la betterave, la carotte, la chicorée, les navets, les céréales, etc. Changer l'assolement ordinaire du blé ; après la betterave, mettre de l'avoine, ou, par exception, des betteraves qui se sèment au printemps ; de cette façon il sera possible de donner des labours fréquents pendant l'hiver, soit : un premier après l'arrachage de la betterave, un second en novembre, un troisième en décembre et un quatrième en janvier ou février ; chaque labour ou hersage détruira ou ramènera des coques ou larves à la surface du sol. Lorsque la récolte de betteraves est compromise (vers le mois de juillet), il serait avantageux de la sacrifier et d'ensemencer la terre en choux rouge (de vaches), ou en colza semé très épais, et enfouir cette nouvelle récolte en vert. Ce procédé donne un bon engrais, et les émanations sulfureuses font périr les insectes souterrains. Semer tôt autant que possible. En faisant suivre la charrue par les porcs, ceux-ci détruisent les chenilles en grand nombre.

Noctuelle du chou (*Mamestra brassicæ*).— Ramasser les jeunes chenilles avant qu'elles aient pénétré au cœur du chou (à la mi-septembre environ). Saupoudrer les feuilles humides de rosée avec de la poussière de chaux ou des cendres. Destruction des chrysalides qui se trouvent dans le sol, par un labour profond.

Noctuelle du pin (*Noctua piniperda*). — Introduction des porcs en hiver ou ramassage des chrysalides à la main. Faire tomber les chenilles avec la mailloche. (V. Hanneton).

Orobanches (*Orobanche minor, ramosa, etc.*) — Sur le trèfle, la luzerne, le chanvre, le tabac, etc.)— Arrachage avant que la plante ne monte en graines. Dans la grande culture, enfouissement du parasite par un profond labour. Rotation des cultures.

Oseille de brebis (*Rumex acetosella*). — Vivace. Assainissement du sol, marnage, chaulage et fumure abondante.

Pavot coquelicot (*Papaver rhœas*). — Annuel. Dans les céréales. Alternance de culture et sarclage des jeunes semis. Drainage des pierrailles humides. Triage soigneux des semences surtout du blé. Séparer le coquelicot de la paille servant de fourrage, car c'est un poison pour les animaux et surtout les chevaux.

Phalène feuille-morte (*Hibernia defoliaria*). — Sur les arbres fruitiers et les bois feuillus. Emploi de la ceinture engluée. (V. Cheimatobie).

Phylloxera de la vigne (*Phylloxera vastatrix*). — Sulfurage à l'aide d'un pal injecteur spécial, pendant le sommeil de la végétation, à dose variant de 200 à 250 kil. de sulfure de carbone à l'hectare. Dans les terrains bien horizontaux et avoisinant un cours d'eau on peut pratiquer la submersion, sous une couche d'eau de quelques décimètres d'épaisseur, pendant 1 ou 2 mois, aussitôt après l'aoûtement des bois. Installation de vignes greffées sur plants américains bien adaptés au sol.

Phytophthora infestans (*Maladie de la Pomme de terre*). — *Traitement préventif :* Pulvérisation des plantes, comme contre le mildiou de la vigne, à la bouillie bordelaise (2 à 3 kil. de sulfate de cuivre et 4 à 6 kil chaux grasse par hectolitre d'eau), à la dose de 5 hectolitres par hectare et par traitement. Commencer le premier traitement avant la floraison, vers le milieu de juin, et répéter une ou deux fois de 15 en 15 jours. Sulfatage des semences en les plongeant pendant quelques secondes dans une solution de bouillie faite avec 1 kil. de sulfate de cuivre et 2 kil. de chaux grasse en pâte dans 100 litres d'eau. Les tubercules sont ensuite mis à sécher sur le sol et conservés à l'abri jusqu'au moment de la plantation. — *Mesures de préservation :* Choix d'un terrain de compacité moyenne et non humide ; drainage du sol. Eviter les expositions resserrées entre les collines et les bois, ou le voisinage de vastes nappes liquides. Inspection périodique des caves et autres locaux renfermant la récolte, lesquels ne doivent être clos qu'après que les tubercules ont évaporé leur humidité. Choisir dès la récolte les semences de l'année suivante et les laver soigneusement. En cet état humide, les taches du parasite étant bien visibles, on pourra faire un triage convenable pour conserver les tubercules sains dans un endroit bien sec et aéré. Dans les contrées où la maladie sévit continuellement avec intensité, on donnera la préférence aux variétés à enveloppe épaisse, plus résistantes généralement.

Piéride du chou (*Pieris brassicæ*). — Ecrasage des plaques d'œufs jaune clair ou des groupes de jeunes chenilles, en inspectant chaque semaine les deux faces des feuilles. En installant une fourmilière dans les carrés de choux on peut s'opposer à leurs ravages. Destruction des chrysalides nues, suspendues aux troncs et aux murs pendant l'hiver ; il est bon d'épargner celles attaquées par des parasites (Microgaster glomeratus, Pteromalus puparum) ; elles sont teintées de brun sale ou entourées de petits cocons soyeux jaunes. Capture du papillon de la 1re génération, à l'aide d'un filet, en avril-mai.

Pissode du pin (*Pissodes notatus*). — Ramassage des insectes parfaits. Enlèvement et destruction par le feu des jeunes arbres minés avant la fin juillet.

Pourridié de la vigne et des arbres fruitiers (*Demato-*

phora necatrix). — Pour prévenir cette affection on peut conseiller le drainage. On aura soin de ne pas réinstaller une pépinière sur un sol infecté précédemment.

Prêle des champs (*Equisetum arvense*). — Vivace. Réclame de profonds drainages. Défoncement du sol permettant d'atteindre ses racines vigoureuses extrêmement profondes. Culture des engrais verts, pommes de terre et autres tubercules et racines, développée par une forte fumure. On peut en faire une bonne litière aux bestiaux qui y touchent à peine.

Processionnaires du chêne et du pin (*Cnethocampa processionea, pityocampa*). — Détacher à l'aide d'une gaffe les nids où vit la communauté, pour les brûler sans retard. En cas de forte invasion de ces chenilles, il faut interdire la circulation dans les bois, car l'air transporte des poils urticants en grand nombre et peut introduire dans les organes respiratoires de graves désordres. Pour effectuer leur destruction on s'enveloppera la tête, les mains, les jambes, on se frottera le visage d'huile et on tamisera l'air aspiré à l'aide d'un mouchoir appliqué sur le nez.

Psile de la Carotte (*Psila rosæ*). — Arracher les carottes attaquées avec la terre qui les entoure, à l'époque où les larves s'y trouvent ; le jaunissement des feuilles indique leurs ravages. Nettoyer les carottes à l'eau bouillante, avant de les donner aux bestiaux.

Puceron du Houblon (*Aphis Humuli*). — Arrachage des Pruneliers du voisinage, car cet insecte en provient généralement. (V. Pucelron).

Puceron lanigère (*Schizoneura lanigera*). — On fait dissoudre 35 gr. de savon dans 1 litre d'eau et on y ajoute 60 gr. d'alcool amylique en remuant constamment. Si l'on a employé de l'eau chaude pour que le savon se dissolve plus vite, il faut la faire refroidir avant d'y ajouter l'alcool amylique. Ce liquide peut être appliqué au moyen d'un pinceau ou d'un chiffon sur le tronc et les branches, dans toutes les fissures où l'on observe le duvet blanc cotonneux qui caractérise cette espèce. Après avoir désinfecté les plaies que produit cet insecte, il sera bon de les fermer, pour empêcher de nouvelles invasions ; on peut employer diverses cires à greffer, du plâtre additionné d'huile de lin, etc.

Pucerons. — Pulvérisation du feuillage à l'aide de jus de tabac étendu d'autant de litres d'eau qu'il marque de degrés à l'aréomètre Beaumé. Le lendemain on devra laver par une pulvérisation abondante d'eau claire les plantes traitées. Dans les serres on peut employer les vapeurs de jus de tabac en portant celui-ci à l'ébullition ; les vapeurs se condensent en fines gouttelettes sur toutes les parties des plantes. Il est bon par un essai partiel de s'assurer de leur innocuité sur les plantes délicates.

Pyrale de la vigne (*Œnophthira Pilleriana*). — Ebouillantage des souches au premier printemps, avant le départ de la végétation à l'aide d'une chaudière spéciale. On verse l'eau bouillante aussi rapidement que possible, en remontant de bas en haut et sans mouiller les yeux des coursons. On assainit en hiver les échalas en les passant au four ou en les entassant dans une cuve foncée et lutée hermétiquement avec du plâtre, pour les exposer aux vapeurs du soufre en combustion, ou mieux à la vapeur d'eau bouillante.

Pythium De Baryanum (*Pourriture des jeunes semis*). — Attaque le maïs, le millet, les trèfles blanc et hybride, la cameline, la spergule. Installation d'autres cultures pendant 2 ou 3 ans sur le champ infesté. Espacer le plus possible les plants afin de favoriser leur développement par l'abondance de l'air et de la lumière.

Ravenelle (*Raphanus raphanistrum*). — Annuelle. Dans les sols sablonneux et pauvres en calcaire. Des chaulages répétés doivent la détruire. Sarclage soigneux dans les blés où elle abonde particulièrement.

Rhinanthes (*Rhinanthus major, minor*). — Annuels. Dans les prés humides dont ils épuisent la végétation en fixant leurs suçoirs sur les racines des graminées et d'autres plantes. Fauchage anticipé pendant la floraison, avant la maturité des graines de ces espèces parasites.

Rhizoctone de la Luzerne (*Byssothecium circinans*). — Les plantes jaunies et fanées doivent être extirpées, emportées soigneusement dans des bâches et brûlées ; puis, dans un rayon de 4 à 6 mètres autour de la tache, on sépare les plantes saines par un fossé ; on déterre alors les racines de la parcelle isolée, ou on la laboure, et on éloigne toutes les racines renflées. Sur ces taches, pour utiliser les années que doit durer le champ de luzerne, on peut semer des fourrages annuels, tels que : vesces, maïs et avoine en vert, moutarde blanche et autres.

Rhynchite des fruits (*Rhynchites Bacchus, auratus*). — Attaque les pommes, poires, prunes et plus rarement les cerises. Chasser les charançons au moment de la ponte, pendant la 2e quinzaine de juin, en profitant de leur engourdissement du matin pour frapper brusquement le tronc avec la mailloche, au dessus d'une bâche étendue sur le sol. (V. Hanneton). Ramasser avec soin les fruits tombés pour les écraser.

Rouille du genre Allium : ail, oignon, poireau, ciboule, etc. (*Puccinia allii, porri*). — Destruction des plantes attaquées et brûlis des fanes rouillées.

Rouille de l'asperge (*Puccinia Asparagi*). — Arracher et brûler les tiges attaquées, à l'automne ; détruire les jeunes pousses portant les spores d'été.

Rouille de l'avoine (*Puccinia coronata*). — Destruction des nerpruns et bourdaines (*Rhamnus catharctica et frangula*), hôtes transitoires du parasite : fauchage fréquent des graminées sauvages croissant dans le voisinage, souvent infectées.

Rouille de la betterave (*Uromyces betæ*) — Les spores d'été apparaissent au printemps, particulièrement en abondance sur les feuilles et les pétioles des jeunes plants. Parcourir le champ et détacher les sommités attaquées pour les enterrer.

Rouille des céréales et des graminées (*Puccinia graminis*). — Destruction des haies d'épine-vinette dans le voisinage des cultures ; ces arbrisseaux hébergent sur leurs feuilles et leurs fruits une forme transitoire du parasite. Fauchage fréquent des graminées sauvages qui croissent à l'entour et maintiennent l'infection. Enfouissage des éteules aussitôt après la moisson. Brûlis de la paille rouillée. Éviter la culture dans des vallées resserrées, entre les bois, au bord des cours d'eau, etc. Cultiver les variétés de céréales les moins sujettes à cette affection.

Rouille des chaumes (*Puccinia straminis*). — Destruction des nombreuses borraginées qui hantent nos cultures : Anchusa italica, Symphytum officinale, Borrago officinalis, Cynoglossum officinale Lycopsis arvensis, Echium vulgare, et surtout du Lithospermum arvense, hôtes transitoires du parasite, de même que des graminées sauvages croissant dans le voisinage, principalement du brôme mollet (*Bromus mollis*), hôte fréquent de cette rouille.

Rouille blanche du colza, de la caméline et de la rave (*Cystopus candidus*). — Fauchage en temps opportun de la place attaquée et destruction des mauvaises herbes infectées fréquemment : capselle bourse à pasteur, ravenelle, moutarde sauvage et autres crucifères qui abondent dans nos cultures.

Rouille du haricot (*Uromyces phaseoli*). — Arrachage et brûlis des plantes attaquées.

Rouille du lin (*Melampsora lini*). — En cas de forte invasion, arrachage et brûlis du lin, pour éviter la formation des spores d'hiver et leur transmission à l'année suivante.

Rouille des osiers (*Melampsora salicina*). — Au début de la maladie, élaguer tous les rejets atteints par le parasite et les brûler pour combattre son extension. Pour empêcher la reproduction de la maladie l'année suivante, amasser et brûler le feuillage tombé en automne ou en hiver. Destruction des groseilliers (*Ribes grossularia, rubrum*) du voisinage, hôtes transitoires de cette rouille.

Rouille du pin (*Peridermium Pini*). — Arrachage de tous les arbres malades ; destruction, dans les clairières, des seneçons, hôtes transitoires du parasite.

Rouille du poirier (*Ræstellia cancellata, forme du Gymnosporangium sabinæ*). — Sur les feuilles, mais attaque aussi les bourgeons et les fruits. Traitement à la bouillie bordelaise, dès que les feuilles sont développées, et répétition si le parasite apparaît. Destruction des genévriers dans le voisinage, hôtes transitoire de l'écidie.

Rouille du pois (*Uromyces pisi*). — Les parcelles fortement infestées doivent être fauchées et le produit s'utilise comme fourrage. Destruction dans le voisinage des euphorbes, hôtes transitoires du parasite.

Rouille du trèfle — (*Uromyces trifolii*). — Fauchage et fanage des parcelles attaquées, pour empêcher la formation des spores d'hiver et la reproduction l'année suivante.

Rouille de la vesce (*Uromyces orobi*) — En cas de forte invasion fauchage des plantes.

Sclérote des oignons (*Sclerotium cepæ*). — Triages répétés des bulbes, lors de la récolte, et en tas (en lieu sec le plus possible) ;d estruction immédiate des oignons attaqués.

Sclérote du colza (*Peziza sclerotiorum*). — Brûlis de la paille attaquée. Enfouissement des éteules par un labour profond. Les labours ultérieurs ne devront être que superficiels, pour ne pas ramener les plantes infectées de sclérotes à la surface. Prévoyance dans le choix des porte-graines.

Sclérote du trèfle (*Peziza ciborioides*). — N'utiliser qu'une année le champ de trèfle et retourner les racines par un labour en temps opportun (avant septembre parce qu'alors commence le développement des fructifications).

Scolytiens. — Comme ces insectes préfèrent les arbres malades ou abattus pour leur ponte, on ne doit laisser ces derniers qu'écorcés séjourner dans la forêt. Il faudra réparer au plus tôt les cassures produites par le vent ou la neige. Pour leur destruction, il faut écorcer les arbres attaqués et brûler les écorces. On procède de même avec des arbres-pièges (arbres abattus avec leur branchages) qu'on laisse longtemps dans les forêts pour attirer ces insectes.

Silphes de la betterave (*Silpha atrata, opaca*). — Ramassage des larves et insectes parfaits. On peut les amorcer à l'aide de débris animaux, petits cadavres, etc. On a obtenu de bons résultats de l'emploi de deux puissants insecticides : le vert de Paris et le pourpre de Londres, soit à l'état sec, soit en suspension dans l'eau. On répand ces poudres à la dose de 1 kil. à l'hectare, mélangées avec 100 fois leur poids de plâtre ou de cendre de bois, pour faciliter l'épandage, en se servant d'une soufreuse ordinaire, et évitant de respirer ces substances arsenicales. Pour le traitement liquide à l'aide d'un pulvérisateur, on emploie 1 kil. de vert de Paris ou 500 gr. de pourpre de Londres, pour 4 hectolitres d'eau. Semis précoce et plombage du sol.

Simaethis nemorana. — Dévore les feuilles et les fruits du figuier. — Ramasser avec soin, de novembre à mars, les feuilles et autres détritus trouvés sous les figuiers et les brûler.

Sporidesmium exitiosum. (*Noir du colza et de la navette*). — Dès que ce parasite commence ses dévastations, récolter avant la maturité qui peu fort bien s'achever en mettant les plantes en tas. Dans cette opération il faut que les siliques se trouvent à l'intérieur des tas qu'on couvre ensuite de paille ; mais il faut que l'air circule et que les plantes ne soient abritées que contre le soleil et la pluie. Destruction des ravenelles, moutardes sauvages et autres crucifères qui recèlent souvent le parasite.

Sporidesmium exitiosum, var. solani. (*Frisolée des feuilles de la pomme de terre*). — Préservation : Écarter des semences les tubercules de coloration anormale, surtout ceux qui émettent des germes rigides comme de la paille, cassants et tachés de noir. Destruction : Dès qu'on aperçoit la maladie (pousses pâles et comme gelées, puis cassantes et se détachant aisément ; pétioles réfléchis à segments foliaires enroulés en dessous, décoloration anormale), il faut arracher et brûler les fanes attaquées.

Sporidesmium putrefaciens. (*Pourriture du cœur de la betterave*). — Arrachage et brûlis des plantes attaquées.

Taupins (*Agriotes segetum, etc.*). — Les larves se nourrissent des racines des céréales, graminées, betteraves et accidentellement de la vigne dans les jeunes plantations. Semage superficiel, et dès que se montrent les larves, plombage pesant du sol. Lors d'une forte invasion, des labours superficiels exposent les larves aux recherches des oiseaux. Emploi de divers appâts : tranches de pommes de terre, trognons de choux et de salades, fragments de courges, tourteaux de colza, qui, fixés à une baguette écorcée, sont enfoncés dans la terre à une distance de 1 m 50 à 3 mètres, et retirés chaque semaine pour détruire les larves qui s'y trouvent. Epandage comme litière de nitrate de soude (80 à 100 kil. par hectare) avec le dernier hersage, ou de sel (jusqu'à 6 quintaux par hectare) à l'automne ou au printemps après le labour. Préservation : Epandre, en semant, de la chaux qu'on recouvre par un hersage (18 quintaux environ par hectare); cette opération doit protéger pendant 5 à 7 ans. Dans les cultures de turneps, choux pommés, betteraves, pommes de terre, l'épandage de chaux à la surface du sol préserve de ces larves.

Tavelure des poires (*Fusicladium pyrinum*). — Pulvérisation des arbres en mars, avant l'épanouissement des boutons avec la solution suivante : 3 kil. sulfate de cuivre et 4 kil. sulfate de fer par hectol. d'eau. Le deuxième traitement, à la bouillie bourguignonne, en juin et août, au moment où l'on agit sur les vignes.

Teigne de l'olivier (*Prays oleællus*). — Capture du papillon à l'aide de lanternes pièges, allumées la nuit, en juin et en octobre.

Teigne des grains (*Tinea granella*). — Dans les greniers à blé. Pelletage soigneux par un temps sec. Nettoyage complet et lutage de toutes les fissures, avant la fin de l'hiver. Destruction des chenilles en chauffant le grain au four ou à l'étuve. Couverture des tas de blé avec des draps ou sacs humides à l'époque de la ponte (en juin, la nuit), après avoir déposé un petit tas de grains à côté pour amorcer les pondeuses, de sorte que la couvée peut être aisément détruite au four.

Teigne du lin (*Tortrix epilinana*). — Destruction des chenilles et chrysalides qui se trouvent encore dans les capsules.

Tenthrède du pin (*Lophyrus Pini*). — Ramasser les larves en les faisant tomber avec la mailloche (V. Hannetons).

Tétranyque tisserand (*Tetranychus telarius*). — Pulvérisation du feuillage en dessous, à l'aide d'une solution à 2 1/2 % d'alun. Brûlis des feuilles en hiver. Dans les houblonnières, assainissement des perches et étais en lavant les fissures avec la même solution.

Tigre du poirier (*Tingis Pyri*). — Aspersions sous les feuilles, à l'aide d'un pulvérisateur, de jus de tabac dilué dans autant de fois son volume d'eau qu'il marque de degrés. On a soin d'opérer le soir lorsque les adultes ne peuvent s'envoler. Après la récolte des poires, on cueillera les feuilles pour les brûler. En hiver, on badigeonnera les troncs crevassés avec divers insecticides.

Tussilage pas-d'âne (*Tussilago farfara*). — Vivace. Dans les terrains humides et argileux. Profond labour pendant les jachères d'été. Assainissement et drainage du sol.

Variole de la pomme de terre (*Rhizoctonia solani*). — Utilisation des tubercules pour la distillerie, la fabrication de l'amidon ou pour la nourriture des animaux, pour lesquelles leur valeur n'est pas amoindrie.

Ver des cerises (*Spilographa cerasi*). — On peut purger les cerises des vers qu'elles contiennent en les immergeant dans l'eau pendant quelques heures avant de les servir à table. En retournant profondément la terre sous les cerisiers, en automne, on peut enfouir suffisamment les pupes pour empêcher l'éclosion des mouches au printemps.

Ver des pommes (*Carpocapsa pomonella*). — Nuisible surtout aux pommes et aux poires. Destruction des fruits tombés. Entourer en septembre le tronc vers le bas, de ceintures engluées ou de simples lambeaux d'étoffes, sous lesquels se fixent les chenilles pour hiverner. Ebouillantage des vieilles écorces, avant le mois de mai (époque de la chrysalidation), pour détruire la chenille dans ses quartiers d'hiver, sur le tronc et les plus grosses branches.

Vermoulure du bois ouvré (*Anobium striatum*). — Ecorçage et mise en œuvre aussi promptement que possible.

Zabre des céréales (*Zabrus gibbus*). — Lorsqu'on l'observe en abondance, retarder les semailles ou remplacer les céréales par d'autres cultures. Labours profonds répétés pour exposer les larves aux oiseaux. Pour limiter son envahissement, entourer la parcelle attaquée de fossés profonds, dans lesquels on répand de la chaux vive. Si le grain est perdu, plomber le sol lorsqu'il n'est pas trop sec, retourner la récolte et la remplacer par d'autres cultures. La chasse à l'insecte parfait s'effectue pendant la nuit.

TECHNOLOGIE AGRICOLE

I — VINIFICATION

MATURATION DES RAISINS

La maturation comprend un ensemble de phénomènes assez complexes ; d'une part transformation chimique : diminution des acides du raisin et augmentation des principes sucrés ; d'autre part transformation physiologique : le grain atteint son maximum de développement et change de couleur.

Composition du raisin Aramon.

A diverses époques de sa végétation (par litre) d'après M. Bouffard.

Epoques	Sucre en glucose	Acidité totale en Acide tartrique	Acide tartrique réel et libre	Bitartrate de potasse	Acide tartrique total
28 Juillet .	23 gr	36 gr 9	8 gr 9	2 gr 3	10 gr 7
10 Août...	48	33 . 5	3 . 8	5 . 1	7 . 8
17 Août...	114	19 . 0	2 . 0	7 . 0	7 . 5
26 Août...	157	10 . 5	0 . 7	7 . 0	6 . 2
Septembre	174	8 . 0	» »	7 . 0	5 . 5

On apprécie la maturité aux caractéres suivants : grains moux et translucides, épiderme mince, pédoncule lignifié, ainsi que pedicelles qui se détachent facilement des grumes en formant un pinceau gluant et coloré. La dégustation et l'essai des moûts sont des moyens encore plus sûrs.

Essai des moûts. A la maturité le jus est doux et se colle aux doigts.

On emploie pour connaître la richesse en sucre divers instruments appelés aéromètre, glucomètre, mustimètre, pèse-moût.

Le principe de ces appareils flatteurs est que jeaugés dans une solution sucrée ils s'enfonceront d'autant plus que le liquide sera moins dense c'est-à-dire moins riche en sucre.

La récolte correspond pour chaque cépage au maximum de sucre indiqué par l'aéromètre. On emploie 2 aéromètres : 1° celui de Beaumé, gradué de façon à marquer 0 dans l'eau pure et chacun de ses degrés correspond à 1ᶜ d'alcool du vin futur; 2° le mustimètre de Salleron qui donne la densité.

VENDANGE

D'une façon générale, dans des pays plutôt froids que tempérés, on doit attendre pour vendanger que les raisins aient atteint toute la maturité possible (Bourgogne, Rhin).

Dans les climats tempérés, il faut vendanger lorsque le raisin est mûr, mais pas trop mûr.

Dans les climats chauds, Midi, Algérie, Tunisie, il faut vendanger avant maturité complète pour que le raisin possède encore un peu d'acidité indispensable à la conservation.

Pour les vins de liqueur, on attend une maturité excessive, le blettissement sur pied ou sur claies.

Dans quelques vignobles la vendange se fait en plusieurs fois.

On doit vendanger par un beau temps sec et chaud, après la rosée.

En Algérie, on suspendra la cueillette au milieu du jour pour vendanger le matin et le soir le plus tard possible; si la récolte est trop chaude, on la laissera refroidir pendant la nuit dans des paniers autour des claies en l'humectant de temps en temps, de façon à ce que la température du moût ne dépasse pas 24 à 25°.

Triage. — Quand la maturation s'est effectuée dans de mauvaises conditions, notamment dans les crus à vins fins, on séparera au début de la cueillette la bonne vendange des raisins verts ou pourris, que l'on traitera à part.

Egrappage. — Consiste à séparer les grains de la rafle, qui communique au vin plus d'astringence; se pratique dans certaines contrées à vins fins, afin d'augmenter la finesse, la vinosité et l'arome du vin. Dans le midi et toutes les contrées méridionales on n'égrappe pas pour augmenter l'acidité et mieux assurer la conservation des vins.

On égrappera avantageusement : 1° dans le cas où les vins produits sont naturellement âpres et astringents. 2° Quand la vendange ne sera pas bien mûre. On égrappe au trident, au grillage, à la trémie, au fouloir-égrappoir (Gaillot). Ce dernier peut passer 30 hectolitres de raisins à l'heure.

Au contraire on laissera des rafles :

1° Lorsque la récolte sera trop mûre; 2° Quand on aura des raisins peu acides et riches en sucre.

Foulage. — Consiste à écraser les raisins afin d'en extraire le jus qui est mis en contact direct avec l'air et les ferments, condition essentielle pour une bonne fermentation.

Il est indispensable dans cette opération de ne pas écraser les pépins dont l'huile nuirait à la qualité du vin et de ne pas exprimer le jus de la rafle surtout lorsque la vendange est incomplètement mûre et que l'on a affaire à des cépages astringents.

Dans ces derniers cas, il sera même souvent préférable de ne faire qu'un foulage partiel.

On foule aux pieds, par l'immersion de l'homme dans la cuve, ou avec des fouloirs mécaniques. Ces instruments peuvent écraser de 40 à 50 hectol. de raisins par heure.

FERMENTATION

Acte capital qui opère la transformation du moût en vin par la décomposition du sucre en alcool et acide carbonique. Ce phénomène est dû au développement de ferments dont on doit la découverte à Pasteur : saccharomyces ellipsoïdeus, pastorianus, apiculatus, etc. Ces crytogames vivent au dépens du sucre et des principes minéraux et azotés du moût et forment de l'alcool, de l'acide carbonique, de la glycérine, de l'acide succinique et d'autres substances.

Aération. — L'air est nuisible par les germes qu'il renferme mais il est utile pour sa propre action. Il faut donc savoir l'utiliser.

L'aération se pratique d'une façon normale dans la Lorraine pour la fabrication des *vins de pelle.*

Le moût aéré fermente plus activement; le vin se faisant plus rapidement craint moins les fermentations secondaires. L'air favorise aussi la défécation en précipitant des matières azotées. On aère en foulant plusieurs fois par jour, en soutirant le moût par le bas de la cuve pour le repasser sur le marc.

Température. — Au dessous de 8 à 10° la fermentation n'a pas lieu non plus au dessus de 40° ; les meilleurs conditions sont entre 15° C et 25° C. Quand la vendange est trop froide on doit chauffer une partie du moût avant la mise en cuve ou bien le mettre à fermenter dans un local chaud et le verser en pleine fermentation sur le reste de la vendange.

On peut encore chauffer le cellier.

La température peut s'élever de 10 à 15° pendant la fermentation et l'acide carbonique qui s'échappe entraîne avec lui un peu d'alcool et de bouquet.

Il est essentiel que la fermentation s'opère normalement et que le sucre soit complètement transformé. Suivant le cas, on devra refroidir ou réchauffer la vendange.

Pour refroidir la vendange trop chaude on la laisse exposée en plein air pendant la nuit et on l'arrose. Il faut dans les pays chauds avoir des celliers aussi frais que possible et dans lesquels on peut amener au besoin de l'air froid. On peut aussi faire circuler de l'eau froide dans des serpentins étalés dans les cuves mêmes. On peut encore, quand la fermentation menace de s'arrêter, procéder à un soutirage.

AMÉLIORATION DES MOUTS

Sucrage. — Est employé pour relever la degré alcoolique des vendanges dont la maturité n'est pas complète ou qui ont été altérées par les maladies. Peut l'être également pour les petits vins dénués de spiritueux et qui ne peuvent se conserver.

On ajoute 1.700 kg. de sucre par degré à obtenir; on vérifie préalablement la richesse du moût comme nous l'avons indiqué.

On doit employer les sucres raffinés ou cristallisés de canne ou de betterave. Les mélasses, glucose et autres matières sucrées impures communiquent au vin un goût spécial.

Le sucrage est supérieur au vinage car on obtient en même temps que l'alcool toutes les autres substances de la fermentation ; il est aussi plus économique. Le sucre cristallisable est interverti sous l'influence des levures qui le transforme préalablement en glucose et levulose. On peut intervertir directement avec de l'acide tartrique à la dose d'un centième du sucre ajouté.

Le sucre est dissous dans de l'eau ou du moût que l'on chauffe ; quand cette dissolution est mise en cuve elle doit avoir de 25 à 30°.

Achat des sucres. — Depuis la loi du 27 mai 1887, les droits sur les sucres employés au sucrage des vins, cidres et poirés, sont fixés à 21 fr. par 100 kg. de sucre raffiné (au lieu de 50). Les viticulteurs qui désirent bénéficier de cette réduction de taxe doivent en faire la demande écrite sur papier timbré de 0,60 au directeur des contributions indirectes de la circonscription au plus tard 15 jours avant la récolte. A cette demande, on joint un certificat de la mairie, aussi sur timbre, constatant la quantité de vendange.

La dénaturation s'opère :

Dans les dépôts autorisés, par l'addition en mélange intime au sucre d'un poids égal ou supérieur de raisins foulés.

A domicile, par le versement du sucre dans les cuves de fermentation ou dans les moûts.

Si au jour et aux heures fixés pour l'opération à domicile, le versement dans les cuves ou dans les moûts n'est pas possible, ou si les agents ne peuvent revenir, la dénaturation peut s'opérer au malaxage comme aux dépôts.

Les quantités de sucre à employer pour relever le degré alcoolique des vins ne peuvent dépasser :

Vendange

1° cuvée...................... 20ᵏᵍ pour 3 hectol. de vendange
2° cuvée...................... 50 »   —   3   —   —

Vins

1° cuvée...................... 10 »   —   1 hectol. de vin
2° cuvée...................... 25 »   —   1   —

La conversion des hectolitres de vendange en hectolitres de vin se fait à raison de 3 hectol. de vendange pour 2 hectol. de vin.

La loi stipule encore que les viticulteurs qui ne doivent employer qu'une quantité inférieure à 500 kil. de sucre et ceux qui ne demandent pas que les opérations aient lieu au siège de leur fabrication peuvent se borner à faire consigner leur demande sur un bordereau collectif dans un bureau autorisé.

Plâtrage. — Active la fermentation, augmente l'acidité et avive la couleur, donne au vin plus de limpidité et de fraîcheur et assure mieux sa conservation.

Le plâtre en présence de sels tartriques donne du sulfate de potasse que l'on introduit ainsi dans le vin. La circulaire Cazot du 25 juillet 1880 en limite la dose à 2 gr. par litre. D'après les analyses de M. Bouffard les vins peuvent en contenir, sans aucune addition, jusqu'à 1 gr. par litre, avec une moyenne de 0 gr. 5. Il estime que pour 1000 kg. de vendange et pour 1 gr. de sulfate de potasse dans un litre de vin fait on peut employer de 900 gr. à 1 kil. 200 de plâtre en tenant compte des difficultés de l'opération ou bien 150 gr. de plâtre par hectolitre de vendange ; avec cette dose la quantité de sulfate de potasse ne dépasse pas 2 gr. par litre.

Phosphatage. — Proposé pour remplacer le plâtrage. Consiste à employer le phosphate bicalcique de chaux précipité à la dose de 2 kil. 500 environ par 1000 kil. de vendange. D'après M. Bouffard en employant du phosphate bicalcique pur, 1 kil 500 à 1 kil. 800 serait probablement suffisant. Ce qui représente par hectol. une dépense de 1 fr. environ.

Plâtre et acide tartrique. — Ce mélange permet d'employer de plus faibles doses de plâtre tout en obtenant les mêmes résultats. On conseille d'employer pour 1000 kil. de vendange 1 kil. de plâtre (pouvant donner 1 gr. de sulfate de potasse par litre) et de 350 à 700 gr. d'acide tartrique.

CUVAGE

Se fait dans les foudres et dans les cuves. Autant que possible on doit remplir une cuve dans la même journée afin de ne pas entraver la fermentation.

La fermentation en vase clos a l'avantage de mettre la vendange à l'abri de tous les germes qui existent dans l'air. C'est pour cela que l'on adapte à l'ouverture supérieure des foudres des fermetures à soupapes ou hydraulique qui permettent le dégagement du gaz acide carbonique sans l'entrée de l'air.

Dans les cuves ouvertes, il faut avoir soin de tenir le chapeau constamment immergé afin d'évider l'acétification. On ne doit pas remplir complétement les cuves afin d'avoir à la partie supérieure une couche de 25 à 30 centim. d'acide carbonique qui empêche le contact de l'air. Certains dispositifs, tel que celui adopté par M. Michel Perret, suppriment les foulages tout en permettant une immersion constante.

La durée du cuvage varie suivant les circonstances : température ambiante, degré de maturité, nature du cépage, opérations que l'on fait subir à la vendange, enfin qualité des vins à obtenir.

La fin de la fermentation se reconnaît à la cessation de tout bouillonnement, à l'affaissement du chapeau, à l'abaissement de la température qui devient à peu près celle de l'air, enfin à la densité du liquide qui se rapproche de celle de l'eau. La dégustation est également un indice précieux.

La durée du cuvage influe sur la qualité des produits. Un cuvage court donne généralement un vin léger, fin, délicat; un cuvage prolongé, du corps, de la couleur.

Sous les climats froids surtout, un cuvage prématuré peut entraîner des conséquences graves. Le sucre qui reste dans le vin se maintient intact pendant l'hiver et dès les premières chaleurs il se produit diverses fermentations (lactique) qui occasionnent presque toujours la tourne du vin.

La fermentation dure généralement de 4 à 8 jours en Bourgogne, de 10 à 15 dans le Médoc, de 6 à 10 dans le Midi, 40 jours à l'Ermitage. Dans le Roussillon où les vins marquent de 15 à 16°, ou laisse cuver de 25 jours à 1 mois.

Décuvage et pressurage. — On tire le vin au bas de la cuve par l'intermédiaire d'un robinet. Pour empêcher aux particules solides de passer avec le vin on place derrière l'ouverture du robinet une grille.

Pendant l'opération il est bon d'exposer le moins possible le vin à l'air afin d'éviter les altérations. C'est pour cela que le remplissage des tonneaux se fera de préférence à l'aide d'une pompe ou d'une canalisation directe quand la cuve se trouve au dessous du cellier.

On estime que 1000 kil. de vendange donnent environ 700 litres de vin de goutte. C'est là une moyenne car le rendement varie avec la nature des cépages. Ainsi l'Aramon rend les 83 0/0 et le Jacquez 60 0/0 seulement.

Sitôt le vin tiré, le marc est porté sur les pressoirs. Il contient encore 80 0/0 de son poids de vin (1/5 à 1/6 du vin tiré) et son poids total est environ 1/15 de celui de la vendange. On obtient ainsi des vins de presse de 1re, de 2e et de 3e serres.

Ces vins de presse sont plus alcooliques, moins colorés, plus âpres et plus riches en tannin que le vin de goutte.

Dans le cas ou le vin doit être consommé immédiatement on ne mélangera pas le vin de presse au vin de goutte; au contraire pour les vins de conserve il sera souvent utile de faire le mélange.

MARC

Utilisé pour faire du vin de sucre, des piquettes, de l'alcool et pour la fabrication du verdet, enfin comme engrais, pour la nourriture du bétail, et l'extraction de la crème de tartre.

Distillation des marcs — Si l'on veut opérer de suite, en les sortant du pressoir, on les divise bien et on les met dans une cuve en les humectant; une fermentation se développe et on les distille ensuite.

Si au contraire on veut engraisser du bétail avec les résidus on peut conserver les marcs d'une année à l'autre en les entassant soigneusement et les recouvrant d'une couche de plâtre de 10 cent. environ ; on empêche ainsi l'aigrissement et on distille au fur et à mesure des besoins.

Le marc d'après Payen contient de 12 à 15 0/0 de vin, soit en évaluant le poids d'un muid de marc (7 hectol.) à 100 kil. de 12 à 15 litres par muid de marc. Pour obtenir 600 litres de trois-six il faut environ 120 muids de marc contenant ensemble 1600 litres du liquide vineux.

Les marcs de raisins blancs sont de beaucoup inférieurs pour la distillation.

Fabrication de la piquette. — S'obtient par le lavage des marcs soit avant soit après le pressurage et par macération.

1° lavage par diffusion. — Consiste à installer plusieurs cuves en bois ou en ciment communiquant entre elles et pourvues d'un faux fond percé de trous sur lequel repose le marc. Les communications sont établies de telle façon que les piquettes à un titre alcoolique moindre vont sur de nouveaux marcs plus riches pour s'enrichir. Pour cela chaque cuve est alimentée par un tube partant du haut et débouchant à la partie inférieure au dessous des faux-fonds. Le fonctionnement a lieu de la façon suivante : l'eau est d'abord mise dans la cuve 1 par l'intermédiaire du tube plongeur ; elle s'imprègne d'alcool et des autres éléments du vin ; après un séjour de quelques heures on fait arriver une nouvelle quantité d'eau qui force la première à monter à la surface de la cuve grâce à sa faible densité et on la fait passer dans la 2ᵉ cuve. On recommence l'opération autant de fois qu'il est nécessaire pour que l'eau passe successivement sur le marc de toutes les cuves. Arrivé à la dernière cuve, si le liquide est assez riche on le recueille. Le marc de la 1ʳᵉ cuve lavé autant de fois qu'il y a de cuves en communication est épuisé ; on l'enlève et on le remplace par du marc frais. L'eau est alors ajoutée dans la 2ᵉ cuve qui devient cuve de tête et on la fait passer par des additions successives dans toutes les autres cuves ; après quoi on soutire dans la 1ʳᵉ cuve ; la 2ᵉ cuve dont le marc est épuisé est débarrassé à son tour puis remplie de nouveau.

L'eau est ensuite ajoutée dans la 3ᵉ cuve qui devient à son tour cuve de tête et l'on continue ainsi pour chacune des cuves jusqu'à la fin du lavage.

Le titre alcoolique de la piquette peut se calculer à l'aide de la formule suivante :

$$\text{Titre piquette} = \alpha \left(1 - \frac{1}{2^n} \right)$$

α étant le titre alcoolique du liquide primitif et n le nombre de cuves.

2e par simple lavage. — On met le marc dans une cuve ou un tonneau dont le fond est percé de trous : puis on verse au dessus de l'eau par petites quantité à la fois jusqu'à ce que le marc soit épuisé.

3e par macération. — Après avoir bien divisé le marc de la cuve on y verse une quantité d'eau qui varie entre la moitié et le quart du vin soutiré. On foule plusieurs fois par jour et on a soin de couvrir la cuve pour éviter les altérations. On soutire au bout de 5 ou 6 jours ; si le temps est froid il serait utile de chauffer l'eau à 30°.

Vins de seconde cuvée. — S'obtiennent en ajoutant sur les marcs, en même temps que l'eau, une certaine quantité de sucre et en provoquant une 2e fermentation. On ajoute 1 kil. 700 de sucre par degré d'alcool à obtenir et par hectolitre d'eau et de l'acide tartrique à la dose d'un centième de sucre ajouté.

Vins blancs

S'obtient avec des raisins blancs ou rouges à jus incolore dont on sépare le moût que l'on fait fermenter seul. Chimiquement ces vins diffèrent des vins rouges qui subissent une macération en présence des différentes parties de la grappe ; d'autre part la fermentation est plus lente et s'effectue à une température moins élevée. Le moût est mis dans des tonneaux bien propres où s'opère la fermentation.

Ces vins riches en matières albuminoïdes se clarifient difficilement. En conséquence on multipliera les soutirages et on collera en ajoutant de 20 à 25 gr. d'acide tannique par hectol.

Suivant la nature des vins à obtenir, on opère différemment. Dans les grands crus de la Gironde, Barsac, Sauternes, etc., on fait déverser au dehors du tonneau l'écume qui se forme en pratiquant des ouillages qui maintiennent les barriques pleines jusqu'à 0,05 environ de la bonde. Cette écume est composée d'albumine végétative et de gluten, deux substances azotées servant à la vinification.

On opère ainsi une sorte de défécation en entraînant une certaine quantité de matières nuisibles et d'éléments fermentescibles. Par suite la fermentation est plus longue et moins complète que lorsqu'on laisse fermenter sans remplir les fûts et en conservant les écumes sur le moût. Dans le 1er cas les vins ont plus de moelleux, dans le 2e cas plus de sécheresse.

On opérera donc différemment suivant la qualité des vins que l'on veut obtenir.

Quand la fermentation ralentit on recouvre les bondes d'un copeau et l'on ouille tous les jours. Enfin lorsque tout dégagement a cessé on bouche hermétiquement et on a soin de maintenir les fûts pleins par des ouillage répétés. On soutire quand les lies se sont déposées et que les vins sont devenus limpides. On ne peut pas établir pour cela d'époque fixe car la durée de fermentation des vins blancs, toujours plus longue que celles des vins rouges, est très variable et dépend essentiellement de la richesse des moûts et de la température.

Cette période est quelquefois de plusieurs mois (vins blancs de Sauternes). On ne doit pas remuer les vins blancs en fermentation surtout quand les lies commencent à se déposer car on rendrait la fermentation active et de l'alcool se formerait au détriment du moelleux.

On distingue les vins blancs secs dont tout le sucre est transformé en alcool et les vins blancs doux dont la fermentation est arrêtée par le mutage avant la complète transformation du sucre.

Vins rosés

Encore appelés vins d'une nuit ou de 24 heures ; sont faits avec des raisins rouges qui ont subi un commencement de fermentation, ce qui communique une légère teinte proportionnelle à cette durée. Suivant l'intensité que l'on veut obtenir, on décuve au bout d'une nuit, de 24 heures ou de 48 heures ; la fermentation se continue ensuite dans ces tonneaux.

Ces vins présentent les propriétés des vins faits au blanc ; ils sont plus frais et plus alcooliques que les vins rouges faits avec les mêmes raisins.

C'est surtout dans l'Hérault et le Gard (à Tavel) que l'on fait le plus de ces vins, notamment avec l'Aramon ; on ajoute quelquefois 2 ou 3 degrés d'alcool pour porter la richesse du vin à 11°.

On peut utiliser les marcs en jettant par dessus de nouvelles vendanges et en laissant cuver le tout ensemble.

TRAITEMENT DES VINS

Soutirages. — Les soutirages sont pratiqués à des époques déterminées : le premier est exécuté aussitôt après que les matières en suspension se sont déposées, c'est-à-dire dans la première quinzaine de décembre ; le second, exécuté en mars, débarrasse le vin des dépôts qui se sont formés par suite de la fermentation qui s'établit dans les tonneaux, dépôts qui peuvent remonter dans le vin et l'altérer. Un troisième soutirage est enfin exécuté en août. Pour obtenir un liquide très limpide il est nécessaire de soutirer toujours par un temps sec et froid, par le vend du nord et quand la pression atmosphérique est élevée.

Collage. — Le collage est employé pour débarrasser le vin des matières qu'il contient en suspension et qui le rendent trouble. On emploie pour coller une matière albuminoïde — blanc d'œuf ou colle de poisson — qui, après avoir formé un réseau à là surface du liquide, entraîne toutes les matières en suspension en se précipitant. Pour coller avec le blanc d'œuf, on prend 2 blancs par hectol. de vin et l'on y ajoute 15 gr. de sel de cuisine par œuf. On bat jusqu'à ce qu'on obtienne une belle mousse et le tout est aussitôt versé dans le vin qui est fortement agité. La colle de poisson est employée à raison de 15 à 20 gr. par hectol. délayée dans un peu de vin tiède.

On emploie aussi la gélatine que l'on doit faire tremper, avant de s'en servir, pendant 1 ou 2 jours dans de l'eau froide que l'on renouvelle 2 ou 3 fois. Elle se gonfle; on ajoute ensuite de l'eau tiède ou chauffée à 50 ou 60° qui la dissout. On met 1 kil. de gélatine sèche pour 10 hectol. de vin, soit 10 gr. par hectol.

Le sang est également employé pour collage; mais pour divers motifs, il n'est pas à recommander; entre autres inconvénients, il décolore un peu le vin et communique assez souvent un mauvais goût. Sur les vins nouveaux, durs, qu'on ne craint pas de décolorer un peu, on l'emploiera à la dose de 200 gr. par hectol. au maximum; ne l'employer que bien frais et bien sain.

Filtrage. — Comme le collage a pour but de clarifier le vin en le faisant passer au travers de filtres spéciaux; certains vins seront filtrés à l'abri de l'air, d'autres, au contraire, au contact de l'air.

Méchage. — A pour but d'empêcher la fermentation du vin et la conservation des tonneaux.

Pour mécher au soufre on fait brûler un morceau de mèche soufrée dans un tonneau en ayant soin de le tenir bouché. On remplit le tonneau à moitié et l'on agite fortement. On fait brûler un nouveau morceau de mèche et l'on achève de remplir le tonneau. La quantité de mèche à brûler dépend de l'action que l'on veut obtenir. *Avoir soin de ne pas laisser tomber de la mèche dans le vin.*

Vinage. — Est pratiqué pour empêcher la fermentation d'un vin et aussi pour renouveler le degré d'alcool. On ne doit employer que des *alcools fins*.

Chauffage ou **Pasteurisation**. — Est le seul moyen absolument certain pour la destruction de tous les germes de maladie renfermés dans les vins; avoir soin de ne pas dépasser la température de 65° car au dessus le vin contracterait le goût de cuit, et d'atteindre celle de 60° pour produire l'effet désiré. Le chauffage permet de conserver des vins faibles en alcool.

Traitement à l'électricité. — M. de Meritens a fait sur les vins de nombreuses expériences à l'aide d'une dynamo. Il a pu arriver aux conclusions suivantes que nous résumons :

Les vins ainsi traités sont de bonnes conditions de conservation; l'électricité a permis d'arrêter le développement des maladies et a amélioré la qualité par un commencement de vieillissement. Mais ce traitement exige encore une installation assez considérable.

Congélation. — Pourrait améliorer les vins en la pratiquant d'une façon méthodique. On doit séparer les glaçons après leur formation.

D'après M. Danguy, cette opération ne serait avantageuse que sur les vins à richesse alcoolique moyenne ou faible, et le vin ne doit pas être réduit au delà de 10 %; passé ce taux, l'opération serait trop onéreuse. La congélation s'obtient à l'aide de réfrigérants spéciaux.

Vieillissement artificiel des vins. — Peut s'obtenir par des collages réitérés; les voyages en mer pour les vins fermes; l'oxydation, qui offre des dangers; l'insolation, qui convient surtout à certains vins de liqueur; enfin l'électricité et surtout le chauffage.

COMPOSITION DES VINS

Eau .... grammes 891
Alcool de vin (absolu ou pur F*)...................... 79
Autres alcools (butyrique, amylique, etc., F.)....
Aldéhyde (plusieurs ? F)...........................
Éthers (acétique, butyrique, œnantique, etc., contribuant surtout au bouquet, (F) ....
Huiles essentielles ....
Sucre de raisin (glucose et chyloriose)...........
Mannite (F)......................................
Mucilage, gomme, dextrine ....
Pectine..
Matières colorantes (œnocyanine).................
— grasses (et cire ?) ....
Glycérine (F) ....
Matières azotées (albumines, gliadine, etc.), *ferments*.. ..

CORPS NEUTRES

SELS

Végétaux.
Tartrate acide de potasse (5 gr. 5 au minimum)
Tartrate neutre de chaux...................
— — d'ammoniaque..............
Tartrate acide d'alumine (simple ou avec potasse)...................................
Tartrate acide de fer (simple ou avec potasse)
Racémates ....
Acétates, propionates, butyrates, lactates, etc. (F.) ....

Minéraux.

	A BASE DE
Sulfates	
Azotates	Potasse.............
Phosphates	Soude..............
Silicates..........	Chaux..............
Chlorures	Magnésie...........
Bromures	Alumine............
Iodures	Oxyde de fer........
Fluorures	Ammoniaque ....

30

ACIDES
Carbonique (2 gr. 5 au minimum); tartrique et racémique (gluco-tartrique ?) ; malique, citrique, tannique.......
Métapectique (F), acétique (F), lactique (F), succinique (F), butyrique (F), valérique (F)..........................

1.000

MALADIES DU VIN
Accidents et défauts

Acescence. — Cette maladie est due au développement du ferment acétique qui donne naissance à du vinaigre, d'où les noms de vins piqués, vins aigres, donnés aux vins atteints d'acescence. Ce fer-

---

(*) Tous les corps marqués d'un F sont formés par la fermentation, tous les autres viennent de la vigne.

ment est aérobie, c'est-à-dire qu'il vit au contact de l'air; il se développe surtout dans les tonneaux en vidange, dans les vins faibles, toutes les fois qu'il trouve une température convenable.

Le mieux est d'éviter son développement en tenant les tonneaux toujours pleins et en empêchant que l'air ait accès à la surface du vin; il est très difficile de guérir un vin piqué.

De tous les moyens essayés le meilleur paraît être l'emploi du tartrate neutre de potasse vendu par les droguistes sous le nom de sel végétal. On peut l'ajouter au vin à la dose moyenne de 100 à 150 gr. par hectol. Mais pour opérer sûrement il faut doser l'acidité due à l'acide acétique et ajouter juste la quantité nécessaire pour neutraliser cet acide; la chose est facile, sachant que 4 gr. 68 de tartrate neutre suppriment l'acidité de 1 gr. 22 d'acide acétique. Après le mélange on laisse en repos 8 jours, puis on colle et on soutire dans un tonneau méché. Ce vin doit être consommé le plus tôt possible.

Ce traitement supprime l'acidité existante, mais ne détruit pas le germe de maladie qui continue son action si on ne chauffe pas le vin.

Lorsqu'on s'aperçoit qu'un vin commence à se piquer, le mieux est de le chauffer immédiatement et de mécher ensuite.

D'une manière générale on ne peut pas guérir un vin renfermant plus d'un gramme d'acide acétique par litre. Si cette dose est dépassée le mieux est d'en faire du vinaigre.

Tourne. — Cette maladie est due à un ferment anaérobie; le vin se décolore, passe du rouge au violet et prend un goût très désagréable. Elle provient surtout de vendanges altérées. On confond souvent la tourne et la pousse; il est cependant facile de les distinguer : il n'y a jamais dégagement d'acide carbonique quand le vin est tourné, tandis que ce dégagement se produit pour la pousse. Un seul remède : chauffer et ajouter ensuite une certaine quantité d'acide tartrique. Pris au début le mal peut être enrayé en ajoutant de l'acide tartrique, collant et soutirant dans des tonneaux soufrés.

Amertume. — Elle est due à la pauvreté du vin en alcool et en acides ou à une mauvaise vinification. Le vin s'altère progressivement : le goût d'abord fade devient amer. Les vins de Bourgogne y sont particulièrement sujets. Dès les premiers symptômes, donner un bon méchage suivi d'un fort collage. Ou bien viner à raison de 2 % et ajouter 10 gr. d'acide tannique et 50 gr. d'acide tartrique par hectol. Une nouvelle fermentation du vin en ajoutant 2 à 3 kil. de sucre par hectol. peut donner aussi de bons résultats.

Graisse. — Cette maladie, due au défaut de tannin des vins, sévit surtout sur les vins blancs du Centre et du Nord. Le vin qui en est atteint coule comme de l'huile. Pour guérir un vin gras, ajouter 10 à 15 gr. de tannin dissous dans l'alcool, par hectol. L'aération du liquide par une agitation quelconque lui fait perdre son aspect huileux; on soutire par exemple sur de la paille de seigle placée dans l'entonnoir; malheureusement, cet aspect revient souvent.

Pousse. — Attaque souvent les vins de Bourgogne. Elle se produit sous l'action d'un ferment anaérobie qui décompose le sucre non transformé en alcool. C'est sous l'action des fortes chaleurs, des orages ou de changements brusques de température que se développe la pousse. On ne peut espérer guérir que les vins encore peu atteints et cela en y ajoutant une certaine quantité d'acide tartrique, chauffant et collant après.

Fleurs de vin. — Ces fleurs sont dues à un petit champignon blanchâtre qui se développe à la surface du vin, au contact de l'air, et communique au vin le goût d'évent. Elles sont généralement le prélude de l'acescence. Pour éviter leur développement tenir le vin bien ouillé et bouché, pour empêcher le contact de l'air; lorsqu'elles se sont développées, les chasser en faisant déverser les bouteilles.

Vins plats, instabilité de la couleur. — Défaut contraire au précédent, dû à un manque d'acide. On ajoute de l'acide tannique ou tartrique. Les vins peu acides ont une couleur peu stable, témoin le Jacquez. Pour fixer cette couleur, on emploie l'acide tartrique, et l'on détermine comme suit la quantité à employer : Prendre 6 échantillons d'un litre du vin à traiter; ajouter 0 gr. 5, 1 gr., 1 gr. 5, 2 gr., 2 gr. 5, 3 gr. d'acide tartrique et, après avoir bouché et agité, laisser reposer 8 jours. Ce temps écoulé, verser une petite quantité de vin de chacun des échantillons sur des assiettes blanches et le laisser à l'air pendant quelques heures : si la couleur se maintient limpide dans tous les échantillons, c'est que la dose minima de 0 gr. 5 est suffisante ; si la couleur se maintient dans quelques échantillons et change pour les autres, on adopte la dose du premier échantillon limpide.

Fermentations incomplètes. — Vins troubles. — Vins sucrés. — Pour des causes diverses, il reste quelquefois dans le vin une certaine quantité de sucre à transformer en alcool et qui peut donner naissance, plus tard, à des fermentations secondaires troublant le liquide primitivement limpide. Pour éviter ces inconvénients, il suffit de faire refermenter le vin en y ajoutant une certaine quantité de dépôt frais, de préférence de dépôt de vin blanc. Maintenir une température de 20° en chauffant la vinée; coller fortement après fermentation et soutirer aussitôt. Pour les petits vins on peut ajouter 2 à 3 kilos de sucre pour activer la fermentation.

Astringence. — Défaut spécial aux vins riches en tanin; le seul remède efficace est le collage plusieurs fois répété.

Vendanges soufrées. — Si le soufrage est exécuté trop tardivement, une certaine quantité de soufre est introduite dans la cuve et donne naissance à de l'acide sulfhydrique qui communique au vin une odeur très désagréable. Pour éviter cet inconvénient, quand on a des raisins soufrés, les placer dans un récipient percé à sa partie inférieure et verser dessus un certain volume de moût, de façon à les baigner complètement. Le liquide s'empare du soufre et on l'en débarrasse par 2 ou 3 décantages successifs : le moût étant plus dense que le soufre, ce dernier monte à la surface.

Vins de vignes mildiousées. — Leur constitution laissant à désirer, ils se conservent mal. Il convient de les soutirer fréquemment et toujours dans des fûts rincés à l'eau bouillante et méchés. Mais le mieux est de les chauffer. On les coupera avantageusement avec des vins riches en tanin.

Vins cassés. — Les vins peu alcooliques provenant de vendanges défectueuses ou de vignes malades se troublent souvent au soutirage, et leur aspect nuageux les rend impropres à la vente : on dit qu'ils sont cassés. Pour prévenir cet accident, on ajoutera à la vendange, au moment de la fermentation une petite quantité de sucre. Le vin cassé sera traité comme dans le cas de la tourne et on le collera légèrement.

Vins éventés. — Quand le goût d'évent est peu marqué, il suffit de soutirer dans un tonneau frais et méché. Si, au contraire, il est très prononcé, il faut couper le vin éventé avec un produit alcoolique, soutirer et coller.

On prévient le goût d'évent dans les fûts au moyen de l'ouillage et dans les bouteilles en les tenant couchées horizontalement.

Vin qui fermente. — On arrête la fermentation en soutirant quelques litres du tonneau et en méchant sur bonde; si cela ne suffit pas, on soutire dans un fût fortement méché.

Vin roussi. — Altération de la couleur des vins blancs au moment des soutirages. Les vins sujets à cet accident seront soutirés à l'abri de l'air au siphon ou à la pompe. Comme remède préventif on donnera un léger collage au premier soutirage. Le même traitement préventif donnera de bons résultats sur le vin déjà roussi.

Vin usé. — Un vin qui a perdu ses qualités par excès de vieillesse peut être rajeuni en le passant sur des lies bien fraîches ou encore sur de la vendange fraîche.

Vin plombé. — On dit qu'un vin est plombé quand sa couleur rouge est devenue noirâtre. On remédie à cet accident en ajoutant au vin assez d'acide tartrique pour rétablir sa teinte normale, ou encore 20 à 25 gr. d'œnotanin par hectol.

Apreté. — Défaut dû à une trop grande acidité. On l'évite par l'égrappage, le cuvage rapide et le sucrage. De fréquents soutirages et d'énergiques collages le corrigent.

Vin blanc qui jaunit. — On remédie au jaunissement anormal d'un vin blanc en ajoutant 25 gr. de tanin par hectol. puis en collant. Le soutirage doit se faire à l'abri de l'air, et le tonneau être toujours très exactement plein.

Vin blanc qui noircit. — On empêche le noircissement du vin blanc en ajoutant de l'alcool bon goût et en méchant légèrement. Le collage est également tout indiqué.

Si le vin est pauvre en tanin, on peut ajouter de 5 à 8 gr. par hectol.

Vin blanc qui rougit. — Par le méchage, on arrive généralement à blanchir ces vins ; si cette opération est insuffisante on la complètera par un collage énergique.

VASES VINAIRES

Le vases vinaires doivent être l'objet de soins intelligents de la part des vignerons ; de leur bon entretien dépend souvent la parfaite conservation du vin.

Fûts neufs. — Les fûts neufs ont besoin d'être soumis à une préparation particulière avant d'entrer en service. Les bois de chêne et de châtaignier qui servent à leur confection contiennent des matières odorantes spéciales qui peuvent communiquer un mauvais goût au vin. Pour affranchir les fûts de cet inconvénient, il suffit de les rincer à l'eau chaude dans laquelle on fait dissoudre 1 kil. de sel marin par hectol. d'eau. On laisse cette eau séjourner 24 heures, après quoi l'on rince à grande eau. Dans les grandes caves on emploie la vapeur qui remplace avantageusement les lavages à eau froide.

Conservation des fûts. — Pour conserver les fûts en bon état, il suffit, lorsqu'ils sont vides, de les bien laver, d'y introduire la chaîne ou la brosse afin d'enlever les matières qui se sont déposées sur les parois et de rincer à plusieurs eaux. Quand le fût est sec, on soufre à raison de 0,02 cent. de mèche par hectol, et on ferme ensuite hermétiquement. Au moment de se servir de ce tonneau, on aère et on lave à grande eau.

Futailles moisies. — Les futailles ouvertes exposées à l'air humide ne tardent pas à se couvrir de champignons qui leur donnent une odeur de moisi plus ou moins prononcée. On remédie à cela par les moyens suivants : 1° Quand le goût est faible, on l'enlève par un rinçage énergique avec une dissolution au 1/10 d'acide sulfurique, après quoi on lave à grande eau. 2° Si l'intérieur est tapissé de moisissure on rince avec 5 litres d'eau bouillante dans laquelle on a fait dissoudre 60 gr. de bisulfate de chaux. On laisse sécher 24 heures, puis on rince de nouveau avec 5 litres d'eau chaude additionnée de 250 gr. de sel marin.

Désinfection des fûts. — Le nettoyage des fûts et la désinfection à l'aide de l'eau bouillante par les procédés courants ne sont pas absolus, car l'eau baisse subitement de température. Pour obvier à cet inconvénient, M. Vermorel a imaginé un autoclave à désinfection qui donne les meilleurs résultats et enlève tous les mauvais goûts contractés par les fûts.

Décoloration des fûts. — 1° **Fûts neufs**. — Pour 1 hectol., on fait un 1er lavage avec 10 litres d'eau bouillante dans laquelle on met 500 gr. de lessive de soude à 35° ; un 2e avec 10 litres d'eau contenant 500 gr. d'acide chlorhydrique ; un 3e avec 20 litres environ d'eau chaude ; un 4e avec 20 litres d'eau froide ; un 5e avec 5 ou 6 litres d'alcool bon goût que l'on recueille ensuite.

2° Fûts usagés. — Pour décolorer les fûts qui ont déjà servi on emploie les mêmes moyens. Pour les grands foudres, on doit d'abord procéder au détartrage à l'aide d'une raclette; on projette ensuite contre les parois, de l'eau contenant 5 % d'acide chlorhydrique; puis de l'eau contenant 10 % de soude, à raison de 100 litres par foudre de 100 hectol. Ces lavages faits, on brosse fortement l'intérieur, puis on rince jusqu'à ce que l'eau sorte claire.

Jaugeage des fûts en vidange. — On peut évaluer la quantité de liquide qui reste dans un fût en vidange à l'aide de tables spéciales faites pour des contenances variant de 10 litres en 10 litres depuis 25 litres jusqu'à 2.000 litres de capacité. Nous reproduisons la table correspondant aux fûts de 200 litres.

Table des fûts de 220 litres.

MOUILLÉ	HAUTEUR DES FUTS A LA BONDE								
	0.58	0.59	0.60	0.61	0.62	0.63	0.64	0.65	0.66
	litres	litres	litres	litres	litres	litres	litres	litres	litres
0.01	0	0	0	0	0	0	0	0	0
0.02	1	1	1	1	1	1	1	1	1
.....									
0.23	79	77	76	74	72	70	69	67	65
0.24	84	82	81	79	77	75	73	71	70
0.25	89	87	85	83	82	80	78	76	74
0.26	94	92	90	88	86	84	82	80	78
0.27	99	97	95	93	91	89	87	84	82
0.28	104	102	100	98	96	94	91	89	87
0.29	110	107	105	103	100	98	96	93	91
0.30	116	113	110	108	105	103	101	98	96
0.31	121	118	115	112	110	108	105	102	100
0.32	126	123	120	117	115	112	110	107	105
0.33	131	128	125	122	120	117	115	113	110
0.34	136	133	130	127	124	122	119	118	115
0.35	141	138	135	132	129	126	124	124	120
.....									
0.65									220

Pour se servir de cette table, on enfonce verticalement par la bonde une règle graduée en centimètres. On lit : 1° la profondeur du liquide d'après la longueur mouillée; la hauteur totale du fût à la bonde, et on a ainsi les éléments de recherche.

Ceux qui ne possède pas le *Carnet de recensement* qui renferme ces tables, pourront se servir de la table suivante qui donne des résultats assez approximatifs :

$\dfrac{p}{D}$	VOLUME du liquide restant, la contenance totale du tonneau étant 1
1.0	1.000
0.9	0.950
0.8	0.860
0.7	0.750
0.6	0.630
0.5	0.500
0.4	0.370
0.3	0.250
0.2	0.140
0.1	0.050

p est la profondeur du liquide restant.

D, la hauteur du fût à la bonde.

$\dfrac{p}{D}$ le quotient des deux nombres

Pour avoir le volume restant, il suffira de multiplier la fraction qui en face de ce quotient par le volume total du fût.

On peut encore opérer comme suit : on détermine d'abord la contenance totale du tonneau, puis on le dresse sur un fond. On mesure la hauteur du liquide restant et l'on marque son niveau extérieurement. 3 cas peuvent se présenter :

1° *Le liquide atteint la moitié*; sa contenance est donc la moitié de celle du tonneau.

2° *Il n'atteint pas la moitié.* — On mesure les circonférences extérieures du tonneau à la hauteur du liquide et au bouge. Avec ces données, on trouve les diamètres de chacune de ces circonférences. Alors on calcule la contenance d'un tonneau ayant même diamètre, un diamètre de fond égal à celui de la circonférence occupée par le liquide et une hauteur égale à la différence entre la hauteur totale du tonneau, moins la double hauteur du liquide. La contenance trouvée est déduite de la contenance du tonneau et le reste est divisé par 2. Le chiffre obtenu représente le volume restant.

3° *Il dépasse la moitié.* — Comme précédemment, on détermine la hauteur du liquide et les 2 circonférences. On calcule la contenance d'un tonneau ayant les 2 diamètres de ces circonférences et une hauteur égale à la hauteur totale du tonneau, moins la double hauteur du vide restant. Cette contenance ajoutée au volume du vide donne la capacité de la partie remplie.

Principaux vases vinaires de France.

Pots d'Auvergne (ancienne mesure)............	15	Litres.
Demi-bordelaise............................	55 à 57	—
Quartaut de Bourgogne.....................	57	—
Quart de Paris	67	—
Demi-feuillette (Yonne).....................	68	—
Tierçon (Champagne).......................	91	—
Demie-queue (Champagne)...................	108	—

Demi-bordelaise	110 à 114	--
Quartaut de Beaune et Orléans	114	—
Feuillette de Paris	134	—
— de Mâcon	107	—
— de l'Yonne	136	—
Demi-queue bordelaise	201	—
Barrique (Hermitage)	205	—
— (Cognac)	205	—
— (Champagne)	205	—
— (Ile de Ré)	205	—
Pièce (Mâcon)	213	—
Demi-queue (Orléans)	213	—
— (Chalon)	214	—
Barrique Bordelaise	225 à 228	—
— de Beaune	228	—
— de Cahors	228	—
Barrique de Frontignan	228	—
— de la Rochelle	228	—
Tiercerolle du Gard	230	—
Barrique de Tours	232	—
— de Saumur	232	—
— du Cher	245 à 255	—
— de Blois	259	—
Muid de Paris	268	—
— de l'Yonne	272	—
Demi-queue Languedoc	274	—
Barrique de Tavel	277	—
Demi-queue (Saint-Gilles)	289	—
Muid de Bourgogne	297	—
Barrique de Châtelleraut	300	—
— de Paris	402	—
Queue de Bourgogne	456	—
Muid du Languedoc	460	—
— du Rousillon	472	—
Demi-muid (Gard)	550	—
Muid de Montpellier	608	—
Pipe 3/6 Languedoc	650	—
Queue de Paris	804	—

Barême de réduction à l'hectolitre des différentes mesures usitées aux vignobles.

PRIX de l'Hectolitre.	Auvergne Pot de 15 litres.	Mâcon Pièce de 220 litres.	Bordeaux Pièce de 225 litres.	Beaune Pièce de 228 litres.	Cher Pièce de 250 litres.	Roussillon Charge de 120 litres.	Bordelais Tonneau de 920 litres.	Bⁿᵉ Bourg. Muids de 272 litres.
5 f.	0 75	10 75	11 25	11 40	12 50	6 »	45 60	13 60
6	0 90	12 90	13 50	13 68	15 »	7 20	54 72	16 32
7	1 05	15 05	15 75	15 96	17 55	8 40	63 84	19 04
8	1 20	17 20	18 »	18 24	20 »	9 60	72 96	21 76
9	1 35	19 35	20 25	20 52	22 00	10 80	82 08	24 48
10	1 50	21 50	22 50	22 80	25 »	10 »	91 20	27 20
11	1 65	23 60	24 75	23 08	27 50	13 20	100 32	29 92
12	1 80	25 80	27 »	27 36	30 »	14 40	109 44	32 64
13	1 95	27 95	29 25	29 64	32 50	15 60	118 56	35 36
14	2 10	30 10	31 50	31 92	35 »	16 80	127 68	38 08
15	2 25	32 25	33 75	34 20	37 50	18 »	136 80	40 80
16	2 40	34 40	36 »	36 48	40 »	19 20	145 92	43 52
17	2 55	36 55	38 25	38 76	42 50	20 40	155 04	46 24
18	2 70	38 70	40 50	41 04	45 »	21 60	164 16	48 96
19	2 85	40 85	42 75	43 32	47 50	22 80	173 28	51 68
20	3 »	43 »	45 »	45 60	50 »	24 »	182 40	54 40
21	3 15	45 15	47 25	47 88	52 50	25 20	191 52	57 12
22	3 30	47 30	49 55	50 16	55 »	26 40	200 64	59 84
23	3 45	49 45	51 70	52 44	57 50	27 60	209 76	62 56
24	3 60	51 60	54 »	54 72	60 »	28 80	218 88	65 28
25	3 75	53 75	56 25	57 »	62 50	30 »	228 »	68 »
26	3 90	55 90	58 50	59 28	65 »	31 20	237 12	70 72
27	4 05	58 05	60 75	61 56	67 50	32 40	246 24	73 44
28	4 20	60 20	63 »	63 84	70 »	33 60	255 36	76 16
29	4 35	62 35	63 35	66 12	72 50	34 80	264 48	78 88
30	4 50	64 50	67 50	68 40	75 »	36 »	273 60	81 60
31	4 65	66 65	69 75	70 68	77 50	37 20	282 72	84 32
32	4 80	68 80	72 »	72 96	80 »	38 40	291 84	87 04
33	4 95	70 95	74 25	75 24	82 50	39 60	300 96	89 76
34	5 10	73 10	76 50	77 52	85 »	40 80	310 08	92 48
35	5 25	75 25	78 75	79 80	87 50	42 »	319 20	95 20
36	5 40	77 40	81 »	82 08	90 »	43 20	328 32	97 92
37	5 55	79 55	83 25	84 36	92 50	44 40	337 44	100 64
38	5 70	81 70	85 50	86 84	95 »	45 60	346 56	103 36
39	5 85	83 85	87 75	88 92	97 50	46 80	355 68	106 08
40	6 »	86 »	90 »	91 20	100 »	48 »	364 80	108 80
41	6 15	88 15	92 25	93 48	102 50	49 20	373 92	111 52
42	6 30	90 30	94 50	95 77	105 »	50 40	303 04	114 24

PRIX de l'Hectolitre.	Auvergne Pot de 15 litres.	Mâcon Pièce de 220 litres.	Bordeaux Pièce de 225 litres.	Beaune Pièce de 228 litres.	Chez Pièce de 250 litres.	Roussillon Charge de 120 litres.	Bordelais Tonneau de 912 litres.	Bᵉ Bourg. Muids de 272 litres.
43	6 45	92 45	96 75	98 04	107 50	51 60	392 16	116 96
44	6 60	94 60	99 »	100 32	110 »	52 80	401 28	119 68
45	6 75	96 75	101 20	102 60	112 50	54 »	410 48	122 40
46	6 90	98 90	103 50	104 88	115 »	55 20	419 52	125 12
47	7 05	101 05	106 75	107 16	117 50	56 40	428 64	127 84
48	7 20	103 20	108 »	109 44	120 »	57 60	437 76	130 56
49	7 35	105 35	110 25	111 72	122 50	58 80	446 88	133 28
50	7 50	107 50	112 50	114 »	125 »	60 »	466 »	136 »
51	7 65	109 65	114 75	116 28	127 50	61 20	465 12	138 72
52	7 80	111 80	117 »	118 56	130 »	62 40	474 24	141 44
53	7 95	113 95	119 25	120 84	132 50	63 60	483 36	144 16
54	8 10	116 10	121 50	123 12	135 »	64 80	492 48	146 88
55	8 25	118 25	123 75	125 40	137 50	66 »	501 60	149 60
56	8 40	120 40	126 »	127 68	140 »	67 20	510 72	152 32
57	8 55	122 55	128 25	129 96	142 50	68 50	519 84	155 04
58	8 70	124 70	130 50	132 24	145 »	69 60	528 96	157 76
59	8 85	126 85	132 75	134 52	147 50	70 80	538 00	160 48
60	9 »	129 »	135 »	136 80	150 »	72 »	547 20	163 20
61	9 15	131 15	137 25	139 08	152 50	73 20	556 32	165 92
62	9 30	133 30	139 50	141 36	155 »	74 40	565 44	168 64
63	9 45	135 45	141 75	143 64	157 50	75 50	574 56	171 36
64	9 60	137 60	144 »	145 92	160 »	76 80	583 68	174 08
65	9 75	139 75	146 25	148 20	162 50	77 »	592 80	176 80
66	9 90	141 90	148 50	150 48	165 »	79 20	601 92	179 52
67	10 05	143 05	150 75	152 76	167 50	80 40	611 04	182 24
68	10 20	145 20	153 »	155 04	170 »	81 60	620 16	184 96
69	10 35	147 35	155 25	157 32	172 50	82 80	629 28	187 68
70	10 50	149 50	158 50	159 60	175 »	84 »	638 40	190 40
71	10 65	151 65	160 75	161 88	177 50	85 20	647 52	193 12
72	10 80	153 80	193 »	164 16	180 »	86 40	656 64	195 84
73	10 95	156 95	165 25	166 44	181 50	87 60	665 76	198 56
74	11 10	159 10	167 50	168 72	185 »	88 80	674 88	201 28
75	11 25	602 25	160 75	171 »	187 50	90 »	684 »	204 »
76	11 40	162 40	172 »	173 28	190 »	91 20	693 12	206 72
77	11 55	164 55	174 25	175 56	192 50	92 40	702 24	209 44
78	11 70	166 70	176 50	177 84	195 »	93 60	711 36	212 16
79	11 85	168 85	178 75	180 12	197 50	94 80	720 48	214 88
80	12 »	171 »	181 »	182 40	200 »	96 »	729 60	217 60
81	12 15	173 15	153 25	184 68	202 50	97 20	738 72	220 32
82	13 30	175 30	185 50	186 96	205 »	98 40	747 84	223 04
83	12 45	277 45	187 75	189 24	207 50	99 60	756 96	225 76

PRIX de l'Hectolitre	Auvergne Pot de 15 litres.	Mâcon Pièce de 220 litres.	Bordeaux Pièce de 225 litres.	Beaune Pièce de 228 litres.	Cher Pièce de 250 litres.	Roussillon Charge de 120 litres.	Bordelais Tonneau de 912 litres.	B⁰ᵉ Bourg. Muids de 272 litres.
84	12 60	176 60	190 »	191 52	210 »	100 80	766 08	228 48
85	12 75	181 75	192 25	193 80	212 50	102 »	775 20	231 20
86	12 90	183 90	194 50	196 08	215 »	103 20	784 32	233 92
87	13 05	186 05	196 75	198 36	217 50	104 40	793 44	236 64
88	13 20	188 20	198 »	200 64	220 »	105 60	802 56	239 36
89	13 35	190 35	200 25	202 92	222 50	106 80	811 68	242 08
90	13 50	192 50	202 50	205 20	225 »	108 »	820 80	244 80
91	13 65	194 65	204 75	207 48	227 50	109 20	829 82	247 52
92	13 80	196 80	207 »	209 76	230 »	110 40	839 04	250 24
93	13 95	198 95	209 25	212 04	232 50	111 60	848 16	252 96
94	14 10	202 10	211 50	214 32	235 »	112 80	857 28	255 68
95	14 25	204 25	213 75	216 60	237 50	114 »	866 40	258 40
96	14 40	206 40	216 »	218 88	240 »	115 20	875 52	261 12
97	14 55	208 55	218 25	221 16	242 50	116 40	884 64	263 84
98	14 70	210 70	220 50	223 44	245 »	117 60	893 76	266 56
99	14 85	212 85	222 75	226 72	247 50	118 80	902 88	269 28
100	15 »	215 »	225 »	228 »	250 »	120 »	912 »	270 »

ANALYSE DU MOUT ET DU VIN

Richesse en sucre. — On emploie pour la connaître les instruments suivants :

L'Aréomètre Baumé ou *Pèse-moût* est un aréomètre qui plonge dan l'eau pure jusqu'au milieu de sa tige où est tracée une division marquée 0. Au-dessous du zéro sont les degrés de l'aréomètre Baumé; au-dessus, ceux du pèse-esprit de Cartier. La première échelle indique de combien la densité du moût non fermenté surpasse celle de l'eau; la seconde donne les changements de densité dus à la production de l'alcool par la fermentation.

Les divisions de l'aréomètre Baumé représentent approximativement la proportion d'alcool qu'aura le vin après la fermentation. Un moût pesant 10° donnera à peu près 10 % d'alcool. Mais cet instrument n'est pas très exact.

Glucomètre Guyot. — Porte 3 divisions : l'une est celle de Baumé, la seconde donne le nombre de grammes de sucre contenu dans un litre de moût, la troisième fait connaître quelle sera la richesse alcoolique du vin quand il aura subi la fermentation. Les indications de cet instrument sont également variables.

Mustimètre ou Densimètre Gay-Lussac. — Cet instrument porte l'échelle densimétrique centésimale de Gay-Lussac. La division placée au milieu de l'échelle et marquée 1000 représente le poids de l'eau distillée ; les divisions au-dessus mesurent les densités inférieures, et celles au-dessous les densités supérieures, c'est-à-dire le poids en gramme d'un litre du liquide expérimenté.

On aura de préférence recours à cet instrument plus précis que les précédents.

Voici d'après M. Salleron, la façon de s'en servir :

« Pour essayer un moût de raisin, on écrase quelques grappes de raisin au-dessus d'une capsule, on filtre le jus au travers d'un linge, on le reçoit dans une éprouvette, on y plonge successivement le mustimètre et un thermomètre, et l'on note l'indication de ces instruments : soit 1065 le degré lu sur l'échelle du mustimètre, et 18° la température indiquée par le thermomètre. On cherche dans le tableau ci-dessous quelle correction il faut faire subir à l'indication du mustimètre pour la ramener à ce qu'elle serait si la température du moût était 15 degrés.

Tableau I

Correction de la densité du moût suivant sa température

TEMPÉRATURES	CORRECTIONS	TEMPÉRATURES	CORRECTIONS
10	— 0.6	21	+ 1.1
11	— 0.5	22	+ 1.3
12	— 0.4	23	+ 1.6
13	— 0.3	24	+ 1.8
14	— 0.2	25	+ 2.0
15	0	26	+ 2.3
16	+ 0.1	27	+ 2.6
17	+ 0.3	28	+ 2.8
18	+ 0.5	29	+ 3.1
19	+ 0.7	30	+ 3.4
20	+ 0.9		

Exemple : Le moût est pesé à la température de 18° ; le mustimètre marque 1065 ; la première table indique qu'il faut *ajouter* 0,5 à l'indication du mustimètre, de sorte que le poids du moût, à la température normale de + 15°, est 1065,5. Si la température, au lieu de 18°, était 12°, la correction — 0,4 indiquée par la table devrait être *retranchée* de 1065, qui deviendrait alors 1064,6.

Avec la densitée corrigée 1065,5 on cherche dans la table *des Richesses saccharine et alcoolique du moût* (voir p. 658) quel est le poids du sucre contenu dans un litre de moût, et quel sera le degré alcoolique qu'aura le vin après la fermentation.

La première colonne de ce tableau représente la densité du moût, c'est-à-dire l'indication du mustimètre.

La seconde colonne indique les valeurs correspondantes des degrés de l'aréomètre Baumé ou gleuco-œnomètre et de ceux du densimètre de Gay-Lussac ou mustimètre.

La troisième colonne donne le poids du sucre de raisin que contient un litre de moût.

La quatrième correspond à la richesse alcoolique qu'aura le vin fait après la fermentation , en admettant que la totalité du sucre fermente, ce qui n'arrive pas toujours, ainsi que nous l'avons dit plus haut; aussi ne poussons-nous pas cette richesse alcoolique au-delà de 14°, car il est rare qu'une fermentation normale dépasse cette limite.

La cinquième colonne fait connaître le poids de sucre cristallisé pur qu'il faut ajouter à un litre de moût pour que le vin contienne, après la fermentation, 10° d'alcool.

Enfin, la sixième colonne fait connaître la quantité d'eau que doit recevoir chaque litre de moût pour le ramener à la densité normale, 1,075 (10° Baumé).

En nous rapportant à l'exemple cité plus haut, nous trouvons :

1° Que le moût pèse 1.065 gr. le litre, ce qui correspond à 8°, 8 gleuco-œnomètre ;

2° Qu'il contient 143 gr. de sucre de raisin par litre ;

3° Que ce sucre fournira, après sa fermentation, 8°, 4 d'alcool ; ce qui veut dire que le vin fait contiendra 8 litres et 4 décilitres d'alcool pur par hectol. ;

4° Qu'il convient d'ajouter au moût 27 gr. de sucre cristallisé pur par litre, pour que le vin contienne 10 % d'alcool.

Si, choisissant un autre exemple, nous pesons un moût de vin très sucré et que la densité, ramenée à la température de 15°, soit 1.100, nous dirons :

1° Le moût pèse 1.100 gr. le litre, ce qui correspond à 13°, 1 Baumé ;

2° Il contient 236 gr. de sucre par litre ;

3° La richesse alcoolique serait 13°,9 si tout le sucre se transformait en alcool et en acide carbonique ; mais cette forte proportion d'alcool pouvant faire craindre que le ferment ne soit détruit avant l'achèvement complet de la fermentation, il est nécessaire de recourir à une addition d'eau, et 0 lit., 33 indique qu'il faut verser sur la vendange 0 lit., 33 d'eau par litre de moût, afin de ramener ce dernier à la densité 1.075 (10° Baumé).

Richesse saccharine et alcoolique du moût de raisin

Densité ou degrés du Mustimètre	Degrés de l'aréomètre Baumé	Grammes de sucre par litre de moût	Richesse alcoolique du vin fait.	Sucre cristallisable qu'il faut ajouter à l litre de moût pour obtenir du vin à 10°/₀ d'alcool.	Eau qu'il faut ajouter à l litre de moût pour le ramener à la densité 1075 (10° Baumé).
1050	6.9	0k103	6.0	0k068	
1051	7.0	0.106	6.2	0.065	
1052	7.1	0.108	6.3	0.063	
1053	7.2	0.111	6.5	0.059	
1054	7.4	0.114	6.7	0.056	
1055	7.5	0.116	6.8	0.054	
1056	7.6	0.119	7.0	0.051	
1057	7.8	0.122	7.2	0.048	
1058	7.9	0.124	7.3	0.046	
1059	8.0	0.127	7.5	0.042	
1060	8.1	0.130	7.6	0.041	
1061	8.3	0.132	7.8	0.037	
1062	8.4	0.135	7.9	0.036	
1063	8.5	0.138	8.1	0.032	
1064	8.6	0.140	8.2	0.031	
1065	8.8	0.143	8.4	0.027	
1066	8.9	0.146	8.6	0.024	
1067	9.0	0.148	8.7	0.022	
1068	9.2	0.151	8.9	0.019	
1069	9.3	0.154	9.0	0.017	
1070	9.4	0.156	9.2	0.013	
1071	9.5	0.159	9.3	0.012	
1072	9.7	0.162	9.5	0.008	
1073	9.8	0.164	9.6	0.007	
1074	9.9	0.167	9.8	0.003	litre
1075	10.0	0.170	10.0		0.01
1076	10.2	0.172	10.1		0.02
1077	10.3	0.175	10.3		0.04
1078	10.4	0.178	10.5		0.05
1079	10.5	0.180	10.6		0.06
1080	10.7	0.183	10.8		0.08
1081	10.8	0.186	10.9		0.09
1082	10.9	0.188	11.0		0.10
1083	11.0	0.191	11.2		0.12
1084	11.1	0.194	11.4		0.13
1085	11.3	0.196	11.5		0.14
1086	11.4	0.199	11.7		0.16
1087	11.5	0.202	11.9		0.17
1088	11.6	0.204	12.0		0.18
1089	11.7	0.207	12.2		0.20
1090	11.9	0.210	12.3		0.21
1091	12.0	0.212	12.5		0.22
1092	12.1	0.215	12.6		0.24
1093	12.3	0.218	12.8		0.25
1094	12.4	0.220	12.9		0.26
1095	12.5	0.223	13.1		0.28
1096	12.6	0.226	13.3		0.29
1097	12.7	0.228	13.4		0.30
1098	12.9	0.231	13.6		0.31
1099	12.0	0.234	13.8		0.32
1100	13.1	0.236	13.9		0.33

Richesse saccharine et alcoolique du moût de raisin (suite)

Densités ou degrés du Mustimètre.	Degrés de l'aréomètre de Baumé.	Grammes de sucre par litre de moût.	Eau qu'il faut ajouter à un litre de moût pour le ramener à la densité 1075 (10° Baumé).
		kil.	litre
1101	13.2	0.239	0.34
1102	13.3	0.242	0.36
1103	13.5	0.244	0.37
1104	13.6	0.247	0.38
1105	13.7	0.250	0.40
1106	13.8	0,252	0.41
1107	13.9	0.255	0.42
1108	14.0	0.258	0.43
1109	14.2	0.260	0.45
1110	14.3	0.263	0.46
1111	14.4	0.266	0 48
1112	14.5	0.268	0.49
1113	14.6	0.271	0.50
1114	14.7	0.274	0.52
1115	14.8	0.276	0.53
1116	15.0	0.279	0.54
1117	15.1	0.282	0.56
1118	15.2	0.284	0.57
1119	15.3	0.287	0.59
1120	15.4	0.290	0.60
1121	15.5	0.292	0.61
1122	15.6	0.295	0.62
1123	15.7	0.298	0.64
1124	15.9	0.300	0.65
1125	16.0	0.303	0.66
1126	16.1	0.306	0.68
1127	16.2	0.308	0.69
1128	16.3	0.311	0.70
1129	16.5	0.314	0.72
1130	16.6	0.316	0.73
1131	16.7	0.319	0.74
1132	16.8	0.322	0.76
1133	16.9	0.324	0.77
1134	17.0	0.327	0.78
1135	17.2	0.330	0.80
1136	17.3	0.332	0.81
1137	17.4	0.335	0.82
1138	17.5	0.338	0.84
1139	17.6	0.340	0.85
1140	17.7	0.343	0.86
1141	17.8	0.346	0.88
1142	17.9	0.348	0.89
1143	18.0	0.351	0.90
1144	18.1	0.354	0.92
1145	18.2	0.356	0.93
1146	18.4	0.359	0.94
1147	18.5	0.362	0.96
1148	18.6	0.364	0.97
1149	18.7	0.367	0.98
1150	18.8	0.370	1.00

Dosage chimique du sucre de raisin.

Cette méthode permet de déterminer exactement la teneur en sucre d'un moût ; elle repose sur l'action réductrice que le sucre exerce sur les sels de cuivre. On emploie pour cette analyse la liqueur de Fehling, qu'on prépare comme suit :

On fait une première dissolution composée de : 34 gr. 64 de sulfate de cuivre cristallisé sec et pur et 140 gr. d'eau ; puis une seconde dissolution renfermant 187 gr. de tartrate de soude et de potasse (sel de seignette pur), 500cc, lessive de soude caustique à 24° Baumé. On mélange les deux dissolutions et on complète, avec de l'eau distillée, le volume de 1 litre à la température de 15° C.

10cc de cette liqueur sont décolorées par 0 gr. 05 de glucose ou de sucre de raisin et 0 gr. 0475 de sucre de canne.

Nous empruntons à la notice de M. Salleron le paragraphe suivant :

« On choisit quelques grappes de raisin dont l'état de maturité représente, aussi bien que possible, la composition moyenne de la vendange ; on les écrase au-dessus d'une capsule, on filtre le moût et l'on en mesure, au moyen d'une pipette, 0,10 centimètres cubes qu'on verse dans un ballon dont le col porte un trait gravé représentant la capacité de 250 centimètres cubes ; on remplit le ballon jusqu'au trait avec de l'eau, on agite en retournant le ballon sens dessus dessous, après en avoir fermé le col avec le doigt, et l'on obtient ainsi un liquide contenant 25 fois moins de sucre que le moût.

On remplit une burette jusqu'à la division 0 avec le moût ainsi étendu d'eau ; on verse dans une capsule reposant sur l'anneau un support, 10 centimètres cubes de liqueur de Fehling exactement mesurés au moyen d'une pipette ; on y ajoute une quantité à peu près égale d'eau distillée, ainsi que deux ou trois pastilles de potasse caustique ; on allume la lampe et on chauffe la capsule jusqu'à ce que la liqueur bleue entre en ébullition ; à ce moment on tourne légèrement la clef de la burette et on laisse couler goutte à goutte le liquide sucré dans la capsule.

La liqueur bleue ne tarde pas à changer d'apparence ; sous l'action du sucre il se forme un nuage verdâtre, puis jaune orangé, qui se précipite ensuite sous forme de poudre rouge[1]. En agitant le mélange au moyen d'une baguette de verre, on remarque bientôt que la couleur bleue, laissant voir, par transparence, le fond rougi de la capsule, paraît violacée ; si l'on éloigne la lampe pendant quelques instants pour faire cesser l'ébullition, le précipité rouge se rassemble au fond de la capsule ; on peut voir alors que la couche de liquide de la capsule conserve une couleur bleue, mais beaucoup plus claire. On verse de nouveau quelques gouttes de liquide sucré, en ayant soin de faire

---

1. Oxydule rouge de cuivre.

bouillir le liquide et en agitant avec la baguette de verre ; on remarque enfin, après quelques instants de repos, que la teinte bleue disparaît complètement.

La disparition complète de toute couleur bleue constituant le terme de l'opération, doit être saisie avec une grande exactitude ; il importe dès lors, non seulement de l'atteindre entièrement, mais aussi de ne pas la dépasser ; il ne faut donc verser les dernières gouttes de liquide sucré qu'avec précaution, en vérifiant, après chaque addition, l'apparence de la capsule. On constate la fin de l'opération quand les contours de la capsule, ayant perdu toute nuance bleuâtre, sont incolores et n'ont pas encore atteint une coloration jaune clair d'abord, puis jaune d'or, car il ne faut jamais pousser jusqu'à la couleur jaune même la plus claire. Ajoutons que l'opération doit être conduite assez lestement : il ne faut pas trop attendre, entre chaque addition de liqueur sucrée, ni interrompre trop longtemps l'ébullition, car, en se refroidissant, le mélange contenu dans la capsule peut redissoudre du cuivre et reprendre une coloration bleuâtre qui fausserait le résultat de l'analyse.

On note, sur la division de la burette, le volume de liquide sucré qu'il a fallu verser dans la capsule pour obtenir la décoloration des 0,10 centimètres cubes de liqueur de Fehling ; supposons que ce soit 8cc,4 ; on cherche dans la première colonne verticale de la Table (DOSAGE DU SUCRE PAR L'ANALYSE CHIMIQUE) le chiffre 8cc,4, et dans la seconde colonne, portant le titre *Sucre de raisin, grammes par litre*, on trouve 5,95, ce qui veut dire que le liquide sucré qu'on a versé dans la capsule contient 5 gr. et 95 centigr. de sucre de raisin par litre : mais nous nous rappelons que ce liquide est 25 fois moins sucré que le moût, puisque ce dernier a été étendu de 25 fois son volume d'eau : par suite, il faut multiplier 5 gr. 95 par 25, ce qui donne 148 gr. 75 pour le poids du sucre contenu dans un litre de moût.

Nous conseillons de retrancher de tous les résultats fournis par l'analyse chimique le poids de 1 gr. 5 de sucre, que nous appellerons *action de la matière réductrice*. De sorte que les 148 gr. 75 que nous a fourni l'exemple précédent étant diminués de 1 gr. 5, il nous reste 147 gr. 25 de sucre fermentescible et utilisable par litre de moût.

Dosage du sucre par l'analyse chimique.

(10^{cc} liqueur de Fehling = 0 gr. 05 glucose ou 0 gr. 0475 de sucre cristallisable.)

Nombre de cent. cubes de liqueur sucrée	Glucose ou sucre de raisin, grammes par litre.	Sucre de canne, grammes par litre.	Nombre de cent. cubes de liqueur sucrée	Glucose ou sucre de raisin, grammes par litre.	Sucre de canne, grammes par litre.
0.50	100.00	95.00	4.0	12.50	11.87
0.55	90.91	86.36	4.1	12.19	11.58
0.60	83.33	79.17	4.2	11.90	11.31
0.65	76.92	73.08	4.3	11.63	11.05
0.70	71.26	67.86	4.4	11.36	10.79
0.75	66.67	63.33	4.5	11.11	10.56
0.80	62.50	59.37	4.6	10.87	10.33
0.85	58.82	55.88	4.7	10.64	10.11
0.90	55.55	52.78	4.8	10.42	9.89
0.95	52.63	50.00	4.9	10.20	9.69
1.0	50.00	47.50	5.0	10.00	9.50
1.1	45.45	43.18	5.1	9.80	9.31
1.2	41.67	39.58	5.2	9.61	9.13
1.3	38.46	36.54	5.3	9.43	8.96
1.4	35 71	33.93	5.4	9.26	8.80
1.5	33.33	31.67	5.5	9.09	8.64
1.6	31.25	29.69	5.6	8.93	8.48
1.7	29.41	27.94	5.7	8.77	8.33
1.8	27.78	26.39	5.8	8.62	8.19
1.9	26.32	25.00	5.9	8.47	8.05
2.0	25.00	23.75	6.0	8.33	7.92
2.1	23.81	22.62	6.1	8.20	7.79
2.2	22.73	21.59	6.2	8.06	7.66
2.3	21.74	20.65	6.3	7.94	7.54
2.4	20.83	19.79	6.4	7.81	7.42
2.5	20.00	19.00	6.5	7.69	7.34
2.6	19.23	18.27	6.6	7.57	7.20
2.7	18.52	17.59	6.7	7.46	7.09
2.8	17.86	16.96	6.8	7.35	6.98
2.9	17.24	16.38	6.9	7.25	6.88
3.0	16.67	15 83	7.0	7.14	6.78
3.1	16.13	15.32	7.1	7.04	6.69
3.2	15.62	14.84	7.2	6.94	6.60
3.3	15.15	14.39	7.3	6.85	6.51
3.4	14.71	13.97	7.4	6.76	6.42
3.5	14.29	13.57	7.5	6.67	6.33
3.6	13.89	13.19	7.6	6.58	6.25
3.7	13.51	12.84	7.7	6.49	6.17
3.8	13.16	12.50	7.8	6.41	6.09
3.9	12.82	12.18	7.9	6.33	6.01

Nombre de cent. cubes de liqueur sucrée	Glucose ou sucre de raisin, grammes par litre	Sucre de canne, grammes par litre.	Nombre de cent. cubes de liqueur sucrée	Glucose ou sucre de raisin, grammes par litre	Sucres de canne, grammes par litres.
8.0	6.25	5.94	12.0	4.17	3.96
8.1	6.17	5.86	12.1	4.13	3.92
8.2	6.10	5.79	12.2	4.10	3.89
8.3	6.02	5.72	12 3	4.06	3.86
8.4	5.95	5.65	12.4	4.03	3.83
8.5	5.88	5.59	12.5	4.00	3.80
8.6	5.81	5.52	12.6	3.97	3.77
8.7	5.75	5.46	12.7	3.94	3.74
8.8	5.68	5.40	12.8	3.91	3.71
8.9	5.62	5.34	12 9	3.88	3.68
9.0	5 55	5.28	13.0	3.85	3.65
9.1	5.49	5 22	13.1	3.82	3.63
9.2	5.43	5.16	13.2	3.79	3.60
9.3	5.38	5.11	13.3	3.76	3.57
9.4	5.32	5.05	13.4	3.73	3.54
9.5	5.26	5.00	13 5	3.70	3.52
9.6	5.21	4.95	13.6	3.68	3.49
9.7	5.15	4.90	13.7	3.65	3.47
9.8	5.10	4.85	13.8	3.62	3.44
9.9	5.05	4.80	13.9	3.60	3.42
10.0	5.00	4.75	14.0	3.57	3.39
10.1	4.95	4.70	14.1	3 55	3.37
10.2	4.90	4.66	14.2	3.52	3.34
10.3	4.85	4.61	14.3	3.50	3.32
10.4	4.81	4.57	14.4	3.47	3.30
10.5	4.76	4.52	14.5	3.45	3.27
10.6	4 72	4.48	14.6	3.42	3.25
10.7	4.67	4.44	14.7	3.40	3.23
10.8	4.63	4.40	14.8	3.38	3.21
10.9	4.59	4.36	14.9	3.35	3.19
11.0	4.54	4.32	15.0	3.33	3.17
11.1	4.50	4.27	15.1	3.31	3.14
11.2	4.46	4.24	15.2	3.29	3.12
11.3	4.42	4.20	15.3	3.27	3.10
11.4	4.39	4.17	15.4	3.25	3.08
11.5	4.35	4.13	15.5	3.22	3.06
11.6	4.31	4.09	15.6	3.20	3.04
11.7	4.27	4.06	15.7	3 18	3.02
11.8	4.24	4.02	15.8	3.16	3.01
11.9	4.20	3.99	15.9	3.14	2.99

Nombre de cent. cubes de liqueur sucrée	Glucose ou sucre de raisin, grammes par litre.	Sucre de canne, grammes par litre.	Nombre de cent. cubes de liqueur sucrée	Glucose ou sucre de raisin, grammes par litre.	Sucre de canne, grammes par litre.
16.0	3.12	2.97	20.0	2.50	2.37
16.1	3.10	2.95	21.0	2.38	2.26
16.2	3.09	2.93	22.0	2.27	2.16
16.3	3.07	2.91	23.0	2.17	2.06
16.4	3.05	2.90	24.0	2.08	1.98
16.5	3.03	2.88	25.0	2.00	1.90
16.6	3.01	2.86	26.0	1.92	1.83
16.7	2.99	2.84	27.0	1.85	1.76
16.8	2.98	2.83	28.0	1.78	1.70
16.9	2.96	2.81	29.0	1.72	1.64
17.0	2.94	2.79	30.0	1.67	1.58
17.1	2.92	2.78	31.0	1.61	1.53
17.2	2.91	2.76	32.0	1.56	1.48
17.3	2.89	2.74	33.0	1.51	1.44
17.4	2.87	2.73	34.0	1.47	1.40
17.5	2.86	2.71	35.0	1.43	1.36
17.6	2.84	2.70	36.0	1.39	1.32
17.7	2.82	2.68	37.0	1.35	1.28
17.8	2.81	2.67	38.0	1.31	1.25
17.9	2.79	2.65	39.0	1.28	1.22
18.0	2.78	2.64	40.0	1.25	1.19
18.1	2.76	2.62	41.0	1.22	1.16
18.2	2.75	2.61	42.0	1 19	1.13
18.3	2.73	2.59	43.0	1.16	1.10
18.4	2.72	2.58	44.0	1.14	1.08
18.5	2.70	2.57	45.0	1.11	1.05
18.6	2 69	2.55	46.0	1.09	1.03
18.7	2.67	2.54	47.0	1 06	1.01
18.8	2.66	2.53	48.0	1.04	0.99
18.9	2.64	2.51	49.0	1.02	0.97
19.0	2 63	2 50			
19.1	2.62	2.49			
19.2	2.60	2.47			
19.3	2.59	2.46			
19.4	2.58	2.45			
19.5	2 56	2.44			
19.6	2.55	2.42			
19.7	2.54	2.41			
19.8	2.52	2.40			
19.9	2.51	2.39			

Dosage de l'acidité totale du moût. On prépare d'abord deux liqueurs titrées, dont l'une contient de l'eau distillée et 10 gr. d'acide sulfurique monohydraté pur par litre ; l'autre est une dissolution de soude ou de potasse caustiques titrée de telle sorte que 10 centimètres cubes de ce liquide alcalin saturent 10 centimètres cubes de la liqueur acide.

Pour faire un essai, on filtre un échantillon du moût, puis on en prélève 10 centimètres cubes, mesurés au moyen d'une pipette jaugée, et on les verse dans un vase à saturation ; on y ajoute de l'eau distillée jusqu'au trait qui mesure 60 centimètres cubes et 2 gouttes d'une teinture alcoolique de phtaléine du phénol [1]. On remplit la burette divisée par dixièmes de centimètre cube, jusqu'à la division 0, avec du liquide alcalin et on verse celui-ci goutte à goutte dans le verre, en agitant jusqu'au changement de la couleur du vin et jusqu'à l'apparition d'une légère *teinte rosée* persistante. Généralement la teinte naturelle jaune ou rosée du moût change de couleur un peu avant l'apparition de la teinte rosée propre au réactif ; elle tourne au brun verdâtre, mais une ou deux gouttes de liqueur alcaline suffisent pour amener la teinte rose de la phtaléine qui indique la fin de l'opération.

On lit sur la burette le nombre de centimètres cubes de liqueur alcaline qui ont été employés et on en retranche $0^{cc}1$, qui représente le volume nécessaire pour faire virer le réactif. Supposons que pour obtenir la teinte rose il a fallu verser avec la burette 4 centimètres cubes et 9 dixièmes de liqueur alcaline, nous dirons que 18 centimètres cubes de moût sont saturés par $4^{cc},9$, $— 0^{cc},1 = 4^{cc},8$ de liqueur alcaline et *qu'un litre de moût essayé contient une quantité d'acides équivalente à 4 grammes 8 décigrammes d'acide sulfurique.*

On voit que chaque centimètre cube de liqueur alcaline employée représente 1 gramme d'acide par litre de vin. Mais le titre de cette liqueur pouvant changer, à la longue, il est bon de le vérifier de temps en temps.

II — ANALYSE DES VINS

DOSAGE DE L'ALCOOL

Méthode de Gay-Lussac. — On mesure 200 centimètres cubes de vin, autant que possible rafraîchi à 15° environ (en le plongeant dans l'eau

---

1. La phtaléine du phénol est une nouvelle matière colorante qui constitue un indicateur alcalimétrique extrêmement sensible. Ce réactif reste incolore en présence des acides, tandis que la moindre trace d'alcali le fait virer au rose d'abord, puis au rouge vif.

fraîche). Si les vins sont très alcooliques (plus de 15°), on en mesure 100^{cc} qu'on mélange avec 100^{cc} d'eau ; on en distille la moitié en condensant la vapeur avec de l'eau fraîche et renouvelée, en ayant soin d'appuyer l'ouverture de l'éprouvette contre le fond du serpentin, afin d'éviter l'évaporation de l'alcool (il vaut mieux au lieu d'éprouvette employer des ballons jaugés). Le produit de la distillation est rafraîchi dans de l'eau à 15° environ et ramenée exactement à 200^{cc} avec de l'eau distillée. On détermine exactement la température avec un thermomètre, qui ne serve qu'à cette usage, essuyé avec un linge propre ; l'alcoomètre doit de même être essuyé avec un linge fin légèrement imprégné d'alcool. On le plonge dans le produit distillé et on lit au dessous du ménisque ; on corrige l'indication de la température d'après la table (v. p. 667), et, après correction, le chiffre obtenu est la quantité d'alcool pour 100 en volume ; si l'on n'a pris que 100^{cc} de vin, il est nécessaire de doubler le degré.

Il est essentiel de prendre le degré alcoolique à la température où l'on a mesuré le vin.

Les vins acides ou piqués seront saturés par du carbonate de potassium avant la distillation.

Alambic de J. Salleron, pour l'essai des vins et des liqueurs alcooliques sucrées.

L'alambic d'essai qui porte ce nom se compose des objets suivants : 1° une lampe alimentée par l'esprit-de-vin ; 2° un ballon de verre qui sert de chaudière ; 3° un serpentin contenu dans un réfrigérant supporté par trois pieds en cuivre ; le serpentin communique avec la chaudière au moyen du tube de caoutchouc, relié à un bouchon qui s'adapte au col du ballon ; 4° une burette portant un trait qui limite le volume du vin soumis à la distillation et celui du liquide recueilli sous le serpentin ; 5° deux aréomètres dont l'un sert pour les vins ordinaires, l'autre pour les vins alcooliques et les liqueurs sucrées ; 6° un thermomètre centigrade ; enfin une pipette en verre.

Pour faire usage de l'instrument, on mesure dans la burette le liquide à distiller ; à l'aide de la pipette, on amène exactement le niveau devant le trait et l'on vide le contenu de la burette dans la chaudière ; on remplit une seconde fois la burette de la même manière, et l'on verse encore le liquide dans la chaudière. Il reste dans la burette quelques gouttes de vin ; on y ajoute un peu d'eau, on rince, et l'on verse de nouveau cette petite quantité de liquide dans le ballon.

On ferme alors la chaudière avec le bouton, puis on verse de l'eau froide dans le réfrigérant ; il ne reste qu'à mettre la burette sous le serpentin et à allumer la lampe pour que l'appareil fonctionne.

Le vin ne tarde pas à entrer en ébullition : la vapeur s'engage dans le serpentin, s'y condense et tombe dans la burette. On distille jusqu'à ce que le liquide recueilli dans la burette parvienne exactement à la hauteur du trait. Ensuite on agite le mélange et on laisse reposer pendant quelques instants, pour que les bulles d'air introduites par l'agitation disparaissent ; enfin on plonge simultanément le thermomètre et l'alcoomètre dont la tige a été préalablement humectée par un peu de soude caustique.

On note les indications des deux instruments et l'on détermine, au moyen des tableaux qui accompagnent l'appareil, la richesse réelle du produit distillé.

Mais il faut remarquer que tout l'alcool du liquide soumis à la distillation occupe maintenant un volume moitié moindre que dans le liquide lui-même : la richesse trouvée est donc double de celle de l'échantillon soumis à l'analyse ; il faut, par conséquent, prendre la moitié du résultat obtenu.

Tableaux comparatifs des degrés de l'alcoomètre légal et de l'alcoomètre centésimal de Gay-Lussac.

Alcoomètre légal.	Alcoomètre de Gay-Lussac.
0	0
1	1,04
2	2,03
3	3,06
4	4,05
5	5,09
6	6,11
7	7,11
8	8,15
9	9,08
10	10,15
11	11,11
12	12,14
13	13,14
14	14,13
15	15,19
16	16,24
17	17,27
18	18,29
19	19,41
20	20,43
21	21,43
22	22,33
23	23,34
24	24,25
25	25,26

Alcoomètre de Gay-Lussac.	Alcoomètre légal.
0	0
1	0,96
2	1,97
3	2,94
4	3,95
5	4,90
6	5,88
7	6,89
8	7,85
9	8,92
10	9,85
11	10,89
12	11,86
13	12,85
14	13,87
15	14,81
16	15,76
17	16,73
18	17,71
19	18,59
20	19,57
21	20,57
22	21,67
23	22,66
24	23,75
25	24,74

Exemple : L'alcoomètre marque 20 degrés et le thermomètre 19 : la richesse alcoolique correspondante est 18,8 et celle du liquide essayé est la moitié de 18,8, soit 9,4.

Pour l'essai des vins capiteux, Jerez, Madère, Porto, etc., et les liqueurs sucrées dont la richesse est généralement supérieure à 25 0/0, on ne peut opérer comme il vient d'être dit, parce que l'on aurait à mesurer des richesses supérieures à 50 degrés, pour lesquelles l'alcoomètre gradué jusqu'à 50 degrés serait lui-même insuffisant.

Dans ce cas, on verse dans la chaudière une seule éprouvette du liquide à essayer et l'on y ajoute un égal volume d'eau. Ces mesurages se font comme nous l'avons indiqué plus haut, et le reste de l'opération n'est pas changé. Seulement l'indication de l'alcoomètre, corrigée de l'influence de la température, donne immédiatement la richesse cherchée et il n'est plus besoin de prendre la moitié du résultat trouvé.

Méthode de l'ébullioscope (J. Salleron). — L'ébullioscope se compose essentiellement d'une chaudière métallique contenant le liquide soumis à l'expérience, et enfermée dans une enveloppe qui la protège contre le rayonnement extérieur et augmente la rapidité et la régularité du chauffage. Un réfrigérant, fixé sur le sommet de la chaudière, condense les vapeurs alcooliques qui s'élèvent dans un serpentin intérieur, en maintenant l'uniformité de la température du liquide en ébullition.

Un thermomètre, divisé sur verre par dixièmes de degré centigrade, est fixé au moyen d'un bouchon de caoutchouc dans la tubulure de la chaudière ; son réservoir plonge au sein du liquide chauffé.

Une lampe à alcool, à flamme constante, chauffe le liquide contenu dans la chaudière. Cette lampe est accompagnée d'une provision de mèches appropriées.

Une échelle *ébulliométrique* à coulisse a pour objet de transformer en richesses alcooliques les températures accusées en degrés centigrades par le thermomètre.

Un tube de verre gradué en 100 parties sert à mesurer le volume du liquide sur lequel on doit opérer ; il peut aussi être employé pour effectuer le coupage des différents liquides soumis à l'analyse. L'ensemble de ces différents organes est renfermé dans une boîte portative.

Réglage de l'appareil. — Les changements de la pression barométrique modifiant la température d'ébullition des liquides, il faut, chaque jour, avant de procéder à expériences, déterminer la température de l'ébullition de l'eau.

On verse dans la chaudière 15 centimètres cubes d'eau pure, que l'on mesure au moyen du tube de verre gradué (30 divisions), on introduit le thermomètre dans la tubulure de la chaudière ; on allume la lampe, préalablement remplie d'alcool, et l'on pose le fourneau par dessus la lampe. Après quelques minutes la colonne de mercure s'élève et s'arrête bientôt en mesurant la température de l'ébullition de l'eau. Supposons que cette température, lue sur l'échelle du thermomètre, soit 100 degrés et 1 dixième.

Le thermomètre de l'ébullioscope n'indique pas directement la richesse alcoolique du liquide soumis à l'analyse, mais sa température d'ébullition exprimée en degrés centigrades. Pour traduire en degrés alcooliques l'indication du thermomètre, on emploie l'échelle à coulisse, laquelle porte trois graduations différentes ; celle du milieu, tracée sur une réglette mobile, correspond aux degrés centigrades du thermomètre ; elle porte l'indication *centigrade* ; celle de gauche répond aux richesses alcooliques si le liquide essayé est un mélange d'eau et d'alcool ; c'est pourquoi elle est désignée sous le nom de *eau et alcool* ; enfin, celle de droite représente les richesses alcooliques des vins ordinaires : aussi est-elle nommée *vins ordinaires*. Ces deux échelles sont donc divisées en degrés alcooliques et chaque degré est subdivisé en 10 parties ou dixièmes.

L'usage de cette règle est fort simple : on desserre le petit écrou qui se trouve derrière l'échelle et qui maintient la réglette immobile, puis, faisant mouvoir cette réglette, on amène la division 100.1, température que le thermomètre marquait dans l'eau bouillante, devant la division 0 des échelles fixes, enfin, on serre l'écrou. L'échelle est maintenant prête aux expériences, et l'appareil est réglé sans qu'on ait besoin de renouveler ce réglage à chaque opération ; les changements atmosphériques ne se produisent généralement qu'avec une certaine lenteur.

Essai des vins. — Supposons qu'on veuille essayer un vin ordinaire ; on vide soigneusement la chaudière de l'eau qu'elle pouvait contenir, on la rince avec une petite quantité de vin à essayer et qu'on expulse à son tour, puis on y introduit 50 centimètres cubes de vin mesurés à l'aide du tube de verre gradué (100 divisions) ; on remplit d'eau froide le réfrigérant et on introduit le thermomètre dans sa tubulure ; enfin, la lampe est allumée et placée sous le fourneau. Après trois ou quatre minutes, la colonne de mercure du thermomètre commence à apparaître ; elle s'élève rapidement d'abord, ensuite plus lentement et, enfin, s'arrête tout à fait. On attend une ou deux minutes pour être certain de l'immobilité de la colonne, puis on lit la division qui se trouve en face le sommet du mercure. Supposons que se soit 90° 7, on éteint la lampe et l'opération est terminée.

Il faut alors transformer la température 90° 7 centigrades en richesse alcoolique : on se reporte à l'*échelle ébulliométrique* décrite plus haut ; on lit sur l'échelle de *droite*, portant l'inscription *vins ordinaires*, la division qui se trouve en face de la température 90° 7 centigrades de l'échelle centrale ; on trouve 13° 5, ce qui veut dire que le vin *essayé* contient 13,5 0/0 d'alcool pur.

Essai d'un mélange ne contenant que de l'eau et de l'alcool. — Si le liquide essayé, au lieu de contenir, comme le vin, des sels, des gommes et autres matières solides dissoutes, n'est composé que d'eau et d'alcool, il faut chercher sur la graduation *gauche* de l'échelle à coulisse, marquée *eau et alcool*, celle des divisions qui se trouve en regard de la température centigrade ; si, reprenant l'exemple précédent, cette dernière est aussi 90° 7, la richesse alcoolique est 13° 8.

Essai des liquides très alcooliques. — Le thermomètre de l'ébullioscope et l'échelle alcoométrique qui le complète ne permettent pas de mesurer des richesses alcooliques supérieures à 25 degrés ; si l'on voulait essayer des liquides plus spiritueux comme, par exemple, des eaux-de-vie sirupées, il faudrait, au préalable, les couper avec de l'eau dans une proportion connue, et multiplier par le même rapport le degré indiqué par l'ébulliomètre. Il va sans dire que la lecture de la richesse alcoolique doit alors être faite sur l'échelle *eau et alcool*.

DOSAGE DE L'ACIDITÉ

Dosage de l'acidité du vin blanc. — Le procédé que nous venons de décrire s'applique très bien à l'essai du vin blanc ; l'appréciation du changement de teinte de la phtaléine du phénol n'est pas gênée par la matière colorante du vin, surtout si l'on a soin d'ajouter aux 10 centimètres cubes de vin 50 centimètres cubes d'eau distillée pour diluer le vin et diminuer sa propre coloration. Le mode opératoire et le calcul précédents restent donc les mêmes.

Dosage de l'acidité totale du vin rouge. —Voici d'après Tony-Garcin la façon d'opérer : « Dans un vase en verre de Bohême dit à filtration chaude, *très grand*, c'est-à-dire d'au moins 8 centimètres de diamètre intérieur et à fond très plat, on verse exactement, avec une pipette jaugée, 10 centimètres cubes de vin à titrer. Le vase de Bohême doit être de verre très mince et très blanc. On le place sur le socle en faïence émaillée blanc du support de la burette, dans un endroit bien éclairé à la lumière du jour, celle d'une lampe ne convient pas.

« La liqueur alcalimétrique est contenue dans une burette de verre, graduée en dixièmes de centimètre cube, à divisions suffisamment espacées pour que l'on puisse évaluer facilement le demi-dixième. On la verse goutte à goutte dans le vin, et entre chaque addition on agite le verre tenu d'une main, d'un mouvement de rotation qui mélange le réactif versé avec toute la masse liquide.

« La liqueur prend, sous l'action des doses successives de la solution de soude, les teintes suivantes : de rouge, le vin passe au carmin ; le carmin se fonce et se ternit ; carmin tirant au noir ; violet noir ; violet lie de vin noirâtre ; NOIR ; *précipité dans la liqueur* ; C'EST LE POINT DE VIRAGE ; vert ; abondant précipité floconneux foncé. Par un excès de réactif, la liqueur prend et garde la teinte vert feuille morte.

« En résumé, le vin de rouge passe au violet noir de plus en plus sale, lequel, à un moment, *par une seule goutte*, passe à une teinte noir brun, *sans mélange de violet ni de vert* : c'est le point exact de saturation ; une seule goutte de plus donne au noir une teinte verte.

« Le virage du violet noir au noir brun, suivi de vert, est instantané.

net, facile à observer dans les conditions où l'expérimentateur s'est placé, et une seule goutte de réactif le détermine toujours. Cette goutte équivalant, au plus, à un demi-dixième de centimètre cube, représente l'erreur possible, propre à l'opération. Elle équivaut, sur le titre acide du vin ainsi déterminé, à un demi-décigramme d'acide sulfurique par litre, approximation tout à fait suffisante.

« Supposons que l'on ait employé 3^{cc} 75 de liqueur de soude, ce chiffre, *exprimé en grammes*, donne immédiatement le titre acide par litre du vin, exprimé en acide sulfurique monohydraté, soit 3 gr. 75 d'acide par litre. »

Acides volatils. — Les acides volatils se dosent en saturant par un alcali 20^{cc} de vin, qu'on concentre au bain-marie dans une cornue traversée par un courant d'air; on ajoute un excès d'acide phosphorique sirupeux et on distille à sec : dans le produit distillé on dose l'acidité qu'on calcule en acide acétique. Suivant l'âge des vins, on trouve de 0 gr. 4 à 0 gr. 5 d'acide acétique par litre.

Nota. — L'acidité du vin s'évalue en acide sulfurique ($SO^4 H^2$) ou en acide tartrique. L'acidité en acide sulfurique $\times 1.53 =$ acidité tartrique, et inversement celle-ci $\times 0.653 =$ acidité en acide sulfurique.

Tartre. — On verse dans un ballon 20^{cc} de vin avec 80^{cc} d'un mélange d'alcool absolu et d'éther à 65°, à volumes égaux, puis on laisse reposer 24 heures. Après ce temps on recueille sur un filtre le précipité qui est du bitartrate de potassium, on le lave avec un mélange éthéro-alcoolique, on dissout dans l'eau, et on détermine l'acidité par la potasse normale-décime dont $1^{cc} = 0$ gr. 01881 de tartre dans 20^{cc} ou 0.94 par litre; on ajoute par litre 0 gr. 2 correspondant au tartre dissous par l'alcool éthéré.

Acide tartrique libre. — Pour le rechercher on sature 200^{cc} de vin de tartre pur, finement divisé, filtrant après 6 heures et ajoutant 2 gouttes d'acétate de potassium : l'acide tartrique libre donne un précipité au bout de 12 heures, si la température n'a pas changé.

Pour le doser, à 20^{cc} de vin on ajoute 2 gouttes d'une solution alcoolique à 20 0/0 d'acétate de potassium, et 80^{cc} d'alcool éthéré; on termine comme un dosage de tartre. En retranchant du nombre de centimètres trouvés celui que nécessitait le tartre, la différence multipliée par 0 gr. 75, donne l'acide tartrique en grammes par litre.

Nota. — On doit laisser le bitartrate se déposer pendant 72 heures, à une température constante entre 0 et 10°; faciliter ce dépôt en ajoutant dès l'abord une pincée de gros sable quartzeux bien lavé, et remuant tous les jours plusieurs fois.

DOSAGE DU SUCRE

Si la richesse saccharine du moût n'a pas dépassé les limites que nous avons signalées plus haut, si le vin fait ne contient pas plus de 10 à 12 0/0 d'alcool, il ne doit plus contenir de sucre.

Nous supposerons que le vin que nous allons expérimenter est d'origine méridionale et qu'à ce titre il contienne encore quelques grammes de sucre, admettons qu'il en renferme encore de 3 à 6 grammes par litre. Nous emploierons ce vin à l'état pur et sans l'allonger d'eau, car 3 à 6 grammes par litre est la richesse saccharine qui convient le mieux pour le liquide qu'il faut verser directement dans la liqueur de Fehling. Mais ce vin est coloré ; qu'il soit rouge ou blanc, peu importe, il n'en contient pas moins une certaine proportion de matière colorante qui lui a été cédée par la pulpe du raisin pendant la fermentation ; or cette matière colorante, qui devient verdâtre par l'action de l'alcali contenu dans la liqueur de Fehling, gêne l'opération, elle rend le moment de la décoloration très incertain. Il faut, avant toute autre opération, décolorer le vin en le faisant passer sur du noir animal. Pour activer l'opération, on met le noir dans un petit entonnoir au-dessous duquel on fait le vide à l'aide d'une petite pompe aspirante.

Le vin recueilli est parfaitement incolore ; mais, par le fait de son passage au travers du noir, il a perdu une certaine proportion de son sucre, lequel a été absorbé par le noir lui-même. On rejette ce vin appauvri, et, sans rien changer au noir dont le filtre est chargé, noir qui maintenant est saturé de sucre et n'en absorbera pas davantage, on verse de nouveau sur le filtre 50 centimètres cubes de vin qui est recueilli, car il est décoloré sans avoir subi aucune modification dans sa richesse saccharine. Ce vin ne contenant que quelques grammes de sucre par litre peut être employé pur ; dès lors nous en remplissons une burette jusqu'à la division 0. Nous versons 10 centimètres cubes de liqueur de Fehling dans une capsule de porcelaine, nous y ajoutons autant d'eau distillée, 2 ou 3 pastilles de potasse caustique, nous faisons bouillir et, lors de l'ébullition, nous laissons couler goutte à goutte dans la capsule le vin contenu dans la burette jusqu'à la disparition complète de la couleur bleue, ainsi que nous l'avons expliqué dans le chapitre précédent.

Supposons qu'il ait fallu verser 10cc 5 de vin dans la capsule : nous cherchons dans la Table III et dans la seconde colonne *glucose ou sucre de raisin* ; en face le chiffre 10,5 de la première colonne nous trouvons 4 gr. 76, ce qui veut dire que le vin soumis à l'expérience contient encore 4 grammes et 76 centigrammes de sucre par litre. Mais, pour que ce chiffre soit plus rigoureux et applicable au sucre fermentescible, il convient d'en déduire 1 gr. 5 pour l'action de la matière réductrice, ainsi que nous l'avons dit plus haut, et il nous reste 4 76 — 1 50 = 3 gr. 26 de sucre fermentescible par litre de vin.

Analyse de la matière extractive.

Détermination de l'extrait sec à 100°. — M. Houdart a donné les prescriptions qu'il faut exactement suivre pour obtenir, au moyen de la dessication et de la balance, la richesse extractive des vins avec une précision toujours comparable. En voici les passages les plus importants : « Je propose de considérer comme *extrait sec* la matière extractive du vin obtenue de la manière suivante : Je prends 26 centimètres cubes de vin, je les verse dans une capsule de platine de 6 centimètres de diamètre, à fond plat et du poids de 21 gr. ; cette capsule est posée sur un bain-marie chauffé à l'eau bouillante. Après la disparition complète de l'eau et de l'alcool, le résidu pâteux d'abord, gommeux ensuite, est chauffé *pendant quatre heures encore*, puis après refroidissement au-dessus d'un vase contenant de l'acide sulfurique concentré, la capsule est pesée de nouveau, et l'augmentation de son poids multipliée par 40 donne le poids de l'extrait contenu dans un litre de vin.

« On obtiendrait encore de semblables résultats en opérant avec les mêmes capsules et le même volume de vin introduits pendant huit heures et demie dans une étuve de Gay-Lussac chauffée à 100 degrés, et traversée par un courant d'air. »

Détermination de l'extrait dans le vide. — Le mieux est d'employer des vases en verre spéciaux, que l'on obtient en faisant couper des becherglas de 7 centimètres de diamètre à 15 millimètres du fond, et rodant le bord. On tare ces vases et on marque le poids trouvé, ainsi qu'un numéro d'ordre, au moyen d'un diamant. La tare ne change que de quelques milligrammes dans l'espace d'un mois. Dans ce vase on introduit 10cc de vin, et on maintient dans le vide sur l'acide sulfurique renouvelé chaque jour, pendant deux jours, puis encore deux ou trois jours sur l'anhydride phosphorique.

Pour les vins riches en sucre, on prend seulement 5cc ou on opère dans des vases plus grands et de même forme.

Détermination de l'extrait sec par l'œnobaromètre. — On détermine : 1° la densité du vin à la température de 15° au moyen d'un aéromètre spécial appelé œnobaromètre ; 2° la richesse alcoolique de ce même vin mesurée à la même température ; 3° au moyen de tables spéciales calculées en prenant pour base la densité que devrait avoir le vin s'il ne contenait que de l'eau et de l'alcool, et celle qu'il possède réellement, on détermine le poids de l'extrait sec dissous dans le vin, soit le nombre de grammes de matière extractive que renferme un litre de vin.

Exemple : L'œnobaromètre plongé dans le vin à la température de 18 degrés marque 8 degrés.

La richesse alcoolique du vin est de 14 degrés.

Une première table fait savoir que le vin marquerait 8° 5 à l'œnobaromètre s'il avait été pesé à la température de 15 degrés.

Une seconde table indique que le vin contenant 14 degrés d'alcool et pesant 8° 5 œnobarométriques contient 27 grammes d'extrait sec par litre.

Les tables que nous venons de citer peuvent être remplacées avantageusement par une échelle à coulisse spéciale qui donne le poids de l'extrait sec sans aucune interpolation, quelles que soient les fractions de degrés œnobarométriques et alcooliques données par les expériences.

Emploi de la règle. — Supposons que nous ayons obtenu pour l'essai d'un vin les chiffres suivants : La richesse alcoolique est 11° 3. Le poids œnobarométrique corrigé 9° 3. Quel est le poids de l'extrait sec ?

Disons d'abord que la règle à coulisse porte trois graduations différentes : la première, celle de droite nommée *œnôbarométrique*, représente les indications de cet instrument avec ses degrés fractionnés en cinq parties ; la seconde, celle du milieu, *alcool*, indique les richesses alcooliques subdivisées en cinquièmes de degré ; enfin la troisième, *extrait sec*, fait connaître le poids de l'extrait sec du vin exprimé en grammes et en cinquièmes de gramme. On amène la flèche tracée sur l'échelle du milieu (*alcool*) en face du chiffre œnobarométrique 9,8 (9 degrés et 4 cinquièmes), puis on lit sur l'échelle de gauche (*extrait sec*) le chiffre qui se trouve placé devant 11,3 de la réglette du milieu (*alcool*) ; on trouve 23,3, ce qui veut dire que le vin contient 23 grammes et 3 cinquièmes de gramme, ou 23 grammes et 6 décigrammes d'*extrait sec* par litre.

Dosage de l'extrait sec des vins sucrés. — M. Houdart a eu le soin de spécifier que sa méthode ne pouvait s'appliquer aux vins contenant du sucre. Cependant il serait très utile de pouvoir déterminer, avec la rapidité que fournit la méthode œnobarométrique, le poids de l'extrait sec *des vins sucrés.*

D'après M. Salleron on obtient la richesse extractive vraie d'un vin, déduction faite du sucre qu'il contient, *en retranchant du chiffre fourni par l'œnobaromètre le poids du sucre multiplié par 0,774.*

Exemple : Un échantillon de vin essayé à l'œnobaromètre contient 25 grammes d'extrait sec par litre, mais l'analyse saccharimétrique accuse la présence de 6 grammes de sucre par litre. La richesse extractive vraie est 25 grammes — (0,774×6) = 20 gr. 36. Tandis qu'en déduisant, ainsi qu'on le fait habituellement, des 25 grammes d'extrait sec, 6 grammes de sucre, on n'obtient que 19 grammes, ce qui est inexact.

Le tableau ci-après donne, sans calcul, le poids de l'extrait sec du vin dont le degré œnobarométrique et la richesse saccharine sont connus.

Grammes de sucre

	1	2	3	4	5	6	7	8	9	10
9	8.2	7.4	6.7	5.9	5.1	4.4	3.6	2.8	2.	1.3
10	9.2	8.4	7.7	6.9	6.1	5.4	4.6	3.8	3.	2.3
11	10.2	9.4	8.7	7.9	7.1	6.4	5.6	4.8	4.	3.3
12	11.2	10.4	9.7	8.9	8.1	7.4	6.6	5.8	5.	4.3
13	12.2	11.4	10.7	9.9	9.1	8.4	7.6	6.8	6.	5.3
14	13.2	12.4	11.7	10.9	10.1	9.4	8.6	7.8	7.	6.3
15	14.2	13.4	12.7	11.9	11.1	10.4	9.6	8.8	8.	7.3
16	15.2	14.4	13.7	12.9	12.1	11.4	10.6	9.8	9.	8.3
17	16.2	15.4	14.7	13.9	13.1	12.4	11.6	10.8	10.	9.3
18	17.2	16.4	15.7	14.9	14.1	13.4	12.6	11.8	11.	10.3
19	18.2	17.4	16.7	15.9	15.1	14.4	13.6	12.8	12.	11.3
20	19.2	18.4	17.7	16.9	16.1	15.4	14.6	13.8	13.	12.3
21	20.2	19.4	18.7	17.9	17.1	16.4	15.6	14.8	14.	13.3
22	21.2	20.4	19.7	18.9	18.1	17.4	16.6	15.8	15.	14.3
23	22.2	21.4	20.7	19.9	19.1	18.4	17.6	16.8	16.	15.3
24	23.2	22.4	21.7	20.9	20.1	19.4	18.6	17.8	17.	16.3
25	24.2	23.4	22.7	21.9	21.1	20.4	19.6	18.8	18.	17.3
26	25.2	24.4	23.7	22.9	22.1	21.4	20.6	19.8	19.	18.3
27	26.2	25.4	24.7	23.9	23.1	22.4	21.6	20.8	20.	19.3
28	27.2	26.4	25.7	24.9	24.1	23.4	22.6	21.8	21.	20.3
29	28.2	27.4	26.7	25.9	25.1	24.4	23.6	22.8	22.	21.3
30	29.2	28.4	27.7	26.9	26.1	25.4	24.6	23.8	23.	22.3
31	30.2	29.4	28.7	27.9	27.1	26.4	25.6	24.8	24.	23.3
32	31.2	30.4	29.7	28.9	28.1	27.4	26.6	25.8	25.	24.3
33	32.2	31.4	30.7	29.9	29.1	28.4	27.6	26.8	26.	25.3
34	33.2	32.4	31.7	30.9	30.1	29.4	28.6	27.8	27.	26.3
35	34.2	33.4	32.7	31.9	31.1	30.4	29.6	28.8	28.	27.3
36	35.2	34.4	33.7	32.9	32.1	31.4	30.6	29.8	29.	28.3
37	36.2	35.4	34.7	33.9	33.1	32.4	31.6	30.8	30.	29.3
38	37.2	36.4	35.7	34.9	34.1	33.4	32.6	31.8	31.	30.3
39	38.2	37.4	36.7	35.9	35.1	34.4	33.6	32.8	32.	31.3
40	39.2	38.4	37.7	36.9	36.1	35.4	34.6	33.8	33.	32.3
41	40.2	39.4	38.7	37.9	37.1	36.4	35.6	34.8	34.	33.3
42	41.2	40.4	39.7	38.9	38.1	37.4	36.6	35.8	35.	34.3
43	42.2	41.4	40.7	39.9	39.1	38.4	37.6	36.8	36.	35.3
44	43.2	42.4	41.7	40.9	40.1	39.4	38.6	37.8	37.	36.3

Cendres. — On incinère l'extrait à 100°, contenu dans la capsule de platine, à la température du rouge sombre.

Les vins dont les cendres ne sont pas blanches à la simple calcination renferment en général du chlorure de sodium.

Aux cendres obtenues on ajoute 5cc d'acide sulfurique normale-décime, on laisse digérer à une douce chaleur, puis on titre l'excès et on calcule l'alcalinité en carbonate de potassium.

On peut distinguer les cendres solubles et insolubles dans l'eau.

Tanin. — On sature partiellement par un alcali 10^{cc} de vin de manière à ne laisser qu'une acidité correspondant à 3 grammes par litre, en H^{2}SO^4; on ajoute 1^{cc} d'acétate de sodium à 40 0/0, puis goutte par goutte, tant qu'il se fait un précipité, une solution de perchlorure de fer à 10 0/0, dont une goutte = 0 gr.05 de tannin.

Les vins jeunes doivent être dépouillés de l'acide carbonique par agitation.

Cette méthode a l'avantage d'être plus rapide que les autres et presque aussi exacte.

Les tanins du vin sont solubles dans l'éther et se colorent en vert par le perchlorure de fer.

Dosage du plâtre. — Nous extrayons de la notice de M. Salleron le passage suivant : « M. Poggiale avait combiné jadis un procédé analytique qui faisait connaître si le vin soumis à l'expertise contenait plus ou moins de 4 grammes de sulfates par litre. Pour mettre ce procédé en œuvre, on mesurait 50^{cc} de vin, on y ajoutait 10^{cc} d'une dissolution acide de chlorure de baryum titrée. Ce volume de liqueur précipitait, à l'état de sulfate de baryte, la totalité des sulfates contenus dans le vin quand ce dernier n'en renfermait que 4 grammes par litre. On séparait sur un filtre de papier le précipité formé et, dans le vin clair qui avait traversé le filtre, on ajoutait une nouvelle goutte de dissolution de chlorure de baryum. Si le vin contenait moins de 4 grammes de sulfates, le mélange restait clair ; il se troublait, au contraire, si la proportion de sulfates dépassait les 4 grammes.

Le chiffre de 4 grammes ayant été réduit à 2 grammes, M. Marty pharmacien au Val-de-Grâce, a modifié la composition de la liqueur titrée en vue de son application à un chiffre moitié moindre.

Le procédé que nous venons de faire connaître ne donnait qu'un renseignement incomplet : il est sans doute très utile de savoir si la proportion de sulfates atteint ou dépasse le chiffre déterminé, mais s'il est des vins, potables d'ailleurs, qui, pour leur conservation, doivent être plâtrés, cette boisson ne peut à cause de cela être perdue ; son coupage avec des vins non plâtrés est tout indiqué ; mais on comprend que pour effectuer ce coupage dans des proportions convenables, sa teneur en sulfates doit être exactement connue.

L'instrument que nous allons décrire atteint ce but avec une grande facilité et une complète exactitude.

Le nouveau gypsomètre se compose d'un récipient fermé à sa partie inférieure par un filtre mobile. Ce filtre se détache du récipient au moyen de trois écrous, ce qui facilite le remplacement de la feuille de papier qui le constitue. On place sous l'entonnoir qui enveloppe le filtre un petit verre conique.

La burette à robinet, qui surmonte le récipient, est remplie jusqu'à la division 0 de la liqueur de chlorure de baryum titrée ; on verse dans le récipient 20^{cc} de vin à essayer, mesurés au moyen d'une pipette jaugée, et on y ajoute environ 20cc d'eau distillée, mesurés au moyen de la même pipette, et on laisse filtrer.

On tourne le robinet dans la burette et on fait couler dans le récipient, avec le vin, un peu de liqueur titrée. Commençons, je suppose, par 0 gr. 5 (les grandes divisions de la burette chiffrées 1, 2, 3, 4, etc., correspondent à des grammes de sulfate de potasse par litre de vin, et chaque petite division ou dixième correspond à 0 gr. 1) ; on agite le mélange avec une baguette de verre ; on verse dans le récipient l'eau rougie qui avait déjà été recueillie sous le filtre, en mettant à la place du verre qui la contenait un autre verre vide semblable, afin que la totalité de la nouvelle eau rougie que nous allons recueillir ait été soumise à l'action du chlorure de baryum. Au moyen de deux petits verres semblables, servant tour à tour pendant qu'on traite leur contenu, on n'interrompt pas la filtration et on ne perd aucune partie du liquide.

Quand on a recueilli dans le second verre une quantité de liquide filtré suffisante (soit environ 15 ou 20 millimètres de hauteur), on substitue au verre l'autre verre vide, afin de ne pas laisser perdre le vin et dans le liquide filtré on laisse tomber, au moyen de la burette à robinet, une ou deux gouttes de chlorure de baryum. Si, après quelques instants, le vin se trouble, c'est un signe qu'il contient encore du sulfate de potasse ; on continue alors l'opération en laissant couler dans le récipient une nouvelle dose de liqueur titrée, disons jusqu'à la division 1 gramme ; on reverse dans le récipient le liquide du premier essai, on lave le verre avec un peu d'eau distillée qu'on ajoute encore dans le récipient et l'on agite. Sur le produit d'une nouvelle filtration, recueillie dans un nouveau verre, dont les parois sont bien nettoyées au moyen d'un pinceau, on vérifie de nouveau l'action d'une goutte de liqueur titrée et, si le contenu du petit verre se trouble encore, *on continue la manœuvre jusqu'à ce que le produit de la filtration ne se trouble plus par l'addition d'une petite dose de liqueur titrée.* Quand ce résultat est obtenu, on lit la division de la burette accusée par le niveau de la liqueur, et cette division représente le poids en grammes et décigrammes des sulfates contenus dans un litre de vin.

Pour que le vin recueilli sous l'entonnoir soit bien limpide, tout en filtrant rapidement, il faut que le papier, serré sous le récipient, soit d'un grain très fin, et pour qu'il ne fausse pas le résultat de l'analyse, sa pâte doit être exempte de sels calcaires et principalement de sulfate de chaux.

Recherche de la couleur artificielle.

1° On dépose une goutte de vin sur un bâton de craie albuminée, préparé en trempant dans l'albumine à 10 0/0 un bâton de craie, laissant sécher à 100° et grattant la couche superficielle. Tout vin donnant une tache verdâtre, violacée ou rose sera suspect.

2° On sature 30cc de vin avec de l'eau de baryte, jusqu'à coloration verte et on agite avec 15cc d'éther acétique ; on laisse reposer. Tout vin qui colore l'éther acétique doit être rejeté : il renferme un dérivé basique du goudron de houille.

3° On additionne 50cc d'un excès d'ammoniaque et on agite avec 25cc d'alcool amylique pur : si l'alcool amylique se colore, on a affaire à l'orseille ou à un dérivé du goudron de houille, généralement azoïque.

4° On mesure 4cc de vin, on fait virer au violet par du carbonate sodique à 10 0/0 ; on filtre : toute laque violacée ou bleue, tout liquide qui n'est pas franchement vert-bouteille, doivent faire suspecter le vin qui renferme probablement campêche, sureau, cochenille, etc. Le liquide filtré est ensuite acidulé par l'acide sulfurique et examiné au spectroscope : on y reconnaît aisément la bande caractéristique du dérivé sulfoconjugué de la fuchsine.

5° A 4cc de vin on ajoute 1cc d'alun, puis du carbonate de sodium jusqu'à formation d'un précipité qu'on redissout dans un petit excès d'acide acétique. Un vin qui donne une coloration violet pur doit être suspecté de renfermer du sureau, hièble, myrtille, troëne, mauve noire.

II — FABRICATION DU CIDRE

Fabrication. — Les pommes contiennent : à l'état mûr : 12 0/0 de sucre ; blettes 8 0/0 ; vertes 6 0/0.

Écrasées sous forme de pulpes fines, les pommes sont mises à cuver pendant 12 à 15 heures et pendant ce temps, on exécute plusieurs pelletages. Ce délai expiré, on pressure les pulpes jusqu'à obtention de 70 0/0 du poids des pommes et le jus obtenu est placé dans des tonneaux propres. Plus tard, le soutirer entre deux lies et le coller à l'aide d'un kilo de cachou pour 1.600 litres.

On compte que dans la fabrication du cidre de ménage, 20 à 22 hectol. de pommes rendent 12 hectol. de cidre. Si l'on veut obtenir du petit cidre, on ajoute de l'eau et 16 à 18 hectol. de pommes produisent 12 hectol. de cidre ; il est nécessaire, dans ce cas, d'ajouter 4 kilos de sucre par hectolitre supplémentaire d'eau.

Maladies.

Acidité. — On peut la faire disparaître en employant du tartrate neutre de potasse à raison de 100 gr. par hectol. Le mieux, pour fixer la dose, est de procéder par tâtonnement sur de petites quantités. On peut encore, pour de petites quantités, ajouter un peu de bicarbonate de soude dans la carafe au moment de la consommation.

Cidre trouble. — Provient de pommes de mauvaise qualité ou d'une fermentation incomplète. Dans ce cas, on doit provoquer une nouvelle fermentation en ajoutant du sucre ; si la température n'est pas suffisante, on chauffera le local. On sait que 1 kilogr. 700 de sucre donne, après fermentation, 1º d'alcool par hectol.

Cidre noirci. — Cet accident peut être dû, soit à la mauvaise qualité des pommes, soit à la mauvaise fabrication. On conseille d'employer, dans ce cas, 20 gr. d'acide tartrique par hectol. ou 10 gr. de tanin.

Graisse. — Ajouter au cidre 10 gr. de tanin par hectol. ou 1/3 de litre d'alcool fin goût à 90º. Agiter dans les deux cas.

III — DISTILLATION

Fabrication et traitement des alcools.

Distillation des vins. — *Eau-de-vie ordinaire.* — Avant le phylloxera on distillait, dans le Midi, environ 1.000.000 hectolitres d'eau-de-vie dite de Montpellier. Tous les vins rouges et blancs peuvent être distillés. Un vin *cuvé sur râfles* donne une eau-de-vie moins délicate que celui qui a été obtenu par la fermentation du *moût seul.* Ce dernier renferme moins d'huiles essentielles qui résident dans la peau du grain et dans les pépins et passent dans l'eau-de-vie à la distillation. De là la supériorité des eaux-de-vie de vin blanc.

Eau-de-vie fine. — *Cognac.* — S'obtient par la distillation du vin blanc de Folle-Blanche. Ce vin, qui est obtenu par la fermentation du moût seul, est distillé en novembre et décembre. Les uns laissent la lie et d'autres la séparent. Le vinage et le sucrage sont rejetés pour la production des eaux-de-vie fines. On distingue diverses qualités de cognac, savoir : Fine Champagne, Champagne, Petite Champagne, Premier bois, Deuxième bois, Saintonge, Saint-Jean-d'Angély, Surgères, Rochelle-Aigrefeuille, Rochelle. On emploie l'alambic ordinaire.

Armagnac. — S'obtient surtout dans le Gers avec le Piquepoul. Se distille comme le cognac et a moins de finesse, quoique de haute qualité.

Eau-de-vie de vignes américaines. — Les vins américains à goût foxé donnent des eaux-de-vie qui conservent un goût plus ou moins prononcé, suivant la nature des cépages. Le Noah et l'Elvira sont ceux qui produisent les meilleures, bien qu'elles conservent une saveur particulière et ne ressemblent aucunement au cognac.

Eau-de-vie de marc. — Les marcs renferment de 12 à 15 0/0 de leur poids de vin, et d'après de nombreux distillateurs 1.600 litres de ce liquide pourraient donner 600 litres de 3/6, alors que pour obtenir cette même quantité d'alcool il faut 5.600 litres de vin ordinaire.

Cette eau-de-vie est inférieure à celle de vin à cause des alcools supérieurs et des huiles essentielles qu'elle renferme et lui donnent un goût d'ampyreume caractéristique.

On peut distiller le marc directement en le mettant dans la chaudière avec assez d'eau pour qu'il baigne complètement ; on prendra alors des précautions pour que la matière ne brûle pas contre les parois.

On obtient des eaux-de-vie un peu supérieures en opérant d'abord le lavage du marc et en distillant la *piquette* obtenue comme un vin ordinaire.

Marc sulfaté. — La vendange provenant de vignes sulfatées plusieurs fois ne renferme que quelques parcelles insignifiantes de cuivre, et on peut distiller sans crainte des marcs sulfatés, car l'alcool ne peut pas entraîner le cuivre qui reste dans les résidus.

Marc de raisins blancs. — Ces marcs, qui n'ont pas fermentés, renferment du sucre, mais point d'alcool. Il faut donc le produire et pour cela on les jette dans une cuve où on les immerge avec de l'eau à 30°. Au bout de 6 à 8 jours, la piquette peut être soutirée et distillée.

Distillation des vinasses. — Restent dans l'alambic après distillation ; renferment principes du vin moins alcool et quelques principes aromatiques. Pour les utiliser, il faut préparer un vin de sucre. On fait dissoudre par 100 litres de vinasse éclaircie, 1 kg. 700 de sucre par degré d'alcool à obtenir et on ajoute 1 litre de lie fraîche comme levain. La fermentation terminée, on distille de nouveau.

A défaut de sucre, on peut ajouter de l'alcool d'industrie bon goût à 95° dans la proportion de 8 à 10 litres par hectolitre, suivant la richesse primitive du vin. On agite vivement, puis on abandonne 2 ou 3 jours. L'alcool se parfume et après distillation ressemble à une eau-de-vie de vin.

Distillation des lies. — Contiennent 60 0/0 de vin. On doit en extraire le liquide par pressurage et le distiller seul ou bien les étendre de 2 fois 1/2 ou 3 fois leur volume d'eau. Comme la lie a une tendance à mousser, on ne remplira pas la chaudière complètement et on conduira le feu modérément.

Distillation des vins et des marcs de raisins secs. — Se distillent comme les autres et donnent des eaux-de-vie franches de goût quand ils sont sains ; quelquefois cependant elles ont une saveur spéciale. Le marc de 1.000 kg. de raisins peut donner de 20 à 25 litres d'eau-de-vie à 60°.

Distillation des vins de sucre. — Pour produire un hectolitre de vin de sucre, on compte ordinairement 100 litres d'eau, 60 kg. de marc, 1 kg. 700 de sucre par degré d'alcool à produire et enfin 300 gr. de tartre.

L'eau-de-vie obtenue est semblable à celle des vins de première cuvée. Les marcs peuvent être distillés à leur tour.

Distillation des vins malades. — Peuvent être distillés, mais donnent des eaux-de-vie de qualité inférieure.

Les vins *poussés, tournés, amers, filants* peuvent être portés directement à l'alambic ; seulement on aura soin de séparer les *eaux de têtes et de queues.*

Dans les vins *piqués* on ajoutera préalablement un lait de chaux bien dilué à raison de 50 gr. de chaux vive par hectolitre de vin. On agitera vivement et 24 heures après on soutirera pour distiller. Il sera bon de repasser cette eau-de-vie.

Au lieu de chaux, on peut employer le tartrate neutre de potasse à raison de 100 à 800 gr. par hectolitre suivant l'acidité du vin. Dans ce cas, inutile de distiller une seconde fois.

Les vins à goût de fût, de moisi, etc., seront d'abord transvasés dans des récipients bien sains, puis on ajoutera par hectolitre un demi-litre d'huile d'olive bien pure, on fouettera vivement et au bout de 24 heures, quand l'huile aura remonté à la surface, on soutirera doucement pour séparer le vin de l'huile. Si une opération ne suffit pas on recommence. Quand le goût a disparu on distille.

Distillation des cidres et poirés. — Se distillent comme les vins. Le rendement des pommes peut s'élever en moyenne de 6 à 7 0/0 de leur poids d'alcool. L'eau-de-vie de cidre nouvelle a beaucoup de rudesse, mais en vieillissant elle s'adoucit et prend une odeur agréable.

Le poiré donne, lorsqu'il est pur, de 6 litres et demi à 7 litres et demi d'alcool absolu et le double d'eau-de-vie à 50° par hectolitre. L'eau-de-vie de poiré est plus estimée que celle de cidre.

Le cidre et le poiré malades donnent des eaux-de-vie de mauvais goût. Comme pour le vin, lorsqu'ils sont piqués, on doit les désacidifier au moyen d'un lait de chaux avant la distillation.

Distillation des marcs de pommes et de poires. — On opère comme pour les marcs de raisins blancs. On les soumet à la fermentation dans une cuve en ajoutant, par exemple, 100 litres d'eau par 100 kg. de marc. On peut ensuite distiller le marc tel quel ou mieux le liquide seulement que l'on extrait par pressurage. Ces marcs peuvent rendre au maximum 2 à 3 litres d'eau-de-vie par 100 kg.

Distillation des pommes et poires pourries. — On les écrase sans addition d'eau ; le moût est mis à fermenter rapidement en ajoutant de la levure ou un autre moût en fermentation. On distille ensuite en tâchant d'obtenir de l'alcool au plus haut degré possible ; on le dédoublera ensuite. On peut obtenir ainsi de 3 à 5 0/0 d'eau-de-vie bien utilisable.

Distillation des cerises. — Kirsch. — On sépare les cerises de leurs queues et dès fruits pourris. On les broie ensuite sans écraser les noyaux qu'on laisse dans la masse et on les met cuver comme des raisins. Au bout de 15 à 20 jours la fermentation est terminée, mais on attend généralement pour distiller un mois ou deux afin que l'alcool contracte en présence des noyaux le goût d'amande amère qui le caractérise.

Pendant ce temps, le liquide doit être conservé dans des fûts bien pleins et bien fermés, à l'abri de l'air.

Les alcools de tête et de queue doivent être mis de côté ; ce dernier est employé dans l'opération suivante ; le premier est neutralisé par une addition de chaux, 20 gr. par hectolitre, et repassé 24 heures après.

On peut donner plus de parfum au kirsch en écrasant un vingtième des noyaux de cerises fermentées avant la distillation ; mais on perd en qualité ce que l'on gagne en parfum.

100 kg. de cerises peuvent donner de 8 à 10 litres de kirsch. Les vinasses de cerises sont traitées comme celles de vin.

Eaux-de-vie de prunes. — Le vin de prunes se prépare comme celui de cerises et se distille de la même façon. 100 kg. de prunes peuvent donner de 10 à 15 litres d'eau-de-vie à 50°.

Eaux-de-vie de framboises, fraises, groseilles, etc. — Tous ces fruits sont mis à fermenter dans une cuve en ajoutant autant que possible de la bourre de vin ; la fermentation dure une quinzaine de jours, après quoi on sépare le liquide du marc et on le laisse déposer quelques jours. Ce vin est acide et on peut saturer cette acidité à l'aide de chaux ou de carbonate de potasse. On distille ensuite.

100 kg. de ces différents fruits peuvent produire de 10 à 15 litres d'eau-de-vie à 50°.

Eau-de-vie de figues. — Les figues sont d'abord déchiquetées, puis mises en fermentation dans une cuve ; ce travail dure 6 à 8 jours. Le vin est soutiré et le marc pressé ; on distille ensuite. 100 kg. de figues fraîches donnent de 8 à 12 litres d'eau-de-vie à 50°.

Eau-de-vie de miel. — L'hydromel possède de 4 à 6° d'alcool ; on le distille comme le vin. Pour que le goût de miel ne soit pas trop prononcé, on distille à un titre élevé que l'on abaisse ensuite en ajoutant de l'eau. De 100 kg. de miel on peut tirer, par distillation, à peu près 60 à 70 litres d'eau-de-vie.

L'eau miellée qui a servi au lavage de 50 kg. de cire brute peut faire environ 200 litres qui, après fermentation, donnent de 4 à 5 litres d'eau-de-vie à 50°. Pour corriger le goût de cire que possède généralement cette eau-de-vie, on ajoute au moment de la fermentation du liquide quelques cerises ou prunes.

Rhums. — Provient de la distillation de la mélasse de canne à sucre après addition d'eau et fermentation. Cette mélasse renferme de 60 à 75 0/0 de sucre fermentescible. Dans les colonies on la dilue avec de l'eau dans les proportions d'un volume de sirop pour 4 d'eau et d'un à deux volumes de vinasse d'une opération précédente; cette dernière acidifie le milieu et apporte la levure. On laisse fermenter et on distille de façon à obtenir du premier jet un liquide de 50 à 60° qui constitue le tafia. C'est ce tafia qui, au contact du chêne blanc, donne le rhum. 100 kg. de sirop de mélasse peuvent donner de 60 à 75 litres de tafia.

Kummel. — Se fabrique en Russie avec de l'eau-de-vie de grains rectifiée que l'on dilue avec de l'eau et à laquelle on ajoute des grains de cumin et de chervis; ensuite on distille le tout. On peut, suivant les goûts, ajouter du sucre à la liqueur.

Genièvre ou « Gin » des Anglais est obtenu par l'addition des baies du genévrier dans de l'alcool de grains que l'on distille ensuite de nouveau.

Whisky. — S'obtient en Angleterre par la distillation de l'infusion claire du malt pur au lieu de distiller ce dernier avec sa drêche.

Absinthe. — Contient de 40 à 72 0/0 d'alcool en volume, de 1 à 3 gr. d'essences par litre, dont un dixième environ d'essence d'absinthe.

Pour 100 litres d'alcool et 100 litres d'eau on emploie : de 2 kg. 500 à 5 kg. de grande absinthe, 5 à 6 d'anis verts, 2 à 3 de fenouil, 1 à 2 kg. de badiane, d'hysope, de menthe, de mélisse, de coriandre et de semences d'angélique.

L'alcool doit être neutre et les plantes de la dernière récolte. La badiane, le fenouil et l'anis doivent être grossièrement pulvérisés. On fait infuser les plantes pendant 12 heures dans l'alcool, puis on ajoute l'eau chauffée entre 60° et 80°.

On distille lentement et on conserve le liquide jusqu'à ce qu'il soit à 20° de l'alcoomètre. On continue la distillation même après 0° jusqu'à ce que le liquide laiteux soit devenu clair. Ce dernier produit, riche en essences, est repassé dans l'opération suivante.

La liqueur ainsi obtenue est blanche ou incolore; il faut la colorer et renforcer son parfum. La coloration s'opère à froid ou mieux à chaud dans le « colorateur ». On met dans cet appareil la moitié de la petite absinthe, la mélisse, la menthe, l'hysope, la marjolaine qui, chauffées de 60° à 80°, donnent leur parfum et leur couleur verte.

12 heures après la couleur est suffisante; on refroidit le liquide et on le place dans des fûts où il vieillit.

Conservation des eaux-de-vie blanches. — Le kirsch, l'eau-de-vie de prunes, ainsi que toutes les eaux-de-vie blanches, doivent être conservés dans des récipients en grès ou dans des bonbonnes en verre bien bouchées.

Les fûts en bois de frêne peuvent être employés, surtout quand ils ont été étuvés et enduits intérieurement d'une couche de cire fondue.

Coloration des eaux-de-vie par les fûts. — Les futailles neuves en chêne, quoique dégorgées, ne tardent pas à colorer les alcools qu'elles renferment. Les merrains d'Amérique leur donnent une couleur ambrée, ceux de Dantzig une légère coloration, ceux de Stettin une teinte plus marquée, ceux de Riga une teinte foncée et ceux de Bosnie presque noire.

Le cognac prend sa coloration daus des fûts en chêne neufs et ébouillantés ; après 6 mois, on le transvase dans de vieux fûts où il se bonifie.

Vieillissement des eaux-de-vie. — Le cognac et les eaux-de-vie fines vieillissent d'elles-mêmes ; on ne les met au commerce qu'au bout de 20 ou 30 ans. Quand on doit les consommer jeunes, on ne leur donne que 60 à 67° ; si on veut les conserver longtemps, de 70 à 74° ; ils sont considérés comme buvables lorsqu'ils atteignent 52°.

Les eaux-de-vie plus ordinaires sont vieillies par une addition d'eau distillée ou des eaux-de-vie faibles de 28°. Ces dernières, appelées petites eaux, sont mises à vieillir pendant un an préalablement; elles communiquent ensuite le goût de vieux au mélange.

Pour les eaux-de-vie communes on peut obtenir un vieillissement artificiel rapide par l'oxygénation ou l'exposition à l'air. L'électricité employée dans ce but a fait disparaître leur cachet.

Clarification des eaux-de-vie. — S'obtient par des collages au blanc d'œuf, à la colle de poisson, à la gélatine et à la terre d'Espagne. Par hectolitre on emploie 4 ou 5 blancs d'œufs, 5 gr. de colle de poisson, 30 gr. de gélatine ou 100 gr. de terre d'Espagne.

La filtration complète le collage; on doit le faire en vase clos pour éviter l'évaporation.

Bonification des eaux-de-vie communes. — Les eaux-de-vie communes sont des alcools d'industrie dédoublés. On ne doit employer pour cela que des eaux pures ou mieux distillées qu'on peut améliorer par l'infusion de diverses plantes. Pour 100 litres d'eau, on peut employer l'une des plantes suivantes : 500 gr. de fleurs de tilleul; 500 gr. de capillaire du Canada ou de Montpellier ; 200 gr. de thé noir en feuilles et en poudre ; 1.000 gr. de bois de réglisse ; 68 gr. de bois de Sassafras.

On bonifie surtout ces eaux-de-vie par l'addition de bonnes eaux-de-vie de vin ou de raisins secs, auxquelles on ajoute des pruneaux d'Agen qu'on fait macérer à raison de 5 kg. par 100 litres d'alcool, préalablement ramené à 50°. Après 15 jours, cette eau-de-vie de macération est employée dans la proportion de 5 à 10 litres par hectolitre d'alcool à améliorer.

On peut encore ajouter un sirop de sucre de première qualité à la dose de 1 0/0. Avec le caramel, à raison de 100 à 125 gr., on leur donne une teinte ambrée. Nous donnons ci-après quelques exemples de mélanges :

1° Eau-de-vie ordinaire pour 100 litres à 50° (d'après Paul Le Sourd) :

Alcool à 95°, 33 litres ; petites eaux alcoolisées à 20°, 60 litres ; esprits de fruits sucrés, 10 litres ; caramel, 100 gr.; mélasse de canne sucre, 150 gr.

2º Eau-de-vie supérieure pour 100 litres à 50º :

Alcool supérieur de grains à 95º, 27 litres ; eau-de-vie fine des Charentes à 60º, 20 litres ; esprits de fruits à 50º, 10 litres ; petites eaux alcoolisées à 20º, 40 litres ; infusion de thé (200 gr. dans 5 litres d'eau), 5 litres ; caramel, 100 gr. ; sirop de sucre candi, 300 gr.

Ces proportions peuvent être modifiées suivant les goûts.

Altérations des eaux-de-vie.

Accidents de chaudière, goût de métal. — Se contracte dans des alambics neufs non nettoyés ; pour l'éviter, toujours distiller de l'eau pure pour la première fois. Si le mal est fait, on étendra l'eau-de-vie à 25º et on distillera de nouveau ; de même si elle a reçu un coup de feu.

Goût de soufre. — A sa cause dans le soufrage tardif des raisins. On peut l'éviter en soufrant assez longtemps avant la vendange et l'atténuer par l'aération ou le filtrage sur une couche de charbon concassé.

Goût de bois. — Se contracte dans des fûts neufs mal dégorgés. On ne doit employer que des fûts bien échaudés ou ayant déjà contenu de l'alcool.

On traitera par un collage, puis un soutirage, ou encore par 100 gr. d'huile d'olive par hectolitre ; on agite vivement, puis on décante aussitôt l'huile qui remonte à la surface.

Acidité. — Provient de la distillation de vins piqués ou de fûts aigris. Dans ce dernier cas on transvasera d'abord, puis on ajoutera par hectolitre 15 à 20 gr. de chaux grasse que l'on aura réduite en lait de chaux. On agitera quelques instants, on soutirera après repos et on collera.

Goût de moisi. — Est dû généralement à la malpropreté de la futaille. Très difficile à enlever ; le meilleur moyen est de transvaser dans un fût sain, puis d'ajouter par hectolitre 500 gr. de poudre très fine de charbon végétal que l'on aura préalablement lavé et dilué dans un litre d'eau-de-vie. On agitera plusieurs fois pendant 2 ou 3 jours, ensuite on collera pour se débarrasser du charbon. Après ces opérations, on fera bien d'ajouter quelques litres de bonne eau-de-vie.

Eau-de-vie rougie. — Cette coloration se produit dans un tonneau ayant contenu du vin ; elle disparaît généralement par un bon collage. Si ce moyen est insuffisant, on ajoute aussitôt après 1 kg. de charbon végétal (braise de boulanger) bien brûlé et bien lavé. On agite quelquefois et au bout de quelques jours on soutire. Ce procédé réussit également ment pour les diverses couleurs.

Mauvais goûts divers. — Les alcools d'industrie dédoublés ont parfois des mauvais goûts qui tiennent à leur nature ; ceux-ci sont à rejeter.

Quelquefois le mauvais goût est communiqué par les petites eaux ajoutées ; dans ce cas, on filtrera sur une couche épaisse de charbon de bois concassé.

Bleuissage. — Se produit quand on emploie pour dédoubler les eaux-de-vie fortes de l'eau non distillée et calcaire. Les collages et les filtrages sont généralement efficaces dans ce cas.

Décoloration des alcools d'industrie. — Ces alcools doivent être limpides comme l'eau. Pour décolorer ceux qui auraient contracté une teinte dans leur récipient, on emploie l'argile exempte de calcaire et le charbon végétal.

Si on emploie l'argile, on forme une bouillie bien claire avec de l'eau, on laisse reposer puis on rejette l'eau qui surnage. On recommence une seconde fois, puis on égoutte l'argile sur une toile grossière; elle devient consistante et c'est alors qu'on l'utilise à raison de 1 à 2 kg. par hectolitre d'alcool à décolorer. Pour cela, on en fait de nouveau une bouillie avec un peu d'alcool et on la verse dans le fût qu'on agite vivement deux ou trois fois dans la journée; on laisse reposer, puis on soutire.

Si la décoloration n'est pas suffisante, on verse de nouveau 2 kg. de charbon végétal en poudre impalpable, qui n'est autre que de la braise de boulanger bien brûlée et criblée pour séparer les cendres, puis lavée à l'eau bouillante et desséchée. Ensuite on la pulvérise et on la tamise.

On verse sur cette poudre un peu d'alcool pour en faire une bouillie que l'on jette dans le tonneau; pendant 2 heures on agite de temps en temps, puis on filtre en vase clos pour éviter l'évaporation de l'alcool.

Rendement en alcool de divers produits.

Vins : Rendement variable suivant le degré : 2 litres d'alcool à 50 0/0 par hectolitre et par degré du vin.

Marcs de raisins. — Généralement de 12 à 14 litres d'eau-de-vie à 50° par 100 kg. de marc dans le Midi et de 6 à 8 litres dans le Centre.

Cidres : 12 à 14 litres d'alcool à 50° par hectolitre de cidre pur.

Poirés. — 13 à 15 litres d'alcool à 50° par hectolitre de poiré pur.

Marcs de poires et de pommes. — 2 à 3 litres par 100 kg.

Cerises. — 8 à 10 litres de kirsch à 50° par 100 kg.

Prunes. — 10 à 15 litres d'eau-de-vie à 50° par 100 kg.

Framboises, fraises, groseilles. — De 10 à 15 litres à 50° par 100 kg.

Figues fraîches. — 8 à 12 litres à 50° par 100 kg.

Miel, hydromel. — 60 à 70 litres d'eau-de-vie par 100 kg. de miel.

Mélasse de canne à sucre. — 60 à 75 litres de rhum par 100 kg.

IV — ALCOOMÉTRIE

Les appareils destinés à mesurer le degré des alcools sont : les alcoomètres Gay-Lussac, Richter, Tralles ; les aréomètres Baumé, Cartier, Bories, Tessa ; l'hydromètre Sykes.

En France, le plus répandu est l'alcoomètre Gay-Lussac qui est divisé en 100 parties, marque 0 dans l'eau pure et 100 dans l'alcool pur ; des données de cet appareil doivent être ramenées à la température de 15° à l'aide de tables.

En Angleterre, on emploie l'hydromètre Sykes, qui se compose d'une boule sphérique ou flotteur aux tiges supérieure et inférieure en cuivre.

En Hollande on se sert de l'alcoomètre Vochmeter ; en Allemagne et en Russie de celui de Tralles.

En France, la loi oblige l'emploi de l'alcoomètre centesimal Gay-Lussac qui doit être vérifié et poinçonné, on trouvera ci-après les tableaux de correction relatifs à cet instrument.

Comparaison de l'alcoomètre Gay-Lussac avec les aréomètres ou pèse-liqueur Baumé et Cartier.

GAY-LUSSAC	BAUMÉ	CARTIER	GAY-LUSSAC	BAUMÉ	CARTIER	GAY-LUSSAC	BAUMÉ	CARTIER	GAY-LUSSAC	BAUMÉ	CARTIER
0	10	10.03	26	»	14.12	52	»	19.85	78	»	29.84
1	»	10.23	27	»	14.26	53	21	20.15	79	32	30.29
2	»	10.43	28	»	14.42	54	»	20.47	80	»	30.76
3	»	10.62	29	15	14.57	55	»	20.79	81	33	31.26
4	»	10.80	30	»	14.73	56	22	21.11	82	»	31.76
5	11	10.97	31	»	14.90	57	»	21.43	83	34	32.28
6	»	11.16	32	»	15.07	58	»	21.76	84	35	32.80
7	»	11.33	33	»	15.24	59	23	22.10	85	»	33.33
8	»	11.49	34	16	15.43	60	»	22.46	86	36	33.88
9	»	11.66	35	»	15.63	61	»	22.82	87	»	34.43
10	12	11.82	36	»	15.83	62	24	23.18	88	37	35.01
11	»	11.98	37	»	16.02	63	»	23.55	89	38	35.62
12	»	12.14	38	»	16.22	64	25	23.92	90	»	36.24
13	»	12.28	39	17	16.43	65	»	24.29	91	39	36.89
14	»	12.43	40	»	16.66	66	»	24.67	92	»	37.55
15	»	12.57	41	»	16.88	67	26	25.05	93	40	38.24
16	»	12.70	42	»	17.12	68	»	25.45	94	41	38.95
17	13	12.84	43	18	17.37	69	27	25.85	95	42	39.70
18	»	12.97	44	»	17.62	70	»	26.26	96	43	40.49
19	»	13.10	45	»	17.88	71	28	26.68	97	44	41.33
20	»	13.25	46	»	18.14	72	»	27.11	98	45	42.25
21	»	13.38	47	19	18.42	73	29	27.64	99	46	43.19
22	»	13.52	48	»	18.69	74	»	27.98	100	47	44.19
23	14	13.67	49	»	18.97	75	30	28.43			
24	»	13.83	50	20	19.25	76	»	28.88			
25	»	13.97	51	»	19.54	77	31	29.34			

Comparaison de l'aréomètre Tessa avec l'alcoomètre Gay-Lussac.

TESSA.	GAY-LUSSAC.	TESSA.	GAY-LUSSAC.	TESSA.	GAY-LUSSAC.	TESSA.	GAY-LUSSAC.
0	45.42	1 1/2	52.32	3 7/8	59.22	6	66.12
0 1/8	46	1 5/8	52.90	4	59.80	6 1/4	66.70
0 1/4	46.57	1 7/8	53.47	4 1/8	60.37	6 1/2	67.27
0 3/8	47.15	2	54.05	4 1/4	60.95	6 5/8	67.85
0 1/2	47.72	2 1/4	54.62	4 1/2	61.52	6 7/8	68.42
0 5/8	48.30	2 3/8	55.20	4 3/4	62.10	7	69.20
0 3/4	48.87	2 5/8	55.77	5	62.67	7 1/4	69.57
0 7/8	49.45	2 3/4	56.35	5 1/8	63.25	7 3/8	70.15
1	50.02	2 7/8	56.92	5 1/4	63.82	7 5/8	70.72
1 1/8	50.60	3	57.50	5 1/2	64.40	7 3/4	71.30
1 1/4	51.17	3 3/8	58.07	5 5/8	64.97	7 7/8	71.87
1 3/8	51.75	3 5/8	58.65	5 7/8	65.55	8	72.10

Comparaison de l'hydromètre Sykes avec l'alcoomètre Gay-Lussac

SYKES.	GAY-LUSSAC.	SYKES.	GAY-LUSSAC.	SYKES.	GAY-LUSSAC.	SYKES.	GAY-LUSSAC.	SYKES.	GAY-LUSSAC.
1	0.6	21	12.1	41	23.6	61	35.1	81	46.6
2	1.1	22	12.6	42	24.1	62	35.6	82	47.1
3	1.7	23	13.2	43	24.7	63	36.2	83	47.7
4	2.3	24	13.8	44	25.3	64	36.8	84	48.3
5	2.9	25	14.4	45	25.9	65	37.4	85	48.9
6	3.4	26	14.9	46	26.4	66	37.9	86	49.4
7	4.	27	15.5	47	27.	67	38.5	87	50.
8	4.6	28	16.1	48	27.6	68	39.1	88	50.6
9	5.2	29	16.7	49	28.2	69	39.7	89	51.1
10	5.7	30	17.2	50	28.7	70	40.2	90	51.7
11	6.3	31	17.8	51	29.2	71	40.8	91	52.3
12	6.9	32	18.4	52	29.9	72	41.4	92	52.9
13	7.5	33	18.9	53	30.5	73	41.9	93	53.4
14	8.	34	19.5	54	31.	74	42.5	94	54.
15	8.6	35	20.1	55	31.6	75	43.1	95	54.6
16	9.2	36	20.7	56	32.2	76	43.7	96	55.2
17	9.8	37	21.3	57	32.8	77	44.3	97	55.7
18	10.3	38	21.8	58	33.3	78	44.8	98	56.3
19	10.9	39	22.4	59	33.9	79	45.4	99	56.9
20	11.5	40	23	60	34.5	80	46	100	57.5

Comparaison de l'alcoomètre Gay-Lussac avec l'hydromètre Sykes.

GAY-LUSSAC.	SYKES	GAY-LUSSAC.	SYKES.	GAY-LUSSAC.	SYKES.	GAY-LUSSAC.	SYKES.
1	1.7	16	27.8	31	53.9	45	78.3
2	3.5	17	29.6	32	55.7	46	80.
3	5.2	18	31.3	33	57.4	47	81.8
4	7	19	33.1	34	59.2	48	83.5
5	8.7	20	34.8	35	60.9	49	85.3
6	10.4	21	36.5	36	62.6	50	87.
7	12.2	22	38.3	37	64.4	51	88.7
8	13.9	23	40	38	66.1	52	90.5
9	15.7	24	41.8	39	67.9	53	92.2
10	17.4	25	43.5	40	69.6	54	94.
11	19.1	26	45.2	41	71.3	55	95.7
12	20.9	27	47	42	73.1	56	97.4
13	22.6	28	48.7	43	74.8	57	99.2
14	24.4	29	50.5	44	76.6	58	100.9
15	26.1	30	52.2				

Comparaison des alcoomètres Tralles et Richter avec l'alcoomètre Gay-Lussac.

TRALLES.	RICHTER.	GAY-LUSSAC	TRALLES.	RICHTER.	GAY-LUSSAC.
85 50	76	86	63	49	64
83	73	82	60	46	61
80	69	80	57.50	43.50	59
77	65	77	55	44	56
74	62	74	52	38.50	53
71.50	59	72	49	35.75	49
68.50	55.50	66	46	33	45
66	52.50	67			

Les chiffres donnés dans les tableaux ci-dessus sont établis à + 15 du thermomètre centigrade; il faudrait donc dans les calculs tenir compte des écarts de température.

Alcoomètre de Tralles.

Cet instrument donne à + 15° 56 cent. la richesse alcoolique en volume des liquides spiritueux. Il diffère à peine de celui de Gay-Lussac. Soit T de degré Tralles et D la densité à 15° 56 on a :

T = 0	D = 0.9991	T = 50	D = 0.9335	T = 85	D = 0.8488
10	0.9857	60	0.9126	90	0.8332
20	0.9751	70	0.8892	95	0.8157
30	0.9746	75	0.8765	100	0.7939
40	9.9510	80	0.863		

Densités des mélanges d'eau et d'alcool aux différents degrés de l'alcoomètre centésimal.

Cette table, dressée par le Bureau des poids et mesures, est déclarée légale en France par le décret du 27 décembre 1884.

DEGRÉS	DENSITÉS	DEGRÉS	DENSITÉS	DEGRÉS	DENSITÉS	DEGRÉS	DENSITÉS
0	1.000.00	26	969.81	52	930.41	77	872.30
1	998.44	27	968.76	53	928.37	78	869.65
2	996.95	28	967.69	54	926.30	79	866.92
3	995.52	29	966.59	55	924.20	80	864.16
4	994.13	30	965.45	56	922.09	81	861.37
5	992.77	31	964.28	57	919.97	82	858.54
6	991.45	32	963.07	58	917.84	83	855.67
7	990.16	33	961.83	59	915.69	84	852.75
8	988.91	34	960.55	60	913.51	85	849.79
9	987.70	35	959.23	61	911.30	86	846.78
10	986.52	36	957.86	62	909.07	87	843.72
11	985.37	37	956.45	63	906.82	88	840.60
12	984.24	38	954.99	64	904.54	89	837.41
13	983.14	39	953.50	65	902.24	90	834.15
14	982.06	40	951.96	66	899.91	91	830.81
15	981.00	41	950.36	67	897.55	92	827.38
16	979.95	42	948.72	68	895.16	93	823.85
17	978.92	43	947.05	69	892.74	94	820.20
18	977.90	44	945.35	70	890.29	95	816.41
19	976.88	45	943.61	71	887.81	96	812.45
20	975.87	46	941.83	72	885.31	97	808.29
21	974.87	47	940.02	73	882.78	98	803.90
22	973.87	48	938.17	74	880.22	99	799.26
23	972.86	49	936.29	75	877.63	100	794.33
24	971.85	50	934.37	76	875.00		
25	970.84	51	932.41				

Les chiffres ci-dessus donnent la densité à + 15° c ; il faudra donc avoir recours aux tables suivantes, qui indiquent le degré réel, lorsque la température sera différente de 15°.

Le degré alcoométrique doit être lu au-dessous du ménisque ; il correspond à la proportion 0/0 en volume d'alcool absolu à 15° centigrades.

Nota. — Pour avoir la quantité d'alcool 0/0 *en poids* (*x*) d'après la quantité *en volume* déterminé à l'alcoomètre (*v*), on prend dans la table la densité du mélange (D) et celle de l'alcool pur (*d*) et l'on effectue l'opération suivante :

$$x = v\, \frac{d}{D}$$

(Voir la table suivante.)

Pour avoir la quantité d'eau *y*, qui, ajoutée à 100 parties d'alcool marquant *v* degrés alcoométriques et possédant par conséquent la densité D, donnera un alcool marquant *v'* et d'une densité D', on effectuera l'opération suivante :

$$y = 100 \left(D'\frac{v}{v'} - D \right)$$

Conversion des centièmes en volume en centièmes en poids (corrigés) pour l'alcool.

VOLUMES	POIDS	VOLUMES	POIDS	VOLUMES	POIDS	VOLUMES	POIDS
1	0.80	12	9.68	60	52.20	89	84.46
2	1.60	13	10.51	70	62.50	90	85.75
3	2.40	14	11.33	80	73.59	91	87.09
4	3.20	15	12.15	81	74.74	92	88.37
5	4.00	16	12.98	82	75.91	93	89.71
6	4.81	17	13.80	83	77.09	94	91.07
7	5.62	20	17.28	84	78.29	95	92.46
8	6.43	25	20.46	85	79.50	96	93.89
9	7.24	30	25.69	86	80.71		
10	8.05	40	33.39	87	81.94		
11	8.87	50	42.52	88	83.19		

Tableau de correction pour la recherche de la force réelle des liquides alcooliques à 15°

	1	2	3	4	5	6	7	8	9	10	11	12
0	1.3	2.4	3.4	4.4	5.4	6 5	7.5	8.6	9.7	10.9	12.2	13.4
1	»	»	»	»	»	»	»	»	»	»	»	13.4
2	»	»	»	»	»	»	»	»	»	»	»	13.4
3	»	»	»	»	»	»	»	»	»	»	»	13.3
4	»	»	»	»	»	»	»	»	»	»	»	13.3
5	1.4	2.5	3.5	4.5	5.5	6.6	7.7	8.7	9.8	10.9	12.1	13.2
6	»	»	»	»	»	»	»	»	»	»	»	13.1
7	»	»	»	»	»	»	»	»	»	»	»	13
8	»	»	»	»	»	»	»	»	»	»	»	13
9	»	»	»	»	»	»	»	»	»	»	»	12.9
10	1.4	2.4	3.4	4.5	5.5	6.5	7.5	8.5	9.5	10.6	11.7	12.7
11	1.3	2.4	3.4	4.4	5.4	6.4	7.4	8.4	9.4	10.5	11.6	12.6
12	1.2	2.3	3.3	4.3	5.3	6.3	7.3	8.3	9.3	10.4	11.5	12.5
13	1.2	2.2	3.2	4.2	5.2	6.2	7.2	8.2	9.2	10.3	11.4	12.4
14	1.1	2.1	3.1	4.1	5.1	6.1	7.1	8.1	9.1	10.2	11.2	12.2
15	1	2	3	4	5	6	7	8	9	10	11	12
16	0.9	1.9	2.9	3.9	4.9	5.9	6.9	7.9	8.9	9.9	10.9	11.9
17	0.8	1.8	2.8	3.8	4.8	5.8	6.8	7.8	8.8	9.8	10.8	11.7
18	0.7	1.7	2.7	3.7	4.7	5.7	6.7	7.7	8.7	9.7	10.7	11.6
19	0.6	1.6	2.6	3.6	4.5	5.5	6.5	7.5	8.5	9.5	10.5	11.4
20	0.5	1.5	2.4	3.4	4.4	5.4	6.4	7.3	8.3	9.3	10.3	11.2
21	0.4	1.4	2.3	3.3	4.3	5.2	6.2	7.1	8.1	9.1	10.1	11
22	0.3	1.3	2.2	3.2	4.1	5.1	6.1	7	7.9	8.9	9.9	10.8
23	0.1	1.1	2.1	3.1	4	4.9	5.9	6.8	7.8	8.7	9.7	10.6
24	0	1	1.9	2.9	3.8	4.8	5.8	6.7	7.6	8.5	9.5	10.4
25	0	0.8	1.7	2.7	3.6	4.6	5.5	6.5	7.4	8.3	9.3	10.2
26	0	0.7	1.6	2.6	3.5	4.4	5.4	6.3	7.2	8.1	9	9.9
27	0	0.5	1.5	2.4	3.3	4.3	5.2	6.1	7	7.9	8.8	9.7
28	0	0.3	1.3	2.2	3.1	4.1	5	5.9	6.8	7.7	8.6	9.5
29	0	0.1	1.1	2	2.9	3.9	4.8	5.7	6.6	7.5	8.4	9.2
30	0	0	0.9	1.9	2.8	3.7	4.6	5.5	6.4	7.3	8.1	9

	13	14	15	16	17	18	19	20	21	22	23	24
0	14.7	16.1	17.5	19	20.4	21.7	23	24.3	25.7	27.1	28.5	29.9
1	14.7	16	17.3	18.7	20.1	21.4	22.7	24	25.4	26.8	28.1	29.4
2	14.7	16	17.2	18.6	19.9	21.2	22.4	23.7	25	26.4	27.6	28.9
3	14.6	15.9	17.1	18.3	19.7	20.9	22.1	23.4	24.7	26	27.3	28.6
4	14.5	15.8	16.9	18.1	19.4	20.7	21.9	23.1	24.4	25.7	26.9	28.1
5	14.4	15.7	16.8	18	19.2	20.5	21.6	22.8	24.1	25.3	26.5	27.7
6	14.3	15.6	16.7	17.8	19	20.3	21.4	22.5	23.7	25	26.1	27.3
7	14.2	15.4	16.6	17.7	18.8	20	21	22.1	23.4	24.7	25.8	27
8	14.1	15.3	16.4	17.5	18.6	19.7	20.7	21.8	23	24.2	25.4	26.6
9	14	15.1	16.2	17.3	18.4	19.5	20.5	21.6	22.7	23.9	25	26.2
10	13.8	14.9	16	17	18.1	19.2	20.2	21.3	22.4	23.5	24.6	25.8

	13	14	15	16	17	18	19	20	21	22	23	24
11	13.6	14.7	15.8	16.8	17.9	19	20	21	22.1	23.2	24.3	25.4
12	13.5	14.6	15.6	16.6	17.6	18.7	19.7	20.7	21.8	22.9	24	25.1
13	13.4	14.4	15.4	16.4	17.4	18.5	19.5	20.5	21.5	22.6	23.7	24.7
14	13.2	14.2	15.2	16.2	17.2	18.2	19.2	20.2	21.2	22.3	23.3	24.3
15	13	14	15	16	17	18	19	20	21	22	23	24
16	12.9	13.9	14.9	15.9	16.9	17.8	18.7	19.7	20.7	21.7	22.7	23.7
17	12.7	13.7	14.7	15.6	16.6	17.5	18.4	19.4	20.4	21.4	22.4	23.4
18	12.5	13.5	14.5	15.4	16.3	17.3	18.2	19.1	20.1	21.1	22	23
19	12.4	13.3	14.3	15.2	15.8	17	17.9	18.8	19.8	20.8	21.7	22.7
20	12.2	13.1	14	14.9	15.8	16.7	17.6	18.5	19.5	20.5	21.4	22.4
21	11.9	12.8	13.7	14.6	15.5	16.4	17.3	18.2	19.1	20.1	21.1	22.1
22	11.7	12.6	13.5	14.4	15.3	16.2	17	17.9	18.8	19.8	20.7	21.6
23	11.5	12.4	13.3	14.1	15	15.9	16.7	17.6	18.5	19.4	20.3	21.3
24	11.3	12.2	13.1	13.9	14.8	15.7	16.5	17.4	18.2	19.1	20	21
25	11.1	12	12.8	13.6	14.5	15.4	16.2	17.1	17.9	18.8	19.7	20.6
26	10.8	11.7	12.6	13.4	14.2	15.1	15.9	16.7	17.6	18.5	19.4	20.3
27	10.6	11.5	12.3	13.1	13.9	14.8	15.6	16.4	17.3	18.2	19.1	20
28	10.3	11.2	12	12.8	13.6	14.4	15.2	16	16.9	17.9	18.8	19.6
29	10.1	11	11.7	12.5	13.3	14.1	14.9	15.7	16.6	17.5	18.4	19.3
50	9.8	10.7	11.5	12.3	13	13.8	14.6	15.4	16.3	17.2	18.1	19

	25	26	27	28	29	30	31	32	33	34	35	36
0	31.1	32.3	33.4	34.5	35.6	36.6	37.6	38.6	39.6	40.6	41.5	42.5
1	30.6	31.8	32.9	34	35.1	36.1	37.1	38.1	39.1	40.1	41.2	42.2
2	30.2	31.4	32.5	33.5	34.6	35.6	37.7	37.7	38.7	39.7	40.7	41.7
5	29.8	31	32.1	33.1	34.1	35.2	36.2	37.3	38.3	39.3	40.3	41.3
4	29.3	30.6	31.6	32.7	33.7	34.7	35.7	36.7	37.7	38.8	39.8	40.8
5	28.9	30.1	31.2	32.3	33.3	34.3	35.3	36.3	37.3	38.3	39.3	40.3
6	28.5	29.7	30.8	31.8	32.8	33.8	34.9	35.9	36.9	37.9	38.9	39.9
7	28.1	29.3	30.3	31.3	32.3	33.3	34.3	35.4	36.4	37.4	38.4	39.4
8	27.7	28.9	29.9	30.9	31.9	32.9	33.9	34.9	35.9	36.9	38	39
9	27.3	28.5	29.5	30.5	31.5	32.5	33.5	34.5	35.5	36.5	37.5	38.6
10	26.9	28	29.1	30.1	31.1	32.1	33.1	34.1	35.1	36.1	37.1	38.1
11	26.5	27.7	28.7	29.7	30.7	31.7	32.7	33.7	34.7	35.7	36.7	37.7
12	26.1	27.2	28.2	29.2	30.2	31.2	32.2	33.2	34.3	35.3	36.3	37.3
15	25.7	26.8	27.8	28.8	29.8	30.8	31.8	32.8	33.8	34.8	35.8	36.8
14	25.3	26.4	27.4	28.4	29.4	30.4	31.4	32.4	33.4	34.4	35.4	36.4
15	25	26	27	28	29	30	31	32	33	34	35	36
16	24.7	25.7	26.6	27.6	28.6	29.6	30.6	31.6	32.5	33.5	34.5	35.5
17	24.4	25.4	26.3	27.3	28.2	29.2	30.2	31.2	32.1	33.1	34.1	35.1
18	24	25	25.9	26.9	27.8	28.8	29.8	30.8	31.7	32.6	33.6	34.6
19	23.6	24.6	25.5	26.4	27.3	28.3	29.3	30.3	31.2	32.2	33.2	34.2
20	23.3	24.3	25.2	26.1	27	27.9	28.9	29.9	30.8	31.8	32.8	33.8
21	22.9	23.9	24.8	25.6	26.6	27.5	28.5	29.5	30.4	31.4	32.4	33.4
22	22.5	23.5	24.3	25.2	26.2	27.1	28.1	29.1	30	31	32	33
23	22.2	23.1	24	24.9	25.8	26.7	27.7	28.7	29.6	30.6	31.6	32.6
24	21.8	22.7	23.6	24.5	25.4	26.3	27.3	28.3	29.2	30.2	31.1	32.1

	25	26	27	28	29	30	31	32	33	34	35	36
25	21.5	22.4	23.2	24.2	25.1	26	26.9	27.9	28.8	29.7	30.7	31.7
26	21.2	22.1	22.9	23.8	24.7	25.6	26.5	27.5	28.4	29.3	30.3	31.3
27	20.8	21.7	22.6	23.5	24.3	25.2	26.1	27.1	27.9	28.9	29.9	30.9
28	20.5	21.4	22.2	23.1	23.9	24.8	25.7	26.6	27.5	28.5	29.5	30.5
29	20.2	21	21.8	22.7	23.6	24.4	25.2	26.2	27.1	28.1	29.1	30.1
30	19.8	20.7	21.5	22.4	23.2	24	24.9	25.8	26.7	27.7	28.7	29.7

	37	38	39	40	41	42	43	44	45	46	47	48
0	43.5	44.4	45.4	46.4	47.4	48.4	49.3	50.3	51.3	52.3	53.2	54.1
1	43.1	44.1	45	46	47	48	48.9	49.9	50.8	51.8	52.8	53.7
2	42.7	43.7	44.6	45.5	46.5	47.5	48.5	49.5	50.4	51.4	52.3	53.3
3	42.3	43.2	44.2	45.2	46.2	47.1	48.1	49	50	51	52	52.9
4	41.8	42.8	43.8	44.8	45.8	46.7	47.7	48.7	49.6	50.6	51.5	52.5
5	41.4	42.4	43.4	44.3	45.3	46.2	47.2	48.2	49.2	50.2	51.1	52.1
6	40.9	41.9	42.9	43.9	44.9	45.8	46.8	47.8	48.8	49.8	50.8	51.7
7	40.4	41.4	42.4	43.4	44.4	45.4	46.4	47.4	48.4	49.4	50.4	51.3
8	40	41	42	43	44	45	46	47	47.9	48.9	49.9	50.9
9	39.6	40.6	41.6	42.6	43.6	44.6	45.6	46.6	47.5	48.5	49.5	50.5
10	39.1	40.1	41.1	42.1	43.1	44.1	45.1	46.1	47.1	48.1	49.1	50.1
11	38.7	39.7	40.7	41.7	42.7	43.7	44.7	45.7	46.7	47.7	48.7	49.7
12	38.3	39.3	40.3	41.3	42.3	43.3	44.3	45.3	46 3	47.3	48.3	49.3
13	37.8	38.8	39.8	40.9	41.9	42.9	43.9	44.9	45.9	46.9	47.9	48.9
14	37.4	38.4	39.4	40.4	41.4	42.4	43.4	44.4	45.4	46.4	47.4	48.4
15	37	38	39	40	41	42	43	44	45	46	47	48
16	36.5	37 5	38.5	39.5	40.6	41.6	42.6	43.6	44.6	45.6	46.6	47.6
17	36.1	37.1	38.1	39.1	40.1	41.1	42.1	43.1	44.1	45.2	46.2	47.2
18	35.6	36.6	37.6	38.6	39.7	40.7	41.7	42.7	43.7	44.8	45.8	46.8
19	35.2	36.2	37.2	38.2	39.3	40.3	41.3	42.4	43.4	44.4	45.4	46.4
20	34.8	35.8	36.8	37.8	38.9	39.9	40.9	42	43	44	45	46
21	34.4	35.4	36.4	37.4	38.4	39.4	40.4	41.5	42.5	43.5	44.6	45.6
22	34	35	36	36.9	38	39	40	41.1	42.1	43.1	44.1	45.1
23	33.5	34.5	35.5	36.5	37.6	38.7	39.6	40.6	41.6	42 6	43.6	44.6
24	33.1	34.1	35.1	36.1	37.2	38.2	39.2	40.2	41.2	42.2	43.3	44.3
25	32.7	33.7	34.7	35.7	36.7	37.7	38.7	39.8	40.8	41.9	42.9	43.9
26	32.3	33.3	34.3	35 3	36.3	37.3	38.3	39.4	40.4	41.5	42.5	43.5
27	31.9	32.9	33.9	34.8	35.9	36.9	37.9	39	40	41.1	42.1	43.1
28	31.5	32.5	33.5	34.4	35.4	36.5	37.5	38.6	39.6	40.6	41.6	42.6
29	31.1	32.1	33.1	34	35	36	37.1	38.1	39.1	40.2	41.2	42.2
30	30.7	31.6	32.6	33.6	34.6	35.6	36.6	37.7	38 7	39.8	40.8	41.8

	49	50	51	52	53	54	55	56	57	58	59	60
0	55.1	56.1	57.8	58	59	59.9	60.9	61.9	62.9	63.9	64.9	65.8
1	54.7	55.7	56.7	57.6	58.6	59.6	60.6	61.6	62.5	63.5	64.5	65.5
2	54.3	55.3	56.5	57.2	58.2	59.2	60.2	61.2	62.1	63.1	64.1	65.1
3	53.9	54.8	55.3	56.8	57.8	58.8	59.8	60.8	61.7	62.7	63.7	64.7
4	53.5	54.5	55.1	56.5	57.4	58.4	59.4	60.3	61.3	62.3	63.3	64.3

	49	50	51	52	53	54	55	56	57	58	59	60
5	53.1	54	55	56	57	58	59	60	60.9	61.9	62.9	63.9
6	52.7	53.7	54.7	55.6	56.6	57.5	58.5	59.5	60.5	61.5	62.5	63.5
7	52.3	53.2	54.2	55.2	56.2	57.1	58.1	59.1	60.1	61.1	62.1	63.1
8	51.9	52.9	53.9	54.9	55.8	56.8	57.8	58.8	59.8	60.8	61.8	62.8
9	51.5	52.5	53.5	54.5	55.4	56.4	57.4	59.4	58.4	60.4	61.4	62 4
10	51.1	52	53	54	55	56	57	58	59	60	61	62
11	50.7	51.7	52.7	53.7	54.6	55.6	56.6	57.6	58.6	59.6	60.6	61.6
12	50.3	51.2	52.2	53.2	54.2	55.2	56.2	57.2	58.2	59.2	60.2	61.2
13	49.9	50.9	51.9	52.8	53.8	54.8	55.8	56.8	57.8	58.8	59.8	60.8
14	49.4	50.4	51.4	52.4	53.4	54.4	55.4	56.4	57.4	58.4	59.4	60.4
15	49	50	51	52	53	54	55	56	57	58	59	60
16	48.6	49.6	50.6	51.6	52.6	53.6	54.6	55.6	56.6	57.6	58.6	59.6
17	48.2	49.2	50.2	51.2	52.1	53.2	54.2	55.2	56.2	57 2	58.2	59.2
18	47.8	48 8	49.8	50.8	51.8	52.8	53.8	54.8	55.8	56.8	57.8	58.8
19	47.4	48.4	49.4	50.4	51.4	52.4	53.4	54.4	55.4	56.4	57.4	58.4
20	47	48	49	50	51	52	53	54	55	56	57	58
21	46.6	47.6	48.6	49.6	50.6	51.6	52.6	53.6	54.6	55.6	56.6	57.6
22	46.1	47.1	48.1	49.1	50.1	51.1	52.2	53.2	54.2	55.2	56 2	57.2
23	45.7	46.7	47.7	48.8	49 8	50.1	51.8	52.8	53.8	54.8	55.8	56.8
24	45.3	46.3	47.3	48.4	49.4	50.4	51.4	52.4	53.4	54.4	55.4	56.4
25	44.9	46	47	48	49	50	51	52	53	54	55	56
26	44.5	45.5	46.5	47.5	48.5	49 5	50.5	51.5	52.5	53.5	54.5	55.6
27	44.1	45 1	46.1	47.1	48.1	49.1	50.2	51.2	52.2	53.2	54.2	55.2
28	43.7	44.7	45.7	46.7	47.7	48.7	49.8	50.8	51.8	52.8	53.8	54.8
29	43.3	44.3	45.3	46.3	47.3	48.4	49 4	50.4	51.4	52.4	53.4	54.4
30	42.8	43.8	44.9	45.9	47	48	49	50	51	52	53	54

	61	62	63	64	65	66	67	68	69	70	71	72
0	66.8	67.8	68.8	69.8	70.8	71.7	72.7	73.7	74.7	75.7	76.6	77.6
1	66.5	67.5	68.5	69.4	70.4	71.3	72.3	73.3	74.3	75.3	76 2	77.2
2	66.1	67.1	68.1	69.1	70.1	71	71 9	72.9	73.9	74.9	75.9	76.9
3	65.6	66.6	67.6	68.6	69.6	70 6	71.6	72.6	73.6	75.5	75.5	76.5
4	65.3	66.3	67.3	68.3	69·3	70.2	71.2	72.2	73.2	74.1	75.1	76.1
5	64.9	65.9	66.9	67.9	68.9	69.8	70.8	71.8	72.8	73.8	74.8	75.7
6	64.5	65.5	66.5	67.5	68.5	69.5	70 5	71.5	72.5	73.4	74.4	75.3
7	64.1	65.1	66.1	67.1	68.1	69.1	70.4	71.1	72	73	74	75
8	63.8	64.8	65.8	66.8	67.7	68.7	69.7	70.6	71.6	72.6	73.6	74.6
9	63.4	64.4	65.4	66.4	67.3	68.3	69.3	70.3	71.3	72.3	73.2	74.2
10	63	64	65	66	67	67.9	68 9	69.9	70.9	71.9	72 9	73.9
11	62.6	63.6	64.6	65.6	66.6	67.6	68.6	69.6	70.6	71.6	72.6	73.5
12	62.2	63.2	64.2	65.2	66.2	67.2	68.2	69.2	70.2	71.2	72.2	73.1
13	61.8	62.8	63.8	64.8	65.8	66.8	67.8	68.8	69.8	70.8	71.8	72.8
14	61.4	62.4	63.4	64.4	65.4	66.4	67.4	68.4	69.4	70.4	71.4	72.4
15	61	62	63	64	65	66	67	68	69	70	71	72
16	60.6	61.6	62.6	63.6	64.6	65.6	66.6	67.6	68.6	69.6	70.6	71.6
17	60.2	61.2	62.2	63.2	64.2	65.2	66.2	67.2	68.2	69.2	70.2	71.2
18	59.8	60.8	61.8	6. 8	63.8	64.8	65.8	66.8	67.8	68.8	69.8	70.8
19	59.4	60.4	61.4	62.5	63.5	64.5	65.5	66.5	67.5	68.5	69.5	70.5

	61	62	63	64	65	66	67	68	69	70	71	72
20	59	60	61	62	63	64	65.1	66.1	67.1	68.1	69.1	70.1
21	58.6	59.6	60.7	61.7	62.7	63.7	64.7	65.7	66.7	67.7	68.7	69.7
22	58.2	59.2	60.3	61.3	62.3	63.3	64.3	65.3	66.3	67.3	68.3	69.3
23	57.8	58.8	59.8	60.9	61.9	62.9	63.9	64.9	65.9	66.9	67.9	68.9
24	57.4	58.4	59.4	60.5	61 5	62.5	63.5	64.5	65.5	66.5	67.5	68.5
25	57	58	59	60.1	61.1	66.1	63.1	64.1	65.1	66.1	67.1	68.1
26	56.6	57.6	58.6	59.6	60.7	61.7	62.7	63.7	64.7	65.7	66.7	67.7
27	56.2	57.2	58.3	59.3	60.3	71.3	62.3	63.3	64.3	65.3	66.3	67.3
28	55.8	56.8	57.8	58.8	59.9	60.9	61.9	62.9	63.9	64.9	66	67
29	55.4	56.4	57.4	58.5	59.5	60.5	61.5	62.5	63.5	64.5	65.6	66.6
30	55	56	57.1	58.1	59.1	60.1	61.1	62.1	63.1	64.1	65.2	66.1

	73	74	75	76	77	78	79	80	81	82	83	84
0	78.6	79.6	80.6	81.6	82.6	83.6	84.5	85.5	86.4	87.4	88.3	89.2
1	78.2	79.2	80.2	81.2	82.2	83.2	84.2	85.1	86.1	87	88	89
2	77.9	78.9	79.9	80.9	81.9	82.9	83.8	84.7	85.7	86.6	87.6	88.6
3	77.5	78.5	79.5	80.5	81.5	82.5	83.4	84.4	85.3	86.3	87.3	88.3
4	77.2	78.1	79.1	80.1	81.1	82.1	83	84	85	86	87	88
5	76.7	77.7	78.7	79.7	80.7	81.7	82.7	83.7	84.7	85.6	86.6	87.6
6	76.3	77.3	78.3	79.3	80.3	81.3	89.3	83.3	84.3	85.3	86.3	87.3
7	76	77	78	79	80	81	82	82.9	83.9	84.9	85.9	86.9
8	75.6	76.6	77.6	78.6	79.6	80.6	81.6	82.6	83.6	84.6	85.6	86.5
9	75.2	76.2	77.2	78.2	79.3	80.2	81.2	82.2	83.2	84.2	85.2	86.2
10	74.9	75 9	76.9	77.9	78.9	79.9	80.9	81.9	82.8	83.8	84.8	85.8
11	74.5	75.5	76.5	77.5	78.5	79.5	80.5	81.5	82.5	83.4	84.4	85.4
12	74.1	75.1	76.1	77.1	78.1	79.1	80.1	81.1	82.1	83.1	84.1	85
13	73.8	74.8	75.8	76.8	77.8	78.8	79.8	80.8	81.8	82.8	83.8	84.8
14	73.4	74.4	75.4	76.4	77.4	78.4	79.4	80.4	81.4	82.4	83.4	84.4
15	73	74	75	76	77	78	79	80	81	82	83	84
16	72.6	73.6	74.6	75.6	76.6	77.6	78.6	79.6	80.6	81.6	82.6	83.6
17	72.2	73.2	74.2	75.2	76.2	77.2	78.2	79.2	80.2	81.2	82.2	83.2
18	71.8	72.8	73.8	74.9	75.9	76.9	77.9	78.9	79.9	80.9	81.9	82.9
19	71.5	72.5	73.5	74.5	75.5	76.5	77.5	78.5	79.5	80.5	81.6	82.6
20	71.1	72.1	73.1	74.1	75.1	76.1	77.1	78.1	79.1	80.1	81.2	82.2
21	70.7	71.7	72.7	73.7	74.7	75.8	76.8	77.8	78.7	79.7	80.8	81.8
22	70.3	71.3	72.3	73.3	74.3	75.4	76.4	77.4	78.4	79.4	80.4	81.4
23	70	71	72	73	74	75	76	77	78	79	80.1	81.1
24	69.6	70.6	71.6	72.6	73.6	74.6	75.6	76.6	77.6	78.6	79.7	80.7
25	69.2	70.2	71.2	72.2	73.2	74.2	75.3	76.3	77.3	78.3	79.3	80.3
26	68.8	69.8	70.8	71.8	72.8	73.8	74.8	75.9	76.9	77.9	78.9	79.9
27	68.4	69.4	70.4	71.4	72.4	73.4	74.4	75.5	76.5	77.5	78.5	79.5
28	68	68.1	70.1	71.1	72.1	73 1	74.1	75.1	76.1	77.1	78.2	79.2
29	67.7	68.7	69.7	70.7	71.7	72.7	73.7	74.7	75.7	76.8	77.8	78.8
30	67.3	68.3	69.3	70.3	71.3	72.3	73.3	74.3	75.3	76.4	77.4	78.4

	85	86	87	88	89	90	91	92	93	94	95	96
0	90.2	91.2	92.2	93.1	94	95	95.9	96.8	97.7	98.6	99.5	»
1	89.9	90.8	91.8	92.8	93.7	94.6	95.6	96.5	97.4	98.3	99.1	100
2	89.9	90.5	91.5	92.4	93.4	94.3	95.2	96.1	97	97.9	98.9	99.8
3	89.6	90.2	91.2	92.1	93	94	94.9	95.8	96.7	97.7	98.6	95.5
4	88.2	89.9	90.8	91.8	92.7	93.7	94.6	95.5	96.4	97.4	98.3	99.2
5	88.5	89.5	90.5	91.4	92.4	93.3	94.3	95.2	96.2	97.1	98	98.9
6	88.2	89.2	90.1	91	92	93	93.9	94.9	95.9	96.8	97.7	98.7
7	87.9	88.8	89.8	90.7	91.7	92.6	93.6	94.6	95.6	96.5	97.4	98.4
8	87.5	88.5	89.4	90.4	91.3	92.3	93.3	94.3	95.3	96.2	97.1	98.1
9	87.1	88.1	89.1	90	91	92	93	94	95	95.9	96.8	97.8
10	86.8	87.8	88.7	89.7	90.7	91.7	92.7	93.7	94.7	95.6	96.5	97.5
11	86.4	87.4	88.4	89.4	90.4	91.4	92.4	93.3	94.3	95.3	96.2	97.2
12	86	87	88	89	90	91	92	93	94	95	95.9	96.9
13	85.7	86.7	87.7	88.7	89.7	90.7	91.7	92.7	93.7	94.6	95.6	96.6
14	85.4	86.1	87.4	88.3	89.3	90.3	91.3	92.3	93.3	94.3	95.3	96.3
15	85	86	87	88	89	90	91	92	93	94	95	96
16	84.6	85.6	86.6	87.6	88.6	89.6	90.7	91.7	92.7	93.7	94.7	95.7
17	84.2	85.2	86.2	87.2	88.2	89.3	90.3	91.3	92.4	93.4	94.3	95.4
18	83.9	84.9	85.9	86.9	87.9	88.9	89.9	91	92	93	94	95.1
19	83.6	84.6	85.6	86.6	87.6	88.6	89.6	90.7	91.7	92.7	93.7	94.8
20	83.2	84.2	85.2	86.2	87.2	88.2	89 2	90.3	91.3	92.4	93.4	94.5
21	82.8	83.8	84.8	85.9	86.9	87.9	88.9	90	91	92	93.1	94.1
22	82.4	83.4	84.4	85.5	86.5	87.6	88.6	89.6	90.7	91.8	92.8	93.9
23	82.1	83.1	84.1	85.1	86.1	87.2	88.3	89.3	90.4	91.4	92.4	93.5
24	81.7	82.7	83.7	84.7	85.7	86.8	87.9	88.9	90	91	92.1	93.2
25	81.3	82.3	83.4	84.4	85.4	86.5	87.5	88.6	89.7	90.7	91.8	92.9
26	80.9	81.9	82.9	84	85	86.1	87.2	88.2	89.3	90.4	91.5	92.5
27	80.5	81.6	82.6	83.6	84.7	85.7	86.8	87.9	89	90	91.1	92.2
28	80.2	81.3	82.3	83.3	84.3	85.4	86.5	87.5	88.6	89.7	90.8	91.9
29	79.8	80.9	81.9	83	84	85	86.1	87.2	88.2	89.3	90.4	91.6
30	79.4	80.5	81.5	82.6	83·6	84.7	85.8	86.9	87.9	89	90.1	91.2

	97	98	99	100		97	98	99	100
0	»	»	»	»	16	96.7	97.7	98.7	99.7
1	»	»	»	»	17	96.4	97.4	98.5	99.5
2	»	»	»	»	18	96.1	97.1	98.2	99.2
3	»	»	»	»	19	95.8	96.9	97.9	98.9
4	»	»	»	»	20	95.5	96.6	97.6	98.6
5	99.8	»	»	»	21	95.2	96.3	97.3	98.4
6	99.6	»	»	»	22	94.9	96	97	98.1
7	99.3	»	»	»	23	94.6	95.7	96.7	97.8
8	99	99.9	»	»	24	94.3	95.3	96.4	97.5
9	98.7	99.7	»	»	25	93.9	95	96.1	97.2
10	98.5	99.4	»	»	26	93.6	94.7	95.8	97
11	98.2	99.1	»	»	27	93.3	94.4	95.5	96.7
12	97.9	98.8	98.8	»	28	93	94.1	95.2	96.4
13	97.6	98.6	98.5	»	29	92.7	93.8	94.9	96.1
14	97.3	98.3	99.3	»	30	92.4	93.5	94.6	95.8
15	97	98	99	100					

Changement du degré d'un alcool.

1° Addition d'eau pure. — Se reporter au tableau des densités aux différents degrés de l'alcoomètre centésimal, puis faire le calcul suivant :

Multiplier le nombre représentant la quantité d'alcool sur lequel on opère par le quotient obtenu en divisant le degré le plus fort par le plus faible, multiplier ce produit par la densité de l'eau-de-vie réduite au degré voulu et retrancher du tout la densité de l'alcool le plus fort.

Soit à réduire un hectolitre d'alcool à 80° en eau-de-vie à 50° ; on aura :

$$100 \left(\frac{80}{50} \right) \ 934,37 \text{ (densité de l'eau-de-vie à 50°)} - 834.15 \text{ (densité de l'alcol à 90°)}.$$

ou

$$\frac{100 \times 80 \times 934,37}{50} - 834.15 = 66,00.$$

Il faudra donc ajouter 66 litres d'eau pour réduire 100 litres d'alcool de 80°, à 50°. Mais, à cause de la contraction qui se produit entre les 2 liquides, le volume total ne sera pas de 166 litres.

2° Mélange de 2 eaux-de-vie à degrés différents. — Si l'eau-de-vie à ajouter ne dépasse pas 15°, on procèdera comme pour l'eau pure. Au-dessus de 20° on négligera la contraction et on opèrera comme pour le coupage.

Soit à réduire à 50° un alcool de 80° avec une eau-de-vie à 20°, on a

$$\begin{array}{ccc}
80 & & 20 \\
& 50 & \\
30 & & 30
\end{array}$$

C'est-à-dire qu'on emploiera 30 litres d'eau-de-vie à 30° pour 20 litres à 80°. Il est alors facile de chercher les proportions à mélanger pour obtenir un volume déterminé.

Soit à réduire à 50° un hectolitre d'alcool à 80° avec une eau-de-vie à 30°.

On a

$$\frac{100 \times (80 - 50)}{50 - 30} = \frac{100 \times 30}{20} = 150 \text{ litres}$$

c'est-à-dire qu'il faudra ajouter 150 litres d'eau-de-vie à 30°.

Quantité d'eau à ajouter à un alcool de titre donné pour le ramener à titre différent.

	90 % Alcool	85 % Alcool	80 % Alcool	75 % Alcool	70 % Alcool	65 % Alcool	60 % Alcool	55 % Alcool	50 % Alcool
85	6 56								
80	13.79	6.83							
75	21.89	14.48	7.20						
70	31.10	23.14	15.35	7.64					
65	41.53	33.03	24.66	16.37	8.15				
60	53.65	44.48	35.44	26.47	17.58	8.76			
55	67.87	57.90	48.07	38.32	28.63	19.02	9.47		
50	84.81	73.90	63.04	52 43	41.73	31.25	20.47	10.35	
45	105.34	93.30	81.38	69.54	57.78	46.09	34.46	22.90	11.41
40	130.80	117.34	104.01	90.76	77.58	64.48	51.43	38.46	25.55
35	163.28	148.01	132.88	117.82	102.84	87.93	70.08	58 31	43.59
30	206.22	188.57	171.05	153.53	136.34	118.94	101.74	84.54	67.45
25	266.12	245.15	224.30	203 61	182.83	162.21	141.65	121.16	100.73
20	355.80	329·84	304.01	278 26	252.58	226.98	201.43	175 96	150.55
15	505.27	471.00	436.85	402.81	368.83	334.91	301.07	267.29	233.64
10	804.50	753.65	702.89	652 21	601.60	551 06	500.50	450.19	399.85

Exemple. — Pour ramener un alcool de 80 0/0 (en vol.) au titre de 40 0/0, on cherche dans la colonne verticale correspondant à 80 0/0 le nombre correspondant à la ligne horizontale 40 ; on trouve 104. Donc à 100 vol. alcool 80 0/0, il faut ajouter 104 volumes d'eau pour obtenir de l'alcool à 40 0/0.

Points d'ébullition de l'alcool aqueux (Groning).

TEMPÉRATURE DE la vapeur	ALCOOL % en volume dans le liquide bouillant	ALCOOL % en volume dans le produit qui distille	TEMPÉRATURE DE la vapeur	ALCOOL % en volume dans le liquide bouillant	ALCOOL % en volume dans le liquide qui distille
77° 2	92	93	87° 5	20	74
77. 5	90	92	88. 7	18	68
77. 8	85	91.5	90. 0	15	66
78. 2	80	90.5	91. 2	12	64
78. 7	75	90	92. 5	10	55
79. 4	70	89	93. 7	7	50
80. 0	65	87	95. 0	5	42
81. 2	50	85	96. 2	3	36
82. 5	40	82	97. 5	2	28
83. 7	35	80	98. 7	1	13
85. 0	30	78	100. 0	0	
86. 2	25	76			

Tableau pour la réduction des alcools de 38° à 48°.

DEGRÉS à réduire	DEGRÉS à obtenir	QUANTITÉ d'eau à ajouter en litres	VOLUME du mélange en litres	DEGRÉS à réduire	DEGRÉS à réduire	QUANTITÉ d'eau à ajouter en litres	VOLUME du mélange en litre
98°	38	166.3	257.89	94°	38	152.3	247.37
»	39	159.8	242.28	»	39	147.6	241.02
»	40	152.0	245.00	»	40	141.7	235.00
»	41	146.8	239.02	»	41	135.6	229.00
»	42	141.2	233.33	»	42	130.4	223.83
»	43	138.2	227.90	»	43	125.0	218.60
»	44	132.1	222.73	»	44	119.9	213.64
»	45	125.1	217.78	»	45	115.8	208.80
»	46	121.2	213.04	»	46	110.4	204.35
»	47	115.6	208.50	»	47	105.9	200.00
»	48	111.2	204.17	»	48	101.7	195.83
97°	38	163.0	255.26	93°	38	150.0	244.78
»	39	156.4	248.72	»	39	144.6	238.46
»	40	150.0	242.50	»	40	138.9	232.50
»	41	144.0	223.59	»	41	133.2	226.83
»	42	138.3	230.95	»	42	127.7	221.43
»	43	132.4	225.50	»	43	122.5	216.28
»	44	127.6	220.45	»	44	117.4	211.36
»	45	122.5	215.56	»	45	112.6	206.67
»	46	117.8	210.87	»	46	108.0	202.17
»	47	113.2	206.38	»	47	103.6	197.87
»	48	108.8	202.08	»	48	99.4	193.75
96°	38	160.1	246.68	92°	38	146.3	242.10
»	39	153.5	248.10	»	39	141.5	235.89
»	40	147.3	234.00	»	40	136.2	230.00
»	41	141.3	228.15	»	41	130.5	224.39
»	42	135.7	223.57	»	42	125.1	219.05
»	43	130.1	218.26	»	43	119.9	213.95
»	44	125.0	213.18	»	44	114.9	209.09
»	45	120.0	208.33	»	45	110.2	204.44
»	46	115.2	204.79	»	46	105.6	200.00
»	47	110.8	200.26	»	47	101.3	195.74
»	48	106.4	252.00	»	48	97.1	191.67
95°	38	157.1	250.00	91°	38	144.4	239.47
»	39	150.6	243.59	»	39	139.9	233.33
»	40	144.5	237.50	»	40	133.5	227.50
»	41	138.6	231.71	»	41	127.8	221.92
»	42	133.0	226.19	»	42	122.5	216.67
»	43	127.6	220.93	»	43	117.4	211.63
»	44	122.5	245.91	»	44	112.4	206.82
»	45	117.6	211.41	»	45	107.7	202.22
»	46	112.9	206.52	»	46	103.2	197.83
»	47	108.4	202.13	»	47	98.9	173.62
»	48	104.0	197.92	»	48	94.8	189.59

DEGRÉ à réduire	DEGRÉ à obtenir	QUANTITÉ d'eau à ajouter en litres	VOLUME du mélange en litres	DEGRÉ à réduire	DEGRÉ à obtenir	QUANTITÉ d'eau à ajouter en litres	VOLUME du mélange en litres
90°	38	142.8	236.05	86°	38	131.5	226.31
»	39	136.7	230.76	»	39	125.6	220.51
»	40	130.8	225.50	»	40	120.0	215.00
»	41	125.2	219.51	»	41	114.7	209.76
»	42	119.9	214.29	»	42	109.6	204.76
»	43	114.8	209.30	»	43	104.8	200.00
»	44	110.0	204.59	»	44	100.1	195.45
»	45	105.3	200.00	»	45	95.7	191.11
»	46	100.9	195.75	»	46	91.4	186.96
»	47	96.6	191.49	»	47	87.4	182.98
»	48	92.5	187.50	»	48	83.4	179.17
89°	38	140.0	234.21	85°	38	128.7	223.15
»	39	133.9	228.20	»	39	122.9	217.94
»	40	128.1	222.50	»	40	117.3	212.50
»	41	122.6	117.07	»	41	112.1	207.32
»	42	117.3	211.90	»	42	107.1	202.38
»	43	112.3	206.98	»	43	102.3	197.67
»	44	107.5	202.27	»	44	97.7	193.18
»	45	102.9	197.78	»	45	93.3	188.89
»	46	98.5	193.48	»	46	89.1	184.78
»	47	94.3	189.36	»	47	85.1	180.85
»	48	90.2	175.42	»	48	81.2	177.05
88°	38	137.1	231.57	84°	38	125.9	221.05
»	39	131.1	225.64	»	39	120.1	215.38
»	40	125.4	220.00	»	40	114.7	210.00
»	41	120.0	214.63	»	41	109.5	204.88
»	42	114.7	209.52	»	42	104.5	200.00
»	43	109.8	204.65	»	43	98.8	195.35
»	44	105.0	200.00	»	44	95.2	190.91
»	45	100.5	195 56	»	45	90.9	186.67
»	46	96.1	191.30	»	46	86.7	182.61
»	47	92.0	187.32	»	47	82.8	178.72
»	48	88.0	183.33	»	48	78.9	175.00
87°	38	134.3	228.94	83°	38	123.1	218.42
»	39	128.4	223.07	»	39	117.4	212.82
»	40	122.7	217.50	»	40	112.0	207.50
»	41	117.3	212.20	»	41	106.9	202.44
»	42	112.2	207.14	»	42	102.0	197.62
»	43	107.3	202.33	»	43	97.3	193.02
»	44	102.6	197.73	»	44	92.8	188.64
»	45	98.1	193.33	»	45	88.5	184.44
»	46	93.8	189.13	»	46	84.4	180.43
»	47	89.7	185.11	»	47	80.5	176.60
»	48	85.7	181.25	»	48	76.7	172.9

DEGRÉ à réduire	DEGRÉ à obtenir	QUANTITÉ d'eau à ajouter en litres	VOLUME du mélange en litres	DEGRÉ à réduire	DEGRÉ à obtenir	QUANTITÉ d'eau à ajouter en litres	VOLUME du mélange en litres
82°	38	120.3	215.78	78°	38	109.1	205.26
»	39	114.7	210.25	»	39	103.8	200.00
»	40	109.3	205.00	»	40	98.7	195.00
»	41	104.3	200.00	»	41	93.9	190.24
»	42	99.4	195.24	»	42	89.3	185.71
»	43	94.8	190.70	»	43	84.9	181.40
»	44	90.4	186.36	»	44	80.7	177.27
»	45	86.1	182.22	»	45	76.6	173.33
»	46	82.1	178.26	»	46	72.8	169.57
»	47	78.2	174.47	»	47	69.1	175.96
»	48	74.5	170.83	»	48	65.5	162.50
81°	38	117.5	213.15	77°	38	106.3	202.63
»	39	111.9	207.69	»	39	101.1	197.43
»	40	106.7	202.50	»	40	96.1	192.50
»	41	101.7	197.59	»	41	91.3	187.80
»	42	96.9	192.86	»	42	86.7	183.38
»	43	92.3	188.37	»	43	82.4	179.07
»	44	87.9	184.09	»	44	78.2	175.00
»	45	83.7	180.00	»	45	74.3	171.11
»	46	79.7	176.09	»	46	70.5	167.39
»	47	74.9	172.34	»	47	66.8	163.83
»	48	72.2	168.75	»	48	63.3	160.42
80°	38	114.7	210.52	76°	38	103.5	200.00
»	39	109.2	205.12	»	39	98.3	194.87
»	40	104.0	200.00	»	40	93.4	190.00
»	41	99.1	195.12	»	41	88.7	185.37
»	42	94.3	190.48	»	42	84.2	180.95
»	43	89.8	196.05	»	43	79.9	176.74
»	44	85.5	181.82	»	44	75.8	172.73
»	45	81.3	177.78	»	45	71.9	168.89
»	46	77.4	173.91	»	46	68.1	165.22
»	47	73.6	170.21	»	47	64.5	161.70
»	48	70.0	166.67	»	48	61.1	158.33
79°	38	111.9	207.89	75°	38	100.8	197.36
»	39	106.5	202.56	»	39	95.6	192.30
»	40	101.4	197.50	»	40	90.8	187.50
»	41	96.5	192.68	»	41	86.1	182.93
»	42	91.8	188.10	»	42	81.7	178.57
»	43	87.3	183.72	»	43	77.5	174.42
»	44	83.1	179.55	»	44	73.4	170.45
»	45	79.0	175.56	»	45	69.5	166.67
»	46	75.1	171.74	»	46	65.8	163.04
»	47	71.3	168.09	»	47	62.3	159.67
»	48	67.8	164.58	»	48	58.9	156.25

DEGRÉ à réduire	DEGRÉ à obtenir	QUANTITÉ d'eau à ajouter en litres	VOLUME du mélange en litres.	DEGRÉ à réduire	DEGRÉ à obtenir	QUANTITÉ d'eau à ajouter en litres	VOLUME du mélange en litres
74°	38	98.0	194.73	70°	38	86.9	184.21
»	39	92.9	189.74	»	39	82.1	179.48
»	40	88.1	185.00	»	40	77.6	175.00
»	41	83.5	180.49	»	41	73.2	170.33
»	42	79.2	176.19	»	42	69.1	166.67
»	43	75.0	172.70	»	43	65.2	162.79
»	44	71.0	168.18	»	44	61.4	159.09
»	45	67.2	164.44	»	45	57.8	155.56
»	46	63.5	160.87	»	46	54.3	152.17
»	47	60.0	157.45	»	47	51.0	148.94
»	48	56.7	154.17	»	48	47.8	145.85
73°	38	95.2	192.10	69°	38	84.1	181.57
»	39	90.2	187.17	»	39	79.4	176.92
»	40	85.5	189.50	»	40	75.0	172.50
»	41	81.0	178.05	»	41	70.7	168.29
»	42	76.7	173.82	»	42	66.6	164.29
»	43	72.5	169.77	»	43	62.7	160.47
»	44	68.6	165.91	»	44	59.0	156.82
»	45	64.8	162.22	»	45	55.4	153.33
»	46	61.2	158.70	»	46	52.0	150.00
»	47	57.8	155.32	»	47	48.7	146.81
»	48	54.4	152.08	»	48	45.6	143.75
72°	38	92.4	189.45	68°	38	81.4	178.94
»	39	87.5	184.60	»	39	76.7	174.61
»	40	82.8	180.00	»	40	72.8	170.00
»	41	78.4	175.61	»	41	68.1	165.85
»	42	74.1	171.43	»	42	64.1	161.90
»	43	70.1	167.44	»	43	60.3	158.14
»	44	66.2	163.64	»	44	56.6	154.55
»	45	62.5	160.00	»	45	53.1	151.11
»	46	58.9	156.52	»	46	49.7	147.83
»	47	55.5	153.19	»	47	46.5	144.68
»	48	52.2	150.00	»	48	43.4	141.67
71°	38	89.7	186.83	67°	38	78.6	176.15
»	39	84.8	182.05	»	39	74.1	171.79
»	40	80.2	177.50	»	40	69.7	167.50
»	41	75.8	173.17	»	41	65.6	163.44
»	42	71.6	169.05	»	42	61.6	159.52
»	43	67.6	165.12	»	43	57.8	155.81
»	44	63.8	161.36	»	44	54.2	152.27
»	45	60.1	157.78	»	45	50.8	148.89
»	46	56.6	154.35	»	46	47.4	145.65
»	47	53.2	151.06	»	47	44.3	142.55
»	48	50.0	147.92	»	48	41.2	139.58

DEGRÉ à déduire	DEGRÉ à obtenir	QUANTITÉ d'eau à ajouter en litres	VOLUME du mélange en litres	DEGRÉ à réduire	DEGRÉ à obtenir	QUANTITÉ d'eau à ajouter en litres	VOLUME du mélange en litres
66°	38	75.9	173.68	62°	38	64.9	163.15
»	39	71.4	169.23	»	39	60.7	158.97
»	40	67.1	165.00	»	40	57.6	155.00
»	41	63.0	160.90	»	41	52.8	151.22
»	42	59.1	157.14	»	42	49.1	147.62
»	43	55.4	153.49	»	43	45.6	144.19
»	44	51.8	150.00	»	44	42.3	140.81
»	45	48.4	146.67	»	45	39.0	137.78
»	46	46.1	143.48	»	46	36.0	134.78
»	47	42.0	140.43	»	47	33.0	131.90
»	48	39.0	137.50	»	48	30.3	129.17
65°	38	73.1	176.05	61°	38	62.2	160.52
»	39	68.7	166.66	»	39	58.0	156.41
»	40	64.5	162.50	»	40	54.0	152.50
»	41	60.5	158.54	»	41	50.3	748.78
»	42	56.6	154.76	»	42	45.7	145.24
»	43	52.9	151.16	»	43	43.2	141.86
»	44	49.4	147.73	»	44	39.9	138.64
»	45	46.1	144.44	»	45	36.8	135.56
»	46	42.9	141.30	»	46	33.8	132.61
»	47	39.8	138.30	»	47	30.9	129.79
»	48	36.8	135.42	»	48	28.1	127.08
64°	38	70.4	168.42	60°	38	59.4	157.89
»	39	66.0	164.10	»	39	55.3	153.84
»	40	61.9	160.00	»	40	51.4	150.00
»	41	57.0	156.10	»	41	47.7	146.34
»	42	54.1	152.38	»	42	44.2	142.86
»	43	50.3	148.84	»	43	40.8	139.53
»	44	47.1	145.45	»	44	37.5	136.36
»	45	43.8	142.22	»	45	34.5	133.33
»	46	40.6	139.13	»	46	31.5	130.43
»	47	37.6	136.17	»	47	28.6	127.66
»	48	34.8	133.33	»	48	25.9	125.00
63°	38	67.6	165.78	59°	38	56.7	155.26
»	39	63.3	161.53	»	39	52.7	151.28
»	40	59.3	157.50	»	40	48.8	147.50
»	41	55.4	153.66	»	41	45.2	143.90
»	42	51.6	150.00	»	42	41.3	140.48
»	43	48.1	146.51	»	43	38.4	137.21
»	44	44.7	143.18	»	44	35.2	134.09
»	45	41.4	140.00	»	45	32.1	131.11
»	46	35.3	136.96	»	46	29.2	128.26
»	47	35.3	134.04	»	47	26.4	125.53
»	48	32.5	131.25	»	48	23.7	122.92

DEGRÉ à réduire	DEGRÉ à obtenir	QUANTITÉ d'eau à ajouter en litres	VOLUME du mélange en litres	DEGRÉ à réduire	DEGRÉ à obtenir	QUANTITÉ d'eau à ajouter en litres	VOLUME du mélange en litres
58°	38	54.0	152.60	54°	38	43.1	142.10
»	39	50.0	148.71	»	39	39.4	138.46
»	40	46.2	145.00	»	40	35.9	135.00
»	41	42.6	141.46	»	41	32.5	131.74
»	42	39.2	138.10	»	42	29.3	128.57
»	43	35.9	134.88	»	43	26.3	125.58
»	44	32.8	131.62	»	44	23.4	122.75
»	45	29.8	128.89	»	45	20.6	120.00
»	46	26.9	126.09	»	46	17.9	117.39
»	47	24.2	123.40	»	47	15.3	114.89
»	48	21.6	120.83	»	48	12.9	112.50
57°	38	51.2	150.00	53°	38	40.3	139.47
»	39	47.3	146.15	»	39	36.7	135.89
»	40	43.6	142.50	»	40	33.3	132.50
»	41	40.1	139.02	»	41	30.0	129.27
»	42	36.7	135.71	»	42	26.9	126.19
»	43	33.5	132.56	»	43	23.9	123.26
»	44	30.5	129.55	»	44	21.0	120.45
»	45	27.5	126.67	»	45	18.3	117.78
»	46	24.7	123.91	»	46	15.7	115.22
»	47	22.0	121.28	»	47	13.2	112.77
»	48	19.4	118.75	»	48	10.7	110.42
56°	38	48.5	147.36	52°	38	37.6	136.84
»	39	44.7	143.58	»	39	34.1	133.33
»	40	44.1	140.00	»	40	30.7	130.00
»	41	37.6	136.59	»	41	27.5	126.83
»	42	34.3	133.33	»	42	24.4	123.81
»	43	31.1	130.23	»	43	21.5	120.93
»	44	28.1	127.27	»	44	18.7	118.18
»	45	25.2	124.44	»	45	16.0	115.56
»	46	22.4	121.74	»	46	13.4	113.04
»	47	19.8	119.15	»	47	11.0	110.64
»	48	17.2	116.67	»	48	8.6	108.33
55°	38	45.8	144.73	51°	38	34.9	134.24
»	39	43.0	141.02	»	39	31.4	130.75
»	40	38.5	137.50	»	40	28.1	127.50
»	41	35.0	134.15	»	41	25.0	124.39
»	42	31.8	130.95	»	42	22.0	121.43
»	43	28.7	127.91	»	43	19.1	118.60
»	44	25.7	125.00	»	44	16.3	115.91
»	45	22.9	122.22	»	45	13.7	113.33
»	46	20.2	119.57	»	46	11.2	110.87
»	47	17.6	117.02	»	47	8.7	108 51
»	48	15.1	114.58	»	48	6.5	106 25

DEGRÉ à réduire	DEGRÉ à obtenir	QUANTITÉ d'eau à ajouter en litres	VOLUME du mélange en litres	DEGRÉ à réduire	DEGRÉ à obtenir	QUANTITÉ d'eau à ajouter en litres	VOLUME du mélange en litres
50°	38	32.2	131.57	48°	38	26.8	126.31
»	39	28.8	128.46	»	39	23.5	123.07
»	40	25.7	125 00	»	40	20.4	120.00
»	41	22.5	121.95	»	41	17.4	117.07
»	42	19.6	119.05	»	42	14.6	114.29
»	43	16.7	116.28	»	43	11.9	111.63
»	44	14.0	113 64	»	44	9.3	109 09
»	45	11.4	111.11	»	45	6.8	106.67
»	46	8.9	108.70	»	46	4.5	104.56
»	47	6.6	106.38	«	47	2.2	102.13
»	48	4.3	104.17	»	48	0.0	100.00
49°	38	29.5	128.94				
»	39	26.2	125 64				
»	40	23.0	122.50				
»	41	20.0	119.51				
»	42	17.1	117 67				
»	43	14.3	113.95				
»	44	11.7	111.36				
»	45	9.1	108.89				
»	46	6.7	106.52				
»	47	4.4	104.26				
»	48	2.1	102.08				

Tableau de la contraction

d'un mélange d'eau et d'alcool pur à la température de 15°.

95 litres d'alcool et 5 litres d'eau se contractent de	1.18
90 — 1 — —	1.94
85 — 15 — —	2.47
80 — 20 — —	2.47
75 — 25 — —	3.19
70 — 30 — —	3.44
65 — 35 — —	3.61
60 — 40 — —	3.73
55 — 45 — —	3.77
50 — 50 — —	3.74
45 — 55 — —	3.64
40 — 60 — —	3.44
35 — 65 — —	3.14
30 — 70 — —	2.72
25 — 75 — —	2.24
20 — 80 — —	1.72
15 — 85 — —	1.20
10 — 90 — —	0.72
5 — 95 — —	0.31

Quand on fait un mélange d'eau et d'alcool le volume total est inférieur à la somme des deux volumes ajoutés par suite du phénomène de contraction. La contraction varie d'intensité avec la température ; plus la température est élevée moins l'intensité est forte. C'est pour éviter les calculs que nous reproduisons, dans le tableau suivant, les chiffres afférents aux opérations les plus fréquentes. La 1re colonne indique le degré de l'alcool à réduire ; la deuxième, le degré à obtenir ; la troisième, la quantité d'eau à ajouter ; la quatrième, le volume total du mélange.

Table du volume réel des spiritueux suivant leur température.

Richesse alcoolique à la température de 15°.

	1	5	10	15	20	25	80	85	40	45	50
0	100	100	100.1	100.2	100.4	100.7	100.8	100.9	101.1	101.1	101.2
5	100.1	100.1	100.1	100.2	100.3	100.4	100.5	100.6	100.7	100.7	100.8
10	100	100.1	100.1	100.1	100.1	100.2	100.2	100.3	100.3	100.4	100.4
15	100	100	100	100	100	100	100	100	100	100	100
20	99.9	99.9	99.9	99.9	99.9	99.8	99.8	99.7	99.7	99.6	99.6
25		99.8	99.8	99.8	99.7	99.6	99.6	99.5	99.4	99.3	99.3
30		99.7	99.7	99.6	99.6	99.5	99.4	99.2	99.1	99	98.9

	55	60	65	70	75	80	85	90	95	100
0	101.2	101.3	101.3	101.4	101.4	101.4	101.4	101.5	101.5	
5	100.8	100.8	100.9	100.9	100.9	101	101	101	101	
10	100.4	100.4	100.4	100.4	100.5	100.5	100.5	100.5	100.5	
15	100	100	100	100	100	100	100	100	100	100
20	99.6	99.6	99.6	99.6	99.5	99.5	99.5	99.5	99.5	99.5
25	99.2	99.2	99.1	99.1	99.1	99.1	99	99	99	99
30	98.8	98.8	98.7	98.7	98.6	98.6	98.5	98.5	98.5	98.4

La première colonne horizontale de ce tableau représente la richesse alcoolique du liquide ramené à la température de 15°. La première colonne verticale indique la température à laquelle le volume de ce liquide est mesuré.

Exemples. — Un hectolitre d'eau-de-vie qui contient 60 0/0 d'alcool pur à 15° est mesuré à la température de 20°. Cet hectolitre, en réalité, ne représente que 99,6, chiffre qui se trouve au point de croisement de la ligne verticale partant de 60 et de la ligne horizontale partant de 20.

Déperdition des alcools dans les fûts de bois.

Chiffres maxima notés pour les volumes d'alcool (d'après
M. P. Le Sourd).

1re année	8.75 0/0, moyenne mensuelle	....	0.73 0/0
2e —	5.00	—	0.42
3e —	5.00	—	0.42
4e —	3.75	—	0.31
5e —	3.75	—	0.31
6e —	2.50	—	0.28
7e —	2.50	—	0.28
8e —	2.50	—	0.28

V — ENGRAIS

Fumier.

Fumier. — Le rendement du bétail en fumier est estimé à :

	Fumier	Urines	Excr. solides
Porc	800 à 1.000 kil.	»	»
Vache	12.000 à 13.000	3.000 k.	10.000 k.
Bœuf	10.000 à 11.000	»	»
Cheval	8.000 à 9.000	1.200 k.	6.000 k.
Mouton	500 à 800	500	»

Diverses méthodes sont employées pour estimer le rendement. Ou
bien on additionne le poids de la litière et du fourrage, et le total est
multiplié par 2 : (F+L) 2 = fumier.

M. Lecouteux pense qu'il faut multiplier F+L par 2.25 pour bétail
d'engrais; 2.20 pour animaux en stabulation permanente; 1.60 pour
bêtes à laine; 1.10 pour animaux travail. On peut aussi multiplier le
poids de l'animal par 35 pour bœufs à engrais ; 30 pour vaches et
porcs; 22 pour moutons ; 15 pour chevaux et bœufs de travail. Plus
simplement on multiplie le poids total des animaux par 25.

Litières. — 100 kilos de paille de froment absorbent en 24 heures :

	Kil. d'eau	Pour les remplacer, il faut :	
Froment	220		
Orge	285	....	77 kilos.
Avoine	228	....	96 »
Colza	200	....	110 »
Feuilles chêne	162	....	136 »
Bruyères	100	....	220 »
Sable	25	....	880 »
Marne	40	....	550 »
Terre sèche	50	....	440 »

Dans le Nord, où l'on fume tous les 3 ans, on regarde une fumure de
60.000 kilos   comme très forte.
50.000   —   —   forte.
40.000   —   —   bonne.
30.000   —   —   ordinaire.
20.000   —   —   faible.

On admet que pendant les transports le fumier se réduit de 12 0/0 :
100^{m3} deviennent 88.

ENGRAIS CHIMIQUES

Engrais azotés. — Les cultivateurs trouvent l'azote sous forme
de nitrate de potasse, nitrate de soude, sulfate d'ammoniaque. Le
nitrate de potasse, ou salpêtre, est rarement employé à cause de son
prix élevé, 46 fr. les 100 kilos. Il contient, à l'état pur, 13 kil. 800
d'azote, et 46 kil. 500 de potasse. Il agit promptement et avec énergie.

C'est surtout le *nitrate de soude* qui est employé pour donner au
sol l'azote qui lui manque. Provient des nitrières du Pérou, notamment de Tarapaca. Pur, contient 16.47 0/0 d'azote; dans le commerce,
en contient 15 à 16 0/0. Est très soluble, et comme le sol ne retient pas
l'acide nitrique qui le traverse très rapidement, on a intérêt à ne
répandre cet engrais qu'au printemps, pour activer la végétation, et à
le laisser à la surface, et cela d'autant plus que la terre sera plus
légère, sableuse et pauvre en chaux. Convient aux plantes à racines
pivotantes. Ne pas l'appliquer trop tard : mi-mars à mi-avril. Doses
varient avec besoin des plantes et composition du sol, entre 150 et 350
kilos à l'hectare. Prix 25 fr. les 100 kilos.

Le *sulfate d'ammoniaque* contient, commercialement, 20 à 21 0/0
d'azote; il provient de la distillation des eaux vannes, des matières ani-
males, des eaux résiduaires des usines à gaz. Il se dissout très vite en
terre et est très énergiquement retenu par le pouvoir absorbant. Malheureusement, il se nitrifie très rapidement, de sorte que, dans les
régions où les pluies hivernales sont fréquentes, son emploi à l'automne n'est point à conseiller : on peut cependant en mettre 1/4 à l'automne et les 3/4 restant en février ou mars, en couverture. Ne jamais
l'employer immédiatement après un chaulage ou un marnage; dans
sols calcaire, mieux vaut le remplacer par un engrais azoté organique.
Ne pas le mêler à la chaux ni aux scories de déphosphoration.
Mieux vaut le mêler intimement à la terre que de le répandre en couverture. Se tenir en garde contre les sulfates contenant du sulfocyanure
d'ammonium, poison violent pour les plantes. Prix 30 à 34 fr. les
100 kilos et le kilo d'azote y revient à 1.60 ou 1.70.

Engrais potassiques.— La potasse est prise dans le nitrate de
potasse, le chlorure de potassium et le sulfate de potasse. La potasse
étant très énergiquement retenue par le sol, il est nécessaire d'enfouir
ces engrais par un labour ou un fort hersage. Le sulfate de potasse

provient, pour la plus grande partie, des gisements de Stassfurth ; il contient, à l'état pur, 54 0/0 de potasse, et vaut 23 fr. les 100 kilos. Sous le nom de kaïnit, on emploie un sulfate impur, contenant de 8 à 12 0/0 de potasse. Ce sulfate donne de bons résultats dans les vignes et sur les prairies, et descend facilement dans les couches profondes du sol.

Le *chlorure de potassium* renferme 50 0/0 de potasse et 21 fr. les 100 kilos. Convient surtout aux betteraves, pommes de terre et aux céréales, notamment dans les sols calcaires.

Engrais phosphatés. — L'acide phosphorique peut provenir : 1º des phosphates naturels, d'origine minérale ou animale ; 2º des superphosphates ; 3º des phosphates précipités ; 4º des scories de déphosphoration.

Les phosphates minéraux doivent toujours être répandus avant un labour, jamais en couverture : retenus par le sol, on doit les appliquer à l'automne. Conviennent aux améliorations foncières, aux terres arides, riches en matières organiques, argileuses ou argilo-calcaires. S'emploient aussi sur le fumier à raison de 1 kilo par tête de gros bétail et par jour, ou de 15 à 20 kilos par m³ de fumier.

Les scories proviennent de l'industrie métallurgique ; elles contiennent de 7 à 18 0/0 d'acide phosphorique et de 45 à 50 0/0 de chaux libre. En poudre grossière, elles se vendent de 2 50 à 5 50 les 1.000 kil., tandis que, finement pulvérisées, elles valent de 30 à 40 fr. Conviennent à tous les sols riches en matières organiques et à ceux pauvres en calcaire.

La richesse des superphosphates varie entre 10 et 17 0/0 d'acide phosphorique dans les superphosphates minéraux et 15 à 18 0/0 dans les superphosphates d'os. Les phosphates précipités contiennent de 35 à 40 0/0 d'acide phosphorique ; ils conviennent aux sols siliceux, légers, perméables, contenant une certaine proportion de débris végétaux, tandis que les superphosphates conviennent surtout aux terres calcaires ou silico-calcaires, pauvres en substances organiques. Ces deux engrais seront préférés pour les plantes à croissance rapide. Le prix du kilo d'acide phosphorique est de 0 fr. 20 à 0 fr. 25 dans les phosphates minéraux, et de 0 fr. 50 à 0 fr. 70 dans les superphosphates et phosphates précipités.

Destination des engrais chimiques.

Toutes les terres ne contiennent pas les mêmes proportions de principes fertilisants. Celles qui proviennent de la décomposition des roches primitives : granit, gneiss, micachistes, porphyres, renferment toutes de fortes proportions de potasse, tandis qu'elles sont très pauvres en chaux et acide phosphorique. Il leur faut donc surtout des engrais phosphatés et calcaires : Morvan, Beaujolais, Plateau-Central, Bretagne. Il en est ainsi pour les sables et argiles provenant de ces roches primitives. Les roches d'origine volcanique, comme les basaltes, les trachytes, les laves donnent des terres riches en potasse. Les terres de grès sont pauvres en chaux, potasse et acide phosphorique, de sorte que l'apport de ces éléments ne peut que leur profiter. Les terres provenant de la décomposition des roches calcaires sont ordinairement assez riches en chaux, assez bien pourvues d'acide phosphorique et très pauvres en potasse.

A la suite de nombreuses analyses, M. Joulie admet qu'une terre en bon état de fertilité doit contenir :

	Dans 100 kil. de terre sèche		A l'hect. dans une couche de 0.20 d'épaisseur.
Azote............	100 grammes	(1 p. 1.000)	4.000 k.
Acide phosph....	100 —	(1 p. 1.000)	4.000 —
Potasse.........	250 —	(2.5 p. 1.000)	10.000 —
Chaux..........	5.000 —	(50 p. 1.000)	200.000 —
Magnésie.......	300 —	(3 p. 1.000)	12.000 —

C'est en comparant ces chiffres avec ceux que donne l'analyse chimique d'un terrain, et en se basant sur les besoins de la plante à cultiver, que l'on peut déterminer la quantité de chacun des éléments qu'il est nécessaire d'apporter au sol.

Épandage des engrais chimiques. — Répand à la main, à la volée ou au moyen de semoirs mécaniques. Épandage doit être très régulier ; engrais ne doit pas se trouver par place et doit être mis plus bas que les semences et jamais en contact direct avec elles. Ne pas l'enfouir trop profondément cependant, car étant soluble arrive vite aux racines profondes. Pour vigne, on creuse petite fosse autour de chaque cep, on place l'engrais dans le sillon le plus rapproché de la rangée des ceps. Pour répandre ces engrais aisément, il est utile de les mêler à 5 ou 6 fois leur volume de terre fine ou de sable.

Achat des engrais chimiques. — Il est nécessaire d'exiger qu'il soit bien spécifié sur la facture, le double de commission ou le contrat de vente : le nom et la nature de l'engrais ; sa provenance et sa composition, cette dernière devant être exprimée par le poids des éléments fertilisants contenus dans 100 kilos de la marchandise livrée. Cette proportion 0/0 doit être donnée pour l'azote nitrique, ammoniacal et organique ; l'acide phosphorique soluble dans l'eau, le citrate d'ammoniaque est insoluble ; la potasse en combinaison soluble dans l'eau. Si on achète avec stipulation du règlement du prix d'après l'analyse à faire sur échantillon pris à l'arrivée, il faut toujours exiger que le prix du kilo de chacun des éléments ci-dessus soit nettement indiqué dans le contrat. Se méfier des voyageurs ambulants qui font des ventes fermes alors que les acheteurs croient qu'il s'agit d'un dépôt. Voir la loi du 4 mai 1888.

Calcul du prix des engrais de commerce. — Pour apprécier le prix commercial d'un engrais, il suffit de calculer, d'après le tarif ci-dessous, la valeur des trois éléments principaux : azote, acide phosphorique et potasse, et d'additionner les résultats obtenus :

AZOTE

Prix du kilo.

1º Azote organique : dans le sang et la viande................. 2 »
—   dans les cornes et sabots.................. 1 60
—   dans le cuir............. .... 1 30
2º Azote nitrique.. 1 40
3º Azote ammoniacal....................................... 1 58

ACIDE PHOSPHORIQUE

1º Des phosphates fossiles......... .... 0 24
2º Des superphosphates minéraux, solubles dans le citrate d'ammoniaque................................. .... 0 65
3º Des mêmes, solubles dans l'eau........................... 0 52
4º Des superphosphates d'os, solubles dans l'eau et le citrate
d'ammoniaque.. 0 78
5º Des guanos du Pérou.................................... 0 85
6º Des phosphates précipités............................... 0 65
7º Des scories.. 0 15 à 0 20

POTASSE

1º Dans chlorure de potassium.............................. 0 46
2º Dans sulfate de potasse................................. 0 50
3º Dans carbonate de potasse.............................. 0 80

A ces prix, très variables, il est nécessaire d'ajouter le coût du mélange, broyage, sacs et transport, pour avoir le prix de revient exact de l'engrais.

Composition des matières fertilisantes les plus usitées

100 kilogrammes des matières ci-dessous contiennent		Azote	Acide phosphorique	Potasse	Chaux
Sulfate d'ammoniaque	TR	20.5	»	»	»
Chiffons de laine	L	16 »	»	»	»
Nitrate de soude	TR	15.5	»	»	»
Nitrate de potasse	TR	13 »	»	15 »	»
Guano	TR	13 »	»	3.2	»
Raclures de cornes	L	12.5	»	»	»
Sang desséché	TR	10 »	3.30	1.20	»
Tourteau d'œillette	R	7 »	4.3	»	»
— de chanvre	R	4.9	1 »	»	»
— d'arachide	R	5.37	0.59	»	»
— de lin	R	5.04	2.15	1.38	»
— de sésame noir	R	6.35	2 »	1.45	»
Tourteau de colza	R	4.90	2.80	1.35	»
— de Coprah	R	3.90	1.25	2.55	»
— de coton brut	R	3.90	1.25	1.65	»
— de madia	R	5 »	3.40	»	»
— de moutarde blanche	R	5.81	2 »	»	»
Rognures de cuir	L	9.30	»	»	»
Déject. humain { solid.	TR	1.6	1 »	0.5	»
Déject. humain { liquid.		0.90	0.20	0.17	»
Raclures d'os	L	3	23 »	»	26
Poudrette de Bondy	R	1.60	4.10	1.20	»
Eaux ammoniacales	TR	1 »	»	»	»
Noir vierge	L	»	32 »	»	»
Phosphate précipité	M	»	36 »	»	»
Noir de sucrerie	L	»	30 »	»	»
Phosphate des Ardennes	L	»	18 »	»	»
Superphosphate des os	M	»	16 »	»	»
— minéral	M	»	14 »	»	»
Phosphate précipité d'os	M	»	38 »	»	»
Os verts	L	4.5	21 »	»	»
Cendres d'os	L	»	40 »	»	»
Os dégélatinés	L	1 »	28 »	»	»
Cendres de bois	TR	»	9 9	12 »	»
Cendres lessivées	R	»	1.5	»	49 »
Chlorure de potassium	TR	»	»	53 »	»
Sulfate de potasse (Stassfurt)	TR	»	»	43.5	»
Sulfate de potasse des Salins du Midi	TR	»	»	41 »	»
Kaïnit	TR	»	»	12 »	»
Sulfate double de potasse et magnésie	TR	»	»	17 »	»
Vaches. { déject solid.	L	0.30	0.18	0.15	»
Vaches. { — liquid.		0.74	0.19	1.30	»

100 kilogrammes des matières ci-dessous contiennent		Azotes	Acide phos-phorique	Potasse	Chaux
Chevaux. { déject. solid. }	R	0.55	0.30	0 .50	»
— liquid.		1.48	»	»	»
Moutons. { — solid. }	R	0.70	0.44	0.37	»
— liquid.		1.30	0.01	1.72	»
Porcs; déjections mixtes.............	L	0.37	0.28	»	»
Balles de froment...................	L	0.72	0 40	0.80	0.19
— d'avoine....................	L	0.64	0.20	0.50	0.70
Bruyère.......................	L	0.90	0.10	0.40	»
Fougère	L	2.40	0.45	2.40	»
Genêt à balai...................	L	2.5	0.23	0.80	»
Roseaux	L	1.1	0.10	0.40	»
Marc d'olives...................	L	0.80	0.10	»	»
— de raisins...................	L	1.20	0.25	0.90	»
— de pommes..................	L	1.10	0.40	1.2	3 »
— de café....	L	1 85	12 »	»	»
Drèches.......................	L	0.80	0.50	»	»
Touraillons...................	L	4.5	1.5	2 »	»
Pulpes de presse................	L	0.3	0.1	0.3	2.5
Plâtre.......................	R	»	»	»	3.42
Chaux grasse..................	R	»	»	»	9.42
Fumier de ferme................	L	0.60	0.25	0 45	0.20

Signification des lettres qui accompagnent la désignation de l'engrais.	{ TR	Décomposition et action très rapides.
	R	— — rapides.
	M	— moyennement rapides.
	L	— lentes.

Formules d'engrais complets.

D'après M. Georges VILLE.

N° 1. — POUR COLZA, CHANVRE, CÉRÉALES ET PRAIRIES.

Superphosphate de chaux.................	400 k.	400 k.	...
Phosphate précipité.....................	...	...	170
Nitrate de potasse.....................	400	...	200
Sulfate d'ammoniaque...................	250	390	250
Chlorure de potassium..................	...	200	...
Plâtre................................	350	210	380
	1200	1200	1000

Nᵒ 2. — Pour betteraves, carottes et jardinage

Superphosphate de chaux	400 k.	400	...
Nitrate de potasse	200	...	200
Nitrate de soude	300	300	300
Chlorure de potassium	...	200	...
Sulfate d'ammoniaque	...	140	...
Phosphate précipité	...	...	170
Plâtre	300	100	330
	1200	1200	1000

Nᵒ 3. — Pour pommes de terre et lin

Superphosphate de chaux	400 k.	...
Nitrate de potasse	300	300
Phosphate précipité	...	170
Plâtre	300	330
	1000	800

Nᵒ 4. — Pour maïs, canne a sucre, sorgho, topinambour, navets, rutabagas

Superphosphate de chaux	400 k.
Nitrate de potasse	200
Plâtre	400
	1200

Nᵒ 5. — Pour luzerne, trèfles et légumineuses

Superphosphates de chaux	400 k.
Nitrate de soude	200
Plâtre	400
	1000

Fumures pour vignes et arbres fruitiers.

	Végét. normale	Végét. faible
Superphosphate de chaux	250	250
Nitrate de soude	200	400
Sulfate de potasse	200	200

En terrain non calcaire on ajoutera 200 kil. de plâtre.

Il est bien entendu que nous ne donnons ces formules qu'à titre d'exemples. Les agriculteurs ne doivent pas oublier que la composition des engrais chimiques varie non seulement avec la nature des plantes cultivées, mais encore avec la richesse du terrain qui doit porter ces cultures. Ne pas tenir compte de ce dernier facteur, c'est s'exposer à de graves erreurs économiques.

VI — INDUSTRIE LAITIÈRE

LAIT

Le lait est un liquide sécrété par les glandes mammaires des mammifères femelles après la naissance de leurs petits. Il est blanchâtre, opaque et d'une saveur légèrement sucrée.

La composition moyenne d'un lait provenant de plusieurs vaches est la suivante, calculée sur 100 kilos.

Eau..	87 kil.	250
Matière grasse.................................	3	500
Matière azotée (albumine, caséine, peptone).............	4	
Sucre de lait.................................	4	500
Sels minéraux (3 CaO, PhO^5 ; KCl ; NaCl, etc.)............	0	750
Total général.................................	100	»

Pur, sa densité à 15° varie entre 1029 et 1033 ; écrémé, entre 1032 et 1036. Le lait du soir est plus gras que celui du matin ; celui de la fin de la traite est plus gras que celui du commencement. Le grand air, un exercice modéré ajoutent à la qualité du lait ; une fatigue excessive produit l'effet opposé. La richesse du lait varie suivant les races : chez la hollandaise, il faut jusqu'à 38 litres pour 1 kilo de beurre, tandis que 16 à 18 suffisent chez la bretonne ! La moyenne est de 28 à 30 litres.

Production laitière moyenne de quelques races.

Hollandaise..............	3000 lit.	Auvergnate..............	2000 lit.
Normande..............	3000	Garonnaise..............	1500
Schwitz	3000	Charolaise..............	1000
Jurassique..............	2700	Vendéenne	800
Bretonne..............	2700	Durham.................	800
Aubrac.................	2500	West-Higland	800
Lourdaise..............	2000	Grise................pour le veau.
Angus.................	2000	Africaine............pour le veau.

Plus le lait est abondant, moins il est butyreux ; plus on s'éloigne du part, plus il est gras. Le colostrum est le fait des 3 ou 4 premiers jours qui suivent le vêlage ; il est purgatif et doit être consommé par le veau. Le genre de nourriture influe sur la qualité aussi bien que sur la quantité de lait produite. Celui des brebis et des chèvres est deux fois plus gras que celui de vache.

Conservation du lait. — On conserve le lait par les procédés suivants : 1° ébullition pendant quelques minutes ; 2° emploi de 1 gr. de bicarbonate de soude par 2 ou 3 litres de lait ; 3° emploi de 1 gr. par litre d'acide salicylique ou d'acide borique ; 4° refroidissement à 10° centigrades au moins ; 5° chauffage à environ 70°, suivi d'un prompt refroidissement à au moins 10° (pasteurisation).

Lait anormal. — Le lait des vaches atteintes de phtisie, péripneumonie, cocotte, charbon, etc., est dangereux ou tout au moins de qualité inférieure pour la consommation : les maladies externes des mamelles le gâtent (lait rouge) : les maladies internes du pis engendrent les laits épais, sanguinolent, salé, albumineux, visqueux, etc. Les laits aqueux, acides, sont dus au genre de nourriture ou à une agitation excessive de l'animal.

Les altérations survenues après la traite donnent des laits bleus, jaunes, verts, amers, difficiles à baratter, acidifiés spontanément. La propreté, une bonne hygiène, une nourriture saine préviennent ou font disparaître ces accidents.

Reconnaissance des maladies. — Les laits malades se reconnaissent, outre par le goût, l'odorat et la couleur, par l'ébullition, le papier tournesol, le lactofermentateur, le lactocoagulateur, le microscope, l'acidimètre et l'analyse chimique.

Si par l'*ébullition* le lait tourne, c'est-à-dire se caille en tout ou en partie, on en conclut qu'il est atteint d'une des affections précitées.

Quand une goutte de lait déposée sur le *papier tournesol* le rougit fortement, ce lait est acide ; s'il bleuit le papier tournesol rouge, il est alcalin ou salé. Un bon lait rougit légèrement le papier bleu et bleuit légèrement le papier rouge.

Le *lactofermentateur* sert à distinguer un lait bon et sain d'un mauvais lait. Il se compose de 25 à 50 éprouvettes remplies de lait et placées dans un bain à 40°. Un lait normal ne caille ni ne présente de caractères particuliers dans le délai de 12 heures ; un lait malade caille ou se gâte en moins de 12 heures ; s'il ne caille qu'après plusieurs jours, il est anormal ou a été additionné d'un sel conservateur.

Le *lactocoagulateur* indique si les laits sont propres à la fabrication du fromage, surtout du gruyère. Les éprouvettes reçoivent 1 décilitre de lait et 2cc d'une présure dosée ; maintenu à 40°, le lait doit cailler entre 10 et 20 minutes. Le lactofermentateur peut au besoin être utilisé comme lactocoagulateur.

Vue au *microscope* une goutte de lait malade présente des traînées floconneuses, des globules rouges, des corpuscules de pus, etc. ; si c'est du colostrum, les globules gras sont 4 à 5 fois plus gros que les globules ordinaires, avec un noyau caractéristique ou une traînée filamenteuse.

A l'*acidimètre*, un lait sain doit prendre la teinte rose chair entre 16 et 20, ce qui indique 1 gr. 5 à 2 gr. d'acidité par litre.

Laits falsifiés. — Les principales falsifications consistent : 1°

ajouter de l'eau ; 2° à écrémer plus ou moins ; 3° à mélanger du lait écrémé avec du pur. Ces fraudes se reconnaissent par : l'appareil Muller, l'alcalicrémomètre, le lactobutyromètre, l'appareil Victoria, le pioscope, le lactoscope, le microscope, et surtout par le butyrocentrifuge de Gerber.

Soins à donner au lait. — Propreté générale indispensable, écuries aérées, température de 15 à 17°, vaches pansées, brossées, et pis lavé chaque jour ; traire doucement, complètement, ne pas recueillir le premier jet de chaque trayon, aérer le lait au sortir de l'étable où il ne doit pas séjourner, le transporter vite et sans secousse à la laiterie, le rafraîchir au besoin ; — administrer des fourrages sains, bien préparés, de l'eau saine et propre, séparer les laits des vaches malades ou en traitement, ainsi que le colostrum ; — vases de transport et de réception en fer battu étamé plutôt qu'en bois, passage du lait à travers un ou plusieurs tamis métalliques très fins, séjour en lieu frais et aéré.

EMPLOIS DIVERS DU LAIT

Le lait s'emploi : 1° en nature ; 2° à la fabrication du beurre ; 3° à la fabrication du fromage seul ou du fromage et du beurre simultanément ; 4° à la fabrication du lait condensé.

La *vente en nature* n'a lieu que près des centres importants ; elle rapporte net de 15 à 17 cent. par litre, soit en tenant compte des invendus, gâtés, mauvaises payes, frais de transport et de distribution, etc.

Dans l'élevage des veaux au lait pur, 10 kilos de lait produisent 1 kilo de viande, et le rendement peut atteindre 13 à 15 cent. par litre, mais il y a de nombreux aléas qui rendent ce genre d'exploitation chanceux.

La *production du beurre* convient aux situations où les moyens de transport sont rapides. Le lait maigre est utilisé : [a], pour l'alimentation de l'homme ; [b], pour la nourriture des animaux ; [c], pour la fabrication du fromage maigre.

Le beurre de bonne qualité, c'est-à-dire bien fabriqué, se vend à des prix avantageux et son écoulement est certain. Le lait maigre pour la nourriture de l'homme vaut les 2/3 du lait entier, soit environ 0,10 le litre ; il est vendu en moyenne 7 centimes. Le babeurre se vend 0,025. Dans ces conditions, 100 kilos de lait donnent :

Beurre	3ᵏ50 à 3 50	12 25	⎫
Babeurre	10 » à 0 025......	0 25	⎬ 18.45
Lait écrémé	85 » à 0 07	5 95	⎭
	Frais de fabrication et de vente.............	2 »	
	Produit net	16 45	

soit 0.1645 le litre.

Si on donne le lait maigre aux animaux, il produit 3 à 5 cent., selon la façon dont il est employé, et le litre de lait rapporte en moyenne 0,15.

On essaye en ce moment l'utilisation du lait maigre pour l'élevage et l'engraissement de la volaille. On ajoute aussi des matières grasses émulsionnées (huiles) au lait maigre pour en faire des fromages plus ou moins gras.

En gruyère maigre, le rendement n'atteint pas tout à fait 0,15.

En façon Gex, en Limbourg ou en Livarot maigre, il va à 0,17.

Exemple pour le Gex :

```
Fromage mûr..............    8k  » à 1 50............   12  »  ⎫
1er  beurre..............    1 33 à 3  »............    4 10 ⎬ 18 90
2me  beurre..............    0 60 à 2  »............    1 20 ⎨ —2  »
Petit lait ..............   85   » à 0 02............    1 70 ⎭
```

                          Net...................... 16 90

soit 0 169 le litre.

La *fabrication du fromage gras ou demi-gras* permet de tirer parti du lait dans les pays excentriques et de montagnes ; c'est le mode d'exploitation le plus répandu, quoique le moins rémunérateur.

La fabrication du gruyère gras de montagne donne les résultats suivants :

```
9k       gruyère gras...............à 1 60............   14 40 ⎫
0 500 beurre...................à 2 50............    1 25 ⎬ 17 45
3        sérac...................à 0 20............    0 60 ⎨ —2  »
80       petit-lait estimé ...........à 0 025............  1 20 ⎭
```

                          Net...................... 15 45

Le gruyère demi-gras donne les mêmes rendements à peu de chose près. Le rendement net varie selon le cours des produits, les conditions d'exploitation, etc. ; il peut descendre à 0,12 ou s'élever à 0,18 et même au-delà.

La fabrication du sucre de lait avec le petit-lait donne les résultats suivants :

```
1.000 kil. de lait produisent 20 kil. de sucre de lait brut à 0.80.....  16
Valeur du bois employé.........................................   5
                                                                ——
       Net..........................................................  11
```

soit 0,011 le litre, chiffre inférieur à celui fourni par l'élevage des porcs qui le fait ressortir à environ 0,02.

Les fruitières ou fromageries à gruyère fonctionnent par association, au tour, en société, ou vendent le lait à un laitier, fabriquant à ses risques et périls ; le prix de vente moyen varie entre 11 et 12 cent.

Dans l'industrie des petits fromages à pâte molle ou pressée, c'est le système de vente à un laitier qui est toujours pratiqué.

La *production du lait condensé* n'est avantageuse que si l'on peut traiter de grandes quantités. A Cham, on travaille chaque jour le lait de 7.000 vaches; à Guin, près de Fribourg, se trouve aussi une importante condenserie qui paye en moyenne 12 cent. le litre de lait aux producteurs.

EMPLACEMENT ET INSTALLATION DES LAITERIES ET FROMAGERIES

Conditions essentielles. — Ce sont les suivantes : lieu tranquille, pas de trépidation, atmosphère pure.

Toitures. — Elles seront en tuiles ou en ardoises, jamais en bois (tavillons); celles de chaume seraient les meilleures sans la crainte du feu; avant-toits très prononcés.

Matériaux de construction. — Les murs seront épais, en pierres ou en briques, crépis ou cimentés, blanchis à l'intérieur chaque année au lait de chaux, le sol de toutes les pièces sera en pente, pavé, briqueté, cimenté ou de préférence asphalté; les caves voûtées, les fenêtres munies de grillages très fins, les portes doubles

Eaux de lavages. — Les eaux de lavages s'écouleront dans une direction unique ; un courant d'eau traversera la laiterie. On aura tout au moins l'eau courante à proximité ou une forte pompe.

Locaux et appareils de fabrication. — Pour une petite laiterie faisant le beurre et le fromage frais, une seule pièce peut suffire ; mais le plus souvent la fromagerie comprend la cuisine, la chambre à lait et une ou plusieurs caves.

Chaque genre de fromage exige des appareils *ad hoc*; nous noterons ceux qui servent pour le gruyère.

La *cuisine* sera spacieuse, bien éclairée, exposée au midi, avec courant d'air à volonté et bon tirage du foyer. On y trouvera le matériel suivant : foyer, chaudière et couvercle, presse, poids ou mesure à lait avec couloir, bureau et registres, baratte, malaxeur, brassoir, tranche-caillé, toiles et baguette à fromage, formes et foncets, tonneaux à aisy, pots à présure, thermomètre, poches, objets de nettoyage et divers (brosses, balais, lampes, chaînettes, torchons, pinceaux à blanchir, pots à couleur). Température moyenne 16 à 18º.

La *chambre à lait* sera au nord, bien aérée, avec réfrigérant si possible ; on y trouve : baquets à lait et à petit-lait, crémières, seaux, écrémoires, rayons, moules à beurre, pompe au besoin, armoire renfermant les instruments d'épreuves du lait; thermomètre. Température moyenne 10 à 12º.

Les caves bien conditionnées doivent être clarteuses, fraîches, mais non humides, courants d'air à volonté par cheminées d'aération spéciales. Le matériel consiste en : un système de chauffage, foncets ou rayons à fromages, moulin à sel, salière, torchons à fromage, table roulante, sonde, couteau, psychromètre et thermomètre. La cave comprend 2 ou 3 locaux où sont placés les fromages suivant leur âge. Température : cave chaude, 16°; froide, 10°. Température moyenne 13°.

Dans certaines installations, on trouve encore : le grenier à fromages où ceux-ci commencent leur travail de fermentation. Température 18°; le logement du fromager; une étable à porcs pour utiliser le petit-lait; un bûcher, et une glacière pour pouvoir rafraîchir, conserver et expédier le beurre en été.

BEURRE

Le lait débarrassé de ses ferments, placé dans un tube fermé par un tampon de coton, présente au bout de quelques semaines l'aspect suivant :

1° Au fond du tube, dépôt blanc de phosphate de chaux.

2° Au-dessus, un dépôt de caséum en un fin précipité, granuleux, visible au microscope.

3° Un liquide translucide, opalescent, formé de caséum en dissolution.

4° A la surface, des globules graisseux, qui constituent la crème et dont l'agglomération forme le beurre.

Crème et écrémage. — Le repos du lait, une température fraîche, l'aération des locaux de refroidissement facilitent la montée de la crème qui contient environ 5/6 de matière grasse et 1/6 de lait maigre. Une agitation violente diminue le rendement en crème et celle-ci se forme plus lentement. Les rendements en crème varient de 10 à 16 0/0, selon les races, les saisons, la nourriture, la température, l'état de santé, etc.

En moyenne, 100 kilos de lait donnent 12 à 15 litres de crème, d'où l'on tire 3 kil. 500 de beurre, soit 3 l. 500 à 4 litres de crème pour 1 kil. de beurre. Plus une vache à lait est vieille, plus son lait est butyreux. Les molécules butyreuses les plus grosses montent les premières ; ce sont les plus grasses ; elles fournissent le beurre le plus fin. Pour avoir une bonne crème, il faut : propreté du lait, des récipients et du local de refroidissement qui sera frais, de température uniforme inférieure à 12°. Les vases à crémer sont larges et peu profonds pour faciliter la montée des globules gras ; les vases sont en bois, en poterie vernissée, mais de préférence en fer battu étamé.

L'écrémage est spontané (refroidissement) ou forcé (centrifuge).

Dans le *système Swartz* (spontané), les vases à lait sont déposés dans de l'eau très fraîche additionnée de glace afin de se rapprocher le plus possible de la température 0°. Ainsi la montée de la crème est rapide, le volume obtenu est plus grand, le rendement en beurre plus considérable, et le lait écrémé reste doux.

Pour obtenir 1 kil. de beurre,
après 36 heures, il a fallu

24 litres refroidis à		4°
26 —	—	6°
28 —	—	12°
33 —	—	19°

Le *système américain* consiste à refroidir rapidement le lait par l'eau fraîche et à l'amener entre 9 et 12°. La crème est complètement montée et mûre après 24 à 36 h.; ce que l'on reconnaît si le doigt appliqué sur la pellicule graisseuse n'y adhère pas, si une règle en bois plongée dans le vase en ressort couverte d'un dépôt crémeux faisant vernis, et enfin si le lait maigre ne monte pas par le trou de la règle.

La crème est conservée dans des récipients imparfaitement fermés à la température de 12 à 15°; on la brasse doucement toutes les 6 heures et à chaque addition nouvelle. On y introduit 3 0/0 de bon babeurre qui fournit et développe le ferment ; on fait encore usage de ferments spécialement préparés à cet effet. Après 12 à 24 heures de fermentation, on baratte; le rendement est de 5 à 7 0/0 en plus qu'avec la crème fraîche, et le beurre possède l'arome désigné par l'expression de *goût de noisette*; la formation du beurre est aussi rapide qu'avec la crème jeune.

La *méthode tempérée* d'écrémage consiste à déposer le lait dans un local frais à la température la plus basse possible, soit ordinairement de 12 à 14°.

L'*écrémage forcé* est basé sur ce principe que : une masse composée de liquides de densités différentes étant soumise à l'action de la force centrifuge, les liquides tendent à se séparer et à se classer par ordre de densité. Cet écrémage s'opère à l'aide d'une écrémeuse centrifuge, espèce de tambour métallique rond, animé d'un rapide mouvement de rotation (2 à 6.000 tours à la minute) autour de son axe ; on travaille de 70 à 1.200 litres à l'heure, selon les modèles.

Par ce système, l'écrémage est possible aussitôt après la traite, la glace est inutile, l'emplacement pour l'installation peut être restreint, a production est plus considérable et la qualité meilleure, le lait écrémé est doux.

L'écrémage spontané laisse de 12 à 15 0/0 de matière grasse dans le lait, la centrifuge en laisse moins de 1 0/0 ; on est arrivé à ne laisser que 0,03 0/0. Au lieu de 30 litres de lait pour 1 kilo de beurre, on arrive avec 25, 24 et même 23 au moyen de la centrifuge.

Rendements comparatifs du lait en crème et en beurre par 100 kilos de lait.

L'écrémage spontané à 12° donne en crème 76 à 77 0/0 de la matière grasse, d'où 3 k. 150 de beurre.

à la glace	83 à 84 0/0..........	3 410
à la centrifuge	96 à 99 0/0..........	3 800

On suppose une richesse du lait de 3,5 0/0 en matière grasse.
On obtient le beurre en barattant soit : 1° la crème douce; 2° la

crème fermentée ou acidifiée ; 3° la crème aigre ; 4° le lait aigre ; 5° le petit-lait.

Le beurre de crème fermentée est préférable à tous les autres. Après le barattage du lait aigre, ou après la fabrication du gruyère, il reste du petit-lait qui contient une quantité appréciable de matière grasse que l'on extrait par ébullition, refroidissement ou par la centrifuge et que l'on baratte ensuite.

Barattes et barattage. — Le beurre existe dans le lait sous forme de globules de 1 à 3 centièmes de millimètre de diamètre ; on en compte à peu près 1 million par ^{mmc}. Ces globules ne paraissent pas avoir de pellicule ou enveloppe, leur forme sphérique est le résultat d'une force physique extérieure. Par le barattage, les chocs brisent la résistance des lamelles de sérum interposées et soudent les globules si la température est assez élevée ; celle-ci ne le sera pas trop, afin de ne pas dissocier les éléments agglomérés.

Le corps solide ainsi obtenu est le beurre ; le liquide blanchâtre qui s'en sépare est le lait de beurre ou babeurre.

La baratte est un vaisseau destiné à battre le lait ou la crème pour en extraire le beurre. Les conditions d'une bonne baratte sont : nettoyage facile, obtention prompte d'une quantité maximum de bon beurre, emploi commode, solide, en bois dur, prix modéré, d'entretien peu onéreux, écoulement facile du petit-lait, enlèvement rapide du beurre ; contrôle, élévation ou abaissement de température faciles, bonne fermeture ; appareil de sortie des gaz du petit-lait. Les modèles de barattes sont nombreux ; elles sont tournantes ou fixes, ces dernières à agitateur horizontal ou vertical : les principaux modèles sont celles dites tonneau, à piston, à berceau, à agitateur. Les types les plus recommandables sont : la baratte normande, la polyédrique ou de Chapellier, l'américaine, la danoise, l'Expéditive, le Progrès.

Le lavage de ces appareils se fait à l'eau froide d'abord, puis à l'eau chaude ensuite. Les barattes neuves sont préalablement abreuvées pendant 12 heures d'une dissolution de carbonate de soude et rincées à plusieurs eaux. Les barattes à piston ou à agitateur vertical s'emplissent aux deux tiers, les autres à moitié seulement. La température de la crème à baratter est d'environ 13°, un peu plus en hiver, un peu moins en été. Cette température pendant l'opération ne dépassera pas 18°. Une température élevée donne un beurre mou, et une opération courte, une température basse donne un beurre dur, cassant, un barattage long et incomplet. On réchauffe la crème en plaçant le récipient dans de l'eau tiède en ayant soin de remuer la crème, et en rinçant la baratte à l'eau chaude.

Le local où s'effectue le travail ne doit pas dépasser 18°.

La baratte se manœuvre avec régularité ; d'un mouvement lent résulte une formation trop longue et une qualité inférieure ; si le mouvement est trop rapide, le beurre est mou et on perd sur la quantité. La vitesse moyenne est 50 ou 70 coups à la minute pour la baratte à piston, 40 à 50 pour la baratte à tonneau et de 140 à 150 pour la danoise. La durée du barattage ne doit pas aller ni au-delà ni en-deçà de 30 à 45 minutes. Au début de l'opération, on tourne lentement, puis on ouvre le trou spécial au dégagement des gaz. A la fin, quand le beurre se granule le mouvement se ralentit également, puis on fait écouler le lait de beurre.

Délaitage. — Le délaitage a pour but de débarrasser le beurre du petit-lait qu'ont emprisonné les globules butyreux en se soudant, et éviter ainsi son rancissement. Voici les modes opératoires : 1º On recueille les granulations sur un tamis et on les plonge et replonge dans l'eau fraîche jusqu'à lavage complet. 2º On verse de l'eau fraîche dans la baratte, on tourne doucement, puis on laisse écouler les eaux de lavage ; on renouvelle deux ou trois fois jusqu'à ce que le liquide soit clair. 3º On emploie l'appareil spécial dit délaiteuse, espèce d'essoreuse, qui, par la force centrifuge expulse le liquide renfermé dans le beurre. En Bretagne et en Danemarck, le délaitage se fait à sec : c'est le pétrissage.

Un beurre bien fait contient 9 à 14 0/0 d'eau.

Malaxage. — Le malaxage expulse le petit-lait qui pourrait rester après le délaitage ; il a aussi pour but de donner de l'homogénéité à la pâte. Le malaxage à la main est fort imparfait. Il convient d'opérer avec un appareil spécial. Le malaxeur semi-lunaire suffit pour une production journalière de 10 à 15 kilos ; pour des quantités plus élevées, on a recours au malaxeur rotatif. Le beurre est laminé entre la table et un rouleau cannelé ; on s'y reprend à deux fois au moins en laissant reposer quelques minutes : le beurre ne doit être ni mou, ni cassant. Le malaxage est complet quand une coupe avec un couteau de bois mince ne fait plus sortir de gouttelettes. Après le malaxage vient la mise en mottes de forme et de poids déterminés.

L'emploi de la glace permet de le conserver frais et de l'expédier facilement.

Composition du beurre anhydre, c'est-à-dire dépourvu d'eau.

Margarine	68 ⎫
Oléine et butyroléine	30 ⎬ 100 kil.
Butyrine, caprine, caproïne.......................	2 ⎭

Composition de quelques beurres frais d'après l'analyse chimique

	Beurre d'Isigny	Beurre d'Isigny	Beurre mal délaité	Beurre mal délaité	Beurre mal délaité
Eau	12.83	14 »	18 »		21.10
Matière grasse.....	85.17	84 »	78 »	75 »	75.81
Lactine et sels.....	0.10	1.5	1.5	1.6	1.26
Caséine............	0.20	0.5	2.5	3.4	2.21
Sel marin (ajouté)...	1.70				0.60

Qualités du beurre. — Le beurre doit avoir : 1° le lustre ou éclat particulier du beurre bien travaillé ; 2° la saveur, qui est celle de la noisette fraîche ; 3° la couleur, d'un jaune d'or ; 4° l'odeur douce, agréable, légèrement aromatique ; enfin il doit avoir la pâte fine et se laisser trancher nettement en lames minces.

La valeur des beurres dépend beaucoup plus du mode de fabrication que de la provenance et de la qualité du lait. Le beurre d'une même étable se vend de 2 à 5 francs le kilo selon sa préparation, Les beurres de Normandie, de Bretagne et de Savoie bien fabriqués ont un goût et un arôme particuliers, qui les classent au premier rang.

Conservation du beurre. — Il y a divers moyens. Tout d'abord, éviter le contact avec l'air et la lumière ; en le tenant dans une cave fraîche ; dans de l'eau froide rechangée chaque 12 heures ; dans des vases retournés sur une assiette d'eau pure ou légèrement salée.

Le *beurre verni* est enduit au pinceau d'une solution chaude de sucre qui le rend glacé et brillant, et le conserve frais longtemps.

Le *beurre toujours frais* est obtenu en le pressant dans des pots de grès placés ensuite à mi-hauteur dans un bain-marie à 100° pendant quelques minutes ; on laisse refroidir et on ferme au papier parchemin.

Le *procédé Appert* ressemble au précédent, mais on chauffe plus longtemps et on ferme hermétiquement.

Le *procédé Bréon* consiste à mettre en boîtes, à recouvrir d'une légère couche d'acide tartrique et à souder ensuite le couvercle.

Le *rajeunissement* s'obtient en pétrissant le beurre altéré dans l'eau fraîche, puis dans 15 0/0 de crème ou de lait frais.

La *salaison* consiste à pétrir le beurre avec 5 0/0 de sel fin et à le mettre bien tassé dans des vases hermétiquement clos.

La *fusion* complète fait perdre au beurre son goût de frais, mais on le conserve ainsi plusieurs années, surtout s'il a été cuit et épuré soigneusement. L'altération ou rancissement du beurre est dû à la transformation en acides de la butyrine, de la caprine et de la caproïne,

Coloration. — Les beurres d'hiver sont souvent blancs ou peu colorés ; on y ajoute du jus de carotte, de safran, de fleur de souci, de rocou. Cette dernière substance est la plus recommandable. On la trouve dans le commerce, soit liquide, soit en poudre. On colore à volonté soit le lait, la crème ou le beurre.

Beurre artificiel, dit **Margarine**. — Les graisses solides sont un mélange de stéarine, margarine et oléine. Le beurre est composé de margarine, oléine, butyrine, caprine et caproïne. La stéarine fond à 62°, la margarine à 47° et l'oléine est liquide même à 0°. La fabrication du beurre artificiel consiste à isoler la stéarine pour recueillir l'oléomargarine ; 15 kilos de celle-ci sont mis dans une baratte avec 10 kilos de lait, on baratte, délaite, malaxe ; ce mélange bien préparé vaut autant, sinon plus, que des beurres mal faits.

Pseudo-margarine. — On chauffe les graisses à 65° au lieu de

45°, ce qui donne de la stéarine ; on ajoute 10 à 30 0/0 d'huile d'arachide pour obtenir un point de fusion égal à celui du beurre.

Comparaison entre le beurre et la margarine.

	Point de fusion	Poids d'acides gras insolubles
Beurre pur fin.............................	35° 7	88 0/0
Margarine pure.........................	40° 4	95.6 0/0
Mélanges des deux à parties égales.	36° 5	91.6 0/0

La pseudo-margarine est un produit médiocre, parfois mauvais, d'une digestion difficile. L'addition de margarine ou de pseudo-margarine au beurre est difficile à déceler, surtout quand la proportion ne dépasse pas 10 0/0. De nombreux moyens ont été essayés pour découvrir cette fraude que la loi punit sévèrement. La Société d'encouragement pour l'industrie nationale offre un prix de 2.000 francs pour la découverte d'un moyen sûr et facile de reconnaître les falsifications du beurre. La méthode Brullé, mise en relief par A. Eloire, vétérinaire, paraît donner satisfaction sous ce rapport.

Analyse du beurre. Dans le beurre, on a à déterminer : eau, matière grasse, sel marin, acides volatils, sucre de lait, acide gras.

Eau. — On met un poids déterminé de beurre, 10 grammes par exemple, dans une capsule ; on chauffe au bain-marie jusqu'à ce qu'il n'y ait plus de perte de poids ; on pèse ; la différence avec 10 grammes donne l'eau.

Matière grasse. — On dissout le beurre anhydre à l'aide d'éther ou de sulfure de carbone avec un appareil à déplacement, ou mieux par l'appareil Duclaux. On chauffe jusqu'à évaporation de l'éther ou du sulfure et l'on pèse.

Sel marin. — Les résidus sont traités par une solution titrée de chromate de potasse ou d'azotate d'argent. Le total du poids d'eau, matière grasse et sel marin retranchés de 10 grammes donnent : caséine, sucre de lait, cendres minérales et matières étrangères. Pour doser ces matières, prendre un échantillon de 100 grammes de beurre, le chauffer au bain-marie avec 50 grammes d'eau : le beurre monte, laisser refroidir avec deux bâtons de verre, écouler le liquide sous-jacent ; renouveler une deuxième fois cette opération, opérer sur ce liquide laiteux, soit environ 100 cent³, comme on le fait dans l'analyse du lait.

Acides volatils. — On amène à 110 cent³ les eaux de lavage précitées, on ajoute quelques gouttes d'acide sulfurique et on procède à la distillation fractionnée.

Sucre de lait. — Le résidu de la distillation, soit 30 à 35 cent³ est évaporé à 20 cent³, saturé par une goutte de potasse, filtré au besoin et essayé à la liqueur Fehling.

Acides gras. — Saponifier 5 grammes de beurre par 1 gr. 500 de potasse, chauffer 30 minutes pour évaporer l'eau de la potasse, dessécher à 100° en 1 heure, introduire par lavages dans un vase de 250cc le savon obtenu, saturer KO par SO^3HO, amener à 110cc, faire 8 prises de 10cc, saturer par l'eau de chaux et procéder à la distillation fractionnée qui donnera les proportions d'acides butyrique, caproïque et les traces d'acides caprylique et caprique.

Tableau d'analyse des beurres.

Echantillons	1	2	3	4
Eau.....................	10.72	14.24	12.35	16.02
Matière grasse............	88 30	84.82	80 »	79.40
Sel marin (ajouté)........	»	»	6.20	2.25
Sucre de lait..............	0.13	0.50	0.36	0.80
Caséum et sels...........	0.85	0.44	1.09	1.53
Total.............	100.00	100.00	100.00	100.00

Étude des beurres. — Le rapport en équivalents de l'acide butyrique à l'acide caproïque est constant dans les beurres de même provenance, mais différent selon ces provenances. La somme totale des poids des glycérides à acides volatils est variable de beurre à beurre dans une même région ; cette variation est faible et peut servir à juger la pureté et la provenance d'un beurre.

L'âge des beurres n'affecte pas sensiblement la composition des glycérides à acides volatils. Le beurre rancit sous l'influence d'une température élevée, de l'oxygène de l'air, de la lumière, des microbes.

L'oxygène favorise le développement de l'acide butyrique et autres acides volatils libres. Très lentement à l'obscurité, plus rapidement à la lumière diffuse, très rapidement au soleil, la matière grasse se saponifie sous l'influence de l'oxygène, se dédouble en éléments atteints à leur tour et transformés en produits nouveaux tous plus oxydés, allant de l'acide oxyoléique à l'acide formique et à l'acide carbonique. Les transformations que subit la matière grasse sous l'influence des microbes sont analogues à celles résultant de l'influence de l'air et de la lumière.

FROMAGE

Le fromage représente le produit égoutté, soigné et convenablement mûri de la coagulation du lait par la présure. Les opérations fondamentales de la fabrication du fromage sont : 1º la coagulation du caséum ; 2º la séparation du caillé ; 3º l'expression du petit-lait. La coagulation se produit spontanément par l'acide lactique, mais le caillé a un goût aigre désagréable ; on fait cailler promptement à l'aide d'un liquide nommé présure.

Présure. — La présure s'extrait de l'estomac des jeunes veaux soumis au régime exclusif du lait : on la retire surtout de la caillette ou

4ᵐᵉ estomac ; elle précipite la caséine du lait en une masse opaque, homogène, porcelanique. Le choix des caillettes est important ; elles doivent être d'un beau jaune clair et avoir bonne odeur ; celles de mauvais goût et de couleur roussâtre seront rejetées. Pour préparer la présure, on prend douze caillettes bien propres que l'on coupe en fines lanières, on fait gonfler dans un peu d'eau puis macérer dans de la recuite (petit-lait débarrassé de matière grasse et de sérac) pendant 24 à 36 heures à raison de 50 grammes par litre ; on y ajoute 2 à 3 grammes de sel. On conserve dans des pots de grès épais, à la température de 30°.

On essaye les présures avant de les employer, surtout pour le gruyère. 1 cuillerée dans 5 de lait doit faire cailler en 30 secondes ; alors on l'emploie à raison de 1 litre pour 400 litres de lait.

La durée de la coagulation varie du simple au double avec la force de la présure, la composition du lait (acide ou alcalin) avec les saisons, etc. La température de la mise en présure est d'environ 30° ; trop au-dessous, le caillé est doux ; trop au-dessus, il est dur.

Le commerce fournit des extraits de présure liquides concentrées de la force de 1.000 ou de 10.000 pour un. On en trouve aussi en en poudre, en pastilles, en tablettes. Ces présures sont excellentes et recommandables pour toutes espèces de fromages, sauf pour le gruyère.

Étude sur la présure. — La présure précipite la caséine qui englobe la matière grasse en presque totalité, les phosphates (sels) en suspension et une partie de ceux en dissolution. Le caillé coupé et doucement malaxé exsude le petit-lait, se contracte du tiers au quart de son volume primitif, devient élastique, se soude et n'occupe plus que le 1/10 ou le 1/15 du volume du lait.

Pour des doses moyennes, à la température de 30°, il y a proportionalité inverse entre la durée de la coagulation et la quantité de présure employée.

Avec du lait et de la présure stérilisés, on observe que moins de 1/10.000 de présure Hansen (force de 10.000) ne fait pas coaguler à 37° ; 1/240 à 15° ne donne pas de coagulation au bout d'un mois ; avec de nouvelles doses, il y a seulement viscosité. Les acides hâtent l'action de la présure, les bases la retardent. Le lait emprésuré et additionné de certains sels (phosphate de soude, sels solubles de magnésie, strontiane, chaux, chlorure de potassium) coagule plus vite qu'avec le sel seul. Avec le sel seul, les doses faibles ne font pas coaguler : les sels donnent un précipité gélatineux, transparent, non porcelanique. Le sel à faible dose ajouté à la présure hâte la coagulation ; à dose moyenne, il y a accélération, puis retard équivalent ; à dose forte, il y a retard.

Les sels alcalins, sauf NaO PhO⁵ et KCl, retardent considérablement la coagulation.

Présure des microbes. — Les ferments se trouvent partout où se produit le lait, surtout dans la présure de caillette ; leur diastase est de puissance comparable, toutefois moindre à celle de la muqueuse de la caillette.

Caséase des microbes. — Les présures de caillette et de microbes coagulent la caséine; les microbes seuls en produisent une autre qui dissout et rend assimilable le coagulum; cette présure s'appelle *caséase*. Elle est surtout sécrétée par le tyrothrix tenuis. Le produit de la caséase s'appelle *caséone*.

Le sucre pancréatique et les organismes inférieurs des intestins transforment aussi la caséine en caséone assimilable.

Résultats de la coagulation par la présure sur un fromage du Cantal :

92 kil. de lait ont donné { 18 ^{k} de caillé soit 1/5 ou 20 % et 72 litres de sérum

Il passe environ 15 0/0 de matière grasse dans le petit-lait, soit de 11 à 24 0/0 selon le travail, le soin, le mode de brassage du caillé. Le sucre de lait se partage également entre le caillé et le petit-lait. La caséine passant dans le sérum varie de 17 à 30 0/0. Le phosphate de chaux en suspension reste dans le caillé, les autres sels passent dans le sérum.

Microbes aérobies du fromage. — Les diatases qu'ils secrètent donnent la caséase jaune, demi-transparente, élastique, parfois coulante, savoureuse et odorante par la production de divers sels et acides gras. L'agent principal de ces transformations est le tyrothrix tenuis ; il est accompagné des tyrothrix filiformis, distortus, geniculatus, turgidus, scaber et virgula.

Microbes anaérobies. — Ceux-ci produisent la putréfaction des matières azotées. Le plus actif est le tyrothrix urocephalum ; il a pour auxiliaires les tyrothrix claviformis et cateluna.

Variétés de fromages. — Le fromage se fait avec le lait pur, ou additionné de crème, ou plus ou moins écrémé, soit gras, demi-gras, maigre. L'égouttage du caillé peut être suivi de la salaison, la mise au séchoir, l'affinage. Le caillé égoutté peut être pressé, pétri, émietté, cuit, etc. On fabrique le fromage avec les laits des vaches, chèvres, brebis, purs ou mélangés entre eux, d'où variétés nombreuses dans cette production.

Qualités des fromages. — Ceux d'été et surtout d'automne sont préférables à ceux d'hiver. Les autres circonstances faisant varier la qualité sont : nature du sol, race d'animaux, leur régime, conditionnement et soins du lait, circonstances atmosphériques, grandeur, disposition, température, degré de sécheresse ou d'humidité des locaux, soins apportés aux diverses opérations de la fabrication, etc.

Tableau de la classification des fromages.

I. FROMAGES de consistance molle	**1° Fromages frais**		Maigres, mous, à la pie, à la crème, double crème (dit suisses), Neufchâtel, Bondons de Rouen, Malakoff, etc. — Coulommiers, Gournay, Mont-d'Or frais.
	2° FROMAGES affinés		Marolles, Rollot, Macquelines, Compiègne, Neufchâtel, Camembert, Livarot, Pont-l'Evêque, Mignot, — Brie, Coulommiers, Troyes, Ervy, Barberey, Chaource, — Saint-Florentin, Olivet, Epoisse, Langres, — Mont-d'Or, Saint-Marcellin. — Senecterre, Gérardmer ou Géromé.
		Fromages étrangers	Herve, Réaumatour Limbourg, Gorgonzole, Stracchino.
II. FROMAGES de consistance solide ou à pâte ferme	**3° FROMAGES pressés et salés**		Hollande français, fromage de Bergues, — Fourme du Cantal, — bleu d'Auvergne, Septmoncel, Gex, Mont-Cenis, — Sassenage, Roquefort et façon Roquefort.
		FROMAGES étrangers	Hollande divers (tête de Maure, Gouda, Leyde, Hollande étuvé), Chester, Stilton, Cheddar, Schabzieger, Provole.
	4° FROMAGES CUITS pressés et salés ou Fromages de chaudière		Gruyère français, Port-du-Salut, etc.
		Fromages étrangers	Gruyères suisses (Emmenthal et divers) Parmesan, Cacciocavallo

FABRICATION DES FROMAGES

1° Fromages frais. — Abandonner à lui-même le lait en lieu frais ; après 12 ou 24 heures, écrémer, faire écouler le petit-lait, mettre le caillé en moules, retourner en salant la face supérieure, laisser égoutter 12 heures : c'est le fromage maigre, mou à la pie. C'est sur le même principe que se fabriquent tous les fromages de cette catégorie ; quelques modifications au mode d'opérer constituent les diverses variétés. Il n'y a pas de fermentation dans ce genre de produits.

2° Fromages affinés. — Prenons le Brie pour type : caillé peu cohérent, très aqueux, obtenu en 2 ou 3 heures, lait mis en présure à 32° en sortant de l'étable, tranches horizontales et minces de caillé prises avec l'écrémoire sans trous, mise en moules à moitié de la hauteur, soit 3 cent., achèvement 12 heures après ; égouttage à 15-16°. Après 24 heures, mise en éclisses durant 48 heures, salage pendant 2 ou 3 jours, transport au séchoir à 14° et 95 d'humidité.

Vient alors : développement du mycélium blanc (pénicillum), puis prise du rouge (bactéries), formation de caséone jaune, pénétrant graduellement jusqu'au centre, donnant par pression du doigt un bourrelet unique. Conservation en cave froide des produits mûrs. Le rapport de la caséone à la caséine varie selon maturité de 16 à 35 0/0.

3° Fromages pressés. — Type le plus marquant, le Roquefort, fait avec du lait de brebis. Chauffer la traite du soir, l'écrémer le lendemain, puis le mélanger à celle du matin, mettre en présure, découper, serrer et pétrir le caillé, enlever le petit-lait, mettre en moules en parsemant de poudre de pain moisi, mettre les fromages 3 jours à l'égouttoir, 3 jours au séchoir, retournements fréquents, porter aux caves naturelles (4 à 8°) avec 60 à 66 0/0 d'humidité, procéder successivement au salage, raclage, mise en plies, revirage ; maturité en 4 à 6 mois, hâtée par la brosseuse et la piqueuse Coupiac. Le pénicillum glaucum est la moisissure qui opère ; il vit lentement à la température de 4 à 8°, tandis que les autres sont arrêtés dans leur développement ; par le brossage et surtout par le piquage, on amène l'oxygène nécessaire à la vie du pénicillum et par suite à la maturité du fromage.

Le rapport de la caséone à la caséine est de 38 à 51 0/0.

4° Fromages cuits et pressés, — Le type le plus important de cette catégorie est le Gruyère. Mettre en présure à la température de 30° pour cailler en 20 à 25 minutes ; décailler à la poche, puis au tranche-caillé en 10 minutes, préparer au brassoir pendant 15 à 20 minutes, laisser reposer 30 minutes, chauffer à 55° environ pendant 1 heure et débattre, extraire avec une toile, mettre sous presse, retourner toutes les 2 heures et augmenter successivement la pression. Mise en cave fraîche le lendemain, 8 jours après en cave chaude, saler et retourner tous les 2 jours d'abord, moins souvent dans la suite, maturité à 3 mois en cave à 15-17° et 85 à 95 d'humidité.

Fabrication délicate, chauffage moyen et progressif, pour éviter mille trous et gonflés, morts, lainés, gercés, etc. La fermentation à une température de 15 à 17° fait disparaître le sucre de lait et met les ferments (tyrothrix) en état de produire les diatases de la maturation. Le salage régularise la fermentation, prévient la putréfaction et donne de la saveur.

Rapport de la caséone à la caséine, 14 0/0.

Analyse de quelques types de fromages.

Le n° 1 est de Brie, le n° 2 du Cantal, le n° 3 du Roquefort,

	1	2	3
1 Eau	53.84	42.80	36.00
2 Matière grasse	24.60	29.70	29.29
3 Caséine insoluble	11.75	10.77	24.54
4 Caséine soluble	5.65	12.37	6.30
5 Sel marin	3.26	2.21	0.57
6 Cendres	0.90	2.15	3.30
	100.00	100.00	100.00
7 Caséone	3.74		
8 Caséine filtrable		11.72	4.33
9 Rapport de maturation	0.21	0.51	0.14
10 Ammoniaque libre par kilo	0 gr.89	2 gr.00	0 gr.29
11 Ammoniaque combinée par kilo	0 gr.56	5 gr.1	0 gr.58
12 Acide butyrique par kilo	2 gr.00	1 gr.8	2 gr.50

Analyse des fromages. — La caséine du lait subit facilement l'influence des présures et de la caséase ; mais le lait est stable vis-à-vis de beaucoup d'influences : temps, acides, alcalis, et certaines diastases.

Une addition d'eau augmente la caséone et réduit la matière sucrée. Après 5 ans, la crème s'est oxydée, les autres éléments sont restés dans leurs proportions normales. Par les acides et l'acidification spontanée, la proportion de caséone augmente. Les alcalis n'ont pas d'effet sensible. L'ébullition conserve le lait. Le produit de la présure se rapproche de la caséine en suspension, celui de la caséase, de la caséine en dissolution. La caséase augmente la caséone aux dépens de la caséine. Les microbes agissent comme la caséase.

Prise d'échantillon. — Prendre 2 à 3 grammes de fromage, broyer dans un mortier émaillé avec 17 à 18 grammes de sable, mettre en tube effilé, laver à l'eau pure mortier et pilon avec 2 ou 3 grammes de sable et ajouter. Chauffer au bain-marie à 50-60° et faire passer un courant d'air qui entraîne la vapeur d'eau, dont on étudie la réaction.

Eau. — Retirer le tube du bain, sécher et peser. La différence avec le poids primitif (tube, sable et fromage) donne le poids de l'eau contenue dans l'échantillon.

Matière grasse, — Faire traverser le tube plusieurs fois par CS^2, dessécher, peser avant et après. En faisant passer successivement de l'alcool concentré, de l'eau bouillante, puis de l'eau froide, on détermine les matières solubles dans ces divers liquides.

L'alcool dissout : sels minéraux en solution, sels d'AzH^4O, amides cristallisables en partie, extractif (albuminoïde) le plus avancé dans la voie de la destruction. On calcine les produits enlevés par l'eau bouillante et par l'eau froide ; par pesées et différences, on détermine la matière organique et les sels minéraux solubles.

Cendres et sel. — On prend un nouvel échantillon : évaporer, calciner et peser ; puis doser le sel marin par le chromate d'argent. Le reste est compté cendres minérales, dont 2/3 en phosphate de chaux.

Caséine et autres matériaux solubles dans l'eau froide. — Prendre un échantillon de 10 grammes, broyer dans l'eau et amener à 100^{cc}. Par l'analyse précédente on trouve l'eau, les matériaux solubles et insolubles. Filtrer à travers la porcelaine ; 10^{cc} sont calcinés et les cendres déterminées ; la différence donne la caséone et l'extractif.

Ammoniaque libre. — Prendre le reste du filtratum, soit 50 à 60^{cc} qu'on porte à 150^{cc} par addition d'eau ; en distiller la moitié et doser Az H^{4}O par les procédés ordinaires,

Ammoniaque combinée. — Ajouter dans la cornue une pincée de magnésie calcinée en suspension, dans 20 à 25 cent^3 d'eau et distiller environ les 2/5 du liquide total.

Acides volatils. — Ils proviennent de l'action des microbes sur la caséine ou de la saponification des corps gras par le temps, la lumière, l'alcalinité de la masse. On filtre le liquide resté dans la cornue et on lave sur filtre pour séparer la magnésie en excès ; ajouter un peu d'acide sulfurique, amener à 55^{cc}, en distiller 40 par prises de 10^{cc} qu'on sature à part avec l'eau de chaux. Calculer le total des acides et multiplier par 90,2 pour avoir le résultat en acide butyrique.

Les matières que l'on dose le plus couramment dans le fromage sont : l'eau, la matière grasse et la caséine.

VINAIGRE

I — FABRICATION DU VINAIGRE

Le *vinaigre* se fabrique avec le vin, le cidre, le poiré, la bière, l'alcool, le sucre, l'amidon, le miel, la mélasse, le malt, les fruits, ou bien en diluant l'acide acétique provenant de la distillation du bois.

Les vinaigreries doivent être loin des caves, dans un lieu sec, bien aéré, autant que possible exposées au midi et peu éclairées. Les murs seront crépis au plâtre gâché avec de la gélatine dissoute, puis peints à l'huile. On ne doit employer que des ustensiles en bois ou en verre, jamais en métal. La température du local varie entre 20 et 35°.

L'acide acétique est la base du vinaigre ; il est formé par l'alcool sous l'influence du ferment acétique. On peut établir que :

6 0/0 d'alcool en volume donne par litre   53gr. 49 d'acide acétique
7 0/0   —   —   —   63   40   —
8 0/0   —   —   —   71   32   —
9 0/0   —   —   —   80   23   —
10 0/0   —   —   —   89   15   —
11 0/0   —   —   —   98   06   —
12 0/0   —   —   —   106   98   —

Acétification. — Les liquides à acétifier doivent avoir au moins de 9 à 10 0/0 d'alcool ; s'il sont altérés, on les chauffe à 70°. On les clarifie par le séjour dans des fûts contenant des copeaux de chêne ou de hêtre.

L'acétification se produit sous l'action du ferment acétique (myco-derma aceti) ; la température la plus favorable est de 20 à 30°. Quand le voile constitué par le ferment est submergé dans le liquide, il forme une membrane appelée « mère » du vinaigre qu'on doit éliminer. D'après M. Le Sourd, on peut produire un premier levain de la façon suivante ; vin rouge ou blanc, 1 litre ; eau, 2 litres ; vinaigre de bonne qualité, 1/2 litre. On expose le tout au contact de l'air à une température de 30° à 35°.

Dès que le voile s'est formé, il peut servir à l'ensemencement d'autres liquides. Il faut avoir soin de déposer le ferment à la surface et de ne jamais déchirer le voile en chargeant les tonneaux.

Méthode orléanaise. — On emploie des tonneaux en chêne de 230 litres placés horizontalement. L'un des fonds est percé de 2 trous aux 2/3 supérieurs de sa hauteur ; l'un sert pour l'entrée et la sortie du liquide, l'autre pour celle de l'air. On verse d'abord 100 litres de vinaigre bouillant pour préparer le tonneau et on laisse ainsi 8 jours ; puis on verse tous les 8 jours 10 litres de vin environ jusqu'à ce que le tonneau soit presque plein ; 15 jours après la dernière charge, on peut soutirer 10 titres de vinaigre ; remettre 10 litres de vin et ainsi de suite tous les 8 jours. Un tonneau peut donner 500 litres de vinaigre par an. On soutire avec des siphons et on introduit le vin à l'aide d'un entonnoir dont la tige va jusqu'au fond du tonneau pour ne pas noyer le voile.

Méthode allemande. — Plus rapide que la précédente en augmentant l'aération. On emploie de petites cuves en chêne de 2 mètres de haut, de 1 mètre 15 de diamètre en haut et de 1 mètre en bas contenant de 14 à 15 hectolitres. A 30 centimètres du fond inférieur est un faux-fond percé de trous, puis un grand intervalle, et à 20 centimètres du plafond supérieur se trouve un autre faux-fond ou diaphragme percé de petits trous remplis chacun par une ficelle de 0 m. 15 terminée par un nœud. Le compartiment du milieu est rempli aux 3/4 par des copeaux de hêtre ébouillantés et imprégnés de vinaigre. A 25 centim. du fond inférieur, la cuve est percée de plusieurs trous inclinés de dehors en dedans pour le passage de l'air. Cet air s'échappe à la partie supérieure par des tubes traversant le diaphragme.

La cuve est recouverte d'un fond percé d'un trou central pour l'introduction du liquide qui ne peut arriver sur les copeaux qu'en suintant le long des ficelles. A la partie inférieure est un robinet. Pour la mise en marche, on verse d'abord 10 litres de vinaigre chauffé à 40° ; au bout de 3 heures, 10 litres nouveaux ; on recommence jusqu'à ce que les copeaux soient imbibés. Ensuite on introduit le liquide à acétifier de façon à ce que l'écoulement par les ficelles ne soit ni trop rapide ni trop lent. La charge se fait parfois automatiquement. En faisant passer le même liquide sur une série de 2 ou 3 tonneaux, on a du vinaigre en quelques heures.

Procédé Pasteur. — Régularise l'acétification par l'emploi de larges cuves, rondes ou carrées, de 0,20 de profondeur et recouvertes par un couvercle percé de 2 trous à chaque extrémité pour le passage de l'air.

A l'aide de tubes en gutta-percha on introduit le liquide à la partie inférieure des cuves sans déranger le voile. On ensemence avec du ferment acétique cultivé. Dans les liquides autres que le vin, il faut ajouter quelques centièmes de jus de fruits ou d'infusion d'orge, etc.

Méthodes des cuves tournantes. — Comprend des tonneaux de grandeur quelconque percés de deux trous pour l'entrée et la sortie de l'air et portant une cannelle. Un thermomètre indique la température intérieure. Ils sont placés horizontalement sur des galets à pignon, ce qui permet de les faire tourner sur eux-mêmes.

Ils portent à l'intérieur des tubes en osier garnis de copeaux de hêtre ou de frêne qui viennent plonger par intermittence dans le liquide par suite du mouvement des cuves répété plusieurs fois par jour. Dans ce cas, les pertes par évaporation sont presque nulles.

On met d'abord dans un tonneau de 400 litres, par exemple, 100 litres de vinaigre qui acidifie les copeaux, puis on ajoute du vin jusqu'au-dessous de l'ouverture centrale. Par ce système on peut faire 500 litres de vinaigre en 8 ou 10 jours par tonneau.

Méthode des ménages. — Comprend un tonneau de préférence en bois de chêne et cerclé en bois. L'un des fonds est percé d'un trou central de 4 ou 5 centim. pour l'air et l'autre d'un trou pareil pour sa sortie, à sa partie supérieure.

Une cannelle en bois sert au soutirage, et sur le trou de bonde on place un entonnoir en verre dont la tige arrive jusqu'au fond du tonneau pour l'introduction du liquide. On commence par verser une petite quantité de vinaigre chauffé à 50° qu'on laisse ainsi 24 heures, puis on ajoute du vin. Au bout d'un mois, on peut soutirer 1/5 environ du vinaigre qu'on remplace par autant de vin et ainsi de suite tous les 15 jours. On doit éviter de troubler la surface du liquide.

Les bons vinaigres renferment de 6 à 8 0/0 d'acide acétique.

Marche de l'acétification. — Si elle est trop vive, on doit réduire la quantité d'air qui entre dans les tonneaux ; dans le cas contraire, on l'activera en portant la température à 25° au moins et en ajoutant dans les tonneaux une culture de bons ferments ou simplement des matières favorisant cette fermentation, comme du jus de fruit, des moûts de grains, à raison de 1 0/0.

Clarification du vinaigre. — S'obtient en le laissant séjourner dans des tonneaux hermétiquement fermés et remplis de copeaux de hêtre ; on le soutire quand il est clair. On peut aussi le coller à la gélatine ou à la colle de poisson ; on emploie encore le lait à raison d'un demi-litre par hectolitre. On soutire ensuite.

Décoloration du vinaigre. — S'obtient en décolorant le vin avant sa transformation en vinaigre. On emploie pour cela le noir animal bien lavé à l'acide chlorhydrique, puis à grande eau ; le noir végétal ou braise de boulanger est préférable ; on l'emploie à raison de 500 gr. par hectol.

Coloration. — Pour colorer les vinaigres, on emploie un peu de vin noir du Midi ou une décoction de 1 kg. de baies sèches d'airelle dans quelques litres de vinaigre chaud ; la rose trémière est également employée.

Analyse du vinaigre.

Densité. — A l'aide d'un densimètre donnant le millième. Elle doit varier de 1,048 à 1,020 pour les bons vinaigres.

Acidité. — On la détermine par liqueur titrée, en présence de la phtaléine du phénol : si on opère sur 10°° de vinaigre dilués, en se servant de la soude normale, le nombre de centimètres cubes multipliés par 6 donne l'acidité en grammes d'acide acétique par litre ; ou par 4,9, en acide sulfurique hydraté par litre. Les vinaigres de vin renferment de 50 à 90 grammes d'acide acétique par litre.

La liqueur acétimétrique de Réveil se prépare avec 45 grammes de borax et un peu de soude caustique dans un litre d'eau colorée par du tournesol : 20^{cc} saturent 4^{cc} d'acide normal de Gay-Lussac.

Dans l'acétimètre on verse 4^{cc} de vinaigre jusqu'au trait 0, puis la liqueur de borax jusqu'à la coloration rouge vineuse : la graduation donne le nombre de litres (D = 1,055) d'acide cristallisable dans un hectolitre de vinaigre.

Extrait et cendres. —On les détermine comme pour les vins.

Tartre et matières réductrices. — On évapore presque à sec 100^{cc} de vinaigre ; on reprend le résidu par l'eau de manière à rétablir le volume de 100^{cc}.

Sur 20^{cc} on dose le tartre comme pour les vins ; le restant est décoloré au noir et examiné au polarimètre, puis titré au Fehling.

Falsifications. — Les vinaigres de vin renferment de 13 à 20 gr. d'extrait, et le rapport de l'acide acétique à l'extrait est de 4,5 à 5. Si le rapport est plus élevé, il y a addition de vinaigre d'alcool ou d'acide acétique.

Les vinaigres de cidre et de poiré laissent peu d'extrait, ne renferment pas de tartre, mais de fortes quantités de malates, et l'extrait a des caractères spéciaux de goût et d'odeur.

Le vinaigre de bière est faible en acide, très riche en extrait et en dextrine : son extrait sent le malt et le houblon ; il ne renferme pas de tartre.

Le vinaigre de glucose contient un excès de glucose, de la dextrine et des sels minéraux, pas de tartre.

Enfin le vinaigre d'acide pyroligneux ne donne ni extrait, ni cendres, ni tartre : celui que l'on fait avec de l'acide mal purifié décolore le permanganate et se colore en rose par l'aniline (réaction du furfurol).

On dose l'acide tartrique ajouté comme dans le vin, sur le produit de l'évaporation du vinaigre redissous dans l'eau qui sert au dosage du tartre.

Les acides minéraux se reconnaissent en chauffant pendant une demi-heure 100^{cc} de vinaigre avec 0 gr. 05 de fécule ou d'amidon, puis essayant après refroidissement par l'eau iodée, qui ne donne plus de coloration bleue s'il y a des acides minéraux.

On recherche l'acide sulfurique libre en évaporant au bain-marie 50^{cc} de vinaigre ; le sirop est repris par 50^{cc} d'alcool absolu, filtré, évaporé dans le vide, et dans le résidu redissous dans l'eau on recherche et on dose l'acide sulfurique (les sulfates étant insolubles dans l'alcool).

On recherche par le même procédé l'acide phosphorique.

Acide chlorhydrique. — On distille 100^{cc} de vinaigre en condensant le liquide qui distille ; une goutte de nitrate d'argent indique si le vinaigre contient de l'acide chlorhydrique libre. — Le vinaigre contenant rarement plus de 0 gr. 1 par litre de chlore, un dosage de chlore mettra sur la voie de la falsification.

Acide nitrique. — On chauffe le vinaigre avec son volume d'acide sulfurique concentré, en présence d'une lame ou de tournure de cuivre; s'il y a dégagement de vapeurs nitreuses, c'est que le vinaigre contient de l'acide nitrique.

Enfin les matières âcres se reconnaissent très bien à l'odorat et au goût dans le produit de la saturation du vinaigre par un alcali.

Dosage de l'acidité acétique cristallisable.

On détermine approximativement le point de solidification de l'acide en en congelant quelques centimètres cubes dans un tube à essais, que l'on refroidit en le plongeant dans un verre à pied contenant un mélange réfrigérant; quand l'acide est pris, on le sort du mélange, et on prend son point de fusion avec un thermomètre, lorsqu'il est fondu à moitié. Puis on le remet dans le mélange réfrigérant afin d'avoir des germes de cristaux.

On refroidit ensuite une autre portion d'acide à 1 degré au-dessous du point déterminé comme il vient d'être dit; on y projette un fragment de cristal d'acide solide, et avec un thermomètre donnant le dixième de degré, on prend le point exact de solidification de l'acide. La table suivante donne alors la quantité d'eau ajoutée à 100 parties d'acide cristallisable (à 100 pour 100), dans le mélange constituant l'acide examiné.

Eau %	Température.	Eau %	Température.	Eau %	Température.
0	+16.7	5	+ 9.4	12	+ 2.7
0.5	15.9	6	8.2	15	— 0.2
1	14.8	7	7.1	18	2.6
1.5	14	8	6.2	21	— 5.1
2	13.2	9	5.3	24	7.4
3	12	10	4 3		
4	10.5	11	3.6		

Bien entendu, l'acide doit être pur et exempt d'acide sulfurique, d'alcool et de sels, notamment d'acétate de sodium ou d'ammonium.

GÉNIE RURAL

I — MACHINES AGRICOLES

CHARRUES

Charrues ordinaires. — Les charrues comprennent :

1º Des pièces travaillantes : le *coutre* qui coupe la terre suivant un plan vertical ; le *soc* qui détache la bande de terre en dessous et parallèlement au sol ; le *versoir* qui retourne sous un certain angle la bande détachée par les deux parties précédentes. 2º Des pièces de direction et de règlement : l'*âge* ou *flèche* qui reçoit et transmet la puissance ; le *sep* qui permet de maintenir la charrue dans un plan horizontal et glisse au fond de la jauge. 3º Les *mancherons* permettant de guider la charrue dans sa marche et de parer aux écarts accidentels et momentanés. 4º le *régulateur* servant à faire varier la largeur et la profondeur.

3º Des pièces de liaison : l'*âge* qui supporte le régulateur, le coutre, les mancherons, et qui est relié au sep par les étançons ; les *étançons* qui relient le sep à l'âge ; 3º la *coutrière* maintenant le coutre en position ; 4º les *entretoises* ou *arcs-boutants* qui servent à maintenir constant l'écartement entre les mancherons et à faire varier l'espace séparant le versoir de l'âge.

Le Coutre coupe la terre dans un plan vertical. Il est le plus souvent incliné la pointe en avant et, dans ce cas, il scie les racines et les déterre aisément de même qu'il force les pierres que rencontre son tranchant à monter à la surface ; supportant un certain poids de terre il a de la tendance à prendre plus de profondeur. Il ne faut pas que cette inclinaison soit trop forte, sans quoi l'espace compris entre l'âge et le coutre serait insuffisant et se remplirait vite de racines ou d'herbes qui empêcheraient la marche de l'instrument et augmenteraient le tirage, tout en ne donnant pas un labour bien propre ; l'angle fait par la pointe du coutre avec la verticale doit être compris entre 25 et 30 degrés. Pour éviter le bourrage de la charrue, on donne au coutre une direction verticale à sa partie hors de terre, tandis que la partie inférieure est en forme de faucille, ou bien, au point de jonction avec le coutre, l'âge est recourbé de façon à laisser un vide difficile à remplir : l'âge est dit alors en *col de cygne*. Quelquefois on ouvre cet âge au-dessus du coutre, ménageant ainsi un espace libre qui sert de passage aux matières encombrantes ou le coutre est fixé sur le côté vertical du soc et se nettoie de lui-même. Par suite de la réaction qu'exerce le guéret contre le coutre, la charrue à une certaine tendance à prendre moins de largeur; c'est pour obvier à cet inconvénient que dans les bonnes charrues, les coutrières permettent de faire varier la position du coutre dans le plan horizontal. Ces variations toutefois ne doivent se produire que dans de faibles limites et le côté du coutre placé contre le guéret doit être, à très peu de chose près, parallèle à la direction de la charrue. Généralement on donne au coutre une légère inclinaison du côté de la muraille, de manière à ce que la pointe ait tendance à piquer et à accroître la largeur; pour cela cette pointe doit dépasser de 0 m. 005 à 0 m. 01 le bord vertical du soc. Le coutre est quelquefois supprimé dans les charrues pour labours superficiels et de déchaumage, de même que pour la culture des terrains légers et pierreux, mais on n'obtient jamais, par cette suppression, un travail aussi net que lorsque le coutre est conservé.

Pour donner à la charrue plus de stabilité dans sa marche, la pointe du coutre doit être placée à 0 m. 07 à 0 m. 08 en avant de celle du soc et à une hauteur de 0 m. 025 à 0 m. 050 au-dessus de cette pointe, suivant que le sol est plus ou moins dur ou pierreux.

On fixe le coutre à l'âge par différents moyens : les anciennes charrues portaient dans leur âge une mortaise dans laquelle passait le manche du coutre qui se trouvait retenu par une vis de pression, un coin ou une cheville; puis Mathieu de Dombasle a inventé sa coutrière consistant en une pièce de fonte encastrée dans l'âge, dans laquelle le coutre est fixé par une vis; ces deux modes d'attache doivent être abandonnés, les mortaises affaiblissant beaucoup les âges. On emploie aujourd'hui l'étrier américain qui consiste en un cadre en fer rond, assez large pour recevoir, entre l'un de ses côtés et l'âge, le manche du coutre qui est serré par une vis; cet étrier est d'autrefois formé par une pièce en fer rond pliée deux fois d'équerre et dont les deux bouts filités sont réunis par une plaque que maintiennent des boulons. On peut faire varier l'inclinaison du coutre en plaçant au-dessus ou au-dessous de l'âge ou même des deux côtés à la fois une plaque munie d'encoches demi-cylindriques dans lesquelles passe l'étrier.

Les Anglais emploient des coutrières permettant un règlement facile et très exact du coutre : la coutrière Howard est formée d'une plaque recourbée deux fois d'équerre pour embrasser l'âge, de deux boulons dans l'œil desquels passe le coutre dont le manche est cylindrique et d'une vis de pression traversant le rebord horizontal supérieur de la plaque et portant sur l'âge par sa tête. Le coutre porte, en outre, contre une saillie ou nervure longitudinale et peut tourner à volonté dans le sens horizontal, en serrant plus ou moins les deux écrous; il peut aussi être soulevé et son inclinaison peut varier à l'aide de la vis de pression.

Le *Soc* est l'âme de la charrue; il coupe la terre horizontalement et parallèlement au sol et ne peut, comme le coutre, être supprimé. Sa forme est celle d'un coin, ce qui facilite sa pénétration en terre et diminue la traction, cette traction étant d'autant plus faible que la pointe du soc est plus effilée. Seuls le tranchant du soc et sa pointe doivent porter sur le sol afin de diminuer les surfaces en contact avec la terre, et partant le tirage. Les constructeurs donnent à cette pointe deux inclinaisons, ne dépassant généralement pas 0 m. 01 à 0 m. 015, l'une tendant à la faire piquer en terre pour prendre plus de profondeur, c'est l'embêchage, l'autre déviant la pointe à gauche, vers le guéret, c'est le rivotage qui donne à la charrue tendance à prendre plus de largeur. Le tranchant du soc doit être rectiligne ou, s'il est curviligne, la plus grande partie doit être droite, les tranchants courbes étant d'une exécution difficile et ne pouvant aisément être réparés par les forgerons de village. La largeur des socs doit être égale ou inférieure, de 0 m. 03 à 0 m. 04 seulement, à la largeur de la bande de terre à détacher; on doit proscrire les socs qui, comme dans les charrues anglaises, n'ont que la moitié ou les 3/4 de la largeur de la bande, ces socs arrachant une partie de la bande au lieu de la couper régulièrement et laissant au fond de la jauge des levées de terre appelées *saumons*. L'assemblage des socs se fait à l'aide de tiges, souches ou boulons et, dans ce dernier cas, les socs sont appelés socs trapézaïdaux ou américains, s'adaptent sur les versoirs et sont réduits à la partie strictement nécessaire : ce sont ceux qui doivent être préférés parce qu'ils sont moins lourds que les autres, plus faciles à fixer et peuvent, en cas d'accident, être remplacés par le premier charretier venu.

Dans quelques charrues on emploie une pointe mobile qui forme la pointe du soc et que l'on peut avancer au fur et à mesure de son usure; elle est généralement fixée sur les étançons ou sur l'étançon antérieur et le sep et convient surtout pour les labours en sols pierreux ou durs.

Le *Versoir* soulève et renverse le parallélipipède de terre qui a été détaché par le coutre et le soc. La théorie prouve que pour que le labour soit dans les meilleures conditions, les bandes doivent être inclinées sous un angle de 45°, ce qui s'obtient lorsque la largeur du labour est 1,41 de la profondeur; mais comme le volume des arêtes du labour exposées à l'air croît, pour une profondeur déterminée, à mesure que la largeur augmente, la pratique adopte une largeur égale à 1,5 de la profondeur et même, pour les terres engazonnées on va jusqu'à 1,66 et 2 pour les défrichements d'anciennes prairies. Théoriquement le versoir doit être hélicoïdal, mais la plupart des constructeurs lui donnent des formes particulières se rapprochant plus ou moins de la forme théorique et variant avec la nature des terres dans lesquelles doit fonctionner la charrue : pour des terres légères, qui s'affaissent sur elles-mêmes et se désagrègent aisément, on construit des versoirs concaves, tandis que pour les terres tenaces, collantes, le versoir est convexe, de manière à diminuer un peu l'adhérence de la terre. La longueur donnée aux versoirs varie également avec la nature du sol : pour les sols légers, dont les bandes se tordent aisément, on emploie des versoirs courts dont la longueur égale 2,30 fois la largeur du labour ; les versoirs sont, au contraire, longs quand il s'agit du labour de terres argileuses, tenaces, dont les bandes opposent à la torsion une résistance assez grande et on ne leur donne alors qu'une faible largeur afin de diminuer l'adhérence.

Avant-Soc. — Certaines charrues possèdent, en avant du coutre, un petit soc et un petit versoir portés par une tige verticale qui constituent l'avant-soc, pelloir ou rasette, dont le but est d'écrouter le sol sur quelques centimètres seulement de profondeur, principalement lors des défrichements de vieilles prairies : trèfles, luzernes, ou quand le sol est envahi par les mauvaises herbes qui se trouvent ainsi placées au fond de la jauge ouverte et recouvertes par la bande de terre que retourne le versoir de la charrue.

Le *Sep* ou semelle est cette pièce de la charrue qui glisse au fond de la raie, guidant l'instrument dans un plan horizontal, et dans un plan vertical en appuyant contre la muraille du guéret. Plus le sep est long et plus stable est la charrue, mais cette longueur ne doit pas être exagérée, le laboureur n'ayant plus alors sur lui aucune action efficace : elle doit être comprise entre 0 m. 75 et 1 m. Les deux faces du sep sont le plus communément réunies à angle droit et n'ont qu'une faible largeur, bien que la face inférieure, glissant sur le sol, doive être assez large pour ne pas s'enfoncer en terre sous le poids de l'instrument ; quelquefois la face latérale est continuée par une plaque de tôle ou de fonte qui empêche à la terre de la muraille de tomber dans la jauge ; les deux faces doivent être légèrement concaves pour parer à l'usure. Comme le sep porte surtout son talon et que, lors des tournées, ce talon s'use rapidement, on est obligé de remplacer assez souvent le sep entier lorsqu'il est d'une seule pièce, ce qui est coûteux ; c'est pourquoi un grand nombre de constructeurs terminent le sep par un talon mobile, de faibles dimensions, facile à détacher et à remplacer quand il est usé.

Les *Étançons* servent à relier le sep à l'âge et ont à supporter des efforts considérables ; aussi doivent-ils toujours être très résistants. On les fait tantôt en bois, tantôt en fer, mais le plus communément en fonte, l'étançon antérieur formant souvent la gorge du versoir. Dans quelques charrues les étançons sont remplacés par une large plaque de fer qui bouche tout le corps de la charrue et empêche à la terre de tomber dans le sillon ; ce dispositif n'est pas à recommander pour les charrues à labours légers, car la terre, collant après l'étançon, augmente le tirage. Quelquefois l'étançon d'avant est simplement formé par l'âge recourbé en col de cygne comme dans certaines charrues américaines.

L'*Age* supporte toutes les pièces de la charrue ; il doit être très solide et ne doit porter que le nombre de mortaises absolument indispensables. L'âge est en bois dans un grand nombre de charrues et à section rectangulaire ou cylindrique ; dans ce cas il est presque toujours droit ou, s'il est courbe, cette courbure ne doit lui être donnée qu'artificiellement, sans tailler dans le bois avec un instrument quelconque car la coupe ne suivant pas le fil du bois, la résistance de l'âge diminuerait ; avec les âges en fer ou en fonte, on peut aisément donner la courbure voulue et on a même remarqué que le travail nécessaire pour l'obtention de cette courbure rendait l'âge plus résistant.

Ransomes emploie un âge dit en trousse ou armé qui a été adopté par plusieurs constructeurs et qui, tout en présentant une grande solidité a un poids inférieur de 20 à 25 0/0 à celui des âges ordinaires. Il consiste en deux ou trois lames, en fer ou en acier, soudées à la partie antérieure de l'âge et allant s'écartant vers la partie postérieure, cet écartement étant maintenu rigide par des entretoises.

Les *Mancherons* sont les deux pièces de bois ou de fer placées à l'arrière de la charrue, qui permettent au conducteur de la guider dans sa marche et de parer aux obstacles accidentels qu'elle rencontre. Leur longueur doit être d'autant plus grande que le sep est lui-même plus long et que la charrue est plus lourde, mais bien que de longs mancherons diminuent les efforts que l'ouvrier aurait à exercer, il ne faut pas exagérer cette longueur, surtout pour les araires, l'action du laboureur ne se transmettant plus avec assez de rapidité à la pointe du soc : cette longueur varie de 1 à 1 m. 30. A l'aide des mancherons le conducteur peut momentanément faire varier le règlement de sa charrue : pour un araire il suffit, lorsqu'on veut augmenter la largeur, d'appuyer sur le mancheron droit et soulever le gauche, et de faire l'inverse lorsqu'il s'agit de diminuer la largeur ; pour accroître la profondeur, l'ouvrier soulève les mancherons tandis qu'il presse verticalement sur eux lorsque la profondeur doit être réduite. L'effet absolument inverse se produit dans les charrues à avant-train : en pressant verticalement sur les mancherons on augmente la profondeur ; on la diminue si on les soulève.

Régulateur. — Il existe une infinité de régulateurs permettant de faire varier la largeur et la profondeur du labour. Le meilleur est celui qui tout en étant simple permet d'opérer des variations dans des limites assez restreintes et de faire varier la hauteur et la largeur, indépendamment l'une de l'autre. Nous n'expliquerons pas ici la théorie du règlement de la charrue ; qu'il nous suffise de dire que pour augmenter la profondeur il est nécessaire d'élever le régulateur, tandis qu'en le baissant la profondeur diminue ; que pour accroître la largeur, la chaîne de tirage doit être portée vers la droite du régulateur, c'est-à-dire du côté du labour, tandis qu'on la porte à gauche, du côté du guéret, pour restreindre cette largeur. L'allongement plus ou moins grand des traits des animaux permet aussi de faire varier la profondeur du labour : des traits longs accroissent cette profondeur, des traits courts la diminuent.

Avant-Train et *Support*. — Les charrues sont quelquefois pourvues à leur partie antérieure d'un avant-train qui leur assure une plus grande stabilité, leur permet d'exécuter avec beaucoup de régularité les labours superficiels et rend leur conduite plus facile. A côté de ces avantages, l'avant-train ne permet trop souvent à l'ouvrier de s'apercevoir des obstacles qu'après qu'ils ont été dépassés ce qui amène parfois des avaries dans les pièces de la charrue; de plus il augmente le tirage d'un dixième environ.

L'avant-train est absolument indépendant de la charrue. Dans quelques charrues il est remplacé par des supports constitués par un sabot en bois ou en fer, par une seule petite roue portée par une tige verticale ou par deux petites roues réunies par un essieu. Les sabots sont employés dans les terres à grosses mottes et à surface accidentée, tandis que les roulettes sont utilisées pour les labours sur sols unis ; elles ont l'avantage de demander moins de traction que les sabots, surtout si on leur donne un diamètre assez grand — 0 m. 25 à 0 m. 30.

Charrues défonceuses.

Les labours de défoncement ont pour but d'augmenter l'épaisseur de la couche de terre mise en culture et leur profondeur varie de de 0 m. 35 à 0 m. 45. Pour atteindre cette profondeur on peut employer des charrues assez puissantes, exécutant le labour d'un coup et ramenant à la surface de la terre du sous-sol : ce sont les défonceuses proprement dites. On peut aussi approfondir le sol tout en laissant le sous-sol en place : c'est ce qui s'obtient à l'aide des charrues fouilleuses et sous-soleuses.

Les défonceuses ont à supporter des résistances considérables et doivent être très solidement établies ; leur soc doit être tranchant et assez plat tout en présentant une grande résistance, de même d'ailleurs que le coutre qui, tout en ayant une épaisseur plus grande que dans les charrues ordinaires, doit être très agressif. Quelquefois on met sur ces charrues deux coutres de longueur différente : l'un, le premier, prenant la moitié de la profondeur, le second prenant l'autre moitié : de la sorte l'effort est partagé et on a moins de chance de voir les coutres se tordre.

Les défonceuses doivent avoir un versoir très agressif et légèrement oblique à la direction du labour et elles peuvent se passer d'avant-train, sauf lorsqu'elles fonctionnent en terres légères. Elles exigent de huit à douze chevaux pour peu que la terre soit consistante et de quatre à six chevaux dans les terres légères. Comme il est difficile de rassembler d'aussi nombreux attelages, et que, d'ailleurs, les animaux ainsi groupés en grand nombre sont loin de produire toute la force dont ils sont capables, on a abandonné ces charrues et les défoncements sont généralement faits par une charrue ordinaire prenant de 0 m. 18 à 0 m. 20 de profondeur, suivie immédiatement par une défonceuse genre Bonnet qui, marchant dans le sillon ouvert, achève de prendre la profondeur voulue et, à l'aide d'un versoir particulier, remonte la terre du sous-sol au-dessus de la bande retournée par la première charrue.

Le versoir de la défonceuse Bonnet est formé par un plan incliné à 38° précédant un versoir ordinaire terminé à sa partie postérieure par une sorte d'oreille qui pousse la terre de côté. Bien que ce mode de défoncement demande, par mètre cube de terre remué, un travail moteur plus élevé que les défonceuses ordinaires, il est de beaucoup préféré parce qu'il n'exige que moitié moins d'animaux : quatre à six chevaux et deux hommes pour faire 50 ares par jour. Dans quelques charrues, notamment dans la charrue Sack, les deux corps : ordinaire et Bonnet, sont montés sur un même âge de manière à faire le travail d'un seul coup ; le versoir ordinaire est placé le premier et celui de la défonceuse est en arrière : les charrues ainsi disposées portent le nom de charrues étagées.

Fouilleuses et sous-soleuses. — Ces deux genres de charrues permettent d'ameublir la terre du sous-sol tout en la laissant en place. Ces charrues doivent être très solides, portées à l'avant par un patin ou une roulette fixant la profondeur du labour ; quelques-unes d'entre elles ont même une petite roue à l'arrière (Howard) dans le but d'empêcher à la charrue de sortir hors de terre. Un régulateur de largeur placé à l'avant doit permettre de faire varier, dans des limites restreintes, la largeur du labour. Ces instruments se composent généralement de 1, 2 ou 3 dents très puissantes, fixées solidement dans un âge robuste et placées de telle sorte, lorsqu'il y en a plusieurs, que chacune d'elles fasse un sillon distinct et soit assez éloignée de la dent qui la précède pour que la charrue ne soit pas engorgée par les herbes ou les racines. On doit donner à ces dents une courbure telle qu'elles aient toujours de la tendance à aller de plus en plus profond ; leur arête ne doit point être tranchante, mais obtuse, la terre devant être éclatée et non fendue ; leur pointe est en forme de fer de lance.

Quelques charrues portent en arrière du versoir des dents de fouilleuse, ce qui permet d'exécuter le défoncement d'un seul coup, mais nécessite une traction très élevée. D'autres sont des charrues brabants-doubles, dont un des corps ordinaires est remplacé par des dents de fouilleuses, permettant, en retournant avec ces dents dans la raie ouverte par le corps de charrue, de défoncer le terrain sans augmentation du nombre d'animaux d'attelage.

Charrues polysocs. — L'emploi de ces charrues est si avantageux, toutes les fois qu'il s'agit de labours superficiels ou de déchaumages ou même de labours moyens dans les sols légers, qu'on ne saurait trop encourager les cultivateurs à se servir de ces instruments. Ces charrues portent généralement 2, 3 ou 4 corps travaillants et reçoivent, suivant ce nombre, le nom de bisocs, trisocs ou quadrisocs. Elles permettent une notable économie d'homme et d'attelage : un bisoc conduit par trois chevaux et guidé par un homme faisant le même travail que deux charrues ordinaires, attelées de deux chevaux et nécessitant deux conducteurs. Ces charrues ayant plus de largeur que les charrues ordinaires possèdent une stabilité plus grande, stabilité qui est telle que, pendant le travail, le conducteur n'a aucun effort à exercer pour régler la profondeur ou la largeur : son rôle se borne à faire les tournées et à suivre simplement l'instrument ; aussi les mancherons sont-ils souvent remplacés par une simple poignée placée à l'arrière de l'âge. La traction que demandent ces charrues est proportionnellement moindre que celle que nécessite une charrue ordinaire ; le tirage est beaucoup plus régulier et ne présente que rarement de violents coups de collier, ce qui tient à ce que les résistances éprouvées pour les 2, 3 ou 4 corps de charrue ne varient que dans des limites très restreintes, tandis que dans les charrues ordinaires les écarts entre les résistances maximum et minimum sont très grands. Ces polysocs sont aujourd'hui, pour la plupart, formés par un bâti en fer forgé porté par deux roues à grand diamètre, réunies entre elles par un essieu coudé que commande un levier de déterrage placé sous la main du conducteur. Ce levier, qui est quelquefois absent dans les charrues à labours très superficiels, permet de soulever le corps de la charrue hors de terre pour exécuter les tournées et de régler facilement la profondeur du labour : on devra toujours l'exiger. Les corps de charrues doivent être mobiles de manière à pouvoir faire varier, dans une certaine mesure, la profondeur et la largeur du labour.

Les charrues polysocs sont quelquefois disposées en tourne-oreille et principalement en brabant-double : ce sont surtout les charrues à vapeur qui sont ainsi faites.

Déchaumeuses. — Les déchaumeuses sont des charrues trisocs ou quadrisocs, très légères, permettant de faire aisément un labour de faible profondeur : 0 m. 03 à 0 m. 12. On les emploie notamment pour déchaumer les céréales, pour enlever les gazons, pour nettoyer les terres enherbées, pour enterrer les semences. Elles sont dépourvues de coutre et munies d'un levier de déterrage comme les polysocs ordinaires. On peut faire, avec ces instruments, jusqu'à 1 hectare et demi par jour, avec deux chevaux et un conducteur.

Buttoirs. — Les buttoirs sont constitués par un bâti semblable à celui des araires, porté à l'avant par une roulette servant le plus souvent de régulateur de profondeur ; ce qui les différencie des autres charrues, c'est que leur versoir est double et permet de verser la terre de chaque côté de la charrue. L'écartement de ces deux versoirs opposés peut varier à volonté, suivant la largeur des lignes à butter ; le soc est en fer de lance ou, comme dans les charrues vigneronnes, affecte la forme d'un fer de bêche large. Ces instruments sont employés pour le buttage des pommes de terre, carottes, betteraves et de la vigne. Le plus souvent le même bâti peut porter différentes pièces — dents d'extirpateur, de houe, etc. — de manière à rendre possible, avec le même instrument, l'exécution de plusieurs sortes de travaux.

Charrues tourne-oreilles et Brabants doubles. — Ces charrues permettent d'exécuter les labours à plat. Les tourne-oreilles ordinaires sont presque partout aujourd'hui remplacés par les brabants doubles qui sont formés de deux corps de charrue montés dans un même plan vertical, sur un seul âge qui pivote dans un long coussinet placé sur la sellette de l'avant-train. Un système de décliquetage commandé par un levier arrivant sous la main du laboureur, permet de faire basculer aisément la charrue à chaque extrémité du champ. Comme dans ce mouvement de bascule une certaine torsion peut se produire, qui fausse l'âge, on rend le plus souvent cet âge rigide dans l'avant-train, tandis que le corps du brabant est mobile autour d'un axe horizontal placé en dessus, en dessous ou sur le côté de l'âge, ou bien encore l'âge est divisé en deux parties au quart de sa longueur environ : la partie antérieure reposant sur l'avant-train et la partie postérieure tournant quand l'appareil de déclic est dégagé. Les brabants doubles ne portent généralement qu'un mancheron permettant au conducteur de les manœuvrer pendant les tournées. On y construit actuellement des brabants doubles, bisocs ou trisocs qui permettent d'ouvrir deux ou trois raies chaque fois et d'exécuter avec rapidité les labours superficiels : ces trisocs peuvent, par jour, faire de 1 hectare à 1 hectare et demi, avec un attelage de quatre chevaux. L'un des corps de charrue est quelquefois, dans les brabants, remplacé par un appareil fouilleur. En général les brabants sont construits tout en fer et acier, ce qui, en même temps qu'une grande solidité, leur donne assez de légèreté ; les parties travaillantes seules, coutre, soc, versoir, rasette, sont toujours en acier. Une vis placée au-dessus de l'avant-train permet de régler la profondeur et, dans quelques-unes de ces charrues, des bagues que l'on place sur les essieux des roues, servent à faire varier la largeur du labour.

Charrues vigneronnes. — Ces charrues permettent d'opérer beaucoup plus rapidement et à meilleur marché, tout en ayant la faculté de faire les cultures au moment opportun. Les charrues vigneronnes, fonctionnant entre des lignes dont l'écartement est parfois assez restreint, doivent toujours être très légères et n'exiger qu'un cheval, un bœuf ou une mule pour leur traction. Dans ce but on les fait en fer forgé avec corps de charrue en fer aciéré ou mieux en acier coulé ; de plus, comme ces charrues, lorsqu'elles déchaussent, doivent passer aussi près que possible des lignes sans cependant abîmer les ceps, on donne à la pointe du soc une légère courbure en dedans, au lieu de lui donner du rivotage comme pour les charrues ordinaires ; pour la même raison, les mancherons sont articulés de manière à pouvoir passer près des ceps sans toucher aux sarments : dans les charrues bourguignonnes ces mancherons portent des gardes préservant les mains des atteintes des bois de la vigne. Généralement ces charrues vigneronnes sont constituées par un bâti formé par l'âge, les mancherons et un support placé à l'avant. Sur ce bâti peuvent s'adapter différents instruments, suivant le travail à exécuter : un buttoir pour chausser les ceps, une charrue sombreuse pour déchausser ou un extirpateur.

La position de l'âge varie suivant l'instrument employé et le travail à exécuter : pour déchausser, l'âge doit se trouver au-dessus du milieu du versoir : dans les charrues bourguignonnes il est de 0 m. 20 à 0 m. 22 à la droite du plan vertical passant par le sep ; les étançons dans ces charrues déchausseuses sont courbés dans un plan normal à l'âge, ce qui permet d'approcher près des ceps. — Pour chausser, au contraire, l'âge, comme dans les charrues ordinaires, se trouve dans le plan vertical du sep. Les versoirs de ces charrues, faits en tôle d'acier, sont le plus souvent un peu convexes afin de diminuer l'adhérence de la terre. Dans les charrues buttoirs, l'étançon d'avant en acier coulé, forme la gorge du versoir : c'est sur lui que se fixent : 1° le soc, dont la forme est celle d'un fer de bêche large et qui fait avec le sol un angle de 45 ; 2° les versoirs, dont l'écartement est réglable à volonté suivant l'espacement des lignes entre lesquelles fonctionne la charrue.

Toutes ces charrues sont pourvues à l'avant d'une ou deux roulettes portées par une tige verticale qui, dans quelques-unes d'entre elles, sert de régulateur de profondeur. Nous préférons les supports à deux roues à ceux n'en possédant qu'une, la charrue présentant plus de stabilité ; exception est faite cependant pour la déchausseuse qui, passant très près des ceps, ne peut fonctionner qu'avec une seule roue.

Les charrues vigneronnes sont généralement dépourvues de coutre, mais on en met toujours un en Bourgogne pour les buttages pratiqués dans les terrains forts, compacts, argileux.

L'extirpateur qui se place sur le bâti de ces charrues se compose de 3 ou 5 dents, la première figurant un soc en fer de lance, tandis que les autres ressemblent à de petits versoirs tournés l'un vers l'autre. Ces socs d'arrière sont portés par des tiges horizontales qui se meuvent dans une glissière, ce qui permet de faire varier leur écartement entre 0 m. 45 et 0 m. 90, suivant la largeur des lignes.

Un harnais spécial, dans lequel le palonnier ne dépasse pas les traits et ne peut par conséquent accrocher les sarments, complète ces charrues. Quelques constructeurs font des bisocs vignerons, exigeant deux chevaux.

Décavaillonneuses. — Lorsque la vigne a été déchaussée à la charrue, il existe toujours, sur la ligne des ceps et entre eux, un espace qui n'a pas été cultivé et qui, le plus souvent, est retourné à bras : c'est cet espace qui, dans le Midi, porte le nom de cavaillon.

Pour cultiver ces cavaillons, on a inventé des charrues décavaillonneuses formées par des charrues à vigne ordinaires dont les unes portent à leur talon une sorte de couteau horizontal, tandis que les autres ont une étoile, mobile autour d'un axe vertical fixé sur l'étançon d'arrière. Ces différents organes, passant entre les ceps, ameublissent le cavaillon. La traction exigée par les charrues vigneronnes varie avec les dimensions du labour et la nature du terrain ; mais, pour les sols légers, dans lesquels la vigne est établie de préférence, cette traction oscille entre 40 et 50 kilog. par décimètre carré de section de bande.

Travail des charrues.

Il est assez difficile de fixer exactement la traction que demandent les diverses charrues, cette traction variant avec chaque instrument, la nature et l'état hygrométrique de la terre, les dimensions du labour, la nature et la forme des pièces travaillantes, etc. Cette traction se mesure au dynamomètre ; d'après de nombreuses expériences on peut admettre qu'elle est, par décimètre carré de section du labour, de :

30 kilog. pour les araires ; 40 à 50 kilog. pour les brabants doubles ; 37 à 50 kilog. pour les tourne-oreilles ; 50 à 60 kilog. pour les défonceuses et 60 à 70 kilog. pour les fouilleuses.

Le tableau ci-dessous permet de déterminer l'étendue labourée par heure de travail, connaissant la longueur du rayage, la largeur du labour et la vitesse de l'attelage :

LONGUEUR du voyage	LARGEUR de la bande de terre	VITESSE DES ATTELAGES par minute										CHEMIN parcouru pour faire un hectare
		21 mèt.	24 mèt.	27 mèt.	30 mèt.	33 mèt.	36 mèt.	39 mèt.	42 mèt.	45 mèt.	48 mèt.	
	m.	a. c.	a. c.	a. c.	a. c.	a. c.	a. c.	a. c.	a. c.	a. c.	a. c.	kilom.
100 mètres	0.24	2.35	2.69	3.03	3.36	3.70	4.04	4.38	4.71	5.05	5.30	41
	0.27	2.65	3.03	3.41	3.79	4.16	4.54	4.92	5.30	5.68	6.06	37
	0·30	2.94	3.36	3.79	4.21	4.63	5.05	5.47	5.89	6.31	6.73	33
	0.33	3.24	3.70	4.16	4.63	5.09	5.55	6.02	6.48	6.94	7.41	30
	0.36	3.53	4.04	4.54	5.05	5.55	6.06	5.57	7.07	7.58	8.08	27
200 mètres	0.24	2.50	2.86	3.22	3.58	3.94	4.30	4.66	5.01	5.37	5.73	41
	0.27	2.92	3.22	3.63	4.03	4.43	4.84	5.24	5.64	6.05	6.45	37
	0.30	3.13	3.58	4.03	4.48	4.93	5.37	5.82	6.27	6.72	7.17	33
	0.33	3.45	3.94	4.43	4.93	5.42	5.91	6.40	6.90	7.39	7.88	30
	0.36	3.76	4.30	4.83	5.37	5.91	6.45	6.99	7 52	8.06	8.60	27
300 mètres	0.24	2.55	2.92	3.28	3.65	4.02	4.38	4.75	5.11	5.48	5.84	41
	0.27	2.87	3.28	3.70	4.11	4.52	4.93	5.34	5.75	6.16	6.57	37
	0.30	3 19	3.65	4.11	4.56	5.02	5.48	5.93	6.39	6.85	7.30	33
	0.33	3.51	4.02	4.52	5.02	5 52	6.03	6.53	6.95	7.53	8.04	30
	0.36	3.83	4.38	4.93	5.48	6.03	6.57	7.12	7.67	8.22	8.77	27
500 mètres	0.24	2.60	2.97	3.34	3.71	4.08	4.45	4.82	5.20	5.57	5.94	41
	0 28	2.92	3.34	3.76	4.17	4.59	5.01	5.43	5.85	6.26	6.68	37
	0.30	3.25	3.71	4.17	4.64	5.10	5.57	6.03	6.50	6.96	7.43	33
	0.33	3.57	4.08	4.59	5.10	5.61	6.13	6.64	7.15	7.66	8.17	30
	0.36	3.90	4.45	5.01	5.57	6.13	6.68	7.24	7.80	8.35	8.91	27

La surface travaillée en un jour, par une charrue quelconque, s'obtient en multipliant la largeur du labour par le chemin parcouru par l'attelage.

D'une façon générale on peut constater que, pour une terre donnée, la traction nécessaire pour le travail d'un mètre cube de terre diminue quelque peu, à mesure qu'augmente la profondeur du labour.

HERSES

L'organe essentiel de toutes les herses est la dent. Ces dents ont la forme d'un carré ou d'un losange, une de leurs arêtes étant placée dans le sens de la marche de l'instrument, ce qui permet un éclatement facile des mottes de terre ; quand on les fait en bois, leur section est circulaire ou ellipsoïdale. Le plus souvent ces dents sont en fer forgé, en fer aciéré à la pointe ou entièrement en acier ; leur longueur est de 0 m. 20 à 0 m. 30 quand elles sont en métal, de 0 m. 15 à 0 m. 16 quand elles sont en bois.

Certaines herses ont les dents verticales, mais le plus souvent on leur donne une certaine inclinaison qui permet de herser énergiquement, *en accrochant*, quand l'instrument marche en sens inverse ; le hersage, dit *en décrochant*, est moins énergique. On herse en accrochant quand on veut ameublir le sol, rompre la croûte qui se forme après une averse, extirper les mauvaises herbes et les ramener à la surface ; tandis que le hersage en décrochant n'est pratiqué que pour le recouvrement des semences, le mélange au sol des engrais pulvérulents ou lorsqu'on veut éviter de ramener le fumier à la surface. Les dents d'une herse doivent être également distantes, tracer chacune un sillon distinct, être aussi écartées que possible pour éviter le bourrage ; tous les sillons doivent avoir un espacement uniforme. D'après M. Grandvoinnet, l'écartement des sillons doit être égal à 0 m. 03, augmentés d'autant de centimètres qu'il y a de kilogrammes de poids de herse par dent ; l'épaisseur du dos de la dent doit égaler la moitié de cet écartement, tandis que la longueur de ces dents en est le quadruple. Les herses ont des poids différents suivant les travaux auxquels elles sont destinées : le même auteur admet que, pour les hersages de jachère, le poids des herses doit être de 2 kil. à 3 kil. 750 par dent, l'inclinaison de ces dents en avant étant de 60 degrés ; pour les autres ameublissements le poids, par dent, est compris entre 1 kil. 25 à 1 kil. 75 et l'inclinaison est moindre ; pour les hersages légers et de recouvrement des semences ce poids doit varier de 0 kil. 600 à 1 kil., les dents étant verticales.

La fixation des dents dans le bâti a une très grande importance et doit présenter une solidité parfaite : dans les herses en bois les dents sont souvent enfoncées de force dans le bâti ou fixées par une embase, un boulon de serrage et quelquefois un contre écrou. Dans les bâtis en fer, l'assemblage est fait au moyen de boulons, ou bien, comme dans les herses Picksley et Sims, Hunt et Hawel, les dents sont munies d'une tête mortaisée qui reçoit la barre et la traverse sans encoche, ce qui conserve au métal toute sa résistance, et elles sont maintenues par une vis ou une clavette ce qui permet de supprimer tous les écrous qui ont l'inconvénient de se desserrer pendant la marche.

M. Puzenat fixe les dents de ses herses de la manière suivante : ces dents sont terminées par un talon à œil qui passe dans une mortaise pratiquée dans les limons de la herse ; la dent étant placée, pour la maintenir en place on introduit dans l'œil une clavette et une bande de fer feuillard : quand la clavette est serrée à fond, on replie les deux extrémités du feuillard qui forme un arrêt d'une grande solidité. Le bâti des herses affecte des formes diverses : rectangulaire, parallélogrammique, triangulaire, trapézoïdale, en Z. Ce bâti est formé de pièces longitudinales appelées limons, réunies par d'autres pièces transversales nommées traverses et portant souvent à leur partie supérieure deux pièces en diagonale ou patins qui consolident l'ensemble et servent aux transports.

Les herses se divisent en herses traînantes, herses roulantes, herses rotatives. Le type des herses traînantes est la herse parallélogrammique de Valcourt, formée par 3 ou 4 limons portant les dents, réunis par 3 ou 4 traverses. Cette herse a de chaque côté une chaîne d'attelage sur laquelle s'adapte le crochet d'attelage : quand ce crochet est placé sur le milieu, les 4 limons seuls laissent leur trace ; c'est pourquoi on attelle toujours sur les côtés, surtout du côté de l'angle obtus, ce qui accroît la largeur du hersage : la meilleure position pour ce crochet est au 1/3 de la chaîne du côté de l'angle obtus. Si on attelle du côté de l'angle aigu, la largeur du hersage diminue et les sillons sont plus rapprochés. Ces herses parallélogrammiques marchent par soubresauts continuels et conviennent particulièrement à l'ameublissement des terres. Quand le bâti est triangulaire, les dents sont assez difficiles à placer, mais la herse est plus stable dans sa marche et convient pour l'enfouissement des semences et le ramassage des racines et mauvaises herbes.

On tend à substituer de plus en plus à ces herses à bâtis en bois, des herses tout en fer et en zigzag qui sont plus stables que les Valcourt et se maintiennent mieux dans la direction du tirage. Elles sont en forme de Z allongé et constituées par 2, 3 ou 4 limons réunis par des traverses et portant des dents aux points d'intersection de ces pièces. L'ensemble de ces limons et traverses porte le nom de compartiment.

Dans les terres à surface inégale, ou lorsqu'on veut herser d'un seul coup une grande largeur, on accouple 2, 3 ou 4 de ces compartiments qui sont réunis à l'avant par une barre d'attelage et maintenus à un écartement constant, tout en conservant une certaine flexibilité, par de petites chaînes placées sur le milieu ou à l'arrière. Comme herses traînantes on emploie des herses légères, à dents indépendantes, pouvant suivre toutes les inégalités du sol et exécuter un travail parfait, sans laisser de mottes intactes. Pour enfouir les graines, niveler les prairies, enlever la mousse ou étendre les taupinières, on fait usage de herses dites à chaînons, formées par des anneaux réunis les uns aux autres par des moyens divers, portant des dents pyramidales d'inégales longueur, droites d'un côté et inclinées de l'autre, ce qui permet, en retournant ces herses et les attelant d'un côté ou de l'autre, de faire 4 hersages d'intensité différente. Enfin depuis 1885 est apparue une herse spéciale qui semble donner de très bons résultats, mais dont l'usage s'est encore peu répandu en France : c'est la herse Acme, formée de 2 systèmes de dents recourbées, en acier, et pourvue d'un siège et d'un timon. Un levier permet de faire varier l'entrure ainsi que la flèche qui d'ailleurs est mobile et peut, à volonté, s'obliquer à droite ou à gauche.

La traction exigée par les herses, varie avec la nature du sol et l'intensité du hersage ; elle est sensiblement proportionnelle au poids afférent à chaque dent et on admet que, par kilog. de pression exercée, chaque dent exige une traction de 1 kil. 300 à 2 kil. 400. Les hersages doivent toujours être exécutés à une allure assez rapide : la vitesse de l'attelage doit être de 0 m. 90 à 1 m. par seconde et peut se maintenir telle durant environ 10 heures.

ROULEAUX

On distingue les rouleaux à surface unie, appelés rouleaux plombeurs et les rouleaux dont la partie est recouverte d'aspérités, appelés rouleaux brise-mottes.

Rouleaux plombeurs. — Les premiers rouleaux étaient formés par un tronc d'arbre de 2 mètres de long et de 0 m. 35 à 0 m. 50 de diamètre. Leur pression était insuffisante ; ils ne pouvaient suivre les inégalités du sol, s'usaient rapidement et, lors des tournées sur place, creusaient un trou dans le sol, déplaçant ainsi la terre et arrachant les plantes déjà ensemencées. On les a, en quelques endroits, remplacés par des rouleaux de granit, pleins, qui étaient très énergiques mais d'un prix élevé. Aujourd'hui tous les rouleaux perfectionnés sont en fonte, en tôle d'acier ou en tôle de fer et sont formés par deux ou un plus grand nombre de segments, réunis au moyeu par des croisillons : de sorte que, pendant les tournées, lorsqu'il y a deux segments, chacun tourne en sens contraire et la terre n'est pas arrachée. Plus le nombre des segments est grand et plus facile est l'exécution des tournées à cul ou à zéro ; ce nombre doit toujours être un multiple de 2 (2, 4, 6, 8) sans quoi le cylindre central formerait pivot et arracherait les plantes pendant que les segments de droite et de gauche tourneraient en sens contraire.

Chaque disque doit en outre posséder une certaine indépendance de translation afin que le rouleau puisse suivre dans une certaine mesure les dépressions du sol : pour cela il suffit que l'œil du moyeu de chaque disque soit plus grand que l'arbre dans lequel sont passés tous les segments : le rouleau est alors dit *souple*. D'après M. Hervé Mangon, un cheval suffit pour des rouleaux dont le poids n'excède pas 400 à 500 kilogrammes; on emploie 2 ou 3 chevaux pour les rouleaux pesant de 500 à 900 kilogrammes ; 4 chevaux sont nécessaires pour les rouleaux d'un poids plus élevé, rouleaux dont l'usage est d'ailleurs rarement avantageux.

Le diamètre des rouleaux varie de 0 m. 35 à 0 m. 80 ; à égalité de poids, plus ce diamètre est grand, plus le tirage est faible et plus la compression est énergique. Pour briser les mottes avec un rouleau lisse, il est préférable d'employer un petit diamètre. Le poids des rouleaux plombeurs doit varier avec la nature des travaux qu'ils doivent exécuter, la compression à exercer étant variable : d'après M. Grand-voinnet, cette compression est de 4.000 kilos pour une route, 2.000 kilos pour le roulage des prés et 1.000 kilos seulement pour les champs. Il est évident que le poids, par mètre courant, du rouleau, devra être d'autant plus élevé que les terres à rouler seront plus fortes ; on admet que ce poids par mètre doit être de :

       150 à 250 kil. pour terres légères,
       375 à 550   —   —   moyennes,
       625 à 800   —   —   compactes.
     1.500   —   pour routes.

Les rouleaux plombeurs se vendent au poids ; ceux en fonte à raison de 35 francs les 100 kilos, ceux en fer ou en tôle de fer, de 38 à 42 francs. On peut, suivant la longueur de ces instruments, rouler par jour de 2 à 4 hectares.

Rouleaux brise-mottes. — Les brise-mottes les plus employés sont les Crosskill, dont l'invention remonte à 1841. Ces rouleaux se composent d'une série de disques, dont le pourtour est découpé en un grand nombre de petites dents isocèles et qui portent, sur les deux faces, des dents saillantes placées perpendiculairement aux premières, de sorte que les mottes sont coupées en croix et qu'elles s'éclatent très facilement pour peu que les disques aient un poids élevé. Ces disques, tous enfilés sur un même arbre, sont, alternativement, à grand et petit diamètre; leurs yeux sont assez grands pour leur donner du jeu sur l'essieu et, pendant la marche, tous les disques, grands et petits portent sur le sol et se nettoient réciproquement.

Certains constructeurs donnent à ces rouleaux des dents courbes, de sorte qu'il est possible de rouler en accrochant ou en décrochant. Le nombre des disques varie de 16 à 28 et le poids des rouleaux de 1.200 à 1.800 kilos. Comme les routes pourraient être abîmées par le passage de ces instruments et que les dents courraient le risque de se rompre, on dispose ces rouleaux de façon que les disques dentés soient soulevés pendant les transports. Pour cela, on place des roues unies sur le prolongement de l'axe, roues qui sont enlevées dans les champs, ou qui sont fixées à la partie supérieure du bâti qu'il suffit de retourner pour les transports ou bien enfin l'axe de rouleau porte un arc de cercle denté, comme dans le brise-mottes Pécard, arc de cercle qui est commandé par une vis sans fin mue par une manivelle et qui porte excentriquement deux roues porteuses pouvant ainsi être relevées ou abaissées à volonté. On admet que dans un sol moyen un rouleau Crosskill fait le travail de 6 à 7 heures, travaillant séparément.

SCARIFICATEURS, EXTIRPATEURS, CULTIVATEURS

Ces instruments, autrefois distincts, sont aujourd'hui montés sur un même bâti et, seule, la forme de leurs dents diffère. Le scarificateur, qui travaille comme une forte herse en fendant le sol normalement à sa surface, a ses socs formés par des dents courbes et étroites, plus ou moins tranchantes. L'extirpateur, chargé d'extirper du sol les mauvaises herbes et employé aussi quelquefois pour exécuter les déchaumages ou pour éclaircir les semailles à la volée trop épaisses, n'écroutant par conséquent le sol qu'à une faible profondeur, a les dents terminées par des socs plats, formant fer de lance et tranchants sur leurs bords.

Le cultivateur tient à la fois des deux instruments précédents; ses socs sont moins larges et plus bombés que ceux de l'extirpateur et il peut exécuter dans quelques cas les quasi-labours ou labours légers, à la place de la charrue.

Le bâti qui supporte ces différents instruments est de forme rectangulaire, triangulaire ou trapézoïdale; il est quelquefois en bois mais le plus souvent en fer. Ce bâti est porté sur 3 roues dont 2 à l'arrière et une en avant, ou sur 4 roues, les 2 d'avant formant un petit avant-train, ce qui facilite les tournées, diminue le tirage, donne à l'instrument plus de solidité et, en réduisant la fatigue éprouvée par le pivot d'une roue unique, en diminue l'usure. Cet avant-train est porté par une tige verticale percée de trous, qui sert de régulateur de profondeur.

Les dents qui reçoivent les différents socs sont en nombre impair, 3, 5, 7, 9; elles sont en fer forgé ou en fonte et on doit pouvoir les enlever ou modifier leur écartement; elles doivent être inclinées sous un certain angle de manière à ne pas bourrer et à exiger une traction moindre; quelquefois même on leur donne dans ce but une forte courbure qui a en outre l'avantage de forcer les herbes et la terre à tomber par leur propre poids; de plus elles doivent être suffisamment fortes pour supporter une pression qui peut varier dans le travail courant de 25 à 75 kilogrammètres, mais qui lors des coups de collier peut aller jusqu'à 200 à 300 kgt.

Ces dents doivent être réparties en nombre égal de chaque côté de l'axe de l'instrument; chacune d'elles doit tracer un sillon distinct, et la distance entre deux rangs consécutifs doit être assez grande pour que l'instrument ne bourre pas. Les socs que l'on place à l'extrémité inférieure de ces dents sont le plus souvent en acier et fixés par une simple cheville de fer ; plusieurs constructeurs donnent à ces socs des tranchants doubles et symétriques ce qui permet, lorsque le premier tranchant est usé, de les utiliser à nouveau en les retournant.

Les bons constructeurs munissent aujourd'hui ces instruments d'un mécanisme de soulèvement qui permet de modifier l'entrure ou de soulever tout l'appareil hors de terre pour les tournées et les transports sur les routes. Ce mécanisme, placé à l'avant ou à l'arrière du bâti, consiste en une vis ou plus généralement en un levier de déterrage, placé sous la main du conducteur, qui permet de soulever le châssis tout entier parallèlement au sol. Dans le cultivateur Coleman le déterrage se fait par la rotation des dents, mobiles autour de l'axe qui les porte ; ce moyen, bien que très commode, fatigue beaucoup les tourillons et les articulations des dents. Les scarificateurs légers présentent à l'arrière deux petits mancherons permettant de les guider dans leur marche.

Le poids des scarificateurs à deux chevaux varie de 140 à 180 kilos et on admet que ce poids s'accroît de 50 à 80 kilos par chaque collier en plus. La largeur travaillée qui est de 0 m. 80 à 1 m. pour les instruments à deux chevaux varie de 1 m. 25 à 1 m. 47 pour 4 à 6 chevaux. Suivant la nature du sol et la force de l'attelage on peut labourer par jour de 1 hectare 5 à 4 hectares et la traction nécessaire pour la culture d'un kilogramme de terre meuble varie, d'après M. Hervé Maryon, avec la nature et le degré d'ameublissement du sol, la profondeur de la culture et la forme des dents, et est comprise entre 2 kil. 5 et 3 kil. 200.

HOUES A CHEVAL

Ces houes peuvent être simples et permettre la culture de l'espace compris entre 2 rangs, ou multiples, c'est-à-dire pouvant cultiver à la fois un certain nombre de rangs — 3, 4, 5, 6, etc. Les pièces travaillantes des houes varient suivant le travail à exécuter : pour trancher les racines des mauvaises herbes sous terre, on emploie des lames horizontales très tranchantes auxquelles on donne la forme d'un fer de lance, d'un soc, d'un demi-cercle ou d'une faucille; pour ameublir la croûte superficielle on emploie de puissantes dents de herse ou de petites lames coudées sous un certain angle. Dans les bonnes houes actuelles les pieds des parties travaillantes sont placés à demeure, comme dans les scarificateurs, et fixés au bâti par des étriers américains ou à vis, des boulons ou des coins, et c'est à leur partie inférieure que se placent les lames dont on a besoin pour le travail à exécuter.

Houes simples. — Les houes simples doivent avoir un écartement variable suivant la distance comprise entre les lignes à cultiver : cet écartement porte le nom d'expansion. On peut employer deux genres d'expansion, l'expansion angulaire et l'expansion parallèle. Dans les houes à expansion angulaire les parties travaillantes sont placées sur des barres articulées s'ouvrant en forme de V ; le bâti est triangulaire, la pointe en avant et les deux côtés portant les dents, articulés au sommet du triangle, peuvent s'écarter plus ou moins et sont maintenus dans leur position respective par une vis de pression. Une roulette placée à l'avant de ces houes, sur un axe vertical, sert de régulateur de profondeur et deux mancherons à l'arrière permettent de guider l'instrument dans sa marche.

Les houes à expansion parallèle ont les pieds portés sur des tiges horizontales glissant dans des douilles pratiquées dans l'âge et maintenues par des vis de serrage.

Houes multiples. — Les houes multiples peuvent biner plusieurs intervalles à la fois ; peu répandues en France, elles sont très usitées en Angleterre où Garett, Woolnough, Guy Stevons en construisent de bons modèles.

Dans ces houes tout le système est porté sur deux roues à écartement variable. L'essieu est, à cet effet, divisé en deux parties pouvant glisser le long d'une traverse en bois et maintenues solidaires par des étriers : on fixe ces essieux à l'écartement voulu, à l'aide d'écrous.

Chaque partie de l'essieu est coudée et peut, au besoin, être descendue de quelques centimètres pour permettre à la roue de passer, le cas échéant, dans un sillon profond. Les pieds sont indépendants les uns des autres et attachés par un écrou à un levier articulé à son extrémité opposée et muni de contre-poids pour forcer les lames à appuyer toujours sur le sol et à y pénétrer. Ces contre-poids peuvent être augmentés ou diminués suivant la consistance du sol et la profondeur du travail à exécuter. Les leviers reposent en arrière sur des fourchettes et au-dessous d'eux, une tringle horizontale, munie de deux chaînes s'enroulant autour d'un treuil manœuvré par une manivelle, permet de remonter ou descendre tout l'appareil et sert ainsi à régler l'entrure maximum des dents dans le sol. Un gouvernail complète l'instrument et permet de déplacer, latéralement et instantanément, tous les pieds et de suivre ainsi exactement les sinuosités des lignes sans abîmer les plantes.

La largeur travaillée par les houes varie de 1 m. 50 à 2 m. 40 et la surface cultivée est de 2 à 5 hectares par jour. Une petite houe n'exige qu'un cheval et un homme pour sa manœuvre, tandis que les grandes demandent deux chevaux, un homme dirigeant l'instrument et un enfant pour la conduite des animaux.

Quelles que soient les houes employées elles doivent remplir certaines conditions : 1° les pièces travaillantes doivent être mobiles et pouvoir se fixer en divers points du bâti, de façon à ce que l'instrument puisse fonctionner dans des cultures à écartement variable ; c'est ainsi que dans la houe Garett, l'écartement des dents peut aller de 0 m. 15 à 0 m. 60. Quand cet écartement dépasse 0 m. 40 à 0 m. 45 on met généralement en avant, et entre les deux dents, un soc en fer de lance.

2° Les dents doivent pouvoir pénétrer dans le sol à des profondeurs diverses et être relevées pour les tournées et les transports.

3° Les pièces travaillantes doivent toutes atteindre une profondeur uniforme malgré les ondulations du sol, et les roues porteuses doivent pouvoir s'écarter l'une de l'autre de manière à passer entre les rangs quel que soit leur écartement.

4° Le réglage doit être rapide et facile.

5° Les houes doivent être pourvues d'un gouvernail permettant de déplacer latéralement et instantanément tous les pieds à la fois, afin qu'il soit possible de suivre avec précision les sinuosités des lignes et de parer aux écarts dus à la marche des animaux.

SEMOIRS

Les semoirs mécaniques, en lignes, qui sont ceux le plus généralement employés, placent les graines à une profondeur uniforme déterminée à l'avance suivant la nature de la récolte, permettent d'obtenir une levée régulière et d'économiser de 1/3 à 1/2 de la semence, tout en ayant, à la récolte, des rendements plus élevés à l'hectare que dans les semis à la volée. Les semis en lignes permettent en outre l'emploi de la houe à cheval et l'exécution des binages et sarclages; ils contribuent à préserver les céréales de la verse, de la sécheresse et de l'humidité. Mais, pour donner tous ces avantages, les semoirs doivent fonctionner sur des terres bien préparées, à surfaces unies et bien émottées. Il faut en outre qu'ils satisfassent à 2 conditions essentielles : 1° Répartir uniformément la graine sur chaque mètre parcouru et sur toute l'étendue du champ ensemencé, en permettant de faire varier à volonté la densité du semis ou le nombre de grains par mètre carré : c'est le rôle du distributeur.

2° Enfouir les graines partout à une même profondeur, avec possibilité de faire varier cette enture suivant les circonstances diverses de graines, de sols, de climats : c'est le rôle des rayonneurs.

Les semoirs en lignes se composent généralement : 1° d'une boîte à semence ; 2° d'un appareil distributeur ; 3° d'un conducteur de semence ; 4° d'un rayonneur ; 5° d'un recouvreur, chargé de ramener la terre sur les graines enfouies; 6° d'un avant-train, gouvernail ou tout autre mode de direction ; 7° de roues porteuses, de limons ou de flèches.

Boîte à semence. — Se compose le plus souvent de 2 compartiments : l'un dans lequel est placée la graine, l'autre dans lequel se met l'appareil distributeur. Une cloison sépare ces caisses et porte des ouvertures réglables à volonté qui permettent de ne laisser passer à la fois que la quantité de grains nécessaire. Cette boîte est en bois ou en tôle, munie d'un couvercle mobile et peut, par un mouvement de bascule, se vider entièrement et être facilement nettoyée. Pour que le semoir fonctionne régulièrement, il est nécessaire que le fond de cette boîte soit toujours parfaitement horizontal dans les deux sens, même sur les sous-sols fortement en pente ; on y arrive par une manivelle placée à l'arrière de l'instrument, se mouvant à l'aide d'une roue dentée sur une crémaillère, ou bien encore on donne l'horizontalité à l'aide de calles en fonte.

Appareil distributeur. — Est l'organe essentiel de la machine ; c'est de lui que dépend la bonne exécution des semis. Cet organe doit satisfaire à un certain nombre de conditions : 1° Il doit d'abord donner une distribution régulière ; 2° il ne doit pas être sujet aux engorgements ; 3° les secousses éprouvées par les instrument ne doivent pas exercer une action sensible sur le débit ; 4° il faut pouvoir régler à volonté la quantité de graines à distribuer ; 5° les graines ne doivent pas être endommagées par cet appareil ; 6° il doit être aussi simple que possible tout en étant solide.

Le plus simple des distributeurs consiste en une boîte dont le fond est percé de trous qui sont périodiquement obstrués par une planche mobile placée au-dessous : puis vient le *semoir à lanterne* qui se compose d'une boîte en fer blanc, formée de 2 troncs de cône dont les grandes bases sont réunies par un anneau cylindrique percé de trous donne une distribution irrégulière : de la hauteur des graines dans le boîte dépend la quantité distribuée : si la boîte est pleine, la distribution sera forte ; à mesure qu'elle se vide la distribution diminue : néanmoins, si on a le soin de ne remplir cette boîte qu'aux 3/5 au plus de sa capacité et de ne la vider jamais au-delà des 2/3, l'épaisseur des graines varie à peine sur les orifices et par suite la répartition est à peu près régulière : ces distributeurs à lanterne sont surtout employés dans les semoirs à brouettes et pour des graines fines à surface unie, comme par exemple : les choux, les raves, les navets, les colza.

Un autre genre de distributeur très répandu en Angleterre, en Belgique et dans tout le nord de la France est le distributeur *à palerons* : il est formé par un arbre horizontal portant une série d'étoiles, de 6 à 7 palettes en bois ou en fonte, se mouvant vis-à-vis d'ouvertures pratiquées dans la paroi d'arrière et vers le fond de la caisse de distribution. Les semences contenues dans la boîte sont constamment remuées et projetées contre les orifices : on obtient une répartition à peu près régulière et si les palerons peuvent être rapprochés d'autant plus des orifices que la graine est plus fine, on peut semer toutes les graines, sauf celles qui sont velues et trop légères.

Lorsqu'on a à semer des graines plates, velues et légères, on emploie le *semoir à brosses* qui ne diffère du semoir à palettes qu'en ce que ces dernières ont été remplacées par des étoiles à moyeu en bois et à rayons formés par des pinceaux de poils de sanglier ou de porc : ces pinceaux sont formés de 8 à 10 poils de 15 à 20 cent. de longueur : en tournant rapidement ils poussent et projettent contre les orifices de distribution les graines que les poils saisissent. Malheureusement ces pinceaux s'usent vite, sont attaqués par les souris, détruits par les grains vitriolés et, pendant les temps humides, sont mous et lâches, ce qui rend l'épandage parfois impossible.

Le *distributeur à alvéoles* est également employé.

M. de Lapparent a inventé un semoir basé sur le principe de la *vis d'Archimède* : cette vis se meut dans le fond de la caisse-réservoir et chacune des spires entraîne une certaine quantité de graines vers les tubes conducteurs. Ce système donne une distribution très régulière et peut être employé pour toutes les graines, à la condition de pouvoir écarter plus ou moins les spires.

On emploie également beaucoup dans les semoirs américains ce que l'on a appelé la *distribution forcée* : elle consiste en un rouleau à cannelures hélicoïdales ou longitudinales qui se meut dans le fond de la trémie et peut glisser sur arbre cané qui lui donne le mouvement de rotation et permet de l'engager plus ou moins sous la trémie pour régler la quantité distribuée.

Le *distributeur à cuillères* est le plus employé ; les cuillères sont placées soit sur le pourtour des plateaux circulaires, soit comme dans les semoirs anglais latéralement à ces plateaux ou disques. Cette dernière disposition est préférable ; lorsque les cuillères sont perpendiculaires à l'axe, il arrive souvent que par suite des trépidations de l'instrument, les graines retombent dans la trémie au lieu de descendre sur le sol : il faut pour obtenir une bonne distribution que le conducteur veille à ce que l'alimentation de la caisse dans laquelle se meuvent les cuillères ne soit ni trop abondante ni trop faible, afin que ces dernières puisent toujours dans une couche de graines de même épaisseur. Les cuillères sont à deux faces présentant chacune une ouverture de capacité différente, ce qui permet de semer des graines diverses et de varier la quantité de semence à l'hectare. Ces semoirs ont l'avantage de permettre de très nombreuses variations dans les quantités à ensemencer : 1° les poulies et les engrenages peuvent être changés à volonté : ainsi le semoir Smyth, qui est le plus employé, porte sur l'un des moyeux des 2 roues porteuses 2 roues dentées commanderesses de diamètres différents. L'une ou l'autre, à volonté, peut conduire l'arbre distributeur, en agissant sur 15 ou 20 pignons de rechange différents les uns des autres de 1, 2 ou 3 dents. Seule cette série permet donc de 15 à 20 vitesses de l'arbre de distribution ; un simple changement de la roue commanderesse en permet le double. Généralement les constructeurs donnent un tableau indiquant le débit du semoir pour chaque pignon employé ; mais quand on n'a aucune indication, il est facile de s'en rendre compte soi-même par une expérience directe. Il suffit pour cela d'essayer le semoir au repos en soulevant la roue commanderesse afin de pouvoir la faire tourner à volonté : il est évident que cette roue tournant en l'air ou sur le sol, communique une égale vitesse aux distributeurs et que par suite la quantité de grains obtenue sera égale à celle répandue dans le travail : cela est d'autant plus vrai qu'on fait tourner la roue un certain nombre de fois, 15, 20, 30, 50, pour supprimer l'influence de la mise en marche et de l'arrêt des cuillères. Pour ces essais, on obstrue tous les tubes sauf un, et on se sert de la formule suivante :

$$P = \frac{10000 \times p}{E \times C \times T \times D}$$

dans laquelle P représente le poids de semence répandu par hectare ; p le poids trouvé à l'essai et pour un tube ; E l'écartement des lignes ; C, la circonférence de la roue commanderesse ; T, le nombre de tours faits pendant l'essai ; D, le nombre de distributeurs composant le semoir :

Exemple : Soit un semoir de 10 tubes distributeurs, espacés de 0 m. 20, dont la roue commanderesse a 3 m. 50 de circonférence, auquel on a fait faire 20 tours pendant l'essai et qui a donné 1 k. 820 de grain. La quantité qui aurait été semée à l'hectare =

$$\frac{10000 \times 1.820}{0,20 \times 3.50 \times 20 \times 10} = 130 \text{ kil.}$$

On sait qu'un pignon d'un nombre de dents déterminé donne une quantité déterminée de semence à l'hectare : si on veut semer sur une même surface un plus grand poids de grains, il devient nécessaire de prendre un pignon plus petit pour accroître la vitesse de l'arbre distributeur, cette vitesse et par conséquent aussi la quantité de semence répandue étant *inversement proportionnelle* au nombre de dents du pignon.

Pour savoir quel sera le nombre de dents du pignon (x'), on multiplie le nombre des dents essayé (x) par le poids total de grain obtenu (p) dans l'essai, et on divise ce produit par le poids de grain à ensemencer (p')

$$\text{d'où la formule } x' = \frac{x \times p}{p'}$$

Soit par exemple un semoir réglé pour semer les 130 kilos dont il a été question plus haut, à un écartement de 0 m. 20, et un pignon de 20 dents nécessaire pour obtenir ce poids de semence. Quels seront les pignons à employer pour semer : 1° 100 kilos ; 2° 180 kilos ?

1° pour 100 kil., il faudra un pignon de $\dfrac{20 \times 130}{100} = 26$ dents.

2° pour 180 kil., il faudra un pignon de $\dfrac{20 \times 130}{180} = 14$ dents.

Conducteurs de semence. — La graine est conduite dans les sillons par un simple tube évasé en entonnoir à sa partie supérieure. Ce tube est rigide dans les anciens semoirs, mais comme cet instrument est appelé à fonctionner dans des terres de nature différentes et pour plusieurs sortes de graines mises à des profondeurs variables, il suit de là qu'il est nécessaire que les conducteurs de semence puissent s'abaisser ou s'élever dans une certaine mesure.

Dans le semoir Smyth, on a adopté la disposition télescopique qui est formée de 3 parties pouvant entrer les unes dans les autres et s'incliner notablement dans tous les sens, grâce à leur emmanchement à rotule : ces 3 parties sont constituées par 2 tubes concentriques solidaires de l'entonnoir qui reçoit la semence et entourées d'un autre tube suspendu au-dessous de la trémie par 2 petites chaînes.

Le vrai tube à rotule consiste en un entonnoir placé au-dessous de la trémie et versant son grain dans 2 tubes pouvant rentrer l'un dans l'autre, mais étant limités dans leur allongement par les renflements extérieurs. Les Américains emploient des tubes en caoutchouc qui sont défectueux : ils ont le grave défaut de se couder très facilement ce qui arrête la sortie des grains ; ils sont cassants et s'encrassent très vite et, pendant les grandes chaleurs de l'été, ils se ramollissent.

Rayonneurs. — Il faut que les rayonneurs ouvrent un sillon de de 8 à 10 centimètres de profondeur au plus et d'une très faible largeur : pour cela la meilleure forme est celle d'un coutre aussi mince que possible à tranchant courbe, présentant sa convexité en avant. A l'arrière ce coutre doit être ouvert pour laisser glisser la semence le plus près possible de son extrémité afin qu'elle arrive exactement au fond avant qu'aucune parcelle de terre ne soit tombée dans le sillon creusé : cette ouverture de l'arrière du coutre doit être prolongée assez haut pour que la terre ne puisse jamais refluer par dessus : parfois elle est protégée par une sorte de coiffe, comme dans les semoirs Smyth.

Les rayonneurs sont fixés chacun sur un levier articulé en avant et portant, à l'arrière, des poids en fonte que l'on peut faire varier suivant la profondeur à atteindre et la résistance du sol ; ils doivent être indépendants l'un de l'autre de même que des roues, tomber librement sur le sol pour y pénétrer en raison de leur poids. Chaque fois que le semoir arrive à l'une des extrémités du champ, on doit soulever en même temps tous les leviers pour déterrer les rayonneurs. Pour cela, il suffit d'enrouler sur un treuil les chaînes qui y sont attachées et qui de l'autre bout sont fixées à l'extrémités des leviers. Dans quelques semoirs une barre située au-dessous des leviers est seule soulevée, mais elle entraîne avec elle tous les leviers et par suite les rayonneurs.

Recouvreurs. — Les recouvreurs de semence existent rarement sur les semoirs, attendu que, si la terre a été suffisamment émiettée, les particules écartées par les rayonneurs retombent immédiatement derrière ce dernier et recouvrent suffisamment la graine. Toutefois dans les sols peu meubles, on accroche quelquefois derrière le rayonneur une petite fourche dont les dents inclinées en sens contraire ramènent la terre sur les sillons; d'autrefois on remplace la fourche par une roulette à jante creuse ou pleine qui comprime la terre sur les lignes semées.

Pièces de conduite et de direction. — Pour les petits semoirs à un cheval, on se contente souvent, comme pièces de direction, de 2 mancherons qui permettent au conducteur de maintenir le semoir en ligne droite, en se guidant sur l'ornière du train précédent. Mais dès que les semoirs sont larges il est indispensable d'ajouter un avant-train gouvernail. Quelquefois cet avant-train est guidé de l'arrière par une manivelle commandant un levier qui passe au-dessus de la caisse aux grains, et dont l'extrémité antérieure porte une roue dentée placée sur l'axe pivotant de l'avant-train : ce système a l'inconvénient d'obliger à faire des caisses très basses afin que l'homme puisse voir par dessus et en avant.

Le moyen le plus souvent employé consiste en un avant-train composé d'un simple cadre en bois, porté sur 2 roues et pourvu à sa partie supérieure de 2 manches qui servent de point d'appui à l'homme chargé de diriger l'instrument, et 2 leviers mobiles autour de leur base, permettant, en poussant ou en tirant, de diriger la roue. Pour que les raies soient partout uniformément espacées, il est nécessaire qu'à chaque nouveau train, la roue de l'avant-train passe sur le dernier sillon ensemencé.

Les semoirs en lignes ainsi faits exigent 3 personnes : une qui dirige l'instrument; le semeur, qui est placé à l'arrière et surveille la marche de la distribution; un enfant pour tirer à la main l'un des chevaux. On peut, dans une journée ensemencer 4 à 5 hectares.

Semoirs à la volée. — Ces semoirs se composent d'une trémie dans laquelle on met le grain et d'un système distributeur particulier qui fait tomber les grains sous forme de nappe mince et régulière : le jet de grain en sortant de la caisse tombe sur une planche suspendue à l'arrière du semoir et sur laquelle se trouvent de petits prismes en bois qui divisent en deux les quantités de grains qu'ils reçoivent. La planche peut être plus ou moins inclinée, mais si elle l'est trop, pour la quantité de grain sortant de la caisse, la division est imparfaite; il s'écoule plus de graines en certains points de la planche qu'en d'autres; de même si l'inclinaison est insuffisante le grain s'accumule sur la planche et le semis est irrégulier. Quand le vent est assez violent pour gêner la chute des grains, on masque la nappe qui s'écoule par une toile suspendue à la planche diviseuse qui doit toujours être aussi près que possible du sol ou on enferme cette planche dans un large couloir incliné, en tôle. Pour obtenir un écoulement en nappe très divisée, on peut remplacer les prismes en bois par des chevilles ou mieux par des clous placés en lignes de plus en plus serrées, procédé surtout employé pour l'épandage des engrais pulvérulents. Après le passage du semoir à la volée il faut enterrer les graines à la herse; comme ils permettent de semer sur une largeur de 3, 4 et 4 m. 50, et que pourvu qu'ils soient légers ils ne demandent qu'un cheval et un homme, on les emploie dans bien des endroits, car on peut, grâce à eux, ensemencer de 8 à 20 hectares par jour : il est nécessaire que, pour les transports, on puisse tourner les roues, de manière à le faire rouler sur les routes en long et non en travers comme dans les champs. Un semoir à la volée coûte de 350 à 450 francs.

Semoirs à engrais pulvérulents. — Les semoirs à engrais pulvérulents sont de différents modèles, mais se composent en principe d'une trémie au fond de laquelle se meut un système distributeur, le plus souvent formé de cylindres à cellules ou encoches larges et peu profondes, tournant contre des racloirs à ressorts ou à contre-poids pour éviter l'adhérence des engrais. Dans le même but, tous les distributeurs possèdent un agitateur qui a pour but, en tournant, de diviser constamment l'engrais : dans le semoir Smyth, l'agitateur est formé d'un arbre portant des tiges de fer disposées en hélice. L'engrais tombe presque toujours sur une planche semblable à celles des semoirs à graines à la volée. On peut semer de 4 à 5 hectares par jour avec ces instruments.

On fait varier le débit des semoirs à engrais en modifiant la vitesse de rotation de l'arbre des distributeurs, ce qui s'obtient en changeant l'engrenage fixé à l'extrémité de cet arbre.

Quant au travail exécuté, on peut admettre qu'un semoir de 2 m. à 2 m. 50 de longueur d'épandage peut recouvrir un demi-hectare à l'heure environ. Le débit peut varier, suivant l'engrenage employé, de 2 à 4 hectolitres jusqu'à 30 ou 40 par hectare.

Semoirs à engrais liquides. — Ces semoirs sont généralement formés de tonneaux percés au bas de leur fond postérieur et laissant le liquide s'échapper soit sur une planche à chevilles, soit dans une petite caisse percée de trous, soit enfin sur une plaque métallique qui sert ordinairement à obstruer cet orifice et que l'on déclanche à l'aide d'un levier : ces systèmes ne donnent jamais un épandage uniforme, le liquide sortant avec plus de vitesse et de force lorsque le tonneau est plein que lorsque la quantité de liquide diminue. Des pompes ordinaires servent à remplir ces tonneaux.

Semoirs d'engrais en lignes. — Pour ménager l'engrais en n'en mettant qu'à la place où il est nécessairement utilisé par les plantes, c'est-à-dire près des lignes des graines enfoncées, ou fait des semoirs mixtes ; ces semoirs ne sont autre chose que l'assemblage, sur un même bâti, de 2 semoirs en lignes, l'un répandant l'engrais, l'autre la graine. L'engrais est généralement placé au-dessous de la graine puis recouvert avant que les rayonneurs à graine répandent celle-ci, que l'on peut mettre, si l'on veut, au-dessous de l'engrais en donnant à ces rayonneurs plus de profondeur qu'aux premiers.

FAUCHEUSES

Les faucheuses permettent d'exécuter la fauchaison avec une grande rapidité. Elles peuvent couper de 4 à 5 hectares par jour, tandis qu'un faucheur n'abat que 30 à 35 ares : c'est donc le travail de 13 à 14 ouvriers. Grâce à cette rapidité de coupe les faucheuses permettent de réaliser une sérieuse économie ; voici un exemple du prix de revient :

2 chevaux à 5 francs l'un...	10 fr.
1 conducteur...	5
Graissage et entretien...	5
Amortissement à 20 0/0 sur 750 francs, soit par an 150 francs à répartir sur 20 jours de travail..............................	7.50
Total..	27.50

La surface coupée étant de 5 hectares, le prix de revient est de 5 fr. 50, tandis qu'un ouvrier payé à raison de 5 francs par jour aurait coûté 15 francs, pour le fauchage d'un hectare.

Les faucheuses se composent essentiellement : 1° de l'appareil coupeur ; 2° des organes de transmission ; 3° du bâti ; 4° des appareils de règlement.

L'appareil coupeur est formé de 2 parties : l'une fixe, c'est le porte-lame ; l'autre mobile, la lame. Cette lame est formée par une série de dents de forme trapézoïdale, en acier, taillées en biseau sur leurs bords et fixées par deux rivets sur une tige également en acier ; cette tige porte à une de ses extrémités un bouton ou un œil où vient s'articuler la bielle qui communique à la scie le mouvement rectiligne alternatif. La longueur de la scie varie de 1 m. 29 à 1 m. 31 pour les faucheuses à deux chevaux ; elle est le plus souvent de 0 m. 98 pour celles à un cheval ; sa course est de 0 m. 070 environ ; elle donne de 10 à 12 coups doubles par mètre parcouru par les chevaux et sa vitesse par seconde est de 1 m. 85 à 2 m.

Le *porte-lame* est une tige assez forte, placée parallèlement à l'axe de l'essieu et munie de dents ou doigts percés d'une échancrure dans laquelle se meut la scie. Les doigts du porte-lame sont espacés de 0 m. 068 à 0 m. 092 ; leur pointe est relevée afin d'éviter qu'ils ne piquent en terre. Autrefois faits en fonte ordinaire ou en fonte malléable avec parties en acier, ils sont aujourd'hui en acier fondu, ce qui leur donne sur les bords de la fente des arêtes vives qui aident à la coupe des herbes ; ces doigts, fixés par des boulons, servent de point d'appui aux tiges qui sont ainsi plus facilement coupées et protègent la lame contre les accidents du terrain.

Le *bâti* est généralement en métal, fonte, fer, acier ou tôle et porté par deux roues motrices dont le diamètre varie de 0 m. 75 à 0 m. 80 et dont la jante est recouverte d'aspérités en vue d'empêcher le glissement de la machine ; la hauteur des roues facilite la traction et empêche à la faucheuse de glisser sur le sol. Ces roues doivent être munies de rochets commandant le mouvement et permettant, lors du recul de la faucheuse, d'empêcher toute la transmission entre l'axe moteur et le premier pignon. Un système de débrayage, placé à la portée du conducteur — levier ou pédale — permet aussi de communiquer ou d'interrompre le mouvement des roues porteuses au mécanisme. Le bâti supporte le siège du conducteur, les organes de transmission, les leviers de réglage et la flèche.

Le mouvement est transmis à la scie par une série d'engrenages qui communiquent à un plateau-manivelle, commandant une bielle fixée excentriquement, un rapide mouvement de rotation qui se transforme à l'aide de la bielle en mouvement de va et vient. Le plateau-manivelle fait de 26 à 30 tours pour 1 tour de roue, dans les faucheuses à 2 chevaux. Le mouvement est pris sur l'une des roues porteuses : certaines faucheuses présentent sur ces roues une couronne dentée intérieurement, commandant tout le mécanisme, mais comme cette couronne est toujours voisine du sol et par suite facile à se remplir d'herbe ou de terre, on préfère dans quelques machines, placer le disque moteur au centre du bâti, sur l'axe des roues porteuses, ce qui donne plus de légèreté et diminue les engorgements. Les engrenages doivent, autant que possible, être cachés dans des boîtes pour éviter qu'ils ne se salissent et ne s'engorgent ; leur graissage doit être facile ; les coussinets dans lesquels reposent les arbres doivent être longs pour éviter les ébranlements et diminuer l'usure ; la bielle doit être plutôt longue que courte afin de rendre plus rares les coups de bélier qui amènent souvent la rupture de la tête de lame. Le poids de l'instrument doit être aussi faible que possible pourvu toutefois qu'il soit suffisant pour que les roues ne glissent pas sur le sol et qu'elles puissent entraîner les organes en roulant : ce poids varie de 280 à 350 kilos et il faut y ajouter le poids du conducteur pour une machine en marche.

Les faucheuses présentent généralement deux leviers placés sous la main du conducteur : l'un qui, à l'aide d'une chaîne métallique, permet de relever la scie et le porte-lame à la fin du travail, pendant les tournées ou lorsque se présente un obstacle quelconque et qui sert à régler la hauteur de coupe ; l'autre qui permet d'incliner, plus ou moins, les dents suivant la récolte à faucher.

Travail. — Le tirage nécessité par les faucheuses est très variable ; il résulte d'expériences dynamométriques nombreuses que le travail mécanique dépensé pour faucher un mètre carré varie de 81 à 125 kilogramètres pour faucheuses à 2 chevaux, ce qui représente, pour la coupe d'un hectare, un travail de 810.000 à 1.250.000 kilogramètres.

FANEUSES

Une faneuse se compose de deux grandes roues porteuses, à jantes lisses, de 1 m. 20 de diamètre, réunies par un axe horizontal qui porte de 2 à 4 tambours munis de traverses à l'extrémité desquelles sont de petites fourches articulées, qu'un ressort maintient en place, tout en leur permettant de céder sans se rompre, lorsqu'elles rencontrent un obstacle sur le sol. Ces fourches, au nombre de 29 à 30 par tambour, peuvent aisément être rabattues lorsque la faneuse doit voyager ; elles possèdent généralement une légère courbure, mais quelquefois cependant elles sont droites, ce qui leur permet de prendre le foin aussi bien dans la marche en avant que dans celle en arrière.

Les tambours sont, au moyen d'engrenages, commandés chacun par leur roue porteuse et un levier d'embrayage permet d'arrêter le mouvement pendant les transports ; de même il est bon qu'un appareil de déclic arrête le mouvement des fourches pendant le recul des animaux. La hauteur des tambours se règle à l'aide d'excentriques ou de crémaillères, de manière à mettre toujours les fourches au niveau du sol ou à une hauteur convenable suivant le terrain, la nature du travail à exécuter et la densité de la récolte. Pour éviter que le foin retourné par les fourches ne vienne tomber sur les animaux, les faneuses sont munies à l'avant d'une toile métallique ou, comme dans la faneuse « Taunton » de M. Pécard, d'une enveloppe pleine en tôle. Les faneuses sont, en général, pourvues de deux vitesses : les fourches peuvent tourner dans le sens des roues porteuses — en arrière —, ou en avant, dans le sens opposé à la marche des roues. Dans ce mouvement en avant, les fourches saisissent le foin et, le faisant passer par dessus la machine, le projettent avec vigueur à une grande hauteur : on obtient de la sorte un fanage très énergique qui est appliqué avec avantage aux foins de prairies naturelles ; lorsqu'il s'agit au contraire de faner de la luzerne, du trèfle, du sainfoin, des fourrages en un mot dont les feuilles se détachent très facilement, il faut n'employer que le mouvement en arrière qui ne remue que légèrement le foin sans le projeter en l'air. Les faneuses n'ont généralement pas de siège.

La largeur des faneuses varie de 1 m. 60 à 2 m. 40 ; la vitesse de rotation des fourches, à leur circonférence, est de 5 m. 30 à 7 m. dans la marche en avant et seulement de 3 m. 15 à 4 m. dans la marche en arrière. Une faneuse conduite par un cheval peut faner de 60 à 100 ares par heure ; elle fait dans sa journée le travail de 16 à 20 faneurs, ces derniers ne pouvant individuellement faire plus de 40 ares par jour. Le poids des faneuses varie de 350 à 500 kilos.

RATEAUX A CHEVAL

Tous les râteaux actuels sont formés de deux roues supportant une série de dents fixées sur un axe commun et pouvant être soulevées lorsque la quantité de foin ramassée est suffisante. Ces roues sont à grand diamètre : 1 m. 20 à 1 m. 50 ; plus ce diamètre est grand et moindre est le tirage. On les fait en métal forgé, en fer, mais on doit proscrire la fonte qui est trop cassante et oblige à réduire le diamètre ;

les Américains les font en bois, de même que le bâti. Les jantes sont unies et doivent être assez larges pour ne pas s'enfoncer dans les terres humides.

Les dents sont toutes placées sur un même axe, quelquefois sur l'essieu du râteau ; elles sont indépendantes les unes des autres ce qui assure leur bon fonctionnement dans les terrains irréguliers. Elles ont une certaine courbure qui doit d'abord présenter une inclinaison légère à l'horizon, inclinaison croissant ensuite pour que le foin monte facilement ; leur capacité doit être suffisante pour que le fourrage puisse s'y accumuler en assez grande quantité et leur centre de rotation doit être tel, qu'en les relevant, le foin tombe facilement et promptement par son propre poids et se dépose en *andains*.

Suivant la nature des récoltes à effectuer, ces dents peuvent être disposées de manière à former avec le sol un angle variable ; pour régler leur élévation on peut faire occuper aux brancards des hauteurs différentes, à l'aide d'une plaque de fer percée de trous autour de laquelle ils peuvent tourner, et dans laquelle ils sont fixés par une cheville en fer. Les dents sont au nombre de 20 à 32.

Dans les anciens râteaux, lorsque les dents étaient remplies de foin, le conducteur qui marchait en arrière les soulevait à l'aide d'un levier placé à portée de sa main ; plus tard on a mis un siège sur les instruments et le même conducteur commande les dents à l'aide d'un levier ou d'une pédale ; enfin on a construit les râteaux automatiques, dans lesquels l'animal est chargé de relever les dents, le conducteur n'intervenant que pour presser sur une pédale. Ce relèvement automatique peut s'effectuer à l'aide de roues à rochets ou de freins.

Les rochets donnent des chocs assez forts ; aussi emploie-t-on des ressorts à boudins pour les amortir quelque peu. Dans le système à frein, un ruban d'acier monté sur un disque plein fixé à chaque roue porteuse est entraîné lorsque le conducteur presse sur une pédale ou serre à l'aide d'un levier. Ce système, bien que donnant lieu à des mouvements plus doux, a l'inconvénient d'exiger une plus grande pression lorsque le frein a été sali par de la terre ou des herbes écrasées ainsi que pendant les temps humides. Les râteaux sont pourvus de brancards et d'un siège à ressort pour le conducteur ; leur largeur est comprise entre 2 et 3 mètres et, conduits par un cheval et un homme, ils peuvent faire par jour de 4 à 8 hectares, ce qui représente le travail de 20 personnes environ. Le démontage et le remontage de ces instruments doivent être simples et rapides et pouvoir être confiés au premier charretier venu.

MOISSONNEUSES

Tandis qu'il faut de 50 à 60 heures pour couper un hectare de céréales à la faucille, de 30 à 35 heures lorsqu'on emploie la sape et de 18 à 20 heures à l'aide de la faux, 2 ou 3 heures suffisent lorsque la moisson est faite par une moissonneuse.

Actuellement les moissonneuses simples se composent d'une roue porteuse, dont le diamètre varie de 0 m. 65 à 1 m. et dont la jante est le plus souvent recouverte d'aspérités, qui, à l'aide d'engrenages semblables à ceux décrits par la faucheuse, communique à la scie un mouvement rectiligne alternatif. Mais comme les chaumes de céréales sont plus résistants que les tiges des fourrages, il n'est pas nécessaire que la scie des moissonneuses ait une vitesse aussi grande que celle des faucheuses : cette vitesse est comprise entre 1 m. 50 et 1 m. 60 par seconde ; le plateau-manivelle, qui commande la bielle, fait de 14 à 20 tours par tour de roue motrice.

L'appareil coupeur, inventé par Mac-Cormick vers 1850, se compose, comme pour la faucheuse, d'une partie fixe dans laquelle glisse la scie qui est formée par de petits triangles en acier, dont les bords tranchants ont une inclinaison variant de 40 à 45, inclinaison que l'on doit chercher à maintenir lors de l'aiguisage des lames.

La longueur de la scie varie de 1 m. 40 à 1 m. 50 pour les moissonneuses à deux chevaux ou deux bœufs ; elle n'est que de 1 m. à 1 m. 20 pour les moissonneuses à un cheval ; sa course varie de 0 m. 075 à 0 m. 16. Cette scie passe dans des doigts ou gardes qui divisent les chaumes, relèvent les tiges couchées et les maintiennent pendant la coupe, surtout lorsque leurs arêtes sont vives et en acier aiguisé ou à bord aciéré. En arrière de la scie est une plate-forme horizontale, en quart de cercle, appelée tablier, en tôle ou en bois recouvert d'une feuille de zinc ; ce tablier reçoit les tiges des céréales au fur et à mesure qu'elles sont coupées et c'est sur lui que se forment les javelles qu'un ou plusieurs râteaux, nommés javeleurs, enlèvent à intervalles réguliers et déposent sur le sol, en dehors du chemin parcouru, de manière à laisser une piste libre pour le passage des animaux au tour suivant. Ce tablier, du côté de la roue porteuse, est articulé au bâti et est muni à l'extrémité opposée d'un sabot séparateur servant à diviser les tiges, porté par une roulette mobile comme les roulettes de meuble, de sorte que, pendant les tournées, elle ne pèse pas sur le sol, mais au contraire pivote sur son axe.

Pendant les transports, lorsque le tablier a été relevé, cette roulette se place sous le tablier de manière à le soutenir en l'air. Le bâti des moissonneuses est en fonte, fer ou acier et quelquefois en bois dans les machines américaines ; il supporte des râteaux, au nombre de 4 ou 5 qui, le plus souvent, aujourd'hui, sont indépendants les uns des autres et font alternativement office de *rabatteurs* et de *javeleurs*. Les machines à cinq râteaux permettent de mieux soigner et de suivre de plus près le travail du javelage : de régler par conséquent la grosseur des javelles.

Pour que les tiges tombent directement sur le tablier et n'aient pas de tendances à tomber en avant de la scie, il est nécessaire qu'un *rabatteur* les pousse légèrement vers la plate-forme : ce rabatteur est généralement un râteau, mais dans les anciennes machines et dans les moissonneuses-lieuses actuelles, il est formé par une sorte de moulinet à quatre ailes, tournant autour d'un axe horizontal. Dans les moissonneuses perfectionnées, les râteaux sont, à la volonté du conducteur, tantôt rabatteurs, tantôt javeleurs.

Dans ces machines, le conducteur peut régler le sarclage, suivant la densité de la récolte, en agissant sur une pédale qui permet d'ouvrir la voie inférieure à volonté et donne la facilité de laisser libres les coins du champ, pour les tournées. Le travail terminé, les râteaux peuvent tous être relevés verticalement et maintenus dans cette position pour les transports. Le siège du conducteur est placé sur un ressort, à la gauche de la roue porteuse, de façon à équilibrer le tablier et la scie; deux leviers placés sous la main du conducteur, lui permettent de régler la hauteur de coupe et un levier d'embrayage met le mécanisme en mouvement.

Les machines les plus légères, bien que solides, sont celles que l'on doit rechercher : leur poids varie suivant leur force : celles à un cheval pèsent environ 450 kilos et celles à deux chevaux pèsent de 450 à 500 kilos.

Toutes les pièces de ces instruments doivent être numérotées et cataloguées, afin que les cultivateurs puissent, en cas d'accident, commander aisément les pièces détériorées; le graissage doit être facile ; pendant la marche les râteaux ne doivent pas avoir de mouvements trop brusques qui pourraient égrener les épis ; le roulage de l'instrument, les réparations et l'entretien doivent être faciles; le mécanisme simple, solide et à l'abri des engorgements.

Si l'attelage est relayé toutes les deux heures, les moissonneuses peuvent couper 50 ares par heure environ, soit, par jour, de 5 à 6 hectares suivant la durée de la journée. Le travail exigé pour la coupe d'un mètre carré est généralement de 90 à 110 kilogrammètres.

FAUCHEUSES COMBINÉES

Les combinées sont des machines servant à la fois de faucheuses et de moissonneuses; elles sont généralement pourvues de deux roues, ce qui leur donne plus de stabilité mais augmente le tirage; le siège du conducteur est mobile et change de place suivant que l'instrument est monté en faucheuse ou en moissonneuse. Le travail accompli par ces instruments est jusqu'ici imparfait ; la vitesse nécessaire pour la coupe est différente pour la fauchaison et la moisson et il faut la modifier chaque fois, ce qui occasionne des pertes de temps assez grandes. Les engrenages sont par suite plus compliqués; le plateau-manivelle doit se changer, de même que la position de la bielle sur ce plateau. En arrière de la scie, qui elle-même est remplacée, est placé un tablier à claire-voie sur lequel tombent les céréales, quand l'instrument exécute la moisson. C'est seulement dans la petite culture que ces machines peuvent rendre quelques services.

MOISSONNEUSES-LIEUSES

Au début ces machines liaient les gerbes avec du fil de fer mince qui, aujourd'hui, est remplacé par de la ficelle.

Le tablier de ces moissonneuses est formé par une toile sans fin tendue sur deux rouleaux possédant un certain mouvement de rotation ; les tiges coupées sont amenées par cette toile vers un élévateur incliné à 45° et formé d'une série de lattes portant de petites pointes qui saisissent les tiges et les amènent sur un tablier où est placé l'appareil lieur. Ce dernier ressemble assez au mécanisme d'une machine à coudre : une bobine chargée de ficelle fournit, pendant la marche de l'instrument et d'une manière continue, une certaine longueur de ficelle qui entoure la javelle, la serre fortement, se noue et est ensuite coupée en même temps que son bout est ressaisi pour le liage d'une nouvelle gerbe. Ces gerbes liées tombent ensuite d'elles-mêmes sur le sol, mais comme, par suite de cette chute assez violente, il peut se produire un égrenage si les céréales sout bien mûres, Hornsby a pourvu récemment sa moissonneuse-lieuse d'un porteur de gerbes qui est une sorte de tablier latéral à l'ensemble du bâti, sur lequel le conducteur laisse accumuler 3, 4 ou 5 gerbes, qu'il dépose ensuite doucement sur le sol en pressant sur une pédale. Cette disposition permet une économie de temps et d'hommes, les gerbes se trouvant toutes régulièrement réunies sur différents points du champ ce qui rend la construction des moyettes et le chargement des voitures beaucoup plus rapides.

La largeur de coupe dans ces machines varie de 1 m. 47 à 1 m. 52 et la traction nécessaire par mètre de longueur coupé varie de 150 à 160 kilogrammmètres. Dans une journée on peut couper et lier de 5 à 7 hectares.

Ces moissonneuses ont généralement une grande largeur qui ne leur permet pas de circuler dans tous les chemins ; pour parer à cet inconvénient, les moissonneuses-lieuses Hornsby et Howard peuvent à l'aide de deux roues supplémentaires être transportées sur des chemins dont la largeur n'excède pas 2 m. 30 à 2 m. 60. Le poids de ces machines est de 600 kilos.

BATTEUSES

Les batteuses tendent aujourd'hui à se substituer de plus en plus au fléau, au roulage et au dépiquage pour le battage des céréales ; blé, avoine, seigle et orge. Le principe de ces machines a été inventé il y a un siècle par un ingénieur anglais, Meickle. Ces machines se divisent en 3 grandes classes : *Batteuses en travers, batteuses en long* et *batteuses frappant la paille obliquement,*

Dans les batteuses en travers, la paille est introduite parallèlement à l'axe du batteur, ce qui lui permet de sortir à peu près intacte de la machine, tandis que les machines en long reçoivent les pailles par leurs épis, c'est-à-dire perpendiculairement au batteur et les brisent plus ou moins. Ce qui différencie surtout ces machines, c'est la longueur de leur batteur qui, dans les batteuses en travers, doit forcément avoir une longueur égale à celle des grandes pailles, c'est-à-dire 1. m 60, tandis que dans les batteuses en long cette longueur varie de 1 m. à 1 m. 20. Les batteuses qui reçoivent la paille un peu obliquement à l'axe du batteur — *batteuses anglaises* — tiennent des deux précédentes et la largeur du batteur varie de 0 m. 90 à 1 m. 68.

Les gerbes sont placées sur une *plate-forme* d'où l'ouvrier engreneur les présente au batteur.

Le *batteur* est un tambour cylindrique placé à l'entrée de la machine et portant sur sa circonférence des saillies plus ou moins prononcées appelées battes qui égrènent les épis par suite du mouvement rapide dont est animé le batteur. Suivant les constructeurs ces batteurs sont pleins ou à claire-voie; mais il semble résulter de la pratique que ces derniers battent mieux que les batteurs pleins s'il sont animés d'une vitesse suffisante; toutefois ils brisent un peu plus la paille. Ils sont le plus souvent formés par un axe en acier qui par des bras en fer ou en bois porte un cercle en fer forgé ou en fonte sur lequel sont fixées les battes. Ces battes sont généralement en acier et frappent normalement la paille; leurs arêtes, qui sont quelquefois arrondies pour ménager la paille, doivent au contraire être vives ce qui permet une alimentation plus régulière de la machine, un plus grand travail pour un nombre de tours donné et n'abîme pas davantage la paille. En cas d'accident ces battes doivent pouvoir être changées, mais il faut avoir soin de les remplacer par d'autres d'un poids absolument semblable sous peine de rendre le batteur plus lourd d'un côté que d'un autre, auquel cas il porte le nom de *batteur balourd*.

Les dimensions du batteur sont variables : leur longueur varie de 1 m. 20 à 1 m. 80 et 2 m. (Gérard) dans les batteuses en travers ; de 0 m. 60 à 1 m. 20 dans les batteuses en long, et leur diamètre est de 0 m. 50 à 0 m. 55 dans les machines en bout et peut aller jusqu'à 0 m. 914 pour celles en travers : le plus généralement il a de 0 m. 55 à 0 m. 65. Sa vitesse, à l'extrémité des battes, est de 16 à 20 mètres par seconde et, d'après M. Grandvoinnet, cette vitesse de 20 mètres ne doit jamais être dépassée si on veut éviter les explosions des batteurs. Le nombre des battes est le plus souvent de 8, mais il se réduit de 4, 5 ou 6 dans quelques machines : ce nombre doit toujours progresser avec le diamètre du batteur de façon qu'il y ait au moins 1.600 coups de batte à la minute.

Le batteur se meut devant un quart ou un tiers de cylindre appelé *contre-batteur* qui est situé dessus, dessous ou sur le côté du batteur. Ce contre batteur est à claire-voie ; il est en fer forgé, en fonte ou en acier ; il porte des barres saillantes ou est garni de plaques de fonte à cannelures parallèles ou obliques à l'axe ou de saillies de formes diverses. Il peut se rapprocher plus ou moins du batteur à l'aide de vis, suivant la nature du grain à battre, ce qui permet de régler le passage de la paille et même, dans un grand nombre de machines en travers, le règlement s'opère automatiquement suivant que l'engreneur fait passer une plus ou moins grande quantité de paille, de manière à ce que cette paille reçoive toujours, pendant son passage, une pression uniforme.

Dans les machines anglaises l'intervalle qui sépare le batteur du contre-batteur est de 76 millimètres à l'entrée et de 15 à la sortie. Le contre-batteur retient la paille, ralentit sa marche, favorise l'égrenage des épis et livre passage aux grains détachés. A sa sortie du batteur la paille est chassée sur des secoueurs formés de 4 à 6 cadres à persiennes, mus par 1 ou 2 bras à vilbrequin qui leur donne un mouvement alternatif de haut en bas et d'avant en arrière, ce qui fait avancer la paille vers l'orifice de sortie de la batteuse, tout en lui imprimant par instant des temps d'arrêts : de la sorte le grain qui peut se trouver encore dans la paille tombe, entre les lames, sur le sasseur.

Ce *sasseur* ou *auget* est une large table, légèrement inclinée, suspendue par des ressorts et animée d'un mouvement de va et vient continu. Elle est terminée par une grille au travers de laquelle passent les grains qui se rendent à un tarare placé au-dessous et, dans un grand nombre de machines actuelles, ce grain après avoir subi ce premier nettoyage est élevé, par des chaînes à godets ou autres, vers nn second tarare et un trieur qui achèvent de le nettoyer et qui le classent suivant sa grosseur, en 2 ou 3 catégories sortant de la batteuse par des orifices distincts, ce qui permet d'ensacher le blé à mesure et de le livrer immédiatement au marché. Les menues pailles qui, sur le sasseur, étaient mêlées aux grains et qui ne peuvent traverser les grilles sont chassées, par le mouvement alternatif du sasseur et sous l'action du ventilateur du tarare, sur une claie inclinée qui les conduit au dehors de la machine.

Les batteuses à grand travail sont de force variable ce qui permet de les employer dans la moyenne et dans la grande culture et même, grâce aux entrepreneurs de battage, ces machines pénètrent de plus en plus dans les pays de petites culture. Mues par la vapeur, ces machines peuvent battre en 1 heure : 100 à 150 gerbes de froment pour une force de 3 chevaux-vapeur ; de 150 à 250 pour une force de 5 chevaux et 300 pour 6 chevaux.

Elles peuvent donner, suivant leur force, de 90 à 150 hectol. de blé battu et nettoyé dans une journée et ne laissent dans la paille, lorsqu'elles sont bien établies, que de 0,50 à 0,70 0/0 du grain ; quelques-unes cependant laissent encore jusqu'à 1,2 et 2 0/0.

A côté de ces grandes batteuses, il en est d'autres, nombreuses, mues à bras ou par un manège, qui se composent le plus communément d'un batteur et d'un contre-batteur à chevilles, portés par un bâti en bois ou en fonte : ce sont généralement des batteuses en bout dont l'usage est fort répandu dans le centre, l'est, le sud-ouest et l'ouest de la France. Ces petites machines, auxquelles on ajoute quelquefois des secoueurs et un tarare, permettent de battre 30 à 60 hectolitres de blé par jour, avec un attelage de 2 chevaux.

ENGRENEUSES AUTOMATIQUES

Les engreneuses automatiques, qui se placent à l'entrée des batteuses, assurent une alimentation bien plus régulière que ne pourrait le faire la main-d'œuvre, permettent d'éviter les trop nombreux accidents par imprudence qui surviennent chaque année aux hommes chargés d'alimenter les batteuses et de diminuer le nombre des ouvriers nécessaires pour cette alimentation.

Il existe plusieurs types d'engreneuses : en France, celles de Demoncy-Minelle et celles d'Albaret ; celles de Ruston-Proctor, Ransomes et Marshall, en Angleterre. Les engreneuses ne sont pas encore entrées dans la pratique courante ; elles ont, d'ailleurs, l'inconvénient d'exiger un supplément de force motrice assez considérable — 2 à 3 chevaux

ÉLÉVATEURS DE PAILLE

Les élévateurs de paille complètent les machines à battre ; ils permettent une diminution notable dans le nombre des ouvriers nécessaires au battage — ils économisent le travail de 4 ouvriers — et évitent aux ouvriers une besogne fatigante ; ils permettent en outre de prendre la paille à sa sortie de la machine à battre et de la placer soit en meules, soit sur des chariots pour les transports à distance.

Ces appareils se composent d'une trémie en tôle ou en bois placée à la partie inférieure et possédant un crible à larges mailles qui laisse passer et permet de recueillir les grains qui pourraient être restés dans la paille. Cette trémie est surmontée d'un couloir en bois de 0 m. 80 à 1 m. 20 de large, dans lequel se meuvent deux chaînes sans fin, passant sur des poulies portées par deux axes parallèles, et munies de traverses en bois portant tous les 0 m. 75 des fourches ou crochets qui saisissent la paille et l'entraînent à la partie supérieure où elles l'abandonnent. Ce couloir a une certaine inclinaison, qui peut varier, même pendant la marche, à l'aide d'un treuil permettant de régler la hauteur d'élévation qui peut aller de 2 à 9 mètres ; les joues du couloir peuvent, pour les transports, se rabattre autour de charnières ou être formées de plusieurs pièces rentrant les unes dans les autres. Dans l'élévateur Garett, la partie supérieur se replie également à l'aide de charnières.

Les chaînes des élévateurs sont mises en mouvement par une poulie commandée, à l'aide d'une courroie, par une autre poulie fixée sur l'arbre des secoueurs de la batteuse ; la force motrice nécessaire ne dépasse pas 1 cheval vapeur. L'appareil est porté par un chariot à quatre roues, rendant les déplacements faciles.

Élévateurs de foin. — Ces élévateurs ou chargeurs de foin permettent de charger rapidement les fourrages lorsqu'ils sont secs ou de les mettre en meule. Ils se composent d'un couloir en bois incliné à

35°, dans lequel se meuvent deux chaînes sans fin espacées de 0 m. 40 et réunies par des liteaux de bois écartés de 0 m. 40.

TARARES ET TRIEURS

Instruments qui servent à nettoyer le grain; sont construits sur les 3 principes suivants :

1° différence de *densité* des graines : van, tarares, épierreurs.

2° différence de *grosseur* de diverses graines : cribles divers.

3° différence de *forme* des graines : trieurs et cribles-trieurs.

Tarare. — Le van est partout remplacé par le tarare qui est aujourd'hui d'un usage courant dans les fermes et permet d'obtenir un nettoyage rapide. Il existe de nombreux modèles de tarares, mais tous se composent des parties essentielles suivantes :

1° *Un ventilateur* qui est formé d'une caisse cylindrique en tôle, ou tambour, où se meuvent des ailettes qui chassent un violent courant d'air de bas en haut sur les grilles cribleuses. Ce ventilateur est formé de 4, 5 ou 6 ailettes qui doivent se terminer presque tangentiellement à la circonférence du tambour de manière à diminuer le travail moteur nécessaire ; dans ce but aussi il serait utile de donner aux ailettes une forme courbe, mais cette forme étant difficile à obtenir on se contente de les placer un peu obliquement aux rayons : il faut complètement proscrire les tarares ayant les ailettes dirigées suivant les rayons, la force nécessaire à leur manœuvre étant beaucoup trop grande.

L'air arrive au ventilateur par les joues du tambour, à l'aide de 2 ouvertures percées au point où se meut l'axe du ventilateur, et dont la surface, dans certains tarares, peut être réglée à volonté, de même d'ailleurs qu'on peut régler l'orifice par lequel l'air arrive sur les grilles, de manière à faire varier l'intensité du courant d'air. La vitesse du ventilateur varie avec son diamètre : plus ce diamètre est petit, plus grande doit être la vitesse : dans les tarares agricoles cette vitesse à la circonférence des ailettes est de 15 à 20 mètres par seconde.

2° *Une trémie* supérieure dont le fond est plus souvent mobile et qui est pourvue à sa face d'avant d'une ouverture réglable à volonté permettant de laisser passer une plus ou moins grande quantité de grain. Cette trémie est en bois ou en tôle et dans quelques modèles le fond est formé par un cylindre cannelé en bois qui est chargé de distribuer le grain. Ce grain tombe sur un sabot-cribleur ou sas-cribleur généralement formé de 2 ou 3 grilles et animé d'un mouvement de va et vient continu, à l'aide d'une bielle et d'un excentrique commandés par l'axe du ventilateur. La première de ces grilles dite grille émotteuse ou débourreuse présente des trous ou des mailles d'assez grandes dimensions pour permettre le passage du bon grain, mais non celui des matières les plus grosses telles que grains vêtus ou otons, mottes de terre, fragments d'épi, menues pailles, etc., matières qui sont jetées au dehors par l'inclinaison naturelle de la grille et le courant d'air du

ventilateur. La seconde et la troisième grilles sont à mailles plus fines,
mais laissent toujours passer le grain. Ces grilles peuvent, à volonté,
être remplacées par d'autres, suivant qu'il s'agit de nettoyer du blé, de
l'avoine, de l'orge, du colza, etc. Les mailles, pour grilles en fil de fer
ont 5,1 à 5,7 millim. de largeur pour le blé, 6,35 pour l'orge, 10 mill.
pour l'avoine. Le bon grain ayant traversé toutes les grilles tombe sur
un plan incliné souvent formé d'une toile métallique et animé d'un
mouvement rectiligne alternatif, qui laisse passer les graines fines
(moutarde, colza, etc.) qui tombent dans un premier récipient, tandis
que le grain se rend dans un second récipient. Les tarares sont mus
par un homme actionnant une manivelle, à raison de 30 à 35 tours par
minute et nécessitent un second ouvrier qui apporte le blé dans la
trémie. Le travail exigé est faible : 10 kilogr. par kilo de grain nettoyé
et ces tarares font, par heure, de 5 à 20 hectolitres. Le tarare Hornsby
va jusqu'à 40 hectolitres.

Cribles. — On emploie les cribles à mouvement rotatif qui sont
préférables à tous les autres. Le modèle le plus connu est le trieur *Pernollet* qui se compose d'une trémie recevant le grain et le conduisant
dans un cylindre incliné formé de plusieurs segments mobiles : le
premier segment est formé par une tôle percée de trous longs mais
assez étroits pour qu'un grain de froment, même de qualité inférieure,
ne puisse passer, tandis que les petits grains, la folle avoine et les
graines longues analogues, ainsi que les poussières y passent facilement. Le blé arrive ensuite sur une deuxième zône percée de trous
circulaires d'un diamètre à peu près égal ou un peu supérieur à celui
d'un bon grain de froment : comme la forme du grain de blé le force
à rouler comme un cylindre, il s'en suit que ces grains ne peuvent
passer dans ces trous ronds, tandis que les graines rondes aussi grosses
que le blé, nielles, vesces, s'échappent facilement. Le troisième compartiment est percé de trous en triangle sphérique laissant passer le
blé moyen, les avoines et le seigle. Enfin le quatrième compartiment
est percé d'ouvertures allongées laissant passer le blé propre. Les
pierres et les graines volumineuses, ainsi que la terre sortent enfin par
l'extrémité du plan incliné. A chacun des segments ci-dessus correspond une trémie inférieure recevant les graines qui ont traversé les
diverses zones. Chaque feuille de tôle peut être changée à volonté de
sorte qu'on peut, avec le même instrument, épurer diverses sortes de
graines. L'essentiel, pour que le triage se fasse bien, est que le cylindre
tourne lentement : 8 à 10 tours par minute seulement, soit 35 à 40
tours de la manivelle, dont l'arbre doit porter un pignon diminuant la
vitesse en commandant une roue dentée 4 fois plus grande, calée sur
l'arbre du cylindre. La pente de ces trieurs est réglée pour le froment ;
si l'on doit opérer sur l'orge, l'avoine, le sainfoin ou les graines fines,
il faut diminuer la pente en glissant deux petites cales sous les pieds,
du côté de la sortie ; les cales varient de 2 à 5 centim. d'épaisseur suivant les grains à trier. Il convient enfin de ne pas chercher à faire

plus de 2 hectol. de blé à l'heure avec le petit modèle, 4 hectol. avec le grand. Le triage est d'autant meilleur que l'alimentation du cylindre est plus faible.

Dans les machines à battre à grand travail on emploie un crible spécial dit crible à spirale de Penny, dans lequel la tôle perforée du cylindre est remplacée par un fil de fer ou d'acier enroulé en hélice et constituant une sorte de ressort à boudin à grand diamètre. Selon l'écartement des spires — écartement réglable à l'aide d'une vis — on peut laisser passer des graines de différentes grosseurs et faire varier la finesse du criblage.

Trieurs à alvéoles. — Dans les trieurs précédents, si le bon grain se présente devant les trous par sa pointe il peut passer au travers des orifices circulaires et se mêler aux mauvaises graines ; quand on veut avoir un nettoyage absolument complet il faut faire usage du trieur Vachon, modifié et construit aujourd'hui par Marot ou Clert.

Ce trieur se compose d'une trémie où l'on verse le grain à trier, dont la sortie est réglée par une vanette. De là le blé tombe sur une grille émotteuse, à trous triangulaires, qui enlève les pierres, otons et tous les corps volumineux ; une deuxième grille, immédiatement au-dessous de l'émotteuse laisse passer les criblures et les petites graines diverses tandis que le blé et les graines rondes et longues tombent dans le cylindre par un tuyau. Ce sabot-émotteur est mû par un rochet à came qui lui imprime 15 oscillations par tour de manivelle. Le premier compartiment du cylindre, formé de tôle pleine à alvéoles de 9 millim., sépare l'avoine, l'orge et le seigle du froment : toutes ces graines longues restent au fond du cylindre et tombent dans un premier récipient placé au-dessous du point de jonction des deux cylindres. Le blé a été entraîné par les alvéoles à une certaine hauteur, d'où les alvéoles, se vidant, l'ont envoyé dans la rigole centrale : des planchettes légères, articulées à charnières, râclent légèrement la paroi inférieure du cylindre et obligent le blé à retomber dans la rigole. Dans cette rigole se trouve une vis sans fin qui conduit le blé et les autres graines rondes et courtes dans le second compartiment. Ce deuxième compartiment a des alvéoles de 6 millim. ; il ne sépare du blé que les graines rondes : tandis que le blé reste au fond du cylindre et arrive à l'extrémité de la tôle qui est généralement perforée de manière à laisser passer le blé moyen ; le beau blé tombe tout à fait à l'extrémité du compartiment. Quant aux graines rondes, entraînées par les alvéoles, elles retombent dans la rigole centrale d'où la vis sans fin les conduit au dehors. La manivelle fait de 25 à 30 tours par minute, le cylindre trieur en faisant de 12 à 15. La vis sans fin fait 3 tours pour 1 tour de cylindre. Les trieurs peuvent nettoyer par heure, suivant leur force, de 1 hectol. 1/2 à 6 hectol. de blé.

APLATISSEURS ET CONCASSEURS

Les *aplatisseurs* sont formés de deux cylindres à jante unie, l'un de grand diamètre, recevant directement le mouvement du moteur et porté par des coussinets fixes, l'autre, de diamètre 1, 2, 3 ou 4 fois plus faible, établi sur des coussinets mobiles dans une glissière et commandé par un ressort qu'une vis de pression actionne, ce qui permet de le rapprocher plus ou moins du grand cylindre, suivant le degré d'aplatissement à obtenir ; son adhérence avec le cylindre fixe lui imprime un mouvement en sens inverse.

Ces disques doivent être en acier. Ils sont surmontés d'une trémie en tôle dans laquelle sont placés les grains à aplatir et au fond de laquelle est un registre, réglable à volonté, qui laisse arriver une quantité de grains déterminée sur un cylindre cannelé qui distribue le grain de façon uniforme à l'aplatisseur. Afin d'empêcher aux grains de coller aux cylindres, de petits ressorts ou gratteurs sont placés à leur partie inférieure et frottent contre leur jante. Le tout est supporté par un bâti en fonte ou en fer. Ces aplatisseurs servent seulement à ouvrir les grains, en faisant éclater leur enveloppe, sans pour cela les réduire en farine. Dans le but de diminuer le travail nécessaire et d'obtenir le plus grand effet utile, on devra choisir des aplatisseurs à cylindres de mêmes diamètres ou tout au moins à diamètres ne présentant qu'une faible différence, le travail croissant lorsque le rapport entre les rayons des cylindres augmente. Les tourillons des disques seront aussi petits que possible, tout en étant solides et, de même que les coussinets, ils devront être bien polis et bien graissés afin de diminuer le frottement.

Suivant qu'ils sont mûs à bras d'hommes, par un manège ou la vapeur, les aplatisseurs peuvent, en une heure, débiter 2, 7 ou 10 hectolitres environ.

Les *concasseurs* sont formés par deux cylindres de même diamètre, dont la jante porte de nombreuses saillies triangulaires ou pyramidale, à arêtes tranchantes, parallèles ou obliques à l'axe de rotation. Bien que de même diamètre ces cylindres sont généralement animés de vitesses différentes grâce à des engrenages inégaux; ils tournent en sens inverse et leurs arêtes vont aussi en sens contraire. Ces arêtes sont espacées de 5 à 6 millim. et profondes de 2 à 2 millim. 1/2. Aux cylindres en fonte dont les arêtes sont vite émoussées par le travail, on devra préférer des cylindres en acier dont on peut raviver les arêtes; pour la même raison, il est préférable d'avoir des arêtes triangulaires que pyramidales, ces dernières s'émoussant trop rapidement.

Comme pour les aplatisseurs, l'un des cylindres est fixe, tandis que l'autre a ses paliers dans des coulisses et peut être plus ou moins rapproché du premier par un ressort et une vis. Au-dessus est également une trémie pourvue d'un registre, sous lequel se meut un distributeur cannelé, assurant le passage régulier d'un même volume de grain par tour des cylindres concasseurs.

Quelques-uns de ces instruments sont formés par un seul cylindre fixe contre lequel peut se rapprocher une plaque à arêtes tranchantes. Les concasseurs mûs par une manivelle peuvent débiter en une heure de 70 à 100 litres de grain ; de 250 à 400 litres quand ils sont mis en mouvement par un manège, et jusqu'à 1.500 litres quand c'est la vapeur qui les actionne. Le travail mécanique que nécessitent les concasseurs et les aplatisseurs est très variable et diffère suivant la nature des grains et le moteur employé.

HACHE-PAILLE

Les hache-paille se composent d'une caisse horizontale, de longueur variable, recevant les matières à couper et à la partie antérieure de laquelle se meuvent deux cylindres cannelés ou munis de dents qui poussent constamment la paille ou le foin devant les couteaux du volant. Ces cylindres alimentaires sont placés l'un sur l'autre et le cylindre supérieur peut se soulever plus ou moins, suivant la grosseur des poignées de paille que l'on fait passer entre eux ; mais, grâce à un contre-poids placé à l'extrémité d'un levier, il exerce constamment une forte pression sur la paille, ce qui permet d'obtenir toujours une coupe bien nette. La caisse est terminée par une platine en métal devant laquelle se meut le volant, dont 2 ou 3 rayons portent des couteaux tranchants, concaves ou convexes. Ce volant est actionné par une manivelle qui commande également les cylindres alimentaires et qui peut être remplacée par une poulie, lorsque le hache-paille doit être mis en mouvement par un manège ou par la vapeur. Il faut toujours, lors de l'achat d'un hache-paille, exiger qu'il soit accompagné d'un certain nombre d'engrenages de diamètres différents, permettant de changer le rapport entre la vitesse du volant et celle des cylindres alimentaires, ce qui donne la faculté de couper le foin ou la paille à des longueurs différentes, suivant les besoins : généralement les hache-paille coupent de 1 à 3 longueurs et le travail mécanique nécessaire va en diminuant à mesure que la longueur de coupe est plus grande ; il varie de 450 à 600 kilogrammmètres par kilo de paille coupée à 0 m. 01 de long, et il diminue de moitié si la longueur des morceaux est de 0 m. 02. Un hache-paille à bras peut débiter par heure de 50 à 60 kil. ; au manège, il peut couper jusqu'à 400 kilos, tandis qu'à la vapeur il coupe de 500 à 600 kilos par cheval et par heure.

Prix 100-150 francs.

COUPE-RACINES

Ordinairement les coupe-racines sont formés d'un disque vertical en fonte, percé, dans la direction des rayons, d'ouvertures étroites, et à côté inclinés, dans lesquelles se fixent les lames tranchantes. Ce disque est porté par un arbre horizontal qui reçoit son mouvement d'une manivelle si l'instrument est à bras, d'une poulie si le coupe-racines est mû par un manège ou la vapeur. Il tourne contre une trémie — tantôt en bois, tantôt en fer ou en fonte, ce qui est préférable — dans laquelle sont placées les racines et dont le fond, dans les coupe-racines circulaires, forme avec l'horizon un angle de 60° ; elle présente une forme demi-conique et ses parois doivent être, de préférence, constituées par des barreaux espacés qui permettent à la poussière, à la terre et aux pierres de disparaître au dehors, sans amener d'engorgements et par suite d'accidents. Le disque est le plus souvent plat — et alors il a 0 m. 65 de diamètre — et, dans ce cas, son arbre ne doit jamais traverser la trémie, mais bien passer dans le fond, afin de ne pas arrêter les racines dans leur descente et empêcher à la machine de s'alimenter d'elle-même ; quelquefois ce disque est conique et s'emboîte dans la partie inférieure de la trémie dont il forme le fond : ce cône, dont le diamètre varie de 0 m. 25 à 0 m. 60, porte les couteaux suivant ses génératrices.

Tous les coupe-racines possèdent 4, 6 ou 8 couteaux boulonnés sur les lumières, ce qui permet de faire varier la saillie du tranchant vers la trémie, suivant la section qu'on désire donner aux racines. Ces couteaux, dont la longueur varie de 0 m. 20 à 0 m. 30, sont à lames unies quand il s'agit de couper les racines en tranches pour les bovidés ; ces lames sont au contraire dentées lorsque les racines, destinées à l'alimentation des moutons, doivent être coupées en *cossettes* ou petits rubans : la longueur des dents doit égaler la largeur à donner aux cossettes. Enfin, lorsqu'on veut débiter les racines en petits prismes triangulaires, en petites *languettes*, on doit faire usage des coupe-racines type *Gardner*, formés par un cylindre horizontal en fonte muni de lames retournées d'équerre, coupant dans deux directions perpendiculaires entre elles, lames qui, unies d'un côté, découpent des tranches pour bovidés, tandis que le second tranchant est formé par une série de petits couteaux disposés en gradins de façon à détacher de petits parallélipipèdes que l'on emploie pour l'alimentation des ovidés. Ces languettes ont une longueur variable avec la position de la racine dans la trémie, et une base rectangulaire dont les dimensions en millimètres doivent être les suivantes, selon les animaux à l'alimentation desquels elles sont destinées : bœufs ou vaches 40 × 15 ; veaux 30 × 13 ; moutons 20 × 20 ; agneaux 10 × 10. Quand on fait usage de lames dentées, il faut avoir soin, au moment du montage, de faire croiser les dents de manière à ce que celles d'une lames correspondent aux creux de la lame précédente.

Le travail des coupe-racines est variable ; ceux à bras dépensent, par kilo de racines coupées, 18 à 20 kilogrammètres et fournissent de 800 à 1.000 kilos à l'heure : l'effort moyen à exercer sur la manivelle est de 5 à 7 kilos ; ceux actionnés par la vapeur peuvent débiter de 10.000 à 12.000 kilos par heure, avec une force de 1 cheval 1/2.

CUVES

Les cuves se font en bois, en pierres, briques ou béton. Souvent les cuves en pierres sont recouvertes intérieurement de carreaux de faïence : il faut proscrire ces carreaux, d'abord parce qu'il est difficile de rendre leurs joints parfaitement étanches et ensuite parce que les vernis à base de plomb qui les recouvrent sont attaqués par les acides du vin. Quant aux cuves en ciment, béton et bois elles ont chacune des avantages et des inconvénients.

Les *cuves en ciment* sont très usitées pour deux raisons : économie de frais de premier établissement et économie de place : l'hectolitre de ces cuves se paie de 2 à 3 francs, tandis qu'il se paie de 5 à 8 francs pour les cuves en bois et de 6 à 9 francs pour les foudres selon dimensions. Ces cuves doivent avoir leurs angles arrondis afin de faciliter les nettoyages ; la couche de ciment qui recouvre les pierres ou les briques doit avoir 0 m. 01 d'épaisseur et le ciment doit être de première qualité ; les parois sont verticales à l'intérieur et inclinées extérieurement pour mieux résister à la poussée des terres. Le fond de ces cuves doit être absolument imperméable ; on le fait à l'aide d'une couche de 0 m. 60 à 0 m. 80 de béton sur laquelle on place des briques ou des pierres que l'on recouvre d'une épaisseur de 5 à 10 centimètres de ciment. On donne à ces cuves, suivant l'emplacement qui leur est réservé, une forme carrée, rectangulaire ou ovale et elles sont établies les unes à côté des autres, communiquant même souvent par un conduit placé à la base des murs de séparation. Ces cuves ont un inconvénient grave lorsqu'on s'en sert pour la première fois : les acides du vin, notamment l'acide tartrique, attaquent le ciment et, étant partiellement saturés, les vins obtenus sont plats, ont une couleur. moins vive et conservent souvent un goût de pierre assez prononcé Si on ne prend aucune précaution, c'est une récolte de perdue. Il est des moyens bien simples d'éviter cette action des acides du vin : il suffit de badigeonner à 3 ou 4 reprises, et seulement après que le premier badigeon est bien sec, tout l'intérieur de la cuve avec une solution de silicate de potasse à 25 0/0 pour la première fois et à 50 0/0 pour les opérations suivantes. Il se forme du silicate de chaux résistant à l'action du vin. En lavant à grande eau entre chaque badigeonnage on obtient une cuve absolument inoffensive.

Ces cuves en ciment sont quelquefois voûtées et dans ce cas la voûte porte deux ouvertures de 0 m. 70 à 0 m. 90 ; mais le plus souvent elles sont recouvertes à l'aide de forts madriers de chêne, mobiles.

Ces cuves sont surtout bonnes pour la fermentation, mais il ne faut guère compter sur elles pour conserver le vin, car à moins d'ouiller avec soin, ce vin est exposé à l'air et aigrit facilement ; de plus le vin ne se fait pas dans ces récipients en ciment. Le tartre se dépose sur les parois en très petites quantité ; le vin se refroidit et s'éclaircit plus lentement que dans le bois, ce qui, au point de vue de sa bonne conservation, est un inconvénient ; mais par contre les variations de la température ambiante sont moins sensibles que pour les cuves en bois.

Cuves en bois. — Ces cuves sont employées à l'exclusion de toutes autres dans les pays à vins fins : dans le Bordelais, la Bourgogne et la

Champagne. On les fait en bois de chêne, de hêtre ou de châtaignier. Elles cèdent aux vins un peu des principes astringents du bois ce qui aide à leur conservation.

On donne à ces cuves la forme d'un tronc de cône, la grande base formant le fond et étant établie avec des douelles très fortes pouvant supporter tout le poids du vin sans faiblir. Les douelles des côtés sont maintenues par des cercles en fer forgé qu'il est possible de serrer à l'aide d'écrous. Comme on a intérêt à remplir les cuves dans une journée afin de ne pas interrompre la marche de la fermentation, leur capacité est assez restreinte : elle varie de 30 à 150 hectolitres dans les pays déjà cités, tandis que dans le Midi on leur donne de 300 à 600 hectolitres. Ces cuves peuvent être ouvertes ou fermées.

FOULOIR-ÉGRAPPOIR

Dans le Bordelais on emploie pour égrapper une sorte de claie, montée sur quatre pieds de 1 m. à 1 m. 30 de hauteur, formée par des liteaux en bois, munie d'un rebord sur son pourtour et ayant 1 m. 50 à 2 m. de côté. Les raisins placés sur cette claie sont très énergiquement frottés contre les liteaux, de sorte que les grains se détachent et, passant au travers des mailles des liteaux, vont, à l'aide d'un plan incliné en bois situé au-dessous, vers un fouloir quelconque. Les grappes restant à la surface sont enlevées à la main. Quatre hommes peuvent en une journée égrapper la vendange correspondant à 100 hectolitres de vin.

Le *fouloir-égrappoir* se compose de 2 parties : le fouloir proprement dit et l'égrappoir. Le fouloir, placé au fond d'une trémie qui reçoit la vendange, est formé de deux cylindres creux en fonte de fer, à cannelures hélicoïdales, l'un fixe et l'autre placé sur des paliers qu'une vis de pression permet d'écarter ou de rapprocher à volonté. Les axes de ces cylindres portent deux engrenages; celui du cylindre fixe est commandé par un pignon de diamètre moitié moindre placé sur l'arbre de la manivelle. Avec ce fouloir qui est fixé à l'égrappoir par quatre crochets et que l'on peut enlever à volonté, un homme peut écraser par heure de 40 à 50 hectolitres de raisins.

L'égrappoir se compose d'une caisse en bois ayant à sa base une tôle demi-circulaire en cuivre, perforée de trous de 27 à 30 millimètres de diamètre. A l'intérieur est un arbre horizontal muni dans sa longueur de 60 tiges en fer à palettes fixées en hélicoïde; cet arbre reçoit un mouvement de rotation par une chaîne Vaucanson qui le relie à l'arbre de la manivelle. Les raisins égrenés par le fouloir supérieur arrivent sur cet arbre à palette qui tourne avec une vitesse dix fois plus grande que les cylindres fouleurs : les raisins pris par les palettes sont projetés contre la tôle, vivement battus et les grains passent au travers des mailles, tandis que les grappes, suivant le mouvement de l'hélice de l'arbre, sont amenées progressivement vers l'extrémité du fouloir et tombent au dehors. Un homme peut fouler et égrapper avec cet instrument, de 70 à 80 kilos de raisins par minute.

Le *fouloir-égrappoir Mabille* se compose aussi de deux rouleaux cannelés montés sur un bâti en fonte et munis de ressorts, afin que si un obstacle vient à se présenter, les cylindres puissent s'écarter pour le laisser passer et reprendre leur place aussitôt après.

Ces cylindres sont réglés de façon telle qu'ils ne puissent écraser les grappes et les pépins, ce qui donne toujours un mauvais goût au vin. La trémie qui surmonte ces rouleaux peut contenir de 2 à 3 hectolitres de vendange. L'égrappoir est aussi formé par un demi-cylindre en cuivre percé de trous et, à la partie supérieure, par un autre demi-cylindre en bois formant couvercle et mobile autour de charnières.

Dans ce cylindre, une hélice à ailettes, portée sur un axe horizontal et recevant un mouvement de rotation rapide par une chaîne Vaucanson aboutissant à la manivelle, sépare les grappes des raisins. Cet instrument peut faire 30 hectolitres de vendange à l'heure.

PRESSOIRS

Les pressoirs se composent :

1º de la *maie*, sur laquelle on place les marcs à presser et qui est en bois ou en fonte dans les pressoirs actuels. Les maies en bois sont faites avec de forts madriers de chêne posés à plats joints et sont rendues étanches en serrant ces madriers à l'aide de coins ou de boulons ; les rainures sont bouchées par du caoutchouc, de l'étoupe ou du jonc suiffé et les fissures du bois sont enduites d'un mastic appliqué à chaud et composé de résine fondue avec du suif et des cendres. Ces maies doivent être très solides, de manière à supporter les pressions qui varient de 3 à 5 kilos par centimètre carré ; elles ont de 0 m. 10 à 0 m. 20 et sont montées sur un bâti fixe en bois, fonte ou fer ou sur un chariot ce qui rend le pressoir mobile.

Aujourd'hui les maies sont souvent faites en fonte ou en fer, car à résistance égale le fer est moins lourd que le bois et, par suite, on peut donner aux pressoirs plus de légèreté ; de plus ces maies en fer ne sont pas sujettes à fuir comme celles en bois qui se disjoignent avec assez de facilité par suite des alternatives de sécheresse et d'humidité qu'elles ont à subir et ces pressoirs métalliques peuvent voyager aisément.

2º les *poutres de pression* ou bois de charge qui sont formées par un plancher établi sur le marc, supportant une série de poutres de de 0 m. 15 d'équarissage, placées par rangs alternatifs et perpendiculaires les uns aux autres. La dernière de ces poutres, ayant de 0 m. 25 à 0 m. 30 d'épaisseur, supporte le mécanisme de sevrage et porte le nom de *blain* ou *mouton*.

3º une *cage* à claire-voie est généralement placée sur la maie pour maintenir le marc pressé et l'empêcher de s'étaler sous l'action de la pression ; on doit toujours donner à cette cage ou *claie*, la forme ronde qui permet d'exercer sur le marc une pression très uniforme, sans qu'on ait à craindre les ruptures qui se produisent dans les claies carrées lorsque la pression est trop forte. Cette cage est formée de douves en chêne espacées de 1 centimètre environ et retenues par 3 ou 4 cercles en fer qui, à l'aide de fermetures à verrous, clavettes ou leviers, permettent de démonter la cage en deux ou plusieurs pièces pour enlever le marc ou le couper.

4° Le *mécanisme de pression* est l'organe essentiel des pressoirs ; il est formé par une vis fixe placée au centre de la maie et un écrou mobile qui, en tournant, descend sur les bois de charge. Cet écrou est actionné par un système inventé par Mabille en 1870, formé de 2 leviers : l'un grand sur lequel s'exerce l'effort de l'homme, l'autre petit, et perfectionné par Marmonier qui, au lieu d'une double bielle, n'emploie qu'une unique bielle formée par un plateau portant des clavettes en acier taillées en biseau. L'écrou forme un plateau horizontal dont la couronne est percée de trois rangs de trous dans lesquels s'introduisent les clavettes.

Cet ingénieux dispositif permet de varier la vitesse ; au début de la pression, les clavettes sont placées dans les trous les plus rapprochés de la vis, ce qui donne une grande vitesse ; puis à mesure que la résistance augmente on les place dans les couronnes plus grandes, de sorte qu'à la fin ces clavettes se trouvent dans la couronne extérieure produisant un mouvement plus lent mais une pression plus énergique.

Ce mécanisme permet de supprimer tous les engrenages des anciens pressoirs et donne une pression très régulière, pression qui ne doit jamais être trop forte pour ne pas mêler au vin les huiles essentielles que contiennent les rafles et les pépins, qui lui communiquent toujours un mauvais goût. Il est bon d'ailleurs de pouvoir se rendre compte de l'effort que peut exercer un pressoir ; il suffit, pour cela, de multiplier la longueur du grand levier, L, par la circonférence du plateau horizontal portant les trous, C ; de multiplier ensuite la longueur du petit levier, l, par le pas de vis, p, et de diviser les deux produits l'un par l'autre ; le quotient obtenu, multiplié par l'effort exercé par l'homme sur le levier, E, donne la pression cherchée.

$$\text{Formule} : \frac{L \times C}{l \times p} = x \times E$$

On admet qu'un homme peut fournir un effort constant de 35 à 40 kilogrammes et, dans les coups de colliers seulement, de 50 à 60 kil.

Soit un pressoir dont le pas de vis est de 0 m. 02 ; le diamètre du plateau 0 m. 74 ; le petit bras de levier 0 m. 06 ; le grand bras 2 m. 50, la pression obtenue par un homme exerçant un effort de 40 kilos sera :

$$\frac{2.50 \times 2.32}{0.06 \times 0.02} = 4833 \times 40 = 193.320 \text{ kil.}$$

Telle est la pression théorique, mais le rendement mécanique des pressoirs ne dépassant guère 20 à 30 0/0, la pression réelle serait de 57.996 kilos.

En résumé les pressoirs doivent satisfaire aux conditions suivantes : 1° être solides pour supporter sans se rompre les efforts considérables auxquels ils sont soumis; 2° être d'une manœuvre facile, exigeant un faible personnel; 3° n'occuper qu'un espace restreint de manière à pouvoir fonctionner à peu près partout; 4° avoir une force suffisante pour extraire la majeure partie du jus contenu dans le marc.

FOUDRES ET TONNEAUX

Les foudres et tonneaux servant à la conservation de vins sont généralement en bois de chêne et principalement en chêne rouvre, quelquefois aussi en châtaignier. La Bourgogne produit des bois assez estimés pour la tonnellerie et la foudrerie, mais il en vient beaucoup de la Bosnie, par le port de Trieste, de Riga, des États-Unis.

Les bois les meileurs sont ceux de Bosnie qui n'ont que peu de nœuds, ne coulent pas au début, mais ont l'inconvénient de casser assez facilement lorsqu'on chauffe le fût. Le bois de Bourgogne, plus grossier, présente des nœuds nombreux, qui laissent suinter le vin lorsqu'on remplit les fûts pour la première fois, mais qui s'incrustent rapidement : ce bois donne des foudres d'excellente qualité, très solides et d'une grande durée, retenant très bien le tartre déposé dans le vin.

Les petites futailles ont, suivant leur capacité, les dimensions suivantes :

10 litres	33	75	110	75	1.67
20	42	1.00	120	78	1.67
30	50	1.10	150	84	1.71
35	50	1.17	220	94	1.76
40	53	1.20	350	97	2.60
50	61	1.27	550	1.14	3
60	64	1.28	640	1.44	3
80	67	1.50			

Les douelles des tonneaux sont le plus souvent maintenues à l'aide de cercles en bois de châtaignier. Quand la capacité du tonneau est supérieure à 400 litres, il est prudent d'y mettre, près de la bonde, des cercles de roulage, plus épais, sur lesquels porte la futaille.

Toutes les futailles se composent : d'un fond de devant et d'un fond de derrière, des côtés ou ventres, d'un trou percé en dessus et appelé bonde, d'un jable ou rainure dans laquelle sont fixés les fonds, d'un peigne ou partie des douelles qui dépasse le fond. Voici les dimensions de ces pièces pour une barrique bordelaise de 228 litres et une feuillette de 136 litres, de l'Yonne.

	Barrique bordelaise	Feuillette
Hauteur totale	0.91	0.77
Circonférence du bouge	2.18	1.79
Circonférence aux bouts	1.94	1.46
Longueur du peigne	0.07	0.05
Épaisseur de la fonçaille	0.018	0.016
Épaisseur des douves au bouge	0.012	0.014

La capacité des tonneaux est très variable et change avec chaque pays ; voici les contenances des fûts les plus employés :

Demi-bordelaise	55 à 57	Feuillette de Paris	134
Quartaut de Bourgogne	57	id. de l'Yonne	136
Quart de Paris	67	Tierçon de Nantes	152
Demi-feuillette (Yonne)	68	Demi-queue bordelaise	201
Tierçon (Champagne)	91	Barrique (Hermitage)	205
Demi-queue (Champagne)	108	id. (Cognac)	205
Demi-bordelaise	110 à 114	id. (Champagne)	205
Quartaut de Beaune et d'Orléans	114	d. (Ile de Ré)	205
Demi-queue Mâcon	213	Muid de l'Yonne	272
id. Orléans	214	Demi-queue du Languedoc	274
id. Chalon	214	Barrique de Tavel	277
Barrique bordelaise	225 à 228	Demi-queue (Saint-Gilles)	289
id. de Beaune	228	Muid de Bourgogne	297
id. de Cahors	228	Barrique de Chatellerault	300
id. de Frontignan	228	id. de Paris	402
id. de la Rochelle	228	Queue de Bourgogne	456
Tierçerolle du Gard	230	Muid du Languedoc	460
Barrique de Tours	232	Muid du Rousillon	472
id. de Saumur	232	Demi-muid (Gard)	550
id. du Cher	245 à 255	Muid de Montpellier	608
id. de Blois	259	Pipe 3/6 Languedoc	650
Muid de Paris	268	Queue de Paris	804
		Tonneau bordelais	912

Foudres. — Si les petites futailles sont établies sans règles bien précises, il n'en est pas de mêmes des foudres qui, pour être solides, doivent avoir des pièces de dimensions bien déterminées. Un foudre doit autant que possible être carré, c'est-à-dire avoir un diamètre vertical à la bonde égal à l'écartement des deux fonds et les foudriers admettent que plus le foudre est long, c'est-à-dire plus les fonds sont espacés, plus il est solide, le poids du vin n'exerçant pas sur ces fonds une pression aussi forte que dans le cas de foudres étroits ; mais toutefois il ne faut pas exagérer cette longueur qui exige un supplément de cercles. La hauteur ne doit pas non plus être exagérée car la solidité diminue de même que lorsque les foudres sont ovales.

Le peigne doit être carré, c'est-à-dire que la saillie des douelles en avant du fond doit égaler l'épaisseur de ces douelles ; le jable est également carré : aussi profond que large : pour foudres de 20 hectol. il a 0 m. 02 de largeur et de profondeur, et pour foudres de 100 à 200 hectolitres, il a 0 m. 03. Les douelles employées ont des dimensions variables avec les contenances des foudres ; elles sont toujours plus larges au milieu qu'à chaque bout : pour des foudres de 20 hectolitres, la largeur des douelles est de 5 centim. 1/2 au bouge et de 3 centim. aux extrémités ; pour ceux de 100 à 150 hectolitres, le bouge à 7 centim. de largeur et les extrémités 0 m. 04. Les fonds des foudres sont concaves pour mieux résister à la poussée du liquide et dans l'un des fonds est pratiquée une porte d'homme de 0 m. 22 de largeur sur 0 m. 45 de haut. Un robinet en cuivre de 10 à 15 francs est placé à la base de ce fond. Ces fonds doivent toujours être faits avec les pièces de bois les meilleures et les plus droites. Comme dans le Midi, les foudres sont souvent employés pour faire fermenter la vendange, on établit à leur partie supérieure une porte carrée, de 0 m. 25 de côté, pour le passage de cette vendange. Les dimensions les plus couramment employées sont les suivantes :

20 hectol............	5 m. 50	1 m. 50 (foudre rond)
50 hectol..........	7	2 —
100 hectol..........	9	2.40 —

Le porte-fond qui est habituellement placé sur le fond d'avant, portant le trou d'homme, ne doit avoir aucun rôle actif et on ne doit pas se baser pour établir la solidité des fonds sur la résistance de cette pièce qui ne doit être qu'un ornement ou tout au plus un appui pour des étais en cas d'accident. Les cercles qui entourent les foudres sont en fer plat et leur nombre varie avec la longueur des douelles : on met 2 cercles par pied de longueur. Deux cercles de roulage, placés près du bouge, complètent ces futailles.

CAPACITÉ EN HECTOLITRES	LONGUEUR		EPAISSEUR des bois		NOMBRE de cercles à chaque tête	LARGEUR du fer des cercles		ÉPAISSEUR du fer en lignes
	en pieds	en mètres	en pouces	en centim.		en lignes	en centim.	
20	4	1.299	2	5.4	5	24	5cm4	1 lig.
35 à 42	5	1.624	2	5.4	5	24	5 4	1
56 à 84	6	1.950	3	8.1	6	27	5 09	1 1/4
100	8	2.59	2	5.4	7	30	6 76	1 1/2
160 à 245	9	2.92	2 12	6.7	8	33	7 44	1 3/4
245 à 315	10	3.248	3	8.1	10	33	7 44	2
350	11	3.57	3 1/2	9.14	11	36	8 12	2

Nota. —Le pied = 0 m. 32584 = 12 pouces.
　　　　Le pouce = 0 m. 02707 = 12 lignes.
　　　　La ligne = 0 m. 002256.

II — CONSTRUCTIONS RURALES

ÉCURIES

Les conditions hygiéniques auxquelles doivent satisfaire les écuries quand elles sont destinées aux animaux de travail sont : 1° l'absence d'humidite ; 2° la pureté de l'air extérieur assuré par un long et constant échappement de l'air vicié appelant, pour le remplacer, l'air extérieur ; 3° un éclairage suffisant ; 4° un espace assez grand pour assurer la liberté des mouvements indispensables. L'espace accordé à un cheval de trait doit être assez considérable pour que l'animal puisse à toute heure se coucher sans être gêné par ses voisins : on admet pour une taille moyenne une largeur de 1 m. 75, tandis que la longueur comprise entre la crèche et le chemin de service est 2 m. 45 environ. Pour les chevaux de selle on peut donner des dimensions plus fortes sans toutefois exagérer, de trop grands espaces étant plus nuisibles qu'utiles. Le passage situé derrière les chevaux doit être très large : 1 m. 50 au moins et jusqu'à 2 m. 30. Le plafond des écuries est placé à une hauteur variable qui généralement se rapproche de 4 mètres ; mais on peut le faire bien plus bas, suivant les matériaux employés. Autrefois pour établir sa hauteur on calculait qu'il fallait de 20 à 25 mc d'air par tête, mais aujourd'hui, à la suite des expériences de Pettenkofer et de Max Maercker, on admet qu'un échange se fait constamment au travers des parois des habitations, entre l'acide carbonique intérieur et l'oxygène extérieur, échange qui maintient sensiblement constante la composition de l'atmosphère des écuries : l'activité de l'échange dépend de la qualité des matériaux employés et Maercker les classe ainsi suivant leur degré de porisité : 1º le pisé ; 2º le tuffeau ; 3º les briques ; 4º les moellons calcaires ; 5º le grès.

Il a déterminé, par l'expérience, les surfaces de murs nécessaires pour assurer avec un nombre déterminé d'habitants, le renouvellement constant de l'air. Voici les chiffres qu'il donne :

	10 têtes m. carrés	20 têtes m. carrés	30 têtes m. carrés	40 têtes m. carrés
Grès...............	178	356	534	712
Calcaire...........	129	258	387	516
Briques...........	106	212	318	424
Tuffeau...........	82	164	246	328
Pisé...............	59	118	177	236

Soit une écurie de 10 têtes dont la longueur des côtés est de 35 mètres et celle des petits de 8 mètres; total 43 mètres. Il faudrait si les murs étaient en moellons calcaires 129^{m2} de surface, par conséquent la hauteur de murs suffisante serait de $129 : 43 = 3$ mètres.

Toutefois quand le bâtiment est placé au milieu d'autres, on ne compte pas les murs qui font séparation avec les bâtiments voisins : par exemple si les petits murs (8 mètres) sont des murs de refend, la hauteur à donner au plafond serait de $129 : 35 = 3$ m. 68.

Écuries isolées. — Les chevaux de luxe, les juments portières ou nourrices et les étalons sont ordinairement logés dans de petites pièces distinctes ou boxes, limitées par les murs extérieurs et des cloisons suffisamment élevées. Ces boxes, suivant leur nombre, peuvent être placées sur un seul rang ou sur deux rangs avec un couloir de service au milieu; presque toujours des parquets distincts appelés paddocks sont attenants à ces boxes. Les dimensions des boxes sont variables : 3 mètres en carré, ou 2 m. 20 de large sur 3 m. 90 de long, 3 m. 20 en carré pour jument suitée. Les couloirs de service doivent avoir environ 1 m. 50 de largeur.

Écuries communes. — Les chevaux peuvent, dans les écuries communes être placés sur un seul rang et alors l'écurie est dite simple ; elle est double quand les chevaux sont sur 2 rangs, tête à tête ou dos à dos. Enfin, dans un même bâtiment les animaux peuvent être placés sur plusieurs rangs transversaux.

La profondeur des écuries simples est de 4 m. 60 à 5 mètres, se décomposant ainsi : 0 m. 50 à 0 m. 60 pour la crèche et le ratelier ; 2 m. 30 à 2 m. 45 pour l'emplacement occupé par les chevaux ; 1 m. 20 à 1 m. 35 pour le passage derrière les animaux ; 0 m. 60 pour la place des harnais suspendus à des chevilles. Si, ce qui est bien préférable au point de vue de la conservation des harnais, on les place dans une pièce spéciale appelée sellerie, la profondeur n'est plus que de 4 mètres à 4 m. 40. Il faut dans une écurie simple ménager une place pour un coffre à avoine et un dépôt de fourrage; dans les encoignures disposer une armoire pour recevoir les appareils de pansage.

Écuries doubles. — Dès que le nombre des chevaux à placer dans une écurie dépasse 6, on a un avantage sensible à les placer sur 2 rangs afin de rendre le service plus facile et économiser le temps.

L'écurie double dos à dos est en réalité composée de deux écuries simples adossées, sans harnais; le passage derrière les animaux devient commun aux deux rangs : d'où économie d'un passage sur deux : c'est une économie de 1 m. 20 à 1 m. 35. On économise également une certaine longueur de murs ; l'écurie est d'un très bel aspect intérieur, mais elle exige une sellerie spéciale renfermant en même temps que les harnais, le coffre à avoine, les appareils de pansage et les lits des charretiers. L'écurie double tête à tête est formée de deux écuries simples réunies par leurs crèches qui sont habituellement séparées par une simple cloison de 2 m. 28 de hauteur ou par un couloir de 1 mètre de large environ.

L'écurie à rangs transversaux est surtout applicable quand on a plus de 25 à 30 chevaux ou quand on dispose d'un bâtiment existant dont on ne peut modifier les dispositions intérieures. Il est préférable que les animaux tournent tous la tête du même côté ; dans ce cas le même passage sert à enlever le fumier d'un rang et à distribuer la nourriture au rang voisin.

Plancher. — Les planchers doivent être imperméables, résistants aux chocs et au frottement des fers des chevaux, incompressibles et non glissants. On emploie les pierres de grès, de schistes ou de calcaire dur ou bien simplement des briques ordinaires posées de champ ou du béton, du ciment hydraulique sur lesquels on moule des empreintes qui empêchent aux animaux de glisser. Ces planchers doivent posséder une pente suffisante pour permettre l'écoulement rapide des urines; toutefois il ne faut pas que cette pente soit exagérée car elle fatigue beaucoup les animaux et abîme leurs membres, surtout pour les jeunes poulains : une pente de 15 à 20 millimètres par mètre suffit largement dans le sens de la longueur du cheval. Derrière le plancher se trouve une rigole amenant le purin au dehors et dont la pente doit être de 2 à 3 centimètres par mètre.

Portes. — Les portes d'écurie doivent avoir une largeur de 1 m. 20 à 1 m. 50; leur hauteur doit varier entre 2 m. 20 et 2 m. 50. Presque toujours en bois, ces portes se font à 1 ou 2 battants ; celles à un battant doivent s'ouvrir en dehors et se plaquer contre le mur en ne présentant aucune saillie pouvant blesser les animaux. Il est préférable d'employer des portes glissantes. Il faut que les verrous de fermeture et les loquets des portes soient parfaitement arrondis et ne présentent pas de saillies contre lesquelles puissent s'accrocher les animaux : on emploie souvent des anneaux retombants.

Fenêtres. — Les fenêtres ont pour but de permettre l'accès de la lumière et la sortie de l'air vicié, tout en maintenant dans l'écurie une température constante. Il faut établir les fenêtres aussi près qu'on le peut du plafond afin que l'air froid n'arrive pas en contact immédiat avec les animaux ; on les fait de telle sorte qu'elles s'ouvrent de haut en bas, en basculant autour de charnières horizontales : l'air extérieur va frapper le plafond, appelle de bas en haut l'air intérieur qui est plus chaud et prend sa place. On compte qu'il faut 1^{m^2} de fenêtre par paire de chevaux. Ces fenêtres doivent être fermées par des châssis vitrés et par des persiennes permettant de régler la vivacité de la lumière et l'accès du soleil ; on les maintient ouvertes à l'aide de ficelles ou mieux de longues tringles pendant le long du mur à l'intérieur

Mangeoire. — Autrefois on n'employait que des auges en bois, occupant toute la longueur de l'écurie ; on les a remplacées par des auges en fonte qui sont préférables. Il faut disposer les bords et les parois des auges de façon à ce que les animaux ne puissent se blesser ni faire tomber les aliments distribués.

Il y a de nombreux modèles d'auge en fonte ; l'un des meilleurs se compose de deux capacités : l'une pour recevoir l'avoine, la paille hachée, les carottes, etc. ; l'autre pour recevoir les boissons, appelée barbottoire. Cette barbottoire est en forme de seau tronconique, muni au fond d'une soupape ou d'un bouchon en bronze permettant de la nettoyer à grande eau. Ces auges doivent être placées à une hauteur telle que les animaux puissent y prendre leur nourriture sans aucune fatigue : elles sont habituellement à 0 m. 90 ou 1 mètre au-dessus du sol ; leur largeur intérieure à la partie supérieure doit être de 0 m. 40 tandis qu'au fond elle n'est que de 0 m. 25, ce qui oblige les aliments à se rassembler toujours : la profondeur est de 0 m. 25.

Ratelier. — Dans un grand nombre d'écuries le ratelier est surplombant ou en échelle, fixé par sa base dans le mur et plus ou moins ouvert dans le haut, de manière à offrir une inclinaison de 15 à 20. Ces rateliers surplombants tout en permettant une distribution facile des aliments ont l'inconvénient d'exiger d'être placés très haut pour que les animaux ne puissent s'y blesser ; ce qui force les chevaux à élever la tête pour en arracher le foin ou la paille d'où tombent des poussières et des graines pouvant causer des maladies. En outre, en arrachant leur fourrage, les chevaux en laissent tomber à terre une partie qu'ils piétinent et qui est perdue. Ces rateliers peuvent être avantageusement remplacés par d'autres à barreaux verticaux placés immédiatement au-dessus de la crèche dont le seul inconvénient est de rendre la préhension des aliments un peu plus lente. On fait les rateliers en bois, en fer ou en fonte.

Séparations. — Dans un grand nombre d'écuries les chevaux sont placés les uns à la suite des autres sans aucune séparation, ce qui est absolument défectueux. Pour séparer les animaux on fait usage de plusieurs moyens : soit une simple barre transversale pendue d'un côté à une chaîne qui aboutit au plafond ; soit un bat-flanc formé de 2 ou 3 planches jointives. D'autres fois on forme des stalles absolument distinctes au moyen de cloisons fixes qui occupent toute la longueur de l'animal. Les bat-flancs doivent être suspendus par l'intermédiaire d'une petite pièce en bois ou en fer, nommée sauterelle, qui se décroche instantanément.

Pour les stalles on doit préférer le bois d'aulne à tous les autres parce qu'il est assez résistant pour ne pas se briser et assez mou pour ne pas s'éclater sous les coups de pieds des animaux. On donne à ces cloisons une hauteur de 1 m. 10 à 1 m. 20 à l'arrière, et 1 m. 30 à 2 mètres à la mangeoire ; il est utile de les compléter par des claires-voies fixées dessus qui empêchent aux animaux de se mordre.

ÉTABLES

Les bœufs de travail sont logés à peu de chose près comme les chevaux ; on leur donne une largeur de 1 m. 33 par tête ; les bouveries doivent être bien aérées et pouvoir recevoir en tout temps une lumière moyenne en même temps que leur température doit être de près de 12 ; les animaux doivent y jouir d'une parfaite tranquillité afin de pouvoir se bien reposer.

Les vacheries peuvent être simples comme les écuries, mais toutes les fois que le nombre des animaux à loger dépasse 10, on a tout avantage à adopter les vacheries doubles dos à dos ou tête à tête. Cette disposition tête à tête est la meilleure pour les vacheries ; les auges sont séparées par un couloir sur lequel peut être disposé un petit chemin de fer servant à la distribution rapide des aliments. Les vacheries servant à l'engraissement des animaux doivent posséder toujours une demi-obscurité ce qui est très favorable pour hâter l'engraissement ; la température de ces vacheries doit être comprise entre 15 et 18, tandis que pour les vacheries à lait cette température doit osciller entre 12 et 15, et l'éclairage doit être tout juste suffisant à la bonne exécution des soins d'entretien. Les étables simples ont de 4 m. 50 à 5 m. 20 de largeur, ainsi répartis : 0 m. 45 à 0 m. 55 pour la crèche ; 2 m. 20 à 2 m. 40 pour l'emplacement occupé par l'animal ; 1 mètre pour le couloir de service en tête des auges et 1 m. 10 à 1 m. 20 pour le passage de service derrière les animaux ; comme largeur de stalle on donne par tête de 1 m. 35 à 1 m. 45. Le plancher des vacheries ne demande pas à être aussi résistant que celui des écuries ; on peut se contenter de briques posées de champ ou même à plat ce qui est plus économique, ces briques étant dans les deux cas réunies au ciment afin que le plancher soit totalement imperméable. On emploie aussi le béton hydraulique. Il ne faut donner à ce plancher qu'une très légère inclinaison : 1 centim. à 1 centim. 1/2 suffisent pour l'écoulement des urines ; la rigole placée à l'arrière doit être large et profonde, autant que possible couverte pour que les excréments ne puissent l'obstruer et présenter une pente de 3 à 4 centim. par mètre. Les bovidés sont rarement séparés les uns des autres mais quelquefois cependant on place entre eux de petites séparations en planches, dans le but de les empêcher de se donner des coups de cornes. Les crèches des vacheries ne diffèrent de celles des écuries que par une moindre hauteur au-dessus du sol : leur bord supérieur est à 0 m. 50 du niveau du plancher. La largeur de ces crèches est de 0 m. 45 à 0 m. 50 dans le haut et se réduit à 0 m. 40 au fond, la paroi qui est du côté des animaux étant toujours verticale tandis que l'autre est plus ou moins inclinée. Dans quelques vacheries on fait encore usage de crèches en bois au-dessus desquelles se trouve un ratelier surplombant comme dans les écuries : les inconvénients signalés se reproduisent ici ; aussi fait-on de plus en plus les crèches en pierre, en ciment hydraulique, en fonte ou en fer. En avant de l'auge est généralement placé un ratelier vertical formé par des barreaux piqués en terre par le bas et reliés dans le haut par une forte barre de bois : ces barreaux sont espacés de 0 m. 22, sauf ceux qui se trouvent en face des animaux dont l'espacement est de 0 m. 50 : c'est là le système suivi dans les vacheries hollandaises. Dans le Limousin les animaux sont séparés de l'auge par une cloison continue percée d'un trou en face de chaque animal, trou au travers duquel la vache passe sa tête pour prendre sa nourriture : c'est ce qu'on appelle les rateliers en *Cornadis*.

L'aération des vacheries doit être facile et à cet effet les fenêtres sont construites de façon absolument semblable à ce qui a été dit pour les écuries ; il en est de même d'ailleurs pour les plafonds. Les portes doivent avoir une longueur de 1 m. 10 au moins et 2 mètres de hauteur.

BERGERIES

Dans le Midi et dans tous les pays où le climat est doux, les moutons sont élevés, entretenus et même engraissés à l'air libre, dans des parcs ou des enclos plantés ou encore sous des hangars ouverts d'un ou deux côtés ; mais dans le nord, le centre, l'est et l'ouest de la France, de même que dans tous les pays où les hivers sont rigoureux, des bergeries closes sont nécessaires.

Une bergerie doit présenter en toute saison une température à peu près constante ; son aération doit être très grande et le fumier ne doit pas s'y accumuler pendant un temps trop long. Pour calculer la surface à donner aux bergeries on admet qu'il faut 2/3 de mètre carré pour des moutons de taille moyenne et 1 m^2 pour ceux de grande taille ; pour les agneaux on admet qu'il est nécessaire de leur donner 0^{m2} 50. On donne également à chaque mouton une longueur de ratelier de 0 m. 50. Ces rateliers peuvent être simples ou doubles ; ces derniers sont le plus souvent employés, les rateliers simples étant seulement posés autour des murs du bâtiment. Ces rateliers doubles sont placés transversalement de manière à former de petites bergeries distinctes, ayant généralement 4 mètres de largeur ; l'entrée et la sortie des animaux est assurée pour chacune de ces petites bergeries par une porte sur chaque façade du bâtiment exposées l'une au midi, l'autre au nord. D'une manière générale, il faut que les crèches soient placées à hauteur du dos des animaux, c'est-à-dire à 0 m. 30 ou 0 m. 35 pour que la nourriture puisse être prise sans fatigue ; les rateliers qui les surmontent ne doivent pas présenter une inclinaison trop forte afin que les débris de foin ne tombent pas dans la laine : le fond de ces rateliers doit être incliné de telle sorte que les fleurs et les feuilles qui se détachent du foin se rendent dans la crèche. Enfin, dans toutes les crèches doubles ou *doublières*, les deux rateliers doivent être complètement séparés par une cloison en planche. Les barreaux qui composent les rateliers doivent être espacés de 0 m. 12 à 0 m. 15 au plus, afin qu'il soit impossible aux moutons de passer leur tête au travers, et au-dessous de la crèche doit se trouver une planche qui empêche tout passage des animaux d'un compartiment dans l'autre. On emploie également des crèches fourrières à cornadis, comme dans les vacheries, crèches qui sont très avantageuses en ce sens que les animaux ne peuvent ni se gêner pour manger, ni jeter le fourrage à terre. Les auges ont le plus souvent 0 m. 30 de large dans le haut et 0 m. 25 de profondeur ; il est bon lorsqu'elles sont en tôle qu'elles présentent à leur bord supérieur un bourrelet saillant en dedans, pour empêcher les animaux d'attirer en dehors de l'auge leurs aliments lorsqu'ils retirent la tête brusquement.

Les bergeries ont de nombreuses fenêtres, mais rarement ces dernières sont pourvues de vitrages : les carreaux sont remplacés par des treillages en bois facilitant l'aération, et certaines ont même à leur partie inférieure des trous de distance en distance, auxquels on donne le nom de barbacannes et dont la fonction est d'établir un courant d'air constant ; ces barbacannes ne sont pas à recommander attendu qu'elles ont l'inconvénient de faire passer les courants d'air sous les animaux ce qui quelquefois peut être dangereux. Aussi est-il préférable de ne pas utiliser ce système d'aération et d'employer des cheminées d'appel si la bergerie est plafonnée ou, ce qui vaut mieux encore, de placer la bergerie directement sous le toit sans plafond : il est toujours possible dans ce cas, lorsque la saison est trop rigoureuse, d'établir un plafond temporaire fait avec de la paille et des perches.

Les moutons ayant l'habitude de se précipiter à l'entrée des bâtiments, les portes des bergeries doivent être disposées pour éviter les accidents. On place pour cela, entre les montants verticaux des portes, des rouleaux en bois pouvant tourner sur eux-mêmes, situés à 0 m. 30 du sol et dont la longueur est de 0 m. 60 ; mais comme il arrive fort souvent que ces axes refusent de tourner, on tend de plus en plus à les abandonner. Quelques bergeries présentent le seuil des portes à

0 m. 50 ou 0 m. 60 au-dessus du sol et les moutons ne peuvent y avoir accès qu'en passant 2 par 2 sur un plan incliné situé à l'extérieur et à l'intérieur. Enfin ce qui est préférable, c'est de faire les portes très larges (1 m. 25 environ), au niveau du ventre des moutons et se rétrécissant graduellement jusqu'au seuil.

PORCHERIES

Les porcs demandent à être placés à l'abri des excès de chaleur et de froid, ainsi que de la pluie. Les porcheries sont des constructions simples, formées de compartiments plus ou moins nombreux, disposés sur un seul rang ou bien sur 2 rangs tête à tête, séparés par un couloir de service servant à distribuer la nourriture, couloir qui doit avoir une largeur de 1 m. 20. Les dimensions des loges sont variables suivant les animaux considérés : on admet que pour une truie et sa portée il faut une loge de 3 m. 20; pour une truie seule ou un porc à l'engrais 2^{m2} à 2^{m2} 5 suivant la taille de la race; pour un verrat : 3^{m2}. Le sol des porcheries doit être absolument imperméable et les porcs ne doivent pas pouvoir le fouiller : une petite couche de béton hydraulique surmontée d'un enduit en ciment également hydraulique forme le meilleur plancher ; on y fait, par moulage, de petites rigoles très étroites qui jettent promptement au dehors les urines : ce plancher doit avoir une pente supérieure à 0 m. 03 par mètre et au bas de la pente doit exister une rigole.

Les loges sont formées par de petits murs ou cloisons qui n'ont pas plus de 1 m. 20 de hauteur et parfois 1 mètre seulement suivant le races ; seules les cloisons des loges des verrats doivent avoir plus de 1 m. 20, surtout pour les grandes races. On les fait en moellons avec une épaisseur de 0 m. 32 au plus et on les enduit sur les 2 faces ; il est préférable d'employer de bonnes briques ordinaires sur une épaisseur de 0 m. 11, sans enduits. Les porcs reçoivent leur alimentation dans des auges qui peuvent être en pierre creusée, en briques rejointoyées en ciment ou mieux en ciment hydraulique; on les fait aussi en bois recouvert d'une feuille de zinc ou en fonte : leurs dimensions sont variables, mais en moyenne elles ont : 0 m. 40 de long, 0 m. 33 de large et 0 m. 18 de profondeur pour un porc adulte ou 2 jeunes porcs. Pour les porcelets on emploie beaucoup des auges en fonte à 4, 6 ou 8 places séparés par des cloisons ; il faut que les auges soient encastrées dans les murs formant le couloir et que la distribution de la nourriture ainsi que le nettoyage des auges puissent se faire sans avoir à pénétrer dans les loges.

Chaque loge doit, autant que possible, correspondre à une cour qui possède un réservoir d'eau. Autant que possible il faut établir les portes des loges au midi.

GRANGES

Pour connaître le volume à donner à une grange il suffit de savoir que chaque mètre cube peut contenir environ 90 kilos de gerbes et que la hauteur des granges ne doit guère dépasser 7 mètres. Il vaut mieux donner plus de longueur qu'une trop grande hauteur. Généralement la largeur n'excède pas 8 mètres, surtout quand l'engrangement se fait par les fenêtres du bâtiment : la longueur doit se composer d'un certain nombre de travées de 4 mètres environ de largeur.

Si l'on engrange en faisant entrer les voitures de gerbes dans le bâtiment, la profondeur peut être aussi grande qu'on le veut, mais alors, pour chaque 3 travées de 4 mètres, il faut une porte sur les deux faces parallèles : dans le cas où doivent rentrer les véhicules chargés la largeur des portes doit être au minimum de 3 m. 50 et la hauteur de 4 m. 50 à 5 mètres. Dans ce cas les portes que l'on perce en face, sur le mur opposé ne servent qu'à la sortie des voitures vides et elles ont les dimensions d'une porte charretière ordinaire ou 2 m. 50 sur 3 m. 50 au plus. Il est préférable de laisser toute la façade du bâtiment qui donne sur la cour ouverte, la toiture étant seulement supportée par des poteaux distants de 8 mètres : on peut alors pénétrer dans chaque travée avec les voitures de gerbes. Les portes des granges doivent être à 2 battants, s'ouvrir du dedans au dehors et s'appliquer très exactement contre les murs afin de ne gêner en rien les mouvements des voitures ; ce qui vaut mieux encore, ce sont les portes roulantes placées sur rails. L'aire des granges doit être unie et nivelée, exempte de toute humidité et afin d'obtenir une bonne conservation des grains en gerbes, on la surmonte souvent d'un plancher à claire-voie porté sur des piliers en maçonnerie ou en fonte et disposés de telle sorte que les rongeurs ne puissent y grimper : l'air entre ainsi au-dessous des gerbes, s'y infiltre, les traverse et empêche à la masse de s'échauffer. Dans le but de bien aérer on perce souvent à la base des murs de petites barbacanes qu'il faut avoir le soin de grillager pour empêcher l'introduction de toute espèce d'animal.

La surface des murs doit être enduite et autant que possible il est bon qu'ils ne présentent aucun pilastre saillant et que les encoignures soient arrondies : on empêche ainsi la propagation des insectes destructeurs des grains.

GRENIERS A GRAINS

Ces greniers présentent une importance moins grande qu'autrefois, le grain étant le plus souvent livré au commerce aussitôt après le battage. Pour obtenir une bonne conservation du grain, on ne doit pas l'entasser sur plus de 0 m. 30 à 0 m. 35 pendant les premiers 6 mois au moins ; puis, lorsque le grain est sec, on peut le mettre sur une épaisseur de 0 m. 50 à 0 m. 70 au plus, car au-delà l'aération du tas serait insuffisante. Les dimensions varient suivant la récolte à emmagasiner : 100 kilos de gerbes donnent 30 kilos de grains.

FENILS

Les fenils sont généralement établis au-dessus des écuries ou des étables de sorte que la distribution de la nourriture se fait par une trappe percée dans le plancher et portant le nom d'abat-foin. Leur construction est identique à celles des granges, et pour calculer leurs dimensions on se base sur la densité de foin à emmagasiner : 65 kilos de foin tassé occupent 1 mètre cube. Pour avoir la surface il suffit de savoir que la hauteur ne doit pas dépasser 6 ou 7 mètres.

HANGARS POUR VÉHICULES

Ce sont des hangars ouverts de tous côtés ou fermés seulement du côté des vents pluvieux. La seule condition que doivent remplir ces constructions, c'est que chaque travée présente entre les poteaux la place nécessaire pour mettre à l'aise deux voitures vides ou une voiture de gerbes, soit 4 mètres au moins; la hauteur doit être de 4 m. 50 si on surmonte le hangar d'un plafond supportant un fenil ou un grenier à paille.

Enfin une salle hermétiquement fermée doit être ménagée, sous le hangar, pour y remiser les semoirs, houes multiples, faucheuses et moissonneuses, en un mot tous les instruments un peu délicats.

CITERNES

Dans les endroits où les eaux de source sont mauvaises ou manquent, on établit souvent des réservoirs destinés à recueillir les eaux de la pluie. On admet qu'en France les citernes peuvent être remplies tous les 60 jours ; or, en se basant sur ce chiffre, sur la surface des toits qui reçoivent les eaux de pluie et les conduisent à la citerne par des caniveaux recevant les eaux des gouttières et sur le nombre de têtes de la ferme, il est facile de connaître le volume à donner à la citerne. Dans toute exploitation agricole on admet qu'il faut 10 litres d'eau par habitant, 30 litres par cheval, 30 litres par bêtes à cornes, 2 litres par mouton et 3 litres par porc, par jour.

Il suffit donc d'employer la formule :

$$V = (0^{m3}010 \times H) + (0,030 \times C) + (0,030 \times B) + (0,002 \times M) + (0,003 \times P).$$

Il est utile de placer la citerne à portée de l'habitation et à l'abri du soleil, d'en tourner l'entrée au nord, d'y amener l'eau à l'aide de tuyaux ou de canivaux qu'il est préférable de faire en poterie, enfin d'y préparer une sortie pour le trop plein : il faut toujours que cette ouverture qui permet au trop plein de disparaître soit fermée par une grille à mailles très fines afin que les animaux, les rongeurs ou autres, ne puissent pas s'introduire dans la citerne. L'eau de pluie étant toujours plus ou moins impure, il est utile de la purifier avant son entrée dans la citerne ; pour cela on la fait toujours arriver dans un citerneau contenant des couches alternatives de sable et de charbon de bois ou du coke, de manière à forcer l'eau qui traverse ces substances à abandonner toutes les matières qu'elle tient en suspension.

DRAINAGE

Pour assainir les terres on se contente parfois de les labourer en billons étroits laissant entre eux un grand nombre de dérayures qui permettent à l'eau de s'écouler avec assez de rapidité : mais cet écoulement ne se produit que lorsque la terre est complétement saturée et l'eau que traverse les billons entraîne une partie des principes fertilisants en même temps que les nombreuses dérayures font perdre à la culture une assez grande superficie.

On assainit également à l'aide de fossés ouverts et cela surtout dans les sols marécageux, tourbeux : ces fossés creusés de distance en distance font perdre une partie du terrain et gênent la marche des attelages, tout en s'effondrant assez facilement sous l'action des froids ou des pluies prolongées. En présence des inconvénients de ces fossés à ciel ouvert, on leur a substitué les fossés fermés, au fond desquels on place du bois ou des pierres. Quand on emploie le bois, on le prépare sous forme de fagots, étroits et fortement serrés auxquels on donne le nom de fascines. Le bois d'aulne qui est très employé a une durée de 7 à 8 ans et celui d'épine noire dure encore plus longtemps ; on fait également usage des genêts à balais, des bruyères ou des bois résineux. Aux fagots on substitue souvent des pierres cassées ; ce drainage dit à pierres perdues consiste à ouvrir une tranchée dont la profondeur varie avec la nature de la terre à assainir et dont on garnit le fond à l'aide d'une couche de 0 m. 30 à 0 m. 40 de cailloux préalablement cassés en fragments de 3 ou 4 centimètres de long. On peut recouvrir ces pierres avec de la bruyère, du genêt à balais, de la mousse ou du gazon pour empêcher l'introduction de la terre dans les interstices. Ce drainage a l'inconvénient d'arrêter les eaux dans leur marche et de s'obstruer assez aisément ; c'est pourquoi on le remplace parfois par 3 pierres plates disposées en forme de triangle au fond de la tranchée et surmontées d'une couche de pierres cassées ayant 20 à 30 centim. d'épaisseur. Quand les pierres plates ont de 0 m. 03 à 0 m. 04 d'épaisseur, on en met une à plat au fond de la tranchée, 2 sont placées verticalement sur cette sole et la quatrième est placée horizontalement sur ces dernières : de la sorte on obtient un conduit à section quadrangulaire que l'on recouvre d'une petite couche de cailloux. Ces drainages présentent une durée très grande à la condition que les pierres aient été solidement placées.

On fait également le drainage dit *à drains moulés* consistant à introduire au fond des tranchées un madrier en bois sur lequel on tasse de l'argile plastique ; lorsque l'argile est bien prise on retire le madrier qui laisse 1 conduit 1/2 circulaire qui a le défaut de coûter assez cher et de ne présenter qu'une faible durée.

Aujourd'hui on emploie à peu près exclusivement des tuyaux cylindriques en poterie. Ces tuyaux ont l'avantage de réunir la plus mince quantité d'eau en un filet qui peut aisément s'écouler; ils sont d'un placement facile, d'un prix peu élevé, surtout depuis que l'Anglais John Read a inventé, en 1843, une machine permettant de les construire avec rapidité; ils sont très légers et peuvent supporter impunément un poids considérable en même temps qu'ils résistent très bien à la poussée des terres. On leur donne de 0 m. 30 à 0 m. 33 de longueur et leur diamètre intérieur varie avec la place qu'ils doivent occuper dans le sol; on les divise en 2 classes : 1° tuyaux de desséchement ou d'assèchement qui occupent la plus grande partie du sol et dont le diamètre varie de 2 centim. 1/2 à 5 centim. et tuyaux collecteurs recevant les eaux des premiers, dont le diamètre est compris entre 6 et 15 centim. Quel que soit le tuyau, l'épaisseur des parois est de 1 centim. à 1 centim. 1/2.

Aujourd'hui le drainage consiste en des tranchées creusées de distance en distance dans lesquelles on introduit des tuyaux placés bout à bout et que l'on comble ensuite avec la terre précédemment extraite. Bien que ces tuyaux soient serrés les uns contre les autres, il existe toujours entre eux un intervalle suffisant (1 millim. au moins) pour permettre le passage de l'eau.

Terres à drainer. — On reconnaît la nécessité du drainage avec assez de facilité : les terres sur lesquelles l'eau séjourne à la surface plusieurs jours après les pluies, celles dans lesquelles après avoir creusé des trous de distance en distance, l'eau suinte après 4 ou 5 jours de sécheresse, celles qui le matin présentent des teintes plus foncées par places que le reste du champ, places d'où s'élèvent des vapeurs au lever du soleil, celles qui sont recouvertes de mousse, de joncs, de colchiques, de carex, etc., demandent à être drainer.

Établissement du drainage. — Pour que le drainage donne tous les résultats que l'on est en droit d'en attendre, il est nécessaire de connaître comment l'eau se comporte dans une terre drainée. Supposons un terrain coupé par un plan vertical entre les deux tranchées M N, 2 tuyaux de drainage x, y, placés au fond de ces tranchées.

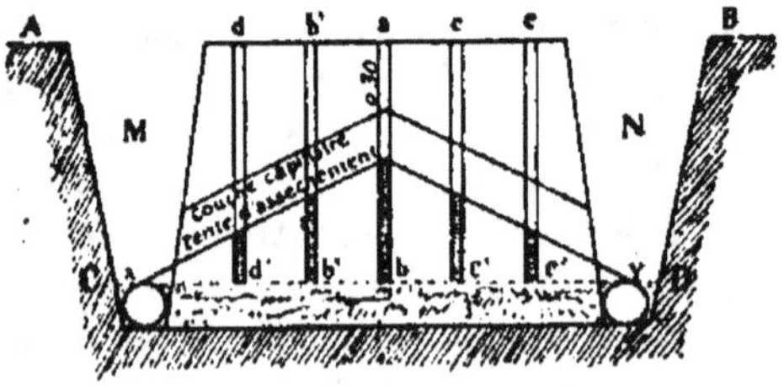

Si nous plaçons au milieu de A B un tuyau vertical $a\,b$ allant jusqu'à la rencontre de la ligne C D qui passe sur les 2 tuyaux $x\,y$; puis à des distances égales si nous disposons d'autres tuyaux verticaux, $b'b''$, cc', dd' enfoncés à une même profondeur, on remarque que si l'espace

Fig. 135

compris au-dessous de la ligne C D était occupé par de l'eau au lieu de l'être par de la terre, cette eau ne ferait qu'affleurer la base des tuyaux, mais comme la terre remplit cet espace, il s'en suit qu'après une pluie l'eau s'élève dans les tuyaux et cela d'autant plus que les tuyaux sont plus éloignés des drains. Si la terre est bien homogène, le niveau est constant dans les tuyaux b', b'', cc', dd', en un mot dans les tuyaux également distants du tuyau central : l'eau suit donc une pente pour s'écouler et aller vers les drains : cette pente est dite pente d'assèchement et varie avec la nature des terres : elle est de

15 à 20 millimètres	pour les terrains		crayeux,
25 à 30	—	—	pierreux,
30 à 70	—	—	argiles,
50 à 90	—	—	argiles compactes

Si on examine attentivement ce qui se passe dans un sol drainé, on constate qu'au-dessus de la pente d'assèchement, l'eau, en vertu de la capillarité, remonte à une certaine hauteur, pour constituer ce que l'on a appelé la couche capillaire. Cette couche, variable avec la nature des terres et leur porosité, est de :

0^m 40 dans le sable silicieux à gros grains

0   70 dans le sable fin.

0   45 à 0 65 dans argiles.

0   90 dans les sols tourbeux.

Il est indispensable de tenir compte de cette couche capillaire pour déterminer la profondeur du drainage, car sans cela la végétation trouverait à sa portée une trop grande quantité d'eau, ce qui rendrait nuls les effets du drainage. Enfin il faut toujours qu'au-dessus de la couche capillaire existe une épaisseur de terre de 0 m. 30.

Profondeur des drains. — La profondeur à donner aux drains varie avec la nature des terres, et avec l'écartement des tranchées, mais d'une manière générale elle est comprise entre 0 m. 90 et 1 m. 30 et d'ailleurs on a toujours avantage à faire plus profond que trop superficiel. Il est du reste facile, connaissant le mouvement de l'eau, de déterminer la profondeur : soit, par exemple, à drainer un sol argileux dont les tranchées seront à 10 mètres. La pente d'assèchement étant de 0 m. 70 par mètre, pour les 5 mètres qui séparent les 2 drains elle sera de 0 m. 007 × 5 = 0 m. 35; la couche capillaire étant de 0 m. 65; la couche de terre saine de 0 m. 30 et le diamètre des tuyaux de 5 centim., il suffit d'additionner ces 4 données pour avoir la profondeur nécessaire : 0, 35 + 0, 75 + 0, 30 + 0, 05 = 1 m. 35.

Direction des drains. — L'expérience a prouvé que pour obtenir un rapide écoulement des eaux en excès, il était nécessaire de disposer les drains d'assèchement suivant le sens de la plus grande pente du terrain, c'est-à-dire dans le sens que suivent ordinairement les eaux. Toutes les couches aquifères sont coupées et le terrain est bien assaini. Dans tous les terrains, il faut diriger les drains d'assèchement suivant la ligne de plus grande pente et, si quelque accident s'y oppose, il faut chercher à se rapprocher de cette ligne. Au contraire, les drains collecteurs qui reçoivent l'eau des premiers doivent être dirigés dans la partie basse du terrain, suivant les lignes de plus faibles pentes.

Pente des drains. — Les tuyaux en poterie permettant à la plus faible quantité d'eau de s'écouler aisément, on peut se contenter de leur donner une pente de 1 à 2 millimètres par mètre, mais pour faciliter l'exécution des travaux, il est préférable de ne pas descendre au-dessous de 3 millim. Il ne faut pas non plus donner aux drains une pente exagérée, ce qui force l'eau à prendre une très grande vitesse et amène la prompte détérioration des tuyaux : 5 à 6 centim. sont les pentes les plus fortes qu'on ne doit jamais dépasser et n'employer que très rarement. Quand le drainage est fait avec des pierres, il faut donner aux drains une pente de 5 à 6 millim. au moins. La pente à donner aux drains ne suit pas toujours exactement celle de la surface du sol : quand le terrain est peu incliné ou même qu'il est totalement horizontal, on est obligé pour obtenir la pente nécessaire à l'écoulement de l'eau, de donner aux drains une profondeur moindre en amont qu'en aval. Il en est de même pour les drains collecteurs dont la pente doit égaler 3 millim. Ces collecteurs débouchent d'ordinaire au point le plus bas du champ; mais si le sol est plat, il est impossible de leur donner une pente suffisante pour permettre à l'eau de s'écouler promptement; dans ce cas, on a le droit, en vertu de la loi du 10 juin 1856, de traverser les propriétés voisines jusqu'à ce qu'on ait trouvé un débouché convenable, mais à la condition toutefois de payer une indemnité aux propriétaires des terres traversées. On peut aussi par des sondages, s'assurer si le terrain ne présente pas quelques couches perméables et, au cas où il s'en trouve au moins une, il suffit de creuser un puits qui aboutit jusqu'à cette couche et dans lequel on fait arriver les eaux du drain collecteur.

Écartement des drains. — L'écartement des drains varie avec la pente du terrain dans lequel ils sont placés et la profondeur du drainage. L'expérience prouve que plus le terrain est en pente plus le drains doivent être rapprochés; que plus le sol est compact et imperméable et plus rapprochées doivent être les tranchées et que plus le drainage est profond et plus on peut espacer les drains. Il est d'ailleurs un moyen facile de vérifier soi-même l'écartement à donner aux drains; il suffit de tracer une rigole ayant la profondeur des tranchées du drainage et de creuser ensuite de chaque côté de cette rigole et à des distances de 2, 4, 6, 10 mètres,

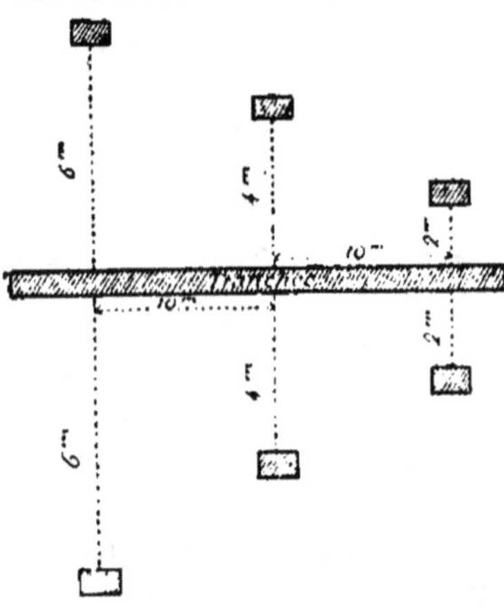

Fig. 136.

etc., de petits trous de 0 m. 50 de côté et dont la profondeur égale celle de la tranchée centrale. On recouvre ensuite ces trous de branchages et après une pluie on constate jour par jour et pendant plusieurs jours à quel niveau se maintient l'eau. On voit ainsi quel est celui des trous qui arrive le plus tôt à donner une dessication suffisante du sol et l'espacement de ce trou à la rigole du milieu sert à déterminer l'écartement des drains. Pour que les résultats soient concluants et que ces trous n'aient aucune influence les uns sur les autres, il est nécessaire qu'ils soient espacés d'au moins 10 mètres.

L'espacement des tranchées varie de 7 à 20 mètres, mais généralement elle est de 10 mètres dans les sols argilo-siliceux dont le sous-sol est imperméable, 15 mètres dans les sols argilo-calcaires peu perméables; de 7 mètres dans les argiles compactes très imperméables ; il faut que les terrains soient bien peu humides ou que l'on n'ait en vue que le drainage des sources pour pouvoir porter l'écartement à 20 mètres.

Longueur des drains. — Il est inutile de donner aux drains placés dans le haut d'un terrain un diamètre aussi fort qu'à ceux placés plus bas, puisqu'ils ont une moindre quantité d'eau à écouler ; de sorte que dans tous les drainages le diamètre des tuyaux va en croissant à mesure qu'on s'approche du collecteur et l'expérience a prouvé que pour obtenir un bon écoulement il suffisait de placer les tuyaux comme suit : 152 mètres de tuyaux de 0 m. 03 de diamètre dans le haut des lignes, puis 309 mètres de 0 m. 04 ; 875 mètres de tuyaux à 0 m. 06 et enfin 3,091 mètres à 0 m. 10. Suivant l'écartement des tranchées, la longueur des drains par hectare varie comme suit :

Ecartement des drains	Longueur des drains	Nombre de tuyaux de 0.33 de longueur
5 mètres	2.000 mètres	6.000
10	1.000	3.000
15	670	2.000
20	500	1.500

Établissement des tranchées. — Le creusement des tranchées étant terminé, il est nécessaire de vérifier leur pente. Pour opérer cette vérification, on se sert de 3 nivelettes en bois dont l'une est placée bien verticalement au point le plus haut du drainage et à la profondeur exactement voulue ; une seconde est placée au point le plus bas et à la même profondeur et cela fait, un ouvrier promène la troisième nivelette sur toute la longueur du drain en appuyant sur le fond de la tranchée pendant qu'un homme dirige un rayon visuel par les 2 mires placées à chaque extrémité. Un ouvrier peut creuser par jour de 10 heures de travail :

Terre argileuse	12 mètres	de tranchée
— très tenace	8	—
— avec pierres	6	—
— tuffeuses	5	—
Tuf pierreux	4	—

Dans aucun cas on n'a avantage à donner aux tranchées une longueur supérieure à 300 mètres ; quand on est obligé de dépasser cette longueur, il est nécessaire de couper les drains par un collecteur. Les drains trop longs en effet égouttent mal le terrain, parce que souvent ils ne peuvent pas évacuer l'eau qui y arrive par infiltration. Il est utile aussi de ne pas établir de lignes de drains avec tuyaux à moins de 20 à 30 mètres des lignes d'arbres afin que ces conduits ne soient pas obstrués par les racines ; aussi M. Hervé-Mangon recommande-t-il de remplacer les tuyaux par des pierres cassées dans les tranchées qui sont éloignées seulement de 10 mètres des peupliers, saules, bouleaux, aulnes, etc.

Un ouvrier habile peut placer, à l'aide d'un pose-tuyau, de 500 à 600 tuyaux par heure, quand ces tuyaux sont mis à sa portée.

A mesure que le poseur place des tuyaux un autre ouvrier, muni d'une longue pince en bois de frêne, pose un tesson ou morceau de tuyau cassé sur chaque joint, pour empêcher la terre d'y pénétrer. On doit toujours commencer la pose des tuyaux par les parties les plus hautes du champ et boucher l'orifice supérieur des drains à l'aide d'une large pierre plate afin d'éviter l'introduction de la terre et des animaux.

Lorsque 2 lignes de tuyaux doivent se raccorder, on doit toujours faire le raccordement sous un angle aigu du côté d'amont, angle d'autant plus aigu que la pente est plus forte, variant d'habitude entre 45 et 50°, de manière à ce que l'eau prenne tout de suite le courant de celle qui se trouve dans le collecteur. Il faut également ne jamais faire déboucher dans un tuyau 2 drains face à face, car il se produirait des arrêts dans la marche de l'eau qui pourraient obstruer les conduits.

Remplissage des tranchées. — Dès que tous les tuyaux sont placés au fond de la tranchée, on peut procéder au remblayage. On commence par descendre avec une pelle un peu de terre meuble sur les tuyaux, pour les protéger contre les éboulements qui pourraient les casser ou les déplacer. Plus tard, lorsqu'on n'a pas de travaux urgents on achève le remblayage par couches successives, en remettant la terre comme elle était avant le creusement.

Regards. — Il est bon d'établir aux points de jonction des collecteurs des regards permettant de s'assurer si les drains fonctionnent bien.

Quand il s'agit d'établir un de ces regards sur une grande ligne, on se sert de tuyaux ayant 20 centimètres de diamètre, en une ou plusieurs parties, qu'on dresse verticalement sur un grand carreau et une pierre plate, après y avoir fait 2 ouvertures destinées à recevoir les bouts des 2 tuyaux opposés. On couvre le regard avec un second grand carreau. Lorsqu'il est question de créer un regard à la jonction de plusieurs collecteurs on prend de grands tuyaux en poterie à emboîtement, ayant 30 centimètres de diamètre et 33 centimètres de hauteur. Une borne indicatrice placée à la surface du champ doit indiquer la position du regard. Quelquefois les regards excèdent la surface du sol de 30 à 50 centimètres, ce qui permet de les visiter sans être obligé à chaquefois d'exécuter des fouilles.

Bouches d'évacuation. — L'extrémité inférieure du collecteur général par laquelle sortent toutes les eaux doit être disposée de façon à empêcher toute détérioration et offrir un obstacle absolu à la pénétration des petits animaux : rats, campagnols, grenouilles, etc. A cet effet on construit souvent un petit mur en maçonnerie et l'orifice est fermé par une grille ou fil de fer plié et replié en festons assez serrés pour empêcher aux animaux de pénétrer et d'obstruer les conduits.

III — IRRIGATION

L'eau d'irrigation peut non seulement fournir aux plantes en végétation la proportion d'eau pure dont elles ont besoin, mais aussi une portion des éléments organiques et minéraux qui constituent leurs organes. L'eau, en humectant les particules terreuses, facilite le développement des radicelles, et amène à l'intérieur du sol l'air nécessaire à la vie des parties souterraines des plantes et aux diverses oxydations et dissolutions que nécessite l'absorption des aliments par les plantes. Cette eau d'arrosage peut servir en outre à apporter sur un sol stérile des particules terreuses formant, par des dépôts successifs, une couche de terre fertile : l'irrigation prend alors le nom de colmatage. D'après M. de Gasparin pour que l'approvisionnement en eau d'une terre soit suffisant, il est essentiel qu'en toute saison elle en renferme, sur 0 m. 30 de profondeur, au moins 10 0/0 de son poids ; mais il ne faut pas que cette proportion soit supérieure à 20 0/0, quantité au delà de laquelle l'humidité est en excès.

Qualité des eaux d'irrigation. — Presque toutes les eaux sont bonnes pour irriguer ; toutefois il ne faut pas que ces eaux aient une température inférieure à celle à laquelle commence la végétation, c'est-à-dire à 12, ni supérieure à 40. On peut pourtant se servir de ces eaux après les avoir améliorées, soit en leur faisant parcourir de longs et larges canaux, soit en les tenant enfermées pendant 15 à 20 jours dans des réservoirs. Ces eaux doivent être très aérées ; toutes celles qui croupissent dans des mares, des marais, etc., produisent de mauvais effets à cause de leur pauvreté en air : on ne doit les employer qu'après les avoir fait circuler dans des canaux à pente rapide et à barrages nombreux. Les effets produits par les eaux varient évidemment aussi avec la composition physique et chimique des matières qu'elles contiennent en suspension ou en dissolution. Toutes les eaux acides, celles par exemple qui proviennent de marais ou de forêts sont défavorables aux plantes ; cependant il est possible de les utiliser en les rassemblant dans des bassins où sont jetées des matières alcalines : chaux grasse ou fumier, ou en leur faisant parcourir un long trajet sur des terres calcaires. D'une manière générale l'eau est bonne lorsqu'elle provient de terres cultivées ou d'un cours d'eau poissonneux. Elle sera très bonne si sur les rives du ruisseau qui la fournit, on voit végéter des renoncules aquatiques, du cresson de fontaine; elle sera moins bonne lorsque ces plantes seront dominées par des patiences, de ciguës, des menthes, des berles; elle sera de qualité inférieure quand les massettes et les joncs y apparaîtront et enfin elle sera mauvaise si on n'y voit que des carex et des prêles.

Quantité d'eau. — La quantité d'eau nécessaire par hectare varie avec la nature du sol, les plantes cultivées et le but que l'on se propose d'atteindre. Pour les prairies, s'il ne s'agit que de fournir l'eau nécessaire au développement des plantes, et pour balancer l'évaporation qui se produit par le sol et par les feuilles, on réduit la quantité par hectare à ce qui est nécessaire pour détremper le sol sur une épaisseur de 0 m. 30 environ, tous les 15 jours pendant la saison des arrosages, c'est-à-dire pendant 6 mois environ. Cela représente suivant les cas de 250 à 500 mètres cubes ou, pour toute la saison, de 3.000 à 6.000^{m3} d'eau. Ces 12 arrosages correspondent à autant de pluies excessivement fortes : 25 à 50 millimètres. Toutes les fois que le sol à irriguer est très perméable. il vaut mieux donner 24 arrosages deux fois moins copieux. Si l'eau dont on dispose est riche en matières utiles à la végétation on peut, sans inconvénient, doubler la quantité d'eau fournie par hectare. Si l'on veut colmater ou former une nouvelle couche de terre, on verse sur le sol toute l'eau trouble dont on peut disposer et aussi souvent que possible. Pour les céréales et les autres cultures granifères, on ne doit donner que 4 à 5 arrosages copieux à des époques convenables : il faut éviter d'irriguer au moment de la floraison ou de la fructification. Comme l'eau abondante pousse surtout à la production herbacée au détriment du grain, il ne faut pas abuser des irrigations sur les plantes granifères. Pour les cultures maraîchères, il faut des arrosages beaucoup plus fréquents que pour les prairies, et une quantité d'eau triple ou quadruple suivant le climat. On admet en pratique qu'un cours d'eau peut arroser autant d' hectares de pré que son débit par seconde compte de demi-litres.

Moment de l'arrosage. — Il ne faut jamais arroser par un temps très chaud, parce qu'il s'en suivrait par évaporation un refroidisse-du sol et par suite des racines des plantes, d'autant plus considérable que les causes d'évaporation : chaleur, vent, etc., seraient plus violentes ; on doit donc arroser de préférence pendant la nuit ou dans la journée lorsque le temps est couvert et que le vent ne souffle pas avec violence.

Des moyens de répandre l'eau. — Les plantes et le sol sur lequel elles végètent peuvent recevoir l'eau d'irrigation de 3 façons distinctes : 1° par ruissellement ou déversement en nappe mince à la suface du sol en pente ; 2° par submersion ; 3° par infiltration.

IRRIGATION PAR RUISSELLEMENT. — Ce système d'irrigation se subdivise en irrigations par ados, par demi-planches superposées, par rigoles de niveau et par razzes ou épis.

L'irrigation par ados consiste à disposer des planches horizontales dans le sens de leur longueur et inclinées dans le sens de leur largeur, accolées 2 par 2. En tête d'une série d'ados il y a une rigole de distribution ou de répartition alimentant toutes les rigoles déversantes placées au sommet de chacun des ados ; au pied ou à l'aval des ados il y a un fossé d'égout où aboutissent toutes les rigoles d'égout que l'on établit entre chaque ados dans les parties les plus basses. Si le sol à quelques millimètres de pente par mètre, on fait plusieurs étages d'ados à crêtes horizontales : le fossé d'égout de l'étage supérieur d'ados communique par un conduit souterrain traversant une bande horizontale servant de chemin, avec le canal ou la rigole de distribution placée en tête de l'étage inférieur d'ados, ce qui permet d'irriguer le deuxième étage en reprenant l'eau qui a arrosé le premier. Les ados sont formés de 2 plans inclinés réunis dans le haut par une rigole de déversement et présentant dans le bas 2 rigoles d'égouttement : leur longueur est de 25 à 30 mètres, leur pente transversale de 0 m. 02 par mètre lorsque la terre est forte et peu perméable et de 0 m. 05 si elle est légère et perméable. La largeur des ados varie avec la nature du sol, mais ne doit jamais être trop considérable, afin que l'eau puisse se répandre bien régulièrement, ni trop faible parce qu'il faudrait une trop grande quantité d'eau : en moyenne cette largeur est de 10 mètres pour une pente transversale de 0 m. 05, et de 16 mètres lorsque la pente est de 0 m. 02. Les rigoles de déversement qui occupent le sommet des ados ont leurs crêtes horizontales, mais leur profondeur va en diminuant depuis leur origine dans la rigole d'alimentation où elle est de 0 m. 20 jusqu'à leur extrémité où elle se réduit à 2 ou 3 centim. ; leur longueur est de 23 m. 50 pour des ados de 25 mètres, parce que ces ados se terminent par une sorte de pignon semblable à celui d'un toit ; l'irrigation par ados qui exige des frais de terrassement considérables ne doit jamais être appliquée dans les terres dont la pente est supérieure à 0 m. 02 par mètre.

L'irrigation par 1/2 planches superposées ne s'emploie que pour terminer l'irrigation par ados sur une partie du terrain dont la pente est forte : de 0 m. 25 à 0 m. 10. Elle consiste à diviser le terrain en 1/2 planches placées les unes au-dessous des autres, horizontales dans le sens de leur longueur et inclinées dans le sens de leur largeur. D'un côté ces demi-planches sont longées par une rigole de distribution et sont limitées de l'autre par des rigoles

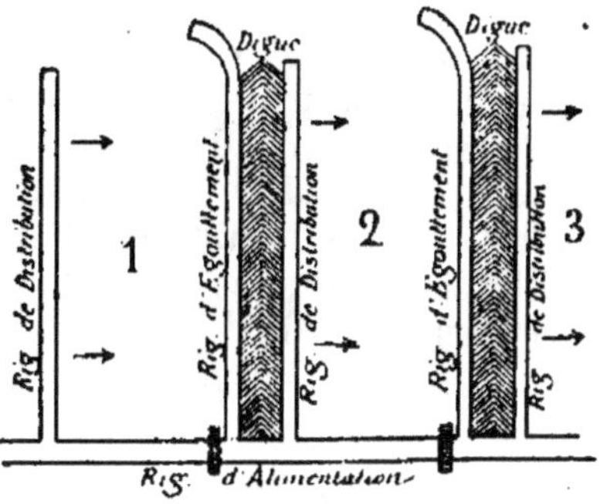

Fig. 137

d'égouttement. Sur la rigole d'alimentation générale de petites digues en terre, formant barrages, et d'autres digues séparent les rigoles de distribution et d'égouttement des planches voisines : on donne à ces digues 0 m. 50 de largeur et une hauteur de 0 m. 10.

Dans ce mode d'irrigation l'eau qui a servi pour l'arrosage de la planche 1, repr'se par la rigole d'égout, sert à arroser la planche 2, et ainsi de suite.

Ce système exige de nombreuses digues et partant de nombreux travaux ; aussi partout où la pente est considérable a-t-on avantage à remplacer ce mode d'arrosage par l'irrigation par rigoles de niveau.

L'irrigation par rigoles de niveau permet une bonne répartition de l'eau, tout en étant d'une construction peu coûteuse et d'un entretien facile ; elle a de plus l'avantage de pouvoir être appliquée partout sans que l'on ait à exécuter de grands travaux. L'eau amenée à la partie supérieure de la prairie, alimente d'une manière continue une rigole à bord horizontal qui déverse en trop plein. La mince nappe d'eau qui s'échappe ainsi roule jusqu'au bas de la pente ; mais, dans ce ruissellement une partie de cette eau est absorbée par le sol et il peut se faire si la bande à arroser est trop longue dans la direction de la pente que le haut seul profite de l'irrigation. En ce cas, on partage le plan incliné par des rigoles horizontales étagées pouvant recevoir chacune isolément l'eau par une rigole de distribution disposée

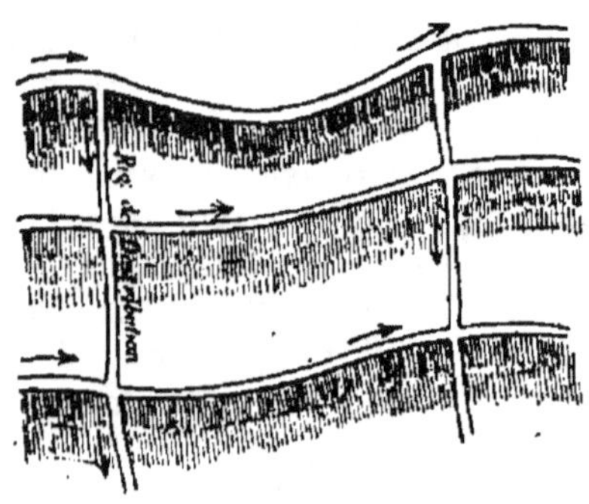

Fig. 138

suivant la plus grande pente : c'est ainsi qu'il faut opérer toutes les fois que l'on dispose d'une grande quantité d'eau ou que l'eau est riche en principes utiles. Si au contraire l'eau est rare, la seconde rigole horizontale doit reprendre l'eau qui a arrosé la première bande pour la déverser sur la seconde, après quoi elle passe dans la 3ᵉ rigole, etc.

L'écartement des rigoles de niveau varie avec la nature du sol et surtout avec sa pente : en pentes très fortes, les rigoles doivent être assez proches l'une de l'autre pour que les nappes déversantes ne ravinent pas le sol en formant de petits ruisselets dans les dépressions : 4 mètres est un minimum d'écartement. En pentes très faibles (5 à 6 millim.), les rigoles doivent aussi être rapprochées afin d'obtenir une égale proportion de l'eau. Dans les pentes moyennes de 4 à 10 centim. on peut espacer, au maximum, les rigoles de niveau de 40 à 50 mètres. Il est utile, pour obtenir une bonne distribution de l'eau, que chaque rigole de déversement n'ait pas une longueur supérieure à 30 ou 40 mètres, ce qui fait que les rigoles de distribution dirigées suivant la plus grande pente du terrain sont écartées de 60 à 80 mètres si elles alimentent sur leur 2 côtés des rigoles déversantes et seulement de 30 à 40 mètres si elles n'alimentent ces rigoles que sur un seul côté.

L'irrigation par razzes ou épis s'emploie pour compléter l'irrigation par rigoles de niveau ou sur des terrains très accidentés, à surface recouverte de mamelons. Sur chacun de ces mamelons on creuse
une rigole de distribution de 0 m. 25 de profondeur, et dont la largeur
va en diminuant jusqu'à leur extrémité qui se termine en pointe; sur
ces rigoles prennent des rigoles secondaires dont la longueur ne doit

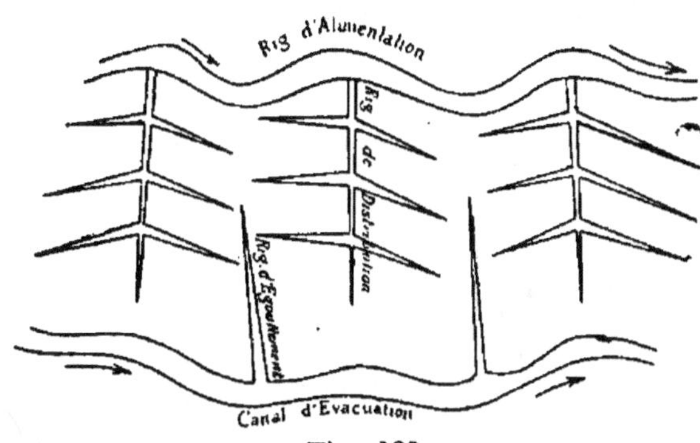

Fig. 139

jamais excéder 26 mè-
tres, si l'on veut obte-
nir une distribution
régulière, et dont la
profondeur qui est au
début la même de celle
des rigoles de distri-
bution n'est plus que
de 0 m. 15 à l'extré-
mité qui se termine
en pointe.

Dans les dépressions
du sol sont creusées
des rigoles d'égouttement qui aboutissent à un canal d'évacuation.

IRRIGATION PAR SUBMERSION, — Le débordement des rivières est
une irrigation naturelle par submersion; pour pouvoir submerger un
terrain il faut le disposer en bassins par l'élévation de digues en terre.
Le canal amenant l'eau jusqu'au bassin le plus élevé, car ces bassins
peuvent être au même niveau ou étagés, est prolongé par un canal de
répartition qui longe les divers bassins et les alimente par une buse
quelconque. A la partie inférieure de chaque bassin un aqueduc permet, après un séjour plus ou moins prolongé de l'eau, d'exécuter la
vidange. Les digues en terre ont au sommet une largeur de 0 m. 20 à
0 m. 30 pour permettre le passage des hommes et une hauteur variable
avec la surface du bassin. Cette surface est déterminée par deux conditions : 1° nulle part la profondeur d'eau ne doit dépasser 0 m. 40 afin
de ne pas gêner la respiration des plantes submergées ; 2° l'étendue ne
doit pas dépasser 2 1/2 hectares par bassin, afin de ne pas laisser se
former des vagues trop hautes pendant les vents violents, C'est là un
procédé d'irrigation fort usité pour les vignes de la région méridionale.
Ce système convient aux terrains dont la pente n'excède pas 1 centim.
par mètre, parce qu'avec une pente supérieure les diguelles séparant
les compartiments successifs seraient si rapprochées que l'exploitation
du sol serait difficile, de même que le travail nécessaire pour obtenir
des bassins horizontaux serait trop considérable.

ZOOTECHNIE

DÉTERMINATION DE L'AGE CHEZ LES ANIMAUX

CHEVAL

3 à 10 jours : pinces et 3 molaires.
60 à 40 : mitoyennes.
1 à 8 mois : coins.
19 à 25 : rasements des coins[1].
3 1/2 à 4 ans : pinces de rempl.
4 ans à 6 1/2 : mitoyennes.

4 1/2 à 6 ans : coins de rempl.
5 à 6 ans : rasem. pin. inf.
7 ans   —   mitoyennes.
8 ans : coins et étoile dent.[2] s. pin.
9 ans : étoile dent. sur mitoy.
10 ans :   —   coins.

BŒUF

2 à 20 jours : sortie pinc. mitoy. et coins.
5 à 6 mois : dents caduques au rond.
6 à 7 mois : ras. pinces.
12 mois :   —   1ʳᵉ mitoy.
15 mois :   —   2ᵉ   —
18 mois : incis. moy. sont chicots.
20 à 24 mois : pinces remplac.
2 1/2 à 3 ans : 1ʳᵉ mitoy.

3 1/2 à 4 ans : 2ᵉ mitoy.
4 1/2 à 5 ans : coins rempl.
5 à 5 1/2 ans : mâchoire au rond.
6 ans : rasem. pinces.
7 — : —   1ʳᵉ mitoy.
8 — : —   2ᵉ —
9 — : —   coins.
10 à 12 ans : étoile dent. pin. et mitoy.
13 ans : étoile dent. coins.

MOUTON

1 mois : incisives sorties.
3 — : — au rond.
18 — : rempl. pin. caduques.

2 à 2 1/2 ans : sortie 1ʳᵉ mitoy.
3 1/2 ans : sortie 2ᵉ mitoy.
4 1/2 — : — coins.
5 ans : mâch. au rond.

---

1. Au centre de la dent est un creux entouré d'émail ; on dit que le cheval a rasé lorsque cet infundibulum a disparu par l'usure de la dent

2. Ne pas confondre le cul-de-sac dentaire qui est l'extrémité de l'infundibulum dentaire et qui est de la nature de l'émail, avec l'étoile dentaire qui est de la nature de l'ivoire.

PORCS

A la naissance : 8 dents de lait et 20 quelques jours après : crochets, coins et 6 molaires caduques des 2 mâchoires.

20 jours : 2 pin. mâch. infér.	4es molaires.
45 — : — — supér.	1 an : rempl. crochets et appar.
3 mois : mitoy. — supér.	5e molaires.
6 mois : rempl. coins et appar.	18 mois : apparit. 6es molaires.

REPRODUCTION DES ANIMAUX DOMESTIQUES

Age pour l'aptitude à la reproduction.

Étalon, de 3 à 12 ans.	Paonne, 2 ans.
Taureau, de 16 mois à 6 ans.	Paon, 30 à 35 mois.
Bélier, de 1 à 5 ans.	Dinde, 11 à 12 mois.
Verrat, de 9 mois à 3 ans.	Dindon, 12 mois.
Jument, de 2 1/2 à 15 ans.	Pintade et oie, 11 à 12 mois.
Vache, de 15 mois à 12 ans.	Cane et jars, 10 mois.
Brebis, de 16 mois à 6 ans.	Poule et coq, 7 mois.
Truie, de 10 — à 5 ans.	Pigeonne et pigeon, 5 mois.

Durée de la chaleur ou du rut chez les femelles :
environ 30 heures.

Si la femelle n'est pas fécondée, la chaleur reparaît au bout de : jument, 9 jours ; vache et truie, 3 et 4 semaines ; brebis, 2 à 3 semaines. Après la mise bas, les femelles reviennent en chaleur au bout de : jument, 15 jours ; vache, 20 jours ; brebis, 3 mois ; truie, 50 jours.

Nombre de femelles auxquelles peut suffire un mâle.

40-50 juments pour un cheval fin ; 60 pour un cheval de demi-sang ; 90 pour un étalon rouleur ; 3 par jour pour un baudet. — 50 vaches pour 1 taureau. — 200 chèvres pour 1 bouc. — 80-100 brebis pour 1 bélier adulte ; 60 pour 1 bélier 1re lutte. — 40-50 truies pour 1 verrat. — 10 poules pour 1 coq. — 20 dindes pour 1 dindon.

Signes de la fécondation.

Cessation des chaleurs ; au cinquième mois, on sent le fœtus en procédant comme il suit : pour la vache, placer le poing fermé au milieu et en bas du flanc droit qu'on refoule fortement, et retirer vivement la main sans quitter la peau, on sent un corps mou venir la choquer ; pour la jument, appliquer la main à plat à la partie inférieure du flanc droit au moment où la jument boit, on ressent un choc produit par le remuement du poulain.

Nota. Si on a des raisons majeures pour s'assurer de l'état de plénitude ou de vacuité chez nos grandes femelles domestiques, l'exploration rectale est le seul moyen efficace. Les autres données sont tellement peu certaines que l'on a vu des juments mettre bas sans que l'on se soit seulement douté qu'elles fussent pleines.

Durée de la gestation.

Jument............	345 jours.	Chèvre............	154 jours.
Anesse...........	360	Truie............	115
Jum. couv. par l'âne	355	Chienne..........	63
Vache...........	284	Chatte...........	55
Bufflesse.........	308	Lapine...........	30
Brebis..........	149	Cobaye..........	75

Durée de l'incubation.

35-40 jours pour le cygne.	30 jours pour la paonne.	
29-30 — l'oie.	28 — — pintade.	
36-38 — canard de Barbarie.	30 — — dinde.	
28-30 — autres canards.	21 — — poule.	
26 — faisan argenté.	19 — — pigeon.	
23 — — doré.	40 — — autruche.	
24 — — commun.		

Sevrage.

Le poulain se sèvre de 5 à 6 mois; l'ânon et le muleton à 5; le veau à 2; l'agneau à 4; le chevreau à 3; le porcelet à 2; le chien à 2; le lapereau à 6 semaines.

Avant son sevrage le veau absorbe 300 litres de lait; l'agneau 100; le chevreau 130.

CHOIX DES REPRODUCTEURS

Espèce chevaline. — Pour la selle et le luxe, choisir les chevaux arabes, anglais, limousins, auvergnats, navarins et barbes; comme cheval de trait léger, le percheron; pour le gros trait, le boulonnais. Le type du reproducteur est le suivant: tête peu volumineuse, osseuse et fine; yeux grands, bien ouverts, au regard limpide et doux; oreilles petites, droites et très mobiles aux impressions; garrot élevé; dos et reins courts et larges; croupe allongée; thorax profond, à parois bien arrondies et sans dépression en arrière du coude; épaule aussi oblique que possible et cuisse large et bien descendue; avant-bras long et bien musclé; canons courts avec tendons détachés et puissants; genoux et jarrets larges et exempts de tares; boulets volumineux dans leur netteté; sabots bien conformés, à surface noire et lisse, d'une corne solide, formant avec le sol un angle de 45 degrés; surface plantaire légèrement incurvée en voûte avec fourchette élastique, saine et à lacunes bien ouvertes. Enfin un système nerveux ou une énergie vitale suffisante pour actionner tous ces organes.

Espèce bovine. — Les reproducteurs choisis en vue de l'engraissement doivent présenter : une tête courte ainsi que le cou ; une large
poitrine ; une grande distance de l'épaule à la queue et de la pointe de
la hanche à celle de la fesse ; reins larges, membres aussi courts et peu
volumineux que possible, peau mince, souple, se soulevant bien à la
main.

Choix vache laitière. — Les bonnes vaches laitières doivent réunir
les conditions suivantes : pis volumineux et non charnu, trayons
écartés, attache intérieure du pis aussi rapprochée que possible du
sternum ; veines mammaires variqueuses et volumineuses rentrant
dans l'abdomen par une porte du lait très large, écusson très étendu.

Espèce ovine. — Taille bien prise, tête petite, cou court, membres
minces et écartés, poitrine large, reins longs et larges, muscles de la
cuisse volumineux, peau souple. Pour la production de la laine :
étendue de la toison, longueur, douceur, élasticité et diamètre homogène des brins ; absence de poils grossiers ou jarres.

Espèce porcine. — Corps cylindrique et le plus long possible ;
membres courts et minces, tête petite.

Coqs. — Ardent au coït, œil vif, crête rouge et bien portée, port
altier, plumage serré et de nuances vives, pattes armées de puissants
éperons, voix forte et sonore.

Poule. — Bien emplumée, ventre large et arrondi, crête rouge,
caractère doux, mangeant bien.

ÉLEVAGE

Les juments poulinières peuvent être utilisées aux travaux de la culture jusqu'à un mois environ avant leur délivrance. Aussitôt né, le
poulain est habitué à téter sa mère, et n'est sevré que vers le 7e ou le
8e mois, progressivement, en substituant peu à peu au lait des aliments
nutritifs et liquides : bouillie de farine de fèves ou fèveroles cuites
dans l'eau chaude et donnée à raison de 400 à 500 grammes. Puis
ajouter plus tard 500 grammes d'avoine concassée ; plus tard encore,
1 kil. de foin tendre et augmenter progressivement les doses, à mesure
que l'on diminue le nombre de fois que le poulain peut téter. A partir
de la cinquième semaine le sevrage est terminé ; donner alors : 1 kil.
fèveroles concassées, 1 kil. 500 avoine entière et 2 kil. 500 foin.
Augmenter cette ration pour arriver à dix-huit mois, à 2 kil. 500
d'avoine, 1 kil 500 de fèveroles, la relation nutritive ne devant pas
dépasser 1/3. 5. Rations pour 100 kil. de cheval de trait : 1o 1 kil. foin,
1 kil. 5 orge ; 0 kil. 600 fèveroles ; 1 kil. paille : relation nutritive 1/4.4 ;
2o 1 kil. foin, luzerne ; 1 kil. 500 maïs ; 0 kil. 700 son ; 1 kil. paille :
relation nutitrive 1/4 ; 3o 1 kil. foin ; 1 kil. 5 seigle ; 0 kil. 800 touraillons ; 1 kil. paille : relation nutritive 1/3. 5.

Espèce bovine. — Faire boire au jeune veau le premier lait ou colostrum de sa mère et le laisser téter à satiété. Ne sevrer qu'après l'ap-

parition de la première molaire et employer la farine de fève ou de tourteau délayée dans de l'eau tiède. Le sevrage terminé, alimenter copieusement pour obtenir un animal précoce.

Espèce ovine. — Allaiter les agneaux au maximum et pendant le plus longtemps possible ; ne pas les sevrer avant l'âge de 4 ou 5 mois. Aux bouillies de farines, de légumineuses ou de tourteaux en poudre succéderont le regain et des aliments faciles à digérer comme le trèfle, la luzerne, etc.

Espèce porcine. — Allaitement pendant 6 semaines à 2 mois seulement pour ne pas épuiser la mère ; dès la quatrième semaine, on prépare le sevrage en donnant du petit-lait ou du lait écrémé aux gorets, puis on ajoute un peu de farine d'orge et l'on augmente progressivement l'épaisseur de la bouillie. Nourrir abondamment les cochons pour obtenir de la viande ; modèles de ration : 1° eaux grasses, 14 k. ; pommes de terre cuites, 4 k. ; son, 1 k. 500 ; 2° eaux grasses, 14 k. ; pommes de terre, 2 k. 500 ; lait écrémé, 0 k. 200 ; farine d'orge, 0 k. 500.

RENOUVELLEMENT DU BÉTAIL

Le cheval croît jusqu'à 5 ans ; conserve sa valeur max. jusqu'à 7 ans.

Le bœuf	—	5 ans ;	—	—	7
Le mouton	—	4 ans ;	—	—	6
Le porc	—	2 ans ;	—	—	3
Le lapin	—	1 an ;	—	—	2 1/2
Le coq	—	1 an ;	—	—	2 1/2

MANIEMENTS

On appelle ainsi certaines parties du corps de l'animal où se forment de préférence les dépôts de graisse. Leur exploration sert à reconnaître l'état de l'engraissement ; elle se fait en abordant l'animal par le derrière et allant de là vers la tête. Les principaux sont : 1° le bord du cimier ou cimier, compris entre la pointe de la fesse et la base de la queue, de chaque côté : le saisir entre le pouce et les quatre autres doigts ; 2° la hampe ou grasset se trouve dans le repli de la peau situé à la partie latérale et inférieure de l'abdomen, au niveau du point où la jambe se détache du corps ; soulever ce repli pour juger de son poids ; 3° le travers ou aloyau se trouvant sur les lombes ; plus il est musclé, plus les autres régions le sont ; 4° le cœur, occupant le défaut de l'épaule ; 5° le flanc ; 6° la hanche ; 7° la côte ; 8° le paleron ; 9° le collier ; 10° le dessous de langue.

On regarde un mouton comme gras, lorsque les reins, le garrot et le pli de la peau de chaque côté de la queue sont remplis de graisse.

RENDEMENT DES BESTIAUX A LA BOUCHERIE
Pour 100 kilos de poids vif :

Bœufs et vaches....................	Viande..........	50 à 60 kil.
— —	Suif..............	4 à 10
— —	Cuir............	6 à 8

Veaux vendus à 2 ou 3 mois.....	Viande..........	70 à 75
plus tard...................	—	55 à 60
Moutons.......................	—	45 à 55
—	Peau...........	8 à 10
—	Suif........	3 à 7
Porcs......................	Viande...........	70 à 75

Catégories.

Pour bœuf le poids viande 1re catégorie $= 0,349$ du poids net.

—	—	2e —	$= 0,307$
—	—	3e —	$= 0,342$
Pour veau	—	1re —	$= 0,385$
—	—	2e —	$= 0,414$
—	—	3e —	$= 0,200$
Pour mouton —		1re —	$= 0,444$
—	—	2e —	$= 0,222$
—	—	3e —	$= 0,334$

Production de la plume.

Paon................	460 gr.	Coq de Padoue.......	230 gr.
Pigeon...............	49	— Crèvecœur....	189
Perdrix grise........	22	— Cochinchine ..	360
Dinde...............	268	Canard Barbarie......	335
Oie fournit en duvet..	450		

Production des poils.

Chèvre de Cachemyre.....................	100 à 130 gr.
Alpaca.............................	100 à 130
Lapin angora.........................	300
Chèvre d'Angora......................	2 kil.
Chabin	3 kil. 500
Lama.............................	7 kil.

ALIMENTATION

Alimentation du cheval, de l'âne et du mulet. — Le cheval de travail doit avoir une ration égale à 1 p. cent de son poids vif, autant de paille et d'avoine. La quantité d'avoine à donner aux chevaux varie suivant la vitesse que l'on veut obtenir. Elle est donc utile surtout pour les chevaux que l'on soumet à des allures rapides, tandis que, pour les chevaux de gros trait, on peut remplacer l'avoine par l'orge, le maïs, le son, etc. Il faut donner l'avoine en plusieurs fois et sonvent, plutôt que toute à la fois et rarement.

Régime du vert. — La quantité de vert donnée par jour varie de 25 à 60 kilog. suivant la taille et la race de chaque animal. Au commencement et à la fin de la période du vert, il est nécessaire de mélanger à l'herbe une certaine quantité de fourrage sec pour que le changement de nourriture se fasse graduellement. Les animaux qui travaillent en prenant le vert ont besoin d'une ration d'avoine.

Boissons. — Le cheval boit deux fois par jour et trois fois pendant les grandes chaleurs. Lors des fortes gelées, pendant les maladies, les convalescences et les accouchements, on donne les boissons à l'écurie sous forme de barbotages tièdes. Une grande quantité d'eau prise d'un seul coup peut produire des indigestions mortelles ou des avortements. Il faut se garder de faire courir un cheval immédiatement après qu'il a bu, sous peine d'occasionner des coliques. Le son et l'avoine doivent être donnés après la boisson et non avant.

Alimentation des bêtes bovines. — La ration de foin, de luzerne ou de sainfoin pour un bœuf de moyenne taille est de 2 kilogs de foin et 4 kilogs de paille pour 100 kilogs de poids vif.

Les animaux de vente peuvent être nourris exclusivement de vert.

Pour les bêtes de travail, il convient de donner en même temps des fourrages secs, des grains, des tourteaux, etc.

Trois repas par jour sont nécessaires aux bêtes bovines nourries à l'étable. A l'époque des travaux pénibles, les bœufs ne doivent être attelés après le repas que lorsque la rumination est déjà commencée. On les mène à l'abreuvoir deux fois par jour.

En règle générale, il faut utiliser autant que possible les pâturages dont on peut disposer, et donner à l'étable un supplément de ration en rapport avec les besoins et le genre de production de chaque animal·

Engraissement. — Donner à manger à discrétion, par petites rations et souvent ; exciter l'appétit avec des condiments ; varier la nourriture, faire boire à volonté, tenir les bêtes au repos absolu et les panser avec soin.

Une bête bovine, à l'engrais, augmente, par jour, de 750 à 1,500 grammes.

Il faut, en moyenne, 24 à 26 kilog. de bon foin pour produire 1 kil. de poids vif. Un bœuf, en bon état, peut recevoir et utiliser une ration de 4, 5 et même 6 kilogr. de foin, par 100 kilogr. de son poids brut.

Un bœuf de 4 à 500 kilgr. peut, s'il a bon estomac, absorber et assimiler, avec profit, une ration de 30 kilogr. valeur foin par jour, le foin et la paille formant la moitié de la ration, et les racines, les tourteaux et les grains l'autre moitié.

Si la constipation survient, on supprime les aliments secs, et les aliments aqueux dans le cas de diarrhée.

Une étable demi-obscure, à température douce, où l'air est plutôt chaud que froid, convient particulièrement aux bêtes à engraisser ; les bœufs mal nourris avant l'engraissement doivent être saignés par précaution quinze jours avant le changement de régime, afin de prévenir les apoplexies.

La saignée est également utile au printemps chez les bovidés qui, passant subitement de la ration misérable d'hiver à la pleine abondance des fourrages verts, sont tout à coup devenus pléthoriques.

Alimentation du mouton. — Donner le matin au râtelier une ration sèche avant de conduire au pacage. On évite ainsi la météorisation et l'on prévient dans la mesure du possible l'influence pernicieuse de l'humidité sur ces animaux, laquelle est souvent la cause de la cachexie aqueuse, d'hydropisies, etc.

Le meilleure mode d'entretien des troupeaux est le régime mixte, que l'on peut formuler ainsi : « Faire pâturer toutes les fois que le temps le permet, ou donner du vert à la bergerie. Pendant l'automne, ajouter une ration supplémentaire de bons fourrages ou autres aliments secs. Pendant l'hiver, nourrir les troupeaux à la bergerie en leur faisant consommer les fourrages médiocres lors des grands froids ».

Les moutons sont engraissés par les mêmes procédés que les bêtes bovines.

Alimentation du porc. — Les raves, les pommes de terre et autres tubercules qu'on lui donne à manger doivent être préalablement coupés en morceaux, pour éviter qu'ils ne s'arrêtent dan l'œsophage. La viande des animaux abattus ou morts accidentellement de maladies non coutagieuses peut servir à la nourriture du porc. On la donne cuite ou crue et suffisamment divisée.

Le sarrasin en fleur produit chez le porc l'engorgement de la tête et des oreilles. Le pacage dans les champs de farouche ou de trèfle est souvent la cause de la rougeole, maladie qui, chez les truies nourrices, se porte sur les mammelles et nuit à l'allaitement. Ces aliments devraient donc être exclus de la consommation.

Les porcs, mâles ou femelles que l'on veut engraisser doivent être châtrés. Ceux qui sont atteints de rhumatismes ou de maladies articulaires sont difficiles à engraisser.

Valeur nutritive des divers fourrages
Sont équivalents à 100 kilog. de bon foin :

	kilos
1° FOURRAGES SECS	
Foin avant la floraison	90
— pendant —	100
— après —	110
— d'esparcette	90
— de luzerne	90
— de pois	90
— de topinambours	150
— de trèfle blanc	90
— de trèfle rouge	90
— de vesces	95
Regain	95
2° FOURRAGES VERTS	
Colza	475
Esparcette	350 à 400
Herbe des prés	350 à 400
Luzerne	350 à 400
Maïs	350 à 400
Pois	350 à 400
Regain	300 à 350
Sarrasin	450
Seigle	350 à 400
Topinambours	350 à 400
Trèfle commun	350 à 450
Trèfle incarnat	400 à 450
Vesces	350 à 400
3° FEUILLES SÈCHES	
Vigne, Frêne, Orme	100
Peuplier, Tilleul	100
Acacia, Érable	125
Chêne	130
4° FEUILLES VERTES	
Orme, Peuplier, Frêne, Acacia, Mûrier, Chêne, Charme, Tilleul	150
Aiguilles de pin vertes	275
5° PAILLES	
Avoine	200
Blé	250
Colza	150
Légumineuses	150
Menue paille et balles d'avoine	150
Menue paille et balles de blé	192
Maïs	280
Orge	200
Seigle	280

6° GRAINS	kilos
Avoine	50 à 55
Blé	40
Epeautre	60
Féverolles	35 à 40
Lentilles	36
Maïs	40
Orge	50
Pois	36
Sarrasin	50
Seigle	45
7° RACINES	
Betteraves disette	350
— globe jaune	300
Carottes	300
Choux pommés	450
Feuilles de betteraves	600
Navets	400
Pommes de terre	150 à 200
Rutabagas	400
Topinambours	200
8° RÉSIDUS DIVERS	
Farine dernière qualité	50
Germes d'orge	125
Marc d'amidonnerie	200 à 250
Marc de fruits	300
Marc de raisins	300
Pulpe de betteraves	150
Pulpe de pommes de terre	300
Son de bière	100
Son de froment	60
Son de seigle	60
Tourteaux d'arachides décortiquées	40
— de colza	51
— de coprah	45
— de coton	37
— de lin	45
— d'œillette ou pavot	48
— de palme	44
— de sésame	43
9° DIVERS	
Ramilles d'arbres ensilées	200 à 250
Sarments de vigne broyés	200 à 250

Coefficients de digestibilité, d'après Sanson

N. B. — Ces coefficients sont indiqués en centièmes de la teneur des aliments en substance organique totale

Avoine	69	Pois	85
Betteraves	90	Pommes de terre	89
Fèves	85	Regain de pré	64
Foin de pré	64	Son de froment	67
— de trèfle rouge	60	— de seigle	67
— de luzerne	58	Sorgho vert	66
— de lupin	62	Tourteau d'arachide	85
Herbe de prairie	70	— de colza	74
Luzerne verte	62	— de coprah	80
Maïs	76	— de coton	50
Maïs vert	66	— de lin	81
Paille d'avoine	52	— de palmiste	89
— de fèves	51	— de sésame	78
— de froment	45	Trèfle avant la floraison	71
— de lupin	46	— en fleurs	64
— de seigle	51	— en fin de floraison	58

Spécimens de rations.

A. — *Ration d'un cheval de 500 kilogrammes de poids vif, ne faisant aucun travail.*

RATION TYPE

10 k. foin de pré (qualité moyenne).

RATIONS ÉQUIVALENTES

Ration Nᵒ 1.	6 k.	foin de pré.
»	2 » 500	avoine en grains.
Ration Nᵒ 2.	6 k. »	paille hachée (de blé de préférence ; réserver la paille d'avoine pour les ruminants).
	4 »	avoine en grains.
Ration Nᵒ 3.	8 k.	feuilles vertes (orme, peuplier, etc.) ou 4 k. 500 feuilles sèches.
»	1 »	paille hachée (de blé).
»	1 » 500	avoine.
»	2 »	son de blé.
Ration Nᵒ 4.	8 k.	feuilles vertes (orme, peuplier, etc. ').
»	1 »	paille hachée.
»	1 »	avoine.
»	1 »	orge.

B. — *Poids d'un cheval de culture de 500 kilos de poids vif, travaillant 10 heures par jour.*

RATION TYPE

7 k.	foin de pré (qual. moy.).
5 »	avoine en grains.

RATIONS ÉQUIVALENTES

Ration N° 1.	6 k.	paille de blé (en part. hachée).
	7 » 500	avoine en grains.
Ration N° 2.	6 k.	paille de blé (en part. hachée).
»	3 »	avoine en grains.
»	2 »	orge en grains.
»	2 »	son de blé.
Ration N° 3.	8 k.	feuilles vertes (orme, peuplier, etc.) ou 4 k. 500 feuilles sèches.
»	1 »	son de blé.
»	3 »	orge en grains.

C. — *Ration d'entretien d'une bête de gros bétail de 500 kilos de poids vif, au repos ou à l'étable.*

RATION TYPE

9 à 10 k. de foin de pré (qualité moyenne).

RATIONS ÉQUIVALENTES

Ration N° 1.	8 k.	paille d'avoine.
»	2 » 500	tourteau de colza.
Ration N° 2.	7 k.500	feuilles sèches (orme, peuplier, etc.).
»	1 »	paille d'avoine.
Ration N° 3.	1 k.500	paille d'avoine.
»	13 »	feuilles vertes (orme, peuplier, etc.).

D. — *Ration de production pour vaches laitières de 500 kilogrammes en état de gestation*

(produisant 3.000 litres de lait par an).

RATION TYPE

16 k. 400 foin de pré (qualité moyenne).

Remarque. — Ration volumineuse absorbée seulement par les vaches habituées à ce genre d'alimentation.

RATIONS ÉQUIVALENTES

Ration N° 1.	7 k.	paille d'avoine (de préf.).
»	2 »	avoine.
»	2 »	son de blé.
»	1 »	tourteau de lin.
»	1 »	tourteau de coprah ou colza.

Ration N° 2.	7 k.		paille d'avoine.
»	1 »		avoine.
»	2 »		son de blé.
»	1 »		tourteau de lin.
»	2 »		tourteau de coprah.
Ration N° 3.	10 k.		feuilles vertes (orme, peuplier, etc.) ou 4 k. 500 de feuilles sèches.
»	5 »		paille d'avoine.
»	2 »	500	son de blé.
»	1 »	500	tourteau de lin.
Ration N° 4.	15 k.		feuilles vertes (orme, peuplier, etc.) ou 4 k. 500 de feuilles sèches.
»	1 »	500	tourteau de lin.
»	1 »		tourteau de colza.
»	1 »	500	tourteau de coprah.
»	3 »		son de blé.

Calcul de la relation nutritive des aliments.

Dans tous les aliments destinés aux animaux la protéine (matière azotée) et les matières non azotées se trouvent réunies dans des proportions variables désignées sous le nom de *Relation nutritive*.

Cette relation influe sur l'effet utile de l'aliment. Il est donc nécessaire, lorsqu'on veut en employer un nouveau, d'établir la *relation nutritive* afin de la modifier en l'atténuant ou en l'enrichissant suivant le cas, de façon à en tirer le maximum d'effet utile pour la production du travail, du lait, de la viande ou de la graisse.

La relation nutritive s'obtient en divisant le tant pour cent de protéine par la somme des proportions de matières grasses et de matières non azotées.

Si l'on prend, par exemple, le foin comme type, sa relation nutritive sera :

$$\frac{10.60 \text{ (protéine)}}{2.60 \text{ (graisse)} + 52.88 \text{ (non azotées)}} = 5.23 \text{ ou } \frac{1}{5.2}$$

La relation est dite étroite ou large selon l'écart qui existe entre les deux termes. Étroite lorsque le second terme est inférieur à 5, large lorsqu'il lui est supérieur.

Le but à atteindre dans le règlement des rations consiste donc à en former les éléments de façon à se rapprocher le plus possible de la relation $\frac{1}{5}$.

TABLES DE WOLFF

Présentant la composition moyenne des aliments et leur richesse en éléments digestibles

NOMS DES FOURRAGES	Eau.	Cendres.	Protéine brute.	Cellulose brute.	Principes extractifs non azotés.	Graisse brute.	Éléments digestibles.			Rapport nutritif.
							Albumine.	Hydrates de carb.	Graisse.	
	p. 0/0	p. 0/0	p. 0/0	p. 0/0	p. 0/0	p. 0/0	p. 0/0	p. 0/0	p. 0/0	1 sur
I. — Foins										
Foin de prairie de qualité inférieure	14.3	5.0	7.5	33.5	38.2	1.5	3.4	34.9	0.5	10.6
Foin de prairie de qualité moyenne	14.3	6.2	9.7	26.3	41.4	2.5	5.4	41.0	1.0	8.0
Foin de prairie d'excellente qualité	16.0	7.7	18.5	19.3	40.4	3.0	9.2	42.8	1.5	5.1
Trèfle rouge de qualité moyenne	16.0	5.3	12.3	26.0	38.2	2.2	7.0	38.1	1.2	5.9
Trèfle rouge d'excellente qualité	16.5	7.0	15.3	22.2	35.8	3.2	10.7	37.6	2.1	4.0
Trèfle blanc de qualité moyenne	16.5	6.0	14.5	25.6	33.9	3.5	8.1	35.9	2.0	5.0
Trèfle hybride	16.0	6.0	15.0	27.0	32.7	3.3	8.6	34.8	1.8	4.6
Trèfle incarnat	16.7	5.1	12.2	30.4	32.6	3.0	6.2	34.9	1.4	6.2
Luzerne de qualité moyenne	16.0	6.2	14.4	33.0	27.9	2.5	9.4	28.3	1.0	3.3
Luzerne de très bonne qualité	16.5	6.8	16.0	26.6	31.6	2.5	12.3	31.4	1.0	2.8
Sainfoin à la floraison	16.7	6.2	13.3	27.1	34.2	2.5	7.6	35.8	1.4	5.2
Vesce fourrage de qualité moyenne	16.7	8.3	14.2	25.5	32.8	2.5	9.4	32.5	1.5	3.9
Vesce fourrage de très bonne qualité	16.7	9.3	19.8	23.4	28.5	2.3	15.1	31.1	1.4	2.8
Lupins de qualité moyenne	16.7	4.6	17.1	28.5	30.9	2.2	11.3	37.3	0.7	3.4
Spergule des champs, à la floraison	16.7	9.5	12.0	22.0	36.6	3.2	7.6	36.8	1.9	5.5
Consoude avant la floraison	15.0	15.0	20.7	11.5	35.1	2.7	12.0	31.8	1.8	3.0
Moutarde, commencement de la floraison	16.0	8.8	14.9	23.3	34.2	2.8	9.8	37.4	1.8	4.8
Seigle fourrage	14.3	5.1	40.4	23.1	44.5	2.8	6.6	44.3	1.3	7.2
Ray-grass anglais	14.3	6.5	10.2	30.2	36.1	2.7	5.1	35.3	0.8	7.3
Foin de Moha	13.4	5.7	10.8	29.4	38.5	2.2	6.1	41.0	0.9	7.1
Feuillard, fin juillet	16.0	7.0	10.5	14.2	49.3	3.0	6.2	37.8	2.4	7.0
II. — Fourrages verts.										
Herbe, peu de temps avant la floraison	75.0	2.1	3.0	6.0	13.1	0.8	2.0	13.0	0.4	7.0
Herbe de pâturage	80.0	2.0	3.5	4.0	9.7	0.8	2.5	9.9	0.4	4.4
Ray-grass anglais	70.0	2.0	3.6	10.6	12.8	1.0	1.8	12.2	0.4	7.2
Herbe de bonnes graminées (moyenne)	70.0	2.1	3.3	10.1	13.4	1.0	1.9	14.2	0.5	8.1
Seigle vert	76.0	1.6	3.4	7.9	10.4	0.8	1.9	11.0	0.4	6.8
Avoine fourrage	81.0	1.4	2.3	6.5	8.8	0.5	1.3	8.9	0.2	7.2
Maïs vert	82.9	1.3	1.2	5.2	8.8	0.6	0.7	8.4	0.3	13.0
Moha, à la floraison	75.0	1.8	3.1	8.5	10.0	0.7	1.8	11.8	0.3	7.0

| NOMS DES FOURRAGES | Eau. | Cendres. | Protéine brute. | Cellulose brute. | Principes extractifs non azotés. | Graisse brute. | Éléments digestibles. | | | Rapport nutritif. |
| | | | | | | | Albumine. | Hydrates de carb. | Graisse. | |
	p. 0/0	p. 0/0	p. 0/0	p. 0/0	p. 0/0	p. 0/0	p. 0/0	p. 0/0	p. 0/0	1 sur
Trèfle rouge avant la floraison	83.0	1.5	3.3	4.5	7.0	0.7	2.3	7.4	0.5	3.8
Trèfle rouge en pleine floraison	80.4	1.3	3.0	5.8	8.9	0.6	1.7	8.7	0.4	5.7
Trèfle blanc, en fleur	80.5	2.0	3.5	6.0	7.2	0.8	2.2	7.9	0.5	4.2
Trèfle hybride, en pleine floraison	82.0	1.8	3.3	6.0	6.3	0.6	1.8	6.9	0.3	4.3
Trèfle incarnat	81.5	1.6	2.7	6.2	7.3	0.7	1.5	7.5	0.3	5.5
Luzerne jeune	81.0	1.7	4.5	5.0	7.2	0.6	3.5	7 3	0.3	2.8
Luzerne commencement de la floraison	74.0	2.0	4.5	9.5	9.2	0.8	3.2	9.1	0.3	3.1
Sainfoin, commencement de la floraison	81.4	1.2	4.2	5.2	7.3	0.7	1.5	7.5	0.3	5.5
Lupuline	80.0	1.5	3.5	6.0	8.2	0.8	2.2	8.7	0.5	4.6
Lupin, qualité moyenne	85.0	0.7	3.1	5.1	5.7	0.4	2.0	6.7	0.2	3.6
Fèverole, commencement de la floraison	87.3	1.0	2.8	3.5	5.1	0.3	2.0	5.2	0.2	2.8
Vesce fourrage, en fleur	82.0	1.8	3.5	5.5	6.6	0.6	2.5	6.7	0.3	3.0
Consoude, avant la floraison	87.7	2.2	3.0	1.7	5.0	0.4	1.8	4.9	0.3	3.0
Moutarde, en pleine fleur	82.7	1.4	2.1	5.8	7.5	0.5	1.4	7.9	0.3	6.1
Spergule	80.0	2.0	2.3	5.3	9.7	0.7	1.5	9.8	0.3	7.0
Sarrasin en fleur	85.0	1.4	2.4	4.2	6.4	0.6	1.5	6.6	0.4	5.1
Feuillard, en juillet	55.0	3.8	5·6	7.6	26.5	1.5	3.8	24.5	0.9	6.0
Colza vert	87.0	1.6	2.9	4.2	3.7	0.6	2.0	4.8	0.4	2.9
Chou fourrage	84.7	1.6	2·5	2.4	8.1	0.7	1.8	8.2	0.4	5.2
Feuilles de betterave fourragère	90.5	1.8	1.9	1.3	4.0	0.5	1.2	4.0	0.2	3.7
Ajonc	57.4	2.0	4.5	19.8	15.2	1.1	1.8	17.5	0.5	10.1
Feuillage de topinambour	80.0	2.7	3.3	3.4	9.8	0.8	2.0	9.4	0.4	5.2
Ensilage de maïs	81.1	2.0	1.2	6.1	5.9	0.7	7.8	7.1	0.5	10.1
— d'herbe	80.6	2.0	2.0	6.5	8.1	0.8	1.4	8.5	0.5	6.9
— de trèfle rouge	79.2	2.1	4.2	5.9	6.4	2.2	2.8	7.2	1.7	4.1
— de luzerne	82.9	2.1	3.8	5.0	4.7	1.5	2.8	5.3	0.9	2.7
— de sainfoin	83.3	1.3	3.4	5.9	5.1	1.0	1.7	4.4	1.0	4.1
— de seigle fourrage	86.9	0.9	1.6	4.4	5.7	0.5	0.9	6.0	0.3	7.5

III. — Pailles

NOMS DES FOURRAGES	Eau.	Cendres.	Protéine brute.	Cellulose brute.	Principes extractifs non azotés.	Graisse brute.	Albumine.	Hydrates de carb.	Graisse.	Rapport nutritif.
Froment d'hiver	14.3	4.6	3.0	40.0	36.9	1.2	0.8	35.6	0.4	45.8
Seigle d'hiver	14.3	4.1	3.0	44.4	38.3	1.3	0.8	36.5	0.4	46.9
Epautre d'hiver	14.3	5.0	2.5	45.0	31.8	1.4	0.7	32.1	0.4	47.8
Orge d'hiver	14.3	5.5	3.3	43.0	32.5	1.4	0.8	31.4	0.4	40.5
— d'été	14.3	4.1	3.5	40.0	36.7	1.4	1.3	40.6	0.5	32.2
Avoine	14.3	4.0	4.0	39.5	36.2	2.0	1.4	40.1	0.7	29.9
Céréales de printemps, qualité moyenne	14.3	4.1	3.8	39.7	36.4	1.7	1.4	10.4	0.6	31.0
— d'hiver, qualité moy.	14.3	4.8	3.0	42.0	34.9	1.3	0.8	36.0	0.4	46.8
Sarrasin	10.4	5.0	3.9	45.9	33.2	1.6	2.0	37.7	0.7	19.7
Lentille	16.0	6.5	14.0	33.6	27.9	2.0	6.9	30.8	1.2	4.7
Colza	16.0	4.1	3.5	40.0	35.4	1.0	1.4	35.0	0.5	25.9
Fèverolle	16.0	4.6	10.2	34.0	35.2	1.0	5.0	35.2	0.5	7.8

NOMS DES FOURRAGES	Eau.	Cendres.	Protéine brute.	Cellulose brute.	Principes extractifs non azotés.	Graisse brute.	Éléments digestibles. Albumine.	Hydrates de carb.	Graisse.	Rapport nutritif.
	p. 0/0	p. 0/0	p. 0/0	p. 0/0	p. 0/0	p. 0/0	p. 0/0	p. 0/0	p. 0/0	1 sur
IV. — Balles et siliques										
Froment	14.3	9.2	4.5	36.0	34.6	1.4	1.4	32.8	0.4	24.1
Epautre	14.3	8.3	3.5	40.0	32.6	1.3	1.1	33.9	0.4	31.7
Seigle	14.3	7.5	3.6	43.5	29.9	1.2	1.1	34.9	0.4	32.6
Avoine	14.3	10.0	4.0	34.0	36.2	1.5	1.6	36.6	0.6	23.8
Orge	14.3	13.0	3.0	30.0	38.2	1.5	1.2	35.0	0.6	30.4
Pois	15.0	6.0	8.1	32.0	36.9	2.0	4.0	36.2	1.2	9.8
Lupin	14.3	3.5	4.5	37.0	39.0	1.7	1.7	44.2	0.5	26.7
Colza	12.9	7.6	4.2	38.7	35.0	1.6	2.1	34.9	0.7	17.9
Lin	11.6	5.8	3.5	40.7	35.0	3.4	1.7	34.8	1.7	23.0
V. — Racines et tubercules										
Pomme de terre	75.0	0.9	2.1	1.1	20.7	0.2	2.1	21.8	0.2	10.6
Topinambour	80.0	1.0	2.0	1.3	15.5	0.2	2.0	16.8	0.2	8.7
Betterave fourragère	88.0	0.8	1.1	0.9	9.1	0.1	1.1	10.0	0.1	9.3
— à sucre	81.5	0.7	1.0	1.3	15.4	0.1	1.0	16.7	0.1	17.0
Carotte jaune ou rouge, longue moyenne	85.0	0.9	1.4	1.7	10.8	0.2	1.4	12.5	0.2	9.3
— blanche à collet vert	87.0	0.8	1.2	1.2	9.6	0.2	1.2	10.8	0.2	9.4
Rutabaga	87.0	1.0	1.3	1.1	9.5	0.1	1.3	10.6	0.1	8.3
Navet	91.5	0.7	0.9	0.8	6.0	0.1	0.9	6.8	0.1	7.8
Turnep	92.0	0.7	1.1	0.8	5.3	0.1	1.1	6.1	0.1	5.8
Panais	88.3	0.7	1.6	1.0	10.2	0.2	1.6	11.2	0.2	7.8
VI. — Graines et fruits										
Froment	14.4	1.7	13.0	3.0	66.4	1.5	11.7	64.3	1.2	5.8
Seigle	14.0	1.8	11.0	3.5	67.4	2.0	9.9	65.4	1.6	7.0
Orge	14.0	2.7	11.0	4.9	65.1	2.3	8.5	56.6	2.3	7.3
Avoine	12.4	3.0	10.4	11.2	57.8	5.2	8.0	44.7	4.8	6.8
Maïs	12.7	1.6	10.1	2.3	68.6	4.7	8.0	63.1	4.0	9.1
Millet	14.0	3.3	11.8	9.5	57.8	4.0	8.9	45.0	3.2	6.0
Sarrasin	14.0	1.8	9.0	15.0	38.7	1.5	6.8	47.0	1.2	7.4
Pois	14.4	2.7	22.6	5.4	53.0	1.9	20.1	53.0	1.4	2.8
Fèverolle	14.4	3.2	25.0	6.9	48.9	1.6	22.0	50.0	1.4	2.4
Lupin jaune	13.8	3.9	38.1	13.6	25.6	5.0	34.7	49.2	4.6	1.7
Glands frais	55.3	1.0	2.5	4.4	34.8	1.9	2.0	30.9	1.5	18.2
— décortiqués et séchés	17.0	2.0	5.1	4.5	67.4	4.0	4.1	59.7	3.2	16.5
Châtaignes à l'état frais	49.2	1.6	4.3	2.0	41.3	1.6	3.4	35.7	1.3	11.5
VII. — Produits et déchêts industriels.										
Pulpes de presses		2.2	1.9	5.4	17.3	0.2	1.2	18.9	0.2	10.2
— de diffusion, fraîches	73.0	0.7	0.7	1.8	5.7	0.1	0.4	6.8	0.1	10.4
— — d'ensilage	91.0 / 88.5	0.9	0.9	2.3	7.2	0.2	0.5	7.9	0.2	10.7

NOMS DES FOURRAGES	Eau.	Cendres.	Protéine brute.	Cellulose brute.	Principes extractifs non azotés.	Graisse brute.	Éléments digestibles.			Rapport nutritif.
							Albumine.	Hydrates de carb.	Graisse.	
	p. 0/0	p. 0/0	p. 0/0	p. 0/0	p. 0/0	p. 0/0	p. 0/0	p. 0/0	p. 0/0	1 sur
Marcs de pommes........	74.3	1.3	1.4	10.5	11.2	1.3	0.7	12.1	0.5	19.1
Mélasse de betteraves...	17.2	10.3	8.0	—	64.5	—	8.0	64.5	—	8.1
Vinasses de pommes de terre................	92.2	0.6	1.4	0.9	4.7	0.2	1.4	5.6	0.2	4.4
Drêche de brasserie fraîche	76.1	1.1	4.9	3.5	12.9	1.5	3.6	6.7	1.3	3.6
— desséchée	9.3	4.2	28.7	13.3	47.2	7.3	13.7	35.4	6.1	3.6
Résidus de distillerie séchés................	6.9	10.4	22.1	14.7	40.6	5.3	16.1	31.9	4.5	2.7
Son de froment fin.......	12.1	4.1	14.1	7.3	58.2	4.2	11.0	47.2	2.0	4.9
— grossier.	13.6	5.6	13.6	8.9	54.9	3.4	10.6	45.2	2.4	4.8
Son de seigle...........	12.4	4.8	14.7	6.2	58.7	3.2	11.5	47.3	2.2	4.6
— de maïs.............	11.8	3.4	10.2	9.0	61.8	3.8	7.9	56.6	3.4	8.2
— d'orge	12.0	4.1	14.8	19.4	15.6	4.1	11.5	43.2	3.6	4.5
Tourteau de colza.......	10.4	7.7	30.7	11.3	30.1	9.8	24.9	23.8	7.6	1.7
— de lin.........	11.8	7.3	28.7	9.4	32.1	10.7	21.7	29.8	9.6	2.1
— de pavot.. ...	10.7	11.2	35.4	11.3	21.6	9.8	30.4	22.3	8.3	1.4
— de cameline...	11.8	6.9	33.1	11.6	27.4	9.2	26.5	26.6	8.3	1.4
— de chanvre....	11.9	7.8	29.8	24.7	17.3	8.5	20.9	16.4	7.2	1.6
— d'arachide.....	9.8	6.9	31.0	22.7	20.7	8.9	24.8	19.0	7.2	1.5
— de noix.......	13.7	5.0	34.6	6.4	27.8	12.5	31.1	28.2	11.2	1.8
— d'olive........	13.8	6.8	6.0	33.4	26.8	13.2	8.6	32.8	10.6	16.5
— de sésame.....	11.1	10.9	37.2	7.5	20.5	12.8	33.5	15.5	11.5	1.7
— de coton......	10.6	7.2	24.7	24.9	26.0	6.6	18.7	18.7	5.9	1.8
Petit-lait...............	93.6	0.6	0.8	—	4.9	0.1	4.9	4.9	0.1	6.4

PRINCIPALES RACES
D'Animaux Domestiques

Races chevalines.

Allemand. — 1.60 à 1.70. — Robe rouge, généralement baie. — Physionomie peu intelligente. — *Carrosse et selle.*

Anglais. — Haute taille. — Pur sang. — Robe foncée. — Longue encolure. — Tête expressive. — *Courses.* — Type de croisement pour cheval de selle ou guerre

Ardennais. — Taille variable jusqu'à 1.60. — Robe rouan, gris fer et brun. — Tempérament robuste et énergique propre aux allures vives. — *Gros trait et trait léger.*

Arabe. — 1.50. — Robe gris clair truité. — Forme svelte élégante, œil vif et fier, tête fine et carrée. — *Cheval de selle et de guerre.*

Barbe. — 1.50. — Robe variée de blanc, ou noir, ou rouge, souvent gris, forme élégante. — Vigoureux, ayant du fond, rustique et sobre. — Physionomie calme au repos, s'anime vite. — *Cheval de selle, de cavalerie légère.*

Boulonnais. — 1.60 à 1.65. — Robe gris ardoise, rouan ou pommelé. — Conformation régulière, tempérament énergique. — *Type de gros trait.*

Hollandais. — Taille élevée. — Robe noire ou baie. — *Trotteur.*

Normand. — Haute taille. — Nuance foncée, bai cerise avec les crins noirs. — Le vrai type est le pur sang anglais amplifié bien que qualifié de demi-sang. — *Selle* et *trait léger.*

Percheron. — 1.55 à 1.70. — Robe gris pommelé. — Fortement musclé, peau épaisse, crinière abondante et longue. — *Trait léger, omnibus, postes.*

Suffolck. — 1.60 à 1.65. — Robe noire avec marque blanche au front, bai clair, alezan. — *Gros trait.*

Tarbes. — 1.50. — Robe gris clair ou bai brun. — Physionomie énergique. — *Selle et trait léger.*

Races bovines.

Albanaise. — Froment sans tache. — Bonne laitière, dure et active au travail, sobre et rustique. — Peu de disposition à l'engraissement.

Aubrac. — Fauve ou noir de suie mélangé de roux et de gris. — Solide, rustique. — Engraisse lentement mais fournit bonne viande. — Bœuf de travail par excellence.

Bazadaise. — Brun de suie tirant vers le gris. — Près de terre, avec membres d'une vigueur et beauté remarquables. — D'une vigueur supérieure au travail. — Engraissement facile donnant bonne chair.

Béarnaise. — Jaune ou rouge pâle. — Croît lentement. — Peu d'énergie au travail. — Avec des soins et bonne nourriture pourrait donner travail et lait.

Bressanne. — Froment. — Aptitudes laitières très ordinaires. — Bonne au travail. — D'un engraissement facile. — Bonne viande d'un grain un peu grossier.

Bretonne. — Noir et blanc avec prédominance de noir. — Petite taille. — Bœuf vigoureux et bon travailleur. — Vache excellente laitière, et donnant un lait très riche en beurre.

Charolaise. — Blanc, quelquefois jaunâtre. — Muscles cruraux épais, peau épaisse. — Exploitée surtout pour la production de la viande, race de boucherie de premier ordre.

Comtoise. — Blanc et jaune rougeâtre. — Squelette grossier. — Exploitée dans la montagne pour fournir le lait destiné à la fabrication du fromage de gruyère. — Excellente laitière, donnant un lait très riche en matière sèche.

Durham. — Rouge et blanc. — La plus perfectionnée sous le rapport des formes corporelles, de la précocité et de l'aptitude à l'engraissement. — A été la base de nombreux croisements avec nos meilleures races françaises.

Féméline. — Blond clair ou froment. — Race très améliorée par la sélection. — Bœuf travailleur. — Vache bonne laitière. — D'une aptitude remarquable à l'engraissement, est cultivée surtout pour la production de la viande.

Ferrandaise. — Blanc et rouge ou blanc et noir. — Bœuf travailleur. — Vache laitière ordinaire. — Connue seulement en Auvergne.

Flamande. — Rouge acajou tirant sur brun foncé. — Recherché surtout à cause de ses qualités laitières exceptionnelles. — Compose en grande majorité la population des étables près Paris. — Bonne néanmoins pour la production de la viande. — Excellente race pour lait et boucherie.

Garonaise. — Froment clair. — Dure au travail, s'engraisse facilement et rapidement. — Viande de qualité supérieure.

Gasconne. — Fauve ou blaireau. — Mauvaise laitière, très bonne au travail, dure à l'engraissement, à cause de l'âge avancé auquel on le commence. — Rendement peu élevé en viande de troisième catégorie.

Hollandaise. — Blanc et noir toujours avec prédominance de l'un sur l'autre. — Remarquable par ses aptitudes laitières qui se traduisent pour la grande variété par une moyenne annuelle de 4.000 litres et pour la petite variété de 2.600 litres.

Jersiaise. — Race métisse entre race irlandaise et race germanique. — Excellente laitière et surtout beurrière.

Limousine. — Rougeâtre, souvent rouge clair. — Bœuf remarquable sous le double rapport de la quantité et de la qualité de viande produite. — Vache dure au travail, laitière satisfaisante. — Une des meilleures races de boucherie.

Mancelle. — Rouge et blanc; croisement de Durham et de la vieille race Mancelle. — Très grande aptitude à l'engraissement; viande abondante et bonne.

Marchoise. — Couleur blair... — Squelette grossier, conformation irrégulière. — Vaches exp...ées pour le lait. — Bœufs travailleurs, d'un engraissement facile, quoique donnant bonne viande.

Mézenc. — Jaune fauve ou brun. — Race métisse manquant d'unité. — Exploitée pour le lait, viande, travail. — Rendement peu élevé à la boucherie.

Montbéliard. — Amélioration de la race comtoise. — Bœufs mieux conformés, ayant plus grande aptitude pour le travail.

Nivernaise. — Blanche, marquée de taches café au lait. — Croisement entre la charolaise et l'ancienne nivernaise. — Bœufs très aptes au travail, ensuite à l'engraissement. — Vaches mauvaises laitières. — Bœuf de travail et de boucherie.

Normande. — Bringée sur fond rouge ou jaune, souvent blanc et rouge. — Exploitée exclusivement pour le lait, elle donne, d'après Sanson, jusqu'à 6.000 litres de lait entre deux vélages. — Son lait très riche donne le beurre supérieur d'Isigny et de Gournay. — La meilleure race laitière.

Poitevine. — Fauve clair. — Vigoureuse et rustique. — Bœufs lourds, lents, mais tenaces au travail. — Vaches laitières ordinaires. — Dure à l'engrais, mais donnant une viande de qualité supérieure.

Salers. — Uniformément rouge, plus ou moins foncé. — Robuste, vigoureuse, dure au travail, médiocre laitière, d'un engraissement difficile, mais donnant viande classée parmi les meilleures. — Race de travail.

Schwitz. — Jaune plus ou moins rembruni, souvent teint de café torréfié. — Donne de bons travailleurs, mais est mauvaise pour la boucherie. — Lait des plus riches en beurre et en matière sèche. — Race laitière de premier ordre.

Simmenthal. — Tachetée blanc et rouge jaune. — Très améliorée par la sélection. — Vaches, très bonnes laitières. — Bœufs, vigoureux et forts; engraissement facile. — Rendement élevé, mais la viande n'est pas de première qualité.

Tarentaise. — Fauve ou gris clair. — Peu difficile comme nourriture, résistant à toute intempérie, tenace au travail. — Vaches, très bonnes laitières. — Comme quantité et qualité de viande, a besoin d'être sérieusement améliorée.

Villars de Lans. — Jaune froment. — Amélioration des races jurassique et alpine. — Triple aptitude au travail, au lait, à la viande.

Races ovines.

Ariégeoise. — Noir, rouge ou blanche tachetée. — Laine longue et grossière. — Viande très estimée.

Berrichonne. — Blanche. — Toison pèse de 1 k. 5 à 2 k. — Chair délicate, tendre, savoureuse. — D'une très grande aptitude à l'engraissement.

Bretonne. — Brune ou noire, souvent grise. — Toison pèse 600 gr. — Chair très savoureuse et agréable à manger.

Les Causses. — Blanche, tête tachetée de noir. — Bonne aptitude laitière. — Laine grossière. — S'engraisse vite avec du marc de raisin.

Charmoise. — Blanche, laine longue, faiblement ondulée. — Laine grossière. — D'une grande précocité. — Bonne bête de boucherie.

Dishley. — Blanche; laine longue, ondulée. — Toison pèse de 3 à 3 k. 500. — D'une grande précocité et d'un engraissement facile. — Viande médiocre mais rendement élevé. — Craint chaleur et sécheresse.

Dishley-Mérinos. — Blanche ; laine très inférieure à celle du mérinos pur. — Se rapproche plutôt du Dishley que du Mérinos ; vaut par suite dans son ensemble beaucoup moins que le mérinos.

Flamande. — Blanche. — Laine grossière. — D'un engraissement facile. — Viande grossière.

Landaise. — Blanche. — Race rustique appropriée aux sols pauvres des Landes. — Rendement peu élevé. — Chaire savoureuse et agréable.

Larzac. — Blanche. — Toison pèse 3 kil. — Très grande aptitude laitière utilisée pour la fabrication du Roquefort. — Son rendement atteint jusqu'à 20 et 25 kilos de fromages en une année de lactation. — Très sélectionnée depuis quarante ans, au triple point de vue formes, toison, lait, cette race est l'une des plus remarquables.

Lauragaise. — Blanche. — Toison tassée et ferme, en brins régulièrement frisés ; laine de bonne qualité, toison pèse 3 kilos. — Exploitée surtout pour la laine et la viande.

Limousine. — Blanche grisâtre, souvent blanche. — Toison pèse 0.500 gr. — Laine courte, de faible qualité. — Exploitée surtout pour la viande qui a une saveur spéciale et une grande finesse.

Marchoise. — Grisâtre, souvent noire ou brune. — Toison pèse 0.600 gr. — Laine grossière, de peu de valeur. — D'engraissement facile. — D'un rendement en viande élevé. — Chair très estimée pour sa saveur fine et délicate.

Mérinos. — Blanche. — Toison pèse 6 kilos. — Comme laitière, la plus remarquable pour la qualité et la quantité. — Toison frisée et fermée. — Race vigoureuse, propice seulement sur terrain sain et calcaire. — Chair d'une saveur accentuée. — Tué jeune, le mérinos donne viande de bonne qualité.

Princip. sous-variétés de Mérinos. — Algériens — Espagnols — du *Roussillon* — de *Provence* — du *Châtillonais* — *Champenois* — du *Soissonnais* — de la *Brie* — de la *Beauce* — *Précoce.*

Poitevine. — Blanche, parfois rousse. — Toison pèse de 2,500 à 3 kil. — Rustique, grands marcheurs et gros mangeurs. — D'un engraissement facile. — Viande de qualité médiocre.

Solognote. — Blanche grisâtre. — Toison pèse 1,500. — Laine de qualité inférieure. — Rendement en viande élevé. — Chair bonne.

Southdown. — Blanche. — Toison pèse 2,500 à 3 kil. — Laine sèche, peu de valeur. — D'engraissement facile et rapide. — Rendement en viande exceptionnel. — Chair tendre et savoureuse. — La plus estimée des races ovines anglaises.

Races porcines.

Berkshire. — Noir ou noir et blanc. — Très féconde et très rustique. — D'un engraissement et d'une précocité remarquables. — Viande excellente, en proportion considérable.

Celtique. — Blanc jaune ou rouge jaune. — Tempérament rustique, vigoureux. — Truie très féconde. — Chair savoureuse, de qualité supérieure, se salant facilement. — A donné naissance à de très nombreuses variétés ayant mêmes caractères.

Bressanne. — Souvent noire, souvent aussi blanche et noire. — Tempérament vigoureux, rustique. — Très répandue dans le Sud-Est. — Truie féconde. — D'engraissement lent, chair un peu grossière.

Craonaise. — Blanc jaune ou rouge jaune. — D'une très grande précocité, elle est remarquable par le grand développement qu'elle atteint et par la qualité excellente de sa chair, d'une saveur fine et agréable. — L'une de nos meilleures races françaises.

Flamande. — Deux variétés, l'une de race celtique, l'autre de race ibérique ; ne différant pas du type. — Inconnus hors du pays.

Ibérique. — Brun rougeâtre ou noir. — Robuste, fécondité moyenne. — Élabore plus de viande que de graisse. — Chair a une saveur très accentuée. — Compte de nombreuses variétés ayant mêmes caractères.

Limousine. — Noir ou brun mélangé de blanc. — Peu précoce, s'engraisse cependant assez facilement sur le tard. — Chair fine et savoureuse, se salant bien.

Lorraine. — Blanc. — Squelette grossier. — Donne un lard savoureux se conservant bien. — Exploitée surtout en vue du lard.

Mancelle. — Blanc jaune. — Précoce, d'engraissement facile. — Chair lourde et savoureuse. Lard ferme et épais salant bien.

Normande. — Blanc ou rouge jaune. — Féconde, rustique, vigoureuse. — Chair savoureuse, se salant bien.

Synonymes : *Augeronne, Nonante, Cauchoise, Cotentine.*

Le Quercy. — Noir ou blanc, souvent mélangés. — Peu précoce, mais s'engraissant facilement. — Donne une chair savoureuse, un lard ferme qui se sale bien.

Yorkshire. — Toujours blanc. — Très précoce, d'une aptitude excessive à élaborer du saindoux. — Base de nombreux croisement avec races françaises.

BASSE-COUR

Les meilleures races.

POULES. — *Races françaises* : Houdan, Mantes, Crèvecœur, la Flèche, Le Mans, Courtes-pattes, Barbezieux, Bresse.

Races étrangères : Dorking, Espagnole, Padoue, Cochinchine, Brahma.

Un coq suffit pour 12 à 15 poules ; une poule donne par an 100 œufs environ ; l'incubation dure 21 jours.

Principales races de Volailles, d'après Lemoine

RACES	TERRAIN CLIMAT	DÉVELOPPEMENT	INCUBATION
Crèvecœur	Herbage, climat tempéré, craint le brouillard.	Rapide, engraissement facile.	Nulle.
Houdan	Calcaire, sous tous les climats.	Très rapide.	Nulle.
La Bresse noire	Rustique, herbage, sous tous les climats.	Rapide, engraissement facile.	Bonne, sans déplacem. sauvage.
La Bresse grise	Sous tous les climats.	Rapide, engraissement facile.	Nulle.
Barbezieux	Sec, climat tempéré.	Lent.	Bonne.
La Flèche	Sec, climat tempéré.	Lent, s'engraisse très facilement.	Nulle.
Le Mans	Sec, sous tous les climats.	Rapide.	Rare.
Gournay	Herbage, sous tous les climats.	Assez rapide.	Rare.
Brahma	Race rustique, terrain sec, sous tous les climats.	Lent.	Excel., bonne éleveuse.
Campine argentée	Race rustique, grand parcours, sous tous les climats.	Moyen.	Nulle.
Cochinchine fauve	Race rustique, sous tous les climats.	Très lent.	Excel., bonne éleveuse, mais lourde.
Dorking	Gazon, climat tempéré.	Très rapide.	Bonne, très bonne éleveuse.
Langshain	Race très rustique, sous tous les climats.	Rapide.	Bonne, élev. parfaite.

COULEUR du poussin à sa naissance	Poids du poussin à un jour	Augmentation du poids du poussin pendant 20 jours. (Par jour)	PONTE annuelle (œufs)	POIDS de l'œuf	NOURRITURE par jour	CHAIR	Poids moyen de la viande à 6 mois	Poids moyen des os.
Noir, huppe noire et blanche, ventre jaune.	0.011	0.008	122	0.078	0.200	Exquise, blanche fine.	2.075	0.225
Noir et blanc.	0.039	0.009	125	0.062	0.195	Fine.	1.750	0.200
Noir, ventre jaunâtre.	0.040	0.007	160	0.080	0.195	Exquise, goût fin.	1.585	0.150
Gris, brun, noir.	0.038	0.007	150	0.054	0.158	Très bonne.	1.565	0.145
Noir, ventre jaunâtre.	0.045	0.008	150	0.070	0.190	Fine.	2.105	0.240
Noir, ventre blanc	0.043	0.006	140	0.070	0.195	Très fine.	1.528	0.180
Noir, ventre gris.	0.045	0.008	111	0.064	0.198	Fine.	1.990	0.220
Noir, blanc.	0.031	0.005	140	0.070	0.145	Bonne.	1.200	0.130
Noir, blanc, jaune.	0.016	0.004	120	0.064	0.275	Assez bonne.	2.100	0.310
Noir, blanc, gris.	0.030	0.005	225	0.048	0.152	Bonne.	0.900	0.120
Jaune.	0.047	0.005	115	0.050	0.300	Filandreuse.	2.070	0.405
Jaune foncé, brun et blanc.	0.010	0.009	130	0.055	0.195	Très fine, juteuse.	2.400	0.210
Noir, poitrine et ventre blanc jaunâtre.	0.045	0.008	115	0.062	0.200	Excellente.	2.405	0.302

Conservation des œufs : les plonger pendant 15 jours dans un mélange formé de 100 gr. de chaux éteinte et 10 gr. de sucre en poudre ; les recouvrir de cire, de matière grasse ou de plâtre et les rouler dans le charbon de bois pulvérisé ; les mélanger au sel ou au son ; au sable et au charbon ; à la farine.

PIGEONS. — Il faut autant de mâles que de femelles, une femelle fait 10 pontes de 2 œufs chacune ; l'incubation dure 17 jours ; un couple donne 6 paires de jeunes par année.

CANARDS. — De Rouen ; — Pékin ; — Aylesbury ; — Labrador ; — Dinde.

1 mâle suffit pour 6 femelles ; une femelle pond : 80 œufs en liberté, 50 à 60 en captivité ; l'incubation dure 28 jours.

LAPINS, par ordre de grosseur. — Géant des Flandres ; — Bélier ; — Normand ou Saint-Pierre ; — Argenté ; — Angora ; — Russe ; — de garenne.

Un mâle pour 10 femelles ; la gestation dure 30 jours et une mère donne de 5 à 15 petits par portée.

OIES. — De Toulouse ; — Embden ; — Guinée.

Un jars suffit à 6 oies ; une oie donne de 13 à 18 œufs par an ; l'incubation dure 30 jours.

PINTADES. — Un mâle suffit à 10 ou 12 femelles ; une femelle pond de 30 à 40 œufs par an ; l'incubation dure 27 jours.

FAISANS. — Un mâle pour 5 femelles ; une femelle donne de 25 à 30 œufs ; l'incubation dure de 25 à 26 jours.

DINDONS. — Un mâle pour 7 à 8 dindes ; une dinde donne de 15 à 20 œufs par an ; l'incubation dure de 28 à 30 jours.

PAONS. — Un mâle suffit à 4 femelles ; une femelle donne 12 œufs par an ; l'incubation dure 30 jours.

CYGNE. — Un mâle pour 4 femelles ; une femelle donne de 5 à 8 œufs par an ; l'incubation dure 35 jours.

MÉDECINE VÉTÉRINAIRE.

Abcès. — Diminuer la douleur qui l'accompagne par des applications calmantes telles que : onguent populeum ou huile camphrée. L'ouvrir quand il est mûr.

Accouchement. — Attendre efforts de la nature et avoir recours au vétérinaire lorsque le fœtus ne se présente pas : 1º par les deux pieds de devant et la tête ; 2º ou par les deux pieds de derrière.

Angine. — Tenir la gorge chaudement ; donner boissons tièdes, laxatives et miellées.

Approche du part. — Dépression sur les côtés de la queue, creusement des flancs, chute du ventre, gonflement des mamelles et apparition du lait. Tuméfaction de la vulve et écoulement de mucosités par le vagin ; inquiétude, coliques.

Blessure. — Calmants au début. Plus tard cicatrisants ou vulnéraires tels que vin, eau-de-vie, teinture d'aloès, infusion de fleur de sureau.

Bleime. — Les bains et les cataplasmes émollients en ont le plus souvent raison si elle n'est pas compliquée de suppuration, carie ou gangrène.

Cachexie aqueuse. — Anémie chronique (mouton). — Grande faiblesse et excessive pâleur des yeux et de la bouche. Peut être guérie par les toniques prise au début.

Capelet (cheval). — Tumeur molle, pointe du jarret. Fondants le font quelquefois disparaître.

Charbon. — Tous les animaux. Maladie contagieuse, virulente, à marche rapide, le plus souvent mortelle, qui consiste en une altération profonde du sang avec apparition de tumeurs passant promptement à la gangrène. Peut être prévenue par la vaccination.

Choléra volaille. — Contagieux. Caractères : tristesse, plumes hérissées, ailes pendantes, crête bleuâtre, écoulement de mucus nasal, dysenterie, faiblesse. Désinfection des poulaillers, enfouissement des cadavres.

Clavelée (mouton). — Petite vérole, contagieuse. Éviter refroidissements, vacciner.

Cocotte ou *Fièvre aphteuse*. — Ruminants et porcs. Épizootique, contagieuse. Fièvre, tristesse, inappétence, diminution du lait, apparition des vésicules dans la bouche, aux mamelles et aux onglons. Durée 15 à 20 jours. Soins de propreté ; boissons délayantes ; gargarismes acidulés. Pansements astringents aux onglons. Faire bouillir le lait avant de le consommer ; peut manger viande.

Coliques. — Traitement : Café dans les indigestions ; éther dans les coliques nerveuses ; saignée et frictions révulsives dans congestions intestinales. Ammoniaque dans le cas de météorisation, émollients pour irritations intestin. Purgatifs dans le cas de pelotes stercorales. Astringents : amidon ou alun en cas de diarrhée, à raison de 250 gr. d'amidon ou 8 à 10 gr. d'alun.

Crevasses. — Au début soins de propreté. Plus tard, astringents ou vulnéraires. Glycérine suffit souvent. En cas d'induration des bords de la plaie : pommade mercurielle. Ne jamais couper les poils.

Diarrhée. — Irritation intestinale. Chez les grands animaux : 250 gr. d'amidon par jour et 8 à 10 grammes d'alun.

Dysenterie. — Donner des farineux, de la gentiane, des lavements calmants et astringents avec de la décoction d'écorce de chêne et de têtes de pavots.

Farcin (cheval). — Maladie contagieuse, sous forme de cordes, de tumeurs, de boutons et d'ulcères. Résolutifs puissants ; cautérisation des boutons, bonne et abondante nourriture.

L'arsenic et la noix vomique conviennent le mieux pour traitement interne. Incurable chez sujets débiles.

Fourbure. — Sensibilité très vive du pied, marche douloureuse, avec appui sur les talons. Saignée, bains ou cataplasmes froids ; purgatif doux ; diète presque complète. Agir promptement.

Gourme. — Contagieuse. Tenir malades température douce ; fumigations émollientes sous le nez ; applications calmantes sur les abcès en voie de formation. Electuaire à base de kermès. Bonne nourriture. Boissons tièdes, purgatifs doux.

Ladrerie (porcs). — Présence de vers cysticerques dans la trame des tissus organiques. Causée par une mauvaise nourriture et une hygiène défectueuse. Incurable. Non contagieuse. Rédhibitoire.

Lait (Vaches qui retiennent leur). — Employer la douceur, les caresses, se faire aimer de la vache ; lui donner des friandises au moment de la traite ; on a conseillé aussi sous la mamelle des fumigations avec la saponaire.

Mammite. — Inflammation de la mamelle, fréquente chez la vache. Saignée, suspensoir, applications calmantes : pommades camphrée, cataplasme farine de lin, de mauve ou de morille. Purgatifs doux à l'intérieur.

Morve. — Maladie infectieuse, virulente, contagieuse même pour l'homme. Incurable. Rédhibitoire.

Météorisation. — (Ruminants.) Gonflement causé par des gaz et ayant son siège surtout au flanc gauche. Breuvages stimulants, tels que café, thé, vin, eau-de-vie, 250 à 300 gr. de sel de cuisine dans 2 à 3 litres d'eau ou 15 à 20 gr. d'ammoniaque dans 2 litres d'eau. Ponction du rumen dans les cas graves.

Ophtalmie. — Inflammation de l'œil avec gonflement et rougeur, crainte de la lumière, écoulement de larmes. Traiter par calmants et astringents tels que décoction de mauve et d'écorce de chêne. S'assurer si un corps étranger ne s'est pas introduit dans l'œil.

Péripneumonie.— Inflammation du poumon et des plèvres. Contagieuse. Mortelle 7 fois sur 10. S'en préserve par vaccination préventive.

Pneumonie. —' Inflammation du poumon. Sinapisme, vésicatoire ou séton sous la poitrine, couverture, boissons tièdes. Émétique ou sulfate de soude à l'intérieur. Opérer promptement.

Piétin (mouton). — Affection du pied avec boiterie et décollement ongle. Laver mal avec dissolution de sulfate de cuivre, badigeonner avec goudron ou faire passer les animaux dans une caisse contenant de la chaux éteinte mise à l'intérieur de la bergerie.

Pissement de sang ou hématurie. — (Ruminants.) Traiter par tisane de graine de lin, camphre 8 à 20 gr. par jour, goudron 15 à 20 gr. ou alun 8 à 10 gr.

Pousse (cheval). — Soubresauts du flanc, essoufflement, toux et jetage blanchâtre. Donner aliments encombrant peu l'estomac, pas de trèfle ni de luzerne. On soulage et guérit quelquefois par l'arsenic et la poudre de digitale.

Tournis (mouton). — Dû à la présence d'un ver dans le cerveau. Conseille compresses d'eau froide sur la tête.

Vers. — On traite les affections vermineuses par l'aloès, l'éther, l'huile de ricin, l'essence de térébenthine, l'acide arsénieux.

Vertige. — Saignée, révulsifs, purgatifs, lavements irritants. Affusion d'eau froide sur la tête. Écurie sombre et éloignée de tout bruit.

APICULTURE

La condition indispensable pour obtenir **beaucoup de miel** est d'avoir des *colonies populeuses*. Il faut pour cela :

1° De **grandes ruches** où la reine peut disposer de toute la place nécessaire pour déposer ses œufs, et les abeilles pour emmagasiner le miel. Les modèles spécialement recommandés sont les ruches à cadres mobiles, systèmes *de Layens* (pour le cultivateur qui n'a que peu de temps à consacrer à l'apiculture) et Dadant-Blatt (pour le grand producteur). Il est reconnu que la surface d'un cadre doit varier entre 10 et 12 dm². Il faut à peu près une surface équivalente à 10 de ces cadres pour le couvain et son clivage, au moins autant pour le miel.

2° **Éviter l'essaimage** qui se produit lorsque la colonie manque de place et juste à l'époque de la miellée, lorsque la colonie devrait avoir le plus de butineuses pour récolter tout le nectar disponible. Une forte colonie récolte au moins quatre fois autant que deux colonies de population moitié moindre.

3° Des **reines jeunes et fécondes.** La reine qui peut vivre 5 ans atteint son maximum de fécondité entre 2 et 3 ans, et pond alors de 3 à 4000 œufs par 24 heures.

4° *Un bon hivernage* qui permet d'obtenir de fortes populations au début de la période mellifère :

a) Il n'est possible qu'avec de fortes populations qui entretiennent une température suffisante, en dépensant le minimum de nourriture.

b) Rétrécir l'habitation (ce qui est facile avec les ruches à cadres), de manière à ce que la colonie se trouve à l'étroit à l'entrée de l'hiver. (5 cadres de 12 dm² pour une population moyenne.)

c) Fournir d'un seul coup, à l'entrée de l'hiver, une quantité de matière sucrée suffisante pour subvenir à l'alimentation pendant les 7 mois d'hivernage (fin sept. à fin avril). Une colonie normale consomme pendant ce temps environ 15 k. de miel ; un rayon de 12 dm² en contient à peu près 4 k. les deux faces comprises. Si la quantité de miel disponible est insuffisante, y suppléer par un sirop formé de 10 k. sucre blanc cristallisé, et 6 l. d'eau — 1 l. sirop = 1 k. miel.

d) Ne pas craindre d'aérer fortement les ruches par le bas, en laissant les entrées grandes ouvertes, mais en les grillant de manière à laisser sortir les abeilles tout en empêchant l'introduction des animaux parasites.

e) Ne pas toucher aux ruches pendant toute la durée de l'hivernage.

5° Ne jamais laisser en dehors des ruches à la disposition des abeilles, ni une goutte de matière sucrée, ni un atome de cire, sous peine de voir les colonies se piller mutuellement. Le pillage produit souvent la ruine des ruches.

6° Dans une contrée de moyennes ressources mellifères, ne pas installer plus de 50 à 60 colonies qui suffisent pour exploiter un territoire de 3 kilom. à la ronde.

7° Débuter avec 3 ruches au maximum pour l'apprentissage de la 1re année.

Plantes à mettre autour des ruchers pour avoir des fleurs durant toute la période active des abeilles.

Ces plantes sont mises en place une fois pour toutes.

Fleurissent en : *Mars*. — Le Noisetier.

Mars à avril. — La Pervenche, l'Érable, le Romarin, la Pulmonaire, les Saules.

Avril à mai. — La Pulmonaire tubéreuse, le Faux ébénier, l'Anis des Vosges, l'Épine noire, le Baumier.

Mai à juin. — La Sauge sauvage, la Vipérine, la Langue des chiens, le Robinia pseudo-acacia, le Cynoglossum, le Houblon, le Trèfle blanc, le Troëne, l'Asphodèle blanc, l'Épine vinette, l'Érable, le Chèvrefeuille, l'Alisier, le Sorbier, l'Aubépine, les Cistes.

Juin à juillet. — La Sauge officinale, le Lycium, la Raiponce, la Verge d'or, le Ciste de Montpellier.

Juillet à août. — La Sauge verticillée, la Lavande, la Menthe crépue, la Marjolaine, le Serpolet, la Mélisse, la Véronique, le Panais, l'Échinops, la Joubarbe.

LÉGISLATION RURALE

ANIMAUX DE BASSE-COUR

Les animaux de basse-cour comprennent les volailles en général. La loi du 4 avril 1889 s'exprime ainsi, sur les dommages qu'elles peuvent causer.

Art. 4. — Celui dont les volailles passent sur la propriété voisine et y causent des dommages est tenu de réparer ces dommages. Celui qui les a soufferts peut même tuer les volailles, mais seulement sur le lieu, au moment du dégât et sans pouvoir se les approprier.

Art. 5. — Les volailles et autres animaux de basse-cour qui s'enfuient dans les propriétés voisines ne cessent pas d'appartenir à leur maître, quoiqu'ils les ait perdus de vue. Néanmoins, celui-ci ne pourra plus les réclamer un mois après la déclaration qui devra être faite à la mairie par les personnes chez lesquelles ces animaux se seront enfuis.

Observations. — On pensait qu'avec cette nouvelle loi il n'y avait plus lieu de faire l'application de l'article 12 de la loi des 28 septembre et 6 octobre 1791 aux propriétaires de ces volailles. Voir cet article aux mots : « *Contraventions rurales* » et « *Police rurale* ». Un grand nombre de magistrats de paix l'avaient décidé ainsi ; mais la Cour de cassation (20 juin 1891) a jugé : que la loi du 4 avril 1889 n'avait pas abrogé la loi de 1791, pour contraventions commises par des animaux laissés à l'abandon.

ABEILLES

L'article 554 proclame que :

Sont immeubles par destination quand elles ont été placées par le propriétaire pour le service et l'exploitation du fonds : les ruches à miel.

Lorsque les abeilles sont en liberté, le miel et la cire appartiennent à celui qui le premier s'en empare.

Si le propriétaire a placé sur son terrain des ruches, pour le service et l'exploitation des fonds, les essaims qui sont introduits dans ces ruches deviennent, avec les ruches elles-mêmes, immeubles par destination. Mais si le fermier achète lui-même la ruche, et qu'il ait pris l'essaim, la ruche garnie de son essaim est un objet mobilier.

Si la ruche appartient au propriétaire, et qu'elle soit ainsi immeuble par destination, elle ne peut être saisie qu'avec l'immeuble même, c'est-à-dire faire partie de la saisie immobilière. — Si la ruche appartient au fermier, on admettait, sous l'empire de la loi de 1791, qu'elle ne pouvait être saisie que : 1° par celui qui avait vendu la ruche ; 2° par le propriétaire contre son fermier pour le paiement du prix des fermages ; 3° par celui qui a fourni des aliments au propriétaire des ruches. Rien, à notre avis, ne justifie sous l'empire du Code civil une pareille protection. L'article 592 du Code de procédure civile ne comprend pas « les ruches » parmi les choses insaisissables ; or, on ne peut y ajouter. L'avis contraire a cependant paru faire loi jusqu'à ce jour, car on prétend que la partie de la loi de 1791 concernant cette sorte de privilège n'a pas été abrogée. La loi du 4 avril 1889 sur le Code rural a réglementé l'établissement des ruches d'abeilles de la façon suivante :

Art. 8. — Les préfets détermineront la distance à observer entre les ruches d'abeilles et les propriétés voisines ou la voie publique, sauf, en tout cas, l'action en dommage, s'il y a lieu.

Art. 9. — Le propriétaire d'un essaim a le droit de le réclamer et de s'en ressaisir tant qu'il n'a pas cessé de le suivre ; autrement, l'essaim appartient au propriétaire du terrain sur lequel il est fixé.

Art. 10. — Dans les cas où les ruches à miel pourraient être saisies séparément du fonds auquel elles sont attachées, elles ne peuvent être déplacées que pendant les mois de décembre, janvier et février.

Quand à ceux qui volent des ruches renfermant des abeilles, ils commettent un vol prévu par l'article 379 du Code pénal et puni, par l'article 388 du même Code, de un an au moins à cinq ans au plus, avec une amende de seize francs à deux cents francs. Mais s'il s'agit d'abeilles détruites dans les ruches ou empoisonnées, les articles 388 et 452 du même Code, « *Contraventions rurales* », ne sont pas applicables. On applique dans ces deux circonstances l'article 479 n° 1 du Code pénal rapporté également au même mot « *Contraventions rurales* ».

PIGEONS

C'est la loi du 4 avril 1889 qui régit la question concernant les pigeons de colombier. (Voir art. 4 et 5, page précédente.)

Art. 6. — Les préfets, après avis des conseils généraux, déterminent chaque année pour tout le département, ou séparément pour chaque commune, s'il y a lieu, l'époque de l'ouverture et de la clôture des colombiers.

Art. 7. — Pendant le temps de la clôture des colombiers, les propriétaires et les fermiers peuvent tuer et s'approprier les pigeons qui seraient trouvés sur leurs fonds, indépendamment des dommages-intérêts et des peines de police encourus par les propriétaires des pigeons.

En tout autre temps, les propriétaires et fermiers peuvent exercer, à l'occasion des pigeons trouvés sur leurs fonds, les droits déterminés par l'article 4 de la loi.

ANIMAUX DOMESTIQUES

La loi du 4 avril 1889, — nouveau Code rural, — a trait à la question des animaux *non gardés ou gardés par un inconnu*, et elle fournit les moyens de réparer le dommage.

Art. premier. — Lorsque des animaux non gardés ou dont le gardien est inconnu ont causé du dommage, le propriétaire lésé a le droit de les conduire sans retard au lieu de dépôt désigné par le maire, qui, s'il connaît la personne responsable du dommage aux termes de l'article 1385 du Code civil, lui en donnera immédiatement avis.

Si les animaux ne sont pas réclamés, ou si le dommage n'est pas payé dans la huitaine du jour où il a été commis, *il est procédé à la vente sur ordonnance* du juge de paix qui évalue les dommages. Cette ordonnance sera affichée sur un papier libre et sans frais à la mairie. Le montant des frais et des dommages sera prélevé sur le produit de la vente.

En ce qui concerne la fixation du dommage, l'ordonnance ne deviendra définitive à l'égard du propriétaire de l'animal que s'il n'a pas formé opposition par simple avertissement dans la huitaine de la vente.

Cette opposition sera même recevable, après le délai de huitaine, si le juge de paix reconnaît qu'il y a lieu, en raison des circonstances, de relever l'opposant de la rigueur du délai.

Art. 2. — Les préfets peuvent déterminer par des arrêtés les conditions sous lesquelles les chèvres peuvent être conduites et tenues au pâturage.

Art. 3. — Les propriétaires de chèvres conduites en commun sont solidairement responsables des dommages qu'elles causent.

Observations. — Dans la discussion de loi, on voulait substituer le mot *bestiaux* à animaux, mais ce dernier a prévalu dans la rédaction, car on a voulu entendre par là non seulement les animaux comme vaches, moutons, chevaux, etc., mais encore les chiens de ferme et même les chevaux échappés.

Il y a lieu de dresser une contravention contre le propriétaire de ces animaux non gardés, lequel tombe sous le coup de l'article 12 de la loi de 1791. (Voir *Contraventions rurales.*)

ANIMAUX MORTS

C'est l'article 13 de la loi du 28 septembre 1791, ainsi conçu, qui prévoit le cas d'animaux morts :

Art. 13. — Les bestiaux morts seront enfouis dans la journée, à quatre pieds de profondeur (1 mètre 33 centimètres), par le propriétaire et dans son terrain, ou voiturés à l'endroit désigné par la municipalité pour y être également enfouis, sous peine, par le délinquant, de payer une amende de la valeur d'une journée de travail et les frais de transport et d'enfouissement.

En cas d'épizootie, l'article 14 de la loi du 21 juillet 1881 et les articles 4 et 15 du décret d'administration publique sur la police sanitaire des animaux ont réglé la situation de la façon suivante :

Les cadavres ou parties de cadavres des animaux morts de maladies contagieuses ou abattus, comme atteints de ces maladies, doivent être conduits à l'atelier d'équarrissage s'il s'en trouve un dans la commune. S'il n'y en a pas, le maire prescrit l'enfouissement dans le terrain du propriétaire ; l'emplacement doit être agréé par le maire. A défaut de terrain appartenant au propriétaire, l'enfouissement a lieu dans un terrain communal spécialement affecté à cet effet. Le terrain est entouré d'une clôture, et il est défendu d'y faire paître des animaux. Enfin, si la commune elle-même ne possède pas d'emplacement susceptible d'être approprié comme il est dit au paragraphe précédent, les cadavres ou débris de cadavres seront détruits sur place au moyen de procédés approuvés par le Comité consultatif des épizooties, ou transportés à l'atelier d'équarrissage le plus voisin. Le transport sera effectué conformément aux indications données par le maire. Dans les cas d'enfouissement, les fosses ont une profondeur suffisante pour qu'il y ait au-dessus du corps une couche de terre de 1 mètre 50 centimètres au moins. Les cadavres sont recouverts de toute la terre extraite pour ouvrir les fosses et ne peuvent être déterrés en tout ou en partie sans une autorisation du préfet.

Loi du 21 juillet 1881 sur la police sanitaire.

TITRE PREMIER. — **Maladies contagieuses des animaux et mesures sanitaires qui leur sont applicables.**

Article premier. — Les maladies des animaux qui sont réputées contagieuses et qui donnent lieu à l'application de la présente loi sont :

La peste bovine dans toutes les espèces de ruminants ;

La péripneumonie contagieuse dans l'espèce bovine ;

La clavelée et la gale dans les espèces ovine et caprine ;

La fièvre aphteuse dans les espèces bovine, caprine et porcine ;

La morve, le farcin et la dourine dans les espèces chevaline et asine ;

La rage et le charbon dans toutes les espèces.

Art. 2. — Un décret du Président de la République, rendu sur le rapport du ministre de l'Agriculture et du Commerce, après avis du comité consultatif des épizooties, pourra ajouter à la nomenclature des maladies réputées contagieuses dans chacune des espèces d'animaux énoncées ci-dessus, toutes autres maladies contagieuses dénommées ou non qui prendraient un caractère dangereux.

Les dispositions de la présente loi pourront être étendues, par un décret rendu dans la même forme, aux animaux d'espèces autres que celles ci-dessus désignées.

Art. 3. — Tout propriétaire, toute personne ayant, à quelque titre que ce soit, la charge des soins ou la garde d'un animal atteint ou soupçonné d'être atteint d'une maladie contagieuse dans les cas prévus par les articles 1 et 2, est tenu d'en faire sur-le-champ la déclaration au maire de la commune où se trouve cet animal.

Sont également tenus de faire cette déclaration tous les vétérinaires qui seraient appelés à le soigner.

L'animal atteint ou soupçonné d'être atteint de l'une des maladies spécifiées dans l'article 1er devra immédiatement, et avant même que l'autorité administrative ait répondu à l'avertissement, être séquestré, séparé et maintenu isolé, autant que possible, des autres animaux susceptibles de contracter cette maladie.

Il est interdit de le transporter avant que le vétérinaire délégué par l'administration l'ait examiné. La même interdiction est applicable à l'enfouissement, à moins que le maire, en cas d'urgence, n'en ait donné l'autorisation spéciale.

Art. 4. — Le maire devra, dès qu'il aura été prévenu, s'assurer de l'accomplissement des prescriptions contenues dans l'article précédent et y pourvoir s'il y a lieu.

Aussitôt que la déclaration prescrite par le paragraphe 1er de l'article précédent a été faite, ou à défaut de déclaration, dès qu'il a connaissance de la maladie, le maire fait procéder sans retard à la visite de l'animal malade ou suspect par le vétérinaire chargé de ce service.

Ce vétérinaire constate, et, au besoin, prescrit la complète exécution des dispositions du troisième alinéa de l'article 3 et les mesures de désinfection immédiatement nécessaires.

Dans le plus bref délai, il adresse son rapport au préfet.

Art. 5. — Après la constatation de la maladie, le préfet statue sur les mesures à mettre à exécution dans le cas particulier.

Il prend, s'il est nécessaire, un arrêté portant déclaration d'infection.

Cette déclaration peut entraîner dans les localités qu'elle détermine l'application des mesures suivantes :

1° L'isolement, la séquestration, la visite, le recensement et la marque des animaux et troupeaux dans les localités infectées ;

2° L'interdiction de ces localités ;

3° L'interdiction momentanée ou la réglementation des foires et marchés, du transport et de la circulation du bétail ;

4° La désinfection des écuries, voitures ou autres moyens de transport, la désinfection ou même la destruction des objets à l'usage des animaux malades ou qui ont été souillés par eux, et généralement des objets quelconques pouvant servir de véhicules à la contagion.

Un règlement d'administration publique déterminera celles de ces mesures qui seront applicables suivant la nature des maladies.

Art. 6. — Lorsqu'un arrêté du préfet a constaté l'existence de la peste bovine dans une commune, les animaux qui en sont atteints et ceux de l'espèce bovine qui auraient été contaminés, alors même qu'ils ne présenteraient aucun signe apparent de maladie, sont abattus par ordre du maire, conformément à la proposition du vétérinaire délégué et après évaluation.

Il est interdit de suspendre l'exécution desdites mesures pour traiter les animaux malades, sauf le cas et dans les conditions qui seraient déterminés par le ministre de l'Agriculture et du Commerce, sur l'avis du comité consultatif des épizooties.

Art. 7. — Dans le cas prévu par l'article précédent, les animaux malades sont abattus sur place, sauf le cas où le transport du cadavre au lieu de l'enfouissement sera déclaré par le vétérinaire plus dangereux que celui de l'animal vivant ; le transport avant l'abatage peut être autorisé par le maire conformément à l'avis du vétérinaire délégué, pour ceux qui ont été seulement contaminés.

Les animaux des espèces ovine et caprine qui ont été exposés à la contagion sont isolés et soumis aux mesures sanitaires déterminées par le règlement d'administration publique rendu pour l'exécution de la loi.

Art. 8. — Dans le cas de morve constatée et dans le cas de farcin, de charbon, si la maladie est jugée incurable par le vétérinaire délégué, les animaux doivent être abattus sur l'ordre du maire.

Quand il y a contestation sur la nature ou le caractère incurable de la maladie entre le vétérinaire délégué et le vétérinaire que le propriétaire aurait fait appeler, le préfet désigne un troisième vétérinaire, conformément au rapport duquel il est statué.

Art. 9. — Dans le cas de péripneumonie contagieuse, le préfet devra ordonner l'abatage, dans le délai de deux jours, des animaux reconnus atteints de cette maladie par le vétérinaire désigné, et l'inoculation des animaux de l'espèce bovine dans les localités déclarées infectées de cette maladie.

Le ministre de l'Agriculture aura le droit de faire ordonner l'abatage des animaux de l'espèce bovine ayant été dans la même étable ou dans le même troupeau, ou en contact avec des animaux atteints de péripneumonie contagieuse.

Art. 10. — La rage, lorsqu'elle est constatée chez les animaux de quelque espèce qu'ils soient, entraîne l'abatage, qui ne peut être différé sous aucun prétexte.

Les chiens et les chats suspects de rage doivent être immédiatement abattus. Le propriétaire de l'animal suspect est tenu, même en l'absence d'un ordre des agents de l'Administration, de pourvoir à l'accomplissement de cette prescription.

Art. 11. — Dans les épizooties de clavelée, le préfet peut, par arrêté pris sur l'avis du comité consultatif des épizooties, ordonner la clavelisation des troupeaux infectés.

La clavelisation ne devra pas être exécutée sans autorisation du préfet.

Art. 12. — L'exercice de la médecine vétérinaire dans les maladies contagieuses des animaux est interdit à quiconque n'est pas pourvu du diplôme de vétérinaire.

Le Gouvernement, sur la demande des conseils généraux, pourra ajourner par décret dans les départements l'exécution de cette mesure pendant une période de six années à partir de la promulgation de la présente loi.

Art. 13. — La vente ou la mise en vente des animaux atteints ou soupçonnés d'être atteints de la maladie contagieuse est interdite.

Le propriétaire ne peut s'en dessaisir que dans les conditions déterminées par le règlement d'administration publique prévu à l'article 5.

Ce règlement fixera, pour chaque espèce d'animaux et de maladies, le temps pendant lequel l'interdiction de vente s'appliquera aux animaux qui ont été exposés à la contagion.

La chair des animaux morts de maladies contagieuses quelles qu'elles soient, ou abattus comme atteints de la peste bovine, de la morve, du farcin, du charbon et de la rage, ne peut être livrée à la consommation.

Art. 14. — Les cadavres ou débris des animaux morts de la peste bovine et du charbon, ou ayant été abattus comme atteints de ces maladies, devront être enfouis avec la peau tailladée, à moins qu'ils ne soient envoyés à un atelier d'équarrissage régulièrement autorisé.

Les conditions dans lesquelles devront être exécutés le transport, l'enfouissement ou la destruction des cadavres seront déterminées par le règlement d'administration publique prévu par l'article 5.

Art. 15. — La chair des animaux abattus comme ayant été en contact avec des animaux atteints de la peste bovine peut être livrée à la consommation, mais leurs peaux, abats et issues ne peuvent être sortis du lieu de l'abatage qu'après avoir été désinfectés.

Art. 16. — Tout entrepreneur par terre ou par eau qui aura transporté des bestiaux devra, en tout temps, désinfecter, dans les conditions prescrites par le règlement d'administration publique, les véhicules qui ont servi à cet usage.

TITRE II. — **Indemnités**.

Art. 17. — Il est alloué aux propriétaires des animaux abattus pour cause de peste bovine, en vertu de l'article 7, une indemnité des trois quarts de leur valeur avant la maladie.

Il est alloué aux propriétaires d'animaux abattus pour cause de péripneumonie contagieuse ou morts par suite de l'inoculation en vertu de l'article 9 une indemnité ainsi réglée : la moitié de leur valeur avant la maladie, s'ils en sont reconnus atteints ; les trois quarts s'ils ont été seulement contaminés ; la totalité s'ils sont morts des suites de l'inoculation de la pneumonie contagieuse.

L'indemnité à accorder ne peut dépasser la somme de 400 fr. pour la moitié de la valeur de l'animal, celle de 600 fr. pour les trois quarts, et celle de 800 fr. pour la totalité de sa valeur.

Art. 18. — Il n'est alloué aucune indemnité aux propriétaires d'animaux importés des pays étrangers abattus pour cause de péripneumonie contagieuse dans les trois mois qui ont suivi leur introduction en France.

Art. 19. — Lorsque l'emploi des débris d'un animal abattu pour cause de peste bovine ou de péripneumonie contagieuse a été autorisé pour la consommation ou un usage industriel, le propriétaire est tenu de déclarer le produit de la vente de ces débris.

Ce produit appartient au propriétaire, s'il est supérieur à la portion de la valeur laissée à sa charge, l'indemnité due par l'État est réduite de l'excédent.

Art. 20. — Avant l'exécution de l'ordre d'abatage, il est procédé à une évaluation des animaux par le vétérinaire délégué et un expert désigné par la partie.

A défaut par la partie de désigner un expert, le vétérinaire délégué opère seul.

Il est dressé procès-verbal de l'expertise; le maire et le juge de paix le contresignent et donnent leur avis.

Art. 21. — La demande d'indemnité doit être adressée au ministre de l'Agriculture et du Commerce dans le délai de trois mois à dater du jour de l'abatage, sous peine de déchéance.

Le ministre peut ordonner la revision des évaluations faites en vertu de l'art. 20 par une commission dont il désigne les membres.

L'indemnité est fixée par le ministre, sauf recours au Conseil d'État.

Art. 22. — Toute infraction aux dispositions de la présente loi ou des règlements rendus pour son exécution peut entraîner la perte de l'indemnité prévue par l'art. 17. La décision appartiendra au ministre sauf recours au Conseil d'État.

Art. 23. — Il n'est alloué aucune indemnité aux propriétaires des animaux abattus par suite de maladies contagieuses autres que la peste bovine et de la péripneumonie contagieuse, dans les conditions spéciales indiquées dans l'art. 9.

TITRE III. — **Importation et exportation des animaux.**

Art. 24. — Les animaux des espèces chevaline, bovine, caprine et porcine sont soumis, en tout temps, aux frais des importateurs, à une visite sanitaire au moment de leur entrée en France soit par terre, soit par mer.

La même mesure peut être appliquée aux animaux des autres espèces, lorsqu'il y a lieu de craindre, par suite de leur introduction, l'invasion d'une maladie contagieuse.

Art. 25. — Les bureaux de douane et ports de mer ouverts à l'importation des animaux soumis à la vente sont déterminés par décret.

Art. 26. — Le gouvernement peut prohiber l'entrée en France ou ordonner la mise en quarantaine des animaux susceptibles de communiquer une maladie contagieuse, ou de tous les objets pouvant présenter le même danger.

Il peut, à la frontière, prescrire l'abatage sans indemnité des animaux malades ou ayant été exposés à la contagion et enfin prendre toutes les mesures que la crainte de l'invasion d'une maladie rendrait nécessaires.

Art. 27. — Les mesures sanitaires à prendre à la frontière sont ordonnées par les maires dans les communes rurales, par les commissaires de police dans les gares frontières et dans les ports de mer, conformément à l'avis du vétérinaire désigné par l'Administration pour la visite du bétail.

En attendant l'intervention de ces autorités, les agents des douanes peuvent être requis de prêter main-forte.

Art. 28. — Les municipalités des ports de mer ouverts à l'importation du bétail devront fournir des quais spéciaux de débarquement munis des agrès nécessaires, ainsi qu'un bâtiment destiné à recevoir, à mesure du débarquement, les animaux mis en quarantaine par mesure sanitaire. Les locaux devront être préalablement agréés par le ministre de l'Agriculture et du Commerce. Pour se rembourser de ces frais, les municipalités pourront établir des taxes spéciales sur les animaux importés.

Art. 29. — Le gouvernement est autorisé à prescrire, à la sortie, les mesures nécessaires pour empêcher l'exportation des animaux atteints de maladies contagieuses.

TITRE IV. — **Pénalités**.

Art. 30. — Toute infraction aux dispositions des art. 3, 5, 6, 7, 10, 11, paragraphes 2 et 12, de la présente loi, sera punie d'un emprisonnement de six jours à deux mois et d'une amende de seize francs à quatre cents francs.

Art. 31. — Seront punis d'un emprisonnement de deux à six mois, et d'une amende de cent à mille francs :

1o Ceux qui, au mépris des défenses de l'Administration, auront laissé leurs animaux infectés communiquer avec d'autres ;

2o Ceux qui auraient vendu ou mis en vente des animaux qu'ils savaient atteints ou soupçonnés d'être atteints de maladies contagieuses ;

3o Ceux qui, sans permission de l'autorité, auront déterré ou sciemment acheté des cadavres ou débris d'animaux morts de maladies contagieuses quelles qu'elles soient, ou abattus comme atteints de la peste bovine, du charbon, de la morve, du farcin et de la rage ;

4o Ceux qui, même avant l'arrêté d'interdiction, auront importé en France des animaux qu'ils savaient atteints de maladies contagieuses ou avoir été exposés à la contagion.

Art. 32. — Seront punis d'un emprisonnement de six mois à trois ans et d'une amende de cent francs à deux mille francs :

1o Ceux qui auront vendu ou mis en vente de la viande provenant d'animaux qu'ils savaient morts de maladies contagieuses, quelles qu'elles soient, ou abattus comme atteints de la peste bovine, du charbon, de la morve, du farcin et de la rage ;

2o Ceux qui se seront rendus complices des délits prévus par les articles précédents, s'il est résulté de ces délits une contagion parmi les autres animaux.

Art. 33. — Tout entrepreneur de transport qui aura contrevenu à l'obligation de désinfecter son matériel sera passible d'une amende de cent à mille francs.

Il sera puni d'un emprisonnement de six jours à deux mois, s'il est résulté de cette infraction une contagion parmi les autres animaux.

Art. 34. — Toute infraction aux dispositions de la présente loi, non spécifiée dans les articles ci-dessus, sera punie de seize francs à quatre cents francs d'amende. Les contraventions aux dispositions du règlement d'administration publique, rendu pour l'exécution de la présente loi, seront, suivant les cas, passibles d'une amende de un franc à deux francs, qui sera prononcée par le juge de paix du canton.

Art. 35. — Si la condamnation pour infraction à l'une des dispositions de la présente loi remonte à moins d'une année, ou si cette infraction a été commise par des vétérinaires délégués, des gardes champêtres, des gardes forestiers, des officiers de police à quelque titre que ce soit, les peines peuvent être portées au double du maximum fixé par les précédents articles.

Art. 36. — L'art. 463 du Code pénal est applicable dans tous les cas prévus par les articles du présent titre.

<h2 style="text-align:center">TITRE V. — Dispositions générales.</h2>

Art. 37. — Les frais d'abatage, de transport, de quarantaine, de désinfection, ainsi que tous autres frais auxquels peut donner lieu l'exécution des mesures prescrites en vertu de la présente loi, sont à la charge des propriétaires ou conducteurs d'animaux.

En cas de refus des propriétaires ou conducteurs d'animaux de se conformer aux injonctions de l'autorité administrative, il y est pourvu d'office à leur compte.

Les frais de ces opérations seront recouvrés sur un état dressé par le maire et rendu exécutoire par le sous-préfet. Les oppositions seront portées devant le juge de paix.

La désinfection des wagons de chemins de fer prescrite par l'art. 16 a lieu par les soins des compagnies ; les frais de cette désinfection sont fixés par le ministre des Travaux publics, les compagnies entendues.

Art. 38. — Un service des épizooties est établi dans chacun des départements en vue d'assurer l'exécution de la présente loi.

Les frais de ce service seront compris parmi les dépenses obligatoires à la charge des budgets départementaux et assimilés aux dépenses classées sous les paragraphes 1er et 4 de l'art. 60 de la loi du 10 août 1871.

Art. 39. — Les communes où il existe des foires et des marchés aux chevaux ou aux bestiaux seront tenues de préposer à leurs frais, et sauf à se rembourser par l'établissement d'une taxe sur les animaux amenés, un vétérinaire pour l'inspection sanitaire des animaux conduits à ces foires et marchés.

Cette dépense sera obligatoire pour la commune. Le Gouvernement pourra, sur l'avis des conseils généraux, ajourner par décret, dans les départements, l'exécution de cette mesure pendant une période de six années à partir du jour de la promulgation de cette loi.

Art. 40. — Le règlement d'administration publique rendu pour l'exécution de la présente loi détermine l'organisation du comité consultatif des épizooties constitué auprès du ministre de l'Agriculture et du Commerce.

Les renseignements recueillis par le ministre au sujet des épizooties sont communiqués au comité qui donne son avis sur les mesures que peuvent exiger ces maladies.

Art. 41. — Sont et demeurent abrogés les art. 459, 460 et 461 du Code pénal, toutes lois ou ordonnances, tous arrêts du conseil, arrêtés, décrets et règlements intervenus à quelque époque que ce soit sur la police sanitaire des animaux.

Décret de 1882, portant règlement d'administration publique sur la police sanitaire des animaux.

TITRE PREMIER. — Police sanitaire à l'intérieur.

CHAPITRE PREMIER. — Mesures communes à toutes les maladies contagieuses.

Article premier. — Lorsqu'une maladie contagieuse est signalée dans une commune, le maire en informe dans les 24 heures le préfet du département, et lui fait connaître les mesures et les arrêtés qu'il a pris conformément à la loi sur la police sanitaire des animaux et au présent règlement d'administration publique, pour empêcher l'extension de la contagion. Le préfet accuse réception au maire dans le même délai et prend un arrêté pour prescrire les mesures à mettre à exécution.

Les arrêtés des maires et des préfets sont transmis sans délai au ministre de l'Agriculture, qui peut prendre, par un arrêté spécial, des mesures applicables à plusieurs départements.

Art. 2. — Les arrêtés pris par le maire sont exécutoires même avant l'approbation du préfet.

Art. 3. — Dans le cas où un animal atteint ou soupçonné d'être atteint d'une maladie contagieuse meurt ou est abattu avant la déclaration prescrite par l'art. 3 de la loi sur la police sanitaire, le maire commet un vétérinaire à l'effet de constater la nature de la maladie.

Le procès-verbal de constatation est remis au maire, qui en transmet sans retard une copie au préfet.

Le vétérinaire délégué, chef du département, est envoyé sur place, s'il y a lieu, pour vérifier les constatations de son collègue.

Art. 4. — Les cadavres ou parties de cadavres des animaux morts de maladie contagieuse ou abattus comme atteints de ces maladies doivent être conduits à l'atelier d'équarrissage, s'il s'en trouve un dans la commune.

S'il n'y a pas d'atelier d'équarrissage, le maire prescrit l'enfouissement dans le terrain du propriétaire; l'emplacement doit être agréé par le maire.

A défaut de terrain appartenant au propriétaire, l'enfouissement a lieu dans un terrain communal spécialement affecté à cet effet. Ce terrain est entouré d'une clôture et il est interdit d'y faire paitre les animaux.

Enfin, si la commune elle-même ne possède pas d'emplacement susceptible d'être approprié comme il est dit au paragraphe précédent, les cadavres ou débris de cadavres sont détruits sur place au moyen de procédés approuvés par le comité consultatif des épizooties, ou transportés à l'atelier d'équarrissage le plus voisin. Le transport sera effectué conformément aux indications données par le maire.

Dans les cas d'enfouissement, les fosses ont une profondeur suffisante pour qu'il y ait au-dessus du corps une couche de terre de 1 m. 40 au moins. Les cadavres sont recouverts de toute la terre extraite pour ouvrir les fosses et ne peuvent être déterrés, en tout ou en partie, sans une autorisation du préfet.

Art. 5. — Les locaux, cours, enclos, herbages et pâturages où ont séjourné les animaux atteints de maladies contagieuses doivent être désinfectés.

Les mesures de désinfection sont déterminées, sur l'avis du comité consultatif des épizooties, par des instructions ministérielles.

Art. 6. — Il est interdit, sous aucun prétexte, de conduire, même pendant la nuit, aux abreuvoirs communs, les animaux atteints de maladies contagieuses, et ceux qui ont été exposés à la contagion. Cette interdiction s'applique même aux animaux dont la circulation a été permise exceptionnellement.

Art. 7. — Dans tous les cas où il est ordonné de marquer les animaux, la marque est faite sur la joue gauche.

Il est interdit d'apposer sur cette joue aucune autre marque.

Le CHAPITRE II de ce même décret comporte les *mesures spéciales à chacune des maladies contagieuses : peste bovine, péripneumonie contagieuse, fièvre aphteuse, clavelée, gale, morve et farcin, dourine, rage, charbon.*

L'art. 61 du décret dit que : dans les cas d'urgence, un arrêté du ministre de l'Agriculture, rendu après avis du comité consultatif des épizooties, déterminera celles des dispositions contenues au présent règlement qu'il y aurait lieu d'appliquer pour combattre les maladies contagieuses qui seraient ajoutées à la nomenclature, conformément à l'art. 2 de la loi sur la police sanitaire des animaux.

Le CHAPITRE III édicte les *Mesures concernant les animaux de l'armée, de l'administration des haras et les animaux amenés et placés dans les écoles vétérinaires.*

TITRE II. — **Police sanitaire à la frontière.**

CHAPITRE Ier. — **Importation des animaux.**

Art. 67. — Tous les animaux importés en France et soumis à la visite en vertu de l'art. 24 de la loi sur la police sanitaire des animaux sont débarqués avant la visite, à moins que le vétérinaire ne puisse circuler librement entre les animaux.

Les animaux de l'espèce bovine admis à l'importation sont marqués.

Art. 68. — Lorsque la peste bovine est signalée dans une contrée d'où sa propagation en France serait à redouter, un arrêté ministériel prohibe l'entrée des ruminants de toutes les espèces provenant des pays infectés, ainsi que l'importation de tous les objets et matières pouvant servir de véhicules à la maladie.

Art. 69. — Lorsque les animaux frappés de prohibition pour cause de peste bovine sont présentés à l'importation par terre ou par mer, ces animaux sont saisis et abattus sur place, sans indemnité, malades ou non.

Sont également abattus sans indemnité les ruminants faisant partie d'un troupeau présentés à la frontière avant la prohibition et dans lequel l'existence de la peste bovine est constatée.

Dans tous les cas, les cadavres sont enfouis avec la peau tailladée.

Art. 70. — Les maladies contagieuses autres que la peste bovine, importées par terre ou par mer, donnent lieu aux mesures suivantes :

1° Lorsque la péripneumonie contagieuse est constatée dans un troupeau à la frontière de terre ou dans un arrivage maritime, tout animal malade est abattu sur place ; ceux qui ont été exposés à la contagion sont repoussés hors du territoire, après avoir été marqués, à moins que le propriétaire ne consente à ce qu'ils soient livrés immédiatement à la boucherie sous les conditions prescrites par l'agent sanitaire ;

2° La clavelée comporte, à la frontière, les mêmes mesures que la maladie précédente ; à l'arrivée par mer, elle entraîne l'abatage immédiat des animaux malades et laisse facultative, pour les propriétaires, soit la mise en quarantaine, avec clavelisation, des animaux suspects, soit leur envoi à la boucherie ; toutefois, les animaux qui présenteront les cicatrices caractéristiques de l'inoculation seront admis librement ;

3° En cas de fièvre aphteuse, les animaux malades et ceux qui ont été exposés à la contagion sont repoussés après avoir été marqués ; si l'arrivage a lieu par mer, les animaux doivent être envoyés immédiatement à la boucherie. S'il s'agit d'animaux reproducteurs ou de vaches laitières, la mise en quarantaine peut être autorisée ;

4° En ce qui concerne la morve et le farcin à la frontière de terre ou de mer, les animaux reconnus malades de la morve sont abattus ; ceux qui sont atteints du farcin ou qui présentent des symptômes douteux de morve sont repoussés après avoir été marqués. Les animaux qui ont été exposés à la contagion de l'une ou de l'autre de ces maladies peuvent être admis en France, à la condition qu'ils seront placés en surveillance pendant un délai de deux mois ;

5° Le charbon constaté dans les arrivages par terre ou par mer entraîne l'abatage des animaux malades. Les animaux qui ont été exposés à la contagion sont repoussés après avoir été marqués, à moins que le propriétaire ne consente à ce qu'ils soient livrés à la boucherie immédiatement ou ne demande leur mise en quarantaine avec inoculation obligatoire ;

6° Pour la dourine, à l'arrivage par terre ou par mer, en cas de maladie constatée, les animaux sont repoussés après avoir été marqués ; en cas de doute, la mise en observation de l'animal suspect peut être autorisée. L'autorisation immédiate d'entrée peut être accordée pour les chevaux entiers, malades ou suspects, si leurs propriétaires s'engagent à les faire émasculer dans un délai de quinze jours ;

7° En cas d'importation de troupeaux atteints de gale, ces troupeaux sont repoussés.

Art. 71. — La durée de la quarantaine applicable à chaque maladie est déterminée par arrêté ministériel, après avis du comité consultatif des épizooties.

Art. 72. — Lorsqu'une maladie contagieuse est signalée en pays étranger dans le voisinage immédiat de la frontière, le préfet du département prend un arrêté pour interdire la circulation du bétail entre les localités et les communes françaises limitrophes ; le même arrêté peut prescrire le dénombrement et la marque des animaux susceptibles de contracter la maladie qui sévit à l'étranger.

Pendant tout le temps qui sera fixé par l'arrêté, tout bétail nouvellement introduit devra faire l'objet d'une déclaration au maire de la commune ; il sera justifié de sa provenance.

Art. 73. — Lorsqu'une maladie contagieuse se déclare en pays étranger dans le voisinage de la frontière, un arrêté du ministre de l'Agriculture peut interdire momentanément l'introduction des animaux par les bureaux de douane de la partie de frontière menacée.

Art. 74. — Lorsqu'une commune française, qui possède un bureau de douane ouvert à l'importation des animaux, sera déclarée infectée en totalité ou en partie, un arrêté ministériel pourra interdire momentanément l'introduction des animaux par ce point de la frontière ou déterminer les routes et chemins que devront suivre les animaux pour éviter de traverser la commune infectée.

CHAPITRE II. — **Exportation des animaux.**

Art. 75. — Un décret du Président de la République détermine les ports de mer ouverts à la sortie des animaux.

Art. 76. — Les animaux exportés par mer ne peuvent être embarqués que sur la présentation d'un certificat de santé délivré par un vétérinaire délégué à cet effet par le ministre de l'Agriculture.

Les frais de la visite sont à la charge de l'expéditeur ; ils sont perçus par le vétérinaire d'après un tarif fixé par le ministre. La taxe est due pour chaque tête de bétail visité, que l'embarquement ait été autorisé ou non.

Art. 77. — Avant l'embarquement, le vétérinaire délégué s'assure que la partie du navire dans laquelle le bétail doit être placé est dans un état de propreté et de salubrité convenable. Il peut en requérir le nettoyage et la désinfection.

Art. 78. — Les animaux reconnus malades ou suspects par le vétérinaire délégué sont traités comme il est dit au titre III, chapitre Ier (foires et marchés).

Art. 79. — Immédiatement après chaque départ, tous les emplacements où ont stationné les animaux sont nettoyés et désinfectés, ainsi que tous les apparaux, passerelles, etc., qui ont servi à l'embarquement.

TITRE III. — **Dispositions générales.**
CHAPITRE Ier. — **Foires et Marchés.**

Art. 80. — Les emplacements affectés aux foires et marchés à bestiaux sont divisés en compartiments pour chaque espèce d'animaux, avec des entrées spéciales, autant que faire se peut.

Si l'emplacement le permet, il est réservé un espace libre entre les animaux appartenant à des propriétaires différents.

Art. 81. — Le vétérinaire préposé à l'inspection sanitaire des animaux conduits aux foires et marchés est tenu de porter immédiatement à la connaissance de l'autorité locale tous les cas de maladie contagieuse ou de suspicion constatés par lui. La police fait immédiatement mettre en fourrière les animaux atteints ou suspects de maladies contagieuses.

Le vétérinaire fait son enquête sans délai et propose l'adoption des mesures de précaution nécessaires.

Art. 82. — Dans le cas de constatation de maladie contagieuse, le maire de la commune d'où proviennent les animaux en est immédiatement informé par un avis mentionnant le nom du propriétaire ; sur cet avis, le maire prend les mesures prescrites par la loi et le présent règlement.

Art. 83. — Lorsque la maladie constatée est la peste bovine, tous les animaux des espèces bovine, ovine et caprine présents sur le marché sont immédiatement séquestrés; et il est procédé conformément aux dispositions du titre 1, chapitre II, section première.

Art. 84. — Lorsque la maladie constatée est la péripneumonie, tous les animaux malades sont mis en fourrière pour être abattus, soit dans la localité même, soit à l'abattoir le plus voisin.

Toutes les bêtes bovines appartenant au propriétaire des animaux malades et celles qui ont été en contact avec elles sont considérées comme suspectes; elles ne peuvent être vendues que pour la boucherie. Toutefois, si les propriétaires préfèrent les conserver, elles sont conduites dans leur étable et soumises aux prescriptions de la loi et du présent règlement.

Dans le cas de transfert à l'abattoir, les animaux sont préalablement marqués et il est délivré par le maire un laissez-passer comme il est dit à l'article 23.

Art. 85. — Lorsque la maladie constatée est la fièvre aphteuse, les animaux malades sont mis en fourrière et séquestrés jusqu'à complète guérison. Pendant la durée de la séquestration, le propriétaire peut faire abattre ses animaux, soit dans la localité même, soit à l'abattoir le plus voisin.

Dans le cas de transfert à l'abattoir, les animaux sont préalablement marqués et il est délivré un laissez-passer comme il est dit à l'article 30.

Ceux qui ont été en contact avec les bêtes reconnues malades sont signalés aux maires des communes où ils sont envoyés.

Art. 86. — Lorsque la maladie constatée est la clavelée, ou la gale, ou le charbon, les animaux malades sont mis en fourrière et séquestrés jusqu'à complète guérison. Le propriétaire peut soumettre à l'inoculation propre à chaque maladie les animaux qui sont sous le coup de la clavelée ou du charbon. Quant aux animaux atteints de la gale, ils sont soumis au traitement curatif que comporte la maladie.

Pendant la durée de la séquestration, le propriétaire peut faire abattre ses animaux malades qui sont enfouis ou livrés à l'atelier d'équarrissage. Le transfert à l'atelier d'équarrissage ou à l'abattoir a lieu sous la surveillance d'un gardien spécial.

Les animaux qui ont été en contact avec les bêtes reconnues malades sont signalés aux maires des communes où ils sont envoyés.

Art. 87. — Lorsque la maladie constatée est la morve, l'animal est saisi et abattu. Le transfert à un atelier d'équarrissage peut être ordonné par le maire après que l'animal a été marqué; il a lieu sous la surveillance d'un gardien spécial.

Immédiatement après l'abatage, l'animal est injecté à l'acide phénique ou à l'essence de térébenthine. Le vétérinaire s'assure que cette dernière prescription a été remplie.

Art. 88. — Après chaque tenue de marché, le sol des halles, des étables, des parcs de comptage, de tous autres emplacements où les animaux ont stationné, et les parties en élévation qu'ils ont pu souiller, sont nettoyés et désinfectés.

Chapitre III. — **Abattoirs**

Art. 89. — Les locaux qui, dans les abattoirs ou les tueries particulières, ont contenu des animaux atteints de maladies contagieuses sont nettoyés et désinfectés.

Les hommes employés dans les abattoirs doivent se soumettre aux mesures de désinfection jugées nécessaires.

Art. 90. — Les abattoirs publics et tueries particulières sont placés d'une manière permanente sous la surveillance d'un vétérinaire délégué à cet effet. Lorsque l'ouverture d'un animal fait connaître les besoins propres à une maladie contagieuse, le maire de la commune d'où provient cet animal en est immédiatement avisé afin qu'il prenne les dispositions nécessaires.

Chapitre IV. — **Ateliers d'équarrissage**

Art. 91. — Il est tenu, dans les ateliers d'équarrissage, un registre sur lequel tous les animaux sont inscrits dans l'ordre de leur arrivée ; cette inscription contient le nom du propriétaire de l'animal et le motif pour lequel il est abattu. Ce registre est parafé par le vétérinaire délégué à chacune de ses visites.

Art. 92. — Les ateliers d'équarrissage sont placés d'une manière permanente sous la surveillance d'un vétérinaire délégué à cet effet.

Chapitre V. — **Transport des animaux**

Art. 93. — En tout temps, quel que soit l'état sanitaire, les wagons qui ont servi au transport des animaux sont nettoyés et désinfectés, après chaque voyage, dans les 24 heures qui suivent le chargement.

Immédiatement après la sortie des animaux, il est apposé sur l'une des faces latérales du wagon un écriteau indiquant qu'il doit être désinfecté.

Art. 94. — Les hangars servant à recevoir les animaux dans les gares de chemin de fer, les quais d'embarquement et de débarquement et les ponts mobiles sont nettoyés et désinfectés après chaque expédition ou chaque arrivée d'animaux.

Art. 95. — Les bateaux et navires qui ont servi au transport des animaux doivent être nettoyés, lavés et désinfectés dans le plus court délai après le déchargement. Les pontons, passerelles, etc., sont également nettoyés, lavés et désinfectés.

Chapitre VI. — **Service vétérinaire**

Art. 96. — Dans chaque département, le préfet nomme autant de vétérinaires sanitaires qu'il juge nécessaire pour assurer l'exécution de la loi et des règlements sur la police sanitaire des animaux.

Le service comprend obligatoirement un vétérinaire, qui a le titre de vétérinaire délégué chef du service sanitaire du département. Ce vétérinaire doit toujours se rendre sur les lieux en cas de peste bovine ou de péripneumonie.

Les ordres d'abatage ou d'inoculation ne peuvent être donnés sans son avis motivé.

Art. 97. — En cas d'invasion de la peste bovine ou de la péripneumonie sur plusieurs points à la fois, le préfet peut, avec l'autorisation du ministre de l'Agriculture, déléguer à plusieurs vétérinaires les attributions et les pouvoirs conférés au vétérinaire délégué chef du service départemental.

Art. 98. — Au cas où le vétérinaire sanitaire de la circonscription n'est pas d'accord avec le vétérinaire délégué, chef du service sanitaire du département, sur l'existence de la peste bovine ou de la péripneumonie contagieuse, avis en est donné immédiatement au ministre qui désigne pour visiter les animaux un troisième vétérinaire.

Art. 99. — Les vétérinaires sanitaires et le vétérinaire délégué chef du service sanitaire sont tenus, pour chaque invasion de maladie contagieuse, de faire un rapport sur l'origine de la maladie et des mesures prises.

Les vétérinaires sanitaires doivent, en outre, à la fin de chaque année, adresser au vétérinaire délégué chef du service un rapport général conforme aux instructions qui leur sont données ; le vétérinaire délégué, chef du service, transmet ces rapports, en les résumant dans un travail d'ensemble, au préfet, qui les envoie au ministre avec ses observations sur la marche du service.

CHAPITRE VII. — **Comité consultatif des épizooties.**

Art. 100. — Le comité consultatif des épizooties institué près du ministère de l'Agriculture est chargé de l'étude et de l'examen de toutes les questions qui lui sont renvoyées par le ministre, spécialement en ce qui concerne :

L'application de la législation relative aux épizooties et les modifications que l'expérience pourra démontrer nécessaires ;

L'organisation et le fonctionnement du service vétérinaire ;

Les mesures à appliquer pour prévenir et combattre les épizooties ainsi que les mesures propres à améliorer les conditions hygiéniques des animaux.

Il rédige sur ces objets les instructions qu'il peut y avoir lieu de publier.

Il reçoit en communication les rapports du service sanitaire des départements, ainsi que les informations sur les maladies épizootiques à l'étranger et indique ceux de ses renseignements qu'il peut être utile de livrer à la publicité.

Le comité présente chaque année au ministre un rapport général sur l'état sanitaire des animaux pendant l'année écoulée.

Art. 101. — Le comité consultatif des épizooties est composé de 16 membres.

Sont de plein droit membres du comité :

1° Le directeur de l'Agriculture ;

2° L'inspecteur général des écoles vétérinaires ;

3° L'inspecteur général des services sanitaires ;

4° Le chef du service vétérinaire, qui fait en même temps les fonctions de secrétaire.

Le ministre de l'Agriculture nomme les 12 autres membres qui sont renouvelables par tiers chaque année.

Les membres sortants peuvent être renommés.

Le président est nommé par le ministre.

DÉCRET du 28 juillet 1888, ajoutant de nouvelles maladies à la nomenclature des maladies des animaux qui sont réputées contagieuses.

Art. premier. — Sont ajoutées à la nomenclature des maladies des animaux qui sont réputées contagieuses et qui donnent lieu à l'application des dispositions de la loi du 21 juillet 1881 :

Le charbon symptomatique, ou emphysémateux, et la tuberculose dans l'espèce bovine.

Le rouget et la pneumo-entérite infectieuse dans l'espèce porcine.

ARRÊTÉ du 28 juillet 1888, déterminant celles des dispositions du décret du 22 juin 1882 à appliquer pour combattre les maladies contagieuses.

Art. premier. — Dans les cas de charbon et sang de rate, fièvre charbonneuse ou charbon symptomatique, le préfet prend un arrêté pour mettre sous la surveillance du vétérinaire sanitaire les animaux parmi lesquels la maladie a été constatée, ainsi que les locaux, cours, enclos, herbages et pâtures où ils se trouvent.

Art. 2. — La surveillance cesse 15 jours après la disparition du dernier cas de maladie.

Art. 3. — Aussitôt qu'un animal est reconnu malade, il est isolé et mis à l'attache.

Art. 4. — Le maire prescrit d'urgence les mesures suivantes, dont il surveille l'exécution :

1° Destruction des cadavres ou enfouissement dans les conditions prescrites par l'art. 4 du décret du 22 juin 1882, après que la peau a été tailladée ;

2° Destruction, avec les cadavres, des parties de litière, de fourrages, etc., qui ont été souillées par les animaux malades ;

3° Désinfection des locaux et tous emplacements où ont séjourné les animaux malades, ainsi que des objets qu'ils ont pu souiller.

Art. 5. — Il est interdit de hâter par effusion de sang la mort des animaux malades.

Art. 6. — Pendant toute la durée de la surveillance, les animaux sains qui sont exposés à la contagion ne peuvent être vendus que pour la boucherie.

Dans ce cas, il est délivré un laissez-passer qui est rapporté au maire dans le délai de cinq jours avec un certificat attestant que les animaux ont été abattus. Ce certificat est délivré par l'agent préposé à la police de l'abattoir ou par l'autorité locale des communes où il n'existe pas d'abattoir.

Art. 7. — Il est interdit, pendant cette surveillance, d'introduire dans les troupeaux, bergeries, écuries, pâturages, etc., infectées, de nouveaux animaux des espèces ovine et bovine s'il s'agit de sang de rate, fièvre charbonneuse, ou de nouveaux animaux de l'espèce bovine s'il s'agit de charbon symptomatique.

Exception est faite pour les animaux qui ont été soumis à l'inoculation préventive.

Art. 8. — Les propriétaires qui voudront mettre en œuvre l'inoculation préventive devront en faire préalablement la déclaration au maire de leur commune.

Un certificat du vétérinaire opérateur indiquant la date à laquelle l'inoculation a été terminée et le nombre et l'espèce des animaux inoculés est remis au maire immédiatement après l'opération. Le maire informe simultanément le préfet et le vétérinaire de la circonscription; celui-ci, pendant une durée de 15 jours, non compris celui de la dernière opération, aura les animaux inoculés sous sa surveillance.

Pendant la durée de cette surveillance, il est interdit de se dessaisir des animaux inoculés pour aucune destination.

Art. 9. — Lorsque la tuberculose est constatée sur des animaux de l'espèce bovine, le préfet prend un arrêté pour mettre ces animaux sous la surveillance du vétérinaire sanitaire.

Art. 10. — Tout animal reconnu tuberculeux est isolé et séquestré. L'animal ne peut être déplacé si ce n'est pour être abattu. L'abatage a lieu sous la surveillance du vétérinaire sanitaire, qui fait l'autopsie de l'animal et envoie au préfet le procès-verbal de cette opération dans les cinq jours qui suivent l'abatage.

Art. 11. — Les viandes provenant d'animaux tuberculeux sont exclues de la consommation :

1° Si les lésions sont généralisées, c'est-à-dire non confinées exclusivement dans les organes viscéraux et leurs ganglions lymphatiques ;

2° Si les lésions, bien que localisées, ont envahi la plus grande partie d'un viscère ou se traduisent par une éruption sur les parois de la poitrine ou de la cavité abdominale.

Ces viandes, exclues de la consommation, ainsi que les viscères tuberculeuses, ne peuvent servir à l'alimentation des animaux et doivent être détruites.

Art. 12. — L'utilisation des peaux n'est permise qu'après désinfection.

Art. 13. — La vente et l'usage du lait provenant des vaches tuberculeuses sont interdits. Toutefois, le lait pourra être utilisé sur place pour l'alimentation des animaux après avoir été bouilli.

Art. 14. — Lorsque le rouget ou la pneumo-entérite infectieuse est constatée dans une commune, le préfet prend un arrêté portant déclaration d'infection des locaux, cours, enclos et pâtures dans lesquels se trouvent les animaux malades. Cet arrêté est publié et affiché dans la commune.

Art. 15. — La déclaration d'infection entraîne l'application des mesures suivantes :

1º Mise en quarantaine des locaux, cours, enclos et pâtures déclarés, impliquant défense d'y introduire des animaux de l'espèce porcine ;

2º Visite et surveillance par le vétérinaire sanitaire des locaux, cours, enclos et pâtures déclarés infectés ;

3º Interdiction d'abattre les porcs atteints de la maladie sans en donner préalablement avis à l'autorité municipale ;

4º Interdiction de vendre, si ce n'est pour la boucherie, les porcs qui ont été exposés à la contagion.

Dans le cas de vente pour la boucherie, les animaux sont marqués ; le maire délivre un laissez-passer qui lui est rapporté dans un délai de cinq jours avec un certificat attestant que les animaux ont été abattus. Ce certificat est délivré par l'agent préposé à la police de l'abattoir, ou par l'autorité locale dans les communes où il n'existe pas d'abattoir.

Les animaux transportés en vue de la boucherie ne peuvent être conduits qu'en voiture ou par chemin de fer ;

5º Défense de laisser écouler sur la voie publique les parties liquides des déjections ; obligation de traiter ces matières, ainsi que les litières et fumiers, conformément aux prescriptions des arrêtés administratifs, avant de les laisser sortir des locaux infectés ;

6º Interdiction de laisser pénétrer dans les locaux, cours, enclos et pâtures déclarés infectés, toutes personnes autres que celles qui sont préposées aux soins à donner aux animaux ; défense à celles-ci de pénétrer dans d'autres porcheries ;

7º Obligation, pour toute personne sortant d'un local infecté, de se soumettre aux mesures de désinfection jugées nécessaires, notamment en ce qui concerne les chaussures.

Art. 16. — La chair des animaux abattus comme atteints du rouget ou de la pneumo-entérite infectieuse ne peut être livrée à la consommation des personnes qu'en vertu d'une autorisation du maire, sur l'avis conforme du vétérinaire sanitaire.

Les viscères, poumons, estomac, foie, rate sont détruits.

Art. 17. — Les cadavres des animaux morts du rouget ou de la pneumo-entérite infectieuse, quand ils ne sont pas détruits sur place, sont transportés, soit aux ateliers d'équarrissage, soit aux fosses d'enfouissement dans les conditions suivantes :

1º Les voitures sont disposées de manière à ce qu'aucune matière en liquide ne puisse s'échapper durant le trajet ; elles sont immédiatement nettoyées et désinfectées ainsi que tous les objets ayant été en contact avec les animaux morts ou abattus comme atteints de la maladie ;

2° Les conducteurs et autres personnes employées au chargement ou déchargement et à l'enfouissement des cadavres sont soumis aux mesures de désinfection jugées nécessaires.

Art. 18. — Lorsque le rouget ou la pneumo-entérite infectieuse prend un caractère envahissant, un arrêté du préfet interdit la circulation, le colportage ainsi que l'exposition ou la mise en vente des porcs dans les foires et marchés et autres réunions ou rassemblements d'animaux.

Art. 19. — Les personnes qui voudront faire pratiquer l'inoculation préventive du rouget devront en faire préalablement la déclaration au maire de la commune.

Un certificat du vétérinaire opérateur indiquant la date à laquelle l'inoculation a été terminée et le nombre d'animaux inoculés est remis au maire immédiatement après l'opération.

Pendant les 15 jours qui suivent cette date, les animaux restent sous la surveillance du vétérinaire sanitaire et il est interdit de s'en dessaisir, si ce n'est pour les faire immédiatement abattre.

Art. 20. — La déclaration d'infection ne peut être levée que lorsqu'il s'est écoulé un délai d'un mois sans qu'il se soit produit un nouveau cas de rouget ou de pneumo-entérite infectieuse et après déclaration du vétérinaire sanitaire, que toutes les prescriptions relatives à la désinfection ont été exécutées ; elle peut être levée immédiatement après la désinfection si tous les porcs qui se trouvaient dans les cours, enclos, etc., déclarés infectés ont été abattus.

Cette prohibition peut être levée en cas d'inoculation préventive de tous les porcs ayant été exposés à la contagion 15 jours après l'opération si aucun cas de rouget ne s'est déclaré parmi ces animaux pendant ce laps de temps, et s'il est constaté par le vétérinaire sanitaire que toutes les prescriptions relatives à la désinfection ont été exécutées.

Art. 21. — La constatation du charbon (sang de rate, fièvre charbonneuse), du charbon symptomatique, de la tuberculose, du rouget et de la pneumo-entérite infectieuse dans les arrivages par terre ou par mer, entraîne l'abatage des animaux malades. Les animaux qui ont été exposés à la contagion sont repoussés après avoir été marqués, à moins que le propriétaire ne consente à ce qu'ils soient sacrifiés sur place pour la boucherie.

Art. 22. — Lorsque le charbon (sang de rate, fièvre charbonneuse), le charbon symptomatique, le rouget ou la pneumo-entérite infectieuse ont été constatés sur un champ de foire ou de marché, les animaux malades sont mis en fourrière et séquestrés.

Pendant la durée de la séquestration, le propriétaire peut faire abattre ses animaux malades ; les cadavres sont enfouis ou livrés à l'atelier d'équarrissage. Le transport à l'atelier d'équarrissage a lieu sous la surveillance d'un gardien spécial. Les animaux qui ont été en contact avec les bêtes reconnues malades sont signalés aux maires des communes où ils sont envoyés.

Art. 23. — Lorsque la tuberculose est constatée sur un champ de foire ou un marché, les animaux malades sont renvoyés dans leur commune d'origine, à moins que le propriétaire ne préfère les faire abattre. Dans le cas de retour, ils sont signalés au maire de la commune.

Art. 24. — Les préfets des départements sont chargés, chacun en ce qui le concerne, de l'exécution du présent arrêté.

ANIMAUX

(Vices rédhibitoires)

La loi du 2 août 1884, sur les vices rédhibitoires, est ainsi conçue :

« Quelques modifications vont être apportées à cette loi du 2 août 1884. Il y aura lieu de se reporter à la fin de ce mot pour connaître les modifications soumises au Sénat. »

Article premier. — L'action en garantie dans les ventes ou échanges d'animaux domestiques sera régie, à défaut de conventions contraires, par les dispositions suivantes, sans préjudice des dommages-intérêts qui peuvent être dus s'il y a dol.

Art. 2. — Sont réputés vices rédhibitoires et donneront seuls ouverture aux actions résultant des articles 1641 et suivants du Code civil, sans distinction des localités où les ventes et échanges auront lieu, les maladies ou défauts ci-après, savoir :

Pour le cheval, l'âne ou le mulet : La morve, le farcin, l'immobilité, l'emphysème pulmonaire, le cornage chronique, le tic proprement dit, avec ou sans usure des dents, les boitures anciennes, intermittentes, la fluxion périodique des yeux.

Pour l'espèce ovine : La clavelée. Cette maladie reconnue chez un seul animal entraînera la rédhibition de tout le troupeau s'il porte la marque du vendeur.

Pour l'espèce porcine : La ladrerie.

Art. 3. — L'action en réduction de prix autorisée par l'art. 1644 du Code civil ne pourra être exercée dans les ventes et échanges d'animaux énoncés à l'article précédent, lorsque le vendeur offrira de reprendre l'animal vendu en restituant le prix et en remboursant à l'acquéreur les frais occasionnés par la vente.

Art. 4. — Aucune action en garantie, même en réduction de prix, ne sera admise pour les ventes ou pour les échanges d'animaux domestiques, si le prix, en cas de vente, ou la valeur, en cas d'échange, ne dépasse pas 100 fr.

Art. 5. — Le délai pour intenter l'action rédhibitoire sera de neuf jours francs, non compris le jour fixé pour la livraison, excepté pour la fluxion périodique, pour laquelle ce délai sera de trente jours francs, non compris le jour fixé pour la livraison.

Art. 6. — Si la livraison de l'animal a été effectuée hors du lieu du domicile du vendeur, ou si, après la livraison et dans le délai ci-dessus, l'animal a été conduit hors du lieu du domicile du vendeur, le délai pour intenter l'action sera augmenté à raison de la distance, suivant les règles de la procédure civile.

Art. 7. — Quel que soit le délai pour intenter l'action, l'acheteur, à peine d'être non recevable, devra provoquer dans les délais de l'art. 5 la nomination d'experts chargés de dresser procès-verbal ; la requête sera présentée verbalement ou par écrit au juge de paix du lieu où se trouve l'animal ; ce juge constatera dans son ordonnance la date de l'enquête et nommera immédiatement un ou trois experts qui devront opérer dans le plus bref délai.

Ces experts vérifieront l'état de l'animal, recueilleront tous les renseignements utiles, donneront leur avis, et, à la fin de leur procès-verbal, affirmeront par serment la sincérité de leurs opérations.

Art. 8. — Le vendeur sera appelé à l'expertise à moins qu'il n'en soit autrement ordonné par le juge de paix à raison de l'urgence et de l'éloignement.

La citation à l'expertise devra être donnée au vendeur dans les délais déterminés par les art. 5 et 6 ; elle énoncera qu'il sera procédé même en son absence.

Si le vendeur a été appelé à l'expertise, la demande pourra être signifiée dans les trois jours à compter de la clôture du procès-verbal dont copie sera signifiée en tête de l'exploit.

Si le vendeur n'a pas été appelé à l'expertise, la demande devra être faite dans les délais fixés par les art. 5 et 6.

Art. 9. — La demande est portée devant les tribunaux compétents, suivant les règles ordinaires du droit.

Elle est dispensée de tout préliminaire de conciliation et, devant les tribunaux civils, elle est instruite et jugée comme matière sommaire.

Art. 10. — Si l'animal vient à périr, le vendeur ne sera pas tenu de la garantie, à moins que l'acheteur n'ait intenté une action régulière dans le délai légal et ne prouve que la perte de l'animal provient de l'une des maladies spécifiées dans l'art. 2.

Art. 11. — Le vendeur sera dispensé de la garantie résultant de la morve ou du farcin pour le cheval, l'âne et le mulet, et de la clavelée pour l'espèce ovine, s'il prouve que l'animal, depuis la livraison, a été mis en contact avec des animaux atteints de ces maladies.

Art. 12. — Sont abrogés tous les règlements imposant une garantie exceptionnelle aux vendeurs d'animaux destinés à la boucherie.

Sont également abrogées la loi du 20 mai 1838 et toutes les dispositions contraires à la présente loi.

ARBRES ET ARBUSTES

Art. 670. — Les arbres qui se trouvent dans la haie mitoyenne sont mitoyens comme la haie. Les arbres plantés sur la ligne séparative des

deux héritages sont aussi réputés mitoyens. Lorsqu'ils meurent ou lorsqu'ils sont coupés ou arrachés, les arbres sont partagés par moitié.
Les fruits sont recueillis à frais communs et partagés aussi par moitié,
soient qu'ils tombent naturellement, soit que la chute en ait été pro-
voquée, soit qu'ils aient été cueillis. Chaque propriétaire a le droit
d'exiger que les arbres mitoyens soient arrachés.

Art. 671. — Il n'est permis d'avoir des arbres, arbrisseaux et
arbustes près de la limite de la propriété voisine, qu'à la distance prescrite par les règlements particuliers actuellement existants ou par des
usages constants et reconnus, et, à défaut de règlements et d'usages,
qu'à la distance de deux mètres de la ligne séparative des deux héritages, pour les plantations dont la hauteur dépasse deux mètres et à la
distance d'un demi-mètre pour les autres plantations.

Les arbres, arbustes et arbrisseaux de toute espèce peuvent être plantés en espaliers de chaque côté du mur séparatif, sans que l'on soit
tenu d'observer aucune distance ; mais ils ne pourront dépasser la
crête du mur. — Si le mur n'est pas mitoyen, le propriétaire seul a le
droit d'y appuyer des espaliers.

Art. 672. — Le voisin peut exiger que les arbres, arbrisseaux et
arbustes, plantés à une distance moindre que la distance légale, soient
arrachés ou réduits à la hauteur déterminée dans l'article précédent, à
moins qu'il n'y ait titre, destination du père de famille ou prescription
trentenaire.

Si les arbres meurent ou s'ils sont coupés ou arrachés, le voisin ne
peut les remplacer qu'en observant les distances légales.

Art. 673. — Celui sur la propriété duquel avancent les branches des
arbres du voisin peut contraindre celui-ci à les couper. Les fruits tombés naturellement de ces branches lui appartiennent. Si ce sont les
racines qui avancent sur son héritage, il a le droit de les y couper lui-
même. Le droit de couper les racines ou de faire couper les branches
est imprescriptible.

ASSOCIATIONS AGRICOLES

*Lois des 25 février, 10 et 25 mars 1851, sur l'organisation des
comices agricoles, des chambres d'agriculture et du Conseil général
d'agriculture.*

DES COMICES AGRICOLES

Article premier. — Il sera établi dans chaque arrondissement une
ou plusieurs comices agricoles.

Art. 2. — Ont le droit de faire partie du comice, en se conformant
au règlement, les propriétaires, fermiers, colons, et leur enfants âgés
de 21 ans domiciliés ou ayant leurs propriétés dans la circonscription
du comice. Les comices pourront encore admettre, par des délibérations spéciales prises à la majorité des deux tiers des votants, les personnes qui ne remplissent pas les conditions prescrites par le para-

graphe précédent, jusqu'à concurrence du dixième du nombre de leurs membres. Le règlement constitutif de chaque comice doit être soumis à l'approbation du préfet.

Art. 3. — Les comices existant à l'époque de la promulgation de la présente loi seront maintenus, à la condition de se conformer aux dispositions qui règlent l'élection des membres de la chambre d'agriculture. — Les sociétés s'occupant d'agriculture pourront être assimilées aux comices, pour les circonscriptions qui leur seront assignées par le conseil général. Elles devront remplir toutes les obligations des comices.

Art. 4. — Sur la proposition du préfet, le conseil général du département fixera la circonscription des comices.

Art. 5. — Les comices correspondent avec la chambre d'agriculture. Ils sont particulièrement chargés des intérêts agricoles pratiques, du jugement des concours, de la distribution des primes ou autres récompenses dans leurs circonscriptions.

DES CHAMBRES D'AGRICULTURE

Art. 6. — Il y aura, au chef-lieu de chaque département, une chambre d'agriculture, composée d'un nombre de membres égal à celui des cantons du département.

Les comices éliront autant de membres qu'il y aura de cantons dans leurs circonscriptions.

Les membres ainsi élus devront avoir leur résidence ou leur propriété dans les cantons qu'ils seront appelés à représenter.

Art. 7. — Seront électeurs, dans chaque comice, tous ceux qui en feront partie depuis un an au moins.

Néanmoins cette condition ne sera point exigée pour la première élection que feront les comices.

Art. 8. — Seront éligibles tous ceux qui, âgés de vingt-cinq ans, feront partie d'un des comices du département.

Art. 9. — Dans le cas où un comice n'aurait pas été formé dans l'une des circonscriptions déterminées par le conseil général, il sera pourvu par ce conseil au choix des représentants de cette circonscription.

Les fonctions des membres ainsi désignés cesseront de droit un an après la formation du comice.

Art. 10. — Les membres des chambres d'agriculture sont élus pour 6 ans au scrutin secret et à la majorité absolue, au premier tour seulement.

Ils sont renouvelés par tiers, tous les ans, et sont toujours rééligibles.

Art. 11. — Les président, vice-président ou secrétaires sont nommés pour un an, à la majorité absolue des suffrages.

Art. 12. — En cas de vacance par décès, démission ou autre cause, le préfet convoquera le comice dans les trois mois pour procéder au remplacement.

Cette élection devra, dans tous les cas, être faite dans la cession de la chambre d'agriculture.

Art. 13. — Les chambres d'agriculture auront une session annuelle de huit jours; elles fixeront l'époque de cette cession et règleront leurs travaux.

Elles pourront avoir des cessions extraordinaires sur la convocation du préfet ou celle de leur président.

Art. 14. — Elles présentent au Gouvernement leurs vues sur toutes les questions qui intéressent l'agriculture.

Art. 15. — Leur avis est demandé, sauf les cas d'urgence, sur les changements à opérer dans la législation, en tout ce qui touche aux intérêts agricoles, et notamment en ce qui concerne les contributions indirectes, les douanes et les octrois, la police et l'emploi des eaux.

Elles sont nécessairement consultées sur l'établissement des foires et marchés, sur la distribution des fonds généraux et départementaux destinés à l'encouragement de l'agriculture, sur l'établissement des écoles agricoles et des fermes-écoles.

Elles sont chargées de la statistique agricole du département.

Art. 16. — Les chambres d'agriculture correspondent directement, sur les matières qui leur sont attribuées, avec le ministre de l'Agriculture et du Commerce, avec les comices et les sociétés agricoles du département où elles siègent.

Art. 17. — Elles se divisent en plusieurs commissions, qui ont le droit de se réunir dans l'intervalle des sessions, pour les études qui leur sont confiées par la chambre d'agriculture.

Art. 18. — Les préfets fournissent, au chef-lieu du département, un local convenable pour la tenue des séances.

Le budget des chambres d'agriculture sera visé par le préfet et présenté au conseil général. Il fera partie des dépenses départementales et sera portée au chapitre VII des dépenses ordinaires.

Art. 19. — Le préfet, les inspecteurs généraux de l'agriculture ont entrée aux séances et sont entendus toutes les fois qu'ils le demandent.

Le préfet pourra se faire assister ou représenter par un délégué.

La chambre d'agriculture pourra aussi appeler dans son sein les personnes qu'il lui paraîtrait utile d'entendre.

Art. 20. — Les chambres d'agriculture seront reconnues comme établissements d'utilité publique, et peuvent, en cette qualité, acquérir, recevoir, posséder et aliéner, après y avoir été dûment autorisées.

DU CONSEIL GÉNÉRAL D'AGRICULTURE

Art. 21. — Il est établi, près du conseil d'agriculture et du commerce, un conseil général de l'agriculture, composé d'autant de membres qu'il y a de chambres d'agriculture.

Le conseil général pourra s'adjoindre, par voie d'élection, dix membres au plus.

Art. 22. — Chaque chambre élit un membre dans sa session générale au scrutin secret et à la majorité absolue des suffrages.

Nul ne peut être élu s'il ne fait partie de la chambre d'agriculture ou d'un des comices du département.

Art. 23. — Les membres du conseil général d'agriculture sont élus pour trois ans.

Ils sont renouvelés par tiers et sont indéfiniment rééligibles.

Il sera procédé à un tirage au sort, dans la première réunion du conseil général d'agriculture, pour désigner ceux des départements dont les représentants devront sortir au premier et au second renouvellement.

Lorsqu'il y aura vacance par décès, démission ou autre cause, la chambre d'agriculture du département pourvoira à cette vacance avant la session du conseil général.

Art. 24. — Le conseil général d'agriculture est saisi directement de toutes les questions d'intérêt général qui ont dû être soumises aux chambres d'agriculture.

Les délibérations de cette chambre lui sont communiquées.

Il donne, en outre, son avis sur toutes les questions que le ministre lui soumet.

Il émet des vœux sur tout ce qui se rattache aux intérêts agricoles.

Art. 25. — Les président, vice-président et secrétaires sont nommés pour un an, à la majorité absolue des suffrages. Toutes les fois qu'un ministre assiste à une séance, la présidence lui est déférée.

Art. 26. — Le conseil général d'agriculture se réunit chaque année en une session qui ne peut durer plus d'un mois.

Art. 27. — Des commissaires, désignés par le ministre, assistent aux délibérations du conseil général d'agriculture et prennent part aux discussions.

Art. 28. — Toutes les lois, décrets et ordonnances et autres décisions contraires à la présente sont abrogés.

ASSOCIATIONS SYNDICALES

Loi du 21 juin 1865 et du 22 décembre 1888 sur les associations syndicales.

Article premier. — L'article 1er de la loi du 21 juin 1865 est modifié ainsi qu'il suit : — Peuvent être l'objet d'une association syndicale entre propriétaires intéressés, l'exécution et l'entretien des travaux : 1° de défense contre la mer, les fleuves, les torrents et rivières navigables ou non navigables ; — 2° de curage, approfondissement, redressement et régularisation des canaux et cours d'eau non navigables ni flottables et des canaux de dessèchement et d'irrigation ; — 3° de dessèchement des marais ; — 4° des étiers et ouvrages nécessaires à l'exploitation des marais salants ; — 5° d'assainissement des terres humides et insalubres ; 6° d'assainissement dans les villes et faubourgs, bourgs, villages et hameaux ; — 7° d'ouverture, d'élargissement, de prolongement de pavages de voies publiques et de toute autre amélioration ayant un caractère d'intérêt public dans les villes et faubourgs, bourgs, villages et hameaux ; — 8° d'irrigation et de colmatage ; — 9° de drainage ; — 10° de chemins d'exploitation et de toute autre amélioration agricole d'intérêt collectif.

Art. 2. — Les associations syndicales sont libres ou autorisées.

Art. 3. — Elles peuvent ester en justice par leurs syndics, acquérir, vendre, échanger, transiger, emprunter et hypothéquer.

Art. 4. — L'adhésion à une association syndicale est valablement donnée par les tuteurs, par les envoyés en possession provisoire et par tout représentant légal pour les biens des mineurs, des interdits, des absents et autres incapables après autorisation du tribunal de la situation des biens donnée sur simple requête en la chambre du conseil, le ministère public entendu. Cette disposition est applicable aux immeubles dotaux et aux majorats. — Pourront adhérer à une association syndicale les préfets pour les biens des départements s'ils y sont autorisés par délibération du conseil général ; les maires ou administrateurs pour les biens des communes, s'ils y sont autorisés par délibération du conseil municipal ou du conseil d'administration ; pour les biens de l'État, le ministre des finances.

DES ASSOCIATIONS SYNDICALES LIBRES

Art. 5. — Les associations syndicales libres se forment sans l'intervention de l'administration. Le consentement unanime des associés doit être constaté par écrit. L'acte d'association spécifie le but de l'entreprise ; il règle le mode d'administration de la société et fixe les limites du mandat confié aux administrateurs ou syndics ; il détermine les voies et moyens nécessaires pour subvenir à la dépense ainsi que le mode de recouvrement des cotisations.

Art. 6. — Un extrait de l'acte d'association devra, dans le délai d'un mois à partir de sa date, être publié dans un journal d'annonces légales de l'arrondissement, ou, s'il n'en existe aucun, dans l'un des journaux du département. Il sera, en outre, transmis au préfet et inséré dans le recueil des actes de la préfecture.

Art. 7. — A défaut de publication dans un journal d'annonces légales, l'association ne jouira pas du bénéfice de l'article 3. L'omission de cette formalité ne peut être opposée aux tiers par les associés.

Art. 8. — Les associations syndicales libres peuvent être converties en associations autorisées par arrêté préfectoral, en vertu d'une délibération prise par l'assemblée générale, conformément à l'article 12 ci-après, sauf les dispositions contraires qui pourraient résulter de l'acte d'association. Elles jouissent, dès lors, des avantages accordés à ces associations par les articles 15, 16, 17, 18, 19.

DES ASSOCIATIONS SYNDICALES AUTORISÉES

Art. 9. — Les propriétaires intéressés aux travaux spécifiés dans les six premiers numéros de l'article 1er pourront être réunis par un arrêté préfectoral en associations syndicales autorisées, soit sur la demande d'un ou de plusieurs d'entre eux, soit sur l'initiative du maire ou du préfet. Les propriétaires intéressés aux travaux compris entre les nos 7, 8, 9 et 10 du même article pourront être réunis, dans les mêmes conditions, en associations syndicales autorisées, lorsque les travaux auront été reconnus d'utilité publique par un décret rendu en Conseil d'État. Dans les cas prévus par les nos 6, 7, 8, 9 et 10, aucun travail ne pourra être entrepris que sur l'autorisation du préfet. Cette autorisation ne pourra être donnée qu'après paiement préalable des indemnités de délaissement et d'expropriation, et que si les membres de l'association syndicale autorisée ont garanti le paiement des travaux, des fournitures et des indemnités pour dommages, au moyen de sûretés acceptées par les parties intéressées ou déterminées, en cas de désaccord, par le tribunal civil. — En cas d'insolvabilité de l'association syndicale, les tiers qui ont éprouvé un dommage par suite de l'exécution des travaux ont un recours contre la commune, contre le département ou contre l'État, si la commune, le département ou l'État est intéressé aux travaux et en a profité.

Art. 10. — Le préfet soumet à une enquête administrative, dont les formes seront déterminées par un règlement d'administration publique, les plans, avant-projets et devis des travaux, ainsi que le projet d'association. Le plan indique le périmètre des terrains intéressés et est accompagné de l'état des propriétaires de chaque parcelle. — Le projet d'association spécifie le but de l'entreprise et détermine les voies et moyens nécessaires pour subvenir à la dépense.

Art. 11. — Après l'enquête, les propriétaires, qui sont présumés devoir profiter des travaux, sont convoqués en assemblée générale par le préfet, qui en nomme le président, sans être tenu de le choisir parmi les membres de l'assemblée. Dans le cas où la commune ne figure pas parmi les propriétaires présumés intéressés, le maire, sur l'initiative de qui l'association syndicale a été constituée, a néanmoins entrée à l'assemblée générale, mais avec voix consultative seulement. Le même droit appartient au préfet qui a pris l'initiative si l'État ou le département ne figure pas parmi les propriétaires présumés intéressés. Le préfet et le maire peuvent se faire représenter à l'assemblée générale. Un procès-verbal constate la présence des intéressés et le résultat de la délibération. Il est signé par les membres présents et mentionne l'adhésion de ceux qui ne savent pas signer. L'acte contenant le consentement par écrit de ceux qui l'ont envoyé en cette forme est mentionné dans le procès-verbal et transmis au préfet.

Art. 12. — Pour les travaux spécifiés aux nos 1, 2, 3, 4 et 5 de l'article 1er, si la majorité des intéressés, représentant au moins les deux tiers de la superficie des terrains ou les deux tiers des intéressés, représentant plus de la moitié de la superficie, ont donné leur adhésion, le préfet autorise, s'il y a lieu, l'association. Pour les travaux spécifiés aux nos 6, 7, 8, 9 et 10 du même article, le préfet ne pourra autoriser l'association qu'au cas d'adhésion des trois quarts des intéressés, représentant plus des deux tiers de la superficie, et payant plus des deux tiers de l'impôt foncier afférent aux immeubles, ou des deux tiers des intéressés représentant plus des trois quarts de la superficie et payant plus des trois quarts de l'impôt foncier afférent aux immeubles. Un extrait de l'acte des associations et l'arrêté du préfet, en cas d'autorisation, et, en cas de refus, les arrêtés du préfet sont affichés dans les communes de la situation des lieux et insérés dans le recueil des actes de la préfecture. Pour les travaux spécifiés dans les paragraphes 6 et 7 de l'article 1er, l'autorisation du préfet devra être précédée d'un avis conforme du conseil municipal, si les travaux intéressent les communes; du conseil général, si les travaux intéressent le département; et de ces deux assemblées, si ces travaux intéressent à la fois la commune et le département.

Art. 13. — Les propriétaires intéressés et les tiers peuvent déférer cet arrêté au ministre des Travaux publics dans le délai d'un mois à partir de l'affiche. Le recours est déposé à la préfecture et transmis, avec le dossier, au ministre, dans le délai de quinze jours. Il est statué par un décret rendu en Conseil d'État.

Art. 14. — S'il s'agit de travaux spécifiés aux nos 3, 4, 5, 6, 7, 8, 9 et 10 de l'article 1er, les propriétaires, qui n'auront pas adhéré au projet d'association pourront, dans le délai d'un mois ci-dessus déterminé, déclarer à la préfecture qu'ils entendent délaisser, moyennant indemnité, les terrains leur appartenant et compris dans le périmètre. Il leur sera donné récépissé de la déclaration. L'indemnité à la charge de l'association sera fixée conformément à la loi du 3 mai 1844 pour les travaux spécifiés aux nos 6 et 7 de l'article 1er, et conformément à l'article 16 de la loi du 21 mai 1836 pour les travaux énumérés aux nos 4, 5, 8, 9 et 10. Si des biens de mineurs, d'interdits, d'absents ou autres incapables sont compris dans le périmètre, les tuteurs, ceux qui ont été envoyés en possession, et tous représentants des incapables peuvent, après autorisation du tribunal donnée sur requête, en chambre du conseil, le ministère public entendu, déclarer qu'ils entendent délaisser lesdits biens. Le tribunal ordonne les mesures de conservation. Ces dispositions sont applicables aux immeubles dotaux. Les préfets pourront, dans le même cas, délaisser les biens des départements, s'ils y sont autorisés par délibération du conseil général; les maires ou administrateurs pourront délaisser les biens des communes et des établissements publics, s'ils y sont autorisés par délibération du conseil municipal ou du conseil d'administration; le ministre des Finances peut délaisser les biens de l'État.

Art. 15. — Les taxes ou cotisations sont recouvrées sur des rôles dressés par le syndicat chargé de l'administration de l'association, approuvés, s'il y a lieu, et rendus exécutoires par le préfet. Le recouvrement est fait comme en matière de contributions directes.

Art. 16. — Les contestations relatives à la fixation du périmètre des terrains compris dans l'association, à la division des terrains en différentes classes, au classement des propriétés en raison de leur intérêt aux travaux, à la répartition et à la perception des taxes, à l'exécution des travaux, sont jugées par le conseil de préfecture, sauf recours au Conseil d'État. — Il est procédé à l'apurement des comptes de l'association selon les règles établies pour les comptes des receveurs municipaux.

Art. 17. — Nul propriétaire compris dans l'association ne pourra, après le délai de quatre mois à partir de la notification du premier rôle des taxes, contester sa qualité d'associé ou la validité de l'association.

Art. 18. — Dans le cas ou l'exécution des travaux entrepris par une association syndicale autorisée exige l'expropriation des terrains, il y est procédé conformément aux dispositions de la loi du 3 mai 1841, s'il s'agit de travaux spécifiés dans les n°s 6 et 7 de l'article 1er, et conformément aux dispositions de la loi du 21 mai 1836, après déclaration d'utilité publique, par décret rendu en Conseil d'État, s'il s'agit d'autres travaux.

Art. 19. — Lorsqu'il y a lieu à l'établissement de servitudes conformément aux lois au profit d'associations syndicales, les contestations sont jugées suivant les dispositions de l'article 5 de la loi du 10 juin 1854.

DES SYNDICS

Art. 20. — L'acte constitutif de chaque association fixe le minimum d'intérêt qui donne à chaque propriétaire le droit de faire partie de l'assemblée générale. Les propriétaires de parcelles inférieures au maximum fixé peuvent se réunir pour se faire représenter à l'assemblée générale par un ou plusieurs d'entre eux, en nombre égal au nombre de fois que le minimum d'intérêt se trouve compris dans leurs parcelles réunies. L'acte d'association détermine le maximum de voix attribué à un même propriétaire, ainsi que le nombre de voix attaché à chaque usine, d'après son importance, et le maximum de voix attribué aux associés réunis.

Art. 21. — Le nombre des syndics, leur répartition, s'il y a lieu, entre diverses catégories d'intéressés, et la durée de leurs fonctions seront déterminés par l'acte constitutif de l'association.

Art. 22. — Les syndics sont élus par l'assemblée générale parmi les intéressés. Lorsque les syndics doivent être pris dans diverses catégories, la liste d'éligibilité est divisée en sections correspondant à ces diverses catégories. Les syndics seront nommés par le préfet dans le cas où l'assemblée générale, après deux convocations, ne se serait pas réunie ou n'aurait pas procédé à l'élection des syndics.

Art. 23. — Lorsque, sur la demande du syndicat, il lui est accordé une subvention par l'État, par le département, par une commune ou par une chambre de commerce, cette subvention donne droit à la nomination, suivant les cas, par le préfet, par la commission départementale, par le conseil municipal ou par la chambre de commerce, d'un nombre de syndics proportionné à la part que la subvention représente dans l'ensemble de l'entreprise.

Art. 24. — Les syndics élisent l'un d'eux pour remplir les fonctions de directeur, et, s'il y a lieu, un adjoint qui remplace le directeur en cas d'absence ou d'empêchement. Le directeur et l'adjoint sont toujours rééligibles.

Art. 25. — A défaut, par une association, d'entreprendre les travaux en vue desquels elle aura été autorisée, le préfet rapportera, s'il y a lieu, et après mise en demeure, l'arrêté d'autorisation.

Il sera statué par un décret rendu au Conseil d'État, si l'autorisation a été accordée en cette forme.

Dans le cas où l'interruption, ou le défaut d'entretien des travaux entrepris par une association, pourrait avoir des conséquences nuisibles à l'intérêt public, le préfet, après mise en demeure, pourra faire procéder d'office à l'exécution des travaux nécessaires pour obvier à ces conséquences.

Art. 26. — La loi du 16 septembre 1807 et celle du 14 floréal an XI continueront à recevoir leur exécution, à défaut de formation d'associations libres ou autorisées, lorsqu'il s'agira de travaux spécifiés aux numéros 1, 2 et 3 de l'article 1er de la présente loi. Toutefois, il sera statué, à l'avenir, par le Conseil de préfecture, sur les contestations qui, d'après la loi du 16 septembre 1807, devaient être jugées par une commission spéciale. En ce qui concerne la perception des taxes, l'expropriation et l'établissement de servitudes, il sera procédé conformément aux articles 15, 16, 18 et 19 de la présente loi.

Art. 27. — Un règlement d'administration publique déterminera les dispositions nécessaires pour l'exécution de la loi.

Observations et décisions. — Une circulaire ministérielle du 11 août 1865 a fait suivre la promulgation de la loi des importantes instructions suivantes : « En ce qui concerne l'*approfondissement,* le *redressement* et la *régularisation* des canaux des cours d'eau non navigables ni flottables et des canaux de desséchement, les travaux de cette nature ne doivent être entrepris qu'avec une extrême réserve, et lorsqu'ils sont nécessaires pour faire le complément d'un curage efficace. Dans ce cas, ils doivent être autorisés par un décret rendu en Conseil d'État après l'accomplissement des formalités d'enquête. En ce qui concerne les canaux nommés *étiers*, destinés à introduire les eaux de la mer dans les marais salants, notamment sur le littoral de l'Ouest, et, en outre, les fossés extérieurs et les bassins où ces eaux subissent une première évaporation, ces ouvrages, nécessaires pour la fabrication du sel, constituent des propriétés communes à tous les intéressés et dont la conservation doit peser sur chacun d'eux dans la proportion de son intérêt. En ce qui concerne les terres humides et insalubres, il ne s'agit pas de desséchement de marais proprement dits, qui ont en général un aspect et un caractère parfaitement définis; il s'agit de ces terrains qui sont quelquefois désignés sous le nom de terres mouillées, et qui ne doivent leur état d'humidité, et par suite d'insalubrité, qu'à des obstacles accidentels qui arrètent l'écoulement des eaux. Il suffit, le plus souvent, soit de rétablir un cours d'eau qui a disparu par suite du défaut de curage, soit d'ouvrir quelques rigoles secondaires, soit d'augmenter le débouché d'un pont pour rendre la fertilité et la salubrité à des terrains longtemps improductifs et insalubres. En ce qui concerne le *colmatage* des terres, l'opération consiste à exhausser un bas-fond, habituellement émergé, ou à couvrir des terrains infertiles, tels que des sables ou des graviers, au moyen d'alluvions entraînés par des eaux courantes. En ce qui concerne *les chemins d'exploitation* et toute autre amélioration ayant un caractère définitif, on entend par *chemins d'exploitation* ceux qui ne servent qu'à l'exploitation des propriétés privées. Pour ceux qui ont un caractère public et dont l'administration et la police sont placées dans les attributions de l'autorité municipale, on ne saurait admettre qu'une association syndicale pût se substituer à cette autorité. La loi a eu seulement pour but de faciliter, par la formation d'associations syndicales, l'ouverture des voies d'accès utiles à un certain nombre de propriétaires. En ajoutant d'ailleurs à cette énonciation « toute autre amélioration agricole, d'intérêt collectif », le législateur a voulu laisser la voie ouverte à l'exécution de tous les travaux utiles à l'agriculture, tels que fixation de dunes, construction de ponts, ensemencement de landes, qui, par leur nature, peuvent exiger le concours d'un certain nombre de propriétaires. Le consentement unanime par écrit des associés dont parle l'article 5, doit être un acte notarié, ou un simple acte sous seing privé, enregistré, spécifiant le but et les conditions de l'association. L'article 7 n'attache de sanction qu'au défaut de publication dans un journal d'annonces légales, et n'en attache aucune au défaut d'insertion dans le recueil des actes de la préfecture. Les associations syndicales libres, formées par application des articles 5, 6 et 7, jouissent du bénéfice des articles 3 et 4, qui leur confèrent sans doute des droits importants, mais elles n'en conservent pas moins leur caractère de sociétés privées. Ainsi, soit pour le recouvrement des cotisations, soit pour le jugement des contestations relatives à la répartition et à la perception des taxes, soit par l'acquisition de terrains ou par l'établissement de servitudes, elles restent placées sous le régime du droit commun et ne disposent d'aucun des moyens d'action que peut conférer l'intervention de l'autorité publique. L'article 5 de la loi du 10 juin 1854, sur l'écoulement des eaux provenant du drainage, mentionné dans l'article 19 de la loi sur les associations syndicales, est ainsi conçu :

« Les contestations auxquelles peuvent donner lieu l'établissement et l'exercice de la servitude, la fixation du parcours des eaux, l'exécution des travaux de drainage et d'assèchement, les indemnités et les frais d'entretien sont portées en premier ressort devant le juge de paix du canton qui, en prononçant, doit concilier les intérêts de l'opération avec le respect dû à la propriété. »

Modèle d'acte d'association syndicale autorisée par la loi du 21 juin 1865 et du 22 décembre 1888 pour les travaux d'exécution de curage des cours d'eau non navigables ni flottables.

Art. premier. — Les propriétaires de terrains bâtis ou non bâtis et d'usines, compris dans le périmètre tracé sur le plan annexé au présent acte et dont les noms figurent sur l'état joint à ce plan, sont réunis en association syndicale autorisée pour exécuter les travaux de curage et de faucardement de la rivière de... depuis... jusqu'à... des dérivations des bras de décharge et des fossés d'assainissement ouverts dans un intérêt général qui dépendent de cette rivière, ainsi que ses affluents ci-après désignés. L'objet de l'association comprend aussi, dans les conditions prévues par l'article 26, les travaux d'amélioration des cours d'eaux ci-dessus indiqués. Le siège de l'association est fixé à...

Pour avoir un modèle complet et détaillé de tout l'acte d'association, on devra le demander à la préfecture de son département.

BAN

L'art. 13 de la loi du 9 juillet 1889 a réglé de la façon suivante la question du « ban des vendanges ».

« Le ban des vendanges ne pourra être établi ou même maintenu que dans la commune où le conseil municipal l'aura ainsi décidé par délibération soumise au conseil général et approuvé par lui. S'il est établi ou maintenu, il est réglé chaque année par arrêté du maire. — Les prescriptions de cet arrêté ne sont pas applicables aux vignobles clos de la manière appliquée par l'art. 6 de la présente loi. »

Voir ledit art. 6 aux mots *Vaine pâture.*

Toute infraction à l'arrêté pris par le maire est punie par l'art 475 du Code pénal, parag. 1. — Voir aux mots *Contraventions rurales.*

BEURRES (Fraudes sur la vente des)

Loi du 14 mars 1887 concernant la répression des fraudes commises dans la vente des beurres.

Art. premier. — Il est interdit d'exposer, de mettre en vente ou de vendre, d'importer ou d'exporter, sous le nom de beurre, de la margarine, de l'oléo-margarine et, d'une manière générale, toute substance destinée à remplacer le beurre, ainsi que les mélanges de margarine, de graisse, d'huile et d'autres substances avec le beurre, quelle que soit la quantité qu'en renferment ces mélanges.

Art. 2. — Seront punis d'un emprisonnement de six jours à six mois et de cinquante à trois mille francs d'amende ceux qui auront sciemment contrevenu aux dispositions de l'article premier.

Toutefois, seront présumés avoir connu la falsification de la marchandise, ceux qui ne pourront indiquer le nom du vendeur ou de l'expéditeur.

Art. 3. — Les substances ou les mélanges frauduleusement exposés, vendus, mis en vente, importés ou exportés, restés en la possession de l'auteur du délit, seront confisqués, conformément à l'article 5 de la loi du 27 mars 1851.

Art. 4. — Les tribunaux pourront toujours ordonner que les jugements de condamnation prononcés par l'application de l'article 2 soient, par extrait ou littéralement, publiés dans les journaux qu'ils désigneront, ou affichés dans les lieux ou marchés où la fraude a été commise, ainsi qu'aux portes de la maison et des magasins du délinquant et à celles de la mairie du domicile de ce dernier, et ce toujours aux frais du condamné.

Art. 5. — En cas de récidive dans l'année qui suivra la condamnation, le maximum de l'amende sera toujours appliqué et le jugement toujours publié et affiché.

Art. 6. — Tout marchand en détail de margarine, d'oléo-margarine ou de substances ou mélanges destinés à remplacer le beurre, devra informer l'acheteur que la substance ou le mélange par lui vendu n'est pas du beurre, en livrant dans un vase, flacon ou enveloppe portant en caractères apparents les mots : « margarine, oléo-margarine ou graisse alimentaire. »

Art. 7. — Tout fabricant, marchand en gros, expéditeur ou consignataire de margarine, d'oléo-margarine ou de substances similaires sera tenu de les placer dans des fûts ou récipients marqués en caractères apparents, imprimés ou marqués au feu des mots : « margarine, oléo-margarine ou graisse alimentaire. »

Art. 8. — Les fabricants, marchands expéditeurs ou consignataires de margarine, oléo-margarine ou de substances similaires, devront indiquer sur les factures, lettres de voiture, connaissements, etc., pour chaque envoi de marchandises de ce genre, que les marchandises, ainsi expédiées, sont vendues comme margarine, oléo-margarine, graisse alimentaire.

Tout voiturier et toute compagnie de transport par terre ou par eau devront reproduire cette désignation dans leurs livres, factures et déclarations ou manifestes.

Art. 9. — Ceux qui auront contrevenu aux dispositions des articles ci-dessus 6, 7 et 8, par. 1er, seront punis d'un emprisonnement de six jours à un mois et d'une amende de vingt-cinq à mille francs ou de l'une de ces deux peines seulement.

Les voituriers ou compagnies de transport par terre ou par eau, qui auront contrevenu aux dispositions du second paragraphe de l'art. 8, seront punis d'une amende de vingt-cinq à cinq cents francs.

Art. 10. — En cas de récidive dans l'année qui suivra la condamnation, le maximum sera toujours appliqué.

Art. 11. — Un règlement d'administration publique déterminera le mode et les conditions de la vérification à laquelle il devra être procédé en ce qui touche notamment les marchandises en transit par les agents des douanes ou des contributions indirectes ; il sera procédé à cette vérification sans frais et sans entrave ni retard pour l'expédition des beurres.

Ce règlement d'administration publique devra être fait dans le délai de trois mois, sans que ce délai puisse en rien arrêter l'exécution de la présente loi, dans tous les cas où l'application dudit règlement n'est pas nécessaire.

Art. 12. — Sont applicables aux délits prévus et punis par la présente loi les dispositions de l'article 563 du Code pénal.

Décret de 1888, portant règlement d'administration publique déterminant le mode et les caractères de la vérification des beurres, à laquelle il devra être procédé, en ce qui touche notamment les marchandises en transit, par les agents des douanes ou des contributions indirectes.

Article premier. — Les employés des contributions indirectes, ceux des douanes et des octrois ainsi que les agents chargés de la surveillance des halles et marchés dûment commissionnés et assermentés, sont autorisés à prélever des échantillons des beurres qui sont exposés, mis en vente, transportés, importés ou exportés, afin d'en faire vérifier la pureté.

Les voituriers ainsi que les directeurs et les agents des compagnies de transports par terre et par eau sont tenus de n'apporter aucun obstacle aux réquisitions pour prises d'échantillons, et de représenter les lettres de voitures, récépissés, connaissements et déclarations dont ils doivent être porteurs.

Chaque prise d'échantillon est constatée par un procès-verbal spécial.

Art. 2. — Lorsque la prise d'échantillon est opérée chez un marchand en détail, un marchand en gros, un expéditeur, un consignataire ou entre les mains d'un voiturier, ceux-ci sont tenus de faire connaître le nom et la demeure de la personne dont ils détiennent la marchandise.

Si le marchand, expéditeur, consignataire ou voiturier ne veut ou ne peut indiquer le nom ou l'adresse de celui dont il détient la marchandise comme aussi s'il refuse de signer le procès-verbal, mention en est faite sur ledit procès-verbal.

Art. 3. — Les échantillons prélevés par les agents indiqués à l'article 1er sont, en présence des détenteurs, enfermés dans des vases ou flacons hermétiquement clos et scellés ; ils sont transmis immédiatement à l'un des experts désignés dans chaque département par le préfet. Mention des circonstances est faite au procès-verbal.

Art. 4. — Les beurres purs, les beurres mélangés, les margarines, les oléo-margarines et les graisses alimentaires expédiés en transit doivent être contenus dans des récipients fermés et indiquant en caractères apparents la provenance et la valeur de la marchandise.

A leur arrivée au bureau de douane, les récipients sont pesés, cordés et plombés, et il est délivré au voiturier ou à la compagnie de transports par terre ou par eau chargée de les faire transiter, un acquit-à-caution pour les accompagner jusqu'au bureau de sortie.

L'acquit-à-caution fixe le délai accordé pour la réexportation.

BORNAGE

Les *bornes* servant à délimiter deux propriétés contiguës sont quelquefois naturelles, tels sont ; les pieds corniers, c'est-à-dire les arbres placés à l'extrémité d'un héritage pour servir de limite à cet héritage, les arbres-bornes, c'est-à-dire les arbres indiqués pour servir de bornes, mais en vertu d'un titre ou en exécution d'une décision judiciaire et qui sont mitoyens, les fleuves, les rivières, les rochers, les haies, les fossés, un ruisseau, un mur, un chemin. Les bornes sont plus ordinairement le fait de la main de l'homme et elles consistent en cubes de pierres qui sont fixés en terre et placés sur plusieurs points de la ligne séparative de façon à la suivre dans toutes les courbes qu'elle fait et à bien déterminer son assiette.

Pour assurer une assiette fixe à ces bornes et reconnaître leur place en cas de déplacement soit fortuitement, soit volontairement, on met ordinairement en terre, sous elles, des *témoins* tels que des pierres cassées, des morceaux de verres ou de métal, etc., etc., qu'on indique dans le procès-verbal de bornage.

Peuvent seuls intenter l'action en bornage : 1º le propriétaire ; 2º l'usufruitier ; 3º l'usager ; 4º l'emphytéote, c'est-à-dire celui qui possède à bail pour de longues années ; 5º l'antichrésiste, celui auquel son débiteur a fait l'abandon de l'usufruit d'une propriété. Le fermier ne peut intenter l'action en bornage, mais s'il est troublé dans sa jouissance, il peut obliger son propriétaire a intenter l'action en bornage. Si l'action en bornage est intentée par un tiers contre un fermier, ce dernier devra faire connaître le nom de son propriétaire et il sera mis hors de cause. Le tuteur peut, avec l'autorisation du conseil de famille, intenter une action en bornage pour son mineur ; il peut aussi y défendre, s'il n'y a de contestation ni sur la propriété ni sur les titres. S'il s'agit de borner des biens propres à une femme mariée, cette dernière doit figurer en nom dans le bornage. Dans les communes, les maires peuvent suivre une action en bornage contre des particuliers, mais il faut qu'ils y soient autorisés par le conseil municipal et par l'autorité administrative.

Les propriétaires de deux fonds contigus peuvent décider qu'ils procèderont d'un commun accord au bornage desdits fonds. Ils peuvent y procéder eux-mêmes ou nommer des experts-géomètres qui y procéderont pour eux. Ces derniers doivent se faire remettre par les susdits propriétaires un pouvoir en règle, puis ensuite ils s'appliquent à examiner les titres produits, à vérifier les anciennes bornes, s'il en existe encore, à planter des nouvelles bornes, et enfin à dresser un procès-verbal de leurs opérations, qu'on appelle procès-verbal de bornage, lequel doit toujours contenir le plan des lieux, avec indication des contenances bornées, et aussi l'indication des bornes placées sur la ligne séparative. Ce procès-verbal est signé par les experts et par les propriétaires, et il en est fait autant d'originaux qu'il y a de propriétaires intéressés figurant dans le procès-verbal de bornage. Puis on le fait enregistrer.

Les parties peuvent convenir entre elles qu'elles feront un bornage amiable, avec ou sans l'assistance d'un expert-géomètre.

Si les parties ne peuvent s'entendre pour un bornage amiable, l'une peut obliger l'autre à faire un bornage judiciaire.

L'art. 646 du Code civil est ainsi conçu : « *Tout propriétaire peut obliger son voisin au bornage de leurs propriétés contiguës ; — le bornage se fait à frais communs.* »

Puis l'art. 6 de la loi du 25 mai 1838 s'exprime ainsi : « *Les juges de paix connaissent, à charge d'appel, des actions en bornage, lorsque la propriété ou les titres ne sont pas contestés.* »

L'action en bornage est imprescriptible ; mais il y a lieu de l'intenter sans retard, car l'une des parties qui aurait joui soit pendant dix et vingt ans avec titre, soit pendant trente ans sans titre, aurait acquis un droit définitif de propriété.

Lorsqu'il y a *déplacement* ou *enlèvement* de bornes, la partie au préjudice de laquelle ce déplacement ou cet enlèvement a été opéré peut appeler celui qui l'a commis devant le juge de paix pour demander le replacement des bornes et des dommages-intérêts. Mais il faut que son instance soit intentée dans l'année du déplacement ou de l'enlèvement. — Si on laissait passer l'année, il faudrait en faire une question de propriété et la porter devant le tribunal civil. En cas de *déplacement* ou *d'enlèvement* de bornes, on peut encore porter l'affaire devant le tribunal correctionnel, en citant directement, après avoir demandé au parquet d'indiquer le jour de l'audience. Seulement il faut pouvoir faire la preuve par témoins qu'on a vu déplacer ou enlever la borne. Celui qui a commis ce déplacement est passible d'un emprisonnement d'un mois à un an, et d'une amende égale au quart des restitutions et des dommages-intérêts et qui, dans aucun cas, ne pourra être au-dessous de cinquante francs.

Mais il n'y a délit pouvant être poursuivi devant le tribunal correctionnel qu'autant que la borne déplacée ou enlevée avait été plantée d'un commun accord entre les parties, après procès-verbal de bornage dressé, ou en suite d'une décision judiciaire. — On ne peut poursuivre correctionnellement un propriétaire qui a déplacé ou enlevé une borne qu'il avait plantée de sa propre autorité.

Cependant, la Cour de cassation a jugé que le fait, par un propriétaire, de déplacer une borne qui avait été plantée régulièrement constitue un délit, quand même ce déplacement n'aurait occasionné aucun empiétement.

Lorsque le juge de paix a nommé un expert pour procéder au bornage et que l'expert a fini son opération, les parties peuvent, si elles sont d'accord, accepter ce bornage, signer le procès-verbal de bornage, payer par moitié les frais faits et ne plus retourner devant le juge de paix. — Si l'affaire revient à l'audience et qu'il n'y ait pas de contestation, le juge de paix se contente d'homologuer le procès-verbal de bornage, et cette homologation tient lieu du consentement mutuel des parties. Si l'une des parties conteste, le juge de paix juge en premier ressort, et la partie qui a perdu son procès peut en appeler devant le tribunal.

Pour l'enlèvement clandestin des bornes, — Voir au mot « *Délits ruraux, art. 389* ». — Voir, pour la suppression des bornes, au mot « *Délits ruraux, art. 456* ».

BOUILLEURS DE CRUS

La loi du 14 décembre 1895 contient un article unique ainsi conçu :

« Les propriétaires qui distillent les vins, marcs, cidres, prunes et cerises provenant exclusivement de leurs récoltes, sont dispensés de toute déclaration préalable et sont affranchis de l'exercice. »

CAVE

On ne peut creuser, contre le mur de son voisin, pour construire une cave, si l'on n'a pas au préalable acheté la mitoyenneté du mur et si l'on n'a pas réglé avec ce voisin les moyens de consolidation à employer avant le commencement des travaux.

Si l'on appuie la voûte d'une cave sur un mur mitoyen, il faut un contre-mur de 0,33 centimètres ; et c'est sur ce contre-mur que doit commencer la voûte. Dans le cas où la voûte vient seulement s'appuyer sur le mur mitoyen, comme sur un pignon, de façon à former un angle droit avec ce dernier, il n'est pas nécessaire de faire un contre-mur.

CHASSE

Loi du 3 mai 1844.

Article premier. — Nul ne pourra chasser, sauf les exceptions ci-après, si la chasse n'est pas ouverte et s'il ne lui a pas été délivré un permis de chasse par l'autorité compétente.

Nul n'aura la faculté de chasser sur la propriété d'autrui sans le consentement du propriétaire ou de ses ayants droit.

Observations. — Dans chaque département il n'y a qu'à se reporter aux différents arrêtés sur la chasse, pour savoir à quelles époques ouvre et clôture la chasse des différents gibiers. Pour chasser, il faut être porteur d'un permis de chasse, lequel est valable pendant une année. — Le permis qui est daté du 1er décembre 1893 donne droit de chasser pendant la journée du 1er décembre 1894. La quittance du percepteur ne peut tenir lieu de permis de chasse ; celui qui chasserait le 1er décembre 1893, date du permis dont il ne serait pas encore détenteur, ne se verrait pas dresser procès-verbal, puisqu'il a jusqu'au lendemain matin, c'est-à-dire vingt-quatre heures pour le présenter au garde. Si le permis n'était pas encore en sa possession dans ce délai, un procès-verbal serait dressé contre lui. Le garde a le droit de vérifier la signature du porteur du permis de chasse, et si cette signature lui paraît suspecte, il peut saisir ledit permis. — Le garde doit enjoindre, à celui qui refuse de lui remettre son permis de chasse et de lui donner son nom, de le suivre chez le maire ou chez le juge de paix, sans procéder pour cela à son désarmement, mais si le chasseur se refuse à le suivre, il a le droit de procéder à son arrestation et de le désarmer.

Nota. — Circulaire du ministre de l'Intérieur du 22 juillet 1851. — Les demandes doivent être produites sur une feuille de papier timbré de 0,60 cent. et adressées par les intéressés eux-mêmes, dûment affranchies, soit à la préfecture pour l'arrondissement du chef-lieu, soit aux sous-préfectures dans les autres arrondissements.

Y joindre : 1º Consentement du père, de la mère ou du tuteur si le jeune homme n'est âgé que de 16 à 21 ans ; 2º avis du maire de la résidence ou du domicile attestant que l'impétrant ne se trouve dans aucun des cas d'exclusion prévus par les art. 6, 7, 8 de la loi du 3 mai 1844 ; 3º ancien permis de chasse : à défaut de cette pièce, les noms, prénoms, âge, profession, taille et signalement de l'impétrant devront figurer dans l'avis du maire ; 4º quittance du percepteur. Les chasseurs ne peuvent prendre leur permis que dans le lieu de leur résidence ou de leur domicile.

Nomination de garde champêtre particulier. — Lorsqu'il ne s'agit que de propriétés rurales à faire garder, c'est le garde champêtre particulier qui doit en être chargé.

Pour être garde champêtre particulier, il faut être âgé au moins de 25 ans.

Il faut, pour faire nommer un garde champêtre particulier, présenter une demande soit à M le Préfet, soit à M. le Sous-Préfet, suivant qu'on habite le chef-lieu du département ou l'arrondissement, à l'effet d'obtenir que le garde qu'on présente soit agréé par l'autorité administrative. Cette demande doit être rédigée sur une feuille de papier timbré de 0,60 cent., et elle doit être enregistrée.

Il faut joindre à la demande un certificat de moralité délivré au futur garde sur papier libre, par le maire de la commune où il est domicilié, et un extrait de son casier judiciaire.

On envoie le tout soit directement à M. le Préfet ou Sous-Préfet, soit par l'intermédiaire du maire de la commune.

Lorsque la demande revient revêtue de l'approbation de M. le Préfet ou Sous-Préfet, le garde, après l'avoir fait enregistrer au droit de 3 fr. 75, se présente devant M. le juge de paix du canton où il doit exercer et il prête serment. Il fait ensuite enregistrer sa prestation de serment au greffe de la justice de paix. Cette formalité coûte environ six francs.

Si le garde champêtre particulier devait garder des propriétés situées sur divers cantons, il ferait bien de faire enregistrer sa prestation au greffe de chacune des justices de paix de ces divers cantons.

Garde forestier particulier. — Lorsqu'il s'agit d'eau, de bois, taillis à faire garder, on procédera de la même façon pour la demande en commission. Seulement, il faudra joindre à la demande un acte de naissance du futur garde, un certificat de moralité délivré par le maire et un extrait de son casier judiciaire qui lui sera délivré par le greffier du tribunal du lieu de sa naissance.

Dès que la commission aura fait retour, le garde devra, cette fois, non plus prêter serment devant M. le juge de paix, mais devant le tribunal civil de l'endroit où il doit exercer ses fonctions. Il faut alors faire enregistrer sa commission au droit de 3 fr. 75, puis on la remet au greffe du tribunal avec les pièces à l'appui : acte de naissance, certificat de moralité et extrait du casier judiciaire ; si le garde forestier particulier devait garder des propriétés situées sur divers arrondissements et même sur divers arrondissements de départements différents, il devra faire enregistrer sa commission au greffe de ces arrondissements. Un domestique peut être garde particulier de son maître, mais un fermier ne peut être garde particulier du droit de chasse sur les terres qu'il cultive. Le garde particulier, champêtre ou forestier, a le droit de porter un fusil et le revolver d'ordonnance pour sa défense personnelle, mais il n'a le droit de chasser qu'autant qu'il est muni d'un permis de chasse. Si la propriété gardée change de maître, il faut que le garde particulier prête à nouveau serment.

Observations. — Un garde particulier forestier peut garder à la fois des propriétés rurales et forestières, mais un garde champêtre particulier ne peut garder que des propriétés rurales.

Garde champêtre communal. — Le garde champêtre communal a le droit de constater les délits de chasse commis sur les propriétés communales, lorsque la chasse sur lesdites propriétés est interdite ; il a également le droit, comme officier de police judiciaire, de dresser des procès-verbaux contre ceux qui chassent sans permis, à l'aide d'engins prohibés et en temps prohibés, partout où il les rencontre.

Mais si le garde champêtre veut devenir le garde particulier d'un tiers, il faut qu'il prête un nouveau serment et qu'il ait une nouvelle commission régulière de la part de ce tiers, afin qu'il puisse verbaliser légalement à son profit.

La chasse appartient à chaque propriétaire sur ses propres terres. L'État et les communes louent, par la voie administrative, les bois, les terres et les pâtis ou friches qu'ils possèdent à des particuliers, pour que ces derniers y exercent le droit de chasse. Les particuliers peuvent, de leur côté, consentir à des tiers, au moyen d'un bail, le droit de chasser sur leurs propriétés, bois, prés, terres, vignes, friches. Ces locataires ou ayants droit des propriétaires ont les mêmes droits que les propriétaires eux-mêmes, et ils peuvent faire dresser des procès-verbaux par les gardes champêtres et les gardes forestiers particuliers assermentés et préposés à la garde de leurs propriétés.

Il est défendu de chasser dans les bois communaux, qui sont tous soumis au régime forestier, et dans les forêts de l'État. Il n'y a que ceux qui sont devenus locataires du droit de chasse dans l'un ou dans l'autre qui peuvent s'y livrer à des actes de chasse. Le fermier ne peut chasser sur les terres qui lui sont amodiées, mais on ne peut verbaliser contre lui qu'autant que le propriétaire aurait interdit la chasse sur lesdites terres.

Art. 2. — Le propriétaire ou possesseur peut chasser ou faire chasser en tout temps, sans permis de chasse, dans ses possessions attenant à une habitation et entourées d'une clôture continue faisant obstacle à toute communication avec les héritages voisins.

Art. 3. — Les préfets détermineront par des arrêtés publics, au moins dix jours à l'avance, les époques des ouvertures et celles des clôtures des chasses, soit à tir, soit à courre, à cor et à cris, dans chaque département.

Observations. — Non seulement les préfets règlent les jours d'ouverture et de clôture de chasse, mais encore ils prennent des arrêtés pour réglementer la chasse des oiseaux de passage, du gibier d'eau, pour interdire certaines chasses de petits oiseaux, et pour certaines chasses à l'aide d'engins. Dans chaque département, les intéressés feront bien de lire les arrêtés préfectoraux qui règlent les divers cas, et qui, du reste, sont publiés avec l'arrêté d'ouverture de la chasse.

Art. 4. — Dans chaque département, il est interdit de mettre en vente, de vendre, d'acheter, de transporter et de colporter du gibier pendant le temps où la chasse n'y est pas permise. En cas d'infraction à cette disposition, le gibier sera saisi et immédiatement livré à l'établissement de bienfaisance le plus voisin, en vertu soit d'une ordonnance du juge de paix, si la saisie a eu lieu au chef-lieu de canton, soit d'une autorisation du maire, si le juge de paix est absent, ou si la saisie a été faite dans une commune autre que celle du chef-lieu. Cette ordonnance ou cette autorisation sera délivrée sur la requête des agents ou gardes qui auraient opéré la saisie, et sur la présentation du procès-verbal régulièrement dressé. La recherche du gibier ne pourra être faite à domicile que chez les aubergistes, chez les marchands de comestibles et dans les lieux ouverts au public. Il est interdit de prendre ou de détruire sur le terrain d'autrui des œufs et des couvées de faisans, de perdrix et de cailles.

Art. 5. — Les permis de chasse seront délivrés sur l'avis du maire et du sous-préfet du département dans lequel celui qui en fera la demande aura sa résidence ou son domicile. La délivrance du permis de chasse donnera lieu au payement d'un droit de 15 francs au profit de l'État et de 10 francs au profit de la commune dont le maire aura donné l'avis énoncé au paragraphe suivant. Les permis de chasse sont personnels ; ils seront valables pour tout le royaume et pour un an seulement.

Art. 6. — Le préfet pourra refuser le permis de chasse :

1° A tout individu majeur, qui ne sera point personnellement inscrit, ou dont le père ou la mère ne serait pas inscrits au rôle des contributions ;

2° A tout individu qui, par une condamnation judiciaire, a été privé de l'un ou de plusieurs des droits énumérés dans l'article 42 du Code pénal, autres que le droit de port d'armes ;

3° A tout condamné à un emprisonnement de plus de un mois pour rébellion ou violence envers les agents de l'autorité publique ;

4° A tout condamné pour délits d'association illicite, de fabrication, débit, distribution de poudre, armes ou munitions de guerre, de menaces verbales avec ordre ou sous condition ; d'entraves à la circulation des grains ; de dévastation d'arbres ou de récoltes sur pied, de plants venus naturellement ou faits de main d'homme.

Art. 7. — Le permis de chasse ne sera pas délivré :
1° Aux mineurs qui n'auront pas seize ans accomplis ;
2° Aux mineurs de seize à vingt et un ans, à moins que le permis ne soit demandé pour eux par leur père, mère, tuteur ou curateur, porté au rôle des contributions ;
3° Aux interdits ;
4° Aux gardes champêtres ou forestiers des communes et établissements publics, ainsi qu'aux gardes forestiers de l'État et aux gardes-pêche.

Art. 8. — Le permis de chasse ne sera pas accordé :

1° A ceux qui, par suite de condamnations, sont privés du droit de port d'armes ;
2° A ceux qui n'auront pas exécuté les condamnations prononcées contre eux pour l'un des délits prévus par la présente loi ;
3° A tout condamné placé sous la surveillance de la haute police.

Observations. — On ne peut chasser entre le coucher et le lever du soleil; la nuit est fixée d'après les indications astronomiques.

Les engins prohibés sont les panneaux et filets de toutes espèces, les rappels ou appelants, les appeaux, les lacets, les collets, les chanterelles, les pots à moineaux, les sauterelles, la glu et les raquettes. On ne peut chasser avec des appâts qui détruisent le gibier. La chasse au lévrier, au faucon, à l'épervier, à l'autour, ou à l'aide d'un oiseau de proie est défendue. On peut se servir de traqueurs et de rabatteurs sur son propre terrain. Dans certains départements, on autorise les nappes, le lacet à un crin, mais surtout le miroir pour chasser l'alouette. Dans un enclos on peut placer des trappes mobiles pour que le gibier puisse entrer, mais à la condition qu'il ne pourra plus sortir; mais on ne peut chasser dans un enclos à l'aide d'engins prohibés. Ne sont point prohibés les pièges à loups, renards, fouines, putois, belettes et rats. La chasse à l'affut est autorisée, si elle est pratiquée pendant le jour. Les mues et cages destinées à capturer le faisan sont des engins prohibés.

La chasse à la hutte fixe ou roulante, mais avec permis, avec appeaux, pendant la nuit et en temps de neige, est permise, mais elle est également réglementée par un arrêté du préfet. Le gibier d'eau comprend : *la barge, le bécasseau ou cul-blanc, la bécassine, le bécasson, le butor, le canard sauvage, le chevalier, la cigogne, le coure-vite, le cygne, l'échane, le flammant, le foulque, le grèbe, la grue, le héron, le macareux, le martin-pêcheur, l'oie sauvage, l'outarde, le plongeur, le pluvier, la poule d'eau, le râle, la sarcelle, le vanneau.*

La chasse du gibier d'eau, soit pendant la période de chasse, soit pendant la neige, est encore réglementée comme les précédentes. Les arrêtés préfectoraux fixent la zone sur laquelle il est permis de chasser le gibier d'eau ; elle est suivant le pays de 10 ou 20 mètres à partir des francs-bords.

Art. 9. — Dans le temps où la chasse est ouverte, le permis donne à celui qui l'a obtenu le droit de chasser de jour, soit à tir, soit à courre, à cor et à cris, suivant les distinctions établies par les arrêtés préfectoraux, sur ses propres terres et sur les terres d'autrui, avec le consentement de celui à qui le droit de chasse appartient.

Tous les autres moyens de chasse, à l'exception du furet, des bourses destinées à prendre les lapins, sont formellement prohibées.

Néanmoins les préfets des départements, sur l'avis des conseils généraux, prendront des arrêtés pour déterminer :

1º L'époque de la chasse des oiseaux de passage autres que la caille, la nomenclature des oiseaux et les modes et procédés de chasse pour les diverses espèces ;

2º Le temps pendant lequel il sera permis de chasser le gibier d'eau dans les marais, sur les étangs, fleuves et rivières ;

3º Les espèces d'animaux malfaisants ou nuisibles que le propriétaire, possesseur ou fermier, pourra en tout temps détruire sur ses terres, et les conditions de l'exercice de ce droit, sans préjudice du droit appartenant au propriétaire ou au fermier de repousser ou de détruire, même avec des armes à feu, les bêtes fauves qui porteraient dommage à ses propriétés.

Il pourront prendre également des arrêtés :

1º Pour prévenir la destruction des oiseaux ou pour favoriser leur repeuplement ;

2º Pour autoriser l'emploi de chiens lévriers pour la destruction des animaux malfaisants et nuisibles ;

3º Pour interdire la chasse pendant les temps de neige.

Observations et décisions. — Les préfets ont le pouvoir de fixer l'époque de la chasse des oiseaux de passage et de désigner les modes et procédés de cette chasse. Les oiseaux de passage sont : *l'alouette, la bécasse, la bécassine, le bec-figue, la cigogne, l'étourneau, la grive, l'hirondelle, la huppe, le mauris, le motteur, l'ortolan, l'outarde, le pigeon biset, le pigeon ramier.*

Les animaux malfaisants et nuisibles : Parmi les oiseaux : *l'aigle, l'autour, le balbuzard, le bec-croisé, la boudrée, le busard, la buse, le chat-huant, le choucas, la chouette, le circaète, le corbeau, la corneille, le duc, l'épervier, le faucon, le geai, le gypaète, le hibou, le jean-le-blanc, le milan, la phène, la pie, la pie-grièche, le pigeon, le pygargne, le saint-martin, la soubuse, le vautour.* — Parmi les quadrupèdes : *la belette, le blaireau, le chat sauvage, la fouine, le furet, l'hermine, le lapin, le loir, le loup, la loutre, la martre, le putois, le renard et le sanglier.*

Art. 10. — Des ordonnances royales détermineront la gratification qui sera accordée aux gardes et gendarmes rédacteurs des procès-verbaux ayant pour objet de constater les délits.

Observations et décisions. — Depuis la loi du 27 décembre 1890, et circulaire ministérielle du 30 décembre qui y a fait suite, les agents rédacteurs des procès-verbaux de chasse ont droit à une prime de 10 fr. par procès-verbal et par délinquant. Non compris les primes que leur accordent les sociétés de répression de braconnage, lorsque ces mêmes agents constatent les délits de colletage.

Art. 11. — Seront punis d'une amende de 16 à 100 francs : 1º ceux qui auront chassé sans permis de chasse ; 2º ceux qui auront chassé sur le terrain d'autrui sans le consentement du propriétaire.

L'amende pourra être portée au double, si le délit a été commis sur des terres non dépouillées de leurs fruits ou s'il a été commis sur un terrain entouré d'une clôture continue, faisant obstacle à toute communication avec les héritages voisins, mais non attenant à une habitation. Pourra ne pas être considéré comme délit de chasse le fait du passage des chiens courants sur l'héritage d'autrui, lorsque ces chiens seront à la suite d'un gibier lancé sur la propriété de leurs maîtres, sauf l'action civile, s'il y a lieu, en cas de dommage; 3° ceux qui auront contrevenu aux arrêtés des préfets concernant les oiseaux de passage, le gibier d'eau, la chasse en temps de neige, l'emploi des chiens lévriers ou autres arrêtés, concernant la destruction des oiseaux et celle des animaux nuisibles et malfaisants ; 4° ceux qui auront pris ou détruit sur le terrain d'autrui des œufs ou couvées de faisans, de perdrix ou de cailles ; 5° les fermiers de la chasse soit dans le bois soumis au régime forestier, soit sur les propriétés des communes ou établissements publics, qui auront contrevenu aux clauses et conditions de leurs cahiers de charges relatives à la chasse.

Art. 12. — Seront punis d'une amende de 50 à 200 fr. et pourront l'être en outre d'un emprisonnement de 6 jours à 2 mois : 1° ceux qui auront chassé en temps prohibé; 2° ceux qui auront chassé pendant la nuit à l'aide d'engins ou instruments prohibés, ou par d'autres moyens que ceux qui sont autorisés par l'art. 9 ; 3° ceux qui seront détenteurs ou ceux qui seront trouvés munis ou porteurs, hors de leur domicile, de filets, d'engins ou autres instruments de chasse prohibés ; 4° ceux qui, en temps où la chasse est prohibée, auront mis en vente, vendu, acheté, transporté ou colporté le gibier; 5° ceux qui auront employé des drogues ou appâts qui sont de nature à enivrer le gibier ou à le détruire ; 6° ceux qui auront chassé avec appeaux, appelants ou chanterelles. Les peines déterminées par le présent article pourront être portées au double contre ceux qui auront chassé pendant la nuit sur un terrain d'autrui et par l'un des moyens spécifiés au paragraphe 2, si les chasseurs étaient munis d'une arme apparente ou cachée. Les peines déterminées par l'art. 11 et le présent article seront toujours portées au maximum, lorsque les délits auront été commis par les gardes forestiers de l'État et des établissements publics.

Art. 13. — Celui qui aura chassé sur le territoire d'autrui sans son consentement, si ce terrain est attenant à une maison habitée ou servant à l'habitation, et s'il est entouré d'une clôture continue faisant obstacle à toute communication avec les héritages voisins, sera puni d'une amende de 50 à 300 fr., et pourra l'être d'un emprisonnement de six jours à trois mois. Si le délit a été commis pendant la nuit, le délinquant sera puni d'une amende de 100 fr. à 1.000 fr. et pourra l'être d'un emprisonnement de 3 mois à 2 ans, sans préjudice, dans l'un et l'autre cas, s'il y a lieu, de plus fortes peines prononcées par le Code pénal.

Art. 14. — Les peines déterminées par les trois articles qui précèdent pourront être portées au double si le délinquant était en état de récidive et s'il était déguisé ou masqué, s'il a pris un faux nom, s'il a usé de violence envers les personnes, ou s'il a fait des menaces, sans préjudice, s'il y a lieu, de plus fortes peines prononcées par la loi.

Lorsqu'il y aura récidive, en les cas prévus par l'art. 11, la peine de l'emprisonnement de six jours à trois mois pourra être appliquée si le délinquant n'a pas satisfait aux condamnations précédentes.

Art. 15. — Il y a récidive, lorsque, dans les douze mois qui ont précédé l'infraction, le délinquant a été condamné en vertu de la présente loi.

Art. 16. — Tout jugement de condamnation prononcera la confiscation des filets, engins et autres instruments de chasse. Il ordonnera, en outre, la destruction des instruments de chasse prohibés. Il prononcera également la confiscation des armes, excepté dans le cas où le délit aura été commis par un individu muni d'un permis de chasse dans le temps où la chasse est autorisée. Si les armes, filets, engins ou autres instruments de chasse n'ont pas été saisis, le délinquant sera condamné à les reprendre ou à en payer la valeur suivant la fixation qui en sera faite par le jugement, sans qu'elle puisse être au-dessous de 50 francs.

Les armes, engins ou autres instruments de chasse, abandonnés par les délinquants restés inconnus, seront saisis et déposés au greffe du tribunal compétent. La confiscation et s'il y a lieu la destruction en seront ordonnées sur le vu du procès-verbal. Dans tous les cas, la quotité des dommages-intérêts est laissée à l'appréciation des tribunaux.

Art. 17. — En cas de conviction de plusieurs délits prévus par la présente loi, par le Code pénal ordinaire ou par les lois spéciales, la peine la plus forte sera seule prononcée. Les peines encourues pour des faits postérieurs à la déclaration du procès-verbal de contravention pourront être cumulées, s'il y a lieu, sans préjudice des peines de la récidive.

Art. 18. — En cas de condamnation pour délits prévus par la présente loi, les tribunaux pourront priver le délinquant du droit d'obtenir un permis de chasse pour un temps qui n'excédera pas cinq ans.

Art. 19. — La gratification mentionnée à l'art. 10 sera prélevée sur le produit des amendes. Le surplus desdites amendes sera attribué aux communes sur le territoire desquelles les infractions auront été commises.

Art. 20. — L'art. 463 du Code pénal ne sera pas applicable aux délits prévus par la présente loi.

Art. 21. — Les délits prévus par la présente loi seront prouvés soit par procès-verbaux ou rapports, soit par témoins, à défaut de rapports et procès-verbaux, ou à leur appui.

Art. 22. — Les procès-verbaux des maires et adjoints, commissaires de police, officiers, maréchaux-des-logis ou brigadiers de gendarmerie, gendarmes, gardes-pêche, gardes champêtres ou garde assermentés des particuliers feront foi jusqu'à preuve contraire.

Art. 23. — Les procès-verbaux des employés des contributions indirectes et des octrois feront également foi jusqu'à preuve contraire, lorsque, dans la limite de leurs attributions respectives, ces agents rechercheront et constateront les délits prévus par le paragraphe 1er de l'art. 4.

Art. 24. — Dans les 24 heures du délit, les procès-verbaux des gardes seront, à peine de nullité, affirmés par les rédacteurs, devant le juge de paix ou l'un de ses suppléants, ou devant le maire ou l'adjoint, soit de la commune de leur résidence, soit de celle où le délit aura été commis.

Art. 25. — Les délinquants ne pourront être saisis ni désarmés ; néanmoins, s'ils sont déguisés ou masqués, s'ils refusent de faire connaître leur nom, ou s'ils n'ont pas de domicile connu, ils sont conduits immédiatement devant le maire ou le juge de paix, lequel s'assurera de leur individualité.

Art. 26. — Tous les délits prévus par la présente loi seront poursuivis d'office par le ministère public, sans préjudice du droit conféré aux parties lésées par l'art. 182 du Code d'instruction criminelle. Néanmoins, dans le cas de chasse sur le terrain d'autrui sans le consentement du propriétaire, la poursuite d'office ne pourra être exercée par le ministère public, sans une plainte de la partie intéressée, qu'autant que le délit aura été commis dans un terrain clos, suivant les termes de l'art. 2, et attenant à une habitation, ou sur des terres non dépouillées de leurs fruits.

Art. 27. — Ceux qui auront commis conjointement les délits de chasse seront condamnés solidairement aux amendes, dommages-intérêts et frais.

Art. 28. — Le père, la mère, les maîtres et commettants sont civilement responsables des délits de chasse commis par leurs enfants mineurs non mariés, pupilles, demeurant avec eux, domestiques ou préposés, sauf tout recours de droit. — Cette responsabilité sera réglée conformément à l'art. 1384 du Code civil, et ne s'appliquera qu'aux dommages-intérêts et frais, sans pouvoir toutefois donner lieu à la contrainte par corps.

Art. 29. — Toute action relative aux délits prévus par la présente loi sera prescrite par le laps de trois mois à compter du jour du délit.

Du droit du chasseur sur le gibier.

Le chasseur est propriétaire du gibier qu'il a tué ou blessé mortellement et qui est allé tomber sur le terrain d'autrui. Un lièvre dont la patte est fracassée, une perdrix démontée sont considérés comme frappés mortellement, car ils ne peuvent plus se défendre. Le chasseur a même le droit de prendre le gibier qu'il a tiré et blessé mortellement sur le terrain d'autrui, alors même qu'il a commis un délit de chasse. Le propriétaire de ce terrain peut s'opposer à ce que le chasseur et ses chiens entrent sur sa propriété, mais il est tenu de remettre le gibier. Il a droit aussi au gibier qu'il a forcé.

Il avait toujours été décidé qu'un chasseur n'avait pas le droit de tuer un gibier poursuivi par des chiens courants appartenant à un autre chasseur. On faisait une exception pour le cas où le gibier aurait traversé un terrain sur lequel le propriétaire des chiens n'avait pas le droit de chasse, tandis que le chasseur, qui avait tué, avait ce droit.

Aujourd'hui, la jurisprudence paraît admettre que la poursuite du gibier ne constitue pas une occupation ou une prise de possession capable d'en faire acquérir la propriété. Il faut, pour que cette occupation soit légitime, que le gibier soit tué ou mortellement blessé, ou forcé.

En dehors de ces cas, il y a lieu de décider que le gibier appartient à celui qui s'en est emparé le premier.

CHEMINS VICINAUX

Loi du 21 mai 1836 sur les chemins vicinaux.

Section 1re. — *Chemins vicinaux ordinaires.*

Article premier. — Les chemins vicinaux légalement reconnus sont à la charge des communes, sauf les disposition de l'art. 7 ci-après.

Art. 2. — En cas d'insuffisance des ressources ordinaires des communes, il sera pourvu à l'entretien des chemins vicinaux à l'aide, soit de prestations en nature, dont le maximum est fixé à trois journées de travail, soit de centimes spéciaux en addition en principal des quatre contributions directes, et dont le maximum est fixé à cinq.

Le conseil municipal pourra voter l'une ou l'autre de ces ressources ou toutes les deux concurremment.

Le concours des plus imposés ne sera pas nécessaire dans les délibérations prises pour l'exécution du présent article.

Art. 3. — Tout habitant, chef de famille ou d'établissement, à titre de propriétaire, de régisseur, de fermier ou de colon partiaire, porté au rôle des contributions directes, pourra être appelé à fournir, chaque année, une prestation de trois jours :

1º Pour sa personne, et pour chaque individu mâle, valide, âgé de dix-huit ans au moins et de soixante ans au plus, membre ou serviteur de la famille et résidant dans la commune ;

2º Pour chacune des charrettes ou voitures attelées, et, en outre, pour chacune des bêtes de somme, de trait, de selle, au service de la famille ou de l'établissement dans la commune.

Art. 4. — La prestation sera appréciée en argent, conformément à la valeur qui aura été attribuée annuellement pour la commune à chaque espèce de journée par le conseil général sur les propositions du conseil d'arrondissement.

La prestation pourra être acquittée en nature ou en argent, au gré du contribuable. Toutes les fois que le contribuable n'aura pas opté dans les délais prescrits, la prestation sera de droit exigible en argent.

La prestation non rachetée en argent pourra être convertie en tâche, d'après les bases et évaluations de travaux préalablement fixées par le conseil municipal.

Art. 5. — Si le conseil municipal, mis en demeure, n'a pas voté dans la session désignée à cet effet, les prestations ou centimes nécessaires, ou si la commune n'en a pas fait emploi dans les délais prescrits, le préfet pourra d'office, soit imposer la commune dans les limites du maximum, soit faire exécuter les travaux.

Chaque année, le préfet communiquera au conseil général l'état des impositions établies d'office en vertu du présent article.

Art. 6. — Cet article 6 est remplacé par l'article 46 de la loi du 10 août 1871, qui attribue au conseil général la répartition entre les communes intéressées.

Section II. — *Chemins vicinaux de grande communication.*

Art. 7. — Les chemins vicinaux peuvent, selon leur importance, être déclarés chemins vicinaux de grande communication par le conseil général, sur l'avis des conseils municipaux, des conseils d'arrondissement, et sur la proposition du préfet.

Sur les mêmes avis et propositions, le conseil général détermine la direction de chaque chemin vicinal de grande communication, et désigne les communes qui doivent contribuer à sa construction ou à son entretien.

La fin de cet article 7 est remplacée par l'article 46 de la loi du 10 août 1871, qui attribue au conseil général la détermination de la longueur et de la limite des chemins, et la proportion pour laquelle chaque commune doit concourir à l'entretien.

Art. 8. — Les chemins vicinaux de grande communication, et, dans des cas extraordinaires, les autres chemins vicinaux, pourront recevoir des subventions sur les fonds départementaux.

Il sera pourvu à ces subventions au moyen des centimes facultatifs ordinaires du département, de centimes spéciaux votés annuellement par le conseil général.

Les communes acquitteront la portion des dépenses mises à leur charge au moyen de leurs revenus ordinaires, et, en cas d'insuffisance, au moyen de deux journées de prestations sur les trois journées autorisées par l'article 2, et des deux tiers des centimes votés par le conseil municipal en vertu du même article.

Art. 9. — Les chemins vicinaux de grande communication sont placés sous l'autorité du préfet. — Les dispositions des articles 4 et 5 de la présente loi leur sont applicables.

DISPOSITIONS GÉNÉRALES

Art. 10. — Les chemins vicinaux reconnus et maintenus comme tels sont imprescriptibles.

Art. 11. — Le préfet pourra nommer des agents voyers.

Leur traitement sera fixé par le Conseil général.

Ce traitement sera prélevé sur les fonds affectés aux travaux.

Les agents voyers prêteront serment ; ils auront le droit de constater les contraventions et délits et d'en dresser des procès-verbaux.

Art. 12. — Le maximum des centimes spéciaux qui pourront être votés par les conseils généraux, en vertu de la présente loi, sera déterminé annuellement par la loi des finances.

Art. 13. — Les propriétés de l'État, productives de revenus, contribueront aux dépenses des chemins vicinaux dans les mêmes proportions que les propriétés privées et d'après un rôle spécial dressé par le préfet.

Les propriétés de la Couronne contribueront aux mêmes dépenses, conformément à l'art. 13 de la loi du 2 mars 1852.

Art. 14. — Toutes les fois qu'un chemin vicinal, entretenu à l'état de viabilité par une commune, sera habituellement ou temporairement dégradé par des exploitations de mines, de carrières, de forêts ou de toute entreprise industrielle appartenant à des particuliers, à des établissements publics, à la Couronne ou à l'État, il pourra y avoir lieu à imposer aux entrepreneurs ou propriétaires, suivant que l'exploitation ou les transports auront lieu par les uns ou par les autres, des subventions spéciales dont la quotité sera proportionnée à la dégradation extraordinaire qui devra être attribuée aux exploitations.

Ces subventions pourront, au choix des subventionnaires, être acquittées en argent ou en prestations en nature, et seront exclusivement affectées à ceux des chemins qui y auront donné lieu.

Elles seront réglées annuellement, sur la demande des communes, par les conseils de préfecture, après des expertises contradictoires, et recouvrées comme en matière de contributions directes.

Les experts seront nommés suivant le mode déterminé par l'art. 17 ci-après.

Ces subventions pourront aussi être déterminées par abonnement ; elles seront réglées, dans ce cas, par le préfet en conseil de préfecture.

Art. 15. — Les arrêtés du préfet portant reconnaissance et fixation de la largeur d'un chemin vicinal attribuent définitivement au chemin le sol compris dans les limites qu'ils déterminent.

Le droit des propriétaires riverains se résout en une indemnité qui sera réglée à l'amiable ou par le juge de paix du canton, sur le rapport d'experts nommés conformément à l'article 17.

Art. 16. — Les travaux d'ouverture et de redressement des chemins vicinaux seront autorisés par arrêtés du préfet.

Lorsque, pour l'exécution du présent article, il y aura lieu de recourir à l'expropriation, le jury spécial chargé de régler les indemnités ne sera composé que de quatre jurés. Le tribunal d'arrondissement, en prononçant l'expropriation, désignera, pour présider et diriger le jury, l'un de ces membres ou le juge de paix du canton. Ce magistrat aura voix délibérative en cas de partage.

Le tribunal choisira, sur la liste générale prescrite par l'article 29 de la loi du 9 juillet 1833, quatre personnes pour former le jury spécial et trois jurés supplémentaires. L'administration et la partie intéressée auront respectivement le droit d'exercer une récusation péremptoire.

Le juge recevra les acquiescements des parties.

Son procès-verbal emportera translation définitive de propriété.

Le recours en cassation, soit contre le jugement qui prononcera l'expropriation, soit contre la déclaration du jury qui règlera l'indemnité, n'aura lieu que dans les cas prévus et selon les formes déterminées par la loi du 7 juillet 1883.

Art. 17. — Les extractions des matériaux, les dépôts ou enlèvements de terre, les occupations temporaires de terrains seront autorisés par arrêté du préfet, lequel désignera les lieux ; cet arrêté sera notifié aux parties intéressées au moins dix jours avant que son exécution puisse être commencée.

Si l'indemnité peut être fixée à l'amiable, elle sera réglée par le conseil de préfecture, sur le rapport d'experts nommés l'un par le sous-préfet, l'autre par le propriétaire.

En cas de désaccord, le tiers expert sera nommé par le conseil de préfecture.

Art. 18. — L'action en indemnité des propriétaires pour les terrains qui auront servi à la confection des chemins vicinaux et pour extraction de matériaux sera prescrite par le laps de deux ans.

Art. 19. — En cas de changement de direction ou d'abandon d'un chemin vicinal en tout ou en partie, les propriétaires riverains de la partie de ce chemin qui cessera de servir de voie de communication pourront faire leur soumission de s'en rendre acquéreurs et d'en payer la valeur, qui sera fixée par des experts nommés dans la forme déterminée par l'art. 17.

. . . .

Art. 21. — Dans l'année qui suivra la promulgation de la présente loi, chaque préfet fera, pour en assurer l'exécution, un règlement qui sera communiqué au conseil général et transmis, avec ses observations, au ministre de l'Intérieur pour être approuvé s'il y a lieu.

Ce règlement fixera dans chaque département le maximum de la largeur des chemins vicinaux : il fixera en outre les délais nécessaires à l'exécution de chaque mesure, les époques auxquelles les prestations en nature devront être faites, le mode de leur emploi ou de leur conversion en tâches, et statuera en même temps sur tout ce qui est relatif à la confection des rôles, à la comptabilité, aux adjudications et à leurs formes, aux alignements, aux autorisations de construire le long des chemins, à l'écoulement des eaux, aux plantations, à l'élagage, aux fossés, à leur curage et à tous autres détails de surveillance et de conservation.

Art. 22. — Toutes les dispositions de lois antérieures demeurent abrogées en ce qu'elles auraient de contraire à la présente loi.

RÈGLEMENT DE 1872 SUR LES CHEMINS VICINAUX

Nous, préfet du département de....., vu l'article 21 de la loi du 21 mai 1836, vu la délibération du conseil général en date du.....18.... avons arrêté et arrêtons ce qui suit :

TITRE Ier. — **Confections des rôles de prestations.**

Art. premier. — Il sera rédigé pour chaque commune, par le contrôleur des contributions directes, assisté du maire, des répartiteurs et du receveur municipal, un état matrice des contribuables soumis à la prestation.

Art. 2. — Pour faciliter la rédaction de cette matrice, le receveur municipal est tenu de garder état de tous les changements survenus dans la situation des contribuables et dont il a connaissance. Il prend note de tous les individus qui, par oubli ou autrement, n'auraient pas été compris dans les matrices précédentes, ainsi que des erreurs signalées par des agents voyers.

Art. 3. — L'ordre des tournées du contrôleur sera réglé par le directeur des contributions directes, qui en informera le préfet. Les maires en seront prévenus à l'avance par les soins de l'Administration des contributions directes pour qu'ils convoquent les répartiteurs en temps utile. Le receveur municipal sera averti par le trésorier-payeur général.

Art. 4. — Si le maire et les répartiteurs refusent de prêter leur concours pour la rédaction de l'état matrice, le contrôleur, assisté du receveur municipal, procédera à la formation de cet état, qui sera, dans ce cas, soumis par le directeur, et, avec son avis, à l'approbation du préfet.

Art. 5. — Toutes les difficultés relatives à la confection de l'état matrice seront soumises au préfet.

Art. 6. — L'état matrice présentera pour chaque article : 1º les noms et prénoms et le domicile de l'individu sur lequel la cote est assise ; 2º le nombre des membres ou serviteurs de la famille, celui des bêtes de trait ou de selle et celui des charrettes ou des voitures attelées qui doivent servir de base à l'imposition.

Art. 7. — L'état matrice sera divisé en sections correspondant à celles du cadastre et dressé par ordre alphabétique des noms des contribuables ; il sera disposé de manière à pouvoir servir pendant quatre ans. Un certain nombre d'articles sera laissé en blanc à la fin de l'état, pour recevoir les additions qui deviendraient nécessaires au moment de chaque revision annuelle.

L'état matrice sera soumis à l'approbation du préfet lors de son renouvellement intégral.

Art. 8. — L'état matrice sera, aussitôt après sa confection ou sa revision, transmis au directeur ; il servira de base à la rédaction du rôle que ce dernier devra préparer pour la commune, en raison du nombre des journées votées ou imposées d'office et suivant la modification qu'il en aura reçue du préfet.

Art. 9. — Le rôle présentera, pour chaque article, le montant total en argent de chaque cote et le détail de son évaluation pour chaque espèce de journées, d'après l'état matrice et d'après le tarif arrêté par le conseil général du département, conformément aux dispositions du premier paragraphe de l'article 4 de la loi du 21 mai 1836.

Il portera en tête la mention de la délibération du conseil municipal qui aura voté la prestation, ou de l'arrêté du préfet qui aura ordonné une imposition d'office.

Il sera arrêté et certifié par le directeur des contributions directes et rendu exécutoire par le préfet.

Si un rôle supplémentaire est nécessaire, il sera dressé de la même manière que le rôle primitif.

Art. 10. — Indépendamment du rôle, le directeur des contributions directes préparera les avertissements aux contribuables et les remettra au préfet en même temps que le rôle.

Ces avertissements comprendront tous les détails portés au rôle ; ils indiqueront la date de la décision du conseil municipal ou de l'arrêté d'imposition d'office du préfet, ainsi que celle de la décision rendant le rôle exécutoire, et contiendront une mise en demeure aux contribuables de déclarer dans le délai d'un mois, à dater de la publication du rôle, s'ils entendent se libérer en nature, avec avis qu'à défaut de déclaration leur cote sera de droit exigible en argent, aux termes de l'article 4 de la loi du 21 mai 1836.

Art. 11. — Le rôle et les avertissements seront transmis au préfet par le directeur au fur et à mesure de leur rédaction, et de manière que la publication du rôle ait lieu au plus tard le 1er novembre.

Art. 12. — Le préfet enverra ces pièces, par l'intermédiaire du trésorier-payeur général, au receveur municipal.

Ce dernier remettra immédiatement le rôle au maire de la commune qui devra en faire la publication à l'époque fixée à l'article précédent et dans les formes prescrites pour les rôles des contributions directes. Aussitôt après cette publication, qui sera certifiée par le maire sur le rôle même, le receveur municipal fera parvenir sans frais les avertissements aux contribuables.

Art. 13. — Si le maire négligeait ou refusait de faire la publication du rôle, ainsi que de recevoir les déclarations d'option dont il va être parlé, le préfet y ferait procéder par un délégué spécial, en vertu de l'article 15 de la loi du 18 juillet 1837.

Art. 14. — Les déclarations d'option seront reçues par le maire et inscrites immédiatement, et à leur date, sur un registre spécial ; elles seront constatées, soit par la signature du déclarant, soit par une croix apposée par lui en présence de deux témoins, soit par l'annexion au registre du bulletin rempli, daté, signé par le contribuable et envoyé au maire après avoir été détaché de la feuille.

A défaut de l'accomplissement de ces formalités, la cote sera exigible en argent.

Art. 15. — A l'expiration du délai d'un mois fixé par l'article 10, le registre des déclarations sera clos par le maire, puis transmis au receveur municipal, qui le vérifiera et annotera les indications dans une colonne spéciale du rôle.

Art. 16. — Dans la quinzaine qui suivra, le receveur municipal dressera et enverra au préfet, pour être transmis au maire, un extrait du rôle comprenant, suivant l'ordre des articles, le nom de chacun des contribuables qui aura déclaré vouloir s'acquitter en nature, ainsi que le nombre des journées d'hommes, d'animaux et de charrois qu'il devra exécuter, et le montant total de sa cote.

Cet extrait du rôle sera totalisé et certifié exact par le receveur municipal ; il comportera le résumé des cotes inscrites au rôle et l'indication du total des cotes exigibles en argent par suite de non-déclaration d'option.

Art. 17. — Les contrôleurs des contributions directes recevront un centime et demi par article pour la rédaction des états matrices et l'examen des réclamations présentées par les contribuables.

Il sera alloué au directeur des contributions directes quatre centimes par article pour la rédaction des rôles de prestation, l'expédition des avertissements et la fourniture des imprimés nécessaires pour ces pièces et pour les états matrices.

Les remises seront acquittées sur les ressources communales, et leur montant sera centralisé à la caisse du trésorier-payeur général au compte des cotisations municipales.

TITRE II. — **Exécution des travaux**

Section première. — *Prestation en nature.*

Art. 20. — Les travaux de prestation seront exécutés du 1er janvier, 1er mai, 1er août, 15 novembre au 15 mars, 15 juillet, 15 septembre, 15 décembre.

Chaque année, un arrêté spécial du préfet fixera l'époque à laquelle les travaux de prestation devront être terminés sur les chemins vicinaux de grande communication et d'intérêt commun.

S'il devenait nécessaire de changer ces époques pour certaines communes, les modifications feraient l'objet d'un arrêté spécial du préfet rendu sur la demande du maire, l'avis du conseil municipal et du sous-préfet et le rapport des agents voyers.

Les prestations devront être effectuées dans l'année pour laquelle elles ont été votées.

Les fermiers ou colons qui, par suite de fin de bail, devraient quitter la commune avant l'époque fixée pour l'emploi des prestations, pourront être admis à effectuer leurs travaux avant leur départ.

§ 1er. — *Prestation à la journée.*

Art. 21. — La durée du travail des prestataires des bêtes de somme et de trait est fixée au minimum de... heures par jour, non compris les heures de repas et de repos.

Les prestataires devront se trouver sur l'atelier, du lever au coucher du soleil, en toute saison, sans que la durée du travail excède jamais douze heures. La durée totale du temps des repas et du repos ne devra jamais excéder deux heures.

Lorsque les prestataires seront appelés hors des limites de la commune à laquelle ils appartiennent et à plus de... kilomètres, le temps employé à l'aller et au retour, pour parcourir les distances excédant la limite fixée, sera compté comme passé sur l'atelier.

Art. 22. — Le maire et l'agent voyer cantonal se concerteront chaque année, après la publication ou la notification des contingents, et après la remise de l'extrait du rôle par le receveur municipal, pour déterminer :

1º La répartition des travailleurs entre chaque chemin ;

2º Les jours d'ouverture et de clôture des travaux de prestation pour chaque chantier.

L'agent voyer cantonal dressera pour chaque chemin de grande communication ou d'intérêt commun, pour les chemins vicinaux ordinaires du réseau subventionné, et pour ceux du réseau non subventionné, un état indiquant les prestataires qui y seront appelés et les travaux qui leur seront demandés. Cet état sera visé par le maire.

Art. 23. — Cinq jours au moins avant l'époque fixée pour l'ouverture des travaux, le maire fera remettre à chaque contribuable soumis à la prestation un bulletin signé de lui, portant réquisition de se rendre, muni des outils indiqués, tel jour et à telle heure sur tel chemin.

Art. 24. — Lorsqu'un prestataire sera empêché par maladie, ou tout autre motif grave, de se rendre sur le chantier, il devra le faire connaître au moins dans les vingt-quatre heures qui précèdent le jour fixé pour l'exécution des travaux.

En ce cas, le maire et l'agent voyer s'entendront pour la remise de la prestation à une autre époque qui sera faite d'après la nature de l'empêchement.

Art. 25. — Le maire et l'agent voyer désigneront de concert, pour la surveillance spéciale des travailleurs sur chaque chantier, les cantonniers des chemins, ou, à leur défaut, toute autre personne présentant des garanties suffisantes.

Art. 26. — L'état d'indication des travaux à faire et des prestataires convoqués sera remis au surveillant, qui fera l'appel de ces prestataires sur le lieu indiqué dans le bulletin de réquisition, marquera les absents et tiendra note de l'emploi des journées effectuées.

Art. 27. — Chaque prestataire devra porter sur l'atelier les outils qui lui auront été indiqués dans le bulletin de réquisition.

Les bêtes de somme et les bêtes de trait seront garnies de leurs harnais, les voitures seront attelées et accompagnées d'un conducteur.

Ce conducteur ne sera astreint à travailler, avec les autres ouvriers commis au chargement, qu'autant que le propriétaire de la voiture serait imposé pour des journées d'homme. Dans ce cas seulement, la journée du conducteur sera comptée en acquit de celles à fournir par le propriétaire.

Art. 28. — Les prestataires pourront se faire remplacer, pour leur personne et celles des membres de leur famille, par des ouvriers à leurs gages.

Les remplaçants seront valides, âgés de dix-huit ans au moins et de soixante ans au plus. Ils devront être agréés par le surveillant des travaux sauf appel au maire de la commune.

Les prestataires en nom restent responsables du travail de leurs remplaçants.

Art. 29. — Le prestataire devra fournir la journée de prestation tout entière et sans interruption, sauf les cas exceptionnels autorisés par le maire ou l'agent voyer cantonal.

Si le mauvais temps exigeait la fermeture du chantier, il ne sera tenu compte que des journées effectuées, et les contribuables seront tenus de compléter plus tard leurs prestations.

Art. 30. — La journée de prestation ne sera réputée acquittée que si le surveillant reconnaît qu'elle a été convenablement employée. Dans le cas contraire, il ne sera tenu compte au prestataire que de la fraction de journée répondant au temps pendant lequel il aura travaillé.

Le surveillant indiquera, à la fin de chaque jour, au dos du bulletin de réquisition, le nombre et l'espèce de journées ou de fractions de journées dont le prestataire devra être acquitté. Il certifiera en même temps cet acquit dans la colonne d'émargement du rôle qui lui aura été remis.

Les difficultés qui pourraient s'élever seront résolues par le maire et l'agent voyer cantonal et, en cas de désaccord, par le préfet, sur l'avis de l'agent voyer en chef, sauf recours devant l'autorité compétente.

Art. 31. — Lorsque les prestations seront terminées sur un chemin de grande communication ou d'intérêt commun ou sur l'ensemble des chemins vicinaux de chaque réseau, le surveillant remettra l'état d'indication émargé à l'agent voyer cantonal. Celui-ci fera, en présence du maire, la réception des travaux exécutés sur les chemins vicinaux ordinaires. L'agent voyer cantonal inscrira le décompte résumé des divers travaux sur la dernière page de l'état d'indication, portera le résultat sur son carnet et adressera l'état à l'agent voyer d'arrondissement après avoir émargé sur l'extrait du rôle les cotes ou parties de cotes acquittées en nature.

L'agent voyer d'arrondissement, après inscription des dépenses faites, transmettra cet état au receveur municipal par l'intermédiaire du receveur des finances. Le receveur municipal émargera sur le rôle général de la commune les cotes et parties de cotes acquittées en nature, totalisera lesdites cotes et en inscrira le montant en un seul article sur son registre à souche. Il opérera ensuite le recouvrement des journées ou portions de journées restant dues. Après l'achèvement complet des travaux de prestations de la commune, l'agent voyer cantonal enverra l'extrait du rôle émargé à l'agent voyer d'arrondissement, qui le fera remettre au receveur municipal en échange des différents états d'indication adressés à ce comptable pendant l'exécution des travaux.

§ 2. — *Prestations à la tâche.*

Art. 32. — Lorsque le conseil municipal d'une commune aura adopté un tarif pour la conversion des journées de prestation en tâches, le préfet pour les chemins de grande communication et d'intérêt commun, le maire pour les chemins vicinaux ordinaires, décideront si ce tarif sera appliqué à tout ou partie des travaux de prestation.

Le maire et l'agent voyer cantonal devront se concerter pour la fixation des délais d'exécution des travaux et pour la répartition des tâches à faire sur chaque chemin par les prestataires.

L'agent voyer cantonal dressera des états d'indication des travaux à effectuer par chaque prestataire.

Art. 33. — Le maire adressera à chaque contribuable soumis à la prestation en tâches un bulletin de réquisition indiquant les travaux à effectuer ou les matériaux à fournir, ainsi que le délai dans lequel ces tâches devront être exécutées. Le détail et l'emplacement des travaux à faire seront inscrits sur le bulletin et indiqués sur le terrain par les soins de l'agent voyer cantonal.

Art. 34. — La réception des travaux en tâches sera faite par le maire assisté de l'agent voyer cantonal soit au fur et à mesure de l'avancement des travaux, soit à l'expiration du délai fixé pour leur achèvement ; le prestataire sera convoqué pour cette réception, il ne sera complètement libéré que si les travaux satisfont, pour la quantité et la qualité, aux conditions du tarif de conversion en tâches. Dans le cas contraire, sa cote ne sera acquittée que pour la valeur des travaux effectués. La retenue à faire pour mettre les travaux en état de réception sera déterminée de concert par le maire et l'agent voyer cantonal. En cas de difficulté, il sera statué par le préfet, sur l'avis de l'agent voyer en chef, et sauf recours devant l'autorité compétente.

L'agent voyer cantonal inscrira le décompte résumé des travaux effectués sur la dernière page du modèle n° 16, le soumettra à la signature du maire, portera les résultats sur son carnet, et adressera l'état à l'agent voyer d'arrondissement, après avoir émargé les cotes ou parties de cotes acquittées sur l'extrait de rôle.

Il sera ensuite procédé conformément aux deux derniers paragraphes de l'article 31.

§ 3. — *Dispositions communes aux prestations à la journée et à la tâche.*

Art. 35. — Après l'exécution des prestations, l'agent voyer d'arrondissement adressera à l'agent voyer en chef, pour chaque chemin de grande communication ou d'intérêt commun, un état (modèle n° 18) faisant connaître, d'après le relevé des états d'indication, le montant des prestations exécutées et les sommes à recouvrer en argent. Ces états seront visés par l'agent voyer en chef et transmis au préfet avec ses observations et propositions, pour servir de titre de recette au trésorier-payeur général.

Art. 36. — Lorsque le maire refusera de prêter son concours pour l'exécution des prestations, il en sera référé au préfet qui statuera.

Section II. — *Travaux à prix d'argent.*

DISPOSITIONS GÉNÉRALES

Art. 37. — Les travaux à prix d'argent seront exécutés par voie d'adjudication.

Toutefois, il pourra être traité de gré à gré sur série de prix ou à forfait, avec l'autorisation du préfet :

1° Pour les ouvrages et fournitures dont la dépense n'excéderait pas 3.000 francs.

Art. 38. — Les projets se composeront des pièces indiquées par l'agent voyer en chef, suivant l'importance et la nature des travaux à effectuer ; ces pièces seront rédigées conformément au programme annexé à l'instruction générale.

Tous les projets seront approuvés par le conseil général pour les chemins vicinaux ordinaires.

Art. 39. — Les devis ou cahiers des charges des adjudications et des marchés de gré à gré contiendront toujours la condition que les soumissionnaires seront assujettis aux clauses et conditions générales imposées aux entrepreneurs des travaux de chemins vicinaux et annexées à l'instruction générale.

Les articles depuis 40 jusqu'à 172 exclusivement s'occupent des travaux, adjudications, formalités à remplir, mises en règle, réception de travaux, etc.

TITRE III. — **Comptabilité des chemins vicinaux.**

. . . .

TITRE IV. — **Conservation et police des chemins.**

. . . .

CHAPITRE PREMIER. — Alignements et autorisations diverses.

Section première. — *Dispositions générales.*

Art. 172. — Nul ne pourra, sans y être préalablement autorisé, faire aucun ouvrage de nature à intéresser la conservation de la voie publique ou la facilité de la circulation sur le sol ou le long des chemins vicinaux et spécialement :

1° Faire sur ces chemins ou leurs dépendances aucune tranchée, ouverture, dépôt de pierres, terres, fumiers, décombres ou autres matières ;

2° Y enlever du gazon, du gravier, du sable, de la terre ou autres matériaux ;

3° Y étendre aucune espèce de produits ou matières ;

4° Y déverser des eaux quelconques, de manière à y causer des dégradations ;

5° Établir sur les fossés des barrages, écluses, passages permanents ou temporaires ;

6° Construire, reconstruire ou réparer aucun bâtiment, mur ou clôture quelconque à la limite des chemins ;

7° Ouvrir des fossés, planter des arbres, bois, taillis ou haies le long desdits chemins ;

8° Établir des puits ou citernes à moins de trois mètres des limites de la voie publique.

Toute demande à fin d'autorisation desdits ouvrages ou travaux devra être présentée sur papier timbré.

Art. 173. — Les autorisations, en ce qui concerne les chemins vicinaux ordinaires, seront données par le maire, sur l'avis de l'agent voyer.

Art. 174. — Dans aucun cas, les maires ne pourront donner d'autorisations verbales. Les autorisations devront faire l'objet d'un arrêté, dont une expédition sera remise aux parties intéressées.

Art. 175. — Les autorisations, en ce qui concerne les chemins de grande communication et d'intérêt commun, seront données par le préfet, sur le rapport des agents voyers, ou par le sous-préfet, sur le rapport des mêmes agents, lorsqu'il existera un plan régulièrement approuvé. (Loi du 4 mai 1864, art. 2.)

Art. 176. — Toute autorisation, de quelque nature qu'elle soit, réservera expressément les droits des tiers ; elle stipulera, pour les ouvrages à établir sur la voie publique ou sur ses dépendances, l'obligation d'entretenir constamment ces ouvrages en bon état. Les arrêtés d'autorisation porteront que ces autorisations seront revocables, soit dans le cas où le permissionnaire ne remplirait pas les conditions imposées, soit si la nécessité en était reconnue dans un but d'utilité publique.

Section II. — Constructions.

Art. 177. — Lorsqu'il aura été dressé des plans d'alignement pour les chemins vicinaux, il sera procédé à une enquête conformément à l'ordonnance du 23 août 1835, s'il s'agit des chemins vicinaux ordinaires, et dans les formes déterminées par l'ordonnance du 18 février 1834, s'il s'agit des chemins de grande communication ou d'intérêt commun.

Le conseil municipal sera toujours appelé à délibérer sur les plans. Les plans seront ultérieurement, comme l'exigent les articles 44 et 86 de la loi du 10 août 1871, soumis avec le rapport de l'agent voyer en chef, les observations du préfet et les documents à l'appui, à l'approbation du conseil général pour les chemins de grande communication, et d'intérêt commun, et à celle de la commission départementale pour les chemins vicinaux ordinaires.

Art. 178. — Lorsque les chemins vicinaux auront la largeur légale, les alignements à donner pour constructions et reconstructions seront tracés de manière à ce que l'impétrant puisse construire sur la limite séparative de sa propriété et du chemin.

Lorsque les chemins n'auront pas la largeur qui leur sera attribuée par l'autorité compétente, les alignements pour constructions et reconstructions seront délivrés conformément aux limites déterminées par le plan régulièrement approuvé.

Lorsque les chemins auront plus de largeur légale et que les propriétaires riverains seront autorisés, par mesure d'alignement, à avancer leur construction jusqu'à l'extrême limite de cette largeur, ils devront payer la valeur du sol du chemin ainsi concédé et de ses dépendances.

Cette valeur sera réglée, soit à l'amiable, entre les propriétaires et l'administration, soit à dire d'experts, par l'application de l'article 16 de la loi du 21 mai 1836.

L'arrêté d'alignement devra faire connaître que la prise de possession ne pourra avoir lieu qu'en vertu d'une délibération du conseil municipal, régulièrement approuvée.

Art. 179. — Tout ce qui concerne le mode d'ouverture des portes et fenêtres et les saillies de toute espèce sur les chemins vicinaux sera déterminé par un règlement spécial arrêté par le préfet. Jusqu'à ce que ce règlement ait été fait, il y sera pourvu, dans chaque cas particulier, par le maire s'il s'agit d'un chemin vicinal ordinaire, et par le préfet s'il s'agit d'un chemin de grande communication ou d'intérêt commun.

Art. 180. — Les travaux à faire à des constructions en saillie sur les alignements d'un plan régulièrement approuvé ne seront autorisés que dans le cas où ces travaux n'auront pas pour effet de consolider le mur de face.

Art. 181. — L'arrêté portant autorisation de construire ou de réparer fera connaître, si la demande en est faite par les intéressés, et dans les limites nécessaires pour assurer la circulation, l'espace que pourront occuper les échafaudages et les dépôts, et la durée de cette occupation.

Art. 182. — Lorsqu'une construction sise le long d'un chemin vicinal menacera ruines, et que la conservation en serait dangereuse pour la sûreté publique, le péril sera constaté par un agent voyer dont le rapport sera communiqué au propriétaire avec injonction de démolir dans un délai déterminé. En cas de refus, il sera procédé à une expertise contradictoire dans la forme prescrite par les déclarations du roi, en date des 18 juillet 1729 et 18 août 1730.

Toutefois, en cas de péril imminent, la démolition d'office des constructions pourra être ordonnée d'urgence.

Art. 183. — Les autorisations de construire ou reconstruire le long des chemins vicinaux devront stipuler les réserves et conditions nécessaires pour garantir le libre écoulement des eaux, sans qu'il en puisse résulter de dommage pour ces chemins.

Section III. — *Plantations d'arbres.*

Art. 184. — Aucune plantation d'arbres ne pourra être effectuée le long et joignant les chemins vicinaux qu'en observant les distances ci-après, qui seront calculées à partir de la limite extérieure soit des chemins, soit des fossés, soit des talus qui les borderaient.

Pour les arbres fruitiers :	m. » c.	
Pour les arbres forestiers :	m. » c.	
Pour les bois taillis :	m. » c.	

Art. 185. — Les plantations faites antérieurement à la publication du présent règlement à des distances moindres que celles ci-dessus pourront être conservées, mais elles ne pourront être renouvelées qu'à la charge d'observer les distances prescrites par le présent article.

Art. 186. — Les plantations faites par des particuliers sur le sol des chemins vicinaux avant la publication du présent règlement pourront être conservées si les besoins de la circulation le permettent, mais elles ne pourront, dans aucun cas, être renouvelées.

Art. 187. — Si l'intérêt de la viabilité exigeait la destruction des plantations existant sur le sol des chemins vicinaux, les propriétaires seraient mis en demeure, par un arrêté du maire pour les chemins vicinaux ordinaires, et du préfet pour les chemins de grande communication et d'intérêt commun, d'enlever, dans un délai déterminé, les arbres qui leur appartiendraient, sauf à eux à faire valoir le droit qu'ils croiraient avoir à une indemnité. Si les particuliers n'obtempéraient pas à cette mise en demeure, il serait dressé un procès-verbal pour être statué par l'autorité compétente.

Art. 188. — Les communes qui en feront la demande pourront être autorisées par le préfet à faire des plantations sur le sol des chemins vicinaux. Les conditions auxquelles ces plantations seront faites, l'espacement des arbres entre eux ainsi que la distance à observer entre les plantations et les propriétés riveraines, seront déterminés par le préfet dans son arrêté d'autorisation.

Section IV. — *Plantations de haies.*

Art. 189. — Les haies vives ne pourront être plantées à moins de 50 centimètres de la limite extérieure des chemins.

Art. 190. — La hauteur des haies ne devra jamais excéder un mètre, sauf les exceptions exigées par des circonstances particulières et pour lesquelles il sera donné des autorisations spéciales.

Art. 191. — Les haies plantées antérieurement à la publication du présent règlement à des distances moindres que celles prescrites par l'article 189 pourront être conservées, mais elles ne pourront être renouvelées qu'à la charge d'observer cette distance.

Section V. — *Élagage*.

Art. 192. — Les arbres, les branches, les haies et les racines qui avanceraient sur le sol des chemins vicinaux seront coupés à l'aplomb des limites de ces chemins, à la diligence des propriétaires ou des fermiers.

Art. 193. — Si le propriétaire ou le fermier négligeait ou refusait de se conformer aux prescriptions qui précèdent, il en serait dressé procès-verbal pour être statué par l'autorité compétente.

Section VI. — *Fossés appartenant à des particuliers*.

Art. 194. — Les propriétaires riverains ne pourront ouvrir de fossés le long d'un chemin vicinal à 75 centimètres de la limite du chemin. Ces fossés devront avoir un talus de 1 mètre de la base au moins pour un mètre de hauteur.

Art. 195. — Tout propriétaire qui aura fait ouvrir des fossés sur son terrain, le long d'un chemin vicinal, devra entretenir ces fossés de manière à empêcher que les eaux nuisent à la viabilité du chemin.

Art. 196. — Si les fossés ouverts par des particuliers sur leur terrain, le long d'un chemin vicinal, avaient une profondeur telle qu'elle pût présenter des dangers pour la circulation, les propriétaires seront tenus de prendre les dispositions qui leur seront prescrites pour assurer la sécurité du passage : injonction leur sera faite, à cet effet, par arrêté du maire ou du préfet, selon le cas.

Section VII. — *Établissement d'ouvrages joignant ou traversant la voie publique*.

Art. 197. — Les autorisations pour l'établissement, par les propriétaires riverains, d'aqueducs et de ponceaux sur les fossés des chemins vicinaux, régleront le mode de construction, les dimensions à donner aux ouvrages et les matériaux à employer : elles stipuleront toujours la charge de l'entretien par l'impétrant et le retrait de l'autorisation donnée dans le cas où les conditions posées ne seraient pas remplies, ou s'il était reconnu que ces ouvrages nuisent à l'écoulement des eaux ou à la circulation.

Art. 198. — Les autorisations de conduire les eaux d'un côté à l'autre du chemin prescriront le mode de construction et les dimensions des travaux à effectuer par les pétitionnaires.

Art. 199. — Les autorisations pour l'établissement de communications devant traverser les chemins indiqueront les mesures à prendre pour assurer la facilité de la circulation.

Art. 200. — Les autorisations pour l'établissement de barrages ou écluses sur les fossés des chemins ne seront données que lorsque la surélévation des eaux ne pourra nuire au bon état de la voie publique. Elles prescriront les mesures nécessaires pour que les chemins ne puissent jamais être submergés. Elles seront toujours révocables sans indemnité si les travaux étaient reconnus nuisibles à la viabilité.

CHAPITRE II. — **Mesures de police et de conservation.**

Section I. — *Dispositions générales.*

Art. 201. — Il est défendu d'une manière absolue :

1º D'embarrasser les chemins vicinaux et leurs dépendances en y déposant, sans nécessité, des matériaux ou des choses quelconques qui empêchent ou diminuent la liberté ou la sûreté du passage, d'y laisser stationner aucune voiture, machine ou instrument aratoire, ni aucun troupeau, bête de somme ou de trait ;

2º De mutiler les arbres qui y sont plantés, de dégrader les bornes et poteaux, tableaux indicateurs, parapets des ponts et autres ouvrages ;

3º De les dépaver ;

4º D'enlever les pierres, les fers, bois et autres matériaux destinés aux travaux ou déjà mis en œuvre ;

5º D'y jeter des pierres ou autres matières provenant des terrains voisins ;

6º De les parcourir avec des instruments aratoires sans avoir pris les précautions nécessaires pour éviter toute dégradation ;

7º De détérorier les berges, talus, fossés ou les marques indicatives de leur largeur ;

8º De labourer ou cultiver leur sol ;

9º D'y faire ou laisser paître aucune espèce d'animaux ;

10º De mettre rouir le chanvre dans les fossés ;

11º D'y faire aucune anticipation ou usurpation ou aucun ouvrage qui puisse apporter un empêchement au libre écoulement des eaux ;

12º D'établir aucune excavation ou construction sous la voie publique ou ses dépendances.

Art. 202. — Les propriétaires des terrains supérieurs bordant les chemins vicinaux sont tenus d'entretenir en bon état les revêtements ou les murs construits par eux et destinés à soutenir ces terrains.

Art. 203. — Si la circulation sur un chemin vicinal venait à être interceptée par une œuvre quelconque, le maire y pourvoirait d'urgence.

En conséquence, après une simple sommation administrative, l'œuvre serait détruite d'office et les lieux rétablis dans leur ancien état, aux frais et risques de qui il appartiendrait et sans préjudice des poursuites à exercer contre qui de droit.

Section II. — *Écoulement naturel des eaux.*

Art. 204. — Les propriétés riveraines situées en contre-bas des chemins vicinaux sont assujetties, aux termes de l'art. 640 C. civ., à recevoir les eaux qui découlent naturellement de ces chemins.

Les propriétaires de ces terrains ne pourront faire aucune œuvre qui tende à empêcher le libre écoulement des eaux qu'ils sont tenus de recevoir et à les faire séjourner dans les fossés ou refluer sur le sol du chemin.

Art. 205. — L'autorisation de transporter les eaux d'un côté à l'autre d'un chemin vicinal ne sera donnée que sous la réserve des droits des tiers. Il y sera toujours stipulé pour l'administration la faculté de faire supprimer les constructions faites, si elles étaient mal entretenues ou si elles devenaient nuisibles à la viabilité du chemin.

Section III. — *Mesures ayant pour objet la sûreté des voyageurs.*

Art. 206. — Il est interdit de pratiquer, dans le voisinage des chemins vicinaux, des excavations de quelque nature que ce soit, si ce n'est aux distances ci-après déterminées, à partir de la limite desdits chemins, savoir :

Pour les carrières et galeries souterraines............. 15 mètres.
Les carrières à ciel ouvert........................... 15 —
Les mares publiques ou particulières................. 3 —

Les propriétaires de toutes excavations pourront être tenus de les couvrir ou de les entourer de clôtures propres à prévenir tout danger pour sauvegarder la sécurité des passants.

CHEMINS RURAUX

TITRE PREMIER

TITRE PREMIER. — Loi du 20 août 1881.

Section I.

Article premier. — Les chemins ruraux sont les chemins appartenant aux communes, affectés à l'usage du public, qui n'auront pas été classés comme chemins vicinaux.

Art. 2 — L'affectation à l'usage du public peut s'établir notamment par la destination du chemin jointe, soit au fait d'une circulation générale et continue, soit à des actes réitérés de surveillance et de voirie de l'autorité municipale.

Art. 3. — Tout chemin affecté à l'usage du public est présumé, jusqu'à preuve contraire, appartenir à la commune sur le territoire de laquelle il est situé.

Art. 4. — Le conseil municipal, sur la proposition du maire, déterminera ceux des chemins ruraux qui devront être l'objet d'arrêté de reconnaissance, dans les formes et avec les conséquences énoncées par la présente loi.

Ces arrêtés seront pris par la commission départementale, sur la proposition du préfet, après enquête publique, dans les formes prescrites par l'ordonnance des 23 août-9 septembre 1835, et sur l'avis du conseil municipal.

Ils désigneront, d'après l'état des lieux au moment de l'opération, la direction des chemins ruraux, leur longueur sur le territoire de la commune et leur largeur sur les différents points.

Ils devront être affichés dans la commune et notifiés par voie administrative à chaque riverain, en ce qui concerne la propriété.

Un plan sera annexé à l'état de reconnaissance.

Art. 5. — Ces arrêtés vaudront prise de possession, sans préjudice des droits entièrement acquis à la commune, conformément à l'article 23 du Code de procédure. Cette possession pourra être contestée dans l'année de la notification.

Art. 6. — Les chemins ruraux qui ont été l'objet d'un arrêté de reconnaissance deviennent imprescriptibles.

Art. 7. — Les contestations qui peuvent être élevées par toute partie intéressée sur la propriété ou sur la possession totale ou partielle des chemins ruraux sont jugées par les tribunaux ordinaires.

Art. 8. — Pour assurer l'exécution de la présente loi, le préfet de chaque département fera un règlement général sur les chemins ruraux reconnus.

Ce règlement sera communiqué au conseil général et transmis avec ses observations au ministre de l'Intérieur, pour être approuvé s'il y a lieu.

Art. 9. — L'autorité municipale est chargée de la police et de la conservation des chemins ruraux.

Art. 10. — Elle pourvoit à l'entretien des chemins ruraux reconnus dans la mesure des ressources dont elle peut disposer.

En cas d'insuffisance des ressources ordinaires, les communes sont autorisées à pourvoir aux dépenses des chemins ruraux reconnus, à l'aide, soit d'une journée de prestation, soit de centimes extraordinaires en addition au principal des quatre contributions directes.

Les dispositions des articles 5 et 7 de la loi du 24 juillet 1867 seront applicables lorsque l'imposition extraordinaire excèdera 3 centimes.

Art. 11. — Toutes les fois qu'un chemin rural reconnu entretenu à l'état de viabilité sera habituellement ou temporairement dégradé par des exploitations de mines, de carrière, de forêt ou de toute autre entreprise industrielle appartenant à des particuliers, à des établissements publics ou à l'État, il pourra y avoir lieu à imposer aux entrepreneurs ou propriétaires, suivant que l'exploitation ou les transports auront lieu pour les uns ou les autres, des subventions spéciales dont la quotité sera proportionnée à la dégradation extraordinaire qui devra être attribuée aux exploitations.

Ces subventions pourront, au choix des subventionnaires, être acquittées en argent ou en prestation en nature, et seront exclusivement affectées à ceux des chemins qui y auront donné lieu.

Elles seront réglées annuellement sur la demande des communes, ou, à leur défaut, à la demande des syndicats, par les conseils de préfecture après des expertises contradictoires, et recouvrées comme en matière de contributions directes.

Les experts seront nommés d'après l'article 17 de la loi du 21 mai 1836.

Ces subventions pourront aussi être déterminées par abonnement ; les traités devront être approuvés par la commission départementale.

Art. 12. — Le maire accepte les souscriptions volontaires et en dresse l'état, qui est rendu exécutoire par le préfet.

Si les souscriptions ont été faites en journées de prestation, elles seront, après mise en demeure restée sans effet, converties en argent conformément au tarif adopté pour la prestation de la commune.

Le conseil de préfecture statuera sur les réclamations des souscripteurs.

Art. 13. — L'ouverture, le redressement, la fixation de la largeur et de la limite des chemins ruraux sont prononcés par la commission départementale conformément aux dispositions des cinq derniers paragraphes de l'article 4.

A défaut du consentement des propriétaires, l'occupation des terrains nécessaires pour l'exécution des travaux d'ouverture, de redressement ou d'élargissement, ne peut avoir lieu qu'après une expropriation poursuivie conformément aux dispositions des paragraphes 2 et suivants de l'article 16 de la loi du 21 mai 1836.

Quand il y a lieu à l'occupation soit de maisons, soit de cours ou jardins y attenant, soit de terrains clos de murs ou de haies vives, la déclaration d'utilité publique devra être prononcée par un décret, le Conseil d'État entendu, et l'expropriation sera poursuivie comme il a été dit dans le paragraphe précédent.

La commune ne pourra prendre possession des terrains expropriés avant le paiement de l'indemnité.

Art. 14. — Lorsque des extractions de matériaux des dépôts ou enlèvement de terres, ou des occupations temporaires de terrains sont nécessaires pour les travaux de réparation ou d'entretien des chemins ruraux effectués par les communes, il est procédé à la désignation et à la définition des lieux et à la fixation de l'indemnité, conformément à l'article 17 de la loi du 21 mai 1836.

Art. 15. — L'action en indemnité, dans les cas prévus par les deux articles précédents, se prescrit par le laps de deux ans, conformément à l'article 18 de la même loi.

Art. 16. — Les arrêtés portant reconnaissance, ouverture ou redressement peuvent être rapportés dans des formes prescrites par l'article 4 ci-dessus.

Lorsqu'un chemin rural cesse d'être affecté à l'usage du public, la vente peut en être autorisée par un arrêté du préfet, rendu conformément à la délibération du conseil municipal et après une enquête précédée de trois publications faites à 15 jours d'intervalle.

L'aliénation n'est pas autorisée si, dans le délai de trois mois, les intéressés, formés en syndicat, conformément aux articles 19 et suivants, consentent se charger de l'entretien.

Art. 17. — Lorsque l'aliénation est ordonnée, les propriétaires riverains sont mis en demeure d'acquérir les terrains attenant à leurs propriétés, par un avertissement qui leur est notifié en la forme administrative. En ce cas, le prix est réglé à l'amiable ou fixé par deux experts dont un sera nommé par la commune, l'autre par le riverain ; à défaut d'accord entre eux un tiers expert sera nommé par ces deux experts. S'il n'y a pas entente pour cette désignation, le tiers expert sera nommé par le juge de paix.

Si, dans le délai d'un mois à dater de l'avertissement, les propriétaires riverains n'ont pas fait leur soumission, il est procédé à l'aliénation des terrains selon les règles suivies pour la vente des propriétés communales.

Art. 18. — Les plans, procès-verbaux, certificats, significations, jugements, contrats, marchés, adjudications de travaux, quittances et autres actes ayant pour objet exclusif la construction, l'entretien, la réparation des chemins ruraux, seront enregistrés moyennant le droit de un franc cinquante centimes.

Les actions civiles intentées par les communes ou dirigées contre elles relativement à leurs chemins seront jugées comme affaires sommaires et urgentes, conformément à l'article 405 du Code de procédure civile.

Section II. — *Des syndicats pour l'ouverture, le redressement, l'élargissement, la séparation et l'entretien des chemins ruraux.*

Art. 19. — Lorsque l'ouverture, le redressement ou l'élargissement a été régulièrement autorisé conformément à l'article 13 et que les travaux ne sont pas exécutés ou lorsqu'un chemin reconnu n'est pas entretenu par la commune, le maire peut d'office, ou doit, sur la demande qui lui est faite par trois intéressés au moins, convoquer individuellement tous les intéressés. Il les invite à délibérer sur la nécessité des travaux à faire et à se charger de leur exécution, tous les droits de la commune restant réservés.

Le maire recueille les suffrages, constate le vote des personnes présentes qui ne savent signer, et mentionne les adhésions envoyées par écrit.

Art. 20. — Si la moitié plus un des intéressés, représentant au moins les deux tiers de la superficie des propriétés desservies par le chemin, ou si les deux tiers des intéressés représentant plus de la moitié de la superficie consentent à se charger des travaux nécessaires pour mettre ou maintenir la voie en état de viabilité, l'association est constituée.

Elle existe même à l'égard des intéressés qui n'ont pas donné leur adhésion.

Pour les travaux d'amélioration et d'élargissement partiel, l'assentiment de la moitié plus un des intéressés, représentant au moins les trois quarts de la superficie des propriétés desservies ou des trois quarts des intéressés représentant plus de la moitié de la superficie, sera exigé.

Pour les travaux d'ouverture, de redressement et d'élargissement d'ensemble, le consentement unanime des intéressés sera nécessaire.

Art. 21. — Le maire dresse un procès-verbal et constate la formation de l'association, en spécifie le but, fait connaître sa durée, le mode d'administration qui a été adopté, le nombre des syndics, l'étendue de leurs pouvoirs, et enfin les voies et moyens qui ont été votés.

Art. 22. — Ce procès-verbal est transmis au préfet par le maire avec son avis et l'avis du conseil municipal.

Le préfet, après avoir constaté l'accomplissement des formalités exigées par la loi, autorise l'autorisation s'il y a lieu.

Si la commune a consenti à contribuer aux travaux, le préfet approuve, dans son arrêté, le mode et le montant de la subvention promise par le conseil municipal.

Art. 23. — Un extrait du procès-verbal constatant la constitution de l'association et l'arrêté du préfet en cas d'approbation, ou, en cas de refus, l'arrêté du préfet, sont affichés dans la commune où le chemin est situé et publiés dans le recueil des actes de la préfecture.

Art. 24. — Les syndics de l'association sont élus en assemblée générale.

Si la commune a accordé une subvention, le maire nomme un nombre de syndics proportionné à la part que la subvention représente dans l'ensemble de l'entreprise.

Les autres syndics sont nommés par le préfet dans le cas où l'assemblée générale, après deux convocations, ne serait pas réunie ou n'aurait pas procédé à leur élection.

Art. 25. — Les associations ainsi constituées peuvent ester en justice par leurs syndics ; elles peuvent emprunter. Elles peuvent aussi acquérir les parcelles de terrain nécessaires pour l'amélioration, l'élargissement, le redressement ou l'ouverture du chemin régulièrement entrepris ; les terrains réunis à la voie publique deviennent la propriété de la commune.

Art. 26. — Le syndicat détermine le mode d'exécution des travaux, soit en nature, soit en taxe ; il répartit les charges entre les associés proportionnellement à leur intérêt ; il règle l'accomplissement des travaux en nature ou le recouvrement des taxes en un ou plusieurs exercices.

Art. 27. — Les rôles pour le recouvrement de la taxe due par chaque intéressé sont dressés par le syndicat, approuvés s'il y a lieu, et rendus exécutoires par le préfet, qui peut ordonner préalablement la vérification des travaux.

Ces rôles sont recouvrés dans la forme des contributions directes par le receveur municipal.

Dans ces rôles seront compris les frais de perception dont le montant sera déterminé par le préfet, sur l'avis du trésorier-payeur général.

Art. 28. — Dans le cas ou l'exécution des travaux entrepris par l'association syndicale exige l'expropriation de terrains, il y est procédé conformément à l'article 13 ci-dessus.

Art. 29. — A défaut par une association d'entreprendre les travaux pour lesquels elle a été autorisée, le préfet rapportera, s'il y a lieu, et après mise en demeure, l'arrêté d'autorisation.

Dans le cas où l'interruption ou le défaut d'entretien des travaux entrepris par une association pourrait avoir des conséquences nuisibles à l'intérêt public, le préfet, après mise en demeure, pourra faire procéder d'office à l'exécution des travaux nécessaires pour obvier à ces conséquences.

Art. 30. — Les intéressés et les tiers peuvent déférer au ministre de l'Intérieur, dans le délai d'un mois à partir de l'affiche, les arrêtés qui autorisent ou refusent d'autoriser les associations syndicales.

Le recours est déposé à la préfecture et transmis avec le dossier au ministre dans le délai de quinze jours.

Il est statué par un décret rendu au Conseil d'État.

Art. 31. — Toutes contestations relatives au défaut de convocation d'une partie intéressée, à l'absence ou à défaut d'intérêt des personnes appelées à l'association ou au degré d'intérêt des associés, ainsi qu'à la répartition, à la perception et à l'accomplissement des taxes et prestations, à la nomination des syndics, à l'exécution des travaux et aux mesures ordonnées par le préfet en vertu du dernier paragraphe de l'art. 29 ci-dessus, sont jugées par le conseil de préfecture, sauf recours au Conseil d'État.

Il est procédé à l'apurement des comptes de l'association selon les règles établies pour les comptes des receveurs municipaux.

Art. 32. — Nulle personne comprise dans l'association ne pourra contester sa qualité d'associé ou la validité de l'acte d'association, après le délai de trois mois à partir de la notification du premier rôle des taxes ou prestations.

CHEMINS ET SENTIERS D'EXPLOITATION

Section III.

Art. 33. — Les chemins et sentiers d'exploitation sont ceux qui servent exclusivement à la communication entre divers héritages, ou à leur exploitation. Ils sont, en l'absence de titre, présumés appartenir aux propriétaires riverains, chacun en droit soi; mais l'usage en est commun à tous les intéressés.

L'usage de ces chemins peut être interdit au public.

Art. 34. — Tous les propriétaires dont ils desservent les héritages sont tenus les uns envers les autres de contribuer, dans la proportion de leur intérêt, aux travaux nécessaires à leur entretien et à leur mise en état de viabilité.

Art. 35. — Les chemins et sentiers d'exploitation ne peuvent être supprimés que du consentement de tous les propriétaires qui ont le droit de s'en servir.

Art. 36. — Toutes les contestations relatives à la propriété et à la suppresssion de ces chemins et sentiers seront jugées par les tribunaux comme en matière sommaire.

Le juge de paix statue, sauf appel, s'il y a lieu, sur toutes les difficultés relatives aux travaux prévus par l'article 34.

Art. 37. — Dans les cas prévus par l'article 34, les intéressés peuvent toujours s'affranchir de toute contribution en renonçant à leurs droits, soit d'usage, soit de propriété, sur les chemins d'exploitation.

CHÈVRES

Loi du 4 avril 1889.

Art. 2. — Les préfets peuvent déterminer par des arrêtés les conditions sous lesquelles les chèvres peuvent être conduites et tenues au pâturage.

Art. 3. — Les propriétaires de chèvres conduites en commun sont solidairement responsables des dommages qu'elles causent.

CHIENS

C'est la loi du 2 mai 1855 qui décide qu'à partir du 1er janvier 1856 il sera établi dans toutes les communes et à leur profit une taxe sur les chiens.

Différents décrets ont réglé le tarif à appliquer et les pénalités pour défaut de déclaration.

La taxe municipale sur les chiens est due pour chiens possédés au 1er janvier, à l'exception de ceux qui, à cette époque, sont encore nourris par la mère.

La taxe est due pour l'année entière.

Du 1er octobre de chaque année au 15 janvier de l'année suivante, les possesseurs de chiens doivent faire à la mairie une déclaration indiquant le nombre de leurs chiens et les usages auxquels ils sont destinés.

Ceux qui auront fait cette déclaration avant le 1er janvier devront la rectifier s'il est survenu quelque changement dans le nombre ou la destination de leurs chiens.

La taxe sera triplée pour celui qui, possédant un ou plusieurs chiens, n'aura pas fait de déclaration ; elle sera doublée pour celui qui aura fait une déclaration incomplète ou inexacte.

Lorsqu'un contribuable aura été soumis à un accroissement de taxe, et que, pour l'année suivante, il ne fera pas la déclaration exigée ou fera une déclaration incomplète ou inexacte, la taxe sera quadruplée dans le premier cas et triplée dans le second.

Le maître est responsable des dommages que cause son chien, soit qu'il morde quelqu'un, soit qu'il détruise certains objets, aux termes de l'article 1383 du Code civil. — Voir au mot « *Contraventions rurales, article 475* », pour divagation de chiens, article 479, dans le cas où quelqu'un frappe un chien ou blesse un chien de garde en cas de rage. — Voir au mot « *Animaux (Police sanitaire des), article 51* »

CLOTURES

La loi du 20 août 1881, modifiant les articles 666 et 667 du Code civil, est ainsi conçue :

Art. 666. — Toute clôture qui sépare des héritages est réputée mitoyenne, à moins qu'il n'y ait qu'un seul des héritages en état de clôture, ou s'il y a titre, prescription ou marque contraire. Pour les fossés il y a marque de non mitoyenneté lorsque la levée ou le rejet de la terre se trouve seulement d'un côté du fossé. Le fossé est censé appartenir exclusivement à celui du côté duquel le rejet se trouve.

Art. 667. — La clôture mitoyenne doit être entretenue à frais communs, mais le voisin peut se soustraire à cette obligation en renonçant à la mitoyenneté. Cette faculté cesse si le fossé sert habituellement à l'écoulement des eaux.

Si la clôture d'un fonds rural est un mur, le voisin peut contraindre celui qui la possède à lui vendre la mitoyenneté dudit mur. Mais il ne peut en être ainsi si cette clôture est une trace, un fossé et même une palissade.

Il existe une question importante, c'est celle de la clôture rurale, au moyen de laquelle le propriétaire d'un terrain peut affranchir son terrain de l'exercice de la vaine pâture. Les lois des 28 septembre et 6 octobre 1791 définissent ainsi la clôture rurale :

« Un héritage est réputé clos lorsqu'il est entouré d'un mur de 1 mètre 32 centimètres de hauteur, avec barrière ou porte, ou lorsqu'il est exactement fermé et entouré de palissade ou de treillages, ou d'une haie vive, ou d'une haie sèche faite avec des pierres ou cordelée avec des branches ou construite de toute autre manière en usage dans chaque localité, ou enfin d'un fossé de 1 mètre 32 centimètres de large au moins à l'ouverture et de 66 centimètres de profondeur. Pour que la clôture rurale produise son effet de protection, il ne faut pas qu'il y ait de brèches. »

En ce qui concerne le délit de bris de clôture, — Voir au mot « *Délits ruraux, art. 456* », pour les cas et les peines à encourir. L'article 391 du Code pénal dit :

Qu'est réputé *parc ou enclos*, au point de vue de la loi pénale, tout terrain environné de fossés, de pieux, de claies, de planches, de haies vives ou sèches, ou de murs de quelque espèce de matériaux que ce soit, quelles que soient la hauteur, la profondeur, la vétusté, la dégradation de ces diverses clôtures, quand il n'y aurait pas de porte fermant à clef ou autrement, ou quand la porte serait à claire-voie et ouverte habituellement.

Voir au mot « *Fossé* ».

CONTRAVENTIONS RURALES

Sont punis d'une amende de un franc jusqu'à cinq francs inclusivement (article 471 Code pénal) :

1° Ceux qui auront négligé d'entretenir, réparer ou nettoyer les fours, cheminées ou cuisines où l'on fait usage du feu.

2° Ceux qui auront négligé de nettoyer les rues ou passages dans les communes où ce soin est laissé à la charge de l'habitant.

La Cour de cassation a décidé qu'en l'absence même de règlement, le nettoyage des rues était obligatoire, et que ce nettoyage était à la charge du propriétaire et non du locataire.

4° Ceux qui auront embarrassé la voie publique en y déposant ou en y laissant, sans nécessité, des matériaux ou des choses quelconques, qui empêchent ou diminuent la liberté ou la sûreté de passage ; ceux qui, en contravention aux lois et règlements, auront négligé d'éclairer les matériaux par eux entreposés ou les excavations par eux faites dans les rues et places.

5° Ceux qui auront négligé ou refusé d'exécuter les règlements ou arrêtés concernant la petite voirie, ou d'obéir à la sommation émanée de l'autorité administrative de réparer ou démolir les édifices menaçant ruines.

6° Ceux qui auront jeté ou exposé au-devant de leurs édifices des choses de nature à nuire par leur chute ou par des exhalaisons insalubres.

7° Ceux qui auront laissé dans les rues, chemins, places, lieux publics, ou dans les champs, des coutres de charrue, pinces, barres, barreaux ou autres machines, ou instruments, ou armes, dont peuvent abuser les voleurs et autres malfaiteurs.

La contravention est encourue alors même qu'on a laissé lesdits objets dans une cour, ou sous un hangar accessible au public.

La confiscation des coutres et autres instrument est encore prononcée.

8° Ceux qui auront négligé d'écheniller dans les campagnes ou jardins où ce soin est prescrit par la loi ou les règlements.

Voir au mot « *Échenillage* ».

· 9° Ceux qui, sans autre circonstance prévue par les lois, auront cueilli ou mangé, sur le lieu même, des fruits appartenant à autrui.

Voir à l'article 475, qui suit, le cas où les fruits auraient été emportés.

10° Ceux qui, sans autre circonstance, auront glané, râtelé, ou grappillé dans les champs non encore dépouillés et vidés de leurs récoltes, ou avant le moment du lever ou après celui du coucher du soleil.

La Cour de cassation a décidé (31 décembre 1864) : que le droit de glanage, râtelage s'étend à toutes les terres sans distinction de cultures, champs, prés ou vignes, mais pour que l'exercice de ce droit soit possible, dans les lieux où cet usage est reçu, il faut que tous les fruits soient enlevés dans l'ensemble du finage, et que les terres de la contrée soient entièrement dépouillées de leurs récoltes. On ne peut commencer le glanage, râtelage ou grappillage au fur et à mesure que chaque parcelle de terre est dépouillée.

La peine d'emprisonnement pendant trois jours pourra être prononcée, selon les circonstances, contre ceux qui auront glané, râtelé ou grapillé.

13° Ceux qui, n'étant ni propriétaires, ni usufruitiers, ni locataires, ni fermiers, ni jouissant d'un terrain ou d'un droit de passage ou qui n'étant agents, ni préposés d'aucune de ces personnes, seront entrés et auront passé sur ce terrain ou sur une partie de ce terrain, s'il est préparé ou ensemencé.

14° Ceux qui auront laissé passer leurs bestiaux ou leurs bêtes de trait, de charge ou de monture, sur le terrain d'autrui, avant les récoltes.

15° Ceux qui auront contrevenu aux règlements légalement faits par l'autorité administrative et ceux qui ne se seront pas conformés aux règlements ou arrêtés publiés par l'autorité municipale en vertu des lois des 16-24 août 1790 et 19-22 juillet 1791.

Art. 472. — Seront en outre confisqués les coutres et les instruments saisis.

Seront punis d'amende depuis six francs jusqu'à dix francs inclusivement : art. 475 du Code pénal.

1° Ceux qui auront contrevenu aux bans des vendanges ou autres bans autorisés par les règlements.

3° Les rouliers, charretiers, conducteurs de voitures quelconques ou de bêtes de charge, qui auraient contrevenu aux règlements par lesquels ils sont obligés de se tenir constamment à portée de leurs chevaux, bêtes de trait ou de charge et de leurs voitures, et en état de les guider et conduire ; d'occuper un seul côté des rues, chemins ou voies publiques ; de se tourner ou ranger devant toutes autres voitures, et, à leur approche, de leur laisser libre au moins la moitié des rues, chaussées, routes et chemins.

4° Ceux qui auront fait ou laissé courir les chevaux, bêtes de trait, de charge ou de monture dans l'intérieur d'un lieu habité, ou violé les règlements contre le chargement, la rapidité ou la mauvaise direction des voitures.

7° Ceux qui auraient laissé divaguer des fous ou des furieux étant sous leur garde, ou des animaux malfaisants ou féroces ; ceux qui auront excité ou n'auront pas retenu leurs chiens, lorsqu'ils attaquent ou poursuivent les passants, quand même il n'en serait résulté aucun mal ni dommage.

Observation. — Le chien qui fait des morsures peut être considéré comme un animal malfaisant. Commet une contravention celui qui n'aura pas retenu son chien, lorsqu'il attaque ou poursuit les passants quand même il n'en serait résulté aucun mal ni dommage.

9° Ceux qui n'étant propriétaires usufruitiers, ni jouissant d'un terrain ou d'un droit de passage, y sont entrés et y ont passé dans le temps où le terrain était chargé de grains en tuyau, de raisins ou autres fruits mûrs ou voisins de la maturité.

10° Ceux qui auront fait ou laissé passer des bestiaux, animaux de trait, de charge ou de monture, sur le terrain d'autrui, ensemencé ou chargé d'une récolte, en quelque saison que ce soit, ou dans un bois taillis appartenant à autrui.

Observation. — Il ne s'agit encore que de faits de passage sur des terres chargées de récoltes. Les prairies et herbages dont il a été parlé plus haut (art. 471) sont toujours censées être couvertes de récoltes. On appliquera donc l'article 471 ou l'article 475, suivant la période pendant laquelle la contravention a été commise.

12° Ceux qui, le pouvant, auront refusé ou négligé de faire les travaux, le service, ou de prêter les secours dont ils auront été requis, dans les circonstances d'accidents, tumultes, naufrage, inondation, incendie ou autre calamités, ainsi que dans les cas de brigandage, pillage, flagrant délit, clameur publique ou d'exécution judiciaire.

Observation. — Il faut, pour qu'il en soit ainsi, que ces accidents aient le caractère de calamités publiques.

15° Ceux qui déroberont, sans aucune des circonstances prévues en l'article 388, des récoltes ou autres productions utiles à la terre, qui, avant d'être soustraites, n'étaient pas encore détachées du sol.

Observation. — L'article 388 s'applique au vol important de récoltes détachées du sol. Le n° 15 de l'article 475 du Code pénal n'intéresse que le maraudage, lorsqu'il s'agit de fruits emportés pour qu'ils soient mangés à domicile. S'ils sont cueillis ou consommés sur place, c'est l'article 471 sus-mentionné qui est applicable. Mais s'il s'agit de récoltes coupées et emportées, c'est bien l'article 388 du Code pénal qui est applicable. — Voir au mot « *Délit rural* ».

Art. 477. — Pourra, suivant les circonstances, être prononcé, outre l'amende portée en l'article 475, l'emprisonnement pendant trois jours au plus, contre les rouliers, charretiers, voituriers et conducteurs en contravention, contre ceux qui auront contrevenu aux réglements ayant pour objet, soit la rapidité, la mauvaise direction ou le chargement des voitures ou des animaux.

Art. 478. — La peine d'emprisonnement pendant cinq jours au plus sera toujours prononcée en cas de récidive contre toutes personnes ayant commis les contraventions mentionnées dans l'article 475.

Seront punis d'une amende de onze à quinze francs inclusivement (article 479 du Code pénal) :

1º Ceux qui, hors les cas prévus d'après l'article 434 jusques et y compris l'article 462, auront volontairement causé du dommage aux propriétés mobilières d'autrui.

Observation. — De l'article 434 à l'article 462 se trouvent compris sous le titre « *Destructions, dégradations, dommages* », les crimes et délits commis sur la propriété d'autrui. Le paragraphe 1er de l'article 479 ne vise que les dommages d'une importance moindre. Ainsi est punissable de la contravention susmentionnée, celui qui tue un chien de garde, alors que ce chien ne lui causait aucun dommage ; celui qui blesse volontairement le chien d'autrui dans sa cour ; celui qui, même sans motifs, donne un violent coup de bâton à un chien dans la rue ; cette partie de l'article 479 s'applique aussi aux bateaux, bacs, navires, aux matériaux provenant de la démolition d'un édifice aux instruments aratoires, pourvu qu'on ne les ait pas détruits, ou le fait d'avoir tué un animal domestique de peu de valeur, sur le terrain autre que celui de son maître.

2º Ceux qui auront occasionné la mort ou la blessure des animaux ou bestiaux appartenant à autrui, par l'effet de la divagation des fous et furieux, ou d'animaux malfaisants ou féroces, ou par la rapidité, ou la mauvaise direction, ou le chargement excessif des voitures, chevaux, bêtes de trait, de charge ou de monture.

3º Ceux qui auront occasionné les mêmes dommages par l'emploi ou l'usage d'armes sans précaution ou avec maladresse ou par jet de pierres ou d'autres corps durs.

4º Ceux qui auront causé les mêmes accidents par la vétusté, la dégradation, le défaut de réparation ou d'entretien des maisons ou édifices, ou par l'encombrement ou l'excavation, ou telles autres œuvres, dans ou près les rues, chemins, places ou voies publiques, sans les précautions ou signaux ordonnés ou d'usage.

Observation. — Il faut, pour que le paragraphe 2 de l'article 479 s'applique, que la mort ou la blessure d'animaux ou bestiaux appartenant à autrui soient le résultat de faits *involontaires*. Il s'agit, dans cet article, des animaux de toute espèce, sauvages ou domestiques, bestiaux ou bêtes de somme, quadrupèdes et oiseaux de basse-cour.

10° Ceux qui mèneront sur le terrain d'autrui des bestiaux, de quelque nature qu'ils soient, et notamment dans les prairies artificielles, dans les vignes, oseraies, dans les plants de câpriers, dans ceux d'oliviers, de mûriers, de grenadiers, d'orangers et d'arbres du même genre, dans tous les plants ou pépinières d'arbres fruitiers ou autres, faits de main d'homme.

11° Ceux qui auront dégradé ou détérioré, de quelque manière que ce soit, les chemins publics ou usurpé sur leur largeur.

12° Ceux qui, sans y être dûment autorisés, auront enlevé des chemins publics, les gazons, terres ou pierres, ou qui, dans les lieux appartenant aux communes, auraient enlevé les terres ou matériaux, à moins qu'il n'existe un usage général qui l'autorise.

Art. 480. — Pourra, selon les circonstances, être prononcée, la peine d'emprisonnement pendant cinq jours au plus : « *Ceux qui auront occasionné la mort ou la blessure des animaux ou bestiaux appartenant à autrui par l'emploi ou l'usage d'armes sans précaution ou avec maladresse, ou par jet de pierres ou d'autres corps durs.* »

Art. 482. — La peine d'emprisonnement pendant cinq jours aura toujours lieu pour récidive dans les cas mentionnés en l'article 479.

Art. 639 et 640 du Code d'instruction criminelle. — Les peines portées par les jugements rendus pour contraventions de police seront prescrites après deux années révolues, savoir, pour les peines prononcées par arrêt ou jugement en dernier ressort, à compter du jour de l'arrêt, et à l'égard des peines prononcées par les tribunaux de première instance, à partir du jour où ils ne pourront plus être attaqués par la voie d'appel.

Art. 640. — L'action publique et l'action civile pour une contravention de police seront prescrites après une année révolue, à compter du jour où elle aura été commise, même alors qu'il y aura eu procès-verbal, saisie, instruction ou poursuite, si dans cet intervalle il n'est point intervenu de condamnation ; s'il y a eu un jugement définitif de première instance de nature à être attaqué par la voie de l'appel, l'action publique et l'action civile se prescrivent après une année révolue à compter de la notification de l'appel qui en aura été interjeté. C'est par une année que se prescrivent les contraventions de police relevées par le Code pénal. Quant aux contraventions rurales encore conservées par le décret des 28 septembre et 6 octobre 1791, comme le fait d'avoir laissé des animaux à l'abandon sur le terrain d'autrui se prescrivent, par un mois à compter du jour de leur perpétration.

DÉLITS RURAUX

Art. 451. — Toute rupture, toute destruction d'instruments d'agriculture, de parcs de bestiaux, de cabanes de gardiens, sera punie d'un emprisonnement d'un mois au moins, d'un an au plus.

Art. 452. — Quiconque aura empoisonné des chevaux ou autres bêtes de voiture, de monture ou de charge, des bestiaux à cornes, des moutons, chèvres ou porcs, ou des poissons dans les étangs, rivières ou réservoirs, sera puni d'un emprisonnement d'un an à cinq ans et d'une amende de seize francs à trois cents francs. Les coupables pourront être mis par l'arrêt ou le jugement sous la surveillance de la haute police, pendant deux ans au moins et cinq ans au plus.

Art. 453. — Ceux qui, sans nécessité, auront tué l'un des animaux mentionnés au précédent article seront punis ainsi qu'il suit :

Si le délit a été commis dans les bâtiments, enclos et dépendances ou sur les terres dont le maître de l'animal tué était propriétaire, locataire, colon ou fermier, la peine sera un emprisonnement de deux mois à six mois ;

S'il a été commis dans les lieux dont le coupable était propriétaire, locataire, colon ou fermier, l'emprisonnement sera de dix jours à un mois ;

S'il a été commis dans tout autre lieu, l'emprisonnement sera de quinze jours à six semaines.

Le *maximum* de la peine sera toujours prononcé en cas de violation de clôture.

Art. 454. — Quiconque aura, sans nécessité, tué un animal domestique dans un lieu dont celui à qui cet animal appartient est propriétaire, locataire, colon ou fermier, sera puni d'un emprisonnement de *six jours* au moins et de *six mois* au plus.

S'il y a eu violation de clôture, le maximum de la peine sera prononcé.

Articles 459, 460, 461 sur les animaux infectés de maladie contagieuse. Ces articles sont remplacés par la loi du 21 juillet 1881.

Voir au mot « *Animaux (Police sanitaire des)* ».

Art. 456. — Quiconque aura, en tout ou en partie, comblé des fossés, détruit des clôtures, de quelques matériaux qu'elles soient faites, coupé ou arraché des haies vives ou sèches ; quiconque aura déplacé ou supprimé des bornes ou pieds corniers, ou autres arbres plantés ou reconnus pour établir les limites entre héritages différents, sera puni d'un emprisonnement qui ne pourra être au-dessous d'un mois ni excéder une année, et d'une amende égale au quart des restitutions et des dommages-intérêts, qui, dans aucun cas, ne pourra être au-dessous de cinquante francs.

Observation. — Voir au mot « *Clôture* » pour la définition des « *Parcs et enclos* ».

Le co-propriétaire d'une clôture, qui la détruit, commet le délit de bris de clôture ; il en est de même du fermier qui détruit les haies du domaine qu'il tient à bail. *La dégradation* des clôtures reste régie par l'article 17 de la loi du 28 septembre 1791, ainsi conçue :

« Il est défendu à toute personne de recombler les fossés, de dégrader les clôtures, de couper des branches de haies vives, d'enlever des bois secs des haies, sous peine d'une amende de la valeur de trois journées de travail. Le dédommagement sera payé aux propriétaires, et, suivant la gravité des circonstances, la détention pourra avoir lieu, mais au plus pour un mois. »

Art. 445, 446, 447 prévoient les peines édictées contre ceux qui détruisent, mutilent, coupent ou écorcent les arbres et les greffes, soit que ces arbres appartiennent à autrui, soit que ces arbres soient plantés sur les places, routes, chemins, rues ou voies publiques ou vicinales ou de traverse.

Observation. — Pour *la coupe de branches, de haies vives et enlèvement des bois secs des haies appartenant à autrui*, c'est l'art. 17 de la loi du 28 septembre 1791 relaté ci-dessus qui est applicable.

Art. 450. — L'emprisonnement sera de vingt jours au moins et de quatre mois au plus, s'il a été coupé du grain en vert.

Observation. — S'il s'agit de blé coupé en vert sans l'intention de se l'approprier, c'est l'article 471, au mot « *Contraventions rurales* », qui est applicable. Cependant des auteurs admettent que l'article 471 ne s'applique pas, et qu'il n'est pas besoin qu'on vole le blé coupé en vert pour que l'article 450 puisse être appliqué.

Art. 457. — Seront punis d'une amende qui ne pourra excéder le quart des restitutions et des dommages-intérêts, ni être au-dessous de cinquante francs, les propriétaires ou fermiers, ou toute personne jouissant de moulins, usines ou étangs, qui, par l'élévation du déversoir de leurs eaux au-dessus de la hauteur déterminée par l'autorité compétente, auront inondé les chemins ou les propriétés d'autrui.

S'il est résulté du fait quelques dégradations, la peine sera, outre l'amende, un emprisonnement de six jours à un mois.

Observation. — En dehors de ces faits d'inondation, prévus par l'article 457, il y a encore les inondations particulières « comme l'inondation d'un héritage par le propriétaire voisin prévu et réprimé par l'article 15 de la loi du 28 septemdre 1891, ainsi conçu » :

Personne ne pourra inonder l'héritage de son voisin ni lui transmettre volontairement les eaux d'une manière nuisible sous peine de payer les dommages et une amende qui ne pourra excéder la somme du dédommagement.

Art. 444. — Quiconque aura dévasté des récoltes sur pied ou des plants venus naturellement ou faits de main d'homme, sera puni d'un emprisonnement de deux ans au moins et de cinq ans au plus.

Art. 388. — Quiconque aura volé ou tenté de voler dans les champs, des chevaux ou bêtes de charge, de voiture ou de monture, gros et menus bestiaux, ou des instruments d'agriculture, sera puni d'un emprisonnement d'un an au moins et de cinq ans au plus et d'une amende de seize francs à cinq cents francs.

Il en sera de même à l'égard des vols de bois dans les ventes et de pierres dans les carrières, ainsi que le vol de poisson en étang, vivier ou réservoir.

Quiconque aura volé ou tenté de voler dans les champs des récoltes ou autres productions utiles de la terre, déjà détachées du sol, ou des meules de grains faisant partie des récoltes, sera puni d'un emprisonnement de quinze jours à deux ans, et d'une amende de seize francs à deux cents francs.

Si le vol a été commis, soit la nuit, soit par plusieurs personnes, soit à l'aide de voitures ou d'animaux de charge, l'emprisonnement sera de un an à cinq ans, et l'amende de seize francs à cinq cents francs.

Lorsque le vol ou la tentative de vol de récoltes ou autres productions utiles de la terre, qui, avant d'être soustraites, n'étaient pas encore détachées du sol, aura eu lieu, soit avec des paniers ou des sacs ou autres objets équivalents, soit la nuit, soit à l'aide de voitures ou d'animaux de charge, soit par plusieurs personnes, la peine sera d'un emprisonnement de quinze jours à deux ans et d'une amende de seize francs à deux cents francs.

Dans tous les cas spécifiés au présent article, les coupables pourront, indépendamment de la peine principale, être interdits de tout ou partie des droits mentionnés en l'article 42 du Code pénal pendant cinq ans au moins et dix ans au plus, à compter du jour où ils auront subi leur peine, ils pourront aussi être mis, par l'arrêt ou le jugement, sous la surveillance de la haute police pendant le même nombre d'années.

Art. 389 (Loi du 13 mai 1863). — Tout individu qui, pour commettre un vol, aura enlevé ou tenté d'enlever des bornes servant de séparation aux propriétés sera puni d'un emprisonnement de deux ans à cinq ans et d'une amende de seize francs à cinq cents francs.

Sans préjudice de la privation des droits de l'article 42 susmentionné et de la surveillance de la haute police.

DESSÈCHEMENT

Le dessèchement des marais est réglé par la *loi du 16 septembre 1807* dont les deux premiers articles sont ainsi conçus :

Art. premier. — La propriété des marais est soumise à des règles particulières. Le gouvernement ordonnera les dessèchements qu'il jugera utiles ou nécessaires.

Art. 2. — Les dessèchements seront exécutés par l'État ou par des concessionnaires.

Loi du 28 juillet 1860, relative à la mise en valeur des marais et des terres appartenant aux communes.

Art. premier. — Seront desséchés, assainis, rendus propres à la culture ou plantés en bois, les marais et les terrains incultes appartenant aux communes ou sections de communes, dont la mise en valeur aura été reconnue utile.

Le décret de 1861 porte règlement d'administration publique pour l'exécution de la loi du 28 juillet 1860.

DRAINAGE

La loi du 10 juin 1854, sur le libre écoulement des eaux, est ainsi conçue :

Article premier. —Tout propriétaire qui veut assainir ses fonds par le drainage ou un autre mode d'asséchement peut, moyennant une juste et préalable indemnité, en conduire les eaux souterrainement ou à ciel ouvert à travers les propriétés qui séparent ce fonds d'un cours d'eau ou de toute autre voie d'écoulement.

Sont exceptés de cette servitude les maisons, cours, jardins, parcs et enclos attenant aux habitations.

Art. 2. — Les propriétaires de fonds voisins ou traversés ont la faculté de se servir des travaux faits en vertu de l'article précédent, pour l'écoulement des eaux de leurs fonds.

Ils supportent dans ce cas : 1º une part proportionnelle dans la valeur des travaux dont ils profitent ; 2º les dépenses résultant des modifications que l'exercice de cette faculté peut rendre nécessaires, et 3º pour l'avenir, une part contributive dans l'entretien des travaux devenus communs.

Art. 3. — Les associations de propriétaires, qui veulent, au moyen de travaux d'ensemble, assainir leurs héritages par le drainage ou tout autre mode d'asséchement, jouissent des droits et supportent les obligations qui résultent des articles précédents.

Art. 4. — Les travaux que voudraient exécuter les associations syndicales, les communes ou les départements, pour faciliter le drainage ou tout autre mode d'asséchement, peuvent être déclarés d'utilité publique par décret rendu en Conseil d'État.

Le règlement des indemnités dues pour expropriation est fait conformément aux §§ 2 et suivants de l'article 16 de la loi du 21 mai 1836.

Art. 5. — Des contestations auxquelles peuvent donner lieu l'établissement et l'exercice de la servitude, la fixation du parcours des eaux, l'exécution des travaux de drainage ou d'asséchement, les indemnités ou les frais d'entretien, sont portées en premier ressort devant le juge de paix du canton, qui, en prononçant, doit concilier les intérêts de l'opération avec le respect dû à la propriété.

S'il y a lieu à expertise, il pourra n'être nommé qu'un seul expert.

Art. 6. — La destruction totale ou partielle des conduites d'eau ou fossés d'évacuation est punie des peines portées à l'art. 455 du Code pénal.

Tout obstacle apporté volontairement au libre écoulement des eaux est puni des peines portées par l'article 457 du même Code.

L'art. 463 du Code pénal peut être appliqué.

La loi du 17 juillet 1856 sur le drainage est ainsi conçue :

TITRE PREMIER. — **Encouragements donnés par l'État.**

Article premier. — Une somme de cent millions est affectée à des prêts destinés à faciliter les opérations de drainage.

Un article de la loi des finances fixe chaque année le crédit dont le ministre de l'agriculture, du commerce et des travaux publics peut disposer pour cet emploi.

Art. 2. — Les prêts effectués en vertu de la présente loi sont remboursables en vingt-cinq ans par annuités comprenant l'amortissement du capital et l'intérêt calculé à quatre pour cent.

L'emprunteur a toujours le droit de se libérer par anticipation soit en totalité, soit en partie.

Le recouvrement des annuités a lieu de la même manière que celui des contributions directes.

TITRE II. — **Du privilège sur les terrains drainés et sur leurs récoltes ou revenus.**

TITRE III. — **Du mode de conservation du privilège.**

TITRE IV. — **Dispositions générales.**

La loi du 28 mai 1858, qui substitue la société du Crédit Foncier de France à l'État pour les prêts à faire jusqu'à concurrence de cent millions, en vertu de la loi du 17 juillet 1856 sur le drainage, est ainsi conçue :

Article premier. — Le Crédit Foncier de France est autorisé à faire les prêts prévus par l'article 1er de la loi du 17 juillet 1856, sur le drainage, dans les conditions déterminées par ladite loi.

Art. 2. — La Société du Crédit Foncier de France est subrogée aux droits et privilèges accordés au Trésor public par le troisième paragraphe de l'article 2 et par les articles 3 et 6 de la loi du 17 juillet 1856, sans préjudice de toutes autres voies d'exécution.

Art. 3. — Les droits et immunités accordés au Crédit Foncier de France par le titre IV du décret du 28 février 1852, modifié conformément à l'article 1er de la loi du 10 juin 1853, par l'article 47 du même décret et par les articles 4, 6 et 7 de la loi précitée du 10 juin 1853, sont déclarés applicables aux prêts effectués par le Crédit Foncier de France, en exécution de la loi du 17 juillet 1856.

Les annuités dues par les emprunteurs sont affectées, par privilège, au remboursement des obligations du drainage...

Décret de 1858, portant règlement d'administration publique pour l'exécution des lois des 17 juillet 1856 et 28 mai 1858, en ce qui touche les prêts destinés à faciliter les opérations de drainage.

TITRE PREMIER. — **Forme et instruction des demandes et prêts.**

Article premier. — Tout propriétaire qui veut obtenir un prêt par application des lois des 17 juillet 1856 et 20 mai 1858 adresse sa demande au ministre de l'agriculture, du commerce et des travaux publics.

Cette demande énonce : 1° la somme qu'il veut emprunter, et, s'il y a lieu, celle pour laquelle il entend concourir à la dépense ; 2° les noms et prénoms des fermiers ou colons partiaires.

Il y est joint un extrait de la matrice et du plan cadastral, avec indication de la destination et de l'étendue des terrains à drainer.

Art. 2. — Les demandes de prêts avec pièces à l'appui sont soumises à une commission formée près du ministère de l'agriculture, du commerce et des travaux publics, sous le titre de commission supérieure du drainage. Les membres de cette commission sont nommés par le ministre.

Art. 3. — Après délibération de la commission, la demande de prêts est renvoyée, s'il y a lieu, à l'ingénieur chargé du service hydraulique dans le département de la situation des biens. Dans la quinzaine qui suit l'envoi, l'ingénieur visite les terrains à drainer, procède aux opérations et vérifications nécessaires pour apprécier l'utilité de l'entreprise projetée, et donne son avis sur l'admissibilité de la demande de prêt. Son rapport est adressé au préfet, qui le transmet, dans les dix jours, avec ses propositions, au ministre de l'agriculture, du commerce et des travaux publics.

Art. 4. — Le ministre adresse, s'il y a lieu, les pièces à la société du Crédit Foncier de France, afin qu'elle vérifie les titres de propriété et la situation hypothécaire du demandeur.

Si la société juge que les garanties offertes par le demandeur sont suffisantes, le ministre statue, après avis de la commission supérieure.

L'arrêté du ministre qui autorise le prêt en détermine les conditions générales, et notamment les délais dans lesquels les travaux devront être commencés et achevés.

Art. 5. — Si la demande de prêt est formée par un syndicat, cette demande doit contenir, outre les indications prescrites par l'article 1er du présent règlement, la délibération des intéressés, qui donne au syndicat pouvoir de contracter un emprunt soumis aux dispositions des lois des 17 juillet 1856 et 28 mai 1858.

Cette demande est instruite comme il est dit aux articles 2, 3 et 4.

TITRE II — Conditions des prêts et surveillance de l'administration sur l'exécution et l'entretien des travaux.

Art. 6. — Les fonds prêtés ne peuvent être employés qu'aux travaux de drainage : le Crédit Foncier doit s'assurer qu'ils reçoivent leur destination.

Art. 7. — Les travaux sont exécutés par l'emprunteur sous la surveillance de l'administration.

Le montant du prêt est remis à l'emprunteur par acomptes successifs, aux époques fixées et proportionnellement à l'état d'avancement des travaux, constaté par l'ingénieur chargé de la surveillance, de manière que le solde ne soit versé qu'après leur exécution complète.

Art. 8. — L'ingénieur doit refuser le certificat nécessaire à l'emprunteur pour toucher tout ou partie du prêt, si les travaux sont mal exécutés.

En cas de réclamation contre le refus de l'ingénieur, il est statué par le préfet, qui suspend provisoirement, s'il y a lieu, le payement des termes de l'emprunt.

Si les travaux sont interrompus sans que l'emprunteur ait remboursé, le préfet peut autoriser la société du Crédit Foncier à faire exécuter en son lieu et place les travaux nécessaires pour rendre productive la dépense déjà faite, jusqu'à concurrence des sommes à verser pour compléter le prêt; le tout sans préjudice des actions à intenter par la société du Crédit Foncier devant les tribunaux civils à raison de l'inexécution du contrat.

Art. 9. — L'entretien des travaux de drainage reste soumis au contrôle du Crédit Foncier jusqu'à l'entière libération de l'emprunteur.

TITRE III. — Dispositions générales.

Art. 10. — Le département de l'agriculture, du commerce et des travaux publics supporte les frais de l'instruction administrative des demandes de prêts et de surveillance des travaux.

Les frais de l'expertise mentionnée dans l'article 6 de la loi du 17 juillet 1856, ceux de l'acte de prêt, de l'inscription du privilège et de l'hypothèque supplémentaire dans le cas où elle est requise, enfin le coût des mainlevées et de la quittance sont seuls à la charge de l'emprunteur.

Le montant en est recouvré par le Crédit Foncier dans le cas où il en aurait fait l'avance.

EAUX COURANTES

Art. 644. — Celui dont la propriété borde une eau courante autre que celle qui est déclarée dépendance du domaine public par l'article 538 peut s'en servir sur son passage pour l'irrigation de ses propriétés. Celui dont cette eau traverse l'héritage peut même en user dans l'intervalle qu'elle y parcourt, mais à la charge de la rendre, à sa sortie de ses fonds, à son cours ordinaire.

Art. 645. — S'il s'élève une contestation entre les propriétaires auxquels les eaux peuvent être utiles, les tribunaux, en prononçant, doivent concilier l'intérêt de l'agriculture avec le respect dû à la propriété ; et, dans tous les cas, les règlements particuliers et locaux sur la source et l'usage des eaux doivent être observés.

EAUX DE SOURCES

Art. 640. — Les fonds inférieurs sont assujettis envers ceux qui sont plus élevés à recevoir les eaux qui en découlent naturellement, sans que la main de l'homme y ait contribué.

Le propriétaire inférieur ne peut point élever de digue qui empêche cet écoulement.

Le propriétaire supérieur ne peut rien faire qui aggrave la servitude du fonds inférieur.

Art. 641. — Celui qui a une source dans son fonds peut en user à sa volonté, sauf le droit que le propriétaire du fonds inférieur pourrait avoir acquis par titre ou par prescription.

Art. 642. — La prescription, dans ce cas, ne peut s'acquérir que par une jouissance non interrompue pendant l'espace de trente années à compter du jour où le propriétaire du fonds inférieur a fait et terminé des ouvrages, appareils destinés à faciliter la chute et les cours d'eau dans sa propriété.

Art. 643. — Le propriétaire de la source ne peut en changer le cours lorsqu'il fournit aux habitants d'une commune, village ou hameau, l'eau qui leur est nécessaire ; mais si les habitants n'en ont pas acquis ou prescrit l'usage, le propriétaire peut réclamer une indemnité, laquelle est réglée par expert.

ENGRAIS

La loi du 4 février 1888, concernant la répression des fraudes dans le commerce des engrais, est ainsi conçue :

Article premier. — Seront punis d'un emprisonnement de dix jours à un mois et d'une amende de cinquante à deux mille francs, ou de l'une de ces deux peines seulement :

Ceux qui, en vendant ou en mettant en vente des engrais ou amendements, auront trompé ou tenté de tromper l'acheteur, soit sur leur nature, leur composition ou le dosage des éléments utiles qu'ils contiennent, soit par l'emploi, pour les désigner ou les qualifier, d'un nom qui, d'après l'usage, est donné à d'autres substances fertilisantes.

En cas de récidive dans les trois ans qui ont suivi la dernière condamnation, la peine pourra être élevée à deux mois de prison et à quatre mille francs d'amende.

Le tout sans préjudice de l'application du paragraphe 3 de l'art. 1ᵉ de la loi du 27 mars 1851 relatif aux fraudes sur la quantité des choses livrées et des articles 7, 8 et 9 de la loi du 23 juin 1857 concernant les marques de fabrique et du commerce.

Art. 2. — Dans les cas prévus à l'article précédent, les tribunaux peuvent, en outre des peines ci-dessus portées, ordonner que les jugements de condamnation seront, par extraits ou intégralement, publiés dans les journaux qu'ils détermineront et affichés sur les portes de la maison et des ateliers ou magasins du vendeur et sur celle des mairies de son domicile et de celui de l'acheteur.

En cas de récidive dans les cinq ans, ces publications et affichages seront toujours prescrits.

Art. 3. — Seront punis d'une amende de onze à quinze francs inclusivement, ceux qui, au moment de la livraison, n'auront pas fait connaître à l'acheteur, dans les circonstances indiquées à l'article 4 de la présente loi, la provenance naturelle ou industrielle de l'engrais ou de l'amendement vendu, et sa teneur en principes fertilisants.

En cas de récidive dans les trois ans, la peine de l'emprisonnement pendant cinq jours au plus pourra être appliquée.

Art. 4. — Les indications dont il est parlé à l'article 3 seront fournies, soit dans le contrat même, soit dans le double de commission délivré à l'acheteur au moment de la vente, soit dans la facture remise au moment de la livraison.

La teneur en principes fertilisants sera exprimée par le poids d'azote, d'acide phosphorique et de potasse contenus dans 100 kilogrammes de marchandise facturée telle qu'elle est livrée, avec l'indication de la nature ou de l'état de combinaison de ces corps, suivant les prescriptions du règlement d'administration publique dont il est parlé à l'art. 6.

Toutefois, lorsque la vente aura été faite avec stipulation du règlement du prix d'après analyse à faire sur échantillon prélevé au moment de la livraison, l'indication préalable de la teneur exacte ne sera pas obligatoire, mais mention devra être faite du prix du kilogramme de l'azote, de l'acide phosphorique et de la potasse contenus dans l'engrais tel qu'il est livré, et de l'état de combinaison dans lequel se trouvent les principes fertilisants. La justification de l'accomplissement des prescriptions qui précèdent sera fournie, s'il y a lieu, en l'absence de contrat préalable ou d'accusé de réception de l'acheteur, par la production, soit du copie-de-lettres du vendeur, soit de son livre de factures régulièrement tenu à jour et contenant l'énoncé prescrit par le présent article.

Art. 5. — Les dispositions des articles 3 et 4 de la présente loi ne sont pas applicables à ceux qui auront vendu sous leur dénomination usuelle des fumiers, des matières fécales, des composts, des gadoues ou boues de ville, des déchets de marchés, des résidus de brasseries, des varechs et autres plantes marines pour engrais, des déchets frais d'abattoirs, de la marne, des faluns, de la tangue, des sables coquilliers, des chaux, des plâtres, des cendres ou des suies provenant des houilles ou autres combustibles.

Art. 6. — Un règlement d'administration publique prescrira les procédés d'analyse à suivre pour la détermination des matières fertilisantes des engrais, et statuera sur les autres mesures à prendre pour assurer l'exécution de la présente loi.

Art. 7. — La loi du 27 juillet 1867 est et demeure abrogée.

Art. 8. — La présente loi est applicable à l'Algérie et aux colonies.

DÉCRET du 10 mai 1889 portant règlement d'administration publique pour l'application de la loi concernant la répression des fraudes dans le commerce des engrais.

Article premier. — Tout vendeur d'engrais ou amendement, autre que l'un de ceux mentionnés à l'article 5 de la loi du 4 février 1888, est tenu d'indiquer, soit dans le contrat de vente, soit dans le double de la commission délivré à l'acheteur au moment de la vente, soit dans une facture remise ou envoyée à l'acheteur au moment de la livraison ou l'expédition de l'engrais ou amendement :

1º Le nom dudit engrais ou amendement ;

2º La nature ou la désignation permettant de le différencier de tout autre engrais ou amendement ;

3º Sa provenance, c'est-à-dire le nom de l'usine ou de la maison qui l'a fabriqué ou fait fabriquer, s'il s'agit d'un produit industriel, ou le lieu géographique d'où il est tiré, s'il s'agit d'un engrais naturel, soit pur, soit simplement trié et pulvérisé.

Art. 2. — Les indications prescrites par l'article qui précède doivent être complétées par la mention de la composition de l'engrais ou amendement.

Cette composition doit être exprimée par les poids des éléments fertilisants contenus dans 100 kilos de la marchandise facturée telle qu'elle est livrée, et dénommés ci-après :

Azote nitrique, azote ammoniacal, azote organique ; acide phosphorique en combinaison soluble dans l'eau, acide phosphorique en combinaison soluble dans le citrate d'ammoniaque ; acide phosphorique en combinaison insoluble ; potasse en combinaison soluble dans l'eau.

Pour l'azote organique et la potasse en combinaison soluble dans l'eau, l'origine ou l'indication de la matière première dont ils proviennent doit être mentionnée.

Dans tous les cas, la teneur par 100 kilogrammes d'engrais ou amendement est exprimée en azote élémentaire (Az), en acide phosphorique anhydre (PhO⁵) et en potasse anhydre (KO).

Les mots « pour cent » dans l'indication du dosage doivent être exprimés en toutes lettres.

Art. 3. — Lorsque la vente est faite avec stipulation du règlement des prix d'après l'analyse à faire sur échantillon prélevé au moment de la livraison, l'indication de la composition de l'engrais ou amendement telle qu'elle est exigée par l'article 2 qui précède n'est pas obligatoire, mais le vendeur est tenu de mentionner, en outre des prescriptions de l'article 1er :

Le prix du kilogramme d'azote nitrique; le prix du kilogramme d'azote ammoniacal; le prix du kilogramme d'azote organique; le prix du kilogramme d'acide phosphorique en combinaison soluble dans l'eau; le prix du kilogramme d'acide phosphorique en combinaison soluble dans le citrate d'ammoniaque; le prix du kilogramme d'acide phosphorique en combinaison insoluble; le prix du kilogramme de potasse en combinaison soluble dans l'eau.

Pour l'azote organique et la potasse en combinaison soluble dans l'eau, l'origine ou l'indication de la matière première dont ils proviennent doit être mentionnée. Les prix se rapportent toujours au kilogramme d'azote élémentaire (Az), d'acide phosphorique anhydre (PhO⁵) et de potasse (KO).

Art. 4. — Les infractions aux dispositions de la loi du 4 février 1888 et à celles du présent règlement d'administration publique seront constatées par tous les officiers de police judiciaire et agents de la force publique.

S'il y a doute ou contestation sur l'exactitude des indications mentionnées dans les contrats de vente, factures ou commissions destinés à l'acheteur, il peut être procédé, soit d'office, soit à la demande des parties intéressées, à la prise d'échantillon et à l'expertise de l'engrais ou amendement vendu.

Art. 5. — Au cas où il est procédé à la prise des échantillons à la demande des parties intéressées, les échantillons sont prélevés contradictoirement par les parties au lieu de la livraison.

Si le vendeur refuse d'assister à la prise d'échantillon ou de s'y faire représenter, il y est procédé à la requête et en présence de l'acheteur ou de son représentant, par le maire ou le commissaire de police du lieu de la livraison.

Art. 6. — Quand il est procédé d'office à la prise d'échantillon, celle-ci est faite par le maire de la localité ou son adjoint ou le commissaire de police, soit dans les magasins ou entrepôts, soit dans les gares ou ports de départ ou d'arrivée.

Art. 7. — Les échantillons sont toujours pris en trois exemplaires; chacun d'eux est enfermé dans un vase en terre ou en grès verni, immédiatement bouché avec un bouchon de liège sur lequel le magistrat qui aura procédé à la prise d'échantillon attachera une bande de papier qu'il scellera de son sceau.

Une étiquette engagée dans l'un des cachets porte le nom de l'engrais ou amendement, la date de la prise d'échantillon et le nom de la personne et du fonctionnaire ou agent qui requiert l'analyse.

Art. 8. — Chaque prise d'échantillon est constatée par un procès-verbal qui relate : 1° La date et le lieu de l'opération ; 2° les noms et qualités des personnes qui y ont procédé ; 3° la copie des marques, étiquettes apposées sur les enveloppes de l'engrais ou amendement ; 4° la copie du contrat de vente, du double de la commission ou de la facture ; 5° la marque imprimée sur les cachets et la couleur de la cire ; 6° le nombre de colis dans lesquels ont été prélevés des échantillons, ainsi que le nombre total des colis composant le lot échantillonné ; 7° enfin toutes les indications jugées utiles pour établir l'authenticité des échantillons prélevés et l'identité industrielle de la marchandise vendue.

Art. 9. — Des trois exemplaires de chaque échantillon d'engrais ou d'amendement, l'un est remis ou envoyé au vendeur, l'autre est transmis à un chimiste-expert pour servir à l'analyse, le troisième est conservé en dépôt, au greffe du tribunal de l'arrondissement, pour servir, s'il y a lieu, à de nouvelles vérifications ou analyses.

Dans le cas où la prise d'échantillon a lieu d'un commun accord ou à la requête de l'acheteur, les parties peuvent convenir du choix du chimiste-expert.

En cas de désaccord ou en cas de prise d'échantillon d'office, le chimiste-expert est désigné par le juge de paix du canton sur la réquisition du magistrat qui a procédé à l'opération, ou, à son défaut, de la partie la plus diligente.

L'échantillon est remis au chimiste-expert ; en même temps, transmission est faite à celui-ci de la copie des énonciations de provenance et de dosage formulées par le vendeur, conformément aux articles 3 et 4 de la loi et des articles 1, 2 et 3 du présent décret.

Art. 10. — L'expertise est faite par un des chimistes-experts désignés par le ministre de l'agriculture et dont la liste est revisée tous les ans au mois de janvier.

Les frais de l'expertise sont réglés d'après un tarif arrêté par le ministre.

Art. 11. — L'analyse de l'échantillon doit être effectuée dans un délai de dix jours au plus à partir de la remise de l'échantillon au chimiste-expert.

Art. 12. — L'analyse doit être faite d'après les procédés indiqués ci-après : 1° préparation de l'échantillon. L'échantillon doit être amené à un état d'homogénéité parfaite ; 2° dosage des éléments :

1° Azote.

(A) Azote nitrique.

On transforme l'acide nitrique en bioxyde d'azote au moyen de l'ébullition avec du protochlorure de fer, et on compare le volume de bioxyde d'azote obtenu au volume que donne une quantité connue de nitrate pur.

(*B*) Azote ammoniacal.

On distille, en présence d'un alcali, la matière additionnée d'eau en se servant d'un appareil à serpentin ascendant.

L'ammoniaque est recueillie dans un acide titré :

(*C*) Azote organique.

On le détermine par le chauffage de la matière avec la chaux iodée, qui le transforme en ammoniaque qu'on reçoit dans une liqueur titrée. Les nitrates qui peuvent se trouver dans l'engrais sont préalablement enlevés.

On dose encore l'azote organique en traitant la matière par l'acide sulfurique additionné d'un peu de mercure ; l'azote amené ainsi à l'état de sulfate d'ammoniaque est dosé comme il est dit au paragraphe qui précède ; il y a lieu aussi d'exclure l'azote nitrique.

2° Acide phosphorique.

(*A*) Acide phosphorique total.

On dissout l'engrais ou amendement dans l'acide phosphorique et on maintient en dissolution l'oxyde de fer et l'albumine ainsi que la chaux par du citrate d'ammoniaque. On précipite l'acide phosphorique à l'état de phosphate ammoniaco-magnésien qu'on calcine pour le transformer en pyrophosphate, et on pèse.

Si la chaux est en trop forte proportion, on l'élimine au préalable par l'oxalate d'ammoniaque.

(*B*) Acide phosphorique en combinaison soluble dans l'eau. On traite la matière par l'eau distillée en évitant un contact prolongé ; on filtre et, dans la solution filtrée, on précipite l'acide phosphorique et on dose comme il est dit dans le paragraphe précédent (*A*).

(*C*) Acide phosphorique en combinaison soluble dans le citrate d'ammoniaque.

On traite la matière à froid par le citrate d'ammoniaque alcalin, en laissant le contact se prolonger pendant douze heures, et on précipite dans la solution l'acide phosphorique à l'état de phosphate ammoniaco-magnésien.

Pour les trois dosages *A*), *B*) et *C*), au lieu de précipiter directement l'acide phosphorique à l'état de phosphate ammoniaco-magnésien, on peut, au préalable, le précipiter par le nitro-molybdate d'ammoniaque en dissolution nitrique. Le précipité obtenu est dissous dans l'ammoniaque, et on détermine l'acide phosphorique en le transformant, comme dans les cas précédents, en phosphate ammoniaco-magnésien.

3° Potasse en combinaison soluble dans l'eau.

(*A*) Dosage à l'état de perchlorate.

La potasse est amenée à l'état de perchlorate ; celui-ci est lavé à l'alcool, séché et pesé.

(*B*) Dosage par le platine réduit.

La potasse est précipitée à l'état de chlorure double, de platine et de potassium ; ce précipité, lavé à l'alcool, est traité par le formiate de soude qui précipite le platine métallique, dont on prend le poids après lavage et calcination. De la quantité de platine on déduit le poids de la potasse.

(*C*) Dosage à l'état de chlorure double de platine et de potassium.

On amène les sels de potasse à l'état de chloro-platine qu'on pèse après lavage à l'alcool et dessiccation.

Le ministre de l'agriculture règle par une instruction, sur l'avis conforme du comité consultatif des stations agronomiques et des laboratoires agricoles, les détails de chacun des procédés d'analyse mentionnés ci-dessus.

Art. 13. — Le chimiste-expert, dans son rapport, indique les tolérances d'écart qui lui paraissent admissibles, en tenant compte : 1º du degré d'homogénéité dont l'engrais est susceptible ; 2º des changements qu'il a pu subir suivant sa nature entre la livraison et l'analyse ; 3º et enfin du degré de précision des procédés d'analyse suivis.

Il conclut en donnant son avis sur les circonstances qui ont pu, indépendamment de la volonté du vendeur, modifier la composition de l'engrais.

Art. 14. — Le rapport du chimiste-expert est déposé au greffe du tribunal qui a procédé à la désignation de l'expert. Avis du dépôt est donné par l'expert aux parties intéressées au moyen d'une lettre recommandée.

Si le vendeur conteste l'analyse, il doit faire sa déclaration dans un délai de huit jours à partir du jour du dépôt, le jour de la notification non compris. Dans ce cas, le troisième exemplaire de l'échantillon est soumis à une contre-expertise, par un chimiste-expert choisi sur la liste dressée par le ministre et désigné par le président du tribunal de l'arrondissement où il a été procédé à la prise d'échantillon.

Art. 15. — Le chimiste-expert chargé de la contre-expertise fait dans les huit jours à partir de celui où l'échantillon lui a été remis, l'analyse de l'engrais ou de l'amendement et rédige son rapport dans les formes indiquées à l'article 13 ci-dessus.

Art. 16. — Le rapport du chimiste-expert chargé de la contre-expertise est déposé au greffe du tribunal civil où il a été procédé à la prise d'échantillon.

Avis du dépôt est donné par l'expert aux parties intéressées au moyen d'une lettre recommandée.

Art. 17. — Les rapports des chimistes-experts, ensemble les procès-verbaux de prise d'échantillon, sont transmis au procureur de la République pour y être donné telle suite que de droit.

Art. 18. — Cette transmission a lieu par les soins du chimiste-expert, dans les huit jours qui suivent l'expiration du délai imparti par l'article 15 pour contester l'analyse, quand l'analyse n'a pas été con-

testée par le vendeur, et par ceux du chimiste-expert chargé de la
contre-expertise, au cas où il a été procédé à cette opération, dans
les quarante-huit heures qui suivent la clôture du rapport.

Art. 19. — Le ministre de l'agriculture, etc...

ARRÊTÉ du 19 juin 1889, fixant le tarif d'expertise des engrais.

Article premier. — Le tarif d'expertise des engrais est fixé à dix
francs par élément dosé et à vingt-cinq francs pour le rapport. Toutefois, les frais d'expertises d'un engrais ou amendement, quel que soit
le nombre des éléments dosés, ne pourront s'élever à une somme
supérieure à cinquante francs.

Les prises d'échantillons sont fixées à six francs par vacation de
huit heures au plus. Des frais de déplacement seront remboursés sur
état.

*Décret du 8 novembre 1869, portant règlement d'administration
publique pour la livraison, en franchise de droits, des sels destinés
à la nourriture des bestiaux, à la préparation des engrais ou à
l'amendement direct des terres.*

Article premier. — Seront livrés en franchise de droits, sous la condition d'être dénaturés par un mélange préalable, conformément à l'un
des procédés qui sont énumérés dans le tableau annexé au présent
décret ou qui seront autorisés ultérieurement par un règlement d'administration publique, les sels destinés à la nourriture des bestiaux, à
la préparation des engrais ou à l'amendement direct des terres. Le
ministre des finances pourra, après avis du comité consultatif des arts
et manufactures, autoriser, à titre d'essai, l'emploi de procédés nouveaux. L'autorisation ne pourra être donnée que pour un temps qu
n'excédera pas une année.

Art. 2. — Le mélange sera opéré aux frais des intéressés ou de celui
des contributions indirectes. Il ne pourra avoir lieu que dans les
marais salants, salines, fabriques de sels, bureaux d'importation,
entrepôts généraux des douanes, fabriques de produits chimiques soumises à l'exercice, ou dans les autres établissements qui seraient autorisés à cet effet, sous les conditions déterminées par le ministre des
finances. Les sels y seront placés sous le régime de l'entrepôt.

Art. 3. — Des dépôts spéciaux de sel mélangé pourront être établis,
avec l'autorisation de l'administration des douanes ou celle des contributions indirectes, dans les lieux où il existe un poste d'agents appartenant à l'un de ces deux services. Les sels y seront également placés
sous le régime de l'entrepôt.

Art. 4. — Sont maintenues, les franchises dont le commerce est
actuellement admis à jouir en ce qui concerne les sels uriques dits *sels
de coussin, ressel, saumure,* etc., destinés à l'amendement des terres

Art. 5. — Les dispositions de l'ordonnance du 26 février 1846 sont abrogées.

Décret du 25 mai 1882, concernant la dénaturation des sels destinés à l'amendement des terres.

Article premier. — Est autorisée pour la dénaturation des sels destinés à l'amendement des terres la formule de mélange ci-après, savoir : 1,000 kilogrammes de sel en petits cristaux ou pulvérisé, 250 kilogrammes de chaux éteinte, en poudre.

Décret du 20 août 1885, autorisant la construction de grandes mesures pour le mesurage des sels et engrais.

Article premier. — A partir de la promulgation du présent décret, est autorisée, pour le mesurage des sels et engrais, la construction de grandes mesures (double hectolitre, hectolitre, demi-hectolitre) en lames de chêne cerclées de fer.

Art. 2. — Indépendamment des conditions prescrites aux paragraphes 1, 2, 3 et 9 du tableau n° 2 annexé à l'ordonnance du 16 juin 1834, ces mesures devront satisfaire aux conditions suivantes : Elles devront être garnies, en bas, d'un cercle de fer, en haut de deux cercles de fer, l'un intérieur, l'autre extérieur, rejoints par un rebord de même métal ; le demi-hectolitre et l'hectolitre seront, en outre, garnis de deux cercles de fer intermédiaires et le double hectolitre de trois cercles.

Tous les cercles seront d'une seule pièce et fixés au bois par des clous rivés. Ces mesures pourront avoir des anses en métal. Elles devront porter, inscrits à l'extérieur, les mots « sels et engrais ».

Art. 3. — Ces mesures seront soumises aux taxes de vérification fixées par le tableau *C* annexé au décret du 26 février 1873, en ce qui concerne les mesures de capacité pour les matières sèches.

INSECTES. VÉGÉTAUX NUISIBLES

La loi du 17 décembre 1888, concernant la destruction des insectes, cryptogames et autres végétaux nuisibles à l'agriculture, est ainsi conçue :

Article premier. — Les préfets prescrivent les mesures nécessaires pour arrêter ou prévenir les dommages causés à l'agriculture par des insectes, des cryptogames ou autres végétaux nuisibles, lorsque ces dommages se produisent dans un ou plusieurs départements, ou seulement dans une ou plusieurs communes et prennent ou peuvent prendre un caractère envahissant et calamiteux.

L'arrêté ne sera pris par le préfet qu'après l'avis du conseil général du département, à moins qu'il ne s'agisse de mesures urgentes ou temporaires.

Il déterminera l'époque à laquelle il devra être procédé à l'exécution des mesures, les localités dans lesquelles elles seront applicables, ainsi que les modes spéciaux à employer.

Il n'est exécutoire en tout cas qu'après l'approbation du ministre de l'agriculture qui prend, sur les procédés à appliquer, l'avis d'une commission technique instituée par décret.

Art. 2. — Les propriétaires, les fermiers, les colons ou métayers, ainsi que les usufruitiers et les usagers, sont tenus d'exécuter, sur les immeubles qu'ils possèdent ou cultivent ou dont ils ont la jouissance et l'usage, les mesures prescrites par l'arrêté préfectoral. Toutefois, dans les bois et forêts, ces mesures ne sont applicables qu'à une lisière de trente mètres.

Ils doivent ouvrir leur terrain pour permettre la vérification ou la destruction, à la réquisition des agents.

L'État, les communes et les établissements publics ou privés sont astreints aux mêmes obligations sur les propriétés leur appartenant.

Art. 3. — En cas d'inexécution dans les délais fixés, procès-verbal est dressé par le maire, l'adjoint, l'officier de gendarmerie, le commissaire de police, le garde forestier ou le garde champêtre, et le contrevenant est cité devant le juge de paix.

La citation sera donnée par lettre recommandée ou par le garde champêtre.

Les parties pourront comparaître volontairement et sur un seul avertissement du juge de paix.

Les délais fixés par l'art. 146 du Code d'instruction criminelle seront observés.

Le juge de paix pourra ordonner l'exécution provisoire de son jugement, nonobstant opposition ou appel, sur minute et avant l'enregistrement.

Art. 4. — A défaut d'exécution dans le délai imparti par le jugement, il est procédé en l'exécution d'office aux frais du contrevenant, par les soins du maire ou du commissaire de police.

Le recouvrement des dépenses ainsi faites est opéré par le percepteur, en vertu de mandements exécutoires délivrés par les préfets, et conformément aux règles suivies en matière de contributions directes.

Art. 5. — Les contraventions aux dispositions des art. 1 et 2 de la présente loi sont punies d'une amende de six à quinze francs. L'amende est doublée et la peine d'emprisonnement pendant cinq jours au plus peut même être prononcée en cas de récidive contre les contrevenants.

Art. 6. — L'art. 463 du Code pénal est applicable aux pénalités prescrites par la loi.

Art. 7. — La loi du 28 ventôse an IV est abrogée. Sont maintenues toutes les dispositions des lois et règlements concernant la destruction du phylloxera et celles du doryphora.

Art. 8. — La présente loi est applicable aux départements de l'Algérie.

IRRIGATIONS

La loi du 29 avril 1885 sur les irrigations est ainsi conçue :

Article premier. — Tout propriétaire qui voudra se servir, pour l'irrigation de ses propriétés, des eaux naturelles ou artificielles dont il a le droit de disposer, pourra obtenir le passage de ces eaux sur les fonds intermédiaires, à la charge d'une juste et préalable indemnité.

Sont exceptés de cette servitude les maisons, cours, jardins, parcs et enclos attenant aux habitations.

Art. 2. — Les propriétaires des fonds inférieurs devront recevoir les eaux qui s'écouleront des terrains ainsi arrosés, sauf l'indemnité qui pourra leur être due.

Seront également exceptés de cette servitude les maisons, cours, jardins, parcs et enclos attenant aux habitations.

Art. 3. — La même faculté de passage sur les fonds intermédiaires pourra être accordée au propriétaire d'un terrain submergé en tout ou en partie à l'effet de procurer aux eaux nuisibles leur écoulement.

Art. 4. — Les contestations auxquelles pourront donner lieu l'établissement de la servitude, la fixation du parcours de la conduite d'eau, de ses dimensions et de sa forme, et les indemnités dues, soit au propriétaire du fond traversé, soit à celui du fonds qui recevra l'écoulement des eaux, seront portées devant les tribunaux qui, en prononçant, devront concilier l'intérêt de l'opération avec le respect dû à la propriété.

Il sera procédé devant les tribunaux comme en matière sommaire et, s'il y a lieu à expertise, il pourra n'être nommé qu'un seul expert.

Art. 5. — Il n'est aucunement dérogé par les présentes dispositions aux lois qui règlent la police des eaux.

La loi du 11 juillet 1847 sur les irrigations est ainsi conçue :

Article premier. — Tout propriétaire qui voudra se servir, pour l'irrigation de ses propriétés, des eaux naturelles ou artificielles dont il a le droit de disposer, pourra obtenir la faculté d'appuyer sur la propriété du riverain opposé les ouvrages d'art nécessaires à sa prise d'eau, à la charge d'une juste et préalable indemnité.

Sont exceptés de cette servitude, les bâtiments, cours, jardins, attenant aux habitations.

Art. 2. — Le riverain sur le fonds duquel l'appui sera réclamé pourra toujours demander l'usage commun du barrage, en contribuant par moitié aux frais d'établissement et d'entretien ; aucune indemnité ne sera respectivement due dans ce cas, et celle qui aurait été payée devra être rendue.

Lorsque cet usage commun ne sera réclamé qu'après le commencement ou la confection des travaux, celui qui le demandera devra supporter seul l'excédent de dépense auquel donneront lieu les changements à faire au barrage pour le rendre propre à l'irrigation des deux rives.

Art. 3. — Les contestations auxquelles pourra donner lieu l'application des deux articles ci-dessus seront portées devant les tribunaux.

Il sera procédé comme en matière sommaire, et, s'il y a lieu à expertise, le tribunal pourra ne nommer qu'un seul expert.

Art. 4. — Il n'est aucunement dérogé, par les présentes dispositions, aux lois qui règlent la police des eaux.

PHYLLOXERA

Loi du 3 août 1891, tendant à reviser le régime légal et administratif en vigueur pour la protection du vignoble français contre le phylloxera.

Article premier. — La libre circulation des sarments et plants de vignes, quelle que soit leur provenance, peut être autorisée dans les départements par décision du conseil général. Un arrêté conforme du préfet assure l'exécution de cette délibération. L'autorisation s'étend au département entier, aux arrondissements, cantons ou communes, suivant la décision du conseil général.

Art. 2. — Lorsqu'un conseil municipal, après constatation de l'existence du phylloxera sur le territoire de sa commune, demandera l'introduction des plants de vignes résistants, cette demande sera soumise à l'avis : — 1º du professeur d'agriculture ; — 2º à celui du comité départemental d'études et de vigilance. — Le dossier sera ensuite transmis au préfet, — qui en saisira le conseil général ; celui-ci statuera souverainement sur la demande qui lui sera présentée. Le préfet, à la suite de cette délibération, prendra d'urgence un arrêté conforme. En cas de divergence d'opinions entre les conseils généraux de deux départements limitrophes, le ministre de l'agriculture statuera en dernier ressort.

Art. 3. — Lorsqu'un département ou une commune votera une subvention destinée à la reconstitution des vignobles au moyen de cépages résistants, l'État donnera une subvention égale à celle du département ou de la commune qui se trouvera ainsi doublée. Lorsqu'un comice ou une société agricole ou viticole aura consacré une partie de ses ressources, provenant de ses cotisations ou des souscriptions de ses membres, à la constitution d'une pépinière de cépages résistants, ou à des études sur l'adaptation ou le greffage, ou des modes particuliers de culture, le comice ou la société pourra recevoir une subvention de l'État ; cette subvention ne pourra dans aucun cas dépasser la somme votée par l'association. La justification d'emploi des subventions prévues par la présente loi a lieu dans la forme adoptée pour les subventions attribuées par les art. 5 des lois des 15 juillet 1878 et 2 août 1879.

Art. 4. — Sont abrogées les dispositions des lois des 15 juillet 1887 et 2 août 1879, en ce qu'elles peuvent avoir de contraire aux prescriptions de la présente loi.

Décret du 21 juin 1892, admettant les vignes constituées au moyen des porte-greffes à jouir de l'exemption d'impôt prévue par la loi du 1ᵉʳ décembre 1887.

Article premier. — A partir du 1ᵉʳ janvier 1893, les vignes constituées ou reconstituées au moyen de porte-greffes seront admises, comme les vignes plantées ou replantées en producteurs directs, à jouir de l'exemption d'impôt prévue par l'article 1ᵉʳ de la loi du 1ᵉʳ décembre 1887 pendant les quatre années qui suivront celle de la plantation ou de la replantation. Toutefois les vignes déjà plantées, qui n'étaient pas encore greffées au 1ᵉʳ janvier 1892, jouiront de l'exemption à partir du 1ᵉʳ janvier 1893.

Art. 2. — Sont maintenues les dispositions du décret du 2 mai 1888 qui ne sont pas contraires à l'article qui précède.

Loi du 1ᵉʳ décembre 1887, tendant à exonérer de l'impôt foncier les terrains nouvellement plantés en vignes dans les départements ravagés par le phylloxera.

Article premier. — Dans les arrondissements déclarés atteints par le phylloxera, les terrains plantés ou replantés en vignes âgées de moins de quatre ans lors de la promulgation de la loi seront exempts de l'impôt foncier. Ils ne seront soumis à cet impôt que lorsque les vignes auront passé la quatrième année.

Dans les arrondissements déclarés atteints ou dans ceux qui le seront postérieurement, les plantations à venir jouiront du même privilège pendant le même laps de temps.

Les dispositions qui précèdent seront indépendantes de la nature des plantes et du mode de culture.

Art. 2. — Dans aucun cas, la même parcelle de terre ne pourra jouir à deux reprises du bénéfice de l'article précédent.

Art. 3. — Les dégrèvements accordés en vertu de la présente loi seront imputés sur les fonds de non-valeur. Voir le décret du 21 juin 1892, pour l'exemption d'impôt s'appliquant aux vignes constituées ou reconstituées au moyen de porte-greffes.

Décret du 2 mai 1888, portant règlement d'administration publique pour l'exécution de la loi du 1ᵉʳ décembre 1887. (Voir, pour les modifications, le décret du 21 juin 1892).

Article premier. — Tout contribuable qui veut jouir de l'exemption temporaire d'impôt foncier édictée par la loi du 1ᵉʳ décembre 1887 doit adresser à la préfecture pour l'arrondissement chef-lieu, et à la sous-préfecture pour les autres arrondissements, une déclaration contenant l'indication exacte des terrains par lui nouvellement plantés ou replantés en vignes.

Art. 2. — Les déclarations sont établies sur des formules imprimées conformes au modèle n° 1 annexé au présent règlement et qui sont tenues dans toutes les mairies à la disposition des intéressés.

Art. 3. — L'exemption spécifiée à l'article 1er de la loi du 1er décembre 1887 est acquise à partir du 1er janvier de l'année qui suit celle pendant laquelle la plantation ou replantation a été effectuée.

Elle ne peut s'appliquer qu'à partir de l'année qui suit celle au cours de laquelle l'arrondissement a été pour la première fois déclaré phylloxéré.

Art. 4. — Les terrains qui sont exploités à la fois en vigne et en autres natures de culture ne sont appelés à jouir de l'exemption d'impôt que pour la portion de revenu cadastral afférente à la vigne.

Art. 5. — A l'égard des vignes nouvellement plantées ou replantées pour être greffées sur place, le point de départ de l'exemption est déterminé, non par le fait de la plantation ou de la replantation des ceps, mais par le fait du greffage.

Art. 6. — Les déclarations doivent être effectuées au plus tard dans les trois mois de la publication du rôle de l'année où l'exemption est acquise aux termes des articles 3 et 5. Les déclarations qui seraient faites après l'expiration de ce délai ne donnent droit à l'exemption que pour les années restant à courir du 1er janvier de l'année suivante au 31 décembre de celle au cours de laquelle les plants ou greffes compteront quatre années révolues d'existence.

Art. 7. — (Disposition transitoire.)

Art. 8. — Les déclarations n'ont pas besoin d'être renouvelées annuellement.

Toute parcelle plantée ou replantée en vigne qui a été reconnue avoir droit à une exemption temporaire d'impôt foncier continue à en jouir, nonobstant toute mutation.

Art. 9. — Dans l'expiration des délais fixés par les articles 6 et 7, le directeur des contributions directes dresse pour chaque commune, sur un cadre conforme au modèle n° 2 annexé au présent règlement, un état collectif des déclarations qui lui ont été transmises par la préfecture. Cet état, accompagné des déclarations elles-mêmes, est communiqué au contrôleur, qui procède dans la commune, avec les répartiteurs, à toutes les vérifications nécessaires.

Art. 10. — Les déclarations qui, à la suite des vérifications mentionnées au dernier § de l'article précédent, n'ont pas paru exactes en totalité ou à l'égard desquelles il s'est produit des dissentiments entre les répartiteurs et le service des contributions directes, sont rayées de l'état collectif par le directeur de ce service et font l'objet de dossiers individuels.

L'état collectif ainsi rectifié et revêtu des propositions du directeur des contributions directes est soumis à l'approbation du préfet.

Art. 11. — Les dossiers individuels sont soumis à l'examen d'un comité technique institué au chef-lieu du département et qui se réunit sur la convocation du préfet.

Ce comité est ainsi composé :

1° Un membre du conseil général, élu annuellement par le conseil général, président ;

2° Le directeur des contributions directes ou son représentant ;

3° Le professeur d'agriculture, ou, à son défaut, un viticulteur désigné par le préfet.

Celles des déclarations contenues dans les dossiers individuels, qui sont reconnues exactes en tout ou en partie par le comité technique, font l'objet d'un état collectif supplémentaire qui est dressé et approuvé dans les conditions du § 2 de l'article 10.

Art. 12. — Les contribuables dont les déclarations n'ont pas été accueillies en tout ou partie en sont avisés par le directeur des contributions directes qui les prévient en même temps qu'un délai d'un mois leur est imparti, à peine de déchéance, pour réclamer de ce chef contre leur cotisation dans les formes prescrites par l'article 28 de la loi du 21 avril 1832.

Ces réclamations sont instruites et jugées conformément aux articles 29, § 2, et 30 de la loi du 21 avril 1832 et 5 de la loi du 29 décembre 1884.

Art. 13. — Le directeur des contributions indirectes porte sur les documents cadastraux les annotations nécessaires pour assurer l'exécution de l'article 2 de la loi du 1er décembre 1887.

Il inscrit sur les bulletins spéciaux les parcelles auxquelles le bénéfice de l'exemption temporaire a été accordé, et détermine, à l'aide de ces bulletins mis annuellement au courant, le montant des dégrèvements à allouer ; il est chargé également de la préparation des ordonnances de dégrèvement et de la rédaction des lettres d'avis à adresser chaque année aux contribuables intéressés.

Art. 14. — Tous les frais nécessités par l'application de la loi du 1er décembre 1887 sont à la charge du fonds de non-valeur.

Le règlement en est effectué suivant les règles et dans les formes qui seront déterminées par le ministre des finances.

Loi du 15 décembre 1888, relative à la création de syndicats autorisés pour la défense des vignes contre le phylloxera.

Article premier. — Dans les contrées où l'invasion du phylloxera est menaçante, et dans celles où son apparition se manifeste par des taches limitées au milieu des vignes, il peut être établi des associations syndicales autorisées par l'application des moyens propres à le combattre. Ces associations sont régies par la loi du 2 juin 1865, sous les modifications ci-après :

Art. 2. — Ces associations syndicales autorisées ne peuvent être établies que sur la demande d'un ou de plusieurs propriétaires intéressés.

Art. 3. — La demande est adressée au préfet et communiquée au comité local d'études et de vigilance et au professeur départemental d'agriculture, qui donnent leur avis et proposent le périmètre du terrain à comprendre dans l'association syndicale autorisée; un arrêt du préfet ordonne ensuite une enquête qui est ouverte pendant quinze jours à la mairie de chacune des communes où sont situés les terrains compris dans le périmètre proposé. Les déclarations sont reçues par le maire.

Art. 4. — Le périmètre ne doit comprendre qu'une zone de vignes représentant les conditions communes d'attaque et de défense, notamment pour les insecticides et la submersion.

Art. 5. — Après la clôture de l'enquête, un arrêté du préfet convoque à la mairie de l'une des communes intéressées tous les propriétaires des terrains compris dans le périmètre, à l'effet de délibérer sur la constitution du syndicat autorisé. La réunion est présidée par l'un d'eux, désigné par l'arrêté de convocation, et assisté par les deux plus âgés des membres présents.

La majorité des adhésions pour parvenir à la constitution du syndicat doit comprendre au moins les deux tiers des intéressés et représenter les trois quarts de la superficie en vigne, ou les trois quarts des intéressés et les deux tiers de la superficie.

Art. 6. — Les demandes, avis, registres d'enquêtes et de délibérations sont ensuite soumis au conseil général du département, ou, en son absence, à la commission départementale qui décide, s'il y a lieu, de constituer l'association syndicale autorisée, et qui en fixe le périmètre.

Art. 7. — Un arrêté du préfet déclare l'association syndicale définitivement constituée.

Art. 8. — Dans le cas où le projet d'association s'étendrait sur plusieurs départements, il est procédé dans chacun d'eux à l'instruction suivant les mêmes règles. Les conseils généraux ou les commissions départementales statuent, et la constitution du syndicat est déclarée par M. le ministre de l'agriculture.

Art. 9. — Le comité directeur de l'association syndicale choisit les moyens à employer pour combattre le phylloxera; il peut ordonner le traitement par extinction ou arrachage, sauf à indemniser les propriétaires de vignes arrachées. Dans tous les cas, il est seul chargé de faire exécuter les mesures qu'il a prescrites.

Art. 10. — Toutes les dépenses de traitements ou autres ordonnées par le comité directeur sont à la charge de l'association. Elles seront payées sur les ressources du syndicat ou réparties entre les propriétaires intéressés proportionnellement à l'étendue de leurs vignes syndiquées.

Art. 11. — Les populations qui n'auraient pas adhéré au projet de syndicat pourront, dans le délai d'un mois à partir de l'affichage dans les communes, prescrit par la loi du 21 juin 1865, de l'extrait de l'acte d'association et de l'arrêté du préfet et du ministre de l'agriculture, déclarer à la préfecture qu'ils entendent renoncer, pendant toute la durée du syndicat et moyennant indemnité, à la culture de la vigne sur le terrain leur appartenant et compris dans le périmètre ; l'indemnité qui pourra être payée par l'association sera fixée conformément à l'art. 16 de la loi du 21 mai 1836.

A défaut de réclamation dans le délai ci-dessus fixé, l'adhésion des propriétaires est définitive.

Art. 12. — Dans les cas où les vignes peuvent être traitées par submersion, les propriétaires de terrains intermédiaires sont tenus de souffrir, après avoir été entendus, moyennant une indemnité, conformément à la loi du 29 juin 1845, l'exécution des travaux nécessaires pour la conduite des eaux. Les terrains bâtis, les jardins et les enclos y attenant sont affranchis de servitude.

L'indemnité sera réglée sur un rapport d'expert par le juge de paix qui statuera, sauf appel.

Art. 13. — Les associations syndicales autorisées sont constituées pour une durée de cinq années ; à leur expiration, elles peuvent être renouvelées par simple déclaration des syndics à la préfecture, en justifiant du nombre des adhérents exigés par l'art. 5 ci-dessus.

Art. 14. — Un règlement d'administration publique fixera les règles nécessaires pour l'exécution de la présente loi.

Décret du 19 février 1890, portant règlement général d'administration publique pour l'exécution de la loi du 15 juillet 1888, sur les syndicats pour la défense des vignes contre le phylloxera.

Article premier. — Toute demande tendant à la formation d'une association syndicale autorisée en vue de combattre le phylloxera doit être adressée, sur papier timbré, au préfet.

Elle doit indiquer l'étendue de la zone à défendre, ainsi que les mesures à prendre et les voies et moyens d'exécution.

Art. 2. — Le préfet communique immédiatement la demande au professeur départemental d'agriculture et au comité local d'études et de vigilance qui se réunissent pour examiner s'il y a lieu de donner suite à l'affaire. En cas d'affirmative, le professeur départemental d'agriculture dresse un avant-projet avec devis et projet d'association.

Le plan joint à l'avant-projet indique le périmètre des terrains intéressés, et il est accompagné de l'état des propriétaires de chaque parcelle.

Le projet d'association spécifie le but de l'entreprise et détermine les voies et moyens pour subvenir à la dépense ; il fixe également le minimum d'intérêt qui donne droit à chaque propriétaire de faire partie de l'assemblée générale, ainsi que le maximum de voix attribué à un même propriétaire. Le nombre des syndics et la durée de leurs fonctions sont aussi déterminés par l'acte constitutif de l'association.

Art. 3. — Ces pièces sont soumises au comité local d'études et de vigilance qui les examine conjointement avec le professeur d'agriculture et formule ses propositions.

Art. 4. — Le préfet prescrit alors l'enquête prévue par l'article 3 de la loi du 15 décembre 1888. Cette enquête s'ouvre sur les propositions arrêtées de concert entre le professeur d'agriculture et le comité local d'études et de vigilance. Il est procédé conformément aux règles tracées par les articles 3, 4, 6, 7 et 8 du règlement d'administration publique du 17 novembre 1865. Toutefois, l'enquête ne durera que quinze jours.

Art. 5. — Après la clôture de l'enquête, le préfet prend un arrêté pour convoquer la réunion prescrite par l'article 5 de la loi.

Cet arrêté devra être notifié à chacun des propriétaires intéressés huit jours au moins avant la réunion. Il sera procédé pour ces notifications conformément aux dispositions de l'article 5 du règlement d'administration publique du 17 novembre 1865.

Art. 6. — Si la majorité prévue par l'article 5 de la loi est acquise, le préfet transmet le dossier au conseil général du département, ou, en son absence, à la commission départementale, qui décide s'il y a lieu de continuer l'association syndicale autorisée et qui en fixe le périmètre.

Art. 7. — En cas d'autorisation, un extrait de l'acte d'association ainsi que l'arrêté préfectoral rendu en exécution de l'article 7 de la loi sont affichés dans les communes de la situation des lieux et insérés au recueil des actes administratifs de la préfecture.

Art. 8. — Dans le cas prévu par l'article 8 de la loi, c'est-à-dire lorsque le projet d'association s'étend sur plusieurs départements, la demande tendant à la formation du syndicat est adressée au ministère de l'agriculture.

Il est procédé dans chaque département comme il vient d'être dit, mais l'association n'est constituée qu'en vertu d'un arrêté du ministre de l'agriculture.

Art. 9. — Lorsque le délai fixé par l'article 11 de la loi est expiré, le préfet prend un arrêté en conseil de préfecture désignant les parcelles pour lesquelles l'indemnité prévue par ledit article est réclamée et le transmet au procureur de la République qui devra provoquer l'accomplissement des formalités prévues par l'article 16 de la loi du 21 mai 1836.

Art. 10. — Le comité directeur prévu par l'article 9 de la loi est nommé d'après les mêmes règles et remplit les mêmes fonctions que les syndics institués par la loi du 21 juin 1865.

Art. 11. — Lorsque, par application de l'article 9 de la loi, le comité directeur estimera qu'il y a lieu de procéder par voie d'arrachage, il devra, avant toute exécution, se mettre d'accord avec le propriétaire sur le montant de l'indemnité à lui allouer.

A défaut d'entente, il sera procédé à une expertise préalable, conformément aux dispositions de l'article 24 de la loi du 22 juillet 1889 sur la procédure devant les conseils de préfecture.

Art. 12. — Le ministre de l'agriculture est chargé de l'exécution du présent décret.

Modèle de syndicat à constituer pour la défense des vignes contre le phylloxera.

Article premier. — Les soussignés propriétaires demeurant à..., Vu la loi des 15 juillet 1878 et 2 août 1879, notamment les paragraphes 2 et 3 de l'article 5 de ladite loi, ainsi conçus :

« Lorsque des propriétaires, en vue de la destruction du phylloxera « sur leur territoire, se seront organisés en associations syndicales tem- « poraires, approuvées par l'autorité administrative, ils pourront rece- « voir, sur l'avis conforme de la section permanente de la Commis- « sion supérieure du phylloxera, une subvention de l'État. Cette sub- « vention ne pourra, dans aucun cas, dépasser la somme votée par le « syndicat pour le traitement des vignes phylloxérées.

« Pourront également être subventionnées par l'État, sous les condi- « tions et dans les proportions fixées par le paragraphe précédent, les « associations syndicales temporaires, approuvées par l'autorité admi- « nistrative et constituées en vue de la recherche du phylloxera dans « les contrées indemnes ou partiellement atteintes. »

S'organisent en association syndicale, à l'effet de participer aux subventions indiquées dans les paragraphes ci-dessus, l'état des communes où ils résident nécessitant à la fois des travaux de recherches et de traitement.

Art. 2. — Le bureau est composé de :

Un directeur ou président : M... ;

Un vice-président : M... ;

Un secrétaire : M... ;

Un trésorier : M... ;

Et assesseurs : MM...

Art. 3. — Le syndicat à son siège à...

Art. 4. — Le président est chargé de la direction du syndicat avec l'aide du vice-président, du secrétaire, du trésorier et des assesseurs.

Art. 5. — Le bureau, ainsi composé, représente et dirige le syndicat dans la limite des statuts ; il peut déléguer au directeur le pouvoir d'agir en justice et de contrôler toutes les recettes et dépenses ; ces actes restent néanmoins soumis à son approbation.

Le bureau a la faculté de remplacer provisoirement, jusqu'à l'assemblée générale prochaine, un de ses membres décédé ou démissionnaire.

Sa gestion n'entraîne aucune obligation personnnelle ou solidaire pour aucun de ses membres. La présence de... membres suffit pour rendre les délibérations valables ; en cas de partage des voix, la voix du président est prépondérante.

Art. 6. — Chaque année, les sociétaires seront convoqués, au moins une fois, en assemblée générale. En cas d'empêchement, chacun aura le droit de se faire représenter par un délégué qui aura voix délibérative. Dans ces réunions, il est rendu compte des travaux accomplis, et les délibérations sont prises à la majorité des membres présents.

Une réunion de l'assemblée générale pourra être convoquée par... sociétaires.

Enfin le bureau pourra réunir l'assemblée générale toutes les fois qu'il le jugera nécessaire.

Art. 7. — La présente convention est contractée pour une durée de... années, qui courront à partir du.. avec faculté de continuer pendant une nouvelle période et sans autres formalités si les adhérents, réunis en assemblée générale, le jugent à propos.

De nouvelles adhésions peuvent être recueillies pendant cette durée, sous la condition que les nouveaux adhérents déclareront être complètement maîtres de la culture de leurs vignes et qu'ils seront acceptés par le bureau du syndicat.

Les nouveaux adhérents paieront les mêmes quote-parts à la caisse du syndicat que s'ils étaient entrés dans le syndicat à l'époque de sa formation.

Le syndicat sera dissous dans le cas où l'État cessera de payer la subvention dont il est parlé dans l'article 12.

Les membres du syndicat auront la faculté de syndiquer non seulement les vignes qu'ils possèdent sur la commune, mais encore toutes celles qu'ils auraient sur d'autres territoires.

RECHERCHES

Art. 8. — Les associés s'engagent à faire, à leurs frais, la dépense nécessaire pour faire pratiquer des recherches minutieuses dans leurs vignes, dont l'énumération et l'étendue sont fixées dans l'état parcellaire ci-annexé.

TRAITEMENTS

Art. 9. — Chaque année, le président du syndicat sera tenu d'adresser au bureau du service, *avant le 1ᵉʳ mars*, la déclaration des surfaces que son syndicat se propose de traiter dans le cours de l'année. Cette déclaration doit servir de base à la subvention à accorder par l'État.

Art. 10. — Le mode de traitement employé est celui au sulfure de carbone injecté dans le sol d'après les instructions de la Cⁱᵉ Paris-Lyon-Méditerranée, ou tout autre procédé recommandé par la commission supérieure du phylloxera, notamment celui du sulfo-carbonate de potassium, le choix du traitement étant laissé à l'appréciation du syndicat.

Art. 11. — Les subventions de l'État ou du département seront réparties entre les membres de l'association, suivant l'étendue des parcelles que chacun d'eux aura soumises à un traitement régulier et d'après la quantité de sulfure employée.

Dans cette répartition, il ne sera pas tenu compte du nombre de ceps et de leur état de rapport. Le payement sera effectué après le traitement et sur justification des dépenses faites.

Art. 12. — Chaque associé pourra effectuer ses traitements avec son personnel ; il sera seulement tenu de justifier *l'étendue de ses opérations ainsi que la quantité de sulfure qu'il aura employée effectivement.* Il s'engage, toutefois, à se soumettre à toutes les mesures que l'État ou le bureau du syndicat jugeront utiles de prendre pour vérifier la dépense.

DISPOSITIONS GÉNÉRALES

Art. 13. — En plus des dépenses portées ci-dessus, chaque associé est tenu de verser chaque année à la caisse du syndicat une somme de ... francs par hectare syndiqué de vignes fines ou passe-tout-grain, une somme de... francs par hectare syndiqué de vignes de gamays. Cette somme est destinée à couvrir les frais généraux, y compris l'achat et l'entretien du matériel.

Ce versement annuel se fera par avance, pour la première année, à l'époque de la déclaration des vignes que l'on veut syndiquer ; pour les années suivantes, à une époque désignée par le bureau.

L'excédent, s'il y en a, sera remboursé à l'époque de la rupture du syndicat, au prorata du versement, de même que si la somme est reconnue insuffisante, chaque associé sera tenu de verser la différence au prorata du nombre d'hectares inscrits.

En cas de dissolution de l'association, le matériel serait vendu et son produit, réuni aux fonds encaissés ou à encaisser, serait réparti entre chacun des membres proportionnellement à ses versements à la caisse sociale.

L'associé, par le fait de son adhésion, s'engage à payer cette cotisation pendant toute la durée du syndicat. Au cas où il cesserait le traitement pour quelque motif que ce soit, il n'en continuera pas moins à verser ladite cotisation, sauf le cas prévu par l'article suivant.

Art. 14. — Tout adhérent qui fait arracher une parcelle de vigne syndiquée la retire naturellement de sa déclaration et ne paye plus à la souscription y afférente.

Art. 15. — Chaque année, à l'assemblée générale, les membres du syndicat s'engagent à présenter leurs observations sur les travaux accomplis et les résultats obtenus.

Ces renseignements seront condensés dans un rapport, pour être présentés à M. le Ministre de l'agriculture.

Fait à................., le................ 189......

Circulation des raisins de table. — Par arrêté du 31 janvier 1890, le ministre de l'agriculture a décidé que les raisins de table, quand ils sont munis d'un sarment dont la longueur ne dépasse pas 10 centim., sont admis à l'avenir à la libre circulation en France, comme les raisins de table sans sarment adhérent. Cette mesure facilite le commerce des raisins conservés frais pendant l'hiver.

Circulation des vignes américaines. — Signalons pour terminer la nouvelle législation qui régit la circulation des vignes américaines et leur introduction dans les départements nouvellement phylloxérés. La libre circulation, au lieu d'être accordée par M. le Ministre de l'agriculture, l'est maintenant par le Conseil général du département intéressé.

La loi du 29 juillet 1884 sur les sucres est ainsi conçue :

Article premier. — Les droits sur les sucres de toute origine et les glucoses indigènes livrés à la consommation sont fixés ainsi qu'il suit, décimes et demi-décimes compris : sucres bruts et raffinés, 50 fr. par 100 kilogrammes de sucre raffiné ; sucre candi, 53 fr. 50 par 100 kilogrammes de sucre raffiné ; glucoses, 10 francs par 100 kilogrammes de sucre raffiné.

Sont en outre modifiés comme suit les droits des dérivés du sucre énumérés ci-après : mélasses autres que pour la distillation ayant en richesse saccharine 50 p. 100 au moins, 15 fr. par 100 kilogrammes ; mélasses autres que pour la distillation, ayant en richesse saccharine absolue plus de 50 p. 100, 32 fr. pour 100 kilogrammes ; chocolat, 93 fr. par 100 kilogrammes.

Art. 2. — Les droits sur les sucres bruts ou raffinés de toute origine employés au sucrage des vins, cidres et poirés, avant la fermentation, sont réduits à 20 fr. les 100 kilogrammes de sucre raffiné. Un règlement d'administration publique déterminera préalablement les mesures applicables à l'emploi de ces sucres.

Art. 3. — Tout fabricant de sucre indigène pourra contracter avec l'administration des contributions indirectes un abonnement en vertu duquel les quantités de sucre imposable seront fixées en charge d'après le poids des betteraves mises en œuvre.

Cette prise en charge sera définitive quels que soient les manquants ou les excédents qui pourront se produire.

Elle aura lieu aux conditions ci-après : procédés de fabrication, diffusion ou tout autre procédé analogue. Rendement par 100 kilogrammes de betteraves, 6 kilogrammes sucre raffiné ; presses continues ou hydrauliques, 5 kilogrammes sucre raffiné.

Les sucres, sirops et mélasses, obtenus dans les fabriques abonnées en excédent du rendement légal, sont assimilés au sucre libéré d'impôt.

Un décret déterminera les obligations qui sont imposées aux fabricants abonnés pour la garantie des intérêts du Trésor.

Art. 4. — A partir du 1er septembre 1887, les quantités de sucre imposable seront prises en charge dans toutes les fabriques d'après le poids des betteraves mises en œuvre, quel que soit le procédé d'extraction des jus.

Les rendements seront fixés comme suit par 100 kilogrammes de betteraves : campagne de 1888-1889, 6 kil. 500 de sucre raffiné ; campagne de 1889-1890, 6 kil. 750 de sucre raffiné ; campagne de 1890-1871, 7 kilogrammes de sucre raffiné.

Art. 5. — Les sucres des colonies françaises importés directement en France auront droit à un déchet de fabrication de 12 p. 100.

Art. 6. — Les sucres en grains ou petits cristaux agglomérés ou non seront reçus à la décharge des comptes d'admission temporaire de sucres bruts pour la quantité de sucre raffiné qu'ils seront reconnus représenter, lorsque le rendement net, établi conformément aux dispositions de la loi du 19 juillet 1880, sera au moins de 98 p. 100.

Art. 7. — La taxe complémentaire de 10 francs par 100 kilogrammes établie par l'article 1er sera appliquée aux sucres de toute espèce déjà libérés d'impôts, ainsi qu'aux matières en cours de fabrication également libérées d'impôt existant, au moment de la promulgation de la présente loi, dans les raffineries, fabriques ou magasins, ou dans tous autres lieux en la possession des raffineurs, fabricants ou commerçants ; les quantités seront reprises par voie d'inventaire ; seront toutefois dispensées de l'inventaire les quantités n'excédant pas 100 kilogrammes de sucre raffiné.

Art. 8. — Les fabricants et raffineurs auront à souscrire des soumissions complémentaires en garantie du droit de 10 francs par 100 kilogrammes pour les sucres de toute espèce et les matières en cours de fabrication placées sous le régime de l'admission temporaire.

L'apurement de ces soumissions aura lieu dans les conditions appliquées au moment de la mise en vigueur de la loi du 31 décembre 1873.

Art. 9. — Le rendement minimum fixé par l'art. 18 de la loi du 19 juillet 1860 sera porté à 80 p. 100 pour les sucres d'origine européenne ou importés des entrepôts d'Europe.

La loi du 24 juillet 1884 sur le régime des sucres est ainsi conçue :

Article premier. — A partir de la campagne 1888-1889, les droits sur les sucres bruts et raffinés de toute origine fixés par la loi du 29 juillet 1884 sont ramenés de cinquante francs à quarante francs par 100 kilogrammes de sucre raffiné.

Art. 2. — A partir de la même époque, une surtaxe temporaire de 50 pour 100 est établie sur les sucres imposables de toute origine.

Sont soumis à une taxe spéciale équivalente payable au comptant à la sortie des fabriques (20 francs par 200 kilogrammes de sucre raffiné), les sucres exonérés des droits à titre de déchets de fabrication ou d'excédents de rendement, en vertu des lois des 29 juillet 1884 et 11 juillet 1887.

Est maintenue à dix francs pour la campagne 1888-89, conformément aux dispositions de la loi du 13 juillet 1886, la surtaxe des sucres coloniaux exonérés de droits à titre de déchet de fabrication. A partir du 1er septembre 1889, la surtaxe sur les sucres de cette catégorie sera portée à 20 francs.

Art. 3. — Les droits sur les sucres candis, les glucoses, les sucres employés au sucrage des vins, cidres et poirés, sur les dérivés du sucre, continueront à être temporairement perçus conformément au tarif résultant de la loi du 27 mai 1887.

Décret du 22 juillet 1885, déterminant les conditions d'emploi des sucres bruts ou raffinés pour le sucrage des vins, cidres et poirés.

Article premier. — Les viticulteurs ou vignerons qui se proposent d'employer du sucre sous les bénéfices de la réduction de taxe accordée par l'article 2 de la loi du 29 juillet 1884, soit pour relever le degré alcoolique de la totalité ou d'une partie du vin provenant de leur récolte, soit pour utiliser les marcs de leur vendange en faisant des vins de marc, adressent à cet effet une demande écrite, individuelle ou collective, au directeur ou au sous-directeur des contributions indirectes de leur circonscription.

La même demande sera adressée par les personnes qui entendent bénéficier de la loi comme acheteurs de vendanges.

Les viticulteurs et vignerons qui ne doivent employer qu'une quantité inférieure à 500 kilogrammes et qui ne demandent pas que les opérations aient lieu au siège de leur fabrication ou de l'un d'entre eux peuvent se borner à faire consigner leur demande sur un bordereau collectif dans un dépôt autorisé ; cette faculté n'est pas accordée aux acheteurs.

Art. 2. — Les demandes doivent être faites au plus tard quinze jours avant la récolte ; elles indiquent les noms, qualités et demeures des demandeurs, la quantité approximative de vin pour laquelle le sucrage est demandé, le poids approximatif de sucre à mettre en œuvre.

Les demandes de dénaturation à domicile contiennent, indépendamment des énonciations qui précèdent, l'indication du lieu où les négociants désirent procéder à l'opération.

Art. 3. — Aucun dépôt de sucres destinés à bénéficier de l'article 2 de la loi du 29 juillet 1884 ne peut être ouvert sans l'autorisation préalable de l'administration des contributions indirectes.

Cette autorisation doit être renouvelée chaque année. L'administration détermine les conditions auxquelles doivent se conformer les dépositaires.

Art. 4. — L'administration, en tenant compte des possibilités et des exigences du service, du nombre et de l'importance des opérations, des distances et des communications : 1o fixe le nombre et l'emplacement des dépôts par cantons ; 2o arrête les jours et les heures pendant lesquels auront lieu, dans chacun d'eux, les opérations de dénaturation ; 3° statue sur les demandes de dénaturation et décide quelles sont les opérations qui auront lieu à domicile et quelles sont celles qui auront lieu au dépôt autorisé.

Art. 5. — La dénaturation s'opère : dans les dépôts autorisés, par l'administration, en mélange intime au sucre d'un poids égal ou supérieur de raisins frais foulés ; à domicile, par le versement du sucre dans les cuves de fermentation ou dans les moûts.

Si, aux jours et heures fixés pour l'opération à domicile, le versement du sucre dans les cuves ou dans les moûts n'est pas possible, ou si les agents ne peuvent revenir, la dénaturation peut s'opérer par le malaxage comme aux dépôts.

Art. 6. — Les quantités de sucre à employer pour relever le degré alcoolique des vins ne peuvent dépasser 20 kilogrammes par trois hectolitres de vendange.

Les quantités à employer pour la fabrication des vins de marc ne peuvent dépasser 50 kilogrammes pour la même quantité de vendange.

La quantité de vendange est constatée par des certificats de l'autorité municipale, qui sont remis au moment de l'opération par les récoltants.

Les acheteurs de vendanges remettent les certificats délivrés par leurs vendeurs ; ces certificats mentionnent les quantités de vendanges qui ont été cédées.

Art. 7. — En ce qui concerne les cidres et poirés, la dénaturation s'opère par le versement du sucre dans les moûts ; elle a lieu à domicile, au jour fixé par l'administration, toutes les fois que les récoltants ou leurs acheteurs en adressent la demande par écrit, dans les délais qui seront fixés par l'administration dans chaque circonscription.

Les quantités de sucre à employer au sucrage des cidres ou poirés ne peuvent dépasser 10 kilogrammes pour 5 hectolitres de pommes ou de poires récoltées ou achetées.

Art. 8. — Les opérations de sucrage ont lieu sous la direction et la surveillance de la régie ; toutefois, si les employés ne sont pas présents aux jours et aux heures indiqués par l'administration pour les dénaturations soit dans les dépôts, soit à domicile, il est procédé aux opérations.

Dans les cas où il ne peut être procédé à la dénaturation à domicile, l'administration doit en être immédiatement prévenue.

Art. 9. — Les dépositaires et producteurs sont tenus de fournir le personnel et le matériel nécessaires aux opérations.

Art. 10. — Les sucres destinés au sucrage sont expédiés de la fabrique, de la douane d'importation ou de l'entrepôt, soit aux dépositaires, soit aux producteurs, libérés du droit de vingt francs et accompagnés d'acquits-à-caution.

Les sucres de betterave sont renfermés dans les sacs ficelés et plombés, ayant toutes les coutures à l'intérieur, du poids net de 100 kilog.

Les sucres de canne sont expédiés, soit dans les emballages d'origine, dûment plombés, soit en sacs, dans les conditions établies au paragraphe précédent. Ils sont accompagnés d'une note détaillée indiquant les poids, numéro et marque de chaque côté.

Les sucres raffinés doivent être en caisses ou sacs d'un poids uniforme fixé à l'avance par l'administration et régulièrement plombés; ils auront été préalablement pulvérisés et concassés en petit morceaux.

Dans ces divers cas, les frais de plombage seront remboursés, à raison de trois centimes par plomb, en conformité de l'arrêté du ministre des finances du 15 novembre 1879, rendu par l'application de l'article 20 de la loi du 31 mai 1846.

Les sucres raffinés sous le régime de l'admission temporaire en franchise qui sont destinés au sucrage peuvent être imputés à la décharge des sucres bruts importés sous ce régime.

A cet effet, ils sont représentés à un entrepôt de sucres indigènes ou à un bureau de douane ouvert à ces opérations pour y être vérifiés. Un certificat constatant cette vérification et valable pour l'apurement des obligations d'admission temporaire est délivré aux déclarants, à charge par eux de payer le droit de 20 francs par 100 kilogrammes, et de souscrire l'acquit-à-caution exigé par le premier paragraphe du présent article.

Sous peine de non-décharge de l'acquit-à-caution, les sucres demeurent sous cordes et plombs, jusqu'au moment de leur mise en œuvre.

Les quantités qui, après achèvement des opérations, restent en la possession du dépositaire et du producteur sont soumis à la taxe de 30 francs par 100 kilogrammes de sucre raffiné, à moins qu'elles ne soient dirigés avec acquit-à-caution, par sacs ou colis entiers, ficelés et plombés, sur une fabrique ou un entrepôt réel.

Art. 11. — Les dépositaires sont soumis aux visites et vérifications des agents de la régie.

Il leur est ouvert un compte d'entrées et de sorties; les excédents que fait ressortir la balance de ce compte sont constatés par procès-verbal et pris en charge; les manquants sont passibles de la taxe de trente francs par 100 kilogrammes de sucre raffiné.

Art. 12. — Les sucres dénaturés au dépôt ne sont admis à circuler que du lieu dans lequel a été opérée la dénaturation au domicile des producteurs, et accompagnés d'acquit-à-caution.

Art. 13. — Dans le cas où la dénaturation a été opérée par malaxage, les agents des contributions indirectes ont le droit, pendant le délai d'un mois, de se faire présenter, au domicile des producteurs, la justification de la mise en œuvre du sucre dénaturé, sous peine de non-décharge de l'acquit-à-caution.

Décret du 26 novembre 1890, modifiant le dernier paragraphe de l'article 7 du règlement d'administration publique du 22 juillet 1885, concernant la loi sur les sucres.

Article premier. — Le dernier paragraphe de l'article 7 du décret du 22 juillet 1885 est complété par la disposition suivante :

Toutefois, les quantités de sucre pourront être portées jusqu'à 15 kilogrammes, mais seulement pour la durée d'une année, en vertu d'arrêtés du ministre des finances pris dans le courant du mois de septembre.

Art. 2. — Pour l'année 1890, le ministre des finances pourra user de cette faculté jusqu'au 30 novembre.

Modèle de demande de Sucrage

DÉPARTEMENT

d ....

—

ARRONDISSEMENT

d ....

—

COMMUNE

d ....

Place du timbre de dimension à 60 cent. à faire apposer dans un bureau d'enregistrement. (Circ. n° 480 du 13 décembre 1886).

CONTRIBUTIONS INDIRECTES

DEMANDE DE SUCRAGE

N° d'Ordre

Je soussigné (*nom*) .... domicilié à ...., commune de ...., arrondissement de .... désirant, par application de la loi du 22 juillet 1884, sucrer .... hectolitres de ...., par moi récoltés à .... ou achetés à M ...., à ...., pour fabriquer :

1° .... hectolitres de vin .... de 1re cuvée,
2° .... hectolitres de vin .... de 2me cuvée,
ou .... hectolitres de cidre ou poiré,
demande qu'il me soit livré avec modération de taxe :
1° .... kil. de sucre .... pour vin de 1e cuvée,
2° .... kil. de sucre .... pour vin de 2e cuvée,
ou .... kil. de sucre .... pour pommes ou poires.

Je demande en outre l'autorisation de procéder, vers le .... du mois de ...., à la dénaturation des quantités ci-dessus indiquées, au dépôt de M ...., établi à ...., ou à domicile.

Fait à ...., *le* .... *189* ....

(SIGNATURE)

Vu pour la légalisation de la signature de M .... apposée ci-contre.

Le Maire,

A M. le Directeur des Contributions indirectes à ....

Observations. — Les demandes d'autorisation de sucrage doivent être faites, au plus tard, quinze jours avant la récolte; elles indiquent :

1° Les noms, qualités et demeures des demandeurs;

2° La quantité approximative de vin et de cidre, pour laquelle le sucrage est demandé ;

3° Le poids approximatif du sucre à mettre en œuvre.

Les demandes de dénaturation à domicile contiennent, indépendamment des énonciations qui précèdent, l'indication du lieu où les requérants désirent procéder à l'opération (art. 6 du décret du 22 juillet 1885).

SYNDICATS AGRICOLES

La loi du 21 mars 1884 sur les syndicats professionnels agricoles est ainsi conçue :

Article premier. — Sont abrogés la loi du 14-27 juin 1891 et l'art. 416 du Code pénal. Les articles 291, 292, 293, 294 du Code pénal et la loi du 18 avril 1834 ne sont pas applicables aux syndicats professionnels.

Art. 2. — Les syndicats ou associations professionnels même de plus de vingt personnes, exerçant la même profession, des métiers similaires ou des professions connexes concourant à l'établissement de produits déterminés, ne pourront se constituer librement sans l'autorisation du gouvernement.

Art. 3. — Les syndicats professionnels ont exclusivement pour objet l'étude et la défense des intérêts économiques, industriels, commerciaux et agricoles.

Art. 4. — Les fondateurs de tout syndicat professionnel devront déposer les statuts et les noms de ceux qui, à un titre quelconque, seront chargés de l'administration ou de la direction. Ce dépôt aura lieu à la mairie de la localité où le syndicat est établi, et à Paris, à la préfecture de la Seine. Ce dépôt sera renouvelé à chaque changement de la direction ou des statuts. Communication des statuts devra être donnée par le maire ou le préfet de la Seine au procureur de la République. Les membres de tout syndicat professionnel chargés de l'administration ou de la direction de ce syndicat devront être Français et jouir de leurs droits civils.

Art. 5. — Les syndicats professionnels régulièrement constitués d'après les prescriptions de la présente loi pourront librement se concerter pour l'étude et la défense de leurs intérêts économiques, industriels, commerciaux, agricoles. Ces unions devront faire connaître, conformément au deuxième paragraphe de l'article 4, les noms des syndicats qui les composent. Elles ne pourront posséder aucun immeuble ni ester en justice.

Art. 6. — Les syndicats professionnels de patrons ou d'ouvriers auront le droit d'ester en justice. Ils pourront employer les sommes provenant des cotisations. Toutefois ils ne pourront acquérir d'autres immeubles que ceux qui seront nécessaires à leurs réunions, à leurs bibliothèques et à des cours d'instruction professionnelle. Ils pourront, sans autorisation, mais en se conformant aux autres dispositions de la loi, constituer entre leurs membres des caisses spéciales de secours mutuels et de retraites. Ils pourront librement créer et administrer des offices de renseignements pour les offres et les demandes de travail. Ils pourront être consultés sur tous les différends et toutes les questions se rattachant à leur spécialité. Dans les affaires contentieuses, les avis du syndicat seront tenus à la disposition des parties, qui pourront en prendre communication et copie.

Art. 7. — Tout membre d'un syndicat professionnel peut se retirer à tout instant de l'association, nonobstant toute clause contraire, mais sans préjudice du droit pour le syndicat de réclamer la cotisation de l'année courante. Toute personne qui se retire d'un syndicat conserve le droit d'être membre des sociétés de secours mutuels et de pensions de retraite pour la vieillesse à l'actif desquelles elle a contribué par des cotisations ou versements de fonds.

Art. 8. — Lorsque les biens auront été acquis contrairement aux dispositions de l'article 6, la nullité de l'acquisition ou de la libéralité pourra être demandée par le procureur de la République ou par les intéressés. Dans le cas d'acquisition à titre onéreux, les immeubles seront vendus, et le prix en sera déposé à la caisse de l'association. Dans le cas de libéralité, les biens feront retour aux déposants ou à leurs héritiers ou ayants cause.

Art. 9. — Les infractions aux dispositions des articles 2, 3, 4, 5 et 6 de la présente loi seront poursuivies contre les directeurs ou administrateurs des syndicats et punies d'une amende de 15 à 200 francs. Les tribunaux pourront, en outre, à la diligence du procureur de la République, prononcer la dissolution du syndicat et la nullité des acquisitions d'immeubles faites en violation des dispositions de l'article 6. Au cas de fausse déclaration relative aux statuts et aux noms et qualités des administrateurs ou directeurs, l'amende pourra être portée à 500 francs.

Art. 10. — La présente loi est applicable à l'Algérie, aux colonies de la Martinique, de la Guadeloupe et de la Réunion. Toutefois les travailleurs étrangers et engagés sous le nom d'émigrants ne pourront faire partie des syndicats.

VAINE PATURE

Les lois des 9 juillet 1889 et 22 juin 1890, réglant d'une façon définitive les droits de parcours et de vaine pâture, sont ainsi conçues :

Article premier. — Le droit de parcours est aboli ; la suppression de ce droit ne donne lieu à indemnité que s'il a été conquis à titre onéreux. Le montant de l'indemnité est réglé par le conseil de préfecture, sauf renvoi devant les tribunaux ordinaires, s'il y a contestation sur le titre.

Art. 2. (Loi du 29 juin 1890). — Le droit de vaine pâture appartenant à la généralité du territoire d'une commune ou d'une section de commune, cessera de plein droit un an après la promulgation de la présente loi.

Toutefois, dans l'année de cette promulgation, le maintien du droit de vaine pâture, fondé sur une ancienne loi ou coutume, sur un usage immémorial ou sur un titre, pourra être réclamé au profit d'une commune ou d'une section de commune, soit par délibération du conseil municipal, soit par requête d'un ou plusieurs ayants droit adressée au préfet.

En cas de réclamation particulière, le conseil municipal sera mis en demeure de donner son avis dans les six mois, à défaut de quoi il sera passé outre.

Si la réclamation, de quelque façon qu'elle se soit produite, n'a pas été faite dans l'année de la promulgation, l'objet d'une décision, conformément aux dispositions du paragraphe 1er de l'article 3 de la loi du 9 juillet 1889, la vaine pâture continuera à être exercée jusqu'à ce que cette décision soit intervenue.

Art. 3. — La demande du maintien, qu'elle émane d'un conseil municipal ou qu'elle émane d'un ou plusieurs ayants droit, sera soumise au conseil général dont la délibération sera définitive, si elle est conforme à la délibération du conseil municipal ; s'il y a divergence, la question sera tranchée par décret rendu au Conseil d'État.

Si le droit de vaine pâture a été maintenu, le conseil municipal pourra seul ultérieurement, après enquête de *commodo* et *incommodo*, en proposer la suppression, sur laquelle il sera statué dans les formes ci-dessus indiquées.

Art. 4. — La vaine pâture s'exercera soit par troupeau séparé, soit au moyen du troupeau en commun, conformément aux usages locaux, sans qu'il puisse être dérogé aux dispositions des articles 647 et 648 du Code civil et aux règles expressément établies par la présente loi.

Art. 5. (Loi du 22 juin 1890). — Dans aucun cas et dans aucun temps, la vaine pâture ne peut s'exercer sur les prairies artificielles.

Le rétablissement de la vaine pâture sur les prairies artificielles, supprimée de plein droit par la loi du 9 juillet 1890, pourra être réclamée dans les conditions où elle s'exerçait antérieurement à cette loi, et en se conformant aux dispositions édictées par les articles précédents.

Elle ne peut avoir lieu sur aucune terre ensemencée ou couverte d'une production quelconque faisant l'objet d'une récolte, tant que la récolte n'est pas enlevée.

Art. 6. — Le droit de vaine pâture, établi comme il est dit en l'article 2, ne fait jamais obstacle à la faculté que conserve tout propriétaire, soit d'user d'un nouveau mode d'assolement ou de culture, soit de se clore. Tout terrain clos est affranchi de la vaine pâture.

Est réputé clos tout terrain entouré, soit par une haie, soit par un mur, une palissade, un treillage, une haie sèche d'une hauteur d'un mètre au moins, soit par un fossé d'un mètre vint-cinq centimètres à l'ouverture et de cinquante centimètres de profondeur, soit par des traverses en bois ou des fils métalliques distants entre eux de trente-trois centimètres au plus et s'élevant à un mètre de hauteur, soit par toute autre clôture continue et équivalente faisant obstacle à l'introduction des animaux.

Art. 7. — L'usage du troupeau en commun n'est pas obligatoire. Tout ayant droit peut renoncer à cette communauté et faire garder par troupeau séparé le nombre de têtes de bétail qui lui est attribué par la répartition générale.

Art. 8. — La quantité de bétail proportionnée à l'étendue du terrain de chacun est fixée dans chaque commune ou section de commune entre tous les propriétaires ou fermiers exploitants, domiciliés ou non domiciliés, à tant de têtes par hectare, d'après les règlements ou usages. En cas de difficulté, il y est pourvu par délibération du conseil municipal, soumise à l'approbation du préfet.

Art. 9. — Tout chef de famille domicilié dans la commune alors même qu'il n'est ni propriétaire, ni fermier d'une parcelle quelconque des terrains soumis à la vaine pâture, peut mettre sur lesdits terrains soit par troupeau séparé, soit dans le troupeau commun, six bêtes à laine et une vache avec son veau, sans préjudice des droits plus étendus qui lui seraient accordés par l'usage local ou le titre.

Art. 10. — Le droit de vaine pâture doit être exercé directement par les ayants droit et ne peut être cédé à personne.

Art. 11. — Les conseils municipaux peuvent toujours, conformément aux articles 68 et 69 de la loi municipale du 5 avril 1884, prendre des arrêtés pour réglementer le droit de vaine pâture, notamment pour en suspendre l'exercice en cas d'épizootie, de dégel ou de pluies torrentielles, pour cautionner les troupeaux de différents propriétaires ou les animaux d'espèces différentes, pour interdire la présence d'animaux dangereux ou malades dans les troupeaux.

Art. 12 (Loi du 22 juin 1890). — Néanmoins la vaine pâture fondée sur un titre et établie sur un héritage déterminé, soit au profit d'un ou de plusieurs particuliers, soit au profit de la généralité des habitants d'une commune, est maintenue et continuera à s'exercer conformément aux droits acquis. Mais le propriétaire de l'héritage grevé pourra toujours s'affranchir, soit au moyen d'une indemnité fixée à dire d'experts, soit par voie de cantonnements.

VINS

Loi Griffe

La loi du 14 août 1889, ayant pour objet d'indiquer au consommateur la nature du produit délivré à la consommation sous le nom de vin, et de prévenir les fraudes dans la vente de ce produit, est ainsi conçue:

Article premier. — Nul ne pourra expédier, vendre ou mettre en vente, sous la dénomination de vin, un produit autre que celui de la fermentation des raisins frais.

Art. 2. — Le produit de la fermentation des marcs de raisins frais avec addition de sucre et d'eau ; le mélange de ce produit avec le vin, dans quelque proportion que ce soit, ne pourra être expédié, vendu ou mis en vente que sous le nom de vin de sucre.

Art. 3. — Le produit de la fermentation des raisins secs avec de l'eau ne pourra être expédié, vendu ou mis en vente que sous la dénomination de vins de raisins secs : il en sera de même du mélange de ce produit, qu'elles qu'en soient les proportions avec du vin.

Art. 4. — Les fûts ou récipients contenant des vins de sucre ou des vins de raisins secs devront porter en gros caractères : « Vin de sucre, vin de raisins secs. »

Les livres, factures, lettres de voiture, connaissements devront contenir les mêmes indications suivant la nature du produit livré.

Art. 5. — Les titres de mouvement accompagnant les expéditions de vins, vins de sucre, vins de raisins secs, devront être de couleurs spéciales.

Un arrêté ministériel règlera les détails d'application de cette disposition.

Art. 6. — En cas de contravention aux articles ci-dessus, les délinquants seront punis d'une amende de 25 francs à 300 francs et d'un emprisonnement de dix jours à trois mois.

L'article 463 du Code pénal sera applicable.

En cas de récidive, la peine d'emprisonnement sera toujours prononcée.

Les tribunaux pourront ordonner, suivant la gravité des cas, l'impression dans les journaux et l'affichage, aux lieux qu'ils indiqueront, des jugements de condamnation aux frais du condamné.

Art. 7. — Toute addition au vin, au vin de sucre, au vin de raisins secs, soit au moment de la fermentation, soit après, du produit de la fermentation ou de la distillation des figues, caroubes, fleurs de mowra, clochettes, riz, orge et autres matières sucrées, constitue la falsification de denrées alimentaires prévue par la loi du 27 mars 1851.

Les dispositions de cette loi sont applicables à ceux qui falsifient, détiennent, vendent ou mettent en vente la denrée alimentaire sachant qu'elle est falsifiée.

La denrée alimentaire sera confisquée par application de l'article 5 de ladite loi.

Loi Brousse

La loi du 12 juillet 1891, tendant à réprimer la fraude dans la vente des vins, est ainsi conçue :

Article premier. — L'article 2 de la loi du 14 août 1880 est ainsi modifié :

Le produit de la fermentation des marcs de raisins frais avec de l'eau, qu'il y ait ou non addition de sucre, le mélange de ce produit avec le vin, dans quelque proportion que ce soit, ne pourra être expédié, vendu ou mis en vente que sous le nom de vin de marc ou vin de sucre.

Art. 2. — Constitue la falsification de denrées alimentaires prévue et réprimée par la loi du 27 mars 1851, toute addition au vin du vin de sucre ou de marc, aux vins de raisins secs :

1º De matières colorantes quelconques ;

2º Produits tels que les acides sulfurique, nitrique, chlorhydrique, salicylique, borique ou autres analogues ;

3º De chlorure de sodium au-dessus de 1 gramme par litre.

Art. 3. — Il est défendu de mettre en vente, de vendre ou de livrer des vins plâtrés contenant plus de 2 grammes de sulfate de potasse ou de soude par litre.

Raisins secs.

(Loi du 28 juillet 1890.) Les raisins secs destinés aux fabricants et entrepositaires ne peuvent circuler que munis d'acquits-à-caution. Ceux destinés à la consommation personnelle et de famille circulent gratuitement.

Tout fabricant de vin de raisins secs doit en faire la déclaration et se munir d'une licence de 125 francs. Le vin de raisins secs sera frappé d'un droit de 40 cent. par degré de richesse alcoolique, jusqu'à 10 et de 60 cent. par degré de 10 à 15, sans que la quantité d'alcool imposée puisse être inférieure à 25º par 100 kil. de raisins secs. Au-dessus de 15º, sera appliquée la surtaxe des vins alcoolisés.

Piquettes.

Tant qu'elles circulent sous leur véritable nom, le commerce en est licite : il cesse d'avoir ce caractère et devient frauduleux alors que les boissons dont il s'agit sont expédiées et mises en vente sous le nom de vin, même quand elles ont reçu une addition de vin naturel ou d'alcool. Ou les piquettes et vins de raisins secs seront sans mélange de vin ni d'alcool, vendus comme vins et le fait constituera le délit de tromperie sur la nature de la marchandise, prévu et puni par l'article 423 du Code pénal ;

Ou ces boissons seront additionnées de vin ou d'alcool et vendues comme vin ; les poursuites devront alors être exercées pour la falsification ou mise en vente ou détention de boissons falsifiées (Loi du 27 mars 1851).

Le procédé qui consiste à relever la couleur des vins ou à la modifier au moyen de substances colorantes, autres que celles fournies par la grappe, constitue par lui-même une falsification qui doit être réprimée, indépendamment de toute tromperie de la part du vendeur.

Matières colorantes.

Parmi ces substances, les unes peuvent être inoffensives, tandis que d'autres présentent un véritable danger. La question de savoir si la coloration artificielle des vins par des matières tinctoriales inoffensives constitue le délit de falsification, dans le sens légal de ce mot, ne peut soulever aucun doute. On doit donc poursuivre, en vertu de la loi de 1851, les commerçants qui pratiquent ces opérations. Ceux qui ont, dans un cas déterminé, provoqué une falsification du vin ou fourni les instructions d'après lesquelles elle aura été opérée doivent être poursuivis comme complices.

Lorsque la coloration artificielle a eu lieu au moyen de substances pouvant présenter, à un degré quelconque, un caractère nuisible, les magistrats doivent exercer une répression énergique (loi de 1851). (Circulaire Dufaure, du 8 octobre 1876.)

1. *Art. 423.* — Quiconque aura trompé l'acheteur sur la nature de toutes marchandises sera puni de l'emprisonnement pendant 3 mois au moins, 1 an au plus, et d'une amende qui ne pourra excéder le quart des restitutions en dommages-intérêts, ni être au-dessous de 50 francs.

2. Loi du 27 mars 1851. — Seront punis des peines portées par l'art. 423 du Code pénal ceux qui falsifieront des substances ou denrées alimentaires ou médicamenteuses destinées à être vendues ; ceux qui mettront en vente des substances ou denrées qu'ils sauront falsifiées ou corrompues. Sont punis d'une amende de 16 à 25 fr. et d'un emprisonnement de 6 à 10 jours ou de l'une de ces peines seulement, suivant les circonstances, ceux qui, sans motifs légitimes, auront dans leurs magasins des substances alimentaires ou médicamenteuses qu'ils sauront falsifiées ou corrompues. Si la substance falsifiée est nuisible à la santé, l'amende pourra être portée à 50 fr. et l'emprisonnement à 15 jours.

Loi sur le mouillage.

La Chambre et le Sénat ont voté, en 1893, une loi considérant le mouillage, même lorsqu'il est déclaré, comme une fraude. Les peines édictées sont très rigoureuses.

RENSEIGNEMENTS DIVERS

DROITS DE DOUANE

Appliqués aux produits étrangers à leur entrée en France

PRODUITS	UNITÉS	NOUVEAU TARIF	
		génér.	mini.
		fr.	c.
Fruits frais			
Raisins de table ordinaires.............	100 k.	12 »	8 »
Raisins de vendanges, marcs de raisins et moûts de vendanges.................	—	12 »	8 »
Pommes et poires de table.............	—	3 »	2 »
— à cidre et poiré......	—	2 »	1 50
Fruits secs ou tapés			
Figues...........................	—	6 »	2 »
Raisins...........................	—	25 »	15 »
Pommes et poires de table.............	—	15 »	10 »
— à cidre et à poiré....	—	6 »	4 »
Pruneaux et prunes..................	—	15 »	10 »
Fruits confits et conservés à l'eau-de-vie.	—	100 »	80 »
Articles divers			
Futailles vides, neuves, montées ou non, cercles en bois.....................	—	2 »	ex.
Futailles vides, en état de servir, montées ou non, cercles en fer ou en bois......	—	2 50	2 »
Merrains..........................	—	1 25	0 75
Denrées coloniales de consommation			
SUCRES { de colonies et possessions françaises { en poudre (y compris les poudres blanches). d'après leur rendement présumé au raffinage...............	100 k. de sucre raffiné	60 »	
raffinés autres que candis	100 k. poids	60 »	
candis...............	effectif	64 20	

PRODUITS	UNITÉS	NOUVEAU TARIF	
		génér.	mini.
SUCRES étrangers ... en poudre dont le rendement présumé au raffinage est de...... 98 p. 100 ou moins.	100 k. s. raffi.	60 » plus 7 fr. par 100 k. sur le poids effectif.	
plus de 98 p. 100...			
raffinés .. autres que candis.	—	72 »	
candis.....	—	90 »	85 »
MÉLASSE pour la distillation des colonies et possessions françaises.	100 k. net	ex.	ex.
des pays étrangers.	100 k.	0 05	0 05
autres que pour la distillation, ayant en richesse saccharine absolue...... 50 p. 100 ou moins.	—	22 50	18 »
plus de 50 p. 100	—	48 »	38 40

Boissons fermentées

PRODUITS	UNITÉS	NOUVEAU TARIF	
Vins de raisins frais, jusqu'à 11° exclus..	hectol.	par degré alc. 1 20	0 70
— à partir de 11°.....	—	par degré alc. 1 20	0 70 même droit pour les 10 premiers degrés, et par chaque degré en sus, taxe égale au montant du droit de consommation de l'alcool.
Vinaigres, autres que ceux de parfumerie, jusqu'à 8° acétiques....	—	8 »	6 »
Les mêmes au-dessus de 8°.............	—	1 »	0 75
Cidres, poiré et verjus, jusqu'à 6°.......	—	0 70	0 50
— au-dessus de 6°.	—	régime de l'alc.	
Bière, fût compris, poids brut..........	100 kil.	12 »	9 »
Hydromel	hec.liq.	20 »	20 »
Jus d'orange	—	droits des vins	
Boissons distillées alcools eaux-de-vie en bouteilles...	—	80 »	70 »
autrement qu'en bouteilles......	hectol. pur	80 »	70 »
autres.	—	80 »	70 »
liqueurs......................	—	90 »	

PRODUITS	NOUVEAU TARIF	
	général	minimum
Béliers, brebis, moutons.............	15 50 les 100 k	—
Bœufs, vaches, taureaux, bouvillons, taurillons et génisses.................	10 —	—
Chevaux et juments....................	30 fr. par tête.	—
Porcs................................	8 fr. 100 kil.	—
Poulains.............................	20 fr. par tête.	—
Veaux...............................	12 fr. 100 kil.	—
Viandes fraîches de bœuf et autres......	25 —	—
Viandes fraîches de mouton (fressure adhérente).........................	32 —	—
Viandes fraîches de porc.............	12 —	—
Viandes salées de porc...............	25 —	—
Avoine, seigle, orge et maïs en grains....	3 —	—
Avoine, seigle, orge et maïs en farines...	5 —	—
Froment, épautre et méteil en grains....	5 —	—
Froment en farines, suivant le taux. d'extraction......................	8, 10, 12—	—
Sarrasin en grains.....................	2 50 —	—
— en farines...............	4 —	—
Pommes de terre.....................	0 40 —	—
Lin, chanvre, fruits et graines oléagineuses.............................	Exempts	Exempts
Laines, crins, poils, plumes, soies......	—	—
Saindoux.............................	14 50 100 kil.	—
Autres graisses......................	Exemptes	Exemptes
Œufs................................	10 fr. 100 kil.	6 fr. 100 kil.
Lait..............................	5 —	2 50 —
Fromages............................	25 —	15 —
Beurres.............................	13 —	6 —
Huiles d'olive.......................	15 —	10 —
Bois bruts, non équarris.............	1 —	0 65 —
Fourrages...........................	0 75 —	0 50 —
Betteraves..........................	0 40 —	0 40 —
Houblon.............................	45 —	30 —

DROITS DE DOUANE

Appliqués à quelques produits français à leur entrée dans les puissances étrangères.

Allemagne

Froment, les 100 kilogs..	6 25
Seigle —	6 25
Avoines —	5 »

Orge	—	2 80
Fruits du Midi (citrons, oranges, etc.), les 100 kil.........		15 »
Olives	les 100 kilogs....................	75 »
Vin, cidre	—	30 »
Vin mousseux	—	100 »
Bière	—	5 »
Eaux-de-vie	—	225 »
Laine brute	—	exempte
Laine peignée	—	2 50

Angleterre

Vins (jusqu'à 30º d'esprit de preuve, c'est-à-dire 17.22 degrés centésimaux), l'hectolitre................................. 27 50

Autriche-Hongrie

Citrons, limons, oranges, les 100 kilogs....................		20 »
Olives	—	7 50
Froment	—	3 75
Vins	—	50 »
Vins mousseux	—	125 »
Laine	—	exempte

Belgique

Citrons, oranges, figues, les 100 kilogs....................		9 »
Eaux-de-vie à 50º (en cercle), l'hectolitre..............		72 50
Vins (jusqu'à 18º)	—	23 »

Italie

Vins de toutes sortes, en fûts, l'hectolitre...............		20 »
Bières en futailles	—	12 »

Russie

Raisins frais, les 100 kilogs..............................		34 19
Capres, olives	—	48 89
Vins en fûts	—	97 67
Mousseux en bouteilles, la bouteille......................		4 40
Laine, les 100 kilogs.....................................		24 42
Huile d'olive	—	48 84

Pays jouissant du tarif minimum français

Angleterre, Allemagne, Autriche-Hongrie, Russie, Danemark, Belgique, Suède et Norvége, Empire ottoman, Bulgarie, Grèce, Serbie, Pays-Bas, Espagne, Monténégro, Roumanie, Mexique, Perse, République Dominicaine, République Sud-Afrique, États-Unis (pour certains articles), Colombie, Urugay, Paraguay, République Argentine, Maroc.

PAYS SUBISSANT LE TARIF GÉNÉRAL

Italie, Suisse, Portugal et les pays extra-européens non cités ci-dessus.

DROITS D'IMPORTATION SUR LES VINS
A l'entrée dans les principaux pays

(Extrait du Bulletin de législation commerciale italien).

Allemagne. — Vins et moûts *en barriques*. Quantité taxée par quintal. Tarif conventionnel, 25 fr.

Vins rouges et moûts de vins rouges pour coupages, sous réserve de contrôle. Quantité taxée par quintal. Tarif général, 30 fr. Tarif conventionnel, 12 fr. 50.

Vins pour la fabrication du cognac. Quantité taxée par quintal. Tarif général, 30 fr. Tarif conventionnel, 12 fr. 50.

Vins *en bouteilles* :

a) Mousseux. Quantité taxée par quintal. Tarif général, 100 fr.

b) Autres. Quantité taxée par quintal. Tarif général, 60 fr.

Autriche-Hongrie. — Vins en barriques et en bouteilles. Quantité taxée par quintal. Tarif général, 50 fr.

Vins mousseux. Quantité taxée par quintal. Tarif général, 125 fr. Tarif conventionnel, 100 fr.

Belgique. — (Les vins payent un droit d'accise de 23 fr. par hectolitre. Les vins pesant plus de 18 degrés payent comme l'alcool pour toute la quantité d'alcool excédant 18 degrés).

Brésil. — Vins mousseux. Quantité taxée pour 1 litre. Tarif général, 3 fr. 68.

Autres vins. Quantité taxée pour 1 litre. Tarif général, 0 fr. 424.

(Les vins non mousseux importés *en bouteilles* ou dans d'autres récipients en verre ou en terre payent, y compris le récipient, 300 reis, soit 85 centimes par litre. En outre il est perçu, en dehors des droits de douane, une taxe additionnelle de 60 0/0.

Danemark. — Vins *en barriques*. Quantité taxée par kilogramme. Tarif général, 0 fr. 19.

Vins *en bouteilles*. Quantité taxée pour 1 litre. Tarif général, 0 fr. 484.

(Il est perçu, en outre, un droit de guerre de 50 0/0).

Érythrée. — Vins. Droits de 8 0/0 *ad valorem*.

Espagne. — Vins mousseux. Quantité taxée par litre. Tarif général, 1 fr. 95. Tarif conventionnel, 1 fr. 50.

Vins sucrés *en barriques* et récipients analogues. Quantité taxée par litre. Tarif général, 1 fr. 30. Tarif conventionnel, 1 fr.

Vins sucrés *en bouteilles*. Quantité taxée par litre. Tarif général, 1 fr. 60. Tarif conventionnel, 1 fr. 55.

Autres vins *en barriques* et récipients analogues. Quantité taxée par hectolitre. Tarif général, 65 fr. Tarif conventionnel, 50 fr.

Autres vins *en bouteilles*. Quantité taxée par hectolitre. Tarif général, 80 fr. 60. Tarif conventionnel, 62 fr.

États-Unis. — Champagnes et autres vins mousseux *en bouteilles* contenant :

Moins d'un *quart* (0 l. 946) et plus d'une *pinte* (0 l. 473). Quantité taxée par 12 bout. Tarif général, 41 fr. 44.

Moins d'une *pinte* et plus d'une *demi-pinte*. Quantité taxée par 12 bout. Tarif général, 20 fr. 72.

Une *demi-pinte* ou moins d'une *demi-pinte*. Quantité taxée pour 12 bout. Tarif général, 10 fr. 36.

Pour les bouteilles de champagne et autres vins mousseux contenant plus d'un *quart*, il est perçu sur la quantité excédant le *quart*, un droit de 2 dollars 40 cents par gallon, soit 351 fr. 92 cent. par hectolitre.

Vins non mousseux *en barriques*. Quantité taxée par hectolitre. Tarif général, 68 fr. 43.

Vins parfumés, vermouth. Quantité taxée par hectolitre. Tarif général, 68 fr. 43.

Vins non mousseux :

En *bouteilles ou cruchons* contenant plus d'une *pinte* et moins d'un *quart* (par caisse de 12 bouteilles). Quantité taxée par caisse de 12 bout. Tarif général, 8 fr. 29.

En *bouteilles ou cruchons* contenant moins d'une *pinte* (par caisse de 24 bout.) Quantité taxée par caisse de 24 bout. Tarif général, 8 fr. 29.

Les quantités excédant les susdites mesures payeront par *pinte* ou par *fraction de pinte* 5 cents = 26 centimes.

Les vins de toute sorte contenant plus de 24 0/0 d'alcool seront confisqués au profit de l'État.

France. — Vins provenant exclusivement de la fermentation des raisins frais jusqu'à 11 degrés exclusivement, c'est-à-dire jusqu'à 10, 9 degrés. Quantité taxée par hectolitre. Tarif général, 1 fr. 20. Tarif conventionnel, 0 fr. 70. Par degré alcoolique et par hectolitre.

Vins provenant exclusivement de la fermentation des raisins frais à partir de 11 degrés et au-dessus.

Même droit pour les 10 premiers degrés et, chaque degré en sus, surtaxe égale au droit de consommation sur l'alcool.

Grande-Bretagne. — Vins pesant jusqu'à 17°·22 (30 degrés anglais). Quantité taxée par hectolitre. Tarif général, 27 fr. 50.

Vins pesant plus de 17 degrés 21, mais moins de 24 degrés 11 (42 degrés anglais). Quantité taxée par hectolitre. Tarif général, 68 fr. 76.

Par chaque degré (du système anglais) ou fraction de degré en plus. Quantité taxée par hectolitre. Tarif général, 6 fr. 88.

(On comprend aussi dans le terme *vins*, les lies et autres sédiments).

Vins mousseux importés *en bouteilles*. Quantité taxée par hectolitre. Tarif général, 55 fr.

Vins mousseux importés *en bouteilles* (quand il est prouvé que la valeur du vin ne dépasse pas 15 shillings par gallon). Quantité taxée par hectolitre. Tarif général, 27 fr. 50.

Ces vins payent en outre un droit additionnel d'après leur force alcoolique.

Grèce. — Vins *en barriques*. Quantité taxée par quintal. Tarif général, 156 fr. 23. Exempts du tarif conventionnel.

Vins *en bouteilles*. Quantité taxée par quintal. Tarif général, 234 fr. 37. Exempts du tarif conventionnel.

Vins mousseux. Quantité taxée par quintal. Tarif général, 390 fr. 62. Exempts du tarif conventionnel.

Les vins étrangers doivent en outre payer à l'entrée en Grèce une surtaxe de 20 l. par ocque, soit 15 fr. 62 par quintal métrique.

Hollande. — Les vins payent à l'entrée un droit d'accise de 20 florins = 42 fr. par hectolitre. Exempts des tarifs.

Norvège. — Vins pesant :
Moins de 21 degrés :
a) en barriques. Quantité taxée par kilogramme. Tarif général, 0 fr. 16.
b) en bouteilles. Quantité taxée par litre. Tarif général, 0 fr. 16.
Plus de 21 et moins de 25 degrés :
a) en barriques. Quantité taxée par kilogramme. Tarif général, 0 fr. 50.
b) en bouteilles. Quantité taxée par litre. Tarif général, 0 fr. 50.
Plus de 25 degrés. Ces vins sont soumis aux droits établis sur les alcools.

Portugal. — Vins de toute sorte. Quantité taxée par décalitre. Tarif général, 3 fr. 42. Tarif conventionnel, 2 fr. 80.

République Argentine. — Vins ordinaires ne pesant pas plus de 15 degrés, *en barriques*. Quantité taxée pour 1 litre. Tarif général, 0 fr. 413.

(Les vins plus riches en alcool payent 1/2 centavo par degré ou par fraction de degré en plus.)

Vins fins *en barriques*. Quantité taxée pour 1 litre. Tarif général, 1 fr. 29.

Vins de toutes sortes en bouteilles ne contenant pas plus d'un litre. Quantité taxée pour 1 litre. Tarif général, 1 fr. 29.

Roumanie. — Vins *en barriques*. Quantité taxée par quintal. Tarif général, 100 fr.

Vins *en bouteilles*. Quantité taxée par quintal. Tarif général, 100 fr.

Russie. — Vins *en barriques*, Quantité taxée par quintal brut. Tarif général. Même droit qu'au tarif minimum, plus 30 0/0. Tarif conventionnel, 97 fr. 68.

Vins non mousseux *en bouteilles*[1]. Quantité taxée par bouteille. Tarif général. Même droit qu'au tarif minimum, plus 30 0/0. Tarif conventionnel, 1 fr. 80.

Vins mousseux[2]. Quantité taxée par bouteille. Tarif général. Même droit qu'au tarif minimum, plus 30 0/0. Tarif conventionnel, 5 fr. 60.

Sur les vins qui pèsent plus de 16 degrés il est perçu un droit additionnel de 12 copecs (9 fr. 48) par chaque degré d'alcool en plus.

Serbie. — Vins *en barriques*[3]. Quantité taxée par quintal. Tarif général, 50 fr. Tarif conventionnel, 10 fr.

Vins *en bouteilles*. Quantité taxée par quintal. Tarif général, 200 fr. Tarif conventionnel, 30 fr.

Suède. — Vins contenant jusqu'à 25 0/0 d'alcool :

En *barriques* (petites ou grandes). Quantité taxée par kilogr. Tarif général, 0 fr. 69.

En *bouteilles* :

Mousseux. Quantité taxée par litre. Tarif général, 2 fr. 08.

Non mousseux. Quantité taxée par litre. Tarif général, 1 fr. 11.

Les vins pesant plus de 25 degrés sont taxés comme spiritueux.

Suisse. — Vins *en barriques*. Quantité taxée par quintal. Tarif général, 6 fr. Tarif conventionnel, 3 fr. 50.

Vins *en bouteilles*. Quantité taxée par quintal. Tarif général, 25 fr. Tarif conventionnel, 25 fr.

Turquie. — Vins de toute sorte. Droit de 8 0/0 *ad valorem*.

Dans le tableau ci-dessus les conversions en unités françaises ont été opérées sans tenir compte des changements, c'est-à-dire en supposant les différentes valeurs monétaires au pair.

TRANSPORT PAR CHEMINS DE FER

Tarif spéciaux des réseaux français

Grande vitesse. — Les marchandises partent par le premier train de voyageurs comprenant des voitures de toute classe et correspondant avec l'endroit de destination, pourvu qu'elles aient été présentées à l'enregistrement trois heures au moins avant l'heure du départ suivant faute de quoi elles seront mises au départ suivant. Il est accordé aux Compagnies un délai de trois heures pour la transmission d'un réseau sur un autre.

Les expéditions sont mises à la disposition du destinataire deux

---

1 et 2. En vertu de la Convention du 5/17 juin 1893, le droit de 0ʳ45 a été abaissé pour les vins de provenance française à 0ʳ 38ᶜ (1ᶠ 52ᶜ) et celui de 1ʳ 40ᶜ à 1ʳ 19ᶜ (4ᶠ 76ᶜ).

3. Ce droit est réduit à 2ᶠ 50ᶠ (2ᶠ 50ᶜ) pour les vins provenant de différents vignobles austro-hongrois.

heures après l'arrivée du train, ou après l'ouverture de la gare quand elles arrivent de nuit.

Ouverture et fermeture des gares grande vitesse. — Du 1er février au 30 septembre sont ouvertes, pour réception et livraison, de 6 heures du matin à 8 heures du soir ;

Du 1er octobre au 31 mars, de 7 heures du matin à 8 heures du soir.

Les marchandises suivantes : lait, fruits, volaille, marée et autres denrées pour les halles de Paris et autres villes, seront mises à la disposition du destinataire, de nuit comme de jour, dans un délai de deux heures après l'arrivée des trains en gare.

Petite vitesse. — Les animaux, denrées, marchandises, etc., envoyés en petite vitesse seront expédiés le jour qui suit celui de la remise.

La durée du transport est calculée à raison de 24 heures par fraction indivisible de 125 kilomètres. Ne sont pas comptés les excédents de distance jusques et y compris 25 kilomètres. Ainsi 150 kilomètres comptent comme 125.

La durée du transport est réduite à 24 heures par fraction indivisible de 200 kilomètres pour les animaux, ainsi que pour les marchandises taxées aux prix des 1re, 2e, 3e, 4e séries des tarifs généraux de chaque Compagnie, et pour toutes marchandises qui, rangées dans les séries inférieures, seraient taxées au prix de la 4e série, sur la demande des expéditeurs.

Il est accordé à chaque Compagnie un délai d'un jour pour les transmissions d'un réseau à l'autre.

Les expéditions sont mises à la disposition du destinataire le jour qui suit celui de leur arrivée effective en gare.

Ouverture et fermeture des gares petite vitesse. — Du 16 mars au 15 octobre elles sont ouvertes de 6 heures du matin à 6 heures du soir ;

Du 16 octobre au 15 mars, de 7 heures du matin à 5 heures du soir.

Ces gares sont fermées les dimanches et jours fériés à partir de midi et toute la journée du 14 juillet.

Magasinage. — Pour la grande vitesse, il est perçu un droit de 5 centimes par fraction indivisible de 100 kg. et par 1.000 francs pour articles de valeur et par jour, si les marchandises ou valeurs ne sont pas enlevées dans les 48 heures depuis la mise à la poste de la lettre d'avis adressée par la Compagnie.

Ce droit ne peut pas être inférieur à 10 centimes.

Les frais de magasinage pour les voitures sont de 1 franc par jour et par voiture.

En petite vitesse, les droits de magasinage sont, pour les marchandises à livrer en gare ou à domicile, après 48 heures de séjour, pour les 3 premiers jours, de 5 centimes par 100 kg. et par jour, et, pour les jours suivants, de 10 centimes.

Les wagons doivent être chargés dans les 24 heures qui suivent la mise à disposition ; passé ce délai, il est perçu un droit de 10 francs par jour et par wagon entamé ou non entamé.

Les wagons doivent être complètement déchargés dans la journée qui suit la réception de l'avis ; si l'avis ne peut parvenir avant 5 heures 1/2 du soir ou si le destinataire réside dans une commune qui ne possède pas de bureau de poste ou qui est desservie par un autre bureau que celui de la gare, le délai de déchargement est augmenté d'un jour.

Lorsqu'il y a plus de 10 wagons arrivés, le destinataire doit décharger les 10 premiers wagons le lendemain ; il a un jour de plus pour le déchargement du surplus.

Passé ce délai, les Compagnies peuvent faire décharger, et percevoir pour cette opération 30 centimes par tonne, sans préjudice du droit de magasinage pour les marchandises déchargées ; elles peuvent aussi laisser les marchandises sur les wagons en percevant à l'expiration du délai un droit de dix francs par wagon et par jour de retard, quelle que soit la contenance du wagon.

Il n'est pas tenu compte des dimanches et jours fériés pour le délai de chargement ou de déchargement des wagons.

Pour le matériel roulant, après 48 heures, le droit de magasinage est de 5 francs par jour et par véhicule.

NOUVEAUX TARIFS DE CHEMINS DE FER

Applicables au transport des boissons en petite vitesse, à partir du 8 avril 1894 pour les tarifs de réseau et du 24 avril pour les tarifs communs.

A. — TARIFS COMMUNS. — RÉSEAUX D'ORLÉANS[1], DE P.-L.-M., DE L'ÉTAT, DU MIDI, DE L'OUEST, DE LA GRANDE ET DE LA PETITE CEINTURE DE PARIS.

A. — Tarif spécial commun P. V. n° 106.

BOISSONS

I. — *Barème général applicable aux vins, vendanges, vermouth, cidres, poirés, alcools, eaux-de-vie, flegmes, rhums, tafias, trois-six et vinaigres en fûts.*

D'une gare quelconque de l'un des sept réseaux ci-dessus à une gare quelconque d'un autre de ces réseaux :

---

1. Y compris les gares de la section de Paris à Limours et Sceaux-Robinson (Paris-Montrouge excepté).

Prix par tonne de 1.000 kilogrammes, sous réserve d'un parcours d'au moins 300 kilomètres, ou payant pour 300 kilomètres :

DISTANCE		Vins, vendanges, vermouth, alcools, eaux-de-vie, flegmes, rhums, tafias, trois-six en fûts, sans condition de tonnage.	Les mêmes, par expédition de 5000 kil., ou payant pour ce poids, ainsi que les cidres et poirés en fûts, sans condition de tonnage.	Vinaigres en fûts, sans condition de tonnage.
300	kil	28 »	28 »	23 »
310	—	28 50	28 40	23 35
320	—	29 »	28 80	23 70
330	—	29 50	29 20	24 05
340	—	30 »	29 60	24 40
350	—	30 50	30 »	24 75
360	—	31 »	30 40	25 10
380	—	32 »	31 20	25 80
400	—	33 »	32 »	26 50
420	—	33 80	32 60	27 10
440	—	34 60	33 20	27 70
460	—	35 40	33 80	28 30
480	—	36 20	34 40	28 90
500	—	37 »	35 »	29 50
520	—	37 80	35 60	30 10
540	—	38 60	36 20	30 70
560	—	40 20	36 80	31 30
580	—	41 »	37 40	31 90
600	—	41 80	38 »	32 50
620	—	39 40	38 60	33 10
640	—	42 60	39 20	33 70
660	—	43 40	39 80	34 30
680	—	44 20	40 40	34 90
700	—	45 »	41 »	35 50
720	—	45 20	41 20	35 70
740	—	45 40	41 40	35 90
760	—	45 60	41 60	36 10
780	—	45 80	41 80	36 30
800	—	46 »	42 »	36 50
820	—	46 20	42 20	36 70
840	—	46 40	42 40	36 90
860	—	46 60	42 60	37 10
880	—	46 80	42 80	37 30
900	—	47 »	43 »	37 50
920	—	47 20	43 20	37 70
940	—	47 40	43 40	37 90
960	—	47 60	43 60	38 10
980	—	47 80	43 80	38 30
1.000	—	48 »	44 »	38 50

DISTANCE	Vins, vendanges, vermouth, alcools, eaux-de-vie, fleg-mes, rhums, tafias, trois-six en fûts, sans condition de tonnage.	Les mêmes, par expédition de 5000 kil. ou payant pour ce poids, ainsi que les cidres et poirés en fûts, sans con-dition de tonnage.	Vinaigres en fûts, sans condi-tion de tonnage.
1.020 kil	48 20	44 20	38 70
1.040 —	48 40	44 40	38 90
1.060 —	48 60	44 60	39 10
1.080 —	48 80	44 80	39 30
1.100 —	49 »	45 »	39 50
1.120 —	49 20	45 20	39 70
1.140 —	49 40	45 40	39 90
1.160 —	49 60	45 60	40 10
1.180 —	49 80	45 80	40 30
1.200 —	50 »	46 »	40 50
1.220 —	50 20	46 20	40 70
1.240 —	50 40	46 40	40 90
1.260 —	50 60	46 60	41 10
1.280 —	50 80	46 80	41 30
1.300 —	51 »	47 »	41 50
1.320 —	51 20	47 20	41 70
1.340 —	51 40	47 40	41 90
1.360 —	51 60	47 60	42 10
1.380 —	51 80	47 80	42 30
1.400 —	52 »	48 »	42 50
1.420 —	52 20	48 20	42 70
1.440 —	52 40	48 40	42 90
1.460 —	52 60	48 60	43 10
1.480 —	52 80	48 80	43 30
1.500 —	53 »	49 »	43 50

Il est dû, en plus, pour frais de chargement, de déchargement et de gare, tant au départ et à l'arrivée qu'aux points de jonction des divers réseaux :

1 fr. 50 par 1.000 kilogr. pour les expéditions sans condition de ton-nage ;

1 fr. par 1.000 kilogr. pour les expéditions de 5.000 kilogrammes ou payant pour ce poids.

Pour tout parcours intermédiaire, la taxe est celle du parcours immé-diatement supérieur.

Nota. — Pour les gares situées en dehors du périmètre de la Grande-Ceinture, les barèmes ci-dessus sont appliqués d'après les distances réelles totales *via* Grande-Ceinture, même lorsque l'itinéraire court s'établit par la Petite-Ceinture.

II. — *Prix exceptionnels, par tonne de 1.000 kilogrammes, de gare en gare, y compris les frais de chargement, de déchargement et de gare, tant au départ et à l'arrivée qu'aux points de jonction des deux réseaux.*

§ 1er. *Relations Orléans. — P.-L.-M.*

1o Alcools, cidres, eaux-de-vie, flegmes, poirés, rhums, tafias, vendanges, vermouth, vinaigres, vins, en fûts, sans condition de tonnage.

De Cette [1] ville et transit au Mans et vice-versà (790 kil.) 45 fr. [2] par tonne. Viâ Gannat ou Saincaize.

D'Avignon au Mans ou Saint-Nazaire, et vice-versà (1.016 kil.) 45 fr. [2] par tonne. Viâ Gannat.

De Marseille Saint-Charles [3] à Saint-Nazaire et vice-versà (1.016 kil.) 45 fr. par tonne. Viâ Gannat.

D'Aigues-Mortes [4] à Saint-Nazaire et vice-versà (1.016 kil.) 45 fr. par tonne. Viâ Gannat.

De Frontignan [1] à Saint-Nazaire et vice-versà (1.016 kil.) 45 fr. par tonne. Viâ Gannat.

2o Vins en fûts, par expédition de 10.000 kilogrammes, au minimum, ou payant pour ce poids,

De Preuilly-sur-Loire à Saumur (301 kil.) 18 fr. par tonne. Viâ Gien.

§ 2. *Relation Orléans. — P.-L.-M. — Midi.*

De Carcassonne à Paris (Bercy) (806 kil.) 47 fr. par tonne. Viâ Montauban-Juvisy.

De Carcassonne à Remilly (668 kil.) 43 fr. par tonne. Viâ Neussargues-Arvant.

De Trèbes à la Pacaudière (571 kil) 39 fr. par tonne. Viâ Neussargues-Arvant.

§ 3. *Relations Orléans. — État.*

1o Alcools, eaux-de-vie, rhums, tafias, trois-six, vinaigres, vins en fûts, sans condition de tonnage :

De La Rochelle au Mans... (300 k.) 17 fr. par tonne. Viâ Château-du-Loir.

De La Palice	— .... (306 k.) 17 »	—		—
De Rochefort	— .... (312 k.) 17 »	—		—
De Surgères à Landerneau. (551 k.) 24 »		—		Viâ Nantes.
De Bordeaux-Saint-Jean à Châteaubriant.......... (443 k.) 26 50				

---

1. Viâ Uchaud ou viâ Sommières.
2. Ce prix n'est pas applicable aux cidres, poirés et vinaigres
3. Viâ Saint-Gilles ou viâ Beaucaire.
4. Viâ Beauvoisin ou viâ Aubais.

2° Alcools, eaux-de-vie, rhums, tafias, trois-six, vins en caisses ou en panier, vinaigres en fûts, sans condition de tonnage.

De La Rochelle à Limoges et vice-versâ (276 k.) 15 fr. 40. Viâ Angoulême.

De La Palice	—	—	(283 k.) 15	40.	—
De Cognac	—	—	(175 k.) 11	40.	—
De Jarnac-Segonzac	—	—	(161 k.) 10	40.	—

p. tonne.

§ 4. *Relations Orléans. — Midi. — État.*

Alcools, cidres, eaux-de-vie, flegmes, poirés, rhums, tafias, trois-six, vendanges, vermouth, vinaigres, vins, en fûts, sans condition de tonnage :

De Cette (ville et transit) à Coutras....	(531 k.) 31 f.	Viâ Bordeaux.
— — St-Médard.	(530 k.) 31 »	Viâ Rodez.
— — Périgueux.	(462 k.) 31 »	—
— — Tenon.....	(427 k.) 31 »	—
— — Angoulême.	(576 k.) 35 »	—
— — Ruffec.....	(624 k.) 39 »	—
— — Poitiers....	(629 k.) 39 »	—
— — St-Nazaire.	(917 k.) 45 »	Viâ Bordeaux-Nantes.
D'Agde à Coutras....................	(531 k.) 30 50	Viâ Bordeaux.
— Saint-Médard	(630 k.) 30 50	Viâ Marmande.
— Périgueux	(462 k.) 30 50	Viâ Rodez.
— Tenon....................	(427 k.) 30 50	—
— Angoulême................	(576 k.) 34 50	—
— Ruffec...................	(624 k.) 38 50	—
— Poitiers	(629 k.) 38 50	—
— au Mans.................	(806 k.) 44 50	—
— à Saint-Nazaire............	(917 k.) 44 50	Viâ Bordeaux-Nantes.
De Coursan à Coutras...............	(531 k.) 27 »	Viâ Bordeaux.
— Saint-Médard..........	(530 k.) 27 »	Viâ Marmande.
— Périgueux........... .	(462 k.) 27 »	Viâ Montauban
— Tenon	(427 k.) 27 »	—
— Angoulême..........	(576 k.) 32 »	—
— Ruffec...............	(624 k.) 35 »	—
— Poitiers...........	(629 k.) 35 »	—
— au Mans	(806 k.) 41 »	—
— à Saint-Nazaire.... ...	(917 k.) 41 »	Viâ Bordeaux-Nantes.

De Villeneuve-lès-Béziers aux gares ci-dessus, 1 fr. 50 de moins que d'Agde. Mêmes itinéraires que d'Agde et de Coursan.

De Nissan aux gares ci-dessus, 2 fr. de moins que d'Agde. Mêmes itinéraires que d'Agde et de Coursan.

De Lézignan et Caunes aux gares ci-dessus, 1 fr. de moins que de Coursan. Mêmes itinéraires que d'Agde et de Coursan.

De Nioux aux gares ci-dessus, 2 fr. de moins que de Coursan. Mêmes itinéraires que d'Agde et de Coursan.

De Capendu aux gares ci-dessus, 3 fr. de moins que de Coursan. Mêmes itinéraires que d'Agde et de Coursan.

De Floure aux gares ci-dessus, 4 fr. de moins que de Coursan. Mêmes itinéraires que d'Agde et de Coursan.

De Carcassonne aux gares ci-dessus, 5 fr. de moins que de Coursan. Mêmes itinéraires que d'Agde et de Coursan.

De Carcassone à Paris-Ivry (803 k.) 47 fr. la tonne. Vià Montauban.
De Trèbes à Orléans   (692 k.) 45 »   —   —
De Narbonne à St-Antonin (251 k.) 20 »   —   Vià Toulouse.
    —   à Tessonnières(207 k.) 18 50 —   —

§ 5. *Relations Orléans-Ouest-État.*

Cidres, poirés, vendanges, vermouth, vinaigres, vins, alcools, eaux-de-vie, rhums, tafias, trois-six, en fûts, liqueurs en caisses.

PRIX PAR TONNE
SANS CONDITION DE TONNAGE

	kil.	Cidres, poirés, vendanges, vermouth, vinaigres, vins en fûts.	Alcools, eaux-de-vie, rhums, tafias, trois-six en fûts.	Par wagon complet d'au moins 5.000 kilogr. ou payant pour ce poids : toutes les boissons ci-dessus et les liqueurs en caisses.
		fr.	fr.	fr.
De Bordeaux (St-Jean) à Brest et vice-versà	(737)	28 50	28 50	29 » Vià Nantes-Landerneau.

	kil.	fr.	fr.	fr.	
De Bordeaux à Guichen (Bourg des Comptes).	(610)	28 50	28 50	27 »	Viâ Nantes-Redon.
— à Loudéac........	(613)	28 50	28 50	27 »	Viâ Nantes-Pontivy.
De La Chapelle à Cherbourg et vice-versâ............	(537)	30 »	34 »	25 »	Viâ Nantes-Chateaubriant et Vivy-la-Suze.
— La Londe........	(489)	30 »	34 »	25 »	—
— Honfleur	(492)	30 »	34 »	25 »	—
— Trouville-Deauville	(476)	30 »	34 »	25 »	—
— Landivisiau.......	(521)	24 50	24 50	»	Viâ Nantes-Chateaubriant.
— St-Malo-St-Servan.	(386)	30 »	»	25 »	—
— Argentan	(381)	28 50	34 »	24 »	Viâ Vivy-la-la-Suze.
— Granville........	(433)	30 »	34 »	25 »	Viâ Nantes-Chateaubriant.

De La Palice à Cherbourg, La Londe, Honfleur, Trouville-Deauville, Landivisiau, Saint-Malo-Saint-Servan, Argentan, Granville et vice-versâ : Mêmes prix et mêmes itinéraires, avec 6 kil. de parcours en plus.

De Rochefort à la Londe, Honfleur, Trouville-Deauville, Argentan et vice-versâ, par Vivy-la-Suze ; mêmes prix, avec 12 kil. de parcours en plus.

De Rochefort à Landivisiau, Saint-Malo-Saint-Servan, Granville et vice-versâ ; mêmes prix et mêmes itinéraires, avec 29 kil. de parcours en plus.

De Rochefort à Saint-Sauveur-le-Vicomte et vice-versâ, viâ Vivy-la-Suze (526 kil.) :

Cidres, poirés, vendanges, vermouth, vinaigres, vins en fûts, sans condition de tonnage : 30 fr. par tonne.

Alcools, eaux-de-vie, rhums, tafias, trois-six, en fûts, sans condition de tonnage : 34 fr. par tonne.

Toutes les boissons ci-dessus dénommées, et liqueurs en caisses, par wagon complet d'au moins 5.000 kil. ou payant pour ce poids : 25 fr. par tonne.

PRIX PAR TONNE
SANS CONDITION DE TONNAGE

	Cidres, poirés, vendanges, vermouth, vinaigres, vins en fûts.	Alcool, eaux-de-vie, rhums. tafias, trois-six, en fûts.	Par wagon complet d'au moins 5.000 kil. ou payant pour ce poids : toutes les boissons ci-dessus et les liqueurs en caisses.	
kil.	fr.	fr.	fr.	
De Bordeaux (Bastide) au Havre et vice-versâ... (762)	30 »	34 »	27 »	Viâ Auneau-Orléans.
— à Dieppe....... (734)	30 »	34 »	27 »	—
— au Molay-Littry. (655)	30 »	34 »	27 »	Viâ Le Mans
— à La Londe..... (652)	30 »	34 »	27 »	—
— à Fécamp....... (756)	30 »	34 »	27 »	Viâ Auneau-Orléans.
— à Honfleur..... (656)	30 »	34 »	27 »	—
— à Trouville-Deau-ville.......... (638)	30 »	34 »	27 »	Viâ Le Mans
— à Argentan..... (544)	28 50	34 »	27 »	—

§ 6. — *Alcools, cidres, eaux-de-vie, flegmes, poirés, rhums, tafias, trois-six, vendanges, vermouth, vinaigres, vins, en fûts, sans condition de tonnage.*

1° *Relations Midi-État* :

	kil. par tonne.		
De Cette (ville) à Nantes (État). (848)	45 fr.		Viâ Bordeaux.
De Montpellier — (855)	45 [1]		—

2° *Relations Ouest-P.-L.-M.* :

D'Auxerre à Rouen, Elbeuf et vice-versâ (422)	16 »		Viâ Villeneuve-Saint-Georges.
De Dijon à — (562)	30 »		—

---

1. Prix applicable viâ Toulouse comme viâ Saint-Pons. Non applicable aux cidres, poirés et vinaigres en fût.

De Beaune à Rouen, —	(599)	32 50	Viâ Villeneuve- Saint-Georges
Elbœuf, et vice-versâ			
De Chalon-s-Saône à —	(613)	32 50	—
De Mâcon à Rouen —	(670)	34 »	—
De Lyon —	(742)	36 »	—
D'Auxerre au Hâvre, Dieppe,			
Fécamp	(422)	20 »	—
De Dijon —	(562)	33 »	—
De Beaune —	(599)	35 50	—
De Chalon-s-Saône —	(613)	37 »	—
De Mâcon —	(670)	37 »	—
De Lyon —	(742)	39 »	—

§ 7. *Relations Orléans-Grande Ceinture.*

Cidres, poirés, vinaigres, vins, en fûts, sans condition de tonnage :

D'Orléans à Poissy et vice-versâ.	(14 k.)	13 fr. par tonne	Viâ Savigny.
De Beaugency — —	(172 k.)	15 75	— —
De Blois — —	(204 k.)	19 »	— —
De Tours — —	(260 k.)	21 »	— —

§ 8. — *Relations Ouest-État*

Cidres, poirés, vendanges, vermouth, vinaigres, vins, alcools, eaux-de-vie, rhums, tafias, trois-six, en fûts, liqueurs en caisses.

PRIX PAR TONNE
SANS CONDITION DE TONNAGE

		Cidres, poirés, vendanges, vermouth, vinaigres, vins, en fûts.	Alcools, eaux-de-vie, rhums, tafias, trois-six, en fûts.	Par wagons complets d'au moins 5.000 kilogr. ou payant pour ce poids.	Alcools, cidres, eaux-de-vie, poirés, rhums, tafias, trois-six, vendanges, vermouth, vinaigres, vins, en fûts, Liqueurs en caisses.	
	kil.	fr.	fr.		fr.	
à Cherbourg et vice-versâ	(727)	30 »	34 »	27 »	Viâ Angers (Maître-École).	
à Mutrécy-Clinchamps —	(612)	30 «	34 »	27 »	—	
à St-Sauveur-le-Vi-comte —	(705)	30 »	34 »	27 »	—	
à Landivisiau —	(732)	28 50	28 50	27 »	—	
à St-Malo-St-Servan —	(597)	30 »	33 »	27 »	—	
à Sillé-le-Guillaume —	(472)	28 50	28 50	27 »	—	
à Granville —	(644)	30 »	34 »	27 »	—	
à Mayenne —	(501)	28 50	28 50	27 »	—	

De Bordeaux (St-Jean)

De La Rochelle au Havre	—	(623)	30 »	34 »	25 »	Viâ Chartres
à Dieppe	—	(595)	30 »	34 »	25 »	—
à Fécamp	—	(617)	30 »	35 »	25 »	—
à Montivilliers	—	(623)	30 70	34 70	25 »	—
à Molay-Littry	—	(515)	30 »	34 »	25 »	—
à Mutrécy-Clinchamps	—	(461)	30 »	34 »	25 »	Viâ Angers-Maître-École.

De La Pallice aux mêmes destinations et vice-versâ : mêmes prix et mêmes itinéraires avec 6 kilomètres de parcours en plus.

De Rochefort aux mêmes destinations et vice-versâ : mêmes prix et mêmes itinéraires, avec 12 kilomètres de parcours en plus.

De Rochefort à Cherbourg et vice-versâ	(588)	30 »	34 »	25 »	Viâ Chartres et Angers-Maître-École.
De Niort au Havre et vice-versâ	(571)	30 »	34 »	25 »	Viâ Chartres et Angers-Maître-École.

De Niort à Dieppe et vice-versâ		(543)	30 »	34 »	25 »	Viâ Chartres et Angers-Maître-École.
à Cherbourg	—	(524)	30 »	34 »	25 »	—
à Fécamp	—	(565)	30 »	34 »	25 »	—
à Montivilliers	—	(571)	30 70	34 70	»	Viâ Angers-Maître-École.
à Coutances	—	(451)	30 »	34 »	»	—
à Landivisiau	—	(529)	24 50	24 50	»	—
à Granville	—	(438)	30 »	34 »	»	—
à Plœuc-l'Hermitage	—	(442)	24 50	24 50	»	—
D'Orléans à Yvetôt	—	(268)	15 »	»	»	Viâ Chartres.
au Havre	—	(319)	19 »	»	»	—
à Dieppe	—	(291)	17 50	»	»	—
à Lisieux	—	(245)	16 »	»	»	—
à Caen	—	(279)	19 50	»	»	Viâ Nogent-le-Rotrou.
à Cherbourg	—	(441)	28 50	»	»	—
à Fécamp	—	(313)	19 »	»	»	Viâ Chartres
à Montivilliers	—	(319)	19 70	»	»	—
à Honfleur	—	(254)	18 »	»	»	—
à Trouville-Deauville	—	(267)	18 »	»	»	—
à Saint-Lô	—	(347)	25 50	»	»	Viâ Nogent-le-Rotrou.
à Coutances	—	(371)	25 50	»	»	—
à Rennes	—	(342)	23 50	»	»	Viâ Chartres.
à Laigle	—	(175)	13 50	»	»	Viâ Nogent-le-Rotrou.
à Alençon	—	(190)	15 50	»	»	—

De Blois à Lisieux —   (300)   22 25   »   »   —
    —   Honfleur—   (343)   24 25   »   »   —
    —   Trouville-Deauville—(330)   24 25   »   »   —

III. *Prix exceptionnels. — Relations Orléans-Midi-P.-L.-M. — Vins en fûts à destination de Paris, par expédition de 7.000 kil. au minimum ou payant pour ce poids, adressée par un expéditeur unique à un destinataire unique, accompagnée d'une pièce unique de régie et composée de fûts de même type ne portant que des marques identiques imprimées sur le corps même des fûts.*

A — De Lésignan (Aude), de Courniou, de Bertholène et de toutes les gares du réseau du Midi situées à l'ouest des trois gares précitées, à Paris (Ivry) et Arcueil-Cachan; — *y compris les frais de chargement, de déchargement, de gare et de transmission.*

			fr.	
600 kilomètres	......	25 50	par tonne.
620	—	......	25 90	—
640	—	......	26 30	—
660	—	......	26 70	—
680	—	......	27 10	—
700	—	......	27 50	—
720	—	......	27 70	—
740	—	......	27 90	—
760	—	......	28 10	—
780	—	......	28 30	—
800	—	......	28 50	—
820	—	......	28 70	—
840	—	......	28 90	—
860	—	......	29 10	—
880	—	......	29 30	—
900	—	......	29 50	—
920	—	......	29 70	—
940	—	......	29 90	—
960	—	......	30 10	—
980	—	......	30 30	—

B — De Villedaigne, de Saint-Pons, de Laissac et de toutes les gares du réseau du Midi situées à l'Ouest des trois gares précitées, à Paris (Bercy); — *y compris les frais de chargement, de déchargement, de gare et de transmission.*

600 kilomètres	......	26 »	par tonne.
620	—	......	26 30	—
640	—	......	26 60	—
660	—	......	26 90	—
680	—	......	27 20	—

A partir de 700 kil., mêmes prix que dans le barème précédent.

Pour tout parcours intermédiaire, la taxe est celle du parcours immédiatement supérieur.

Les prix ci-dessus ne sont applicables que par la voie la plus courte des points de départ ci-dessus indiqués à Paris et à Arcueil-Cachan.

Le poids de chaque fût plein ne peut excéder 900 kil.

Les expéditions devant être effectuées de Cette sur le réseau P.-L.-M. et sis au delà ne seront acceptées qu'à la gare de Cette-Méditerranée.

B. Tarif spécial commun P. V. n° 126.

FUTS VIDES EN RETOUR

1° *Relations Orléans, P.-L.-M., État, Midi, Ouest, Grande et Petite Ceinture :*

Fûts dits demi-muids, d'une contenance de 6 hectolitres au plus, et fûts en fer, d'une contenance de 7 hectolitres au plus, — en retour :

Par expédition de 6 fûts au minimum, y compris les frais de chargement, de déchargement et de gare, tant au départ et à l'arrivée qu'aux points de jonction des divers réseaux :

D'une gare quelconque de l'un des réseaux d'Orléans[1], de P.-L.-M., de l'État, du Midi, de l'Ouest et de là Grande et de la Petite Ceinture de Paris à une gare quelconque d'un autre de ces mêmes réseaux :

Jusqu'à	800 kilomètres	5 fr. par fût.	
de 801 à 1.000	—	5 50	—
de 1.001 à 1.200	—	6 »	—
de 1.201 à 1.500	—	6 50	—

Nota. — Pour les gares situées en dehors du périmètre de la Grande Ceinture, les barèmes ci-dessus sont appliqués d'après les distances réelles totales, viâ Grande Ceinture, même lorsque l'itinéraire court s'établit par la Petite Ceinture.

2° *Relations Orléans — Ouest.*

Fûts vides, sans condition de tonnage, y compris les frais de chargement, de déchargement et de gare, tant au départ et à l'arrivée qu'aux points de jonction des divers réseaux :

De la Londe à Bordeaux-Bastide et vice-versâ (652 kil.) 36 fr. par tonne de 1.000 kilogr. Viâ Le Mans.

Du Havre à Bordeaux-Bastide et vice-versâ (762 kil.) 36 fr. par tonne de 1.000 kilogr. Viâ Auneau.

De Dieppe à Bordeaux-Bastide et vice-versâ (734 kil.) 36 fr. par tonne de 1.000 kilogr. Viâ Auneau.

De Fécamp à Bordeaux-Bastide et vice-versâ (756 kil.) 36 fr. par tonne de 1.000 kilogr. Viâ Auneau.

---

1. Y compris les gares de la section de Paris à Limours et Sceaux-Robinson (Paris-Montrouge excepté).

Du Molay-Littry à Bordeaux-Bastide et vice-versà (655 kil.), 36 fr. par tonne de 1.000 kilogr. Viâ Le Mans.

De Honfleur à Bordeaux-Bastide et vice-versà (656 kil.), 36 fr. par tonne de 1.000 kilogr. Viâ Le Mans.

De Trouville-Deauville à Bordeaux-Bastide et vice-versà (638 kil.) 36 fr. par tonne de 1.000 kilogr. Viâ Le Mans.

3° Relations Orléans — État — Ouest.

Dans les mêmes conditions qu'au § précédent.

De Brest à Bordeaux Saint-Jean ou vice-versà (737 kil.) 36 fr. par tonne de 1.000 kil. viâ Landerneau-Nantes.

4° Relations Ouest — État.

Dans les mêmes conditions qu'au § précédent.

De Cherbourg à Bordeaux Saint-Jean et vice-versà (727 kil.), 36 fr. par tonne de 1.000 kil. viâ Angers (Maître-École).

CONDITIONS PARTICULIÈRES

Les prix du présent tarif commun ne sont appliqués qu'aux fûts ayant servi à des expéditions de boissons faites aux prix et conditions du tarif commun P. V. n° 106 et sur la production de la lettre de voiture primitive, ne remontant pas à plus de quatre mois de date.

Lorsque l'envoi des fûts vides aura précédé le transport à l'état plein, le présent tarif ne sera appliqué que par voie de détaxe; la demande devra en être faite dans un délai de quatre mois au plus, compté à partir de l'expédition primitive et être accompagnée des titres afférents aux deux transports.

Il devra, en outre, y avoir identité entre le destinataire des fûts pleins et l'expéditeur des fûts vides, ou bien entre le destinataire des fûts vides et l'expéditeur des fûts pleins.

Les administrations ne répondent pas des déchets et avaries de route pouvant résulter, pour les futailles en retour, de l'exposition à l'air sec, au soleil, à la pluie ou à la neige, sur les wagons ou dans les gares.

Nota. — Les fûts vides transportés aux conditions du présent tarif ne sont pas soumis à la surtaxe de 50 p. 100 prévue par l'article 10 des conditions d'application des tarifs généraux.

CONDITIONS GÉNÉRALES COMMUNES AUX DEUX TARIFS SPÉCIAUX CI-DESSUS P. V. Nᵒˢ 106 ET 126.

Art. 1er. — Les prix du présent tarif commun ne sont appliqués qu'autant que l'expéditeur en fait la demande sur sa déclaration d'expédition. Cette demande peut être faite par l'une des mentions : *Tarif spécial, — tarif réduit, — tarif le plus réduit*, considérées comme équivalentes et impliquant l'acceptation, par l'expéditeur, de toutes les conditions que comporte le présent tarif. A défaut de l'une de ces indications, l'expédition est soumise au prix et conditions des tarifs généraux de chaque administration.

Art. 2. — L'administration expéditrice, seule, perçoit un droit d'enregistrement de 10 cent. par expédition.

Art. 3 — Les administration ne répondent pas des déchets et avaries de route.

Art. 4. — Les administrationss pourront prolonger de cinq jours au delà des délais réglementaires la durée des transports effectués au prix du présent tarif, sans que cet excédent de délai puisse donner lieu à indémnité.

Art. 5. — En ce qui concerne le stationnement des wagons et le magasinage des marchandises, les prix et délais sont appliqués conformément aux arrêtés ministériels en vigueur.

Art. 6. — Les prix du présent tarif peuvent être soudés à ceux des tarifs généraux ou spéciaux, en se conformant, sur chacun d'eux, à leur tarif spécial réglant les conditions de soudure.

Art. 7. — Les marchandises expédiées aux conditions du présent tarif commun de ou pour une gare non dénommée audit tarif commun, mais intermédiaire entre deux gares dénommées, peuvent jouir du bénéfice de ce tarif en payant pour la distance entière, depuis la dernière gare dénommée située avant le lieu de départ jusqu'à la première gare dénommée située avant le lieu de destination, si la taxe ainsi calculée, est plus avantageuse que celle des tarifs généraux ou spéciaux de chaque administration.

Ne sont considérées comme intermédiaires entre deux gares dénommées que celles qui sont situées sur l'itinéraire le plus court entre chacune des gares dénommées et le point de transit indiqué au présent tarif.

Toutefois, et nonobstant le passage de la Grande Ceinture, Paris continuera d'être traité comme gare intermédiaire.

Les seules gares de Paris considérées comme intermédiaires sont les gares situées sur l'itinéraire le plus direct entre la gare expéditrice et la gare destinataire en empruntant les rails de la Petite Ceinture (les gares des Batignolles, la Chapelle, la Villette, Bercy et Ivry étant considérées comme des gares de la Petite Ceinture).

Art. 8. — Les conditions des tarifs généraux de chaque administration restent applicables aux expéditions faites en vertu du présent tarif en tout ce qui n'est pas contraire aux dispositions qui précèdent.

Comme conséquence des dispositions ci-dessus sont supprimés :

Orléans. — Les tarifs communs ci-après : E nᵒˢ 36, 39, 40 et 43 ; — les dispositions relatives aux transports des boissons et des fûts vides inscrites dans les tarifs E nᵒˢ 17, paragraphe 1ᵉʳ ; — E nᵒ 55, paragraphe 1ᵉʳ ; — E nᵒ 78, 1ʳᵉ et 3ᵉ séries ; E nᵒ 114, 2ᵉ alinéa ; — E nᵒ 205, paragraphes 5, 5 *bis*, 5 *ter*, et 42 ; E nᵒ 205, paragraphe 8 ; — P. V., nᵒ 126, paragraphe 3.

Paris-Lyon-Méditerranée. — Les dispositions ci-dessus annulent les paragraphes 2, 3, 9, 10 et 11 du tarif P. V. n° 106 ; elles annulent également l'annexe n° 4 au tarif commun P. V. n° 125 Paris-Lyon-Méditerranée.

État. — Les tarifs communs K n°s 25, 28 et 28 ; les dispositions relatives au transport des boissons et des fûts inscrites dans les tarifs communs G n° 40, paragraphes 5, 5 *bis*, 5 *ter* et 42 ; — G n° 40 *bis*, paragraphe 8 ; — G n° 41, paragraphe 1er ; — K n° 35, paragraphe 1er, et K n° 46, 1re et 3e séries.

Midi. — Le tarif P. V. n°s 106 et son annexe n° 1 ; — les dispositions des tarifs P. V. n°s 125 et 325 concernant le transport des fûts vides en retour.

Ouest. — Le tarif commun P. V. n° 77 ; — les dispositions relatives au transport des boissons et de fûts vides inscrites dans les tarifs P. V. n° 103, paragraphe 1er ; — P. V. n° 106, 1re et 3e séries.

B. — Tarif du réseau P.-L.-M.

A. Tarif spécial P. V. n° 6.

Vins en fûts, par expédition de 7.000 kil. au minimum ou payant pour ce poids, de toutes les gares du réseau à Paris (B), sous condition d'un parcours minimum de 200 kilomètres ou payant pour 200 kilomètres.

200 kilomètres...........	15 50	par tonne, plus 1 fr. pour frais de chargement, de déchargement et de gare.
205 —	15 65	—
210 —	15 80	—
215 —	15 95	—
220 —	16 10	—
225 —	16 25	—
230 —	16 40	—
235 —	16 55	—
240 —	16 70	—
250 —	17 »	—
260 —	17 30	—
270 —	17 60	—
280 —	17 90	—
290 —	18 20	—
300 —	18 50	—
310 —	18 80	—
320 —	19 10	—
330 —	19 40	—

200 ki omètres............ 15 50 par tonne, plus 1 fr.
pour frais de chargement, de déchargement et de gare.

340	—	....	19 70	—
350	—	....	20 »	—
360	—	....	20 30	—
380	—	....	20 90	—
400	—	....	21 50	—
420	—	....	21 90	—
440	—	....	22 30	—
460	—	....	22 70	—
480	—	....	23 10	—
500	—	....	23 50	—
520	—	....	23 80	—
540	—	....	24 10	—
560	—	....	24 40	—
580	—	....	24 70	—
600	—	....	25 »	—

De 600 à 980 kil., mêmes prix que ceux du tarif précédent, pour les transports de Villedaigne, etc., à Paris (*voir page 176*), plus 1 franc pour frais de chargement, etc.

1.000 kilomètres		....	29 50
1.020	—	....	29 70
1.040	—	....	29 90
1.060	—	....	30 10
1.080	—	....	30 30
1.100	—	....	30 50

Pour tout parcours intermédiaire, la taxe est celle du parcours immédiatement supérieur. Se trouvent supprimés, par suite, les prix actuels de Lyon, Saint-Rambert d'Albon, Serrières, Saint-Péray, Valence, Le Teil, Montélimar, Bagnols, Orange, Avignon et Pont-d'Avignon sur Paris et vice-versâ, le barème ci-dessus donnant des prix plus avantageux.

Nota : Par exception, les prix fixés au départ :

1° de Cette (V.) sont applicables également au départ des lignes de Nîmes à Tarascon, Lunel à Arles, Saint-Césaire au Cailar, Aimargues à Aigues-Mortes, Montpellier à Nîmes (viâ Sommières et viâ Uchaud), Sommières à Gallargues et à Alais (viâ Quissac), Remoulins à Beaucaire.

2° de Marseille (J. et P.) sont applicables également au départ des gares de la ligne d'Avignon à Miramas par Salon.

C. — **Tarifs du réseau d'Orléans**.

Tarif spécial D. n° 6.

Vins en fûts à destination de Paris, par expédition adressée par un expéditeur unique à un destinataire unique, accompagnée d'une pièce unique de régie, et composée de fûts du même type, ne portant que des marques identiques sur le corps même des fûts. — (Frais de chargement, de déchargement et de gare compris.)

1º Par expédition de 7 tonnes au *minimum* ou payant pour ce poids.

De toutes les gares du réseau à Paris (Ivry) et à Arcueil-Cachan :

1er parcours partial jusqu'à 400 kil.			19 f. 50 par 1.000 k.
2e — de 401 à 600 » (par k. en sus)	0	03	—
3e — de 601 à 700 » —	0	02	—
4e — au-delà de 700 » —	0	01	—

2º Par expédition de 20 tonnes au *minimum* ou payant pour ce poids :

De Bordeaux-Bastide et de Saint-Nazaire à Paris-Ivry et Arcueil-Cachan......................... (577 kil.) 18 fr. par 1.000 kil.

De Nantes et de Saint-Nazaire à Paris-Ivry et Arcueil-Cachan.............. (425 kil.) 16 » —

D. — **Tarifs du réseau de l'État**.

Tarif spécial P. V. n° 6.

Vins en fûts, par expédition adressée par un expéditeur unique à un destinataire unique, accompagnée d'une pièce unique de régie, et composée de fûts du même type, ne portant que des marques identiques imprimées sur le corps même des fûts. (Frais de chargement, de déchargement et de gare compris.)

1º Par expédition de 7.000 kilogr. au *minimum*, ou payant pour ce poids :

D'une gare quelconque du réseau de l'État à Paris :

Parcours jusqu'à 400 kilom. : taxes résultant des tarifs en vigueur entre la gare de départ et Paris, avec *maximum* de 19 fr. 50 par tonne ;

Au-delà de 400 kilomètres, par kilomètre excédant 400 : 3 centimes par tonne.

Nota. — Les prix sont calculés d'après les distances indiquées au tarif spécial P. V. n° 43, et les transports sont dirigés sur celle des deux gares de Paris (Vaugirard et Ivry) à laquelle aboutit l'itinéraire légal entre la gare de départ et Paris.

2o Par expédition de 20.000 kilogrammes au minimum ou payant pour ce poids :

kil. par tonne.

Des Sables d'Olonne à Paris-Vaugirard, par toute voie État (476)   18 fr.
De La Rochelle et de La Pallice —   —   (466)   18 »
De Rochefort à Paris-Ivry (viâ Tours)................ (469)   18 »
De Tonnay-Charente.................... — (—) (473)   18 »
De Blaye   — (viâ Coutras)............. (580)   18 »

RENSEIGNEMENTS POSTAUX
Et Télégraphiques

Lettres ordinaires. — Affranchissement : 15 cent. par 15 gr. et fraction de 15 gr. Non affranchies, 30 cent. par 15 gr. et insuffisamment sont taxées double avec déduction de la valeur de timbres apposés. Ces lettres ne doivent contenir ni billets de banque, bons, chèques, bons de poste, coupons de dividendes, ni pièces de monnaie, bijoux ou objets précieux, sous peine d'amende. Cependant on peut insérer des timbres-poste.

Lettres recommandées. — Droit fixe de 25 cent. plus la taxe ordinaire. Avis de réception facultatif 10 cent. Pour les autres objets la taxe est variable. On peut insérer des valeurs dans ces lettres sans les déclarer et aucune forme de fermeture n'est exigée. En cas de perte on n'a droit qu'à une indemnité de 25 fr.

Lettres chargées. — (Maximum de déclaration 10.000 fr.) Doivent être placées sous enveloppes scellées de cachets en cire portant une empreinte uniforme et au nombre de 5. La déclaration doit être portée à la partie supérieure de la suscription, en toutes lettres et en francs et centimes, sans surcharges. Taxe : Droit fixe : 25 cent. ; 15 cent. par 15 gr. ; 10 cent. par 500 fr. ou fraction de 500 fr. déclarés. Avis réception 10 cent.

Journeaux et ouvrages périodiques paraissant au moins une fois par trimestre, sous bande. (Maximum de poids 3 kilos.)

Hors du département et limitrophes, par exemplaire, 2 cent. jusqu'à 25 gr., avec augmentation de 1 cent par 25 gr. ou fraction de 25 gr.

Dans le département et limitrophes : 1 cent. jusqu'à 50 gr. ; au-dessus de 50 gr. la taxe est de 1/2 cent. par 25 gr. ou fraction de 25 gr.

Seine et Seine-et-Oise : 1 cent. jusqu'à 35 gr. avec augmentation de 1/2 cent. par 25 gr. on fraction de 25 gr.

Imprimés de toute nature : Sous bandes mobiles couvrant 1/3 surface : 1 cent. par 5 gr. jusqu'à 20 gr. ; 5 cent. au-dessus de 20 gr. jusqu'à 50 gr. ; au-dessus de 50 gr., 5 cent. par 50 gr. ou fraction de 50 gr. Sous enveloppe ouverte : 5 cent. par 50 gr. ou fraction de 50 gr. Maximum : du poids, 3 kil. ; de la dimension, 45 centimètres.

Échantillons ; épreuves d'imprimerie ; papier de commerce ou d'affaires. — 5 cent. par 50 gr. ou fraction de 50 gr. Maximum du poids : échantillons, 350 gr. ; papiers d'affaires: 3 kil. Maximum de la dimension : échantillons ordinaires. 30 centim. ; échantillons sur cartes et papiers d'affaires, 45 cent. On peut recommander moyennant droit fixe de 25 cent.

Poste restante. — Les objets sont délivrés sur présentation de lettre reçue par la poste, ou de carte de visite. Pour chargements, produire pièce officielle : carte d'électeur, permis de chasse. A défaut, deux témoins connus du receveur.

Bons de poste. — Tous les bureaux délivrent des bons de 1 fr. (droit 5 cent.), 2 fr. (droit 5 cent.), 5 fr. (droit 5 cent.), 10 fr. (droit 10 cent.), 20 fr. (droit 20 cent.). Présenter au paiement dans les trois mois de l'émission ; passé ce délai, formalité du renouvellement et nouvelle taxe.

Mandats. — Le droit est de 1 fr. 0/0 de la somme versée. Les versements sont illimités. Les mandats de 300 fr. et au-dessous sont payables à vue ; au-dessus l'administration se réserve un délai de 8 jours. Avis de paiement, 10 cent. En France et Algérie, les mandats sont valables 2 mois ; pour militaire, 3 mois. Ceux pour les colonies, les marins ou l'armée de mer sont valables 9 mois. Tout mandat resté entre les mains de l'envoyeur peut lui être remboursé. Pour un mandat périmé, adresser une demande de paiement, sur timbre de 60 cent., au ministre des postes et télégraphes, par l'intermédiaire du receveur des postes. Pour toucher un mandat, agir comme pour poste restante.

Mandats-cartes. — Dispensent de lettre d'avis ; sont admis seulement pour France et Algérie. Sont remplis par l'envoyeur et ne doivent contenir aucune anotation tenant lieu de correspondance. Recommandés, si on le veut, 25 cent.

Caisse nationale d'épargne. (Loi du 9 avril 81.) Tous les bureaux de poste de France et d'Algérie sont ouverts au service de la Caisse nationale d'épargne. Ce service fonctionne à bord des bâtiments de l'État et aux bureaux français d'Alexandrie, Port-Saïd et Tanger. Minimum de versement, 1 fr. ; le compte de chaque personne ne peut excéder 2.000 fr. Les sommes déposées rapportent un intérêt annuel de 3 0/0, qui part du 1er ou 16 de chaque mois qui suit le jour du versement. Les versements sont constatés au moyen de timbres-épargne et les livrets rendus aux déposants, séance tenante. Pour les remboursements adresser une demande, sur formule spéciale qui se trouve dans tous les bureaux, au directeur des postes et télégraphes, à Paris, qui autorise, autant que possible, par retour du courrier, et le remboursement doit être fait dans un délai maximum de 8 jours.

Recouvrement des effets de commerce. — La poste se charge des recouvrements qui ne sont pas supérieurs à 2.000 fr. Un droit fixe de 25 cent. est perçu pour l'envoi, quel qu'en soit le nombre, des valeurs à recouvrer au bureau de l'arrondissement postal duquel dépendent les destinataires. Sur le montant de chaque recouvrement qui est expédié par mandat-poste, il est prélevé : 1° 10 cent. par 20 fr. ou fraction de 20 fr., sans que ce prélèvement puisse jamais dépasser 50 cent. ; 2° 1 0/0 sur les premiers 50 fr. et 1/2 0/0 pour toute fraction excédant 50 fr. La poste fait aussi les recouvrements en : Allemagne, Autriche-Hongrie, Belgique, Égypte, Italie, Luxembourg, Norwége, Pays-Bas, Portugal, Roumanie, Suède et Suisse.

Colis postaux. — Par l'intermédiaire des chemins de fer, on peut expédier à l'intérieur de la France, dans toutes les localité desservies par une gare ou par une correspondance de chemins de fer, des colis sans déclaration de valeur, dont le poids varie de 3 kilog. à 5 kilog., sans limite de dimension ni de volume, aux conditions suivantes :

	3 kil.	5 kil.
Prix pour chaque colis livrable en gare	0 f. 60	0 f. 85
— à domicile	0 f. 85	1 f. 05

Ces colis peuvent être grevés d'un remboursement de 100 francs et au-dessous. Dans ce cas, l'expéditeur remet deux bulletins, l'un pour le transport, l'autre pour le remboursement. Lorsqu'un colis postal a été perdu ou avarié, l'expéditeur a droit à une indemnité qui ne peut dépasser 15 francs.

Colis non postaux de 0 à 5 kil. pour l'intérieur de la France. — Ces colis peuvent être expédiés en port dû ou en port payé. On en peut déclarer la valeur jusqu'à 100 fr. Ils peuvent être grevés d'un remboursement de 100 fr. et au-dessous.

Tarif.	De 0 à 3 kilog., en gare	1 »
—	— à domicile	1 25
—	De 3 à 5 kilog., en gare	1 20
—	— — à domicile	1 45

Pour l'étranger le tarif des colis postaux est de :

Algérie, Tunisie (littoral...	0.85	Égypte (autres localités)....	2.35
Corse] (intérieur.	1.10	Espagne	1.30
Allemagne	1.60	Italie	1.35
Autriche-Hongrie	1.60	Norwége et Suède	2.80
Belgique	1.10	Monténégro, Serbie	2.25
Bulgarie	2.85	Turquie (ports)	2.10
Danemark	1.60	— (intérieur)	2.25
Égypte (Alexandrie)	0.85		

SERVICE INTERNATIONAL

L'Union postale universelle comprend actuellement la plus grande partie des États étrangers. Pour tous ceux qui en font partie, les tarifs sont les suivants :

DÉSIGNATION DES OBJETS	TAXE
Lettre ordinaires	25 cent. par 15 grammes
Cartes postales	10 —
— avec réponse. . .	20 —
Papiers d'affaires.	25 — jusqu'à 250 grammes 5 — par 50 gr. ou fraction en sus
Échantillons	10 — jusqu'à 100 grammes 5 — par 50 gr. ou fraction en sus.
Journaux et imprimés. . . .	5 — par 50 gr. ou fraction.
Ojets recommandés.	25 — de droit fixe en sus de la taxe ordinaire.

La taxe des valeurs déclarées et des mandats (pour les pays avec lesquels il s'en échange), est variable ; aussi devra-t-on à ce sujet se renseigner près des receveurs.

La Tunisie est, pour les tarifs, assimilée à la France.

Pour les destinations ci-après, non comprises dans l'Union postale, les taxes sont variables et l'on devra également consulter les receveurs.

Destinations en dehors de l'Union postale : Cambodge, Chine, Corée, Maroc, Madagascar, Ascension, Cap de Bonne-Espérance, Natal, Orange, Transwal, Sainte-Hélène, Nouvelle-Galles du Sud, Nouvelle-Zélande, Victoria, Queensland, Australie occidentale et méridionale, Tasmanie, Bolivie, Iles Fidji, Samoa, et divers pays d'outre-mer dépourvus de services de paquebots.

TÉLÉGRAMMES

Pour la France et la Corse, la taxe des télégrammes est de 5 cent. par mot (le minimum de la perception est de 50 cent.).

L'adresse de l'expéditeur n'est taxée que lorsque celui-ci en demande la transmission. Les télégrammes peuvent être adressés poste restante ou bureau télégraphique restant.

L'expéditeur peut payer la réponse au même tarif, demander un reçu du dépôt de sa dépêche moyennant 10 cent., un accusé de sa dépêche moyennant 50 cent., ou la faire collationner en payant en plus la moitié de la taxe, ou enfin la recommander en payant la taxe de l'accusé de réception et du collationnement.

L'expéditeur peut demander, et le stipulant par écrit à gauche de l'adresse, que le bureau d'arrivée fasse suivre sa dépêche en cas d'absence. C'est alors le destinataire qui acquitte la taxe complémentaire.

Une dépêche dont le destinataire réside en dehors de la limite de l'octroi de la ville ou se trouve le bureau d'arrivée lui parvient par la poste sans supplément de frais.

Si l'expéditeur veut qu'elle soit remise *par exprès*, il doit acquitter un supplément de taxe de 50 cent. par kilom. parcouru et, dans ce cas, il inscrit *exprès payé* à la gauche de l'adresse. S'il ignore la distance exacte à parcourir, il dépose une provision.

Pour les télégrammes échangés entre l'Algérie ou la Tunisie d'une part, et la France, Corse comprise, et par assimilation les bureaux de la principauté de Monaco, d'autre part, la taxe est de 10 cent. par mot, parcours sous-marin compris, sans que le prix du télégramme puisse être inférieur à 1 fr.

Mandats télégraphiques. — Le public a la faculté de faire payer par mandats télégraphiques en France, en Algérie, en Corse et en Tunisie jusqu'à concurrence de 5.000 fr.

Les mandats créés à cet effet sont délivrés et transmis partout où il y a une recette de poste et un bureau télégraphique.

L'envoyeur doit payer : 1º un droit fixe de 50 cent. pour l'avis transmis au destinataire; 2º les droits de poste ; 3º ceux relatifs à la transmission télégraphique.

Télégrammes spéciaux. — Signes conventionnels : T. collationné (TC) ; accusé de reception (CR); recommandé (TR); faire suivre (FS); réponse payée (RP); par poste (PP).

TARIF TÉLÉGRAPHIQUE INTERNATIONAL

Pays.	TAXE par mot.	Pays.	TAXE par mot.	Pays	TAXE par mot.
Afghanistan.	4 50	Australie.	11 15	Egypte : Alex	1 70
Allemagne.	0 20	N.-Galles Sud.	11 35	— Haute.	1 95
Canada.	1 25	Aut.-Hongrie.	0 25	— Souakim.	2 80
Cap Breton.	1 25	Belgique.	0 15	Espagne.	0 20
Annam.	6 65	Bolivie.	15 55	New-York.	1 25
Havane.	3 85	Bosnie Herzég.	0 30	Gabon.	8 40
Santiago.	5 65	Brésil (Nord).	11 65	Gibraltar.	0 25
Guadeloupe.	14 30	— (Centre).		Grèce.	0 55
Jamaïque.	8 35	Rio-Janeiro.	9 75	Angleterre,	
Martinique.	14 70	Bulgarie.	0 35	Irlande.	0 25
Saint-Vincent.	15 54	Iles Canaries.	1 70	Italie.	0 20

Aden.	4 30	Chili.	10 90	Japon.	9 35
Portugal.	0 20	Chypre.	1 70	Maroc.	0 40
Roumanie	0 30	Chine	9 20	Monténégro	0 30
Russie	0 50	Cochinchine	5 75	Panâma	6 25
Sénégal.	2 25	Cambodge	5 75	Perse	1 75
Serbie.	0 30	Suisse.	0 15	République	
Suède.	0 35	Turquie.	0 35	argentine.	8 60
Tonkin.	7 15	Danemark.	0 30		

HYGIÈNE HUMAINE

Conseils utiles à connaître en cas d'accident,

Noyés ou asphyxiés par submersion. — Étendre le noyé sur le côté droit, au soleil ou près d'un bon feu, la tête plus élevée que le corps. Nettoyer la bouche des ordures (herbes, sables, etc.). Se placer derrière lui et élever ses bras en l'air et les abaisser brusquement pour essayer de rétablir la respiration. En même temps le frictionner continuellement; mettre sur l'estomac des linges trempés dans de l'eau-de-vie camphrée; souffler dans la bouche et les narines. Ne jamais prendre un noyé par les pieds : c'est le moyen de le tuer.

Empoisonnements. — Intervenir immédiatement. Si c'est un poison caustique (sulfurique, azotique, chlorhydrique, potasse, soude, chaux), le rendre inoffensif en le délayant dans une immense quantité d'eau chaude que l'on fait avaler au malade. Pour les acides, ajouter 30 gr. de magnésie dans un litre d'eau; pour les alcalis, 2 cuillerées de vinaigre ou de citron dans un verre d'eau.

Morsures de vipères. — Agir sans aucun retard; laver la plaie et presser fortement pour en faire sortir le sang. Le meilleur moyen est la succion immédiate. Cautériser ensuite à l'acide phénique. L'acide chromique en solution au centième est également recommandé. Administrer des boissons alcooliques chaudes et abondantes, même jusqu'à l'ivresse. Moyen préservatif : s'enduire les pieds et les mains d'ail écrasé; l'odeur fait fuir les vipères.

Morsures de chien enragé. — Cautérisation au fer rouge la plus prompte et la plus complète possible. Si l'on n'a pas de fer sous la main, provoquer la sortie du poison par lavage et pression des doigts pour faire sortir le sang de la plaie et succion immédiate; cautériser ensuite aussitôt que possible. Terminer par une visite à l'Institut Pasteur, à Paris.

Piqûres de scorpions, d'araignées. — Sont peu dangereuses. Froter avec de l'alcali volatil étendu d'eau et s'administrer une forte dose d'eau-de-vie, afin de suer.

Piqûres d'abeilles, guêpes, frelons. — Extraire l'aiguillon avec une épingle que l'on enfonce profondément ; puis laver avec de l'eau fraîche additionnée de sel, de vinaigre ou d'ammoniaque.

Piqûres de mouches charbonneuses. — Cautériser à l'acide phénique et recourir ensuite au médecin.

Piqûres de moustiques. — Pour diminuer les démangeaisons se frotter avec eau salée ou vinaigre ou ammoniaque.

Piqûres par outils malpropres, arêtes de poissons, épines, épingles. — Faire saigner immédiatement et abondamment en lavant la plaie pendant 10 minutes sous un filet d'eau pure. En ne négligeant pas cette précaution élémentaire on évite les panaris et les abcès.

Blessures par machines, chutes ou voitures. — Si la peau est seulement froissée, appliquer de l'eau froide ou de la teinture d'arnica ou eau-de-vie camphrée ; s'il y a plaie, que la peau soit entamée et qu'il y ait danger d'hémorrhagie, appliquer aussitôt de l'eau froide : tremper un morceau de toile dans l'eau et appliquer sur la plaie en le maintenant avec un lien. Toutes les dix minutes le mouiller sans l'enlever.

Brûlures. — Des compresses d'encre à écrire ou d'eau-de-vie ou d'ammoniaque empêchent ampoules. Eau froide. Percer les ampoules avec une aiguille pour faire sortir le liquide, mais ne pas enlever l'épiderme. Faire un mélange d'eau de chaux et d'huile d'olive et recouvrir la plaie avec ce mélange qui est surmonté d'une feuille de ouate ou de coton cardé.

Indigestions. — Exciter évacuation par vomissements avec de l'eau tiède, puis des infusions de thé légèrement sucré et prendre des lavements d'eau de son, dans laquelle on met deux cuillerées de sel. Diète et repos.

Coups à la tête, chute. — Débarrasser le blessé de ses vêtements ; ne lui donner que de l'eau fraîche à boire. S'il a perdu connaissance, bains de jambes à la moutarde.

Entorses, foulures. — Pour empêcher enflure plonger immédiatement le membre dans l'eau froide, puis l'envelopper de compresses d'eau-de-vie camphrée. Quand il y a enflure : cataplasmes farine de lin. Repos, diète et boissons rafraîchissantes.

Insolation. — Eau froide sur la tête et sinapismes aux pieds.

ADMINISTRATION DE L'AGRICULTURE

ENSEIGNEMENT AGRICOLE

Directeur de l'Agriculture : M. Tisserand, rue du Cirque, 17.

Inspection de l'Agriculture.

Enseignement Agricole : *Inspecteurs généraux :* MM. Prilleux, rue Cambacérès, 14, Paris ; Grosjean, rue Pierre-Guérin, 4 *bis*, Paris ; Hérisson, quai de la Fontaine, 12 *bis*, Nimes.

Agriculture : *Inspecteurs généraux :* MM. de Lapparent, rue du Regard, 9 Paris ; Randoing, rue Férou, 9, Paris ; Vassillière, rue de Châtenay, Fontenay-aux-Roses (Seine) ; Menault, à Angerville (Seine-et-Oise).

Inspecteurs : M. Fournat de Brézenaud, à Quintenas, par Annonay (Ardèche).

Algérie : M. Lecq à Alger.

Inspecteur du service phylloxérique : Couanon, 4, rue de Berri, Paris.

Enseignement supérieur de l'Agriculture,

Institut national agronomique, rue de l'Arbalète, à Paris. — Directeur : M. Risler.

Écoles nationales d'Agriculture.

Grignon, par Neauphle-le-Château (Seine-et-Oise). — Directeur : M. Philippar.
Montpellier (Hérault). — Directeur : M. Foëx.
Rennes (Ille-et-Vilaine). — Directeur : M. Godefroy.

Écoles vétérinaires.

École vétérinaire d'Alfort (Seine). — Dir. M. Trasbot.
— de Lyon (Rhône). — Dir : M. Arloing.
— de Toulouse (Haute-Garonne). — Dir. : M. Laulanié.
École nationale d'horticulture de Versailles (Seine-et-Oise), 4, rue du Potager. — Directeur : M. Nanot.
École nationale forestière de Nancy (Meurthe-et-Moselle).
École forestière des Barres, par Nogent-sur-Vernisson (Loiret).

Stations agronomiques, œnologiques et laboratoires agricoles

DÉPARTEMENTS	SIÈGES		DIRECTEURS
Ain.	Bourg.	L	Grandvoinnet.
Aisne.	Laon.	L	Gaillot.
Alpes-Maritimes.	Nice.	S	X...
Alger.	Alger.	S	Dugast.
Ariège.	Foix.	L	Soula.
Aude.	Narbonne (œnol.).	S	Semichon.
B.-du-Rhône.	Marseille.	L	Gassend.
Calvados.	Caen.	S	Louïse.
Charente.	Cognac { agr.	L	Baudoin.
	{ vitic.	S	Ravaz.
Cher.	Bourges.	S	Peneau.
Côte-d'Or.	Dijon.	S	X...
Eure-et-Loir.	Chartres.	S	Garola.
Finistère.	Lézardeau.	S	Pichart.
	Morlaix.	L	Libert.
Gard.	Nîmes { agr.	L	Chauzit.
	{ œnol.	S	Kayser.
Gironde.	Bordeaux.	S	Gayon.
Hérault.	Montpellier { agr.	S	Lagattut.
Id.	Id. { œnol.	S	Roos.
Ille-et-Vilaine.	Rennes.	S	Lechartier.
Indre.	Châteauroux.	S	Guinon.
Loir-et-Cher.	Blois.	S	Trouard-Riolle.
Loire.	Saint-Étienne.	L	Le Verrier.
Loire-Inférieure.	Nantes.	S	Andouard.
Loiret.	Orléans.	L	Quantin.
Manche.	Granville.	L	Laurot.
Marne.	Châlons.	L	Doutté.
Mayenne.	Laval.	L	Leizour.
Meurthe-et-Moselle.	Nancy.	S	Colomb-Pradel.
Nièvre.	Nevers.	L	Mancheron.
Nord.	Lille.	S	Dubernard.
	Valenciennes.	L	Quénot.
Oise.	Beauvais.	S	X...
Pas-de-Calais.	Arras.	S	Pagnoul.
	Béthune.	L	Gaillot.
	Boulogne.	SL	Sauvage.
Puy-de-Dôme.	Clermont.	S	Parmentier.
Pyrénées-Orientales.	Banyuls.	S	Lacaze-Duthier.
Rhône.	Lyon.	S	X...
Saône-et-Loire.	Cluny.	S	Bernard.
Seine.	Paris, essais semences.		Schribaux.
	Paris, machines.		Ringelmann
	Paris, entomologie.		Brocchi.
	Paris, agr.	S	Grandeau.
Seine-Inférieure.	Rouen.	S	Houzeau.
Seine-et-Marne.	Melun.	S	Vivier.

S = Station, L = Laboratoire.

DÉPARTEMENTS	SIÈGES		DIRECTEURS
Seine-et-Oise.	Grignon.	S	Dehérain.
	Versailles.	L	Rivière.
Somme.	Amiens.	S	Roger.
Vaucluse.	Avignon.	S	»
Vendée.	La Roche-sur-Yon.	L	Vauchez.
Vienne.	Poitiers.	S	Roux.
Yonne.	Auxerre.	S	Nantier.

Écoles pratiques d'agriculture

DÉPARTEMENTS	ÉCOLES	BUREAUX DE POSTE	Années d'études
Aisne.	Crézancy.	Crézancy.	2
Alger.	Rouïba.	Alger.	3
Allier.	Gennetines.	Saint-Ennemond.	2
Basses-Alpes.	Oraison.	Oraison.	2
Alpes-Maritimes.	Antibes.	Antibes.	2
Ardennes.	Rethel.	Rethel.	2
Bouches-du-Rhône.	Valabre.	Gardanne.	3
Charente.	Les Faurelles.	Jurignac.	2
Côte-d'Or.	Beaune.	Beaune.	3
Eure.	Neubourg.	Neubourg.	3
Finistère.	Lézardeau.	Quimperlé.	2
Haute-Garonne.	Ondes.	Ondes.	2
Ille-et-Vilaine.	Trois-Croix.	Rennes.	2
Loiret.	Le Chesnoy.	Montargis.	2
Lot-et-Garonne.	Saint-Pau.	Sos.	3
Manche.	Coigny.	Carentan.	2
Haute-Marne.	Saint-Bon.	Blaise.	2
Mayenne.	Beauchéne.	Mayenne.	2
Meurthe-et-Moselle.	Math. de Dombasle.	Tomblain.	2
Meuse.	Les Merchines.	Vaubecourt.	2
Morbihan.	Grand Resto.	Pontivy.	3
Nièvre.	La Patouille.	Corbigny.	3
Pas-de-Calais.	Berthonval.	Mont-Saint-Eloi.	3
Puy-de-Dôme.	La Molière.	Billom.	3
Rhône.	Ecully.	Ecully.	3
Haute-Saône.	Saint-Rémy.	Amance.	2 1/2
Sarthe.	La Pilletière.	Jupilles.	2
Seine-Inférieure.	Aumale.	Aumale.	3
Saône-et-Loire.	Fontaines.	Fontaines.	2
Somme.	Paraclet.	Boves.	3
Vaucluse.	Avignon.	Avignon.	2
Vendée.	Pétré.	Nalliers.	2
Vosges.	Claude des Vosges.	Saulxures.	2
Yonne.	La Brosse.	Auxerre.	3

Fermes-Écoles

DÉPARTEMENTS	ARRONDISSEMENTS	BUREAUX DE POSTE	FERMES-ÉCOLES
Ariège.	Pamiers.	Royat.	Syverdun.
Aude.	Castelnaudar.	Besplas.	Villasavary.
Charente-Inf.	La Rochelle.	Puilboreau.	La Lochelle.
Cher.	Saint-Aman.	Laumoy.	Le Châtelet.
Corrèze	Ussel.	Les Plaines.	Neuvic.
Doubs.	Besançon.	La Roche.	Marchaux.
Haute-Garon ne.	Murels.	Castelnau-l.-N.	Cazères.
Gers.	Auch.	Lahourre.	Lectoure.
Gironde.	La Réole.	Machorre.	Caudrot.
Haute-Loire.	Le Puy.	Nolhac.	Saint-Paulin.
Lot.	Cahors.	Le Montat.	Cahors.
Lozère.	Marvéjols.	Chazeirolettes.	Serverettes.
Orne.	Domfron t.	S.-Gauthier.	Domfront.
Vienne.	Civray.	Montlouis.	S.-Julien-l'Ars.
Haute-Vienne.	Limoges.	Chavaignac.	Nieul.
Vosges.	Mirecourt.	Beaufroy.	Mirecourt.

ÉCOLES DIVERSES

Bergeries nationales. — Rambouillet (Seine-et-Oise) ; Moudjebeur (province d'Alger).

École d'arboriculture et de jardinage. — Bastia (Corse).

Écoles de laiteries pour les filles.— Hauvec (Finistère et Coëtlegon (Ille-et-Vilaine).

École pratique d'aviculture. — Gambais (Seine-et-Oise).

MACON, PROTAT FRÈRES IMPRIMEURS.

BIBLIOGRAPHIE

Agriculture générale et spéciale

BARRAL et SAGNIER. — Dictionnaire d'Agriculture, 4 vol. in-8 .... 91 »

DE GASPARIN. — Cours d'agriculture, 6 vol. in-8 .... 39.50

P. JOIGNEAUX. — Le livre de la ferme, 2 vol.. 32 »

BAILLY-BIXIO et MALPEYRE. — La maison rustique, 5 vol. in-8... .... 39.50

HEUZÉ. — Assolements et systèmes de culture.. » »

GAROLA. — Les céréales, 1 vol........ ..... 9 »

BOITEL. — Agriculture générale, 1 vol........ 6 »

BOITEL. — Herbages et prairies, 1 vol........ 9 »

GIRARDIN et DU BREUIL. — Traité élémentaire d'agriculture, 2 vol........................ 16

AIMÉ GIRARD. — Recherches sur la pomme de terre, 1 vol............................ » »

RISLER. — Physiologie et culture du blé... .. » »

HEUZÉ. — Plantes alimentaires, 2 vol. in-8..... 30 »

HEUZÉ. — Plantes fourragères, 2 vol. in-8...... 7 »

Viticulture et Ampélographie

MAS et PULLIAT. — Le vignoble (épuisé), 3 vol.   »   »

RENDU. — Ampélographie française, 1 vol. 6 fr.,
avec planches 300   »

COMTE ODART. — Ampélographie, 1 vol......   7.50

G. FOEX. — Cours complet de viticulture, 1 vol..   20   »

G. FOEX. — Manuel pratique de viticulture, 1 vol.   4   »

P. VIALA. — Les maladies de la vigne, 1 vol....   20   »

P. VIALA et L. RAVAZ. — Les vignes américaines. Culture, adaptation (2e édition)   6   »

MOUILLEFERT. — Les vignobles et les vins de
France, 1 vol.................................   10   »

PORTES et RUYSSEN. — Traité de la vigne et
de ses produits, 3 vol.........................   32.80

BENDER et VERMOREL. — Le vigneron
. moderne, 1 vol..............................   3.50

H. MARÈS. — Cépages de la région méditerranéenne, 1 vol.................................   85   »

CROLAS et VERMOREL. — Manuel pratique
des sulfurages, 1 vol..........................   1.50

GUYOT (Dr JULES). — Étude des vignobles de
France, 3 vol.................................   30   »

GUYOT (Dr JULES). — Culture de la vigne et
vinification, 1 vol............................   3.50

MUNTZ. — Les vignes, 1 vol..................   12   »

ROUGIER. — Instructions sur la reconstitution
des vignobles, 1 vol..........................   3   »

VIALA et NANOT. — Greffage de la vigne, tableau mural.   5   »

VERMOREL. — Le greffage pratique de la vigne,
1 vol.. 1.50

PULLIAT. — Mille variétés de vignes, 1 vol.... 4 »

J. PERRAUD. — La taille de la vigne......... 5 »

VERMOREL et PERRAUD. — Guide du vigneron contre les ennemis de la vigne, 1 vol..... 2 »

GERVAIS (PROSPER). — Adaptation et reconstitution en terrains calcaires, 1 vol........... 3 »

Œnologie. — Vinification

COSTE-FLORET. — Procédés modernes de
vinification, 1 vol.................................. 6 »

COSTE-FLORET. — Vinification des vins blancs,
1 vol..... .... 5 »

CAZALIS. — Traité pratique de l'art de faire le
vin, 2 vol... 7.50

MAUMENÉ. — Travail des vins, 1 vol.......... 30 »

MAGNIER DE LA SOURCE. — Analyse des
vins, 1 vol... 3.50

ROBIN et VERMOREL. — Guide de la vinifi-
cation, 1 vol..... .... 1.50

ROUGIER. — Manuel pratique de vinification,
1 vol... 4 »

VIARD. — Traité général de la vigne et des vins,
1 vol... 15 »

RAYMOND BRUNET. — Traité de vinification,
1 vol... 4 »

CAMBON. — Le vin et l'art de la vinification,
1 vol... 4 »

Zoologie. — Zootechnie

Géologie. — Minéralogie

DE LAPPARENT. — Cours de minéralogie, 1 vol.... » »

DE LAPPARENT. — Cours de géologie, 1 vol... » »

RISLER. — Géologie agricole, 3 vol... » »

Physique et Météorologie

MARIE-DAVY. — Météorologie et physique agricole, 1 vol... 3.50

HOUDAILLE. — Le soleil et l'agriculteur, 1 vol.. 4.50

GANNOT. — Cours de physique... » »

Chimie Agricole

DEHÉRAIN. — Chimie agricole, 1 vol... 16 »

SCHLŒSING. — Chimie agricole, 1 vol... » »

MUNTZ. — Méthodes analytiques (Encyclopédie Frémy), 1 vol... 25 »

MUNTZ et GIRARD. — Les engrais, 3 vol... 18 »

GRANDEAU. — Analyse des matières agricoles, 1 vol... 12 »

PELIGOT. — Chimie analytique appliquée à l'agriculture, 1 vol... 12 »

G. VILLE. — Les engrais chimiques, 3 vol.... 10.50

MICHAUT et VERMOREL. — Les engrais de la vigne, 1 vol... 3.50

VERMOREL. — Simples notions sur les engrais chimiques, 1 vol............................... 1.50

OTTAVI (OTTAVIO).— Fumure des vignes, 1 vol.   1   »

BERNARD. — Le calcaire et sa détermination, 1 vol....................................... 1.50

Botanique. — Microbiologie

VAN THIEGEM. — Cours de botanique, 1 vol.   30   »

VESQUE. — Botanique agricole, 1 vol..   8   »

PRILLIEUX. — Les maladies des plantes agricoles, 1 vol..................................   6   »

MILLARDET. — Principales variétés et espèces de vignes américaines, 1 vol..............   25   »

CORNIL et BABÉS. — Les bactéries, 2 vol...   40   »

DUCLAUX. — Microbiologie (Encyclopédie Frémy), 1 vol.................................   25   »

PASTEUR. — Les fermentations...............   »   » .

Génie rural et Irrigation

GRANDVOINNET. — Traité élémentaire de constructions agricoles, 2 vol ....   »   »

TRESCA. — Le matériel agricole moderne, 2 vol.   12   »

FERROUILLAT et CHARVET.— Les celliers, 1 vol..   18   »

DURAND-CLAYE et LAUNAY. — Hydraulique agricole et génie rural, 2 vol.............   »   »

HERVÉ MANGON. —Traité de génie rural, 1 v.   »   »

RONNA. — Irrigations, 3 vol   13   »

Comptabilité

SAINTOIN LEROY. — Cours complet de comptabilité agricole................................   »   »
MIGNOT. — Comptabilité agricole, 1 vol.......   6   »

Économie et Législation rurales

GAUWAIN. — Législation rurale, 1 vol.........   6   »
LECOUTEUX. — Cours d'économie rurale, 2 vol.   7   »
LECOUTEUX. — Principes des cultures améliorantes, 1 vol 3.50
DE GASPARIN. — Le fermage................   »   »
CONVERT. — La propriété, 1 vol.............   4   »
CONVERT. — Les entreprises agricoles, 1 vol....   4.50
DE LA TOURDONNET. — Étude sur le métayage, 1 vol................................   »   »
V. BORIE. — Étude sur le crédit agricole, 1 vol.
GRANDEAU. — Alimentation de l'homme et des animaux, 2 vol....................   12   »
PAISANT et PIDAUCET. — Code pratique des lois rurales, 1 vol....................   »   »
DESCLOZEAUX. — Code des falsifications agricoles, 1 vol............................   »   »
BOULLAIRE. — Manuel des syndicats professionnels agricoles, 1 vol....................   »   »
HAUTEFEUILLE. — Annuaire des syndicats agricoles, 1 vol............................   »   »

Horticulture et Arboriculture. — Sylviculture

DUBREUIL. — Principes généraux d'arboriculture, 1 vol... » »

DUBREUIL. — Culture des arbres et arbrisseaux à fruits de table, 1 vol............................... » »

— d'ornement, 1 vol.................................. » »

MOUILLEFERT. — Traité des arbres et arbrisseaux, 1 vol... » »

HARDY. — Taille des arbres fruitiers, 1 vol. 5.50

RIVOIRE. — Le petit jardin potager, 1 vol... » »

CH. BALTET. — L'horticulture française, 1 vol. 5 »

NOIROT. — Traité de culture des forêts, 1 vol. 7.50

GURNAUD. — Traité forestier pratique, 1 vol. 3.50

GURNAUD. — La sylviculture française, 1 vol. 1 »

THOMAS. — Traité de culture et exploitation des bois, 2 vol.................................... 10 »

CHAMBRAY. — Traité des résineux conifères à grandes dimensions, 1 vol......................... 25 »

Technologie Agricole

PASTEUR. — Études sur la bière..................... » »

DUCLAUX. — Études sur le lait...................... » »

RIGAUX. — Étude sur la fabrication du beurre.

LÉZÉ. — Les industries du lait, 1 vol............. 6 »

par V. Pulliat, professeur de viticulture à l'Institut agronomique, franco, 4 fr. 50.

Cours complet de viticulture, par G. Foex, viticulteur, directeur et professeur de viticulture à l'école nationale d'Agriculture de Montpellier, 4e édition, revue et considérablement augmentée. Montpellier. 1894. 1 volume in-8° cavalier de 1.000 pages, avec 6 cartes en chromo hors texte et 576 figures dans le texte. Prix, franco, postal en gare, 20 fr. 60.

Agenda Vermorel agricole et viticole pour 1897, à l'usage des agriculteurs, viticulteurs, ingénieurs et agronomes, etc. Élégant carnet de poche, fermoir élastique, poche intérieure ; contenant outre les feuilles de l'agenda destinées à écrire toutes les notes journalières, un recueil de renseignements les plus utiles aux cultivateurs et vignerons. Prix, 2 fr. 50 ; franco, 2 fr. 75. Paraît tous les ans.

Agenda vinicole et du commerce des vins et spiritueux pour 1897, par V. Vermorel, à l'usage des négociants en vins, propriétaires, viticulteurs, maîtres de chais et cavistes, etc. Prix, 2 fr. 75 ; franco, 3 francs. Paraît tous les ans.

Tableau de la vinification, par Battanchon et Vermorel, franco 1 fr. 10.

Tableau du greffage de la vigne, par V. Vermorel, grand tableau mural en couleur, franco, 1 fr. 60.

La question des levures de vins cultivées, étudiée au triple point de vue historique, scientifique et pratique, par Roy-Chevrier. Prix, franco, 1 fr. 50.

Les engrais de la vigne, par C. Michaut, chimiste à la station agronomique d'Auxerre, et V. Vermorel, président du Comice agricole du Beaujolais, franco, 4 francs.

Chimie du sol, par V. Vermorel, grand tableau indiquant ce qu'enlèvent diverses récoltes et ce qu'apportent les engrais, franco, 1 fr. 10.

Le vigneron moderne, guide pratique pour la reconstitution des vignobles, 2e édition revue et augmentée, par E. Bender, président honoraire de la Société de viticulture de Lyon, et V. Vermorel, nombreuses gravures, franco 4 francs.

Résumé pratique du traitement du mildiou, par V. Vermorel, 2e édition, franco, 0 fr. 50.

Culture pratique et productive du blé, par Caille, professeur d'agriculture, franco, 2 fr. 35.

Le greffage pratique de la vigne, par V. Vermorel, guide du greffeur, avec nombreuses gravures, 1 fr. 65.

Manuel pratique de la vinification, par L. Rougier, professeur d'agriculture, franco, 4 fr. 50.

Destruction de la Cochylis, par V. Vermorel, franco, 1 fr. 65.

Une visite à M. Couderc, note sur ses principaux hybrides, par Roy-Chevrier, franco, 1 fr. 15.

Culture des primeurs dans la région du Sud-Est et le rôle des engrais chimiques dans la culture maraîchère, par Ed. Zacharewicz, avec une planche en chromo et 48 figures dans le texte. Prix, 2 francs; franco, 2 fr. 30.

La coulure du raisin, par le comte de Follenay, franco, 1 fr. 65.

Les vignes américaines, adaptation, culture, greffage, pépinières, par Viala et Ravaz. Prix : 6 francs; franco, 6 fr. 80.

Les vins du Beaujolais, du Mâconnais et du Chalonnais. — Étude et classement par ordre de mérite, nomenclature des clos et des propriétaires, illustrés de nombreuses vues des principales propriétés par V. Vermorel et Danguy. Prix, 8 fr. 60 ; franco par colis postal gare.

Les maladies de la vigne, 3ᵉ édition, entièrement refondue, avec 20 planches en chromo et 290 figures dans le texte, couronnée par l'Institut (prix Desmazières, 1892), par Pierre Viala. Prix, 24 francs ; franco par colis postal en gare, 24 fr. 60.

Manuel pratique des sulfurages. Guide du vigneron pour l'emploi du sulfure de carbone contre le phylloxéra, 16ᵉ édition, par le docteur Crolas et Vermorel, franco, 1 fr. 65.

Manuel pratique pour l'emploi du sulfure de carbone contre le phylloxéra, par G. Gastine, franco, 2 fr. 75.

Guide du vigneron contre les ennemis de la vigne. Insectes cryptogames et accidents, par V. Vermorel et J. Perraud, ouvrage récompensé d'une médaille d'or de la Société des agriculteurs de France, nombreuses gravures. Prix, 2 francs ; franco, 2 fr. 55.

Almanach des viticulteurs pour 1897. Prix 0 fr. 50 ; franco, 0 fr. 60. Paraît tous les ans.

Aide-mémoire de l'ingénieur agricole, de l'agriculteur et du viticulteur, par V. Vermorel, avec le concours de nombreux professeurs et agronomes. Franco 12 fr. 60.

Le black-rot, tableau mural en couleur, franco, 1 fr. 10.

Traitement du black-rot dans les vignobles du centre et de l'est, par Joseph Perraud, professeur de viticulture. Franco, 1 fr. 50.

Procédés modernes de vinification, par Coste-Floret, ingénieur des arts et manufactures, avec 20 figures dans le texte. Prix, 6 francs ; franco, 6 fr. 65.

Taille de la vigne. Étude comparée des divers systèmes de taille, par Joseph Perraud, 2ᵉ édition, revue et augmentée avec 275 figures. Prix, 4 fr. 50; franco, 5 francs.

Les plants américains en sol calcaire, par L. Degrully, professeur à l'école de Montpellier. Franco, 1 fr. 10.

Vinification des vins blancs, par Coste-Floret, volume de 349 pages avec 36 figures. Prix, 5 francs; franco, 5 fr. 50.

Les celliers, construction et matériel vinicole, avec la description des principaux celliers du Midi, du Bordelais, de la Bourgogne et de l'Algérie, par Ferrouillat et Charvet, professeurs à l'école de Montpellier. Prix, 18 francs; franco postal en gare, 18 fr. 60.

Manuel pratique pour le traitement du black-rot, par Gaston Lavergne et Eugène Marre. Prix, 2 fr. 50; franco, 2 fr. 75.

Taille de la vigne sur cordon unilatéral, système de Royat, par Carré, professeur d'agriculture. Prix, 2 fr. 25; franco, 2 fr. 50.

L'incision annulaire et la coulure du raisin, par le comte de Follenay. Prix, 3 francs; franco, 3 fr. 50.

Pour recevoir franco ces ouvrages, adresser les demandes et le montant en un mandat-poste, à Monsieur le Directeur du *Progrès agricole et viticole*, à Villefranche (Rhône).

Pour les ouvrages au-dessous de 2 francs, les timbres-poste sont acceptés.

MACON. PROTAT FRÈRES, IMPRIMEURS